기본 식품분석학

Assessment of food quality

Carbohydrates

Instrument Analysis

Proximate composition

Proteins

The Basis of the food analysis

Analysis of food additives

Food Enzyme Experiment

Analysis of thespecial ingredients

Basic Food Analysis

Analysis of inorganic constituents

Vitamin

채 수 규 저

도서출판 석학당
www.shdbooks.co.kr

머리말

自然科學의 진보된 기술로 인류는 地球脫出에 성공하고, 우주 왕복선에 의해 달나라 여행이 가능하게 된 지금도 우리들은 생존하기 위해서 太古의 옛날과 똑같이 식품을 섭취하지 않으면 안된다. 인간은 먹기 위해서 일을 하고, 또한 일을 하기 위해서는 먹지 않으면 안되는 것이다.

食品科學은 인간의 食生活과 건강유지에 관한 학문으로서, 이 분야의 여러 과학자의 노력으로 많은 발전을 가져오게 되었다. 이에 따라 최근 식품산업도 급속도로 발전되어 多種多様한 식품이 생산, 가공, 저장, 소비되고 있으며 이 과정에 있어서 신속하고 정확한 식품의 원료관리, 공정 및 제품관리가 절실하게 요구되고 있다.

식품분석학은 식품의 성분을 定性 및 定量하는 과학으로서 식품의 영양가 판정에는 물론이고 각종 품질평가의 기본이 되므로 식품과학을 전공하는 학생들은 필수적으로 이수하여야 할 기본적인 학과목이다.

오늘날 분석기술의 발달로 식품분석의 방법도 눈부신 발전을 가져와 많은 종류의 새로운 분석방법이 개발되고 있으며, 실제로 적은 양의 시료로서 단시간에 실험결과를 얻을 수 있는 機器分析이 응용되고 있다. 그러나 화학분석에 대한 기초 이론의 습득없이 기기분석을 응용할 수는 없으며 그의 발달을 기할 수 없다.

따라서 이 책에서는 식품성분의 분석 또는 품질관리를 하는데 필요한 화학분석 및 기기분석의 기초이론과 응용실험으로서 식품의 일반성분 및 특수성분의 분석과 품질평가 등에 대하여 여러 기본적인 방법들을 기술하였다. 식품분석에서 중요한 것은 무엇보다도 시료특성에 따라 정밀도와 재현성을 높이기위해 알맞은 분석방법을 선택하는 것이며 또한 그 분석방법에 대한 원리와 분석할 때 주의하여야 할 사항 등을 熟知하는 것이다.

이 책에서는 각 분석방법에 대한 원리를 상세하게 설명하여 쉽게 이해하도록 노력하였고, 실험조작방법을 비교적 자세하게 그림으로 나타내어 분석실무에 충실하도록 강조하였으며, 아울러 데이터 및 결과에 대한 예를 들어 실제로 쉽게 응용할 수 있도록 편집하였다.

이 책은 대학 또는 전문대학에서 식품공학 및 영양학을 전공하는 학생들의 식품분석학 및 실험 또는 식품화학실험의 교과서로시 펴낸 것이다. 더욱이 대학의 교재로서 뿐만아니라 식품검사기관이나 식품 산업체 등의 식품분석 실무자에게 유용한 참고서로서의 역할을 할 수 있다면 다시없는 영광으로 생각한다.

이 책의 충실을 위하여 기초적인 사항에서부터 최근 새로이 연구개발된 분야에 이르기까지 그 동안의 강의 및 실험자료들을 정리하여 최선의 노력을 기하여 집필하였으나 저자라기 보다는 편집자로서의 얕은 지식과 빈약한 경험으로 인하여 소기의 목적을 얼마나 달성하였는지 의문이며 오히려 내용 중에 미비한 점이나 여러 곳에 오류가 있을 것으로 생각된다. 앞으로 더 좋은 교재로 개정되어 갈 수 있도록 先輩諸賢과 독자들의 아낌없는 忠言과 鞭撻을 바라는 바이다.

끝으로 이 책의 출판을 위해 물심양면으로 힘써주신 석학당출판사 윤용호 사장님을 비롯한 편집부 직원여러분에게 진심으로 감사를 드린다.

2013년 1월

채 수 규

Contents

제 1 부 식품분석의 기초

제2부 기기분석

제3부 일반성분의 분석

제4부 단백질의 분석

제5부 탄수화물의 분석

제6부 지방질의 분석

제7부 무기성분의 분석

제8부 비타민의 분석

제9부 특수성분의 분석

제10부 식품첨가물의 분석

제11부 식품품질의 평가

제12부 식품효소 실험법

제 1 부 식품분석의 기초

시료 속에 어떠한 화학적 성분이 포함되어 있는가, 또는 그것이 얼마만큼 함유되어 있는기를 알아내는 조작을 화학분석(chemical analysis)이라 한다. 식품분석(food analysis)에서도 식품을 시료로 하여 화학분석에서 일반적으로 많이 사용되는 여러가지 기본이론과 조작이 요구된다.

화학분석은 시료 속에 함유되어 있는 화학적 성분의 성질이나 특유한 반응을 이용하여 행하며, 함유되어 있는 화학적 성분의 종류를 알아내는 정성분석법(qualitative analysis)과 그 존재량을 알아내는 정량분석법(quantitative analysis)이 있다. 정량분석법에는 중량을 측정하여 성분의 존재량을 아는 중량분석법(gravimetric analysis)과 부피를 측정하여 성분의 존재량을 아는 용량분석법(volumetric analysis)이 있다. 또한 최근 물리화학적 조작에 의한 물리화학분석(physicochemical analysis), 기기를 사용하는 기기분석(instrumental analysis), 미생물의 생육, 증식을 이용한 bioassay 등의 정량분석법도 널리 활용되고 있다.

기본 식품분석학

Basic Food Analysis

제 1 장 분석실험의 기초지식

1-1 실험시 기본사항

학생실험에 있어서 주어진 시간은 매우 짧다. 이 기간에 능률적으로 실험에 대한 생각을 하면서 필요한 지식과 기술 등을 습득하여야 한다. 단순히 기계적으로만 실험을 한다면 아무런 도움이 안된다. 실험을 실시할 때, 그 실험의 목적을 잘 파악하고 실험하는 동안에 잘 관찰하여 결과에 대하여 충분한 고찰을 한다면, 실험결과가 실패하였다 할지라도 얻은 경험은 참으로 귀중한 것이고 오히려 성공한 실험보다 유익하다.

발표된 학술논문의 좋은 업적 뒤에는 많은 실패와 숨은 일들이 있다. 이것이야말로 연구진전의 원동력이다. 실패한 실험의 원인을 규명하는 것으로부터 새롭고 유익한 반응 또는 현상이 발견된 예가 많다. 실험은 실험기술만을 습득하는 것이 아니라 관찰력, 통찰력을 양성하고, 이로부터 새로운 진리의 발견을 가능케 하는 데에도 큰 의의가 있다.

1-1-1 실험에 임하는 태도와 실험실의 정비

실험을 성공시키려면 다음의 여러 사항에 대하여 항상 유의하고 있어야 한다.

1. 실 험 대

실험대는 여러가지 많은 기구들 때문에 난잡하게 되기 쉽다. 불필요한 기구는 수시로 정리하지 않으면 실험대는 물건을 두는 장소가 되어, 실험할 수 있는 장소는 매우 좁아진다. 이것이 예상 외로 재해(災害)의 원인이 되기도 한다. 또 실험대는 수시로 걸레질을 하여 먼지가 없도록 하고 항상 깨끗하게 하여야 한다. 정밀한 측정결과나 순수한 결정(結晶)은 불결한 분위기에서는 얻을 수 없다. 또한 실험대 위에는 귀중한 학술잡지(學術雜誌)나 서적을 놓아서는 안 된다. 그 때문에 오염 또는 소실(燒失)되는 수가 간혹 있다.

2. 싱　크

실험실에 설비된 싱크는 실험대에 붙어있는 것과 다른 곳에 독립적으로 설치된 것의 두 종류가 있다. 전자의 주목적은 물을 실험기구에 유도하고, 또 장치로부터 흘려 내려보내거나 수류펌프를 붙이기 위한 것이며, 기구류를 세척하기 위한 것은 아니다. 따라서 배수관의 지름은 비교적 작고, 또 막히기 쉽다. 더욱이 실험대에 가까우므로 코르크마개, 고무마개, 유리관 등이 들어가기 쉽고, 이것이 배수관을 막는 원인이 된다. 싱크에 많은 양의 물을 한꺼번에 흐르게 하는 것은 금하여야 한다.

실험실에는 이 싱크 외에 큰 것이 설치되어 있다. 이것은 주로 기구를 세척하기 위한 것으로 배수관의 지름도 크다. 이 싱크는 물건을 놓는 장소가 아니므로 실험에 사용한 기구를 싱크에 방치하는 것은 삼가야 한다. 싱크는 그 내면을 납으로 깐 것과 경질 염화비닐로 깐 것이 있다. 양자가 모두 강산 · 강알칼리에는 내식성이 있으나, 전자는 수은에 대하여 매우 약하다. 아말감이 생겨 구멍이 뚫어지므로 수은의 취급에는 특히 주의하여야 한다. 후자의 것은 뜨거운물을 많이 흘리면 변형되는 수가 있다. 어떠한 것이든 산 · 알칼리 또는 유기용매를 버렸을 때는 반드시 물을 많이 흘려 내부를 잘 씻어 두어야 한다.

3. 관찰과 고찰

실험자는 능동적이고 사고하는 자세로 실험에 임해야 한다. 단순한 실험기계처럼 지시된 조건에 따라 충실하게 실험만 하는 것은 아무런 가치가 없다. 실험 중에는 실험대로부터 이탈하지 않고 항상 세심한 주의를 하면서 그의 경과를 관찰하고, 얻어진 결과에 대하여 고찰을 하여 둔다. 간단한 반응으로부터도 중요한 결과를 얻을 수 있다. 이것이 창의있는 연구의 기초가 된다.

4. 실험기록

반응의 계획 또는 경과 및 결과 등은 모두가 귀중한 경험이다. 실험이 성공하면 기록을 기초로 하여 그 후의 연구계획에 도움이 되고 또 실패하면 반성의 자료가 된다. 실험 중에는 각종 데이터는 물론 간단한 계산도 실험노트(field note)에 반드시 기재한다.

필요없다고 생각된 것이 후에 중요한 열쇠가 되는 수가 있다. 종이조각에 속기하여 두면 분실하기 쉽고, 쓰레기통 속을 찾아다니는 경우가 있게 된다. 실험노트는 보기 좋게 쓰는 것이 좋은 것이 아니라 필요한 것을 빠짐없이 기록하는 것이 생명이다. 일련의 실험이 끝난 후에는 정리하여 요약해 두면, 그 후에 찾아보기가 쉽다.

5. 문 헌

자기가 하고자하는 실험에 관한 문헌을 충분히 조사하여 그 시점(時點)에 있어서 진보의 한계를 알고 있어야 하는 것은 당연하다. 그러나 옛날 문헌은 현대의 새로운 지식과 실험기법(實驗技法)에 의해 충분히 비판하여야 하고, 또 최근의 문헌이라 할지라도 맹신(盲信)하여서는 안된다. 문헌에 무비판적으로 의존하여, 이것에 아무런 고찰을 가하지 않는다면 자기가 얻은 결과가 사실인데도 이것을 믿지 못하게 되고, 그 결과 사실을 왜곡하여 문헌에 영합하려고 하는 오류를 범하게 된다. 문헌과는 다른 결과가 얻어졌을 때야 말로 자기 실험을 여러번 되풀이하여 철저히 비판하면 이것이 새로운 사실의 발견과 연구 전진의 좋은 기회가 된다.

1-1-2 실험실 재난에 대한 예방과 대책

1. 인 화

화학실험에서는 인화성이 강한 용제(溶劑)를 사용하는 경우가 많으므로 인화의 기회가 많다. 실험실 내에는 인화성의 용제는 1ℓ 이상의 많은 양을 두어서는 안된다. 질이 나쁜 플라스크, 두꺼운 유리용기, 복잡한 형의 유리기구 등은 금이 잘 가고, 가열시킬 때 때때로 파손된다.

직화가열을 필요로 할 경우는 될 수 있는 한 모양이 간단한 소형의 환저 플라스크를 사용할 필요가 있다. 장치의 조립이 잘못되어도 인화의 원인이 된다. 인화성 물질을 증류할 때, 플라스크와 냉각관의 분리, 또 코르크마개의 구멍 등에는 주의를 요한다.

2. 소 화 법

여기서 말하는 소화(消火)라는 것은 실험대 위에서 가끔 일어나는 소규모 화재의 처리이다. 몸 또는 옷에 불이 붙었을 때는 물에 불용성인 용제일지라도 많은 양의 물을 뿌려야 한다. 그 때문에 샤워의 위치를 평소부터 생각해 두어야 한다. 그러나 인화의 범위가 넓으면 자기 혼자로서는 처치가 어려우므로 부근에서 실험하고 있는 사람이 처치할 수 있는 마음가짐을 하고 있어야 한다. 소화는 불을 낸 본인보다 다른 사람이 잘하는 것이 보통이다. 이러한 사유로 유기화학실험과 같이 인화물질을 취급하는 실험을 혼자하는 것은 위험하다.

실험대 위에서 불이 발생되었을 때는 불의 원인이 되는 버너 또 전열기의 열원을 끊는 것이 급선무이다. 다음에 인화성이 강한 약품류는 불꽃부근으로부터 멀리 치우고 소화에 착수한다.

화학실험에서는 일반적으로 유기용제의 인화가 제일 많으므로 이산화탄소 소화기를 사용하는 것이 가장 타당하다. 이 소화기의 주의할 점은 이산화탄소의 급격한 팽창으로 인한 봄베온도의 저하로, 봄베를 직접 장시간 손으로 잡고 있으면 동상을 일으키는 경우가 있다. 그러므로 실험복 등으로 싸서 쥐는 것이 안전하다. 사염화탄소를 사용한 소화기는 강한 불꽃의 열 때문에 산화되어 유독한 호스갠을 생성하므로 소화 후는 통풍하여 환기한다. 일반적으로 콘크리트로 만든 실험실 내에서 일어나는 화재는 당황하지 않는다면 큰 사고는 없다. 먼저 불이 크게 번지는 원인이 되는 물질을 제거하는 것이 제일의 조치이다.

3. 화　상

화상(火傷)에는 그 정도에 따라 제1도(피부가 붉게 된 것), 제2도(물방울이 생긴 것) 및 제3도(피부가 타서 검게 된 것)가 있다. 실험실에서는 제1도, 제2도의 화상이 비교적 많다. 화상이 생겼을 때는 먼저 화상면을 될 수 있는 한 빨리 완전히 공기로부터 차단하여야 하고, 즉시 물에 담그는 것이 유효하다. 제1도인 경우는 붕산연고, 올리브유, glycerine 등을 바른다. 또 너무 아플 경우는 초산납[1] 수용액을 탈지면에 묻혀 습포(濕布)시키면 덜 아프게 된다. 제2도 및 제3도의 화상에는 머큐로크롬을 바른 후 붕대를 하고, 물집은 소독한 바늘로 끝에 구멍을 뚫어 내액을 빼고, 위와 같이 소독붕대를 한다.

4. 폭　발

화학실험실에서 발생하는 폭발은 인화에 의한 가스폭발, 강산화제와 환원제와의 혼합이 원인이 되는 반응폭발 및 과산화물, 니트로화물 등의 급격한 분해에 의한 폭발이 있다. 가연성 가스는 공기와 혼합되어 점화할 경우 폭발을 일으키는 양의 비율이 있다. 특히 어떠한 혼합비가 되면 강렬한 폭발을 일으켜 파괴작용은 심하게 된다.

과염소산염은 산화제로 잘 이용되나, 이것이 산과 접촉하면 유리산을 만들고, 이것이 가연물(可燃物)과 접촉하면 폭발을 일으킨다. 오랫동안 저장된 ether를 증류할 때는 증류 잔유물이 소량이 되었을 때 돌연 강렬히 폭발하는 경우가 있다. 이것은 저장 중에 생성된 과산화물이 증류에 따라 농축되어 급격히 분해된 때문이다. 미리 과산화물의 존재유무를 확인하고 제거한 다음 증류를 행하여야 한다.

Ether 및 benzene으로부터 미량의 물을 제거할 때는 금속 나트륨선이 사용되나, 이 나트륨이 완전히 소비된 것 같이 보일지라도 남아 있는 경우가 많으므로 용기 중에 물을 넣어서는 안 된다. 알코올을 서서히 가하여 분해시킨 다음 물을 넣어야 한다. 폭발의 염려가 있는 실험은

1) 초산납(醋酸鉛) : 10g을 증류수 약 1ℓ 에 용해하여, 이것에 초산 몇 방울을 가한 것

반드시 소규모로 행하고, 철판 등으로 막아 재해에 대하여 만전의 주의를 하여야 한다. 또 안경을 쓰는 것도 눈의 보호에 유효하다.

5. 외 상

화학실험에서는 유리기구를 사용하는 경우가 많으므로 외상(外傷)을 피하기 어렵다. 작은 상처는 묽은 과산화수소로 씻고, 멸균거즈를 붙여 붕대를 감거나 시판의 소독거즈가 붙어 있는 반창고를 사용하는 것이 편리하다. 동맥이 끊어졌을 경우는 소독보다 제일 먼저 지혈을 하여야 한다. 상처로부터 심장에 가까운 동맥을 붕대 등으로 묶는다. 이 지혈은 20분 간격으로 3~4초간 풀어 혈액을 순환시키지 않으면 안된다.

6. 독 극 물

유독한 가스를 발생하는 실험은 반드시 통기가 되는 드라프트(draft) 내에서 행하여야 하며, 실험하기 전에 드라프트가 잘 작동되는지 검사하여야 한다. 가스상의 독물인 할로겐 및 할로겐화 수소류, 일산화탄소, 시안화수소, 디아조메탄 등은 때때로 유기화학에서 취급한다.

가스중독의 경우는 먼저 중독자를 신선한 공기가 있는 곳으로 운반하여 담요 등으로 몸을 덮어 보온하여야 한다. 산소를 흡입시키는 것은 유효하다. 시안화수소 중독은 아질산아밀을 천에 적셔 약 5분간 흡입시키는 것이 유효하다. 액상의 독물 중에 실험에 자주 사용되는 알칼리액은 눈을 매우 자극시키므로 특히 농후한 것은 주의하여 취급할 필요가 있다. 눈에 들어갔을 경우는 바로 다량의 물로 15분 정도 계속 씻는다. 이 때의 물의 흐르는 속도가 너무 강하면 안된다.

7. 방사성 물질

방사성 물질을 취급할 경우는 방사선의 종류와 에너지에 따라 주의할 점은 다르나, 원칙적으로 방사선 피해를 최소한으로 막을 것과 방사능 오염이 생기지 않도록 주의하고, 사고를 일으켰을 때는 빨리 지도교수에 연락하여 잘 처리하여야 한다. 교수의 지시에 따르고 목적에 따라 실험실 기구를 사용하여 거기에 적당한 취급을 하는 것은 당연하나, 오염을 일으켰을 때는 빨리 발견하여 그의 확대와 체내 섭취를 방지하고, 될 수 있으면 빨리 제거하여야 한다. 피부로부터 흡입에 의해 또는 경구섭취에 의해 체내로 들어가며, 상처가 있을 경우는 특히 주의하여야 한다. 오염을 제거하려면 피부, 옷은 중성세제로, 유리기구는 크롬산혼합액으로 잘 씻는다. 방사성의 액체를 흘렸을 때는 오염면이 넓어지지 않게 페이퍼타월로 눌러 액을 빨아드리고, 건조되지 않았을 때 세척액을 소량 부어 빨아들인다. 이 조작을 되풀이한다. 사용한 페이퍼타월 등은 방사성 폐기물로서 취급하여야 한다.

1-1-3 보고서(report) 작성요령

보고서의 형식은 실험의 제목, 목적 및 원리, 실험방법, 실험결과, 고찰을 순서있게 쓰는 것이 일반적이다. 보고서는 기록과 다른 것이다. 보고서는 타인이 보는 것이므로 독자의 이해가 쉽도록 쉬운 문장으로 쓰지 않으면 안된다. 특히 학생의 연습실험 등은 실험기록을 그대로 보고하는 경우가 있으나 이것은 보고의 의의를 잘 알지 못하는 행위이다.

그 이유는 보고는 지금까지 행하지 않았던 실험결과에 대해서 실험자가 총정리하여 고찰한 것을 발표하는 유일한 수단이며, 때로는 실험자의 견해, 생각 등을 나타내는 수단이다. 단지 기록적인 데이터만을 나열하여 독자에게 보이는 일이 없도록 하여야 한다. 쉽고 간단 · 명확한 문장을 써서 보고하는 것이 가장 이상적인 것이다.

[보고서의 일반적 형식]

① 실험제목(년월일)

② 실험자명

③ 실험의 목적 및 원리,

④ 실험장치, 재료 및 시약

⑤ 실험방법

⑥ 실험결과

⑦ 고찰

⑧ 실험의 요지

⑨ 참고문헌

보고서는 예비보고서와 실험결과보고서로 구분할 수가 있으며 그 예는 다음과 같다.

실험보고서

(The experimental report)

학과 : 학년 : 학번 : 이름 :

실험제목(Title) ______________________

1. 목적 및 원리(Principle)

2. 재료, 시약 및 기구(Material, Reagents & Apparatus)

3. 실험방법(Procedure)

4. 데이터 및 계산(Data & Calculation)

5. 결 과(Result)

6. 고 찰(Discussion)

7. 실험의 요지(Summary)

8. 참고문헌(Reference)

실험일자	실험실(호)	실험조교	담당교수	평 가

1-2 일반 분석기구의 종류

일반적으로 식품분석 실험에 많이 이용되는 기구들의 명칭, 규격 및 일반 용도는 표 1-1, 표 1-2와 같다.

표 1-1 측용기구

명 칭	형 태	규 격(size)	용도/기타
뷰 렛 (Burette)	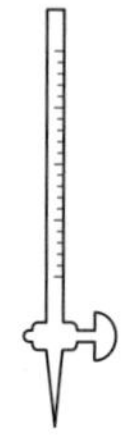	백색, 갈색 50, 25mℓ	적정시험
홀피펫 (Hole pipette)		1, 2, 5, 10, 15, 20, 25, 30, 50mℓ	시험액, 시약 등의 일정량 채취
메스피펫 (Measuring pipette)		0.5, 1, 2, 5, 10, 20mℓ	시험액, 시약 등의 일정량 채취
스포이드 피펫 (Dropping pipette)		고무캡부착 1, 2, 5, 10mℓ	시약 등의 채취
마이크로피펫 (Micro Pipette)		0.01, 0.02, 0.05mℓ	시험액, 시약의 미량 채취
눈금피펫 (Safety pipette with syringe)	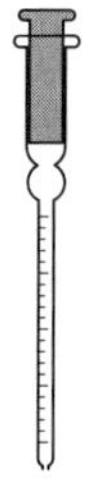	5, 10mℓ	강산, 강알칼리 일정량 채취용 (우유의 이화학시험)

메스실린더 (Measuring cylinder, Graduated cylinder)	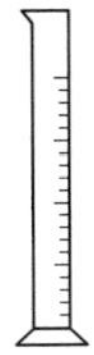	10, 20, 25, 50, 100, 200, 250, 500, 1000mℓ	시약의 성량 채취
메스플라스크 (Measuring flask, Volumetric flask)	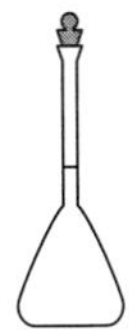	백색,갈색 50, 100, 200, 250, 500, 1000mℓ	시험액의 정확한 일정 용량화
액량계 (Conical shape measure)		50, 100mℓ	시약의 정량 채취
겔벨유지계 (Gerber butyrometer tube)		규격검정 합격품	유지방의 측정

표 1-2 일반기구

명 칭	형 태	규 격(size)	용도/기타
시험관 (Test tube)		길이 180mm, 외경 18mm	일반시험
공전시험관 (Test tube with stopper)		길이 180mm, 외경 18mm 마개 𝕋 15/25	비타민류 아질산근
비커 (Beaker)		50, 100, 200, 300, 500, 1000 mℓ	일반시험
삼각 플라스크 (Erlenmeyer flask)		300, 500, 1000 mℓ	일반시험
공전삼각 플라스크 (Erlenmeyer flask with stopper)		100mℓ, 𝕋 15/25 500mℓ, 𝕋 29/40	일반시험

깔때기 (Funnel)		직경 5, 6, 7㎝	일반시험
공전원심침전관 (Centrifuge tube with stopper)		30mℓ, Ŧ 24	비타민C
공전광구병 (Wide mouth bottle with stopper)	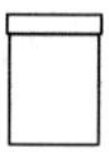	높이 75㎜, 직경 100㎜	시료 보존용
칭량병(Weighing bottle)	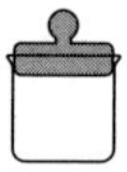	높이 30㎜, 직경 30㎜	수분측정, 시약조제
평면바닥증발접시 (Flat bottom evaporating dish)	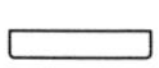	직경 50, 70㎜	수분측정
둥근바닥증발접시 (Round bottom evaporating dish)		직경 45㎜	색소시험
자제유발(Mortar)		직경 30㎜	시료처리, 시료조제
코니컬비커 (Conical beaker)	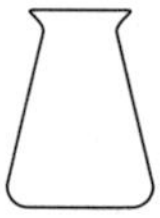	200, 300mℓ	단백질 측정, 일반시험
켈달 분해 플라스크 (Kjeldahl flask)		200mℓ	단백질, 비소측정
세구시약병 (Narrow mouth Reagent Bottle)		백색 : 100, 200,500,1000mℓ 갈색 : 100,500,1000mℓ	시료보존
광구시약병 (Wide mouth Reagent Bottle)		백색 : 200mℓ 갈색 : 100mℓ	시약, 시액보존
색 소 병 (Dropping Bottle with Pipette)	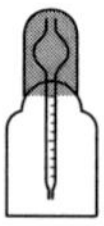	백색, 캡이 있는 스포이드 부착	지시약 보존
마죠니아 추출관 (Majonnier tube)		마개 Ŧ 24/40	지방측정

분액깔때기 (Separatory Funnel)		300mℓ, 마개 Ŧ 24/40	용매추출 및 혼합
세척병 (Washing bottle)		폴리에틸렌 500mℓ	순수용기
데시케이터 (Desiccator)		중판직경 160, 210㎜	수분, 지방측정
속시렛 지방추출기 수기 (Soxhlet extraction flask)		입구 접촉 연결부분 Ŧ 19/30	지방측정
비중계(Hydrometer) 및 우유용 비중계(Lactometer)		눈금범위 0.700~2.000 7본조 1.015~1.040	시약조정 우유비중측정
시약스푼 (Laboratory spoon)		스텐레스제, 길이 220㎜	시약, 시료 조제시험
도가니 집게 (Crucible tong)		길이 250㎜	수분, 회분 측정
핀셋 (Pincette)		스텐레스제 길이 150, 210㎜	
삼각대 (Tripod stand)		철제 직경 95㎜, 높이 120㎜ 직경 120㎜, 높이 200㎜	
뷰렛대 (Burette stand)	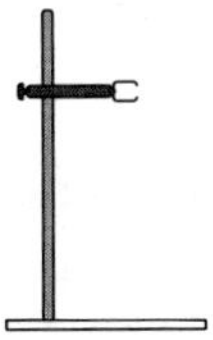	금속제, 자제	단백질 측정, 비타민C 측정

시험관대 (Test tube rack)	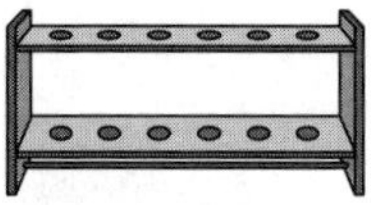	목제, 구멍의 직경 45㎜	
이련구 (二連球;Rubber bulb)		고무제	지방측정
상명천칭 (Dispensing balance)	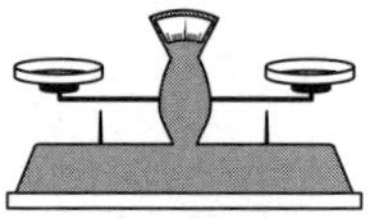	100g용, 500g용	
자동화학천칭 (Autochemical balance)	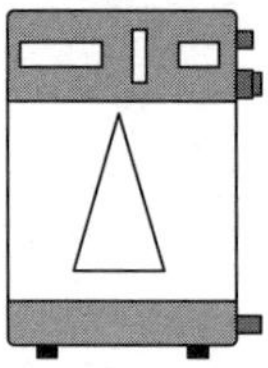	최고칭량 160g 최소 칭량한계 0.5㎎	
전기정온기(전기건조기) (Dry oven)	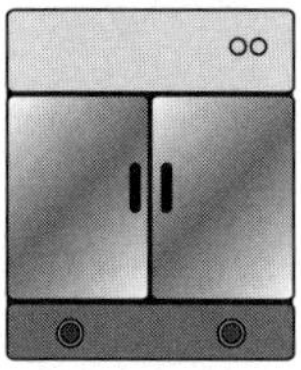	최고온도 200℃ 40×40×40㎝(1.5kW) 60×50×50㎝(2.5kW)	수분, 지방시험 기구건조
중탕남비 (수욕기;Water bath)	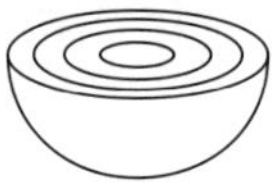	동제 : 직경 240㎜ 뚜껑 : 직경 60㎜의 구멍이 4개 있는 것	
항온수조 (Water bath)	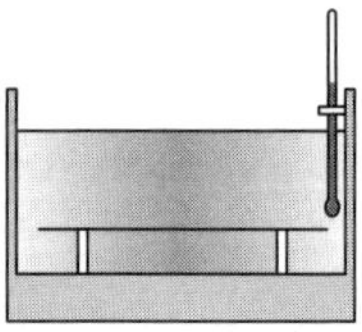	80×20×14㎝(1.5kW) (폭×길이×깊이) 25~30×30~1㎝(1.5kW) (내경×깊이)	지방시험용 일반용 원형
세미마이크로켈달 질소분해장치 (Micro kjeldahl digesting apparatus)	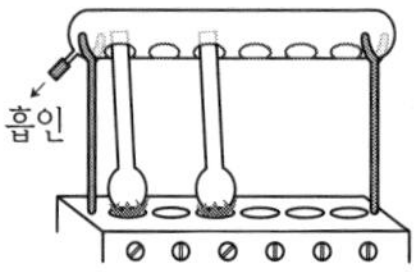		단백질 정량
질소증류장치 (Nitrogen determination apparatus)	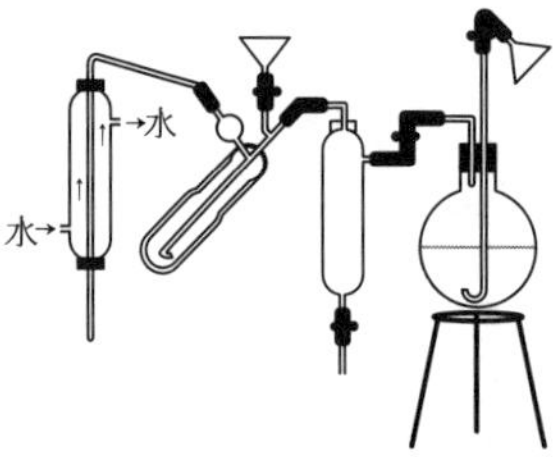		단백질 정량

속시렛 지방추출기 (Soxhlet extraction apparatus)	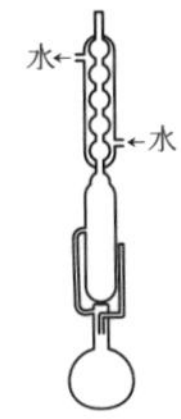	상부 접촉연결부분 34/35 하부 접촉연결부분 19/30 상승식, 하강식	지방 정량
페이퍼 크로마토그래피 (Paper chromatography)			단백질, 아미노산, 당류, 비타민류 및 미량성분분리, 확인
크로마토용 전개조 (Chromatographic development jars)			
전기로 (Electric muffle furnace)	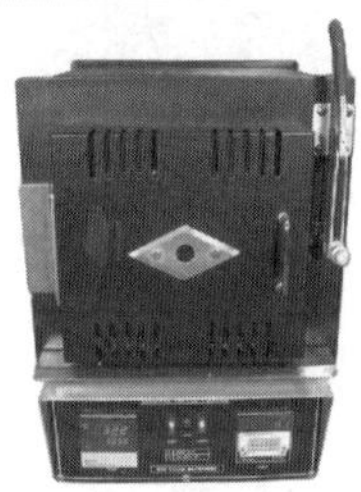	최고온도 : 1200℃ 사용용도 : 1000℃	회분정량
감압증발농축장치 (Rotary evaporator)		용량 : 2ℓ 최대 R.P.M : 100 Heater : 600W	
안전 스포이드 (Pipette filler)		용량 : 50mℓ	강산, 강알칼리 시약 정량 채취
여과 깔때기 (Büchner funnel)		외경 : 7, 9, 12, 15cm	흡인여과

1-3 기구의 세척과 건조

유리기구를 세척할 때는 오염되어 있는 물질의 성질을 알지 않으면 안된다. 왜냐하면 그것에 따라서 세척하는 방법이 다르기 때문이다.

무기물 또는 수용성의 유기물은 물로만 씻어도 되는 경우가 있으나, 비누액을 이용하여 씻으면 더욱 깨끗하게 씻을 수 있다. 유성(油性)의 물질이 묻어있을 경우는 비누액을 사용한다. 이것을 기계적으로 솔, 수세미, 스펀지 등을 사용하여 묻은 유성 물질을 제거한다. 가루비누와 비누액을 병용하여 묻은 유성 물질을 씻으면 쉽게 잘 닦을 수가 있다.

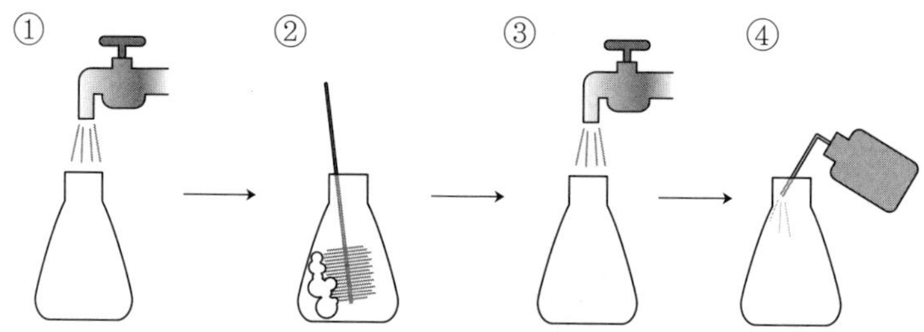

그림 1-1 기구의 세척방법

일반적으로 유기물이 오염되어 있는 경우는 크롬황산용액[2]에 담근 후에 세척용 부러시로 씻는데, 크롬황산용액에 3~4시간 동안 실온에서 방치하여 두면 완전히 제거된다.

단백질이 변성한 상태에서 부착된 것은 가성소다의 분말을 소량 넣고, 물을 조금 가한 후에 부러시로 씻어 주면 제거된다. 자제 도가니의 오염은 진한 질산 또는 왕수를 가하여 가열하면 잘 제거할 수가 있다.

깨끗이 씻은 유리기구는 세척병을 이용하여 증류수에 헹구어 물이 떨어지는 건조대에서 자연건조시킨다. 자연건조는 시간이 걸리므로, 급히 건조할 경우는 열풍건조를 시킨다. 또 ethanol, ether의 순으로 조금 씻어낸 후에 ether를 증발시켜서 건조하는 저비점 용매를 이용하는 건조법 등이 있다. 가열건조는 될 수 있는 대로 낮은 온도에서 하는 것이 좋다. 측용기, 즉 눈금이 새겨져 있는 용기류(메스실린더, 피펫, 뷰렛, 메스플라스크 등)는 결코 가열건조하여서는 안된다. 왜냐하면 가열하면 유리가 팽창하여 냉각하여도 완전히 원상태로 복원되지 않는 경우가 있기 때문이다.

2) 크롬황산용액(Chromosulfuric acid, cleaning mixture)은 $K_2Cr_2O_7$(혹은 $Na_2Cr_2O_7$)을 진한 황산에 포화시킨 액이다. $K_2Cr_2O_7$은 잘 녹지 않는(약 5g/ℓ) 대신 $Na_2Cr_2O_7 \cdot H_2O$는 더 잘 녹을 뿐만아니라(약 70g/ℓ) 가격도 싸므로 후자를 더많이 사용한다. 이 용액은 산화속도가 비교적 느리므로 충분한 시간 동안 담가놓아야 한다.

1-4 실험의 단위(Units)

1-4-1 국제적 공통 SI단위

국제단위계(International System of Units, SI Unit System)는 프랑스어인 Le Sysème International d'Unités로부터 유래되었으며, 도량형의 하나로 미터법 또는 MKS 시스템(Meter-Kilogram-Second)이라고도 불린다.

SI단위의 구성은 최초에 선정된 단위를 기본단위라 하고 조합하여 만들어진 단위를 유도단위라고 한다. 또 기본단위나 유도단위만으로 크기를 적합하게 나타내지 못하므로 보조단위까지 구성되어 있다.

SI 기본단위들은 표1-3에 수록되어 있으며, 이들로부터 모든 다른 단위들이 유도될 수 있다. 길이, 질량, 시간의 표준 단위는 각각 미터(meter, m), 킬로그램(kilogram, kg), 초(second, s)이다. 온도는 켈빈(kelvin, k), 물질의 양은 몰(mole, mol), 전류는 암페어(ampere, A)로 표시된다.

표 1-3 SI 기본단위

물리적 양	단위(기호)	정의
길이	미터(m)	미터는 빛이 진공에서 1/2999 792 458초 동안 진행한 거리이다.
질량	킬로그램(kg)	1킬로그램은 프랑스 Sevre에 보관된 국제 표준 킬로그램원기의 질량이다.
시간	초(s)	1초는 ^{133}Cs원자의 전이에 대응하는 복사선 주기의 9 192 631 770배에 해당하는 시간이다.
전류	암페어(A)	1암페어는 진공에서 단면적을 무시할 정도의 무한히 긴 두개의 직선평형 도체를 1m 간격으로 나란히 놓았을 때 2×10^{-7} 미터낭 뉴턴의 힘을 빌생시킬 수 있는 전류량이다.
온도	켈빈(K)	온도는 물의 삼중점(물의 고체, 액체, 기체 상태가 평형인 점)이 273.16k이고, 절대영도가 0K인 것으로 정의한다.
광도	칸델라(cd)	칸델라는 사람의 눈으로 볼 수 있는 광도의 척도이다.
물질의 양	몰(mol)	1몰은 정확하게 0.012kg의 12C 속에 들어 있는 탄소수와 같은 수의 입자로 정의한다(약 $6.022\ 141\ 99\times10^{23}$개이다).

기본 단위들로부터 구해지는 다른 몇 가지 유도단위들은 표1-4, 보조단위는 표1-5에 기재되어 있다. 예를 들면, 힘은 뉴턴(newton, N), 압력은 파스칼(pascal, pa), 에너지는 줄(joule, J)로 표시되는데 이들은 각각 길이, 시간, 질량의 기본 단위들로 나타낼 수 있다.

극도의 미량 또는 다량으로 존재하는 양을 나타내는 경우에는 지수 표기법보다는 이에 상응하는 접두어를 사용하는 것이 더욱 편리하다. 이에 대해서는 표1-6에 나타내었다.

과학계에서 SI단위계는 국제적으로 채택되어 사용되고 있지만, 그 밖의 다른 단위들도 함께 사용되고 있다. SI단위 이외에 널리 사용되고 있는 몇 가지 다른 단위들을 표1-7에 수록하였으며 이들과 SI단위들과의 관계도 나타내었다.

표 1-4 주요 SI 유도 단위

물리적 양	단위	기호	다른 단위항으로 표시	SI기본 단위항으로 표시
주파수	헤르츠(hertz)	Hz		I/s
힘	뉴턴(newton)	N		m · kg/s^2
압력	파스칼(pascal)	Pa	N/m^2	kg(m · s^2)
에너지, 일, 열량	줄(joule)	J	N · m	m · kg/s^2
힘, 복사선속	와트(watt)	W	J/s	m · kg/s^2
전기량, 전하	클롱(coulomb)	C		s · A
전위, 전위차, 기전력	볼트(volt)	V	W/A	m^2 · kg/(s^3 · A)
전기저항	전기저항	Ω	V/A	m^2 · kg/(s^3 · A^2)

표 1-5 주요 SI 보조단위

물리적 양	단위(기호)	정의
평면각	라디안(rad)	한 원의 둘레에서 그 원의 반지름과 같은 길이의 호를 자르는 두 반지름 사이의 평면각이다.
입체각	스테라디안(sr)	한 구중심을 원정으로 그 구의 반경을 한 변으로 하는 정방형의 면적과 같은 면적을 그 구의 표면상에서 절취한 입체각이다.

표 1-6 접두어

접두어	기호	자릿수	접두어	기호	자릿수
테라(tera)	T	10^{12}	데시(deci)	d	10^{-1}
기가(giga)	G	10^{9}	센티(centi)	c	10^{-2}
메가(mega)	M	10^{6}	밀리(milli)	m	10^{-3}
킬로(kilo)	k	10^{3}	마이크로(micro)	μ	10^{-6}
헥토(hecto)	h	10^{2}	나노(nano)	n	10^{-9}
데카(deca)	da	10^{1}	피코(pico)	p	10^{-12}

표 1-7 기타 단위들과 SI 단위와의 단계

물리적 양	단위	기호	SI 단위와의 대응량
부피	리터(liter) 밀리리터(milliliter)	ℓ mℓ	*10−3m^3 *10−6m^3
길이	옹스트롬(angstrom) 인치(inch)	Å in	*10^{-10}m *0.0254m
질량	파운드(pound)	lb	*0.45359237kg

힘	다인(dyne)	dyn	*10^{-5}N
압력	기압(atmosphere) 바(bar) 토어(torr) 파운드/인치^2(lb/in^2)	atm bar 1mmHg psi	*101325Pa *10^5Pa 133.322Pa 6894.76Pa
에너지	에르그(erg) 전자 볼트(electron volt) 열화학적 칼로리(calorie) 킬로 칼로리(Calorie)	erg eV cal Cal	*10^{-7}J $1.60217733 \times 10^{-19}$J *4.184J *1000cal=4.184kJ
동력	마력(horsepower)	hp	745.700W
온도	섭씨(centigrade=celsius) 화씨(Fahrenheit)	℃ ℉	*K−273.15 *1.8(K−273.15)+32

주 : 별표(*)는 정확한 환산값을 나타낸 것이다(정의에 따라).

1-4-2 길이의 단위

식품공전의 총칙에서 도량형은 미터법에 따르며 길이는 다음 약호를 쓴다.

길이 : km, m, dm, cm, mm, μ, mμ,(μm,nm), Å

1 km(킬로미터: kilometer)=1,000m=100,000cm

1m(미터: meter)=100cm=1,000mm=3.2808feet

1dm(데시미터: decimeter)=0.1m

1cm(센티미터: centimeter)=10mm=0.1m

1mm(밀리미터: millimeter)=0.001m

1μ(미크론 : 마이크론: micron)=10^{-4}cm=0.000001m=10^{-6}m

1mμ(밀리미크론 : 밀리마이크론: millimicron)=0.000000001m=10^{-9} =10^{-6}mm ; usa nanometer(nm)(10^{-9}m)

1Å(angstrum, 옹스트롬)=0.0000000001m=10^{-10}m

μm(micrometer)=10^{-6}m; formerly μ

nm(nanometer)=10^{-9}m; formerly mμ

1-4-3 중량(무게) 단위

중량 : ton, kg, g, mg, μg, ng, pg, lb, oz

1ton=1,000kg

1kg(kilogram)=1,000g=10^6mg

1g(gram)=0.001kg=1,000mg

1mg(miligram)=0.000001(10^{-6})kg=0.001g=1,000μg(microgram)

1μg(microgram)=0.000001(10^{-6})g=0.001mg

1ng(nanogram)=10^{-9}g

1pg(picogram)=10^{-12}g

1μg=1γ

1-4-4 용량(부피) 단위(cubic measure)

우리나라 식품공전에서도 아래 용량단위가 통상 쓰이지만 cc(cubic centimeter, 입방센티미터)단위도 상당히 사용한다. 일반적으로 용량의 단위는 1ℓ = 1,000cc로 생각되어 mℓ과 cc는 같은 부피로 쓰이나, 엄밀히 말하면 cc의 순수한 물은 4℃에서 1g이 아니고 1cc=0.999973g 이기 때문에, 1ℓ = 1,000.027cc로 극히 미량이 차이가 나므로 1ℓ = 1,000mℓ로, 근래 구미각국에서는 L(ℓ:liter), dL(dℓ), mL(mℓ) 단위와 m^3, dm^3, cm^3(cc)란 단위는 구별되어 쓰이므로 cc 단위보다 아래 단위를 사용하는 것이 바람직하겠다.

더 나아가 용액의 농도를 나타날 때 몰농도(M: molar, not molal), 모랄농도(m: molal, 중량몰농도), 또는 노말농도(N: normal)와의 구분, 중량%농도(W/W%)와 용량%농도(W/V%) 등을 혼돈하지 않도록 기억해야 한다. 참고로 국외에서 1fl oz(fluid ounce: 29.57mℓ), 1pt(pint, 473mℓ), 1qt(quart, 946mℓ)를 쓰기도 한다.

1kℓ=1,000ℓ

1ℓ =10dℓc=1,000mℓ(cc)=1,000cm^3

1dℓ=100mℓ(cc)=1cm^3

1mℓ=1cc=1cm^3

1-4-5 면적(넓이) 단위(square measure)

1㎠=square centimeter(제곱센티미터)=100㎟

1㎡=square meter(제곱미터)=10^4㎠=0.325평

1㎢=10^6㎡=100ha(hectare)

1-4-6 열량 등의 단위

열량 : Kcal, KJ(1Kcal=4.184KJ)

온도 : 섭씨온도 Celsius = ℃

화씨온도 Fahrenheit = ℉

절대온도 Kelvin = K

제 2 장 분석치의 통계적 처리

2-1 분석치 표시 및 유효수치 계산

2-1-1 함량표시법

시료 중의 목적성분의 함량을 표시하는 형식은 다음과 같으며 함량에 따라 적당한 것을 선택한다. 그리고 질량단위는 kg, g, mg, ㎍ 등이며, 용량단위는 보통 ℓ, ㎖를 사용한다.

1. 절 대 량

시료량 및 그 중에 함유되어 있는 목적성분의 양을 적절한 질량단위로 표시하는 방법이다.

2. 중량백분율(percentage by weight)

시료 100g 중에 함유되어 있는 목적성분의 g수를 뜻하고 %, w%, w/w% 등의 기호를 쓴다.

3. 용량백분율(percentage by volume)

시료 100㎖ 중에 함유되어 있는 목적성분의 ㎖수를 뜻하고 v%, v/v% 등의 기호를 쓴다.

4. 중량대 용량백분율

시료 100㎖ 중에 함유되어 있는 목적성분의 g수를 뜻하며 w/v%의 기호를 쓰고 주사제 등의 농도를 표시할 때 보통 사용한다.

5. 용량대 중량백분율

시료 100g 중에 함유되어 있는 목적성분의 mℓ수를 뜻하며 v/w%의 기호를 쓰고 목적성분이 액체일 때 사용한다.

6. 중량천분율(part per thousand)

시료 1000g 중에 함유되어 있는 목적성분의 g수를 뜻하며 ppt, ‰(퍼밀) 등의 기호를 쓴다.

7. mg백분율(mg percentage)

시료 100g 중에 함유되어 있는 목적성분의 mg수를 뜻한다. mg%, mg/100g 등의 기호를 쓰며 시료 100mℓ 중에 함유되어 있는 목적성분의 mg수는 보통 mg/100mℓ로 표시한다.

8. 백만분율(part per million)

시료 100만g 중에 함유되어 있는 목적성분의 g수를 뜻하며 시료 1,000g 중에 함유되어 있는 목적성분의 mg수와 같고 ppm의 기호를 쓴다. 비중이 1에 가까운 액체시료는 1ℓ 중에 함유되는 목적성분의 mg수 또는 ppm으로 표시되며 수질검사 등에서 사용된다.

9. 기 타

기타 함량표시법으로 ppb(part per billion)가 있으며 이것은 시료 1,000g 중에 함유되어 있는 목석성분의 μg(mcg)수를 뜻한다.

[예] 0.1%는 1ppt, 100mg%, 1,000ppm, 10^6ppb이다.

2-1-2 측정치와 유효숫자

유효숫자는 우리가 어떤 저울, 비커, 메스실린더 등의 측정기기에서 눈금을 읽을 때 매우 중요한 의미를 지닌다. 측정값에서 유효숫자의 수는 측정하는 사람에 의해 정확하다고 믿는 숫자의 수 이며, 여기에는 1개의 추정 수를 포함하고 있다.

측정값이 「6」, 「6.0」, 「6.00」이라고 하는 것은 각각 수치 맺음하여 6과 6.0, 6.00이 되는 범위에 참값이 있다는 것을 의미한다.

참값이 *x*라면

6이라는 측정값은 $5.5 \leqq x < 6.5$ (오차는 1, 또는 ±0.5)

6.0이라는 측정값은 $5.95 \leqq x < 6.05$ (오차는 0.1, 또는 ±0.05)

6.00이라는 측정값은 $5.995 \leqq x < 6.005$ (오차는 0.01, 또는 ±0.005)

라는 것을 각각 나타내는 것이다. 위 6.0의 「6」과 다음의 「0」은 「6」과 「0」으로 측정된 것이라는 의미가 있는 숫자인 것이다.

특정 측정기기에서 눈금을 읽을 때의 유효숫자와 관계된 것을 다음과 같이 요약할 수 있다.

〈주의사항〉

① 유효숫자에는 1개의 추정 수가 포함된다.

② 가장 작은 눈금의 1/10(또는 0.1)을 읽는다(이 규칙은 어떤 측정에도 적용된다). 이는 읽는 값의 오차(판독오차)를 의미하는데 측정기에 표시된 최소눈금의 ± 1/10을 의미한다. 만일 확신이 서지 않는다면 최소눈금의 1/5을 읽는다.

지식경제부 기술표준원에서 나온 자료 중에 예를 보면 더 잘 알 수 있다. 측정기기에서 측정값을 읽은 후 유효숫자가 몇 개인지 확실히 알 수 있을 것이며 정확도를 높이려면 당연히 유효숫자가 많이 표기된 측정기기를 사용하면 된다.

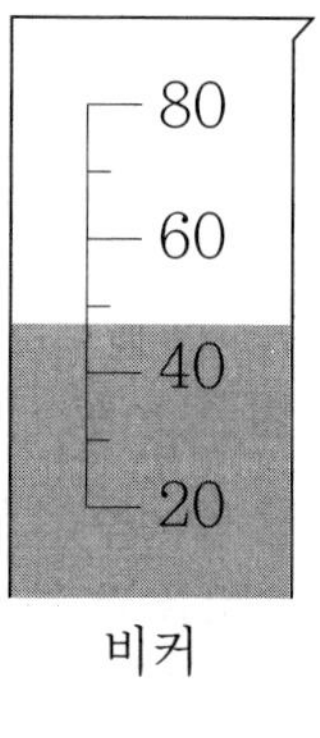

비커

이 비커의 최소눈금은 10mℓ.

따라서 10mℓ의 1/10인 ±1mℓ까지 읽을 수 있다. 양호하게 읽은 값이 47mℓ라면, 47mℓ ±1mℓ로 표시한다. 한 사람은 46mℓ로 읽었고, 다른 사람은 48mℓ로 읽었다면 ±1mℓ 오차 내에 있으므로 모두 올바른 답이다. 그러면 47mℓ±1mℓ의 유효숫자는 몇 개인가?

답은 2개 이다. '4'는 확실히 알고 있는 수이며, '7'은 추정한 값이다.

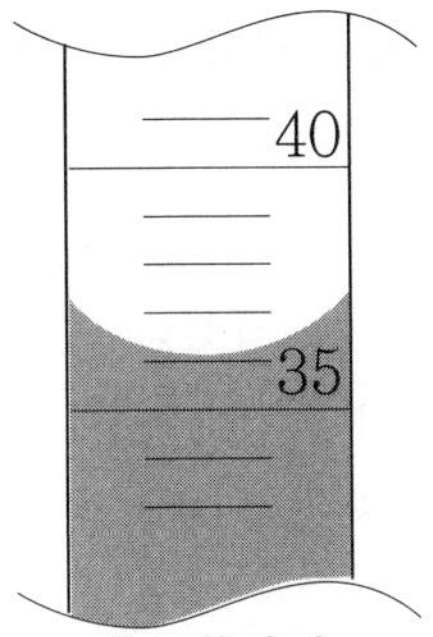

메스실린더

이 실린더의 최소눈금은 1㎖.

따라서 읽음 오차는 ±0.1㎖

읽은 값이 36.5㎖ 라면 36.5㎖±0.1㎖로 표시한다.

유효숫자는 몇 개인가?

'3'과 '6'은 확실한 숫자이고, '5'는 추정값이므로 유효숫자는 3개이다.

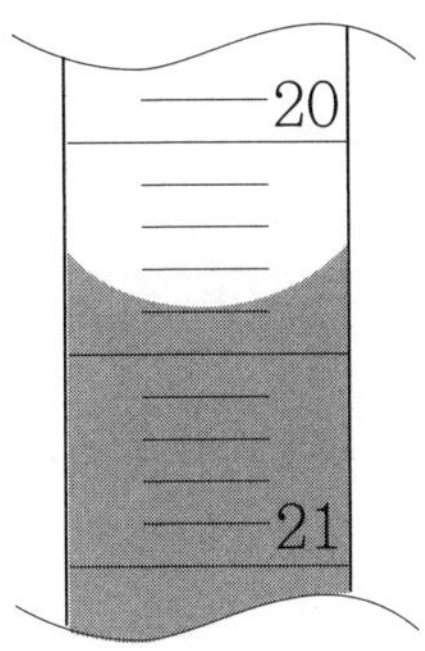

뷰렛

이 뷰렛의 최소눈금은 0.1㎖.

뷰렛이라 위로부터 아래로 읽어나간다.

최소눈금이 0.1㎖이므로 읽음 오차는 ±0.01㎖.

읽는 값이 20.38㎖라면 20.38㎖±0.01㎖로 표시한다.

유효숫자는 몇 개인가?

'2', '0'과 '3'은 구별할 수 있으나, '8'은 추정한 것이므로 유효숫자는 4개이다.

2-1-3 유효수치의 계산

1. 유효수치

실험치로서 충분한 유의성과 신뢰성이 보장되도록 자리수가 정리된 수치를 일반적으로 유효수치라고 하며 그것을 기록하기 위하여 사용된 숫자를 유효숫자라고 한다. 유효자리수는 유효숫자의 개수를 뜻한다. 단, 소수점의 위치를 표시하기 위하여 사용한 0은 유효숫자가 아니다.

[예] 1.023 0.1230 1.23×10^4 (_표는 유효숫자)

유효수치는 관례상 확실성이 보증되는 자리보다 1자리를 더 많이 취하여 표시하고 그 이하는 사사오입(四捨五入)하여 정리하도록 되어 있다. 한 예로 원자량의 끝자리 수치는 불확실하다.

계산에 있어서는 각 항의 오차가 계산치에 전달되므로 그 크기를 파악하면 계산치의 유효자리수가 결정된다. 그러나 실제 계산과정에서 전달되는 오차의 크기를 일일이 검토한다는 것은 대단히 번잡스러운 일이므로 보다 간편한 방법으로 다음과 같은 유효수치의 계산규칙이 이용되고 있다.

2. 더하기 · 빼기 계산

각 항 중 끝자리 단위가 가장 큰 것을 기준하여 기타 항의 끝자리를 정리한 다음 계산한다.

[예] $30.1+1.26+0.531=31.891$ 대신에 $30.1+1.3+0.5=31.9$

각 항을 미리 정리하여 계산한 것과 계산한 다음에 정리하는 경우 양자간에 약간의 차가 생기지만 별로 문제될 것은 없으며 반면에 계산을 능률적으로 할 수 있다.

3. 곱하기 · 나누기 계산

각 항 중 유효자리수가 가장 작은 것을 기준하여 기타 항의 자리수를 미리 정리한 다음에 계산한다. 계산 중간치도 이에 따른다.

[예] $34.57\times0.123\times1.0735=4.56464$ 대신에

$34.6\times0.123=4.2558=4.26$, $4.26\times1.07=4.5582=4.56$

$25.669\div23.1=1.1112121$ 대신에 $25.7\div23.1=1.1125541=1.11$

2-2 분석 오차의 관리

한정된 측정값과 그 오차에 관하여 여러 가지 합리적인 지식을 얻으려면 통계적 방법이 필요하다. 예를 들면 어느 확률수준에서의 평균값의 신뢰범위의 추정, 2군의 분석값 간의 차에 관한 유의성 검정, 이상측정값의 취사기준, 측정오차의 통제관리, 계산값에 전달되는 측정오차 기타 분석실험에 필요한 통계적 수단을 간단히 설명한다.

2-2-1 오차의 종류

측정값(measured value)에서 참값(true value)을 감한 것을 오차(error)라 하며, 그 절대값을 절대오차(absolute error)라 한다. 참값에 대한 그 비율을 상대오차(relative error)라 하며 비율 이외에도 필요에 따라 백분율이나 천분율로 나타낼 때도 있다. 절대오차가 작을수록 그 측정값의 정확도(accuracy)가 크다고 하며 같은 조건에서 얻은 같은 시료에 대한 측정값 상호 간의 차가 작을수록, 즉 측정값이 서로 밀집되어 있을수록 정밀도(precision)가 크다고 한다. 오차는 그 원인이나 특성에 따라 다음과 같이 분류한다.

1. 계통오차

오차의 발생원인을 구명(究明)할 수 있고 참값을 기준으로 하여 일정한 방향(+ 또는 -)과 크기를 가지고 있는 오차를 계통오차(systematic error) 또는 정오차(determinate error)라 한다. 그 원인에 따라서 다음과 같이 분류한다.

① 계기오차(instrumental error) : 저울, 측용기, 기타 사용계기의 부정확으로 인하여 생긴다.

② 환경오차(environmental error) : 온도, 습도, 기압 등 환경조건의 변화로 생긴다.

③ 방법오차(methodic error) : 실험자의 그릇된 습성이나 주의력의 부족으로 말미암아 생긴다.

계통오차를 분류하는 방법은 관점에 따라서 달라질 수 있으며 어느 종류의 계통오차에 속하는 것인가를 명확히 규정할 수 없을 때도 있다. 그러므로 원인에 따라 조작오차, 적정오차, 지시약오차, 시약오차 등 여러 가지로 표현하기도 한다. 그리고 조작이나 계산상의 잘못으로 생기는 과실오차는 그 크기나 방향이 일정하지 않으므로 계통오차라고는 할 수 없다.

2. 우연오차

계통오차나 과실오차를 제거하여도 계기의 정밀성이나 관측자의 능력의 한계성 등 여러 가지 제약을 받아 같은 조건으로 분석을 하여도 매회의 측정값에는 원인을 알 수 없는 오차가 따르는데 이것을 우연오차(accidental error or random error) 또는 부정오차(indeterminate error)라고 한다. 우연오차가 작을수록 정밀도는 커진다. 적절한 방법으로 정밀도를 어느 한계까지 높일 수는 있으나 우연오차의 본질적 특성을 생각할 때 이것을 완전히 제거하는 방법은 없다. 다만 그 크기를 통계적 방법으로 평가하는 방법이 있을 따름이다.

2-2-2 분석오차의 관리

측정값의 오차 중에는 정확도를 지배하는 계통오차 및 정밀도를 지배하는 우연오차가 서로 섞여져서 나타난다. 그림 1-2는 참값(m)에 대한 측정값의 분포 모양을 4가지로 나누어 나타낸 것이며 그 중에서 (a)는 가장 이상적인 분포 모양에 해당한다. (b)는 정확도, (c)는 정밀도, (d)는 양자를 되도록 (a)에 가까운 모양이 되도록 여러 가지 개선책을 마련해야 한다.

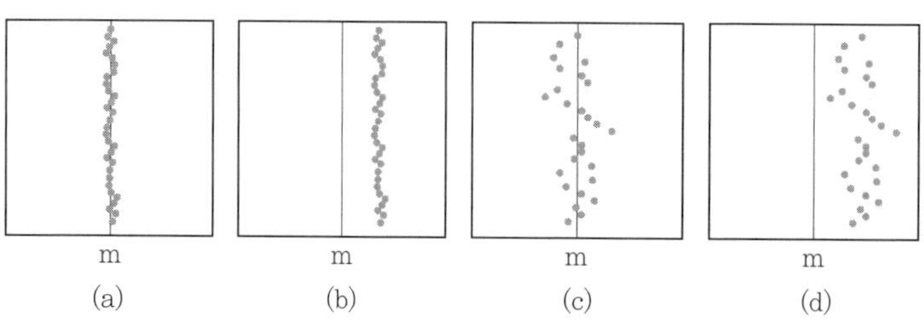

		정확도	
		좋다	나쁘다
정밀도	좋다	(a)	(b)
	나쁘다	(c)	(d)

그림 1-2 측정값의 분포 모양

1. 계통오차의 처리

분석오차 중에서 계통오차나 과실오차에 대해서는 그 원인에 따라 다음과 같이 적절히 처리한다.

① 분석기술을 연마하고 기본조작법에 숙달하여 면밀한 관찰력과 주의력을 배양하고 분석계산에 능숙해야 한다.

② 저울과 측용기를 검정하고 환경오차에 대한 보정을 시행한다.

③ 시약의 순도, 시료 중의 방해성 물질의 유무, 표준액 농도의 정확성 등을 검토한다.

④ 시료채취, 칭량, 희석, 용해, 침전, 여과, 세척, 가열, 증발, 건조, 추출, 적정 등 여러가지 분설실험의 기본조작에 수반하는 여러 가지 오차요인을 제거하도록 유의한다.

⑤ 시료량이나 농도, 공존물질의 방해성, 분석목적에 타당한 분석값의 신뢰성, 사용계기의 성능 등 여러 가지 실정에 따라 알맞은 분석법을 택하되 그 분석법의 결함에서 유래되는 계통오차를 분석관리도 등으로 구명하여 이를 제거한다.

⑥ 필요에 따라 다음과 같은 공시험, 조절시험, 회수시험 등을 시행함으로써 전반적인 계통오차, 특히 그 중에서도 방법오차를 제거한다.

1) **공시험(blank test)** : 시료를 사용하지 않고 기타 모든 조건을 시료분석법과 같은 방법으로 실험하는 것을 말한다. 이와 같이 함으로써 시약 중의 불순물로 인한 오차, 지시약오차, 기타 조작 중 일어나는 여러 가지 계통오차의 대부분을 효율적으로 제거할 수 있다.

2) **조절시험(control test)** : 시료와 가급적 동일성분을 함유한 대조시료를 만들어 시료분석법과 같은 방법으로 여러 번 실험한 다음 기지함량값과 실제로 얻은 분석값과의 차액만큼 시료분석값을 보정하여 준다. 보정값이 함량에 비례할 때에는 비례계산하여 시료분석값을 보정한다. 즉

$$\frac{\text{시료성분량}}{\text{대조시험 성분량}} = \frac{\text{시료분석값}}{\text{대조시료 분석값}}$$

3) **회수시험(recovery test)** : 시료와 같은 공존물질을 함유하는 농도기지 대조시료를 분석함으로써 공존물질의 방해작용 등으로 인한 분석값의 회수율을 검토하는 방법이다. 요, 혈청, 생체조직 등과 같이 공존물질의 조성이 복잡할 때에는 시료에 일정량의 목적 성분을 추가하여 분석하고 추가량에 대응하는 분석값의 증가량을 검토하는 방법이 흔히 이용된다.

4) **맹시험(blind test)** : 실용분석에서는 분석값이 어느 범위 내에서 서로 비슷하게 될 때까지 실험을 되풀이하는 것이 보통이다. 이때 얻어지는 처음 분석값은 조작에 익숙하지 못하여 흔히 오차가 크게 나타나므로 맹시험이라고 하며 버리는 경우가 많다. 때로는 그 결과에 따라 시료량, 시액 농도 등을 보다 합리적으로 개선할 수 있으며 따라서 일종의 예비시험에 해당한다.

5) **평행시험(parallel test)** : 같은 시료를 방법으로 여러 번 되풀이 하는 시험으로, 이것은 우연오차를 가지고 있는 매회 판정값으로부터 그 평균값과 평균오차 등을 얻기 위한 수단이며 계통오차를 제거하는 방법은 아니다.

2. 분석관리도

같은 표준시료를 주기적으로(매일 또는 매주) 분석하여 그 결과를 도표로 기록한 것을 분석관

리도(control chart)라고 하며 다음과 같이 작성한다.

즉 표준시료의 기지함량(x_0)을 나타내는 기선을 설정한 다음 주기의 한 예로서 매일 분석한 값을 일별로 기입한다. 한편 기선의 상하 일정한 거리로 관리한계(control limit)의 선을 설정한다. 한계선과 기선의 거리는 분석법의 정밀도에 따라 다음과 같이 책정하는 것이 상례이다. 즉 되도록 많은 횟수의 분석값을 평균하여 표준편차(s)를 산출한 다음, 기선을 중심으로 하여 내부한계(inner limit)로서 ±2s, 외부한계(out limit)로서 ±3s를 취한다. 이에 대한 확고한 확률적 근거는 없으나 실제 문제를 해결함에 있어 타당하다는 것이 경험으로 인정되고 있다. 참고로 정규분포곡선과 그 모표준편차 δ에 관하여 모평균값 m을 중심으로 하여 각 측정값이 $\pm 2\delta$, $\pm 3\delta$를 벗어나는 확률은 각각 5%, 0.3%이며 s는 δ의 근사값임을 생각할 때 앞에서 설명한 각 한계선의 설정기준이 타당하다는 것을 납득할 수 있을 것이다. 물론 보다 많은 분석값을 얻은 다음에는 다시 s를 계산하여 한계선을 수정할 수도 있다.

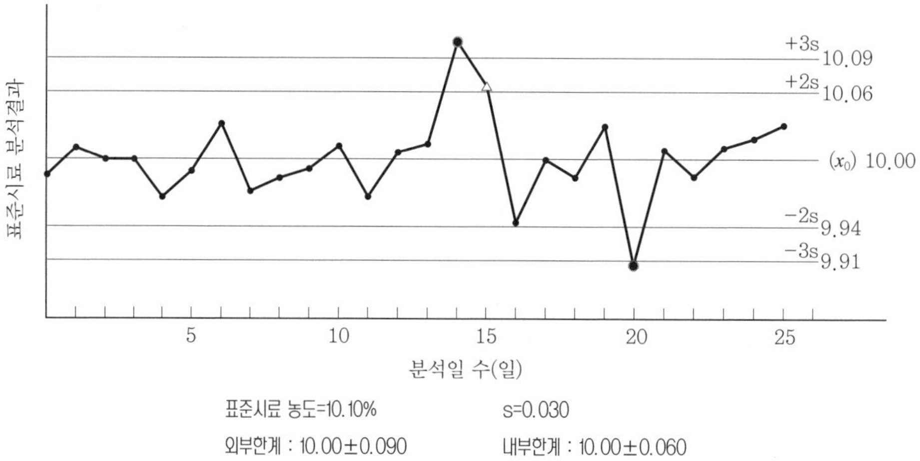

그림 1-3 분석관리도(예)

내부한계를 넘는 분석값은 계통오차의 존재가능성을 경고하는 셈이며, 외부한계를 넘는 분석값은 거의 틀림없이 계통오차가 따른다는 것을 알리는 것이기 때문에 그 원인을 찾아내어 그 개선책을 검토함으로써 해당 분석법의 표준화를 기할 수 있을 것이다. 내부한계선 이내에서의 불규칙성은 단순히 우발적인 것으로 본다. 분석관리도는 특히 시일경과에 다라 나타나는 일정한 경향성을 가진 이상현상을 단순한 불규칙현상과 구별하는 데 매우 효과적이다. 즉 분석관리도를 작성하고 관찰한다는 것은 경시적으로 나타나는 계통오차(시액의 변질이나 농도변화 등)를 발견하는 동시에 전반적인 계통오차 요인을 제거하고 정밀도의 윤곽을 파악하는 좋은 수단이다.

2-2-3 분석치의 허용오차

여러 가지 분석조건에 따라 불가피한 것으로 인정되는 오차를 허용오차라고 한다. 다음에 몇 가지 예를 든다. 1회 무게를 다는 데는 최소한 0.1mg의 칭량오차가 따르므로 칭량병을 사용하는 칭량물질량의 오차는 2회의 칭량오차가 가산되어 약 0.2mg 정도이다. 그리고 보통 뷰렛의 눈금 관측오차는 1회 최소한 0.01~0.02mℓ이므로 표준액 소비량의 오차는 뷰렛의 상하 눈금 관측오차가 가산되어 약 0.02~0.04mℓ 정도이다. 기타표준액의 농도오차, 분석오차에서의 여러 가지 오차가 겹치므로 0.2g 정도의 시료량을 달고 표준액 소비량을 20~40mℓ정도로 하여 해당 측정값의 상대오차를 각각 0.1% 정도가 되도록 조작하여도 분석값(%)의 허용오차는 최소한 약 0.3% 이내로 줄일 수는 없다. 따라서 그 유효 자릿수는 최대 4개 정도이다.

2-3 분석치의 통계적 처리

2-3-1 정규분포곡선

산재되어 있는 측정값들을 통계처리하는 첫 단계로서 측정값을 크기 차례로 배열하되 적당한 폭을 가진 구간(cell)으로 세분하여 구간별 측정값의 크기와 그 도수(빈도)에 관한 도수분포도를 그려보면 측정 횟수를 증가시킴에 따라 도수분포도의 모양이 소위 정규분포곡선(normal distribution curve)과 비슷해진다.

정규분포곡선은 우연오차를 가진 측정값을 무한횟수 측정하였다고 가정할 때 얻을 수 있는 궁극적인 도수분포곡선으로서 Gauss의 분포곡선(Gaussian distribution curve)이라고도 하며 그 함수식은 다음과 같다.

$$y = f(x) = \frac{1}{\delta\sqrt{2\pi}}\, e^{-(x-m)^2/2\delta^2}$$

y : 측정값 x의 상대빈도(relative frequency)

m : 모평균값

δ : 모표준편차

π : 3.14……

e : 2.718……

y는 전체빈도를 1로 하였을 때의 상대빈도이다. m은 소위 모집단의 평균값이며 여기에서는 계통오차가 따르지 않는 한 참값에 해당한다.

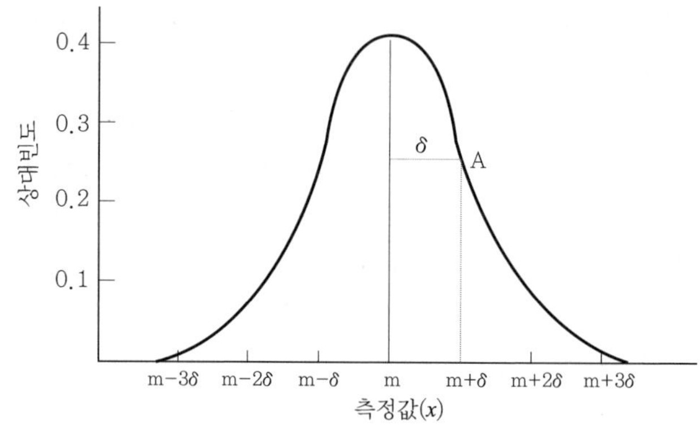

그림 1-4 정규분포곡선

그림 1-4은 Gauss의 분포곡선의 한 예이며, x의 정밀도에 따라 곡선의 분포폭과 정점의 높이는 달라지나 다음과 같은 공통적인 특징을 가지고 있다.

① m을 중심으로 하여 좌우 모양이 같으며 계통오차가 없다면 같은 크기의 정오차와 부오차의 빈도는 같다.

② 큰 오차보다 작은 오차의 빈도는 크다.

③ 대단히 큰 오차는 거의 나타나지 않는다.

④ 변곡점(A)과 중앙선(m) 사이의 거리는 모표준편차(δ)와 같다.

⑤ x축의 어느 범위와 곡선으로 둘러싸인 내면적은 그 범위 안에 있는 측정값의 확률을 나타내는 바 그 내용은 다음과 같다.

측정값 범위	확률(%)
$m \pm \delta$	68.26
$m \pm 2\delta$	95.46
$m \pm 3\delta$	99.74

정규분포곡선에 대해서는 기타 여러 가지 관계수식이 있으나 생략한다.

2-3-2 유한개 측정값의 통계처리

정규분포곡선에 관한 여러 가지 격론은 앞에서 설명한 바와 같이 통계학상으로 볼 때 분명하고 확고부동한 것이다. 그러나 아무리 모집단을 대표할 수 있도록 마구잡이로 시료를 채취하여도 그것은 한정된 개수(n)의 시료에 지나지 않으므로 그 평균값($\bar{x}$)이나 표준편차(s) 등이 완전히 m 또는 δ 등과 일치한다는 보증은 없다. 그 이유는 '무한과 유한' 사이의 차이 때문이며 양자간에 유사성은 있으나 같다고 단정할 수 는 없다. 그러므로 n, $\bar{x}$, s 등의 수치를 이용하여 어느 확률수준에서 모집단에 관한 여러 가지 사항을 통계적 방법으로 추정하는 것이 합리적이다.

1. 집중경향(central tendency)

n개의 측정값의 대표값으로서 전체적으로 보아 어느 곳으로 집중되는가를 나타내는 척도이며, 그 중에는 평균값, 중앙값, 최빈값 등이 있다.

1) **평균값(mean)** : n개의 측정값(x_1, x_2, …… x_n)의 산술평균값이다.

$$\text{평균값}(\bar{x}) = \frac{x_1+x_2+\cdots\cdots+x_n}{n} = \frac{\Sigma x_r}{n}$$

$\bar{x}$는 집중경향의 가장 합리적인 척도이며 하나하나의 측정값보다 $\sqrt{n}$ 배의 신뢰성을 가지고 있으므로 n을 증가시킴에 따라 $\bar{x}$는 더욱 모평균값(m)에 접근한다. 그러므로 정밀을 필요로 하는 분석일수록 n을 증가시켜야 하며 실용분석에서는 보통 5회 정도이다. 그러나 만일 매회의 측정값마다 일정한 크기의 계통오차가 따른다면 n을 증가시켜도 $\bar{x}$에서 계통오차를 감소 또는 제거시킬 수는 없다.

2) **중앙값(median)** : n개의 측정값을 크기 차례로 나열했을 때 n의 중간(예:측정값 5개 중 3번째)에 해당하는 측정값(M)이다. n이 짝수일 때에는 중간의 2개(예:측정값 6개 중 세번째와 네 번째)의 측정값의 평균값을 뜻한다.

3) **최빈값(mode)** : 가장 빈도가 많은 측정값이다.

정규분포곡선에서는 이상 3가지 집중경향의 척도가 서로 일치하지만, 유한개 측정값에서는 일치하지 않을 수 있으며 n의 적을수록 그 경향이 크다.

2. 산포도(dispersion)

산포도 또는 변동(variation)이라고도 하며 *n*개 측정값의 분포폭을 나타내는 척도이다. 같은 평균값을 가지고 있는 2군의 측정값도 그 정밀도에 따라 산포도는 일정하지 않다. 산포도의 종류는 다음과 같다.

1) **범위**(range) : 측정값 중 최대값에서 최소값을 감한 것이다.

$$R = \text{최대값} - \text{최소값}$$

2) **편차**(deviation) : 각 측정값에서 평균값을 감한 것이다.

$$d_r = x_r - \bar{x}$$

3) **평균편차**(average deviation) : 각 편차의 절대값의 산술평균값이다.

$$d = \frac{|d_1| + |d_2| + \cdots\cdots + |d_n|}{n} = \frac{\Sigma |d_r|}{n}$$

4) **상대평균편차**(relative average deviation) : 평균값에 대한 평균편차의 비이며 필요에 따라 %, ‰ 등으로도 표시한다.

$$\frac{d_r}{\bar{x}}, \quad \frac{d_r}{\bar{x}} \times 100\%, \quad \frac{d_r}{\bar{x}} \times 1000‰$$

5) **표준편차**(standard deviation) : 각 편차의 제곱값을 합계하여 자유도로 나눈 값의 평방근이다.

$$S = \sqrt{\frac{d_1^2 + d_2^2 + \cdots\cdots + d_n^2}{n-1}} = \sqrt{\frac{\Sigma d_r^2}{n-1}}$$

n-1 : 자유도(degree of freedom)

6) **상대표준편차**(relative standard deviation) : 평균값에 대한 표준편차의 비이며 필요에 따라 %, ‰ 등으로도 표시한다. 즉,

$$\frac{S}{\bar{x}}, \quad \frac{S}{\bar{x}} \times 100\%, \quad \frac{S}{\bar{x}} \times 1000‰$$

7) **분산**(variance) : 표준편차의 제곱값이다.

$$V = S^2$$

[예1] 1군의 측정값 0.2041, 0.2049, 0.2039, 0.2043에 대하여

[해설]

$$\bar{x} = 0.2043$$

$$M = \frac{0.2041+0.2043}{2} = 0.2042$$

$$R = 0.2049-0.2039 = 0.0010$$

$$d = 0.00030$$

$$\frac{d}{\bar{x}}1000 = 1.5‰$$

$$S = 0.00043$$

$$\frac{S}{\bar{x}}1000 = 2.1‰$$

$$V = S^2 = 1.8\times10^{-7}$$

2-3-3 *t*-분포 및 신뢰구간 추정

1. *t*-분포(*t*-distribution)

실제분석의 경우에 자료의 개수가 적기 때문에 모평균(μ)과 모표준편차(σ)는 알기 힘들고 단지 $\bar{x}$와 s를 알 수 있을 뿐이다. σ대신 s를 사용한 경우는 정규분포와 유사 하지만, 이보다는 약간 낮고 꼬리부분이 두터운 분포를 이룬다. 이러한 분포는 Student의 *t*-분포 혹은 줄여서 *t*-분포라고 불리는 것으로서, W.S. Gossett가 Student라는 가명으로 논문에 발표하였다. 이 분포는 자료의 개수가 많으면 정규분포와 매우 일치하지만, 그렇지 않은 경우에는 그 모양이 달라진다. 그래서 *t*표는 표준정규 분포료와는 달리 항상 자유도에 따라서 나타나게 되어 있다.

표 1-8에 자유도와 확률에 대한 *t*값을 나타내었다. *t*-분포는 실제분석에 있어 신뢰구간을 나타낼 때와 두 군의 실험결과를 비교하는 유의성 검정에 자주 쓰이고 있다.

표 1-8 신뢰도와 자유도에 대한 t값

자유도	신뢰도(%)						
	50	90	95	98	99	99.5	99.9
1	1.000	6.314	12.706	31.821	63.657	127.32	636.619
2	0.816	2.920	4.303	6.965	9.925	14.089	31.598
3	0.765	2.353	3.182	4.541	5.841	7.453	12.924
4	0.741	2.132	2.776	3.747	4.604	5.598	8.610
5	0.727	2.015	2.571	3.365	4.032	4.773	6.869
6	0.718	1.943	2.447	3.143	3.707	4.317	5.959
7	0.711	1.895	2.365	2.998	3.500	4.029	5.408
8	0.706	1.860	2.306	2.896	3.355	3.832	5.041
9	0.703	1.833	2.262	2.821	3.250	3.690	4.781
10	0.700	1.812	2.228	2.764	3.169	3.581	4.587
15	0.691	1.753	2.131	2.602	2.947	3.252	4.073
20	0.687	1.725	2.086	2.528	2.845	3.153	3.850
25	0.684	1.708	2.068	2.485	2.787	3.078	3.725
30	0.683	1.697	2.042	2.457	2.750	3.030	3.646
40	0.681	1.684	2.021	2.423	2.704	2.971	3.551
60	0.679	1.671	2.000	2.390	2.660	2.915	3.460
120	0.677	1.658	1.980	2.358	2.617	2.860	3.373
∞	0.674	1.645	1.960	2.326	2.576	2.807	3.291

2. 신뢰구간 추정

한정된 수의 측정으로부터 모평균(μ)과 모표준편차(σ)를 구하는 것은 불가능하다. 실제로 결정되는 것은 측정치의 평균($\bar{x}$)과 표준편차(s)이다. 신뢰구간(confidence interval)은 모평균이 있으리라 추측되는 측정치의 평균의 구간을 나타낸다. 모평균의 신뢰구간은 $\mu = \bar{x} \pm \frac{ts}{\sqrt{n}}$와 같이 주어진다. 여기서 n은 측정횟수, t는 주어진 확률과 자유도에 따른 값이다. 일반적으로 사용되는 확률수준은 95%이다.

[예2] 비타민 정제 중의 비타민의 함량이 0.123, 0.121, 0.127, 0.120, 0.125일 때 모평균의 신뢰구간을 구하라.

[해설] $\bar{x}$=0.1232, s=0.0029이므로

$$\mu = 0.1232 \pm \frac{2.776 \times 0.0029}{\sqrt{5}} = 0.123 \pm 0.004$$

이다.

[예3] n=9, $\bar{x}$=0.456, s=0.0053인 실험결과에서 $\bar{x}$의 신뢰구간을 구하라.

[해설] 신뢰수준 95% : $0.456(\pm 2.306 \times 0.0053 \div \sqrt{9}) = 0.456 \pm 0.0041$

신뢰수준 99% : $0.456(\pm 3.335 \times 0.0053 \div \sqrt{9}) = 0.456 \pm 0.0059$

이다. 즉, 신뢰수준이 높을수록 범위를 넓게 잡은 것이 되어 그만큼 위험률이 줄어진다.

3. 실험결과의 유의성 검정

2군의 분석치 사이에 차가 생겼을 때 그 유의성(significance)의 유무를 판정하는 수단이며 t검정(t-test) 또는 귀무가설(歸無假設, null hypothesis) 검정이라고도 한다.

(1) 2군의 측정치에 대한 평균의 비교

다음 식에 의하여 측정치에 대한 t값을 계산하고 이것을 표 1-8에서의 t값과 비교한다.

$$t_{계산} = \frac{|\bar{x}_1 - \bar{x}_2|}{s} \sqrt{\frac{n_1 n_2}{n_1 + n_2}}$$

이 식에 사용된 s는 2군의 표준편차를 결합시킨 합동 표준편차로 다음 식과 같이 계산한다.

$$s = \sqrt{\frac{\Sigma(x_i - \bar{x}_1)_2 + \Sigma(x_j - \bar{x}_2)_2}{n_1 + n_2 - 2}}$$

또는

$$s = \sqrt{\frac{\Sigma(n_1 - 1)s_1^2 + \Sigma(n_2 - 1)s_2^2}{n_1 + n_2 - 2}}$$

x_i, x_j, $\bar{x}_1$, $\bar{x}_2$, s_1, s_2는 2군에 대한 측정치, 평균, 표준편차

여기서 계산된 t값을 주어진 신뢰도에서 자유도가 n_1+n_2-2에 대한 표상의 t값과 비교하여 $t_{계산} > t_{표}$이면 두 평균이 동일하다는 가설이 기각된다. 즉, 두 평균은 주어진 신뢰도에서 상당히 다르다.

한 예로서, 같은 시료를 두가지 분석법으로 하였을 때 두 평균치 사이의 차에 유의성이 있다면, 어느 한쪽이나 또는 양자의 계통오차가 따르고 있다는 것을 뜻할 것이며, 그 원인을 제거하는 적절한 대책을 마련할 필요성이 있다고 판정한다. 또, 하나의 예로서, 2군의 시료를 같은 분석법으로 분석한 두 평균치 사이의 차에 유의성이 있다면, 그것이 우발적으로 생긴 것이 아니라 시료 중에 함유되는 성분량에 분명히 차가 있다는 것을 뜻한다.

기타 여러 가지 조건(실험자, 장소, 일시, 시약 등)을 서로 달리한 실험의 두 가지 평균치에

관하여, 그 차이의 유의성을 위와 같은 방법으로 판정한다.

이와 같은 판정은 확률 수준에 따라 달라질 수 있으며, 대부분의 과학적 측정치는 앞에서 말한 바와 같이 95%의 확률수준을 기준으로 하는 것이 관례이다.

(2) 측정치의 평균과 표준치의 비교(정확도 검정)

때때로 실험자는 측정결과가 주어진 표준치와 동일한지의 여부를 결정할 필요가 있다. 예를 들어, 정제기가 주어진 규격의 무게를 갖는 정제를 생산하는지의 여부를 확인하고자 할 때, 이러한 비교를 수행하여야 한다. 이때는 주어진 신뢰도에서 $\bar{x}=x_t$, $s=s_t$임을 확인하여야 한다.

여기서 표준편차의 동일성은 다음에 설명할 분산의 동일성으로 확인할 수 있고, 평균과 표준치와의 동일성은 다음 식에 의거 t값을 계산하고, 이것을 표 1-7의 자유도가 n-1에 대한 t값과 비교하여 검정한다. $t_{계산} > t_{표}$이면 측정치의 평균은 주어진 신뢰도에서 정상치와 상당히 다르다고 할 수 있다. 유의성이 있다는 것은 표준치와 일치하지 않는 원인, 즉 계통오차가 해당 확률수준에서 추정된다는 뜻이다.

$$t_{계산} = \frac{|\bar{x}-x_t|}{s}\sqrt{n}$$

[예4] 표준가스 봄베(SO_2 농도:24.00ppm)로 부터 채취한 SO_2을 6회 분석한 결과 $\bar{x}$=22.33, s=2.331이었다. 이 분석치는 참값과 비교하여 유의한 차가 있는가(bias가 있는가 또는 정확도가 있는가)?

[해설1] 이 값은 $t_{표,95\%}$값인 2.571보다 작으므로, 분석치는 참값과 유의한 차이가 없다.

[해설2]

ⓐ 가설세움 : H_0: $\mu_m=\mu$라고 한다.

$\mu_m=\mu$=24.00ppm

ⓑ 위험률(1-확률) α=0.05

ⓒ 신뢰구간 β를 정한다.

$$\beta=\pm t_{\alpha(0.05)}\times\frac{s}{\sqrt{n}}=\pm 2.271\times\frac{2.231}{\sqrt{6}}=\pm 2.34$$

ⓓ 평균의 범위를 정한다.

19.99 〈 $\bar{x}$ 〈 2467

ⓔ 검정함 : μ=24.00은 $\bar{x}\pm\beta$사이에 있으므로 가설 $\mu_m=\mu$을 버릴 수 없다. 즉, 이 분석치는 참값과 유의한 차이가 없다.

(3) 개별측정에 대한 비교

시료간의 차이가 인정되고 평균값의 의미가 적을 때, 두 가지 방법에 의해서 얻은 측정치를 비교하는 방법이다. 예를 들면, 실험쥐 5마리에 대해서 수면제의 수면시간을 서로 다른 방법으로 측정하고, 수면시간의 측정방법을 비교하고자 할 때 이 방법을 사용할 수 있다. 이것의 기본개념은 각 자료쌍에 대해서 그 차이를 구하고, 그 차이를 하나의 자료군으로 삼아서 표의 값과 비교하는 것이다.

각 시료의 두방법에 의한 측정치를 (x_i, y_i)라 하고, 이것의 차이 $d_i=x_i-y_i$에 대한 t를 계산한다.

$$t_{계산} = \frac{|\bar{d}|}{s_d}\sqrt{n}$$

$$s_d = \sqrt{\frac{\Sigma(d_i-\bar{d})^2}{n-1}}$$

이렇게 계산된 t값을 표의 자유도가 $n-1$에 대한 t값과 비교하여 $t_{계산} > t_{표}$이면 두 가지 측정방법은 주어진 신뢰도에서 상당히 다르다고 할 수 있다.

2-3-4 *F*분포와 분산의 비교

두군의 측정치에 대한 분산이 중요한 척도가 되는 경우가 있다. 예를 들면, 두 종류의 정제기로 정제를 생산했을 경우, 평균치가 동일하다 할지라도 분산이 서로 다르다면 이는 심각한 문제를 야기시킬 수 있다. 두 군의 실험치에 대해 분산을 비교하는 목적은, 주어진 신뢰도 내에서 두 군의 실험치를 혼합할 수 있는지의 여부나, 어는 구의 정밀도가 더 좋은지를 검정하는 것이다. 즉, 주어진 오차범위 내에서 $s_1^2=s_2^2$의 성립여부에 대한 해답을 구하는 것이다.

만약, 두 경우의 분산이 동일하다면 이론적으로 $s_1^2/s_2^2=1$이 될 것이며, 이것이 1로부터 떨어진 정도로 주어진 확률에서 분산의 동일성 여부를 검정하게 된다. 이 분산의 비는 F분포를 따른다는 것이 알려져 있고, 이 분포는 t-분포와는 달리 비대칭이고 오른쪽으로 긴 꼬리를 갖는다. 분포곡선의 형태는 자유도에 따라 변화한다.

정밀도간의 유의성 검정은 F값을 계산하고 이것을 표1-9에서의 F값과 비교함으로써 이루어진다.

F계산 …… s_1^2/s_2^2

F표 …… 주어진 신뢰도에서 자유도가 n_1-1, n_2-1 일 때의 F값

표 1-9 자유도에 따른 F값(신뢰수준 95%)

f_1 / f_2	3	4	5	6	10	20
3	9.28	9.12	9.01	8.94	8.79	8.66
4	6.59	6.39	6.26	6.16	5.96	5.80
5	5.41	5.19	5.05	4.95	4.74	4.56
6	4.76	4.53	4.39	4.28	4.06	3.87
10	3.71	3.48	3.33	3.22	2.98	2.77
20	3.10	2.87	2.71	2.60	2.35	2.12

* f_1, f_2는 s_1, s_2에 관한 자유도이며 s_1 〉 s_2이다.

$F_{계산}$ 〉 $F_{표}$이면 $s_1^2 = s_2^2$의 가설을 기각하게 되고, 이것으로부터 주어진 신뢰도 내에서 i) 두 종류의 측정치는 서로 혼합되어 처리될 수 없으며, ii) 분산이 작은 쪽이 큰 쪽보다 정밀도가 더 크다는 사실을 유추할 수 있다.

F값을 계산할 때 유의할 점은, F가 항상 1보다 크다는 점을 감안하여 분산이 작은 쪽을 분모로 취해야 한다는 것이다.

2-3-5 측정치의 취사 기준

같은 조건에서 얻은 여러 개의 측정치 중에는 그 크기가 동떨어져 있는 이상치를 흔히 볼 수 있다. 조사결과 그 원인이 분명해지면(대개는 계통오차 또는 과실) 당연히 버려야 한다. 그러나 원인이 분명하지 않은 것을 직감적으로 적당히 판단하여 취사선택한다면 객관성이 흐려지기 쉽다. 단, 처음 몇 개의 측정치 중에는 조작에 익숙하지 못하여 정밀도가 나쁜 측정치를 얻는 수가 많은데, 이것은 소위 맹실험(맹시험)이라 하여 버리는 것이 타당할 것이다. 측정치의 상황에 따라 여러 가지 취사 선택법이 제안되어 있으나 각각 장단점이 있다. 분석실험에서 흔히 쓰는 Goodwin의 4d규칙과 Q시험을 설명한다.

1. 4d 규칙(4d rule)

4~8개의 측정치 중에서 1개의 이상치가 있을 때 적용된다. 즉, 이상치 x를 제외한 기타 측정치의 $\bar{x}$와 $\bar{d}$를 계산하여 $|x-\bar{x}| \geq 4\bar{d}$일 때 x를 버린다. 측정치가 3개 이하 또는 9개 이상일 때, 또는 이상치가 2개 이상일 때는 4d규칙을 적용할 수 없다.

2. Q시험(Q test)

이 방법은 10개 이하의 측정치에 대하여 시험하는데, 먼저 측정값의 범위(R)를 계산하고 의심스러운 값과 이것과 가장 가까운 값의 차(D)를 낸다. D/R의 비율 Q를 구하고, 이것이 표의 측정도수에 해당하는 $Q_{0.90}$값보다 크면 90% 자신을 가지고 이 측정값을 버려도 좋다. Q시험은 데이터 수가 적을 때 (n 〈 5)에는 상당히 엄격해서 별로 유용하지 않다.

표 1-10 측정횟수와 Q값

측정도수	3	4	5	6	7	8	9	10
$Q_{0.09}$	0.94	0.76	0.64	0.56	0.51	0.47	0.44	0.41

다음의 예에서 보는 바와 같이, 어떤 측정치는 검정법의 종류에 따라 버려질 수도 있고 버려지지 않을 수도 있고, 검정법의 채택 또한 매우 주관적이므로 분명한 경우가 아니면 자료를 취사선택하는 자체를 지양해야 한다. 대개, 의심스러운 실험은 반복하여 실시한다는 상식과 인내가 통계적 시험보다 더 가치 있는 것이다.

[예5] 24.14, 24.20, 24.28, 24.26, 24.40, 24.19 중에서 24.40을 버리는 것이 타당한가?

[해설] $4d$ 규칙 …… 24.40을 제외한 $\bar{x}$=24.21, $\bar{d}$=0.044

$24.40-\bar{x}=0.19$, $4\bar{d}=0.18$

0.19 〉 0.18이므로 24.40은 버린다.

$$Q\text{시험} \cdots\cdots \; Q_{계산} = \frac{24.40-24.28}{24.40-24.14} = 0.46$$

$Q_{계산}$ = 0.46 〈 $Q_{표}$=0.56이므로 버릴 수 없다.

제 3 장 기본 실험조작

3-1 천칭의 사용법

물질의 중량을 다는 조작을 칭량이라 하며, 이 칭량에 쓰이는 기구가 천칭이다. 일반적으로 식품분석에 사용되는 천칭은 보통 다량의 시료를 다는 경우 등 정밀측정을 필요로 하지 않는 목적에 사용하는 상명천칭과 시료, 표준시약 및 반응생성물의 중량측정 등 정밀한 칭량에 사용되는 화학천칭이 있다. 그리고 화학천칭 정도는 아니지만 비교적 정확한 칭량이 가능한 조제천칭이 있다[1].

천칭에 있어서 안전하고 정확하게 달 수 있는 최대 중량을 그 천칭의 칭량량(稱量量)이라 하며, 보통 화학천칭에 있어서는 100g 또는 200g이다. 그리고 이 최대 중량을 좌우 양편의 접시에 올려 놓은 다음 천칭을 평행으로 하고 그 지침을 눈금판 위에 눈금 1.5만큼 움직이는데 필요한 최소한의 중량을 그 천칭의 감량(感量)이라 한다. 이것은 천칭의 감도의 척도에 해당하며, 보통 화학천칭에 있어서는 약 1mg이다. 즉 이러한 감량이 작을수록 그 천칭의 감도는 좋다고 할 수 있다. 실제로 화학천칭에 있어서 감량의 1/10, 즉 0.1mg까지 측정이 가능하므로 화학천칭의 경우 감량의 1/10(0.1mg)을 실감량(實感量)이라 한다. 한편 상명천칭의 경우는 감량의 1/3 정도를 실감량이라 한다.

표 1-11 천칭의 종류와 감량

종 류	칭량량(g)	감량(mg)	종 류	칭량량(g)	감량(mg)
상명천칭	100	100	조제천칭	50	10
상명천칭	200	200	화학천칭	100	1
상명천칭	500	500	화학천칭	200	1

1) 이외에, 예를들면 순수한 비타민 결정의 불과 수mg 정도를 정밀하게 측정할 경우에는 미량 화학천칭을 사용한다.

3-1-1 전자자동천칭에 의한 칭량

전자자동천칭(electronic balance, model AP 250D)에 의해 물체나 시료를 간편하게 칭량하고자 할 때 순서는 다음과 같다(그림 1-5 참조).

① MODE 를 눌러 사용할 칭량단위를 선택한다. 보통 원래 제조회사에서 그램(grams)단위로 세팅되어 있다.

② ON TARE 를 눌러 제로가 표시되도록 한다.

③ 칭량할 물체나 시료를 접시(pan) 위에 올려 놓는다.

④ 안정표시(stability indicator)가 나타날 때까지 기다린 후 표시판의 중량을 읽는다.

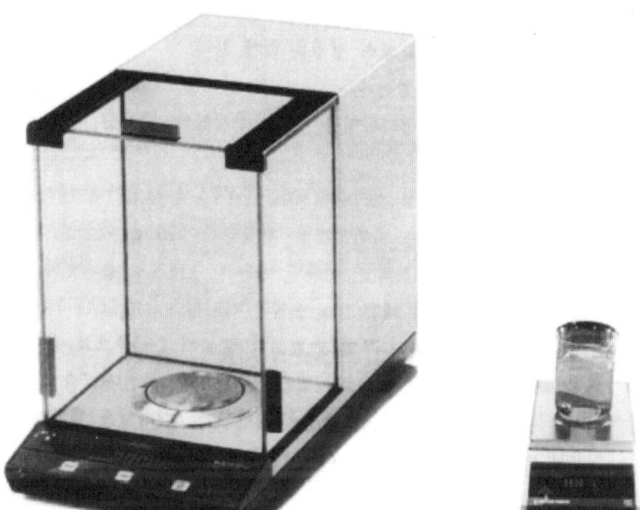

그림 1-5 전자자동천칭의 구조

[용기를 사용하여 칭량할 경우의 조작순서]

① 빈 용기를 접시 위에 올려놓는다. 그의 중량이 표시된다.

② ON TARE 를 누른다. 표시가 제로를 나타내고 용기의 중량이 메모리에 저장된다.

③ 용기에 칭량할 시료를 넣는다. 시료가 가해질 때 그 시료 자체만의 중량이 표시된다.

④ 용기와 시료를 접시로부터 제거하면 천칭에 용기의 중량이 마이너스 숫자로 표시된다. ON TARE 를 다시 누를 때까지 용기의 중량은 천칭의 메모리에 남는다.

3-1-2 천칭 취급상의 일반적 주의

천칭은 정밀기구로서 취급을 잘못하면 파손될 염려도 있고 정확한 칭량도 할 수 없다.

[천칭취급상의 여러가지 주의사항]

① 천칭실은 부식성 가스가 발생하지 않고 직사광선이 들어오지 않는 건조한 방이 좋다.

② 튼튼한 콘크리트대 위에 수평으로 놓는다. 사용할 때는 천칭에 부착되어 있는 수준기(level)의 기포가 중앙에 오도록 조절한다.

③ 천칭실 내에는 약품, 기구 등을 놓지 말고 항상 깨끗이 하여야 하며 가까운 곳에 난방시설을 설치해서는 안된다.

④ 방습을 위하여 $CaCl_2$, 진한 H_2SO_4, 실리카겔(silica gel) 등을 적당한 용기에 담아서 천칭 안에 비치한다.

⑤ 분동이나 천칭부속품, 칭량병 등은 직접 손으로 취급하지 말고 소정의 핀셋을 사용한다. 또한 분동은 접시나 분동상자 이외의 곳에 놓지 말도록 한다.

⑥ 접시 위에 물체나 분동을 올리고 내리는 조작은 먼저 핸들을 고정시킨 후에 한다.

⑦ 핸들은 항상 조용히 돌려야 하며 지침의 진폭은 약 10눈금이면 된다. 지침을 진동시키고자 할 때는 손바람으로 하며 정지시킬 때에도 지침이 중앙에 왔을 때 핸들로 고정시킨다.

⑧ 천칭과 물체의 온도가 다를 때에는 데시케이터 내에서 약 20분간 방치 후 칭량한다.

⑨ 시료는 시계접시나 칭량병에 넣어서 칭량하며 직접 접시에 접촉시켜서는 안된다. 그리고 흡습성 물질이나 액체시료는 칭량병을 밀폐하여 칭량한다.

⑩ 최대칭량 이상으로 무거운 물체를 칭량해서는 안된다.

⑪ 칭량시 분동을 합산할 때에는 먼저 분동상자의 빈자리를 읽고 다음 접시 위에 분동 표기 질량을 읽어 착오가 없도록 한다.

⑫ 칭량조작이 끝나면 분동과 라이더는 제자리에 놓고 핸들을 고정시키며 닭털이나 부드러운 붓으로 내부를 깨끗이 한 다음 커버를 씌워둔다.

3-2 시약의 조제 및 취급법

3-2-1 시약의 종류와 규격

1. 시약의 종류

시약은 화학적방법에 의해 물질의 검출이나 정량을 위한 반응에 사용되는 화학약품을 말한다. 시약의 분류법은 여러가지가 있는데, 무기화합물인 시약을 무기시약, 유기화합물인 시약인 유기시약이라 하는 경우도 있고, 또한 고체시약, 액체시약, 기체시약과 같이 상태에 따라 구별하기도 한다. 이 중요 시약들의 보통 병당 용량 단위를 열거하면 다음 표 1-12, 1-13과 같다. 시약을 조제하는 경우 시약에는 어떤 규격이 있으며, 용액의 농도는 얼마이고, 시약 조제 시의 유의사항 등은 어떤지 잘 알 필요가 있다. 그러므로 실험에 들어가기 전에 시약을 꼭 확인, 점검하고 사용하여야 한다.

표 1-12 액체 시약의 종류와 분자량 및 농도

액 체 시 약			
시 약 명	분자량(M.W)	농도(Assay, minium)	병당 단위
염산(HCl)	36.4609	36.0%(Conc.)	500g
황산(H_2SO_4)	98.0774	95.0~97.0%(Conc.)	500g
질산(HNO_3)	63.0207	63.01~.02%(Conc.)	500g, 1kg
인산(H_3PO_4)	97.9951	85.0%(Conc.)	500g
메타인산(HPO_3)	79.9779	32%(Conc.)	500g
암모니아수(NH_4OH)	35.0456	25~30%(NH_3)	1ℓ
초산(CH_3COOH)	60.0527	99.5%(Conc.)	1kg
Ethanol(C_2H_5OH)	46.0691	94.9~95.7%	500mℓ
Ethyl ether(di-)[$(C_2H_5)_2O$]	74.1234	99.0%	500, 1000mℓ
***0.1N oxalic acid**		(Factor=1.000)	1ℓ
***0.1N Na_2CO_3**		(Factor=1.000)	500mℓ

*진한 글자는 화학회사에서 고체를 노말(N) 표준용액으로 제조해서 판매한 것임

표 1-13 고체 시약의 종류와 분자량 및 농도

액 체 시 약			
시 약 명	분자량(M.W)	농도(Assay, minium)	병당 단위
Na_2CO_3(anhydrous)	105.9890	99.0%	500g
수산($H_2C_2O_42H_2O$)	126.0661		500g
NaOH	39.9971	93.0~99.0%	500g

KOH	56.1093	95.0%	1kg
KCl	74.555	99.0%	500g
NaCl	58.4428	99.5%	500g
H_3BO_3	61.8329	99.5%	500g, 1kg
$KMnO_4$	158.0376	99.03%	500g
$K_2Cr_2O_7$	294.192	99.5%	500g
$CuSO_45H_2O$	249.6836	99.0%	500g, 1kg
K_2SO_4	174.2656	99.9%	500g
$Na_2S_2O_35H_2O$	248.1818	99.0%	500g
$K_2S_2O_5$	222.329	95.0%	500g
I_2	253.8088		500g

2. 시약의 규격

시약에는 각종 사용목적이나 방법에 따라 여러가지 순도(純度)가 요구되기 때문에 많은 시약에 대해서 규격이 정해져 있다. 우리나라도 시약에 대한 KS규격이 정해져 있으며, 시약 1급, 시약 특급, 특수용도 시약, 정량분석용 표준시약의 구별이 있다.

일반적으로 시약에는 순도에 따라 S.P.(specially prepared reagent), U.F.(ultra fine grade), G.R.(guaranteed reagent), E.P.(extra pure reagent), C.P.(chemical pure reagent) 등의 등급의 구별이 있다. 표준용액이나 미량정밀분석에서는 반드시 G.R.이상 등급의 특수용도 시약을 사용하고 그 밖에는 E.P.등급의 1급 시약을 사용하는 것이 보통이다. 한편 시약의 농도가 진한 것을 진한 농도라 하여 conc.(concentration)로 표시하고 농도가 묽은 것은 희석한 농도라는 의미의 dil.(dilution)로 표시하기도 한다. 요즈음은 1N, 0.1N, 0.5N 등 노말용액을 회사에서 조제하여 판매하기 때문에 편리하게 사서 이용해도 된다. 표 1-14는 현재 국내 수입되어 사용되고 있는 노말용액의 품명 및 규격이다.

표 1-14 노말용액의 품명 및 규격

품명 및 규격	역가(Factor)	생산회사	수량
0.1N-EDTA 2Na	1.000	Shinyo(일본)	1ℓ
0.1N-Hydrochloric Acid(HCl)	1.000	Showa(일본)	1ℓ
0.1N-Iodine(I_2)	1.000	Showa(일본)	1ℓ
0.1N-Nitric acid(HNO_3)	1.000	Shinyo(일본)	500ℓ
0.1N-Oxalic Acid($H_2C_2O_4 \cdot 2H_2O$)	1.000	Shinyo(일본)	1ℓ
0.1N-Perchloric Acid($H_2Cl_2O_4 \cdot 2H_2O$) 〈in Acetic Acid〉	1.000	Kanto(일본)	500ℓ
0.1N-Potassium Chloride(KCl)	1.000	Shinyo(일본)	500ℓ
0.1N-Potassium Dichromate($K_2Cr_2O_7$)	1.000	Shinyo(일본)	500ℓ
0.1N-Potassium Hydroxide(KOH)	1.000	Showa(일본)	1ℓ

0.1N-Potassium Permanganate($KMnO_4$)	1.000	Showa(일본)	1ℓ
0.1N-Silver Nitrate($AgNO_3$)	1.000	Showa(일본)	1ℓ
0.1N-Sodium Carbonate(Na_2CO_3)	1.000	Shinyo(일본)	500ℓ
0.1N-Sodium Chloride(NaCl)	1.000	Shinyo(일본)	500ℓ
0.1N-Sodium Hydroxide(NaOH)	1.000	Showa(일본)	1ℓ
0.1N-Sodium Oxalate($Na_2C_2O_4$)	1.000	Showa(일본)	1ℓ
0.1N-Sodium Thiosulfate($Na_2S_2O_3$)	1.000	Showa(일본)	1ℓ
0.1N-Sulfuric Acid(H_2SO_4)	1.000	Showa(일본)	1ℓ

3-2-2 시약 조제 시의 유의사항

① 황산

H_2SO_4와 H_2O와의 반응은 발열반응이므로 증류수 중에 진한 H_2SO_4를 조금씩 가하면서 교반해 주어야 한다. 이와 반대로 하면 진한 H_2SO_4가 비산하여 위험하다.

② 규정의 엄수

수산 표준액을 기본으로 하여 염기성 용액의 표정, 염기성 용액(표정제)에 의한 산성용액(미표정)의 표정을 엄격히 행할 필요가 있다.

③ 시약병의 레이블 부착

잊어버리기 쉬우나 어떤 시약에나 레이블을 붙여 일목요연하게 정리해 두는 것이 실험을 정확 신속하게 하는 기본이 된다.

④ 시약의 보존

냉암소 보존의 시약은 갈색 병에 넣어 냉장고에 보관하고 실험할 때마다 조제하는 시약은 조금씩 조제한다. 직사광선이 들어오는 창가에 시약병을 두는 것은 피하는 것이 좋다. 특히 여름에는 뜨거운 열기로 인해 기체 등의 발생이 우려되기 때문이다. 또 마개의 불량 등으로 인해 시약병에서 때로는 여러 종류의 독가스가 노출될 수 있으므로 환기시설이 잘되어 있어야 한다. 또 냉방시설도 잘되는 것도 중요하다. 왜냐하면 추운 겨울에는 시약이 얼 수 있기 때문이다.

3-2-3 용액의 농도와 조제방법

어떤 물질이 액체에 녹아 있는 것을 용액(溶液, solution)이라 하고, 녹이는데 사용되는 액체를 용매(溶媒, solvent), 녹는 물질을 용질(溶質, solute), 녹아 들어가는 현상을 용해(溶解)라고 한다. 다시 말해 용액은 균일한 혼합물이며 용매가 물(water)일 때의 용액을 수용액(水溶液)이라고 한다. 따라서 물에 용해시켰으면 다음과 같이 성립된다. 또 물은 가장 대표적인 용매이다.

용액(혼합물) = 용질(화학물질) + 용매(물)

용액의 농도는 일반적으로 용액에 대한 용질의 양으로 표시하며, 백분율(%) 농도, 노말(규정 : normality : N)농도, 모랄(molar)농도, ppm(백만분율)농도 등이 있고, %농도가 가장 많이 이용되고 있다.

1. 백분율(%)농도의 조제

(1) 백분율(%)농도의 종류

중량 백분율을 표시할 때에는 %의 기호를 쓴다. 다만 용액 100㎖ 중의 물질함량(g)을 표시할 때에는 w/v%로, 용액 100㎖ 중의 물질함량(㎖)을 표시할 때에는 v/v%의 기호를 쓴다.

$$농도(\%) = \frac{용질}{용액} \times 100$$

① 중량백분율농도(重量百分率濃度)(重量/重量%)

용액(용질+용매)의 무게 100g 중에 녹아있는 용질의 무게(g)로 표시한 것(w/w%)

② 중용량백분율농도(重容量百分率濃度)(重量/容量%)

용액 100㎖중에 녹아 있는 용질의 무게(g)로 표시한 것(w/v%)

③ 용량백분율농도(容量百分率濃度)(容量/容量%)

용질이 액체인 경우 용액 100㎖중에 녹아있는 용질의 ㎖수를 말하고, 표시할 때에는 v/v%의 기호를 쓴다.

④ mg백분율농도

시료(sample) 100g중의 mg수(mg%)

(2) 백분율(%)용액 조제법(고체 → 액체시약으로)

일반적으로 고체시약을 액체시약으로 만들 경우 증류수로 녹여 그림 1-6과 같은 과정으로 만든다. 그리고 %용액 조제를 위한 계산 예는 다음과 같다.

① 시약이 결정수를 가지고 있지 않으면서 a%용액 bg을 만들려고 할 경우

$$시약의\ 중량(채취량,\ g) = \frac{a \times b}{100}$$

물(용매)의 용량(mℓ) = b(용액의 소요량) - 시약의 중량

② 시약이 결정수를 가지고 있으면서 a%용액 bg을 만들려고 할 경우

$$시약의\ 중량(채취량,\ g) = \frac{a \times b}{100} \times \frac{결정수를\ 가지고\ 있을\ 때의\ 분자량}{결정수를\ 갖지\ 않을\ 때의\ 분자량}$$

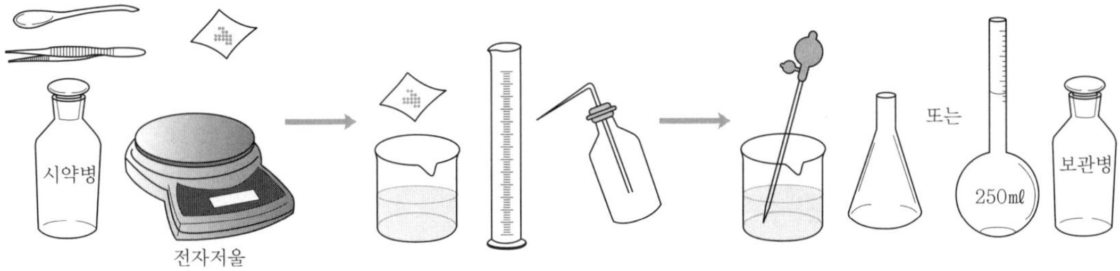

그림 1-6 백분율(%)용액의 조제과정

[예6] 소금 10g을 가지고 소금물 160g을 만들려면 물이 얼마나 들어가야 하는가?

[해설] 용액(소금물) = 용질(소금) + 용매(물)

160g = 10g + x

x[물(용매)] = 소금물(용액) - 소금(용질) = 160g - 10g = 150g

[예7] 소금물 200g 속에 소금 30g이 녹아 있다면 용매인 물의 양은 몇 g이며 또 이 소금물용액의 % 농도는 얼마인가?

[해설] 용매(물) = 용액(소금물) - 용질(소금) = 200g - 30g = 170g

$$소금물의\ \%농도 = \frac{용질}{용액} \times 100 = \frac{30}{200} \times 100 = 15\%(w/w\%)$$

[x% : 100 = 용질(30) : 용액(200)]

[예8] 5%용액 200g을 만들려면 시약 몇 g에 물 몇 mℓ을 넣어야 하는가?

[해설] 시약의 중량(g) = $\frac{5 \times 200}{100}$ = 10g, 물의 용량(mℓ) = 200 − 10 = 190mℓ

따라서 시약 10g을 물 190mℓ을 가하여 녹이면 5%용액 200g이 된다.

[예9] 5% NaCl 수용액 500mℓ을 만들려면 소금과 물을 얼마나 넣어야하는가?

[해설] 용질의 채취량 = $\frac{\text{\%농도} \times \text{용액의 소요량}}{100}$, NaCl 채취량 = $\frac{5 \times 500}{100}$ = 25g

용매의 양 = 용액의 소요량 − 용질의 채취량

물의 용량(mℓ) = 500 − 25 = 475mℓ

[예10] 5% 황산동($CuSO_4$) 500g을 만들려면 결정수를 가지고 있는 황산동시약 몇 g에 증류수 몇 mℓ을 넣어야 하는가?

[해설] $CuSO_4$ 분자량 159.5, $CuSO_4 \cdot 5H_2O$의 분자량 249.5

시약의 중량(g) = $\frac{5 \times 500}{100} \times \frac{249.5}{159.5}$ = 39.1050g

물의 용량(mℓ) = 500 − 39.11 = 460.89mℓ

2. 몰 농도(M, molarity, mole concentration)의 조제

(1) 몰 농도와 몰수

몰 농도라 함은 용액 1,000mℓ(1ℓ) 중에 포함된 용질의 몰수(mole수)를 말한다.

1몰 (1mole)용액은 용액 1,000mℓ(1ℓ)에 용질 1g 분자량이 녹아 있는 용액을 말하고 소금물을 예로 표시해 보면 아래와 같다.

1g 분자량은 물질의 분자량에 g을 붙인 것을 말하는 데 1mole은 1g 분자량과 같다.

따라서 물질의 몰(mole) 수는 물질의 중량을 물질의 1g 분자량으로 나눈 것이다.

1M : $\frac{\text{용질 1g 분자량}}{\text{용액 1,000mℓ}}$

예) 1M : $\frac{\text{소금 1g 분자량(58.4218g)}}{\text{소금물 1,000mℓ}}$

물질의 몰(M) 수 : $\frac{\text{물질의 중량}}{\text{물질의 1g 분자량}}$

그리고 M농도의 표시를 예로 1M의 1/10의 표시는 M/10, 1/10M, 0.1M으로 표시할 수 있으나 보통 0.1M으로 많이 사용한다.

[예11] 시약이 고체인 NaOH의 경우에 NaOH의 1g 분자량은 얼마인가?
그리고 NaOH 40g, 30g, 20g, 10g의 몰(M)수는 얼마인가? 계산과정을 쓰시오.
단 NaOH의 분자량은 39.9997=[Na(=22.9898)+O(=15.9994)+H(=1.0080)]이다.

[해설] NaOH의 1g 분자량 = 39.9997g

NaOH의 중량 = 40g	NaOH의 몰수 = 40g ÷ 39.9997g = 1.0000M
NaOH의 중량 = 30g	NaOH의 몰수 = 30g ÷ 39.9997g = 0.7500M
NaOH의 중량 = 20g	NaOH의 몰수 = 20g ÷ 39.9997g = 0.5000M
NaOH의 중량 = 10g	NaOH의 몰수 = 10g ÷ 39.9997g = 0.2500M

[예12] 1몰(M)의 수산용액을 조제하는 방법을 설명하시오.

[해설] 수산 결정은 2분자의 결정수를 함유($\begin{array}{l}COOH \cdot H_2O \\ | \\ COOH \cdot H_2O\end{array}$ 또 $H_2C_2O_42H_2O$)하는 것을 염두에 둔다.

2H : 2× 1.00797 =	2.01594
2C : 2×12.01115 =	24.02230
+4O : 4×15.9994 =	63.9976
$H_2C_2O_4$	90.03584

결정수를 계산하면 다음과 같다.

4H : 4× 1.00797 =	24.02230
+2O : 2×15.9994 =	63.9976
$2H_2O$	36.03068

$COOH \cdot H_2O$	90.03584
|	
$COOH \cdot H_2O$	36.03068
	126.06652

따라서 수산의 결정 126.067g를 증류수에 잘 녹이고 증류수로 1,000㎖의 meas. flask에 채우면 1몰(mole)이 된다.

(2) 농도와 비중 및 밀도

'몇 ㎖가 필요한가?'로 중량(질량)을 부피(容量, 容積)로 물었을 경우 부피에 대한 다음 공식을 적용하여야 하며 그 부피와 밀도(密度)와 비중(比重)과의 관계는 다음과 같다.

중량(질량) = 부피(용적) × 비중

$$부피 = \frac{질량}{밀도} \qquad 비중 = \frac{질량}{부피}$$

밀도 = 비중 × 물의 밀도(1g/mℓ)

[예13] 시약이 액체인 H_2SO_4의 경우에 H_2SO_4 분자량은 얼마인가? 또 1g 분자량은 얼마인가? 또 비중이 1.84이고 농도가 98%인 H_2SO_4를 이용하여 5M H_2SO_4를 만들려면 황산 몇 mℓ이 필요한가?

[해설] ① 일반적으로 시약에 표시된 %는 중량백분율(%w/w)로 나타낸다. 다음과 같이 황산의 분자량은 98.0776이다.

2H : 2× 1.0080 = 2.016
S : 32.064
+4O : 4×15.9994 = 63.9976

H_2SO_4 98.0776

따라서 황산의 1g 분자량은 98.0776g이다.

② 1M H_2SO_4용액을 5M H_2SO_4로 계속하여 순수한 황산(용질)의 양(g)을 비례식을 통하여 구함

$$1M : \frac{98.0776}{1,000} = 5M : \frac{xg}{500} \qquad \frac{xg}{500} \times 1M = \frac{98.0776}{1,000} \times 5M$$

$$xg = \frac{98.0776}{200} \times 500 \qquad xg = 245.194g$$

③ 98%를 100%로 계산하여 5M H_2SO_4의 사용 용액의 양(g) Y를 비례식으로 구함

98% : 241.194g = 100% : Yg

$$Yg = \frac{245.194g \times 100}{98} = 250.1980g$$

④ 용액의 중량 g을 mℓ인 부피로 고쳐 사용용액의 필요량을 구함

용액의 밀도 = 비중 × 물의 밀도 = 1.84 × 1g/mℓ = 1.84g/mℓ

$$부피 = \frac{질량}{밀도} = \frac{250.1980g}{1.84g/mℓ} = 135.9772mℓ$$

따라서 500㎖의 둥근 메스플라스크에 증류수를 반 정도 넣고, 비중이 1.84이고 농도가 98%인 진한 H_2SO_4용액 135.98㎖를 가한 후 증류수를 서서히 넣어(발열이 심함) 눈금(표선)까지 정확히 차도록 하면 5M 황산용액이 만들어진다.

[예14] 비중이 1.20인 32% HNO_3 200㎖ 중에 함유되어 있는 HNO_3의 중량은 얼마인가?

[해설] 중량 = 부피 × 비중에 대입하면 다음과 같다.

$$HNO_3\text{의 중량} = \frac{200 \times 1.20 \times 32}{100} = 76.80g$$

아울러 황산의 농도(%)와 비중을 보면 다음 표 1-15과 같고 염산도 표 1-16과 같이 차이가 있는 것을 볼 수 있다. 또 NaOH와 Na_2CO_3용액의 농도와 비중도 표 1-17과 같다.

표 1-15 황산(H_2SO_4)의 농도(%)와 비중

H_2SO_4 % 농도	비중(진공) 15°/4°	H_2SO_4 g/1,000㎖(1ℓ)
0.09%	1.000	1
3.03%	1.020	31
5.96%	1.040	62
8.77%	1.060	93
14.35%	1.100	158
-	-	-
39.19%	1.300	510
-	-	-
59.70%	1.500	869
-	-	-
95.60%	1.840	1,759
97.00%	1.8410	1,786
97.70%	1.8415	1,799
98.20%	1.8410	1,808
99.20%	1.8400	1,825

위 표에 없는 %농도나 비중은 부록 3 참조

표 1-16 염산(HCl)의 농도(%)와 비중

HCl % 농도	비중(진공) 15°/4°	HCl g/ℓ
0.16	1.000	1.6
1.15	1.005	12
2.14	1.010	22
3.12	1.015	32
4.13	1.020	42
10.17	1.050	107
20.01	1.100	220
29.57	1.150	340
35.39	1.180	418
36.31	1.185	430
37.23	1.190	443
38.16	1.195	469

표 1-17 NaOH와 Na_2CO_3의 농도(%)와 비중

NaOH용액의 % 농도와 비중			Na_2CO_3용액의 % 농도와 비중		
NaOH % 농도	비 중 15°/4°	NaOH g/1,000㎖(1ℓ)	Na_2CO_3 % 농도	비 중 15°/4°	Na_2CO_3 g/1,000㎖(1ℓ)
0.61	1.007	6	0.67	1.007	6.8
2.00	1.022	21	1.33	1.014	13.5
3.35	1.036	35	2.09	1.022	21.4
4.64	1.052	49	2.76	1.029	28.4
8.68	1.100	95	4.94	1.052	52.0
13.55	1.152	156	7.12	1.075	46.5
18.58	1.210	225	9.43	1.100	103.7
28.83	1.320	381	10.95	1.116	122.2
41.41	1.453	602	12.61	1.134	143.0
44.38	1.483	358	13.16	1.142	150.3
47.60	1.541	721	14.24	1.152	164.1
49.02	1.530	750			

3. 노말 농도(규정 농도, N, normality)의 조제

(1) 노말 농도(규정 농도, N, normal concentration)의 조제

노말 농도(N)는 화학분석의 반응에서 가장 많이 이용되며, 이것을 정확하게 조제하는 방법을 평소에 잘 숙지하여야 한다.

노말 농도(規定濃度)라 함은 용액 1,000㎖(1ℓ) 중에 포함된 용질의 g 당량수를 말한다.

1노말(1N)용액은 용액 1,000㎖에 용질 1g 당량이 녹아 있는 용액을 말하고 소금물을 예로 표시해보면 아래와 같다.

$$1N : \frac{\text{용질 1g 당량}}{\text{용액 1,000㎖}}$$

$$\text{예) } 1N : \frac{\text{소금 1g 당량(58.4218g)}}{\text{소금물 1,000㎖}}$$

그리고 어떤 물질의 g 당량수는 다음과 같이 표시된다.

$$\text{물질의 g 당량수} = \frac{\text{물질의 중량}}{\text{물질의 1g 당량}}$$

그리고 N농도의 표시를 예로 들면 1N은 N/10, 1/10N, 0.1N으로 표시하나 보통 0.1N으로 많이 사용한다.

(2) 당량과 g 당량

일반적으로 화학반응에 있어서 반응물질이 정량적으로 반응하였을 때 각 반응 물질의 양적비는 항상 일정하며 이때 반응 물질은 화학적으로 '서로 당량이다'라고 한다. 당량이라는 말 대신에 '대응 또는 대등하다'라고도 한다. 예를 들면

$$HCl + KOH = KCl + H_2O$$

$$H_2SO_4 + 2NaOH = Na_2SO_4 + 2H_2O$$

에 있어서 HCl 1분자는 KOH 1분자와 당량이고 또 H_2SO_4 1분자는 NaOH 2분자와 당량이다.

따라서 간접적으로 H_2SO_4 1분자는 HCl 2분자와 당량이다. 이 당량이라는 개념을 구체적으로 표시하기 위하여 흔히 다음과 같이 규약한다. 즉 중화반응에서는 산이나 염기의 반응단위는 H^+(proton)이고 산화환원반응에서는 주고받는 전자가 단위이므로 반응하는 수소 1원자(1.008) 또는 반응하는 산소 1/2원자(8.000)를 기본으로 하여 이것을 함유하든가 또는 이것과 서로 당량인 물질(원소, 이온, 원자단, 분자)량을 그 물질의 1당량(equivalent weight)이라 한다.

어떤 물질 1분자가 반응에 참여하는 수소 n원자를 갖거나 또는 산소 n/2원자와 당량일 경우에 그 물질의 당량수는 n이다. 또 1당량으로 분자량을 나누면 당량수(equivalent number) n이 된다.

$$\text{당량수} = \frac{\text{분자량}}{\text{1당량}}$$

예를 들면 H_2SO_4 1분자는 2원자의 수소를 함유하고 모두 중화반응에 참여하므로 그 당량수는 2이며 1당량은 49이다.

$KMnO_4$ 2분자는 산성에서 5원자의 산소를 방출하므로 $KMnO_4$가 산화제로서 반응할 때 당량수는 5이다.

$$2KMnO_4 = K_2O + 2MnO + 5O$$

$$(MnO_4^- + 5e + 8H^+ \rightleftarrows Mn^{2+} + 4H_2O)$$

그런데 당량수는 반응의 조건에 따라서 달라진다.

예로서 $KMnO_4$는 산성 및 약산성, 알카리성에서 다음과 같이 반응한다.

$$2KMnO_4 = K_2O + 2MnO + 5O \quad \text{(산성)}$$

$$2KMnO_4 = K_2O + 2MnO_2 + 3O \quad \text{(약산성, 알칼리성)}$$

즉 산성에서 $KMnO_4$ 한 분자의 당량수는 5이고 1당량은 158.03/5, 즉 31.607이고, 알칼리성에서는 당량수가 3이고 1당량은 158.03/3, 즉 52.68이다. $K_2Cr_2O_7$은 산화제로 작용할 때의 당량수는 6이고 1당량은 294.18/6, 즉 49.03이며 침전제로 작용할 경우 당량수는 4이고, 1당량을 294.18/4, 즉 73.55이다.

$$K_2Cr_2O_7 = K_2O + Cr_2O_3 + 3O$$

$$K_2Cr_2O_7 + 2BaCl_2 + 2CH_3COONa + H_2O = 2KCl + 2NaCl + 2CH_3COOH + 2BaCrO_4$$

1) g 당량중량

당량을 g(gram) 단위로 표시한 것을 g 당량중량(gram equivalent weight) 생략해서 g 당량이라고도 하며, 이는 질량을 나타내는 개념으로 원자량을 g 단위로 표시하는 g 원자량(gram atomic weight)과 같다.

즉 반응하는 수소 1g 원자, 또는 반응하는 산소 1/2g 원자를 함유하든가, 또는 이것과 당량인 물질(원소소, 이온, 원자단, 분자)량을 g 단위로 표시하였을 때 이것을 그 물질의 1g 당량중량 또는 간단히 1g 당량이라 한다.

예를 들면 HCl 1몰(36.461g)은 1g 원자의 H를 함유하고 있으므로 1g 당량이고, H_2SO_4 1몰(98.07g)은 2g 원자의 H를 함유하고 있으므로 1/2몰(158.03g)은 5g 당량이며 그 1/5몰(31.607g)이 1g 당량이다.

2) 당량의 관계식

$$\text{원소의 1g 당량} = \frac{\text{원소의 1g 원자}}{\text{원자가}}$$

$$\text{산의 1g 당량} = \frac{\text{산의 1몰}}{\text{반응하는 H의 수(염기도)}}$$

$$\text{염기의 1g 당량} = \frac{\text{염기의 1몰}}{\text{반응하는 OH의 수(산도)}}$$

$$\text{염의 1g 당량} = \frac{\text{염의 1몰}}{\text{반응하는 이온의 원자가}}$$

$$\text{산화·환원제의 1g 당량} = \frac{\text{산화·환원제의 1몰}}{\text{반응한 1/2O나 H의 수 또는 증감된 원자가}}$$

mg 당량은 당량을 mg 단위로 표시한 것이며 1g 당량은 1000mg 당량이다.

(3) 가 수(價數)

산 1분자에서 수소이온(H^+)을 몇 개를 얻을 수 있는가 하는 수 또는 염기 1분자에서 수산이온(OH^-)을 몇 개 얻을 수 있는가 하는 수이다.

(4) 노말 용액(Normality) 조제법

고체시약으로부터 액체시약인 N농도를 만들려면 각 필요시약의 표 1-18과 같이 해당하는 g 당량을 채취하여 그림 1-7과 같은 과정을 거쳐 조제한다.

표 1-18 노말 농도(N)용액의 조제를 위한 1g-당량

원자명과 분자명	원자량	분자량	수소(H) 1원자에 대한 가(價)	수소 1원자량에 해당하는 당량	1g-당량
H	1.0079		1		
K	39.102		1	39.10	39.102
Ba	137.34		2	$\frac{137.34}{2}$	68.67
Ca	40.08		2	$\frac{40.28}{2}$	20.040
Ag	108.870		1	107.87	107.870
N	14.0067		(NH_3-N에 대한)		14.0067
Na	22.9898		1	22.99	22.99
H_2SO_4		98.08	2	$\frac{98.08}{2}$	49.03
CH_3COOH		60.05	1	60.05	60.05
COOH │ ·$2H_2O$ COOH		126.07	2	$\frac{126.07}{2}$	63.035
NH_3		17.03	1	17.03	17.03
NaOH		40.00	1	40.00	40.00
KOH		56.11	1	56.11	56.11
$Ba(OH)_2 8H_2O$		315.48	2	$\frac{315.50}{2}$	157.75

Na_2CO_3	105.99	2	$\frac{105.99}{2}$	53.0
$AgNO_3$	167.87	1	169.87	169.87
NaCl	58.44	1	58.44	58.44
HCl	36.46	1	36.46	36.46
NH_4CNS	76.12	1	76.12	76.12
$KMnO_4$	158.04	5(산성)	$\frac{158.03}{5}$	31.608
		3 (알칼리성) (약산성)	$\frac{158.03}{3}$	52.676

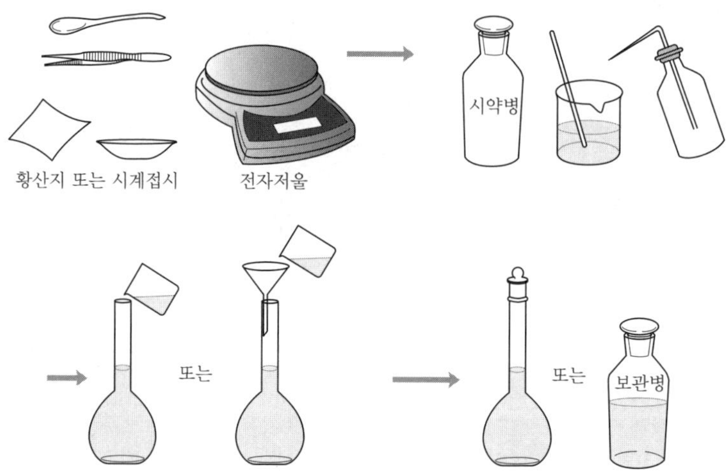

칭량하여 비이커에 넣는다. 그리고 증류수에 녹여서 깔대기를 이용하여 메스플라스크에 넣는다.
비이커를 증류수로 씻고, 그 물을 넣는다.

그림 1-7 노말농도(N)용액의 조제과정(고체→액체, 수산, NaOH 등)

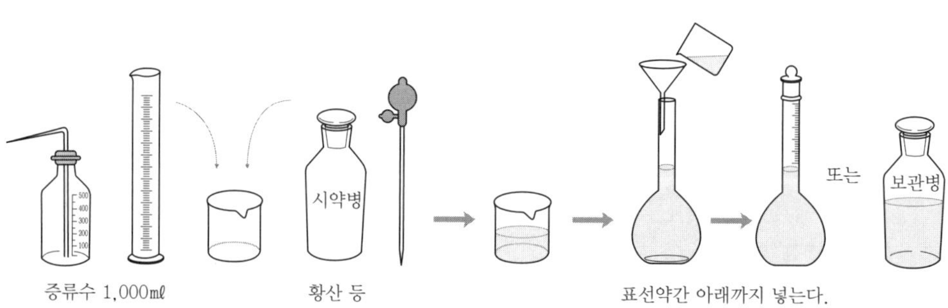

그림 1-8 노말농도(N)용액의 조제과정(액체→액체, HCl, H_2SO_4 등)

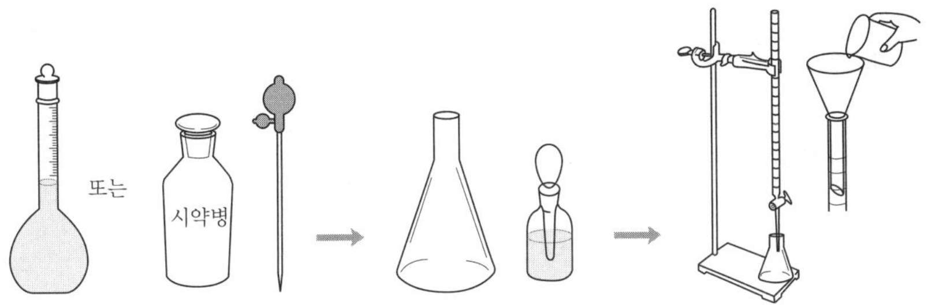

그림 1-9 노말농도(N)용액의 역가측정(F)

[예15] 1/10 노말(1/10N이라고도 쓴다)의 NaOH용액을 조제하는 방법을 설명하라.

[해설]

Na : 22.9898
O : 15.9994
H : 1.00797
―――――――――――
NaOH : 39.99717

NaOH는 수산기(OH) 1개를 갖는 염기이므로 가수 1로 되어 1몰이 1노말로 된다($Ca(OH)_2$는 수산기 2개를 갖는 염기이므로 가수 2로 되어 1몰이 2노말로 된다).

NaOH 입자 4g 정도를 재빨리(흡습성이 매우 강함) 상명천칭으로 칭량하여 증류수에 잘 녹인 다음 메스플라스크에 옮기고 1,000mℓ로 정용한다. 반드시 1/10N의 수산표준액으로 표정(역가를 결정하는 것, standardization)하여야 한다.

[예16] 1/2N H_2SO_4(0.5N H_2SO_4)용액 250mℓ을 조제하려고 한다. H_2SO_4 얼마를 취해 조제하면 되겠는가?

[해설] H_2SO_4는 2개의 수소(원자의 수)를 가지므로 2당량이 된다.

1M H_2SO_4(1g분자량) : H_2SO_4 98.082g / 용액 1,000mℓ

1N H_2SO_4(1g당량) : H_2SO_4 $\frac{98.082}{2}$ = 49.041g / 용액 1,000mℓ

0.5N H_2SO_4(1/2N) : H_2SO_4 $\frac{49.041}{2}$ = 24.5205g / 용액 1,000mℓ

0.5N H_2SO_4 : H_2SO_4 $\frac{24.5205}{4}$ = 6.1301g / 용액 250mℓ(1ℓ 의 1/4)

따라서 0.5N H_2SO_4용액 250㎖을 만들려면 H_2SO_4 6.1301g을 증류수에 가해 250㎖로 만들면 되나, 시약이 액체이므로 H_2SO_4의 농도와 비중을 찾아 중량을 부피로 바꾸어야 된다. 즉 부피=중량÷비중의 공식에 의해 환산된 부피(㎖)의 H_2SO_4을 취해 증류수로 희석하여 정확히 250㎖로 정용한다.

[예17] 1/10N의 수산표준액을 조제하는 방법을 설명하라.

[해설]

$$\begin{array}{l} COOH \cdot H_2O \\ | \\ COOH \cdot H_2O \end{array}$$

수산의 결정은 좌우대칭의 안정한 화합물이므로 산의 표준액으로서 매우 많이 사용된다. 수산은 수소기(H)를 2개 갖는 산으로 가수 2로 되고, 1몰이 2노말로 된다(참고 : HCl은 가수 1, 1몰은 1노말, H_3PO_4는 가수 3, 1몰 3노말).

몰농도의 예제의 계산에서 수산결정의 1g 분자량은 126.06652g이다.

- 수산은 1몰이 2노말이므로 $\frac{126.06652g}{2}$의 수산결정을 증류수에 녹여서 1,000㎖로 하면 1노말용액으로 된다.
- 1/10N액인 경우는 $\frac{126.06652g}{2} \times \frac{1}{10}$ g의 수산결정을 증류수에 녹여서 1,000㎖로 하면 1/10N액으로 된다.
- 실제로는 $\frac{126g}{2}$(=63g) 전후의 수산결정을 정확히 칭량하여 증류수에 잘 녹인 다음 메스플라스크에 옮겨서 1,000㎖로 한다.

시약병에는 1/10N $H_2C_2O_4 \cdot 2H_2O$액이라 명기하고 역가(Factor, F)를 산출한다. 수산결정 63.1754g을 칭량하여 1,000㎖로 한 경우는 $F = \frac{63.1754}{63.0333} = 1.002$ 를 계산하여, 1/10N $H_2C_2O_4 \cdot 2H_2O$액(F=1.002)이라고 레이블(label)에 기입한다.

[예18] Na_2SO_4는 황산염이다. 0.2N Na_2SO_4용액 500㎖를 조제하려면 Na_2SO_4 얼마를 천칭에 달면 되겠는가?

[해설] 2Na는 H 2원자와 치환할 수 있으므로 Na_2SO_4는 2당량이 된다.

1M Na_2SO_4 : Na_2SO_4 142.07g / 용액 1,000㎖

$$0.2N\ Na_2SO_4 : Na_2SO_4\ \frac{142.07g}{2\times5\times2} = 7.1035g\ /\ 용액\ 500m\ell$$

따라서 0.2N Na_2SO_4 / 용액 500mℓ를 만들려면 Na_2SO_4 7.1035g을 천칭에 달면 된다.

[예19] $KMnO_4$의 노말용액 조제방법을 설명하라.

[해설] 산화 · 환원반응인 경우는 당량관계가 중화반응과 다르므로 산화제, 환원제의 노말용액 조제시에는 특히 주의해야 한다. 다음에 과망간산칼륨($KMnO_4$)의 노말용액에 대해 설명한다.

① 약산 · 약염기에 작용시키는 경우 $KMnO_4$의 당량 및 1N용액 조제

$KMnO_4 \rightarrow 1/2K_2O + MnO_2 + 3/2O$ (≡3H : 3당량)

$KMnO_4/3 \equiv H$: 1당량 → $KMnO_4$의 1당량 : 158.0376/3

=52.6792

K : 39.102
Mn : 54.9380
O_4 : 63.9976(15.9994×4)

$KMnO_4$: 158.0376

$KMnO_4$ 결정 53g 전후를 칭량하여 증류수에 잘 녹인다. 1ℓ 로 정용한다. 순수한 $KMnO_4$ 53.0082g을 칭량하였을 경우는 $\frac{53.0082}{52.6792} = 1.006$을 역가(factor)로 한 1N-$KMnO_4$액으로 된다.

$KMnO_4$액은 이 조건(약산 또는 약염기 조건하)에서는 거의 사용되고 있지 않다.

② 산성용액에 작용시키는 경우 $KMnO_4$의 당량 및 1N용액 조제

$KMnO_4 + 3/2H_2SO_4 \rightarrow 1/2K_2SO_4 + MnSO_4 + 3/2H_2O + 5/2O$(≡5H)

$KMnO_4/5 \equiv H$: 1당량→$KMnO_4$의 1당량 : 158.0376/5=31.6075

$KMnO_4$ 결정 31g 전후를 칭량하여 증류수에 잘 녹인 다음 하룻밤 정치하여 여과하고 1ℓ 로 정용한다. 반드시 수산표준액으로 표정을 하여 역가를 결정하는 것이 중요하다. $KMnO_4$액의 산성조건 하에서의 사용은 많다.

이것을 예를들어 체계있게 요약해 보면 다음과 같다.

0.1N-$KMnO_4$를 산성용액상에서 500mℓ을 만들려면 $KMnO_4$ 몇 g을 천칭에 달면 되겠는가?

$$\text{반응식 : } 2KMnO_4 \xrightarrow{\text{산성용액}} K_2O + 2MnO + 5O$$

$1N-KMnO_4$: $KMnO_4$ 158.0376g/5=31.6075g/용액 1,000mℓ(산성조건)

$0.1N-KMnO_4$: $KMnO_4$ 31.6075/10=3.1608g/용액 1,000mℓ(1/10N)

$0.1N-KMnO_4$: $KMnO_4$ 3.1608/2=1.5804g/용액 500mℓ(1ℓ 의 1/2)

즉, $0.1N-KMnO_4$용액 500mℓ을 만들려면 $KMnO_4$(분자량 158.0376) 1.5804g을 천칭에 달아 메스플라스크에 넣고 500mℓ가 되도록 물을 정확히 채우면 된다.

[예20] 산화제로서 $0.1N-K_2Cr_2O_7$용액 2,000mℓ을 만들려고 한다. 이때 $K_2Cr_2O_7$ 얼마를 천칭에 달면 되겠는가?

[해설] $K_2Cr_2O_7$(분자량 294.212)가 산화제로 작용할 때는 6당량이므로 다음과 같이 계산한다.

$$0.1N-K_2Cr_2O_7 : K_2Cr_2O_7 \ \frac{294.212g \times 2}{6 \times 10} = 9.8070g/\text{용액 } 2{,}000m\ell$$

따라서 $K_2Cr_2O_7$ 9.8070g을 천칭에 달아 증류수에 녹여 2,000mℓ 메스플라스크에 넣고 정용하면 된다.

4. 백만분율(ppm) 농도와 십억분율(ppb) 농도

(1) 백만분율(ppm, part per million concentration) 농도

용액 1mℓ중에 포함된 용질의 ㎍수를 말하고, 중량백만분율을 표시할 때에는 mg/kg의 약호를 사용하며 ppm의 약호를 쓸 수 있으며, mg/ℓ 도 사용할 수 있다. 즉, 1/million 단위이다.

$$1ppm = \frac{\text{용질 } 1\mu g}{\text{용매 } 1m\ell}$$

(2) 십억분율(ppb, part per billion concentration) 농도

식품 중 극미량의 성분을 나타내는 농도나 양을 표시한다. 가령 곰팡이독(aflatoxin), 잔류농약 미량성분, 환경물질인 dioxin 등의 검출에 이 단위를 사용하고 있다. 즉 1/billion 단위이다.

3-2-4 용액농도의 변경

1. 백분율(%)농도의 변경

지금 a%의 용액이 wmℓ있을 때 이것을 보다 묽은 농도 b%로 하려면 가해야 하는 용매의 양 xmℓ은 다음식에 의해 구한다.

$$x = w \times \frac{a-b}{b}$$

또한 농도가 큰 a%인 용액 Ag(또는 mℓ)과 그보다 낮은 농도 b%인 용액(물인 경우 b=0) Bg(또는 mℓ)을 섞어서 x%인 용액 (A+B)을 만들려면 다음과 같은 공식을 사용한다.

a% ↘ ↗ (x−b)=Ag
x%
b% ↗ ↘ (a−x)=Bg

이때 일반적으로 소요량과 채취량은 중량 % 농도일 때는 g으로, 몰(mole)농도나 노말(normal)농도 일 때는 mℓ를 사용한다.

[예21] 25%의 수용액 100mℓ을 5%로 하기 위해 가해야 하는 물의 양은 얼마인가?

[해설] $x = 100 \times \frac{25-5}{5}$ x=400mℓ

즉 25% 수용액 100mℓ을 5% 용액으로 하려면 여기에 물을 400mℓ 가하여 500mℓ로 하면 된다.

즉 a%용액 (x−b)의 양과 b%용액 (a−x)의 양을 혼합하면 x%의 용액이 얻어진다. 이때 용액의 양은 중량 또는 부피 어느 것으로 하여도 좋으나, 다만 혼합용액의 비중의 차이가 크거나 혼합물의 부피의 변화가 심할 경우에는 중량을 사용해야 한다.

[예22] 98% H_2SO_4를 물로 희석하여 50%의 H_2SO_4를 만들려고 한다. 이때 98% H_2SO_4와 물 몇 mℓ가 각각 필요한가?

[해설]

H_2SO_4 98% ↘ ↗ A : 50－0＝50g

50% H_2SO_4＋H_2O

H_2O 0% ↗ ↘ B : 98－50＝48g

즉 98% H_2SO_4 50g과 H_2O 48g를 혼합하면 50%의 H_2SO_4가 된다.

이때 98% H_2SO_4용액의 비중은 1.84, 물의 비중은 1.0 이므로 98% H_2SO_4 50÷1.84=27mℓ와 물 48÷1.0=48mℓ를 혼합하면 50% H_2SO_4를 만들 수 있다.

[예23] 36% HCl용액과 10% HCl용액을 혼합하여 20% HCl용액을 만들려고 한다. 이때 각각 필요한 양은 얼마인가?

[해설]

HCl 36% ↘ ↗ A : 20－10＝10g

20% HCl

HCl 10% ↗ ↘ B : 36－20＝16g

따라서 36% HCl용액 10g과 10% HCl용액 16g을 혼합하면 20%의 HCl용액이 된다.

이때 36% HCl용액의 비중은 1.18, 10% HCl 용액의 비중은 1.05이므로 36% HCl용액 8.5mℓ와 10% HCl 용액 15.2mℓ를 혼합하여 20% HCl용액을 만들 수 있다.

2. 노말(N)농도의 변경

농도가 %로 되어 있지 않고 노말농도나 몰농도일 경우에 기존 농도 N, 부피 V를 물 등으로 희석하여 용액의 농도 N′, 부피 V′로 변경하고자 할 때 다음 공식을 적용한다.

[예24] 2N－HCl용액 200mℓ을 조제하는데 10N－HCl용액 몇 mℓ가 필요한가?

[해설] $NV = N'V'$ $2 \times 200 = 10 \times V'$

$$V' = \frac{2 \times 200}{10} = 40\text{mℓ}$$

따라서 10N-HCl 용액 40mℓ에 물 160mℓ을 가하면 2N-HCl용액 200mℓ가 된다.

$$NV = N'V'$$

[예25] 0.5N-HCl용액을 물로 희석하여 0.2N-HCl 300mℓ를 얻으려면 0.5N-HCl과 물이 각각 얼마가 필요한가?

[해설] $NV = N'V'$ $0.5 \times V = 0.2 \times 300$

$$V = \frac{0.2 \times 300}{0.5} = 120\text{mℓ}$$

따라서 0.5N-HCl용액 120mℓ에 물 180mℓ을 가하면 0.2N-HCl용액 300mℓ를 얻을 수 있다.

3-2-5 표준용액의 표정과 역가(factor)

1. 표정 및 표준물질

표준용액(standard solution)은 정량분석의 기준용액으로 사용되는 것으로서 시료를 분석하기에 앞서 반드시 그 농도가 정확히 알려져 있어야 한다. 그러기 위해서는 해당하는 순수한 물질을 정확히 칭량하여 일정 용량의 용액으로 하면된다.

그러나 실제로 시약을 순수한 상태로 얻기 어렵다든가 또는 농도가 불확실한 액체 등의 경우에는 표준용액과 정량적으로 반응하며, 정확한 칭량이 가능한 순수한 물질을 찾아 정확한 농도의 용액을 만들고 이것을 대체적인 농도로 조제해 놓은 표준용액으로 적정하여 그 적정량으로부터 표준용액의 농도를 올바르게 산출하는 방법이 취해진다.

용량분석에 사용되는 표준용액은 주로 노말농도이며 간혹 킬레이트 적정에 몰농도가 사용된다.

이와같이 표준용액의 실제농도를 결정하는 조작을 표정(standardization)이라 하고, 표정에 사용되는 순수하며 일정조성을 갖고 있는 물질을 표준물질(standard substance)이라고 한다. 표준물질에는 1차표준물질과 2차표준물질이 있으며 1차표준물질은 다음과 같은 조건을 가지고 있어야 한다.

① 정제하기 쉬워야 한다.

② 흡습, 풍화, 공기산화 등의 성질이 없고 오랫동안 보관하여도 변질되지 않아야 한다.

③ 반응이 정량적으로 진행되어야 한다.

④ 되도록 당량중량이 커서 칭량오차를 감소시킬 수 있어야 한다.

2차표준물질은 정확한 농도를 알고 있는 표준용액을 말한다.

2. 역가(factor)

표준용액을 만들려고 할 때 사용하는 시약이 표준시약이라 할지라도 정확히 칭량을 하지 못하면 원하는 소정의 노말농도가 되지 않고 그에 따르는 실제의 노말농도가 될 것이다.

이때 실제의 노말농도를 원했던 소정의 노말농도로 나누어 준 값을 그 노말용액의 역가(normality factor) 또는 간단히 역가(factor, F)라고 한다. 즉, 실제의 노말농도를 N, 소정의 노말농도를 N_0라고 하면 역가는 다음과 같다.

$$\text{역가}(F) = \frac{N}{N_0} \qquad N = N_0F$$

일반적으로 N_0의 노말용액 V_0mℓ가 N노말용액 Vmℓ와 서로 당량일 때, N_0V_0와 NV는 각 용질의 밀리당량수로 표시하며, 각 용질의 밀리당량수는 서로 같으므로 다음 식이 성립한다.

$$N_0V_0 = NV$$

$$\therefore V_0 = \frac{NV}{N_0} = \frac{N_0FV}{N_0} = FV \quad \text{그리고} \quad F = \frac{N}{N_0} = \frac{V_0}{V}$$

위의 각 식에 따라 factor의 의의를 종합적으로 설명하면 다음과 같다.

① factor는 실제 노말 농도(N)를 소정 노말 농도(N_0)로 나누어 주든가 또는 소정 노말 농도 용액 mℓ수(V_0)를 그와 대응하는 실제 노말 농도 용액 mℓ수(V)로 나눈 것이다.

② 소정 노말 농도(N_0)에 factor를 곱하면 실제 노말 농도(N)가 된다.

③ 실제 노말 용액 mℓ수(V)에 그 용액의 factor를 곱하면 대응하는 소정 노말 용액 mℓ수(V_0)를 얻는다.

④ factor가 1보다 크다는 것은 소정 노말 농도보다 진하다는 뜻이며 1보다 작은 것은 소정 노말 농도보다 묽다는 뜻이다.

1N-HCl(F=1.025)의 노말용액이 있다면 이것은 정확히 1N-HCl을 뜻하는 것이 아니라 소정의 노말용액에 역가를 곱하여 1×1.025, 즉 1.025N-HCl이 실제의 노말농도이므로 그대로 사용하거나 이것을 F=1이 되게 하여 사용한다. 역가를 1로 접근시키자면 일반적으로 다음 식을 사용하면 된다.

[예26] 0.2N-HCl(F=1.125) 500mℓ에 물 몇 mℓ(x)를 추가하면 0.2N-HCl로서 F=1이 되겠는가?

[해설] $FV = V_0$이므로 $1.125 \times 500 = 562.5$mℓ

$\therefore x = 562.5 - 500 = 62.5$

따라서 62.5mℓ의 물을 추가하면 된다.

노말용액의 mℓ수×(F−1)=추가해야 할 물의 mℓ수

(1) 1차표준물질을 사용한 용액의 역가측정

표준물질 일정량(ag)에 대한 소정의 노말용액의 이론적 mℓ수(V_0)를 산출한 다음, 표준물질(ag)에 대한 실제 소비 mℓ수(V)로부터 다음과 같이 역가를 계산한다.

$$F = \frac{V_0}{V} = \frac{\text{표준물질 ag과 반응할 소정 노말용액의 이론적 mℓ수}}{\text{표준물질 ag과 실제로 반응한 표정하려는 용액의 mℓ수}}$$

$$V_0 = \frac{1{,}000 \times a}{\text{소정의 노말용액 1,000mℓ에 대응하는 표준물질의 g수}}$$

[예27] $KHCO_3$(분자량=100.11) 2.0150g을 중화하는 데 표정하려는 1N-HCl용액 20.00mℓ를 소비하였다. 이 HCl용액의 역가(F)는 얼마인가?

[해설] $KHCO_3 + HCl \rightarrow KCl + H_2O + CO_2$

$KHCO_3$ 100.11g : 1N-HCl 1,000mℓ

$$V_0 = \frac{1000 \times a}{100.11} = 9.989 \times a = 9.989 \times 2.015 = 20.13$$

$$F = \frac{V_0}{V} = \frac{20.13}{20.00} = 1.007$$

(2) 2차표준물질을 사용한 용액의 역가측정

2차표준물질을 사용하는 법은 간접적인 방법이며, 정밀도는 다소 저하되지만 간편하므로 실제로 분석에서 많이 이용된다.

노말 농도 N_0인 2차 표준물질 V_0mℓ와 표정하려는 노말 농도 N인 용액의 Vmℓ가 서로 당량일 때 $N_0V_0=NV$의 관계식이 성립하므로 표정하려는 용액의 노말농도 N을 구할 수 있고, 따라서 역가도 구할 수 있다.

$$F=\frac{N_0}{N}$$

[예28] 0.1N-NaOH(F=1.010) 20mℓ를 중화할때 표정하려는 HCl용액 20.50mℓ가 소비되었다면 이 용액의 역가는 얼마인가?

[해설] $0.1\times1.010\times20=N\times20.50$ $N=0.0985$

$$\therefore F=\frac{N}{N_0}=\frac{0.0985}{0.1}=0.985$$

3-3 측용기의 취급법

3-3-1 측용기

측용기는 정량분석에서 부피를 측정하는데 사용하는 기구로서 국가검정에서 합격된 것을 사용해야 한다. 국가에서는 공차(公差) 내에서 검정에 합격시킨다.

정밀분석에서는 자가검정을 하여 사용한다. 이들 용기의 표시용량은 출용량(出用量, ausgus)을 표시한 것과 수용량(受用量, eingus)을 표시한 것의 두 가지가 있다. 출용량은 그 용기로 잰 것을 다른 용기에 옮겨 놓았을 때의 부피, 수용량은 그 용기의 표선까지의 양을 말한다. 뷰렛, 피펫은 출용량, 일반적으로 메스플라스크는 수용량을 표시한다.

3-3-2 측용기의 종류

1. 메스플라스크(measuring flask)

메스플라스크는 수용기구로서, 표준용액을 조제할 때나 시료용액을 일정 배율로 희석할 때 사용된다. 표준용액을 조제할 때는 일정한 양의 용질을 천칭으로 정확히 칭량하여 비커에서 소량의 물로 녹인 다음 깔때기로 메스플라스크에 용액을 옮기고 또한 비커를 물로 여러 번 씻어 세액을 모두 메스플라스크에 넣는다.

용질을 완전히 녹이고 세척병으로 물을 표선까지 조심스럽게 채운 후 뚜껑을 하여 잘 혼합한다. 용액을 희석할 때 발열이 되는 경우는 80% 정도의 물을 가하여 잘 혼합하고 실온이 될 때까지 방치하여 두었다가 물을 표선까지 채운다. 메스플라스크에 용액을 넣고 가열하거나 발열성 물질을 넣고 녹여서는 안된다. 또 광분해하는 시약($AgNO_3$, $KMnO_4$)은 갈색의 것을 사용한다.

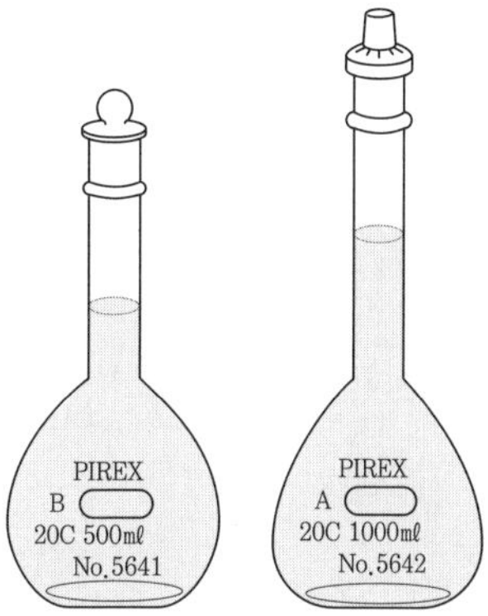

그림 1-10 메스플라스크(measuring flask)

2. 피 펫(pipette)

피펫은 일정 용량의 용액을 취하는데 사용하는 출용기구로서, 그림 1-11과 같이 홀피펫(hole pipette), 메스피펫(measuring pipette), 스파우트피펫(spout pipette) 등이 있다.

메스피펫은 소정량 이하의 적당량을 취할 수 있게 눈금이 표시되어 있으므로 홀피펫으로 취하기 어려운 용량을 취하는데 사용한다. 그러나 홀피펫은 필요한 양을 정확히 취해야 할 경우에만 사용한다.

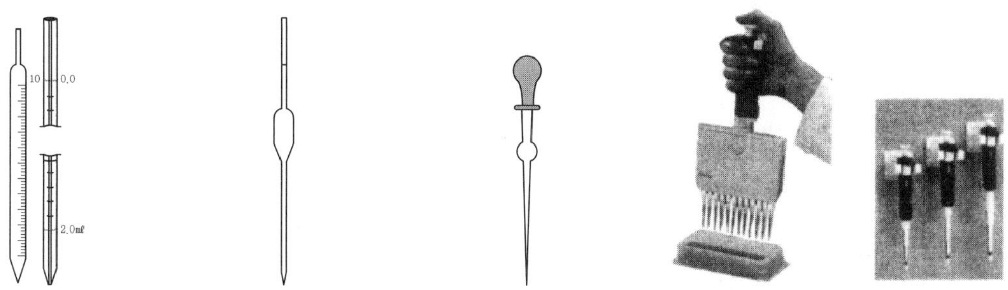

0.1, 0.2, 0.5, 1, 2, 5, 10, 15, 20mℓ 메스피펫(유리) (meas*. pipette or measuring pipette)

1, 2, 5, 10, 15, 20, 25, 30, 50mℓ 홀피펫(유리) (hole pipette or volumetric pipette)

1, 2, 5, 10mℓ(고무캡 부착) 스파우트피펫(유리) (spout or dropping pipette)

0.01, 0.02, 0.05mℓ 마이크로피펫 (micro pipettes, single or multi)

Syringe Dispenser 리피터피펫 (repeater pipette)

그림 1-11 피펫의 종류

*meas. = measurable = measure, graduated, volumetric

아울러 피펫휠러(pipette filler)에는 bulb type filler와 pump type filler로 나누어 볼 수 있는데 bulb type의 피펫 휠러를 이용하여 용액의 흡입과 배출을 행하는 방법은 다음과 같다.

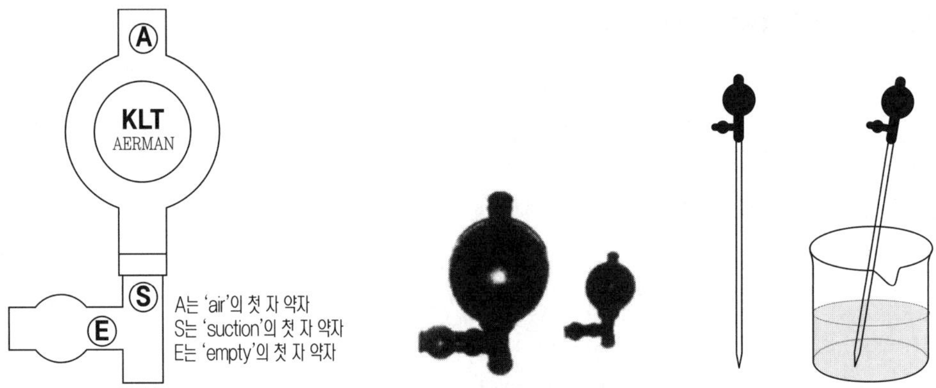

휠러(filler, bulb type) 피펫휠러(pipette filler)와 사용법

그림 1-12 피펫의 휠러(filler) 사용예

조작은 'A' 버튼을 누르고 밸브를 누른 후에 버튼을 놓으면 낼브내에 진공이 생긴다. 휠러의 가운데 있는 'S' 문자는 액체를 빨아들일(흡입) 때에 사용한다. 휠러의 오른 쪽에 있는 'E' 는 빨아들인 액체를 배출할 때에 사용한다.

휠러를 잘 다루는 법은 많은 연습을 하여 숙달함으로써 습득할 수 있으며, 시간을 단축하는 동시에 실험의 정확성을 기할 수 있다.

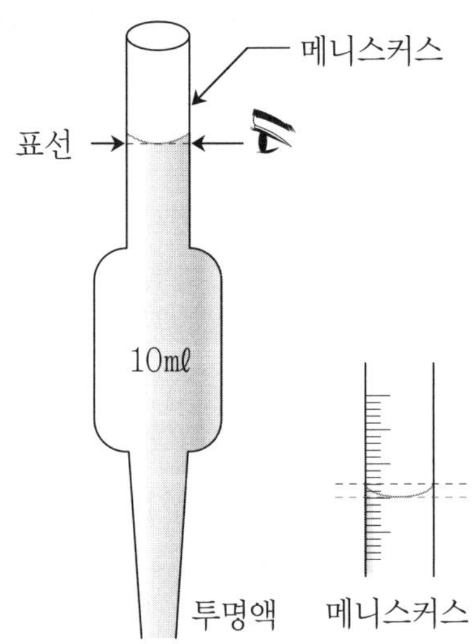

그림 1-13 피펫의 메니스커스

3. 뷰 렛(burette)

표준액을 넣고 적정할 때 또는 임의의 양을 취할 때 사용되는 기구이다. 뷰렛에는 용액의 유출구가 유리코크인 Geissler형, 유출구에 코크가 붙어있지 않는 대신에 유리구가 들어 있는 고무관으로 연결시킨 Mohr형, 용액이 자동적으로 보충되는 자동 뷰렛(reservior burette), 전용량이 2~3㎖의 미량인 마이크로 뷰렛(microburette)이 있다.

일반적으로 무색의 뷰렛이 사용되지만 $AgNO_3$ 또는 $KMnO_4$용액과 같이 감광성이 크거나 유기물과 반응하기 쉬운 용액을 적정하고자 할 때는 차광용의 갈색뷰렛을 사용한다. 유리코크는 회전하기 쉽게 바셀린을 바르는 것이 보통이나 $KMnO_4$, $AgNO_3$, I_2 등은 바셀린과 서서히 작용하므로 되도록 바르지 않는 것이 좋다.

어느 형의 뷰렛도 원리는 모두 같으므로 Geissler형 뷰렛을 중심으로 사용 방법을 설명한다.

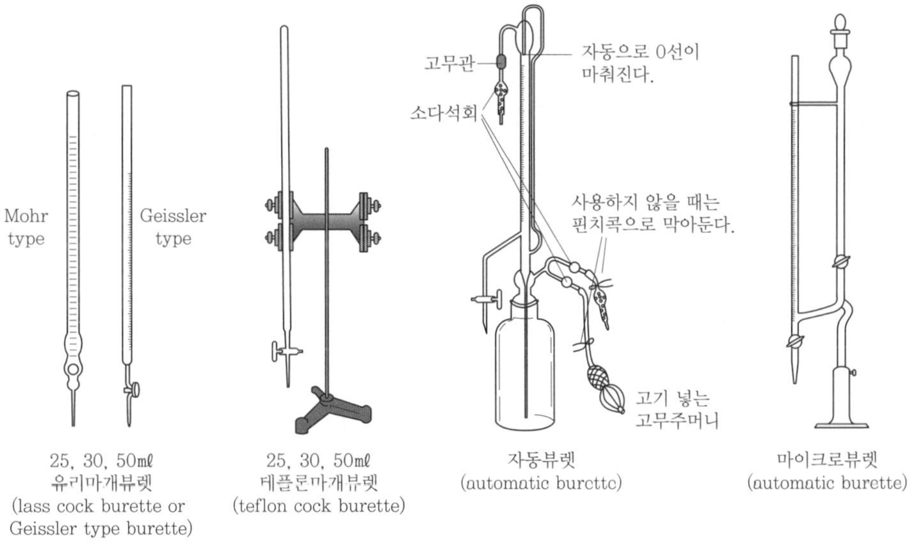

그림 1-14 뷰렛(burette)의 종류

[뷰렛 사용방법]

① Geissler형 뷰렛은 코크가 유리로 되어 있기 때문에 바셀린이나 실리콘그리스를 약간 칠하여 사용한다. 사용량을 극히 적게 하여 손가락으로 잘 마찰하여 회전시켜야 구멍이 막히지 않는다. 뷰렛 내부가 건조되어 있지 않을 때는 사용하는 용액을 넣어 0㎖의 상부까지 채운다. 이때 깔때기에 묻은 액이 떨어져 오차가 생기기 쉬우므로 반드시 깔때기를 분리시킨다.

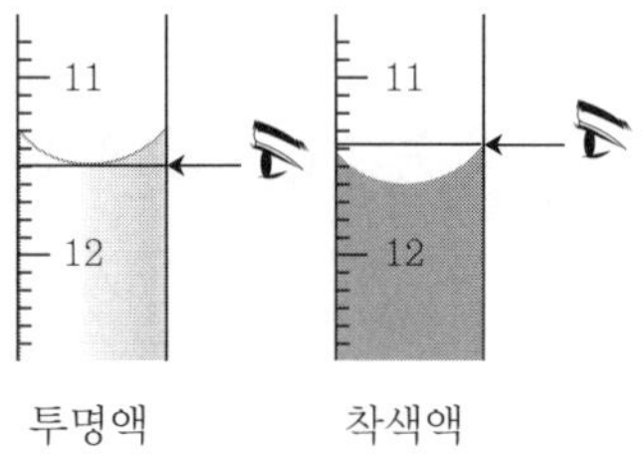

그림 1-15 뷰렛 읽는 법

그림 1-16 적정방법

② 코크를 사용하여 코크 하부의 용액이 들어 있지 않은 부분에 용액을 채운다. 이때 기포도 완전히 제거한다.

③ 뷰렛의 눈금은 무색인 경우 메니스커스 하단을 눈금으로 읽는다. 눈금은 0.1㎖까지 표시되어 있기 때문에 그 1/10인 0.01㎖ 단위까지 정확히 읽는다. 읽는 법은 그림 1-15에 나타난 바와 같이 눈의 위치를 정확하게 하여 읽는다. 유색인 $KMnO_4$용액 등은 메니스커스의 상단을 읽는다. 유출구 선단에 방울이 달려있으면 여과지로 비커 벽에서 제거한다.

④ 그림 1-16과 같이 코크를 쥐고 천천히 돌려서 적정을 시작한다. 코크가 빠지지 않도록 손으로 코크를 조금씩 회전하면서 떨어뜨리면 좋다. 뷰렛은 출용기구이기 때문에 적정속도가 빠르면 액이 내면에 남아 있으면서 떨어지므로 낮은 적정치(after flow)로 되고 늦으면 높은 적정치로 된다. 이상적으로는 매초 0.5㎖ 정도, 즉 20㎖를 떨어뜨리는 데 40초 정도의 적정속도가 적당하다. 적정의 종말점에 가까우면 한 방울씩 떨어뜨린다. 최후에 뷰렛 선단의 한 방울을 수기의 내벽에 떨어뜨려서 용기 중에 들어가 종말점이 되도록 한다.

⑤ 적정이 끝나면 눈금을 읽어 적정치를 구하고 사용 후에는 충분히 씻어 건조한 다음 코크는 종이를 끼워서 딱 붙는 것을 방지한다.

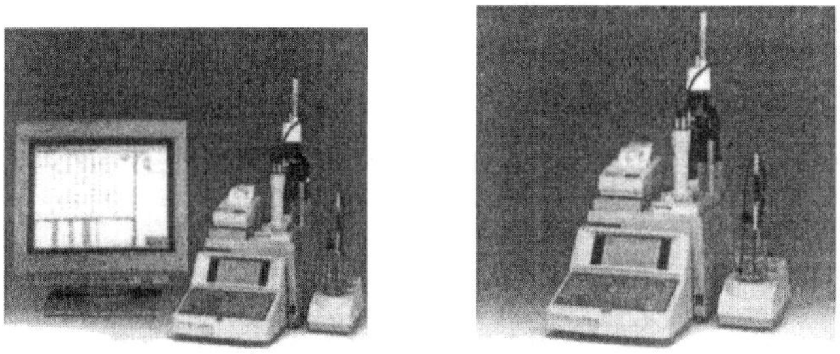

그림 1-17 전위차 자동적정기(Potentiometric auto titrator)

4. 메스실린더(measuring cylinder)

실린더 원통의 유리기구에 눈금을 표시한 것으로 용액을 방출한 용액량이 그 용적으로 되는 측용기구이다. 용량을 신속히 알고 싶은 경우나 후에 표정을 요하는 표준액의 조제에 사용되지만 정밀도가 낮기 때문에 정확도를 필요로 하지 않는 경우 사용된다.

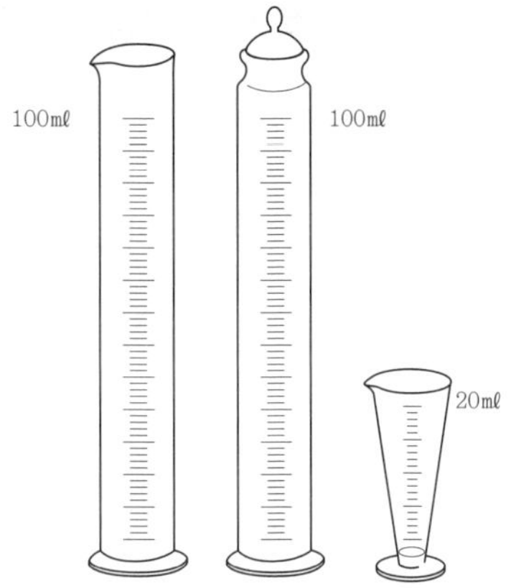

그림 1-18 메스실린더(measuring cylinder)의 종류

3-3-3 측용기의 공차

분석에서 일정량의 용액을 채취, 측정, 조제 등의 목적에 사용하는 기구를 총칭하여 측용기라 하며 중요한 기구로는 메스실린더, 메스플라스크, 피펫, 뷰렛 등이 있다. 이들 측용기는 모두 공공기관의 검정을 받아 합격한 것에 '검' 자의 표시가 있으며 허용된 공차는 표 1-19와 같다.

이러한 측용기는 건조할 때 가열해서는 안 된다. 또한 습도, 기압, 온도 등에 따라 약간 변화하므로 15℃, 1기압 하에서 측정을 표준으로 하고 있다. 식품분석에서 모든 측정을 실온에서 하며 특별히 온도에 대한 보정을 하지 않는다. 따라서 15℃에서 50mℓ의 피펫은 50.00±0.05mℓ을 넘지 않는다고 해도 약간의 오차는 생긴다.

표 1-19 측용기의 공차

피펫		메스플라스크		뷰렛		메스실린더
용량(mℓ)	공차(mℓ)	용량(mℓ)	공차(mℓ)	용량(mℓ)	공차(mℓ)	용량 100mℓ에 대하여 공차 1mℓ 이하
50	0.05	1,000	0.30	100	0.08	
25	0.025	500	0.15	50	0.04	
20	0.025	250	0.11	25	0.03	
10	0.02	100	0.08	10	0.02	
5	0.01	50	0.05	2	0.008	
2	0.006	25	0.03			
1	0.005					

3-3-4 측용기 취급상의 일반적 주의

① 세척을 충분히 하여 불순물의 혼입을 방지한다. 세척제로서는 비누, $NaHCO_3$, $K_2Cr_2O_7$과 H_2SO_4의 혼합액, alcohol, ether 등을 사용한다.

② 용기의 수용량과 출용량을 구별하여야 한다.

③ 피펫으로 위험성의 물질을 취할 때에는 주의하여야 한다. 이때 적당한 안전장치가 부착된 피펫을 사용하든가 뷰렛을 사용하는 것이 좋다.

④ 메스플라스크 내에서 발열성 물질을 용해하든가 가열하여서는 안된다.

⑤ 실린더 내에서 발열성 물질의 용해 및 가열을 하여서는 안된다.

⑥ 측용기를 건조할 때 높은 온도로 가열하여서는 안된다. 빨리 건조시키고자 하면 소량의 순수한 acetone 또는 alcohol과 ether혼합액으로 2~3회 씻고 드라이어로 용기를 건조시킨다. 그러나 보통 측용기는 건조하는 대신에 사용 전에 사용하는 액으로 수회 씻어서 사용하는 것이 바람직하다.

3-4 기본 실험조작법

3-4-1 유리세공(glass working)

유리세공을 할 수 있으면 화학실험에 있어서는 매우 편리하다. 복잡한 유리세공은 전문가에게 맡길 수 밖에 없으나 간단한 것은 자기 자신이 필요에 따라 할 수 있어야 한다.

유리는 연질과 경질이 있는데, 화학실험에 사용되는 것은 보통 경질이다. 연질유리(soft glass)는 200℃ 정도면 연화되어 세공에 적합하므로 내열이 필요없는 깔때기, 데시케이터, 킵 장치 등에 사용되며 정밀한 실험에는 부적당하다. 경질유리(hard glass)는 내수, 내산, 내알칼리, 내열성이 있고 기계적 충격에도 강하므로 실험기구로 많이 쓰이나 가공이 어렵고 값이 비싼 것이 결점이다.

1. 유리세공의 기본

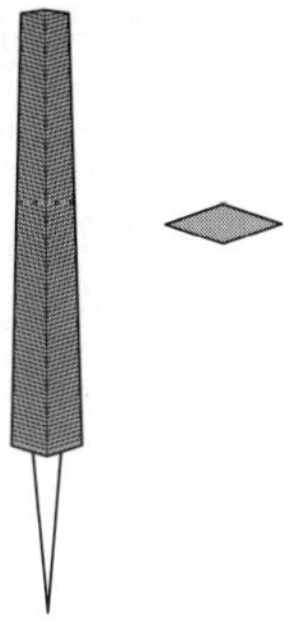
그림 1-19 줄칼의 겉모양과 단면

(1) 유리관이나 유리막대를 자르는 방법

유리관(glass tube)이나 유리막대(glass rod)를 자르려면, 먼저 자르려고 하는 곳에 줄칼(file)로 2~3㎜ 정도의 금을 긋는다. 여기에 사용할 줄칼의 겉모양과 단면 및 그 단면의 일부를 확대한 것이 그림 1-19이다.

모난 줄칼을 약간 기울여, 줄칼의 모서리로 그림 1-20처럼 직각으로 약간 누르면서 유리관에 금을 긋는다[2].

이때 금이 여러 개 생기지 않도록 주의해야 한다.

금을 그은 유리관을 그림 1-21처럼 양쪽 손으로 잡고, 양손의 엄지손가락으로 금을 그은 부분의 뒷면(등)에 대어 양쪽으로 잡아당기는 것처럼 해서 엄지손가락에 힘을 주어 부러뜨린다.

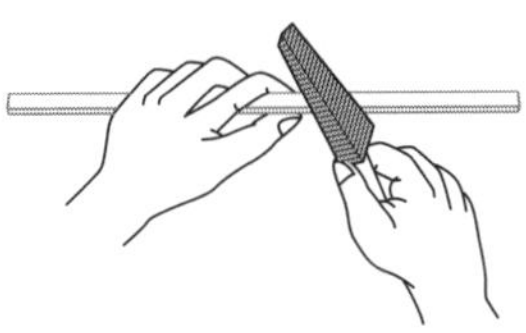
그림 1-20 줄칼로 금을 긋는 장면

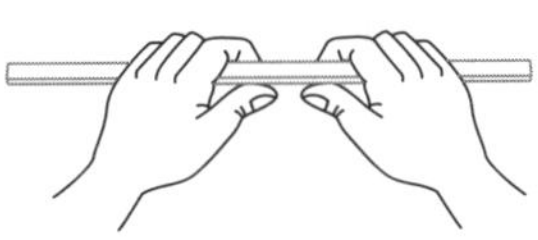
그림 1-21 부러뜨리려고 하는 장면

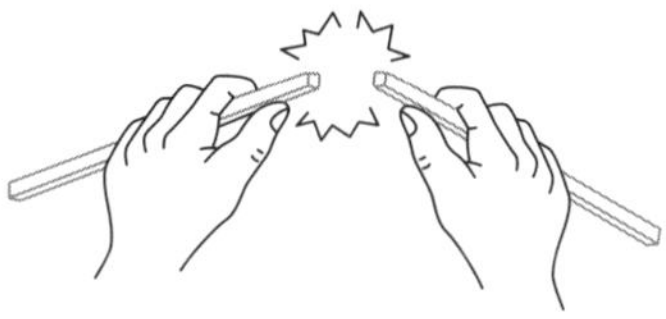
그림 1-22 부러지는 순간의 장면

유리관이나 유리막대의 잘라진 끝은 칼날처럼 손을 상처내기 쉬우므로 다음과 같은 방법에 의하여 손질한다.

① 눈이 가는 줄칼의 날로 잘라진 곳을 몇번 문질러 칼날처럼 된 부분을 없앤다.

② 유리관의 잘라진 면을 알코올램프나 석유버너 혹은 가스버너 등의 가장 높은 온도부분에 가까이 하면서 조금씩 돌리고 충분히 가열하면, 유리가 녹아 잘라진 면이 둥그렇게 된다. 둥그렇게 된 것을 확인하려면 그 자른 부분이 빨갛게 되었는가를 알아보고, 빨갛게 되었으면 자른 면이 둥그렇게 되었음을 알 수 있으며, 완전히 손질된 것으로 인정한다.

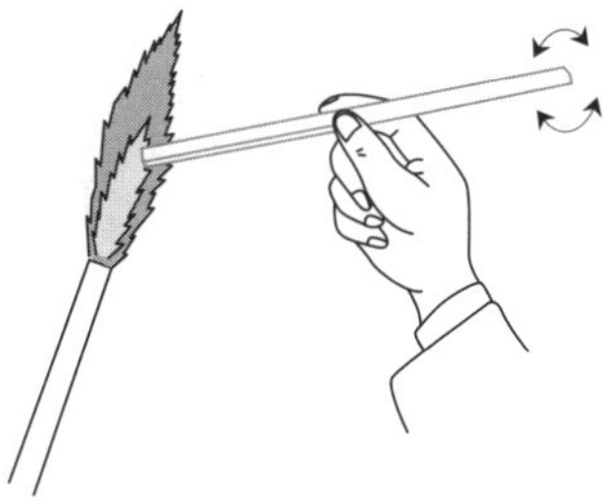
그림 1-23 잘라진 면의 손질

2) 이때 금이 여러 개 생기지 않도록 주의해야 한다.

(2) 가는 유리관을 구부리는 방법

열원의 종류 및 기술 정도의 차이에 의하여 그 방법에도 여러가지가 있으나 다음에 일반적인 방법을 설명한다. 유리관을 그림 1-24처럼 수평으로 들고 버너의 불꽃(폭을 넓게 한 불꽃이 효과적임) 속에 넣어, 고르게 돌리면서 구부리려고 하는 부분과 그 좌우를 가열한다. 유리가 연해지면 불꽃에서 꺼내어 조심스럽게 천천히 필요한 각도로 구부린다.

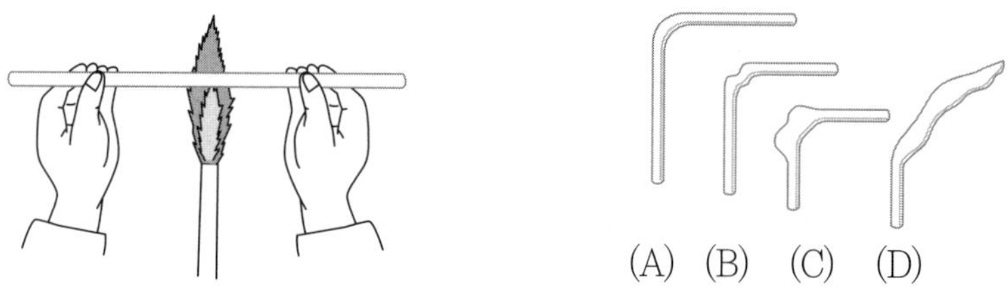

유리관을 구부린 결과 (A)처럼 상하부가 균등하게 되어야 한다.

그림 1-24 유리관의 가열 및 구부린 모양

이 방법은 일반적으로 유리관의 직경이 약 6㎜ 이하인 것에는 별 지장이 없으나 더 굵으면 쉽지 않으므로 다음과 같은 방법을 취하는 것이 좋다.

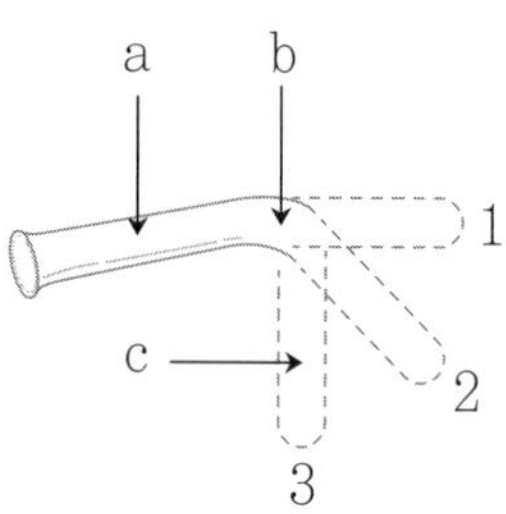

그림 1-25 유리관을 구부리는 방법

① 기술이 능숙하지 못한 경우에는 그림 1-25에 표시한 바와 같이 첫번째에는 a부분에서 조금 구부리고, 다음 바로 오른쪽 b부분을 가열하여 두번째로 b부분에서 조금 구부리며, 이어 다시 세번째에는 c부분을 가열하여 구부리면 어떠한 각도로 구부릴지라도 그림 1-24의 (A)처럼 각부분이 균등하게, 그리고 튼튼하게 구부려진다.

② 기술이 상당하게 익숙한 경우에는 유리관을 버너에서 수평으로 들고 고르게 돌리면서 구부리려는 부분과 그의 좌우를 가열한다. 유리가 연하게 되면 불꽃에서 꺼내어 유리관의 한쪽을 한 손가락으로 막고 유리관의 다른 쪽을 입에 대고 공기를 불어 넣으면서 구부린다.

그림 1-26 유리관에 공기를 불어 넣으면서 구부리는 방법

(3) 유리관이나 유리막대의 끝을 뾰족하게 만드는 방법

유리관을 구부릴 때와 같은 요령으로 유리관을 수평으로 들고 천천히 돌리면서 가열하여 유리관이 충분히 연

하게 되었을 때(유리의 색깔이 빨갛게 되었을 때) 불꽃에서 꺼내어 좌우로 평평하게 잡아당긴다.

이때 너무 세게 당기면 그림 1-27처럼 되며, 천천히 약하게 당기면 그림 1-28과 같이 된다.

그림 1-27 불꽃에서 가열 후 유리관을 너무 세게 당긴 경우

그림 1-28 불꽃에서 가열 후 유리관을 천천히 약하게 당긴 경우

[주의사항]

① 가열이 고르지 못하면 잘 늘어나지 않고 끝이 구부러진다.

② 가열이 적당하게 되었다 할지라도 잡아당기는 방법이 좋지 못하면 역시 끝이 구부러진다.

③잡아당길때에는심지를꼬는것처럼조금씩돌리면 서 당기면 적당한 끝이 된다.

④ 잡아당길 때 불 속에서 하면 대개 끊어지므로 반드시 불에서 꺼내어 당겨야 한다.

(4) 모세관 만드는 방법

머리카락처럼 가는 관, 즉 모세관(capillary tube)을 만드는 방법은 앞서 설명한 유리관의 끝을 뾰족하게 만드는 방법과 흡사하다. 즉, 유리관을 수평으로 들고 천천히 돌리면서 가열하여 유리관이 충분히 연하게 되었을 때 불꽃에서 꺼내어 좌우로 적당하게 힘주어 충분하게 늘인다.

너무 힘을 주면 그림 1-29처럼 길게 늘어나기 전에 끊어지거나 갑자기 가느다랗게 되어, 그의 굵기가 일정하지 않은 가는 관이 된다. 그러므로 적당한 힘으로 양쪽으로 늘여 잡아당겨야 한다. 이와같이 하면 그림 1-30처럼 길이가 상당히 길며 굵기도 일정한 모세관이 될 수 있다.

그림 1-29 모세관 제작시 가열 후 너무 힘을 주어 당긴 경우

그림 1-30 모세관 제작시 가열 후 적당한 힘으로 양쪽으로 늘여 잡아 당긴 경우

2. 교반봉의 제작법

적당한 굵기(직경 4~7㎜)의 유리막대(glass rod)를 골라 15~20㎝의 길이로 잘라 양끝을 그

림 1-23에서 처럼 손질하여 반지랍게 한다.

유리막대의 끝에 길이 1~2㎝의 고무관을 끼워두면 교반시 기구의 파손을 방지할 수 있다. 그리고 유리막대 대신에 유리관을 사용했을 때는 유리관구를 막을 수가 있다. 이때 이름이나 필요한 글자를 쓴 작은 종이조각을 넣어 막아두면 구별하는 데 편리하다.

한편 교반봉(agitated rod)을 그림 1-31(B)처럼 한 쪽을 가늘게 만들어 두면 사용에 편리하다.

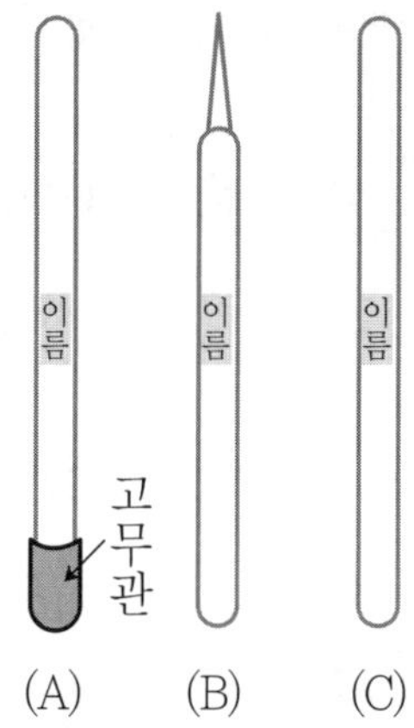

그림 1-31 교반봉(교반용 막대)

3-4-2 가열과 냉각

반응이 발열반응이면 냉각시키면서 반응시켜야 하며, 흡열반응이면 가열하면서 반응시켜야 한다. 활성화에너지가 크면 클수록 가열해야만 반응이 쉽게 일어난다. 또 반응이 끝나면 다음 조작을 위하여 때로는 냉각하여야 할 때가 있다.

가열 및 냉각은 목적에 따라서 여러가지 방법이 있으며 대체로 다음과 같은 방법을 사용한다.

1. 가 열

(1) 직화에 의한 가열

각종 전기히터나 버너로 직접 가열하는 방법으로, 가열온도에 제한이 없거나 가열방법이 반응속도, 반응시간 등에 큰 영향을 끼치지 않는 경우에는 대개 이 방법을 택하나 대체로 이 방법으로는 열을 받는 면적이 넓지 못하다. 그리고 이때는 금망을 사용해야 한다.

(2) 간접적인 가열

간접적으로 가열하는 방법 중에는 수욕(水浴, water bath), 유욕(油浴, oil bath), 사욕(砂浴, sand bath) 등의 방법이 있다.

1) 수욕(또는 수조, water bath)

100℃ 이하로 가열해야 할 경우에는 소정의 온도로 가열된 물 속에 가열해야 할 목적물을 넣어서 가열하는 방법이다. 예를들면 유기용매로 일정한 온도에서 추출할 때나 유기용매 추출을

계속적으로 이행할 때(ether로 조지방을 추출할 때와 같이) 이용된다.

2) 유욕(또는 유조, oil bath)

100℃보다 높은 온도까지 가열할 필요가 있으나 너무 높은 온도를 피해야 할 경우에 필요한 온도까지 가열해도 분해되지 않는 유류를 택하여 가열된 유류 속에 목적물을 넣어 가열하는 방법이다. 이때는 그 증기(기름의 증기)가 해로울 때가 있으므로 주의를 요한다.

3) 사욕(sand bath)

고온으로 가열해야 하고, 가열면적을 넓혀 골고루 반응시킬 필요가 있을 때, 크기가 균일한 고운 모래를 가열해서 그 속에 목적물을 묻어 가열하는 방법이다. 비금속 안경테 같은 것도 이러한 방법을 이용해 필요한 형태로 구부릴 수 있다.

4) 기타 방법

100℃보다 약간 높은 온도까지 가열해야 할 때는 용액의 성질 중 비점상승을 이용하여 식염 등과 같은 비교적 염가이고 용해도가 높은 물질을 적당량 용해시킨 수용액을 끓이고, 그 속에 목적물을 넣어 가열하는 수도 있다.

일반적으로 간접적인 가열은 전열면적이 넓어 반응이 효과적으로 일어날 수 있으며 온도조절도 직화의 경우보다 수월하다.

2. 냉　각

냉각에도 자연냉각과 인공냉각 방법이 있다. 자연냉각은 실내에 방치하거나 교반하면서 냉각시키는 방법이며, 인공적인 냉각 방법에는 대개 다음과 같은 것이 있다.

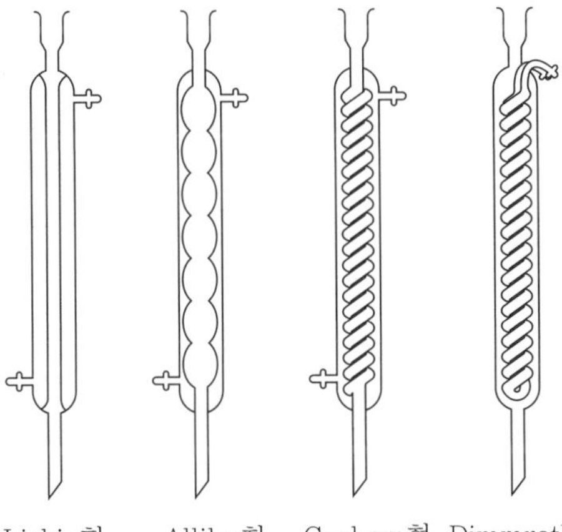

그림 1-32 냉각기(condenser)의 종류

(1) 냉각기(condenser) 사용

사용목적에 따라서 여러가지 형태의 냉각기를 선택해야 한다. 냉각기 중에는 리비히 냉각기(Liebig condenser), 환류 냉각기(Hopkin's reflux condenser), 알린 냉각기(Allihn's condenser) 및 나선형인 그레이암 냉각기(Graham's condenser) 등이 있다.

이들 냉각기는 흐르는 물에 의하여 냉각하

는 소위 수냉식(water cooling type)이나 경우에 따라서는 공기냉각기로 1m의 유리관을 사용하는 수도 있다. 증류할 때는 수냉식 냉각기 중 Liebig냉각기를 사용하고, 유기용매에 의한 추출시에 용매의 비산을 막기 위해서는 Dimmroth냉각기를 사용하며, 냉각기 내에서 전열면적을 넓히기 위해서는 정도에 따라서 Allihn냉각기나 Graham냉각기를 사용한다. 대개의 경우 전분질을 산으로 분해하거나 섬유소를 정량할 경우에는 공기냉각기로서 길이 1m인 유리관을 사용하고 있다.

여하튼 이러한 냉각기는 발열반응의 경우 연속적으로 반응을 진행시키려 할 때나 또는 증기의 회수를 필요로 할 때 사용된다.

(2) 냉장고 사용

전기 냉장고나 얼음이 든 상자를 이용하여 대개 5~10℃ 정도로 냉각시키고자 할 때 또는 냉장고의 온도로 보존하고자 할 때 사용되나 일반적으로 5℃ 이하로 냉각시키려 할 때는 보통의 냉장고로는 어렵다.

(3) 냉각제(cooling agents) 사용

반응온도가 0℃ 또는 이보다 낮은 온도이거나 생성물의 휘발성이 큰 경우에 적당한 용기에 넣은 냉각제 속에 냉각하려고 하는 반응계 또는 생성물의 용기를 담가서 냉각시키는 방법이다. 이때 냉각제와 냉각하여야 할 용기가 충분히 접촉하도록 한다.

냉각제로서 주로 사용되는 것은 얼음과 고형탄산(드라이아이스)이며, 이것을 무기염류 및 유기용매와 혼합시켜 보다 낮은 온도를 얻는 방법이 일반적으로 취해지고 있다. 표 1-20에 그 사용법의 일례를 표시한다.

표 1-20 주요 냉각제와 냉각 최저온도

냉 각 제	최저온도 (℃)
얼 음	0
얼음 100 + 염화나트륨(NaCl) 33	−21
얼음 100 + 염화칼슘($CaCl_2$) 150	−49
드라이아이스 + acetone	−86
드라이아이스 + methanol	−73
액체질소	−180

일반적으로 냉각조작에는 주위로부터 열의 침입과 용기벽으로부터의 손실때문에 표 1-20에 나타낸 온도까지는 냉각되지 않고 또한 장시간 일정온도로 유지하기도 어렵다.

얼음에 의한 냉각에서는 용기와 얼음사이에 간격이 생기지 않도록 한다. 얼음은 가늘게 부수어 플레이크 상으로 하여 사용하는 것이 좋다. 얼음은 단독으로 사용하기 보다 식염과 혼합하여 사용하는 경우가 많다. 얼음량의 1/3의 식염을 사용한다. 넣는 용기는 플라스틱제의 것을 적당히 사용하면 되나 용기의 주위를 단열제로 둘러 싸놓으면 좋다. 잠시 지나면 서서히 온도가 올라가는 것이 보통이기때문에 냉각제의 보급과 온도의 감시를 태만히 해서는 안된다.

드라이아이스는 열전도성이 적기때문에 단독으로 사용하지 않는다. 용기 속에 acetone이나 methanol을 넣고 그것에 가늘게 부순 드라이아이스를 투입하여 사용한다. 이 경우도 드라이아이스의 용해를 기다리지 말고 속히 보급하여 주어야 한다.

유기용매에 드라이아이스를 투입할 경우 용매의 온도가 높을 때는 격렬하게 비등이 일어나기 때문에 용기에 지나치게 많은 용매를 넣으면 액이 용기로부터 넘치는 경우가 있으므로 주의한다.

3-4-3 여과와 분리

1. 여 과

고체와 액체를 분리하는 방법을 여과(濾過:filtration)라 한다. 즉 현탁물질 또는 혼합용액속의 침전물을 분리하는 조작을 말하며, 여과해서 얻은 용액은 여액(flitrate)이라 하고, 분리된 고형물을 침전물(precipitates:ppt) 또는 여과박(filter cake)이라 한다. 고체와 액체의 분리에는 decantation(처음부터 침전을 여지에 옮기면 여지구멍이 미세한 침전으로 막히므로 여과시간의 단축, 세척이 곤란한 경우에나 사용한다)이나 원심분리 등을 이용하는 수가 있는데, 전자는 침전을 용기 밑으로 가라앉게 한 다음 그 용기를 기울여 상징액을 흘려버리고 침전만 남게하는 경사방법(decantation)으로 조작이 신속하고 간편하나 완전히 분리시킬 수 없는 점이 결섬이나 여과처리에 효과적이다.

후자는 취급하는 양이 적어 여과가 잘 안될 경우 사용하며 보통 여과지를 이용한 여과가 많이 이용된다. 여과재료는 여과지를 비롯해 석면, glass wool, glass filter 등이 쓰이고 있다.

또 깔때기도 많이 사용되는데 분별(分別) 깔때기(separatory funnel)는 서로 완전하게 혼합되지 않은 2종류의 액체상을 분할하는데 사용되는 밸브를 갖춘 깔때기 모양의 유리기구로 목적에 따라 여러 종류가 이용되고 있다. 20mℓ에서부터 2,000mℓ까지 있다.

표 1-21에서 보는 바와 같이 여과지의 종류는 정성용 여과지, 정량용 여과지, 원통형 여과지, 크로마토그래피 여과지를 들 수 있고 그 이외 종류는 석면, 여과면(린넨포), glass wool 유리제 여과판 등이 있다.

공기와 같은 기체여과, 단백질, virus의 여과와 각종 미생물의 여과에는 최근 micro filter(glass filter)라는 것이 있는데, 이것은 $0.01\mu \pm 0.002 \sim 14.0\mu \pm 3\mu$정도 크기의 구멍을 가진 nylon, vinyl chloride, cellulose acetate 등의 재질이 있다.

그리고 여과 방법에는 여지에 의한 보통여과법이나 감압여과법(흡인여과법), 가열여과법 등이 사용되고 있다.

표 1-21 여과지의 종류와 특징 및 용도

종류	세목용도	일본 동양 No.	영국 Whatman No.	특성 및 용도
정성용	일반정성용	No. 1	No. 1	* 일반여과용으로 제조된 것. 여과속도가 빠름. 여과지의 조직이 거칠기 때문에 미세한 침전방지 부적합
	표준정성용	No. 2	No. 2	* 지층은 No.1보다 가깝고 여과속도 빠름. 침전도 잘 됨. 공업여과용 표준품으로 감압여과에 많이 사용
	배양기용	No. 101		* 성질이 No.1에 가깝고 지면에 요철(凹凸)을 만들어 점조액(粘稠液), 교질액의 여과에 좋음
	반경질성용	No. 131		* No.2보다 미세한 침전의 여과에 적당. 지질이 경성이므로 감압, 가압의 여과에 잘 됨. 석유의 이탈이 적어 주사액 황산바륨 등의 여과에 적당함
정량용	간이정량용	No. 3	No. 30	* 섬유를 염산으로 처리하여 증류수로 세정한 것. 여과지는 두껍고 여과속도 빠름, 간단한 학생실험, 공업용
	경질여과지	No. 4	–	* 화학작용에 의해 여과지의 표면을 경화한 것. 지질이 강하여 가압에 견디며 내산, 내알칼리성으로 미세한 침전에도 완전하게 유지됨
	신속정량용	No. 5A	No. 41	* 회분량이 적고 여과속도 제일 빠름.소대(疎大) 침전용 적당
	일반정량용	No. 5B	No. 40	* 여과속도, 침전의 유지성, 회분량 등 여과지 중에서 중간위치임. 한 종류의 여지로 가장 광범위하게 사용
	황산바륨용	No. 5C	No. 42	* 여과지가 샐 우려가 있는 침전을 취급하는 정량용
	표준정량용	No. 6	No. 44	* No.5보다 여과지가 얇고 회분량도 더욱 적으며, 침전의 유지성은 No.5B보다 좋아 정량용으로 표준품
	최고급정량용	No. 7	–	* 다른 여과지보다는 얇지만 지층이 가장 균일하며, 섬유의 순도가 우수하여 특히 정밀한 분석실험 적당
	경질여과	No. 8	No. 50	* 경질이므로 흡인여과에 적당함
원통 여지면	원통여과지 (圓筒濾過紙)	No. 84		* Soxhlet's 지방추출기내에 이 시료를 넣은 여과지를 넣고 유기용매로 지방추출. 여과속도가 빠르고 내구성이 있어 여러번 사용할 수 있음
	여과면 (濾過棉)	No. 82		* 술, 맥주, 음료수, 장유 등의 여과에 사용하며, 순수한 우량품은 고결, 건조한 것, 세정으로 수회 사용
크로마토그라피		No. 50		* 지질은 정제한 섬유의 균일한 조직. paper chromato 용으로서 표준품임
		No. 51		* 지질이 얇고 자외선하에서는 형광을 내지 않음. chromato용으로 Whatman No.1에 상당함
		No. 1A		* No. 51중의 부기성분을 완전하게 제거 한 것. 東洋여과지 No.51, Whatman No.1에 만족할 수 없는 생화학 정밀 분석용으로 사용함

(a) 여과지 접는 방법과 여과법

(b) 여과 방법

그림 1-33 여과지와 여과지 접는 방법 및 여과과정

그림 1-34 여과기구의 종류

(1) 자연여과 중 일반여과법

자연여과는 말 그대로 상압상태의 여과로써, 감압 또는 여과면이 막혀서 여과하기 어려운 경우에 널리 이용되며 유효여과면적을 넓게 하여 여과속도를 다소 빠르게 하기 위해 주름 여과지를 사용한다. 여과지는 표 1-22에서와 같이 정성용과 정량용 등으로 나눈다.

정성용은 주로 No.2, 정량용은 No.6를 많이 사용한다 정성용 여과지의 원형 직경이 5.5, 7, 9, 11 12.5, 15, 18.5, 24, 30, 33, 36, 40, 50, 60㎝까지 있고, 정량용은 5.5, 7, 9, 11, 12.5, 15, 18.5㎝ 등이 깔때기의 크기에 맞도록 사용하면 된다.

또한 여과에 장해되는 요소 중에서 유의할 점은 여과지는 밀착되도록 하고 , 깔때기 발이 길고 여과하기 전에 침전을 가라 앉혀 윗물을 먼저 여과토록 하며, 특히 교질성 앙금 등은 여과가 잘 안되므로 용액의 온도를 높여서 여과토록 하든가 감압여과법을 이용해야한다,

일반여과법은 원형의 여과지를 그림 1-33과 같이 직경에 따라 2분원으로 접고 그것을 또 반절로 접어서 4분원형으로 하고, 다시 원형으로 펴서 깔때기 속에 놓는다. 깔때기의 넓이가 60° 가 아닌 것은 4분원으로 접을 때 깔때기에 맞도록 약간 가감하여 접어야 한다.

주름 여과지 접는 방법은 그림 1-33의 (a)와 같이 원형여과지를 4분원으로 되게 접고 이것을 펴서 2분원으로 만들고, ①과 같이 CA를 BA에 , C´A를 BA에 맞추어 접혀진 선 DA,EA를 접는다. 이것을 넓게 펴서 ②와 같은 모양으로 CA를 DA에 , DA를 BA에, C´A를 EA에, EA를 BA에 양쪽으로부터 내부에 접혀진 선을 접는다. ③은 다시 이것을 반원형으로 펴고 ④와 같이 반대방향으로 접선을 접어 32분원이 되게 하면 부채모양으로된다. 이것을 펴서 원형으로 넓히고 갈때기 속에 장치한다⑤.

(2) 감압여과(흡인여과)법

흡인여과라고도 하며 여과에서 많이 사용한다. 이방법은 여과 용액을 받은 용기 내부를 감압하여 여과하는 방법인다. 여과하려는 액체의 양이 많고 빨리 여과하고자 할때 사용된다. 즉 여과시간의 단축과 여과가 곤란한 경우 사용된다. 이것은 그림 1-34에서 보는바와 같이 Buchner funnel과 여과병을 연결하고 진공펌프(vacuum pump)나 수류(水流)[3] 펌프(aspirator)로 여과병 내의 공기를 감압시킨다. 역류를 방지하기 위해 여과장치와 펌프사이에 안전병을둔다. 약품이나 강산-알칼리와 같이 여과지가 침식될 염려가 있을 때는 석면을 채운 Gooch 도가니[4], 다공질로 된 유리 여과기(glass filter)[5]가 사용된다.

3) 수류펌프는 15~20㎜Hg 정도까지 감압이 가능하며 rotary oil pump는 0.01~25㎜Hg 사이의 압력을, 확산펌프는 0.01㎜Hg이하의 압력까지 사용할 수 있다.

4) Gooch도가니는 작은 구멍이 뚫려 있는 부속판인 여과판이 있다. 도가니 바닥에 정제된 석면을 깔고 흡입여과한다. 이것은 600℃ 이상 가열할 수 없고 파손되기 쉬우며 고가인 점이 결점이지만 석영제를 사용하면 1,500℃까지 가열할 수 있다. 온도의 격변으로 파손되지 않고 흡습성이 없으면 강산, 강알칼리, $KMnO_4$등의 시약에 저항성이 크며 세척이 보통 여지보다 안전하다.

5) glass filter는 외부에 1G3, 3G4 등의 부호가 있는데, 머리숫자는 용량(숫자가 클수록 크다)을 나타내며, G는 최초 유리여과기를 만든 유리의 품질 Generate glass의 머리글자이고, 꼬리숫자는 여과판(濾過坂)구멍의 크기에서 1이 가장크고 4가 가장 작음을 나타낸다.

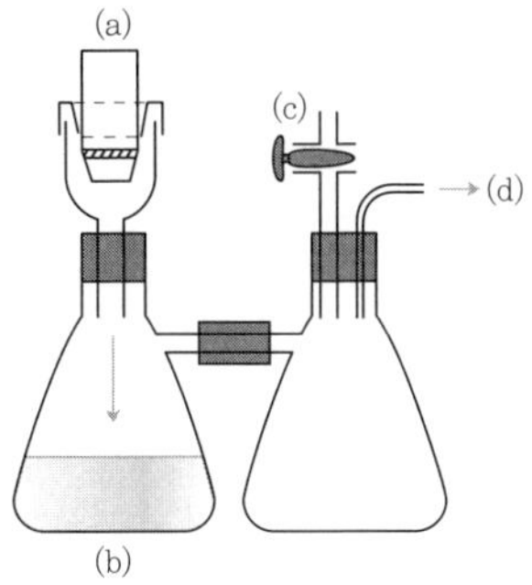

a. 유리여과기　　b. 감압병
c. 진공, 감압 조절용 탱크
d. 아스피레이터에 연결

그림 1-35 감압여과장치(I)

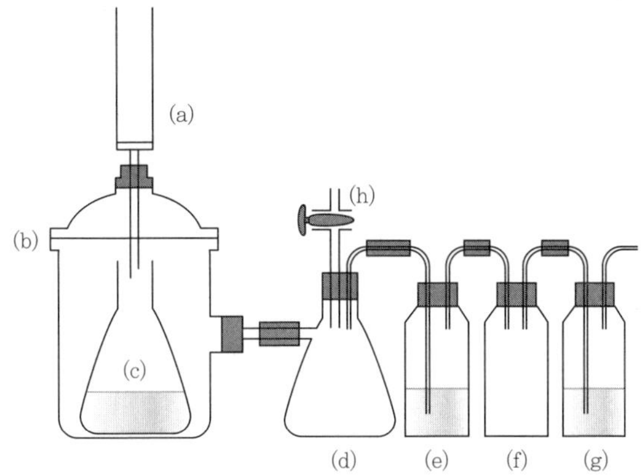

a : 유리여과기　b : Wittt여과장치　c : 수 기　d,f : 안전병
e,g : 진한 황산　h : 감압조절용 코크

그림 1-36 감압여과장치(II)

표 1-22 여과지의 종류와 특징 및 용도

형식(type)	형식 번호	여과판의 지름(㎜)	용량(㎖)
도가니형 깔대기	1G 2G	30 40	30 50
원통형 깔대기*	3G 11G 17G	30 40 65	30 60 140
원추형 깔대기**	G G	15 20	상부의 지름 40㎜ 상부의 지름 60㎜
아린씨 관형(管型)깔대기			

* 25G, 26G, 151G가 있다.
** 53G, 54G가 있다. 어느 것에 있어서나 여과판(濾過板)의 지름, 용량이 크다.

표 1-23 glass filter의 여과판과 눈구멍(mesh)의 크기(단위: μ)

No	1	2	3	4
구멍의 직경(μ)	120~150	40~50	20~30	5~10

(3) 가열여과

재결정법으로 물질을 정제하는 경우, 용해도가 온도에 따라 달라지므로 용액을 냉각시키지 않고 가열시켜 여과시킬 필요가 있다. 이런 방법을 가열여과 또는 보온여과라 한다. 가열여과는 보온여과기 같은 장치를 이용하거나 일반 가열기구를 이용할 수도 있다.

재결정법(recryustallizing)은 가열, 용해, 여과, 냉각 등의 조작을 조합한 것으로서 고체 시약등의 정제에 사용된다. 일반적으로 용매인 물을 가열하면서 고체시약을 될 수 있는 대로 많이 용해하고, 이것을 더울 때에 여과하여 물에 녹지 않는 불순물을 제거한다. 여액은 냉수로 냉각시켜 결정을 석출하여 여과한다. 그리고 석출된 결정은 건조여지에 싸서 물을 제거한다. 이 조작을 필요에 따라서 몇 번 반복해서 정제의 목적을 달성하는 것이다.

2. 분 리

(1) 원심분리

여과하기 어려운 경우와 액량이 적어 여지를 사용할 수 없을 때 또는 일정량의 상징액만을 쓰려고 할 때 등은 원심분리를 이용한다. 침전을 급속히 침강하는 원심분리기에서는 중량이 같은 짝수가 되는 금속제 원통을 전동 또는 수동으로 축을 돌려 회전시킨다.

원심분리하려는 용액은 그림 1-37과 같은 각종 형의 원심침전관에 넣고 대칭한 위치의 원통에 넣어 침전관과 용액을 합계한 중량이 서로 같게 상명천칭에 달아서 한다. 한 개의 침전관밖에 액이 없을 때에는 반대쪽 침전관에 그것과 같은 중량의 물을 넣어 평형을 맞춘다. 회전수는 가전압으로 조절하나 처음은 반드시 천천히 돌리다가 서서히 회전수를 올리도록 한다. 원심분리한 침전은 대체로 분리관 밑쪽으로 비스듬히 모여 있으므로 상징액만을 관을 기울여 쏟던가 또는 안전 피펫이나 적당한 흡인장치로 빨아 올리기도 한다. 침전의 세척에는 관밑의 침전물에 세척액을 부어 저어서 재차 원심침전 조작을 되풀이한다.

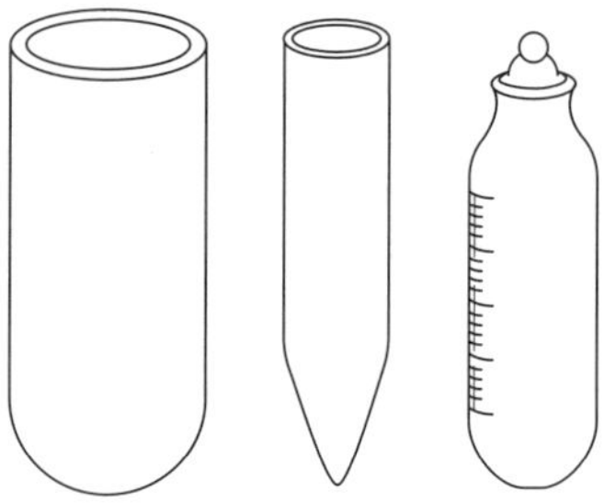

그림 1-37 원심침전관

그림 1-38 원심분리기

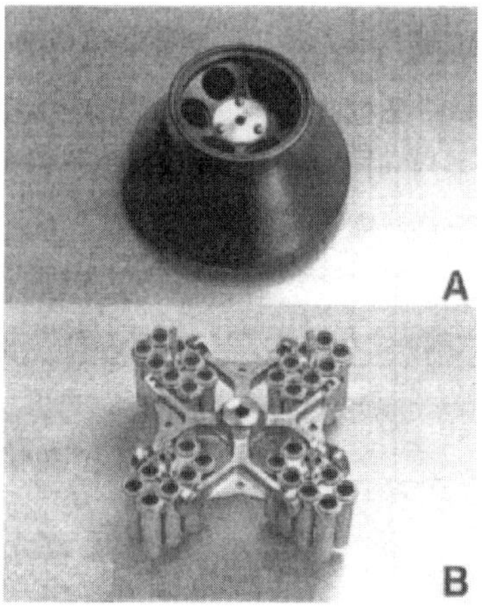

그림 1-39 원심분리기의 회전자

원심분리기는 기본적으로 두 부분, 즉 시료를 회전시키는 부분(모터가 달린 축)과 회전자(rotor, 원심분리 될 시료가 들어가는 부분)로 구성된다(그림 1-38). 원심분리기의 종류는 아주 단순한 것부터 침강계수를 측정할 수 있는 것까지 매우 다양하다. 회전자(그림 1-39)는 고정각 회전자와 수평 회전자가 있는데 모든 고정각 회전자는 고유의 최대회전속도를 가지고 있다. 만약 이 최대 회전속도 이상으로 회전시키면 회전자가 폭발할 수 있기 때문에 원심분리기를 사용할 때에는 특히 회전속도를 주의하여 조절하여야 한다. 또한 온도에 민감한 시료를 원심분리 할때에는 온도의 조절에도 특히 주의하여야 한다. 이 절에서는 일반적으로 사용되는 3가지 원심분리기에 대하여 설명하고자 한다.

1) Bench top 원심분리기

이 원심분리기는 일반적으로 실험대 위에 올려놓고 사용하기 때문에 이렇게 불리게 되었다. Bench top 원심분리기는 비교적 무거운 입자를 침전시키기 위한 저속 원심분리기(4,000~5,000rpm, 3,000g 정도)이다. 회전자는 고정각 회전자와 수평 회전자가 모두 사용되는데, 이 원심분리기에는 냉각장치가 없기 때문에 실온에서 원심분리가 진행되는데, 적혈구와 같은 큰 입자의 침전에 특히 유용하다.

2) 고속 원심분리기

냉각장치가 있어 원심분리 중에 시료의 온도 조절이 가능하고, 25,000rpm 정도까지의 높은 속도를 낼 수 있는 원심분리기이다. 대부분의 고속 원심분리기(high speed centrifuge)에 있어서 rotor chamber의 온도는 4℃ 정도로 유지된다. 고정각 회전자와 수평 회전자가 모두 사용되지만, 고정각 회전자가 보다 많이 사용된다. 원심력은 고정각 회전자를 사용하면 약 30,000g, 수평 회전자를 사용하면 약 20,000g, 까지 가능하다. 생물학적인 실험을 할 때에는 대부분이 이 고속 원심분리기를 사용한다.

3) 초원심분리기

원심분리기 중 가장 정교한 원심분리기로 75,000rpm 정도의 회전속도(500,000g)를 낼 수 있는 초고속 원심분리기이다. 이렇게 높은 속도는 공기와의 마찰에 의하여 강한 열을 발생시키기 때문에 이를 제어하기 위한 방법으로는 이 기기는 냉각장치와 진공장치를 지니고 있다.

앞에서 설명한 bench top 원심분리기와 고속 원심분리기는 단지 실험을 위한 준비작업(preparative), 즉 시료로부터 침전을 분리시키기 위하여 사용되지만, 초원심분리기(ultra-centrifuge)는 이와 같은 준비작업 뿐만 아니라 분석작업(analytical), 즉 입자가 침전하는 동안에 입자의 물리적인 특성을 측정하기 위하여 사용된다. 그러므로 초원심분리기에는 준비용과 분석용의 2가지가 있다. 분석용 초원심분리기(그림 1-40)는 원심 분리 중 원심분리관 내의 입자의 농도분포를 직접 측정할 수 있는 광학장치를 갖추고 있다.

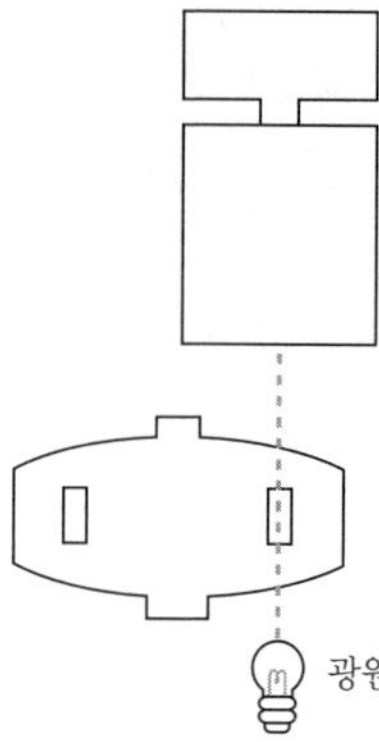

그림 1-40 분석용 초원심분리기의 내부 구조

(2) 흡착과 크로마토그래프 분리

용액 중의 용질을 산성 백토에 흡착시키던가 용액 중의 불순물을 활성탄에 흡착시켜 제거시키는 방법은 옛날부터 사용되어 왔다. 이와같은 흡착제의 흡착의 강도는 물질에 따라 또는 용매나 흡착온도에 따라 여러가지로 변한다. 이 성질은 분석 또는 분리 조작상에도 널리 쓰여진다.

흡착제를 유리관에 채워 넣고 소위 칼럼(column)을 만들어 위에서 혼합물질의 용액을 통과시키면 용질은 칼럼의 상단에서 흡착되고 여기에 다시 순수한 용액만을 흐르게 하면 피흡착성이 약한 것부터 먼저 용출분리되어 밑으로 이동한다. 피흡착력이 강한 것은 그보다 늦게 하단으로 이동한다. 그래서 용질은 그 하나하나 흡착대에 흡착분리되는데, 이러한 조작을 전개라고 하며, 이 방법으로 얻어진 흡착대의 배열을 크로마토그램(chromatogram)이라 한다.

흡착제와 용매를 적당히 골라 전개시켜 얻은 각 흡착대를 취해내어 다른 용매로 용출시키므로 보통 화학분석에서는 분별하기 곤란한 물질끼리 서로 분리가 된다. 흡착대를 취해내어 다른 용매로 용출하는 대신 조성을 적당히 변조한 용출분리제로 계속하여 전개하고 흡착성이 약한 것으로부터 순서대로 칼럼의 하단에서 용출시키는 액체크로마토그래피도 널리 이용된다.

현재까지 크로마토그래피는 많은 발전을 하여 흡착제로 이온교환수지를 사용한 이온교환 크로마토그래피나 물과 용매와의 각 용질의 분배율의 차를 이용하여 여지상에 각종 물질을 전개시키는 페이퍼크로마토그래피 등 식품분석에 널리 응용되고 있다.

3-4-4 추 출

액체 또는 고체 중에 혼재하는 목적물질을 적당한 용매를 사용하여 용출, 분리시키는 조작이다. 혼합물이 액체인가 고체인가에 따라 사용할 기구와 조작방법이 다르다.

1. 액체로부터의 추출

액체혼합물로부터의 추출은 용액으로서 완전히 녹아있는 경우와 고체나 액체의 일부가 침전이나 기름방울로서 석출해 있는 경우가 있으며, 모두 목적물만을 가능한한 녹이고 용액의 용매와는 서로 녹아 섞이지 않는 용매로 진탕하는 방법이 일반적으로 행하여 지고 있다. 수용액으로부터 유기용매로 추출하는 경우와 유기용매 중의 물질을 산이나 알칼리 수용액으로 수용성 염으로서 추출하는 경우가 있다. 진탕과 두 액층의 분리에는 보통 분액깔때기가 사용된다(그림 1-41 참조).

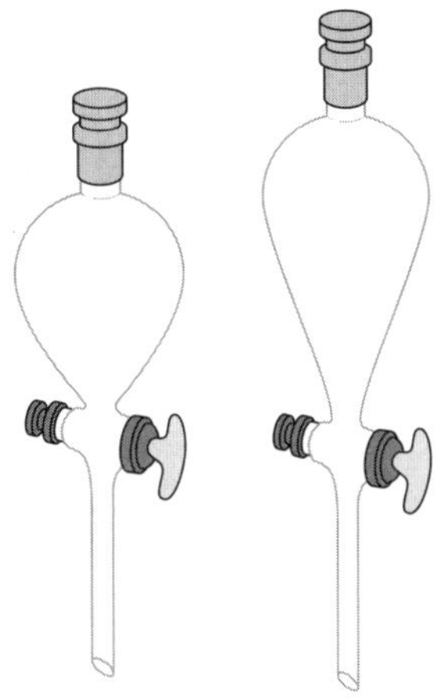

그림 1-41 분액깔때기

먼저 분액깔때기의 하부 마개가 단단히 닫혀있는가를 확인한 후 추출하려는 혼합액을 분액깔때기의 1/2~1/3 정도 넣고 추출용매를 가한다. 상부 마개의 작은 구멍과 깔때기의 작은 구멍을 겹치치 않도록 하고 혼합액과 용매가 잘 접촉하도록 격렬하게 진탕한다.

즉 한손으로 분액깔때기 상부의 마개를, 다른 손으로 하부의 마개를 잡고 기울여 윗쪽이나 아랫쪽으로 흔들어 깔때기의 아랫부분과 윗부분으로 내용액을 격렬하게 맞부딪치도록 한다. 진탕하는 중에 내압이 높아지는 경우가 많기 때문에 때때로 진탕을 멈추고 마개를 열어 내압과 외압을 같게 한다. 특히 ether와 같은 휘발성이 높은 용매에 의한 추출에는 처음부터 강하게 진탕하지 말고 1~2회 가볍게 흔든 후 바로 마개를 열고, 이 조작을 2~3회 정도 반복하여 내압이 상압에 도달한 후에 본격적으로 진탕하도록 한다. 진탕은 가끔 마개를 열면서 합계 30회 정도 행하면 충분하다.

두 층으로 분리되었으면 조심해서 아래 마개를 열고 하층의 액을 유출시킨다. 이 경우 하층의 액을 완전히 유출시키지 않고, 두 액층의 경계가 마개의 위쪽에 가까이 오면 한번 마개를 닫아 분액깔때기를 서서히 수평으로 회전시켜준다. 이와 같이 하면 내부의 액이 회전하면서 내벽에 부착해 있던 하층의 액이 아래로 모아지기 때문에 이것을 기다려 다시 두 액층을 분리한다. 하층의 액을 수기에 받은 후 분액깔때기를 거꾸로 하여 상부의 마개로 상층의 액을 유출하여 다른 용기에 취한다.

추출은 다량의 용매로 1회만 행하는 것 보다도 동량의 용매를 몇 회로 나누어 추출하는 것이 능률적이다. 100㎖의 용매를 사용한다면 50㎖, 25㎖, 25㎖로 3회 나누어 추출하는 것이 50㎖, 50㎖로 2회 나누어 추출하는 것 보다 효율적이다.

분액깔대기로 두 액을 완전하게 분리하는 것은 쉽지 않지만 분액조작에서는 위에 기술한 것과 같이 3회 정도 행하는 것이 보통이기 때문에 1회째의 조작으로 엄밀하게 분액할 필요는 없다. 상층으로 목적물질이 이행하는 추출에서는 1회째나 2회째의 분액에서는 상층이 하층으로 다소 이행이 되도 상관없다. 또 하층액을 필요로 하는 조작에서는 처음에는 하층액을 상층에 남기는 정도로 분액하는 것이 좋다.

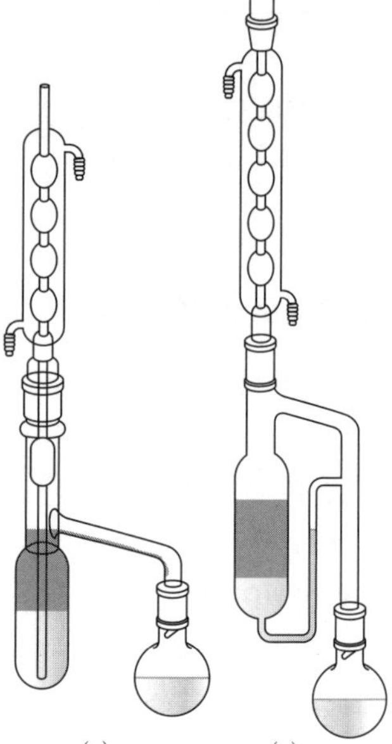

(a) (b)

그림 1-42 액체 연속추출장치

액체를 분액깔대기에 의하지 않고 연속적으로 철저하게 추출하기 위해서는 그림 1-42와 같은 장치가 사용된다. 그림 1-40(a)는 피추출액의 비중이 추출용매보다 무거운 경우로 플라스크 내에서 증발한 용매는 환류냉각기에서 응축하여 유리관안으로 적하되고, 하단으로부터 나와 피추출액 중을 떠오르는 동안에 추출하여 측관으로부터 다시 플라스크에 돌아온다. 그림 1-40(b)는 추출용매의 비중이 피추출액보다 무거운 경우이다.

2. 고체로부터의 추출

고체혼합물을 추출할 때는 용매와의 접촉면적을 가능한한 크게 하기 위하여 시료를 가늘게 분쇄하여 사용한다. 보통 그림 1-43과 같은 Soxhlet추출기가 이용된다.

적합한 크기의 원통여지에 추출할 고체를 분쇄하여 넣고, 플라스크 내에 추출용매를 8/10 정도 넣는다. 비등석을 넣고 용매를 가열, 비등시키면 이 증기는 측관을 따라 올라가 냉각기에서 응축되어 원통여지 중에 떨어진다. 내부가 액으로 넘치면 사이폰(siphon)의 원리에 의해 추출액은 한번에 플라스크로 돌아온다. 비등이 계속되고 있는 동안은 이 조작이 반복되지만, 가열을 중단하면 비등석이 효력이 없어져 돌비하는 경우가 있으므로 반드시 새로운 비등석을 넣어야 한다.

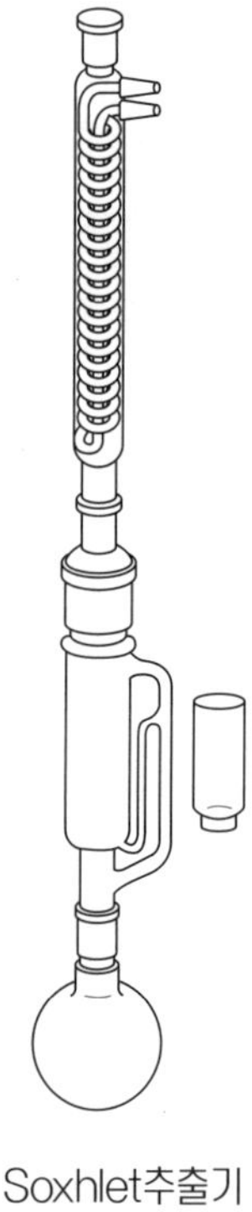

그림 1-43 Soxhlet추출기

3-4-5 증발과 농축

어느 것이나 액중에 녹아 있는 비휘발성 성분의 농도를 높일 목적으로 행해지는 조작으로, 물을 증발시켜 수용액 중의 무기염을 석출시키거나 용매를 증류 · 제거하여 추출액을 농축하기 위한 방법이다.

1. 증발건고

도자기로 된 증발접시를 사용하여 용매(대부분의 경우는 물)가 없어질 때까지 증발을 계속하는 조작이다. 삼각발이 위에 놓은 석면으로 된 금망에 증발접시를 놓고 가열하는 경우와 수욕상에서 겹쳐진 고리모양의 뚜껑 위에 놓고 수증기로 가열하는 경우가 있다.

어느 경우나 강하게 가열하지 말고 서서히 증발시키는 것이 필요하다. 건고의 상태에 가깝게 되면, 특히 화력을 약하게 하고 내용물이 비산하는 일이 없도록 주의한다. 수욕상에서 매우 서서히 증발시킬 필요가 있을 때에는 시계접시도 이용된다. 또 수욕을 사용하는 증발에서는 증발접시와 수욕의 뚜껑 사이에 다소의 간격을 떼어놓는 것이 필요하다.

2. 용매의 증류 · 제거

물이나 유기용매를 일정한 압력 하에서 비점까지 가열, 증류 · 제거하고 반응액이나 추출액을 농축하는 조작으로, 증류나 재결정, 크로마토그래피 등에 의한 정제의 전단계로서 행해진다. 원리나 방법은 증류와 본질적으로 다른 것은 없지만, 증류의 규모가 약간 큰 것과 유출액보다도 잔존물이 목적물질로 되는 경우가 많은 것 등이 다르다. 또 유출하는 용매의 대부분이 ether와 같은 저비점 인화성 물질이며, 양도 많기때문에 안전에 충분한 주의가 필요하다.

이 조작은 자주 행해지므로 실험대의 한 쪽에 고정하여 장치를 설치해 두면 좋다. 진공농축기(rotary evaporator)는 회전에 의해 증발면적이 증대하기 때문에 증발속도가 빠르고, 용매의 증류 · 제거에는 우수한 증류기이다.

비점까지 가열하면 내용물이 분해되는 경우에는 감압하에서 행한다. 어느 경우에나 그 방법과 주의해야할 점은 증류의 경우와 큰 차이가 없다.

그림 1-44 진공농축기

3-4-6 증 류

비점이 다른 물질의 혼합물을 그 비점에 있어서 증기압의 차를 이용하여 분리 · 정제하는 방법이다. 대기압에서 행하는 상압증류와 증류장치 내부를 감압하여 보다 낮은 비점에서 증류하는 감압증류, 물과의 공비에 의한 수증기증류 등이 있다.

1. 상압증류

가지형 플라스크 또는 플라스크에 T자관을 부착한 장치에 리비히냉각관을 접속시켜 행하는 것이 보통이다(그림 1-45 참조).

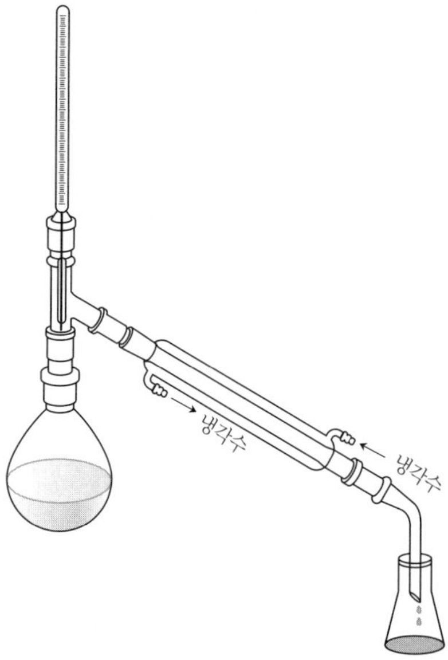

그림 1-45 상압증류장치

[상압증류조작에서 준수해야 할 일반사항]

① 증류플라스크에 넣는 액의 양은 최대한 플라스크의 1/2 정도가 좋다. 액을 대량으로 넣으면 증발면적이 작아질 뿐만아니라 플라스크나 T자관의 가지부분까지 불순한 액이 튀어나와 좋은 증류가 될 수 없다.

② 온도계의 구부(球部)가 바른 위치에 놓여 있어야만 한다. 플라스크의 가지부분보다 약간 아래가 좋다.

③ 가열욕(加熱浴, heating mantle) 내에 증류플라스크를 매달린 상태로 두는 것은 좋지 않다. 가열욕 밑에 받침대같은 것(유리세공한 것 등)을 놓고 그 위에 플라스크를 놓는 것이 안정하다.

④ 돌비의 방지에 충분히 주의한다. 반드시 돌비방지제를 가한 후에 가열하도록 하고, 도중에 첨가해서는 안된다. 또 한번 온도가 내려간 액을 다시 가열할 때는 새로운 것을 넣어야만 한다.

돌비방지제로는 비등석이나 모세관, 다공유리 등이 사용된다. 다공유리는 유리관을 빨갛게 가열하여 충분히 뭉개고 가늘게 잡아 늘려 적당한 길이로 절단한 것이다.

⑤ 가열욕의 온도는 너무 높거나 너무 낮아도 안된다. 가열욕 온도가 낮아 유출속도가 느려지면 정상의 온도에서 증발하고 있어도 플라스크의 온도계의 위치로부터의 방열때문에

온도계는 바른 온도를 나타내지 않고 그 나타내는 온도는 저하한다.

가열욕 온도가 너무 높으면 증류분이 불순하게 되기 쉽다. 일반적으로 가열욕의 온도는 증류물질의 비점보다 20℃ 정도 높은 것이 적당하며 한방울 유출하는 데에 1~2초 걸리는 정도가 좋다.

2. 감압증류

상압에서 높은 비점의 물질이나 비점 가까이까지 가열하면 분해하기 쉬운 물질의 증류에 적용되는 감압증류는 증류장치의 내압을 낮추어 비점을 낮게하는 것으로 원리적으로는 상압증류와 다르지 않지만 조작법이나 장치는 크게 다르다.

(1) 기구와 장치

일반적인 감압증류장치는 그림 1-46과 같다. 우선 사용하는 증류플라스크나 수기는 감압에 견디기 위해 반드시 둥근바닥이어야만 한다.

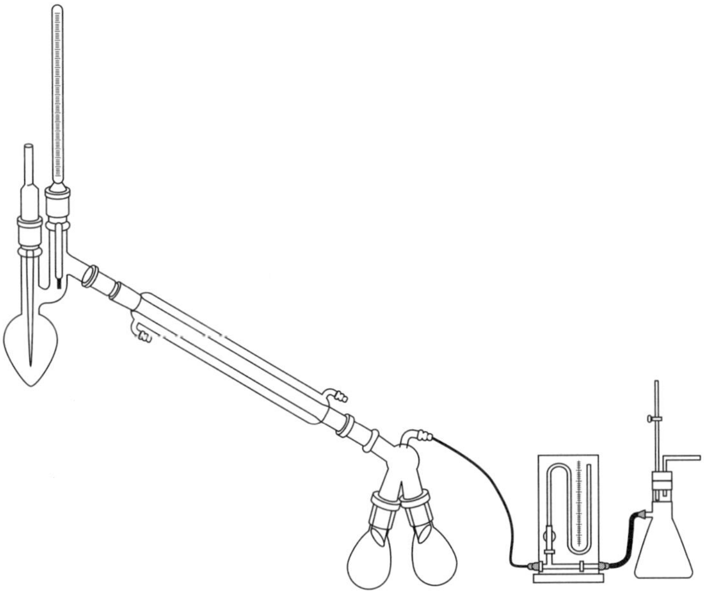

그림 1-46 감압증류장치

또 돌비방지에는 유리관을 가늘게 잡아 늘린 모세관을 사용하고, 이 모세관으로부터 액체의 내부에 공기(산화되기 쉬운 물질인 경우는 질소나 이산화탄소)를 주입한다.

증류시의 감압도를 알기위하여 수은압력계(manometer)를 사용한다. 감압에 사용하는 펌프는 보통 수류펌프로 충분하다. 수기와 수류펌프의 사이에는 압력계 외에 안전병을 놓는다. 이것에는 500㎖ 정도의 흡인여과병이 편리하다.

(2) 감압증류의 조작

감압증류의 조작에서 유의할 사항은 다음과 같다. 상압증류에 있어서 준수사항도 아울러 지켜야 할 것은 말할 것도 없다.

[감압증류조작에서 유의할 사항]

① 장치의 설치가 끝나면 가열하기 전에 장치의 기밀검사(氣密檢査)를 실시한다. 먼저 증류플라스크의 1/2 정도로 증류할 액을 넣고, 안전병의 코크 이외의 마개나 연결부분이 확실히 닫혀있는가를 점검하고나서, 수류펌프를 작동시키고, 서서히 안전병의 코크를 닫고 장치 전체가 기밀하게 되어 있는가를 확인한다. 모세관의 선단으로부터 작은 기포가 연속적으로 발생하고 압력계가 20㎜Hg 정도를 나타내도록 하면 좋다.

② 장치가 충분히 감압되고 나서 가열을 시작한다. 가열을 시작한 후에 감압으로 하는 것은 좋지 않다. 또 비등이 시작하면 가스의 불꽃을 작게 하고 가열욕의 온도를 정온으로 유지한다.

③ 증류를 멈출 때는 일정한 순서에 따라 조작하지 않으면 역류 등에 의해 애써서 증류한 것이 쓸모없게 되는 수가 있다.

㉠ 가스버너의 불을 끈다.

㉡ 가열욕을 증류플라스크의 바로 아래로 내려둔다.

㉢ 압력계의 코크가 닫혀있는가를 확인하고 열려 있으면 닫는다.

㉣ 안전병의 코크를 아주 천천히 연다.

㉤ 수류펌프를 멈춘다.

㉥ 수기를 장치로부터 떼어내어 넘어지지 않는 장소에 둔다.

㉦ 증류플라스크 외측에 붙어있는 기름을 뜨거울 때에 종이로 닦아내고 그외에 장치도 떼어내어 처리한다.

㉧ 압력계의 코크를 천천히 열어 수은을 원래대로 한다.

3. 수증기증류

비점이 높은 물질이나 분해하기 쉬운 물질에서도 물에 용해하지 않는 것이라면 수증기를 불어넣는 것에 의해 낮은 온도에서 증류할 수 있다.

즉 물질의 증기압과 물의 증기압과의 합이 대기압보다 약간 크게 되었을 때에 증발이 일어나기 때문에, 대개의 경우 100℃ 이하의 온도에서 혼합증기가 유출된다. 예를들면 nitrobenzene(비점 : 210.9℃)을 대기압 하에서 수증기증류를 하면 99.2℃에서 양자의 혼합물의 증기가 대기압에 도달(nitrobenzene 증기압 20.1+수증기압 740.0=760.1Torr)하기 때문에 nitrobenzene은 물과 함께 이 온도에서 유출된다. 이 유출액을 응집하면 양자는 분리하기 때문에 분액 또는 추출에 의해 목적성분을 용이하게 취해낼 수가 있다. 일반적인 수증기증류장치는 그림 1-47과 같다.

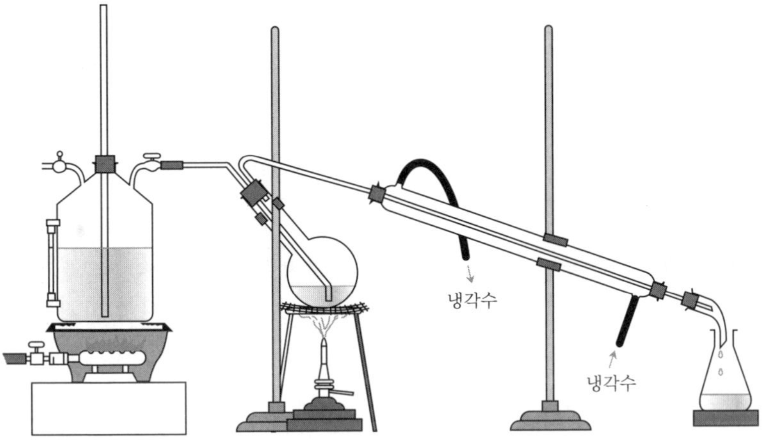

그림 1-47 일반적인 수증기증류장치

[수증기증류조작에서의 유의할 사항]

① 수증기증류에서는 다른 증류에 비하여, 특히 내용물이 격렬하게 흔들려 직접 냉각관으로 가버리는 경우가 많기 때문에, 증류할 물질은 적게 넣고 증류플라스크는 그림 1-46과 같이 경사지게하여 내용물의 비산에 대비한다.

② 냉각관은 효율이 좋은 대형의 것을 사용하고 냉각수는 어느정도 잘 흐르게 한다.

③ 증류플라스크 중에 수증기가 응집해 버리는 것을 방지하기 위해 증류플라스크도 약하게 가열해 두는 것이 좋다.

④ 수증기증류에서 가장 위험한 것은 폭발과 이에 수반되는 화상이다. 그 방지를 위해서는 압력 이상시의 안전밸브로서 그림과 같이 유리관의 압력 게이지를 수증기발생기 내에 삽입하여 두거나, 수증기발생기에 개방밸브를 설치하여 이상시에는 열려지게 되도록 해둔다. 또 처음은 수증기 송입밸브와 함께 이 개방밸브도 열어 두고 수증기가 강하게 뿜어나오게 되면 개방밸브를 닫도록 한다.

⑤ 증류를 멈출 때는 수증기발생기의 개방밸브를 열고나서 증류플라스크, 수증기발생기의 순으로 버너의 불을 끈다. 잘못하여 개방밸브를 닫은채로 불을 끄면 증류플라스크의 내용물이 수증기발생기 내로 역류한다. 다음에 증류플라스크와 수증기발생기를 분리한다.

3-4-7 건 조

공기 중에 방치, 가열, 건조제에의 흡수 또는 반응 등에 의해 수분을 함유한 물질로부터 물을 제거하는 조작이다. 약간의 수분을 함유하기 때문에 변질하는 물질도 있고 습기가 있는 결정은 바른 융점을 내지 않는다. 용매 중의 미량의 수분은 종종 반응의 진행을 방해하고, 그 수량을 감소시킨다.

건조에는 공기 중에 방치하여 자연적으로 말리는 풍건이나 전열건조기를 이용하여 행하는 것도 적지 않지만, 일반적으로는 건조제를 이용한다.

건조제는 흡수 또는 결정수 등의 형태로 물과 가역적으로 결합하는 것과 물과 비가역적으로 반응하여 물을 서서히 분해해 버리는 물질이 있다. 상용되는 극히 일반적인 건조제의 특성은 표 1-24와 같다.

건조제 선택의 일반원칙은 건조하는 시료와 건조제가 반응하지 않아야 한다. 즉 중성 물질의 건조에는 중성, 산성 물질에는 산성, 염기성물질에는 염기성의 건조제를 사용해야 한다.

또 흡수속도가 빠른 것, 느린 것, 흡수량이 많은 것, 적은것 등을 구분하여 사용하는 것도 중요하다. 시료가 상당히 다량의 수분을 함유하고 있을 때에는 직접 건조제를 사용하지 말고, 분액이나 농축 등의 조작으로 가능한한 수분을 제거한 후에 건조제를 사용하도록 한다. 상당량의 수분을 함유하고 있는 ether 등의 건조에는 처음에 흡수량이 많은 염화칼슘 등으로 미리 수분을 제거한 후에 나트륨과 같은 흡수속도가 빠른 건조제를 사용하지 않으면 발화나 폭발 등의 위험이 있기 때문에 충분한 주의가 필요하다.

표 1-24 주요 건조제의 용도 및 사용법

건조제		건조능력		용도		사용법
		건조속도	흡수능력	적용 가능한 물질	적용 불가능한 물질	
금속	나트륨(Na)	대		탄화수소, ether	alcohol, aldehyde, ketone, 산, ester, amine, 할로겐화물	액체중
금속	알루미늄(Al)	중		alcohol		

중성	실리카겔(SiO_2)		대	거의 모든 고체와 기체		데시케이터, 기체건조관
	황산칼슘($CaSO_4$)	중	대	거의 모든 액체		액체중
	황산나트륨(Na_2SO_4)	소	소	거의 모든 액체		액체중
	염화칼슘($CaCl_2$)	소	대	탄화수소, ether, 할로겐화물, 중성 가스	alcohol, aldehyde, ketone, 산, ester, amine	액체중, 데시케이터, 기체건조기
산성	진한황산(H_2SO_4)		대	포화탄화수소, 할로겐화물, 중성 가스, 염소, 염화수소	불포화탄화수소, alco-hol, ketone, 염기성 물질	데시케이터, 기체건조관
	오산화인(P_2O_5)	대	대	포화, 방향족탄화수소, 산, ester, ether, 할로겐화물, 중성 가스	불포화탄화수소, alcohol,acetone, 염기성 물질, 개미산	데시케이터, 기체건조관
염기성	수산화나트륨(NaOH)	대	대	염기성 물질, dioxane, tetrahydro furan	산, phenol, alcohol, 산아마이드	액체중, 데시게이터, 기체건조관
	산화칼슘(CaO)	소	대	alcohol, 염기성 물질	aldehyde, ketone, 산	액체중

1. 고체물질의 건조

가장 간단한 방법은 풍건이다. 다량의 결정을 대충 건조하는 데는 적당하다. 전열건조기에 의한 방법도 이용되고 있지만 열에 안정한 물질인 것은 물론, 그 융점이 건조기의 온도 이상이어야만 한다. 소량의 결정이라면 작은 유리봉으로 초벌구이 판 상에서 고르게 밀어서 부착수를 떼어내는 것도 가능하다.

건조제를 사용하는 건조에는 데시케이터를 사용한다. 상압에서도 행하여지지만, 건조속도를 크게하기 위하여 감압 하에서 행하는 것도 많다. 데시케이터를 감압으로 사용하는 경우 용기 내를 급격히 감압하거나 상압으로 돌아가게 하거나 하면 건조제나 시료가 비산하기도 하므로 충분히 주의한다. 소량의 분석용 시료나 건조하기 어려운 시료의 건조에는 Abcerhalden건조기가 편리하다. 어느 건조법이든 시료는 사전에 가늘게 파쇄하고 먼지 등이 생기지 않도록 해두는 것이 필요하다.

2. 액체물질의 건조

가장 자주 사용되는 것은 용매나 추출액 등의 속에 직접 고체의 건조제를 넣어 건조하는 방법으로, 건조 후에 건조제와 액체를 여과 또는 경사여과에 의해 분리한다. 소량의 액체를 건조하는 경우에는 흡착에 의한 손실을 방지하기 위해 적당한 용매를 가하여 액의 양을 늘린 후에 건조제를 넣고, 후에 용매를 증류 · 제거하면 좋다.

3. 기체의 건조

세기병(洗氣瓶)에 진한황산 등을 넣고 기체를 포출시키거나 U자관에 고체 건조제를 채우고 기체를 유출하는 방법이 일반적으로 이용되고 있다. 액체건조제를 이용하는 경우에는 역류방지에 유의하고 고체건조제를 사용할 때에는 건조제를 너무 많이 채우거나 습기가 차거나 해서 통기를 멈추지 않도록 주의한다. 하나의 세기병이나 건조관만으로는 접촉면적이나 시간에 한계가 있으므로 건조가 불충분한 경우가 많다. 몇 개의 장치를 연결하는 것도 필요하다.

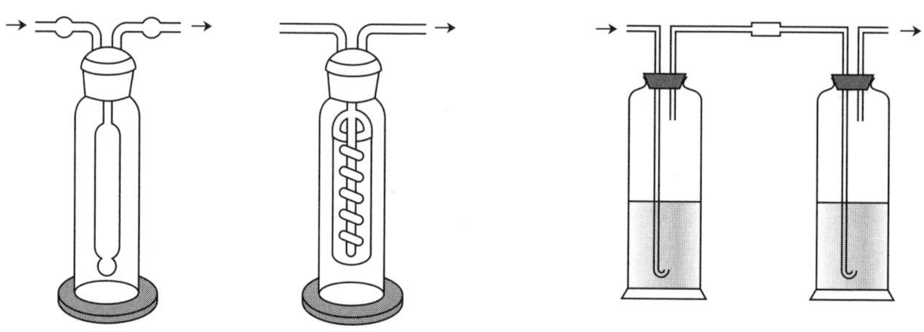

그림 1-48 세기병(洗氣瓶)

제 4 장 용량분석

4-1 용량분석의 일반적 조작

용량분석(volumetric analysis)은 식품분석에서 실제로 가장 많이 응용되는 방법으로 일명 적정분석(titrating analysis)이라고도 부른다.

미리 정확한 농도의 표준용액(standard solution)을 조제하고, 이것을 정량하고자 하는 목적성분이 용해되어 있는 시료용액에 적하(이것을 적정이라 한다)시켜 반응의 당량점(equivalent point), 즉 적정의 종말점(end point)에 도달하였을 때 그 표준용액의 소비용량으로부터 계산에 의하여 시료 중의 목적성분의 함량을 구하는 것이 용량분석법의 원리이다.

[용량분석을 적용하기 위한 세가지 구비조건]

① 시료용액 중 목적성분과 표준용액이 정량적으로 반응하고 역반응 또는 부반응이 없어야 한다.

② 반응속도가 빨라야 한다.

③ 반응의 완결점, 즉 적정의 종말점을 명확히 인식할 수 있어야 한다.

일반적으로 반응의 당량점과 적정의 종말점은 정확히 일치하지 않는다. 이상적으로는 적당한 지시약(indicator) 등을 사용하여 반응의 당량점을 정확하게 알아내고 이것을 적정의 종말점과 일치시킬 수 있으나 실제로는 대단히 어려운 일이므로 보통 당량점과 종말점을 동일하다고 보고 정량한다.

[종말점의 판단방법]

① 지시약법 : 내부 지시약 또는 외부 지시약을 사용하는 법

② 전시법(電示法) : 전위법, 전도법, 전류법

③ 반응생성물의 침전 및 이온 색깔에 의한 방법

그리고 용액 중의 물질을 표준용액으로 직접 적정하는 방법을 직접적정(direct titration)이라 하고, 일정 과량의 표준용액을 가하여 반응시킨 다음 남아있는 표준용액을 다른 표준용액으로 적정하는 방법을 역적정(back titration) 또는 잔여적정(residual titration)이라 한다.

용량분석에는 적정시에 일어나는 화학반응의 종류에 따라 중화적정(neutralimetry), 침전적정(precipitimetry), 산화환원적정(oxidation re-duction titration), 요오드적정(iodimetry or iodometry), 킬레이트적정(chelatometry) 등으로 구분한다. 그러나 용량분석에 있어서 화학반응에는 차이가 있어도 행하여지는 조작은 공통적이며, 주요 조작은 다음과 같다.

1. 시료용액의 조제 및 채취

시료를 마쇄, 추출, 용해, 희석 등의 방법에 의하여 정량하고자 하는 목적성분이 녹아 있는 시료용액으로 조제한 후, 적정하기 위해 그 일정량을 피펫으로 채취한다.

2. 표준용액의 조제 및 표정

적정에 사용되는 표준용액은 용량분석에 있어서 실험 전반에 대한 정확도를 결정하는 주요 요소이다.

따라서 가능한 한 정확히 조제하여 표정하지 않으면 안된다. 그러기 위해서는 표준물질로서 수산, 탄산나트륨, 염화바륨, 수산암모늄 등과 같은 안정하고 가장 순도가 높은 시약을 선택하여, 이들의 a g당량을 분석용 전자천칭으로 정확히 칭량하여 물에 용해시켜 a노말용액을 만든다.

또 별도로 목적의 농도에 근사적인 노말농도로 조제한 적정용 표준용액으로 a 노말의 표준물질용액을 적정하여 표준용액의 정확한 실제농도를 구하고, 그 결과로부터 역가(factor)를 산출한다.

예를들면 약 0.1N-HCl 표준용액으로 정확한 농도의 0.1N-Na_2CO_3의 표준물질용액을 적정한 결과, HCl용액의 실제농도가 0.1001N이었다고 하면 이 HCl표준용액은 0.1N, 역가 1.001의 HCl용액이라 하며, 다음과 같이 표시한다.

0.1N-HCl (F = 1.001)

3. 시료용액의 적정(화학반응)

적정용 표준용액을 뷰렛에 넣고, 적정하고자 하는 시료용액을 삼각플라스크 또는 비커에 취하여 정확히 적정한다.

일반적으로 적정은 하나의 시료용액에 대해 3회 실시하고 그 평균치를 적정 소비량으로 한다.

또한 적정의 종말점을 구별하기 어려운 경우에는 지시약을 사용한다. 지시약은 반응에 대하여 악영향을 미치지 않고 적당한 변색범위를 가진 것을 선택하여 필요한 최소량(1~2방울)을 첨가한다.

4. 목적성분의 함량계산

적정에 사용한 표준용액의 노말농도와 적정 소비량, 희석배수 및 목적성분의 화학당량으로부터 시료 중의 목적성분의 함량(%)을 산출한다.

4-2 중화적정법

4-2-1 중화적정곡선과 지시약의 선정

산(H^+)과 알칼리(OH^-)가 결합하여 물과 염을 만드는 반응을 중화반응이라 한다.

즉 산 혹은 알칼리를 알칼리 또는 산 표준용액으로 적정하고 그 당량점을 적당한 지시약으로 결정하는 것이다. 이때 알칼리 표준용액으로 산을 적정하는 방법을 산적정(acidimetry), 그 반대 조작방법을 알칼리적정(alkalimetry)이라고 한다. 이러한 반응은 중화점 근처에서 급격하게 pH의 변화(pH의 비약 또는 pH의 jump)가 일어나므로 당량점 근처에서 변화를 나타내는 시약, 즉 산 · 염기 지시약을 가하면 반응 종결점을 알 수 있다.

이러한 산 · 염기 지시약은 약산 또는 약염기의 유기색소로서 액성(산~알칼리성)에 따라 예민하게 변색되는 동시에 가역적인 조건을 갖고 있어야 한다.

일반적으로 중화적정 지시약은 각각 다른 변색 범위를 갖고(표 1-25 및 1-26 참조) 있는데 이들은 해리정수도 다를 뿐만아니라 적정하고자 하는 산 및 알칼리의 성질과 농도의 영향을 받기 때문에 적정할 때마다 적당한 지시약을 선택할 필요가 있다.

표 1-25 지시약과 변색 pH범위

지 시 약 (A : acid)(B : base)	약 자	pH범위	색 조 (산)(염기)	사용량 100㎖ 당	조제법
					% 용매
tropaeolineOO(B)		1.3~3.2	적~황	1~3방울	1 물
thymol blue(A)	T.B.	1.2~2.8	적~황	2~5 〃	0.1 20% alc

지 시 약 (A : acid)(B : base)	약 자	pH범위	색 조 (산)(염기)	사용량 100㎖ 당	조제법
					% 용매
β-dinitro-phenol(A)		2.4~4.0	무~황	1~4 〃	0.1 50% 〃
methyl orange(B)	M.O.	3.1~4.4	적~황	3~5 〃	0.1 물
bromphenol blue(A)	B.P.B.	3.0~4.6	황~청자	2~5 〃	0.1 20% alc
bromcresol green(A)	B.C.G.	3.8~5.4	황~청	2~5 〃	0.1 〃
methyl red(A)	M.R.	4.2~6.3	적~황	2~4 〃	0.2 90% alc
lacmoid		4.4~6.6	적~청	1~5 〃	0.2 〃
bromcresol purple(A)	B.C.P.	5.2~6.8	황~자	1~4 〃	0.1 20% alc
chlorophenol red(A)	C.P.R.	5.4~6.8	황~적	1~4 〃	0.1 〃
p-nitrophenol(A)		5.0~7.0	무~황	2~20 〃	0.4 물
bromthymol blue(A)	B.T.B.	6.2~7.6	황~청	1~4 〃	0.1 〃
neutral red(B)	N.R.	6.8~8.0	적~황	2~4 〃	0.1 70% alc
phenol red(A)	P.R.	6.8~8.4	황~적	1~4 〃	0.1 20% alc
rosolic acid(A)		6.9~8.0	황~적	1~4 〃	0.1 90% alc
cresol red(A)	C.R.	7.2~8.8	황~적	1~4 〃	0.1 20% alc
α-naphtholphthalein(A)		7.3~8.7	담홍~녹	2~5 〃	0.1 70% alc
tropaeoline OOO(B)		7.6~8.9	황~적	1~5 〃	0.1 물
phenolphthalein(A)	P.P.	8.3~10.0	무~적	3~10 〃	0.1 70% alc
thymol blue(A)	T.B.	8.0~9.6	황~청	1~4 〃	0.1 20% alc
thymolphthalein(A)	T.P.	9.3~10.5	무~청	3~10 〃	0.1 90% alc
alizarin yellow(A)		10.0~12.0	황~담자	5~10 〃	0.1 물
salicyl yellow(A)		10.0~12.0	황~등갈	1~4 〃	0.1 90% alc
tropaeoline O(B)		11.0~13.0	황~등갈	5~10 〃	0.1 물
nitramine(B)		10.8~13.0	무~등갈	1~3 〃	0.1 70% alc

표 1-26 혼합지시약과 변색 pH

지 시 약 용 액		배합비	변색점 pH	산성색	염기성색	비 고
dimethyl yellow methylene blue	(0.1%alc) (0.1% 〃)	1 1	3.28	청자	녹	
methyl orange indigocarmine	(0.1% aq) (0.25% 〃)	1 1	4.1	자	〃	
hexamethoxytriphenylcarbinol methyl green	(0.1%alc) (0.1% 〃)	1 1	4.0	〃	〃	pH=4.0 청자
methyl orange aniline blue	(0.1% aq) (0.1% 〃)	1 1	4.3	〃	〃	
bromcresol green methyl red	(0.1%alc) (0.2% 〃)	3 1	5.1	적	〃	변색이 극히 예민
methyl red methylene blue	(0.2% 〃) (0.1% 〃)	1 1	5.4	적자	〃	pH=5.4 오청(汚靑) pH=5.6 오록(汚錄)
bromcresol green sodium alizarin-sulphonate	(0.1% aq) (0.1% 〃)	1 1	5.6	자	황록	pH=5.6 적갈
chlorphenol red aniline blue	(0.1% 〃) (0.1% 〃)	1 1	5.8	녹	자	pH=5.8 담자

bromcresol green chlorphenol red	(0.1% 〃) (0.1% 〃)	1 1	6.1	황록	청자	pH=5.4 청록 pH=5.8 자청 pH=6.2 청자
bromcresol purple bromthymol blue	(0.1% 〃) (0.1% 〃)	1 1	6.7	황	자청	pH=6.2 황자 pH=6.6 자 pH=6.8 청자
bromthymol blue azolitmin	(0.1% 〃) (0.1% 〃)	2 1	6.9	자	청	
neutral red methylene blue	(0.1%alc) (0.1% 〃)	1 1	7.0	자청	녹	pH=7.0 자청
neutral red bromthymol blue	(0.1% 〃) (0.1% 〃)	1 1	7.2	홍	〃	pH>7.2 오록 pH=7.2 담홍 pH=7.0 홍
cyanin phenol red	(0.1% in50% 〃) (0.1% 〃 〃)	2 1	7.3	황	자	pH=7.2 등 pH=7.4 자
bromthymol blue phenol red	(0.1% aq) (0.1% 〃)	1 1	7.5	황	〃	pH=7.2 오록 pH=7.4 담자 pH=7.6 농자
cresol red thymol blue	(0.1% 〃) (0.1% 〃)	1 3	8.3	〃	〃	pH=8.2 홍 pH=8.4 농자
α-naphtholphthalein cresol red	(0.1%alc) (0.1% 〃)	2 1	8.3	담홍	〃	pH=8.2 담자 pH=8.4 농자
α-naphtholphthalein phenolphthalein	(0.1% 〃) (0.1% 〃)	1 3	8.9	〃	〃	pH=8.6 담록 pH=9.0 농자
phenolphthalein methyl green	(0.1% 〃) (0.1% 〃)	1 2	8.9	녹	〃	pH=8.8 담황청 pH=9.0 자
thymol blue phenolphthalein	(0.1% in50% 〃) (0.1% 〃)	1 3	9.0	황	〃	황→녹→자
phenolphthalein α-naphtholphthalein	(0.1% in50% 〃) (0.1% 〃)	2 1	9.6	담홍	〃	담홍→녹→자
phenolphthalein thymolphthalein	(0.1% 〃) (0.1% 〃)	1 1	9.9	무	〃	pH=9.6 홍 pH=10.0 자
phenolphthalein nile blue	(0.1% 〃) (0.2% 〃)	1 2	10.0	청	적	pH=10.0 자
thymolphthalen alizarine yellow	(0.1% 〃) (0.1% 〃)	2 1	10.2	황	자	
nile blue alizarine yellow	(0.1% aq) (0.1% 〃)	2 1	10.8	녹	적갈	

산석성 노는 알갈리석성의 신행에 따라 용액 숭의 pH가 어떻게 변화하는가늘 곡선으로 나타낸 것을 중화적정곡선이라 한다(그림 1-49 참조). 적가한 표준용액의 mℓ수 또는 중화된 %를 횡축으로 하고 표준용액을 일정량 가할 때마다 변한 용액의 pH값을 종축으로 하여 곡선을 그리면 중화적정곡선이 된다.

이 곡선은 적정에 있어서 어떤 지시약을 선택하여야 하는 가를 판단하는데 이용되고 또 미지의 어떤 용액을 적정할 수 있는가 없는가를 판단하는 기준이 된다.

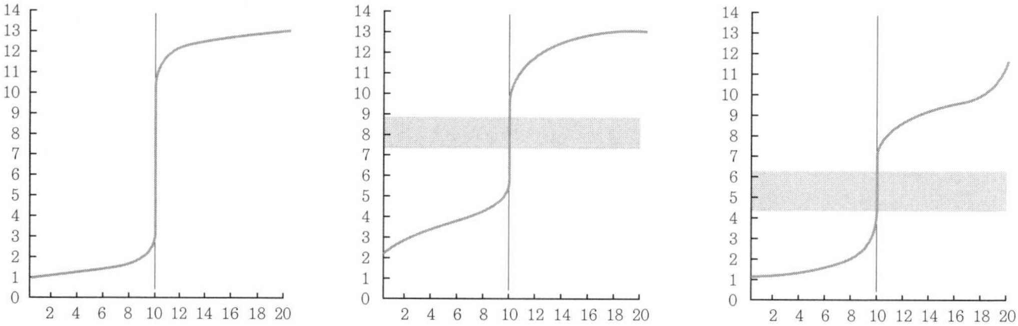

① 0.1N-HCl 10ml를 0.1N-NaOH로 적정

② 0.1N-CH_3COOH 10ml를 0.1N-NaOH로 적정

③ 0.1N-HCl 10ml를 0.1N-NH_4OH로 적정

그림 1-49 중화적정곡선

1. 강산을 강알칼리로 적정하는 경우

그림 1-49 ①의 중화적정곡선은 10㎖의 0.1N-HCl용액을 0.1N-NaOH용액으로 적정하였을 때 pH의 변화를 나타낸 것이다. 이때 pH의 변화는 처음에는 서서히 일어나나 당량점에 가까워지면 급격히 상승하여(pH의 비약) 당량점에서는 거의 수직선이 되고 이를 지나면 다시 완만해진다. 즉 적정 종말점에서는 한방울의 알칼리용액으로써 pH가 5에서 9까지 변화한다.

따라서 이 용액에 phenolphthalein지시약을 가한다면 한방울로써 용액의 색깔은 무색에서 적색으로, 또 methyl red를 지시약으로 가할 때는 적색에서 황색으로 변하게 된다.
그러므로 이와 같은 적정에 있어서는 pH 5~9 사이의 변색범위를 가지고 있는 지시약을 사용하여야 한다.

2. 약산을 강알칼리로 적정하는 경우

그림 1-49 ②의 중화적정곡선은 10㎖의 0.1N-CH_3COOH용액을 0.1N-NaOH용액으로 적정하였을 때의 pH 변화를 나타낸 것이다. 이때 당량점에 있어서의 pH의 변화는 ①의 경우와는 달리 그 변화의 중심은 pH 7보다도 크다. 따라서 보통 pH 7~10에서 변색하는 지시약을 사용하여야 한다.

3. 강산을 약알칼리로 적정하는 경우

그림 1-49 ③의 중화적정곡선은 10㎖의 0.1N-HCl용액을 0.1N-NH_4OH용액으로 적정하였

을 때의 pH변화를 나타낸 것이다. 이때 당량점에 있어서의 pH의 변화는 pH 7보다 작다. 따라서 pH 3~7에서 변색하는 지시약을 사용할 필요가 있다.

4. 약산을 약알칼리로 적정하는 경우

약산과 약알칼리는 약전해질이기 때문에 이들을 표준용액으로 사용하면 당량점 근처에서 pH의 비약이 없으므로 적당한 지시약을 선택할 수 없기 때문에 실제 적정에 사용되지 않는다. 강산과 강알칼리의 경우라도 표준용액의 농도가 너무 묽으면 이와 같은 곡선에 가까와져서 pH의 비약이 없어지므로 종말점의 확인이 어려워져 적정이 불가능하게 된다. 따라서 보통 0.01N부터 1N 사이의 농도가 사용된다. 지시약을 선택할 때는 변색범위가 pH의 비약한도 내에 들어있는 것을 택하여야 한다.

표 1-27 pH의 비약과 지시약의 선택

중화적정의 종류	pH 비약범위	선택지시약
강산 · 강알칼리 0.1 N정도	4.0~10.0	congo red, methyl orange, methyl red, neutral red, phenolphthalein
강산 · 강알칼리 0.01 N정도	4.5~9.5	neutral red, phenolphthalein
강산 · 약알칼리	3.0~7.0	congo red, methyl orange, methyl red
약산 · 강알칼리	7.0~11.0	phenolphthalein, thymolphtalein, thymol blue

4-2-2 산 · 알칼리 표준용액의 조제 및 표정

1. 산 표준용액

산 표준용액으로서는 HCl 또는 H_2SO_4를 사용한다. 대다수의 염화물이 수용성이기 때문에 HCl을 일반적으로 많이 사용한다. H_2SO_4는 뜨거운 용액의 적정 또는 산의 과량존재에서 장시간 가열할 필요가 있을 때에 적합하다. 그러나 Ba^{2+}, Sr^{2+}, Ca^{2+}, Pb^{2+} 등과 난용성 침전을 형성하는 점이 불편하다.

HNO_3는 사용하지 않는다. 그 이유는 HNO_3가 HNO_2를 함유하고 있어 그 HNO_2가 지시약에 대하여 산화파괴작용을 하기 때문이다.

표정용 표준물질로서는 Na_2CO_3, $KHCO_3$를 주로 사용한다. 또한 농도를 알고 있는 알칼리 표준용액을 2차표준물질로 사용하기도 한다.

(1) 1N-HCl 의 조제 및 표정

원 리

1N-HCl용액은 그 용액 1,000㎖ 중에 HCl 1g당량인 36.465g의 순수한 HCl을 함유하고 있다.

조 제

1) 비중 및 농도로부터 산출하는 법

1급 이상 또는 약전 염산을 사용한다. 예를들어 비중 SG(1.18), 농도 P%(35.4%)의 염산을 가지고 1N-HCl 1,000㎖를 조제하는 데 필요한 HCl의 부피 V_0(㎖)는 다음 식에 의해 계산한다.

$$V_0 = \frac{36.465 \times 100}{SG \times P} = \frac{36.465 \times 100}{1.18 \times 35.4} = 87.3\text{㎖}$$

35% HCl 약 90㎖를 취하여 1,000㎖의 메스플라스크에 넣고 물을 가하여 표선까지 채운다.

표 1-28 HCl의 비중과 농도

S.G	N	%	S.G	N	%
1.070	4.158	14.17	1.140	8.648	27.66
1.080	4.784	16.15	1.150	9.327	29.57
1.090	5.414	18.11	1.160	10.04	31.51
1.100	6.037	20.01	1.170	10.74	33.46
1.110	6.674	21.92	1.180	11.45	35.39
1.120	7.317	23.82	1.190	12.15	37.23
1.130	7.981	25.75	1.200	12.87	39.11

2) 노말농도로부터 산출하는 방법

진한 염산은 비중과 노말농도의 관계표(표 1-28 참조)에 의하면 비중 1.18, 노말농도(N)는 11.45N이다. 11.45N은 1N(N0)에 비하여 11.45배 진하므로 물을 가하여 11.45배 희석하면 1N용액이 된다. 따라서 1N-HCl 1,000㎖를 조제하는 데 필요한 11.45N-HCl의 ㎖수는 다음과 같이 계산한다.

$$N_0V_0 = NV$$

$$1 \times 1000 = 11.45 \times V$$

$$V = \frac{1000}{11.45} = 87.3\text{㎖}$$

[표정 1] 표준물질 $KHCO_3$로 표정하는 법

1) 원 리

$KHCO_3$(M.W. 100.114) 일정량을 물에 녹인 후 methyl orange (M.O.)를 지시약으로 가하여 표정하려는 1N-HCl로 적정한다. 표준물질 $KHCO_3$의 칭취량을 ag, 1N-HCl의 소비량을 Vmℓ 라고 하면,

$$KHCO_3 + HCl = KCl + H_2O + CO_2$$

1N-HCl 1,000mℓ = 100.114g $KHCO_3$

1N-HCl 1mℓ = 0.1001g $KHCO_3$

100.114g : 1,000mℓ = a : V_0

$$V_0 = \frac{1000 \times a}{100.114} \text{ mℓ (이론 소비량)}$$

따라서 1N-HCl의 역가(factor)는

$$F = \frac{V_0}{V} = \frac{1000 \times a}{100.114 \times V} = 9.989 \times \frac{a}{V}$$

2) 조 작

순수한 $KHCO_3$(M.W. 100.114)를 데시케이터 속에서 24시간 건조한 후 약 2.5g을 정밀하게 칭량하여 삼각플라스크에 넣고 물 50mℓ에 녹인 다음 지시약으로 M.O. 용액 2방울을 넣고 조제한 1N-HCl로 적정하여 적색이 되려 할 때 적정을 중지하고 금망 위에서 약 3분간 끓여 CO_2를 전부 날려 보내고 냉각시킨 다음 황색이 되면 다시 1방울씩 떨어뜨려 20초간 적색이 지속되면 종말점으로 한다.

3) 데이터 계산 예

① $KHCO_3$칭취량 : 2.0123g

② 1N-HCl적정소비량 : 20.00mℓ

③ 1N-HCl의 역가(factor)계산

$$F = \frac{V_0}{V} = \frac{1000 \times a}{100.114 \times V} = \frac{1000 \times 2.0123}{100.114 \times 20.00} = 1.005$$

[표정 2] 표준물질 Na_2CO_3로 표정하는 법

1) 원 리

Na_2CO_3(M.W. 105.989) 일정량을 물에 녹인 후 methyl red(M.R.)를 지시약으로 가하여 표정하려는 1N-HCl로 오렌지색이 될 때까지 적정한다. 표준물질 Na_2CO_3의 칭취량을 ag, 1N-HCl의 소비량을 Vmℓ라고 하면,

$$2HCl + Na_2CO_3 = 2NaCl + H_2O + CO_2$$

$$1N\text{-}HCl \;\; 2{,}000m\ell = 105.989g \;\; Na_2CO_3$$

$$1N\text{-}HCl \;\; 1{,}000m\ell = 52.99g \;\; Na_2CO_3$$

$$\therefore 52.99g : 1{,}000m\ell = a : V_0$$

$$V_0 = \frac{1000 \times a}{52.99} \; m\ell \text{ (이론 소비량)}$$

따라서 1N-HCl로서의 factor는

$$F = \frac{1000 \times a}{52.99 \times V} = 18.87 \times \frac{a}{V}$$

2) 조 작

Na_2CO_3(M.W. 105.989)는 흡습성이 있으므로 표준품(99.7% 이상) 약 5g을 도가니에 넣어서 전기건조기 또는 사욕 위에서 약 270℃로 1시간 가열하고 데시케이터 속에서 방냉시킨 다음 일정량 ag(약 2.0g)을 정밀하게 칭량하여 물 60mℓ에 녹인다.

다음 지시약으로 M.R. 2방울을 가하고 1N-HCl로 적정하여 조금이라도 적색이 되면 2~3분간 끓여 CO_2가스를 날려보내고 냉각시킨 다음 황색이 되면 다시 한 방울씩 떨어뜨려 적색이 되면 종말점으로 한다. 이 조작을 되풀이하여 이때 소비된 HCl용액의 평균 mℓ수로부터 역가를 구한다.

(2) 0.1N-HCl의 조제 및 표정

원 리

0.1N-HCl용액은 그 용액 1,000mℓ 중에 HCl 0.1g 당량인 3.6465g의 순수한 HCl을 함유하고 있다.

조 제

1N-HCl을 10배로 희석시키든가 (1)에서와 같은 방법으로 계산하여 그 10분의 1을 취한 다

음 1,000mℓ로 희석시킨다.

[표정 1]

표준물질의 일정량 ag($KHCO_3$ 약 0.2g 또는 Na_2CO_3 약 0.15g)을 정확히 취하여 1N-HCl을 표정할 때와 같은 방법으로 적정한다. 이때 지시약은 M.R.이 좋다.

0.1N-HCl 1,000mℓ = 10.0114g $KHCO_3$ = 5.299g Na_2CO_3

$$F = \frac{99.89 \times a}{V} \quad (\text{표준물질 } KHCO_3)$$

$$F = \frac{188.7 \times a}{V} \quad (\text{표준물질 } Na_2CO_3)$$

[표정 2]

1) 원 리

표준물질($KHCO_3$ 또는 Na_2CO_3)을 정확히 칭량하여 물에 녹여 0.1N의 표준물질의 용액을 조제한 후 실제농도를 구하고, 이 용액의 일정량을 취하여 표정하려는 0.1N-HCl로 적정하여 그 소비량으로부터 다음식에 의해 역가를 계산한다.

$$F = \frac{N}{N_0} \quad (\text{0.1N-표준물질 용액의 역가})$$

$$NFV = N'F'V',\ F' = \frac{NFV}{N'V'} \quad (\text{0.1N-HCl 용액의 역가})$$

2) 조 작

표준물질 Na_2CO_3(M.W.=105.989) 5.2995g의 근사치를 정확하게 칭량하여 물에 녹여 1,000mℓ의 메스플라스크에 넣고 물을 가하여 표선까지 채워 0.1N-Na_2CO_3용액을 조제한다.

다음에 이 용액 25mℓ을 홀피펫으로 정확히 삼각플라스크에 취하여 M.R.지시약을 가하고 0.1N-HCl로 적정하여 그 소비량에서 0.1N-HCl용액의 역가를 구한다.

3) 데이터 계산 예

① Na_2CO_3 칭취량 : 5.4321g

② 0.1N-HCl 적정소비량 : 25.20mℓ

③ 0.1N-Na_2CO_3의 역가 : $F = \frac{N}{N_0} = \frac{5.4321}{5.2995} = 1.025$

④ 0.1N-HCl의 역가 : $F' = \frac{NFV}{N'V'} = \frac{0.1 \times 1.025 \times 25}{0.1 \times 25.20} = 1.017$

(3) 1N-H_2SO_4의 조제 및 표정

원 리

1N-H_2SO_4용액은 그 용액 1,000㎖ 중에 H_2SO_4(분자량 98.08) 1g당량인 49.04g의 순수한 H_2SO_4를 함유하고 있다.

조 제

1) 비중 및 농도로부터 산출하는 법

비중 SG(1.84), 농도 P%(98%)의 H_2SO_4용액을 사용하여 1N-H_2SO_4를 조제하는 데 필요한 H_2SO_4 V_0(㎖)는 다음 식에 의해 계산한다.

$$V_0 = \frac{49.04 \times 100}{SG \times P} = \frac{49.04 \times 100}{1.84 \times 98} = 27.2㎖$$

보통 진한 H_2SO_4(95~98%) 약 30㎖를 증류수에 가하여 냉각시킨 다음 1,000㎖의 메스플라스크에 넣고 물을 표선까지 채워 혼합한다.

표 1-29 H_2SO_4의 비중과 농도

S.G	N	%	S.G	N	%
1.810	32.6	88.30	1.830	34.1	92.10
1.820	33.5	90.05	1.832	34.6	92.52
1.822	33.6	90.40	1.834	34.8	93.05
1.824	33.8	90.80	1.836	35.0	93.80
1.826	34.0	91.25	1.838	35.5	94.60
1.828	34.0	91.70	1.840	35.9	95.60

2) 노말농도로부터 산출하는 법

진한 황산은 비중과 노말농도의 관계표(표 1-29 참조)에 의하면 비중 1.84, 노말농도(N)는 35.9N이다. 35.9N은 1N(N_0)에 비하여 35.9배 진하므로 물을 가하여 35.9배 희석하면 1N 용액이 된다. 따라서 1N-H_2SO_4 1,000㎖를 조제하는데 필요한 35.9N-H_2SO_4의 ㎖수는 다음과 같이 계산한다.

$$N_0V_0 = NV$$

$$1 \times 1000 = 35.9 \times V \qquad V = \frac{1000}{35.9} = 27.8㎖$$

[표정 1] 표준물질 Na_2CO_3로 표정하는 법

1) 원 리

Na_2CO_3(M.W. 105.989)의 일정량을 물에 녹인 후 지시약으로 M.R.를 가하여 조제한 H_2SO_4 표준용액으로 적색이 될 때까지 적정한다. 표준물질 Na_2CO_3의 칭취량을 ag, H_2SO_4용액의 소비량을 Vmℓ라 하면,

$$Na_2CO_3 + H_2SO_4 = Na_2SO_4 + H_2O + CO_2$$

$$1N-H_2SO_4 \quad 2{,}000m\ell = 105.989g \quad Na_2CO_3$$

$$1N-H_2SO_4 \quad 1{,}000m\ell = 52.99g \quad Na_2CO_3$$

$$52.99g : 1{,}000m\ell = a : V_0$$

$$V = \frac{1000 \times a}{52.99} m\ell \text{ (이론 소비량)}$$

$$F = \frac{1000 \times a}{52.99 \times V} = 18.87 \times \frac{a}{V}$$

2) 조 작

특급 Na_2CO_3(M.W.=105.989)을 500~650℃에서 40~50분간 가열하여 데시케이터 속에서 방냉시킨 다음 그 약 1.8g을 정밀하게 칭량하여 물 50mℓ에 녹인다. 이것에 지시약으로 M.R. 2방울을 넣고 표정하려고 하는 H_2SO_4 표준용액으로 적색이 될 때까지 적정한다.

적색이 되면 약 3분간 끓이고 이때 적색이 없어지면 냉각시킨 다음 다시 적색이 될 때까지 적정한다.

(4) 0.1N-H_2SO_4의 조제 및 표정

원 리

0.1N-H_2SO_4용액은 그 용액 1,000mℓ 중에 H_2SO_4 0.1g 당량인 4.904g의 순수한 H_2SO_4를 함유하고 있다.

조 제

1N-H_2SO_4를 10배로 희석하든가 (3)에서 계산하여 얻은 H_2SO_4용액량의 10분의 1을 취하여 1,000mℓ로 희석한다.

[표 정]

0.1N-HCl의 표정과 같은 방법으로 실시한다.

$Na_2CO_3 + H_2SO_4 = Na_2SO_4 + H_2O + CO_2$

$1N-H_2SO_4$ 2,000mℓ=105.989g Na_2CO_3

$1N-H_2SO_4$ 1,000mℓ=52.99g Na_2CO_3

$0.1N-H_2SO_4$ 1,000mℓ=5.299g Na_2CO_3

$$F = \frac{1000 \times a}{52.99 \times V} = 18.87 \times \frac{a}{V}$$

2. 알칼리 표준용액

알칼리 표준용액으로는 NaOH, KOH, $Ba(OH)_2$ 등을 사용한다. 일반적으로 NaOH가 많이 사용된다. KOH는 NaOH보다 알코올에 잘 녹기 때문에 KOH-ethanol용액을 조제하는데 사용한다. 일반적으로 이와같은 알칼리는 공기 중에서 CO_2, 습기를 흡수한다. $Ba(OH)_2$는 CO_2를 흡수하여 불용성인 $BaCO_3$를 침전시키므로 그 용액은 탄산염을 포함하지 않는 장점이 있다. 그러나 공기 중에서 쉽게 혼탁되므로 취급이 곤란하다.

표정용 1차표준물질로서는 주로 프탈산수소칼륨, 수산, 안식향산 등을 사용하며 2차표준물질로서는 HCl, H_2SO_4 표준용액을 사용한다.

(1) 1N-NaOH의 조제 및 표정

원 리

1N-NaOH용액 1,000mℓ 중에는 NaOH(M.W. 40.01)의 1g당량, 즉 40.01g이 함유되어 있다.

그런데 시판 NaOH는 1급품의 순도가 90% 정도이고 불순물로서 탄산염을 함유하고 있으므로 보통 대략적인 농도를 가진 표준용액을 조제한 다음 표정하여 사용한다.

조제 1

시판 NaOH 약 45g을 조제천칭으로 칭취하여 비커에 넣고 세척병으로 표면의 탄산염을 재빨리 씻어버리고 CO_2를 함유하지 않은 물 약 950mℓ에 녹여 조제한다.

또는 고무마개를 한 병에 NaOH : H_2O=1 : 1의 비로 꼭 막은 후 잘 용해시키고 약 1주일간 방치해 두면 상징액이 투명하게 되므로 그 상징액을 65mℓ 취하여 전량 1,000mℓ로 희석하면 된다.

조제 2

NaOH 45g을 물 약 950mℓ에 녹이고, 이것에 새로 조제한 $Ba(OH)_2$ 포화용액을 침전이 생성되지 않을 때까지 가하여 용액을 잘 젓고 마개를 꼭 막아 하룻 동안 방치한 후 상징액을 여과하여 사용한다.

[표정 1] 1N-HCl로 표정하는 법

1N-HCl 20mℓ를 정확하게 취하여 새로 끓여 냉각시킨 물 50mℓ로 희석시키고 M.O. 2방울을 가한 다음 표정하려는 NaOH용액으로 용액이 등적색에서 황색으로 될 때까지 적정한다.

이때 소비 mℓ로부터 다음과 같이 1N-NaOH의 역가를 계산한다.

$$\text{역가}\ \ F = \frac{\text{1N-HCl mℓ수} \times F'}{\text{NaOH용액 mℓ수}}$$

F′ : 1N-HCl의 역가

[표정 2] 프탈산수소칼륨으로 표정하는 법

1) 원 리

$C_6H_4(COOK)COOH$(M.W. 204.217)의 특급품(99.97%)은 흡습성과 변질성이 없으므로 표준물질로서 적당하다. 이 물질은 1염기 약산이므로 지시약은 P.P., T.P. 등이 적당하다. 프탈산수소칼륨 일정량을 물에 녹이고 지시약으로 P.P.를 가한 다음 표정하려는 1N-NaOH로 적정한다. 표준물질 프탈산수소칼륨의 칭취량을 ag, 1N-NaOH의 소비량을 Vmℓ라고 하면,

$$KHC_8H_4O_4 + NaOH = KNaC_8H_4O_4 + H_2O$$

$$\text{1N-NaOH } 1{,}000\text{mℓ} = 204.217\text{g} \ \ KHC_8H_4O_4$$

$$204.217\text{g} : 1{,}000\text{mℓ} = a : V_0$$

$$\therefore V_0 = \frac{1000 \times a}{204.217}\ \text{mℓ (이론 소비량)}$$

$$F = \frac{V_0}{V} = \frac{1000}{204.217} \times \frac{a}{V} = 4.897 \times \frac{a}{V}$$

2) 조 작

특급품을 100℃에서 3시간 건조시켜 ag(약 5g)을 정밀하게 칭량하여 새로 끓여서 냉각시킨

물 약 70mℓ에 녹여 P.P. 2방울을 가하고 1N-NaOH로 담홍색이 될 때까지 적정한다.

[표정 3] 수산으로 표정하는 법

1) 원 리

수산($H_2C_2O_4 \cdot 2H_2O$: M.W. 126.067) 일정량을 물에 녹인 다음 지시약으로 P.P.를 가하고 1N-NaOH로 적정한다. 표준물질 수산의 칭취량을 ag, 1N-NaOH의 소비량을 Vmℓ라고 하면,

$$H_2C_2O_4 \cdot 2H_2O + 2NaOH = Na_2C_2O_4 + 4H_2O$$

1N-NaOH 1,000mℓ = 63.034g $H_2C_2O_4 \cdot 2H_2O$

63.034g : 1,000mℓ = a : V_0

$$\therefore V_0 = \frac{1000 \times a}{63.034} \text{ mℓ (이론 소비량)}$$

$$F = \frac{V_0}{V} = \frac{1000}{63.034} \times \frac{a}{V} = 4.897 \times \frac{a}{V}$$

2) 조 작

수산 ag(약 2g)을 정밀하게 칭량하여 물 30~50mℓ에 녹인 다음 지시약으로 P.P. 2방울을 가하고 1N-NaOH로 적색이 될 때까지 적정한다.

(2) 0.1N-NaOH의 조제 및 표정

원 리

0.1N-NaOH용액은 1,000mℓ 중에 NaOH 0.1g당량, 즉 4.001g을 함유하고 있다.

조 제

1N-NaOH에서 새로 끓여서 냉각시킨 물을 가하여 10배로 희석하든가 NaOH 약 4.5g을 칭취하여 1N-NaOH 조제와 같은 방법으로 조제한다.

[표정 1]

1N-NaOH 표정방법에 따라 0.1N-HCl, 프탈산수소칼륨, 수산 등을 표준물질로 하여 표정하여 역가를 계산한다.

[표정 2]

1) 원 리

표준물질(프탈산수소칼륨 또는 수산)을 정확히 칭량하여 물에 녹여 0.1N의 표준물질의 용액을 조제한 후 실제농도를 구하고, 이 용액 일정량을 취하여 표정하려는 0.1N-NaOH로 적정하여 그 소비량으로부터 다음식에 의해 역가를 계산한다.

$$F = \frac{N}{N_0} \text{ (0.1N-표준물질용액의 역가)}$$

$$NFV = N'F'V',\ F' = \frac{NFV}{N'V'} \text{ (0.1N-NaOH용액의 역가)}$$

2) 조 작

표준물질 수산($H_2C_2O_4 \cdot 2H_2O$, M.W. 126.067) 6.3034g의 근사치를 정확하게 칭량하여 물에 녹여 1,000mℓ의 메스플라스크에 넣고 물을 가하여 표선까지 채워 0.1N-수산용액을 조제한다. 다음에 이 용액 25mℓ를 홀피펫으로 정확히 삼각플라스크에 취하여 P.P. 지시약을 가하고 0.1N-NaOH로 적정하여 그 소비량으로부터 0.1N-NaOH 용액의 역가를 구한다.

3) 데이터 계산 예

① 수산칭취량 : 6.3456g

② 0.1N-NaOH 적정소비량 : 24.80mℓ

③ 0.1N-수산의 역가 $F = \frac{N}{N_0} - \frac{6.3456}{6.3034} = 1.007$

④ 0.1N-NaOH의 역가 $F' = \frac{NFV}{N'V'} = \frac{0.1 \times 1.007 \times 25}{0.1 \times 24.80} = 1.015$

4-2-3 식품 중 유기산의 정량

원 리

식품의 일정량을 칭취하여 액체시료인 경우는 그대로 희석하고, 고체시료인 경우는 유기산을 물로 추출한 후 희석하여 알칼리 표준용액으로 적정하여 유기산의 양을 구한다.

감귤류 중의 유기산을 예를들면, 감귤 중의 구연산(citric acid)과 NaOH 알칼리 표준용액과의 중화반응은 다음과 같다.

$$\begin{array}{lll} CH_2COOH & & CH_2COONa \\ | & & | \\ C(OH)COOH + 3NaOH & \longrightarrow & C(OH)COONa + 3H_2O \\ | & & | \\ CH_2COOH & & CH_2COONa \end{array}$$

즉, 구연산($C_6H_8O_7$, M.W. 192) 1몰은 NaOH 3몰과 반응하므로 구연산의 당량수는 3이고, 1g당량은 64g이다.

한편 시료 100g 또는 100mℓ에 대한 0.1N-NaOH 용액의 적정 mℓ수로 나타낸 것을 적정산도(適定酸度)라고도 한다.

시 약

① 0.1N-NaOH 용액 : 표정하여 역가를 정확히 구한다.

② Bromthymol blue · neutral red 혼합지시약 : Bromthymol blue 0.02g과 neutral red 0.01g을 95% ethanol 30mℓ에 용해한다.

③ 정제해사

④ 유발(mortar)

조 제

1) 시료용액의 조제

시료 10~20g을 정확히 칭취하여, 액체시료의 경우는 그대로 100mℓ 메스플라스크에 넣어 물을 가해 전량을 100mℓ로 한다.

고체시료, 예를들면 과일류의 경우에는 시료를 유발(mortar)로 옮겨 소량의 해사와 온수를 가하여 마쇄하고, 유기산을 침출시킨 후 경사여과한다.

다음에 또 유발에 여지상의 잔사를 넣어 다시 경사 여과하고 나머지 잔사와 유발을 세정하면서 전량을 100mℓ로 한다.

2) 적 정

시료용액 25mℓ를 홀피펫으로 200mℓ 삼각플라스크에 정확히 취하여 지시약을 가하고 0.1N-NaOH용액으로 담홍색이 될 때까지 적정한다.

계 산

식품 중 유기산의 양은 식품 중에 함유된 초산, 젖산, 호박산, 사과산, 주석산, 구연산 중에서 가장 함량이 많은 하나의 산을 대표로 하여 표시하고, 다음식에 의해 계산한다.

$$식품\ 중\ 유기산의\ 양(\%) = V \times F \times A \times D \times \frac{1}{S} \times 100$$

V : 0.1N-NaOH 용액의 적정치 소비량(mℓ)
F : 0.1N-NaOH 용액의 역가
A : 0.1N-NaOH 용액 1mℓ에 상당하는 유기산의 양
D : 희석배수
S : 시료의 채취량(g)

또 0.1N-NaOH용액 1mℓ에 상당하는 유기산의 양은 표 1-30과 같다.

표 1-30 0.1N-NaOH 1mℓ에 상당하는 유기산의 양(g)

유기산의 종류	분자 시성식	분 자 량	상 당 량
초 산(acetic acid)	CH_3COOH	60.0	0.0060
사 과 산(malic acid)	CH_2COOH | $CHOHCOOH$	134.1	0.0067
주 석 산(tartaric acid)	CHOHCOOH | CHOHCOOH	150.1	0.0075
구 연 산(citric acid)	CH_2COOH | COHCOOH | CH_2COOH	192.1	0.0064
젖 산(lactic acid)	$CH_3CHOHCOOH$	90.1	0.0090
호 박 산(succinic acid)	CH_2COOH | CH_2COOH	118.0	0.0059

방법도시

[0.1N-NaOH용액의 조제 및 표정]

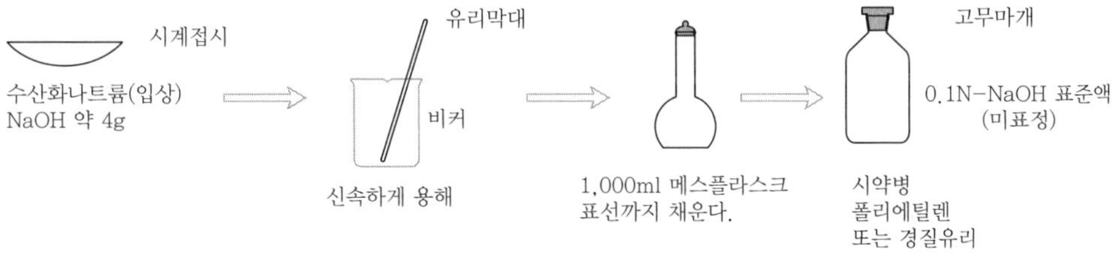

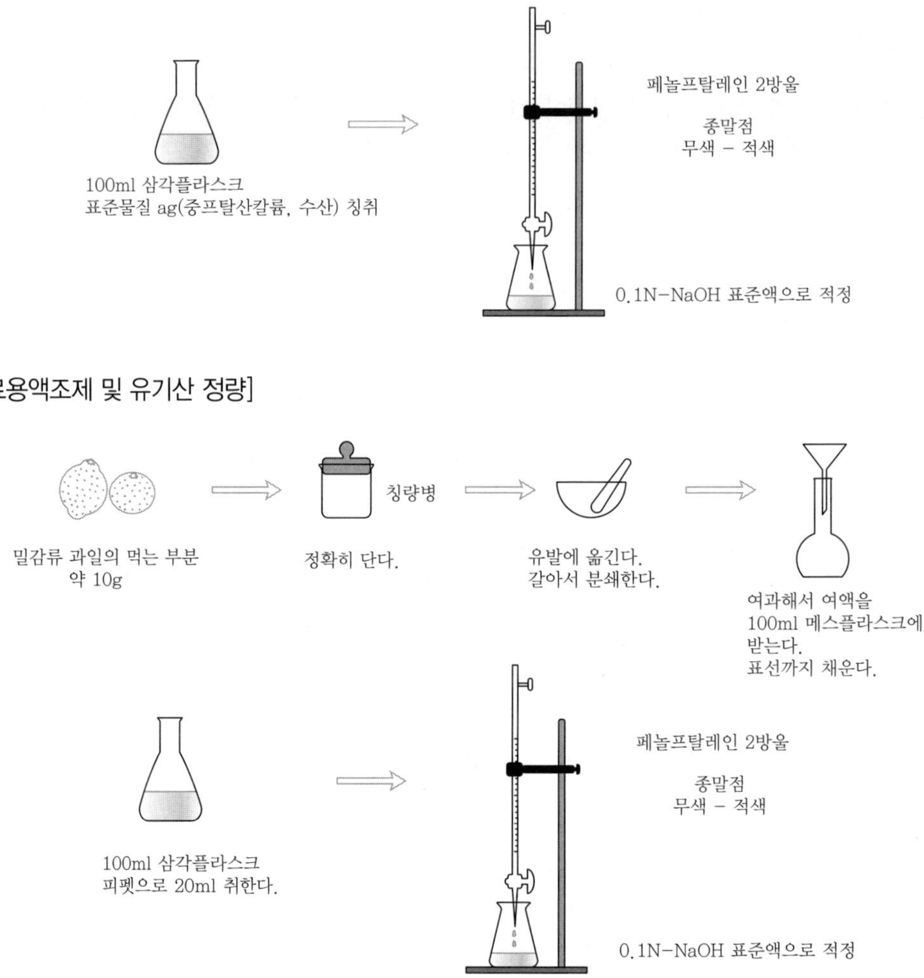

그림 1-50 식품 중 유기산의 정량

데이터 및 결과 예

① 시료 : 감귤

② 시료 채취량 : 10.1234g

③ 시료용액의 총량 : 시료를 마쇄, 유기산을 침출하여 250mℓ로 정용

④ 유기산 정량에 사용된 시료용액의 양 : 20mℓ

⑤ 희석배수 : 250/20=12.5

⑥ 0.1N-NaOH용액의 적정치 : 4.80mℓ

⑦ 0.1N-NaOH용액의 역가 : 1.003

⑧ 0.1N-NaOH용액 1mℓ에 상당하는 유기산(구연산)의 양 : 0.0064g

⑨ 감귤 중 유기산 함량계산(구연산으로 환산)

$$유기산(\%) = V \times F \times A \times D \times \frac{100}{S}$$

$$= 4.80 \times 1.003 \times 0.0064 \times 12.5 \times \frac{100}{10.1234}$$

$$= 3.80\%$$

⑩ 적정산도

$$적정산도 = V \times F \times D \times \frac{100}{S}$$

$$= 4.80 \times 1.003 \times 12.5 \times \frac{100}{10.1234}$$

$$= 594.46$$

4-3 침전적정법

4-3-1 침전적정법의 분류

시료에 표준용액을 가하여 정량적으로 난용성 침전을 생성하는 반응을 이용한 적정법을 침전적정법(precipitimetry)이라고 한다.

그리고 표준용액을 가하여 전리도가 적은 착화합물의 생성을 이용하는 적정법을 착염적정법(complex formation titration)이라고 하며, 침전반응과 밀접한 관계가 있으므로 편의상 침전적정법에 포함하여 취급하기도 한다. 침전적정법은 사용하는 표준용액을 기준으로 하여 분류할 때도 있고 또 사용하는 지시약에 따라 분류하기도 한다.

1. 은염적정법(argentimetry)

$AgNO_3$ 표준용액을 사용하여 할로겐화이온을 적정하는 법을 말하며, 사용하는 지시약에 따라 Mohr법과 Fajans법으로 구분한다.

Mohr법은 할로겐화이온을 함유한 중성용액에 K_2CrO_4를 지시약으로 가하고 $AgNO_3$ 표준용액으로 적정하는 방법이다. 이때 난용성 침전이 완결되는 당량점에서 Ag_2CrO_4의 적갈색 침전이 생성되는 점을 종말점으로 한다. Fajans법은 할로겐화이온을 $AgNO_3$ 표준용액으로 적정할 때 fluorescein 또는 eosin과 같은 흡착지시약(adsorption indicator)을 사용하는 적정법이다.

2. Volhard법

NH_4SCN 또는 KSCN의 표준용액을 사용하는 법을 말하며, 직접법과 간접법이 있다. 직접법은 HNO_3 산성에서 Ag^{2+}, Hg^{2+}용액에 Fe^{2+}을 지시약으로 가하고 NH_4SCN 표준용액으로 적정하면 난용성인 로단염이 생성된 다음에 적등색인 $Fe(SCN)_6^{3-}$을 생성하는 점을 종말점으로 하는 방법이다. 간접법은 난용성 은염을 생성하는 음이온(할로겐화이온, CN^-, SCN^-, $S2^-$ 등)을 함유한 용액에 일정 과량의 $AgNO_3$ 표준용액을 가하여 침전시킨 다음 반응하고 남아 있는 $AgNO_3$를 직접법에 따라 NH_4SCN 표준용액으로 역적정하는 법이다.

3. Gay-Lussac법

NaCl 표준용액을 사용하는 법이며, 지시약을 사용하지 않는다.

4-3-2 침전적정법의 표준용액 조제 및 표정

(1) 0.1N-$AgNO_3$의 조제 및 표정

원 리

이 용액 1,000mℓ 중에는 $AgNO_3$(M.W. 169.89) 16.989g을 함유한다.

조 제

$AgNO_3$는 순수품을 얻기 어려우므로 시판품 17.0g을 물에 녹여 조제한 다음 표정한다($AgNO_3$는 감광성이 있으므로 착색병에 넣어 보관한다).

[표정 1] 0.1N-NaCl을 사용하는 법

0.1N-NaCl 표준용액 25mℓ를 정확히 취하여 물을 넣어 50mℓ의 수용액으로 한 다음 지시약으로 10% K_2CrO_4 1mℓ를 넣고 $AgNO_3$용액으로 적갈색 침전이 생기기 시작할 때까지 적정한다(Vmℓ).

이때 약 0.2%의 오차가 나타나므로 다음과 같이 공시험을 한다. 적정 종말점에서와 같은 부피의 물에 같은 부피의 K_2CrO_4용액 및 $CaCO_3$ 분말소량을 넣고 $AgNO_3$ 표준용액으로 상기 종말점과 같은 색의 침전이 나타날 때까지 적정한다.(V_0mℓ). 이때 소비 mℓ수를 전기 종말점까지의 mℓ수에서 뺀다.

$$NaCl + AgNO_3 \longrightarrow AgCl + NaNO_3$$

$$K_2CrO4 + 2AgNO_3 \longrightarrow Ag_2CrO_4 + 4KNO_3$$

$$\text{역가 } F = \frac{0.1N-NaCl\ m\ell \times F'}{AgNO_3\text{용액 } m\ell(V-V_0)}$$

F' : 0.1N-NaCl의 역가

[표정 2] NaCl분말을 사용하는 법

순수한 NaCl 분말 ag(약 0.15g)을 정확히 칭량하여 물 약 75mℓ에 녹이고 [표정 1]에서와 같은 방법으로 표정한다.

$$\text{역가 } F = \frac{1{,}000 \times a}{5.845 \times (V-V_0)}$$

(2) 0.1N-NH_4SCN의 조제 및 표정

원 리

이 용액 1,000mℓ 중에는 NH_4SCN(M.W. 76.12) 7.612g을 함유한다.

조 제

NH_4SCN은 조해성이 있으며 순수품이 없으므로 시판품 NH_4SCN 약 8g을 칭량하여 물에 녹여 1,000mℓ로 한 다음 표정한다.

[표 정]

표준물질로서 0.1N-$AgNO_3$ 30mℓ를 정확하게 취하여 유리마개 플라스크에 넣고 물 50mℓ와 진한 HNO_3 2mℓ 및 $NH_4Fe(SO_4)_2$ 지시약 2mℓ를 넣어 잘 흔들면서 0.1N-NH_4SCN으로 적정한다.

적등색이 나타나면 마개를 하여 심하게 흔들어 적등색이 없어지는 점을 기다려 다시 한방울씩 넣어 흔들고 엷은 적등색이 없어지지 않는 점을 종말점으로 한다.

$$\text{역가 } F = \frac{0.1N\text{-}NaCl\ m\ell \times F'}{NH_4SCN\text{용액 } m\ell}$$

F′ : 0.1N-$AgNO_3$의 역가

(3) 0.1N-NaCl의 조제 및 표정

원 리

이 용액 1,000mℓ 중에 NaCl(M.W. 58.45) 5.845g을 함유한다. 순수품을 사용했을 경우는 표정할 필요가 없고 불순물을 사용하였을 때는 표정한다.

조 제

NaCl분말은 500~650℃에서 1시간 강열하여 그 중에서 5.845g을 정확히 칭량하여 물에 녹인 다음 표준온도에서 1,000mℓ로 한다.

[표 정] 표준물질 Ag(M.W. 107.88)을 사용하는 법

1) 원 리

순수한 Ag을 질산에 녹인 다음 NaCl용액으로 적정한다. 표준물질 Ag의 칭취량을 ag, 0.1N-NaCl의 소비량을 Vmℓ라고 하면,

$$3Ag + 4HNO_3 = 3AgNO_3 + NO + 2H_2O$$

$$AgNO_3 + NaCl = AgCl + NaNO_3$$

$$0.1N\text{-}NaCl\ 1{,}000m\ell \equiv 10.788g\ \ Ag$$

$$10.788g : 1000m\ell = a : V_0$$

$$V_0 = \frac{1000 \times a}{10.788}\ m\ell\ (\text{이론 소비량})$$

$$F = \frac{V_0}{V} = \frac{1000 \times a}{10.788 \times V} = 92.70 \times \frac{a}{V}$$

2) 조 작

순수한 Ag 0.5g을 정확하게 칭취하여 묽은 HNO_3 100mℓ에 가하여 사욕(sand bath)상에서 가열 용해시키고 여기에 공기를 도입하여 NO가스를 완전히 휘발시킨 후 500mℓ로 희석시킨다.

이 용액 25mℓ를 플라스크에 넣고 마개를 하고 잘 흔들어 가면서 표정하려는 0.1N-NaCl용액으로 적정하여 최후의 한방울로 상징액이 미량으로 백탁이 되는 점을 종말점으로 한다.

4-3-3 식품 중 NaCl의 정량

원 리

식품의 일정량을 칭취하여 액체시료는 그대로 희석하고, 고체시료는 NaCl을 침출한 후 희석하여 $AgNO_3$ 표준용액으로 적정하여 NaCl의 양을 구한다. NaCl과 $AgNO_3$가 작용할 때 다음의 화학반응식과 같이 AgCl의 난용성 침전을 생성한다.

$$AgNO_3 + NaCl \longrightarrow AgCl\downarrow + NaNO_3$$

시 약

① 0.02N-$AgNO_3$용액 : 특급의 $AgNO_3$ 3.5g을 물에 녹여 1ℓ 로 한 후 표정하여 갈색병에 보관한다.

② 10% K_2CrO_4용액

1) 시료 용액의 조제

시료의 일정량을 칭취하여 액체시료는 그대로 100mℓ 메스플라스크에 넣어 물을 가해 전량을 100mℓ로 하고, 고체시료는 물을 가하여 유발에 소량의 해사를 넣어 마쇄한 다음 가열해서 NaCl을 침출시킨 후 여과하여 전량을 100mℓ로 하여 시료용액으로 한다.

2) 적 정

시료 용액 25mℓ를 홀피펫으로 300mℓ 삼각플라스크에 취해서 물 100mℓ를 가하여 희석한 후, 지시약으로 10% K_2CrO_4용액을 1mℓ 가한다. 이것을 0.02N-$AgNO_3$용액으로서 미적갈색이 될 때까지 적정한다.

식품 중의 NaCl의 함량은 다음식에 의해 계산한다.

$$\text{식품 중의 NaCl(\%)} = V \times F \times 0.00117 \times D \times \frac{1}{S} \times 100$$

V : 0.02N-$AgNO_3$용액의 적정소비량(mℓ)　　F : 0.02N-$AgNO_3$용액의 역가
D : 희석배수　　S : 시료의 채취량(g)
0.00117 : 0.02N-AgNO3용액 1mℓ에 상당하는 NaCl의 양(g)

방법도시

[0.1N-$AgNO_3$용액의 조제 및 표정]

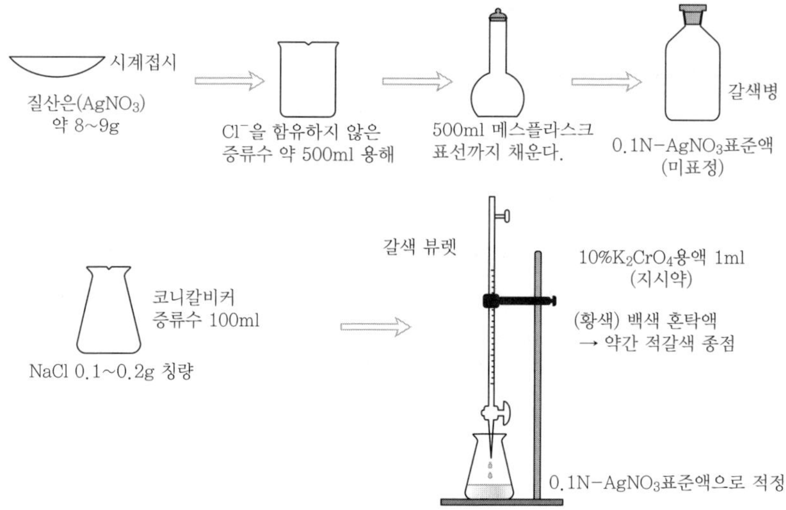

[시료용액의 조제 및 NaCl정량]

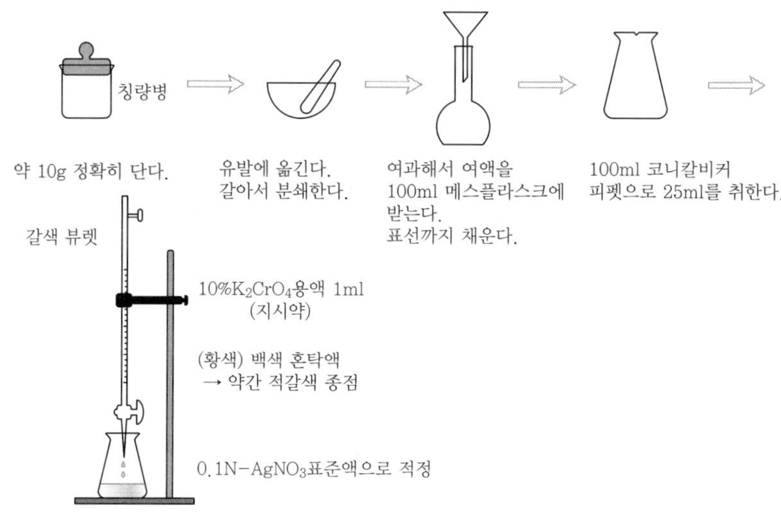

그림 1-51 식품 중 NaCl의 정량

4-4 산화환원적정법

4-4-1 산화 · 환원반응

산화제의 표준용액으로 환원성을 가진 물질을 적정하든가 또는 환원제의 표준용액으로 산화성을 가진 물질을 적정하는 방법을 일반적으로 산화환원적정법(oxidation reduction titration)이라 한다. 표준용액으로 많이 사용되는 산화제는 $KMnO_4$, $K_2Cr_2O_7$, I_2, Br_2, KIO_3, $KBrO_3$ 및 Ce^{4+} 등이며, 환원제로서는 $Na_2S_2O_3$, $FeSO_4$, As_2O_3 및 $H_2C_2O_4$ 등이 있다. 산화(oxidation)는 이온, 원자단 또는 분자가 전자를 내놓는 반응이고, 환원(reduction)은 전자를 얻는 반응이다. 예를들면,

$I^- - e \longrightarrow 1/2I_2$ (산화반응) $Fe^{3+} + e \longrightarrow Fe^{2+}$ (환원반응)

$Fe^{2+} - e \longrightarrow Fe^{3+}$ (산화반응) $Ce^{4+} + e \longrightarrow Ce^{3+}$ (환원반응)

위 네가지 반응은 편의상 따로 적었으나 어떠한 반응에서든 산화와 환원은 동시에 일어나게 된다.

$$2I^- + 2Fe^{3+} \longleftrightarrow I_2 + 2Fe^{2+}$$

$$Fe^{2+} + Ce^{4+} \longleftrightarrow Fe^{3+} + Ce^{3+}$$

이때 I^-과 Fe^{2+}는 각각 Fe^{3+}와 Ce^{4+}에 의하여 산화되었고, Fe^{3+}와 Ce^{4+}는 각각 I^-와 Fe^{2+}에 의하여 환원되었다.

4-4-2 산화환원제 표준용액 조제 및 표정

(1) 0.1N-$KMnO_4$의 조제 및 표정

원 리

$KMnO_4$ 표준용액을 사용하여 환원성을 가진 물질을 적정하는 방법을 과망간산칼륨법이라 한다.

$KMnO_4$는 산성 용액 중에서 다음과 같이 반응한다.

$$2KMnO_4 + 3H_2SO_4 \longleftrightarrow K_2SO_4 + 2MnSO_4 + 3H_2O + 5O$$

$(MnO_4^- + 8H^+ + 5e \longleftrightarrow Mn^{2+} + 4H_2O)$

또는 $2KMnO_4 \longleftrightarrow K_2O + 2MnO + 2H_2O$

즉 $KMnO_4$ 2분자가 산소 5원자를 생성하며 이것은 수소 10원자에 상당하므로 $KMnO_4$ 1분자는 5당량이 된다.

그러나 알칼리용액에서는 $KMnO_4$ 2분자가 산소 3원자를 생성하여 $KMnO_4$ 1분자는 3당량이 된다.

$2KMnO_4 \longleftrightarrow K_2O + 2MnO_2 + 3O$

$(MnO_4^- + 4H^+ + 3e \longleftrightarrow MnO_2 + 2H_2O)$

따라서 $KMnO_4$ 1분자는 산성용액 중에서 5당량이므로 0.1N 용액을 조제하려면 $KMnO_4$(M.W. 158.03) 3.1608g을 물에 녹여 1ℓ 로 만들면 된다.

$$KMnO_4\ 0.1g\ 당량 = \frac{1}{5}몰 \times \frac{1}{10} = \frac{158.04}{5} \times \frac{1}{10} = 3.1608(g)$$

조 제

$KMnO_4$는 순수품이 없으며 감광분해에 의하여 생긴 MnO_2가 섞여 있다. 또 증류수 중에서 환원성 유기물질이 함유되어 있으므로 $KMnO_4$는 분해되어 MnO_2를 생성하는 경우가 있다. 따라서 $KMnO_4$ 표준용액을 만들려면 먼저 대략적인 농도의 노말용액을 만든 다음 표정하여야 한다.

$KMnO_4$결정 약 3.3g을 칭량하여 물 1,000mℓ에 녹이고 약 1주일간 방치하든가, 15분간 서서히 끓여 방치 냉각시킨 다음 유기물질을 포함하지 않은 석면을 사용하여 여과하고 여액을 갈색병에 보관한다.

[표정 1] 수산(oxalic acid)을 사용하는 법

데시케이터에서 건조시킨 수산($H_2C_2O_4 \cdot 2H_2O$, M.W. 126.067) 일정량 ag(약 0.2g)을 정확히 칭량하여 물 200mℓ와 50% H_2SO_4 약 10mℓ를 가하고 70℃로 가온한 다음 0.1N-KMnO4로 적정하여 담홍색이 되는 점을 종말점으로 한다.

표준물질 수산의 칭취량을 ag, 0.1N-$KMnO_4$의 소비량을 Vmℓ라고 하면,

$$2KMnO_4 + 3H_4SO_4 + 5H_2C_2O_4 \longrightarrow K_2SO_4 + 2MnSO_4 + 10CO_2 + 8H_2O$$

$$2KMnO_4 \equiv 5H_2C_2O_4 \cdot 2H_2O \equiv 10당량$$

$$\therefore 수산\ 1g당량 \equiv \frac{5 \times 126.067}{10} g$$

$$1N-KMnO_4\ 1{,}000m\ell \equiv 63.034g\ \text{수산}$$

$$0.1N-KMnO_4\ 1{,}000m\ell \equiv 6.3034g\ \text{수산}$$

$$F = \frac{1000 \times a}{6.3034 \times V} = 158.6 \times \frac{a}{V}$$

수산 이외에 $Na_2C_2O_4$(M.W. 134.00)를 표준물질로 사용하여 표정할 수도 있다.

[표정 2] 0.1N–$Na_2S_2O_3$를 사용하는 법

KI 2~3g을 물 약 30mℓ에 녹이고 묽은 H_2SO_4 약 20mℓ와 표정하려는 $KMnO_4$용액을 정확하게 25mℓ를 가하고 약 200mℓ로 희석하여 5분간 방치한 후 0.1N–$Na_2S_2O_3$로 적정한다. 종말점 부근에서 액이 담황색으로 될 때 지시약으로 전분용액 약 1mℓ를 가하여 액이 청남색이 된 것이 탈색되는 점을 종말점으로 한다.

$$2KMnO_4 + 8H_2SO_4 + 10KI \longrightarrow 6K_2SO_4 + 2MnSO_4 + 8H_2O + 5I_2$$

$$5I_2 + 10Na_2S_2O_3 \longrightarrow 10NaI + 5Na_2S_4O_6$$

$$2KMnO_4 \equiv 10Na_2S_2O_3 \equiv 10\text{당량}$$

$$0.1N-KMnO_4\ 1{,}000m\ell \equiv 0.1N-Na_2S_2O_3\ 1{,}000m\ell$$

$$\therefore F = \frac{0.1N-Na_2S_2O_3\text{의 } m\ell\text{수} \times F'}{KMnO_4\ \text{용액의 } m\ell\text{수}}$$

F′ : 0.1N–$Na_2S_2O_3$ 용액의 역가

(2) 0.1N–$K_2Cr_2O_7$의 조제 및 표정

원 리

$K_2Cr_2O_7$ 표준용액을 사용하는 적정법을 중크롬산칼륨법이라 한다. 이 용액은 산성에서 다음과 같이 반응한다.

$$K_2Cr_2O_7 \longleftrightarrow K_2O + Cr_2O_3 + 3O$$

$$(Cr_2O_7^{2-} + 14H^+ + 6e \longleftrightarrow 2Cr^{3+} + 7H_2O)$$

$K_2Cr_2O_7$은 산성 용액 중에서 산화제로서의 당량은 1분자가 6당량이므로 1g당량은 다음과 같다.

$$K_2Cr_2O_7\ \ 1g\text{당량} = \frac{1}{6}\text{몰} = \frac{294.21}{6} = 49.035(g)$$

$K_2Cr_2O_7$의 산화력은 $KMnO_4$보다 약하지만 수용액에서 안정하고 보관하는 도중 쉽게 분해되지 않는 이점이 있으나 유기물에 대해서는 $KMnO_4$처럼 예민하지 않다.

조 제

$K_2Cr_2O_7$(M.W. 294.21)의 0.1g 당량인 4.9035g을 물 1ℓ 에 녹인다. 즉 순수한 $K_2Cr_2O_7$을 분말로 만들어 120℃에서 항량이 될때까지 건조한 후 4.9035g을 정확히 칭량하여 물에 녹여 1ℓ 로 만든다. 그러나 $K_2Cr_2O_7$ 분말 약 5g을 물에 녹여 1ℓ 로 만들고 다음과 같이 표정하는 것이 간편하다.

$K_2Cr_2O_7$용액에 산 및 KI를 가하여 유리하는 I_2를 전분용액을 지시약으로 하여 0.1N $Na_2S_2O_3$ 표준용액으로 적정한다.

$$K_2Cr_2O_7 + 14HCl + 6KI \longleftrightarrow 3I_2 + 2CrCl_3 + 8KCl + 7H_2O$$

$$I_2 + 2Na_2S_2O_3 \longrightarrow 2NaI + Na_2S_4O_6$$

[표 정]

$K_2Cr_2O_7$용액을 정확히 25mℓ 취하여 유리마개플라스크에 넣고 물로 200~300mℓ로 희석한 다음 KI 2g, 진한 HCl 5mℓ를 가하고 마개를 하여 잠시 어두운 곳에 방치한 다음 유리되는 I_2를 0.1N-$Na_2S_2O_3$ 표준용액으로 적정한다. 지시약으로는 종말점 부근에서 전분용액 약 3mℓ를 가한다.

4-4-3 식품 중 수산(oxalic acid)의 정량

원 리

식품 중의 수산을 침출시킨 후 염화칼슘을 가해 수산칼슘(CaC_2O_4)으로 침전시켜 분리하고, 다시 황산으로 분해하여 수산을 유리시킨 다음 이것을 과망간산칼륨 표준용액으로 적정하여 수산의 양을 구한다.

시약 및 기구

① 0.25N-HCl용액
② 0.5N-NH_4OH용액
③ 5% $CaCl_2$용액
④ 0.25N-묽은 H_2SO_4(1 : 4)
⑤ 0.1N-$KMnO_4$용액
⑥ 항온수조(water bath)
⑦ 원심분리기

조 작

1) 시료용액의 조제

시료(시금치 등 수산을 함유한 식품) 10g을 정확히 칭량하여 100㎖ 삼각플라스크에 넣고 0.25N-HCl 40㎖를 가한 후, 냉각관을 연결하여 70℃ water bath상에서 1시간 방치한다. 다음에 건조여지를 사용하여 여과한 다음 잔사를 0.25N-HCl로 세척하고 다시 여과하여 여액의 전량을 100㎖로 한다.

2) 수산칼슘(CaC_2O_4)의 분리

시료용액 20㎖를 홀피펫으로 200㎖ 비커에 취한 다음, 0.1% bromcresol green용액을 지시약으로 해서 0.5N-암모니아수로 중화하여 물 50㎖와 5% $CaCl_2$ 10㎖를 가한 후 20시간 방치한다.

다음에 5,000rpm에서 10분간 원심분리하여 상징액을 버리고, 잔사에 물 50㎖를 가하여 교반하고 다시 원심분리하여 수산칼슘(CaC_2O_4)의 침전을 얻는다.

3) 적 정

침전에 0.25N-HCl 20㎖를 가하여 침전을 용해시킨 다음 묽은 황산(1 : 4) 20㎖와 물 100㎖를 가한 후, 70~80℃의 water bath상에서 가열한다. 가열 후 0.1N-$KMnO_4$용액으로 미홍색이 될 때까지 적정한다.

계 산

0.1N-$KMnO_4$ 적정 소비량으로부터 시료 중의 수산의 함량은 다음 식에 의해 계산한다.

$$\text{식품 중 수산의 함량(\%)} = V \times F \times 0.0045 \times D \times \frac{100}{S}$$

V : 0.1N-$KMnO_4$ 용액의 적정 소비량(㎖)

F : 0.1N-$KMnO_4$ 용액의 역가

D : 희석배수

S : 시료 채취량(g)

0.0045 : 0.1N-$KMnO_4$ 용액 1㎖에 상당하는 수산의 양

4-4-4 달걀껍질 중 칼슘(Ca)의 정량

원 리

달걀껍질(주성분 탄산칼슘)을 염산으로 분해하여 염화칼슘의 형으로 변화시킨다.

이 칼슘이온(Ca^{2+})을 암모니아성 미알칼리에서 수산이온($C_2O_4^{2-}$)과 정량적으로 반응시켜 수산칼슘으로서 침전시켜 모액으로부터 분리한다.

최후에 이 침전을 황산으로 분해하여 수산을 유리시키고 이것을 0.1N 과망간산칼륨 표준용액으로 적정하여 수산의 양을 측정하고 이 값으로부터 칼슘량을 계산한다.

$$Ca^{2+} + C_2O_4^{2-} \longrightarrow CaC_2O_4$$

$$CaC_2O_4 + H_2SO_4 = CaSO_4 + H_2C_2O_4$$

$$5H_2C_2O_4 + 2KMnO_4 + 3H_2SO_4 = K_2SO_4 + 2MnSO_4 + 10CO_2 + 8H_2O$$

시 약

① 0.1N-$KMnO_4$용액 : 표정하여 역가를 정확히 구한다.

② 2N-NH_4OH용액

③ 3% $Na_2C_2O_4$용액

④ 묽은 H_2SO_4용액(1 : 4)

⑤ 묽은 HCl용액(1 : 1)

⑥ 2N-H_2SO_4용액

조 작

1) 시료용액의 조제

분쇄한 달걀껍질 1~2g을 정확히 칭량하여 증발접시에 옮겨서 소량의 묽은 염산을 가하여[1] water bath상에서 가열용해하고 다시 가열을 계속하여 증발건고한다. 이 잔사에 묽은 염산과 물을 가하여 가열 용해한 다음 500mℓ 메스플라스크에 여과하면서 옮겨 넣는다. 이 희석액 25mℓ를 홀피펫으로 100mℓ의 비커에 취하여 2N-NH_4OH용액으로 약알칼리성으로 하고 3% $Na_2C_2O_4$용액을 적하하여 침전을 완결시킨다. water bath상에서 1시간 가열하여 침전의 입자를 크게 한 다음 경사여과하고 침전을 충분히 수세한다.

1) 염산을 가할 때, CO_2의 발포에 의한 액의 유출이 없도록 한다.

2) 적 정

여액의 용기를 300㎖ 삼각플라스크로 교환하고, 여지에 유리봉으로 구멍을 뚫어 세척병을 용해서 침전을 삼각플라스크 중에 옮긴다. 다시 여지에 2N-H_2SO_4용액 10㎖를 가하고[2] 다시 물로 세척한다. 최후에 묽은 H_2SO_4(1 : 4) 20㎖를 가하여 water bath상에서 70~80℃로 가온하고 0.1N-$KMnO_4$용액으로 미홍색으로 될 때까지 적정한다.

계 산

$$2(KMnO_4) \equiv 5(H_2C_2O_4) \equiv 5Ca$$

윗 식에서 0.1N-$KMnO_4$용액 1㎖는 0.0020g의 Ca에 상당한다. 따라서 시료 중의 Ca량은 다음 식에 의해 계산한다.

$$\text{달걀껍질 중의 Ca량(\%)} = V \times F \times 0.0020 \times D \times \frac{100}{S}$$

V : 0.1N-$KMnO_4$용액의 적정 소비량(㎖)
F : 0.1N-$KMnO_4$용액의 역가
D : 희석배수
S : 시료의 채취량(g)

4-5 요오드적정법

4-5-1 Iodimetry와 Iodometry

요오드(I_2)는 그 자체보다 낮은 산화전위물질에 대해서는 산화제로 작용하므로 I_2의 표준용액으로 직접 적정할 수 있고, 이와 반대로 I_2보다 높은 산화전위를 갖는 물질 KI와 같은 요오드화합물은 환원제로 작용하므로 환원작용으로 생성된 I_2를 $Na_2S_2O_3$ 표준용액으로 적정하게 되면 간접적으로 최초의 물질량을 구할 수 있다.

이와같이 I_2 표준용액을 산화제로 사용하는 방법을 iodimetry라 하며, 산화성 시료에 KI를 환원제로 가하여 유리되는 I_2를 $Na_2S_2O_3$ 표준용액으로 적정하는 방법을 iodometry라 한다. 그리고 이를 총칭하여 요오드적정법이라고 한다.

2) 황산의 첨가량은 적정용액에 있어서의 황산농도가 3N보다 저하해서는 안된다. 0.1N-$KMnO_4$용액으로 적정할 때 액이 만약 갈색으로 변화하거나 또는 침전이 생기거나 했을 경우에는 황산의 양이 부족하기 때문이므로 다시 황산을 가한다.

요오드적정법의 종말점 확인에는 I_2 자체의 황색을 이용하여도 좋으나 요오드전분반응에 의한 청색편이 훨씬 예민하므로 전분용액을 지시약으로 사용한다.

4-5-2 요오드적정법의 표준용액 조제 및 표정

(1) 0.1N-I_2의 조제 및 표정

원 리

이 용액 1,000mℓ 중에는 I_2의 0.1g당량인 12.692g을 함유하고 있다. I_2는 정제할 수 있으므로 정제품[3]을 사용하였을 때는 표정할 필요가 없다.

조제 1

정제한 I_2의 휘발에 의한 손실을 막기 위하여 먼저 50% KI 용액 약 40mℓ를 넣은 칭량병을 정확히 칭량하고 여기에 따로 작은 칭량병에서 I_2 12.72g을 칭량한 것을 재빨리 넣고 마개를 한 후 다시 정밀하게 칭량을 한다. 그 다음 이것을 1,000mℓ 메스플라스크에 넣고 50% KI용액으로 칭량병을 세척하여 넣는다. 잘 흔들어 녹인 다음 HCl[4] 3방울을 넣고 물을 가하여 1,000mℓ로 한다. 이 용액은 표정할 필요가 없다.

$$F = \frac{I_2\text{의 칭취량}}{12.692}$$

조제 2

I_2 14g과 KI 36g을 물 100mℓ에 녹인 다음 HCl 3방울 및 물을 가하여 1,000mℓ로 한 후 다음과 같이 표정한다.

[표정 1] As_2O_3를 사용하는 법

1) 원 리

As_2O_3(M.W. 197.82)를 알칼리에 녹여 Na_3AsO_3로 한 다음 묽은 H_2SO_4로 중화하고 $NaHCO_3$를 포화시킨 후 표정하려는 I_2용액으로 적정한다.

3) I_2를 정제하는데는 10g의 I_2에 KI 1g, $CaCl_2$ 2g을 섞어 깨끗하게 건조한 비커에 넣고 찬물을 담은 둥근 바닥 플라스크를 덮는다. 이를 서서이 가열, 승화시켜 얻은 결정을 가루로 만들어 데시케이터에서 건조시킨다.
4) HCl은 KI 중 불순물 KIO_3를 I_2로 변화시킨다. $KIO_3 + 5KI + 6HCl \longrightarrow 6KCl + 3I_2 + 3H_2O$

표준물질 As_2O_3의 칭취량을 ag, 0.1N-I_2소비량을 Vmℓ라고 하면,

$$As_2O_3 + 6NaOH \longrightarrow 2Na_3AsO_3 + 3H_2O$$

$$2Na_3AsO_3 + 3H_2SO_4 \longrightarrow 2H_3AsO_3 + 3Na_2SO_4$$

$$H_3AsO_3 + I_2 + 5NaHCO_3 \longrightarrow Na_3AsO_4 + 2NaI + 5CO_2 + 4H_2O$$

$$2I_2 \equiv 2H_3AsO_3 \equiv As_2O_3 \equiv 4\text{당량}$$

$$0.1N\text{-}I_2\ 1{,}000\text{mℓ} \equiv \frac{As_2O_3}{4 \times 10} \equiv \frac{197.82}{40} = 4.9455\text{g}\ \ As_2O_3$$

$$\therefore\ F = \frac{1000 \times a}{4.9455 \times V} = 202.2 \times \frac{a}{V}$$

2) 조 작

As_2O_3의 결정분말을 100℃에서 항량이 될 때까지 건조시켜 ag(약 0.15g)을 정확히 칭량하여 1N-NaOH 20mℓ를 가하고 가온 용해시킨다. 이것에 물 40mℓ 및 P.P. 2방울을 가하여 무색이 될 때까지 묽은 H_2SO_4를 넣고 $NaHCO_3$ 2g, 물 50mℓ 및 전분용액 2mℓ를 가하여 잘 혼합한 후 I_2 표준용액으로 적정하여 청남색으로 되는 점을 종말점으로 한다.

[표정 2] 0.1N-$Na_2S_2O_3$를 사용하는 방법

표정하려는 I_2 표준용액 25mℓ를 정확히 취하고 물 약 100mℓ를 가하여 0.1N-$Na_2S_2O_3$로 적정하고 엷은 황색이 되었을 때 전분용액 2mℓ를 가하여 청남색이 없어지는 점을 종말점으로 한다.

(2) 0.1N-$Na_2S_2O_3$의 조제 및 표정

원 리

이 용액은 1,000mℓ 중에 $Na_2S_2O_3 \cdot 5H_2O$(M.W. 248.21) 24.821g을 함유하고 있다. $Na_2S_2O_3$은 순수품을 구하기 어려우며, 풍화를 받기 쉽고 흡습성이 강하므로 실제로는 다음과 같이 만든 다음 표정하여 사용한다.

조 제

$Na_2S_2O_3 \cdot 5H_2O$ 26g을 취하여 새로 끓여서 냉각시킨 물에 녹이고 무수 Na_2CO_3 0.2g을 넣은 다음 1,000mℓ로 하여 하룻동안 방치한 후 표정한다.

[표정 1] 정제 I_2를 사용하는 법

먼저 50% KI용액 10mℓ를 넣은 칭량병을 정확히 칭량하고 여기에 I_2 약 0.4g을 넣어 마개를 한 다음 다시 정확히 칭량한다. 다음 이것을 350~500mℓ의 삼각플라스크에 넣고 소량의 10% KI용액으로 칭량병을 세척하여 넣어 약 200mℓ로 희석한다. 이것을 흔들어 녹인 다음 전분용액 1~2mℓ을 지시약으로 가하여 0.1N-$Na_2S_2O_3$로 적정한다. 표준물질 I_2의 칭취량을 ag, 0.1N-$Na_2S_2O_3$소비량을 Vmℓ라고 하면,

$$2Na_2S_2O_3 + I_2 \longrightarrow 2NaI + Na_2S_4O_6$$

$$2Na_2S_2O_3 \equiv I_2 \equiv 2\text{당량}$$

$$0.1N\text{-}Na_2S_2O_3\ 1{,}000m\ell = 12.692g\ \ I_2$$

$$1{,}000m\ell : 12.692g = V_0 : a$$

$$V_0 = \frac{1000 \times a}{12.692}\ (\text{이론소비량})$$

$$\therefore\ F = \frac{V_0}{V} = \frac{1000 \times a}{12.692} = 78.79 \times \frac{a}{V}$$

[표정 2] 0.1N-$K_2Cr_2O_7$용액을 사용하는 법

0.1N-$K_2Cr_2O_7$ 30mℓ를 정확히 유리마개 플라스크에 취하고 물 50mℓ, KI 2g 및 진한 HCl 5mℓ를 가하고 마개를 하여 어두운 곳에 10분간 방치한 다음 물 100mℓ를 가하여 유리된 I_2를 $Na_2S_2O_3$ 표준용액으로 적정한다. 이때 종말점 가까이 이르러 전분 지시약을 가하고 요오드전분의 청남색이 없어지는 점을 종말점으로 한다.

$$K_2Cr_2O_7 + 6KI + 14HCl \longrightarrow 2CrCl_3 + 8KCl + 7H_2O + 3I_2$$

$$3I_2 + 6Na_2S_2O_3 \longrightarrow 6NaI + 3Na_2S_4O_6$$

$$6Na_2S_2O_3 \equiv 3I_2 \equiv K_2Cr_2O_7 \equiv 6\text{당량}$$

$$0.1N\text{-}Na_2S_2O_3\ 1{,}000m\ell \equiv 0.1N\text{-}K_2Cr_2O_7\ \ 1{,}000m\ell$$

(3) 0.5% 전분용액 조제법

가용성 전분(soluble starch) 1g과 소량의 물을 혼합하여 죽같이 한 것을 끓는 물 200mℓ에 넣으면서 잘 저어 준다.

1~2분간 끓이고 액이 대체적으로 투명하게 되면 방치한 다음 위의 맑은 액을 사용한다. 이것을 장시간 저장하면 부패하기 쉬으므로 방부목적으로 toluene 1~2방울 또는 HgI_2 1~2mg을 가한다. 보통 적정액 10mℓ에 대하여 약 2mℓ를 사용한다.

4-5-3 식품 중 요오드(I_2)의 정량

원 리

식품을 회화(灰化)해서 물에 용해시킨 다음, 여기에 염화제2철을 가해서 요오드를 유리시킨다. 이 요오드를 증류에 의해서 요오드칼륨용액에 포집한 후 $Na_2S_2O_3$ 표준용액으로 적정하여 요오드량을 구한다.

시약 및 기구

① 0.02N-KIO_3용액 ② 0.02N-$Na_2S_2O_3$용액
③ 5% KI용액 ④ 10% HCl용액
⑤ 5% $FeCl_3$용액 ⑥ 묽은 H_2SO_4용액(1 : 4)
⑦ 1N-Na_2CO_3용액 ⑧ 1% 전분용액
⑨ 전기로 ⑩ U자관
⑪ 둥근 flask

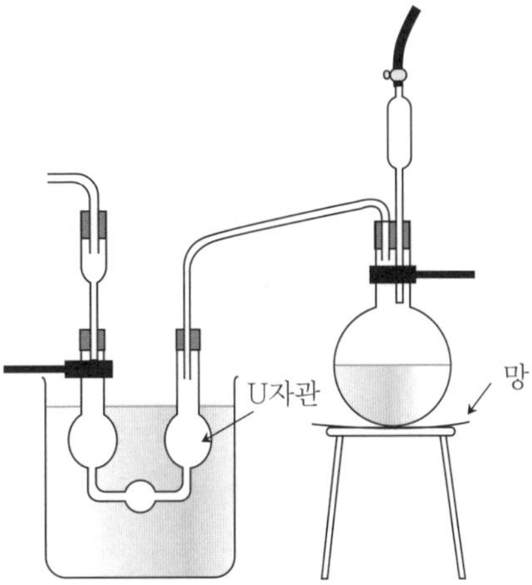

그림 1-52 요오드(I_2) 포집장치

조 작

1) 시료 용액의 조제

요오드를 함유한 식품을 마쇄하여 적당량을 자제 증발접시에 칭취한 다음 1N-Na_2CO_3 20mℓ를 가해시 잘 이기고 건조기안에서 건조시킨다. 다음 전기로에 넣어서 회화시키고 냉각 후 열탕에 용해시켜 200mℓ 메스플라스크에 여과하고, 여액을 묽은 황산으로 미산성으로 한 후 전량을 200mℓ로 한다.

2) 증 류

희석한 시료 25mℓ를 홀피펫으로 100~150mℓ 둥근 플라스크에 취해서 5% $FeCl_3$ 5mℓ를 가한다. 또 5% KI용액 10mℓ를 넣고 60mℓ들이 U자관을 연결해서, 냉수를 넣은 비커에 담근 후 버너로 플라스크를 서서히 가열한다.

이 U자관을 요오드(I_2)가 유리해서 적자색의 증기가 되어 U자관 중의 칼륨용액 속으로 흡수되므로 KI용액은 차차 적갈색으로 된다. 플라스크 내의 잔액이 5~10mℓ로 되면 가열을 중지한다.

3) 적 정

U자관 안의 용액을 모두 세척하여 삼각플라스크에 옮긴다. 이것을 0.02N-$Na_2S_2O_3$용액으로 적정하여, 황색이 담황색으로 되면, 1% 전분용액을 소량 가하여 다시 적정해서 무색으로 되는 점을 종말점으로 한다.

계 산

시료 중의 요오드의 양은 다음식에 의해 계산한다.

$$\text{식품 중 요오드의 양(mg\%)} = V \times F \times 2.538 \times D \times \frac{100}{S}$$

V : 0.02N-$Na_2S_2O_3$용액의 적정 소비량(㎖)

F : 0.02N-$Na_2S_2O_3$용액의 역가

D : 시료 채취량(g)

S : 희석배수

2.538 : 0.02N-$Na_2S_2O_3$용액 1㎖에 상당하는 요오드량(㎎)

4-6 킬레이트적정법

4-6-1 킬레이트적정법의 기본 이론

킬레이트적정법(chelatometry) 은 1945년 G. Schwarzenbach에 의해 처음으로 창안되어 분석화학분야에서 널리 실용화되었다. 어떤 금속지시약은 금속이온과 반응하여 정색현상을 나타내므로, 이것을 이용하여 킬레이트 표준용액으로 적정할 수 있다. 일반적으로 금속이온은 킬레이트시약과 반응하여 안정한 금속킬레이트화합물을 형성하므로, 당량점에서 금속지시약이 유리되어 본래의 지시약의 색깔로 환원되어 변색된다.

이와같이 킬레이트 표준용액을 사용하여 금속이온을 적정하는 용량분석법을 킬레이트적정법 또는 착염적정법(complexmetry)이라 한다. 킬레이트시약으로서는 주로 EDTA, NTA, Cy-DTA 등을 사용하여 많은 금속이온을 직접 적정할 수 있고, 간접법을 이용하면 SO_4^{2-}, PO_4^{2-}, CN^- 및 SCN^- 등 여러가지 음이온도 정량할 수 있다.

1. 배위자와 배위수

금속이온이 전자공여체로부터 전자를 받아 서로 결합한 화합물을 착염 또는 배위화합물이라 한다. 이때 금속이온 한 개가 받아들이는 전자쌍(pair electron)의 수를 그 금속이온의 배위수라 하며, 보통 2~8개의 범위 내에서 각각 특유한 배위수를 가지고 있다.

또한 전자공여체를 배위자(ligand)라 하며, 그 분자 한 개가 공급하는 전자쌍의 수에 따라 1배위자(monodonate ligand), 2배위자(bidonate ligand), 3배위자(tridonate ligand), 4배위자(quadridonate ligand)라 하고, 2배위자 이상을 다배위자(polydonate ligand)라 한다.

2. 킬레이트시약

이러한 다배위자와 금속이온의 착염을 특히 금속킬레이트 화합물(metal chelate complex)이라 하며, 금속이온과 킬레이트화합물을 형성하는 다배위자를 킬레이트시약이라 한다.
대표적인 킬레이트시약은 다음과 같다.

(1) EDTA(ethylene diamine tetraacetic acid)

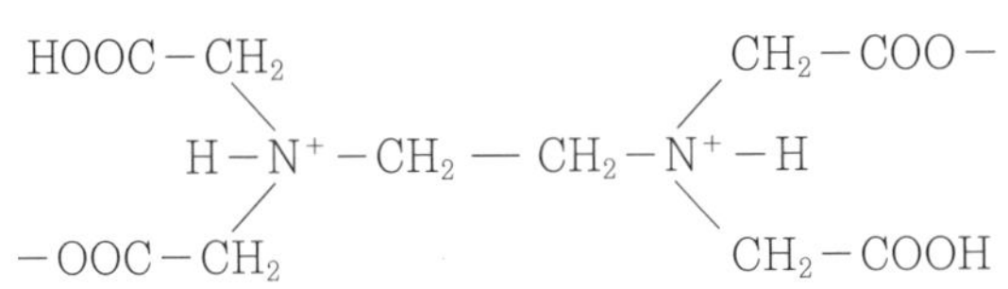

M.W. ; 292.24

이것의 유리산은 무색결정성 분말이나 물, alcohol, ether, acetone 등에 용해되지 않으므로 실제 분석에서 이용하는 것은 그 2Na염이다.

이 시약은 4~6배위자이며, 보통 금속이온과 1 : 1의 몰수의 비로 배위결합한다.

(2) NTA(nitrilotriacetic acid)

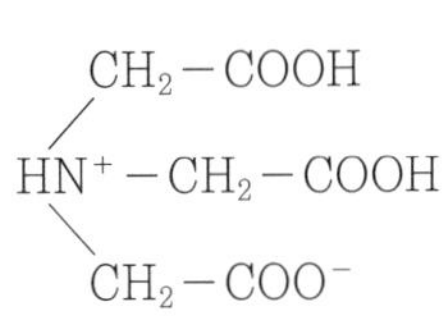

M.W. ; 191.15

이것의 유리산도 무색결정성 분말이며, 물에 난용성이므로 그 Na염을 사용하든가 알칼리용액에 녹인 다음 산으로 중화하여 사용한다. 이 시약은 분석응용범위 내에서는 금속이온과 1 : 1의 몰수의 비로 반응하는 4배위자이다.

(3) CyDTA(1,2-cyclohexadiamine tetraacetic acid)

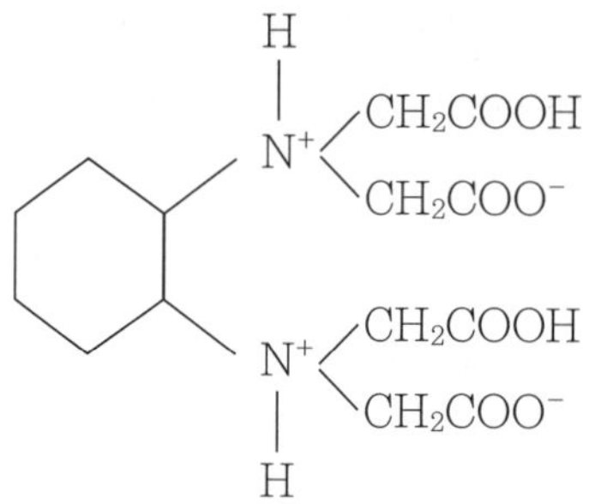

M.W. ; 346.35

이 시약의 유리산이나 알칼리염의 성질은 EDTA와 비슷하며, EDTA에 비해서 금속이온과 보다 안정한 킬레이트화합물을 형성한다. 이 시약 역시 금속이온과 1 : 1의 몰수의 비로 결합하며, 4~6배위자이다.

3. 금속지시약과 적정이론

금속이온을 킬레이트시약으로 적정할 때 종말점을 보기 위하여 일반적으로 금속지시약(metal indicator)을 사용한다.

[금속지시약이 갖추어야 할 세 가지 조건]

① 색소자신이 금속이온과 반응하여 하나의 킬레이트화합물을 생성할 능력을 가지고 있어야 한다.

② 지시약이 금속이온과 반응하여 생성된 킬레이트화합물의 안정도 상수는 킬레이트시약과 금속이온에 의하여 형성된 킬레이트화합물의 안정도 상수보다 작아야 한다.

③ 지시약의 금속킬레이트화합물은 강한 정색을 하여야 한다.

킬레이트적정법에는 직접적정법, 역적정법 그리고 치환적정법 등이 있다. 역적정법은 pH가 높아서 목적의 금속이온이 수산화물로 되어 침전하든가, 적당한 금속지시약이 없을 때 또는 킬레이트 생성반응속도가 느려서 직접적정할 수 없을 때 사용한다.

치환적정법은 용액 내의 정량하고자 하는 금속이온을 제2의 다른 금속으로 치환시키고, 이때 유리된 제2의 금속을 킬레이트시약 표준액으로 적정하여 간접적으로 정량할 수 있다.

대표적 킬레이트적정법은 역시 직접적정법인데, 이것은 목적하는 금속이온용액에 완충용액을 가하여 적당한 pH로 하고 지시약을 가한 다음, 킬레이트 시약으로 적정하는 방법이다.

이때 당량점에서 pM의 비약(jump)이 일어나며, 금속지시약을 이용하여 그 종말점을 알 수 있다.

$$pM = \log \frac{1}{[M]} = -\log[M]$$ (단, [M]는 금속이온의 농도)

만약 금속이온을 M, 금속지시약을 In이라 하면, 다음 식과 같이 나타낼 수 있다.

$$M + In \longrightarrow MIn$$

또 종말점에서 킬레이트시약이 MIn과 반응하여 다음 식과 같이 된다.

$$MIn + EDTA \longrightarrow M-EDTA + In^-$$

상기 반응에서 보는 바와 같이 생성된 MIn은 특유한 색을 나타내지만, 이것을 킬레이트시약 EDTA 등으로 적정하면 유리금속이온이 감소되어 그 전부가 소비되는 당량점에 도달하며, 금속지시약과 결합(MIn)하였던 금속이온(M)이 킬레이트시약과 결합하여 금속지시약 이온 In−이 유리되어 색소이온 자체의 색으로 변한다.

4-6-2 킬레이트적정법의 표준용액조제 및 표정

(1) 0.01M EDTA 표준용액조제 및 표정

원 리

EDTA는 금속이온의 원자가에 관계없이 1 : 1의 몰수비로 결합하므로 표준용액의 농도는 몰로 표시하는 것이 편리하며, 일반적으로 0.01M 용액을 사용한다. 표준용액 조제에 사용하는 EDTA는 그 Na염의 특급품(99.5% 이상)을 80℃에서 항량이 될 때까지 건조시켜 2분자의 결정수를 가진 것(M.W. 372.26)으로 하든가, 120~140℃로 건조시켜 무수물(M.W. 336.22)로 하여 사용한다. 표정용 표준물질로서는 $CaCO_3$, Zn, $HgCl_2$ 등이 있다.

조 제

EDTA−2Na염($Na_2H_2C_{10}H_{12}O_8N_2 \cdot 2H_2O$ 3.7226g 또는 $Na_2H_2C_{10}H_{12}O_8N_2$ 3.3626g)을 정확히 칭량한 다음, 순수한 증류수[5]에 용해시켜 1ℓ 로 한다. 필요하면 금속 표준용액을 사용하여 표정한다. 순수한 증류수로 세척한 pyrex glass병이나 polyethylene병에 표준용액을 저장하면 몇 달 동안 역가가 변하지 않는다[6].

5) 미량의 금속이온이라도 EDTA와 착염을 형성하므로 이온교환수지 등을 거쳐 완전히 정제한 순수한 증류수를 사용해야 한다.
6) 보통의 유리는 CaO이 용출하여 점차로 EDTA의 역가를 감소시킨다.

[표정 1] 금속 Zn을 사용하는 법

표면에 붙어 있을 가능성이 있는 산화물을 묽은 HCl로 용해시킨 다음 물로 세척하고 다시 alcohol, ether로 세척하여 건조시킨 Zn을 정확하게 0.6538g 칭량하여 되도록 소량의 진한 HCl로 용해시켜 일단 끓인다. 방냉시키고 물을 가해서 정확하게 1ℓ 로 하여 표준용액으로 한다.

이 용액 20~25mℓ를 정확히 취하고 진한 NH_4OH용액을 처음 생성된 침전이 완전히 녹을 때까지 가한 다음 3mℓ를 더 추가하고 Eriochrom black T(EBT)지시약을 가하여 EDTA 표준용액으로 적색이 청색으로 될 때까지 적정한다.

[표정 2] $CaCO_3$를 사용하는 법

특급 $CaCO_3$(M.W. 100.09)를 110℃에서 항량이 될 때까지 건조시킨 다음, 약 1g을 정확히 칭량하여 되도록 소량의 묽은 HCl에 용해시키고 CO_2가스 발생이 끝나면 가온하여 완전히 녹인다. 방냉 후 증류수를 가하여 정확하게 1ℓ 로 하여 표준용액으로 한다.

이 용액을 정확하게 20~25mℓ 취하고 물을 가하여 50~60mℓ로 한 후, NH_4OH-NH_4Cl 완충용액(pH 10) 1mℓ, EBT지시약 2~3방울을 가하여 EDTA 표준용액으로 적정하여 적색이 청색으로 되는 점을 종말점으로 한다.

(2) 완충용액의 조제

킬레이트적정에서는 항상 적정액에 완충용액을 가하여 일정한 pH를 유지해야 한다. pH의 범위에 따라서 각각 다른 완충용액이 사용된다. 이 적정에 사용하는 완충용액은 목적으로 하는 금속이온과 반응할 수 있는 성분, 예를들어 인산, 붕산 등을 함유해서는 안된다.
일반적으로 다음과 같은 완충용액을 많이 사용한다.

표 1-20 완충용액

pH	완충용액의 조제
12~13	· 1~8N의 NaOH 또는 KOH용액
8~11	· NH_4OH-NH_4Cl, 1M-NH_4OH용액 및 1M-NH_4Cl용액을 소요 pH에 맞게 혼합한다.
10	· NH_4Cl 70g과 암모니아수(비중 0.9) 570mℓ를 정제한 순수에 녹여 전량 1ℓ 로 한다.
6.5~8	· Triethanolamine 및 그 염산염 : 소요 pH에 필요한 1M-triethanolamine 및 1N-HCl를 적당 비율로 혼합한다. 주의할 점은 triethanolamine은 중금속이온에 대해 은폐제로 작용하므로 이 완충용액을 사용할 때는 유리 triethanol · amine의 함량을 되도록 적게 하여야 한다.
5~7	· Hexamine 및 염산 : Hexamine결정과 염산을 시료용액에 적당량 넣어 pH를 조제한다. 또는 hexamine의 염산수용액을 준비한다. 즉 hexamine 40g, 진한 HCl 10mℓ, 물 100mℓ의 혼액은 pH 5.4가 된다.
4~6.5	· 초산-초산나트륨 : 소요 pH에 대응하게 1M-CH_3COOH, 1M-CH_3COONa를 적당한 비율로 혼합한다. 초산착염을 생성할 우려가 있을 때에는 위 hexamine 완충용액을 사용한다.

2~4	· *p*-chloroaniline 및 그 염산염 : 고형물을 그대로 소요 pH에 대응하게 넣는다.
2~3	· monochloroacetic acid : 분말을 그대로 쓴다. Fe^{3+}의 적정에 적합하다.
2 이하	· 시료용액이 강산성일 경우 그대로 적당히 희석한다. 필요에 따라 1N-HCl, 1N-HNO_3를 추가한다.

(3) Eriochrome black T(EBT) 금속지시약 조제

EBT 0.5g을 triethanolamine 100mℓ에 녹이고, 갈색병에 넣어 꼭 막아둔다. 또는 0.1g의 EBT를 250mℓ 메스플라스크에 넣고, 약 15mℓ의 물을 가하고 pH 11.7의 완충용액 1mℓ를 가하고, 95% alcohol로 희석하여 250mℓ로 하는 방법도 있다.

4-6-3 음료수 경도의 측정

원 리

물의 경도는 물 중의 Ca, Mg의 양을 이것에 대응하는 $CaCO_3$의 ppm으로 환산하여 표시한다. 시료를 pH 10으로 하고 EBT지시약을 사용해서 EDTA 표준용액으로 직접적정하여 Ca과 Mg의 함량을 구하여 총경도로 한다. 이 때 EBT의 변색을 예민하게 하기 위해서 소량의 $MgCl_2$를 넣고, 또한 물 중에 존재하는 Fe, Cu, Mn 등의 중금속을 은폐하기 위하여 소량의 KCN을 첨가한다. 그리고 따로 시료를 취하여 pH 12로 하고 NN을 지시약으로 하여 Ca^{2+}만을 적정하여 Ca경도를 계산한다. 총경도와 Ca경도 와의 차를 Mg경도로 한다.

시 약

① 0.01M-EDTA표준용액

② 10% KCN용액

③ 0.01M-$MgCl_2$용액

④ NH_4OH-NH_4Cl 완충용액

⑤ Eriochrome black T(EBT)

⑥ 20% NaOH용액

⑦ 10% hydroxylamine-HCl용액

⑧ Dotite NN지시약

조작 및 계산

1) 총경도의 측정

시료 100mℓ를 정확히 취하여 10% KCN용액 몇 방울, 0.01M-$MgCl_2$용액 1.0mℓ, NH_4OH-NH_4Cl완충용액(pH 10) 2mℓ 및 EBT 용액 5~6방울을 넣고 0.01M-EDTA표준용액으로 용액의 적색이 완전히 청색으로 되는 점을 종말점으로 한다.

EDTA의 소비량 a㎖

0.01M-EDTA 1㎖≡0.00100g $CaCO_3$

$$총경도(CaCO_3ppm) = (a-1.0) \times \frac{1,000}{100}$$

2) Ca경도의 측정

시료 100㎖를 정확히 취하여 20% NaOH 용액 1㎖, 10% KCN용액 몇 방울, 10% hydroxyl-amine-HCl 몇 방울을 넣고(NN-산화방지목적) 잘 저은 다음 3~5분간 방치한다.

NN 희석분말 0.1g을 가하여 녹인 다음, 0.01M-EDTA 표준용액으로 용액이 완전히 청색이 되는 점까지 적정한다.

EDTA의 소비량 b㎖

$$Ca경도(CaCO_3ppm) = b \times \frac{1,000}{시료\ ㎖수}$$

Mg경도 = 총경도 − Ca경도

4-6-4 우유 중 칼슘(Ca)의 정량

원 리

EDTA(ethylene diamine tetraacetic acid) 등의 킬레이트시약은 여러가지 중금속이온 및 알칼리토금속이온 등과 착염을 만든다. 이 착염은 pH(12~13)가 알맞으면 매우 안정하여, 그 안정도 상수가 크기 때문에 유리상태의 금속이온농도가 매우 적어진다.

그러므로 금속이온의 존재 유무에 따라 그 색깔이 변하는 색소, 즉 금속지시약을 반응계에 가해 둠으로써 각종 금속을 EDTA로 적정할 수 있다.

시 약

① 0.01M EDTA 표준용액
② 10% KCN용액
③ Dotite Murexide(Mx)지시약
④ 10% NaOH용액
⑤ 1N-HCl용액
⑥ 0.5N-NaOH용액

조 작

1) 시료용액의 조제

200mℓ 삼각플라스크에 홀피펫으로 우유 10mℓ를 정확히 취하고, 증류수 20mℓ와 1N-HCl 20mℓ를 가하여 약 10분간 정치한 후 0.5N-NaOH 2.5mℓ를 가하고 pH 4.0~4.1로 하여 casein을 완전히 침전시킨다. 다음 이것을 250mℓ 메스플라스크로 옮겨 증류수로 표선까지 채운 후 casein을 여과하여 투명한 시료용액을 조제한다.

2) 적 정

시료용액 20mℓ를 정확히 삼각플라스크에 취하여 10% KCN 0.5mℓ, 10% NaOH 0.5mℓ를 가하고, 지시약 Dotite Murexide분말을 0.2g 가한 후 용해시켜 0.01M-EDTA 표준용액으로 자색이 될 때까지 적정한다.

계 산

시료 중의 Ca의 함량은 다음식에 의해 계산한다.

$$\text{우유 중의 Ca량(mg\%)} = V \times F \times D \times 0.4008 \times \frac{100}{S}$$

V : 0.01M-EDTA의 적정 소비량(mℓ)
F : 0.01M-EDTA의 역가
D : 희석배수
S : 시료 채취량(g)
0.4008 : 0.01M-EDTA 1mℓ에 상당하는 Ca의 mg수

제 5 장 중량분석

5-1 중량분석의 일반적 조작

중량분석(gravimetric analysis)은 시료 중의 목적성분을 침전, 휘발, 추출, 전해 등의 방법으로 분리하여 조성이 일정한 화합물로 만든 다음 칭량하여 목적성분의 함량을 구하는 방법이다. 이 방법은 천칭을 이용한 칭량이 중요한 수단이 되므로 중량분석법이라고 한다.

[목적성분을 분리하는 방법에 따른 중량분석법의 분류]

① 침전법 : 시료용액에 적당한 침전시약을 가해 목적성분을 침전시키고 이것을 여과하여 취해 건조 또는 강열하여 칭량하는 방법이다.

② 휘발법 : 목적성분이 휘발성이든가 또는 휘발물질로 변화시킬 수 있을 때 또는 목적성분 이외의 것이 휘발성일 때 이 성질을 이용하여 시료로부터 성분을 분리하여 정량하는 방법이다.

③ 추출법 : 시료를 적당한 용매와 함께 진탕하여 목적성분을 용매 중에 추출, 용해시켜 분리하고 용매를 증류하여 제거한 잔유물을 칭량하는 방법이다.

④ 전해법 : 금속염류의 수용액에 전극을 넣어 적당한 조건에서 직류전류를 통하고 전극에 석출하는 금속을 칭량함으로써 정량하는 방법이다.

이상의 네 가지 방법 중에서 일반적으로 가장 많이 사용되고 있는 침전법에 대한 주요 조작을 설명한다.

1. 시료의 조제와 칭량

시료의 조제는 분쇄 및 마쇄에 의하여 적당한 정도의 분말로 한 것을 시계접시 또는 칭량병에 취하여 칭량한다. 이 양은 0.5~1.0g 정도가 적당하다. 여기에서 주의할 것은 시료의 건조상태이고 어떤 상태에서 칭량하였는가를 분석 결과의 기록 중에 반드시 명기해야 한다.

2. 시료의 용해

물 또는 산 등의 적당한 용매에 용해한다. 만일 용해하기 어려울 때는 일단 융해시킨 후에 용해한다. 융해제(融解劑)로서 정량분석에 많이 사용되는 것은 탄산나트륨, 산성황산나트륨, 과산화나트륨 등이 있다.

3. 침전의 처리

(1) 침전의 생성법

침전법에 있어서는 침전을 정량적으로 생성시키는 것이 중요하다. 이 때문에 용액의 수소이온농도, 침전제의 첨가량, 용액의 온도와 침전의 용해도 등에 주의를 해야 한다.

1) 용액의 수소이온농도

용액의 pH가 적당하지 않으면 침전을 정량적으로 생성시킬 수가 없다. 예를들면, 양이온 제 2속을 황화수소로서 침전시킬 때 그러하다.

2) 침전제의 첨가량

당량보다 많은 침전제를 가하는 것은 시약의 낭비와 오차의 증대를 야기시키므로 과잉으로 가하는 것을 피해야 한다.

3) 용액의 온노와 침선의 용해도

침전의 입자를 성장시켜서 큰 입자로 만들고, 침전의 용해도를 작게 하여, 불순물의 흡착을 적게 하는 동시에 여과 · 세척 조작을 쉽게 하기 위해서 침전제 첨가 후, 가온하여 용액의 온도를 높이는 것이 보통이다.

(2) 여과 및 세척

침전을 모액으로부터 분리하는 가장 일반적인 방법이 여과법이며, 경사법, 흡입여과법 등이 있다. 다음에 모액에서 완전히 침전을 분리시킬 목적으로 침전의 세척을 행하는데, 이 경우 1회의 세척에 다량의 물을 사용하여 횟수를 적게 하는 것보다 매회 소량의 물을 사용하여 횟수를 많이 하는 것이 유효하다.

(3) 침전의 건조 및 가열 회화

침전물을 세척이 끝난 다음 건조시키든가 고온으로 가열 회화시켜 조성이 일정한 칭량형으로 만들어야 한다. 침전을 건조시켜 칭량형으로 하고자 할 때는 Gooch도가니나 유리여과기를 사용하여 여과 · 세척한 다음, 항온건조기 내에서 보통 100~130℃로 항온이 될때까지 건조시킨다.

(4) 칭 량

이상과 같이 처리한 것을 화학천칭으로 칭량하여 목적성분 함량을 원시료 중에 대한 백분율로서 계산한다.

5-2 황산칼륨 중의 황산기의 정량

원 리

산성용액에 있어서 Ba염을 침전시키는 산류(酸類)는 드물어 SO_4^{2-}뿐이다. 침전시약으로서 $BaCl_2$를 사용하면 침전생성물 $BaSO_4$가 만들어지고, 이것은 열에 대해서 안정하기 때문에 가열, 건조 처리 후에 칭량에 의해 그 중량을 구할 수 있다. 황산칼륨(K_2SO_4) 수용액에 $BaCl_2$수용액을 가하면, HCl산성하에서 다음과 같은 반응이 일어난다.

$$K_2SO_4 + BaCl_2 \longrightarrow BaSO_4 \downarrow + 2KCl$$

따라서 , 침전생성물 $BaSO_4$를 세척, 건조하여 정제된 $BaSO_4$의 중량을 측정해서 K_2SO_4 중의 SO_4^{2-}를 구한다.

시약 및 기구

① 5% $BaCl_2$용액
② 묽은 HCl용액(약 3~4N)
③ 순수한 진한 H_2SO_4용액
④ 묽은 NaOH용액(5%)
⑤ Methyl-red(M.R. 0.25g을 60% alcohol 100㎖로 용해한 것)
⑥ 여지(정량용), 깔때기대, erlenmeyer flask, crucible
⑦ Beaker
⑧ 천칭

조 작

① 시료(이 경우는 K_2SO_4) 약 0.5g을 정확히 칭량하여 500mℓ 비커에 넣어 증류수 200mℓ를 가하고, 또 묽은 HCl(3N)을 4mℓ 넣는다.

② 이것을 가열하여 끓이면서 별도로 시험관에 그 1/3 정도를 넣어 끓인 5% $BaCl_2$용액을 가하고, 계속 교반하면 $BaSO_4$의 백색침전이 된다.

③ 또 한 방울의 $BaCl_2$용액을 유리봉으로부터 비커 벽에 대어서 적하해도 더이상 백색침전을 나타내지 않는, 즉 황산이온이 완전히 침전했음을 확인한 후 수분간 가열하고 하룻동안 그대로 둔다.

④ 다음 처음의 경사법으로 여과하여 뜨거운 물로 세척하고, 침전을 모두 여지 위로 옮긴다. 그리고 뜨거운 물에 또 세척하고 세액에서 Cl^-반응이 보이지 않을 때 그친다.

⑤ 여지는 건조한 후 1,000℃ 이하에서 강열하여 $BaSO_4$으로써 칭량한다.

계 산

다음과 같은 데이터를 얻었다고 가정하고, 시료 중의 황산기(SO_4)의 양과 K_2SO_4의 순도를 계산하여 보기로 한다.

① 칭량병+시료(K_2SO_4)의 중량 : 25.8765g

칭량병의 중량 : 25.3682g

∴시료의 중량 : 25.8765−25.3682=0.5083g

② Crucible No.278을 사용해서 회화하여 다음과 같은 결과를 얻었다 고 가정하면,

회화시료($BaSO_4$)+crucible No.278의 중량 : 15.4407g

crucible No.278의 중량 : 14.7730g

∴회화시료($BaSO_4$)의 중량 : 15.4407−14.7730=0.6677g

③ 이 중에 함유되어 있는 SO_4의 양을 계산하면,

$$SO_4\text{의 함량} = \frac{SO_4}{BaSO_4} \times 0.6677 = \frac{96.064}{233.424} \times 0.6677 = 0.2748\text{g}$$

Ba=137.360　S=32.064　O=16

따라서, $BaSO_4$=233.424　SO_4=96.064

즉, 시료중의 SO_4량은 0.2748g이다.

④ 한편, 시료 중의 K_2SO_4의 양을 계산하면,

K_2SO_4=174.264이므로, 174.264 : 96.064=χ : 0.2748

$$\chi = \frac{174.264 \times 0.2748}{96.064} = 0.4985$$

즉, 시료 중의 K_2SO_4량은 0.4985g이다.

⑤ 따라서 시료 황산칼륨(K_2SO_4)의 순도(%)는 $\frac{0.4985}{0.5083} \times 100 = 98.07\%$ 이다.

제2부 기기분석

기본 식품분석학

Basic Food Analysis

제 1 장 pH 측정법

1-1 수소이온농도와 pH

수용액의 수소이온농도는 식품분석에서 중요한 의의를 갖고 있다. 일반적으로 말하는 산성, 알칼리성은 수소이온농도의 대소를 의미한다. 중화반응은 산의 H^+과 알칼리의 OH^-이온이 결합하여 물을 형성하는 반응으로 다음과 같이 가역적이다.

$$H^+ + OH^- \longleftrightarrow H_2O$$

또는 $2H_2O \longleftrightarrow H_3O^+ + OH^-$

수용액에서의 H^+와 OH^-의 농도의 곱은 일정 온도에서 항상 일정한 값을 갖고 있다. $[H^+]$와 $[OH-]$을 각각 두 이온의 몰농도라 하면 22℃에서 순수한 물은

$[H^+] \times [OH^-] = 10^{-14}$이다.

수소이온농도가 수산이온농도와 같을 때, 즉 $[H^+] = [OH^-] = 10^{-7}$이 될 때 이 용액은 중성이고, $[H^+]$가 10^{-7}보다 커서 $[H^+] > [OH^-]$일 때는 산성, 그리고 $[H^+]$가 10^{-7}보다 작아서 $[H^+] < [OH^-]$일 때는 알칼리성을 나타낸다.

이와같이 용액의 액성을 나타낼 때는 $[H^+]$ 또는 $[OH^-]$로 표시할 수 있으나 그 수치가 적어서 취급상 곤란하므로 보통 수소이온농도를 수소이온농도지수(hydrogen ion exponent)인 pH로 표시한다.

pH는 $[H^+]$의 역수(逆數)의 대수(對數), 즉

$pH = \log \dfrac{1}{[H^+]} = -\log[H^+]$ 라는 의미이다.

따라서 $\log[H^+][OH^-] = \log 10^{-14}$

$$\log[H^+] + \log[OH^-] = -14$$

$pH + pOH = 14$, 단 $pOH = -\log[OH^-]$

가 된다. 즉, pH와 pOH의 합은 항상 14이며, 액성이 중성일 때는 2pH=14이므로 pH=7이 된다. 그리고 pH<7일때는 산성, pH>7일 때는 알칼리성이 된다.

1-2 완충용액(buffer solution)

중성 부근에서 용액의 pH는, 예를들어 $[H^+]$가 10^{-7}M에서 10^{-5}M으로 되었을 때 7에서 5로 그 만큼 변화하게 되며, 이와같이 약간의 산이나 알칼리를 첨가함에 따라서 pH값은 크게 이동한다.

그러나 약산과 그 염의 혼합용액 또는 약염기와 그 염의 혼합용액 등은 소량의 산이나 알칼리를 가하거나 또는 물을 가하여 희석하여도 용액의 pH는 거의 변화하지 않는다. 이것은 약산과 약염기의 해리(解離)특성에 기인한 것으로 이러한 성질을 가진 용액을 완충용액이라 하며 이와같은 작용을 완충작용이라 한다.

적당한 산이나 염기를 그들의 염과 조합하여, 여러가지 다른 pH를 나타내는 완충용액을 만들 수 있다(부록 8 참조).

이러한 각종의 표준적인 pH의 완충용액이 pH meter에 의한 pH측정 등 여러가지 목적의 화학실험에 널리 사용되고 있다.

1-3 pH meter에 의한 측정

pH는 수소이온(H^+)의 농도를 나타내므로 용액 중에 직접 또는 간접으로 두 개의 전극을 삽입하여 전지(電池)를 형성하고, 이에 따라 나타나는 전위차를 측정하여 이 값을 pH로 나타내도록 한 장치가 pH meter이다.

pH meter는 전자장치면에서 보면 일종의 진공관 volt meter로서, 두 개의 전극이 이용되는데 하나는 기준 전극(reference electrode)으로 칼로멜(calomel)전극이 이용되며, 다른 하나는 유리전극(glass rode)으로서 pH에 민감한 유리막으로 둘러싸인 Ag-AgCl-Cl^-전극이 이용된다.

pH meter는 이들 전극을 pH를 측정하고자 하는 시료용액 속에 담갔을 때, 전극 사이에 생기는 전위차에 의하여 전류를 증폭시켜 밀리암페어(mamp)로 측정하는 원리를 이용한 장치로서 이 전류의 세기가 용액의 pH에 정비례하도록 만들어져 있다.

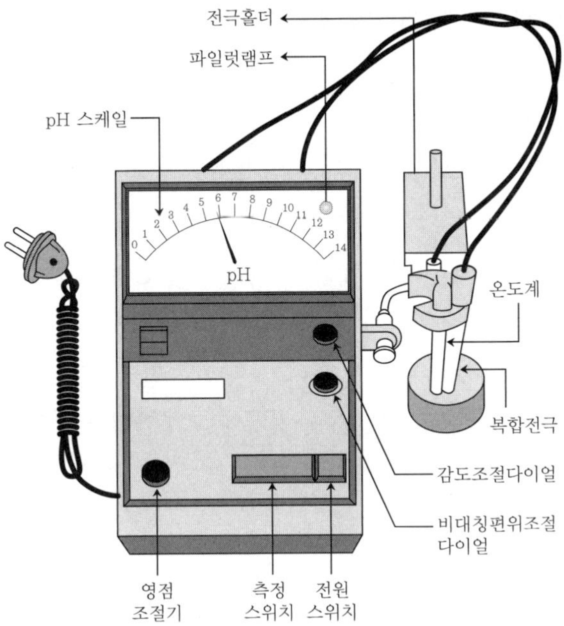

그림 2-1 pH meter

현재 pH meter에는 여러가지 형태가 있으나 일반적인 pH meter에 의한 측정순서는 다음과 같다.

[pH meter 조작순서]

① Power switch를 켜서 pH meter를 사용하기 전에 적어도 10분 이상 워밍업을 하도록 한다.

② 전극들을 세척병의 증류수로 세척한 다음 여과지 등의 흡습성의 종이를 가볍게 대어 물기를 제거한다. 이때 흡습성의 종이로 전극을 문지르지 않도록 주의하여야 한다. 기준 전극에 있는 고무꼭지(rubber tip)를 벗겨 이 전극 속에 들어 있는 KCl용액이 한 방울 흘러내리도록 한다. 이 전극 끝에 흡습성의 종이를 대어서 닦아낸다.

③ 시료용액의 pH와 가까운 pH값을 가진 완충용액 25mℓ를 비커에 담아서 pH meter의 눈금을 검정하기 위하여 이용하며, 우선 온도보정 다이얼을 용액의 온도에 맞춘다.

④ 전극들을 표준완충용액에 담그고 function switch를 pH라고 적혀 있는 위치에 틀어 놓는다.

⑤ 표준화 다이얼을 조절하여 pH meter기 눈금의 지침이 완충용액의 정확한 pH값을 가리키도록 한다.

⑥ Function switch를 stand-by위치에 놓고 전극들을 앞에서 설명하였던 것과 같은 방법으로 씻어서 말린다.

⑦ 전극들을 시험 용액에 담근 다음 온도보정 다이얼을 용액의 온도에 맞춘다. 가장 정확한 결과를 얻기 위하여는 시험용액과 표준완충용액의 온도 차이가 2~3℃ 보다 적어야 한다.

⑧ Function switch를 pH위치에 틀어놓고 pH meter기 눈금상의 지침이 나타내는 pH값을 읽는다.

⑨ Function switch를 stand-by위치에 틀어놓은 다음 전극들을 세척하여 건조시킨다. pH meter를 바로 사용하지 않을 때는 기준 전극에 고무꼭지를 끼워 놓고 잘 보관, 관리한다.

제 2 장 광도계법(Photometry)

2-1 비색분석

시료용액에 적당한 시약을 가하여 착색시켜 이 용액의 색이 용액 중의 목적성분의 양과 상관관계가 있을 때 이 색의 농도를 측정 · 비교하여 목적성분을 정량하는 방법을 비색분석법(colorimetry)이라 한다. 이 방법은 광도계에 의한 분석으로 미량성분이라도 정확하고 신속하게 분석할 수 있는 특징이 있다.

2-1-1 비색의 원리

착색된 용액에 빛을 통과시키면 용액 중의 물질분자가 특정한 파장의 광만을 정량적으로 흡수하게 된다. 이 흡수의 정도를 적당한 방법으로 비교하는 것이 가능하다. 현재에는 광전관을 이용해서 투과해 오는 광의 앙을 전류의 강약으로 변형시켜 측정하는 것이 일반적이다.

1. 색과 흡광

백색광은 자색에서 적색에 이르는 일련의 스펙트럼(spectra)으로 분해할 수 있다. 착색용액에 백색광을 통과시키면 스펙트럼의 어떤 부분은 강하게, 어떤 부분에서는 약하게 흡수된다. 용액의 색과 이 용액이 최대흡수를 나타내는 광의 색은 여색(餘色)의 관계를 가진 것이 보통이다. 예를들면 적색의 용액은 녹색광을 가장 강하게 흡수하고, 용액의 색깔이 짙으면 더욱 강하게 흡수한다. 일반적으로 용액의 색의 농도는 이 색의 여색(餘色)에 상당하는 광의 흡수강도로 표현된다.

따라서 착색용액에 최대흡수파장에 가까운 단색광을 통과시키고, 이 때의 흡수량을 측정하면 색의 농도를 정확히 알 수 있다.

비색분석용의 광도계는 이 원리를 응용하여 시료용액에 이용액의 여색의 단색광을 통과시킨다. 단색광을 얻기 위한 목적으로 분광광도계에서는 프리즘(prism)이나 회절격자(回折格子)를 사용하고, 광전비색계에서는 색조 필터(filter)를 이용한다[1]. 용액의 색과 이것을 측정하기 위해서 사용하는 필터의 색과 파장의 관계를 그림 2-2에 나타내었다. 예를들면 적색의 용액일 경우 분광광도계에서는 500~520nm의 파장의 광을, 광전비색계에서는 녹색의 필터를 사용한다.

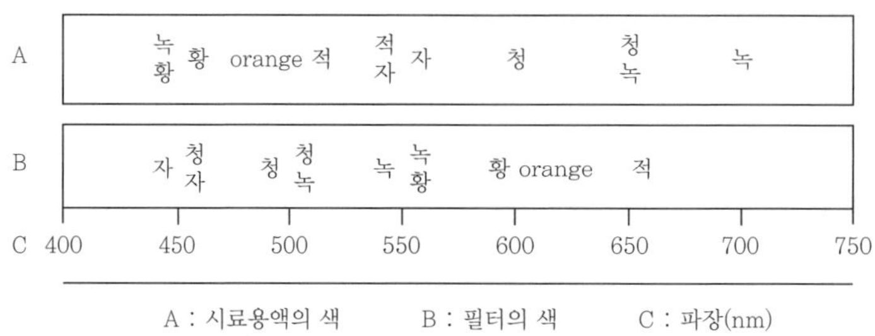

그림 2-2 광도계의 파장과 필터(filter)색의 선택

2. Lambert법칙과 Beer의 법칙

단색광이 일정한 두께의 용액을 통과할 경우, 입사광의 강도 I0와 투과광의 강도 I의 비는 용액에 따라 일정하다.

이것이 Lambert의 법칙이며, 다음 식으로 나타낸다.

$$I/I_0 = T \quad \cdots\cdots (1)$$

이때 T를 이 용액의 투과율(transmittance)이라 하며[2], (1)식으로부터

$$\log_{10}(I_0/I) = -\log_{10}T = kL = E \quad \cdots\cdots (2)$$

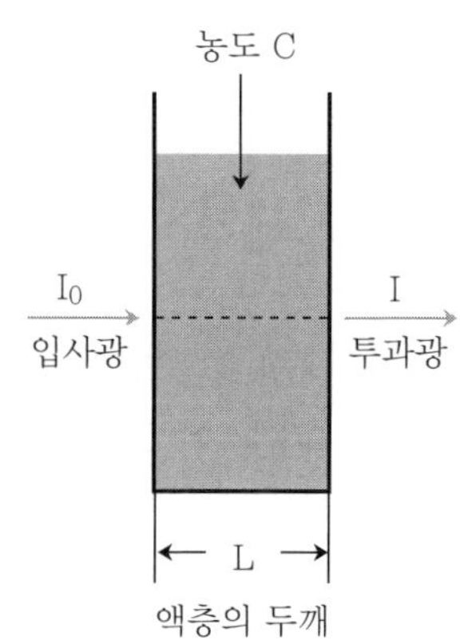

그림 2-3 용액에 의한 빛의 흡수

가 유도된다. 이때 L은 투과한 액층의 두께(㎝)이고, k는 비흡광계수(specific extinction)라 부르는 용액고유의 정수이다. 또한 E는 흡광도(absorbance) 또는 광학밀도(optical density)라 한다. L이 1㎝일 경우 E와 k는 같은 값이 된다.

예를들면 일정파장의 광(光)이 두께 0.5㎝의 어떤 용액을 통과하였을 때 그 투과도가 30%이면, E = −log0.30 = 0.523, 따라서 비흡광계수 k = E/L = 0.523/0.5 = 1.046이 된다.

1) 분해능이 좋은 프리즘이나 회절격자로는 단색광에 가까운 파장의 광을 얻을 수 있으나 필터로는 투과광의 파장의 폭이 약간 넓다. 필터 중에서는 금속박막을 이용하는 간섭필터가 파장 폭이 좁아 우수하며 최근에는 많은 광전비색계에 이용된다. 일반적으로 비색분석의 목적으로는 정밀한 분광광도계가 아니라도 이것으로 충분하다.

2) 투과율 T는 1보다 작으며, 보통 %단위로 나타낸다(%투과도).

대부분의 유색물질의 묽은 용액에 있어서 일정 파장의 광선에 대해서 그 비흡광계수 k는 이 용액의 농도 C에 비례한다. 이 관계를 Beer의 법칙이라 한다.

따라서 (2)식은 다음과 같이 나타낼 수 있다.

$$\log_{10}(I/I_0) = \log_{10}T = -KCL \qquad (3)$$

이 (3)식이 Lambert-Beer의 법칙을 나타낸 식으로 비색분석의 기본이 된다. 이때 K는 파장과 용액의 성질에 관계가 있는 정수인데, 만약 I와 L이 일정하고 파장과 용액이 일정하면 K도 일정하게 되므로 위 (3)식은

$$E = 「상수」 \times C \qquad (4)$$

가 되므로, 이 시료용액의 농도 C는 흡광도 E를 측정하면 알 수 있게 된다.

2-1-2 비색분석의 방법

1. 표준계열법에 의한 비색법

(1) 원　리

시료용액 속에 함유되어 있는 목적성분을 정량하기 위해서는 먼저 여러가지 농도로 그 성분의 표준용액을 만들고 이것을 각각 비색관에 넣어 정색 시약을 가해서 발색시킨다. 이와 동시에 정량하고자 하는 시료용액도 동일한 조건으로 발색시키고 그 결과 시료용액의 색이 어느 농도의 비색관의 색과 일치하는가를 찾아서 목적성분의 농도를 구하는 방법이다.

(2) 표준계열 비색기구

비색을 행할 때는 구경이 같은 시험관을 사용해도 좋으나, 일반적으로 비색관으로서 사용되는 것에 네슬러관 · 우케너비색관 등이 있다(그림 2-4 참조).

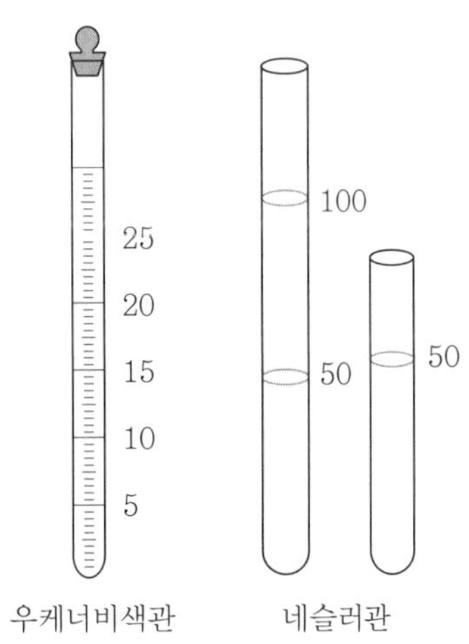

그림 2-4 비색관

(3) 철의 비색 예

원 리

제2철이온(Fe^{3+})은 티오시안산칼륨(KSCN)에 의해서 적색의 착이온을 만든다.

$$Fe^{3+} + 6SCN^{-} \longleftrightarrow Fe(SCN)_6^{3-}$$

$$Fe^{3+} + Fe(SCN)_6^{3-} \longleftrightarrow Fe[Fe(SCN)_6]$$

적색 적색

시약 및 기구

① 제2철(Fe^{3+}) 표준용액 : Fe농도 0.1mg/mℓ로 조제한다.

② 4N-KSCN용액

③ 포화브롬수

④ 6N-HCl

⑤ 묽은 HCl(1 : 3)

⑥ 시험관 : 10mℓ에 표선을 긋는다.

조 작

1) 시험용액의 조제

동식물성 시료 일정량을 칭량하여 이것을 회화시켜 소량의 물로 적신 다음 6N-HCl 약 10mℓ를 가하여 water bath상에서 가열하여 완전히 증발, 건고한다. 여기에 묽은 염산(1 : 3) 약 10mℓ를 가하여 교반하면서 water bath상에서 수분간 가열하고 이것을 100mℓ 메스플라스크에 여과한 후, 포화브롬수 몇 방울을 가한 다음 물을 가하여 100mℓ로 한다.

2) 비 색

비색용의 시험관은 10개를 표준용액용으로 하여 1~10까지 번호를 붙이고 2개를 시료용액에 사용한다.

제2철 표준용액을 표 2-1과 같이 메스피펫에 의해서 각 시험관에 넣고 여기에 KSCN용액 1mℓ씩을 첨가하여 물을 10mℓ 표선까지 채워서 혼합한다. 시료용액(Fe 0.04~0.15mg/mℓ를 함유)은 두 개의 시험관에 각 0.5mℓ, 1.0mℓ를 넣고 여기에 KSCN용액 1mℓ를 첨가하여 물로 10mℓ로 하고, 이들이 표준계열의 어느 색의 농도와 같은가를 조사한다. 만약 시료용액의 색의 농도가 표준계열 중의 색과 일치하지 않는 경우에는 가장 가까운 두 번호 사이의 표준용액을 만들어 비교한다.

표 2-1 표준계열법에 의한 철(Fe)의 비색

시험관 번호	표준계열										시료용액	
	1	2	3	4	5	6	7	8	9	10	1	2
철 표준용액 첨가량(mℓ)	0	0.1	0.25	0.50	0.75	1.0	1.25	1.5	1.75	2.0		
표준계열 중의 철 함량(mg)	0	0.01	0.025	0.05	0.075	0.1	0.125	0.15	0.175	0.2		
시료용액(mℓ)											0.5	1.0
KSCN용액(mℓ)	1.0	1.0	1.0	1.0	1.0	1.0	1.0	1.0	1.0	1.0	1.0	1.0
	물을 가하여 10mℓ											

계 산

시료 중의 철의 함량은 다음식에 의해 계산한다.

시료용액 중의 철의 양(mg) = 표준계열 중의 철의 양(mg) = Amg

시료 중의 철의 양(mg%)

$$= \text{Amg} \times \frac{100}{\text{비색에 사용한 시료용액의 양(0.5 또는 1.0mℓ)}} \times \frac{100}{\text{회화한 시료 채취량(g)}}$$

2. Duboscq비색계에 의한 비색법

(1) 원 리

Beer의 법칙이 성립하는 경우는 농도가 서로 다른 용액의 농도를 각각 C_1, C_2, 액층의 두께를 L_1, L_2, 투과율을 T_1, T_2라 하면, $T_1 = T_2$가 되도록 하였을 때 다음 (5)식과 같은 관계가 성립한다.

$$C_1L_1 = C_2L_2 \quad \cdots\cdots (5)$$

따라서 농도 C_1을 알고 있는 용액을 표준용액으로 하여 액층의 두께를 여러가지로 변화시켜 투과율이 동일하게 되는 액층의 두께 L_1과 L_2를 찾으면, 위의 (5)식으로부터 미지의 농도 C_2를 알 수 있다.

(2) Duboscq 비색계의 조작법

위와 같은 원리를 응용한 것이 Duboscq 비색계인데, 그 구조를 간단히 나타내면 그림 2-5와 같다.

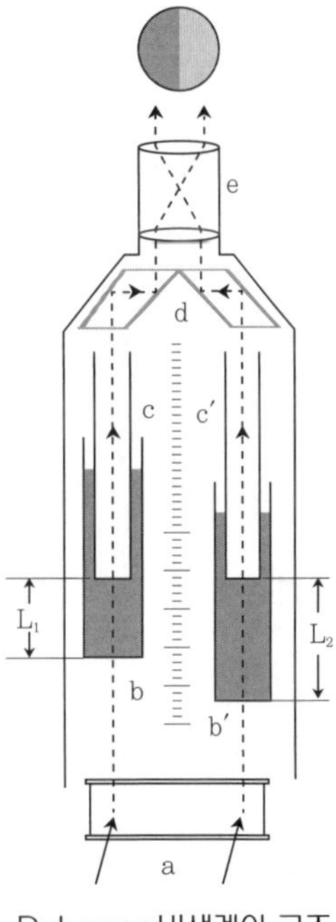

그림 2-5 Duboscq비색계의 구조

평면반사경 a로부터 들어온 두 개의 평행광속(平行光束)은 두 개의 같은 모형, 같은 크기의 유리로 된 셀(cell) b, b´내의 액층을 통과하고 이어 이 셀 내에 장치된 두 개의 무색 유리기둥(plunger) c, c´를 지나서 프리즘(prism) d에 전반사하여 집광된 다음 두 개의 렌즈를 통해서 망원경 f에 나타나게 된다.

망원경을 통해서 보면 서로 다른 두 용액을 통과한 빛은 동일시야에 반분되어 보인다. 셀 b에 농도기지의 표준발색액을, 그리고 셀 b´에는 시료의 발색액을 넣고, 이것을 조절나사로 상하로 움직여 망원경의 양 시야의 밝기가 일치하는 점의 양 액층의 두께를 눈금(scale)으로 읽으면, 위의 식 (5)로부터 시료의 농도를 산출할 수 있다.

3. 광전비색계에 의한 비색법

(1) 원 리

여러가지 농도의 표준용액의 투과율 또는 흡광도를 측정하고 이로부터 표준곡선 그래프를 그려 놓고, 같은 방법으로 처리한 시료의 농도를 이 표준곡선에서 구하는 비색법을 흡광측정법이라 한다. 흡광측정에 사용되는 장치에는 광전비색계, 분광광도계 등이 있다.

이들은 용액의 투과광을 광전지 또는 광전관에 비쳐서 그 강도를 전류의 크기로 바꾸어서 증폭하고 전류계로 읽는다. 이 방법은 육안 비색계에 비해서 신속하게 미량의 성분을 정확히 측정할 수가 있고, 또 가시광선 이외의 적외선 및 자외선까지 이용할 수 있으므로 최근 급속히 보급되고 있는 분석법이다.

(2) 광전비색계의 구조

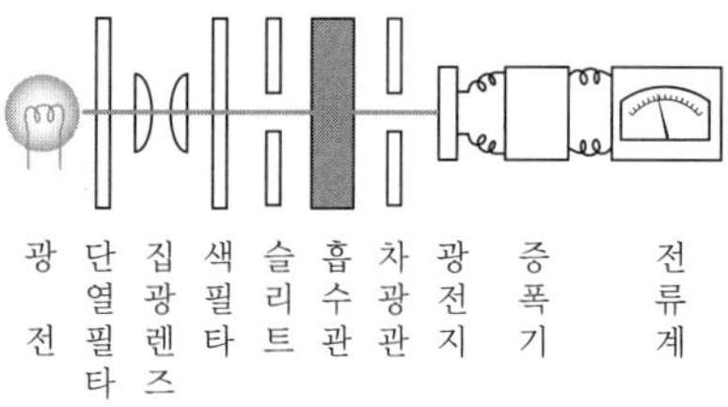

그림 2-6 광전비색계의 구조

광전지를 사용한 보통의 광전비색계의 구조는 그림 2-6과 같다.

광원으로부터의 빛은 집광렌즈를 거쳐서 색필터를 지난 다음, 흡수액층을 투과하여 광전지에 도달하고 여기서 생긴 전류는 전류계로 투과율 또는 흡광도로 해서 측정된다. 이 구조에서 액층용액의 흡수관, 즉 셀은 두 개가 있으며, 맹시험액과 표준용액 또는 시료용액을 넣을 수가 있다. 또 색필터는 시료용액의 착색색조에 의해서 자유로이 교환할 수가 있다.

(3) 광전비색계의 조작법

먼저 시료용액에 적합한 필터를 선정하지 않으면 안된다. 필터는 시료용액의 정색이 가장 흡수되기 쉬운 파장의 빛만을 용액에 비추기 위해 사용된다. 따라서 필터의 색은 용액의 색의 여색(余色)의 관계이다(그림 2-2 참조).

전류계의 지침이 0점에 있는지를 확인한 다음 전원의 스위치를 키고 맹시험액층(보통은 증류수)을 광로(光路)에 놓는다. 전류계 눈금의 안정화를 위해 약 5분간 방치한 다음 투과눈금을 정확히 100%가 되도록 조절부를 움직인다. 다음에 최저농도 표준용액의 셀을 광로에 놓고 투과율 또는 흡광도의 눈금을 읽는다. 같은 방법으로 모든 표준용액 및 시료용액의 투과율 또는 흡광도를 측정하면 된다.

이들 표준용액의 결과는 그래프용지의 종축에 흡광도, 횡축에 농도를 취하고 그래프를 그리면 직선으로 된다. 시료용액의 농도는 측정한 흡광도로 부터 간단히 구할 수가 있다.

2-2 분광광도계(Spectrophotometer)

분광광도계는 식품분석에서 물질의 확인 및 정량에 사용되어 온 비색분석을 응용하여 기기에 의한 방사에너지의 흡수를 측정하도록 한 것이다.

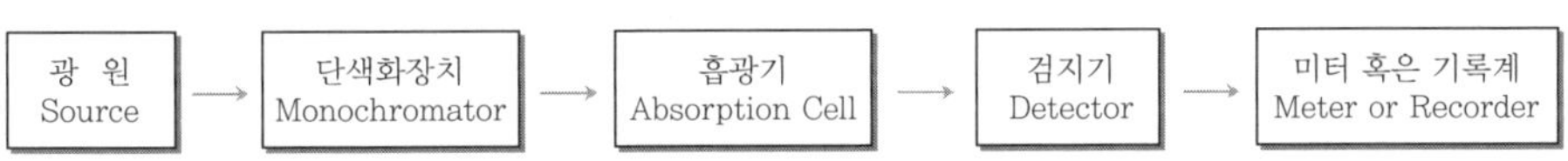

그림 2-7 분광광도계의 기본구조

현재 사용되고 있는 분광광도계의 측정법은 물질이 방사에너지를 어떠한 정도로 흡수하는가를 어떤 특정 파장에서 측정하여 그 흡수의 정도가 방사선의 파장과 더불어 어떤 모양으로 변화하는가를 측정하는 방법이라고 말할 수 있다. 분광광도계는 시료의 흡광도를 파장의 함수로서 측정하기 위한 기기이며 일정한 파장에서 시료를 측정할 수도 있다. 이러한 측정기기는 스펙트럼의 영역에 의하여 자외선 분광광도계 또는 적외선 분광광도계 등으로 분류된다.

2-2-1 분광광도계의 구성

1. 광 원

자외부(紫外部)에서는 보통 수소방전관을 사용하였으나 최근에는 약 3배의 강도를 가지는 중수소방전관을 사용하고 있다. 특히 강력한 광원이 요구될 때는 크세논(xenon)방전관을 사용하기도 하나 상당히 고가이며 수명이 짧은 단점을 지니고 있다.

가시부(可視部)에서는 텅스텐 필라멘트 램프를 사용하며 필라멘트는 350~2500㎚의 연속적인 방사선을 방출한다.

2. 단색화장치

광원에서 나오는 넓은 파장범위의 다색이며 연속적인 복사선을 파장폭이 좁은 단색의 복사선으로 바꾸는 장치로서 대개 단색화장치를 사용한다. 단색화장치에서 다색광의 분광장치로는 프리즘(prism) 혹은 회절격자(回折格子, grating)를 사용한다. 가시선영역(350~1000㎚)에서는 유리제 프리즘을 사용하며 자외선영역에서는 석영 프리즘을 사용한다.

프리즘 단색화장치에 의한 백색광의 분광의 원리는 그림 2-9와 같다. 회절격자는 고도의 반사가 일어나도록 알루미늄으로 표면처리하여 그 표면에 1인치당 1,500~3,000개 정도의 간격으로 평행선을 새긴 것이다.

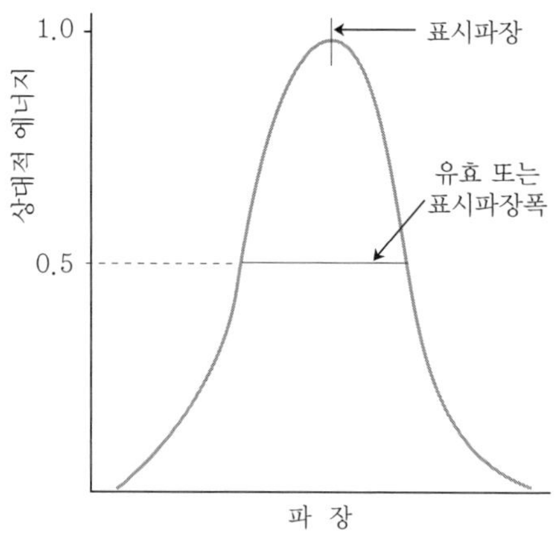

그림 2-8 단색화장치로부터의 방사에너지의 파장분포

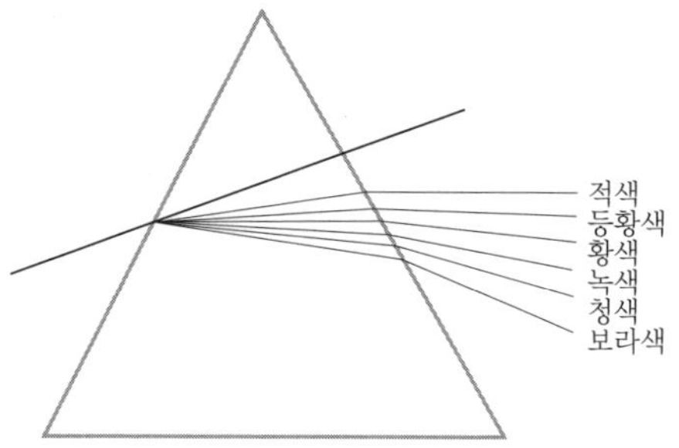

그림 2-9 프리즘(prism)에 의한 백색광선의 분산

3. 검 지 기

단색화장치로부터 나온 빛은 시료를 통하여 검지기에 들어가 광전관에 부딪치게 된다. 최근의 분광광도계는 거의가 단일형 광전관이 아니고 광전면을 관의 측면 또는 머리부에 가지고 있는 광전자 증배관(photomultiplier)을 사용하고 있다. 관 내부에 입힌 물질은 알칼리금속 산화물이며 감도가 매우 좋고 반응시간이 빠르다. 광전관 내에는 염화코발트로 착색한 실리카겔이 건조제로 들어 있고 건조시는 청색을 띠나 흡습하게 되면 분홍색을 띠므로 년 1~2회 교환하여야 한다.

2-2-2 분광광도계의 사용법

1. 용　매

자외가시분광광도법에서는 시료를 희석하여 몇 mg% 이하로 사용할 때가 많으므로 용매를 잘 정제하여야 한다.

표 2-2는 자외가시스펙트럼의 측정에 잘 쓰이는 용매와 가시자외광 투과의 최저한계를 나타내고 있다.

표 2-2 용매와 가시자외광 투과의 최저한계(nm)

정제용매	최저투과한계	정제용매	최저투과한계
Acetone	230	Ethyl ether	205
Benzene	285	95% ethanol	205
사염화탄소	265	Isooctane	215
이황화탄소	375	Isopropanol	215
Chloroform	245	Methanol	215
Dichlorohexane	215	Pyridine	305
Dichloromethane	235	물	200
Dioxane	225		

2. 셀(Cell, cuvette)

시료를 넣는 셀은 자외부에서는 석영셀을 사용하고 가시부에서는 유리셀을 사용한다. 셀의 내외부에 먼지나 지문 등이 묻지 않도록 주의하여 측정하여야 한다. 석영제 셀은 고가이므로 파손되지 않도록 주의하여 사용한다.

셀의 세척시 alcohol과 ether의 혼합액(4 : 1)을 면에 적시어 가볍게 닦아내면 된다.

3. 대조용액

대조용액(맹시험액)은 시료용액 중에서 착색성분만을 제외하고 다른 모든 조건들은 시료용액과 동일하여야 한다. 용매가 증류수이거나 시약이 무색일 때에는 증류수를 대조용액으로 사용할 수 있다. 그러나 목적하는 착색성분 이외의 다른 착색성분이 시료용액에 들어있는 경우에는 대조용액에도 이를 첨가해야 한다.

4. 흡수극대파장

착색성분의 용액을 백색광선이 통과하는 경우에 그 성분에 의하여 어떤 파장의 광선이 가장 예민하게 흡수될 때의 파장을 흡수극대파장이라 한다. 흡수가 잘 안되는 파장에서 측정한다면 농도의 변화에 따른 투과도의 차이를 볼 수 없어 정량이 불가능하게 된다. 흡수파장은 분자의 결합상태, 분자 및 원자단 종류 등에 따라 차이가 나므로 그 중에서 흡수극대 파장을 선택하여 흡광도법으로 검량곡선(calibration curve)을 이용하여 그 물질을 정량할 수 있다.

5. 자외선스펙트럼

파장을 나타내는데 사용하는 단위는 nanometer(1nm$=10^{-7}$cm)이며, 자외선과 가시광선의 파장은 적외선의 파장보다 짧다. 가시광선스펙트럼은 약 400nm(자색)에서 750nm(적색)에 걸쳐 있으며 자외선스펙트럼은 100nm에서 400nm 범위이다.

흡수되는 자외선 또는 가시광선의 파장은 전자전이 형태에 따라 좌우되며 자외선이나 가시광선 복사에너지는 둘다 적외선 복사에너지보다 크다. 전자전이에 큰 에너지를 필요로 하는 분자들은 짧은 파장을 흡수하게 되고, 작은 에너지를 필요로 하는 분자들은 긴 파장을 흡수한다. 어떤 시료에 의한 복사에너지의 흡수는 여러 파장에서 측정되며 기록계에 의해 스펙트럼으로 나타나는데 그림 2-10에 전형적인 자외선(ultraviolet, UV)스펙트럼을 나타내었다.

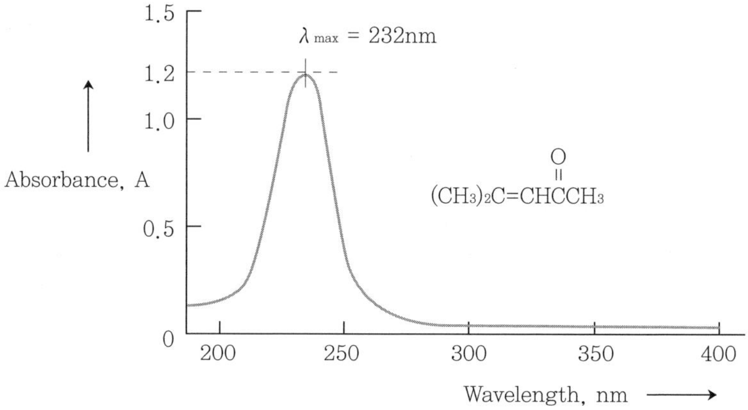

그림 2-10 Mesityl oxide(9.2×10^{-5}M, 1.0cm cell)의 자외선스펙트럼

분자에 의한 에너지 흡수는 양자화되어 있기 때문에 전자전이에 대한 흡수는 불연속적인 파장에서 선 또는 예리한 피크의 스펙트럼으로 관측될 것으로 예상되나 실제로 측정하면 그렇지가 않다.

자외선 또는 가시광선 스펙트럼은 넓은 범위의 파장에 걸쳐서 폭넓은 흡수띠들로 나타난다. 이러한 이유는 분자의 바닥상태와 들뜬상태의 에너지준위들은 모두 회전 및 진동하는 부준위들로 세분되어지기 때문이다. 전자전이는 바닥상태의 한 부준위에서 들뜬상태의 한 부준위로 일어나는데 이들 다양한 전이에너지의 차이는 아주 작기 때문에 흡수 파장 역시 조금밖에 차이가 나지 않아서 폭넓은 흡수띠가 나타나게 되는 것이다.

어떤 물질을 HPLC(High Performance Liquid Chromatography)에서 분석할 때 미리 자외선스펙트럼을 측정하여 흡수극대파장을 알아야만 그에 맞는 칼럼을 선택하여 좋은 결과를 얻을 수가 있다. 또한 산화되기 전의 지질과 고온 및 산소에 의해 산패된 지질의 자외선 스펙트럼을 각각 측정하면 양자간에 흡수극대파장의 변화가 일어난 것을 알 수 있다.

2-3 적외선분광광도계(Infrared spectrophotometer)

2-3-1 장 치

적외선분광광도계는 자외선, 가시광선 분광의 장치와는 광선, 검지기 및 광학계의 각 부문의 재료가 틀리나 기본이 되는 부분은 같다. 복광속형(複光束型, double beam)이 일반적이며 광선에서 나온 적외선은 우선 거울에 의해 두개의 똑같은 광속으로 나뉘어진다. 시료와 대조를 각각 통과한 광속은 분산장치로 들어간다. 투과광속은 프리즘을 통하거나, 회절격자에 의하거나 해서 반사되어 분산된다.

분산된 빛은 스펙트럼으로 되어 출구 슬레트에 초점을 모으게 되며, 출구 슬레트에서 선정된 좁은 파장역은 검지기에 초점을 맺도록 유도된다. 시료광속, 대조광속의 각 셀을 통과한 광에너지의 차이에 의해 전류가 일어나면 전기적으로 증폭하여 기록되며, 동시에 분산장치를 회전시켜 파징을 연속적으로 변화시키고 이를 기록장치와 연결하여 연속된 스펙트럼을 얻는다.

2-3-2 시료의 조제

시료는 순수하여야 하며 기체, 액체, 고체 등 어느 상태에서도 측정이 가능한데 시료에 물이 함유되지 않아야 한다.

기체상 시료는 미리 진공상태로 해둔 가스 셀(gas cell)에 넣어 측정하는데 일반적으로 단독분자에 관한 것만 알 수 있다. 액상시료는 액체를 할로겐화 알칼리의 결정판에 키우든가 혹은 용액으로서 측정한다. 필요 시료량은 1~10㎎인데 극성그룹이 존재하는 액체에서는 분자가 회합상태로 있다.

고형상 시료는 페이스트법, 가압정제법, 용액법 등이 있다. 페이스트법은 유발 중에서 고체 약 2~5mg을 한방울의 뉴졸(유동 파라핀)과 함께 갈아 현탁시킨 페이스트(paste)로 만들고 할로겐화 알칼리 결정판으로 눌러 얇은 막으로 만들어 측정한다. 이때 뉴졸(nujol) 대신 hexachlorobutadiene을 사용해도 좋다. 가압정제법은 약 1mg의 고체시료와 충분히 건조한 100mg 정도의 브롬화칼륨(KBr)을 갈아서 혼합하고 감압하에서 압축하여 정제로 만들어 측정한다.

이 법은 시료가 소량이며 용매흡수에 의한 손실이 없고 흡수대가 페이스트법 보다 예민하며 정제의 보존도 가능하고 정량이 용이한 등의 이점이 있다. 그러나 고체라 하더라도 무정형 물질의 스펙트럼은 폭이 넓게 되어 동정에 부적합하다. 용액법은 시료를 적당한 용매에 용해하고 셀에 넣어 측정한다. 필요 시료량은 1~15mg 정도로서 시료를 잘 용해시키고 측정 파수(wave number) 영역에서 흡수가 없으며 고도로 순수한 용매를 사용해야만 한다.

화합물의 동정에 흔히 적외선흡수스펙트럼을 이용하지만 각 방법상의 차이가 있을 수 있으므로 스펙트럼에서 차이가 난다. 특정물질 동정용(同定用)의 스펙트럼 측정에서는 페이스트법과 용액법, 가압정제법과 용액법 등의 방법을 병용하여 그 각각의 스펙트럼을 비교하여 분석할 필요도 있다.

2-3-3 스펙트럼의 해석

적외선스펙트럼의 해석에 있어서는 추정되는 원자단의 특성흡수대가 실측되어 있는가 혹은 동일한 원자단을 가진 유사 화합물의 흡수곡선과 비교하여 유사한가 등에 유의해야 한다. 최근에는 물질의 동정(同定)에 적외선 분광분석 이외에 자외선 분광분석, 질량분석, 핵자기공명법 등의 방법을 병용하여 각각의 특징을 비교분석함으로써 확실하게 결론을 내리고 있다.

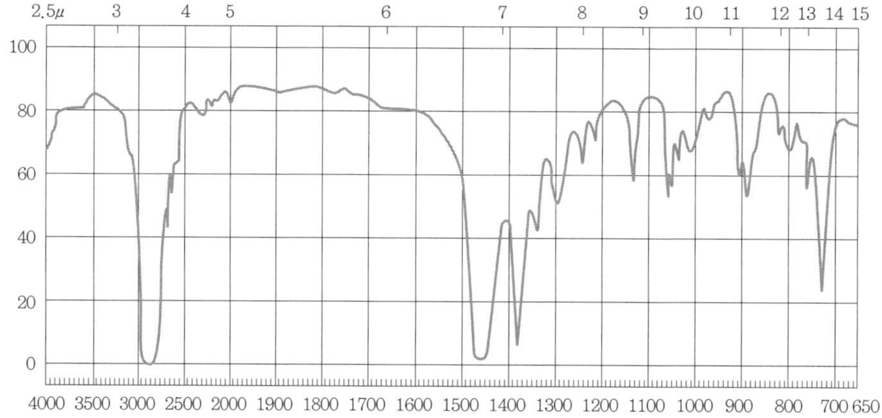

그림 2-11 *n*-hexane의 적외선흡수스펙트럼

간단한 화합물인 *n*-hexane의 적외선흡수스펙트럼에 나타난 중요한 흡수대와 그 분자구조를 관련시켜 그림 2-11에 나타내었다. 이 n-hexane은 포화탄화수소의 특징인 C-H 및 C-C결합의 진동에 기인한 흡수대가 나타난다.

주된 흡수대는 C-H의 신축에 의한 2,899㎝$^{-1}$, $-CH_2$의 가위형 변각에 의한 1,471㎝$^{-1}$, $C-CH_3$의 대칭변각에 의한 1,378㎝$^{-1}$의 흡수대이다. 다시 네 개의 직선상 탄소사슬에 붙은 메틸렌수소의 흡수대가 723㎝$^{-1}$에서 나타난다.

n-hexane에서 2개의 수소가 떨어진 hexene-1의 스펙트럼(그림 2-12 참조)에서는 $C=CH_2$의 C-H 신축에 의한 흡수가 3,067㎝$^{-1}$에 나타난다. *n*-hexane의 스펙트럼에서 나타난 것과 같이 일반적으로 포화그룹의 C-H 신축은 3,000㎝$^{-1}$ 이하이나 불포화그룹의 C-H 신축은 3,000㎝$^{-1}$ 이상에서도 나타난다.

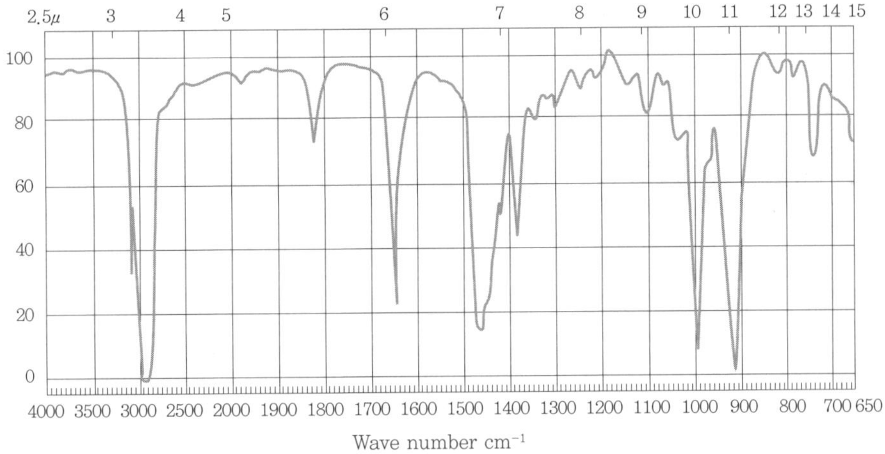

그림 2-12 Hexene-1의 적외선흡수스펙트럼

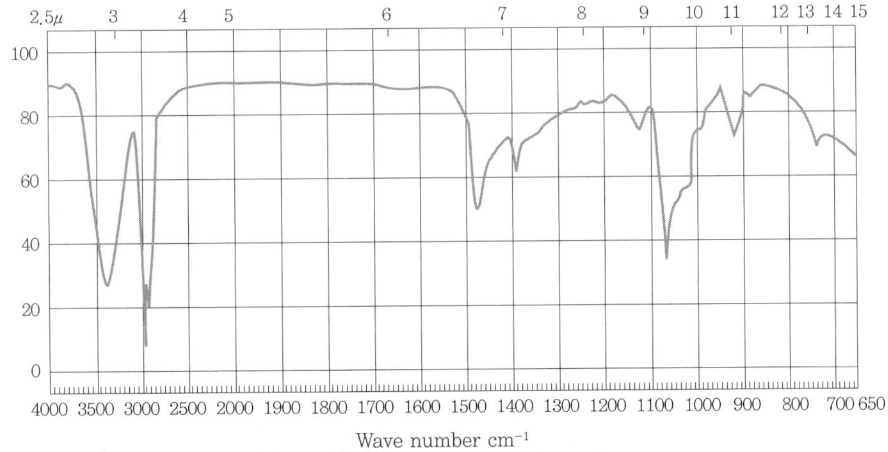

그림 2-13 *n*-hexanol의 적외선흡수스펙트럼

C=C 신축에 의한 흡수는 1,638cm^{-1}에서 볼 수 있다. 990 및 910cm^{-1}의 흡수는 −CH= 및 =CH_2의 면의 외변각에 기인한다. 1,820cm^{-1}의 흡수는 910cm^{-1}의 배음(倍音)이다.

다음으로 분자식 $C_7H_6O_2$를 가진 화합물 X의 구조를 적외선흡수스펙트럼(그림 2-13 참조)으로 추정하여 본다. 우선 분자식으로부터 그 불포화도가 5임을 알 수 있으며 방향환을 갖고 있는 것으로 추측된다.

스펙트럼상에서 3,012, 1,604, 1,585, 710cm^{-1}에서 phenyl기에 기인하는 흡수대군이 판별되어 불포화도에서 예측한 사실이 일치됨을 알 수 있다. 또 3,200~2,500cm^{-1}의 특징있는 흡수대군 및 1,678cm^{-1}의 흡수로부터 carboxyl기를 확인하고 이것이 공역(共役)되어 있음이 나타나므로 화합물 X는 benzoic acid로 확인되었다.

그러나 적외선흡수스펙트럼뿐만 아니라 자외선스펙트럼 및 핵자기 공명과 질량분석 등에 의한 스펙트럼을 해석함으로써 보다 신속, 정확하게 어떤 물질의 분자구조를 규명할 수 있다.

2-4 형광광도계(Spectrofluorometer)

어떤 물질이 방사선을 흡수하면 일반적으로 흡수 파장보다 더 긴 파장의 방사선이 다시 방출된다. 형광으로서 알려진 이 현상은 수많은 무기물질과 유기물질의 분석에 이용할 수 있다. 이 분석법은 감도가 높고, 또한 특이적이란 장점이 있으며, 또 생화학의 분야에서 널리 이용되고 있다.

2-4-1 원 리

형광이 수반되는 방사선의 흡수과정은 일반적으로 복잡한 유기분자의 $\pi-\pi$ 전이가 관계하고 있다. 그 과정은 그림 2-14에 나타낸 바와 같다. 분자 hvex로 표시되는 방사선을 흡수하면 전자는 들뜨게 되어 바닥상태로부터 들뜬상태로 전이한다. 이 높은 에너지준위에서 분자는 한 가지 진동에너지상태로 존재할 수 있다. 그 분자는 용매분자와의 충돌로 인하여 진동에너지를 잃고 들뜬상태

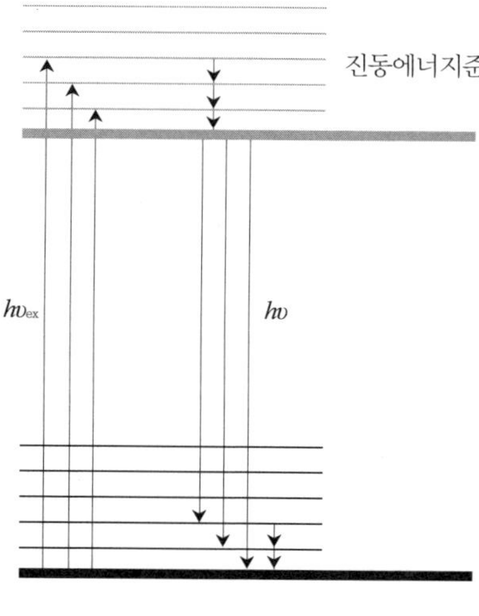

그림 2-14 형광에 관한 에너지 준위

중에서는 가장 낮은 진동에너지준위까지 내려간다. 분자가 광자를 방출하고 바닥상태로 되돌아가는 확률은 이 최저에너지 준위로부터의 것이 가장 커진다. 형광은 언제나 들뜬상태의 최저 진동에너지준위로부터의 전이가 관계하고, 전자는 바닥상태의 어떤 진동에너지 준위에라도 되돌아갈 수가 있다.

바닥상태에서도 분자는 용매분자와의 충돌로 인하여 에너지를 잃고, 최저인 진동에너지준위로 되돌아간다. 방사선의 흡수와 방출을 자외선-가시광선 분광측정의 경우와 마찬가지로 어떤 파장의 영역에 걸쳐 일어나는 것이다.

일반적으로 들뜬 광선은 자외선부 영역의 방사선이다. 들뜬 광선이 자외선부 영역의 방사선이더라도 발광은 보통 가시선부 영역의 방사선으로 된다. 들뜬상태의 수명은 약 10^{-3}s이고 광선의 조사를 중단하면 형광의 발광은 곧 정지한다. 바닥상태와 들뜬상태는 "단일항상태"이고, 이것은 분자 궤도함수의 전자쌍이 서로 역방향인 스핀을 갖고 있다는 것을 의미한다. 어떤 경우에는 들뜬상태의 전자가 바닥상태로 되돌아가기 전에 "삼중항상태"(전자 스핀이 쌍을 이루지 않음)로 전이하는 경우가 있다. 그러나 이 전이의 확률은 훨씬 낮으며, 또 들뜬 삼중항 상태의 수명은 10^{-4}~10s이다. 그 발광은 조사광을 제거한 후에도 잠시동안 계속하며, 이 현상은 인광이라고 불린다.

어떤 화합물의 분자구조는 형광의 거동에 큰 영향을 준다. 방향족 및 헤테로고리 화합물 중에서, 특히 $-OH$ 및 $-NH_2$와 같은 원자단을 갖는 화합물은 강한 형광을 발생하는 경향이 있다. 또 $-Br$, $-I$, NO_2 및 $-COOH$와 같은 원자단은 형광을 감소시키는 경향을 나타낸다. 브롬 및 요오드와 같은 무거운 원자의 경우는 들뜬 단일항상태가 삼중항상태로 전이하기 쉽기 때문에 형광이 일어나는 확률은 감소되는 것으로 해석된다. 형광물질의 농도가 낮은 경우, 형광의 방사선살(세기) F는 농도에 정비례한다($F=kc$).

2-4-2 형광의 측정

형광을 측정하는 기기는 많이 있으나, 이들은 모두 같은 원리로 작동된다. 단지 구성부분의 형식, 정밀도 및 그 성능의 특성이 다를 뿐이다. 그 기본적인 구조는 그림 2-15에 나타낸 바와 같다. 광원으로서는 보통 수은램프 또는 크세논방전관이 쓰인다. 수은램프는 강한 선스펙트럼을 방사한다. 대다수의 형광분자는 여러가지 파장의 자외선을 흡수하므로, 흔히 선스펙트럼의 광원에 적합하다. 크세논방전관은 약 250~500㎚의 파장범위에 걸쳐 연속 스펙트럼을 방출하며, 그 최대 강도의 파장은 약 470㎚이다.

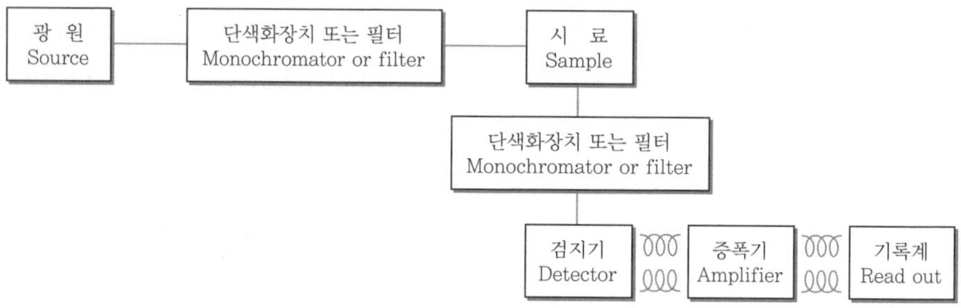

그림 2-15 형광광도계 또는 분광형광광도계의 기본구조

광원으로부터의 자외선이 필터 또는 단색화장치를 통과할 때 들뜬 광선의 파장 선정이 이루어진다. 형광광도계라고 불리는 측정기의 경우는 필터가 사용되고, 또 분광형광광도계의 경우는 단색화장치를 사용하며, 일반적으로 회절격자로 파장의 선정이 이루어지게 한다.

선정된 파장의 들뜬 광선은 석영용기 속의 시료용액에 입사된다. 형광은 모든 방향으로 방출되므로 입사광으로부터 분리해서 측정이 이루어지게 하지 않으면 안된다.

입사광에 대해서 직각인 방향으로 방출되는 형광을 측정하면 가장 편리하게 그것을 분리할 수 있다. 분광형광광도계에는 단색화장치가 두개 있다. 두번째의 단색화장치는 가장 강한 형광의 파장의 선정이 이루어지게 한다.

다음에 형광방사선은 검출기에 도달한다. 그 형광신호는 세기가 낮으므로 증폭하지 않으면 안된다. 일반적으로는 광전자증배관이 쓰이며, 또 그의 출력은 외부의 전자회로에 의한 증폭기로 더욱 증폭이 이루어진다. 최후에는 일반적으로 전압계 또는 펜-잉크용 기록계가 사용된다.

2-4-3 응 용

형광광도법은 극히 광범위한 물질을 대상으로 하며 아주 저농도에서 정량이 가능한 점이 장점이다. 또한 들뜬 스펙트럼과 형광스펙트럼을 같이 쓸 수 있게 되므로 각종 물질의 분석 및 구조 연구에 이용될 수 있다. 형광을 내지 않는 물질도 어떤 방법에 의하여 형광성 물질로 바꾸어 측정할 수 있다.

최근 단백질 등의 고분자 화합물의 구조 연구나 단백질과 저분자의 형광물질과의 상호작용의 연구 등에 이용된다. 이 때는 특히 여기광(勵起光)을 편광(偏光)으로서 조사하고 형광의 선광도를 측정하는 방법이 잘 이용된다.

가시성(可視性) 형광은 주로 두 가지 부류의 물질에 의하여 생기는데, 첫째는 광물 및 무기 인화합물이며, 둘째는 자외선까지 흡수하는 유기물 및 유기금속화합물이다.

특히 유기물 중에서는 분자가 크며, 고리를 많이 갖는 유기물이다. 예를들면 thiamine(비타민 B_1), riboflavin 및 tris-(5-methyl-1,10- phenanthroline)-Ru(Ⅱ) 착이온 등이 있다.

2-5 원자흡광광도계(Atomic absorption spectrometer)

2-5-1 장 치

원자흡광분석법은 매우 급속히 보급된 분석법으로서 현재 아주 널리 쓰이고 있는 분석법 중의 하나이다.

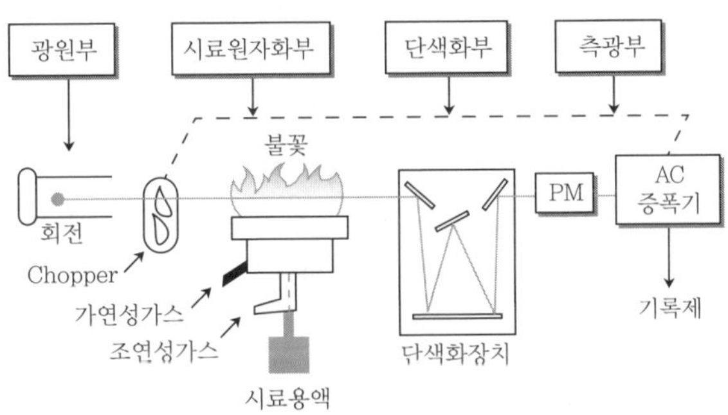

그림 2-16 원자흡광광도계의 주요구조

원자흡광광도계의 주요구조는 그림 2-16과 같으며 연속광원이 쓰이지는 않는다. 원자 등의 흡수선은 보통 분광광도법에서 얻어지는 폭보다 훨씬 좁다. 이 방법에서는 Walsh가 제안한 속이 빈 음극관을 사용한다.

이 방전관에는 양극과 속이 빈 원통형 음극이 있으며 비활성 기체인 아르곤이 봉입되어 있다. 그 방전관에 전압을 걸어 작동시키면 봉입된 기체는 이온화하고 그 이온이 힘있게 음극표면에 충돌하기 때문에 들뜬 원자가 음극으로부터 튀어나온다.

그리하여 속이 빈 음극 내부에 타오르듯 하는 빛깔로 나타나는 금속원자의 선 스펙트럼이 방출되는 결과가 된다. 분석을 위해서는 광원으로부터의 적당한 방출 스펙트럼선이 선정되어 바닥상태의 동종원자의 층을 통과할 때에 그 농도에 따라 흡수되는 것을 이용한다.

단색화장치는 비활성 기체나 금속 음극으로부터 생기는 광원으로부터 선정한 이외의 스펙트럼선이 검출기에 도달하지 않게만 하면 된다. 적용원소의 범위는 대단히 넓어 감도도 높고 공존물질의 영향도 적어 많은 분야에서 점차적으로 널리 이용되고 있다.

2-5-2 응　용

원자흡광분석법의 응용은 공업, 농업, 의학, 해양학 및 그외의 여러 분야에서 40종류 이상의 금속에 대한 정량조작이 보고되어 있다.

토양이나 동물조직에서 납의 검출, 수중에서의 Ca과 Mg정량, 식품에서 Cu의 정량 등에 관한 연구는 거의 원자흡광분석법에 의해서 행해진다.

2-5-3 원자흡광광도법에 의한 수중에서의 비소정량조작

1. 표준곡선 작성

비소표준액(0.0001mg As/mℓ) 1~10mℓ를 단계적으로 취하여 비커에 넣고 HCl 4mℓ 및 물을 넣어 20mℓ로 한 다음 아래의 시료시험방법에 따라 시험하고 비소의 농도와 흡광도와의 관계를 그래프로 작성한다.

2. 시료의 전처리

① 시료 적당량(As로서 0.001mg 이하 함유)을 취하여 100mℓ 비커에 넣고 H_2SO_4 1mℓ 및 HNO_3 2mℓ를 넣은 다음 $KMnO_4$용액(0.3%, w/v)을 착색될 때까지 넣어 가열한다.

탈색되면 $KMnO_4$용액을 추가하고 H_2SO_4의 백연을 충분히 발생시켜 잔류하는 질산을 완전히 제거한 다음 실온까지 방냉하고 HCl 4mℓ 및 물을 넣어 20mℓ로 한다.

② 시료 중 유기물, 질산염 및 아질산염이 존재하지 않을 경우에는 시료 적당량을 100mℓ 비커에 취하여 HCl 4mℓ를 넣고 끓지 않을 정도로 수분간 가열한 다음 냉각하고 물을 넣어 20mℓ로 한다.

③ 유기물 등이 다량 함유된 폐하수 시료의 경우에는 시료 적당량을 100mℓ 비커에 취하여

(H_2SO_4 1mℓ + HNO_3 2mℓ + $HClO_4$ 3mℓ)를 넣고 수분간 가열한 다음 냉각하고 HCl 4mℓ와 물을 넣어 20mℓ로 한다. 유기물이 완전 분해되지 않을 경우 계속 HNO_3 2mℓ씩 추가하고 분해를 반복한 후 시료로 사용한다.

3. 원자흡광분석

전처리한 시료 전량을 비화수소발생장치의 반응용기에 옮기고 KI용액(20%, w/v), $SnCl_2$용액(비소시험용) 2mℓ 및 $FeCl_2$용액(비소시험용) 1mℓ를 넣어 흔들어 섞고 약 15분간 방치하여 검액으로 한다. 비화수소발생장치를 원자흡광분석장치에 연결하고 전체 흐름 내부에 있는 공기를 아르곤가스로 치환시킨 다음 사방코크를 회전하여 흐름을 차단한다. 아연분말(비소함량이 0.005ppm 이하) 1.0g을 신속히 반응용기에 넣고 자석교반기로 교반하여 비화수소를 발생시킨다.

비화수소의 발생이 끝나고 압력이 일정하게 되면 사방코크를 회전시켜 아르곤가스를 흐르게 하고 비화수소를 아르곤-수소불꽃 중에 도입하여 193.7nm에서 흡광도를 측정하고 미리 작성한 표준곡선으로부터 비소의 양을 구하여 농도(mg/l)를 산출한다.

제 3 장 크로마토그래피

크로마토그래피(chromatography)는 물질을 분리하는 방법의 하나이다. 그 원리는 적당한 흡착제에 분리하려는 각 성분의 혼합물을 통과시켜서 이들이 흡착제를 따라 이동하는 동안에 각 성분의 흡착제에 대한 성질의 차이로서 개개의 성분을 분리, 검출하는 것이다.

Chromatography란 chroma(색깔)와 graphos(기록)의 그리스말인데, 즉 색깔을 기록한다는 뜻이다. 비교적 취급하기가 간단하다는 특성 때문에 오늘날에 와서는 무색물질의 분리, 검출 등 여러 방면에 응용되고 있다.

최초의 크로마토그래피가 이용된 것은 1906년 폴란드의 식물학자 M. Tswett가 $CaCO_3$를 충진시킨 유리관에 식물의 잎사귀에서 추출한 색소를 녹인 석유 ether용액을 통과시켜 chlorophyll a, chlorophyll b, xanthophyll 등을 발견한 것이었다.

그 후 1941년 A. J. P. Martin 등은 일정량의 수분을 함유한 실리카겔을 충진시킨 관에 아미노산의 혼합용액을 통과시키고 계속해서 chloroform을 통과시키면 아미노산이 서로 분리되는 것을 발견하고 이러한 방법이 Tswett가 발견한 방법과 조작방법에서는 비슷하나 물질을 분리시키는 원인은 전혀 다르다고 하여, 특히 분배 크로마토그래피(partition chromatography)라고 하였다. 계속해서 1944년 그들은 실리카겔 대신에 여과지를 사용하여도 여러 종류의 아미노산을 분리할 수 있음을 발견하고 이 방법을 페이퍼분배 크로마토그래피(paper partition chromatography)라고 하였다.

이와같이 크로마토그래피법은 여러가지가 있으며 일반적으로 이동상(移動相)과 고정상(固定相)의 종류에 따라 분류한다. 즉, 크로마토그래피는 이동상의 차이에 따라 기체를 이동상으로 사용하는 가스 크로마토그래피(gas chromatography, GC)와 액체를 이동상으로 사용하는 액체 크로마토그래피(liquid chromatography, LC)로 크게 구분한다. 또한 액체 크로마토그래피는 사용하는 고정상의 종류에 따라 칼럼 크로마토그래피(column chromatography), 박층 크로마토그래피(thin layer chromatography, TLC), 페이퍼 크로마토그래피(paper partition chromatography) 등으로 구분한다.

고속액체 크로마토그래피(high performance liquid chromatography, HPLC)는 시료의 신

속분석을 목적으로 특별한 장치를 이용한 칼럼 크로마토그래피의 일종이며, 시료의 분리에 작용하는 상호작용에 따라 흡착 크로마토그래피(absorption chromatography), 분배 크로마토그래피(partition chromatography), 이온교환 크로마토그래피(ion exchange chromatography), 겔 침투 크로마토그래피(gel permeation chromatography) 등으로 구분한다.

- 크로마토그래피
  - 가스 크로마토그래피
  - 액체 크로마토그래피
    - 칼럼 크로마토그래피 (HPLC)
      - 흡착 크로마토그래피
        - 순상분배 크로마토그래피
        - 역상분배 크로마토그래피
      - 분배 크로마토그래피
      - 이온교환 크로마토그래피
      - 겔 침투 크로마토그래피
    - 박층 크로마토그래피
    - 페이퍼 크로마토그래피
    - 기 타

3-1 페이퍼 크로마토그래피(Paper chromatography)

3-1-1 개 요

사용하는 장치나 조작방법이 간단하며 시료가 적게 들기 때문에 유기화합물의 미량 분리 뿐만아니라 무기화합물의 분리, 검출에도 널리 응용되고 있다.

페이퍼 크로마토그래피는 밀폐용기 중에서 전개용매를 여과지에 침투시키는 방법에 따라서 상승법(ascending method)과 하강법(descending method)으로 나눈다(그림 2-17 참조). 상승법은 용매를 여과지의 아래로부터 모세관 현상으로 스며들게 하는 방법이며, 하강법은 용매용기를 위에 두고 위에서 아래쪽으로 스며들게 하는 방법이다.

상승법은 조작이 간단하나 침투속도가 느리므로, 침투거리를 길게 하는 경우에는 하강법을 써야 한다. 페이퍼 크로마토그래피는 1차원법(one-dimensional method)과 2차원법(two-dimensional method)이 있다. 1차원법은 한 종류의 용매를 한 방향으로만 전개시키는 방법이고, 2차원법은 넓은 사각형의 여과지를 사용하며 처음 한 종류의 용매를 한 방향으로 전개시킨 다음 직각으로 방향을 돌려 제2의 용매를 전개시키는 방법이다.

2차원법은 그림 2-17의 (c)와 같이 1차원법 (a)보다 분리도가 크므로 많은 물질의 혼합성분을 분리하는데 유효하다. 1차원으로 사용되는 여과지를 보통 스트립(strip)이라 부르며 시료를 묻히는 점을 원점이라 한다. 전개가 끝난 여과지는 일단 건조한 후에 적당한 방법으로 물질의 검출과 판정을 한다.

일반적으로 정색반응을 나타내는 시약용액을 뿌려서 발색시키며 이때 나타나는 반점(spots)을 크로마토그램(chromatogram)이라고 한다.

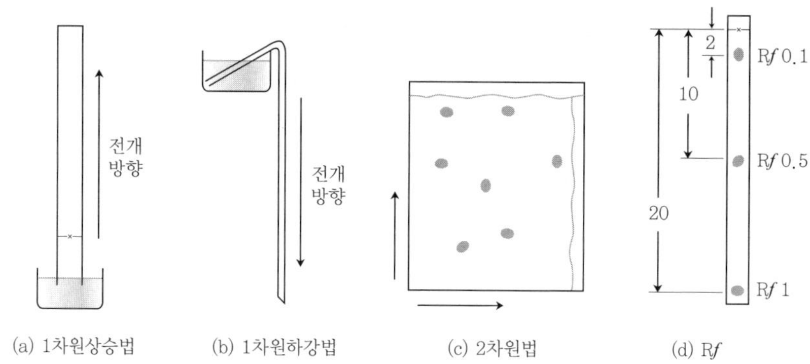

그림 2-17 페이퍼 크로마토그래피의 1차원법, 2차원법 및 *Rf*

3-1-2 기본조작

1. 여 과 지

재현성을 좋게 하기 위해 지질이 균일하고 물이나 유기용매에 녹는 불순물을 갖지 않으며 침투속도가 적당한 여과지를 선택하여야 한다. 만약 여과지 중에 불순물이 있으면 여과지를 2N-CH_3COOH(acetic acid)용액 중에 담가 수일간 방치한 다음 증류수로 충분하게 세척하고 acetone : ethyl alcohol=1 : 1 혼합용액 중에 다시 담가 1주일 정도 방치하여 두면 Fe, Cu, Ca, Mg 등의 무기물과 유기물을 제거할 수 있다.

일반적으로 사용되는 여과지는 영국제의 Whatman No.1, 3, 4, 독일제의 Schleicher and Schüll No.589, 595, 일본제의 동양여지(Toyo Roshi) No.50, 51, 52 등이 있다. 1차원용으로는 2×40㎝, 6×40㎝, 2차원용으로는 40×40㎝, 60×60㎝ 등이 있으나 목적에 따라 적당히 재단해서 사용한다.

2. 시료의 조제

시료 중에 전개를 방해하는 물질이 있으면 미리 제거하여야 하므로 탈염, 가수분해, 분해 약제의 제거, 산도의 조정, 목적성분 농도의 조제 등을 한다.

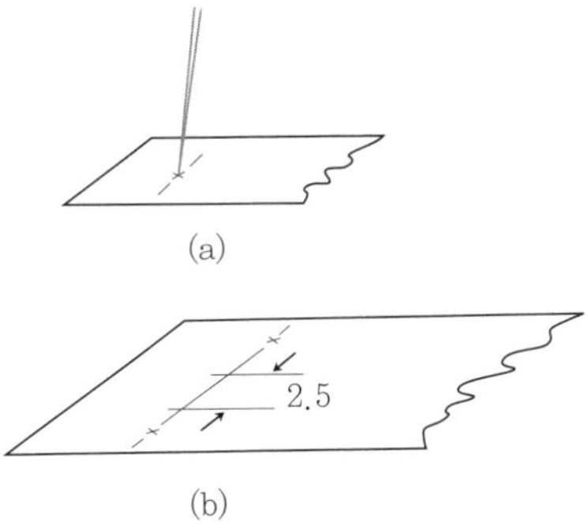

그림 2-18 여과지에 시료를 묻히는 방법

시료의 조제가 끝나면 적당한 여과지에 그림 2-18과 같이 연필로 선을 긋고 ×점(원점)에 유리모세관이나 정량적 방법일 때는 마이크로피펫을 사용하여 시료를 묻히는데, 보통 1차원법에서는 0.002~0.02㎖ 정도이며, 2차원법에서는 이것의 2~3배량 정도가 좋다. 그 중 목적성분의 양은 최고 50~60㎍, 최저 1~2㎍이나 가장 좋은 모양의 크로마토그램은 10~30㎍ 정도이다. 그림 2-18의 (b)는 동일한 여과지에 대하여 2.5㎝ 간격으로 시료를 묻히는 방법이다. 반점의 크기는 직경 3~5㎜ 정도가(10㎜ 이상 되지 않게) 적당하다. 그러나 실제로는 1% 정도의 용액을 만들고 일정량을 여과지에 묻힌 다음 건조, 발색시키는 예비실험을 하고 그 결과를 보아 농축하든가 희석해서 농도를 조절한다.

시료를 묻히는 위치는 여과지의 한 끝에서 상승법에서는 4~5㎝, 하강법에서는 6~8㎝로, 용매 중에 잠기는 부분은 상승법에서는 1㎝, 하강법에서는 3~4㎝ 가량이 적당하다.

3. 장 치

페이퍼 크로마토그래피는 용매의 증기로 채워진 밀폐용기 중에서 용매를 여과지에 침투시키는 방법이므로 그림 2-19와 같은 여러가지 모양의 장치가 사용된다.

가장 간단한 장치는 (a)로서 대형 시험관에 코르크 또는 고무마개를 사용하면 된다. (b)는 상승법 1차원 전개 또는 2차원 전개에 사용된다. 용매를 지주관 ①의 상부에 있는 깔때기 ②에 넣고 ③의 구멍을 통하여 용기 ④의 밑바닥으로 흘러 나오게 되어 있다. 우선 시료를 묻힌 여과지(strip)를 ⑤와 ⑥의 돌출부분에 꽂고 ②의 깔때기를 통하여 전개용매를 넣는다.

이 장치로서 2차원으로 전개시킬 때는 ⑦과 같은 스테인레스 스틸로 만든 기구를 쓴다.

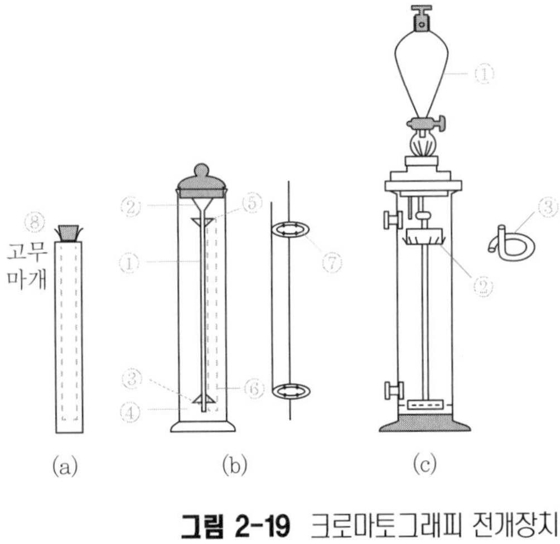

그림 2-19 크로마토그래피 전개장치

(c)는 상승법, 하강법, 또는 2차원 상승법 등에 모두 이용할 수 있다. 2중코크가 붙어 있는 분액깔때기 ①이 있기 때문에 2층으로 분리되는 용매를 취하기 편리하다.

상승법의 조작방법은 (b)의 장치와 동일하다. 하강법일 경우에는 전개 용매를 ②의 접시에 넣고 ③의 추로 눌러서 여과지의 모서리가 용매 중에 잠기도록 한다. 이 장치로서 2차원법으로 전개시키려면 (b)와 같은 기구를 사용한다.

4. 전개 및 전개용매

용매를 어느 정도의 거리까지 침투시키는가 하는 문제는 시료에 따라 다르므로 한 마디로 말하기 어렵다.

*Rf*값에 있어서 큰 차이가 나타난다면 용매를 길게 전개시키는 일은 무의미하다. 용매를 길게 침투시킬수록 분리는 좋아진다고 생각할 수 있으나 침투속도는 시간과 함께 감소되므로 실제로 어느 시간 이상 전개시킨다는 것은 효과가 없게 된다. 또한 침투거리가 길어지면 반점이 넓어져서 오히려 분리가 선명치 못하게 된다. 그러므로 *Rf*값이 대단히 밀착되어 분리가 좋지 않을 경우 전개거리를 길게 하는 것보다는 다른 용매를 발견하도록 힘쓰는 것이 바람직하다.

보통 전개거리는 상승법에 있어서는 원점으로부터 15~20㎝, 하강법에서는 30~40㎝ 정도이다.

용매를 침투시키기 전에 먼저 용기 안을 전개용매로 고르게 포화시킨다. 이때 분무기 등으로 미리 용기를 충분히 증기로 채워 두면 포화 시간이 짧아진다.

전개는 보통 실온에서 하며 침투속도는 그 때의 온도, 여과지, 용매의 종류에 따라 다르므로 예비실험을 해서 침투에 필요한 시간을 정해 두도록 한다. 여과지가 서로 접촉하든가 장치 기벽에 붙는다든가 하면 용매가 균일하게 침투되지 못하므로 주의해야 한다.
전개를 시작할 때 용매의 선택이 가장 중요하다. 현재 사용되고 있는 전개용매의 종류는 많으나 많이 쓰이는 용매는 다음과 같다.

(1) 유기물 분리에 사용되는 전개용매

1) Butanol · acetic acid · 물

n-Butanol, 빙초산 및 증류수를 4 : 1 : 2의 용량 비율로 분액깔때기에 취하고 잠시 진탕, 혼합, 정치하면 2개의 층으로 분리된다. 상층부의 용액을 취하여 전개용매로 사용한다.

이 용매는 1주일 정도 지나면 ester화가 일어나서 *Rf* 값이 달라지므로 사용할 때마다 새로 만들어 사용해야 한다.

2) Phenol · 물

분액깔때기 중에서 적당량의 물과 잘 진탕, 혼합하여 정치하고 물을 포화시킨 phenol층을 취하여 사용한다. Phenol은 20℃에서 28%의 물을 포화한다.

3) Collidin · 물

2)의 phenol과 물의 경우와 같은 방법으로 만들어 사용한다.

4) Pyridine · butanol · 물

3 : 4 : 7의 용량 비율로 혼합하여 그 상층부를 사용한다.

5) 2차원용 용매

한 방향으로 phenol · 물의 용매를 사용하면 다른 방향으로는 collidine · 물 또는 butanol · acetic acid · 물 등의 용매를 사용한다.

(2) 무기 ion분리에 사용되는 전개용매

1) Acetone · 진한 HCl · 물

적당한 비율로 혼합하여 사용한다.

2) Butanol · 묽은 HCl

2~3N의 묽은 HCl과 butanol을 같은 용량으로 진탕, 혼합하여 정치하고 상층부를 취하여 사용한다.

5. 건 조

미리 표시하여 놓은 곳까지 용매가 침투하면 곧 꺼내어 건조시킨다. 건조하는 도중에도 용매가 조금은 침투되어 전선이 길어지므로 *Rf* 측정은 여과지를 꺼낸 직후(즉 표시되어 있는 거리)의 전선을 기준으로 한다. 또한 미리 침투거리를 표시하지 않고 일정시간 전개시킨 다음 용매의 전선을 표시하는 방법도 있으나 앞의 방법이 *Rf* 값을 계산하기에 편리하다.

건조는 원점을 아래로 하여 실온에서 풍건하는 것이 보통이다. 냄새가 강한 용매를 사용한 경우에는 드라프트실(draft room)에서 건조하며 풍건만으로는 잘 건조하지 않는 용매, phenol 같은 것은 풍건 후 110℃의 건조기에서 가열 건조하여 완전히 용매를 제거하여야 한다.

6. 크로마토그램의 검출 및 판정

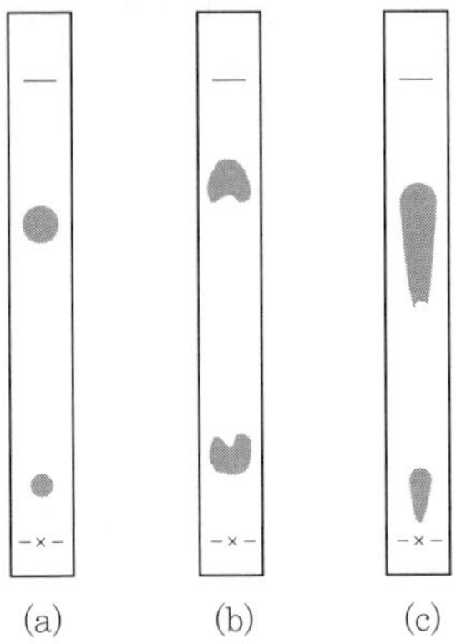

그림 2-20 반점(spot)의 모양

시료가 착색된 물질이면 전개하여 얻은 크로마토그램을 직접 눈으로 쉽게 위치, 모양, 색깔 등을 확인할 수 있으나 무색물질일 경우에는 색깔을 나타내개 하는 시약과 반응시켜 반점(spot)의 위치와 크기를 확인한다.

반점의 모양은 그림 2-20과 같은 여러가지로서 (a)와 같은 모양이 가장 이상적인 형이다. (b)와 같이 凹 모양도 나타내는데 이것은 무기염이 공존하여 있을 경우 유기물질의 크로마토그래피에 자주 나타나는 모양이다. (c)와 같은 꼬리를 끄는 모양도 자주 나타나는데 그 원인으로서는 여과지의 흡착성에 의한 경우와 전개과정에 있어서 단일물질이 다른 물질로 변한 경우로 생각할 수 있다. 이와 같은 원인들을 규명하여 이상적인 크로마토그램을 얻을 수 있도록 개선하는 것이 필요하다.

크로마토그램의 검출에는 보통 ninhydrin과 같은 발색시약을 사용하는데 이것은 물에 포화시킨 n-butanol의 0.1~0.25% 용액이다.

이와같은 방법으로 검출한 크로마토그램은 최종적으로 각각의 반점을 판정해야 한다. 서로 혼합되기 어려운 두 가지 용매에 물질이 용해될 때 두 용매에 녹는 물질의 농도비를 분배계수(分配係數)라고 한다.

여과지 중에 들어있는 흡착수가 고정상(固定相)이 되고 전개용매가 이동상(移動相)이라 생각되므로 각 물질은 두 가지 상(相)에 대한 분배의 차에 따라 각기 다른 자리로 옮겨지게 된다. 따라서 옮겨진 자리를 측정하면 물질을 판정할 수가 있게 된다. 실제로는 원점으로부터 연필로 표시된 반점의 중심까지 이동한 거리를 용매가 침투한 전선까지의 거리로 나눈 값을 이동도(移動度), 즉 R*f* (rate of flow)라고 하며 물질을 판정하는 기준으로 삼고 있다(그림 2-17의 (d) 참조).

$$Rf = \frac{\text{원점에서 각 성분의 반점(spot) 중심까지의 거리}}{\text{원점에서 용매의 침투 전선(front line)까지의 거리}}$$

이와 같이 R*f* 는 물질의 판정기준이 되는 중요한 값이나 여러가지 조건에 따라 변화되므로 다음과 같은 조건을 갖도록 주의해야 한다.

① 온도변화를 적게 한다.

② 전개거리 또는 전개시간을 일정하게 한다.

③ 동일한 종류의 여과지를 사용하며 전개 전에 용매증기로 포화시킨다.

④ 표준물질은 될 수 있는 대로 동일조건 아래에서 시료와 동시에 병행하여 전개 R*f* 값의 기준으로 한다.

3-1-3 페이퍼 크로마토그래피에 의한 아미노산의 정량

시약 및 기구

① 크로마토그래피용여과지 : 동양여지 No.50 또는 Whatman No.1,3

② 페이퍼 크로마토그래피 장치

③ 전개용매 : phenol · 물(4 : 1), n-buthanol · acetic acid · 물(4 : 1 : 2) 등을 각 용량비에 따라 분액깔때기에 취하고 잘 진탕하여 방치한 후 phenol의 경우는 하층을 다른 경우는 상층을 이용한다.

④ 발색제 : 0.1% ninhydrin butanol용액 : 수포화(水飽和) n-butanol 100㎖에 0.1g의 ninhydrin을 용해하여 조제한다.

⑤ 6N-HCl

⑥ 시험관

조 작

1) 시료의 조제

유리아미노산만의 시료이면 그대로 사용되나 단백질, peptide 기타 천연물을 시료로 할 때는 먼저 가수분해를 하여야 하며 염류가 들어 있을 때는 그것을 제거한다. 단백질의 가수분해 방법은 보통 염산가수분해법이 쓰인다. 시료 적당량을 긴 시험관에 취하고 6N-HCl 약 10배량을 넣어 감압 하에서 그림 2-21과 같이 봉관(封菅)한다. 이것을 110℃의 건조기에서 24시간 방치한다.

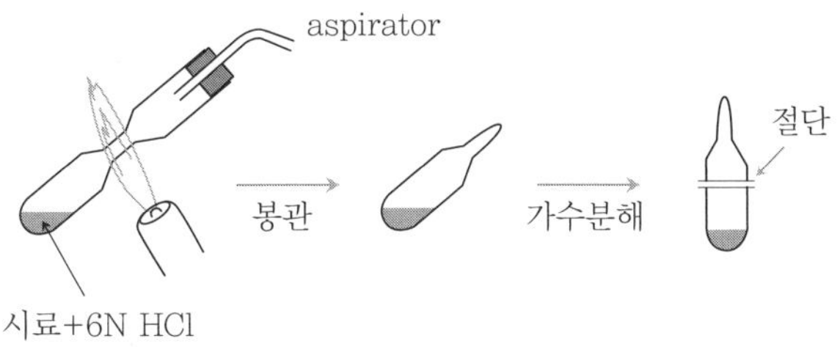

그림 2-21 단백질 가수분해시 봉관조작

이 가수분해 시간은 시료에 따라 다르므로 미리 문헌을 조사하여 결정한다. 냉각 후 줄칼로 시험관을 자르고 시험관(3×20㎝) 또는 50㎖ 플라스크(가지모양)에 옮기고 water bath에서 감압건조시켜 HCl을 휘발시킨다.

건조 후 소량의 물로 녹이고 다시 건조하는 조작을 되풀이해서 HCl을 완전히 제거하고 알칼리 데시케이터에서 감압 건조한다. 찌꺼기는 2~5㎖의 물 또는 10% isopropyl alcohol을 함유하는 물로 용해시킨다.

용해하는 물의 양은 예비실험을 한 후 농축하든가 희석해서 조절하고 용액은 리트머스시험지에 대하여 산성을 나타내면 0.1N-NaOH용액으로 중화하여 시료로 한다. 간장, 된장과 같이 무기염이 많이 들어 있는 시료에 대해서는 탈염조작이 필요하다. 탈염법으로 탈염기(electric desaltor)나 이온교환막, 전기투석법 등이 고안되어 있으며, 소량이라면 이온교환수지나 ethanol에 의해 탈염하는 것이 좋다.

2) 전개용매와 아미노산의 R*f* 값

아미노산의 전개용매로 가장 많이 쓰이는 것으로는 phenol · 물(4 : 1) 및 n-butanol · acetic acid · 물(4 : 1 : 2) 계통이다. 이들 용매로 2차원 전개를 하게 되면 대부분의 아미노산은 분리되나, leucine, isoleucine, methionine, valine 등은 분리되지 않는다. 보통 2차원법에서는 먼저 표 2-3의 A용매계로 전개하고 다음에 B, C 중 하나로 전개시킨다.

표 2-3 아미노산의 R*f*값과 ninhydrine에 대한 최소검출량 (전개시간 15시간, 25℃, 상승법)

용 매 Amino acid	A Phenol · 물 7 : 3	B n-Butanol · HAc · 물 4 : 1 : 2	C n-Butanol · 물 포화	최소검출량 및 반점의 색깔(㎍)
Glycine	0.40	0.32	0.05	적자색 (0.1)
Alanine	0.60	0.39	0.08	자 색 (0.2)
Valine	0.74	0.53	0.20	자 색 (0.2)
Leucine	0.86	0.73	0.38	자 색 (0.5)
Isoleucine	0.87	0.70	0.37	자 색 (0.5)
Phenylalanine	0.90	0.65	0.43	자 색 (5)
Proline	0.89	0.42	0.12	황 색 (1)
Serine	0.35	0.28	0.05	자 색 (0.3)
Threonine	0.47	0.35	0.07	적자색 (2)
Hydroxyproline	0.66	0.42	0.08	주황색 (1)
Aspartic acid	0.12	0.26	0.00	청자색 (0.4)
Glutamic acid	0.20	0.32	0.26	자 색 (1)
Cystine	0.13	0.11	0.00	적자색 (—)
Methionine	0.83	0.56	0.26	자 색 (1)
Histidine	0.50	0.25	0.04	적자색 (25)
Arginine	0.48	0.14	0.01	자 색 (4)
Lysine	0.43	0.12	0.00	자 색 (3)
Tyrosine	0.66	0.56	0.28	녹자색 (3)

3) 발색과 검출

α-Amino산, peptide, 단백질 등과 반응하여 자색을 나타내는 ninhydrin이 발색제로 가장 많이 사용된다. 0.1% ninhydrin용액을 분무기로 고르게 뿌리고 90~100℃로 수분 동안 가열하면 발색하게 된다. 발색 후는 36시간을 최고로 하여 퇴색하기 시작하는데 수일간은 확인할 수 있다. 발색시약은 butanol 대신에 acetone(99% 이상의 무수 acetone)에 녹여 여과지를 밧트에 담가 풍건 후 90℃의 건조기에서 발색시켜도 된다. 그 외에도 4% acetic acid를 함유한 n-butanol에 0.3% isatin용액을 만들고 ninhydrin의 경우와 같이 용액을 분무 풍건 후 100℃에서 10분간 가열하면 proline과 hydroxyproline은 청색을 나타내는 isatin반응도 있다. Proline은 ninhydrin반응에서 황색을 띠어 확인할 수 있으나 미량일 경우에는 isatin 반응이 필요하다.

이러한 발색 크로마토그램으로서 정성적인 아미노산의 존재를 알 수 있고 정량시에는 반점 부분을 조심해서 절단하고 적당한 용매로 추출하여 비색정량한다.

방법도시

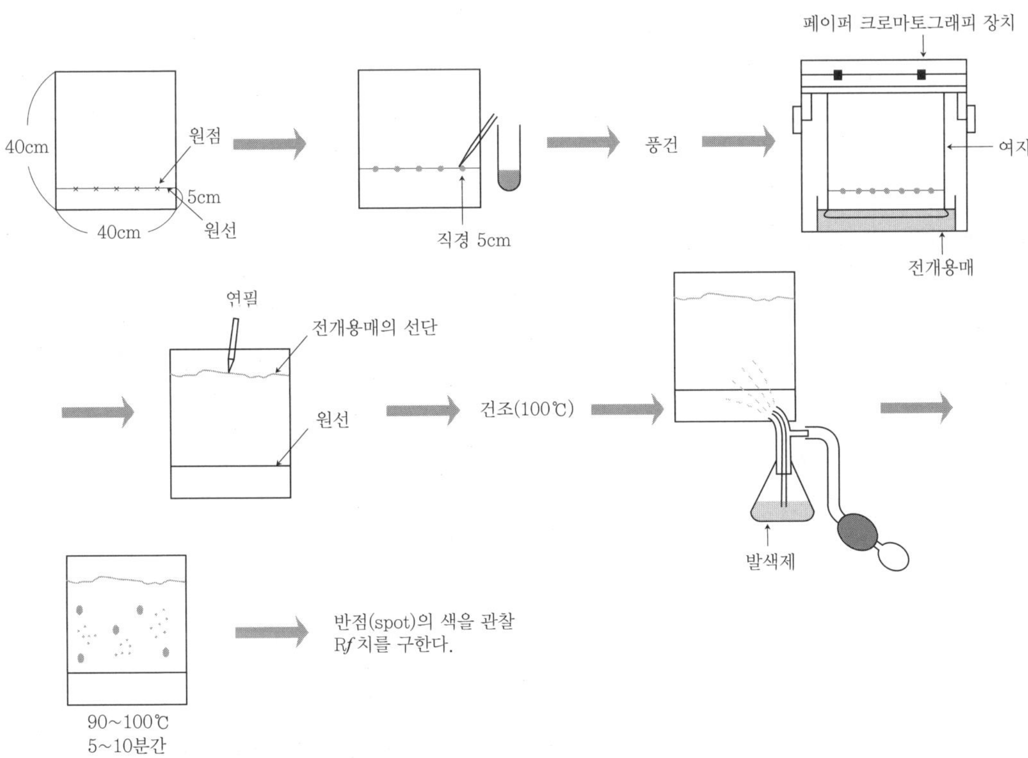

그림 2-22 페이퍼 크로마토그래피에 의한 아미노산의 정량

3-2 칼럼 크로마토그래피(Column chromatography)

3-2-1 개 요

Al_2O_3, 활성탄, $CaCO_3$같은 흡착제로 칼럼(column)을 만들고 전개용매에 따라 각 성분이 분리되면 전개를 중지하고 각 성분을 동정한다.

전개용매로는 석유 ether, CCl_4, cyclohexane, acetone, benzene, chloroform, alcohol, pyridine 등이 사용된다.

칼럼 크로마토그래피는 전개하는데 많은 시간이 필요없고 간편하며, 유색물질이나 형광물질 등은 전개 때의 이동이 쉽게 식별되므로 그 이동도(移動度)에 따라 각 성분의 정성이 가능하므로, 오래 전부터 식물성 색소의 검출에 이용되어 왔다(그림 2-23 참조).

$$R = \frac{L_A}{L_S},\ \frac{L_B}{L_S}$$

이동도 R은 흡착제와 전개제의 종류에 따라 달라지며 R이 큰 성분과 R이 작은 성분이 뒤섞여 있게 되면 한 가지 칼럼으로는 하기 어렵다. 이와같은 경우에는 아래로 내려 갈수록 흡착력이 강한 흡착제를 채운 다층(多層) 칼럼을 사용하면 편리하다. 대표적인 흡착제는 표 2-4와 같다.

표 2-4 대표적인 흡착제*

흡착력	흡 착 제	응 용
약	① sucrose	chlorophyll
	① lactose	xanthophyll
	① starch	amylase
	② Na_2CO_3	vitamin A
중	① $CaCO_3$	xanthophyll
	② MgO	fatty acid
	③ $Ca(OH)_2$	carotenoid
강	① 규산 마그네슘	steroid
	② Al_2O	carotenoid
	② 활성탄	지방산, 당류

* : 번호순서로 흡착력이 강해진다.

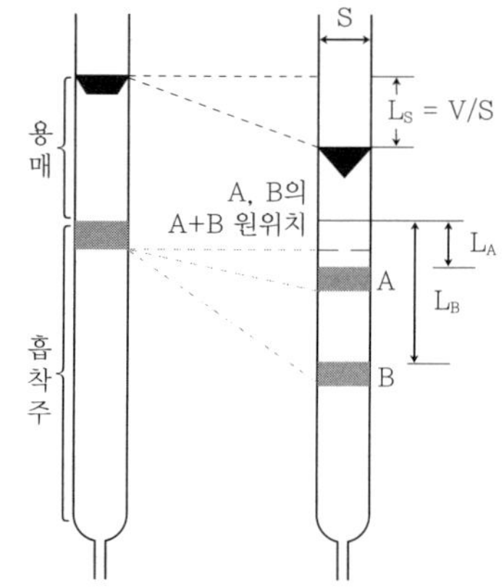

그림 2-23 칼럼 크로마토그래피의 원리

3-2-2 칼럼 크로마토그래피에 의한 시금치 중의 Chlorophyll의 분리

시약 및 기구

① 칼럼(column) : 내경 1cm, 길이 18cm 정도의 유리관 한 끝을 가늘게 한 것을 깨끗이 세척 건조시킨 다음 밑바닥에 탈지면을 채우고 그 위에 적당한 흡착제를 유리관의 약 2/3 정도로 채운다. 관의 굵기에 맞추어 여과지를 재단하여 막고 수직으로 세워 놓는다.

② 분액깔때기(100mℓ)

③ 석유 benzene, benzene, methanol

④ 무수 Na_2SO_4

⑤ Al_2O_3, $CaCO_3$, sucrose

조 작

신선한 시금치 20g 정도를 가늘게 썰어 100mℓ의 삼각플라스크에 담고 석유 benzene 45mℓ, benzene 5mℓ, methanol 15mℓ를 가하여 담가 실온에서 약 1시간 방치한 다음 흡인 여과하여 짙은 녹색의 투명한 추출액을 얻는다. 이것을 분액깔때기에 넣어 10~20mℓ의 물을 조용히 가하고 깔때기를 조금 흔들어 아래층을 버린다. 이 조작을 10회 가량 되풀이 하여 methanol을 완전히 제거한다.

여기서 얻어진 상층부를 다른 용기에 취하고 무수 Na_2SO_4 5g 가량을 가해 하룻밤 방치해서 탈수시킨다. 그림 2-24와 같은 칼럼을 장치하여 별도로 각각 석유 benzene과 섞어 진흙 모양으로 한 Al_2O_3, $CaCO_3$(사용 전에 150℃에서 2~5시간 건조), sucrose(화학용으로 80~100℃에서 2~5시간 건조)를 아주 소량씩 틈새와 거품이 생기지 않게 주의하면서 각 2cm, 4cm, 6cm 높이로 채운다.

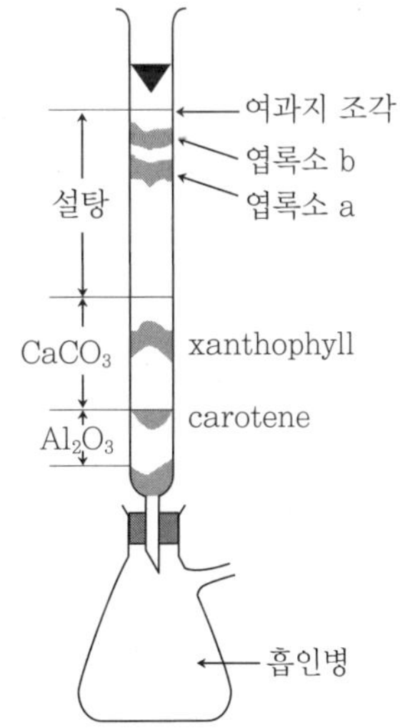

그림 2-24 Chlorophyll의 분리장치

그동안 약하게 흡인을 계속하고 때때로 석유 benzene을 주입해서 칼럼 안에 기포가 생기지 않게 한다. 이때 칼럼에 단층이 생긴 경우에는 유리막대기로 가볍게 눌러 전체가 균질이 되게 한다. 상부에 관 크기에 맞추어 만든 여과지 조각을 가라앉힌다. 여과지 상의 용매가 거의 없어졌을 때 미리 조제한 추출액 약 1mℓ를 조용히 가한다. 액이 밑으로 내려감에 따라 sucrose층 상부에 녹색띠를 남기면서 황색부분이 내려가는 것을 볼 수 있다.

여과지 위에 시료액이 거의 없어지게 되면 benzene과 석유 benzene (4 : 1)의 혼합용액을 소량씩 가하면서 전개한다. Sucrose 상부의 진한 청색띠는 차차 내려가 황록과 청록의 두 층으로 나누어지면서 $CaCO_3$층 상부에는 황색층이, Al_2O_3층의 상부에는 주황색층이 분리된다. 이때 전개를 오래 계속하면 흡착대가 무너지므로 적당한 때에 전개를 중지한다. 분리된 것은 위로부터 chlorophyll a, b, xanthophyll, carotene의 차례로 되어 있다.

3-3 이온교환 크로마토그래피(Ion exchange chromatography)

3-3-1 이온교환수지의 성질과 종류

이온교환수지는 최근 많은 발전을 가져와 zeolite, permutit 등 천연물 또는 무기질 합성품에 대치해서 분리, 정제, 분석 등에 널리 이용되고 있다. 이온교환수지는 교환용량이 크므로 시료의 처리를 미량으로부터 대량에 이르기까지 처리할 수가 있고, 분리능력이 우수하여 물질의 추출, 농축, 정제와 제조에 이르기까지 광범위하게 이용되고 있다. 이온교환이 당량관계로 이루어지므로 분석수단으로서 독특한 분야를 차지하게 되었다.

이온교환수지는 그가 갖는 교환기의 종류에 따라 다음과 같이 네 가지로 크게 구분된다.

		[교환기]
양이온교환수지	강산형 이온교환수지	$-SO^{3-}H^+$
	약산형 이온교환수지	$-COO^-H^+$
음이온교환수지	강염기형 이온교환수지	$-H^+HR_2OH^-$
	약염기형 이온교환수지	$-N^+H_2ROH^-$

[이온교환분리 대상의 구분]

① 전해질과 전해질 : 양이온과 음이온의 분리, 양이온 상호간, 또는 음이온 상호간의 분리

② 전해질과 비전해질 : 물, 유기물, 고분자물질, 교질 등의 탈염(脫鹽)

③ 비전해질과 전해질 : 착염이온(complex ion) 형성에 의한 것, van der Vaals 흡착 등에 의한 분리

3-3-2 기본조작

1. 칼럼 제작

적당한 유리관의 한 쪽을 가늘게 한 것을 준비하고 그 밑에 깨끗한 유리솜(glass wool)을 유리막대로 1㎝ 가량의 두께로 고르게 채운다.

한편 소요량의 수지를 비커에 넣고 증류수를 많이 가하여 휘저어 방치하면 수지는 대부분 가라앉는다. 진흙모양의 미립자는 액상에서 교질(colloid)모양으로 분산하게 되므로 경사법으로 액상부분을 버리고 깨끗해질 때까지 되풀이한다.

세척한 수지를 소량의 물과 함께 휘저으면서 유리관 안에 들어 부어 가라앉힌다. 이때 수지층에 기포가 생기지 않도록 균일하게 채우고 액면의 상부가 항상 수지의 위 끝보다 위에 있도록 아래에 있는 코크로 조절한다.

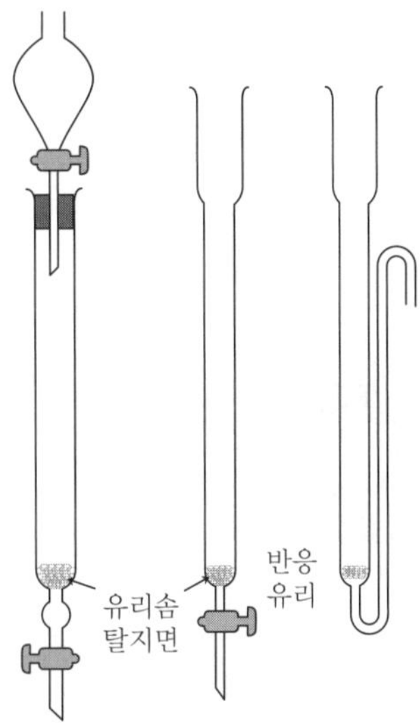

그림 2-25 흡착관

2. 수지의 예비처리 및 재생법

새 수지는 그 합성과정에서 혼합되는 가용성 유기물이나 이온 등의 불순물을 가지므로 예비처리로 제거하여야 한다. 칼럼은 비교적 큰 것이 좋다.

(1) 강산형 양이온교환수지

강산형 양이온교환수지는 Na형의 것이 많은데 처음 수지층의 약 10배 가량의 2N-HCl을 1㎖/㎠/min 정도의 속도로 흐르게 하여 H형으로 변화시킨다. 다음 약 1N-NaCl을 칼럼용적의 10배 가량 통과시켜 Na형으로 되돌아가게 한다.

이 RNa→RH의 조작을 1~2회 더 계속해서 최후에 목적하는 형태로 하기 위해 적당한 1~2N의 전해질용액을 충분히 통과시킨다. 이때 H형으로 하려면 HCl을 통한 다음 순수한 물로 과잉의 HCl을 충분히 세척한다.

이때 유출액에 대해 Cl－의 반응을 $AgNO_3$로 조사하든가, methyl orange나 congo red와 같은 지시약의 변색을 관찰한다.

(2) 강염기형 음이온교환수지

Cl형이 흔한데, 예비 조작은 (1)에 준한다. 1~2N의 NaOH→$(NH_4)_2SO_4$→HCl→$(NH_4)_2SO_4$→

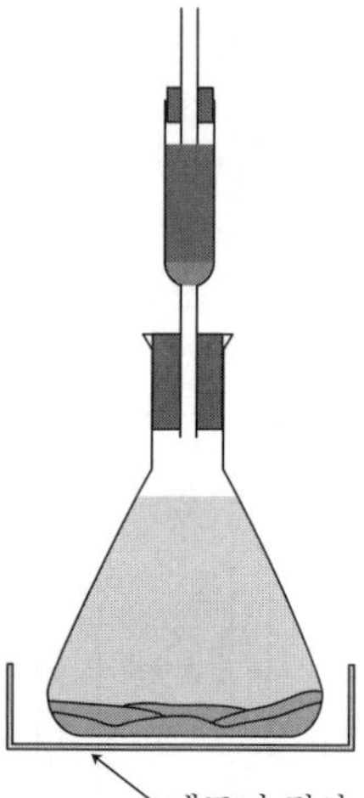

그림 2-26 Soda-lime관이 부착된 용기

NaOH……와 같이 알칼리와 산의 중간에 중성염용액을 끼워 처리하게 되면 혼합되어 있는 탄산염의 산에 의한 CO_2발생의 염려가 없다.

마지막에 OH형으로 하려면 1~2N-NaOH용액으로 처리하고 CO_2가 들어 있지 않은 순수한 물을 soda lime관이 부착된 용기(그림 2-26 참조)에서 떨어뜨려 세척액이 중성이 될때까지 세척한다.

(3) 약전해질형 수지

이 형의 수지는 중화반응속도가 작으므로 예비처리는 칼럼법보다 배치(batch)법[1)]이 좋다.

예를들어 약산형 수지를 H형으로 하려면 NaOH용액과 때때로 교반하면서 장시간 반응시켜 물로 세척하고 HCl용액으로 똑같이 처리해서 순수한 물로 중성이 될때까지 세척한다.

이온교환수지는 이러한 (1), (2), (3)의 조작을 함으로써 한번 사용한 수지를 다시 사용할 수가 있게 된다. 그러므로 수지의 수명은 교환용량이 조금 떨어지기는 하나 반 영구적이라고 할 수 있다.

3. 건 조

보통 H형, OH형의 것은 염형(鹽型)에 비해 내열성이 떨어진다. 특히 음이온교환수지는 OH형의 것은 40~50℃가 한계인데, Cl형은 100℃에서도 상당히 안정하다.

습윤상태의 수지는 수십 %의 수분을 갖는데, 원래 교환기는 친수성이 강한 것이므로 건조에 의해 수분을 완전히 제거하기는 힘들다. 수지의 양을 나타내는데는 그 건조중량으로 나타내는 것보다 교환용량으로 표시하는 것이 합리적이다.

건조는 전기건조기나 적외선램프로 그 수지의 내열온도를 생각하여 적당한 온도(40, 50, 110℃ 등)에서 건조하고 광구병에 저장한다.

4. 교환용량의 측정법

(1) 강산형 양이온교환수지

1) 배치(batch)법

1) 정치법(靜置法)이라고도 하며 비커 등의 용기 안에 수지와 용액을 혼합하여 교환반응을 하는 방법이다.

건조 H형 수지 약 0.5g을 정확히 칭량하고(ag), 이것을 증류수로 200㎖ 삼각플라스크에 세척하여 담는다. 다음 약 1N-NaCl용액 10㎖와 methyl orange 1~2방울을 넣고 0.1N-NaOH 표준용액으로 적정한다(적정치 b㎖). 이때 수지를 잘 진탕하면서 적정하여 종말점 근처에서 2~3분간 진탕해서 알칼리성 색깔이 없어진 점을 종말점으로 한다.

$$RH + NaCl \longrightarrow RNa + HCl$$

$$HCl + NaOH \longrightarrow NaCl + H_2O$$

교환용량(E)은 건조수지 1g 당의 교환기의 mg당량수로 표시하고 다음 식에 의해 계산한다.

$$E(meq/g) = \frac{0.1 \times b}{a}$$

2) 칼럼(column)법

건조 H형 수지 약 0.5g을 칭량하고 비커에 옮겨 물을 현탁시켜 소형 칼럼에 채운다.

다음 약 1N-NaCl 용액을 1㎖/㎠/min의 속도로 20~30㎖(유출액의 산성반응이 없어질때까지)를 칼럼에 통과시킨다. 유출액 중에는 수지와 당량의 HCl이 들어 있으므로 이것을 0.1N-NaOH 표준용액으로 적정한다.

(2) 강염기형 음이온교환수지

ROH형의 강염기형 수지는 CO_2를 흡수해서 탄산염이 되기 쉬우므로 OH형을 중화적정법으로 교환용량을 측정하게 되면 정확하지가 않게 된다.

그러므로 RCl과 같은 염기형의 것을 사용해서 칼럼법을 쓰는 것이 좋다. RCl형 건조수지 약 1.0g을 정확히 칭량하고 소형칼럼에 채워 약 1N-KNO_3용액 20~30㎖를 유출액에 Cl^-의 반응이 없을 때까지 칼럼에 통과시킨다.

그 후 이 유출액을 0.1N-$AgNO_3$표준용액으로 Mohr법에 의해 적정하여 그 교환용량을 정한다.

3-3-3 응 용

(1) 순수(純水)의 제법

이온교환수지가 공업적으로 가장 많이 이용되고 있는 것은 탈이온에 의한 물의 정제이다. 실험실에서도 증류수 대신에 쓰는 순수한 물은 거의 이 방법으로 얻고 있다. 특히 강산, 강염기형 수지의 혼합물과 칼럼법에서 쓰이는 혼상법(混床法, Monobed법, United)의 출현으로 전기 전도면에서 거의 순수한 순수(純水)가 얻어지게 되었다.

탈이온에 대한 순수제조의 이온교환반응은 중성염을 MA로 표시하면 다음과 같이 표시된다.

$$\left.\begin{array}{l} HR + M^+ \longrightarrow MR + H^+ \\ ROH + A^- \longrightarrow RA + OH^- \end{array}\right\} H^+ + OH^- \longrightarrow H_2O$$

강산, 강염기형의 혼상법에 의하면 탄산 뿐 아니라 규산, 붕산 같은 약산까지도 포착되지만 교질(colloid)물질이나 유기물은 교환흡착이 안되므로 혼탁한 물의 처리에는 적당하지 않다.

이러한 물에는 적당한 여과층이나 황산알루미늄같은 응집제에 의한 예비처리가 필요하다.

외관상 투명한 수도물이라도 미량의 Cu, Zn, Pb 등 중금속이 이온상태로 존재하지 않는다고 단언할 수 없으므로 주의하여야 한다. 혼상법에 대해 복상법(復床法)이 있는데 이것은 보통 양 → 음의 차례로 RH형과 ROH형의 수지의 칼럼을 연결해서 탈이온을 하는 것이다. 이 복상법으로 얻은 정제수는 음이온교환층에서 미량의 알칼리가 용출되는 일도 있어 혼상법보다는 순도가 떨어진다.

(2) 페이퍼 크로마토그래피에 의한 간장 중 아미노산의 정량을 하기 위한 전처리로서의 탈염(脫鹽)

당 정량을 할 때의 아미노산이나, 크로마토그래피를 할 때의 고농도의 염 등은 분석을 방해하게 되므로 전처리로서 그들을 제거할 필요가 있다. 간장이나 된장의 분석에 필요한 탈염법을 설명하기로 한다.

주요기구 및 시약

① 크로마토그래피용 유리관 : 내경 0.8㎝, 길이 10㎝ 정도

② 이온교환수지 Dowex-50X-20(200~400mesh)

③ 0.8N-HCl 55% alcohol용액 : 6N-HCl 67㎖, 95% alcohol 289㎖를 혼합하여 증류수로 500㎖로 한다

④ 1N-HCl

⑤ 6N-HCl

조 작

1) 시료용액의 조제

간장을 분석할 때의 시료를 5배로 희석한다.

2) 탈염조작

예비처리한 강산형 수지 Dowex-50×12를 크로마토그래피용 유리관에 높이 5.0cm가 되게 채운다. 이 칼럼에 시료 1.00㎖를 0.5㎖/min의 속도로 통과시킨다.

수지에는 아미노산, Na+과 그외의 양이온이 흡착된다. 이것을 다시 10㎖의 증류수를 두 번으로 나누어 세척하고 이 세척액을 전의 통과액과 합한다(A구분).

이어 0.8N-HCl 55% alcohol용액을 칼럼에 40㎖를 10㎖씩 4회로 나누어 통과시킨다(B구분). 다음 1N-HCl 10㎖를 5㎖씩 2회로 나누어 통과시킨다(C구분). 다시 6N-HCl 10㎖(5㎖×2)를 통과시킨다(D구분).

이 각 A, B, C, D구분에는 다음과 같은 물질들이 포함된다.

A구분 : 당, 유지, 음이온과 수지에 흡착 안되는 polypeptide

B구분 : 산성과 중성 아미노산과 peptide

C구분 : 시료 중의 대부분의 NaCl

D구분 : 염기성 아미노산

이상의 조작으로 시료 중의 NaCl은 C구분에 대부분 분리된다. 당분석에는 A구분을 사용하면 되나 B, D구분의 아미노산을 분석하려면 그 속에 많은 HCl과 alcohol이 들어 있으므로 제거하여야 한다.

B, D구분의 시료를 55℃의 water bath상에서 감압증류하여 시료가 건조되면 증류수를 소량 가하고 다시 감압증류한다. 이 조작을 3회 가량 되풀이하면 alcohol, HCl은 제거된다. 다음 이 찌꺼기를 소량의 증류수에 녹여 산성이 아직도 남아 있으면 미량의 $NaHCO_3$로 중화한다. 이렇게 얻은 시료로 페이퍼 크로마토그래피를 하면 아미노산, peptide의 검출, 정량을 할 수 있다.

표 2-5 이온교환수지

상 품 명	양이온 교환수지		음이온 교환수지		비 고
	강산형	약산형	강염기형	약염기형	
Amberlite IR	-120 -112	C-50	A-400 A-401 A-410 A-411	-4B -45	
Dowex	50-X1~X16 50W X8 X12		1-X1~ X10	3	X다음의 숫자는 divinyl benzene (DVB)의 함유량을 나타내는 것이며 숫자가 작은 것은 다공성으로 부드러운 것이다. W는 백색

3-4 박층 크로마토그래피(Thin layer chromatography, TLC)

3-4-1 개 요

원래는 페이퍼 크로마토그래피에서 사용하는 여과지 대신에 유리판에 alumina, silica gel 등을 얇은 층으로 도포한 것을 사용하는 크로마토그래피였으나, 최근에는 유리판을 사용하지 않고 시판되는 기성제품의 박층판(thin layer plate)을 사용하는 경우가 많다. 전개장치, 전개조건은 페이퍼 크로마토그래피와 원리적으로 같으나, 전개시간이 짧고 분리능이 좋은 것이 특징이다.

실험결과는 정성적으로 *Rf* 값으로 표시한다. 시료의 조제에도 이용된다. 또 TLC에는 이온교환체를 이용하는 것도 가능하다. 발색제로서는 페이퍼 크로마토그래피의 방법이 적용된다. 기타 metavanadic acid 황산과 같이 유기화합물에 만능적인 시약도 이용된다.

3-4-2 기본조작

1. 박층 크로마토그래피(TLC)판(plate)을 만드는 방법

실리카겔(silica gel), alumina 등 분리의 목적에 따라 흡착제를 선택하고[2], 물을 가하여 잘 흔들어 죽상태로 한다.

이것을 아플리케이터(aplicator)를 사용하여 그림 2-27 a, b와 같이 프레임(frame)에 나란히 연결시킨 유리판(5㎝×20㎝, 또는 20㎝×20㎝를 많이 사용한다)에 균일하게 도포한다.

2) 필요한 경우는 결합제($CaSO_4 \cdot 1/2H_2O$ 등)를 일정한 비율로 혼합한다.

도포가 끝나면 실온 또는 필요할 때는 건조기에서 온도를 높여 건조한다. 박층의 두께는 정성용으로서 0.25㎜가 보통이나, 조제용으로는 두껍게 할 수도 있다.

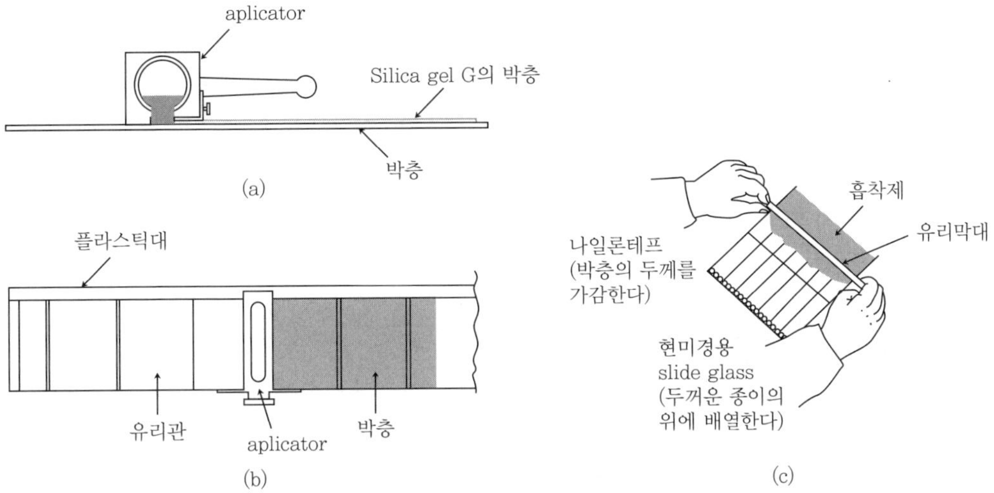

그림 2-27 TLC판(palte)을 만드는 방법

현미경용 슬라이드 글라스(slide glass)를 이용하여 TLC 판을 만들려면 그림 2-27 c와 같이 펴서 아플리케이터 대신에 유리봉을 사용하여 도포하거나, 흡착제를 죽상태로 한 물질 중에 2매의 유리를 맞대어 넣고 휘저은 다음 꺼내어 건조한다.

2. 실험조작

(1) TLC판(plate)의 제작

5g의 실리카겔 G를 50㎖ 삼각플라스크에 취하여 약 11㎖의 물을 넣고, 깨끗한 고무마개를 하여 20초간 흔들어 섞는다.

이것을 그림 2-27 c와 같이 한 현미경용 슬라이드글라스의 위에 따라, 직경 5~6㎜의 유리봉을 그림에 나타낸 것과 같이 움직여 유리 전면에 도포한다. 10~15분간 방치하여 거의 건조하면 사용한 나일론 테이프와 종이를 제거하고 110℃의 전기로 또는 건조기에서 30분간 건조한다. 이때 도포한 실리카겔의 표면에 흠이 가지 않도록 주의하여야 한다.

(2) 시료의 첨가 및 전개

정성실험을 위해서는 0.1~1%의 시료용액을 사용하여 유리의 모세관 또는 마이크로피펫으로 박층 위에 스포트(spot)한다. 조제(시료의 분리정제)의 목적에는 두께 1~2㎜를 사용하여 많은 양(5~200mg 정도)을 spot할 수도 있다.

Spot를 하는 위치는 TLC판의 하단으로부터 약 3cm, 용매면으로부터 약 2cm 떨어지도록 한다(그림 2-28 c 참조). Spot의 직경은 될 수 있으면 적게 하고 0.5mm 이내가 되도록 한다.

Spot한 다음 그림 2-28의 a, b에 나타낸 것과 같이 용매를 넣어 유리로 된 밀폐전개조 중에서 일반적으로 상승법에 의하여 전개한다. 최근 박층을 샌드위치식으로 끼워서 전개하는 기구(Eastman회사)도 시판되고 있다.

또 그림 2-28의 d와 같이 수평전개(원형 TLC)도 된다. 그 외에 하강법으로도 전개할 수 있다. 전개용매의 종류에 따라 전개속도는 많은 영향을 받는다.

극성이 강한 용매일수록 전개속도는 빨라진다. 용출력 및 극성은 대체적으로 다음과 같은 순으로 높아진다.

Cyclohexane < CCl_4 < benzene < $CHCl_3$ < acetone < ethanol < methanol < 물

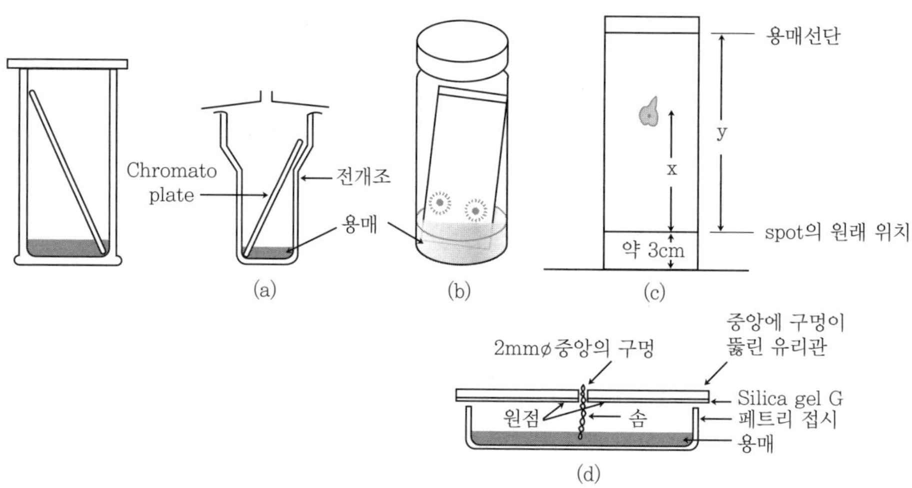

그림 2-28 TLC판의 전개

(3) 반점(spot)의 검출법

보통 전개가 끝난 TLC판은 용매를 증발시켜 페이퍼 크로마토그래피의 검출시약을 분무하거나 자외선 빛을 이용하는 검출법 또는 auto-radiography를 적용시킬 수 있지만, 10~20%의 H_2SO_4 또는 크롬황산을 분무한 다음 100~200℃로 가열하여, 갈색 내지 흑색의 반점으로써 검출시킬 수도 있다. 이것은 TLC의 특징이다.

[유기화합물 전반에 사용되는 검출시약]

① 10~20% H_2SO_4 : 특급을 사용한다.

② 황산-중크롬산 : $Na_2Cr_2O_7$ 3g을 20mℓ의 물에 녹여 10mℓ의 진한 H_2SO_4을 가한다.

③ 요오드의 결정 : 증기로 하여 쪼이면 갈색의 반점으로서 검출된다.

(4) R*f*값의 측정

그림 2-28의 c에 표시한 바와 같이 반점(spot)의 원점으로부터 전개에 의하여 이동된 반점의 중심까지의 거리(x)와 원점으로부터 전개용매의 끝까지의 거리(y)를 측정하여 x를 y로 나눈 값을 구한다. 이 값을 보통 그의 시료화합물의 R*f*값이라 부르나, 특수한 표현으로서 다음의 값을 사용하는 수도 있다.

① 당류 : RG=시료의 이동거리 / D-glucose의 이동거리

② 핵산염기, nucleoside, nucleotide : RA=시료의 이동거리/adenine (또는 adenosine, 5-AMP의 이동거리)

(5) 화합물 반점(spot 또는 band)의 용출

페이퍼 크로마토그래피에서와 같이 화합물의 보다 정확한 확인, 동정, 불순물 유무의 검정을 위하여 분리된 반점(band 또는 spot)으로부터 화합물을 용출시킬 때도 있다.

주걱(spatula)으로 긁어모으면 목적물의 손실이 많으므로 그림 2-29에 나타낸 것과 같은 기구를 유리로 만들어, 진공청소기(vacuum cleaner)의 원리를 응용하여 감압하에서 유리관의 끝을 반점(spot 또는 band)에 대하여 목적물을 포함한 흡착제를 깨끗이 긁어 모을 수 있으므로, 흡착제가 용해되지 않고, 목직물민을 녹이는 용메로 추출한다.

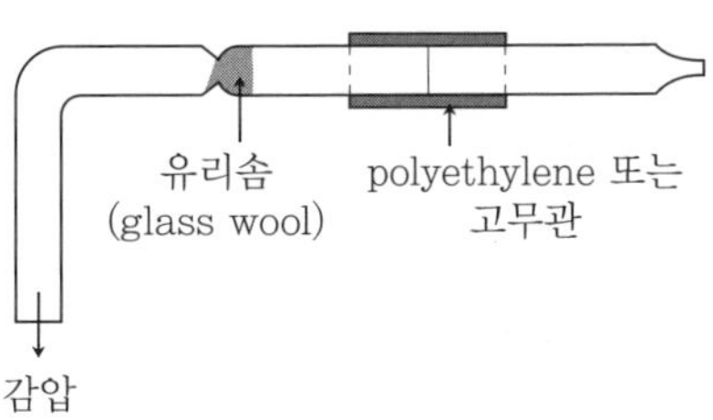

그림 2-29 TLC판으로부터 반점(spot 또는 band)을 간단히 긁어모을 수 있는 기구

많은 양일 때는 그림 2-29에 나타낸 유리솜(glass wool)대신에 여과지통을 사용하여 여과지통에 모인 흡착제를 직접 Soxhlet 추출기로 추출할 수 있다.

3-5 가스 크로마토그래피(Gas chromatography)

3-5-1 원리와 분류

이동상(移動相)이 기체인 크로마토그래피를 가스 크로마토그래피라 한다. Alumina 또는 활성탄과 같은 흡착제를 충진한 칼럼(column) 또는 celite와 같은 담체지지체(擔體支持體, suport)에 고정상(固定相)이 되는 액체를 포함시킨 것을 충진한 칼럼을 사용하여 칼럼의 입구에 시료를 주입한 다음, 캐리어가스(carrier gas)인 He, H_2, N_2 등의 불활성 가스를 칼럼에 이동시켜 용출한다.

시료성분은 고정상인 흡착제 또는 담체에 지지되어 있는 액체에 흡착 또는 분배되어 있는 비율에 따라 이동속도에 차가 생겨, 각 성분은 분리되어 칼럼으로부터 유출한다. 이것을 열전도도 검출기(熱傳導度 檢出機) 또는 그 외의 검출기로 검출하여 성분의 정성 또는 정량을 행한다.

가스 크로마토그래피를 고정상의 상태에 따라 분류하면 ① 기체-고체(G-S) 흡착 크로마토그래피 ② 기체-액체(G-L) 분배 크로마토그래피가 된다. 전자는 흡착제를 고정상으로써 사용한 크로마토그래피로 무기성의 가스 또는 저급 탄화수소 등 비교적 저분자의 가스체의 분리분석에 사용되고, 후자는 celite 등의 담체에 고정상이 되는 액체(사용온도에서 액화하는 것은 고체라도 좋다)를 지지시켜 분배에 의하여 분리하는 방법이다.

용출법으로는 용리분석(溶離分析), 치환분석(置換分析), 전단분석(前端分析)을 사용하고 있으나, 잘 이용되는 것은 다음의 세가지 방법이다.

① G-L 분배 크로마토그래피 : 용리분석

② G-S 흡착 크로마토그래피 : 용리분석

③ G-S 흡착 크로마토그래피 : 치환분석

또한 칼럼에 가하는 온도에 따라 다음 두가지 방법으로 구분한다.

① 등온 크로마토그래피(isothermal chromatography)

② 승온 크로마토그래피(temperature programed chromatography)

전자는 성분의 용출 중 일정한 온도를 이용하는 방법이다. 그러나 이 방법에서는 분석에 오랜 시간을 요하거나 성분의 피크(peak)가 나타나지 않는 경우가 있다. 후자는 칼럼의 온도를 용출시간과 같이 높여가는 방법으로 용출을 촉진시키고, 테일링(tailing)을 억제시킬 수 있다.

또 칼럼에 가하는 압력에 따라 ①등압 크로마토그래피 ②승압 크로마토그래피(pressure programed chromatography)가 있다. 이외에 비휘발성 물질(고분자 포함)에 응용되는 열분해 가스 크로마토그래피가 있다. 열분해 생성물에 의하여 많은 작은 피크(peak)가 나타나 열분해 메커니즘 또는 원래의 분자구조의 추정에 도움이 된다.

3-5-2 GC의 기본적 구성

가스 크로마토그래피(GC)의 장치를 가스 크로마토그래프(gas chromatograph)라 한다. 각 종의 기종이 시판되어 있으나 다음의 6개 부분으로 구성되어 있다(그림 2-30 참조).

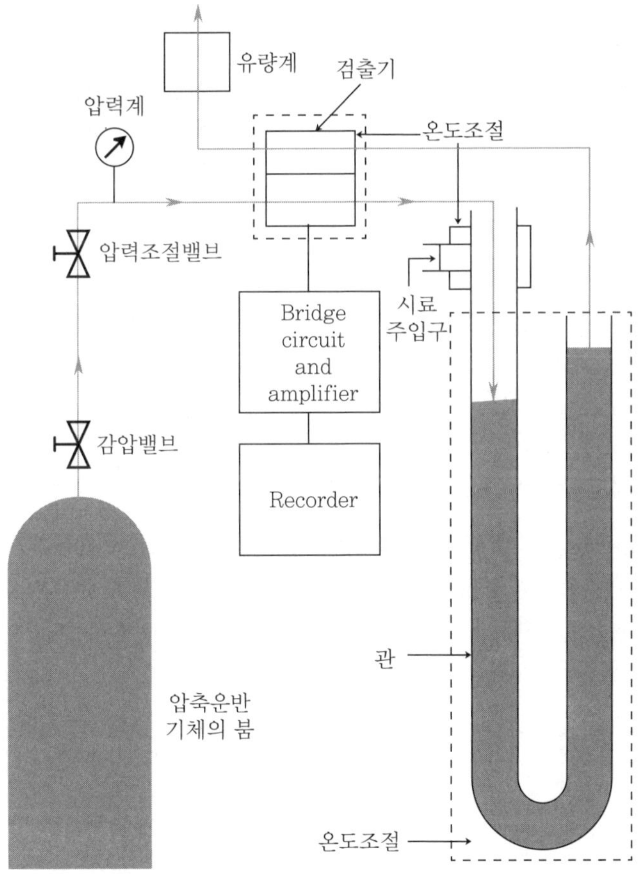

그림 2-30 GC의 기본구조

(1) 캐리어가스(carrier gas) 조절부(압력조절기와 유량계)

캐리어가스의 유속을 일정하게 하는 장치

(2) 시료주입부

시료의 일정량을 분해, 응축, 흡착을 일으키지 않고 전부를 칼럼에 주입시키는 장치

(3) 칼 럼(column)

가스 크로마토그래피의 심장부라 할 수 있으며, 유리제, stainless steel제 및 Golay column이라는 모세관(0.25~0.50㎛) 칼럼이 일반적으로 사용된다.

(4) 항 온 실

온도 제어를 정확히 하는 것이 가스 크로마토그래피에 의한 분리분석의 성패를 결정한다. 특히 칼럼의 온도는 정확히 제어하는 것이 필요하다. 그의 온도 소자(素子)는 0.11℃의 감도를 가져야 한다. 이는 보통 송풍기에 의하여 실내를 순환하는 가열공기를 이용한다.

(5) 검출기(detector)

1) 열전도도검출기(thermal conductivity detector, Katharcmeter, TCD)

시료성분을 포함한 캐리어가스와 대조(시료성분을 함유치 않음) 캐리어가스의 열전도도의 차를 Wheatstone bridge를 이용하여 전기적 신호로 바꾸는 검출기이다.

2) 수소불꽃 이온화검출기(hydrogen flame ionization detector, FID)

화학 플라즈마(plasma, 電離氣體)의 전기전도를 이용한 것으로 표준온도와 압력에 있어서 보통의 기체는 완전한 절연체이지만 전하를 가진 원자 및 분자 또는 자유전자가 약간이라도 존재하면, 전도도가 증가한다. 이것이 이온화검출관에 공통된 원리이다. 이의 검출한계는 나노그램(nanogram, ng, 10^{-9}g) 정도라 한다.

3) β -선 또는 아르곤 이온화검출기(β-ray, argon ionization detector)

이것은 캐리어가스로써 아르곤을 사용하여 칼럼의 출구에 β 급원이 있고, 1,000~2,000V의 전압을 가하면 β-선에서 소량의 아르곤(Ar)이 이온화되어 2차전자를 방출한다. 이 2차전자가 다른 아르곤(Ar)을 준안정(metastable)한 상태로 여기시킨다. 시료분자가 이의 준안정 Ar과 접촉하여 이온화된다. 이때 생긴 이온화 전류를 증폭하여 측정한다. 감도는 0.08g/㎖로 FID와 거의 같거나 약간 낮다.

$$Ar+\beta \longrightarrow Ar^{+}+e,\ Ar+e \longrightarrow Ar^{*},\ Ar^{*}+S \longrightarrow Ar+S^{+}+e$$

(Ar^{*} : 준안정 아르곤)

방사선원으로서는 ^{90}Sc, ^{229}Ra, ^{3}H 등을 이용할 수 있다.

4) 전자포획 검출기(electron capture detector)

다른 이온검출기와는 달리 증가하는 전류치를 측정하는 것이 아니라 화학플라즈마현상에 따라 일정한 전류가 흐르고 있는 곳에 전자를 포획하는 시료분자가 들어오면 전류는 감소하고, 그의 감소는 시료분자의 농도의 대수에 의존하다.

본 검출기의 감도는 유기, 무기의 할로겐화물, 과산화물, 1,2-diketone 등은 피코그램(picogram, 10^{-12}g) 정도로 초미량물질의 검출에 적당하다.

5) γ-f검출기

라디오(radio)파 영역에 있어서 일어나는 코로나(corona)방전을 이용하는 검출기로서 감도는 FID보다 적다.

(6) 기록계(recorder)

가스 크로마토그래피에 이용하는 기록계의 응답속도는 1초 이내로 하고 있으나, 이것을 초과하여도 좋을 때는 진동용량형전기계(震動容量型電氣計)가 사용된다. 또 0.001~1초의 신속한 측정에는 진공관전위차계(眞空管電位差計)를 이용한다. 또 시료분자의 존재로 생기는 이온의 전전하(全電荷)를 집계하는 적분계(integrator)는 정량분석용으로서 편리하다.

3-5-3 가스 크로마토그램(gas chromatogram)의 해석

1. 유지치(維持值, retention value)

어떤 화합물의 가스 크로마토그램(gas chromatogram)에 있어서 그림 2-31과 같은 피크(peak)가 얻어졌다 하면, 시료의 주입점을 S, 공기의 피크의 나타나는 점을 I, 시료화합물의 피크의 정점(頂点)을 P, P로부터 기선에 수선(垂線)을 내려 기선과의 교점(交点)을 Q로 하면 SQ를 유지시간(維

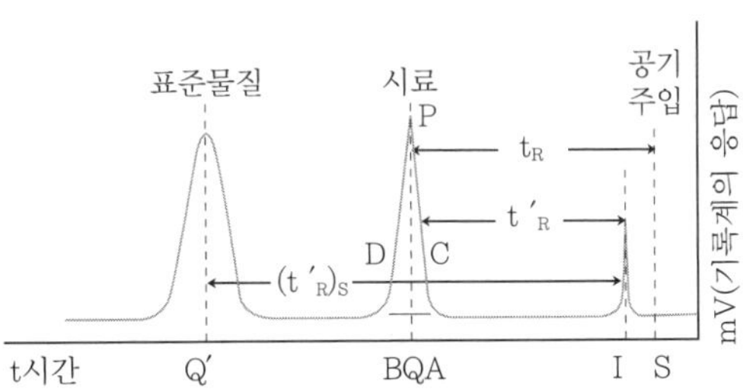

그림 2-31 가스 크로마토그램

持時間, retention time, t_R)이라 하고, 캐리어가스의 유속을 FC라 하면, SQ에 대응하는 캐리어가스의 용적을 유지용량(維持容量, retention volume, V_R)이라 한다.

$$V_R = F_C t_R \quad \cdots\cdots (1)$$

SI는 장치의 사용적(死容積)에 상당하고 위의 유지용량으로부터 이들의 차를 뺀 값, IQ에 상당하는 용량을 보정유지용량(補正維持容量, adjusted retention volume, V'_R)이라 한다.

$$V_R = F_C t'_R \quad \cdots\cdots (2)$$

이온화검출기를 이용하면 공기 피크는 나타나지 않으므로 사용적은 실험적으로 구할 수 없으나, 동족계열 화합물의 유지용량의 대수치와 구성탄소수의 비례관계를 이용하여 산출하는 방법 또는 methane이나 ethane을 공기의 대신으로 사용하는 방법 등이 있다.

PQ를 피크의 높이, 1/2PQ에 있어서 피크의 폭 CD를 반치폭(半値幅), 피크상의 변곡점 C와 D로부터 접선을 그어 기선과의 교점을 A, B라 하면, AB를 피크, W를 폭이라 한다.

2. 상대유지치(相對維持値, relative retention value)

유지용량이나 시간은 실험조건에 따라 변동하며, 재현성이 있는 값을 얻는 것은 어렵고, 화합물의 확인을 혼동케 한다. 재현성이 있는 값을 얻기 위하여, 그의 피크가 크로마토그램(chromatogram)의 거의 중간에 올 수 있는 표준물질을 선택하여 그의 보정유지용량(補正維持容量), $(V'_R)_S$를 1로 하여 각 성분의 유지용량을 다음에 나타내는 α 로 표시한다.

이것을 상대유지용량(相對維持容量, relative retention volume)이라 하고,

$$V'_R/(V'_R)_S = \alpha \quad \cdots\cdots (3)$$

유지시간에 관하여도 같이하여, $t'_R/(t'_R)_S$를 상대유지시간(相對維持時間, relative retention time)이라 한다.

3. 칼럼(column)의 이론단수

칼럼의 이론단수(number of theoretical plate, n)는 일반적으로 크로마토그램(chromatogram)으로부터 tR 및 W를 측정하여 다음의 식으로부터 구할 수 있다.

$$n = 16(t_R/W)^2 = 16Q^2 \quad \cdots\cdots (4)$$

W = 피크 폭(단, t_R의 측정조건과 같은 조건에서 구한 값)

이론단수의 정의로부터는 시료 0의 값을 외삽(外挿)하여 구하여야 하나 칼럼의 분리능의 비교에는 반드시 그렇게 할 필요는 없다. 그러나 이럴 경우 시료의 양이 많아지면 n의 값이 작아지므로 비교할 때는 동량의 시료를 주입할 필요가 있다. 칼럼의 길이를 L이라 하면 1이론단

당의 칼럼의 길이를 HETP(height equivalent to a theoretical plate, H)라 하고, n과 H는 다음 식의 관계가 있다.

$$H = L/n \quad \cdots\cdots (5)$$

보통 충진된 칼럼에서는, 1m당 800~1000단이 대체적인 한계이다. Golay column(0.25㎝ i, d)에서는 1m당 n=2500~5000단까지 달한다.

3-5-4 GC-MS

GC-MS는 GC와 질량분석계(mass spectrometry)를 연결한 장치로서 GC에서 나온 피크를 질량분석법으로 그 물질의 분자량과 분자이온을 결정하여 분자의 구조를 결정할 수 있는 것이다.

질량분석법의 원리는 다음과 같다. 기체상태의 유기화합물 시료를 그 화합물의 이온화전위를 능가하는 충분히 에너지를 가진 전자로 충격시키면 그 분자에서 전자가 한개 떨어져 나가고 유기이온을 형성하게 된다. 고에너지 전자충격에 의해 생성된 유기이온들은 불안정하여 유리라디칼(free radical)이나 다른 이온들의 보다 작은 조각들로 쪼개진다.

그래서 질량스펙트럼(mass spectrum)은 그 조각의 질량대 하전의 비(m/e ; mass to charge ratio)에 대한 존재비(abundance, 양전하 조건들의 상대적인 양)를 그래프로 표시한 것이다.

질량분석기에 검출되는 대부분 입자의 이온전하는 +1이기 때문에 이 이온에 대한 m/e값은 질량과 같다.

실제로 질량 스펙트럼은 그 입자의 상대 존재비에 대한 입자질량의 기록이다. 분자 또는 이온이 어떻게 양전하 조각들로 쪼개어지는가는 탄소골격과 존재하는 작용기들에 좌우된다. 그 조각의 구조와 질량은 본 화합물의 구조에 대한 정보를 주며 아울러 질량 스펙트럼으로부터 그 화합물의 분자량을 결정할 수 있다.

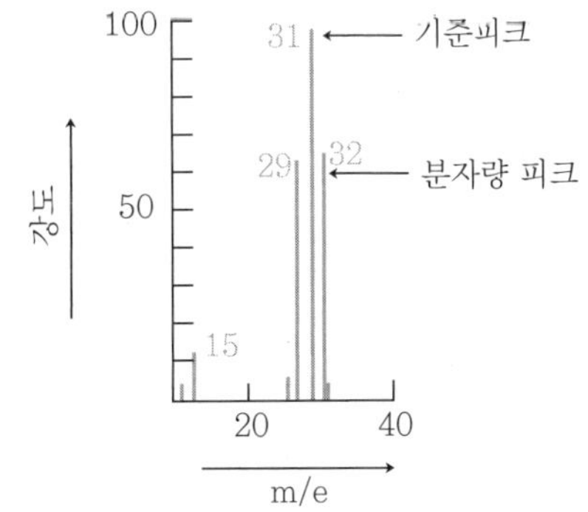

그림 2-32 Methanol(CH_3OH)의 질량 스펙트럼(mass spectrum)

그림 2-32에서와 같이 질량 스펙트럼은 막대그래프로 표시된다. 스펙트럼에 있는 각 피크는 분자의 조각을 나타낸다. 조각들을 스캐닝(scanning)하여 스펙트럼의 왼쪽에서 오른쪽으로 m/e값이 증가되게 피크들을 배열시킨다. 피크의 세기는 조각들의 상대

적 존재비에 비례하는데 이것은 다시 상대적 안정도에 의존한다.

스펙트럼에서 가장 큰 피크를 기준 피크(base peak)라고 부르는데 그 세기를 100%로 잡는다. 작은 피크들은 기준 피크에 대한 상대적인 세기로서 나타내어진 것이다. 기준 피크가 가끔 분자이온일 수도 있지만 대체로 작은 조각인 경우가 많으며 분자량 피크는 일반적으로 스펙트럼의 맨 오른쪽에 있는 것이 대부분이다.

3-6 고속액체 크로마토그래피(HPLC)

3-6-1 HPLC의 특성

고속액체 크로마토그래피(high performance liquid chromatography, HPLC)는 휘발성이 문제가 되지 않으므로 분자량이 큰 물질의 분석에도 사용될 수 있다.

얼마전까지만 해도 GC가 LC에 비하여 이동상의 차이때문에 신속한 분석법이었으나 최근에는 HPLC가 분리능력이나 응용범위면에서 신속정확한 방법으로 각광받게 되었다.

시료분리의 능력을 비교한다면 가스 크로마토그래피(GC)에서는 단순히 시료와 충진제의 관계만 고려하면 되어 비교적 간단하나 분리 인자가 두가지로 한정되어 있으므로 그 분리의 가능성에는 제약이 있다.

그러나 HPLC에서의 분리에는 시료와 충진제 외에 용매와의 물리·화학적 상호작용을 고려해야 하므로 분리전개는 매우 복잡하지만 그 분리에는 무한한 가능성이 있으며, GC분석이 불가능한 시료도 HPLC로는 간단하게 분리할 수가 있는 것이다.

GC는 일반적인 사용온도범위(약 350℃) 이하에서 기화되지 않는 비휘발성 물질이거나 열변성이나 열분해를 쉽게 받는 시료는 일반적으로 직접 분리할 수 없다. 그러므로 TMS화(tri-methylsilylation)나 methylation 후 TMS화 등의 전처리가 필요하며, 이에 의해 원래 화합물보다 분자량이 많이 증가하게 된다. 전처리없이 분리가능한 화합물은 전 유기화합물 중의 약 20% 정도인 것으로 생각된다.

그러나 HPLC에서는 시료가 상온에서 용해 불가능하여 가온할 필요가 있는 경우를 제외하면 온도와 관계없이 용매에 용해되는 시료는 모두 분리가 가능하다.

한편 페이퍼 크로마토그래피(paper chromatography)나 TLC(Thin layer chromatography)에서 시료의 분리는 이동상과 시료의 전개거리비율, 즉 *Rf*치로서 시료의 이동비를 구한다.

이 Rf 치에서 재현성을 얻기는 어려우며 또한 시료의 전개거리의 차이에 따라 반점(spot)의 확산비율이 달라서 정성적인 분리에는 이용가능하나 정량분석에는 부적당하다.

그러나 HPLC는 각 피크별로 기록계에 피크 면적이 기록되면 그 면적을 비교할 수 있다. 또한 피크 신호(peak signal)를 보며 각 피크를 분취하는 작업을 수회 반복하여 모은 후 용매를 감압하에서 증발시켜 GC-MS나 NMR에 의해 그 물질의 종류나 구조를 추정할 수 있다.

그림 2-33은 TLC와 HPLC를 사용한 스테로이드(steroid)분석을 비교한 것이다. TLC와 HPLC로서 hydrocortison acetate와 그 분해물을 분석한 것인데, TLC의 경우 시료전개에 앞서 chloroform으로 4회 추출, 2회 희석, 1회 농축, alcohol용해 등 복잡한 시료의 전처리 과정이 필요하다.

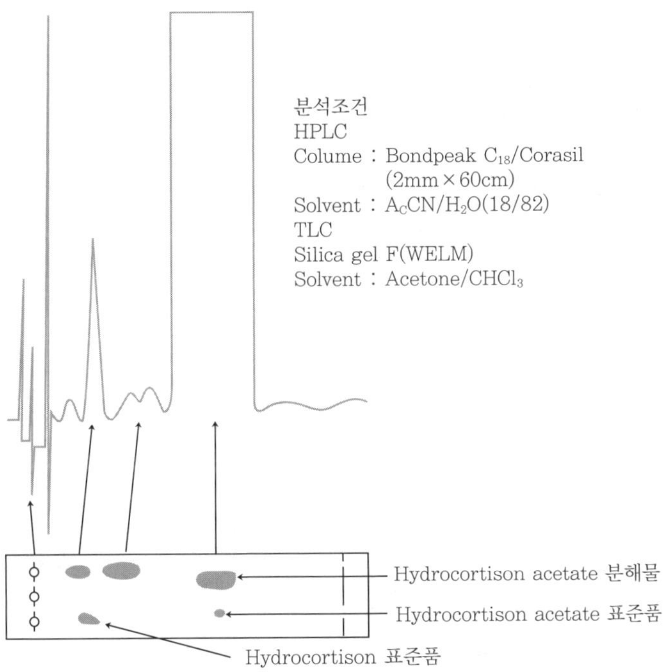

그림 2-33 HPLC와 TLC의 비교

또 시료의 검출을 위하여 blue tetrazolium으로 발색하여 자외선으로 검색하고 spot를 분리, 확인해야하므로 3시간 이상의 시간이 소요된다. 그러나 HPLC의 경우는 alcohol추출만으로 시료의 전처리가 끝나고 시료를 주입하면 15분 이내에 분리분석이 완료될 수 있다.

HPLC에서 사용되는 용매는 HPLC급의 순수용매를 사용하며 만약 물로 희석할 때는 초순수 제조기에 의해 조제된 초순수(超純水)를 사용하여야 한다.

3-6-2 HPLC의 구성 및 원리

HPLC의 구성은 고정상 및 이동상으로 대별되며 고정상과 이동상이 서로 평형상태를 이루고 시료도 이 안에서 상호작용에 의해 분포되며 분포평형을 반복하면서 분리의 장을 이동한다. 이 분리의 장을 얻기 위하여 고정상인 충진제를 원통관에 충진한 것을 분리관(column)이라고 한다. 일반적으로 충진제를 충진하기 위하여 사용하는 원통관을 크로마토관이라고 하는데 여기에는 유리관, 금속관, 테프론관, 폴리에틸렌관 등이 많이 사용되고 있다.

HPLC에서는 내압성, 부식성의 문제 때문에 견고한 스테인레스관이 많이 쓰이지만 최근에 와서는 새로운 기술의 발달로 폴리에틸렌관 같은 연질 원통관을 사용한 신형 분리관이 많이 쓰이고 있다. 고정상으로서는 지지체(支持體, support)에 다른 화학물질을 화학결합시킨 충진제를 화학결합형 충진제(bonded-phase packing material)라고 하며, 결합시키는 화학물질에 따라 다양한 충진제를 얻을 수 있다. 이동상은 고정상과 더불어 분리의 장을 이루는 다른 한편의 장을 말하는데 이상은 고정상 위를 이동할 수 있다. 즉 시료를 이동시키는 역할을 맡고 있는 것이 이동상이며 시료는 반드시 용매에 용해되어야 한다. 이동상은 이 용해성을 고려하여 극성 용매로부터 비극성 용매까지 광범위한 용매를 선택 사용할 수 있다.

액체 크로마토그래피(LC)에 사용되는 용매를 전개용매라고도 하며 실제 사용시는 단일용매를 사용하는 경우보다 2~3종류의 혼합용액의 비율을 변화시켜 가도록 프로그래밍하여 사용하는 경우가 많다.

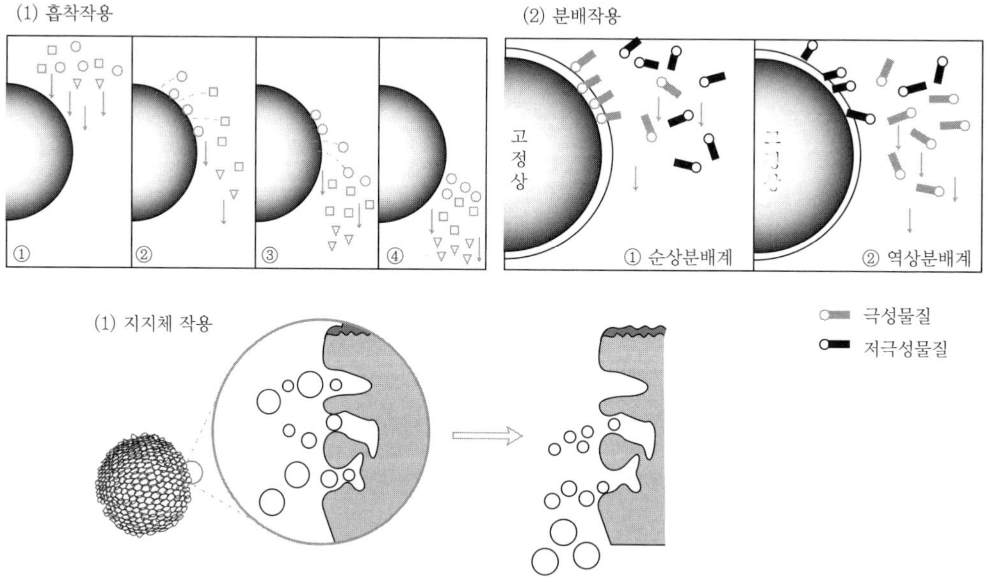

그림 2-34 HPLC의 흡착, 분배, 지지체 작용에 의한 분리

HPLC에서는 액상의 한편을 지지체에 코팅(coating) 또는 화학결합으로 부착시킨 충진제를 사용하여 충진제와 이동상 사이에서 분배작용을 반복시켜 시료를 분리하는데 이는 충진제와 이동상의 조합에 따라 두 종류로 나눌 수 있다. 그 하나는 극성이 높은 액상을 부착한 충진제를, 이동상으로는 비교적 저극성 용매를 사용하는 경우로 이것을 순상분배(順相分配) 크로마토그래피라고 한다. 다른 하나는 역으로 저극성의 액상을 부착한 충진제를, 이동상으로는 비교적 극성이 높은 용매를 사용하는 경우로 이것을 역상분배(逆相分配, reversed-phase) 크로마토그래피라고 한다(그림 2-34 참조).

3-6-3 HPLC의 사용

LC의 기본적인 원리는 고정상과 이동상의 시료에 대한 상호작용으로 시료의 분포비를 변화시켜 각 시료성분이 서로 다른 이동속도로 분리관 내를 통과하게 하여 분리시켜 분리관에서 용출시키는 것이라고 할 수 있다.

이 용출상태는 광학검출기로 차례대로 검출되어 기록계(recorder)에 크로마토그램(chromatogram)으로 나타나며, 적분(intergration)에 의해 피크 번호순으로 유지시간(維持時間, retention time)과 유지용량(維持容量, retention volume)의 면적비율이 기록되게 된다. 시료는 분리관에 주입후 분리관에 머무르면서 분리되어 각각의 용출시간에 따라 다른 피크 폭으로 용출된다.

시료의 분리상태는 크로마토그램으로 표시되는데 이 상태는 고정상 및 이동상의 선택과 그 조합, 또 분리관의 길이 등에 따라 변화된다. 혼합물인 시료의 분리능을 높이기 위해서는 시료를 충분히 분리관에 머무르게 하여 용출시키며, 용출성분 각각의 피크폭이 좁아야 하고 인접한 피크와 서로 겹치지 않을 것 등이 요구된다.

만족스러운 분석결과를 얻기 위하여는 각 분리인자의 의미를 이해하고 그 분리인자의 조합을 잘하여 분석하고자 하는 시료에 최적의 조건을 잘 이용해야 하는 것이다.

제 4 장 전기분석

전기분석법은 주로 용액의 전기적 성질을 이용해서 화학분석을 하는 방법이다. 전기분석의 시작은 19세기 말에 중량분석법의 일부분으로서 확립된 전해분석법이다.

이 분석법은 목적성분을 분리하기 위해 전해반응을 이용한 것이지만 그 이후 전기적정, 폴라로그래피(polarography) 등의 전기분석법이 발달하여 현재는 광도계법과 더불어 중요한 측정법으로 되어있다.

4-1 전기영동

4-1-1 원리

전기영동(electrophoresis, 電氣泳動)은 식품화학, 생화학 실험실에서 많이 이용되는 실험 방법이다. 전기영동은 전기를 이용하여 분자들을 이동시킨 후 그 이동거리를 확인하여 분자들의 여러 가지 특성을 결정하거나 분리하는 방법이다. 특히 물질의 순도나 분자량을 결정하는 데 자주 이용되는 방법이다. 전기장(electric field, 電氣場)에서 분자들의 이동거리는 분자량 · 모양 · 전하량 등과 같은 분자들의 화학적 특성에 따라 달라진다.

위에서 설명한 바와 같이 전기영동의 기본적인 원리는 전기장에서 이온을 띤 물질을 이동시키는 것이다. 이온을 띤 물질의 이동속도와 방향은 이온의 종류(+, −)와 수, 그리고 물질의 크기에 따라 달라진다. 양이온은 음극 쪽으로 이동하고, 음이온은 양극 쪽으로 이동한다. 전기영동 방법은 크게 이동계면 전기영동법(moving boundary electrophoresis)과 띠 전기영동법(zone electrophoresis)의 2가지로 분류되는데, 이 장에서는 띠 전기영동법에 대해서만 설명하기로 한다.

전기영동에서 물질의 이동이나 분리는 대부분 겔(gel)이라는 고체 지지체에서 진행되는데, starch 겔이나 agarose 겔 등도 가끔 사용되지만 polyacrylamide 겔이 가장 많이 사용된다. 겔의 가장 큰 장점은 농도를 조절하는 것에 의하여 겔 분자 사이의 틈새 크기를 조절하는 것이 가능하다는 것이다. 같은 조건의 전기영동에서 겔의 이 틈새가 크면 물질은 빨리 이동하고, 틈새가 작으면 느리게 이동한다.

1. 전기영동

전기장 내에서 전하를 띤 분자의 이동속도는 식 (1)과 같이 표현된다.

$$Eq = fv \quad \cdots\cdots (1)$$

E :전기장(volts/㎝)
q :분자의 알짜 전하
f : 마찰계수(분자의 모양이나 질량에 따라 달라진다)
v : 분자의 이동속도

식 (1)은 다음과 같이 쓸 수 있다.

$$v = \frac{Eq}{f} \quad \cdots\cdots (2)$$

식 (2)에서 보는 바와 같이 전하를 띤 입자의 이동은 전기적 힘(Eq)에 정비례하고, 마찰계수에 반비례한다. 일반적으로 전기영동을 할 때에는 일정한 전압과 전류를 공급하는 기기(power supply)를 이용하기 때문에 전압 또는 전류(E)는 변화가 없다. 그러므로 전하를 띤 분자의 이동은 분자의 마찰계수에 대한 알짜 전하(net charge)의 비(q/f)에 따라 달라진다.

전기장에서 전하를 띤 입자의 움직임은 이동도(mobility,μ)라는 단위로 표시되는데, 이것은 다음과 같이 표현된다.

$$\mu = \frac{q}{f} \quad \cdots\cdots (3)$$

여기서 q(분자의 알짜 전하)는 분자의 화학적 성질과 완충용액의 pH 등에 따라 달라지며, f(마찰계수)는 분자의 질량과 모양에 따라 달라진다. 또한 전기장에서의 분자의 이동에는 식 (3)과는 관계없는 다른 여러 가지 요인들도 분자의 이동에 영향을 미친다.

예를 들면, 지지체인 겔과 이동하는 분자들 사이의 상호작용, 완충용액과 분자들의 상호작용, 전기영동시의 온도 등이 분자들의 이동도에 영향을 미친다.

그러므로 전기영동을 통하여 분자들의 마찰계수를 측정하여 이동도를 계산하는 것은 불가능하다. 하지만 전기영동을 할 때 이와 같은 변수들을 일정하게 조절하면 분자들의 이동도는 단지 분자들의 질량에 따라 달라지게 된다.

즉, 같은 조건에서 분자량이 큰 분자는 늦게 이동하고, 분자량이 작은 분자는 빨리 이동하게 된다. 그러므로 이와 같은 변수들을 일정하게 조절한 후, 같은 조건에서 전기영동하였을 때 만약 그 이동도가 같다면 이들은 서로 같은 물질이라는 것이다. 전기영동은 특히 아미노산, 탄수화물, 단백질, peptides, 핵산 및 nucleotides 등의 분석에 유용하게 사용된다.

2. 띠 전기영동

띠 전기영동(zone electrophoresis)은 위에서 설명한 이론에 기초를 두고 있다. 적은 양의 시료용액을 여과지, cellulose acetate, 겔 등의 지지체에 가하고 전류를 통하면 시료 성분들이 지지체를 띠를 이루면서 이동한다. 이 절에서는 특히 시료의 전개가 좋아 실험실에서 많이 이용되고 있는 겔 전기영동에 대해서 여러가지 겔 지지체와 그 특징을 설명하기로 한다.

(1) 전분 겔

겔 전기영동에 처음으로 사용된 겔은 전분 겔이었다. 유리판 위에 감자 전분 paste를 가하여 편평한 겔을 만든후, 이 겔의 작은 구멍에 시료를 가하고 전기영동하였다. 여과지나 cellulose acetate를 지지체로 사용하였을 때에 비하여 시료들의 전개가 훨씬 좋아 졌으나 겔의 틈새를 조절할 수 없는 것이 가장 큰 단점으로 지적되었다.

(2) Polyacrylamide 겔

이 겔은 Polyacrylamide의 농도를 조절하여 겔의 틈새를 조절할 수 있다. 즉 시료의 종류에 따라 적당하나 농도를 결정하여 겔을 형성한 후 전기영동하기 때문에 전분 겔에 비하여 시료 성분의 전개를 훨씬 좋게 할 수 있다. 또한 이 겔은 전분 겔에 비하여 겔 형성, 염색, 속도, 재현성 등에서 많은 장점을 지닌다.

이겔은 그림 2-35와 같이 acrylamide와 N,N′-methylene-bis-acrylamide의 중합에 의하여 형성된다. Ammonium persulfate는 acrylamide로 부터 자유 radical을 발생시키기 위하여 첨가되며, N,N,N′,N′-tetramethylethylenediamine(TEMED)은 이 중합 반응을 촉매한다. 일반적으로 7.5% polyacrylamide 겔이 많이 사용되는데, 이것은 분자량 10,000~1,000,000까지의 물질을 분리 확인하는 데 사용될 수 있지만 분자량 30,000~300,000에서 전개가 가장 좋다. 3.5% polyacrylamide 겔은 분자량 1,000,000~5,000,000의 거대 분자에 사용되며, 분자량 5,000,000 이상의 물질은 다음 (4)항에서 설명하는 agarose 겔을 사용한다.

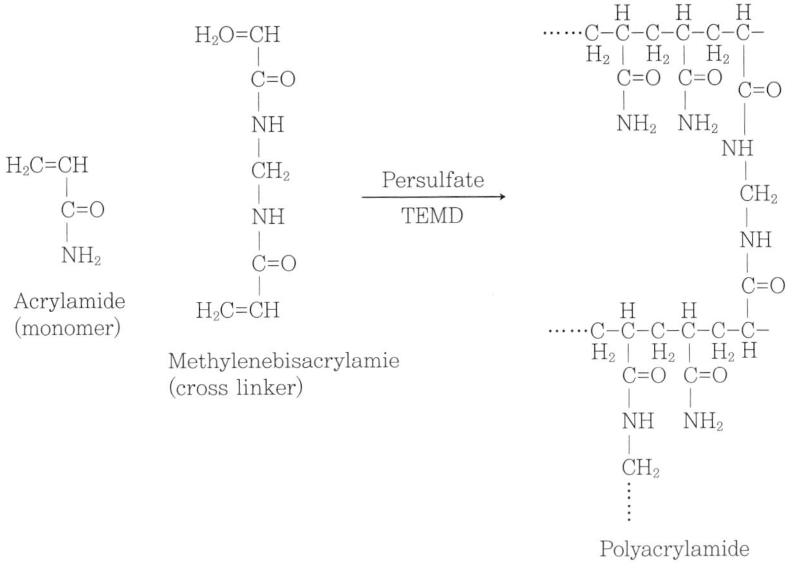

그림 2-35 Polyacrylamide 겔의 형성

Polyaceylamide 겔 전기영동은 column 겔(vertical) 또는 slab 겔(horizontal)을 사용할 수 있다. Column 겔은 유리관(10㎝×6㎜ ID)에 acrylamide, N,N´-methylene-bis-acrylamide, 촉매, ammonium persulfate 등의 혼합용액을 채운 후 약 30~40분 정도면 완성된다. Slab 겔은 두장의 유리판(주로 12×12㎝, 또는 14×16㎝) 사이에 두께 1.5~1.75㎜ 정도의 고무 밴드를 유리판의 끝을 따라 설치하여 유리판 사이에 공간을 형성하고 집게를 사용하여 이들을 단단히 고정시킨 후, 그 공간에 위의 혼합용액을 채워 만든다. 이 때 겔의 맨 위에는 플라스틱으로 만든 빗과 같이 생긴 것을 꽂아 겔이 응고할 때 전기영동시 시료를 가할 공간(well)을 형성한다. 보통 한 개의 slab 겔에 20개 정도의 공간을 만들 수 있기 때문에 많은 시료를 동시에 전기영동하는 것이 가능하다.

그림 2-36은 column 겔을 사용하여 전기영동하는 그림이다. 겔을 분리된 2개의 완충용액 탱크(용기) 사이에 삽입하고, 위의 완충용액 탱크에는 음극을, 아래의 완충용액 탱크에는 양극의 전류를 통한다. 시료 용액은 겔의 맨 위에 가한다. 일반적으로 겔 전기영동은 염기성의 pH에서 진행된다. 염기성 상태에서 대분분의 생물학적 물질은 거의 음이온을 띠기 때문에 시료 성분들은 위로 부터 아래의 양극을 향하여 움직이게 된다.

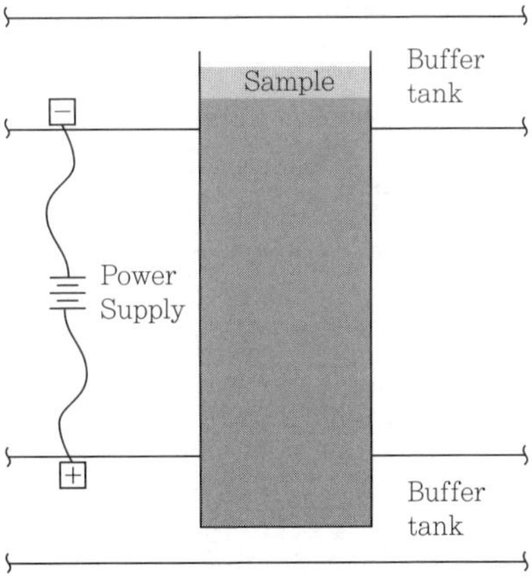

그림 2-36 Column 겔을 이용한 전기영동

전기영동을 할 때에는 시료의 움직임을 확인하기 위하여 염색을 하게 된다. 이 염색제는 겔에서 시료보다 더 빨리 이동하기 때문에 이 염색 띠가 겔 반대편의 끝부분에 이르면 전류 공급을 멈추고 유리관으로부터 겔을 제거한 후에 탈색한다.

(3) SDS Polyacrylamide 겔

(2)항에서 설명한 전기영동 방법은 생물학적 분자들의 분자량을 측정하는 데에는 부적합하다. 왜냐하면 앞에서 설명한 바와 같이 시료 성분의 이동도(mobility)는 분자량과 알짜 전하에 의하여 달라지기 때문이다. 하지만 시료의 알짜 전하를 똑같게 전처리하고 전기영동하면 그 이동도는 그들의 분자량에만 의존하게 된다.

SDS-Polyacrylamide 겔 전기영동에서는 시료를 SDS(sodium dodecyl sulfate)와 mercaptoethanol을 사용하여 전처리한다. 단백질 분자를 SDS로 처리하면 단백질 분자는 2, 3, 4차 구조가 붕괴되어 단지 polypeptide형의 사슬모양으로 변성된다. 그리고 mercaptoethanol은 단백질의 모든 disulfide 결합(-S-S-)을 환원시켜 SDS의 작용을 도와 준다. 이 때 SDS는 변성된 단백질 사슬의 비극성 부위에 일정한 비율(단백질 1g당 SDS 1.4g)로 결합한다.

SDS는 음이온을 띠기 때문에 SDS가 결합한 단백질은 단백질의 분자량에 비례하는 일정한 음전하와 일정한 모양을 지니는 polypeptide 사슬이 된다. 그러므로 SDS가 결합한 단백질의 전기영동 이동도는 주로 단백질의 분자량에 따라 달라진다. 즉 분자량이 큰 분자는 겔을 느리게 이동하고, 작은 분자는 빠르게 이동하게 된다. 일반적으로 단백질 분자량의 log 값과 전기영동 이동도 사이에는 반비례 관계가 성립한다.

SDS Polyacrylamide 전기영동은 분자량이 10,000~200,000인 단백질의 분자량을 결정하는데 매우 유용한 방법이다. 분자량을 모르는 단백질 시료(a)를 분자량을 알고 있는 표준 단백질(b)과 같은 조건에서 SDS Polyacrylamide 겔 전기영동을 한 후에 b의 이동도와 a의 이동도를 비교하면 a의 분자량을 측정하는 것이 가능하다. 일반적으로 전기영동을 할 때 표준 단백질은 2가지 이상이 사용된다. 즉 분자량이 작은 것(14,000~100,000)과 큰 것(45,000~200,000)을 동시에 사용한다.

(4) Agarose 겔

지금까지 설명한 Polyacrylamide gel이나 SDS-Polyacrylamide gel은 분자량 350,000정도의 단백질을 분석하는 데에는 적당하지만, 분자량이 큰 핵산 등을 분석하는 데 적당하지 않기 때문에 분자량이 큰 RNA나 DNA의 분석을 위해서는 agarose 겔을 이용한다. Agarose 겔에서 핵산의 이동도는 agarose의 농도, 핵산의 분자량, 그리고 핵산의 분자 모양에 따라 달라진다. 0.5~3% agarose 겔은 핵산을 분리하는 데 가장 효과적이며, 0.5% 이하의 겔은 부서지기 쉽기 때문에 slab 겔을 적용하든지 낮은 온도에서 전기영동을 하여야 한다. 단백질과 같이 핵산도 그들의 분자량의 log 함수에 반비례하는 비율로 이동한다. 그러므로 분자량을 알고 있는 표준 핵산을 이용하면 분자량을 모르는 핵산의 분자량을 측정하는 것이 가능하다.

4-1-2 장치 및 조작

1. 기 기

전기영동을 하기 위해서는 power supply(그림 2-37)와 전기영동 chamber(그림 2-38)가 필요하다. Power supply는 전기영동 중에 일정한 전압(최대 500volt)과 일정한 전류(최대 20mA)를 공급해 주는 장치이다. 전기영동 chamber는 전기영동이 실제 진행되는 곳으로 여러 가지 형태가 있으며, 쉽게 제작도 가능하다.

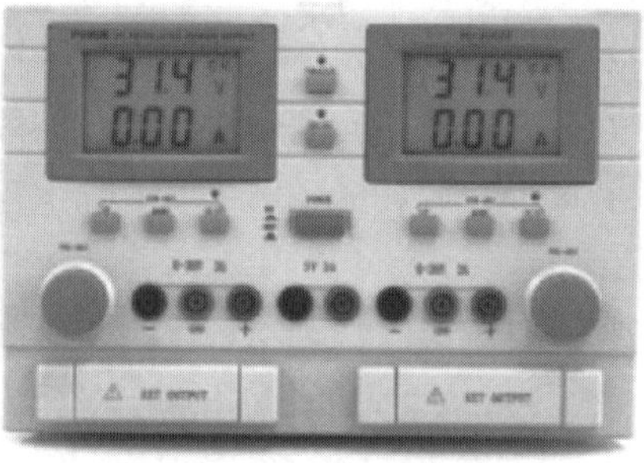

그림 2-37 Power supply

그림 2-38 Slab gel electrophoresis chamber

2. 시 약

시약은 품질이 좋은 것을 사용하여야 한다. 왜냐하면 시약의 순도는 겔의 중합과정이나 시료 성분의 이동도에 영향을 주기 때문이다. 겔 형성을 위하여 사용되는 시약은 반드시 냉장고에 보관되어야 하고 정제하여 사용하여야 한다.

Acrylamide는 chloroform으로, N,N´-methylene-bis-acrylamide는 acetone으로 정제가 가능하다. 또한 acrylamide, N,N´-methylene-bis-acrylamide, ammonium persulfate, 그리고 N,N,N´,N´-tetramethylethylenediamine은 독성이 강하기 때문에 취급시 특히 주의하여야 한다. Acrylamide는 신경독 성분이고 강력한 피부 자극제이다. 때문에 반드시 장갑과 마스크를 착용하고 취급하여야 한다.

겔 전기영동에는 일반적으로 0.05M 정도의 Tris-acetate, Tris-phosphate, Tris-borate 등의 완충용액이 사용된다.

3. 시료의 염색

전기영동을 할 때 전기의 공급을 적당한 때에 차단되어야 한다. 만약 전기 공급이 필요 이상 계속되면 시료 성분이 겔을 통과하여 완충용액으로 빠져 버리게 되고, 너무 일찍 차단되면 시료 성분의 전개가 제대로 되지 않는다. 그러므로 전기영동 중 시료의 위치를 정확히 파악하기 위하여 시료용액을 bromophenol blue로 염색한다. 이 염색제는 분자량이 작고, 음이온을 띠기 때문에 시료 성분보다 먼저 겔을 빠르게 이동한다.

4. Fixing, 겔의 염색, 탈색

전기영동 후 형성된 단백질의 band는 확산되는 경향을 보인다. 이것을 방지하기 위해서는 전기영동 후에 즉시 겔을 fixing 시약으로 처리하여 단백질을 그 자리에 고정시켜야 한다.

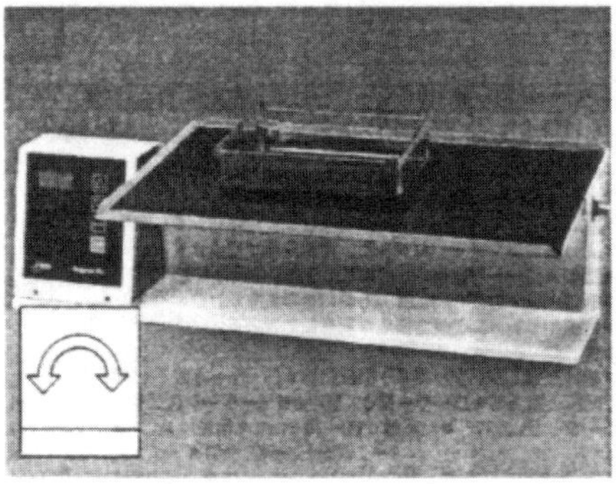

그림 2-39 Rotor mix

전기영동 후에 겔에 형성된 시료 성분들의 띠가 잘 보이게 하기 위하여 겔을 염색한다. 단백질에 가장 일반적으로 사용되는 염색 시약은 0.25% coomassie brilliant blue 용액이다. 염색 후 겔은 7% acetic acid 용액으로 탈색한다. 전기영동에서 가장 지루한 과정은 이 탈색과정이다. 염색된 겔과 acetic acid 용액을 용기에 담고, 수시로 새로운 acetic acid 용액을 교환해 주면서 오랜 시간 흔들어 탈색한다(그림 2-39).

전기영동 후 단백질의 띠를 보다 빠르고 정확하게 확인하기 위하여 형광염색법이 사용되기도 한다. 일반적으로 형광시약으로는 fluorescamine과 anilinonaphthalene sulfonate가 사용된다. 최근에는 단백질의 염색에 은(銀)염(silver diamine 또는 silver-tungstosilicic acid 혼합물)을 사용하는 새로운 염색법이 개발되었는데, 이들은 coomassie brilliant blue에 비하여 10~100배 정도 예민한다.

5. 건 조

전기영동 후 gel을 오랜 시간 저장하고자 할 때에는 gel을 건조시킨다. Gel을 건조시킬 때에는 건조 중에 gel이 수축하지 않도록 하기 위하여 gel을 1시간 정도 preserving solution에 담근 후에 gel을 유리판이나 foil 위에 놓고 cellophane으로 gel을 조심스럽게 싸서 실온에서 건조시킨다. 하지만 gel 농도가 10% 이상이면 이와 같은 처리를 하여도 수축이 발생한다.

4-1-3 결과의 분석

전기영동을 통하여 우리가 얻을 수 있는 정보는 다음과 같은 것이다.

1. 시료의 순도

이것은 전기영동 겔에 나타난 띠의 수로 확인된다. 즉, 전기영동 후 겔 상에 하나의 띠만 있으면 시료용액에는 단지 한 가지 물질만 존재한다는 것을 의미한다. 만약 둘 또는 그 이상의 띠가 존재하면 단일 물질이 아니고 혼합물이라는 것이다. 물론 시료용액 중의 어떤 물질의 농도가 너무 낮으면 검출되지 않을 수도 있고, 한가지 성분이 전기영동 중에 분해되어 두 개, 세 개의 띠를 나타내는 경우도 있다(그림 2-40).

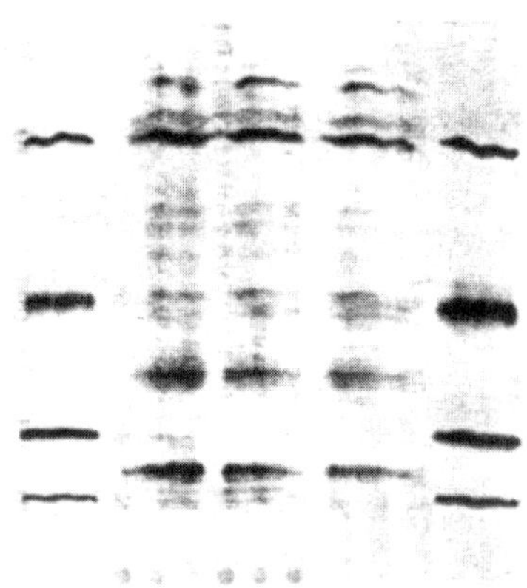

그림 2-40 전기영동 상(像)

2. 단백질의 분자량

앞에서도 설명한 바와 같이 SDS 겔 전기영동을 통하여 시료 단백질의 분자량을 알 수 있다. 즉 단백질 분자량의 log값과 전기영동 이동도 사이에는 반비례 관계가 성립한다.

단백질의 상대적 이동도(ralative mobility)는 각각의 이동거리를 bromophenol blue front의 이동거리로 나누어 얻어지는데, 이것을 표준물질의 이동도와 비교하면 각 단백질의 분자량 측정이 가능하다. 상대적이동도를 계산할 때에는 gel이 fixing이나 건조 중에 수축이나 팽창될 수 있기 때문에 다음 식에서 보는 바와 같이 fixing전과 drying 후의 gel 크기를 측정하여 이를 반영한다.

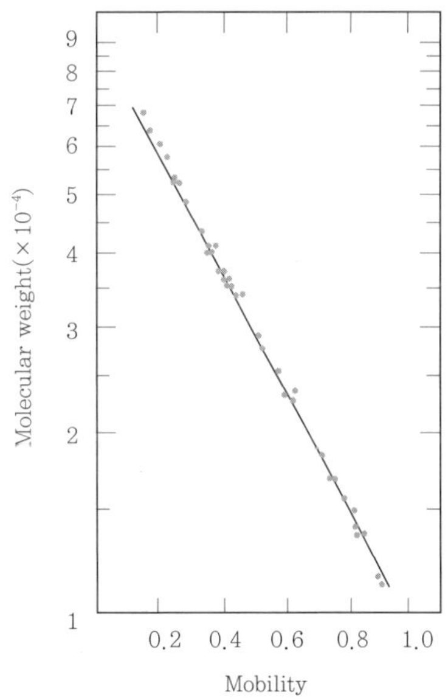

그림 2-41 단백질의 전기영동 이동도와 분자량

$$\text{상대적 이동도} = \frac{\text{단백질의 이동거리}}{\text{건조 후의 gel 길이}} \times \frac{\text{fixing 전의 gel 길이}}{\text{bromophenol blue front의 이동거리}}$$

그림 2-41은 분자량 11,000~70,000에 있는 37종의 서로 다른 단백질의 전기영동 이동도와

분자량의 관계를 나타낸 것이다. 가로축의 'Mobility'는 상대적 이동도를 나타내고, 세로축의 'Molecular weight($\times 10^{-4}$)'는 log(분자량$\times 10^{-4}$) 값을 표시한다.

4-1-4 SDS Polyacrylamide Gel 전기영동을 이용한 단백질의 분자량 결정

원 리

단백질의 분자량을 결정하기 위해 분자량을 알고자 하는 미지의 단백질 시료와 분자량을 이미 알고 있는 표준단백질을 같은 조건에서 SDS Polyacrylamide gel 전기영동을 실시한 후에 각각의 단백질의 이동도를 측정하여 단백질의 분자량을 결정한다.

기구 및 장비

① 전자저울
② Power supply(전기영동 장치 포함)
③ Water bath(항온수조)
④ Vortex mixer(시험관 혼합기)
⑤ Slab gel 제조장치
⑥ Gel 염색 · 탈색 장치
⑦ Rotor mix
⑧ pH meter
⑨ 냉장고
⑩ 비커
⑪ 메스플라스크
⑫ 비닐장갑
⑬ 플라스틱 깔대기
⑭ Autopipet
⑮ Eppendorf tube
⑯ Electrode wicks(여지)
⑰ 세척병
⑱ Pipette filler
⑲ 시약스푼

재료 및 시약

① 제1인산나트륨($NaH_2PO_4 \cdot H_2O$, sodium phosphate, monobasic)
② 제2인산나트륨($Na_2HPO_4 \cdot 12H_2O$, sodium phosphate, dibasic)
③ SDS($C_{12}H_{25}NaO_4S$, sodium dodecyl sulfate)
④ 2-Mercaptoethanol(C_2H_6OS)

⑤ Acrylamide(C_3H_5NO)

⑥ Bis($C_7H_{10}N_2O_2$, N,N´-methylene-bis-acrylamide)

⑦ Ammonium persufate[$(NH_4)_2S_2O_8$]

⑧ Bromophenol blue($C_{19}H_9Br_4O_5SNa$)

⑨ Trition X-100

⑩ Trichloroacetic acid($C_2HCl_3O_2$)

⑪ Sulphosalicylic acid($C_7H_6O_6S \cdot 2H_2O$)

⑫ 메칠 알코올(CH_3OH, methanol)

⑬ Coomassie Brilliant Blue R250($C_{45}H_{44}N_3O_7S_2Na$)

⑭ 초산(CH_3COOH, acetic acid)

⑮ 에틸 알코올(C_2H_5OH, ethanol)

⑯ Glycerol($C_3H_8O_3$)

⑰ TEMED($C_6H_{16}N_2$, N,N,N´,N´-tetramethylethylenediamine)

⑱ 황산지

조 작

(1) 시약조제

다음의 용액들은 ⑤용액을 제외하고 조제 후 1달 성노 사용이 가능하며, 특정한 pH를 유지해야 하는 용액들은 그 pH를 조정한 후 사용하여야 한다.

① Phosphate buffer stock solution(0.2M, pH 7.1) : $NaH_2PO_4 \cdot H_2O$ 39.0g + $Na_2HPO_4 \cdot 12H_2O$ 258.0g + SDS 10.0g + 증류수 → 5,000㎖로 정용.

② Electrode buffer : 위 ①용액과 증류수를 1:1의 비율로 혼합

③ Phosphate sample buffer(0.01M, pH 7.1) : ①용액 5.0㎖ + 2-Mercaptoethanol 1.0㎖ + SDS 1.0g + 증류수 → 100㎖로 정용.

④ Acrylamide solution : Acrylamide 22.2g + Bis 0.6g + 증류수 75㎖ → 용액이 맑아질 때까지 혼합 → 증류수로 100㎖로 정용 → 여과 → 갈색병에 보존(4℃에서 2주간 사용 가능)

⑤ Ammonium persulfate solution : Ammonium persulfate 150mg + 증류수 → 10mℓ로 정용(이 용액은 실험할 때마다 새롭게 만들어 사용).

⑥ Bromophenol blue 0.25%(W/V) : Bromophenol blue 25mg을 ③용액에 녹여 10mℓ로 정용

⑦ Detergent solution : Trition X-100 0.1mℓ + 증류수 → 100mℓ로 정용

⑧ Fixing solution : Trichloracetic acid 57.0g+Sulphosalicylic acid 17.0g + Methanol 150mℓ + 증류수 350mℓ(Methanol과 증류수의 혼합물에 산을 가한다.)

⑨ Staining solution : Coomassie Brilliant Blue R250 1.25g+Methanol 230mℓ + 증류수 230mℓ + Acetic acid 40mℓ → 1시간 정도 혼합 → 여과 후 사용

⑩ 탈색용액 : Ethanol 1,500mℓ + Acetic acid 500mℓ + 증류수 → 5,000mℓ로 정용

⑪ Preserving solution : Ethanol 300mℓ + Acetic acid 100mℓ + Glycerol 100mℓ + 증류수 → 1,000mℓ로 정용

⑫ TEMED : 시판되는 시약을 그대로 사용한다.

(2) 실험방법

1) SDS Polyacrylamide gel 제조

Slab gel 제조장치를 이용, 적당한 농도의 SDS Polyacrylamide gel을 제조한다. 다음 표는 5%와 10% gel을 만드는 데 필요한 각 용액의 필요량(mℓ)을 나타낸 것이다.

시약종류	5% gel	10% gel
증류수	14.9	–
① Phosphate buffer stock solution	33.0	33.0
④ Acrylamide solution	14.8	29.7
⑤ Ammonium persulfate solution	3.2	3.2
⑫ TEMED	0.05	0.05
총 부피	66.0	66.0

2) 단백질 시료의 준비

시료 단백질을 ③용액(phosphate sample buffer)에 용해 → 100℃ 항온수조에서 2분간 방치(열에 예민한 단백질은 37℃에서 3시간 방치) → 시료를 냉각 → 시료용액 250$\mu\ell$ + bromophenol blue 10$\mu\ell$ + 2-mercaptoethanol 10$\mu\ell$ → 혼합

3) Pre-electrophorisis

전기영동 장치의 2개의 buffer tank에 ②용액(electrode buffer)을 채우고 gel이 놓여질 plate를 수 mℓ의 ⑦용액(detergent solution)으로 닦은 후에 gel을 plate 위에 올려놓는다. 8~10장의 electrode wicks의 한쪽을 ②용액에 적시고 wicks의 젖은 가장자리와 gel이 평행이 되도록 wicks를 gel 위에 올려놓은 후, wicks를 손으로 눌러 wicks와 gel사이의 공기를 완전히 제거한다. 온도는 5℃ 정도가 적당하기 때문에 전기영동 장치를 냉장고 안에 넣고 전기영동을 하면 된다. 150mA로 30분 정도 pre electrophoresis를 실시한다.

4) Sample application

짧은 바늘이 달린 micro syringe 등을 이용하여 gel의 slot에 B의 단백질 시료를 채운다. Bromophenol blue가 빠르게 확산되기 때문에 이 과정은 빠르게 진행되어야 한다.

- 시료가 완전히 용해되지 않으면 전기영동을 방해하기 때문에 시료용액을 여과한 후 사용하는 것도 좋은 방법이 된다. 시료의 적당한 농도는 0.2~2.0mg/mℓ 정도이다. 단백질 시료가 염석 등의 과정을 거쳐 얻어졌다면 0.1% SDS를 포함하는 0.01M 인산완충용액을 이용하여 투석한 후에 이용하여야 한다.

5) 전기영동

시료를 gel의 slot에 채운 다음에는 즉시 power supply를 켠다. 처음의 10분 동안은 전류를 20mA 정도로 조절하고, 그 후에는 아래 표(phosphate buffer의 경우)를 참조하여 전류를 조절하는데, 이는 gel에서 단백질의 이동속도를 결정하는 주요 인자이기 때문에 전기영동하는 동안에는 반드시 일정한 전류가 흐르게 하여야 한다. 전기영동 중에 gel의 slot가 마르면 ①용액(phosphate buffer stock solution)을 1:1로 희석한 용액으로 slot을 채워 주어야 한다. 전기영동이 끝난 다음에는 dye의 이동거리를 측정한다.

Gel 농도	5% gel	10% gel
Current(mA)	200	190
Field Strength(V/cm)	5	6
Migration speed of bromophenol blue front(cm/h)	1.5	1.2
Total time for run(h)	4	5

6) 염색(Staining)과 보존(Preserving)

ⓐ 전기영동 후에는 분자량이 작은 수용성 단백질의 손실과 확산을 최소화하기 위하여 gel은 즉시 ⑧용액(fixing solution)으로 fixing 되어야 하는데, fixing는 실온에서 1시간이면 충분하다.

ⓑ 염색 : Fixing이 끝난 gel을 ⑨용액(staining solution)에 2시간 정도 담가 염색한다.

ⓒ 탈색 : Gel을 ⑩용액에 담가 과잉의 염색액을 제거하는데, 보통 하루 정도가 소비된다.

ⓓ 보존 : Gel을 보관하기 위하여 건조시킬 때 수축하지 않도록 하기 위하여 gel을 1시간 정도 ⑪용액(preserving solution)에 담가 놓는다. 하지만 gel 농도가 10% 이상인 경우는 수축 없이 gel을 건조시키는 것은 어렵다.

ⓔ 건조 : Gel을 유리판이나 foil 위에 놓고 ⑪용액(preserving solution)을 적신 cellophane으로 조심스럽게 gel을 싸고 실온에서 건조시킨다.

7) 단백질 분자량의 계산

그림 2-42에서 보는 것과 같이 전기영동 후의 분자량이 알려진 여러 가지 단백질(분자량 maker)의 상대적 이동도와 $\log_{10}$(분자량)은 직선의 그래프를 나타내기 때문에 이 직선을 이용하면 시료의 분자량을 구할 수 있게 된다. 일반적으로 분자량 maker는 시료 단백질의 상대적 이동도보다 큰 것과 작은 것으로 구성하는 것이 바람직한데, 분자량 14,300~71,500과 56,000~280,000의 두 가지 maker kit가 주로 사용된다. 그림 2-42에 사용된 분자량 maker는 표 2-6과 같다.

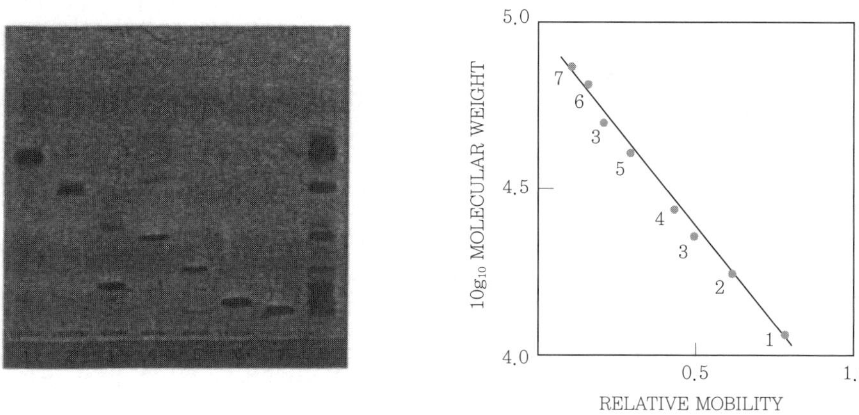

그림 2-42 분자량 maker의 전기영동 pattern, 상대적 이동도 및 분자량

10% acrylamide gel, 190㎃, 6V/㎝, 5hours

표 2-6 분자량 maker

단백질의 종류	분자량	log10(분자량)
1. Cytochrome c(muscle)	11,700	4.068
2. Myoglobin(muscle)	17,200	4.236
3. γ-globuin(L-chain)	23,500	4.371
4. Carbonic anhydrase(bovine)	29,000	4.462
5. Ovalbumin	43,000	4.634
3. γ-globuin(H-chain)	50,000	4.699
6. Albumin(human)	68,000	4.832
7. Transferrin	77,000	4.886

4-2 전기적정

화학반응의 종말점에서 용액의 전기적 성질이 변화되는 것을 이용하는 용량분석법인데, 착색용액이나 혼탁용액 또는 조명이 충분하지 않을 경우나 적당한 지시약이 없을 경우에도 정확한 종말점을 알 수 있다. 어떠한 전기적 변화를 나타내는가에 따라 전위차적정(電位差適定), 전도도적정(電導度適定), 고주파적정(高周波適定), 전류적정(電流適定), 광도적정(光度適定) 등으로 분류할 수 있다.

경우에 따라서는 폴라로그래피법도 전기적 적정법에 포함시킬 수 있다.

4-2-1 전위차 적정

이온가(ion價)가 서로 변할 수 있는 이온간($F^{2+} \leftrightarrow F^{3+}$)이나, 전극과 금속이온간(예, $Ag \leftrightarrow Ag^{+}$)에 나타나는 전기적 전위(potential)나 이온량의 증감에 따라서, 특히 종말점 전후에서 이들이 현저하게 변화하는 것을 이용하는 방법이다. 바꾸어 말하면, 중화반응이나 침전반응에서 일어나는 이온농도의 급격한 변화를 이용해서 적당한 전극전위를 측정함으로써 당량점을 결정할 수 있다.

전극전위는 단독으로는 측정되지 않으므로 전위를 이미 알고 있는 표준전극과 연결해서 전지를 형성하고, 그것의 전동력을 측정한다. 표준전극으로는 일반적으로 수소전극이나 염화제1수은전극을 사용한다.

1. 적정장치

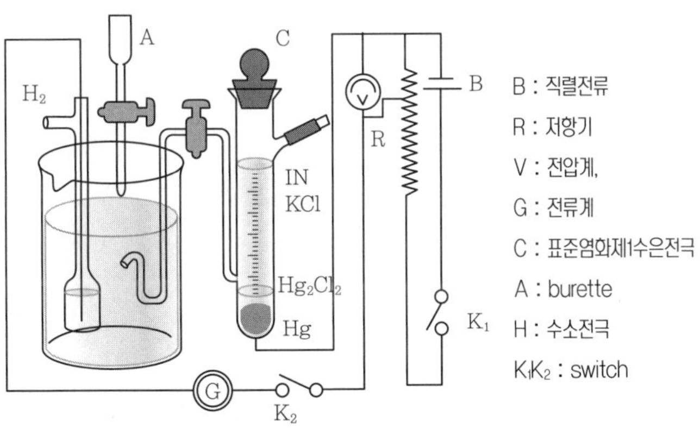

그림 2-43 전위차 적정장치

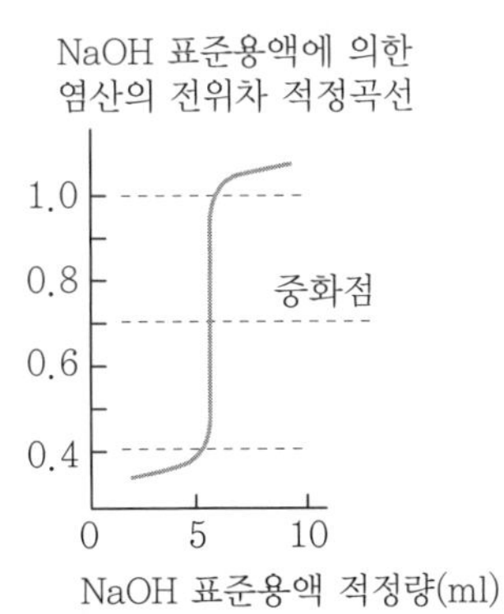

그림 2-44 전위차 적정곡선

지시전극으로서 수소전극을 사용하고, 보조전극으로는 표준 염화제1수은전극을 사용하는 경우를 예로 든다. 이것에 대한 전형적인 장치와 적정곡선은 다음 그림 2-43, 44와 같다.

중화반응의 지시전극으로서는 수소전극 외에 안티몬전극 또는 유리전극 등이 사용된다. 산화환원반응에서는 일반적으로 지시전극으로서 평활백금전극을 사용하나, 서로 종류가 다른 금속을 조합한 바이메탈(bimetal)전극을 사용한다. 또한 침전반응에서는 지시전극의 선택이 매우 중요해서 침전생성이온과 용이하게 평형에 도달하는 것을 사용하지 않으면 안된다.

2. 원 리

적정하고자 하는 용액 중에 서로 다른 두 전극을 삽입하여 양 전극간의 전위차를 측정하면 그 원리는 화학반응에 따라 다음과 같다.

(1) 중화적정

$$E = E_0 + 2.303\frac{RT}{F}(pH)$$

이때 E0는 pH에 무관하고 전극의 종류와 온도에 의한 정수이며, R은 기체정수, T는 온도, F는 Faraday정수 그리고 pH는 수소이온농도의 역수의 대수(hydrogen exponent)이다.

(2) 산화환원적정

$$E = E_0 + 2.303\frac{RT}{F}\log\frac{[Red]}{[Ox]}$$

여기서 E_0는 표준산화환원전위이고 [Red]/[Ox]는 산화제와 환원제의 농도비이다.

(3) 침전적정

$$E = E_0 - 2.303\frac{RT}{nF}\log[M^{+n}]$$

이때 E_0는 표준단극전위이고, $[M^{+n}]$는 적정 중 존재하는 난용성 침전물과 평형상태에 있는 이온농도로 결정되는 전위이다.

3. 적정조작

적정용액을 적하하면서 그림 2-35에서와 같이 K_1과 K_2를 닫고 G에 전류가 흐르지 않도록 R을 조절한다. 이때의 V에 나타나는 전위차를 종축에, 표준용액의 용적을 횡축으로 하여 곡선을 그려서 V가 급격히 변동하는 부분의 중앙이 당량점이다.

따라서 뷰렛으로부터 적정시약을 적하해가면 적정되는 액 중에는 화학반응이 일어나서 용액 내의 조성이 변화하기 때문에, 앞의 각 식에서의 우변항이 따라서 변하게 되어 전위가 변하게 된다. 이렇게 되어 피적정액과 적정시료가 전극에 일으키는 반응이 서로 가역적일 경우에는 종말점에서 가장 현저한 전위차의 변화가 나타난다.

따라서 이러한 변화를 관측해서 종말점을 알 수 있다. 실제로는 관측해서는 정확한 종말점을 구하기가 곤란한 경우가 많으므로 그림 2-36과 같은 적정곡선을 작성해서 이 곡선의 변곡점의 위치로부터 종말점을 구하거나 또는 미리 종말점에서의 전위를 선정해서 이 전위가 나타날때까지 적하를 행하는 방법을 취한다.

4-2-2 전도도(전도율) 적정

이것은 적정과정에서 일어나는 용액의 전도도의 변화를 측정해서 당량점을 구하는 방법이다.

1. 원　리

지금 전해질 AB용액 중에 다른 전해질 CD를 적하시킬 경우 양물질이 서로 작용해서 사실상 서로 전리되지 않는 물질이 되거나 불용성의 AD를 만든다고 가정하면, 다음 식과 같이 나타낼 수 있다.

$$A^+ + B^- + C^+ + D^- \longleftrightarrow \overline{AD} + B^- + C^+$$

반응의 종말점에서 최초 존재하던 A^+는 C^+와 치환된다. A^+와 C^+의 전도도 λA^+와 λC^+가 서로 동일하지 않는 한 A^+가 C^+와 치환됨에 따라 용액의 전도도가 변하게 된다. 따라서 적정곡선의 형은 λA^+와 λC^+의 대소에 따라 다음과 같이 변한다.

1) $\lambda A^+ > \lambda C^+$의 경우(강산을 강염기로 중화시키는 경우)

중화점에 도달할 때까지 전도도가 감소하고, 당량점을 초과할 경우는 전도도가 증가한다.

2) $\lambda A^+ = \lambda C^+$의 경우($AgNO_3$용액을 $BaCl_2$용액으로 적정하는 경우)

적정과정에서 일어나는 전도도의 변화는 미소하나 당량점을 지나게 되면 전도도가 조금 증가한다.

3) $\lambda A^+ < \lambda C^+$의 경우(약산이나 약염기를 강알칼리나 강산으로 중화하는 경우)

약산은 해리도가 작기 때문에 전도도가 작다. 따라서 약염기를 가하면 염의 생성에 따라 전도도가 서서히 증가하고 당량점을 넘으면 수산이온의 과잉에 의해 급격히 증가한다.

2. 적정장치와 조작

적정장치를 포함한 회로를 간단히 표시하면 그림 2-45와 같다. 적정 탱크(pool)에는 여러가지 종류가 있으나 그림 2-46과 같은 가납형이 취급하기 편리하다. 먼저 시료용액을 적정 탱크에 넣고 교반하면서 표준용액을 뷰렛에서 적하하고 그때마다 BD상의 C점을 이동시키면서 T에 느껴지는 음향이 가장 낮을 때의 BC의 길이를 측정한다.

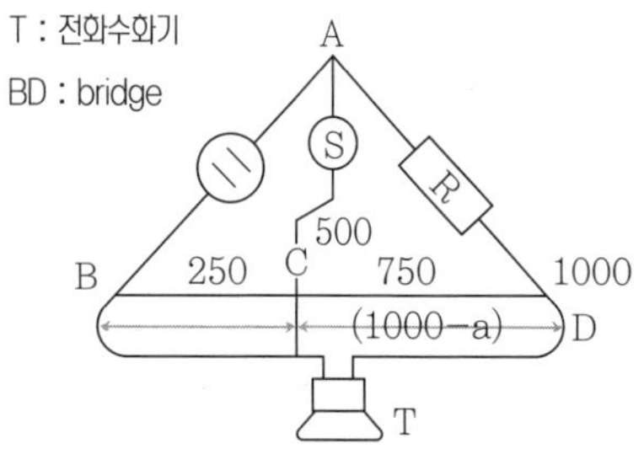

그림 2-45 전도도 적정장치

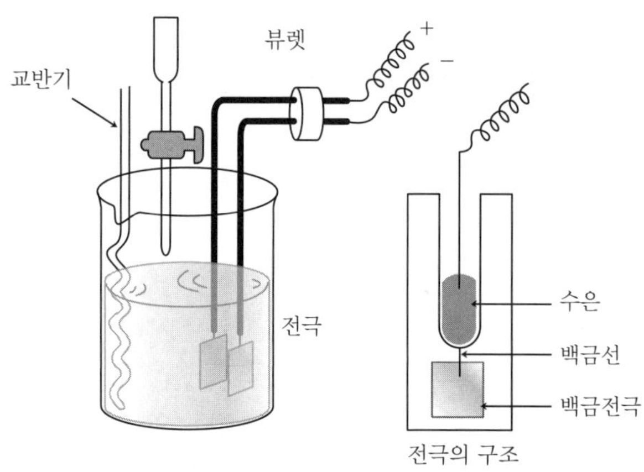

그림 2-46 적정 풀(pool)의 구조(가납형)

이때 브리지(bridge) BD위에는 균일한 간격으로 1,000개의 눈금이 그어져 있다. BC=a라 하면 CD=1,000−a가 되고, 또한 적정용액과 저항기의 저항을 각각 R_S, R이라 하면,

$$R_S = R \cdot \frac{a}{1{,}000-a}$$

가 된다.

이때 적정 탱크의 용량을 C, 용액의 비전도도를 K라 하면,

$$K = \frac{C}{R_S} = \frac{C(1{,}000-a)}{Ra}$$

가 된다. 이때 C와 R을 일정하다고 간주하면, (1,000−a)/a에 대해서 적하액량을 도시해서 얻어지는 두 개의 직선의 교차점으로부터 당량점이 얻어진다.

실제적정에서는 일반적으로 a가 500부근이 되도록 R을 조절하고, 적하용액의 농도를 시료용액의 농도보다 20~100배로 진하게 하여 적정과정에 일어날 액량의 변화를 적게 하며, 아울러 항온조 중에서 조작해서 온도변화가 적도록 한다.

4-2-3 고주파적정

대부분의 물질은 고주파(0.1~100MHz의 전자파)를 흡수하는 성질이 있다. 이 고주파의 흡수성은 물질에 따라 다르므로 적정의 종말점을 나타내는데 사용할 수가 있다. 이 적정법을 고주파적정법이라 한다.

적정 셀을 고주파 발진기회로 속에 넣고 적정을 행하면 적정 셀 중의 시료의 부하가 변화하고 이에 따라서 발진기의 동작상태가 변화하며, 그 변화가 발진 주파수의 변화 등으로 검지되므로 이것을 측정하여 적정 종말점을 판단한다.

고주파는 유리 등의 절연체를 통과하므로 전극을 유리용기의 외부에 둘 수가 있다.

4-3 폴라로그래피(Polarography)

폴라로그래피는 전기분석법의 일종이며 적하 수은전극을 사용하여 전해분석을 하고, 그 전압-전류곡선에 의해 물질의 정성 및 정량을 행하는 방법이다.

폴라로그래피는 Heyrovsky에 의해 1922년에 창안되어, 현재 전기분석법 중에서 커다란 부문으로 자리잡고 있다.

4-3-1 원 리

적하 수은전극을 음극으로 하고, 넓은 표면적을 가진 수은지를 양극으로 하는 전해병(그림 2-47 참조)에 시료액을 넣어 전해를 하고, 전극간의 전압을 점차로 높여가면 처음에 전류는 극히 조금밖에 흐르지 않으나, 전압이 분해전압에 도달하면 전

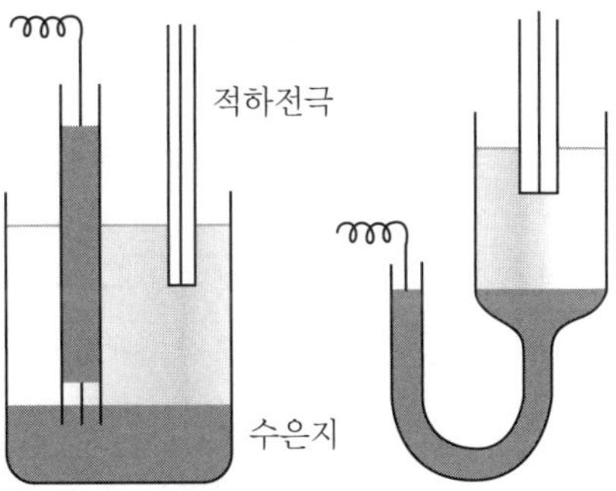

그림 2-47 전해병

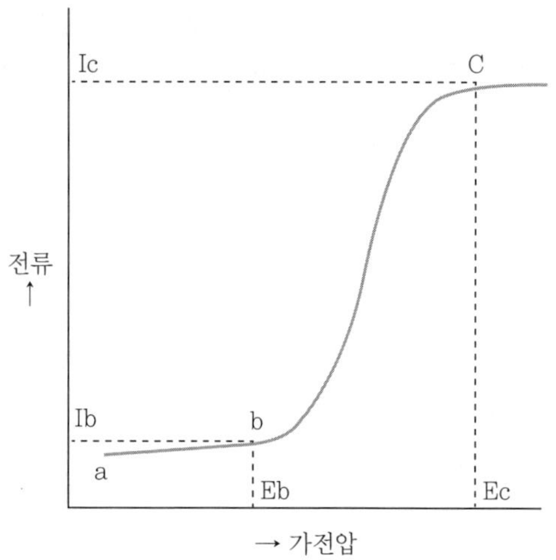

그림 2-48 전압-전류 곡선

해가 시작되고 전류가 증가한다.

어떤 값까지 도달하면 정상상태로 되고 그림 2-48과 같은 전압-전류곡선이 얻어진다. 그림 2-48에서 b점에서의 전류 Ib를 잔여전류, 그 전위 Eb를 환원전위, C점에서의 전류의 세기 Ic를 제한전류라 한다.

또 C점에서의 전위를 Ec로 하면 $Eb+Ec/2=E$를 반파전위(半波電位)라 부르고, $Ic-Ib=Id$를 확산전류(擴散電流)라 부른다.

반파전위는 각 피전해질에 관해서 특이적이고 또한 농도와 관계가 없으므로 물질의 정성에 이용되고, 확산전류의 세기는 피전해질의 농도에 비례하므로 이것을 사용해서 물질의 정량을 행한다.

4-3-2 장 치

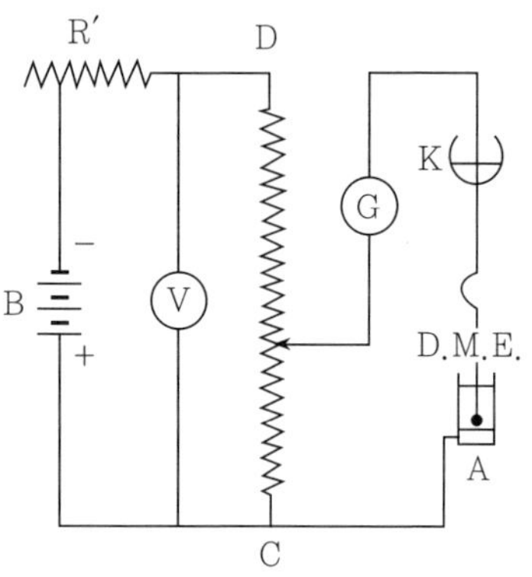

그림 2-49 폴라로그래피(polarography)의 기본회로

실제로 사용되고 있는 폴라로그래피 장치는 세부적으로는 서로 차이가 있으나, 원리적으로는 그림 2-49와 같은 회로를 가진 장치이다. 그림 2-49에서 B는 2~6V의 대용량의 전지, V는 정밀전압계, G는 고감도검류계, D.M.E.는 적하 수은전극, 이밖에 저항이 균일한 저항선(potential meter drum)으로 구성되어 있다.

E는 CD위를 이동하는 접점, R′는 CD간의 전압을 조절하는 가변저항이다. 이 회로에서 E를 C에서 D로 이동시키면 K→A간의 전압이 연속적으로 증가되어 간다. 이 경우에 시료의 전해가 일어나지 않는 동안은 전압을 증가시켜도 C→A→K→G→E의 회로에는 전류가 거의 흐르지 않으므로 검류계 G는 거의 움직이지 않으나, 어떤 일정 전압에 도달하여 전해가 일어나게 되면 이 회로에 전류가 흘러서 검류계는 흐르는 전류에 대응해서 동작한다.

그 전압과 전류의 관계치를 직교좌표(直交座標) 그래프로 그리면 폴라로그램(polarogram)을 만들 수 있다. 폴라로그래피에는 다음과 같은 방식이 있다.

1. 사진식(寫眞式)

전압을 자동적으로 변화시켜서 검류계의 지시를 사진인화지상에 인화하여 폴라로그램을 얻는 방식이며, Heyrovsky에 의해 처음으로 고안된 방식이다.

2. 자기식(自記式)

검류계 대신에 자기장치를 사용해서 기록지 위에 펜으로 폴라로그램을 스스로 기록시키는 방법이다.

3. 수동식(手動式)

전압의 변화를 수동으로 하여 검류계의 지시를 눈금(scale)위에서 읽어서 폴라로그램을 만드는 방식이다. 이들의 방식에는 각각 일장일단이 있으나, 현재 사진식의 것은 거의 사용되지 않고 자기식의 것이 조작이 간단하고 가장 실용화되어 있다. 수동식의 것은 측정에 노력과 시간을 요하지만 원리가 간단하고 또한 값싸게 제작할 수도 있으므로 편리하다.

4-3-3 조 작

1. 포텐셜 미터드럼(potential meter drum)의 전위차조정

시료액에 기지의 전위차를 주기 위해서 저항선의 양단을 정확히 2V로 조정한다.

2. 폴라로그램(polarogram)의 기록

전해병에 정제한 수은과 시료액을 넣고 수소가스 또는 질소가스를 15분 이상 통하여 용존산소를 제거한 다음 수은적하전극을 연결하여 전압-전류곡선, 즉 폴라로그램을 그린다.

3. 양극전위(陽極電位)의 측정

이 방법으로 얻은 폴라로그램의 전위는 양극전위를 0으로 했을 경우의 적하 음극의 전위이다. 그러나 양극의 전위는 전해액의 종류 · 농도 등에 의해 일정하지 않으므로, 전해를 끝낸 액을 염화제1수은전극과 연결하여 그 정지 양극전위를 측정하여 보정한다.

4. 계 산

폴라로그램에서의 작도(作圖)에 의해 반파전위 및 파고를 구한다. 실제의 전압-전류곡선은 그림 2-50과 같이 수은의 적하에 따라서 최대 및 최소치 사이를 진동하고 있으므로 이들의 중점(中点)을 연결하는 곡선을 만들고 이것을 사용해서 작도한다.

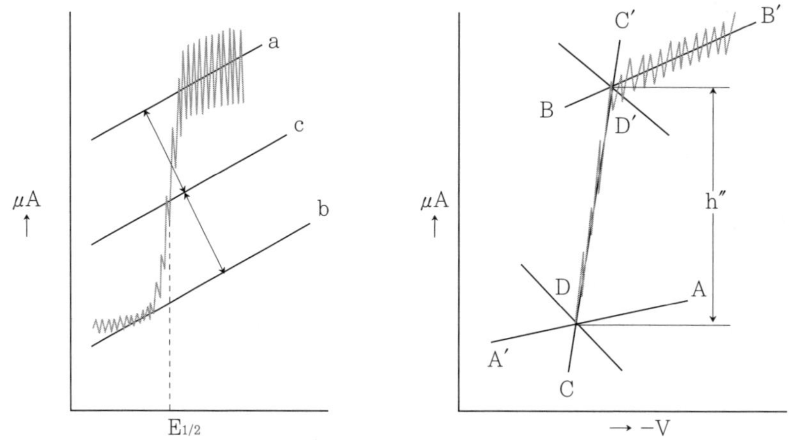

(a) 반파전위 (b) 확산전류

그림 2-50 폴라로그램에서의 작도(作圖)

5. 표준곡선

어떤 물질의 기지농도의 용액을 일정 배수로 희석하여 얻은 일련의 희석용액에 관해서 상기의 방법으로 확산전류를 측정하고 확산전류치를 종축에, 농도를 횡축에 취하여 그래프를 그리면 그림 2-51과 같은 직선관계가 얻어진다. 이 관계에서 미지농도의 용액에 대해 동일한 조건으로 확산전류를 측정하면 그 크기에서 농도를 구할 수가 있다.

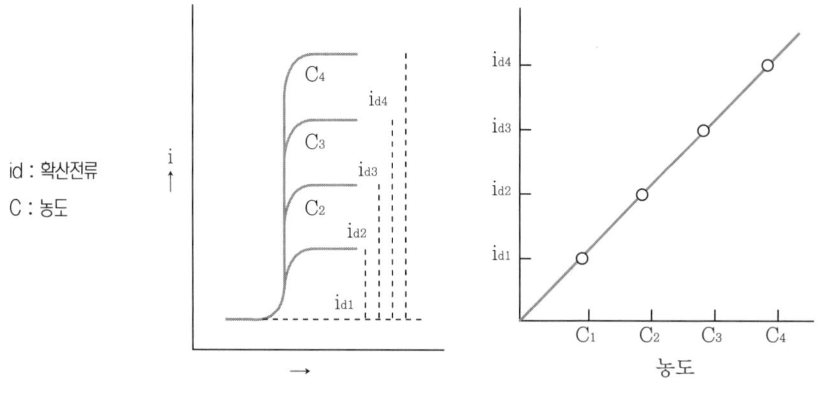

(a) (b)

그림 2-51 표준곡선

4-2-4 응 용

폴라로그래피는 대부분의 금속이온의 미량 분석에 이용할 수가 있다. 특히 각 이온이 서로 다른 반파전위를 갖는 경우는 다단파(그림 2-52 참조)로 되므로 분리 · 분석하는 것이 가능하다.

따라서 식품 중의 미량 금속성분 또는 혼합물의 분석에 사용할 수가 있다. 유기화합물에서는 대부분의 화합물이 폴라로그래피파(波)를 주지만, 무기이온과 같이 반파전위에서 정성분석을 하는 것은 실제로는 곤란하므로 응용범위는 한정되어 있다.

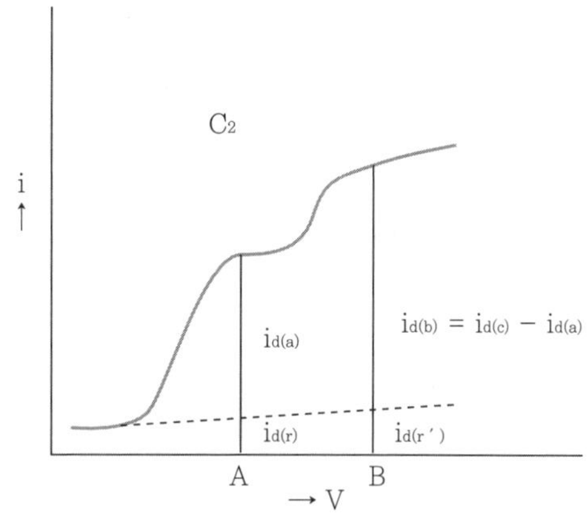

그림 2-52 다단파의 확산전류

제 5 장 핵자기공명법(NMR)

5-1 핵자기공명분광학

핵자기공명(NMR)은 분자 내에 존재하는 수소원자에 대한 정보를 주기 때문에 적외선분광학의 결점을 보완해 준다. 핵자기공명분광학은 유기분자의 핵이 센 자기장 내에 있을 때 전자파를 흡수하는 것에 근거를 두고 있다. 핵자기공명(nuclear magnetic resonance, NMR)이라는 용어는 "자기장에서 공명상태에 있는 핵"이라는 뜻이다.

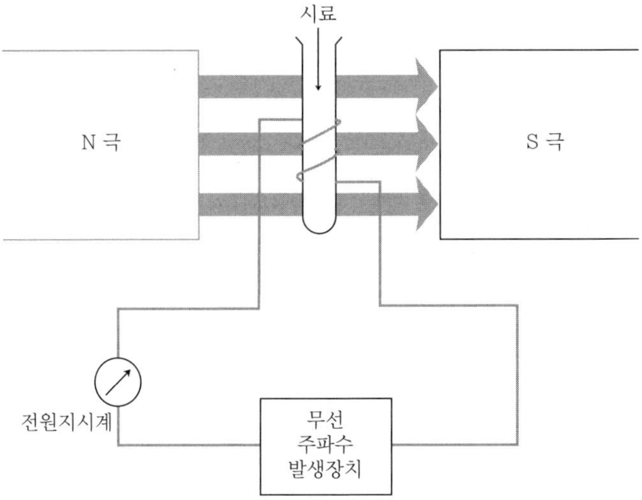

그림 2-53 NMR분광계(spectrometer)의 기본구조

NMR분광학에서 연구되는 가장 대표적인 핵 스핀(spin)을 가진 동위원소는 양성자($^{1}_{1}H$)이다. 외부 자기장의 세기와 무선주파수가 특이한 조합을 이루었을 때 양성자가 평행에서 역평행으로 뒤집히게 되는데, 이때 이 양성자는 공명(resonance)상태에 있다고 한다. NMR분광계는 무선주파수를 60MHz(60mega Hertz, 또는 60×106Hz)로 고정시키고 외부 자기장의 세기를 조금씩 서서히 변화시켜 가며 에너지 흡수의 주파수를 외부 자기장의 세기값에 따라 기록

한다. 따라서 NMR스펙트럼은 자기장의 세기에 대한 에너지흡수량을 그래프로 나타낸 것이다. NMR분광계의 기본구조는 그림 2-53과 같다.

시료를 자석의 양극 사이에 넣고 무선주파를 발생시키면 양성자가 평행상태에서 역평행상태로 뒤집힐 때 일어나는 에너지 흡수가 전원지시계(power indicator)에서 검출된다. NMR은 60MHz, 80MHz, 300MHz 등으로 분류되며, 이 수치가 클수록 더 정확한 정보를 얻을 수 있다.

5-2 NMR스펙트럼

NMR 측정시 5% 정도 함량의 시료에 용매로 CCl_4, $CDCl_3$ 등을 사용하며 이에는 대개 기준물질인 TMS(tetramethylsilane)이 1% 정도 함유되어 있다. 그러나 시료의 극성이 강한 경우에는 위의 용제외에 시료를 완전히 용해시키기 위하여 DMSO-d_6(hexadeuterodimethylsulphoxide)를 소량 첨가하여 NMR튜브(tube)에 넣어 측정한다.

GC나 HPLC는 시료가 모두 다 소모되나 NMR분광학에서는 시료가 소모되지 않고 NMR튜브 내에 전량 그대로 남아있게 된다.

Methanol에 대한 두 개의 NMR스펙트럼을 그림 2-54에 나타내었는데 위의 것은 실제 스펙트럼이고 아래 것은 다시 그린 것이다. 아래 스펙트럼에서 자기장의 주사방향이 약한 외부장의 세기로부터 센 외부장의 세기쪽으로 이동한 것을 알 수 있다. 또한 피크(peak)를 볼 수 있는데 왼쪽 피크는 OH양성자 때문에 생긴 것이고, 오른쪽 피크는 CH_3양성자 때문에 나타난 것이다. 정량적인 측정값을 얻기 위해서는 기준점이 필요하며 이 기준점으로 TMS, $C(CH_3)Si$를 사용하는데 이것의 양성자 흡수는 NMR스펙트럼에서 아주 오른쪽에 나타난다.

대부분의 다른 양성자들은 TMS보다 낮은 장(down field, 보다 왼쪽)에서 흡수한다. 실제로 시료를 녹이는 용매에 적은 양의 TMS가 포함되어 있기 때문에 TMS의 피크가 시료 화합물의 흡수 피크와 같이 나타난다. TMS의 흡수위치와 특정한 양성자의 흡수위치와의 차이를 화학적 이동(chemical shift)이라 한다. 그림 2-54의 스펙트럼에 TMS의 피크와 화학적 이동이 나타나 있다.

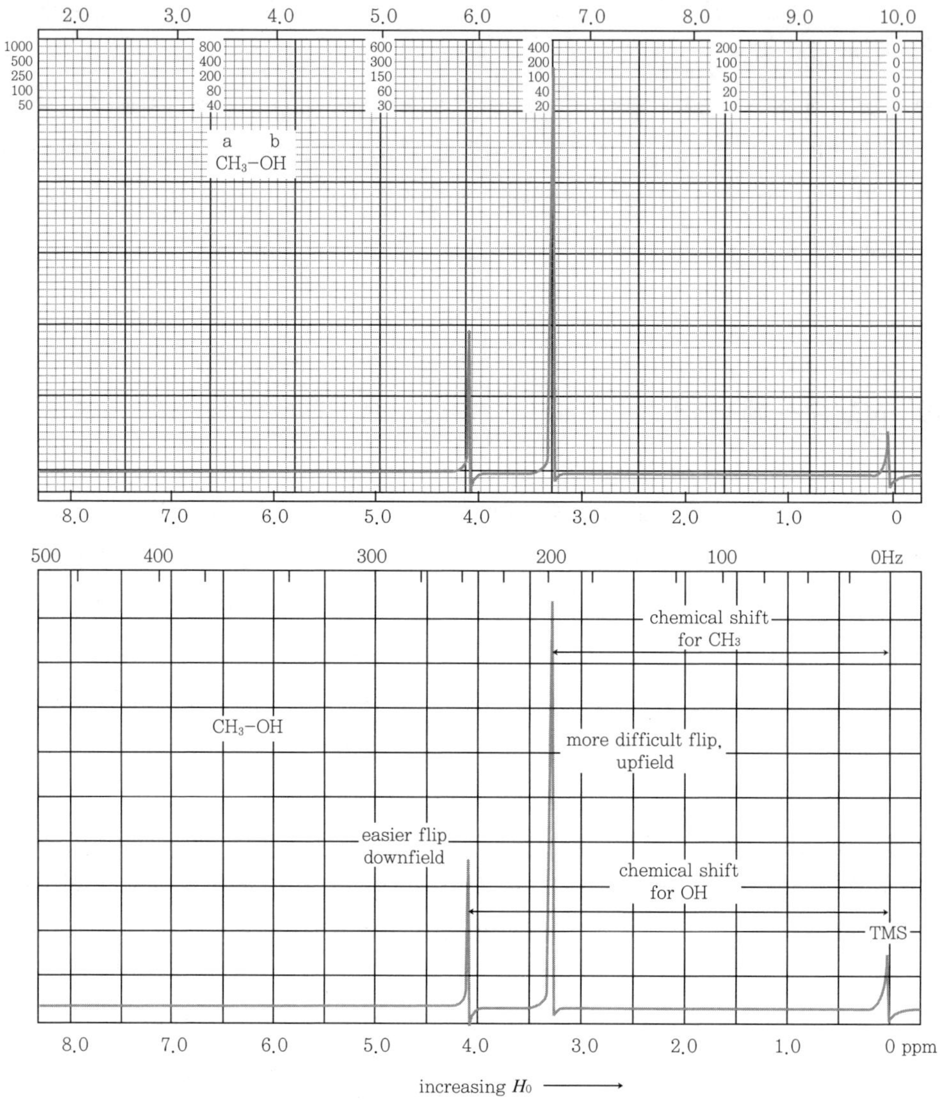

그림 2-54 Methanol(용매 CCl4)의 NMR 스펙트럼

화학적 이동은 δ 값으로 기록되는데 이것은 외부 무선주파수의 백만분의 1(ppm)로 표현된다. 60MHz에 있어서 1ppm은 60Hz의 값을 가지므로 1ppm이란 δ 값은 TMS 흡수위치(0ppm)로부터 60Hz만큼 낮은 장이다.

그림 2-54에서와 같이 CH_3OH에서 두 형태의 양성자는 각각 3.4ppm과 4.5ppm의 δ 값을 가진 것이다.

5-3 유기구조 확인을 위한 NMR이용

^{13}C NMR 분광계는 넓게 이용되지 않기 때문에 ^{1}H NMR을 많이 이용하며 이를 PMR(Proton NMR)이라고도 한다. MS스펙트럼과 NMR 스펙트럼으로부터 화합물의 구조를 추정할 수 있는데 MS로서 분자량과 m/z에 의해 떨어져 나간 작용기의 존재를 알 수 있으며, NMR분석결과로 더 확실한 구조식을 얻을 수 있다.

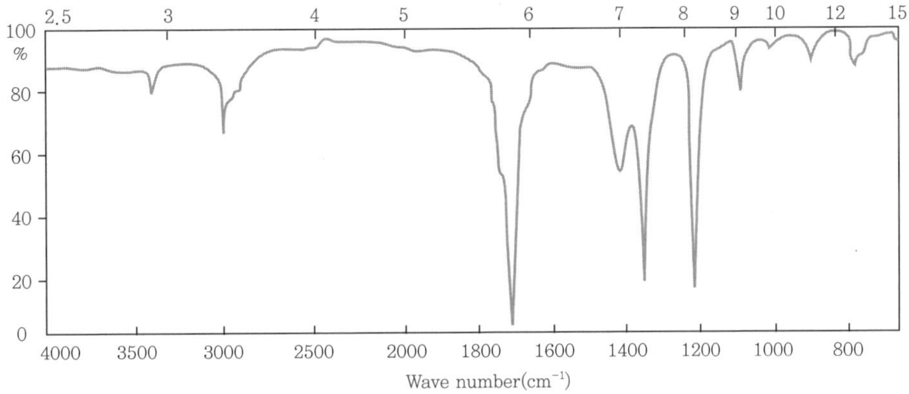

그림 2-55 C_3H_6O의 적외선스펙트럼

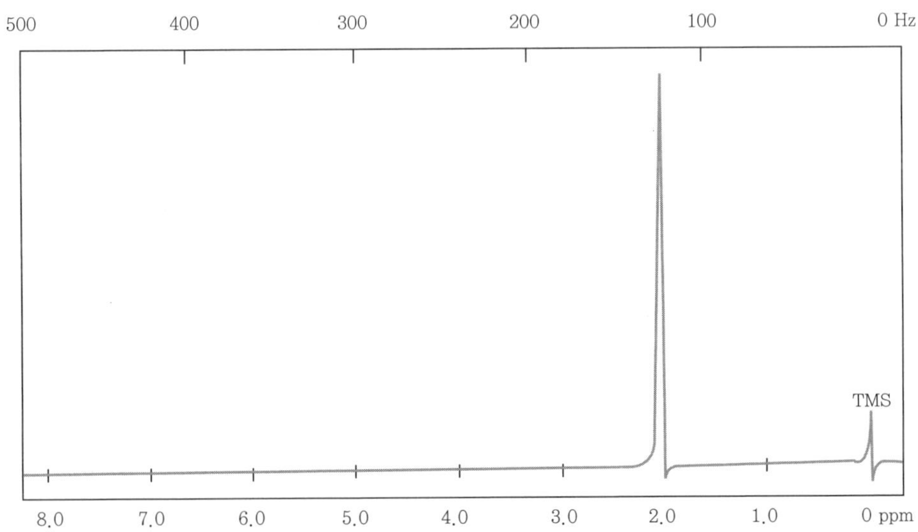

그림 2-56 C_3H_6O의 NMR스펙트럼

또한 적외선 스펙트럼과 NMR스펙트럼의 병용에 의해서도 한 화합물의 완전한 구조를 유추해 내는 것도 가능하다.

예를들면 어떤 화합물의 분자식이 C_3H_6O일 때 적외선과 NMR 스펙트럼을 보고 이 화합물의 구조를 결정할 수 있다. 그림 2-55, 56에 적외선 및 NMR 스펙트럼과 그 해석을 나타내었다.

[예] 어떤 화합물의 분자식이 C_3H_6O이다. 적외선 및 NMR 스펙트럼이 그림 2-55, 56과 같았다. 이 화합물의 구조는 무엇인가?

[적외선 및 NMR스펙트럼의 해석]

분자식에 의해 이 화합물은 한 개의 산소를 갖고 있다. 따라서 alcohol, ester, aldehyde, ketone 중의 하나이어야만 된다. 분자식이 $C_nH_{2n}O$의 형태이므로 하나의 이중결합(C=C 또는 C=O)이나 한 개의 고리를 포함한다. 가능한 작용기를 서로 구별하기 위하여 적외선스펙트럼을 이용한다. C=O기는 $1750cm^{-1}$(5.8㎛)에서 센 흡수를 한다.

따라서 산소는 hydroxy기나 ether기 내에 존재하는 것이 아니고 carbonyl기에 존재한다. 따라서 이 구조는 고리를 포함하고 있지 않음을 의미한다.

NMR스펙트럼에서 낮은 장에 흡수가 없기 때문에 이 화합물은 aldehyde가 아니고 ketone이라고 결론지을 수 있다. 또한 NMR 스펙트럼에는 오직 하나의 단일선이 나타나 있기 때문에 6개의 수소는 모두 등가이다. 따라서 이 화합물은 propanone(acetone) : $(CH_3)_2C=O$이다.

제3부 일반성분의 분석

식품을 구성하고 있는 화합물의 종류는 대단히 많다. 그러나 식품분석의 대상으로 되고 있는 것은 이들 개개의 화합물이 아니고 주로 식품 중의 다수의 화합물을 실용적인 입장에서 대별한 성분, 즉 수분, 회분, 단백질, 지방질, 당질, 섬유 등이다.

식품을 구성하는 이들 6가지 성분을 일반성분이라 부르며, 칼로리(calorie) 계산 등 그 식품의 영양적 가치나 식품가공 원료로서의 적부를 확인하는데 그 정량치가 이용되고 있다.

- 식 품
  - 수 분
  - 고형물
    - 유기물
      - 조단백질
      - 조지방
      - 탄수화물
      - 기 타(비타민 등)
        - 조섬유
        - 가용성 무질소물(당질)
    - 회분(무기성분)

기본 식품분석학

Basic Food Analysis

제 1 장 시료의 채취, 조제 및 보존

1-1 시료의 채취

분석에 사용되는 시료는 분석하려는 식품 전체를 대표하는 것이라야 한다. 소량의 시료를 채취하여서는 전체를 대표할 수 없으므로 그 선택에 유의하지 않으면 안된다. 왜냐하면 개체에 따라서도 성분상의 차이가 있겠으나 동일 개체에서도 부분적으로 성분의 차이가 심하기 때문이다. 이들 차이를 작게 하기 위하여 어느 범위 내에서 다량의 시료를 채취하는 것이 요구된다. 즉, 분석에 사용되는 시료는 가능한 한 많은 부분에서 소량씩 취하여 잘 혼합시켜야 한다. 이는 특히 식품성분표 작성에서 더욱 그렇다. 가공식품에서는 말할 것도 없고 천연식품에서는 성분조성이 여러 요인에 따라 크게 변동된다. 예를들면 과일이나 채소류의 당분, 산도 및 수분함량은 품종, 성장기의 일조시간, 토양, 기후, 풍토 혹은 저장 등의 여러 조건에 따라 크게 달라진다. 또 어패류도 어획시기에 따라서 그 조성이 달라진다.

보통 한 성분을 한번 정량하는데 사용하는 시료의 양은 1~10g 정도이다. 그런데 분석하고자 하는 시료의 양은 많으므로 소수의 예외를 제외하고는 시료의 일부만이 실제 분석에 사용된다. 이렇게 일부의 시료를 적당한 방법으로 채취하는 것을 시료의 추출(抽出)과 축분(縮分)이라 한다.

1. 과일류와 같이 상자에 담겨있는 식품

상자에 담겨있는 사과를 시료로 채취하는 경우를 예로들면 먼저 사과상자 전체를 대표하는 몇 개의 사과를 골라내야 한다. 이때 골라내야 할 개수는 사과 개개의 조성의 차이, 분석 정밀도에 따라 통계학적으로 고려해야 한다. 만약 8개의 사과를 시료로 채취한다면 상자의 한 쪽 모퉁이에서 8개 전체를 꺼낸다는 것은 비합리적이므로 그림 3-1과 같이 상자의 내용을 1~8까지 8부위로 구분하고 거기서 각각 한 개씩 임의 위치로부터 취해야 한다.

이 선택된 8개의 사과 전체를 마쇄해서 사용하면 좋겠으나 그 양이 너무 많으므로 개개의 사과에서 일부분씩 취하는 것이 합리적이다. 그 방법은 일정하지 않으나 한 개로부터 1/4씩을 취하는 경우는 그림 3-1의 B와 같이 상하가 서로 엇갈리게 축분하여 부위에 의한 편차를 작게 하여야 한다.

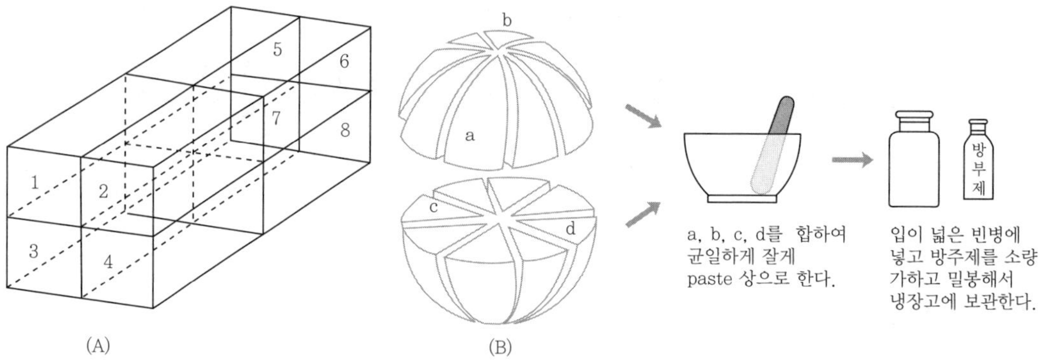

그림 3-1 사과 등의 과일류 시료의 채취 및 조제

2. 프레스햄, 야채류와 같이 모양이 길거나 평평한 식품

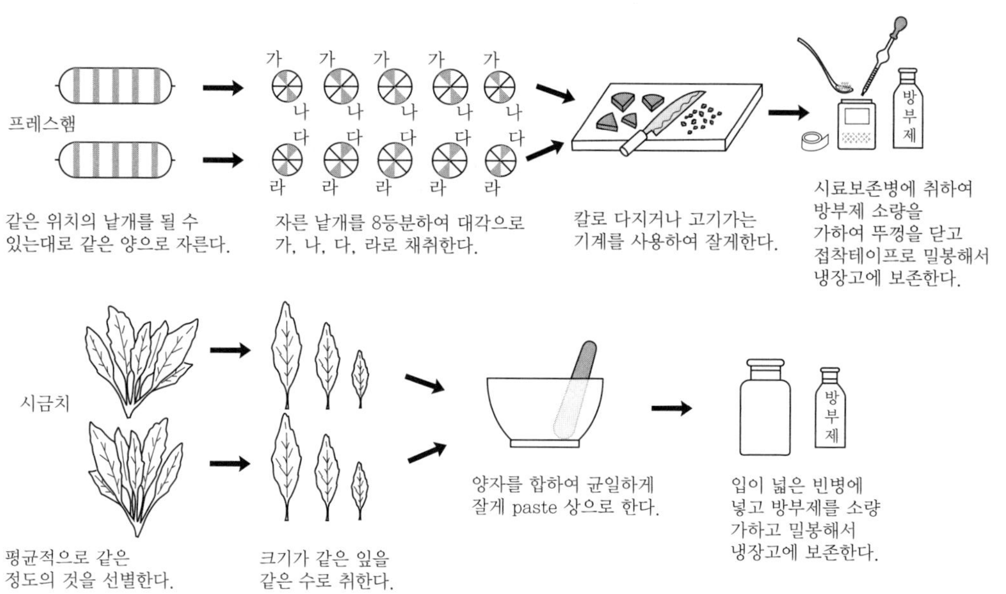

그림 3-2 프레스햄 및 야채류 시료의 채취 및 조제

프레스햄, 무 등과 같은 근채류, 생선 등과 같이 모양이 길거나 평평한 경우는 그림 3-2와 같이 일정한 간격으로 평행하게 절단한 후 개개를 다시 8등분하여 대각방향으로 취하고, 시금치와 같은 엽채류의 경우는 평균정도로 크기가 같은 잎을 같은 수로 선별하여 취한다.

3. 곡류, 두류, 종실류처럼 불균일한 작은 입자로 된 식품

곡류, 두류, 종실류, 녹차 등과 같이 불균일한 작은 입자의 혼합물로부터 일부분을 취할 때는 원뿔사분법(圓錐四分法) 또는 교번시약스푼법(交番 shovel법)이 적용된다. 원뿔사분법은 시료를 먼저 그림 3-3의 A와 같이 원뿔모양으로 쌓은 다음 B처럼 상부를 평평하게 하고 이것을 C와 같이 a, b, c, d로 네 구분한다. 여기서 대각선상의 a, c부분을 취하여 혼합하고, 다시 이와같은 조작을 2~3회 계속 반복하여 시료의 양을 축소시킨다.

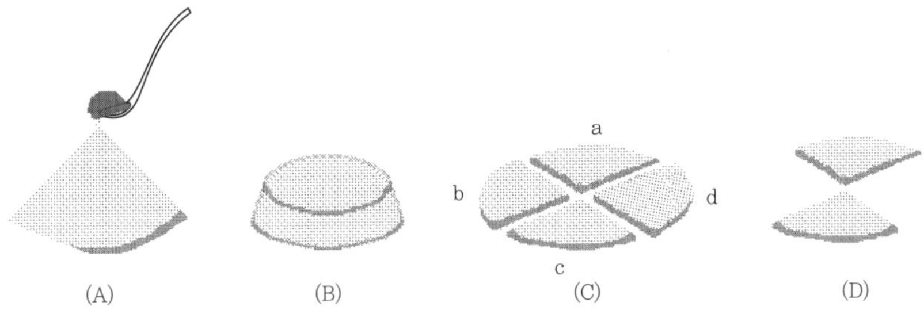

그림 3-3 원뿔사분법에 의한 시료채취

교번시약스푼법은 적당한 크기의 용기나 큰 수푼으로서 순차적으로 시료를 취하여 일정 횟수의 것만을 모아 혼합하고 이러한 조작을 반복하는 방법이다. 이렇게 하여 한번에 처리하는데 알맞은 양인 100~300g의 축분된 시료를 얻은 다음, 이 중에서 다시 일부분을 실제 분석에 사용하기 위하여 전량을 균질화 하여야 한다.

4. 여러 종류가 혼합된 식품 또는 액상의 식품

믹스한 야채 등과 같이 여러 종류가 혼합, 밀봉된 식품의 경우는 번서 동일 종류의 것을 합하여 중량비율을 계산하고 그림 3-4와 같은 중량비율대로 정확히 칭량하여 각 종류로부터 취한다. 또한 간장 등과 같은 액상의 식품은 마개를 닫은 상태 그대로 상하로 흔들어 혼합한 후 마개를 열고 A, B 양쪽으로부터 같은 양을 취한다.

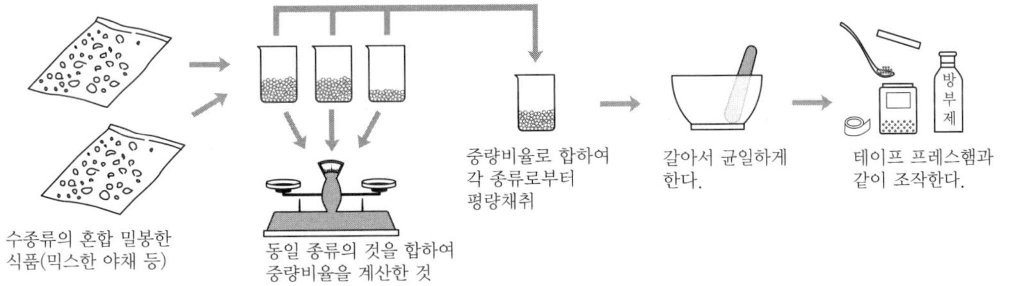

그림 3-4 여러 종류가 혼합된 식품 또는 액상식품의 시료채취 및 조제

1-2 시료의 조제

일부분의 시료가 전 시료의 평균조성을 대표하기 때문에 시료가 균일하여야 하는 것이 필수조건이다. 액상이나 미분상(微粉狀)의 시료는 적당하게 혼합하면 균질하게 된다. 그러나 그 형상, 입도, 경도, 비중 등이 불균일하게 분포되어 있는 고형시료는 먼저 분쇄나 마쇄를 하여야 한다.

1-2-1 분 쇄

분쇄에는 자제 약절구(유발)나 수동식 또는 동력식 분쇄기, 볼 밀(ball mill) 등이 사용되며 경우에 따라서는 가정용 믹서도 사용된다.

분쇄기의 형식에는 몇 개의 홈이 파인 두 개의 금속판 사이에 시료를 밀어 넣는 달팽이형 또는 롤러(roller)형의 것이나 시료를 탁탁 찧는 충격식의 것, 시료를 미세하게 깎아 내는 절삭식의 것 등이 있다. 시료의 종류나 분석방법에 따라 적당한 것을 사용한다. 분쇄는 처음에는 거칠게 분쇄하고 점차 가늘게 분쇄해야 한다.

Ball mill은 경질자기의 통 안에 몇 개 정도의 자제공(磁製球)과 시료를 함께 넣고 용기를 장시간 회전하면 자제공에 의한 마찰과 충격으로 가늘게 마쇄되도록 되어 있다. 이 방법을 이용하는 것이 일반적인 분쇄보다 더 좋은 세분(細粉)을 얻을 수 있으나, 수분이 적어야 하고 미리 조쇄(組碎)된 것에 한한다.

분쇄된 입자의 크기는 840~500μ 정도로 하여야 한다.

이때 사용되는 체는 표준체로 하여야 하고(그림 3-5 참조), 체 위에 남은 것은 다시 분쇄하여 전부가 통과하도록 한다.

이것도 한꺼번에 많이 통과시키는 것보다 조금씩 통과시키는 것이 좋고 체 위에 남은 것을 따로 모아 두었다가 한꺼번에 분쇄하는 것이 능률적이다.

분쇄기는 그때그때 기계를 해체하여 남아 있는 시료를 솔(brush)이나 붓으로 쓸어 모아 체질하여야 한다. 최후에 체 위에 남은 것은 유발에 다시 빻아서 체질하여야 한다.

그림 3-5 표 준 체

체를 통과한 시료는 스푼으로 균일하게 혼합시키고 시료병에 넣는다. 그런데 500μ 체를 통과시킨 것이라도 시료에 따라 개개의 입자의 비중과 형태가 같지 않기 때문에 잘 혼합하여도 병에 옮길 때나 병으로부터 일부를 취할 때 가벼운 입자가 상부로 분리되는 수가 많으므로 병을 잘 흔들어 주어야 한다.

표 3-1 표준체의 눈 크기와 메쉬(mesh)규격

표준체			Tyler체		표준체			Tyler체	
호칭지수(μ)	호칭번호	체눈의 크기(㎜)	mesh	체눈의 크기(㎜)	호칭지수(μ)	호칭번호	체눈의 크기(㎜)	mesh	체눈의 크기(㎜)
44	325	0.044	325	0.043	590	30	0.59	28	0.589
53	270	0.053	270	0.053	710	25	0.71	24	0.701
62	230	0.062	250	0.061	840	20	0.84	20	0.833
74	200	0.074	200	0.074	1,000	18	1.00	16	0.991
88	170	0.088	117	0.088	1,190	16	1.19	14	1.168
105	140	0.105	150	0.104	1,410	14	1.41	12	1.397
125	120	0.125	115	0.124	1,680	12	1.68	10	1.651
149	100	0.149	100	0.147	2,000	10	2.00	9	1.981
177	80	0.177	80	0.175	2,380	8	2.38	8	2.362
210	70	0.210	65	0.208	2,830	7	2.83	7	2.794
250	60	0.250	60	0.246	3,360	6	3.36	6	3.327
297	50	0.297	48	0.295	4,000	5	4.00	5	3.062
350	45	0.350	42	0.351	4,760	4	4.76	4	4.699
420	40	0.420	35	0.417	5,660	3.5	5.66	3.5	5.613
500	35	0.500	32	0.495					

1-2-2 체의 규격

시료 조제용 체는 황동제의 것이 보통 사용된다. 체눈의 크기는 KSA 5101(표준체)에서 규정하고 있다(표 3-1 참조). 한편 Tyler체(미국)의 메쉬(mesh)라는 단위도 사용되어 왔다.

1-2-3 마 쇄

수분이 많은 야채, 과실, 육류, 어류 등이나 각종 가공식품과 조리식품의 대부분은 마찰하거나 잘게 빻아서 균질화하여야 한다. 마쇄에는 유발, 자동식 약절구, 초퍼(chopper), 소형 균질기(homogenizer), 믹서(mixer) 등이 사용된다(그림 3-6 참조).

Homogenizer나 mixer의 원리는 비슷하나 회전하는 금속제 날개가 시료를 절삭하여 분쇄한다.

그림 3-6 소형 균질기(homogenizer)

1. 곡 류

(1) 쌀, 보리 기타 잡곡류 및 압맥, 건면(비교적 수분이 적은 것)

먼지, 모래, 흙 등의 협잡물을 풍구나 체로 제거시킨 것을 그대로 또는 거칠게 빻거나 분쇄하여 분석에 사용한다. 분쇄기는 동력 또는 수동식 분쇄기 유발 혹은 믹서 등이 쓰인다. 분쇄된 것은 35호 체로 체질하고 체 위에 남은 것은 다시 분쇄하여 체질한다. 사별된 시료는 시약스푼이나 유리막대기로 균일하게 섞어 시료병에 넣는다.

시료병에는 시료명, 채취시기, 채취장소, 기타 사항과 제조년월일, 제조법, 조건 등을 상세히 명기하여야 한다. 분쇄기를 사용한 후는 해체하여 청소, 정비를 잘 하여야 한다. 분쇄기를 사용할 때는 소량씩 시료를 넣어 처음은 거칠게 갈고 점차 작고 가늘게 가는 것이 능률적이다.

(2) 밥, 식빵, 떡, 된장, 두부(비교적 수분이 많은 것)

이러한 시료는 그대로 분석에 사용하는 경우와 일단 건조시켜 분석에 사용하는 경우가 있다. 전자의 경우는 시료를 가능한한 세단하여 혼합하는 것이 보통이다. 경우에 따라서는 유발이나 육만기 등을 사용하여 혼합, 분쇄시킬 때도 있다.

건조하여 분석할 경우는 적당량의 시료를 천칭 또는 상명천칭으로 칭취한 후 큰 자제접시, 페트리접시 또는 밧드에 엷게 펴고 1~2시간 실내에서 풍건시키고, 다시 칭량하여 앞에서와 같이 분쇄, 체질한다. 건조가 곤란하여 부패나 변질의 우려가 있을 때는 시료를 칭량하여 60~80℃의 건조기에서 건조시키고 다시 1~2일간 실온에서 방치하여 대기 중의 습도와 평형에 달하게 한 후 전기와 같이 칭량, 분쇄하여 체질을 한다. 여기서 실온에 방치하여 흡습되는 것은 건조 후 곧 분쇄 체질한다. 이 중량감소치로부터 수분량을 알 수 있고 이것을 건조, 분쇄, 체질하여 시료의 수분량을 합산하면 신선물의 수분량이 산출된다. 또한, 수분함량이 많은 시료의 성분함량은 다음 식에 의해 계산한다.

$$X(\%) = \frac{W_2}{W_1} \times \frac{x}{S} \times 100$$

W_1 : 신선물의 중량
W_2 : 건조한 것의 중량
S : 건조물로부터 정량하기 위하여 칭취한 시료의 중량
x : 정량한 성분의 중량
X : 신선물에 대한 성분함량(%)

2. 종 실 류

종실류는 밤, 은행 등과 같이 수분이 비교적 많고 전분질인 것과 땅콩, 참깨, 호도 등의 다수의 너트(nut)류와 같이 수분이 적고 지방질이 많은 것(oil seed)이 있다. 전자는 곡류의 경우와 같이 처리하면 되나 후자는 직접 분쇄기를 사용하여 분쇄하면 지방질이 나와 손실되는 경우가 많으므로 조쇄하여 믹서로 지방질의 손실이 없도록 분쇄하여야 한다.

경우에 따라서는 다음과 같이 하여 대부분의 지방을 제거하여 분쇄한다. 즉 적당량의 시료 50~100g을 칭량하여 유발로 조쇄하여 비커나 큰 페트리접시에 넣고 60~80℃에서 약 1~2시간 건조시킨 후 약 1ℓ 의 삼각플라스크에 옮긴다. 유발은 소량의 ether로 2~3회 세척하고 세액은 전분 시료를 넣은 플라스크에 가한다.

또 여기에다 200~300㎖를 더 가하여 진탕하고 병마개를 하여 1일간 정치한 후 ether만을 1~2ℓ 메스플라스크에 옮기고 남은 시료는 미리 칭량하여 둔 큰 여과지에 가능한 적은 양의 ether를 사용하여 옮긴다. 이것을 유지가 용출하지 않을 때까지 ether로 세척한다. 약간의 여액을 시계접시에 취하여 수욕 위에서 증발, 건고시켜 잔재의 유무를 확인하면 좋다.

여과지와 잔재는 처음에 실내에 펼쳐 ether를 완전히 증발시키고난 후 60~80℃의 건조기에서 건조시킨다. 다시 실내에서 1~2일간 방치하여 수분평형에 도달한 후 여과지와 함께 칭량한다. 이 중량으로부터 여과지의 중량을 빼면 지방성분이 빠진 시료의 중량이 된다. 다음 시료를 여과지로부터 깨끗이 털어내고 전술한 쌀, 보리의 경우와 같이 분쇄, 체질한다.

한편 메스플라스크의 것은 ether를 가하여 일정 용량으로 하고 잘 혼합한 후 미리 건조, 칭량해 놓은 칭량병에 그 일정량 50㎖을 피펫으로 분취해 넣는다(Soxhlet 장치면 더욱 좋다). Ether를 증류한 다음 50℃ 정도의 수욕 위에서 잔류한 ether를 증발시킨 후 150℃의 건조기에서 2시간 건조하고, 데시케이터에 옮겨 냉각 후 칭량한다. 다시 항량이 될 때까지 건조하고 냉각, 칭량을 반복하여 칭량치의 최저값인 항량을 구한다. 이 항량으로부터 칭량병의 중량을 뺀 것은 피펫으로 분취한 용량 중의 지방질의 양이므로, 이것으로부터 원래 전시료에서 용출한 지방질의 양을 산출한다.

이와같이 용출한 지방질의 양과 처음 시료에서 지방질을 제외하고 분쇄, 체질한 것의 지방질 정량치를 합산하면 원래 시료의 지방질 함량을 구할 수 있다.

3. 사 탕 류

대부분의 경우 그대로 혼합하여 시료로 한다. 벌꿀 등과 같이 속에 당의 결정이 입상(粒狀)으로 굳어 있는 시료는 병에다 넣고 마개를 하여 50℃ 이하의 더운물 중에 담가 가온한다. 때때로 교반하여 당의 결정을 녹여 잘 혼합한 후에 냉각시켜 그의 일정량을 취하여 분석에 사용한다. 물엿, 당밀과 같이 협잡물이 있을 경우는 전기와 같이 더운물로 가온하여 보온 깔때기로 여과하여 제거한다.

4. 채소, 과실류

신선한 것은 상당히 수분이 많고 또한 부분에 따라서 성분의 차이가 있으므로 수분의 손실에 유의하여 믹서나 유발로 갈아서 펄프상으로 한다. 바로 분석에 사용되지 않을 때는 보존 중 발효나 부패가 일어날 우려가 있으므로 −10℃에서 냉장한다.

5. 버터, 마가린 등의 유지류

균일한 액상의 것은 그 일부를 그대로 취하면 되며, 고형의 것은 전량 또는 각 부분에서 소량씩을 취하여 공전 광구병에 넣는다. 40℃ 이하의 수욕에서 때때로 흔들면서 내용물을 35℃ 정도로 따뜻하게 하여 녹인다. 이와같이 연화시킨 후 병을 진탕하여 혼합시키고 곧 이의 일부를 취하여 분석에 사용한다.

6. 과 자 류

크래커, 비스킷과 같이 수분이 적고 분상(粉狀)이 되기 쉬운 것은 유발로 분쇄하여 혼합시킨다. 이때 흡습하여 수분량이 증가하게 되므로 특히 주의해야 한다. 생과자, 양갱 등과 같이 수분이 많은 것은 그대로 가루로 하기 어려우므로 작은 조각으로 하여 유발로 갈아 충분히 혼합한다.

7. 어패류 및 가공품

① 생선, 젓갈, 연제품 등은 불가식부를 깨끗이 제거한 후 육만기에 3차에 걸쳐서 혼합한다. 육만기가 없을 때는 유발이나 믹서도 사용된다. 이상과 같이 신선물 상태의 것을 분석할 때는 문제가 되지 않으나 곧 분석이 되지 않고 분석하는데 시간을 많이 요하게 될 때는 혼합시료를 증발접시에 넣고 수욕상 또는 건조기 내에서 낮은 온도로 빨리 건조 후 분쇄, 혼합하여 분석에 사용한다.

② 냉동어는 먼저 해동시킨 후 신선물의 경우와 같이 처리한다. 해동은 물 중에서 하지 않아야 하며, 두꺼운 얼음이 부착된 것은 이를 떼어 내거나 융해시켜 제거하고 이것이 시료에 혼입되지 않도록 주의해야 한다. 그러나 동결한 것을 녹일 때 함께 용출되는 액즙(drip)은 마쇄한 시료 중에 혼합한다.

③ 멸치간장조림이나 생선조미통조림 등에 있어서 액즙 등을 제외하고 분석하고자 할 때는 내용물을 200μ (10mesh) 정도의 체로 약 2분간 기름 또는 액을 걸러낸 후 마쇄, 혼합한다.

④ 소금절임한 것은 소금을 떼어내고 필요에 따라 포화식염수로 부착된 결정염을 씻어내고 약 2분간 염절하여 전기와 같은 방법으로 처리한다.

8. 조수육류 및 가공품

생육은 가능한한 뼈를 제거하고 육만기나 유발로 갈아 잘 혼합한다. 햄, 소시지 등의 가공품도 같은 방법으로 한다. 단 지방질이 많고 조직이 강한 것이 보통이므로 취급에 주의한다. 변질의 우려가 있을 때는 −50℃로 냉동시킨다.

9. 난 류

전란을 분석할 때는 알을 깨뜨려 껍질을 제거한 후에 충분히 혼합하면 된다. 그러나 난황과 난백을 나누어 분석하려면 전란을 칭량 후 알껍질을 2등분으로 깨뜨려 비커 위에서 2등분한

달걀껍질 중에 내용물을 서로 옮기면 난백은 비커 중에 흘러내리고 껍질 속에는 난황만 남게 되므로 다른 비커에 옮긴다.

그러나 오래된 알은 난황막이 깨뜨려지기 쉬우므로 알껍질을 작은 칼이나 작은 가위로 구멍을 내고 구경이 큰 피펫을 꽂아 난황막이 깨뜨려지지 않게 빨아 올려 비커에 옮긴다. 분리된 난황과 난백을 칭량하여 잘 교반 혼합한다. 알끈과 난황막을 거즈를 사용하여 흡인 여과하여 제거한다. 또한 알의 분석은 전란을 열탕 중에서 삶은 후에 껍질을 벗기고 육만기 등으로 잘 혼합시키든가 또는 삶은 것을 다시 45℃ 정도에서 통풍건조하고 분쇄하여 분석에 사용한다. 단, 이와같이 삶은 난 처리법과 생란 처리법으로 조제한 시료의 분석결과는 다소 차이가 있다고 한다.

10. 유류 및 가공품

(1) 우 유

유즙을 정치하면 크림이 분리되어 상층과 하층의 성분이 다르게 되므로 분석할 때는 잘 혼합하여야 한다. 혼합은 교반기를 사용하면 좋으나 그렇지 못할 때는 두 개의 용기에 시료를 넣고 서서히 서로 옮겨서 균일하게 혼합시킬 수 있다. 만약 크림이 덩어리가 된 것이 있거나 표면이 건조 고화되어 있으면 약 40℃에서 5~10분간 지방을 녹여 잘 혼합한 후 실온에서 방냉시킨다. 생유(生乳)는 쉽게 변성되므로 빨리 분석해야 한다.

(2) 연 유

개병하여 내용물을 교반, 혼합하여 분석에 사용한다. 특히 가당연유는 설탕의 결정이 병의 밑바닥에 침전되어 있으므로 병을 30~35℃ 온수 중에서 약 15분간 두어 내용물을 연화시켜 개병한다. 이와같이 하여 연유는 그대로 시료에 사용하나 경우에 따라서는 우유에 가까운 농도로 희석하여 분석하는 수도 있다. 이런 경우는 연유 50g을 취하여 온수로 희석하고 250㎖ 메스플라스크에 넣어 냉각 후 표선까지 물을 가한다.

(3) 분 유

분유는 흡습성이 있으므로 습기가 많은 날에는 개관 및 칭량에 특히 주의하여야 한다. 개관하면 빨리 시료를 칭취하여 분석해야 한다.

11. 해 초 류

신선한 상태의 것은 필요에 따라서 3% 정도의 식염수로 씻어 모래와 흙을 제거한 다음 풍건하여 불가식부를 제거하고 엽부를 약 1㎠ 이하로 절단하여 시료로 한다. 다시마 등 대형의 해초에 있어서 엽면에 석출된 mannite 또는 철분 등의 염류가 손실되지 않도록 주의해야 한다.

12. 차 및 커피

녹차, 홍차의 잎과 커피원두는 필요에 따라 50~60℃에서 건조하여 쌀, 보리와 같이 처리한다. 이들의 침출액을 분석할 때는 일정량을 일정량의 온탕 및 열탕 등으로 침출하여 시료용액으로 한다. 예를들면, 엽차는 3g의 잎을 180㎖의 온탕에, 홍차는 1.5g의 잎을 100㎖의 온탕에, 커피는 12g의 분말을 180㎖의 열탕 중에 3분간 침출한다.

13. 맥주, 사이다 등 탄산가스를 함유한 음료

용해되어 있는 탄산가스를 구축하고 나서 분석에 사용한다. 예를들면, 맥주를 삼각플라스크에 반량 정도로 넣고 플라스크 입을 손바닥으로 누르고 상하로 흔들어 탄산가스를 나오게 하여 손바닥에 압력감이 느껴지지 않을 때까지 계속하고 나서 건조여과지로 여과한다.

14. 과실주, 과즙류

이들은 침전이 있으면 잘 혼합하여 그대로 시료로 하거나 필요하면 침전을 유발 등으로 잘 부수고 나서 시료로 한다. 목적에 따라서는 여과하여 투명한 여액을 분석하는 경우도 있다.

1-3 시료의 보존

조제한 시료는 그대로 보존해도 좋으나, 이때 적절한 처리를 못하면 보존 중에도 성분의 변화가 생긴다. 특히 수분의 함량이 많은 시료가 더 큰 영향을 받지만 대체로 다음과 같은 요인에 의한다.

① 수분의 증발 또는 흡수

② 공기에 의한 산화

③ 효소에 의한 작용

④ 미생물에 의한 침해

수분의 변화를 막기 위하여 조제된 시료를 밀폐된 용기 중에 보존한다.

한편 공기산화를 방지하기 위해서는 시료를 담은 용기 내의 공기를 제거하고 여기에 질소 등의 불활성 가스를 넣어 두는 방법이 좋으나 이것도 완전한 효과를 거둘 수 없다. 실제로는 공기와 접촉하는 표면적을 적게한 상태로 밀폐하여 보존하는 정도이다. 한편 가능한 한 저온에 보존하여 산화반응의 속도를 느리게 하는 것도 효과적인 방법이다. 그리고 효소와 미생물에 의한 변화를 방지하기 위하여 냉장 또는 건조시키거나 방부제 등을 첨가하기도 한다. 냉장은 가장 일반적인 방법이지만, 보통의 전기 냉장고에 넣어두는 것만으로는 조제시료의 수분 함량이 많으면 비타민류의 분해와 단백질 또는 당질 등의 변화를 완전히 정지시키지 못한다. 물론 어느 정도의 효과는 있지만 식품 자체가 가진 효소의 작용을 완전히 불활성화시키기에는 −40℃ 정도의 온도가 이상적이며 적어도 −15℃ 정도의 저온이 필요하다.

건조는 시료의 보존성에는 냉장의 경우보다 우수하나 시료의 성질, 상태, 그리고 건조조건에 따라서 크게 성분이 변하는 수도 있다. 건조는 가능한한 저온에서 신속하게 하지 않으면 안된다. 따라서 감압건조, 통풍건조의 경우가 상압고온건조보다 우수하다. 그리고 건조된 시료를 저온에 보존하면 더욱 좋다.

제 2 장 수분의 정량

수분은 영양소는 아니지만 식품의 품질평가에 있어서 가장 기본적인 항목이다.

수분과 고형분은 보는 견지를 달리한 표현으로서, 수분+고형분=100%의 관계에 있다. 일반적으로 고체 또는 반고체의 식품에 대해서는 수분으로 나타내고, 액체물질에 대해서는 고형분 또는 건물량으로서 나타낸다. 수분측정에 있어서 주의해야할 점은 시료자체의 수분이 변화하기 쉬워서 조금만 부주의하면 흡습 또는 탈습 현상이 나타나므로 시료의 특성을 충분히 파악하여 시료 전체를 대표할 수 있는 시료를 조제하는데 있다.

2-1 건 조 법

1. 건조법의 기본조건

건조법은 시료를 일정량 칭취하여 적당한 방법으로 수분을 제거한 후 재자 칭량하여 선후 중량의 차를 수분량으로해서 산출하는 방법이다. 수분을 제거하는데는 단순히 가열만 하는 방법, 동시에 감압하는 방법 혹은 상온에서 적당한 건조제를 사용해서 감압하는 방법 등이 있다.

그러나 이와같은 방법이 타당성있게 적용되기 위해서는 다음의 세가지 조건이 허용되어야 한다. 즉,

① 수분이 유일한 휘발성분이어야 한다.

② 수분이 제거될 때 화학변화가 생겼다고 하더라도 결과적으로 큰 영향이 없어야 한다.

③ 수분은 완전히 제거되어야 한다.

그러나 사실상 수분을 완전히 제거시키기는 매우 어려운 일이다. 따라서 완전한 수분제거를 위해서 다음의 몇가지 방법이 필요하다.

① 열분해의 영향이 없을 정도로 가급적 고온에서 건조시킨다.

② 내부에 있는 수분을 용이하게 제거하고 자동산화를 방지하며 건조시 표면에 굳은 막이 생기지 않도록 감압건조시킨다.

③ 수분의 증발면적을 가능한한 크게 하기위해서 시료를 세절, 분쇄하고 경우에 따라서는 해사를 혼합한다. 그러나 이와 같은 방법들은 각종 식품에 있어서 똑같이 적용될 수는 없는 것이다. 식품의 종류, 성상 등에 따라서 가장 이상적으로 또한 가장 간단한 방법으로 수분을 완전히 제거하여야 한다.

2. 항　량

수분정량 등을 행할 때는 항온건조기를 사용한다. 건조기 내의 온도는 100~105℃로 조절하며 시료를 증발접시, 자제도가니 혹은 칭량병에 넣어서 건조시킨다.

건조상태를 칭량할 경우는 소정시간 후에 건조기로부터 꺼내어서 데시케이터에 옮겨 실온에 방치한 후 칭량한다. 이것을 전후의 중량의 차이가 거의 없을 때까지 반복 실시한다.

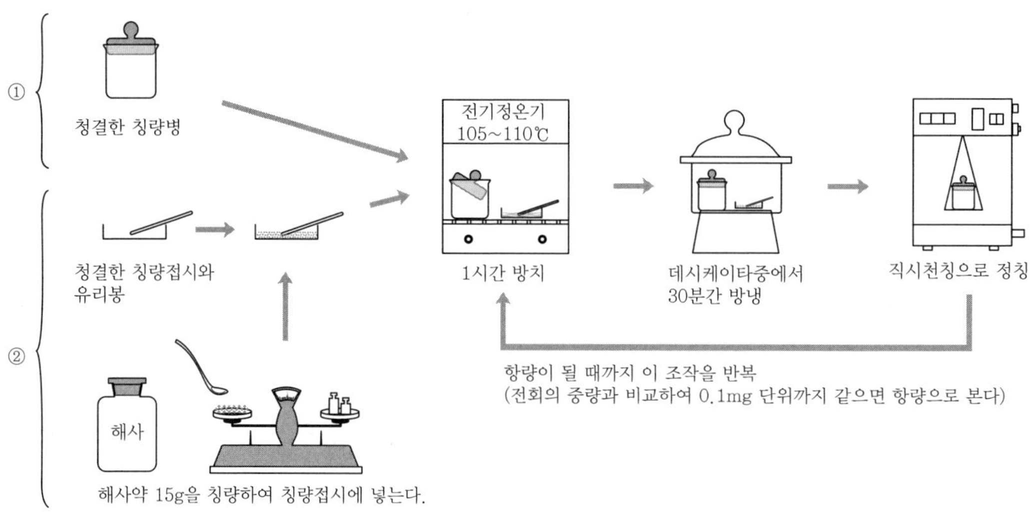

[주] ①, ②의 선택은 표 3-2을 참조할 것

그림 3-7 칭량병, 칭량접시의 항량 측정조작

이와같이 하여 전후의 칭량치와의 차이가 없는 것을 항량에 달하였다고 한다. 시료에 따라서 그 칭량치의 차이는 어느정도 폭이 있으나, 일반적인 시료의 경우에 그 차이가 0.3mg 이내, 유류는 3mg 이내, 자당이 많이 함유된 시료는 2mg 이내이면 좋다.

2-1-1 상압가열건조법

원 리

시료를 물의 비점보다 약간 높은 온도 105℃에서 상압건조시켜 그 감소되는 양을 수분량으로 하는 방법으로서[1], 가열에 불안정한 성분과 휘발성분을 많이 함유한 식품에 있어서는 정확도가 낮은 결점이 있으나 측정원리가 간단하여 여러가지 식품에 있어서 많이 이용된다.

시약 및 기구

① 정제해사 또는 규조토

② 칭량병(weighing bottle) 또는 알루미늄제 칭량접시

③ 정온건조기(dry oven)

④ 도가니 집게(crucible tong)

⑤ 데시케이터(desiccator)

⑥ 수욕(water bath)

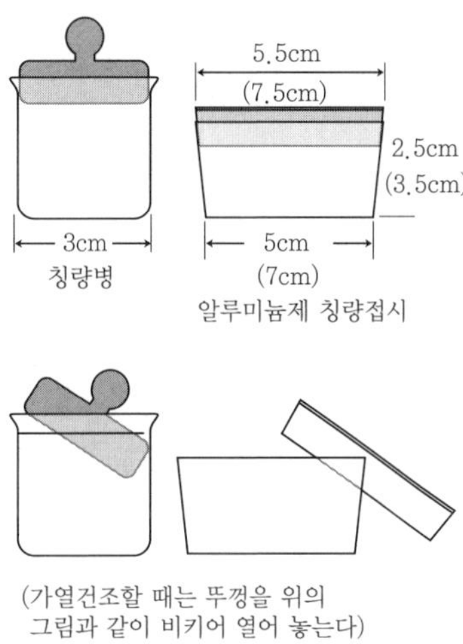

그림 3-8 칭량병과 칭량접시

조 작

1) 수분함량이 적은 시료(곡류, 두류, 과자류 등)

칭량병의 항량을 미리 구해두고 여기에 시료를 2~10g 정확히 칭량한다. 이것을 105~110℃의 정온건조기에 넣어서 뚜껑을 열어 건조하고, 데시케이터에 넣어 뚜껑을 닫아 실온이 될 때까지 방냉하여 칭량한다. 이와같은 가열, 방냉, 칭량을 반복하여 항량을 구하고 건조 전후의 중량의 차로 수분량을 구한다.

2) 수분함량이 많은 시료(육류, 야채류, 과실류 등)

약간 다량의 시료를 칭량하여 그 신선물의 중량을 구한 후에 얇게 자른 후 풍건시키거나 40~60℃의 저온에서 재빨리 예비건조시킨다. 이것을 다시 칭량한 후 분쇄하여 그 중에서

1) 상압가열건조법은 식품의 종류, 성질에 따라서 가열온도를 ①98~100℃ ② 100~103℃ ③ 105℃ 전후(100~110℃) 및 ④ 110℃ 이상으로 한다. 즉 ①은 동물성식품과 단백질함량이 많은 식품 ②는 자당과 당분을 많이 함유한 식품 ③은 식물성 식품 ④는 곡류 등의 신속법으로 쓰인다.

2~10g을 미리 항량을 구해 둔 칭량병에 넣어 정확히 칭량하여 1)과 같은 방법으로 수분량을 측정한다.

3) 액체 또는 점질상의 시료(우유, 물엿, 시럽 등)

대형 자제접시 또는 칭량접시에 높은 온도로 가열시킨 후 냉각한 정제해사나 규조토 10~30g과 작은 유리막대를 함께 넣어 100~105℃로 조절된 정온건조기에서 건조시켜 미리 항량을 구한다.

이것에 시료 2~20g을 정확히 칭량하여 섞고 수욕 상에서 유리막대로 잘 저어주면서 풀모양이 될 때까지 수분을 증발시킨 다음 정온건조기로 옮겨서 1)과 같은 방법으로 수분량을 측정한다.

4) 간이신속법

미리 130~135℃에서 건조시키고 항량을 구한 칭량접시에 시료 약 2g을 정확히 칭량하여 취한다. 밀가루, 빵, 면류, 콩가루, 탈지대두의 경우는 130±3℃에서 1시간 건조하여 데시케이터 속에서 방냉 후 한번만 중량을 달아 수분함량을 구한다.

쌀, 밥, 쌀가루, 콩의 경우는 135±2℃에서 2~3시간 건조한다. 또한 생육과 그 가공품은 5g을 달아서 125℃에서 2~4시간 건조한다.

표 3-2 시료채취량 및 칭량용기의 선택

식 품 명	채취량(g)	칭량용기의 선택
육류 및 가공품	2	칭 량 병
전 분 류	2~5	칭 량 병
설탕 및 감미료	1~2	칭량접시, 해사와 혼합, 물을 가한 때에는 수욕상에서 증발
유 지 류[1]	2	칭량접시, 해사와 혼합, 건조시간 1시간
종실류, 두류	2	칭 량 병
어패류, 생선물	5~10	칭 량 병
건 물	2	칭 량 병
수조육류(獸鳥肉類)	2~5	칭 량 병
난류, 생란(生卵)	5	칭량접시, 해사와 혼합, 수욕상에서 증발
삶 은 알 류	2	칭 량 병
유(乳) 류[2]	2~3	칭량병 또는 칭량접시
야 채 류	5	칭 량 병
과 실 류	5	칭 량 병
조 미 품 류[3]	2~3	칭량병 또는 칭량접시

1) 감압가열건조법이 바람직하다.
2) 칭량병 : 분유, 치즈
칭량접시(해사와 혼합하여 수욕상에서 증발) : 우유, 연유
3) 칭량접시(해사와 혼합하여 수욕상에서 증발) : 장유, 소스

계 산

(1) 조작 1), 3), 4)의 경우의 수분량은 다음식에 의해서 계산한다.

$$\text{수분}(\%) = \frac{W_1 - W_2}{W_1 - W_0} \times 100$$

W_0 : 칭량병의 중량(g)
W_1 : (칭량병 + 시료)의 중량
W_2 : W1을 건조하여 항량이 되었을 때의 중량

(2) 조작 2)와 같이 시료를 예비건조한 후 정량한 경우의 수분량은 다음식에 의해서 계산한다.

$$\text{수분}(\%) = (1 - \frac{B}{A} \times \frac{D}{C}) \times 100$$

A : 시료의 최초 신선물의 중량(g)
B : 예비건조한 후 시료의 중량(g)
C : 예비건조한 시료의 칭량병에 채취량($W_1 - W_0$)(g)
D : C를 건조해서 항량이 되었을때의 중량($W_2 - W_0$)(g)

방법도시

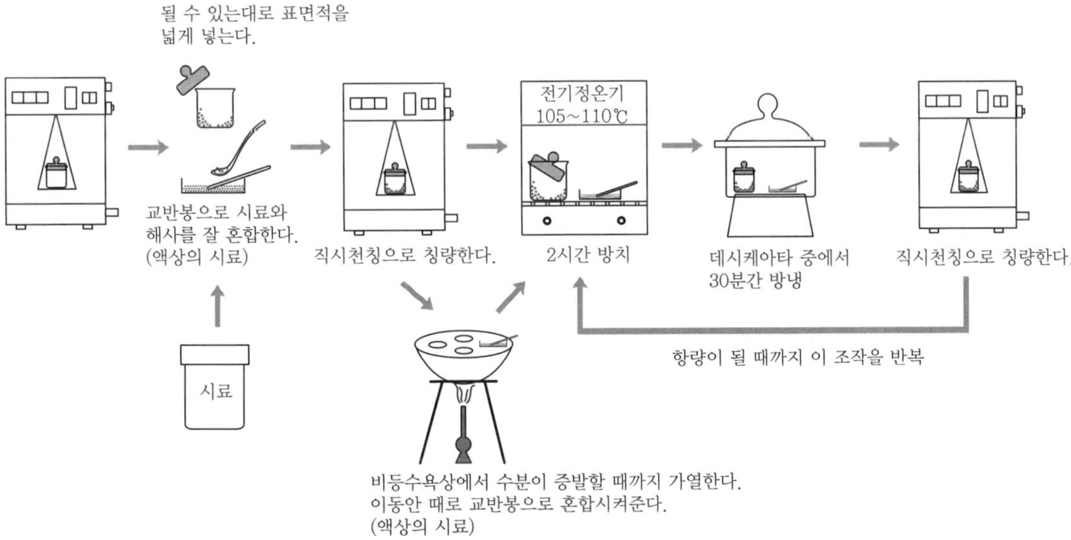

그림 3-9 상압가열건조법에 의한 수분의 정량

데이터 및 결과 예

[예 1]

① 시료 : 콩가루

② 건조온도 : 105℃

③ 칭량병 항량의 측정(W_0)

2시간 건조, 30분 방냉 후 칭량 : 21.3540g

1시간 건조, 30분 방냉 후 칭량 : 21.3539g(항량)

④ 시료채취 후 칭량(칭량+시료)(W_1) : 22.4612g(시료량은 1.1073g)

⑤ 시료건조 후 항량의 측정(W_2)

2시간 건조, 30분 방냉 후 칭량 : 22.3272g

1시간 건조, 30분 방냉 후 칭량 : 22.3270g(항량)

⑥ 수분함량 계산

$$수분(\%) = \frac{W_1 - W_2}{W_1 - W_0} \times 100 = \frac{22.4612 - 22.3270}{22.4612 - 21.3539} \times 100 = 12.12(\%)$$

[예 2]

① 시료 : 식빵

② 신선물의 중량 : 543.1200g

③ 예비건조한 후 전시료의 중량 : 321.1200g

④ 건조온도 : 105℃

⑤ 칭량병 항량의 측정(W_0)

2시간 건조, 30분 방냉 후 칭량 : 21.3540g

1시간 건조, 30분 방냉 후 칭량 : 21.3539g(항량)

⑥ 예비건조한 시료로부터의 시료채취 후 칭량(칭량병+시료)(W_1) : 23.4567g(시료량은 2.1628g)

⑦ 시료건조 후 항량의 측정(W_2)

2시간 건조, 30분 방냉 후 칭량 : 23.0124g

1시간 건조, 30분 방냉 후 칭량 : 23.0123g(항량)

⑧ 수분함량 계산

$$수분(\%) = \left\{1 - \frac{B}{A} \times \left(\frac{W_2 - W_0}{W_1 - W_0}\right)\right\} \times 100$$

$$= \left\{1 - \frac{321.1200}{543.1200} \times \left(\frac{23.0123 - 21.3539}{23.4567 - 21.3539}\right)\right\} \times 100$$

$$= 53.37(\%)$$

2-1-2 감압가열건조법

원 리

진공건조법(vacuum oven method)이라고도 하여 여러 나라에서 각종 식품의 수분정량의 기준법으로 사용하는 가장 표준적인 방법이다.

감압함으로써 100℃ 이하의 건조온도에서도 시료 중의 수분을 완전히 제거시킬 수 있는 동시에 공기산화와 열분해를 최소한으로 막을 수 있고, 아울러 균일화시킨 시료에 대해서는 정확도와 재현성을 갖고 있다. 더욱이 가열온도를 높이면 분해 또는 기타의 변화를 일으킬 가능성이 있는 식품에 대해서는 이 방법이 가장 신뢰할 수 있는 방법 중의 하나이다.

감압가열건조법은 대상으로 하는 식품에 따라 98~100℃로 가열하는 경우와 60~70℃로 가열하는 경우가 있다. 전자는 열에 안정한 성분으로 이루어진 식품이고, 후자는 열에 불안정한 식품이다. 또한 진공도도 25㎜Hg와 100㎜Hg로 감압한다.

일반적으로 건조법을 활용함에 앞서 성질이 각각 다른 여러가지 식품에 대하여 어떤 조건(온도, 감압정도 및 건조보조제 사용 등)을 적용할 것인가를 고려하지 않으면 안된다. 중요한 식품, 수십여종에 대해서 가장 적당하다고 인정되는 방법 또는 조건을 표 3-3에 표시하였다.

표 3-3 건조법에 의한 수분 정량의 표준조건

식 품 군	칭취량 (g)	건조온도 (℃)	건조시간 (시간)	건조보조제의 필요
곡립, 건면, 구운 과자*	{ 2 2	V_{25} 100 135	5, (5) 항량 3	
곡면, 전분	2	135	1~2	
빵, 생면**	2	135	1	
감자, 고구마, 토란	10	V_{100} 70	5, (5) 항량	

식 품 군	칭취량 (g)	건조온도 (℃)	건조시간 (시간)	건조보조제의 필요
정제당	5	100	3, (1) 항량	
조당, 액상당, 생과자, 꿀	2	V_{50} 70	2, (2) 항량	0
물 엿	2	V_{25} 100	2	
잼	2 2	V_{100} 70 V_{25} 70	2, (2) 항량 4	0
유 지	5	V_{100} 120	2, (2) 항량	
종 실*	4 4	V_{100} 100 130	5, (2) 항량 2	
두 류*	4	135	2	
콩가루, 탈지대두	2	130	1	
삶은 콩	2	V_{25} 100	2, (2) 항량	
된 장	2	V_{50} 70	2, (2) 항량	
생선 및 그 가공품	10 5	100 V_{50} 70	5, (2) 항량 5, (2) 항량	
생육 및 그 가공품	5 5	V_{100} 100 125	5, (2) 항량 2~4	
생란(生卵)	3	V_{25} 100	2, (2) 항량	
생 유	3	100	3	0
분 유	2	V_{100} 100	2, (2) 항량	
연 유	2	V_{100} 100	2, (2) 항량	0
치 즈	3 3	V_{100} 100 130	2, (2) 항량 1.5	
야채, 과실, 해초	10	V_{100} 70	5, (2) 항량	0
건조야채, 건조과실	5	V_{100} 70	6	
간해초(干海草)	2	V_{100} 70	5, (2) 항량	

1) *는 조쇄(粗碎)시료, **는 예비건조시료
2) V는 감압을 나타낸다. 예를들면 V50 70=50㎜Hg, 70℃
3) ( ) 안은 제2회째 이후의 건조시간, 즉 5, (2) 항량은 처음 1회 5시간 이후 2시간에 항량이 된다. 그냥 3은 3시간 건조 한 번에 항량이 된다.

기 구

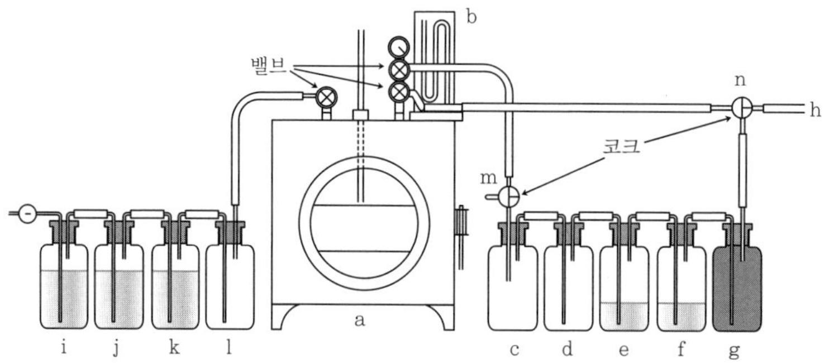

그림 3-10 직렬형의 진공건조기

① 진공건조기 : 60~120℃ 사이를 ±1℃까지 자동적으로 조절할 수 있는 것이 좋다. 시료로부터 나온 수분이 진공펌프에 들어가거나, 대기 중의 수분이 건조기에 들어가는 것을 방지하기 위해서 그림 3-10과 같이 탈수장치와 연결한다. 그림 3-10에서 먼저 c를 열고 d를 닫고, 펌프로 흡인하면 a 내부가 감압된다. c를 닫고 g를 연 다음 d를 열면 상압이 된다.

② 알루미늄제 칭량접시(weighing dish) 또는 폴리에틸렌 필름 백(polyethylene film bag)

③ 데시케이터(desiccator) 등의 기타 기구는 상압가열건조법의 경우와 같다.

조 작

1) 칭량접시를 사용하는 방법

먼저 상압가열건조법과 같은 방법으로 칭량접시의 항량(W0)을 구한다. 여기에 분쇄된 시료 적당량을 취해서 칭량한다(W_1).

각 시료에 대해서(표 3-3 참조) 소정의 건조온도(100℃ 또는 70℃)로 일정하게 유지되어 있는 진공건조기에 칭량접시의 뚜껑을 조금 열어 접시 위에 걸쳐둔다. 이것은 시료의 수분이 급격히 건조됨에 따라 시료 분말이 날아가는 것을 방지하는데 목적이 있다.

다음 건조기의 문을 닫고 표 3-3에 지정된 감압이 되도록 진공펌프로 흡인한다.

일정시간(약 5시간) 감압건조 후, 진공펌프를 멈추고 세기병(洗氣甁) 중의 진한 황산을 통하여 제습된 공기를 건조기 내에 조용히 도입시켜 기압을 대기와 같게 조절한다. 건조기의 문을 열고 즉시 칭량접시의 뚜껑을 닫고, 데시케이터 중에서 방냉시켜 칭량한다. 항량(W_2)이 될 때까지 감압건조, 방냉, 칭량을 반복한다. 다만 두번째부터는 건조시간을 1시간 정도로 짧게 하여도 좋다.

2) 폴리에틸렌 필름백(polyethylene film bag)을 사용하는 방법

점성의 페이스트(paste)상태의 식품을 폴리에틸렌 필름 백에 넣고 롤러로 잘 눌러 얇게 편 다음 감압건조하는 방법이다. 된장, 잼의 수분을 정확하게 측정할 수 있다. 사용되는 폴리에틸렌 필름 백은 보통의 폴리에틸렌이 아니라 내열성의 저압중합시킨 반투명의 고밀도 폴리에틸렌으로서 필름의 두께는 0.04~0.06㎜의 것이 좋다. 사용전에 100℃에서 1시간 정도 건조한다. 그 자체가 수분을 가지고 있거나 흡수하는 성질이 없으므로 항량을 구하지 않아도 좋으며 청결하면 데시케이터에 넣을 필요없이 실내에 방치해도 무방하다.

보통의 고압중합시킨 폴리에틸렌은 열에 약하여 사용할 수 없으나 저압중합시킨 폴리에틸렌은 110℃ 정도까지 가열에 안정하다.

정량조작은 먼저 폴리에틸렌 필름 백을 정확히 칭량하고(W_0), 이것에 시료 일정량을 채취하여 넣고 폴리에틸렌 필름 백의 입구를 세번 접어 칭량한다(W_1). 시험관으로 시료를 폴리에틸렌 필름 백 안에 균일하게 퍼지게 압연한다. 폴리에틸렌 필름 백의 입구를 열어 진공건조기에 넣고 고온 가열건조법과 같은 조작으로 건조, 항량을 구한다(W_2). 데시케이터에 넣어 방냉할 때는 폴리에틸렌 필름 백의 입구를 세번 겹쳐 클립으로 꽂고 칭량시에는 클립을 뺀다.

계 산

시료 중의 수분량은 다음 식에 의해 계산한다.

$$수분(\%) = \frac{W_1 - W_2}{W_1 - W_0} \times 100$$

2-1-3 적외선수분측정기에 의한 건조법

원 리

적외선수분측정기는 천칭과 적외선램프로 구성되어 있으며, 측정하려는 시료를 시료접시 위에 놓고 적외선램프를 가열전원으로 하여 건조시켜 그 건조감량을 직접 수분함량(%)으로 환산하여 읽는다.

이 방법은 신속하고 정확하게 수분을 정량할 수 있고 또 측정값을 직접 읽을 수 있으며 온도도 임의로 조절할 수 있는 이점이 많다. 이 측정기는 쌀, 보리, 밀, 전분, 국수, 빵, 수산제품 등 광범위하게 수분을 측정할 수 있다.

기 구

이 측정기는 여러 모델이 있으나 그 대표적인 것은 그림 3-11과 같다.

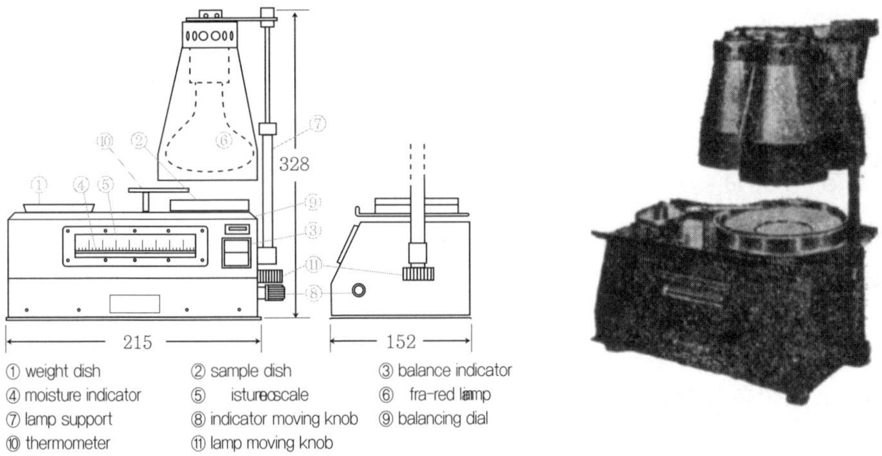

그림 3-11 적외선수분측정기

조 작

(1) Indicator moving knob(⑧)을 조절하여 moisture indicator(④)를 0에 가져온다. Balancing dial(⑨)을 회전하여 balance indicator(③)를 0에 맞춘다.

(2) Weight dish(①) 위에는 5g 분동을 놓고, sample dish(②) 위에는 시료를 놓는다. 만일 시료가 정확히 5g이면 balance indicator는 0이 되므로 다른 천칭에서 시료를 칭량할 필요가 없다.

(3) 다음 적외선램프를 시료 위에다 돌려 놓는다. 시료가 건조됨에 따라 가벼워지면 balance indicator는 0에서 멀어진다.

(4) 완전히 건조되면 시료의 무게는 항량에 도달한다. Balance indicator가 0으로 될 때까지 moisture indicator를 회전한다. Moisture indicator에 지시된 수분이 바로 수분함량이다.

(5) 최고 20% moisture indicator에서도 칭량이 되지 않을 경우는 수분함량이 20%를 초과한다는 것을 의미하므로, 1g을 줄이고 평형이 될 때까지 moisture indicator를 이동한다. Moisture indicator가 6%에서 평행되었다면 수분함량은 20%+6%=26%가 된다.

(6) 가열온도는 온도계(⑩)에서 읽고, 가열온도는 lamp moving knob (⑪)로써 램프의 높이를 변화시켜 조절할 수 있다.

(7) 시료를 정확히 5g을 칭량하지 못할 경우는 임의의 무게 Wg을 취한다. 이런 경우 수분함량은 읽은 값에 5를 곱하여 그 결과에서 W로 나누어 구한다. 예를들면 시료가 2.5g이라

면 읽은 값에다 2를 곱하고, 시료가 10g이라면 읽은 값에서 2로 나눈다.

(8) 이 측정계의 눈금은 건조 전 시료 중의 %이다.

2-2 증 류 법

원 리

시료를 물과 혼합되지 않는 유기용매 중에서 가열하면 시료 중의 수분은 용매와 함께 증기로 되며, 그 증기를 냉각하여 눈금이 있는 가는 관 속에 모아서 용매와 분리된 물의 부피를 측정하여 시료 중의 수분을 정량하는 방법이다. 이 방법은 대략 세가지 방식으로 분류된다.

① 물보다 비점이 높은 기름을 용매로 사용하고, 특정의 식품을 특정의 온도로 가열하여 수분만을 유출시킨다.

② 물과 비점이 가깝고, 비중이 물보다 가벼운 용매를 사용하고, 용매만이 증류플라스크에 환류시키는 방법으로, xylene(비점 139℃), toluene(비점 111℃), benzene(비점 80℃) 등이 사용된다.

③ ②의 방법과 동일하나 물보다 비중이 무거운 용매를 사용하는 경우로 환류방식이 다르다. 용매로서는 tetrachloroethylene(비점 121℃) 등이 사용된다.

여기서는 toluene을 용매로 사용하는 환류형의 방법에 대해서 설명한다. 이 방법은 신속·간편하고 특히 휘발성 성분을 함유한 식품 및 점조성의 식품에 적당한 방법이다. 그러나 많은 시료를 동시에 실험하기 어렵고 여러 개의 장치가 필요하며 용기의 청결을 요하는 등의 결점이 있다.

장치 및 시약

1) 증류식 수분정량장치

그림 3-12와 같이 300㎖의 증류플라스크, 눈금이 있는 가는 관(용량은 5㎖ 정도이고 0.1㎖ 또는 0.05㎖까지의 눈금이 새겨져 있다)이 붙은 분리관, 환류냉각기로 된 장치를 준비한다.

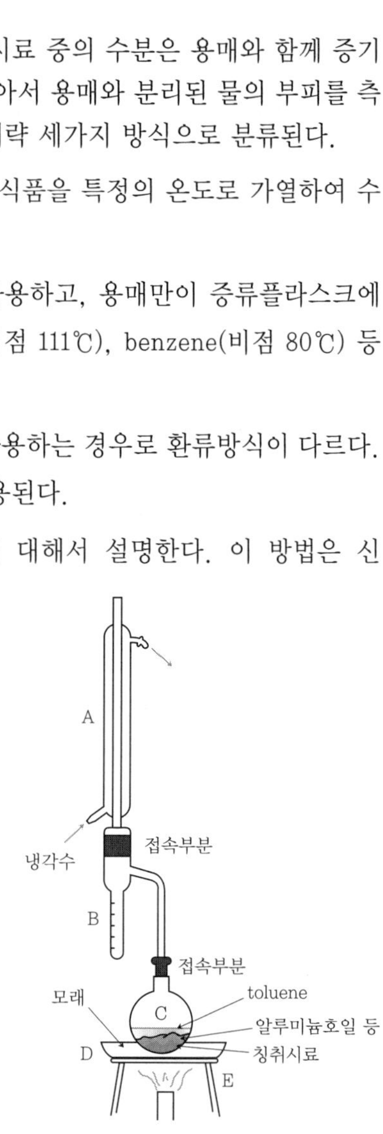

그림 3-12 증류식 수분 정량장치(AOAC형)

2) Toluene

1급품(b.p. 110.6℃)이 좋으며, 수분을 함유하고 있으면 무수황산나트륨(Na_2SO_4)을 가하고 흔들어 탈수시켜 사용한다.

조 작

증류플라스크에 수분량이 3~4g에 해당되는 시료를 정확히 칭량하여 넣고(분말의 시료는 파라핀종이에 싸서 넣는다), toluene을 시료가 완전히 담길 정도(약 75㎖)로 가한 다음 환류냉각관과 수분측정관을 잘 연결한다.

다음에 냉각관의 상부로부터 toluene을 주입하여 수분측정관을 완전히 채운 뒤 증류플라스크를 가열한다. 처음에는 매초 약 2방울의 속도로 증류하고, 나중에는 매초 약 4방울의 속도로 물이 유출되도록 화력을 조절하여 수분이 더 이상 유출되지 않을 때까지 가열한다. 만약 toluene량이 부족하면 다시 냉각관의 상부로부터 적당히 주입한다.

증류가 끝나면 냉각관 내부와 수분측정관에 부착되어 있는 수분을 스포이드 등을 사용하여 소량의 toluene을 냉각관 상부로부터 잘 주가하여 눈금관에 떨어뜨려 모은다. 수분측정관의 온도를 실온이 될 때까지 냉각하고 눈금관에 모은 수분의 양을 정확히 읽는다.

계 산

시료의 수분함량은 다음 식에 의해 계산한다.

$$수분(\%) = \frac{V}{S} \times 100$$

V : 유출된 수분의 용량(㎖=g)
S : 시료의 채취량

2-3 Karl Fischer법

원 리

Karl Fischer법은 물의 화학반응을 응용한 적정법으로서, 현재 실용되고 있는 유일한 화학적 수분정량법이다.

Alcohol, benzene, 석유 등과 같은 휘발성 물질 중의 수분, 항생물질과 같이 가열 · 건조시키면 분해할 우려가 있는 약품 중의 수분 또는 공업약품, 식품 중 수분정량에 널리 사용되고 있다.

I_2, 무수아황산, pyridine의 혼합액인 Karl Fischer시약은 methanol의 존재 하에서 물과 정량적으로 반응하여 I_2를 소비한다.

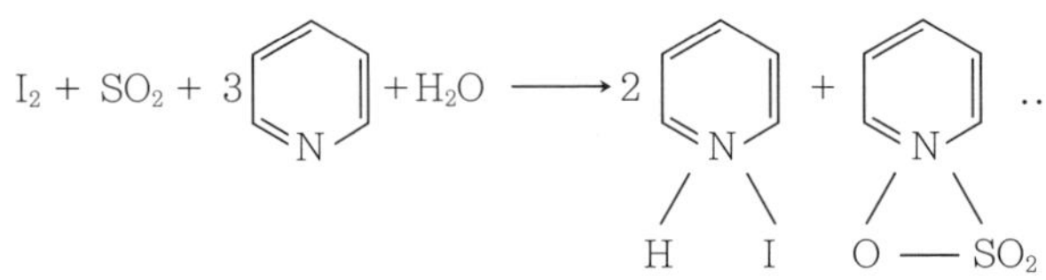
……(1)

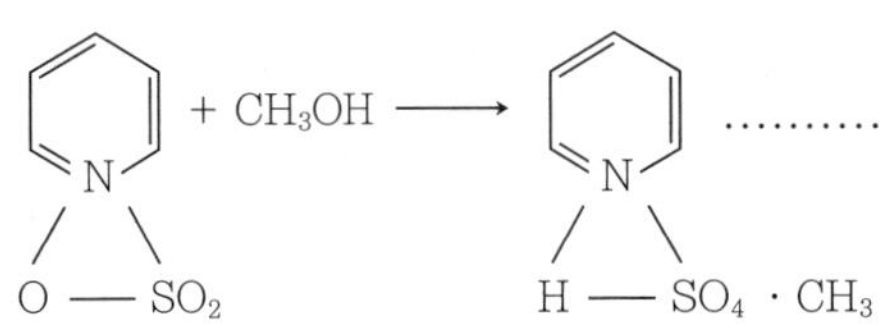
……(2)

이때 실제로는 위와같은 2단계의 반응이 일어나며, 물과 I_2와의 반응식은 (1)식이고, (2)식에서는 생성된 pyridine의 무수황산염을 황산의 methyl ester로서 안정하게 한 것이다.

장치 및 시약

1) Karl Fischer 수분적정장치

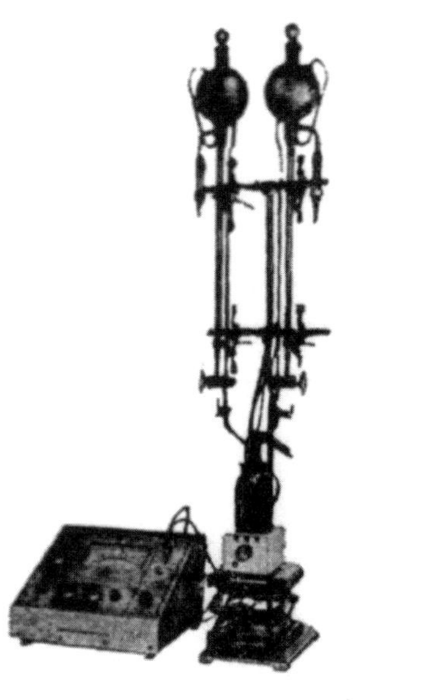

그림 3-13 Karl Fischer 수분적정장치

이 장치는 그림 3-13과 같은 전기적정장치이며, 자동조절뷰렛, 시약 수기, 자석교반기(magnetic stirrer), 적정용기, 전극 등으로 조립되어 있다.

2) Karl Fischer시약(K · F시약)–요오드, 무수아황산, pyridine(I_2, SO_2, C_5H_5N)의 몰비 1 : 3 : 10의 methanol용액

Pyridine 170mℓ와 methanol 670mℓ를 합한 혼합액을 얼음으로 식히고 여기에 I_2 125g을 녹인다. 이 시약의 조제에 사용하는 용매는 모두 물을 함유하여서는 안된다. Pyridine에 KOH 또는 BaO를 pyridine양의 10~25% 가하여 마개를 잘하고 간혹 저으면서 방치하여 탈수하던가 $CaCl_2$ 등을 함께 섞어서 환류냉각기를 연결하여 3시간 이상 기름 중탕(oil bath)에서 끓인 다음 증류한다. Pyridine의 비점은 115~116℃이다.

따로 pyridine 100㎖를 25㎖의 메스실린더에 넣고 얼음으로서 이것을 식히면서 건조한 SO_2가스를 전체 용량이 200㎖로 증량될때까지 통한다. 그리고 처음에 만들은 I_2, pyridine, methanol용액에 얼음으로 식힌 pyridine-SO_2용액을 천천히 넣고 잘 섞으면서 I_2를 완전히 용해시킨다.

이 용액을 마개가 있는 유리병에 옮기고 역가를 측정하기 전에 하룻밤 방치한다. 이 시약을 사용하기 약 1시간 전에 역가를 측정한다. 이 시약은 진한 적갈색의 용액으로 어두운 곳에서 냉각하면서 보관한다. K · F시약은 조제된 시판 시약을 사용하는 것이 편리하다.

3) 무수 methyl alcohol

Methanol 1ℓ 에 Mg분말 5g을 넣고 필요하면 $HgCl_2$ 0.1g을 넣어 반응을 촉진시킨다. Mg + $H_2O \longrightarrow MgO + H_2$ 수소발생이 끝나면 methanol을 습기를 차단하면서 증류한다. 이렇게 처리한 methanol 1㎖ 중에 0.3㎎ 이상의 수분을 함유하여서는 안된다. 극히 흡수성이 강하기 때문에 마개를 잘하고 데시케이터 안에 보관한다.

4) 물 · methyl alcohol 표준용액

무수 methyl alcohol에 물을 가하여 2㎎ H_2O/㎖의 용액을 만들거나 주석산나트륨($C_4H_4O_6Na \cdot 2H_2O$: 15.66%의 물) 또는 수산나트륨($Na_2C_2O_4 \cdot 2H_2O$: 38.31%의 물) methyl alcohol용액을 조제하여 K · F시약의 역가를 검정한다.

조 작

1) K · F시약의 표정

Methanol 20㎖를 취하여 적정장치의 용기에 넣고 이 시약의 특유한 종말점의 색이 나타날 때까지 K · F 시약으로 적정한 다음, 곧이어 주석산나트륨 약 0.5g을 정확히 칭량하여 넣고 다시 종말점의 색이 나타날 때까지 K · F시약으로 적정한다. 시료의 수분을 K · F시약으로 직접 적정할 때에 적정액이 황색으로부터 한방울 과량의 시약으로 적갈색으로 변색하는 점을 종말점으로 한다. 이 K · F시약 1㎖에 해당하는 물의 ㎎수(역가 : F)는 다음 식에 의해 계산한다.

$$F = \frac{W \times 0.1566}{V}$$

W : 주석산나트륨의 채취량(㎎)
V : K · F시약의 적정 소비량(㎖)
0.1566 : 주석산나트륨 중에 물의 환산 비율

2) 시료의 수분적정

Methanol 25mℓ를 정확히 취하여 적정장치의 용기에 넣고 종말점의 색이 나타날 때까지 K · F시약으로 적정한 다음, 물 10~50mg에 해당하는 시료를 정확히 칭량하여 지체없이 적정용기에 넣고 강하게 흔들면서 다시 종말점의 색이 나타날 때까지 K · F시약으로 적정한다.

계 산

시료 중의 수분함량은 다음 식에 의하여 계산한다.

$$\text{시료 중의 수분(mg)} = F \times V$$

$$\text{시료 중의 수분(\%)} = \frac{F \times V \times 100}{S}$$

V : 시료 중의 수분 적정에 소비된 K · F시약의 mℓ수
(K · F시약의 전체 적정 소비량-methanol 적정 소비량)
F : K · F시약 1mℓ에 해당하는 물의 mg수(역가)
S : 시료채취량(mg)

2-4 전기적 수분측정법

측정방식은 전기저항, 유전율(誘電率)의 변화측정의 두 방식이 있으며, 측정가능범위는 수분 5~35%, 적용시료는 곡류, 설탕 등이다. 곡류나 설탕 등과 같이 비교적 수분함량이 적고, 성분조성의 배합이 단조로운 식품의 수분측정에는 전기적인 방법도 적용된다. 이러한 시료에서는, 예를들어 도전율(導電率), 유전항수(誘電恒數) 등의 전기적 제량이 수분함량과 규칙적으로 상관관계에 있는 것이 많다.

일정한 조건하에 이들 전기적 양을 측정함으로써 시료의 수분량을 간접적으로 구할 수가 있다. 측정하려는 전기적 양이 무엇인가 있다고 하면 대상으로 하는 시료의 동일 종류의 식품에 있어서 수분함량만이 단계적으로 다른 한 계열의 표준시료를 준비하여 그 각각에 대한 똑같은 방법으로 전기적인 양을 측정하고 수분과의 관계를 나타내는 그래프로 대조수표(對照數表)를 작성해 놓는다. 측정치로서는 시료의 전기저항을 측정하는 방법이 더욱 간편하고 기기도 소형이며 값도 싸다.

시료의 전기저항은 그들이 함유하는 수분의 양과 역상관관계를 가지고 증감한다. 일례로서 쌀의 수분과 저항의 관계를 나타낸 것은 그림 3-14와 같고, 또한 저항방식에 의한 곡류의 수분측정기의 하나는 그림 3-15와 같다. 이 측정기에서는 곡분은 그대로, 곡식알은 곱게 빻아서 거의 일정량만을 측정용기(셀)에 담아 일정한 압력을 가하고 가압충전하면서 그대로 시료의 저항치를 측정한다.

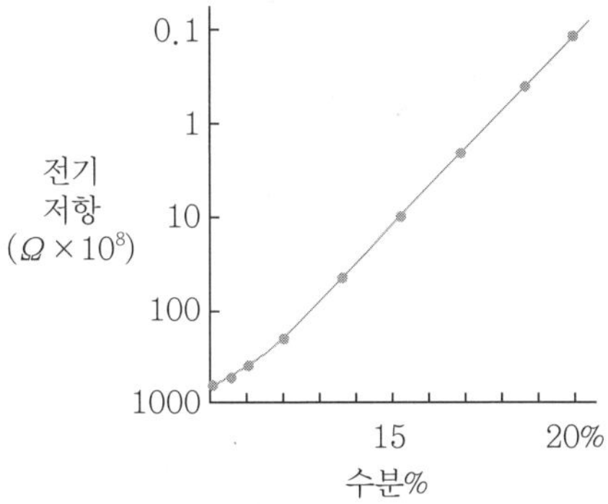

그림 3-14 쌀의 수분함량과 전기저항

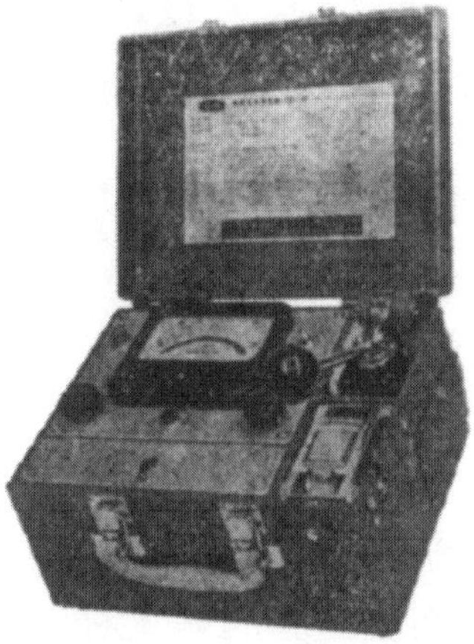

그림 3-15 저항식 곡물 수분측정기

고주파 유전율(高周波 誘電率)의 측정에서 수분을 구하는 방법은 전기저항식보다 높은 정확성을 기대할 수 있으나 그 장치가 대형이고 값도 비싸다.

분체(粉體)에 응용하면 측정 셀에 시료가 채워지는 방법에 따라 측정값이 달라지는 결점이 있다. 전기적 수분측정법의 실제에 있어서는 각 기기의 매뉴얼을 참고하여야 하며, 그 적용범위에 있어서는 때에 따라 판단을 정확하게 하지 않으면 안된다.

제 3 장 조회분 정량

식품분석에 있어서 회분(灰分, ash)이란 식품을 태우고 남은 재를 말하는 것으로서 대체로 무기질의 양이라고 정의할 수 있다. 그러나 대다수의 식품에서 무기질인 염소는 그 일부 또는 대부분이 회화될 때에 소실된다. 또한 두류, 야채류, 해조류 등의 회분에는 본래 유기질이라고 볼 수 있는 탄산이 다량 함유되어 있기 때문에 실제로 식품을 태워서 남은 재를 순전히 무기물 자체라고는 인정할 수 없다.

이와같이 잔회(殘灰)의 성질은 식품의 종류와 회화의 조건에 따라서 변하며 일정한 것이 아니다. 예를들면 두류나 야채의 회분은 500~550℃에서의 회화에 있어서는 다량의 탄산염을 함유하지만, 650~700℃로 가열하면 이산화탄소(CO_2)를 방출하여 중량의 일부가 감소된다. 탈지 대두분에 있어서는 550℃ 회화의 회분량은 6.24%, 700℃ 회화의 회분량은 5.92%로 변화된다. 따라서 무기질의 정량은 어려우며 다만 식품의 회분은 무기질과 거의 같다는 관념을 가질 수밖에 없다.

회화처리 후에 재의 표면이 백색이어도 속에 탄괴(炭塊) 등이 남아 있어서는 안된다. 완전히 회화되면 보통 회백색을 띠나 Fe이 많으면 갈색, Mn은 청녹색, Cu는 미청색을 띠는 경우가 있다.

3-1 직접회화법

원 리

시료를 회화용기에 넣고 직접 550~600℃의 온도에서 완전히 회화 처리하였을 때의 회분의 양을 말한다. 즉 식품을 550~600℃로 가열하면 유기물은 산화, 분해되어 많은 가스를 발생하고 타르(tar)모양으로 되며 점차로 탄화(炭化)한다.

탄소는 더욱 산화되어 탄산가스(CO_2)로 되어 방출되지만, 인산이 많은 시료에서는 강열하면 양이온과 결합하지 않고 용융상태로 되며, 또한 산소의 공급이 불충분하게 되어 오히려 회화의 진행이 어렵게 된다. 다수의 식품에서는 무기질의 염소이온(Cl^-) 등 휘발성 무기물은 휘산되기도 하고, 양이온의 일부는 공존하는 음이온과 반응하여 인산염, 황산염 등으로 되기도 하며, 유기물 기원의 탄산염으로 되기 때문에 조회분(粗灰分, crude ash)이라고 한다.

기 구

1) 회화용기(crucible)

구경 6㎝ 정도의 자제 증발접시 또는 내용 25㎖ 정도의 뚜껑이 있는 자제 도가니 등이다.

대량의 유기물을 비교적 저온에서 연소시킬 경우에는 평평한 용기를 사용하는 것이 공기의 공급이 충분하여 좋고, 시료를 탄화시킬 때 부풀어 오르는 것에 대해서도 안전하다.

따라서 전기로에서의 회화에는 증발접시가 좋고, 버너에 의한 회화에서는 회분의 성질에 따라 날아가는 경우가 있으므로 뚜껑이 있는 도가니가 좋다. 물론 뚜껑을 약간 열어걸쳐서 회화한다.

2) 전기로(electric muffle furnace)

전기로는 고온으로 일정하게 유지할 수 있는 회화장치이다. 그림 3-16과 같이 내부는 내화벽돌로 쌓여져 있고, 그 벽돌사이에 니크롬선이 있어 가열된다.

용량 20~30A, 최고온도 1,000℃의 것이 일반적으로 널리 사용된다. 열전대접속의 고온지시계를 보면서 온도의 조절은 변압기로 한다. 약 20분만에 600℃에 달하게 되는 것이 필요하다.

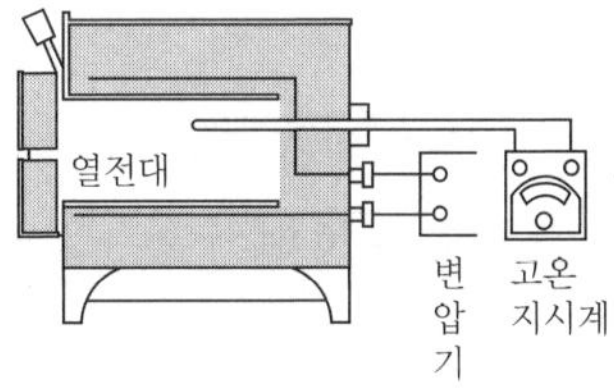

그림 3-16 전기로

3) 삼각로와 삼각가

전기로가 없을 때는 그림 3-17, 3-18과 같은 삼각로에서 버너로 가열하여도 쉽게 회화시킬 수 있다.

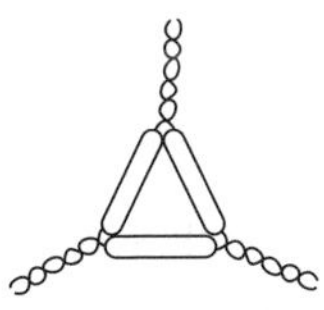

그림 3-17 삼각가

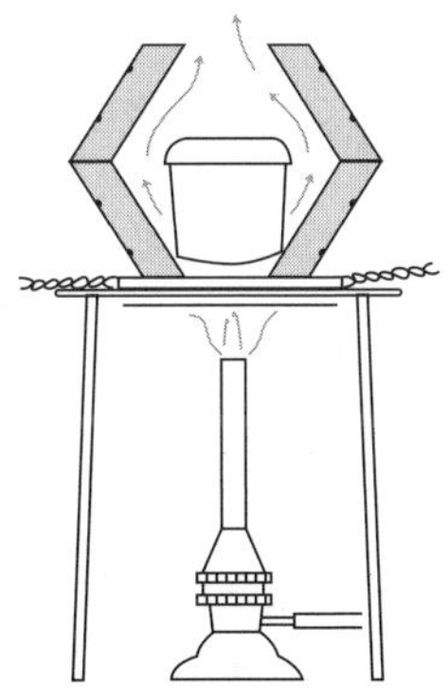

그림 3-18 삼각가와 삼각로

4) 데시케이터(desiccator)

조 작

1) 회화용기의 칭량

깨끗이 씻은 회화용기를 전기로나 버너에서 600℃ 이상으로 수 시간 강열시켜 데시케이터에 옮겨 실온에서 냉각시킨 후 곧 칭량한다. 항량이 될 때까지 다시 2시간 정도 가열하고 방냉하여 칭량하는 조작을 반복한다.

2) 시료의 채취

항량이 된 회화용기에 시료 2~5g을 칭취한다. 주류, 주스 등의 음료나 유지류와 같이 회분량이 적은 것은 10g 정도 취한다. 설탕과 같이 회화시에 부풀어 오르는 것은 10g도 많은 양이므로 적게 취해야 한다.

3) 전처리

회화하기 전에 식품에 따라 다음과 같이 전처리를 필요로 하는 것이 있다.

① 전처리를 요하지 않는 것 : 곡류, 두류, 기타 다음 ②, ③, ④항에 없는 건조식품은 그대로 곧 회화한다.

② 예비건조를 요하는 것 : 야채, 과일, 대부분의 동물성 식품과 같이 수분이 많은 것은 일단 건조기 내에서 건조시켜 회화한다. 주류, 주스 등의 음료, 간장, 우유 같은 액체식품은 수욕상에서 증발, 건조시켜 회화한다.

③ 예열을 요하는 것 : 사탕류, 사탕과자류, 정제전분, 난백, 어육 등은 탄화될 때 심하게 부풀어 오르기 때문에 용기에 비해 소량의 시료를 채취하거나 전열기 또는 버너의 불꽃을 약하게 하여 회화용기의 하면을 서서히 가열시켜 내용물이 부풀어 넘쳐나오지 않도록 하면서 점차로 온도를 상승시켜 탄화하고, 부풀어 오르는 것을 충분히 하여 멈추게 한다.

④ 연소를 요하는 것 : 유지류, 버터 등은 미리 기름기를 태워 버린다. 즉 전열기에서 수분을 날려 보내고 보통 실내에서 불꽃이 자연적으로 꺼질 때까지 연소시킨다.

4) 회화방법

이와같이 전처리가 끝나면 용기를 전기로 안이나 버너 위에 옮겨 550~600℃에서 몇 시간 두어 백색 내지 회백색의 재가 남을 때까지 회화를 계속한다.

즉, 삼각로에서 버너를 사용할 때는 도가니의 뚜껑을 열고 약하게 가열하여 연기가 나지 않으면 뚜껑을 덮고 버너를 세게 하여 도가니의 밑바닥이 적색으로 된 상태에서 몇 시간 회화시킨다. 전기로를 사용할 때는 150~200℃에서 연기가 없어질 때까지 태우고, 300~400℃에서 오랫동안 가열하여 최후에 550℃에서 1~2시간 회화시킨다.

시료 전체가 회백색으로 되면 가열을 중지하고 200℃까지 내린 다음 흡수성이 좋은 데시케이터 중에 옮겨 방냉하여 실온에 달하면 재빨리 칭량한다.

계 산

시료의 회분량은 다음 식에 의해 계산한다.

$$\text{시료의 조회분(\%)} = \frac{W_2 - W_0}{W_1 - W_0} \times 100$$

- W_0 : 항량으로 된 회화용기의 중량(g)
- W_1 : 회화 전 회화용기와 시료의 중량(g)
- W_2 : 회화 후 회화용기와 재의 중량(g)
- S : 시료의 채취량(g)

방법도시

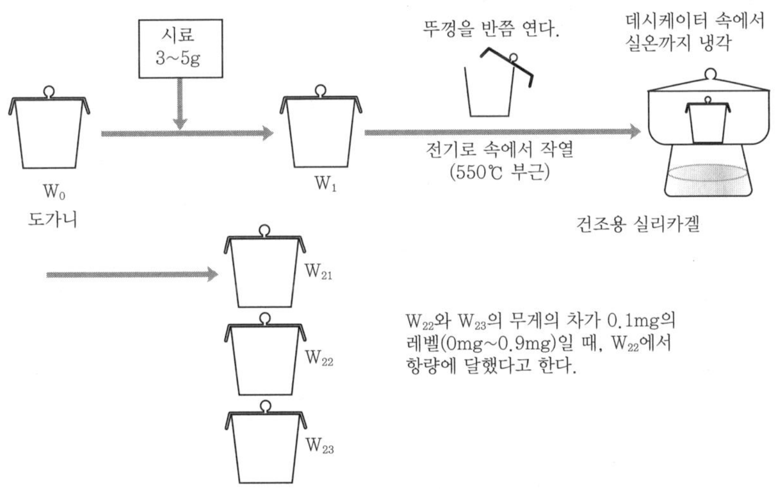

그림 3-19 직접회화법에 의한 회분정량

데이터 및 결과 예

① 시료 : 콩

② 회화온도 : 550℃

③ 도가니 항량의 측정(W_0)

5시간 작열, 30분 방냉 후 칭량 : 17.4315g

2시간 작열, 30분 방냉 후 칭량 : 17.4314g(항량)

④ 시료채취 후 칭량(도가니+시료)(W_1) : 18.4683g(시료량 : 1.0369g)

⑤ 시료회화 후 항량의 측정(W_2)

5시간 작열, 30분 방냉 후 칭량 : 17.4699g

2시간 작열, 30분 방냉 후 칭량 : 17.4650g

2시간 작열, 30분 방냉 후 칭량 : 17.4647g(항량)

⑥ 조회분 함량계산

$$\text{수분}(\%) = \frac{W_2 - W_0}{W_1 - W_0} \times 100 = \frac{17.4647 - 17.4314}{18.4683 - 17.4314} \times 100 = 3.21(\%)$$

3-2 초산마그네슘 첨가 신속회화법

원 리

소맥 제분에 있어서는 그 품질판정의 기준으로서 회분의 함량이 중요한 의미를 가지고 있다.

따라서 소맥분의 회분정량은 일반 다른 식품에 비하여 많이 연구되어 분석치의 정확도가 요구되고 있으며, 또한 실용상의 필요에 따라서는 방법의 신속화도 요구된다.

밀가루와 같이 인산이 많이 함유되어 있는 산성 식품의 시료를 완전히 회화시키는 데에는 시간이 걸린다.

일반적으로 제분 · 제빵 공장에서는 회분정량을 신속히 하기 위하여 시료에다 일정량의 $Mg(CH_3COO)_2$ 또는 $Mg(NO_3)_2$를 가하여, 재(灰)를 염기성으로 하여 신속히 회화시키고 있다.

시 약

1) 초산마그네슘-methanol용액

초산마그네슘[$Mg(CH_3COO)_2 \cdot 4H_2O$] 약 15g을 물 150mℓ와 빙초산 2mℓ에 녹이고, 여기에 methyl alcohol을 가하여 1ℓ 로 한다.

조 작

용량 15㎖의 자제 도가니를 전기로에서 미리 600℃로 가열하여 항량을 구한다(W_0). 여기에 시료 3g을 채취하여 칭량한다(W_1). 이어 초산마그네슘-methanol용액 3㎖를 피펫으로 정확히 가하고 5분간 정치시켜 균일하게 한다.

전열기나 버너의 약한 불꽃에서 연기가 나지 않을 때까지 예비연소시킨 뒤, 미리 600℃로 온도를 맞추어 둔 전기로 내에 옮겨서 항량이 될 때까지(약 3~4시간) 작열하고, 데시케이터에서 30분 방냉 후 칭량한다. 두번째는 1시간 작열하고 방냉 후 칭량하여 항량을 구한다(W_2).

한편 시료 중에 첨가된 $Mg(CH_3COO)_2$의 산화로 열분해되어 생성된 MgO의 공시험을 실시하여야 한다.

$$Mg(CH_3COO)_2 + 4O_2 \longrightarrow MgO + 4CO_2 + 3H_2O$$

즉 항량을 구한 도가니에 초산마그네슘-methanol용액 3㎖를 피펫으로 정확히 취하여 용매를 증발시킨 후 100~105℃ 건조기에서 건조시키고, 600℃에서 3~4시간 작열시킨 다음, 방냉, 칭량하여 MgO의 공시험 중량을 구한다(B). 소맥분의 직접회화에 의한 재는 비흡습성이나, 마그네슘 첨가의 재는 흡습력이 있으므로 주의해야 한다.

계 산

소맥분 중의 회분량은 다음 식에 의해 계산한다.

$$\text{시료의 회분(\%)} = \frac{W_2 - B - W_0}{W_1 - W_0} \times 100$$

W_2 : 초산마그네슘 첨가 회화 후의 도가니와 회분의 중량(g)
W_1 : 도가니와 시료와의 중량(g)
W_0 : 도가니의 항량(g)
B : MgO의 공시험 중량(g)

데이터 및 결과 예

① 시료 : 소맥분

② 회화온도 : 600℃

③ 도가니 항량의 측정(W_0)

5시간 작열, 30분 방냉 후 칭량 : 17.4315g

2시간 작열, 30분 방냉 후 칭량 : 17.4314g(항량)

④ 시료채취 후 칭량(도가니+시료)(W_1) : 20.4683g(시료량 : 3.0369g)

⑤ 초산마그네슘-methanol 용액 3㎖ 첨가

⑥ 시료회화 후 항량의 측정(W_2)

5시간 작열, 30분 방냉 후 칭량 : 17.4575g

2시간 작열, 30분 방냉 후 칭량 : 17.4568g

1시간 작열, 30분 방냉 후 칭량 : 17.4567g(항량)

⑦ MgO의 공시험 측정(B)

도가니 항량 : 17.4321g

초산마그네슘-methanol용액 3㎖ 첨가 회화 후 항량 : 17.4426g

MgO의 공시험 중량 : 0.0105g

⑧ 조회분 함량계산

$$\text{조회분}(\%) = \frac{W_2 - B - W_0}{W_1 - W_0} \times 100 = \frac{17.4567 - 0.0105 - 17.4314}{20.4683 - 17.4314} \times 100 = 0.49(\%)$$

제 4 장 조단백질 정량

식품을 구성하는 각 성분 중에서 질소를 함유하고 있는 것은 대부분이 단백질이다. 단백질은 다른 성분과 달리 평균 16%의 질소를 함유하고 있는 것이 특징이다. 따라서 식품 중의 단백질량을 구하는 것은 총질소를 정량하여 그 값에 100/16=6.25를 계수로 곱하여 산출한다. 이 계수를 질소계수(nitrogen coefficient)라고 한다.

이와같이 질소는 단백질에서 특유의 성분이지만, 질소를 함유하고 있다하여 반드시 단백질이라고는 할 수 없다. 식품 중에는 아미노산, amide화합물, 암모니아화합물, purine염기, creatine 등의 여러가지 비단백태의 질소화합물이 함유되어 있으며, 이들은 종류에 따라서 그 조성이 다르므로 총질소에 6.25를 곱한 것이 순단백질의 양을 나타내는 것은 아니다.

따라서 이것을 조단백질(粗蛋白質, crude protein)이라고 한다. 그러나 전 단백질에 대해서 6.25를 질소계수로 사용하는 것이 반드시 정확한 것은 아니다.

최근에는 각국에 있어서 FAO에서 정해진 질소계수를 사용한다. 순수한 단백질을 정량하려면 시료에 단백질 침전제를 가하여 단백질을 침전시켜 이것을 시료로 한다.

질소의 화학적 정량법은 크게 두 가지로 구분할 수 있다. 그 하나는 Dumas법으로 질소화합물을 모두 질소가스로 변화시키고 표준조건하에서 그 부피를 측정하여 질소량을 구하는 원소분석법(元素分析法)이다. 이 방법은 상당히 정확한 결과를 얻을 수 있으나 기술적으로 잔손이 많이 들고 곤란한 점이 많을 뿐 아니라 미량성분을 정량하는데 적당한 방법이기 때문에 일반적인 식품분석에서는 잘 이용되지 않는다.

또 다른 하나는 1883년에 Kjeldahl이 제안한 방법으로 그 후 많이 개량되어 오늘날 널리 이용되고 있다.

표 3-4 식품 중의 질소-단백질 환산계수

식 품		질소계수
동물성식품	**육 류**	6.25
	젤라틴	5.55
	우유 및 유제품	6.38
	달 걀	6.25
식물성식품	**곡 류**	
	쌀	5.95
	보 리	5.38
	연 맥	5.83
	밀, 전립	5.83
	밀, 배아	5.80
	밀, 배유	5.70
	옥수수	6.25
	수 수	6.25
	귀 리	5.83
	피	5.83
식물성식품	**두 류**	
	콩	5.71
	강낭콩	6.25
	작두콩	6.25
	팥	6.25
	녹 두	6.25
	땅 콩	5.46
	견과류 및 종실류	
	밤	5.30
	Bragil nut	5.46
	Butter nut	5.30
	coconut	5.30
	참 깨	5.30
	호박씨	5.30
	목화씨	5.30
	아마인(亞麻仁)	5.30
	해바라기씨	5.30
	호 두	5.30

4-1 Kjeldahl질소정량법

원 리

Kjeldahl질소정량법은 다음과 같이 분해, 증류, 중화, 적정의 네단계를 거친다.

1) 분 해

시료에 진한 황산과 분해촉진제를 가해 가열하면 식품성분의 분해가 시작되어 유기물의 탈수탄화와 산화환원반응이 일어나 시료 중의 질소는 암모니아로 되고 분해플라스크 중에 잔존하는 진한 황산과 다음과 같이 반응하여 황산암모늄의 형태로 분해액 중에 포집된다.

$$\text{함질소화합물} + \text{진한 } H_2SO_4 \longrightarrow C(\text{유기물의 탄화})$$

$$C + H_2SO_4 \longrightarrow CO_2\uparrow + SO_2\uparrow + H_2\uparrow$$

$$2N + 3H_2 \longrightarrow 2NH_3(\text{수소가 암모니아의 생성을 촉진})$$

$$2NH_3 + H_2SO_4 \longrightarrow (NH_4)_2SO_4$$

첨가한 분해촉진제는 진한 황산과 다음과 같은 반응을 한다.

$$K_2SO_4 + H_2SO_4 \longrightarrow 2KHSO_4$$

$$2KHSO_4 \longrightarrow K_2SO_4 + H_2O + SO_3$$

그러나 가열, 분해 중에 H_2O, SO_3는 구축되어 제거되고, 본 반응은 반복되어 용액은 더욱 진하게 되며 유기물에 대한 작용은 더욱더 격렬하게 된다.

2) 증 류

분해액의 일정량에 과잉의 진한 알칼리를 가해 수증기증류를 하면 암모니아가 유리된다.

$$(NH_4)_2SO_4 + 2NaOH \longrightarrow 2NH_3 + Na_2SO_4 + 2H_2O$$

3) 중 화

유출된 암모니아를 수기의 일정량의 묽은 황산용액 중에 포집한다.

$$2NH_3 + H_2SO_4(\text{과잉}) \longrightarrow (NH_4)_2SO_4 + H_2SO_4(\text{잔여})$$

4) 적 정

잔존하는 과잉의 묽은 황산을 농도를 알고 있는 알칼리표준용액으로 적정하여 암모니아와 반응하여 소비된 황산량을 구한다.

$$H_2SO_4(\text{잔여}) + 2NaOH \longrightarrow Na_2SO_4 + 2H_2O$$

소비된 황산량으로부터 암모니아 량을 환산하여 질소량을 구하고 질소-단백질 환산계수를 곱하면 조단백질량이 구해진다.

시약 및 장치

① 진한 H_2SO_4 : 시료분해용

② 혼합촉매 : K_2SO_4 9g과 $CuSO_4 \cdot 5H_2O$ 1g을 유발로 분쇄, 혼합하여 사용한다. 이때 K_2SO_4는 황산에 용해하여 그의 비등점을 높여주고 분해를 촉진하는 역할을 한다.

③ 0.1N-H_2SO_4용액 : 정확히 표정한다.

④ 0.1N-NaOH용액 : 정확히 표정한다.

⑤ 중화용 NaOH용액 : 아질산을 함유하지 않은 NaOH 450g을 물 1ℓ 에 녹여 냉각 후 폴리에틸렌병에 넣어 약 하룻밤 정도 정치시켜 탄산염(Na_2CO_3)을 침전시키고, 상징액만을 사용한다.

⑥ 혼합지시약 : 0.1% methyl red alcohol용액과 0.1% methylene blue alcohol용액의 등량 혼합액으로 pH 5에서 적자색, pH 4.5에서 무색, pH 5.6에서 녹색을 띤다.

⑦ 비등석 : 경석(輕石)을 직경 1~3㎜ 정도로 분쇄시켜 물로 씻고 500℃ 이상의 온도에서 가열시킨 것이나 또는 외경 1~1.5㎜ 정도의 유리관을 사용한다. 증류시에는 비등석 대신에 아연(Zn)입자를 사용해도 좋다[1].

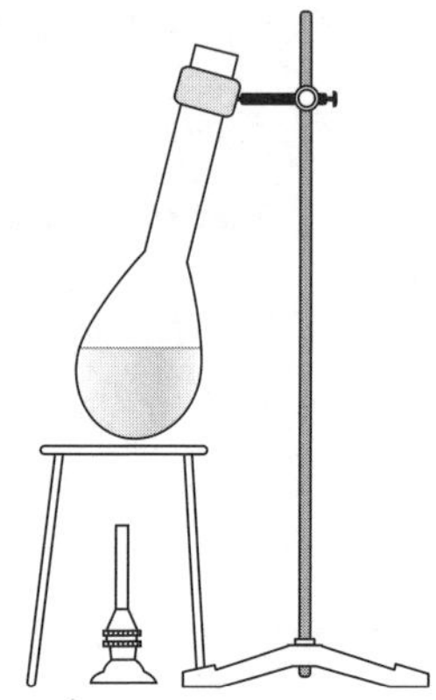

그림 3-20 분해플라스크

⑧ 분해장치 : 분해용기는 그림 3-20과 같은 300~500㎖ 경질플라스크를 사용한다. 열원은 전열기나 버너를 사용한다. SO_2가스가 발생하므로 드래프트에서 분해시켜야 한다. 만약 실험실 내에서 해야 할 경우 분해플라스크 입구에 아스피레이터(aspirator)와 연결된 깔때기를 장치하면 실내의 오염을 최소한으로 막을 수 있다. 한편 그림 3-21과 같은 장치로 하면 쉽게 분해시킬 수 있다. 이 방법은 micro Kjeldahl정량법에서 널리 사용된다.

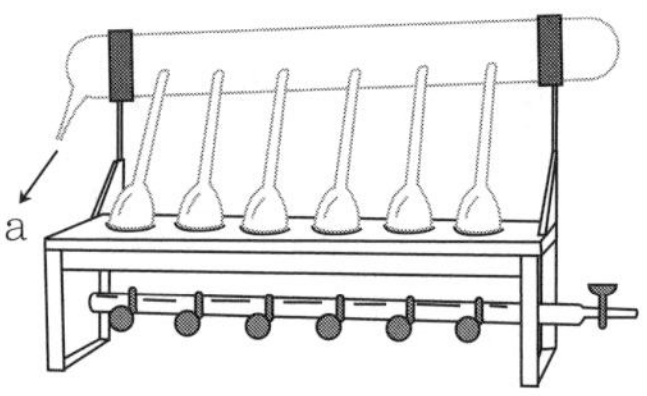

그림 3-21 Micro Kjeldahl 분해장치

⑨ 증류장치 : Kjeldahl증류장치는 여러가지 종류가 있으나 그림 3-22와 같은 micro Kjeldahl증류장치가 일반적으로 널리 사용된다.

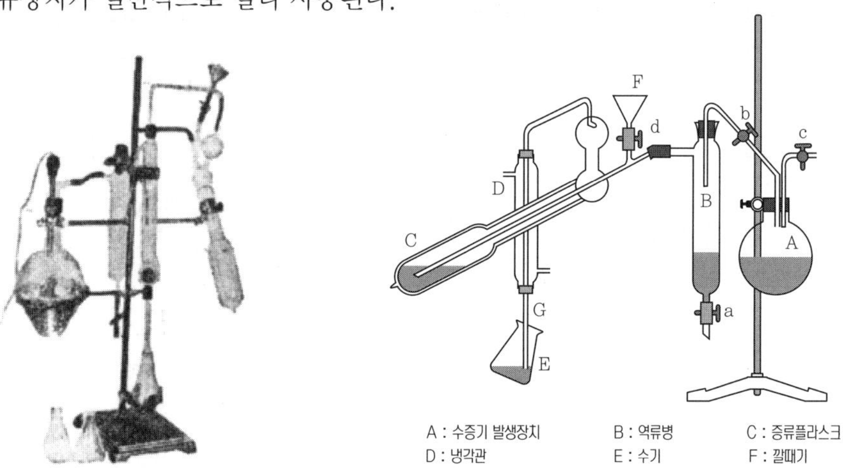

A : 수증기 발생장치　B : 역류병　C : 증류플라스크
D : 냉각관　E : 수기　F : 깔때기
G : 냉각관의 선단　a,b,c,d : 코크

그림 3-22 Micro Kjeldahl 증류장치

1) 아연입자는 보통의 의미의 비등석과는 다르지만, Kjeldahl 증류시에는 진한 알칼리와 서서히 반응하여 수소를 발생하기 때문에 비등석과 같은 작용을 한다.
$2NaOH + Zn \longrightarrow Zn(ONa)_2 + H_2$

조 작

(1) 시료채취

총질소 정량에 있어서 중요한 하나가 적당량의 시료를 채취하여 분해하는 것이다.

시료채취량은 질소함량의 다소에 따라 다르므로 질소량으로 10~25mg, 단백질량으로 50~150mg 함유되어 있을 정도의 시료가 적당하다. 시료를 많이 채취하면 NH_3가 많이 유출되어 수기의 H_2SO_4는 이를 다 흡수 포집할 수 없으므로 실험은 실패하게 된다.

그러므로 실험을 시작하기 전에 식품성분표나 기타 여러 문헌에서 대략의 질소량을 조사하여 계산에 의하여 채취량, 희석량을 구하여 둘 필요가 있다.

일반적인 질소정량에서는 수기에 H_2SO_4용액 10~20mℓ를 취하므로 시료를 증류할 때 그의 반량이 $(NH_4)_2SO_4$로 된다. 즉 H_2SO_4의 소비량이 5mℓ 정도 되도록 하는 것이 이상적이다.

수기의 H_2SO_4가 0.1N이면 그의 1mℓ는 질소 1.4mg에 상당(0.01N-H_2SO_4 1mℓ는 0.14mg 상당)하므로, H_2SO_4소비량 5mℓ는 1.4mg×5=7mg으로 된다.

이것은 증류시에 채취한 시료 분해 희석용액 10mℓ 중에 7mg의 질소가 함유되어야만 한다는 것을 의미하는 것이다.

[예1] 식품성분표 상 단백질함량이 20%인 시료의 경우, 시료를 분해하여 희석해서 250mℓ로 정용하고 그의 10mℓ를 증류하여 0.1N-H_2SO_4용액에 포집한다고 하면 시료채취량은 어느 정도가 적당한가?

[해설] 시료중의질소량은20/6.25=3.2%이므로, 시료채취량을계산하면7×250/10×100/3.2=5468.8mg이 된다. 따라서 5g 정도를 청확히 채취하여 분해하고 희석해서 250mℓ로 정용하면 된다.

특히 시료의 채취에서 콩, 땅콩, 오징어, 청어류, 돼지고기, 건조란, 탈지분유, 치즈, 해초와 같이 단백질 함량이 20% 이상의 것은 균일화와 칭량의 오차를 고려하여 최소량을 칭취한다. 또 이와같이 질소함량이 많을 때는 분해액을 희석시켜 질소로서 약 100mg 정도 함유하게 한다.

또한 사탕류, 물엿, 캔디, 쇠기름, 버터와 같이 수분이 적고 단백질이 0.5% 내외인 것은 질소로서 10mg 상당의 시료를 채취하려면 10g 이상이라야 한다. 이런 경우는 단백질침전제로 침전시켜 여과하여 잔재를 정량하는 수가 있으나 오차가 심하다. 쇠기름과 버터와 같이 지방함량이 많고 단백질이 적은 것은 ether로 지방을 추출하고 잔사와 여과지를 같이 분해시켜 전질소를 정량한다.

한편 간장이나 주스, 주류 등의 액체시료는 분해하기 전에 먼저 황산(1 : 1)을 몇 ㎖ 가하여 가열 농축한 후 진한 황산을 가해 분해하기도 한다.

[예2] 생야채와 같이 단백질함량이 1.0%로 적을 경우에 시료 채취량은 어느 정도가 적당한가?

[해설] 단백질함량이 많은 식품은 [예 1]의 경우와 같은 희석배수로 해도 좋으나 야채, 과실과 같이 단백질함량이 적은 것은 그와 같은 배수로 희석하면 시료량을 많이 취하지 않으면 안된다.

즉, 시료를 분해하여 희석해서 250㎖로 정용하고 그 10㎖를 증류하여 0.01N-H_2SO_4용액에 포집한다고 하면, 시료채취량은 0.7×250/10×100/(1.0/6.25)=10937.5mg≒10g이 된다.

즉, 이와같이 다량의 시료를 채취하면 분해가 어려우므로 약 4g을 채취하여 분해하고 희석하여 250㎖로 정용하지 말고 100㎖로 정용하면 좋다. 이때 주의할 것은 증류시 과잉의 30% NaOH용액을 가하여 NH_3를 유리시키는 과정에서 시료희석액의 H_2SO_4농도가 너무 진하게 되므로 NaOH가 부족되어 NH_3의 유리가 불충분 할 염려가 있다.

진한 H_2SO_4 20㎖로 분해시켜 희석하여 100㎖로 정용하면 30% NaOH용액 10㎖로 겨우 과잉량이 되므로 중화용 NaOH용액의 가하는 양을 증가시켜야 한다.

(2) 분 해

시료 0.5~10g의 적당량을 정확히 칭량하여 300~500㎖들이 Kjeldahl 분해플라스크에 취해 넣는다. 이때 시료가 분해플라스크의 내벽에 부착되는 것을 막기 위하여 폴리에틸렌 필름이나 질소를 함유하지 않은 약포지 등에 싸서 넣는다.

다음에 혼합촉매 1~2g과 몇 조각의 비등석을 넣은 후 진한 H_2SO_4 20~30㎖을 가하여[2] 분해플라스크를 흔들어 시료 전체가 황산에 잠기도록 잘 혼합시키고 드래프트 내에서 약한 불꽃으로 가열한다.

이때 사용되는 기타의 촉매로는 구리, 수은, 산화 제2수은(HgO), Se 및 $SeCl_2$ 등이 단독으로 쓰이거나 두 종류를 적당히 혼합하여 사용하기도 한다. 또는 황산철이나 제2인산칼륨의

2) 보통의 조건에서 완전이 유기물을 분해하는데 요하는 황산의 양은 탄수화물 및 단백질 1g 당 10g(㎖이 아님), 지방질 1g 당 약 20g 정도이다. 예를들면 당질 5g을 분해하는데는 진한 황산을 27㎖ 정도 가한다.

혼합물 등도 분해시간을 단축시킬 수 있다. 분해가 시작되면 탄소가 유리되어 흑갈색이 되며 처음은 거품이 심하게 난다. 분해액이 점차 흑갈색으로 되면서 점조상으로 되면 온도를 높여 가열한다.

전분, 당류 또는 지방이 많은 시료는 분해가 시작될 때 거품이 많이 생겨 플라스크 목 부위까지 미분해물이 올라와 부착하지 않도록 주의한다. 이때 파라핀조각을 넣으면 어느 정도 막을 수 있다. 반응이 진행됨에 따라 아황산가스가 발생하며, 탄소는 탄산가스로 방출되고, 액은 흑갈색에서 녹갈색으로 되어 최후에 청색 내지 황록색의 투명한 액으로 된다.

이때부터 30~40분간 더 분해를 계속하여 분해를 완결시킨다. 보통 분해에 요구되는 시간은 시료에 따라 다르나 1~3시간이다. 분해가 끝난 플라스크는 방냉시킨 다음 물 약 200mℓ(혹은 500mℓ)를 흔들면서 가하여 석출한 염류를 재용해하고, 흐르는 물 중에서 완전히 냉각한다. 이 분해액을 가수하여 희석하려는 것은 NaOH용액을 가할 때 분해액의 급격한 비등을 막기 위해서이다.

(3) 증　류

① 수기 E에 0.1N-H_2SO_4표준용액 10~25mℓ를 정확히 취하고, 혼합지시약 4~5방울을 가한다. 이때 냉각관 D의 선단 G부분이 반드시 이 용액에 잠기도록 하여야 한다.

② 증류플라스크 C에 시료분해액 10mℓ를 깔때기 F를 통해서 부어 넣고, 소량의 증류수로 용기에 묻은 시료액을 세척하여 넣는다.

③ 플라스크 A에 물을 적당히 채우고 돌비를 방지하기 위하여 준비된 비등석을 넣고서, 코크 b를 열고, c는 닫고서 가열한다. 플라스크에 가할 물은 황산 몇 방울을 가하여 미산성으로 한다. 이렇게 하면 수중에 존재하는 유리 암모니아의 휘발을 막을 수 있으므로 실험 오차를 막을 수 있다.

④ 플라스크 A에서 수증기가 밀려나오면 깔대기 F를 통하여 중화용 NaOH용액을 적당량 가하여 증류플라스크 C 내의 액이 알칼리가 되도록 하고(이때 지시약을 소량 넣으면 쉽게 확인된다) 코크 d를 닫는다.

⑤ 계속하여 플라스크 A에서 수증기를 공급하면서 약 30~40분간 증류한다. 증류액이 60~120mℓ가 되는 동안 증류플라스크 C에서 발생되는 암모니아는 플라스크 A에서 나오는 수증기에 밀려서 냉각관 D를 통하여 수증기 E에 들어가서 H_2SO_4와 중화되면서 $(NH_4)_2SO_4$를 형성한다. 가열되는 동안 분해병의 액상은 NaOH첨가로

$CuSO_4 + 2NaOH \longrightarrow Cu(OH)_2 + Na_2SO_4$ 로 되고 다시 가열분해로

$Cu(OH)_2 \longrightarrow CuO + H_2O$ 로 되기 때문에 색은 진한 초콜릿색이 된다.

⑥ 증류가 끝나면 수기 E를 약간 내려 G의 선단이 용액 내에 조금 잠길 정도로 하여 다시 2~3분간 증류를 계속한 다음 수기 E를 분리해내고 G를 증류수로 세척하여 E안에 넣는다.

⑦ 분리해낸 수기 E의 위치에 증류수를 담은 다른 수기를 대치시킨 다음 코크 c를 열고, b를 닫으면 수기 속의 증류수가 역류되어 증류플라스크 C를 완전히 세척해 내고 물은 B에 모이게 되므로 코크 a를 열어 흘러내리게 한다. 이때 C의 용량이 너무 많으면 충분히 세척되지 않는다.

⑧ 필요하면 이상의 조작을 반복하여 증류플라스크 C를 완전히 세척할 수 있다.

또 코크 d를 열고 깔때기 F에 증류수를 부어 증류플라스크 C에 들어가게 한 다음 코크 d를 닫는다. 코크 b를 열고, c를 닫고 플라스크 A를 가열하여 증류플라스크 C에 수증기가 도달되었을 때 가열을 정지하면 B관이 냉각되므로, 증류플라스크 C액이 전부 B관에 역류된다.

이렇게 몇 번 계속하면 증류플라스크 C를 깨끗이 세척해 낼 수 있다.

(4) 적 정

유출되어 나온 암모니아에 의하여 중화되고, 남은 과잉의 H_2SO_4는 NaOH표준용액으로 적정한다. 혼합지시약의 색이 자색으로부터 회색으로 되는 점을 종말점으로 한다. 종말점에서 조금 지나면 용액의 색은 녹색으로 변한다.

같은 방법으로 시료를 제외한 공시험(blank test)을 병행하여 분해, 증류, 적정을 실시한다.

계 산

1) 시료 중의 총질소량은 다음 식에 의해 계산한다.

$$N(mg\%) = \frac{1.4 \times (V_0 - V_1) \times F \times D}{S} \times 100$$

- V_0 : 공시험의 0.1N-NaOH용액의 적정 소비량(㎖)
- V_1 : 본시험의 0.1N-NaOH용액의 적정 소비량(㎖)
- F : 0.1N-NaOH 표준용액의 역가
- D : 희석배수
- S : 시료의 채취량(g)
- 1.4 : 0.1N-NaOH 1㎖에 상당하는 N량(mg)

2) 시료 중의 조단백질량은 다음식에 의해 계산한다.

$$조단백질(\%) = \frac{0.0014 \times (V_0 - V_1) \times F \times D \times N}{S} \times 100$$

V_0 : 공시험의 0.1N-NaOH용액의 적정 소비량(㎖)
V_1 : 본시험의 0.1N-NaOH용액의 적정 소비량(㎖)
F : 0.1N-NaOH 표준용액의 역가
D : 희석배수
N : 질소계수(6.25)
S : 시료의 채취량(g)
0.0014 : 0.1N-NaOH 1㎖에 상당하는 N량(g)

방법도시

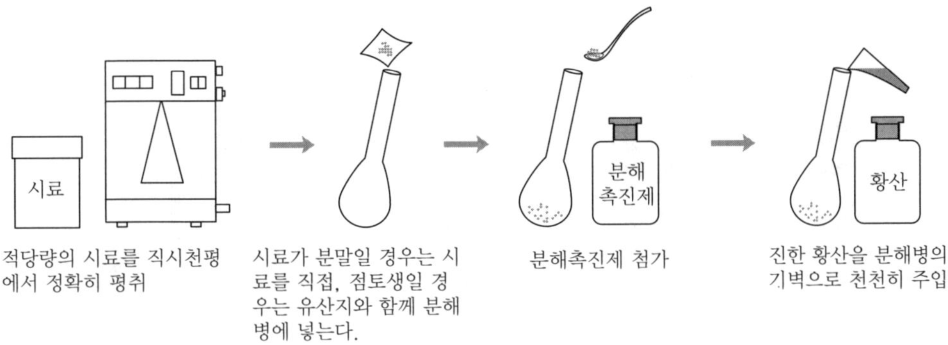

그림 3-23 시료채취와 분해준비조작

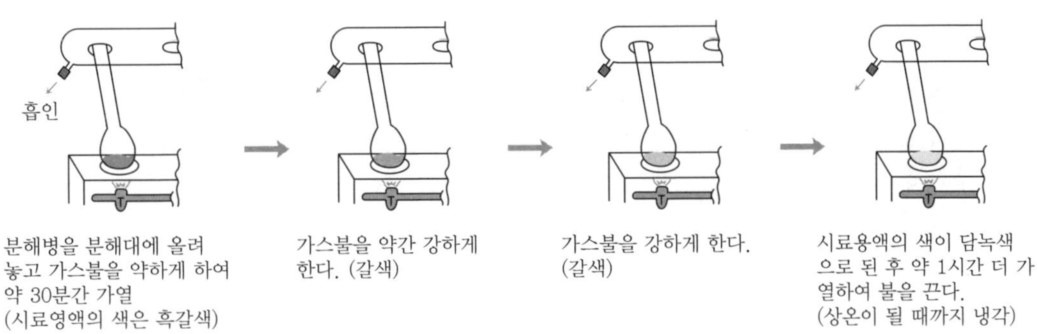

그림 3-24 시료 분해조작

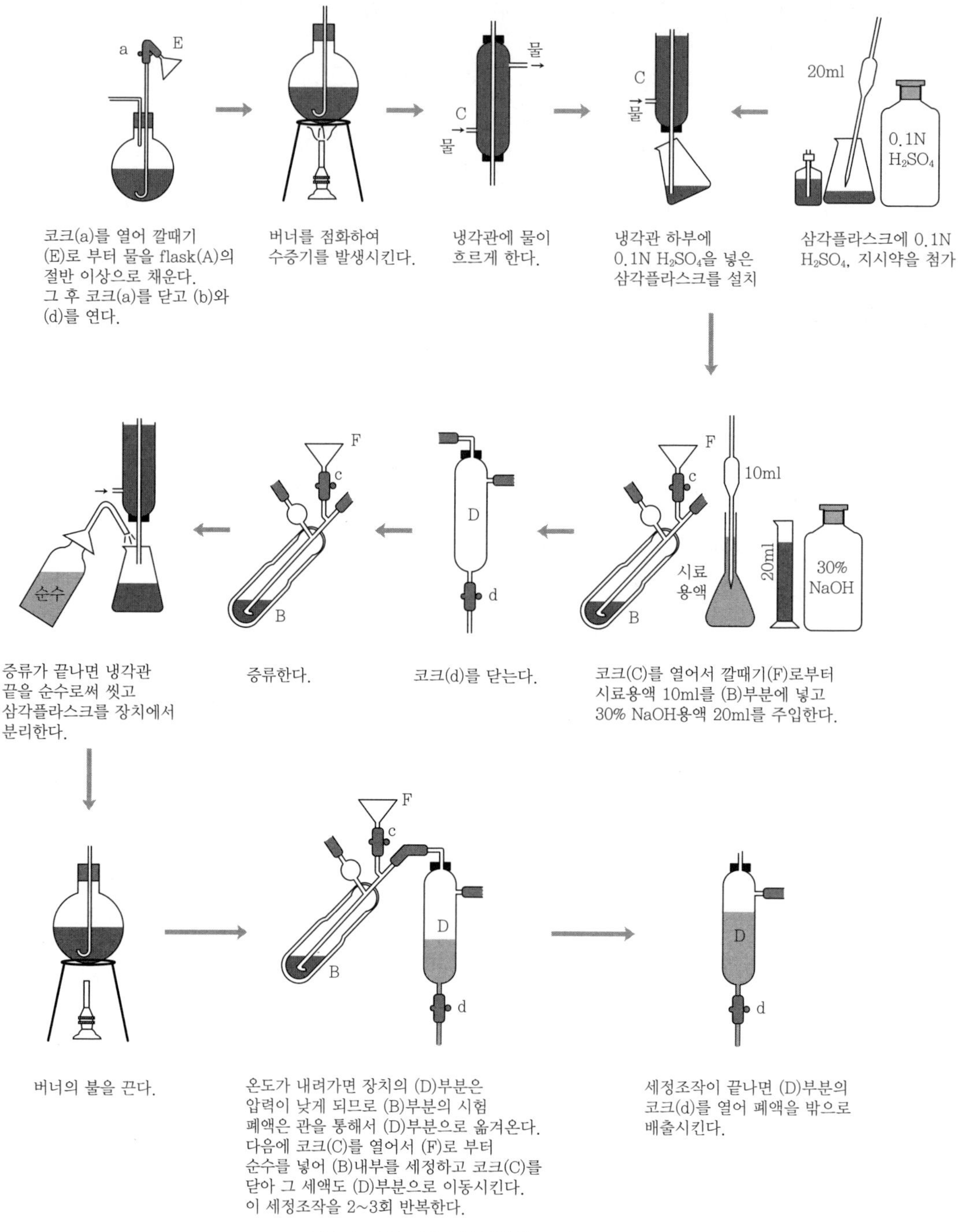

그림 3-25 시료 분해액의 증류조작

데이터 및 결과 예

① 시료 : 밀가루

② 시료채취량 : 2.3456g

③ 혼합촉매 2g, 진한 H_2SO_4 30㎖를 가하여 4시간 분해

④ 시료분해액을 100㎖로 희석하여 10㎖ 채취, 30분 증류

⑤ 0.1N-H_2SO_4 표준용액의 수기 채취량 : 20㎖

⑥ 0.1N-NaOH 표준용액의 역가 : 1.032

⑦ 0.1N-NaOH 용액의 적정소비량

공시험 적정치 : 20.50㎖

본시험 적정치 : 17.25㎖

⑧ 밀가루 질소-단백질 환산계수 : 5.83

⑨ 조단백질함량 계산

$$조단백질(\%) = \frac{0.0014 \times (V_0 - V_1) \times F \times D \times N}{S} \times 100$$

$$= \frac{0.0014 \times (20.50 - 17.25) \times 1.032 \times 100/10 \times 5.83}{2.3456} \times 100$$

$$= 11.67(\%)$$

4-2 붕산에 의한 암모니아포집법

원 리

Kjeldahl법에 있어서 증류시 유출되는 암모니아와 유출액이 충분히 냉각되면 반드시 강한 산에 의해 암모니아를 포집시킬 필요는 없다.

유출되는 암모니아를 붕산용액(40℃ 이하)에 포집시켜 직접 황산이나 염산표준용액으로 적정하는 개량법이 있다. 즉 분해촉진제로서 HgO 등을 사용하고 증류할 때 0.1N-H_2SO_4표준용액 대신에 4% H_3BO_3 용액 75㎖를 수기에 넣고 암모니아를 유출시킨다. 이 증류액을 혼합지시약을 사용하여 0.1N-HCl용액(또는 0.1N-H_2SO_4)으로 적정한다.

1) 분 해

시료 중의 $N+H_2SO_4 \longrightarrow (NH_4)_2SO_4+SO_2\uparrow+CO_2\uparrow+CO\uparrow+H_2O$

2) 증 류

$(NH_4)_2SO_4+2NaOH \longrightarrow 2NH_3+Na_2SO_4+2H_2O$

3) 중 화

$NH_3+H_3BO_3 \longrightarrow (NH_4)\cdot H_2BO_3$

4) 적 정

$(NH_4)\cdot H_2BO_3+HCl \longrightarrow NH_4Cl+H_3BO_3$

시약 및 장치

① 산화수은 촉매 : HgO 15g과 K_2SO_4 120g을 혼합하여 조제한다.

② 4% H_3BO_3용액 : H_3BO_3 40g을 물에 녹여 1ℓ 로 한다.

③ NaOH용액 : NaOH 500g을 800㎖의 물에 녹이고, $Na_2S_2O_3\cdot 5H_2O$ 100g을 소량의 물에 녹이고 이 두 용액을 혼합하여 1ℓ 로 한다.

④ 0.1N-HCl용액 : 1N-HCl용액을 만들고, 1N-Na_2CO_3용액으로 표정한다. 사용할 때는 10배로 희석하여 사용한다. 0.1N-HCl용액 1㎖(factor 1.00)는 N 1.4mg에 상당한다.

⑤ 혼합지시약 : Bromocresol green 0.5g과 methyl red 0.1g을 95% ethanol 30㎖에 녹여 원액으로 한다. 이 원액 4㎖를 1ℓ 의 H_3BO_3용액에 넣는다.

⑥ 아연분말(zinc powder)

⑦ 진한 H_2SO_4 ⑧ 분해장치 ⑨ 증류장치

조 작

① 시료 1~2g의 적당량을 정확히 칭량하여 Kjeldahl플라스크에 취하고, 여기에 3~4개의 비등석과 HgO 촉매 13.5g, 진한 H_2SO_4 25㎖를 가하고 서서히 가열한다. 분해가 시작되면 온도를 높여 분해액이 투명하게 될때까지 가열하고 15분간 더 계속한다.

② 시료분해액을 실온으로 냉각시켜 물 250㎖를 가하고, 아연분말 0.5g과 NaOH용액 80㎖

를 넣어 Kjeldahl증류장치에서 가열하여 증류되어 나오는 암모니아를 H_3BO_3 75㎖가 들어 있는 수기에 포집시킨다. 이때 증류액이 250㎖ 정도가 되면 암모니아는 거의 추출되어 나온 것으로 본다.

③ 증류가 끝나면 청록색의 수용액이 회백색이 될때까지 0.1N-HCl용액으로 적정한다.

④ 같은 조작으로 공시험을 병행 실시한다.

계 산

시료 중의 조단백질량은 다음 식에 의해 계산한다.

$$조단백질(\%) = \frac{0.0014 \times (V_1 - V_0) \times F \times D \times N}{S} \times 100$$

- V_1 : 본시험의 0.1N-HCl용액의 적정 소비량(㎖)
- V_0 : 공시험의 0.1N-HCl용액의 적정 소비량(㎖)
- F : 0.1N-HCl 표준용액의 역가
- D : 희석배수
- N : 질소계수(6.25)
- S : 시료의 채취량(g)

데이터 및 결과 예

① 시료 : 강낭콩 ② 시료채취량 : 2.3456g

③ HgO촉매 13.5g, 진한 H_2SO_4 30㎖를 가하여 4시간 분해

④ 시료분해액을 250㎖로 희석하여 25㎖ 채취, 30분 증류

⑤ 4% H_3BO_3용액의 수기 채취량 : 75㎖ ⑥ 0.1N-HCl 표준용액의 역가 : 1.010

⑦ 0.1N-HCl의 적정 소비량

공시험 적정치 : 0.25㎖

본시험 적정치 : 7.05 ㎖

⑧ 강낭콩 질소계수 : 6.25

⑨ 조단백질 함량계산

$$조단백질(\%) = \frac{0.0014 \times (V_1 - V_0) \times F \times D \times N}{S} \times 100$$

$$= \frac{0.0014 \times (7.05 - 0.25) \times 1.010 \times 250/25 \times 6.25}{2.3456} \times 100$$

$$= 25.62(\%)$$

제 5 장 조지방 정량

지방질은 물에 녹지 않고 ether, 석유 ether, chloroform, acetone 등의 유기용매에 녹는 일군의 화합물이다.

식품의 지방질은 일반적으로 Soxhlet 지방추출기 또는 이와 유사한 연속식 지방추출기를 사용하여 ether로 추출하여 정량한다. 그러나 ehter에 녹는 것은 순수한 지방만이 아니고 시료중의 색소(chlorophyll, carotenoid 등), wax, alkaloid, 유기산, 지용성 vitamine 등도 용출된다. 따라서 이 방법으로 정량되는 것을 조지방(粗脂肪, crude fat) 또는 에테르추출물(ether extract)이라 한다.

한편 우유와 유제품의 지방질은 Gerber법이나 Röse-Gottlieb법이 일반적으로 사용되고 있으며, 난류, 마요네즈, 유제품 및 치즈의 지방질은 Röse-Gottlieb변법이라 할 수 있는 산분해법에 의해 정량하고, 식용유, 버터의 지방질은 ether불용물을 칭량해서 정량한다.

5-1 Soxhlet's 추출법

원 리

Soxhlet 지방추출기를 사용한다. 시료를 추출관에 넣고 ether를 수기에 넣어 가열하면 ether는 증발되어 위의 냉각기에서 응축되어 시료중에 침지되며 사이폰(siphon)작용에 의하여 수기에 다시 돌아와 연속적으로 추출된다.

추출물에서 ether를 휘발시킨 후 그 건조물의 중량을 달아 조지방량으로 한다.

이 방법은 가장 일반적인 ether추출법이며, 분말 또는 곡류, 종실류, 두류 등과 같이 쉽게 분쇄할 수 있는 식품에 직접 적용된다.

시약 및 기구

① Ethyl ether : 시약 특급품(비점, 34.6℃)을 그대로 사용해도 좋으나, 회수한 것이나 수분이 혼입되어 있는 것은 미리 120℃ 이상에서 2시간 가열 · 탈수시킨 무수 Na_2SO_4를 적당량 가해서 2~3일간 방치한 후 여과하고, 여액을 재증류한다. Ether는 인화성(引火性)이 강하므로 취급시 특별히 주의해야 한다.

② 무수황산나트륨(Na_2SO_4) : 시판 Na_2SO_4를 사용전에 일단 120℃ 이상으로 가열, 탈수시킨 것으로 마개를 한 병에 넣어 보관한다.

③ 황산구리($CuSO_4$)용액 : $CuSO_4 \cdot 5H_2O$ 69.3g을 물에 녹여서 1ℓ 로 한다.

④ 수산화나트륨(NaOH)용액 : NaOH 10.2g을 물에 녹여서 1ℓ 로 한다.

⑤ 탈지면

⑥ Soxhlet's 추출기 : 그림 3-26과 같은 추출기이다. 추출관(A)의 크기는 여러가지가 있으나 추출관의 내부직경이 23~25㎜의 것, 플라스크의 부피는 60~80㎖의 것이 일반적으로 많이 사용되며, 큰 것은 추출관의 내부직경이 33~35㎜의 것, 플라스크의 부피가 약 200㎖의 것도 있다.

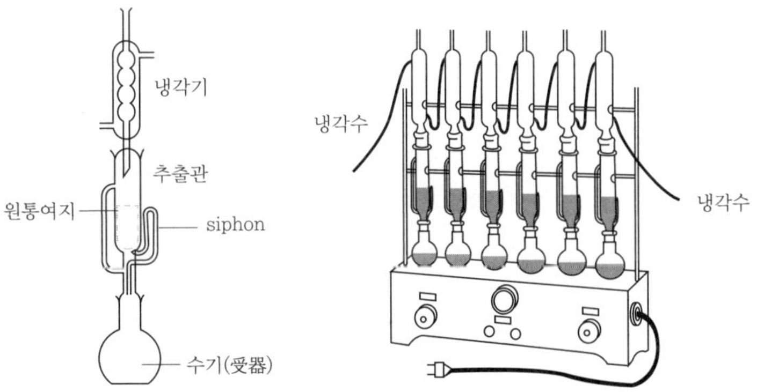

그림 3-26 Soxhlet's 추출기와 추출장치

⑦ 원통여지 : 도오요(東洋)여지 No.84(직경 20㎜×높이 90㎜ 또는 직경 30㎜×높이 100㎜), 원통여지는 추출관의 내부직경보다 약 4㎜ 정도 작은 것이 좋다.

⑧ 전기항온수조(water bath) : 자동온도조절이 되는 것

⑨ 기타 : 건조기(dry oven), 데시케이터(desiccator), 핀셋(pincette) 등

조 작

식품의 종류나 성상 등에 따라서 다음과 같은 조작을 하여 정량한다.

1) 분말 또는 쉽게 분쇄할 수 있는 시료 (곡류, 종실류, 두류 등)

분말 또는 분쇄한 시료 5~10g[1)]을 정확히 칭량하여 원통여지에 넣는다.

시료가 원통여지로부터 누출되지 않게 하기 위해서 시료 위에 탈지면으로 가볍게 막는다. 이것을 적당한 비커에 세워서 100~105℃의 건조기에 넣고 2~3시간 건조[2)]한 후에 데시케이터에 옮겨 냉각시킨 후 추출관에 넣는다.

다음에는 수기(受器)를 미리 100~105℃의 건조기로 건조시켜 냉각 후 칭량하고 이것을 반복하여 항량으로 한 것에 ether를 약 1/2~2/3 정도로 넣고, 그림 3-26과 같이 냉각기, 추출기, 수기를 연결해서 60~70℃의 전기항온수조 위에 고정시켜 가온한다. 수기 중의 ether는 증기로 되어 측관을 통해 올라가며, 냉각기에서 응축되어 원통여지 내의 탈지면 위에 떨어진다[3)].

추출관에 ether가 점차로 고여 시료 중의 지방이 용출된다. Ether가 추출관의 사이폰(siphon)의 높이까지 고이면 사이폰의 원리에 의해서 지방을 녹인 ether는 대부분 수기에 다시 돌아온다. 수기 중의 지방을 포함한 ether는 지방질을 남기고 재차 증발하여 응축되며, 시료 중의 지방을 용출한다. 이렇게 해서 ether는 반복, 순환하여 시료 중의 지방을 용출하고, 그 지방을 수기에 모은다.

8~16시간이 되면 시료 중의 지방은 모두 용출되기 때문에 속히 냉각기를 분리하여 추출관 속의 원통여지를 긴 핀셋으로 꺼내어, 원통여지는 비커에 세우고 바로 냉각기를 원래대로 추출관에 연결시켜 항온수조 위에서 가온한다.

수기 중의 ether가 전부 추출관에 모여지면 수기만을 분리해서 끓는 항온수조 중에 담그어 ether를 완전히 증발시킨다. 수기의 외측을 깨끗한 헝겊으로 닦아서 95~100℃의 건조기에 넣고 약 한 시간 가량 건조시켜 데시케이터 중에서 방냉한 후 칭량한다. 항량이 될 때까지 즉, 중량이 점차 감소, 또는 재차 증가할 때까지[4)] 건조, 방냉, 칭량을 반복한다.

2) 유지성분이 많은 시료 (깨, 채종 등)

깨, 채종 등과 같은 유지원료는 분쇄할 때 기름이 나와 곤란하므로 다음과 같이 처리하고 있다. 시료 10g을 칭취하여 소량씩 유발에 넣고 간 다음 이것을 무수황산나트륨(Na_2SO_4) 약 20g을 가해서 충분히 갈아 섞고, 원통여지에 넣는다.

1) 추출한 지방의 양이 0.1g을 초과하지 않게 시료를 취하면 수기가 항량으로 되기 쉽다.
2) 시료에 수분이 함유되어 있으면 지방이 용출되는 것이 더디어지고 또 수용성의 물질이 지방과 함께 용출되기 때문에 미리 건조해서 ether로 추출한다.
3) 1분간에 ether가 80방울 정도의 비율로 떨어지도록 항온수조의 온도를 조절한다.
4) 너무 오랜 시간 건조하면 지방이 산화되어 오히려 중량이 증가된다.

유발 또는 막자는 ether에 축인 탈지면으로 몇 번이고 씻은 뒤 이 면을 원통여지의 마개로 사용한다. 다음에는 Soxhlet's 추출기에 넣어서 ether의 추출을 한다.

3) 단백질, 수분이 많은 시료 (된장, 육류, 난류 등)

[무수 Na_2SO_4 탈수법]

육류, 어류, 난류, 된장 등과 같이 수분이 많고 단백질이 풍부한 시료는 그대로 건조해도 분쇄가 어렵기 때문에 시료 3~8g을 칭취하여 유발에 넣고 무수황산나트륨(Na_2SO_4)을 8~10배 가량 가하고, 그 위에 소량의 정제 규사를 가해서 잘 섞어 탈수한 후 건조 분쇄하고, 이것을 Soxhlet's 추출기에 넣어서 추출한다.

4) 당류가 많은 시료 (캔디, 잼, 크림, 양갱 등)

[$Cu(OH)_2$ 침전법]

엿과 같이 젤리상으로 되어 분말로 할 수 없거나 캐러멜, 잼, 양갱 등과 같이 당분이나 호상물질(糊狀物質)을 다량으로 포함한 시료에서는 ether추출이 완전히 되지 않기 때문에 다음과 같이 처리한다.

시료 5~10g을 칭취하여 비커에 넣고 물 200㎖를 가해서 잘 저어 준다. 이것에 황산구리($CuSO_4$)용액 10㎖를 가해서 잘 혼합시키고 수산화나트륨(NaOH)용액을 가해서 중성이나 미산성을 나타내게 한다. 충분히 저어서 방치하고 여기서 생기는 침전을 경사 여과해서 당분을 제거하고 잔사를 건조하여 여과지와 함께 원통여지에 넣고 Soxhlet's 추출기로 추출한다.

5) 액체시료

시료가 액체인 경우에는 일정량의 시료를 여과지에 적셔서 95~100℃의 건조기로 건조하거나 또는 시료를 증발접시에 받아서 규사를 가하고, 항온수조 위에서 증발 건고한 것을 원통여지에 넣고 Soxhlet's 추출기로 지방을 추출한다. 때에 따라서는 수동식의 액체추출기를 사용하면 편리하다.

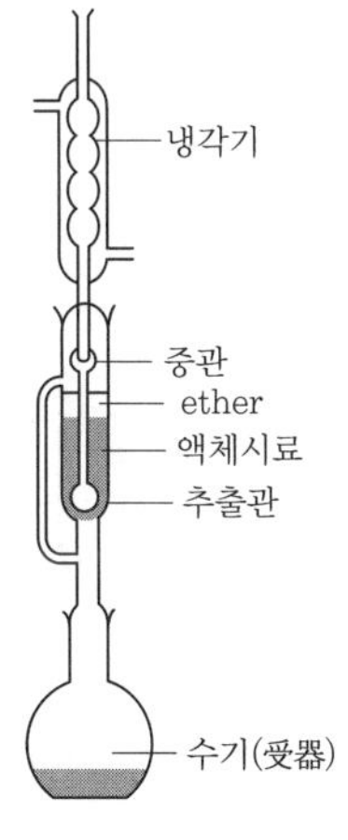

그림 3-27 액체지방추출기

액체지방추출기(그림 3-27 참조)는 Soxhlet's 지방추출기(고체추출기)와 아주 흡사하다. 추출관의 측면에 사이폰(siphon)이 없고, 추출관 안에는 깔때기가 붙은 긴 유리의 중관(中管)이 있어 그 말단이 조금 불룩하여 4~5개의 작은 구멍이 있다. 먼저 추출관에 시료를 취하고 깔때기가 붙은 중관을 넣어서 깔때기부분이 냉각관의 끝부분과 연결되도록 냉각기를 연결한다. 수기에 ether를 넣고서 Soxhlet's 지방추출기의 경우와 같이 조작한다.

액체추출기에서는 ether의 증기는 측관을 통해서 올라가고 냉각기에서 응축되며 깔때기를 거쳐 중관에 떨어진다. 중관에 ether가 고이면 ether의 무게로 말단의 작은 구멍에서 입상(粒狀)으로 액체시료 사이를 빠져나가 상부에 모인다. Ether가 액체시료층을 통과할 때 지방질이 추출된다. 상부에 모인 ether용액은 소량씩 측관의 벽을 타고 수기로 들어간다.

계 산

시료의 조지방 함량은 다음 식에 의해 계산한다.

$$\text{조지방(\%)} = \frac{W_1 - W_0}{S} \times 100$$

W_0 : 수기의 중량(g)
W_1 : 지방추출 후 건조한 수기의 중량(g)
(항량 또는 산화에 의해 중량증가 직전까지의 무게)
S : 시료의 채취량(g)

방법도시

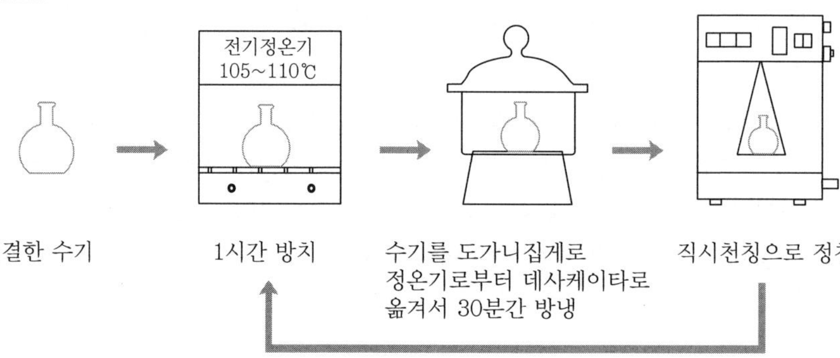

그림 3-28 Soxhlet's 지방추출 수기의 항량측정

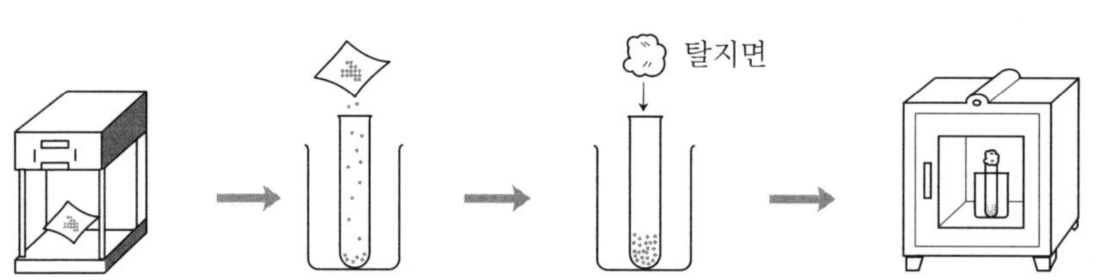

그림 3-29 원통여지에 시료채취 및 건조

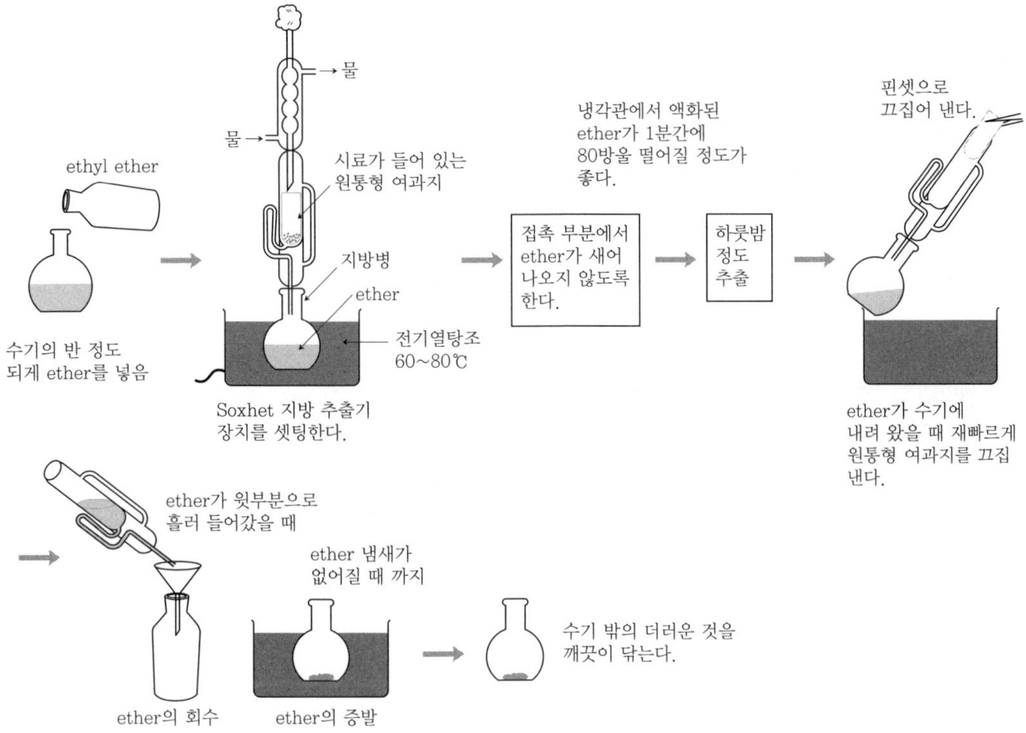

그림 3-30 지방추출 및 용매의 증류 제거

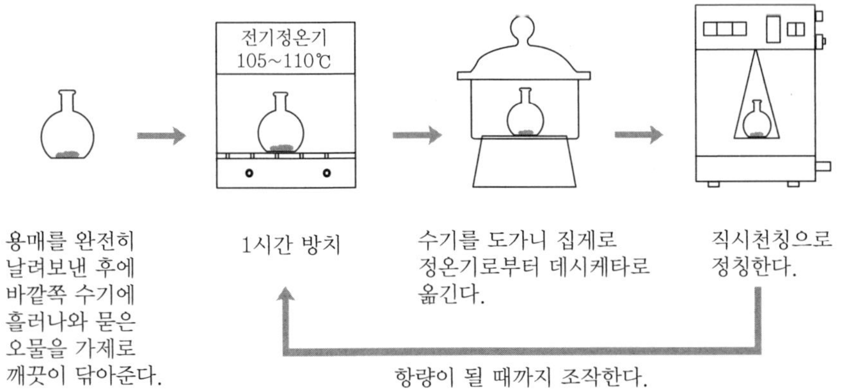

그림 3-31 추출지방 수기의 건조 및 지방량 측정

데이터 및 결과 예

① 시료 : 라면

② 시료채취량 : 3.2010g, 105℃에서 건조

③ 수기의 항량측정

1시간 건조, 30분 방냉 후 칭량 : 69.4527g

1시간 건조, 30분 방냉 후 칭량 : 69.4525g(항량)

④ 12시간 추출 후 수기의 항량측정

1시간 건조, 30분 방냉 후 칭량 : 70.1240(g)

30분 건조, 30분 방냉 후 칭량 : 70.1234(g)(항량)

30분 건조, 30분 방냉 후 칭량 : 70.1238(g)

⑤ 조지방함량 계산

$$\text{조지방}(\%) = \frac{W_1 - W_0}{S} \times 100 = \frac{70.1234 - 69.4525}{3.2010} \times 100 = 20.96(\%)$$

5-2 Röse-Gottlieb법

원 리

주로 우유 또는 유제품의 지방질 정량에 잘 이용되는 방법인데, 비교적 지방질 함량이 높고 액상 또는 유상(乳狀)의 식품에 응용된다. 시료에 암모니아를 가해서 단백질과 지질의 결합을 이완시키고 ether와 석유 ether의 혼합액으로 액체추출한다. 추출기에는 그림 3-32, 33과 같이 간단한 유리기구인 Mojonnier관 또는 Röhrig관이 이용된다. 여기서는 전자를 중심으로 설명한다.

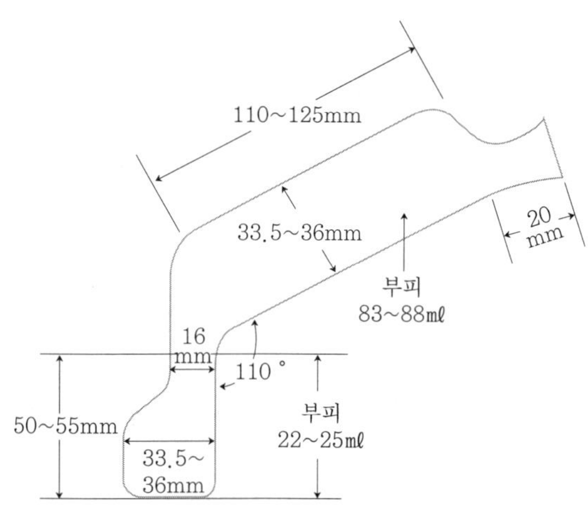

그림 3-32 Mojonnier관

시약 및 기구

① 진한 암모니아수(NH_4OH)

② 95% alcohol

③ Ethyl ether : Soxhlet's 추출법에서와 동일한 것이면 좋다.

④ 석유 ether : 비점 60℃ 이하의 유분(溜分)을 사용한다. 시판의 것에 무수 Na_2SO_4 소량을 가해서 탈수 후, 가능한한 효율이 큰 분류관(分溜管)을 사용해서 60℃ 이하의 유분을 모은다.

⑤ Mojonnier관(Mojonnier fat-extractor) : 그림 3-31과 같은 특수한 모양을 한 마개가 달린 유리용기이다. 목이 가는부분부터 아래쪽의 용량이 약 25mℓ 정도이다. 목이 가는부분의 아래쪽에 물층(水層), 위쪽에 ether층을 분리하며, 관을 기울이면 ether층만 흘러내리도록 되어 있다.

⑥ 삼각플라스크

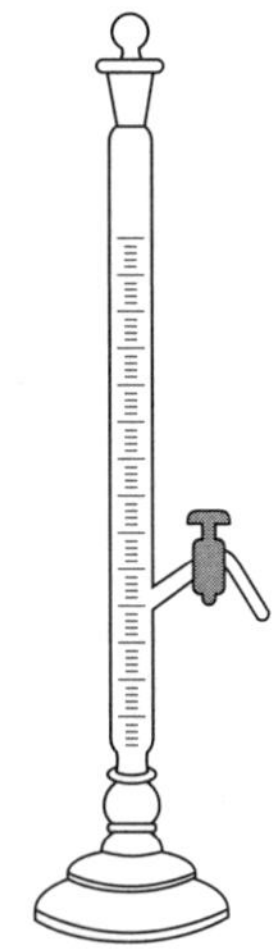

그림 3-33 Röhrig관

조 작

300mℓ 삼각플라스크를 미리 100~105℃의 건조기에 넣고 건조 시킨 후 방냉 칭량하고 이것을 반복하여 항량으로 한다.

시료 1~10g을 정확하게 칭량하여 Mojonnier관에 채취한다[5]. 물을 가해서 시료를 용해시키고 전량이 약 11mℓ 정도 되도록 묽게 한다. 진한 암모니아수 1.5~2mℓ를 가해서 잘 혼합시켜 2분 이상 방치하고, 다음에 alcohol 10mℓ를 가해서 잘 혼합한다.

여기에 ether 25mℓ를 가하고 마개를 하여 가볍게 흔들어 혼합시킨 다음에 마개를 회전시켜 ether증기가 옆으로 새어나오도록 한다. 다시 마개를 막고 약 30초 동안 격렬하게 흔들어준다. 여기에다 석유 ether 25mℓ를 가하고 같은 방법으로 30초간 격렬하게 흔든다. 마개를 회전시켜 탈기시키고 그대로 정치시키면 상부의 ether혼합층이 투명하게 되므로 Mojonnier관을 기울여 이 층을 직경 7cm의 작은 주름여과지로 옮겨 여과한다. 여액은 미리 중량을 측정해 둔 300mℓ 삼각플라스크에 모은다.

관내의 물층에 재차 ether와 석유 ether 각 15mℓ씩을 가하여 상기와 같은 추출, 분리, 여과의 조작을 되풀이 한다. 다음 관의 마개, 여지, 깔때기를 ether와 석유 ether 등의 혼합용액 소

5) 우유, 두유 등은 5g을 칭취한다. 연유는 20g을 취해 물로 희석하여 100mℓ로 한 후 10mℓ를 채취한다. 분유는 1g을 작은 비커에 취해 칭량하고 온수 약 4mℓ를 가해 용해하여 Mojonnier관에 옮기고 또한 3mℓ씩 2회 세척하여 세액을 함께 가한다.

량으로 세척하여 세액을 모두 먼저번의 삼각플라스크에 모은다. 삼각플라스크를 냉각관이 달린 회수장치에 연결하여 항온수조상에서 용매를 증류, 제거시킨다. 98~100℃의 정온건조기에 넣어 항량이 될 때까지 건조, 방냉, 칭량을 반복한다.

계 산

시료의 조지방 함량은 다음 식에 의해 계산한다.

$$조지방(\%) = \frac{W_1 - W_0}{S} \times 100$$

W_0 : 수기(삼각플라스크)의 중량(g)
W_1 : 지방추출 후 건조한 수기(삼각플라스크)의 중량(g)
(항량 또는 산화에 의해 중량증가 직전까지의 무게)
S : 시료의 채취량(g)

5-3 산분해법

원 리

물에는 녹지 않지만 산에 의해 가수분해되어 액상이 되는 시료를 진한 염산(HCl)으로 분해시킨 다음에 Röse-Gottlieb법과 동일하게 ether, 석유 ether로 추출을 행해서 지방질을 정량하는 것이 가능하다. 시료에 따라서는 산분해되는 모양이 조금씩 다르나 총칭해서 산분해법이라 한다.

시약 및 기구

① 진한 염산(HCl)

② 기타 시약 및 기구는 Röse-Gottlieb법과 동일하다.

조 작

1) 난류 또는 마요네즈

전란(全卵) 3g, 난황 2g, 난백 5g, 마요네즈 1g 등 적당량의 시료를 스포이드나 피펫 등으로

Mojonnier관에 직접 채취한다. 이때 관의 상부에 시료가 묻지 않도록 한다.

진한 염산 10㎖를 조금씩 가하여 시료의 밑바닥까지도 잘 섞이도록 흔들어 준다. 마개를 열어 놓은 상태로 약 70℃의 온탕 중에 30분간 정도 가온하며, 이때 5분마다 흔들어 준다. 가열이 끝나면 여기에 물을 가해서 전 용량을 22~23㎖로 한다.

냉각시킨 후, ether 25㎖를 가하여 Röse-Gottlieb법에 따라 조작하여 지방질을 정량한다.

2) 육류, 어류, 또는 그 가공식품

잘 갈아서 빻은 시료 약 8g을 작은 비커에 취하여 진한 염산 2㎖를 가하고 유리막대로 덩어리를 눌러서 균질화 한다. 다시 진한 염산 6㎖를 더 가해서 혼합한다.

시계접시로 덮어서 수욕상에서 90분간 때때로 저어주면서 가열한다. 가열하는 중에 염산이 증발되기 때문에 그 증발된 양만큼 도중에 보충해 주어야 한다.

냉각 후 내용물을 Mojonnier관에 옮기고 95% alcohol 7㎖로 비커와 유리막대에 묻은 것을 세척한다. 다시 ether 25㎖로 깨끗이 세척하고, 이들 세액을 모두 Mojonnier관에 모은다.

3) 곡류, 빵, 마카로니류, 두류, 두부 등

시료분말 약 2g을 작은 비커에 채취하여 alcohol 2㎖를 가해서 유리막대로 저어주면서 잘 혼합시킨다[6]. 염산 10㎖를 가해서 충분히 혼합시킨 다음에 시계접시로 덮어 70~80℃의 수욕상에서 30~40분 가온하면서 때때로 저어준다.

다음 alcohol 10㎖를 가해서 방냉시킨 후, 내용물을 Mojonnier관으로 옮긴다. 다시 ether 25㎖로 내용물을 세척하고 그 세액을 Mojonnier관에 모은다.

4) 치즈(Cheese)

Röse-Gottlieb법과 산분해법을 조합한 방법에 의해 정량한다. 시료 약 1g을 정확히 칭량하여 작은 비커에 취한다. 여기에 증류수 9㎖와 진한 암모니아수 1㎖를 가해서 유리막대로 적당히 저어서 균일한 유상액(乳狀液)을 만든다. 조금 따뜻하게 해서 다시 한번 조직을 연화시킨 다음, 진한 염산을 가해서 리트머스지가 중성색을 나타낼 때까지 중화한다.

다시 진한 염산을 과잉으로 가해서 시계접시로 덮고 약 5분간 약하게 끓인다. 냉각 후 내용물을 Mojonnier관에 옮기고 비커와 유리막대를 25㎖ ether로 세척하고 그 세액을 Mojonnier관에 모은다.

6) 여기서 alcohol로 처리하는 것은 염산을 가했을 때 시료가 덩어리 모양이 되는 것을 방지하기 위해서이다.

5-4 Gerber법

원 리

이 방법은 유지계(乳脂計) 내에서 지방구를 보호하고 있는 지방구막을 황산으로 분리시키고, 유리지방을 원심분리하여 측정관 속에 모아서 지방층의 눈금을 읽어 측정하는 것이다.

이때 진한 황산은 지방 이외의 우유 내의 성분을 융해하고, 그때 발생하는 고열로 지방을 액상화하여 다른 액체와의 비중 차이를 크게한다. 또한 첨가한 isoamyl alcohol은 지방분리를 잘 되게 하고 지방주(脂肪柱)를 투명하게 한다.

일반적으로 생우유, 특별 우유, 산양유, 가공유 등에 적용한다.

시약 및 기구

① 진한 H_2SO_4 : 15℃에서 비중 1.820~1.825(90~91%)의 것을 사용한다.

② Isoamyl alcohol : 비점이 128~132℃이고, 비중이 15℃에서 약 0.815의 것을 사용한다.

③ Gerber용 원심분리기(centrifuge) : 그림 3-34 참조

④ Gerber유지계(butyrometer) : 그림 3-34 참조

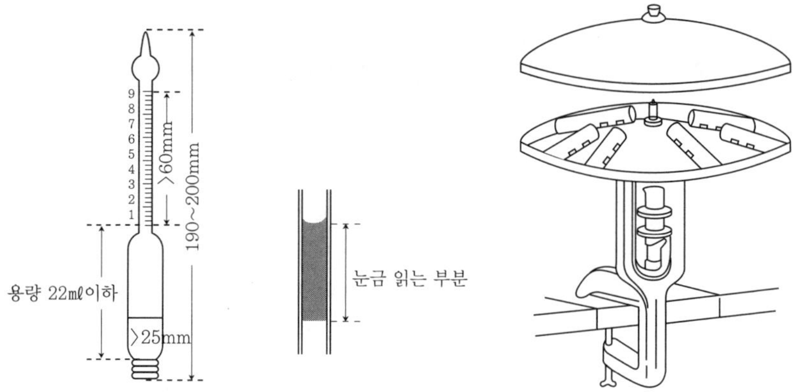

그림 3-34 Gerber유지계(butyrometer)와 원심분리기

⑤ 우유용 피펫(pipette) : 용량 11mℓ를 사용한다.

⑥ 황산용 피펫(pipette) : 용량 10mℓ를 사용한다.

⑦ 전기항온수조(water bath) : 65℃로 조절 가능한 것을 사용한다.

조 작

진한 H_2SO_4 10㎖를 Gerber유지계(butyrometer)에 넣고 시료 11㎖를 우유용 피펫을 사용하여 관벽을 따라 서서히 황산 위에 가한다. 이때 황산은 우유와 반응하여 고열을 발생하므로 두꺼운 포로 유지계를 싸서 잡는 것이 좋다.

이어서 isoamyl alcohol 1㎖를 가하고 고무마개를 한 다음, 엄지손가락으로 고무마개를 누른 후 조용하게 상하를 몇 번 바꾸어 잘 혼합, 용해시킨다.

포르말린을 방부제로 사용한 시료는 용해가 나쁘므로 Gerber법으로는 적당하지 않다.

우유를 용해시킨 후 65℃의 항온수조(water bath) 중에 15분간 담그고 온도가 일정하게 되면, 700~1,000rpm의 원심분리기에서 3~5분간 회전시켜 지방층이 명확하게 나타나도록 분리시킨다. 다음 65℃의 항온수조 중에 5분간 담그어 온도가 일정하게 되면 지방층을 읽어 지방함량을 계산한다.

계 산

Gerber법에 의한 시료 중의 지방질함량은 다음과 같은 원리에 의해 계산한다.

Gerber유지계의 눈금은 8%가 1㎖에 상당하므로, 1% 눈금이면 0.125㎖가 된다.

즉, 11㎖의 우유용 피펫을 사용하는 경우 0.1㎖가 피펫의 내벽에 부착되므로, 실제 측정용의 우유는 10.9㎖ 뿐이다. 우유의 평균 비중을 1.032라고 하면 10.9㎖의 우유는 11.25g에 상당한다. 또 65℃ 부근에서의 우유지방의 비중은 0.9이기 때문에 이때 우유지방 1㎖는 0.9g에 상당한다.

따라서 우유지방 1㎖는 $(0.9/11.25) \times 100 = 8\%$가 되며, 0.125㎖가 1%에 상당하는 계산이 된다.

방법도시

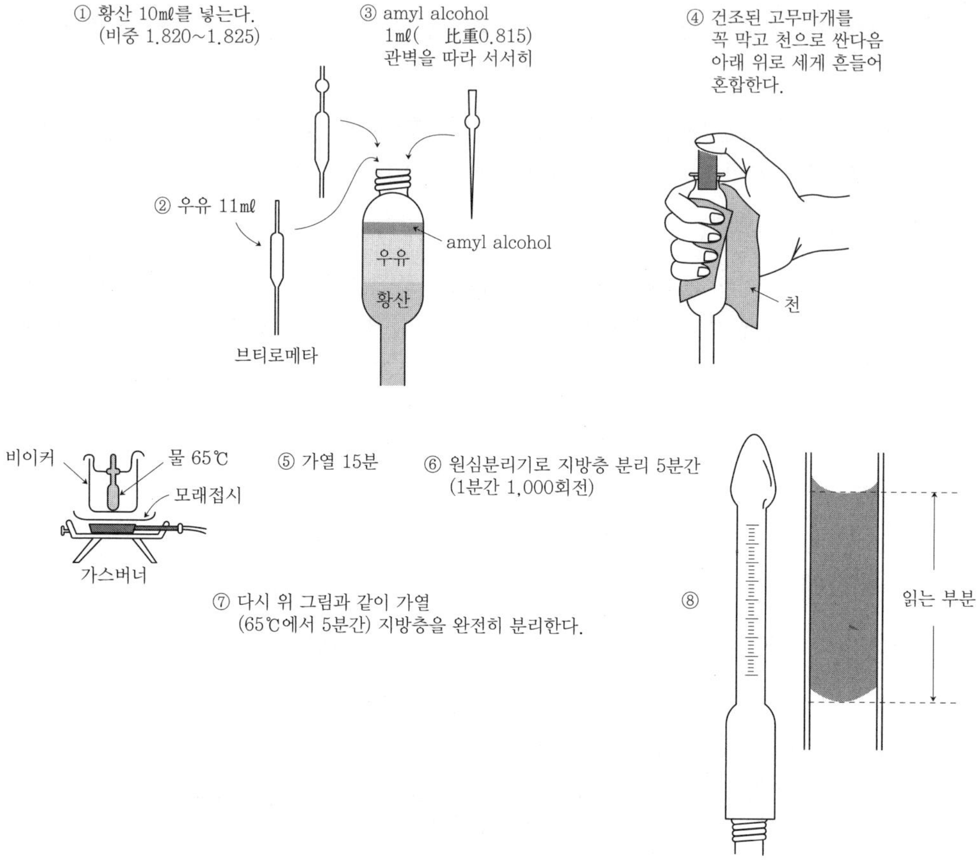

그림 3-35 Gerber법에 의한 유지방 측정

5-5 Babcock변법

원 리

이 방법은 우유 및 유제품의 지방질 정량법의 하나인 Babcock법을 개량한 것으로서, 시료의 지방분리를 위하여 황산을 사용하지 않고 과염소산-초산혼합용액을 사용하는 방법이다. Babcock법에서는 단백질 용해제로서 황산을 사용하고 있으며, 육제품에 있어서 전분이나 향신료를 사용하기 때문에 탄화물이 생겨, 물층과 지방층의 계면에 부유해서 지방층을 정확히 읽기 어려운 결점이 있다.

일반적으로 육류 및 육제품에 적용하며, Babcock유지병(乳脂瓶) 안에 시료를 넣고 과염소산-초산혼합액을 가하여 분산시켜 유리하는 지방을 원심분리하여 측정관 속에 모아 지방층의 눈금을 읽어 측정한다.

시약 및 기구

① 과염소산-초산($HClO_4$-CH_3COOH) 혼합용액 : 60%의 과염소산과 빙초산을 같은 용량(1 : 1)으로 혼합한다.

② Babcock유지병(Babcock's bottle) : 그림 3-36과 같은 유지병 중에서 크림용 또는 우유용을 사용한다.

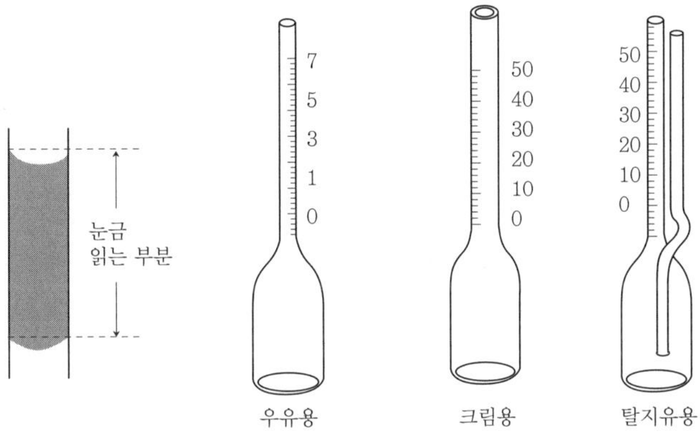

그림 3-36 Babcock유지병(Babcock's bottle)과 지방층의 눈금읽는 법

③ Babcock용 원심분리기 : 회전수 500~1,500rpm의 것을 사용한다.

④ 전기항온수조(water bath) : 50~60℃ 및 1,000℃의 것을 각각 사용한다.

⑤ 디바이더(divider) : 전체 길이 12㎝의 것을 사용한다.

⑥ 육절단기 : 3㎜ 크기로 절단 가능한 것을 사용한다.

조 작

육류를 3㎜ 크기로 절단하여 조제한 시료 9g을 Babcock유지병에 정확히 채취한다. 소시지나 베이컨같이 지방함량이 많은 육제품은 크림용을 지방이 적은 것은 우유용 유지병을 사용한다. 이것에 과염소산-초산 혼합용액 30~33㎖를 가하여 혼합한 다음, 끓는 수욕(water bath)에서 10~20분간 가열하여 시료를 충분히 용해한다[7].

지방층이 유지병 눈금의 범위 내에 오도록 과염소산-초산 혼합용액을 더 가하고서, Babcock용 원심분리기로 700~1,000rpm에서 2분간 원심분리한다. 유지병을 꺼내어 57~60℃의 수욕에서 10분간 담그어 온도가 일정하게 되면 지방주의 눈금을 읽어 지방함량을 측정한다. 지방주의 눈금을 읽을 때 디바이더를 이용하면 편리하다.

계 산

Babcock변법에 의한 시료 중의 지방질 함량은 다음 식에 의해 계산한다.

시료 중의 지방질(%) = H × 0.95

H : 지방주의 눈금(%)
0.95 : 지방층 중에 용해되어 있는 초산에 대한 보정치

5-6 식용유, 버터 등의 지방정량법

원 리

식용유, 버터 등과 같은 기름이나 지방덩어리의 지방질함량은 지방질 이외의 것, 즉 ether불용물을 정량하여 100%에서 빼는 간접적인 방법이 이용된다.

시약 및 기구

① Ether : 무수 ether

② 유리여과기(glass filter) 1G4 또는 Gooch여과기 : 98~100℃의 정온건조기에서 건조시켜 데시케이터 중에서 방냉시키고 칭량하여 항량을 구하여 둔다. 사용할 때까지 데시케이터 내에 넣어 둔다.

7) 육제품과 같이 가열처리된 시료는 10~20분 가열로 충분히 용해하지만 생육시료는 열변성되어 있지 않기 때문에 과염소산-초산 혼합용액의 첨가에 의해 육단백질이 일시적으로 응고하므로 용해하는데 약 25분 정도 걸린다.

조 작

시료 1~3g을 정확하게 작은 비커에 칭취하여 98~100℃의 건조기 중에서 3시간 건조시킨 다음, 데시케이터 중에서 냉각한 후 칭량한다. 이어서 비커에 ether 15㎖를 가하고 유리막대기로 저어서 지방을 용해시킨 다음 유리여과기(glass filter) 또는 Gooch여과기에 옮겨 가볍게 흡인 여과한다. 비커는 약 100㎖의 ether로 수회 나누어 세척하고 세액을 유리여과기에 옮긴다.

다음 유리여과기를 ether로 충분히 세척한 후 98~100℃의 정온건조기에 넣어 건조시키고 데시케이터 중에 방냉 후 칭량한다. 항량이 될 때까지 건조, 방냉, 칭량을 반복한다. 이 유리여과기를 한번 더 ether 약 25㎖를 가하여 세척하고, 이하 전기와 같이 건조, 방냉, 칭량을 반복하여 항량을 구한다. 감량이 있을 경우는 상기 조작을 반복한다.

계 산

시료 중의 지방질 함량은 다음 식에 의해 계산한다.

$$\text{지방질}(\%) = \frac{W_1 - (W_2 - W_0)}{S} \times 100$$

W_1 : 시료의 건조된 중량
W_0 : 유리여과기 또는 Gooch여과기의 중량
W_2 : ether불용물과 여과기의 중량
S : 시료의 채취량

제 6 장 조섬유 정량

식물성 식품을 묽은 산과 묽은 알칼리 그리고 alcohol 및 ether로 순차적으로 처리하면 대부분은 녹지만 약간의 녹지 않는 물질이 남는다. 이것은 주로 섬유소(cellulose)이나 그 이외에 소량의 lignin, pentosan을 함유하여 순수한 섬유소만이 아니므로 조섬유(粗纖維, crude fiber)라고 한다. 이 불용성 잔사는 약간의 무기질(주로 규산)이 함유되어 있으므로 이것을 연소, 회화시켜 회분량을 구하여 불용성 잔사량에서 빼면 소위 조섬유량이 된다.

현재 조섬유의 정량법으로 널리 이용되는 방법은 어느 것이나 Henneberg Stohmann(한편 Weende법)을 약간 개량한 것인데 이중에 AOAC법이 가장 많이 이용된다.

6-1 AOAC법(Henneberg-Stohmann개량법)

원 리

AOAC법에 의한 조섬유 정량조작은 용해와 회화의 두 단계로 나누어진다.

용해는 묽은 산(1.25% H_2SO_4)과 묽은 알칼리(1.25% NaOH)로 처리하여 가용성 물질을 모두 제거하는 과정이며, 회화는 불용성 물질 중에는 무기질을 소량 함유하고 있으므로 이들을 고온에서 작열하여 회분함량을 구하는 과정이다.

조섬유의 정량은 시약의 농도, 첨가량, 가열조건 등에 따라서 그 값이 달라지므로 반드시 규정된 정량조건에 따라 실시하여야 한다.

시약 및 기구

① 1.25%H_2SO_4용액 : 농도를알고있는알칼리표준용액으로적정하여정확히1.25%(0.255N)로

조제한다. 한번의 정량에 사용하는 양이 200mℓ이므로 대량을 만들어야 한다.

② 1.25% NaOH용액 : 가능한한 Na_2CO_3를 함유하지 않는 용액을 농도를 알고 있는 산표준용액으로 적정하여 1.25%(0.313N)로 조제한다. 한번의 정량에 사용하는 양은 역시 200mℓ이다.

③ 95% alcohol : 세척용

④ Amyl alcohol : 소포제로서 지시약병에 넣어서 사용한다.

⑤ 석면(石綿) : Gooch여과기용의 것을 사용한다. 길이가 긴 섬유의 것이면 적당하게 잘라서(2㎜ 이하) 잘 비벼 풀고, 이것을 비커에 옮겨 약 5%의 NaOH용액에 담그고 수욕상에서 적어도 8시간 가온시킨 후 뜨거운 물로 세척한다. 다음에 묽은 HCl(1 : 3)에 담그어 같은 방법으로 가온시킨 후 뜨거운 물에 잘 세척하고 건조 후 600~700℃로 강열한다.

⑥ 여과관 : 그림 3-37과 같은 섬유정량 전용의 것을 사용한다. 여과면의 선단을 1㎜(15~16mesh) 정도의 눈금을 가진 금망을 씌우고, 다시 그 외측에 아마포나 면포를 덮어서 끈으로 머리쪽을 단단히 묶는다. 이때 아마포는 1inch당 약 45개의 실을 가질 정도의 것이 아니면 안된다.

⑦ 유리여과기(glass filter) : 1G-3, 어뎁터(adapter), 흡인병 등과 연결시켜 사용한다.

⑧ 삼각플라스크 : 용량 500mℓ로 구경 40㎜ 정도의 것을 사용한다. 여과관이 자유로이 출입될 수 있도록 입구가 넓어야 하며, 여기에 환류냉각관을 고무마개를 통하여 연결시킨다.

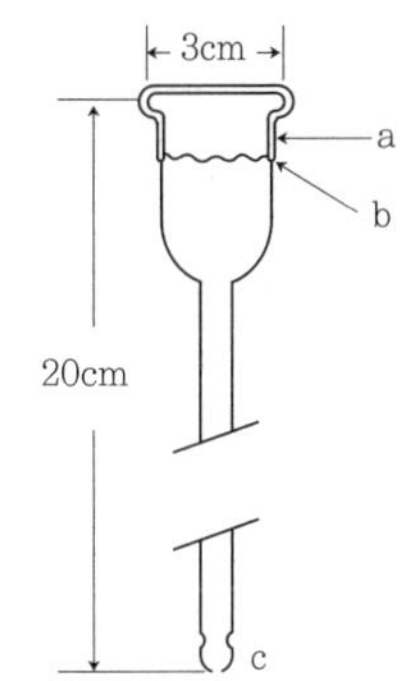

그림 3-37 조섬유 정량용 여과관

조 작

① 먼저 시료 적당량을 채취한다. 이때 시료의 양이 너무 많으면 조작이 불편하기 때문에 시료 중의 섬유량은 5~50㎎ 정도가 되도록하면 편리하다. 곡류는 2~5g, 두류는 1~2g, 감자나 야채류는 약 2~5g, 과채류는 약 5g을 각각 표준으로 한다. 생야채와 같이 수분량이 많은 시료는 미리 건조하여 분말로 한 것을 채취한다.

② Ether를 사용해서 탈지시킨 뒤, 시료 전부를 500mℓ 삼각플라스크에 옮기고, 이것에 석면 약 0.5g을 가하여 그림 3-38과 같이 환류냉각관을 장치하여 끓인 1.25% H_2SO_4용액

200mℓ를 가한다. 즉, 불을 끄고 코크 d를 열어 다른 삼각 플라스크 c를 수기로 하여 환류냉각관의 상단으로부터 이련구(二連球) e로 공기를 보내면 플라스크 a 내의 용액은 전부 다른 삼각플라스크 c로 들어가게 된다.

삼각플라스크에 즉시 환류냉각관을 끼워서 1분 이내에 끓기 시작하도록 가열한다. 일단 끓은 후에는 약하게 끓는 것이 지속되도록 화력을 조절한다. 때때로 플라스크를 흔들어 주어 기벽에 붙어 있는 시료를 떨어뜨려 황산과 잘 접촉하도록 한다. 현저하게 거품이 일어나서 시료의 일부가 냉각관까지 올라가 넘칠 위험이 있으면 냉각관의 상부로부터 amyl alcohol 0.5~1mℓ를 주입해서 거품을 없애도록 한다.

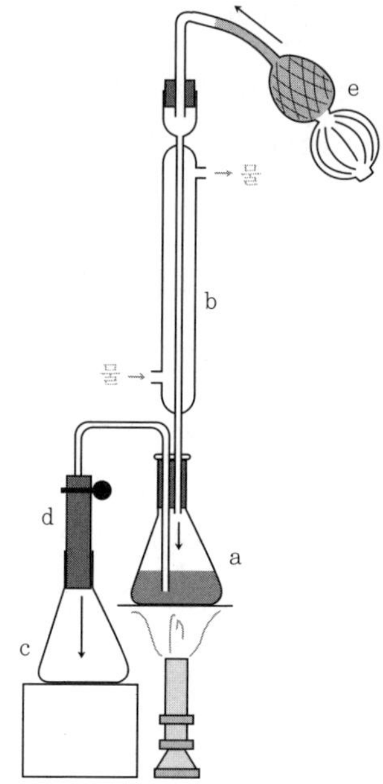

a. 산 또는 알칼리 용액
b. 냉각기
c. 시료
d. 코크
e. 이련구(二連球)

그림 3-38 산과 알칼리 가열장치

③ 정확히 30분간 끓인 후, 삼각플라스크를 냉각관으로부터 떼어내고 즉시 여과관을 그림 3-39와 같은 플라스크 중에 거꾸로 넣어 흡인 여과한다.

여과가 거의 끝나가면 여과관을 삼각 플라스크의 밑바닥에 닫도록 하고 삼각플라스크를 기울여서 남아 있는 액이 충분히 흡입되도록 한다. 뜨거운 물을 세척병에 넣어 삼각플라스크의 기벽을 따라 씻어 내린 다음, 같은 방법으로 여과관으로 흡인 여과한다. 여액이 산성을 나타내지 않을 때까지 4~5회 이 조작을 반복한다.

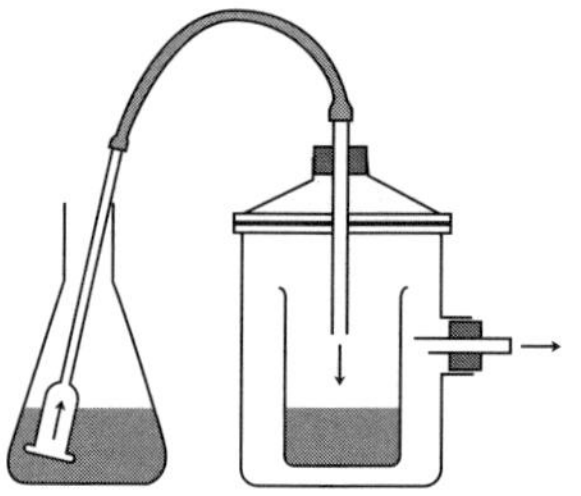

그림 3-39 여과관에 의한 흡인여과장치

④ 다음 H_2SO_4의 경우와 동일한 장치를 하고, 미리 끓여둔 1.25% NaOH용액 200mℓ 중에서 일부를 세척병에 취해서 여과관의 여과면에 부착되어 있는 불용물을 완전히 삼각플라스크에 세척하여 모은다.

세척병 중의 NaOH용액을 전부 플라스크에 옮기고, 한편 환류냉각관을 장치하여 가열을 계속하고 있는 플라스크에 남아있는 NaOH용액을 H_2SO_4의 경우와 같이 전부 삼각플라스크에 옮긴다. 전액량이 200mℓ이다.

⑤ 즉시 환류냉각기를 달고, 약 3분 이내에 끓기 시작하도록 가열한다. 끓기 시작하면 화력을 조절해서 약하게 끓는 것이 지속되도록 한다. 정확히 30분간 끓인 후 플라스크를 냉각관으로부터 분리하고 내용물을 즉시 1G-3유리여과기에 부어서 흡인 여과한다. 이때 여과기 중에는 항시 액이 남아 있도록 주의해야 한다. 액이 없어질 때까지 흡인하면 잔사가 여

과기 구멍을 꼭 막아 다음의 여과 세척이 곤란하게 된다(그림 3-40 참조).

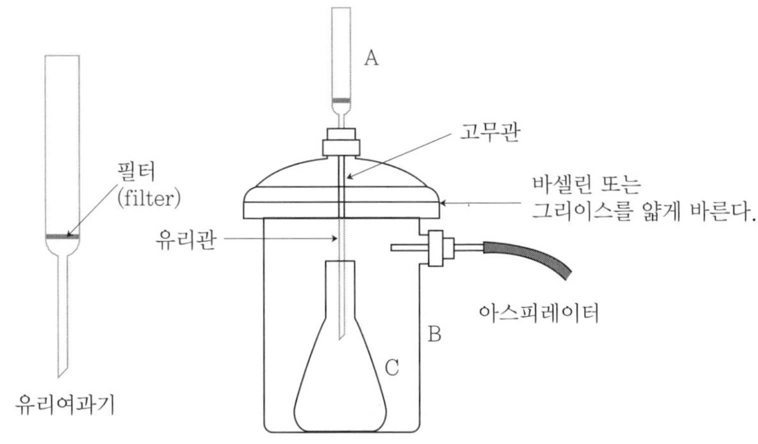

그림 3-40 Witt여과기

⑥ 여액이 알칼리성을 나타내지 않을 때까지 뜨거운 물로 4~5회 세척한다. 마지막으로 alcohol 약 15㎖로 세척한다. 유리여과기를 어뎁터(adapter)로부터 분리하고 여과기의 바닥과 외벽을 깨끗한 헝겊으로 닦는다.

⑦ 110℃의 정온건조기에 넣어 약 1시간 건조시킨 다음, 데시케이터 중에서 약 1시간 방냉시켜 실온에 도달하면 칭량한다. 다시 정온건조기에 넣고 약 30분 건조시켜 데시케이터에 옮겨 방냉, 칭량해서 항량이 될 때까지 이 조작을 반복한다. 이 때의 중량을 W1g이라 한다.

⑧ 이어서 여과기를 전기로에 넣고 서서히 온도를 올려서 500~550℃에서 약 1시간 가열하여 유기물만을 완전히 회화시킨다. 만약 전기로가 없으면 그림 3-41과 같이 도가니 속에서 유리여과기를 간접가열하여도 된다.

⑨ 전기로의 뚜껑을 열고 서서히 온도를 내려서 200℃ 정도가 되면 여과기를 전기로에서 꺼내어 데시케이터 중에서 방냉 후 칭량한다. 이때도 다시 가열, 방냉, 칭량하여 항량임을 확인한다. 이 때의 중량을 W2g이라 한다.

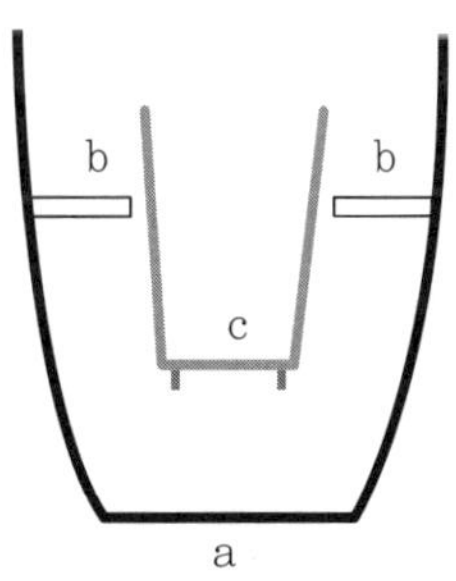

그림 3-41 유리여과기의 간접가열법

계 산

시료 중의 조섬유의 함량은 다음 식에 의해 계산한다.

$$\text{조섬유}(\%) = \frac{W_1 - W_2}{S} \times 100$$

- W_1 : 유리여과기(glass filter)의 여과 후의 건조 항량
- W_2 : 유리여과기의 회화 후의 항량
- S : 시료의 채취량(g)

방법도시

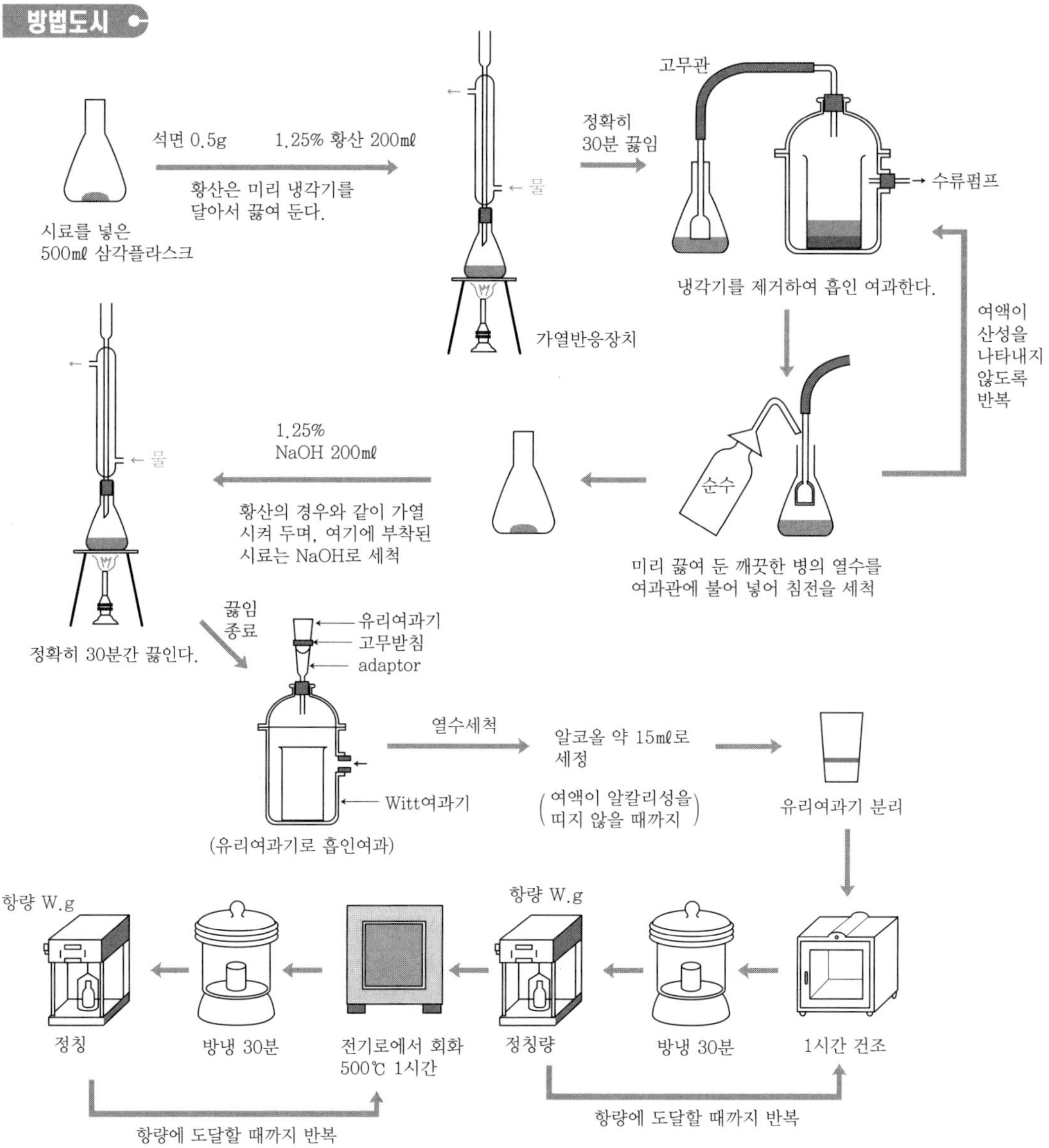

그림 3-42 조섬유의 정량

데이터 및 결과 예

① 시료 : 무말랭이

② 시료채취량 : 2.3456g

③ 묽은 산, 묽은 알칼리, alcohol, ether처리 후 유리여과기의 건조(105℃ 건조), 항량의 측정

1시간 건조, 30분 방냉 후 칭량 : 15.4528g

1시간 건조, 30분 방냉 후 칭량 : 15.4525g(항량)

④ 유리여과기의 회화(550℃) 후 항량의 측정

1시간 작열, 30분 방냉 후 칭량 : 15.2133g

1시간 작열, 30분 방냉 후 칭량 : 15.2131g(항량)

⑤ 조섬유 함량계산

$$\text{조섬유(\%)} = \frac{W_1 - W_2}{S} \times 100 = \frac{15.4525 - 15.2131}{2.3456} \times 100$$

$$= 10.21(\%)$$

제 7 장 가용성 무질소물의 양 및 식품의 칼로리 계산

7-1 가용성 무질소물의 양

가용성 무질소물(nitrogen free extract)의 양은 보통 직접 정량하는 것이 아니라 시료 전 중량을 100으로 하고 여기서 수분, 조회분, 조단백질, 조지방 및 조섬유의 양을 뺀 것을 말한다.

가용성 무질소물(%)

=100－(수분＋조회분＋조단백질＋조지방＋조섬유)

가용성 무질소물은 조섬유 정량에 이용한 산, 알칼리에 용해하는 물질 중에서 조단백질, 조지방 및 조회분을 제외한 물질이다. 즉 전분, 당류, 덱스트린 등과 소량의 고무질, 펙틴질, 점질물 산류, 색소 등이다. 특별한 경우를 제외하고는 보통 식품 중의 가용성 무질소물은 전분, 덱스트린, 당류이다. 따라서 식품성분표에서는 이 가용성 무질소물의 양을 당질의 양으로 한다. 당질에 대해서 정밀한 분석을 요하는 경우에는 이들의 물질을 각각 정량하여야 한다.

데이터 및 결과 예

① 시료명 : 콩가루

② 수분의 양 : 7.85%

조회분의 양 : 4.63%　　조단백질의 양 : 21.92%

조지방의 양 : 19.27%　　조섬유의 양 : 4.43%

③ 가용성 무질소물 함량의 계산

가용성 무질소물(당질)(%) = 100－(7.85＋4.63＋21.92＋19.27＋4.43)＝41.90(%)

7-2 식품의 칼로리 계산

식품의 칼로리(calorie, 熱量)는 폭발열량계(Bomb calorimeter)를 이용하여 직접측정하여 각 열량소(熱量素)의 소화흡수율을 고려한 유효 열량으로 나타내는 방법도 있으나 보통은 식품의 성분분석 결과로부터 칼로리 환산계수를 이용하여 계산한다. 즉, 식품의 칼로리는 그 식품 중의 단백질, 지방질, 탄수화물(당질+섬유)의 양에 표 3-5와 같은 FAO가 제창한 각각의 칼로리 환산계수를 곱한 것을 모두 합한 것으로 나타내는 것이 일반적이다.

그러나 FAO방식이 이론적으로는 합리적이지만 실제적으로 혼합식품이나 가공품의 일부에 대해서 또는 1일 섭취칼로리 산출에 있어서 등 적용하기 곤란한 경우가 많다. 이 경우 종래의 방식에 따라 Atwater계수인 단백질 4.0kcal/g, 지방질 9.0kcal/g, 당질(가용성 무질소물) 4.0kcal/g을 사용하여 계산하며, 이외에 alcohol은 6.93kcal/g이 주어지고 있다.

표 3-5 FAO가 제창한 주요 식품의 칼로리 환산계수

구 분 / 식품군	FAO의 칼로리 환산계수(kcal/g)			FAO에 의한 식품군명
	조단백질	조지방	탄수화물	
곡 류	3.41	5.39	4.07	현미
	3.73	6.88	4.12	5분도미
	3.82	7.53	4.16	7분도미
	3.91	8.09	4.16	정백미
	3.46	8.37	4.12	오트밀, 탄보리
	3.55	8.37	3.95	보리(정맥)
	3.59	8.37	3.78	밀가루, 도정율 97~100%
	4.05	8.37	4.12	밀가루, 도정율 70~74%
	1.82	8.37	2.35	밀기울
	3.55	8.37	3.95	메밀가루
	2.73	8.37	4.03	옥수수가루(전립)
	3.46	8.37	4.16	옥수수가루(배아를 제거한 것)
	0.91	8.37	4.03	수수(전립)
	3.05	8.37	3.86	호밀(전립분)
	3.23	8.37	3.09	호밀(중간도정)
	3.41	8.37	4.07	호밀
	3.87	8.37	4.12	기타 정백곡류
감자 및 전분류	2.78	8.37	4.03	감자, 전분질괴근
설탕 및 감미류	3.11	—	3.87	사탕수수당, 사탕무당
	3.36	—	3.87	(벌꿀)
	—	—	3.68	포도당
과 자 류	—	—	3.87	(사탕수수당, 사탕무당)
	3.87	8.37	4.12	기타 정백곡류
유 지 류	4.27	8.79	3.87	버터
	(4.27)	9.02	—	기타 동물성 지방
	4.27	8.84	3.87	마가린(식물성)
	—	8.84	—	기타 식물성 유지

식품군 \ 구분	FAO의 칼로리 환산계수(kcal/g)			FAO에 의한 식품군명
	조단백질	조지방	탄수화물	
종실류 · 두류	3.47	8.37	4.07	콩류, 종실류(성숙, 건조)
	3.47	8.37	4.07	콩(건조, 가루)
어패류 · 수조육류	4.27	9.02	[a]	육, 어류
	—	—	4.11	글리코겐
	3.90	9.02	—	젤라틴
난 류	4.36	9.02	3.68	난(卵)
유 류	4.27	8.79	3.87	유, 유제품
채 소 류	2.78	8.37	3.84	지하부 이용의 채소[b](감자, 전분질괴근 제외)
	2.44	8.37	3.57	기타 채소
	3.47	8.38	4.07	미성숙콩류
	2.78	8.37	3.03	감자, 전분질괴근
	3.36	8.37	3.60	기타 과실
	2.73	8.37	4.03	(옥수수)
과 실 류	3.36	8.37	2.70	레몬
	3.36	8.37	3.60	기타 과실
기호음료류	섭취한 알코올 1g당 6.93kcal			에탄올(ethanol)
조미료류 · 기타	1.83	8.37	1.33	초콜릿, 코코아
	—	—	2.40	식초
	3.00	8.37	3.35	효모

a) 뇌, 심장, 신장, 간장(조미료를 가한 가공품 포함)의 탄수화물에 대한 계수는 3.87, 여, 조개류(근육)의 탄수화물에 대한 계수는 4.11
b) 사탕무, 당근, 양파, 무 등

식품성분표상 백미 및 우유의 분석치가 표 3-6과 같을 때 그의 칼로리를 계산하면 표 3-7 및 표 3-8과 같다.

표 3-6 백미 및 우유의 성분(%)

식품	수분	회분	단백질	지방질	탄수화물	
					당질	섬유
백 미	14.5	0.6	6.4	0.8	77.4	0.3
우 유	88.6	0.7	3.0	3.2	4.5	—

표 3-7 FAO방식에 의한 백미 및 우유의 칼로리 계산

식품	단백질	지방질	탄수화물	칼로리
백 미	6.4×3.91=25.0	0.8×8.09= 6.4	77.7×4.16=323.5	355
우 유	3.0×4.27=12.8	3.2×8.79=28.1	4.5×3.87= 17.4	58

표 3-8 종래의 4 · 9 · 4 방식에 의한 백미 및 우유의 칼로리 계산

식품	단백질	지방질	탄수화물	칼로리
백 미	6.4×4.0=25.6	0.8×9.0= 7.2	77.4×4.0=309.6	342
우 유	3.0×4.0=12.0	3.2×9.0=28.8	4.5×4.0= 18.0	59

제4부 단백질의 분석

기본 식품분석학

Basic Food Analysis

제 1 장 단백질의 정성반응

단백질의 정성반응은 정색반응, 침전반응, 응고반응으로 나눌 수 있다. 단백질의 정색반응은 단백질의 1차구조를 이루는 peptide결합 및 곁사슬(side chain)의 특수 원자단과의 반응에 기인되는 것이다. 한편 무기염류 및 기타 침전제에 의한 침전반응과 열, 산 등에 의한 응고반응은 대부분 단백질분자의 전하 또는 고차구조의 변화에 기인되는 것이다.

1-1 정색반응

1-1-1 Biuret반응

원 리

수산화알칼리로 알칼리성으로 한 단백질용액에 황산구리용액을 가하면, 액은 청자~적자색을 나타낸다. Proteose, peptone, peptide 등의 단백질의 분해산물과 tripeptide 이상의 peptide는 이 반응에 양성이나 dipeptide는 음성이다. 이 반응은 다음과 같이 착염을 형성하기 때문에 정색반응을 나타내며, peptide결합(−CO · NH−)의 유무를 알기 위해 사용된다.

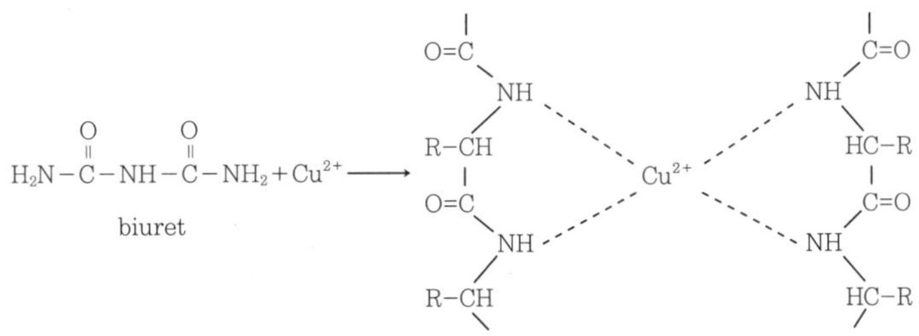

적자색의 biuret−Cu 착화합물

시 약

① 단백질용액(albumin, gelatin 등의 1% 수용액)

② 10% NaOH용액

③ 1% $CuSO_4$용액

조 작

단백질용액 2㎖에 10% NaOH용액 2㎖를 가한 후 1% $CuSO_4$용액 1~2방울을 가한다. $Cu(OH)_2$를 생성함과 동시에 이것이 단백질과 반응하여 적자색을 나타낸다. $CuSO_4$용액의 첨가량을 증가시키면 용액의 색은 적→적자→청자색으로 변한다.

방법도시

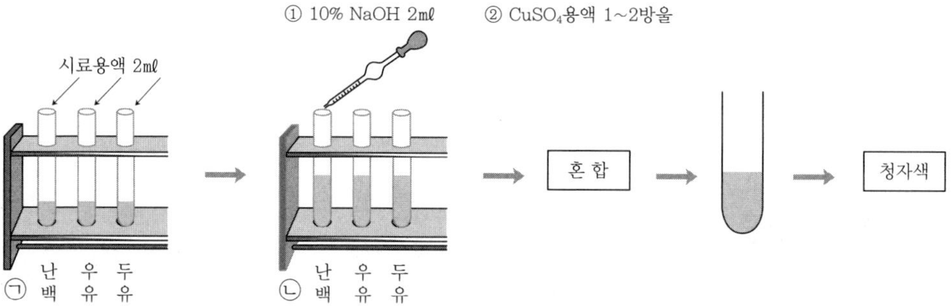

그림 4-1 Biuret 반응시험

1-1-2 Ninhydrin 반응

원 리

이 반응은 α-아미노기를 가진 화합물이 나타내는 정색반응으로 α-아미노산, peptide, 단백질들 뿐만 아니라 amine류, 또는 암모니아들도 이 반응에 양성이다.

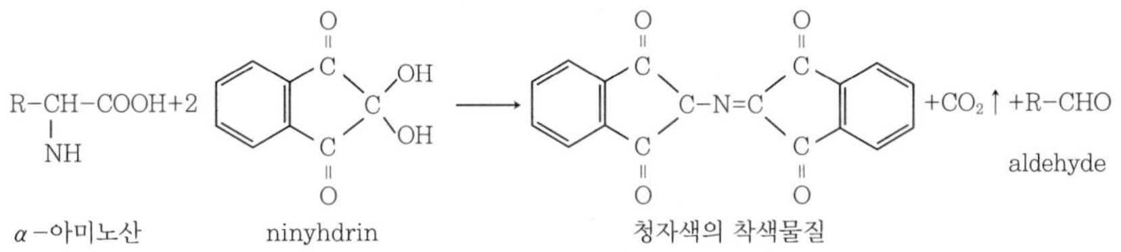

이 반응은 매우 예민하기 때문에 아미노산 및 단백질의 확인에 널리 이용될 뿐만 아니라, 이들의 정량에도 이용된다.

시 약

① 단백질용액(albumin, gelatin 등의 1% 수용액)

② 1% ninhydrin용액(사용하기 전에 만든다)

조 작

단백질용액 2㎖에 중성 또는 미약산성에서 1% ninhydrin용액을 1~2방울 가하고 수욕(water bath)상에서 2~3분간 가열하면 적자색 또는 청자색을 나타낸다. 단, proline은 황색, hydroxyproline은 등황색을 나타낸다.

방법도시

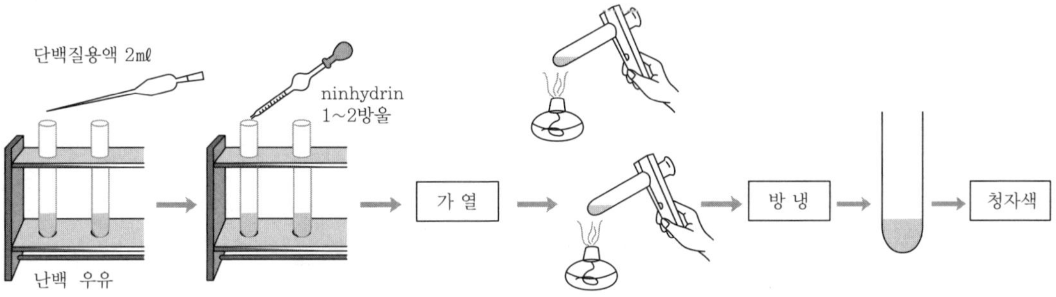

그림 4-2 Ninhydrin 반응시험

1-1-3 Xanthoprotein 반응

원 리

이 반응에서는 단백질에 진한 질산을 가하면 백색침전이 생기고, 이를 가열하면 황색으로 된다. 이 반응은 단백질을 구성하고 있는 tyrosine, tryptophan, phenylalanine과 같은 아미노산의 존재에 기인하며, 이 색은 방향족 아미노산의 benzene핵이 nitro화 되기 때문인 것으로 알려져 있다.

시 약

① 단백질용액(0.1% 아미노산 및 1% 단백질용액)

② 진한 질산(HNO_3)

③ 진한 암모니아수(NH_4OH)

조 작

단백질용액 3mℓ에 진한 질산 1mℓ를 가하면 백색침전이 생기며, 이것을 가열하면 황색으로 착색된다. 단, 액의 pH에 따라서는 침전하지 않는 경우도 있다.

이것을 냉각한 후 진한 암모니아를 사용해 알칼리성으로 하면 등황색이 된다.

방법도시

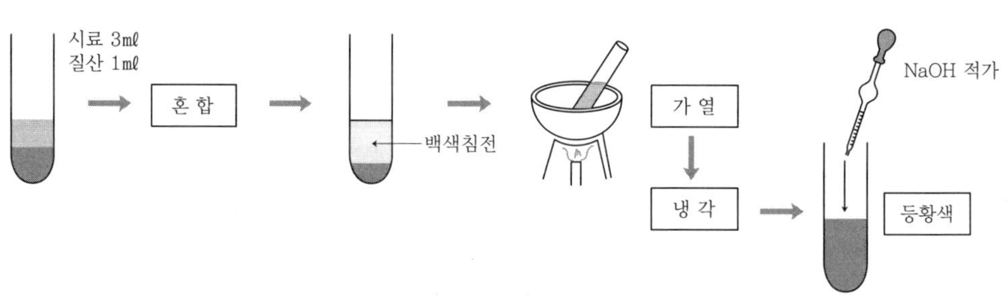

그림 4-3 Xanthoprotein 반응시험

1-1-4 Millon 반응

원 리

이 반응은 단백질에 Millon시약을 가하였을 때 일어나는 정색반응으로 백색침전이 형성되고, 가열하면 적색으로 된다.

이 반응은 phenol성 수산기를 가진 방향족화합물에서 공통적으로 일어나는 반응으로 단백질성분의 아미노산 중 tyrosine이 이 반응에 관여한다.

시 약

① 단백질용액

② Millon시약 : 4g의 수은을 6mℓ의 진한 질산에 서서히 용해하고, 2배량의 물을 가하여 희석한 후 여과하여 사용한다.

조 작

단백질용액 3mℓ에 Millon시약 1mℓ를 가하면 백색침전이 생성되고, 이것을 약 70℃로 가열하면 적자색으로 된다.

방법도시

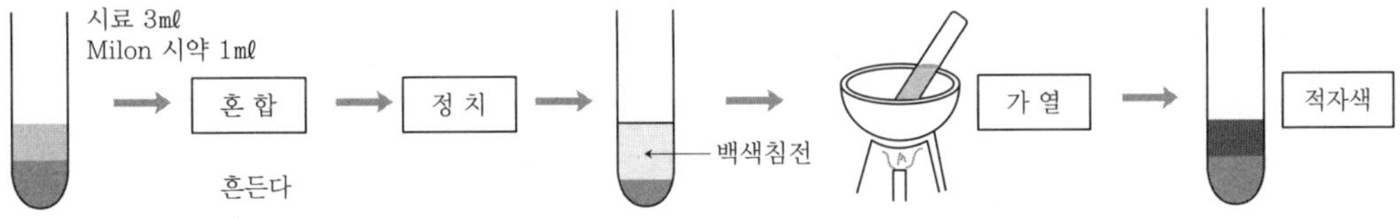

그림 4-4 Millon 반응시험

1-1-5 Hopkins-Cole 반응

원 리

단백질용액에 glyoxalic acid(O=CH-COOH)를 가하거나 또는 무수초산[$(CH_3CO)_2O$]을 가한 후, 다시 진한 황산을 가할 때 그 경계면에 적자색의 환이 형성된다.

이 반응을 Hopkins-Cole 또는 Adamkievitz반응이라 하며, 단백질 중에 indole기를 가진 tryptophan과 -CHO기를 가진 glyoxalic acid, formaldehyde 등이 존재할 때 일어난다.

따라서 tryptophan을 함유한 casein에서 반응은 양성이기 때문에 이 반응을 우유의 방부제 formaldehyde검출에 응용할 수가 있다. 그러나 tryptophan을 함유하고 있지 않는 옥수수 단백질인 zein은 이 반응에 음성이다.

시 약

① 단백질용액

② 빙초산(CH_3COOH)

③ 진한 황산(H_2SO_4)

조 작

단백질용액 2㎖를 시험관에 취하고 빙초산 2㎖를 가하여 녹인 다음, 여기에 진한 황산 1㎖를 서서히 시험관 벽을 따라 가하면 초산과 황산의 경계면에 적자색의 환이 생성되며, 이 액을 진탕하여 혼합하면 전체가 적자색이 된다.

이 반응은 초산에 소량 함유되어 있는 glyoxalic acid와 단백질 중의 tryptophan과의 반응에 의하여 생성되는 색깔이다.

1-1-6 Pauly 반응

원 리

단백질용액에 diazobenzene sulfonic acid용액을 가한 후 알칼리성으로 하면 등황~적색으로 된다. 이 반응은 tyrosine, histidine을 함유한 단백질에서 일어나며, 이들 아미노산의 benzene기에 위의 시약이 결합하여 azo계 색소를 생성하기 때문이다.

이 반응은 페이퍼 크로마토그래피에서 tyrosine 및 histidine의 존재위치를 검출하는데 이용되며, 또한 용액 중 유리 histidine의 양을 비색정량(tyrosine이 존재하지 않을 경우)하는데 이용된다.

sulfanilic acid　　　　diazonium 화합물

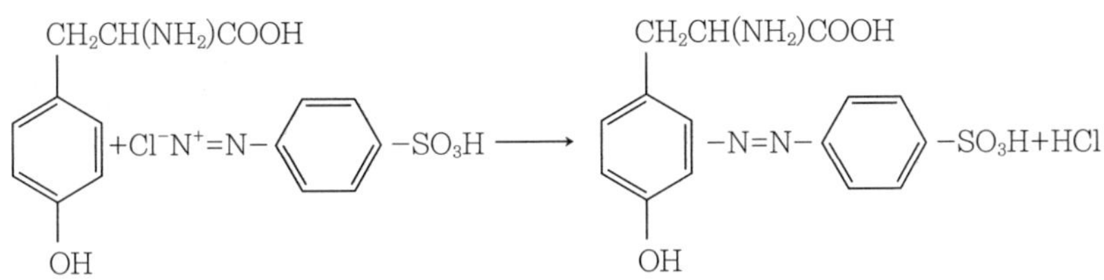

tyrosine　　　　azo 화합물

시 약

① 단백질용액

② Sulfanilic acid 용액 : 10% HCl에 1%의 sulfanilic acid를 녹인다.

③ 5% $NaNO_2$용액

④ 5% Na_2CO_3용액

조 작

1mℓ의 sulfanilic acid용액에 2mℓ의 단백질용액을 가하고 혼합한 후 얼음물 속에서 차게 한 다음 1mℓ의 $NaNO_2$용액을 가하고 1~2분 후에 Na_2CO_3로 알칼리성으로 하면 등황~적색으로 된다.

1-1-7 Sakaguchi반응

원 리

이 반응은 guanidyl기를 가진 아미노산인 arginine에서 일어나는 반응으로, guanidyl기는 α-naphthol과 반응하며 그 생성물은 브롬(Br_2)과 같은 산화제에 의하여 적색을 나타낸다. 이 반응은 유리 arginine의 비색정량에도 응용된다.

시 약

① 단백질용액

② 10% NaOH용액

③ α-naphthol의 0.1% ethanol용액(70%)

④ 50% NaOCl용액(사용하기 직전에 만든다)

조 작

단백질용액 1㎖에 10% NaOH용액 1㎖를 가하여 알칼리성으로 하고, α-naphthol용액 2~3방울을 가해 3분간 방냉한다. 여기에 차아염소산나트륨(NaOCl)용액을 몇 방울 가하고 잘 흔들면 적색으로 된다.

1-1-8 Nitroprusside반응

원 리

Cysteine과 같은 thiol기를 가진 화합물은 과량의 암모니아 존재하에서 sodium nitroprusside와 반응하여 적색을 나타낸다. Cystine은 -S-S-결합이 환원되어 cysteine으로 되었을 때 비로소 양성반응을 나타낸다.

시 약

① 2N-암모니아수

② 2% sodium nitroprusside용액(사용하기 직전에 만든다)

조 작

단백질용액 1mℓ에 암모니아수 0.5mℓ를 가하고 sodium nitroprus-side 용액 1방울을 가하면 적자색으로 되고, 시간이 경과하면 황색으로 퇴색된다.

1-2 침전반응

1-2-1 유기용매에 의한 침전

원 리

단백질용액에 ethanol이나 acetone 등을 가하면 이들 유기용매가 단백질에 수화된 물을 제거하므로 단백질은 응집되어서 침전된다.

시 약

① 1% 단백질용액

② ethanol

조 작

단백질용액 2mℓ를 시험관에 취하고 같은 양의 ethanol을 가하면 양 액의 경계면에 백탁의 환이 생기고 혼합하면 침전이 된다.

방법도시

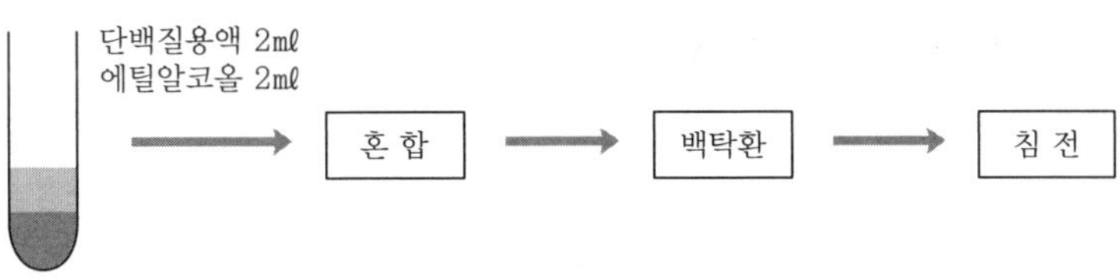

그림 4-5 유기용매에 의한 단백질의 침전시험

1-2-2 진한 염류용액에 의한 침전(염석)

원 리

묽은 염류용액에서는 염이온의 존재에 의해서 단백질의 용해도가 증가하나(鹽溶效果) 진한 염류용액 중에서는 반대로 용해도가 감소하고 단백질은 침전된다(鹽析效果).

이 침전법은 단백질의 변성이 쉽게 일어나지 않으므로 단백질의 분석정제에 이용되고 있다. 진한 염류용액으로 황산암모늄, 황산마그네슘, 식염(NaCl)의 포화용액 등이 사용된다.

시 약

① 단백질용액

② $(NH_4)_2SO_4$ 포화용액

조 작

단백질용액 2㎖를 시험관에 취하고 같은 양의 포화 황산암모늄[$(NH_4)_2SO_4$] 용액을 가하면 단백질은 침전된다.

방법도시

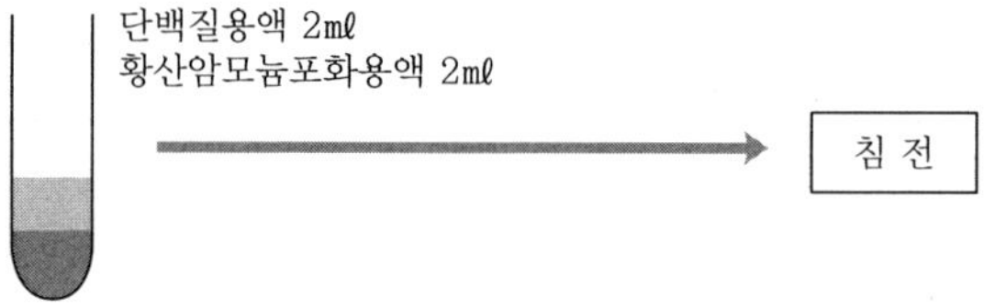

그림 4-6 진한 염류용액에 의한 단백질의 침전시험

1-2-3 Alkaloid시약에 의한 침전

원 리

단백질은 alkaloid시약, trichloroacetic acid, tannic acid, picric acid, sulfur salicylic acid에 의해 응집, 침전한다. 이 현상은 산의 음이온에 의한 침전반응이므로 단백질입자가 양하전으로 되도록 용액을 산성으로 해야 한다.

시 약

① 1% 단백질용액

② 10% TCA(trichloroacetic acid)용액

조 작

단백질용액 2㎖를 시험관에 취하고 10% TCA용액을 떨어뜨리면 단백질은 침전된다.

1-2-4 중금속에 의한 침전

원 리

단백질은 중성 또는 알칼리성 용액에서는 대체로 음전하를 가지게 되며, 이 용액에 중금속염(Cu, Hg, Pb염 등)을 가하면 단백질이온이 중금속 양이온과 반응하여 침전이 생긴다. 이런 침전은 흔히 과량의 중금속염으로 다시 용해된다.

시 약

① 1% 단백질용액

② 1% $CuSO_4$용액

조 작

단백질용액 2㎖를 시험관에 취하고 같은 양의 1% 황산동($CuSO_4$) 용액을 가하면 단백질은 침전한다.

1-3 응고반응

1-3-1 열에 의한 응고

원 리

대부분의 단백질은 60~80℃ 이상의 가열에 의해 변성 응고한다. 이때 묽은 HCl 또는 초산을 가하여 산성으로 하면 단백질은 침전된다. 그러나 gelatin, protamine 등은 응고하지 않는다. 또 알칼리성에서는 열응고가 일어나지 않는다.

시 약

① 1% 단백질용액

② 10% 초산용액

③ 10% NaOH용액

조 작

단백질용액 2mℓ를 2개의 시험관에 취하고 한쪽에는 10% 초산, 또 한쪽에는 10% NaOH용액을 떨어뜨리고 가열하여 변성, 응고 여부를 비교 관찰한다.

방법도시

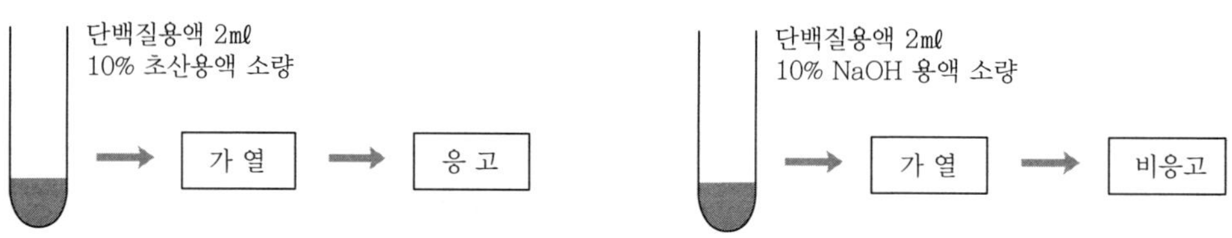

그림 4-7 단백질의 열응고시험

1-3-2 산에 의한 응고

원 리

단백질용액 2㎖에 염산, 황산, 질산 등의 강산을 가하면 단백질은 응고한다. 그러나 너무 진한 경우는 다시 용해되는 경우가 있다.

Histone, protamine과 같은 강염기성 단백질은 강산에 의해 응고하지 않는다.

시 약

① 1% 단백질용액

② 진한 질산(HNO_3) 또는 진한 황산(H_2SO_4)

조 작

단백질용액 2㎖를 시험관에 취하고 진한 질산 등의 강산을 2㎖가하여 정치한 후 응고여부를 관찰한다.

1-3-3 효소에 의한 응고

어떤 종류의 단백질은 효소에 의하여 응고된다. 즉, casein은 적당한 pH에서 rennet를 첨가하면 응고하고, fibrinogen은 thrombin에 의하여 fibrin이 되어 응고된다.

제 2 장 순단백질의 정량

일정량의 시료를 물에 침지하여 비단백질태 질소화합물을 용해시키고, 동시에 침출된 단백질을 침전제를 가하여 침전시킨 후 여과하여 비단백질태 질소화합물을 제거한다. 여지위의 단백질부분을 조단백질 때와 같이 정량한다. 식물성 식품 등은 이 방법에 의해서도 불용성 질소화합물인 alkaloid, 색소 등이 혼입되어 단백질로서 정량되어 버리지만, 차, 담배 등 특수한 경우를 제외하고는 그 양이 극히 적으므로 보통 이 방법에 의한 정량치를 순단백질량으로 하고 있다.

2-1 Barnstein법

원 리

시료를 물에 침지하여 침출 · 용해시킨 질소화합물 중에서 단백질 침전제인 $Cu(OH)_2$를 사용하여 단백질을 침전시킨 후 여과, 분별하여 순단백질만을 분리시켜 Kjeldahl법에 의하여 정량하는 방법이다.

시 약

① $CuSO_4$용액 : $CuSO_4 \cdot 5H_2O$ 60g을 물에 녹여 1ℓ 로 한다.

② NaOH용액 : NaOH 12.5g을 물에 녹여 1ℓ 로 한다.

③ Kjeldahl법에 의한 질소정량에 필요한 시약 및 기구

조 작

적당한 양의 시료(조단백질 정량에 준한다)를 200㎖ 비커에 취하여, 물 100㎖를 가하고 끓을 때까지 가열한다. 전분질식품인 경우는 호화를 막기 위하여 끓고 있는 수욕(water bath)상에서 10분간 가열한다. 가열 후 $CuSO_4$용액 25㎖를 홀피펫으로 가하여 교반시킨 다음 NaOH용액 25㎖를 똑같이 가한다. 잘 교반시켜 단백질을 침전시키고, 침전한 단백질은 경사 여과하여 완전히 여지위에 옮겨, 구리이온, 황산이온의 반응이 없어질 때까지 침전을 세척한다. 세척한 후 여지를 깔때기에 넣은 그대로 건조기에 넣어 건조시킨다. 다음에 여지를 Kjeldahl 분해플라스크에 넣어 조단백질의 경우와 똑같이 분해하고, 증류, 적정하여 총질소를 정량하고, 질소계수를 곱하여 순단백질량으로 한다. 공시험을 여지만을 분해시킨 것에 대하여 동시에 행한다.

계 산

시료 중의 순단백질량의 계산방법은 Kjeldahl법에 의한 조단백질 정량의 경우와 같다.

2-2 Stutzer법

시 약

(1) $Cu(OH)_2$현탁액

$CuSO_4 \cdot 5H_2O$ 100g을 물에 녹여 5ℓ 로 한 것에 glycerine 2.5g을 가하여 교반시키면서, 10% NaOH를 가하여 약알칼리성으로 하여 $Cu(OH)_2$를 침전시킨다.

이 상징액을 경사 여과하여 제거한다. 침전을 소량의 5g/l glycerine으로 경사 세척한다. 다음에 여과하여 침전을 여지위에 옮겨 알칼리성 반응을 나타내지 않을 때까지 세척한다. 침전을 자제접시에 옮겨 10% glycerine을 가하고 피펫으로 취할 수 있을 정도로 희석하여 시약병에 저장한다. 이 현탁액의 일정량을 도가니에 넣어 붉게 가열한 다음 방냉하여 칭량하고, CuO량을 구해 둔다.

조 작

시료를 Barnstein법과 동일하게 물에 침지하여 가온처리한다. 침전제로서 CuO 0.3~0.4g에 상당하는 $Cu(OH)_2$ 현탁액을 가하고, 잘 교반하여 단백질을 침전시킨다. 경사 여과하여 침전을 완전히 여지위에 옮기고, 이 침전을 물로 충분히 세척한다. 그 이후의 조작은 Barnstein법과 동일하다.

2-3 Trichloroacetic acid법

시 약

7.5% 및 2% trichloroacetic acid용액

조 작

시료에 물 50mℓ를 가하여 Barnstein법과 동일하게 조작한다. 방냉 후 침전제로서 7.5% trichloroacetic acid용액 25mℓ를 가하여 교반시킨다. 이때 trichloroacetic acid용액의 농도는 2.5% 이상이 되도록 한다. 하룻밤 방치한 후 여과하여 침전을 완전히 여지위에 옮기고 이 침전을 2% trichloroacetic acid용액으로 수회 세척한다. 그 이후의 조작은 Barnstein법과 동일하다.

이 방법은 전분이 팽윤하여 여과를 방해하므로 전분질식품에는 적합하지 않다.

2-4 Biuret법에 의한 단백질의 정량

원 리

1-1-1의 Biuret 정색반응의 원리에서와 같이 강알칼리성 수용액 중에서 polypeptide는 2가의 구리이온(Cu^{2+})과 착염을 형성하여 적자색을 나타내므로 이 반응의 강도를 비색정량하는 방법이다.

시약 및 기구

① Biuret시약 : 황산동($CuSO_4 \cdot 5H_2O$) 1.5g과 주석산나트륨 · 칼륨($NaKC_4H_4O_6 \cdot 4H_2O$) 6.0g을 약 500mℓ의 증류수에 녹인다. 이것에 10% NaOH 300mℓ를 교반하면서 가하여 증

류수로 1ℓ 로 한다.

② 단백질표준용액 : 소혈청 albumin 10mg/mℓ의 표준용액을 조제하여 0.2, 0.3, 0.5, 0.7, 1.0mℓ를 취해 각각에 증류수를 가해서 1.0mℓ로 한 다음 시료용액과 똑같은 방법으로 반응시킨다. 단백질량으로서 2, 3, 5, 7, 10mg의 표준곡선을 작성한다.

③ 분광광도계(spectrophotometer)

조 작

작은 시험관에 1~10mg의 단백질을 함유하는 시료용액 1mℓ를 넣고 Biuret시약 4mℓ를 가하여 잘 혼합한다. 실온(20~25℃)에서 30분간 방치한 후 분광광도계로 540nm에서 흡광도를 측정한다.

단백질표준용액을 사용하여 작성한 표준곡선으로부터 단백질을 구한다.

계 산

시료 중의 단백질함량은 다음 식에 의해 계산한다.

$$\text{단백질함량(mg/100g)} = A \times V \times \frac{100}{S}$$

A : 시료용액 1mℓ 중의 단백질량(mg)
V : 시료용액의 총량(mℓ)
S : 시료의 채취량(g)

2-5 Lowry법에 의한 단백질의 정량

원 리

Lowry법은 Folin-Ciocalteu의 phenol시약을 tyrosine, tryptophan, cystein잔기에 의해 환원정색시키는 반응을 기본으로 하여, 여기에 Biuret법의 원리를 조합시킨 정량방법으로 미량의 단백질을 정확하고 간편하게 정량할 수 있다.

시약 및 기구

① 2% Na_2CO_3 0.1N-NaOH용액

② 2% Na_2CO_3수용액

③ 2% 주석산나트륨(또는 칼륨)수용액 ④ 1% $CuSO_4 \cdot 5H_2O$수용액

⑤ 알칼리성 구리시약 : 시약 ③ 1㎖와 시약 ④ 1㎖를 혼합한 후 시약 ①로 100㎖로 희석한다. 불안정하므로 시험 당일 조제하여 사용한다.

⑥ 탄산나트륨 알칼리성 구리용액 : 시약 ③ 1㎖와 시약 ④ 1㎖를 혼합한 후 시약 ②로 100㎖로 희석한다.

⑦ 희석 Folin시약 : 시판의 Folin-Ciocalteu phenol시약을 산농도 1N가 되도록 물로 희석한다.

⑧ 단백질표준용액 : 소혈청 albumin 200㎍/㎖의 표준용액을 조제하여 0.2, 0.5, 0.7, 1.0㎖를 취해 각각에 증류수를 가해서 1.0㎖로 한 다음 시료용액과 똑같은 방법으로 반응시킨다. 단백질량으로서 4, 10, 14, 20㎍의 표준곡선을 작성한다.

⑨ 볼텍스 믹서(Vortex mixer) ⑩ 분광광도계(spectrophotometer)

조 작

여기서는 1㎝ 각의 셀(cell)을 사용하여 분광광도계로 측정하기 때문에 시료용액 및 첨가시약의 용량을 원래 방법의 5배량 증가시킨 방법을 나타낸다.

1~10㎍의 단백질을 함유한 시료용액 1.0㎖를 작은 시험관에 취하여 알칼리성 구리시약(시약 ⑤) 5㎖를 가하여 혼합하고 실온에서 10분 이상 방치한다. 다음에 희석 Folin시약(시약 ⑦) 0.5㎖를 신속히 첨가하여 혼합하고 실온에서 30분 이상 방치한다.

이때 Folin phenol시약에 의한 정색은 pH 10에서 가장 크기 때문에 반응액의 pH가 이 부근으로 유지되도록 조건이 설정되어 있으나 이 phenol시약은 알칼리성의 조건하에서는 매우 불안정하다. 따라서 가능한한 신속히 이 시약을 첨가하고 볼텍스 믹서로 교반하여야 한다.

최종반응액 1㎖당 단백질이 5~25㎍의 범위에 있을 때는 750㎚에서의 흡광도를, 25㎍보다 높은 농도일 때는 500㎚에서의 흡광도를 측정한다.

단백질표준용액을 사용하여 작성한 표준곡선으로부터 단백질을 구한다.

계 산

시료 중의 단백질함량은 다음 식에 의해 계산한다.

$$\text{단백질함량}(\mu g/100g) = A \times V \times \frac{100}{S}$$

A : 시료용액 1㎖ 중의 단백질량(㎍)
V : 시료용액의 총량(㎖)
S : 시료의 채취량(g)

제 3 장 비단백태 질소화합물의 정량

비단백질태 질소화합물은 조단백질의 질소량으로부터 순단백질의 질소량을 빼서 표시한다. 그러나 다시 아미노산(amino acid)태, 아미드(amide)태, 암모니아(ammonia)태 질소를 정량하는 것이 바람직하다.

[시료용액의 조제]

적당한 양의 시료에 10배량의 물을 가하고, 1시간 침출하여 흡인 여과한다.

잔사는 다시 10배량의 물을 가하여 끓인 후 여과한다. 여액을 모두 모아 다시 끓여서 단백질을 가열, 응고시키고 여과한 후 여액을 감압 농축하여 양을 적게 한다. 이것에 5%에 상당하는 황산을 가하고 다시 인텅스텐산(phosphotungstic acid)을 가하여 단백질, peptone 등을 침전시킨 후 여과하여 여액을 일정량으로 하고 시료용액으로 한다.

3-1 아미노산태 질소의 정량

3-1-1 Formol적정법

원 리

아미노산은 양성 전해질이므로, 수용액 중에서 산이나 알칼리로 직접 적정할 수 없다. 그러나 중성 수용액에서 아미노산에 formaldehyde를 작용시키면 amino기와 formaldehyde가 반응하여 amino기의 염기성이 없어지고 아미노산은 carboxyl기만 남아 산성을 나타내므로 알칼리 표준용액으로 적정하여 아미노산태 질소량을 구할 수 있다.

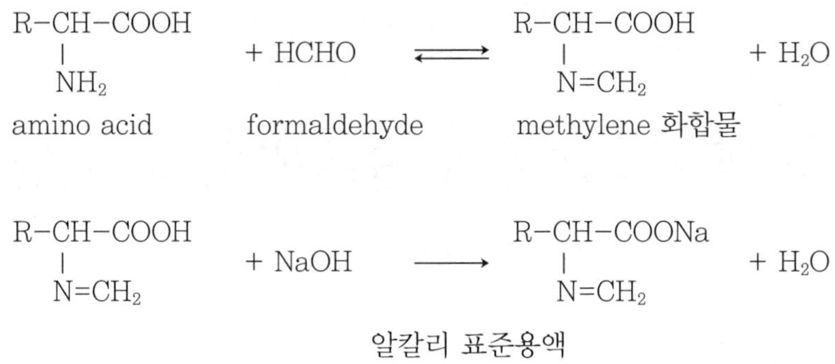

이 방법은 Sörensen에 의하여 고안된 것이므로 Sörensen의 formol적정법이라고 한다.

시 약

① 0.05N-NaOH용액 : 정확히 역가를 구한다.

② 중성 formalin용액 : 시판 formalin용액(30~40% HCHO 함유)을 phenolphthalein지시약을 사용하여 0.2N-NaOH용액으로 미홍색이 될 때까지 중화한다. 사용할 때마다 매일 새로 조제한다.

③ 0.5% phenolphthalein · ethanol용액(지시약)

조 작

200~300mℓ 삼각플라스크를 2개 준비하여 양쪽에 시료용액 25mℓ를 홀피펫으로 취한다. 한쪽에 중성 formalin용액 20mℓ와 물 20mℓ를 메스실린더를 사용하여 가한다. 다른쪽은 공시험으로서 물 40mℓ를 가한다. Phenolphthalein 약 6방울을 가하여 0.05N-NaOH용액으로 적정한다.

착색되어 있는 시료는 적정의 종말점을 찾기 어려우므로 공시험에 대하여 홍색을 나타낼 때까지 적정하여, 본시험도 이것을 기준으로 하여 같은 색이 될 때까지 적정한다.

계 산

시료 중의 아미노산태 질소량은 다음 식에 의해 계산한다.

$$아미노산태\ 질소(\%) = (V_1 - V_0) \times F \times 0.0007 \times D \times \frac{100}{S}$$

V_1 : 본시험 적정소비량(㎖)
V_0 : 공시험 적정소비량(㎖)
F : 0.05N-NaOH 용액의 역가
D : 희석배수
S : 시료의 채취량(g)
0.0007 : 0.05N-NaOH 용액 1㎖에 상당하는 질소량(g)

데이터 및 결과 예

① 시료 : 간장

② 시료채취량 : 5㎖

③ 시료용액 조제 : 간장 5㎖를 취해 희석하여 250㎖로 정용함

④ 시료용액 채취량 : 25㎖

⑤ 희석배수 : 250/25=10

⑥ 중성 formalin용액 첨가량 : 20㎖

⑦ 0.05N-NaOH 표준용액의 역가 : 0.9898

⑧ 0.05N-NaOH 용액의 적정소비량

· 공시험 적정치 : 2.30㎖ · 본시험 적정치 : 8.50㎖

⑨ 아미노산태 질소량의 계산

$$아미노산태\ 질소(\%) = (V_1 - V_0) \times F \times 0.0007 \times D \times \frac{100}{S}$$

$$= (8.50 - 2.30) \times 0.9898 \times 0.0007 \times 10 \times \frac{100}{5}$$

$$= 0.8591(\%)$$

3-1-2 Van Slyke 가스분석법

원 리

아미노산에 아질산(HNO_2)을 작용시키면 아질산은 α-아미노산의 amino기와 반응하여 질소가스가 생성된다.

이 질소가스의 부피를 측정하여 표준상태(0℃, 760㎜Hg)로 환산하여 정량한 질소량으로서 아미노산태 질소량을 산출한다. 실제로는 Van Slyke표(표 4-1 참조)로부터 아미노산태 질소의 양(㎎)을 계산한다.

$$R-CH(NH_2)COOH + HNO_2 \longrightarrow R-CH(OH)COOH + N_2\uparrow + H_2O$$

이때 동시에 아질산 자체가 분해하여 산화질소를 발생하기 때문에 이것을 알칼리성 $KMnO_4$용액에 흡수시켜 제거하고 질소가스를 측정하는 것이다.

$$3HNO_2 \longrightarrow HNO_3 + H_2O + 2NO$$

표 4-1 Van slyke표(N_2 1㎖에 상당하는 아미노산태 질소의 양(㎎))

1℃ \ ㎜Hg	728	730	732	734	736	738	740	742	744	746	748
11	0.5680	0.5695	0.5710	0.5725	0.5745	0.5760	0.5775	0.5790	0.5805	0.5820	0.5840
12	5655	5670	5885	5700	5720	5735	5750	5765	5780	5795	5810
13	5630	5645	5660	5675	5695	5710	5725	5740	5755	5770	5785
14	5605	5620	5635	5650	5665	5680	5700	5715	5730	5745	5760
15	5580	5595	5610	5625	5640	5655	5670	5685	5705	5720	5735
16	5555	5570	5585	5600	5615	5630	5645	5660	5675	5690	5710
17	5525	5546	555	5575	5590	5605	5620	5635	5650	5665	5680
18	5500	5515	530	5545	5560	5580	5595	5610	5625	5640	5655
19	5475	5490	5505	5520	5535	5550	5565	5580	5595	5610	5630
20	5445	5460	5475	5495	5510	5525	5540	5555	5570	5585	5600
21	5420	5435	5450	5465	5480	5495	5510	5525	5540	5555	5575
22	5395	5410	5425	5440	5455	5475	5485	5500	5515	5530	5545
23	5365	5380	5395	5410	5425	5440	5455	5470	5485	5500	5515
24	5335	5350	5365	5380	5400	5415	5430	5445	5460	5475	5490
25	5310	5325	5340	5355	5370	5385	5400	5415	5430	5445	5460
26	5260	5295	5310	5325	5340	5355	5370	5365	5440	5415	5430
27	5250	5265	5280	5295	5310	5325	5340	5355	5370	5380	5400
28	5220	5235	2550	5265	5280	5295	5310	5325	5340	5355	5370
29	5195	5210	5220	5235	5250	5265	5280	5295	5310	5325	5340
30	0.5160	0.5175	0.5190	0.5205	0.5220	0.5235	0.5250	0.5265	0.5280	0.5295	0.5310

mmHg / 1℃	750	752	754	756	758	760	762	764	766	768	770
11	0.5855	0.5870	0.5880	0.5900	0.5915	0.5935	0.5950	0.5965	0.5980	0.5995	0.6011
12	5380	5845	5860	5875	5890	5905	5925	5940	5955	5970	5985
13	5805	5820	5835	5850	5865	5880	5895	5910	5930	5945	5966
14	5775	5790	5805	5825	5840	5855	5870	5885	5900	5915	5935
15	5750	5765	5780	5795	5810	5830	5845	5860	5875	5890	5905
16	5725	5740	5755	5770	5785	5800	5815	5830	5850	5865	5880
17	5695	5710	5730	5745	5760	5775	5790	5805	5820	5835	5850
18	5670	5685	5700	5715	5730	5745	5765	5780	5795	5810	5825
19	5645	5660	5675	5690	5705	5720	5735	5750	5765	5780	5795
20	5615	5630	5645	5660	5675	5690	5705	5725	5740	5755	5770
21	5590	5605	5620	5635	5650	5665	5680	5695	5710	5725	5740
22	5560	5575	5590	5605	5620	5635	5650	5665	5680	5695	5715
23	5530	5545	5560	5575	5595	5610	5625	5640	5655	5670	5685
24	5505	5520	5535	5550	5565	5580	5595	5610	5625	5640	5655
25	5475	5490	5505	5520	5535	5550	5565	5580	5595	5610	5625
26	5445	5460	5475	5490	5505	5520	5535	5550	5565	5580	5595
27	5415	5430	5445	5460	5475	5490	5505	5520	5535	5550	5565
28	5385	5400	5415	5430	5445	5460	5475	5490	5505	5520	5535
29	5355	5370	5385	5400	5415	5430	5445	5460	5475	5490	5505
30	0.5325	0.5340	0.5355	0.5370	0.5385	0.5400	0.5415	0.5430	0.5445	0.5460	0.5475

시약 및 장치

① 빙초산

② 아질산나트륨($NaNO_2$)용액 : $NaNO_2$ 30g을 물에 녹여 100㎖로 한다. 시약 특급품을 사용하며, 황색인 것은 사용하지 못한다.

③ 알칼리성 $KMnO_4$용액 : $KMnO_4$ 50g과 KOH 25g을 물에 녹여 1ℓ 로 한다.

④ Van Slyke 아미노산태 질소정량장치(그림 4-8 참조)

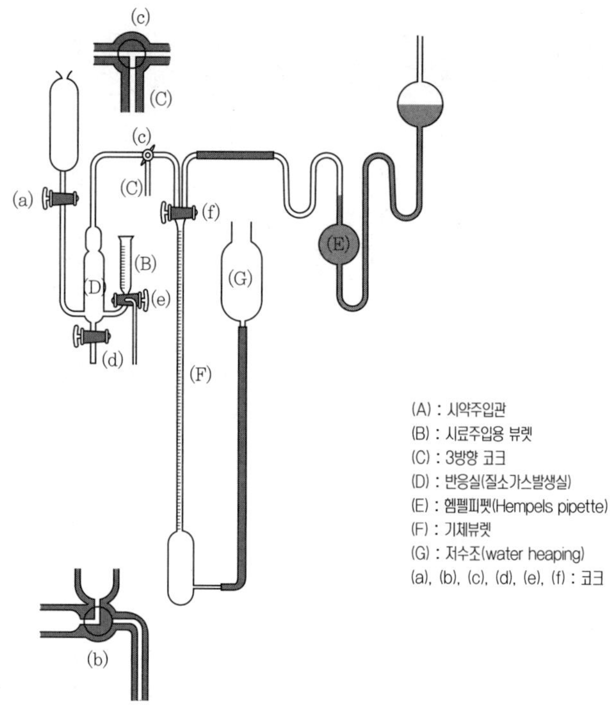

그림 4-8 Van Slyke 아미노산태 질소정량장치

조 작

(1) 장치 내의 공기제거

① (E)에 알칼리성 $KMnO_4$용액을 상구(上球)의 중앙에 달할 때까지 가한다.

② (G)에 물을 넣어 코크 (f)를 코크 (C)방향으로 열어 (C)를 회전시켜 외기(外氣)에 연결시킨다.

③ (G)를 높이 들어 기체뷰렛(F) 속의 공기를 제거하고 물을 (C)까지 채운 다음 (C)를 닫는다.

④ (f)를 회전하여 (F)와 (E)를 연결시켜 $KMnO_4$용액을 (f)에 도달하도록 하면 (E), (f) 사이의 공기가 (F) 내에 들어가므로 (f)를 (C)방향으로 회전하여 (C)를 외기에 연결한 후 (G)를 높이 들어 (F) 내의 공기를 제거한 다음 바로 (f)를 닫아 (G)를 내려 둔다.

⑤ (C)를 회전하여 반응실 (D)를 외기에 연결하고 빙초산 3mℓ를 관 (A)에 넣는다. 코크 (a)를 열어 반응실 (D)속에 유입시킨다.

⑥ $NaNO_2$용액 약 12㎖를 (A)에 넣어 (D)에 유입시켜 (D)속의 액이 (C)에 도달하면 (C)를 회전하여 외기와의 연락을 끊는다.

⑦ 수초동안 (D)를 가볍게 진동시키면 빙초산과 $NaNO_2$가 반응하여 가스가 발생하고, 그 압력으로 액이 (A)에 역류한다. (C)를 회전하여 외기에 연결시키면 (A) 내의 액은 다시 (D)에 되돌아가 (C)에 도달하므로 (C)를 닫는다.

⑧ (D)를 흔들어 (D)속의 액을 (D)에 표시된 4㎖ 눈금에 도달하도록 (A)에 역류시킨 후 (a)를 닫는다.

⑨ (C)를 회전하여 외기와 통한 그대로 약 1분간 (D)를 진탕시킨 후 (C)를 (D)와 (F)가 연결되도록 회전시킨다. 다시 (f)를 회전하여 (D)와 (F)를 통하게 하면 기내(器內)는 산화질소로 채워진다.

(2) 정　량

① 시료용액 일정량(질소가스로 환산하여 1.0~2.0㎖에 상당하는 양)을 (B)에 넣어 (b)를 열고 정확하게 (D) 내에 시료를 유입시킨 후, 2~3회 소량의 물로 세척하여 넣은 다음 (b)를 닫는다. 3~5분간 (D)를 강하게 진탕시키면[1] 아미노산의 amino기가 반응하므로, 질소가 발생하여 (F) 내에 들어간다.

② 반응이 끝난 다음 진탕을 끝내고 (a)를 열어 (A) 내의 액을 (D)에 유입시켜 (D) 내의 기체를 전부 (F)로 보낸 후, (f)를 회전하여 (D)와 (F)의 연결을 끊는다. 다음에 (f)를 회전하여 (F)와 (E)를 연결시키고, (G)를 높이 올려 (F) 내의 기체를 전부 (E)에 보낸 다음 (f)를 닫는다.

③ 약 1분간 (E)를 진탕시켜 산화질소를 알칼리성 $KMnO_4$용액(12~13회 분석에 사용할 수 있음)에 흡수시킨 후 (f)를 열어 (E)와 (F)를 통해서 질소가스를 (F)에 되돌리고, (f)를 닫아서 (G)와 (F)의 수위를 일치시켜 질소가스의 부피를 읽는다. 이 산화질소 흡수 조작을 반복하여 일정한 값을 얻는다.

④ 동시에 온도와 기압을 측정한다. 공시험[2]은 시료 대신에 같은 양의 물을 사용하여 똑같이 조작한다.

1) 거품이 많이 생길 때는 소포제로서 소량의 octyl alcohol을 시료와 함께 가하면 좋다.
2) 공시험 측정값이 0.3~0.4㎖ 이상일 때는 시약이 불순하므로 시약을 다시 조제해야 한다.

계 산

시료 중의 아미노산태 질소량은 다음 식에 의해 계산한다. 단, 분석을 수회 반복하여 평균값을 구하여 계산한다.

$$아미노산태\ 질소(mg\%) = (V_1 - V_2) \times D \times F \times \frac{100}{S}$$

- V_1 : 본시험의 경우 질소가스 부피(mℓ)
- V_2 : 공시험의 경우 질소가스 부피(mℓ)
- D : 시료의 희석배수
- S : 시료의 채취량(g)
- F : Van Slyke표로부터 구한 측정시의 온도, 압력에 상당하는 아미노산태 질소량(mg)

데이터 및 결과 예

① 시료 : 된장

② 시료채취량 : 5.1234g

③시료용액 조제 : 시료에 증류수를 가해 침출시킨 후 여과하여 250mℓ로 정용

④ 시료용액 채취량 : 4mℓ

⑤ Van Slyke 장치로부터 질소(N_2)가스의 부피 측정

- 공시험의 경우 N_2가스의 부피 : 0.20mℓ
- 본시험의 경우 N_2가스의 부피 : 1.50mℓ

⑥ 측정시의 온도 : 20℃

⑦ 측정시의 압력 : 756mmHg

⑧ Van Slyke표로부터 구한 20℃, 756mmHg에서의 N_2 1mℓ에 상당하는 아미노산태 질소의 양 : 0.5660mg

⑨ 아미노산태 질소량의 계산

$$아미노산태\ 질소(mg\%) = (V_1 - V_0) \times D \times F \times \frac{100}{S}$$

$$= (1.50 - 0.20) \times \frac{250}{4} \times 0.5660 \times \frac{100}{5.1234}$$

$$= 897.60(mg\%)$$

3-2 암모니아태 질소의 정량(감압증류법)

원 리

시료용액에 알칼리를 가하여 강한 알칼리성으로 한 다음 암모니아를 감압증류시켜 일정한 농도의 산 표준용액 중에 포집하여 정량한다.

시 약

① 10% KOH용액

② 0.1N-H_2SO_4용액 : 정확히 역가를 구한다.

③ 0.1N-NaOH용액 : 정확히 역가를 구한다.

④ Ethanol(소포제)

⑤ Methyl red · methylene blue 혼합 지시약

⑥ 감압증류장치(그림 4-9 참조)

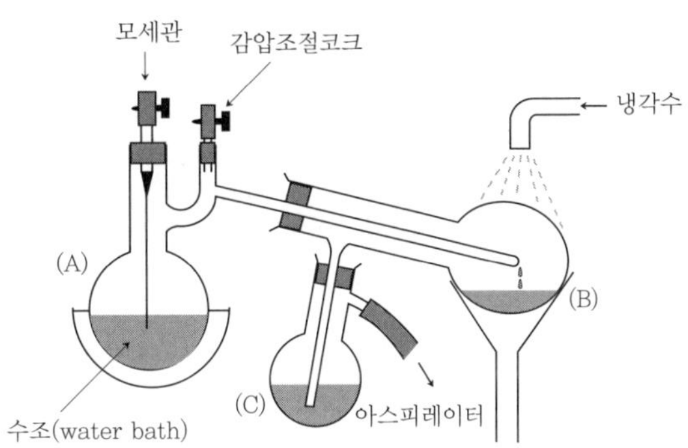

그림 4-9 암모니아 감압증류장치

조 작

적당량의 시료용액을 정확히 홀피펫으로 플라스크(A)에 취하고, 물을 넣어 전량을 200mℓ로 한다. Ethanol 100mℓ를 가하여 거품이 나는 것을 방지한다. 한편 0.1N-H_2SO_4용액을 플라스크(B)에 30~50mℓ, (C)에 20mℓ 정확히 가하여 지시약을 4~5방울 가한 다음 장치를 그림 4-9와 같이 조립한다. (A)의 상부에서 10% KOH용액을 깔때기로 가하고, 곧 모세관을 붙인 고무마개로 뚜껑을 닫아, 40℃의 수욕(water bath) 중에서 30분간 감압증류한다. 증류가 끝난 다음 (B)와 (C)의 내용물을 모두 합쳐서 0.1N-NaOH용액으로 적정한다.

계 산

시료 중의 암모니아태 질소량은 다음 식에 의해 계산한다.

$$\text{암모니아태 질소(\%)} = (V_0 \times F - V_1 \times F') \times 0.0014 \times D \times \frac{100}{S}$$

- V_0 : 0.1N-H_2SO_4용액 채취량(mℓ)
- V_1 : 0.1N-NaOH용액 적정량(mℓ)
- F : 0.1N-H_2SO_4용액의 역가
- F′ : 0.1N-NaOH용액의 역가
- D : 희석배수
- S : 시료의 채취량(g)

3-3 아미드태 질소의 정량

원 리

아미노산 아미드(amide)는 산에 의하여 가수분해되어서 암모니아를 유리하므로 이 유리된 암모니아를 정량하여 아미드태 질소를 구한다.

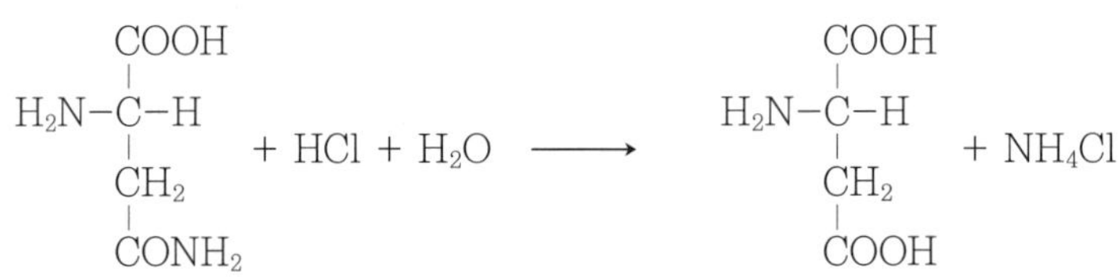

asparagine　　　　aspartic acid

시약 및 장치

① 진한 H_2SO_4

② 암모니아태 질소정량용의 시약과 장치

조 작

시료용액 적당량을 삼각 플라스크에 취하여 진한 H_2SO_4를 시료 100mℓ에 대하여 2~2.5mℓ 가한다. 역류냉각기를 부착하여 1시간 30분~2시간 끓이고 냉각 후 암모니아를 앞에서 기술한 암모니아태 질소 정량방법에 따라 정량한다.

계 산

앞에서 기술한 암모니아태 질소량의 계산방법에 따라 계산한다. 단, 이 방법에 의해 정량한 질소량은 시료 중의 암모니아태 질소와 아미드태 질소와의 합계이므로 이 값에서 동일한 시료에 대한 암모니아태 질소량을 빼면 아미드태 질소량으로 된다.

3-4 아미노산의 정량

3-4-1 유리 아미노산 조성의 분석

원 리

시료 중의 유리 아미노산을 ethanol로 추출하여 아미노산 자동분석기를 이용해서 아미노산 조성을 구한다.

시약 및 장치

① 70% ethanol

② Diethyl ether

③ 구연산리튬 완충용액 : 아미노산 자동분석용 pH 2.2의 구연산리튬(lithium citrate) 완충용액

④ 흡인여과장치 : 여과시 No. 3여과지를 사용한다.

⑤ 진공농축기(rotary evaporator)

⑥ 멤브레인여과기(membrane filter) : 액체 크로마토그래피용 0.45㎛ 멤브레인여과기

⑦ 분액 깔때기

⑧ 아미노산 자동분석기(amino acid analyzer)

조 작

액체시료의 경우는 200㎖ 가지형 플라스크에 시료용액을 홀피펫으로 20㎖ 넣고, ethanol 46㎖(ethanol 농도로서 70%가 되도록 한다)를 가하고, 환류냉각관을 부착하여 끓는 수욕 중에서 1시간 환류가열한다. 냉각 후 여지를 잘 밀착시켜 흡인여과하여 여액을 얻는다. 잔사는 먼저의 가지형 플라스크에 다시 넣고 70% ethanol 50㎖를 가하여 환류가열을 다시 2회 반복

하여 여액을 합쳐서 추출액으로 한다.

고체시료는 균일하게 한 후 수분함량이 많은 것은 5g, 분말 등의 경우는 0.5g을 채취하여 70% ethanol로 3회 똑같이 환류가열을 하고, 흡인여과를 반복하여 추출액을 얻는다.

다음에 40℃ 이하의 수욕 중에서 진공농축기로 추출액을 2~3mℓ 정도까지 감압농축한다. 농축액을 분액깔때기에 옮겨 놓고, 가지형 플라스크에 남은 액은 소량의 증류수로 세척하여 세액도 분액깔때기에 넣는다. 다음에 diethyl ether를 약 20mℓ 가하고 잘 혼합하여 탈지한다.

Ether층(상층)을 버리고 물층(하층)에 다시 2회 diethyl ether를 가하고 탈지한다. 남은 물층을 다른 가지형 플라스크에 받아 진공농축기로 농축, 건고한다.

다음에 pH 2.2의 구연산리튬 완충용액을 가하여 내용물을 용해시키고 pH 2.2의 구연산리튬 완충용액으로 25mℓ로 정용한다. 다음 그 일부를 멤브레인여과기(membrane filter)를 통과시키고 나서 아미노산 자동분석기를 이용하여 분석한다.

3-4-2 총 아미노산 조성의 분석

원 리

식품 중의 아미노산을 분석하기 위해서는 단백질 및 peptide형태로서 결합상태로 있는 아미노산을 유리시키지 않으면 안된다. 가수분해는 보통 6N-HCl에 의하지만, 이 과정에서 cystine, methionine 및 tryptophan은 분해되어 버려 정량성이 떨어지게 된다. 그 때문에 이들의 아미노산의 유리에는 과개미산(performic acid) 산화 후 염산에 의한 가수분해, 수산화바륨에 의한 가수분해를 행한다. 가수분해 후 각각 아미노산 자동분석기 또는 HPLC로 분석하여 총 아미노산 조성을 구한다. 이 총 아미노산 조성을 기본으로 계산에 의해 식품의 단백질의 영양가를 구할 수 있다.

시약 및 장치

① 6N-HCl용액 : 0.04% β -mercaptoethanol을 함유한 6N-HCl용액

② 과개미산용액 : 30% 과산화수소와 83% 과개미산(performic acid)을 1 : 9로 혼합하고 실온에서 1시간 방치하여 조제한다.

③ 47~48% HBr용액

④ 수산화바륨[$Ba(OH)_2$]

⑤ Thiodiethylene glycol

⑥ pH 2.2 구연산리튬(lithium citrate) 완충용액

⑦ 멤브레인여과기(membrane filter)

⑧ 진공농축기(rotary evaporator)

⑨ 아미노산 자동분석기(amino acid analyzer)

⑩ 고속 액체 크로마토그래피(HPLC)

조 작

(1) 시료의 전처리

식품시료는 원칙적으로 동결건조 후 분쇄, 균질화하고 일정량을 가수분해한다. 지방질함량이 높은 육류 등은 diethyl ether에 의해 탈지한 시료를 사용한다.

(2) 일반 아미노산 측정용 가수분해

시료 0.1g(단백질로서 약 30mg을 함유)을 가수분해용 시험관에 채취하고, 0.04% β-mercaptoethanol을 함유한 6N-HCl용액 약 30mℓ(단백질의 1,000배량 이상)를 가한다.

가수분해용 시험관에 코크가 달린 유리제 접속부(joint)를 부착하고, 유확산 펌프(진공도 10^{-3}mmHg)로 연결하여, acetone, dryice 중에서 접속부의 코크를 열고 냉각하면서 탈기한다. 탈기 종료 후 코크를 닫고 시험관 내부를 진공으로 유지한 채로 삼방버너를 사용하여 봉관한다. 110℃로 설정한 가열기에서 24시간 가수분해한다. 분해 종료 후 15AG-4 유리여과기를 사용하여 여과하고 여액을 진공농축기로 농축건고한 후 소량의 증류수를 가하면서 농축건고를 반복하여 염산을 완전히 증류, 제거한다.

가지형 플라스크 내의 잔사를 pH 2.2의 구연산리튬 완충용액으로 용해하고 25mℓ로 정용하여 0.45㎛ membrane filter로 여과하여 아미노산 자동분석기용의 시료용액으로 한다.

(3) Cystine 및 methionine 측정용 가수분해

시료 0.3g(단백질로서 약 30mg을 함유)을 200mℓ 가지형 플라스크에 채취하고 과개미산용액을 25mℓ 가하고 0℃에서 16시간 방치한다. 방치 후 47~48% 브롬화수소산용액 3.75mℓ를 가하여 미반응의 과개미산을 분해하고 진공농축기로 농축건고한다.

이때 트랩(trap)에는 1N-NaOH용액을 넣어 놓는다. 건고 후의 잔사에 0.04% β-mercaptoethanol을 함유한 6N-HCl을 약 30mℓ 가하고 환류냉각관을 부착하여 150℃의 유욕(oil bath) 중에서 20시간 가수분해한다. 분해 종료 후 15AG-4 유리여과기로 여과한다. 여액을 진공농축

기로 농축건고한 후 소량의 증류수를 가하면서 농축건고를 반복하여 염산을 완전히 증류제거한다. 가지형 플라스크 내의 잔사를 pH 2.2의 구연산리튬 완충용액으로 용해하고 25㎖로 정용하여 0.4㎛ membrane filter로 여과하여 아미노산 자동분석기용의 시료용액으로 한다.

(4) Tryptophan측정용 가수분해

시료 0.3g(단백질로서 100~200㎎을 함유)을 가수분해용 시험관에 채취하고 수산화바륨 7.8g, thiodiethylene glycol 0.3㎖, 증류수 4.5㎖를 가하고 수욕상에서 용해한다. 아스피레이터(진공도 20~30㎜Hg)를 사용해서 탈기한 후 삼방버너로 봉관한다. 순풍식 건조기에서 110℃로 12시간 가수분해한다.

분해 종료 후 개관한 시험관을 수욕 중에서 가온하여 가수분해물을 용해하고, 세척액과 함께 마개가 달린 200㎖ 메스실린더로 옮겨 넣는다. 5~50% 황산을 사용하여 리트머스지로 확인하면서 중화하고, 황산바륨의 침전량을 보정하기 위해 증류수로 104㎖로 정용한다. 0.45㎛ membrane filter로 여과하여 HPLC용의 시료용액으로 한다.

[HPLC의 조건]

① 분리칼럼 : ODS 칼럼 4×250㎜ 스테인레스 칼럼

② 용출액 : 0.02M 과염소산 : methanol＝8 : 2

③ 유 속 : 1㎖/분

④ 검 출 : 여기파장 280㎚, 형광파장 350㎚

계 산

시료 중의 아미노산의 양은 다음 식에 의해 계산한다.

$$\text{시료 중의 아미노산량(mg/g)} = \frac{A \times C \times MW \times F}{As \times S}$$

A : 시료의 각 아미노산의 피크면적 또는 피크높이
As : 표준용액의 각 아미노산의 피크면적 또는 피크높이
C : 표준용액에 함유된 각 아미노산의 몰농도(mM)
MW : 각 아미노산의 분자량
F : 희석배수
S : 시료 중량(g)

제 4 장 식품단백질의 분리

4-1 밀가루로부터 gluten의 분리

원 리

밀가루 중에 존재하는 단백질은 그의 용해도 특성에 의하여 분리할 수 있다. 밀가루 중에 존재하는 가장 중요한 단백질은 gluten으로, 이것은 alcohol에 녹는 gliadin과 알칼리에 녹는 glutenin으로 구성되어 있다. 이밖에 밀가루 중에는 물에 녹는 albumin과 묽은 알칼리와 중성 염류에 녹는 globulin을 각각 소량씩 함유하고 있다. 따라서 이들의 성질을 이용하여 밀가루단백질을 분리할 수 있으며, 밀가루 중 중요한 단백질인 gluten의 함량에 따라 그 용도가 다르다.

시료 및 기구

① 밀가루

② 헝겊주머니

③ 500mℓ beaker

조 작

밀가루 20g에 물 12mℓ를 가하여 반죽(dough)을 잘 한 후 30℃의 물 속에 약 30분간 담근 후 이것을 헝겊주머니로 싸서 물 속에 담가 두면 전분질과 가용성 물질은 물 속으로 나가고 남는 것(처음에는 흐르는 물에서, 나중에는 꺼내어 물 속에서 잘 이기면 전분질이 씻겨 나간다)이 gluten단백질이다. 이것을 습부(wet gluten)라 하고, 이를 150℃에서 약 5~6시간 건조하여 얻어지는 gluten을 건부(dry gluten)라 하며 각각 %로 표시한다.

계 산

밀가루 중의 습부량 및 건부량은 다음 식에 의해 계산한다.

$$습부량(\%) = \frac{습부중량}{밀가루중량} \times 100$$

$$건부량(\%) = \frac{건부중량}{밀가루중량} \times 100$$

4-2 콩으로부터 glycinine의 분리

원 리

일반적으로 대두단백질은 초원심분리에 의해서 분획하거나 또는 등전점 침전 특성에 따라 구분한다.

시료 및 기구

① 대두

② 0.1N-NaOH용액

③ 10% 초산(CH_3COOH)용액

④ 500mℓ beaker

조 작

탈지대두분말을 부피로서 약 10배 되는 물 또는 0.1N-NaOH용액에 녹여, 이것을 pH 4.5 부근에서 10% 초산용액으로 조절하여 등전점에서 침전시킨다. 또는 대두분말에 약 10배의 10% 식염수를 가하여 추출해서 얻은 추출액을 증류수로 투석하고, 식염을 제거해서 침전시킨다.

4-3 우유로부터 casein의 분리

원 리

Casein은 우유단백질의 약 80%를 차지한다. Casein은 칼슘 및 인산과 결합된 수용성으로 10% 초산용액을 가하여 pH를 등전점인 4.5~4.6으로 하면 침전되므로 이를 분리할 수 있다.

시료 및 기구

① 탈지유

② 10% 초산(CH_3COOH)용액

③ Methanol

④ Ether

⑤ Ammonium molybdate

⑥ pH paper

⑦ 여과지

⑧ Beaker

조 작

탈지유(아니면 우유를 원심분리하여 크림층을 제거한 것, 또는 탈지유(skim milk)를 8배의 물에 탄 것) 50㎖를 40~42℃의 온수 150㎖와 혼합하여 10% 초산용액을 가하고 pH를 등전점인 4.5~4.6으로 하면 casein이 침전한다.

천으로 걸러 침전을 물로 잘 세척한(리트머스시험지로서 산성을 띠지 않을 때까지) 다음, 흡인여과 또는 원심분리하여 물을 제거한다. 다시 methanol과 ether로 2회씩 똑같은 방법으로 세척하여 각 액을 잘 제거한 다음 풍건하면 정제한 casein분말이 된다.

[Casein반응시험]

단백질의 biuret반응을 실험한다. 또는 30% NaOH용액에 시료를 가하여 가열한 다음 냉각하여 진한 HNO_3용액에 녹이고, ammonium molybdate액을 가하면 casein은 인단백질이므로 인의 반응이 검출된다.

4-4 난백으로부터 eggalbumin의 분리

원 리

달걀의 단백질은 난백단백질과 난황단백질로 구분한다. 난백은 신선물 중 10~11%, 건조물 중 약 83%의 단백질을 함유하고 있다. 난백단백질은 주로 중성염류에 대한 용해도에 의하여 분리한다.

시료 · 시약 및 기구

① 난백(달걀 1개분)

② 30% Na_2SO_4용액

③ 무수황산나트륨(Na_2SO_4)

④ 0.2N-H_2SO_4용액

⑤ Toluene

⑥ pH paper

⑦ Beaker

조 작

신선한 달걀에서 흰자위를 분리하여 잘 저어서 이것과 같은 부피의 30% Na_2SO_4용액을 가하여 1~2시간 방치한 다음, 침전을 여과한다.

여액을 잘 저으면서 pH가 4.6~4.8이 될 때까지 0.2N-H_2SO_4용액을 떨어뜨린다(만약 이 사이에 저어도 없어지지 않는 침전이 생길 때는 용해할 때까지 물은 조금씩 가한다). 이 액을 다시 저으면서 무수황산나트륨 분말 또는 30% Na_2SO_4용액을 조용히 가하면 약간 탁해지는 정도로 albumin이 석출된다. 이 albumin현탁액을 경사 여과하여 녹지 않는 Na_2SO_4를 제거하고, 여기에 toluene 몇 방울을 가하여 1~2일 방치하면 결정 albumin이 얻어진다. 이 조작은 Na_2SO_4의 용해도 때문에 모두 20℃ 이상에서 행한다.

정제는 결정을 원심분리하여 원래의 난백량과 거의 같은 양의 물에 녹여, 2~3회 재결정을 반복한 다음 흐르는 물로 투석한다.

4-5 난황으로부터 vitellin의 분리

원 리

난황단백질은 상당량의 지방질을 함유하고 있는 것이 특징이다. 난황단백질은 비극성 용매에 의한 용해도에 기초를 두어 주로 분리한다.

시료 · 시약 및 기구

① 난황(달걀 1개분)

② 10% NaCl용액

③ Ether

④ 80% ethanol

조 작

신선한 달걀 노른자위 한 개를 같은 부피의 10% NaCl용액으로 희석하고, 방냉한 ether로 노른자위의 황색이 없어질 때까지 반복 추출하여 유리지방질 등을 제거한다. 그 후 물층(水層)을 물에 대하여 투석하든가 또는 부피로 20배 되는 물을 가하여 방치하면 lipovitellin이 백색 침전으로 얻어진다.

침전을 다시 10% NaCl용액에 녹여 ether추출, 수투석(水透析)을 2회 반복한다. 얻어진 lipovitellin에서 80% ethanol을 사용하여 50~60℃에서 지방질을 추출하면 vitellin을 얻을 수 있다.

4-6 여지 전기영동법에 의한 과실 주스 중의 아미노산 분리

원 리

전기영동법(電氣泳動法, electrophoresis)이란 용액상태에 있는 하전입자가 전장(電場, electric field) 중에서 그 전하량에 따라 전극을 향하여 이동하는 현상을 말한다.

전해하여 이온화하는 물질이나 대전(帶電)한 고분자물질의 수용액 중에 전극을 삽입하면 양성전기를 띈 분자 또는 입자는 음극에, 음성 전기를 띈 것은 양극에 이동한다. 여지에 적당한 전해질용액을 포화시켜 그 여지의 1개소(원점)에 시료를 찍어 여지의 양쪽 끝에 직류전압을 걸면 시료는 어느 한쪽 전극으로 이동한다.

이때 이동하는 물질의 속도는 전압과 전장(電場)의 세기에 비례하고, 그 물질의 이온반경에 반비례한다.

또한 동시에 여지에 대한 물질의 흡착성이 물질의 이동에 저항하여 어떤 성분의 이동을 규정하므로, 시료 중에 있는 성분을 분리할 수가 있다.

시료 · 시약 및 기구

① 표준 아미노산혼합물

② Ninhydrin용액 : 100㎖의 acetone에 ninhydrin 200㎎을 녹인다.

③ 완충용액 : 10㎖의 pyridine과 0.8㎖의 빙초산을 섞은 후 증류수로 250㎖가 되도록 희석한다.

④ 여지 : 여지 전기영동에 사용되는 여지는 무기물인 경우는 동양(Toyo)여지 No.3, 유기물인 경우는 No.50, No.52, NO.131 등이 좋다(그림 4-10 참조).

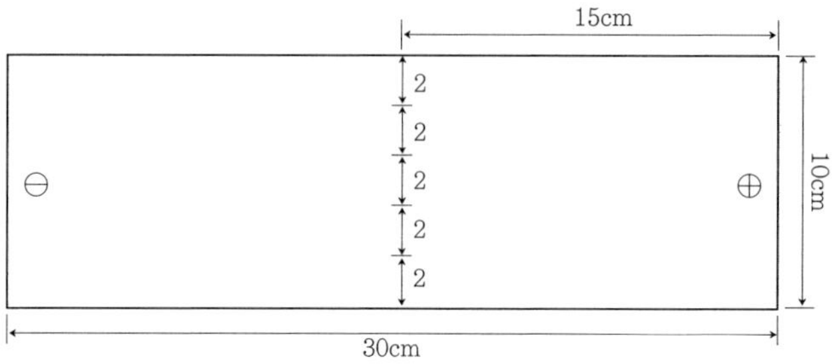

그림 4-10 전기영동법에 사용되는 여지제작법

⑤ 직류전원장치 : 200~1,500volt-80mA의 전압, 직류를 얻을 수 있는 정전압 발생장치가 일반적으로 사용된다. 경우에 따라서는 5,000~10,000volt되는 높은 전압이 사용되는 수도 있다.

⑥ 영동장치 : 전해질용액으로 적신 여지면에 높은 전압이 걸리므로 발열하여 여지면에서 수분의 증발이 일어나 전해질용액이 높게 되기도 하고 영동속도가 일정하지 않게 되므로,

냉각, 밀폐될 수 있는 장치가 여러가지 고안되어 있다.

조 작

페이퍼 크로마토그래피와 같은 방법으로 신선한 오렌지나 레몬을 착즙하여 원심분리 혹은 여과해서 시료용액으로 한다. 여지를 완충용액에 담그고 전기영동장치에 놓는다(그림 4-11 참조). 여지의 꼭대기에 약 2㎝ 간격으로 시료용액과 표준 아미노산의 혼합물을 한 방울씩 떨어뜨리고 전기영동을 실시한다. 적당한 시간(약 1~1$\frac{1}{2}$시간) 동안 전기영동을 한 후 스위치를 끄고, 여지를 장치에서 꺼내어 가급적이면 빨리 건조시킨다. Ninhydrin용액을 분무한 후 100~105℃의 건조기에서 2분간 건조한 후 표준 아미노산의 전기영동 반점(electrophoretogram)을 비교하여 시료 중의 아미노산 종류를 확인한다.

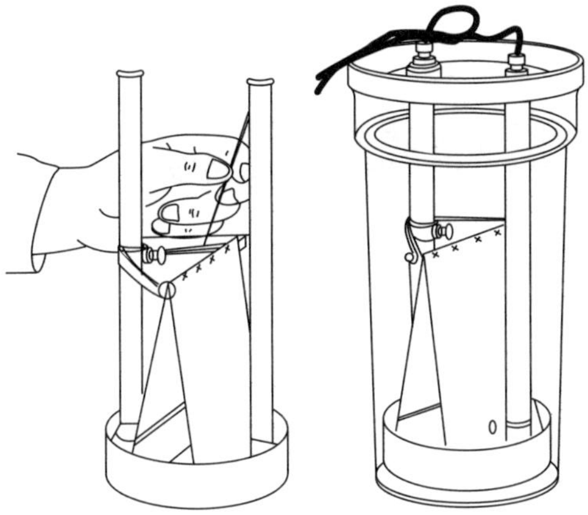

그림 4-11 여지 전기영동장치

기본 식품분석학

Basic Food Analysis

제5부 탄수화물의 분석

기본 식품분석학

Basic Food Analysis

제 1 장 당류의 정성반응

1-1 당류의 일반반응

1-1-1 Molisch반응(α-naphthol반응)

원 리

단당류는 진한 H_2SO_4에 의하여 탈수반응을 일으켜 furfural유도체로 되며, 이것이 α-naphthol과 반응하여 자색 또는 청자색의 착색물질을 형성한다.

소당류 및 다당류는 H_2SO_4에 의해 glycoside결합이 끊어짐으로써 단당류로 변한 다음에 단당류와 같은 착색물질을 만든다.

이 정색반응은 탄수화물뿐만 아니라 진한 H_2SO_4에 의하여 furfural 또는 furfural유도체로 변할 수 있는 다른 유기화합물에서도 공통적으로 일어난다. 단, glucuronic acid는 녹색의 착색물질을 만들며, glucosamine 및 chitin은 Molisch시험에 음성이다. 이 반응의 반응식은 다음과 같다.

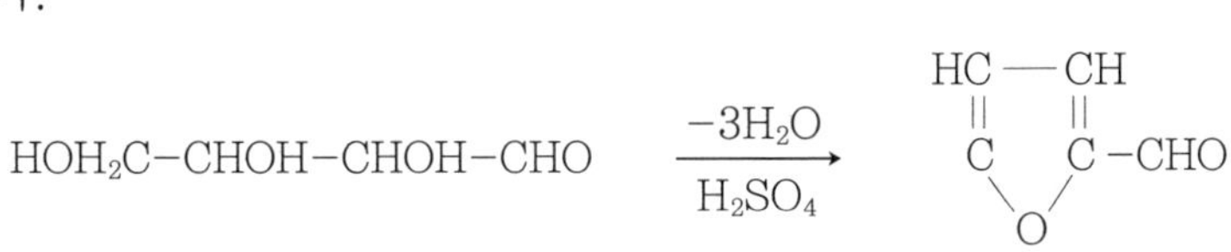

Pentose → Furfural

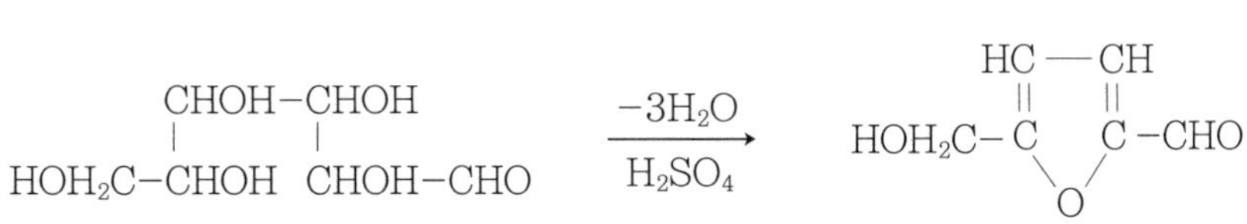

Hexose → Hydroxymethylfurfural (HMF)

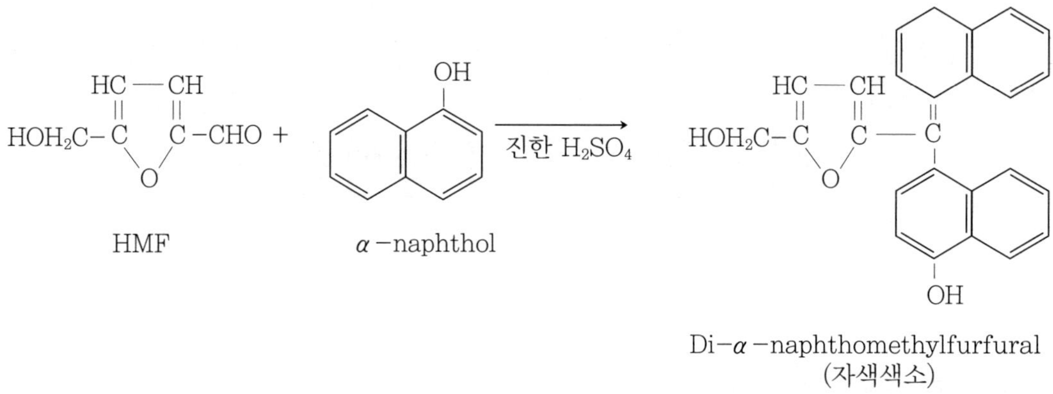

시 약

① 0.5% 당용액 : xylose, glucose, fructose, maltose, sucrose, lactose, 전분의 각 수용액

② 진한 H_2SO_4

③ α–naphthol시약 : 분말상의 α–naphthol 5g을 95% ethanol에 녹여 100㎖로 한다. 사용하기 직전에 만들고 갈색병에 저장한다.

조 작

시료 당용액 1~2㎖를 시험관에 취하고, 이것에 α–naphthol시약 2~3방울을 가하여 잘 섞은 후 시험관벽을 따라 진한 H_2SO_4 2~3㎖를 조심스럽게 가하면, 잠시 후 시료층과 황산층의 경계면에 적자색의 환이 생성된다(이때 흔들어서는 안된다).

시험관을 흐르는 물에 냉각하면서 조용히 흔들어 액을 혼합하면 전체액은 적~청자색으로 된다.

불순한 진한 H_2SO_4는 α–naphthol과 반응하여 녹색을 나타내며, 당용액 대신에 증류수를 사용하여 위와 같은 조작을 하여 검정을 해볼 필요가 있다.

방법도시

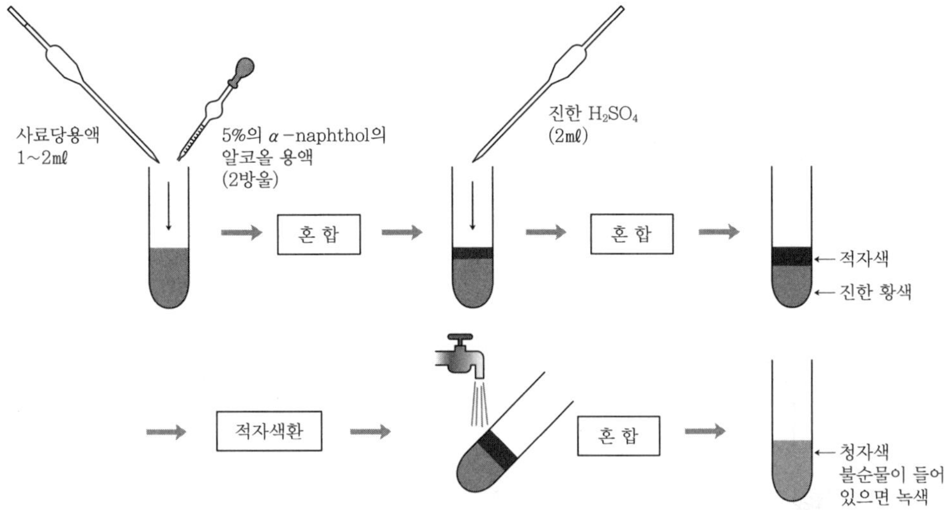

그림 5-1 Molisch 반응시험

1-1-2 Anthrone반응

원 리

Anthrone반응도 당류의 공통된 정색반응의 하나로서, 진한 H_2SO_4에 의해 탈수되어 형성된 furfural 및 그 유도체가 anthrone과 반응하여 청녹색의 착색물질을 만든다. 이 반응은 매우 예민(2γ-glucose/mℓ)하여 당류의 비색정량에도 이용된다. 당류 이외의 유기화합물은 갈색을 나타낸다.

시 약

① 0.5% 당용액

② Anthrone시약 : Anthrone(10-keto-9,10-dihydroanthracene) 0.1~0.2g을 진한 H_2SO_4 100g에 녹인 용액이다. 이 용액은 시간의 경과에 따라 암색화되므로 사용하기 직전에 만들어야 하며 갈색병에 넣어 냉장고에 저장한다.

조 작

시료 당용액을 물로 약 10배로 희석하고, 그 1㎖를 시험관에 취하여 anthrone시약 2㎖를 가하여 잘 흔들면 투명한 녹색이 된 다음에 암록색으로 된다. 이 반응은 glycerol이나 furfural에서도 나타난다.

방법도시

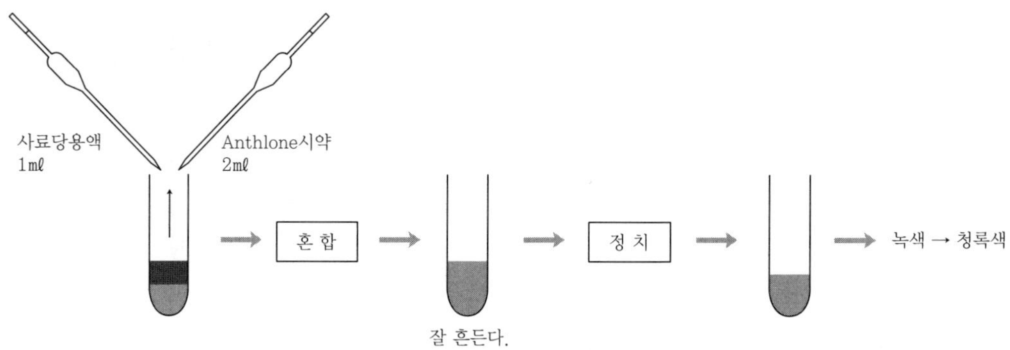

그림 5-2 Anthrone 반응시험

1-2 환원당의 반응

1-2-1 Fehling반응

원 리

Fehling반응, Benedict반응 및 Barfoed반응은 당류의 환원성에 기초를 둔 시험법이다. Fehling반응에 있어서 $CuSO_4$는 알칼리와 반응하여 $Cu(OH)_2$로 되고 이것이 환원성을 가진 당류에 의해 환원되어 적갈색의 Cu_2O로 변한다. 반응식은 다음과 같다.

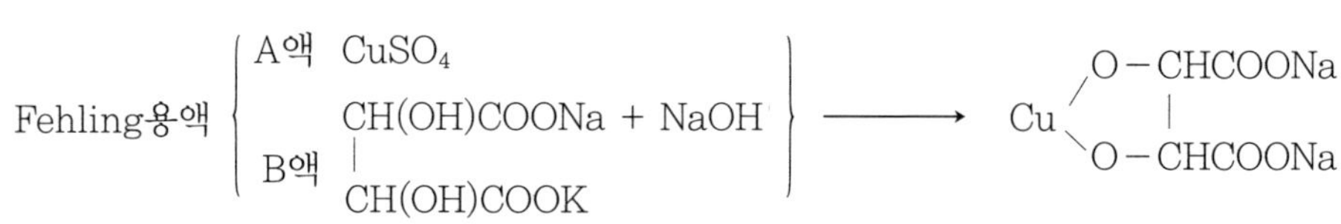

$$Cu\left\langle\begin{array}{l} O-CHCOONa \\ \quad\; | \\ O-CHCOONa \end{array}\right. + 2H_2O \longrightarrow Cu(OH)_2 + \begin{array}{l} CH(OH)COONa \\ | \\ CH(OH)COONa \end{array}$$

$$2Cu(OH)_2 + RCHO \longrightarrow Cu_2O\downarrow + 2H_2O + RCOOH$$

시 약

① Fehling A액 : $CuSO_4 \cdot 5H_2O$ 34.64g을 물에 녹여 500mℓ로 한다.

② FehlingB액 : 주석산나트륨칼륨(Rochelle염, $KNaC_4H_4O_6 \cdot 4H_2O$) 173g과 NaOH 65g을 물에 녹여 500mℓ로 한다. 사용할 때는 위의 A액에 같은 양의 B액을 가하고 잘 혼합하여 사용한다.

조 작

시료 당용액 1mℓ를 시험관에 취하고 Fehling액 4mℓ를 가하여 끓는물 속에서 10분간 가열하면 Cu_2O의 적색침전이 생성된다. 침전의 입자가 미세하면 황색~등색을 나타내고, 입자가 클 때는 적색을 나타낸다. 이 반응에서 포도당은 1mℓ 중 약 0.01mg까지 검출되며, 또한 환원당의 종류에 따라 환원속도가 다르다.

만일 시료액이 강산성인 경우에는 미리 중화시켜야 하고, 또 시료액 중에 당량이 적을 때는 과잉의 알칼리에 의하여 당이 분해되기 때문에 소량의 시약을 사용하여야 된다. 또 암모늄염이 공존할 때는 Cu_2O를 용해시키므로 미리 알칼리를 약간 과잉으로 가하고 2~3분간 가열하여 암모니아로 만들어 날려보낸 다음 시험하여야 한다.

방법도시

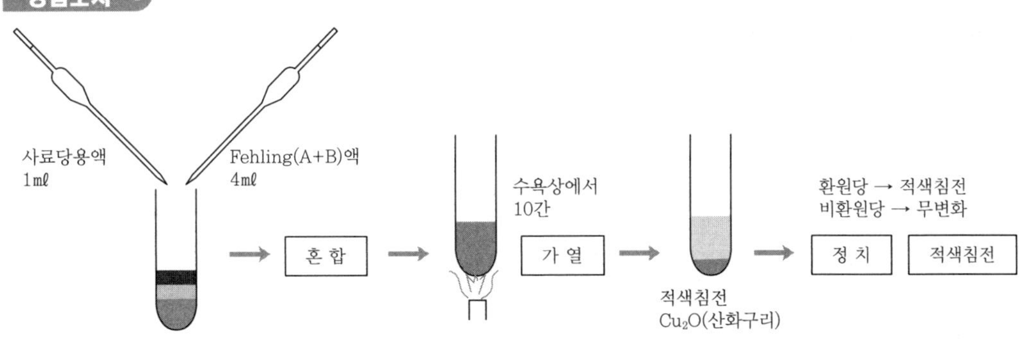

그림 5-3 Fehling 반응시험

1-2-2 Benedict반응

원 리

Fehling반응과 같이 환원당에 의해서 Cu_2O의 적색침전이 생성되는 것은 같으며, 다만 Benedict시약은 Fehling용액에 비하여 알칼리성이 훨씬 약하므로 더 안정한 것이 특징이다. 반응식은 다음과 같다.

$$CuSO_4 + Na_2CO_3 + 2H_2O \longrightarrow Cu(OH)_2 + Na_2SO_4 + CO_2 + H_2O$$

$$2Cu(OH)_2 + RCHO \longrightarrow 2CuOH + H_2O + RCOOH$$

$$2CuOH \longrightarrow Cu_2O \downarrow + H_2O$$

시 약

Benedict시약 : 173g의 구연산나트륨(sodium citrate)과 무수 Na_2CO_3 90g을 600mℓ의 온수에 녹이고 주름여지로 여과한 후 여액에 물을 가하여 850mℓ가 되게 한다.

한편, 17.3g의 $CuSO_4 \cdot 5H_2O$를 물에 녹여 100mℓ가 되게 한 다음 이 용액을 위의 용액에 저으면서 천천히 섞고, 물을 가하여 1ℓ 로 한다. 이 시약은 장기간 보존해도 안정하다.

조 작

Benedict시약 5mℓ를 시험관에 취하고, 시료 당용액 0.5mℓ를 가하여 혼합하고 끓는물 속에 5분간 담가 둔다. 환원당의 양에 따라 적색~황색의 Cu_2O가 침전된다.

1-2-3 Tollens반응(은경반응)

원 리

Tollens반응은 은경반응(銀鏡反應)이라고도 하며, 일반적으로 aldehyde기의 환원성을 검출하는데 널리 이용된다. Tollens시약(암모니아성 $AgNO_3$용액)에 환원당용액을 가하면 환원당 aldehyde기에 의해 환원되어 시험관 내벽에 은(Ag)을 석출하여 은경을 만든다. 반응식은 다음과 같다.

$$2AgNO_3 + 6NH_3 + 2H_2O \longrightarrow 2Ag(NH_3)2OH + 2NH_4NO_3$$

$$2Ag(NH_3)2OH + RCHO \longrightarrow 2Ag\downarrow + RCOONH_4 + 3NH_3 + H_2O$$

시 약

Tollens시약 : 0.2N-$AgNO_3$용액에 2N-암모니아수를 잘 섞으면서 가하고, 처음에 생성된 갈색의 수산화은(AgOH)의 침전이 다시 녹을 때까지 암모니아수를 가한다.

조 작

Tollens시약 5㎖를 시험관에 취하고, 여기에 시료 당용액 1~3㎖를 가한 다음 끓는물 속에서 가온하면, 환원당이 존재할 경우에는 시약 중의 은이 환원되어 시험관벽에 금속의 은이 침착된다. 시험관벽에 석출된 은은 묽은 질산에 잘 녹는다.

1-2-4 Phenyl hydrazine반응(Osazone생성)

원 리

α-Ketol기(−CO−CH(OH)−)를 가지고 있는 화합물은 phenyl hydrazine과 반응하여 결정성의 phenyl osazone(osazone)을 생성한다. 예를들면 aldose의 경우는 1몰의 phenyl hydrazine과 축합하여 phenyl hydrazone을 만들지만, 이것은 다시 2몰의 phenyl hyrazine과 반응하여 osazone으로 된다. Osazone은 결정으로 얻기 쉽고, 그 결정의 형태는 당의 종류에 따라 다르기 때문에 환원당을 확인할 수 있다.

시약 및 기구

① 약 10% 당용액(glucose, mannose, fructose)

② 초산나트륨(CH_3COONa)

③ Phenyl hydrazine의 염산염

④ 현미경

조 작

약 10% 시료 당용액 3mℓ를 시험관에 취하고, 여기에 phenyl hydrazine 염산염과 초산나트륨을 1 : 2로 섞어 물에 녹인 액(불용성 물질이 있을 때는 여과한 액)을 4방울 가하고 잘 혼합한 후 끓는물 속에서 약 30분간 가열한다. 천천히 냉각하여 황색의 osazone이 석출되면 현미경으로 그 결정을 관찰한다(약 100~150배율).

Osazone이 생성되는데 필요한 가열시간은 당의 종류에 따라 다르다. 가열 전에 무색의 불용성 phenyl hydrazone이 되면 mannose, 가열 후 황색의 불용성 osazone이 되면 glucose나 fructose, 냉각 후 최초로 석출되는 osazone은 lactose나 maltose이다.

1-3 단당류와 2당류의 식별반응

1-3-1 Barfoed반응

원 리

단당류와 환원성 2당류의 환원작용을 비교하면, 단당류가 보다 강하다. 따라서 이 반응은 환원성 2당류와 공존하는 단당류의 검출에 이용된다.

특히 우유를 원료로 한 식품 중의 유당(lactose)시험에 잘 이용된다. 또한 시료 당용액 중에 염소이온(Cl^-)이 존재하면 녹색침전을 생성하기 때문에 가능한한 염화물의 공존을 피하여야 한다.

Barfoed반응에서 생기는 Cu_2O는 Fehling반응 또는 Benedict반응에서 생기는 Cu_2O에 비해 더 치밀하기 때문에 한참동안 두어야 그 침전이 생긴다.
반응식은 다음과 같다.

$$2Cu(O \cdot COCH_3)_2 + \text{환원당} \longrightarrow 2CuO \cdot COCH_3 + 2CH_3COOH + \text{환원당의 산화물}$$

$$2CuO \cdot COCH_3 + H_2O \longrightarrow Cu_2O \downarrow + 2CH_3COOH$$

시 약

Barfoed시약 : 초산제2구리[$Cu(CH_3COO)_2 \cdot H_2O$] 13.3g을 200mℓ의 물에 녹여 여과한다. 이 여액에 38%의 초산 50mℓ를 더 가한다.

조 작

Barfoed시약 3mℓ에 시료 당용액 1mℓ를 가하고 끓는물 속에서 3분간 가열하면 단당류가 존재할 경우에는 적색의 Cu_2O의 침전이 생성된다. Maltose, lactose 등의 환원성 2당류와는 반응이 완만하여 약 15분 정도 가열하여야 Cu_2O의 침전이 생성된다.

방법도시

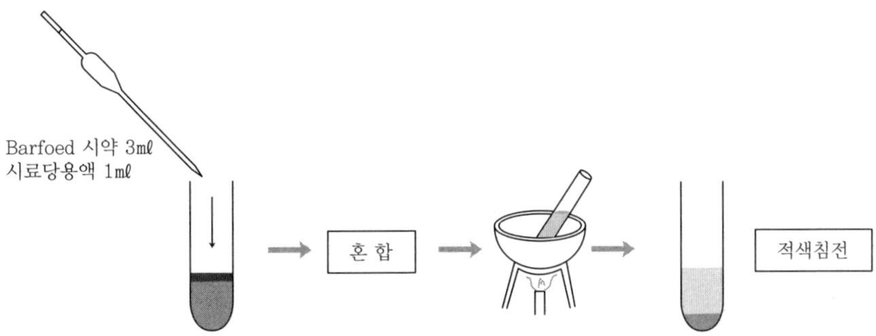

그림 5-4 Barfoed반응시험

1-4 Aldose와 Ketose의 식별반응

1-4-1 Seliwanoff반응(Resorcinol반응)

원 리

Ketose는 일반적으로 aldose보다 HCl에 의하여 더 빨리 탈수반응을 일으켜 hydroxymethyl furfural 및 이의 유도체로 되고, 이것이 resorcinol(m-dihydroxybenzene)과 반응하여 적색의 축합물을 만든다. Aldose도 HCl과 오랫동안 가열하면 furfural의 유도체를 형성하므로, 비교실험하면 ketose, aldose의 판정이 가능하다. 이 반응에서는 가열시간에 주의하여야 하며, 설탕(sucrose)도 가열에 의해 fructose를 생성하므로 반응은 양성이다.

이 반응은 ketose의 비색성량에 이용되기도 한다. 반응식은 다음과 같다.

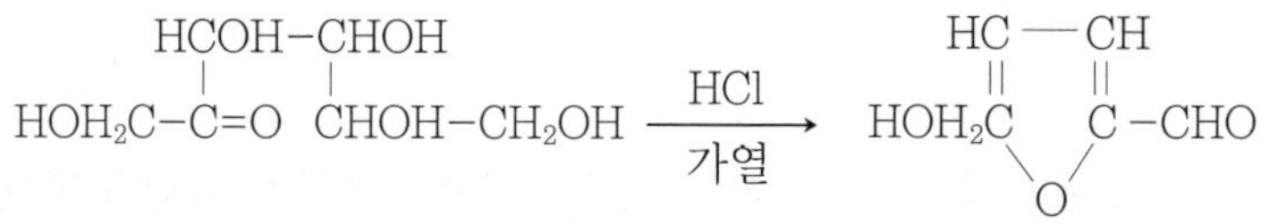

Fructose 가열 Hydroxymethyl furfural(HMF)

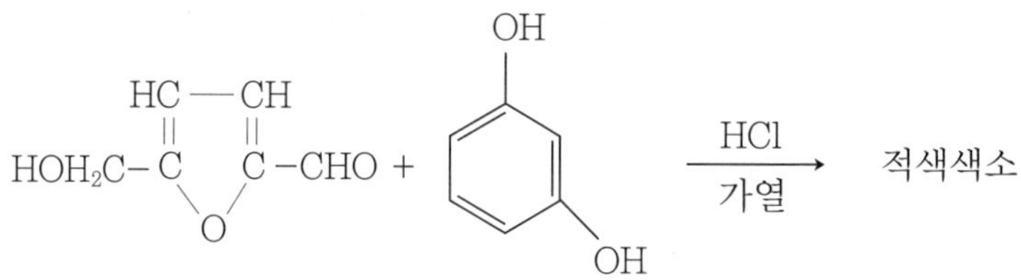

HMF Resorcinol

시 약

Seliwanoff시약 : 0.5% resorcinol수용액 35㎖에 진한 HCl 120㎖를 가하고, 물을 가해서 350㎖로 한다.

조 작

시료 당용액(ketose) 1㎖를 시험관에 취하고 Seliwanoff시약 3㎖를 가하여 섞고, 끓는물 속에서 가열한다. Ketose가 존재하면 1분 이내에 적색~적갈색의 침전이 생성된다.

이 침전은 methanol에 녹아 더욱 선명한 적색으로 된다. Aldose도 오랫동안 가열하면 약하게 발색되는 경우가 있으며, 발색의 정도를 같은 농도의 당액(ketose와 aldose)에 대하여 비교해 보는 것도 좋다.

방법도시

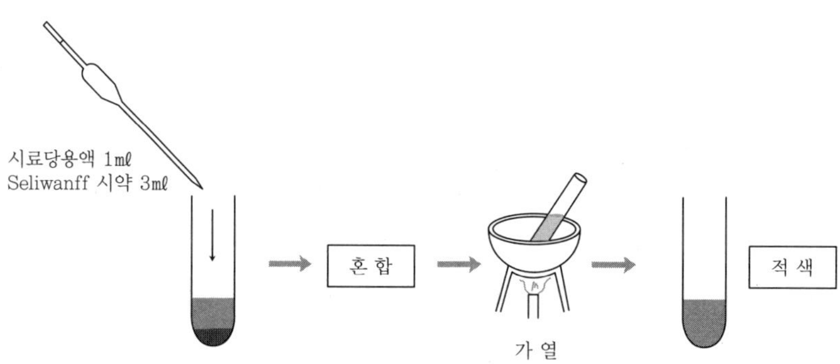

그림 5-5 Seliwanoff반응시험

1-4-2 Pinoff반응

원 리

Ketose인 당은 alcohol · H_2SO_4용액과 α-naphthol용액을 가하고 가열하면 자색을 나타낸다.

시 약

① Alcohol · H_2SO_4용액 : 진한 H_2SO_4 75mℓ와 96% alcohol 20mℓ를 혼합한다.

② α-naphthol용액 : α-naphthol 5g을 96% alcohol 100mℓ에 녹인다.

조 작

시료 당용액 0.5mℓ에 alcohol · H_2SO_4용액 10mℓ와 α-naphthol용액 0.2mℓ를 가하고 잘 혼합하여 끓는물 속에서 가열하면, ketose가 존재할 경우에는 3분 이내에 자색을 나타낸다.

1-5 Hexose의 반응

1-5-1 Chromotropic acid반응

원 리

Furfural 및 이의 유도체에 H_2SO_4를 가하여 가열하면 formaldehyde가 생성된다. 이것은 chromotropic acid와 반응하여 자색을 띠는 반응을 응용한 것으로 hexose 이외의 당은 반응하지 않는다.

시 약

Chromotropic acid시약 : 1,8-dihydroxynaphthalene-3,6-disulfonic acid (2Na) 100mg을 물 1mℓ에 녹이고 15M-H_2SO_4로 50mℓ 되게 한다.

조 작

시료 당용액 1mℓ에 chromotropic acid시약 5mℓ를 가하면 즉시 자색으로 되며, 끓는물 속에서 가열하면 정색이 촉진된다.

1-6 Pentose의 반응

1-6-1 Bial반응

원 리

Pentose는 진한 HCl을 가하여 가열하면 furfural로 변하며, 이것은 Fe^{3+} 존재하에서는 orcinol과 축합하여 청록색의 착색물질을 만든다. 그러나 이 반응은 pentose의 특이한 반응은 아니며, hexose도 HCl과 함께 오랫동안 가열하면 HMF가 되고, 이것도 orcinol과 반응하여 착색물질을 만든다. 또 다당류는 HCl과 함께 오랫동안 가열하면 쉽게 가수분해되어 단당류가 되며, 따라서 pentosan 또는 pentose성분을 함유하고 있는 다당류도 Bial반응에 양성을 나타낸다.

시 약

① Bial시약 : Orcinol(3,5-dihydroxytoluene) 1g을 25% HCl 500mℓ에 녹이고 10% $FeCl_3$용액 25방울을 가한다.

② Amyl alcohol

조 작

Bial시약 4mℓ를 시험관에 취하고 끓인 다음 냉각시켜서 시료 당용액 1mℓ를 가하면 청록색의 침전 또는 청색을 나타낸다. 이 색은 amyl alcohol로 이행시킬 수 있다.

1-6-2 Phloroglucinol반응

원 리

Pentose인 당은 phloroglucin시약과 함께 가열하면 적색 또는 담홍색이 된 다음에 암갈색 또는 흑색으로 된다.

시 약

① Phloroglucin · HCl용액 : 2%-phloroglucin(1,3,5-trihydroxy benzene) 용액 2mℓ와 진한 HCl 10mℓ에 물을 가하여 18mℓ로 한다. 이 용액은 사용하기 직전에 만든다.

② Amyl alcohol

조 작

Phloroglucin용액 4.5mℓ에 시료 당용액 0.5mℓ를 가하고 끓을 때까지 가열한다. Pentose가 존재할 경우에는 2~3분 내에 담홍색이 되고, 계속해서 가열하면 암갈색의 침전이 생성되며, 상징액은 녹색을 나타낸다. 이 액을 냉각한 후 amyl alcohol을 가하고 심하게 흔들어 주면 색은 amyl alcohol층으로 이행된다. Hexose는 황색~암적색이 되므로 pentose와 구별할 수 있다.

1-7 기타 특수한 검출반응

1-7-1 Raybin반응

원 리

이 반응은 설탕(sucrose)의 검출에 이용되는 반응으로, 설탕과 같이 glucose-fructose 결합을 가진 raffinose, gentianose, stachyose 등도 설탕과 같은 정색반응을 나타낸다.

시 약

① Diazouracil

② 2N-NaOH용액

③ 0.1M-$MgCl_2$용액

조 작

시료 당용액(50mg/mℓ)에 diazouracil 7mg을 가하고 5℃에서 보존하면서 교반하고, 2N-NaOH용액 0.1mℓ를 가하고 냉각시킨다. 10분 후에 0.1M-$MgCl_2$용액 1방울을 떨어뜨리면 녹청색의 침전을 생성한다.

1-7-2 Naphthoresorcin반응

원 리

이 반응은 uronic acid의 검출에 중요한 반응으로, uronic acid는 강산과 함께 가열하면 CO_2를 방출하여 furfural로 되기 때문에 pentose와 같은 정색반응을 나타낸다. 그러나 naphthoresorcin과는 각각 독특한 색깔을 나타내므로 구별할 수 있다.

시 약

① 30% HCl(비중 1.19)용액

② 1% alcohol성 naphthoresorcin용액

③ Ether, chloroform, benzene

조 작

시료 당용액 5~6mℓ에 같은 양의 30% HCl용액과 1% alcohol성 naphthoresorcin용액 1mℓ를 가하여 혼합한 후 서서히 가온하여 1분간 끓이고, 4분간 정치한 다음 흐르는 물에서 냉각시킨다. 이것에 같은 양의 ether 혹은 chloroform 또는 benzene을 가하고 조심스럽게 진탕하면 생성되는 정색물질은 표 5-1과 같이 유기용매층으로 이행된다.

표 5-1 Naphthoresorcin반응의 정색

	Uronic acid	Arabinose Xylose	Rhamnose	Glucose Mannose Galactose	Fructose Sorbose
용액의 색	자 색	암청색침전	자 색	녹청색	적갈색→자색
Chloroform 혹은 ether	적자색→자색	자청색	적자색	녹청색	—
Benzene	적자색	무 색	무 색	무 색	갈황색

1-7-3 Mucic acid 생성반응

원 리

단당류 또는 2당류는 진한 HNO_3에 의해 산화되어 aldonic acid가 되는데, galactose는 mucic acid가 된다. 이 mucic acid는 묽은 HNO_3에 대한 용해도가 매우 낮기 때문에 곧 침전을 만들거나 특이한 모양의 결정으로서 석출된다. 그러므로 이 반응은 galactose를 검출하는 데 이용된다.

시약 및 기구

① 진한 HNO_3　　② Galactose

③ 증발접시, 시계접시　　④ 확대경

조 작

증발접시에 1g의 galactose와 12mℓ의 진한 HNO_3을 잘 섞어 넣고 끓는 수욕상에서 가열하여 4mℓ가 될 때까지 농축한다(이것은 드래프트에서 행한다). 증발접시 위에 시계접시를 덮고 다음 실험시간까지 가만히 두었다가 결정이 섞여 있는 액을 시계접시 위에 한 방울 떨어뜨린 후 확대경으로 관찰하면 특이한 결정이 석출된 것을 볼 수 있다.

제 2 장 당질의 정량

2-1 환원당의 정량

식품성분 중에서 환원성을 가진 물질의 대부분은 당질이다(비환원성의 소당류나 다당류를 산으로 가수분해하면 환원성의 단당류로 된다). 따라서 당질은 그 환원성을 이용해서 정량하면 된다. 즉 환원당은 알칼리성의 조건에서 중금속염과 가열하면 정량적으로 그 중금속을 환원하므로, 환원된 중금속을 정량하여 그 결과로부터 당량을 산출한다.

환원당의 정량법에는 구리법, Ferricyanide법, 요오드산화법 등이 있지만 가장 많이 이용되고 있는 것은 구리법에 속하는 Bertrand법이며, 구리법과 요오드법을 병용한 것이 Somogyi법이다. 환원당을 정량하려면 먼저 분석시료로부터 시료 당액을 조제해야 한다.

2-1-1 시료 당용액의 조제

1. 물에 용해하는 시료

원 리

Fehling반응에 의한 환원당의 정량은 수용성의 단백질이나 아미노산에 의해 방해된다. 따라서 시료 중에 단백질이나 아미노산이 상당량 존재할 경우, 예를들어 우유, 과실, 야채 등에서는 미리 이것을 제거한 당용액을 조제하여 거기에 환원당의 정량법을 응용하지 않으면 안된다. 일반적으로 초산납에 의한 제단백법(除蛋白法)이 이용된다.

시 약

① 중성 초산납용액 : 결정 초산납[$Pb(CH_3COO)_2 \cdot 3H_2O$] 45.6g을 물 100㎖에 녹여 포화용

액을 만든다.

② 무수 수산나트륨 : $Na_2C_2O_4$의 고체를 그대로 사용한다.

조 작

환원당으로서 0.1~1.0g의 당을 함유하는 시료, 즉 우유는 10~15g, 분유는 1~2g을 정확히 칭취하여 250㎖의 메스플라스크에 옮긴다. 물을 가하여 약 100㎖로 하고 혼합한 후 중성 초산납포화용액을 침전이 그 이상 생기지 않을 때까지 가한다(보통 2㎖ 정도).

왜냐하면 시료 중 단백질이 함유되어 있으면 Fehling용액으로 당을 정량할 때 방해작용이 크기 때문이다. 한편 dextrin이 많은 시료는 alcohol로 침전시키고 여별하여 사용하면 된다. 곧 혼합하고 물을 가하여 전량을 250㎖로 한다. 이때의 침전을 여과지로 여과하고 여액에 무수 수산나트륨($Na_2C_2O_4$)의 분말을 소량씩 그 이상 침전이 생기지 않을 때까지 가하여 납을 완전히 수산납(PbC_2O_4)으로서 침전시킨다. 침전은 다시 여과지로 여과하여 시료 당용액을 조제한다.

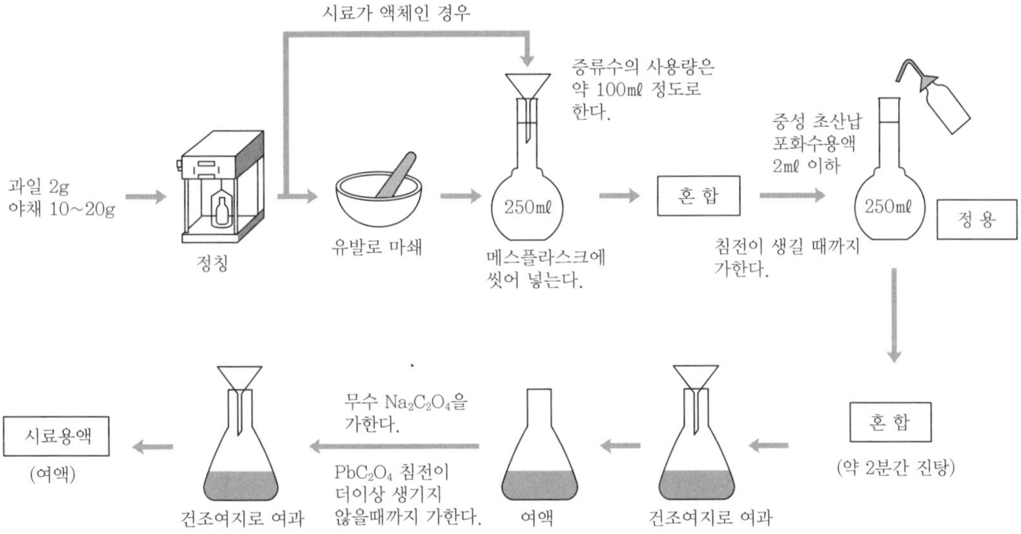

그림 5-6 시료 당용액의 조제

2. 고체시료

시 약

① 중성 초산납용액 : $Pb(CH_3COO)_2 \cdot 3H_2O$ 45.6g을 물 100㎖에 녹여 포화용액을 만든다.

② 무수 수산나트륨 : $Na_2C_2O_4$의 고체를 그대로 사용한다.

조 작

환원당으로 0.1~1.0g의 당을 함유하는 시료, 즉 과실류는 1~10g, 야채류는 5~15g을 정확히 칭취하여 유발에 옮겨 물을 가하고 죽 상태로 마쇄한 후 250mℓ 메스플라스크에 옮긴다. 이하는 1. 물에 용해하는 시료의 경우와 같다.

2-1-2 Bertrand법

원 리

황산동($CuSO_4 \cdot 5H_2O$)용액에 같은 양의 알칼리성 Rochelle염용액을 가하면 수산화동[$Cu(OH)_2$]으로 녹아 있는 진한 청색의 구리착염용액이 된다. 이것을 Fehling용액이라 한다. 이 용액을 일정량의 환원당용액에 가하고 한정된 시간동안 가열하면 환원당의 함량에 비례하여 2가의 구리(Cu^{2+})가 환원되어 적색의 1가의 구리인 아산화동(Cu_2O)이 침전된다. 이 때 환원당의 환원작용은 당의 종류에 따라 다르므로 Fehling용액으로 생성된 아산화동의 양은 일정하지 않다.

예를들면, 포도당 20mg일 때 석출되는 동량은 40.1mg이나, 80mg일 때 146.1mg으로 엄밀하게 비례적 관계는 성립되지 않는다. 또한 분자량이 같은 galactose 20mg으로 석출되는 동량은 37.9mg이다. 한편 아산화동의 생성량은 가열조건 및 시간에 따라 변화하므로 가열조건 및 시간을 엄수하여야 한다. 이때의 반응은 다음과 같다.

$$2Cu(OH)_2 + RCHO \longrightarrow Cu_2O\downarrow + 2H_2O + RCOOH \quad \cdots\cdots (1)$$

환원당 아산화동

이와같이 생성된 아산화동의 침전을 황산제2철[$Fe_2(SO_4)_3$, 3가 철]의 산성 용액으로 녹이면 다음과 같이 아산화동은 산화되어 황산동이 되고 여기에 비례하여 황산제2철은 제1철염($FeSO_4$, 2가 철)으로 환원된다.

$$Cu_2O + Fe_2(SO_4)_3 + H_2SO_4 \longrightarrow 2CuSO_4 + 2FeSO_4 + H_2O \quad \cdots\cdots (2)$$

1가구리 3가철 2가구리 2가철

따라서 이와같이 생성된 제1철염($FeSO_4$)을 $KMnO_4$ 표준용액으로 적정하면,

$$10FeSO_4 + 2KMnO_4 + 8H_2SO_4 \longrightarrow 5Fe_2(SO_4)_3 + 2MnSO_4 + K_2SO_4 + 8H_2O \quad \cdots (3)$$

반응 (1)과 (3)에 의하여 당에 의하여 환원, 침전된 구리량을 계산할 수 있고, 경험적인 Bertrand 당류정량표, 표 5-2로부터 구리량에 상당하는 당량을 구할 수 있으므로 시료 당용액 중의 환원당량을 계산할 수 있다. Bertrand법은 오래된 방법이지만 현재에도 식품이나 사료분석에 가장 많이 이용되고 있다.

표 5-2 Bertrand 당류정량표

당류	각 당류에 상당하는 구리중량(㎎)					당류	각 당류에 상당하는 구리중량(㎎)				
㎎	전화당	포도당	galactose	맥아당	유 당	㎎	전화당	포도당	galactose	맥아당	유 당
10	20.6	20.4	19.3	11.2	14.4	55	104.0	104.1	99.7	60.3	74.9
11	22.6	22.4	21.2	12.3	15.8	56	105.7	105.8	101.5	61.4	76.2
12	24.6	24.3	23.0	13.4	17.2	57	107.4	107.6	103.2	62.5	77.5
13	26.5	26.3	24.9	14.5	18.6	58	109.2	109.3	104.9	63.5	78.8
14	28.5	28.3	26.7	15.6	20.0	59	110.9	111.1	106.6	64.6	80.1
15	30.5	30.2	28.6	16.7	21.4	60	112.6	112.8	108.3	65.7	81.4
16	32.5	32.2	30.5	17.8	22.8	61	114.3	114.5	110.0	66.8	82.7
17	34.5	34.2	32.2	18.9	24.2	62	115.9	116.2	111.6	67.9	83.9
18	36.4	36.2	34.2	20.0	25.6	63	117.6	117.9	113.3	68.9	85.2
19	38.4	38.1	36.0	21.1	27.0	64	119.2	119.6	115.0	70.0	86.5
20	40.4	40.1	37.9	22.2	28.4	65	120.9	121.3	116.6	71.1	87.7
21	42.3	42.0	39.7	23.3	29.8	66	122.6	123.0	118.3	72.2	89.9
22	44.2	43.9	41.6	24.4	31.1	67	124.2	124.7	120.0	73.3	90.3
23	46.1	45.8	43.4	25.5	32.5	68	125.9	126.4	121.7	74.3	91.6
24	48.0	47.7	45.2	26.6	33.9	69	127.5	128.1	123.3	75.4	92.8
25	49.8	49.6	47.0	27.7	35.2	70	129.2	129.8	125.0	76.5	94.1
26	51.7	51.5	48.9	28.9	36.6	71	130.8	131.4	126.6	77.6	95.4
27	53.6	53.4	50.7	30.0	38.0	72	132.4	133.1	128.3	78.6	96.7
28	55.5	55.3	52.5	31.1	39.4	73	134.0	134.7	130.0	79.7	98.0
29	57.4	57.2	54.4	32.2	40.7	74	135.6	136.3	131.5	80.8	99.1
30	59.3	59.1	56.2	33.3	42.1	75	137.2	137.9	133.1	81.8	100.4
31	61.1	60.9	58.0	34.0	43.4	76	138.9	139.6	134.8	82.9	101.7
32	63.0	62.8	59.7	35.5	44.8	77	140.5	141.2	136.4	84.0	102.9
33	64.8	64.6	61.5	36.5	46.1	78	142.1	142.8	138.0	85.1	104.2
34	66.7	66.5	63.3	37.6	47.4	79	143.7	144.5	139.7	86.2	105.4
35	68.5	68.3	65.0	38.7	48.7	80	145.3	146.1	141.3	87.2	106.7
36	70.3	70.1	66.8	39.8	50.1	81	146.9	147.7	142.9	88.3	107.9
37	72.2	72.0	68.6	40.9	51.4	82	148.5	149.3	144.6	89.4	109.2
38	74.0	73.8	70.4	41.9	52.7	83	150.0	150.9	146.2	90.4	110.4
39	75.9	75.7	72.1	43.0	54.1	84	151.6	152.5	147.8	91.5	111.4
40	77.7	77.5	73.9	44.1	55.4	85	153.2	154.0	149.4	92.6	112.9
41	79.5	79.3	75.6	45.2	56.7	86	154.8	155.6	151.1	93.7	114.1
42	81.2	81.1	77.4	46.3	58.0	87	156.4	157.2	152.7	94.8	115.4
43	83.0	82.9	79.1	47.4	59.3	88	157.9	158.8	154.3	95.8	116.6
44	84.8	84.7	80.8	48.5	60.6	89	159.5	160.4	156.0	96.9	117.9
45	86.5	86.4	82.5	49.5	61.9	90	161.1	162.0	157.6	98.0	119.1
46	88.3	88.2	84.3	50.6	63.3	91	162.6	163.6	159.2	99.0	120.3
47	90.1	90.0	86.0	51.7	64.6	92	164.2	165.2	160.8	100.1	121.6
48	91.9	91.8	87.7	52.8	65.9	93	165.7	166.7	162.4	101.1	122.8
49	93.6	93.6	89.5	53.9	67.2	94	167.3	168.3	164.0	102.2	124.2
50	95.4	95.4	91.2	55.0	68.5	95	168.8	169.9	165.6	103.2	125.0
51	97.1	97.1	92.9	56.1	69.8	96	170.3	171.5	167.2	104.2	126.5
52	98.8	98.8	94.6	57.1	71.7	97	171.9	173.1	198.8	105.3	127.7
53	100.6	100.6	96.3	58.2	72.4	98	173.0	174.6	170.4	106.3	128.9
54	102.2	102.3	98.0	59.3	73.7	99	175.0	176.2	172.0	107.4	130.2
						100	176.5	177.8	173.6	108.4	131.4

시 약

(1) $CuSO_4 \cdot 5H_2O$용액(A액)

황산동($CuSO_4 \cdot 5H_2O$) 40g을 물에 녹여 전량을 1ℓ 로 한다.

(2) 알칼리성 Rochelle염용액(B액)

주석산칼륨나트륨(Rochelle염, $C_4H_4O_6KNa \cdot 4H_2O$) 200g과 NaOH 150g을 물에 녹여 전량을 1ℓ 로 한다.

이때 NaOH를 먼저 물에 녹이고 다음에 그 발열을 이용하여 Rochelle염을 녹이면 잘 녹는다.

(3) $Fe_2(SO_4)_3$용액(C액)

황산제2철[$Fe_2(SO_4)_3 \cdot nH_2O(n\langle 1)$] 50g과 진한 H_2SO_4 200g을 물에 녹여 전량을 1ℓ 로 한다.

이 용액은 $KMnO_4$용액을 환원하면 안된다. 이때 황산제2철을 환저플라스크에 넣고 황산을 가하여 여기에 물을 조심스럽게 가하면, 이때 생성된 열로 $Fe_2(SO_4)_3$가 용해된다.

(4) $KMnO_4$표준용액(D액)

특급 과망간산칼륨($KMnO_4$) 5g을 물에 녹여 전량을 1ℓ 로 한다. 2일간 실온에서 방치하여 두고 유리여과기(glass filter, 3G-3)로 여과하여 착색병에 보존한다. 이 용액의 역가, 즉 $KMnO_4$표준용액 1mℓ에 상당하는 구리(Cu)의 양(mg)을 정확하게 구해 두어야 한다.

[$KMnO_4$용액 1mℓ에 상당하는 Cu량 측정]

이 용액 1mℓ는 대개 구리(Cu) 10mg에 상당한다[1]. 즉 전기의 산화환원적정법에서와 같이 수산 또는 수산암모늄 0.2g을 정확히 칭취하여 물 100mℓ에 녹이고 H_2SO_4 1~2mℓ를 가하여 60~80℃로 가열, $KMnO_4$용액으로 적정한다. 이 적정치로부터 $KMnO_4$용액 1mℓ에 상당하는 구리의 mg수를 계산한다.

$$5H_2C_2O_4 + 2KMnO_4 + 3H_2SO_4 \longrightarrow 10CO_2 + 2MnSO_4 + K_2SO_4 + 8H_2O \quad \cdots\cdots\cdots (4)$$

(2), (3), (4)의 반응식으로부터 수산 1분자는 2Cu에 상당되고 적정치는 대개 20mℓ 정도이다.

1) $KMnO_4$표준용액의 노말농도로서는 약 0.16N이다. 실제의 계산에서는 1mℓ가 구리 10mg에 정확히 상당하는 0.1574N를 기준으로 하여, 용액의 노말농도를 이 0.1574N로 나눈 수치가 $KMnO_4$표준용액의 역가(F)이지만 편의상 이 용액 1mℓ에 상당하는 구리의 양(Cu mg/mℓ)으로 나타낸다.

(2)식에서 $2Cu \equiv 2Fe$

(3)식에서 $10Fe \equiv 2KMnO_4$, $Fe \equiv KMnO_4/5$

$Cu \equiv Fe \equiv KMnO_4/5$

(4)식에서 5수산$\equiv 2KMnO_4$

수산$\equiv 2/5KMnO_4$, 수산$/2 = KMnO_4/5$

따라서 $Cu \equiv Fe \equiv KMnO_4/5 \equiv$ 수산$/2$이다.

즉, 수산 1분자는 구리 2원자에 상당한다. 이것을 무게로 환산하면 수산($H_2C_2O_4 \cdot 2H_2O$) 126.07mg은 2Cu 127.1mg에 상당하게 된다.

따라서 $KMnO_4$용액 1mℓ에 상당하는 구리의 양은 다음과 같다.

$$\text{구리(Cu)량(mg)} = \frac{\text{칭취한 수산의 양}}{KMnO_4\text{의 적정 mℓ수}} \times \frac{2Cu}{H_2C_2O_4 \cdot 2H_2O}$$

$$= \frac{\text{칭취한 수산의 양} \times 63.55 \times 2}{KMnO_4\text{의 적정 mℓ수} \times 126.07}$$

또는

$$\text{구리(Cu)량(mg)} = \frac{\text{칭취한 수산암모늄의 양} \times 63.55 \times 2}{KMnO_4\text{의 적정 mℓ수} \times 142.12}$$

[예1] 수산나트륨($Na_2C_2O_4$, M.W. 134.01) 149.7mg을 칭취하여 조제한 $KMnO_4$용액으로 적정한 결과 13.60mℓ가 소비되었다면 $KMnO_4$용액 1mℓ에 상당하는 구리량은 몇 mg인가?

[해설]

$$Cu(mg) = \frac{149.7 \times 63.55 \times 2}{13.60 \times 134.01} = 10.4mg$$

따라서 $KMnO_4$용액의 역가, 즉 이 용액 1mℓ에 상당하는 Cu의 양은 10.4mg이다.

이와같이 $KMnO_4$용액의 조제가 당량적으로 정확하면 이 용액 1mℓ는 구리 10mg에 상당한다.

기 구

① Witt 여과장치 : 그림 3-39 참조

② 유리여과기(glass filter) : 15AG-4의 규격품, 미세한 침전이 새는 것을 방지하기 위하여 유리여과기의 여과판상에 Gooch여과기용 석면의 층을 흡인시킨다.

③ 삼각플라스크

④ 피펫(20㎖)

조 작

200~250㎖들이 삼각플라스크에 미리 조제한 시료 당용액을 홀피펫으로 정확히 20㎖[2] 취한다.

이것에 $CuSO_4$용액과 알칼리성 Rochelle염용액 각각 20㎖씩을 홀피펫으로 가하여 흔들어 혼합한다.

금망상(asbestwire gauze)에서 가열하여 끓기 시작해서부터 정확히 3분 동안 끓인다.

이때 상징액은 청색이 남아있지 않으면 안된다. 만일 청색을 띠지 않고 적자색의 침전이 많으면 환원당의 양이 너무 많기 때문이므로 시료 당액의 채취량을 줄여야 한다. 그리고 플라스크의 측면이 강한 열을 받으면 이 부분에 미세한 Cu_2O가 이상 석출하기 때문에 조심하여야 한다.

끓인 후 금망으로부터 내려서 흐르는 물에 플라스크를 담가 급냉시킨 다음 Witt여과장치에 부착된 유리여과기(15AG-4)에 경사하여 서서히 흡인여과한다.

더운물 약 50㎖를 플라스크 내벽에 따라 붓고 조용히 플라스크를 흔들어 침전을 현탁시키고 잠시 방치한 후 침전이 침강되면 상징액만을 앞과 같이 유리여과기에 서서히 흡인여과한다. 이와같이 세척조작을 수회 반복한다. 이때 아산화동이 공기와 접촉하여 산화동으로 되므로 주의해야 한다.

다음 침전이 남아 있는 플라스크를 유리여과기 아래의 여액이 담긴 여과장치 내의 용기와 바꾸고, 황산제2철액 20㎖를 메스실린더로 3~4회 나누어 유리여과기에 부어 침전을 녹이면서 흡인여과한 후 10㎖의 더운물로 여과기를 수회 세척하고, 세액을 전부 플라스크에 모은다. 플라스크를 여과장치에서 떼어내고 잘 흔들어 침전을 완전히 녹여 즉시 $KMnO_4$표준용액으로 적정한다. 용액의 색이 황록색으로부터 미적자색으로 되는 점(약 30초간 유지)을 종말점으로 한다.

2) 20㎖ 중에 함유된 환원당의 양은 20~80㎎으로 한다. 그 이상의 환원당이 함유되어 있는 경우에는 보다 소량을 취해 물을 가해서 20㎖로 한다. 액량은 항상 20㎖가 아니면 안된다.

계 산

20mℓ의 시료 당용액에 의해 침전된 구리(Cu_2O)의 양(mg)은 다음 식에 의해 계산한다.

$$Cu(mg) = V \times F$$

V : $KMnO_4$ 용액의 적정소비량(mℓ)
F : $KMnO_4$ 용액의 역가 즉, 1mℓ에 상당하는 구리의 양(mg)

다음에 표 5-2의 Bertrand당류정량표로부터 위의 구리(Cu)량(mg)에 상당하는 당의 종류에 따른 환원당의 양(mg)을 구한다. 이때 구리량과 합치되는 값, 즉 이것에 상당하는 환원당량의 수치가 표에 없을 때는 비례배분 계산에 의해 산출한다.

[예2] $KMnO_4$표준용액 1mℓ가 구리(Cu) 9.924mg에 상당하고 이 용액의 적정소비량이 3.35mℓ이었다면, 이때 구리의 양은 9.924×3.35=33.245(mg)이 된다. 이 값으로부터 Bertrand표에서 해당하는 환원당의 양은 몇 mg인가?

[해설] Bertrand 당류정량표로부터 구리량 33.245mg에 상당하는 환원당(포도당)의 양을 찾으면 16mg과 17mg 사이에 있음을 알 수 있다. 이것을 비례배분에 의해 계산하면 34.2−32.2=2.0, 17−16=1.0이므로 구리(Cu) 2.0mg이 당 1mg에 상당하는 셈이 된다.

따라서 33.245−32.2=1.045의 구리량의 차에 상당하는 환원당량은 2 : 1=1.045 : x , x =1.045/2=0.523(mg)이 되므로, 구리량 33.245mg에 상당하는 당의 양은 16+0.523=16.523(mg)으로 구해진다.

여기서 얻어진 당의 양에 희석배수를 곱하여 시료 중의 환원당량을 다음 식에 의해 계산한다.

$$환원당(\%) = \frac{A \times D}{S} \times 100$$

A : Bertrand 당류정량표로부터 구한 당의 양(g)
D : 희석배수
S : 시료채취량(g)

방법도시

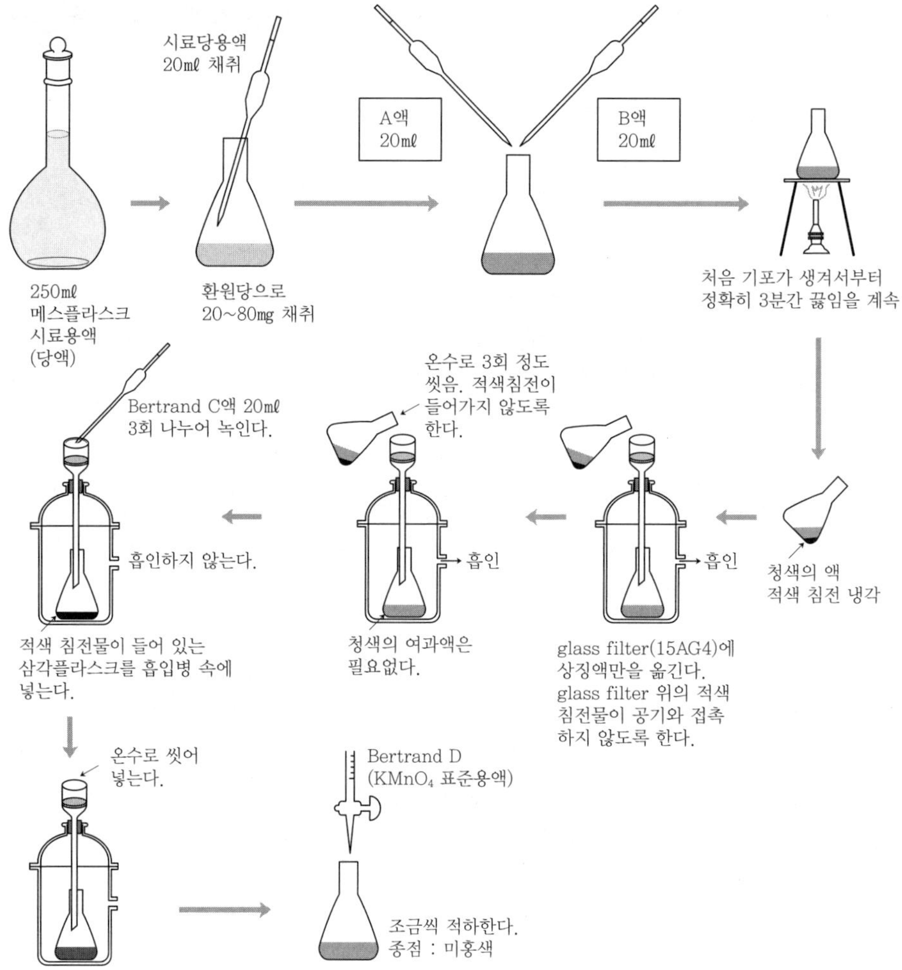

그림 5-7 Bertrand법에 의한 환원당 정량

데이터 및 결과 예

[예 1]

① 시료 : 산당화 물엿

② 시료채취량 : 1.0539g

③ 시료 당용액의 총량 : 250mℓ

④ Bertrand법에 의한 당정량에 사용된 시료 당용액의 양 : 20mℓ

⑤ 희석배수 : 250/20=12.5

⑥ $KMnO_4$ 표준용액의 적정치 : 6.80mℓ

⑦ $KMnO_4$ 표준용액 1mℓ에 상당하는 구리의 양 : 10.49mg

⑧ 시료 당용액 20mℓ에 상당하는 구리의 양 : 71.33mg

$10.49 \times 6.80 = 71.33(mg)$

⑨ Bertrand 당류정량표로부터 구한 구리량에 상당하는 포도당의 양

당의 양 : 36mg　　Cu의 양 : 70.1mg

37mg　　72.0mg

37−36=1mg　　72.0−70.1=1.9mg

⑩ 실측치와의 차 : 1.23

$71.33 - 70.1 = 1.23$

⑪ 비례배분 계산

$1.9 : 1 = 1.23 : x \qquad x = \frac{1.18}{1.3} = 0.65$

⑫ 시료 당용액 20mℓ 중에 포도당의 양 : 36.65mg

$36 + 0.65 = 36.65$

⑬ 환원당(포도당) 함량계산

$$\text{환원당(포도당) 함량(\%)} = \frac{A \times D}{S} \times \frac{1}{1000} \times 100$$

$$= \frac{36.65 \times 12.5}{1.0539} \times \frac{1}{1000} \times 100 = 43.47\%$$

[예 2]

① 시료 : 시판우유

② 시료채취량 : 5mℓ

③ 시료의 비중 : 1.030

④ 단백질 제거 후 시료 당용액 총량 : 100mℓ

⑤ Bertrand법에 의한 당정량에 사용된 시료 당용액의 양 : 20mℓ

⑥ 희석배수 : 100/20=5

⑦ $KMnO_4$ 표준용액의 적정치 : 6.20mℓ

⑧ $KMnO_4$ 표준용액 1mℓ에 상당하는 구리의 양 : 10.40mg

⑨ 시료 당용액 20mℓ에 상당하는 구리의 양 : 64.48mg

10.40×6.20=64.48(mg)

⑩ Bertrand 당류정량표로부터 구한 구리량에 상당하는 유당의 양

당의 양 : 46mg	Cu의 양 : 63.3mg
47mg	64.6mg
47−46=1mg	64.6−63.3=1.3mg

⑪ 실측치와의 차 : 1.18

64.48−63.3=1.18

⑫ 비례배분 계산

$$1.3 : 1 = 1.18 : x \qquad x = \frac{1.18}{1.3} = 0.91$$

⑬ 시료 당액 20mℓ 중에 유당의 양 : 46.91mg

46+0.91=46.91

⑭ 환원당(유당) 함량계산

$$\text{환원당(유당) 함량(\%)} = \frac{A \times D}{S \times d} \times \frac{1}{1000} \times 100$$

$$= \frac{46.91 \times 5}{5 \times 1.030} \times \frac{1}{1000} \times 100 = 4.55\%$$

2-1-3 Somogyi법

원 리

Somogyi법은 Bertrand법과 같이 알칼리성 Fehling용액을 당과 함께 가열하면 아산화동(Cu_2O)이 생성된다. 이 Cu_2O를 시약 중에 들어 있는 일정량의 요오드산칼륨(KIO_3)으로부터 유리된 요오드가 산화시킨다. 다음에 남아 있는 요오드를 티오황산나트륨($Na_2S_2O_3$) 표준용액으로 적정하여 Cu_2O를 산화시키는데에 소요되는 요오드량을 구하고, 그 값으로부터 당의 양

을 산출한다. 이때 반응식은 다음과 같다.

$$Cu(OH)_2 + R \cdot CHO \longrightarrow Cu_2O \downarrow + RCOOH + H_2O$$

$$KIO_3 + 5KI + 3H_2SO_4 \longrightarrow 3I_2 + 3H_2O + 3K_2SO_4$$

$$2Cu_2O + 2I_2 \longrightarrow 4Cu_2 + + 4I^- + O_2$$

$$2Na_2S_2O_3 + I_2 \longrightarrow Na_2S_4O_6 + 2NaI$$

시 약

① Somogyi시약 : 무수인산수소나트륨(Na_2HPO_4) 28g과 주석산칼륨 · 나트륨염(Rochelle염, $C_4H_4O_6KNa \cdot 4H_2O$) 40g을 물 700mℓ에 용해시키고, 이것에 1N 수산화나트륨(NaOH) 100mℓ를 가해서 잘 혼합시킨 후 10% 황산동($CuSO_4$)용액 80mℓ를 가하고, 마지막으로 무수황산나트륨(Na_2SO_4) 180g을 가한 후 물을 부어서 전량이 1ℓ 가 되게 한다. 1~2일간 방치한 후 여과한다. 이 시약은 비교적 안정하여 장시간 보존하여도 변화하지 않으나 겨울에는 무수황산나트륨이 석출하므로 항온기 속에 보존해야 한다.

② 1N 요오드산칼륨(KIO_3)용액 : KIO_3 3.567g을 증류수에 녹여 100mℓ로 한다. Somogyi시약 1ℓ 에 1N 요오드산칼륨용액(KIO_3) 20mℓ를 가한다. 시료 중의 당의 함량에 따라서 1N-KIO_3의 첨가량을 가감한다.

③ 2.5% 요오드화칼륨(KI) 용액

④ 2N-H_2SO_4용액

⑤ 0.005N-$Na_2S_2O_3$용액 : 0.1N-$Na_2S_2O_3$용액을 조제하여 표정하여 두었다가 필요할 때 정확하게 20배로 희석해서 조제하고, 갈색 25mℓ들이 자동뷰렛에 넣어서 CO_2의 침입을 막는다.

⑥ 1% 전분용액(지시약)

조 작

시료 당용액 5mℓ를 홀피펫으로 대형 시험관(내경 : 2.5㎝, 높이 : 20㎝)에 취하고, Somogyi시약 5mℓ를 가하여 잘 흔들어서 혼합시킨다. 유리마개를 하여 끓는 수욕 안에 넣고 정확하게 10분간 가열한 후 즉시 5분간 흐르는 물에서 냉각시킨다. 다음에 KI용액 2mℓ를 메스피펫으로 조용히 가하고 다시 2N-H_2SO_4용액 2~2.5mℓ를 가하여 흔들면 요오드가 유리된다. 유리된 요오드는 즉시 Cu_2O와 반응하므로 남아 있는 요오드를 0.005N-$Na_2S_2O_3$용액으로 요오드의 황갈색이 희미해질 때까지 적정한다. 그리고 전분 지시약을 5~6방울 떨어뜨려 청색이 없어질 때까지 $Na_2S_2O_3$용액으로 적정한다. 이와 동시에 시료 당용액 대신에 증류수 5㎖를 취하여 같은 방법으로 공시험을 실시한다.

계 산

포도당(glucose)을 단계적으로 희석한 용액(5mg%, 10mg%, 15mg%, 20mg%)을 조제하여 각각에 대해서 전과 같은 조작을 하고 당량에 대한 $Na_2S_2O_3$용액의 적정치(b−a, b−a′, b−a″, b−a‴)를 구해서 그림 5-8과 같은 표준곡선을 작성한다.

이 표준곡선으로부터 시료 당용액의 경우(b−a_s)에 대응한 당량을 구하고, 희석배수를 곱해서 당량을 산출한다.

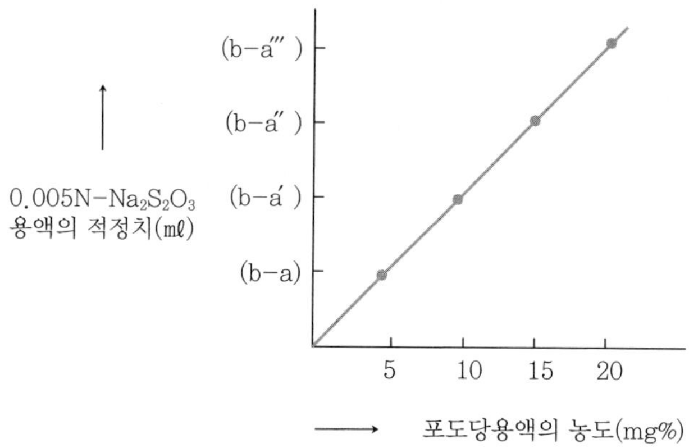

b : 공시험에 대한 0.005N-$Na_2S_2O_3$용액의 적정치(㎖)
a~a‴ : 5~20mg% 당용액에 대한 0.005N-$Na_2S_2O_3$용액의 적정치(㎖)
a_s : 시료 당용액에 대한 0.005N-$Na_2S_2O_3$용액의 적정치(㎖)

그림 5-8 표준곡선 작성

2-1-4 Somogyi변법

원 리

Somogyi법의 경우의 반응원리와 같다. 즉 환원성 당에 의해서 Cu^{2+}의 환원으로 생성된 Cu^+은 KIO_3와 KI로부터 생성되는 I_2를 정량적으로 소비하므로 이때 잔존하는 I_2를 $Na_2S_2O_3$용액으로 적정하여 당의 양을 산출하는 방법이다. 이 방법은 혈액이나 그밖의 미량의 당을 정량하는데 많이 이용된다.

시 약

① A용액 : Rochelle염 90g, $Na_3PO_4 \cdot 12H_2O$ 225g을 증류수 약 700mℓ에 녹이고, 이것에 $CuSO_4 \cdot 5H_2O$ 30g을 물 약 100mℓ에 녹인 것을 가하고, 다시 KIO_3 3.5g을 소량의 물에 녹여 가하여 전량을 1ℓ 로 한다. 겨울철에는 $Na_3PO_4 \cdot 12H_2O$의 결정이 생성되므로 2.5배로 희석하여 사용한다. 이러한 경우 A액 25mℓ를 사용한다.

② B용액 : 수산칼륨($K_2C_2O_4$) 90g과 KI 40g을 증류수에 녹여 1ℓ 로 한다.

③ C용액 : 2N-H_2SO_4용액

④ D용액 : 0.05N-$Na_2S_2O_3$용액(정확히 역가를 표정한다)

⑤ E용액 : 1% 전분용액(지시약)

조 작

100mℓ 삼각플라스크에 A용액 10mℓ를 취하고 시료 당용액(5~25mg의 환원당 함유)과 증류수를 가하여 30mℓ로 한다.

이것을 2분 이내에 끓게 가열하여 정확히 3분 동안 끓이고 흐르는 물에서 냉각시킨다. 이때 Cu_2O의 적색침전이 공기와 접촉하지 않도록 흔들지 말아야 한다. 다음 B용액 10mℓ를 조용히 가하고 다시 C용액 10mℓ를 가하여 잘 흔들어 혼합시켜 침전을 녹인다.

다음 D용액으로 적정하여 I_2의 갈색이 없어지고, 녹색이나 청록색이 될때 1% 전분용액 몇 방울을 넣어 코발트색이 될 때를 종말점으로 한다. 이와 동시에 A용액 10mℓ를 취하고 시료 당용액 대신에 증류수만 20mℓ를 가해 30mℓ로 하여 공시험을 실시한다.

계 산

시료 중의 환원당량은 다음 식에 의해 계산한다.

$$\text{환원당}(\%) = \frac{s(V_0 - V_1)F \times D}{S} \times 100$$

V_0 : 공시험의 D용액(0.05N-$Na_2S_2O_3$)의 적정소비량(mℓ)
V_1 : 본시험의 D용액(0.05N-$Na_2S_2O_3$)의 적정소비량(mℓ)
F : 0.05N-$Na_2S_2O_3$용액의 역가(factor)
s : 각종 환원당의 0.05N-$Na_2S_2O_3$용액 1mℓ에 상당하는 양(mg)
단, 각종 당류의 s값은 다음과 같다.

- xylose : 1.347mg
- maltose : 2.62mg
- glucose : 1.449mg
- fructose : 1.44mg

D : 희석배수
S : 시료채취량(mg)

방법도시

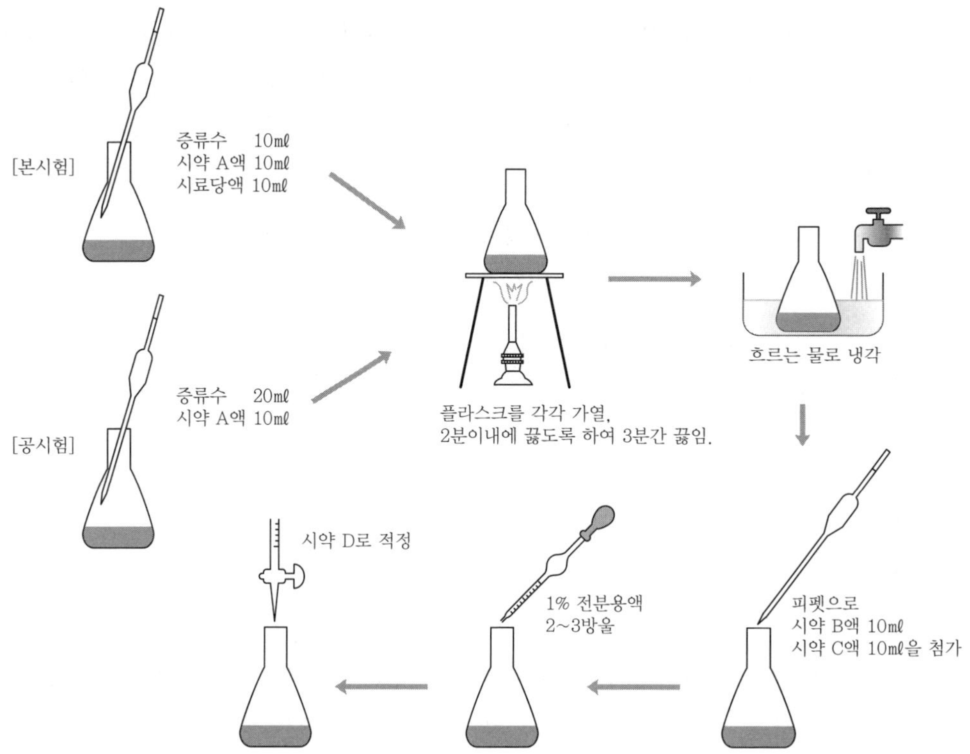

그림 5-9 Somogyi변법에 의한 환원당 정량

데이터 및 결과 예

① 시료 : 미숫가루

② 시료채취량 : 3.4567g

③ 시료 당용액의 총량 : 250㎖

④ Somogi변법에 의한 당정량에 사용된 시료 당용액의 양 : 10㎖

⑤ 희석배수 : 250/10＝25

⑥ 0.05N-$Na_2S_2O_3$용액의 적정치

- 공시험의 소비량 : 19.50㎖
- 본시험의 소비량 : 14.20㎖

⑦ 0.05N-$Na_2S_2O_3$용액 1㎖에 상당하는 포도당의 양 : 1.449mg

⑧ 0.05N-$Na_2S_2O_3$용액의 역가 : 1.020

⑨ 환원당(포도당) 함량계산

$$환원당(\%) = \frac{s(V_0 - V_1)F \times D}{S} \times 100$$

$$= \frac{1.449(19.50 - 14.20) \times 1.020 \times 25}{3.4567} \times \frac{1}{1000} \times 100$$

$$= 5.67\%$$

2-1-5 Lane-Eynone법

원 리

Bertrand법의 순서를 역으로 하여, 끓고 있는 Fehling용액에 환원당액을 적가하면 적가량에 따라서 아산화동(Cu_2O)이 석출된다. 이때 미량의 methylene blue를 지시약으로 가해 놓으면, 환원당은 2가의 구리(Cu^{2+})가 남아 있을 때는 그것을 환원하고, 2가의 구리(Cu^{2+})가 완전히 아산화동(Cu_2O)으로 되면 그때는 methylene blue를 환원시켜 용액은 청색이 무색으로 변하게 한다. 따라서 구리량을 정확하게 아는 일정량의 Fehling용액을 적정하면, 환원당용액의 적정치로부터 그 당용액의 농도가 구해진다.

이 방법은 시료 당용액을 뷰렛에 넣어서 사용해야 하는 불편이 있으나, Bertrand법과 같은 여과조작이 없을 뿐만 아니라, 정확도가 크고 재현성이 높기 때문에 Bertrand법에 대신해서 널리 이용되고 있다. 그러나 구리와 당의 반응이 이온반응과 같이 순간적으로 진행되지 않음에도 불구하고, 한편으로는 당의 과분해가 일어날 염려가 있기 때문에 적정할 때 끓여주는 시간을 3분 이내로 제한하고 있다. 이 때문에 적정에 앞서 예비적정을 행해서 대체적으로 적정량을 알아둘 필요가 있다.

이 방법에서도 반응은 화학양론적으로 보아 약간 벗어나기 때문에 경험적으로 Lane-Eynone당류정량표(표 5-3 참조)로부터 개별적으로 당량을 산출한다.

표 5-3 Lane-Eynone 당류정량표

당액의 소요량 mℓ	전화당		포도당		과 당		맥아당		유 당	
	전화당	당액 100mℓ에 대하여	포도당	당액 100mℓ에 대하여	과 당	당액 100mℓ에 대하여	맥아당	당액 100mℓ에 대하여	유 당	당액 100mℓ에 대하여
	계수	mg	계수	mg	계수	mg	계수	mg	계수	mg
15	50.5	336	49.1	327	52.2	348	77.2	515	64.9	432
16	50.6	316	49.2	307	52.3	327	77.1	482	64.8	405
17	50.7	293	49.3	289	52.3	308	77.0	453	64.8	381
18	50.8	282	49.3	274	52.4	291	77.0	427	64.7	359
19	50.8	267	49.4	260	52.5	276	76.9	405	64.7	340
20	50.9	254.5	49.5	247.4	52.5	262.5	76.8	383.8	64.6	323.0
21	51.0	242.9	49.5	235.8	52.6	250.6	76.7	365.1	64.6	307.6
22	51.0	231.8	49.6	225.5	52.7	239.6	76.6	348.1	64.6	293.6
23	51.1	222.2	49.7	216.1	52.7	229.1	76.5	332.5	64.5	280.6
24	51.2	213.3	49.8	207.4	52.8	220.0	76.4	318.3	64.5	268.8
25	51.2	204.8	49.8	199.3	52.8	211.3	76.4	305.4	64.5	258.0
26	51.3	197.4	49.9	191.8	52.8	203.3	76.4	293.4	64.5	248.0
27	51.4	190.4	49.9	184.9	52.9	196.0	76.2	282.2	64.4	238.5
28	51.4	183.7	50.0	178.5	53.0	189.3	76.1	271.8	64.4	230.0
29	51.5	177.6	50.0	172.5	53.1	183.1	76.0	262.2	64.4	222.2
30	51.5	171.7	50.1	167.0	53.2	177.2	76.0	253.3	64.4	214.7
31	51.6	166.3	50.2	161.8	53.2	171.7	75.9	244.9	64.4	207.8
32	51.6	161.2	50.2	156.9	53.3	166.5	75.9	237.2	64.4	201.3
33	51.7	156.6	50.3	152.4	53.3	161.6	75.8	229.8	64.4	195.0
34	51.7	152.4	50.3	148.0	53.4	157.0	75.8	222.9	64.5	189.7
35	51.8	147.9	50.4	143.9	53.4	152.6	75.7	216.2	64.5	184.3
36	51.8	143.9	50.4	140.0	53.5	148.6	75.6	210.0	64.5	179.2
37	51.9	140.2	50.5	136.4	53.5	144.7	75.6	204.3	64.5	174.3
38	51.9	136.6	50.5	132.9	53.6	140.9	75.5	198.7	64.5	169.8
39	52.0	133.3	50.6	129.6	53.6	137.3	75.5	193.6	64.5	165.4
40	52.0	130.1	50.6	126.5	53.6	134.0	75.4	188.6	64.5	161.2
41	52.1	127.1	50.7	123.6	53.7	130.9	75.4	184.3	64.6	157.6
42	52.1	124.2	50.7	120.8	53.7	127.9	75.3	179.4	64.6	153.8
43	52.2	121.4	50.8	118.1	53.8	125.1	75.3	175.1	64.6	150.2
44	52.2	118.7	50.8	115.8	53.8	122.4	75.2	171.0	64.6	147.0
45	52.3	113.7	50.9	113.0	53.9	119.8	75.1	167.1	64.7	143.7
46	52.3	113.7	50.9	110.6	53.9	117.2	75.1	163.4	64.7	140.6
47	52.4	111.4	51.0	108.4	53.9	114.7	75.1	159.9	64.8	137.8
48	52.4	109.2	51.0	106.2	54.0	112.4	75.1	156.5	64.8	135.0
49	52.5	107.1	51.0	104.1	54.0	110.2	75.0	153.1	64.8	132.2
50	52.5	105.1	51.1	102.2	54.0	108.0	75.0	150.1	64.9	129.8

1. 계수=Fehling용액 10mℓ에 상당하는 각 당류의 mg수

2. 각 당류는 어느 것이나 무수물

시 약

① Methylene blue 지시약 : 1% 수용액

② Rochelle염의알칼리용액 : 173g의주석산칼륨나트륨염(Rochelle염, $C_4H_4O_6KNa \cdot 4H_2O$)과 50g의 NaOH를 물에 용해시켜 전량을 500mℓ로 한다.

③ $CuSO_4$용액 : 황산동($CuSO_4 \cdot 5H_2O$) 34.64g을 물에 녹여 전량을 500mℓ로 한다. 이 용액의 농도를 정확히 표정한다.

[$CuSO_4$용액의 표정]

황산동용액 5.00mℓ와 Rochelle염의 알칼리 용액 5.00mℓ를 200mℓ 삼각플라스크에 취하고 증류수 40mℓ를 가한다. 뷰렛으로부터 아래 ④의 표준 전화당용액 19mℓ를 먼저 가하여 석면금망상에서 가열하여 끓인 다음, 가볍게 계속 끓을 정도로 화력을 줄여 2분 동안 끓인다. 이때 그대로 계속 끓이면서 뷰렛에 남은 표준 전화당용액을 적하하여 적정한다. Methylene blue를 지시약으로 하여 종말점을 결정하며, 이 적정은 끓기 시작하여 3분 이내에 마쳐야 한다.

여기서 적정에 사용된 표준 전화당용액의 전량을 Vmℓ라 하면, 황산동용액의 역가는 다음과 같이 계산된다.

$$F = \frac{V}{20.36}$$

순 자당(sucrose) 4.75g은 전화당으로 환산하면 5.00g에 상당한다. 역가 산출식의 20.36은 Lane-Eynone 당정량법의 전화당용액 20mℓ (표 5-3 참조)에 상당하는 계수 50.9를 기준으로 하여 $20.000 \times (50.9/50.0)$로부터 계산된다. 이때 sucrose의 칭취량이 4.75g과 약간 달라 Wg이면 위의 식의 F에 W/4.75를 곱하여 보정하여 주면 된다.

④ 표준 전화당용액 : 특급 시약 순 자당(sucrose) 4.750g을 물 90mℓ에 녹이고, 진한 HCl 5mℓ를 가하여 65±1℃의 수욕 중에서 20분간 방치하고 냉각시킨 후 물로 희석하여 정확하게 500mℓ로 한다. 사용시에는 이 용액 25mℓ를 피펫으로 취하여 10% NaOH용액으로 중화시킨 후 물을 가하여 정확히 100mℓ로 하여 사용한다.

조 작

(1) 예비적정

황산동용액과 알칼리성 Rochelle염용액 5mℓ씩을 피펫으로 200mℓ 삼각플라스크에 취한다. 뷰렛으로부터 시료 당용액 15mℓ를 가하고 석면금망상에서 가열하여 15초간 끓인다. 다시 1%

methylene blue지시약 4방울을 가하여 1~2분간 약하게 계속해서 끓인다. 이때에 이미 용액의 청색이 퇴색하게 되면 당액이 지나치게 진하기 때문이므로 적당히 희석해야 한다.

청색을 띠고 있으면 서서히 계속 끓이면서 당액을 1mℓ 더 가하고 10초간 끓인다. 다시 당액 1mℓ를 가하고 10초간 끓여 주는 조작을 반복하여 청색이 퇴색되는데 요하는 당액량을 1mℓ 단위로 읽는다. 처음 15mℓ의 시료 당용액을 가하여 15초 끓일 때 청색이 진하게 남아 있을 때는 다음 1mℓ 이상의 대량의 당액을 가하여 빨리 종말점에 가까와지도록 해도 좋다.

(2) 본 적 정

예비적정과 똑같이 황산동용액과 알칼리성 Rochelle염용액 5mℓ씩을 200mℓ 삼각플라스크에 취하고 예비적정에서 소요되었던 적정량보다 약 1mℓ가 적은 양의 시료 당용액을 가하고 석면 금망상에서 가열시킨다. 끓어오르면 불을 약하게 하여 2분간 조용히 끓여준다.

계속 끓이면서 methylene blue용액 3~5방울을 가하고 다시 뷰렛에 남아있는 당액을 청색이 퇴색할 때까지 적가하여 적정한다. 이때 1mℓ를 적가하는데 소요하는 시간이 거의 1분이 될 정도의 속도로 적정하고 끓이는 시간은 3분을 넘지 않도록 한다.

계 산

적정치를 표 5-3의 Lane-Eynone 당류정량표와 대조하여 당액 100mℓ에 대한 환원당의 mg수를 비례배분에 의해 구하고 이것에 황산동 용액의 역가를 곱하여 보정한다. 즉, 시료 중의 환원당량(%)은 다음 식에 의해 계산한다.

$$\text{환원당}(\%) = \frac{A}{100} \times \frac{F \times V}{S} \times D$$

A : Lane-Eynone 당류정량표로부터 산출된 당용액 100mℓ에 대한 환원당의 mg수
F : 황산동용액의 역가
V : 적정에 사용된 당액의 원액의 총량(mℓ)
S : 시료채취량(g)
D : 원액이 중간에 희석되었으면 그때의 희석배수
(희석하지 않았으면 물론 1이다)

2-1-6 Dinitrosalicylic acid에 의한 비색법

원 리

환원당은 알칼리성에서 3, 5-dinitrosalicylic acid의 NO_2기를 NH_2기로 환원시켜 적갈색을 띠게 한다.

이 색소를 이용하여 비색정량하는 방법으로 조작이 간단하고, 신속히 할 수 있기 때문에 많은 시료를 일시에 정량할 수 있다.

시 약

① A용액 : 4.5% NaOH용액 300㎖에 1% 3,5-dinitrosalicylic acid용액 880㎖를 혼합하고, 이 혼합액에 Rochelle염 255g을 용해한다.

② B용액 : 10g의 결정 phenol을 10% NaOH용액 22㎖에 용해하고, 물을 가하여 100㎖로 하고, 이 용액 69㎖에 $NaHSO_3$ 6.9g을 녹인다.

③ A용액과 B용액을 혼합하고, 갈색병에 넣어 보존한다. 이 시약은 약 1년간 안정하다.

조 작

25㎖ 메스플라스크에 시료 당용액 1㎖(시료희석액 1㎖ 중에 당 0.2~2㎎ 함유, 간장의 경우는 보통 50~100배 희석)와 시약 3㎖를 가하고, 끓는 수욕 중에서 5분간 끓인 다음, 냉각한 후 물을 가하여 25㎖로 채운다.

시료 대신에 물 1㎖를 같은 방법으로 처리한 것을 공시험으로 하여 두께(내경) 2.5㎝ 또는 1㎝ 셀(cell)에 넣어 550㎚의 파장에서 흡광도를 측정하여 미리 구하여 둔 표준곡선에서 당의 양을 구한다. 발색한 후 한 시간 이내에 흡광도를 측정하는 것이 좋다.

표준곡선은 특급 무수포도당(glucose)을 alcohol로 재결정하여 건조하고, 0.2~2㎎/㎖의 용액을 만들어 위와 같은 방법으로 흡광도를 측정하여 만든다.

계 산

시료 중의 환원당량은 다음식에 의해 계산한다.

$$\text{환원당}(\%) = A \times D \times \frac{1}{S} \times \frac{100}{1000}$$

A : 표준곡선으로 부터 구한 시료용액 중의 환원당의 양(㎎)
D : 희석배수
S : 시료채취량(g)

2-2 자당(sucrose)의 정량

2-2-1 산 가수분해법

원 리

자당(sucrose)은 Fehling용액에 대하여 직접적으로 환원성을 나타내지 않으므로 보통 염산용액으로 가수분해하여 자당을 전화당(포도당과 과당의 등량혼합물)으로 변화시킨 후 환원당으로서 Bertrand법이나 Lane-Eynone법에 의해 전화당의 양을 구하고 그 값에 0.95를 곱하여 자당의 양을 산출한다.

$$C_{12}H_{22}O_4 + H_2O \longrightarrow 2C_6H_4O_6$$

$$\frac{C_{12}H_{22}O_{11}\text{의 분자량}}{2C_6H_{12}O_{11}\text{의 분자량}} = \frac{342.2}{2 \times 180.1} = 0.95$$

만일 시료 중에 Fehling용액을 환원하는 당이 있으면 염산처리를 하기 전에 직접 환원당을 정량하고, 전화 후 총 환원당에서 이 양을 빼서 그 값에 0.95를 곱하여 자당량으로 하지 않으면 안된다.

시 약

① 25% HCl용액 : 진한 35% HCl과 물을 25 : 10의 비율로 혼합한다(비중계로 $d_4^{15}=1.126$을 확인한다).

② 10% NaOH용액 : NaOH 10g을 물 90mℓ에 용해한다. 25% HCl용액 15mℓ를 중화하는데 요하는 양을 구하여 둔다.

조 작

먼저 2-1-1에서와 같이 시료 중의 단백질을 제거시키고, 또한 단백질의 양이 소량인 것은 그대로 물에 녹여 시료 당용액을 조제한다.

시료 당용액 50mℓ를 피펫으로 250mℓ 삼각플라스크에 취하고, 25% HCl용액 15mℓ를 가하여 유리 냉각관을 부착하여 65±1℃로 조절되어 있는 수욕 중에서 때때로 교반하면서 30분간 가수분해시킨 후 빨리 냉각시킨다. 다음에 10% NaOH용액을 가하여 중화시키고, 이것을

250mℓ나 500mℓ 메스플라스크에 옮겨 표선까지 물을 채운다. 이렇게 얻은 전화당 용액을 일정량 취하여 Bertrand법이나 Lane-Eynone법으로 환원당을 정량하고 이 값에 0.95를 곱하여 자당의 양을 산출한다. 자당의 적당한 시료채취량은 가수분해할 시료 당용액 50mℓ 중에 0.25~1.25g의 자당을 함유하면 정량범위를 벗어나지 않는다.

일반적으로 농축주스, 농후젖산음료는 약 60%의 자당을 함유하므로 1g의 시료에 물 50mℓ을 가하여 희석하고 HCl 15mℓ를 가하여 가수분해한 다음 250mℓ로 정용하고 그의 20mℓ를 취하면 이중에 약 50mℓ의 전화당을 함유하게 된다. 또 20% 전후의 당액은 시료 약 10g 정도를 200mℓ로 희석하고 50mℓ를 취하여 가수분해하면 된다. 가수분해액 중에 500mg 전후의 당을 함유하므로 250mℓ로 정용하고 20mℓ를 취하면 그 중에는 40mg 전후의 전화당을 함유하게 된다.

계 산

시료 중의 자당의 함량은 다음 식에 의해 계산한다.

$$\text{자당}(\%) = \frac{A \times 0.95 \times D}{S} \times 100$$

A : 전화당의 양(g)
D : 희석배수
S : 시료 채취량(g)

데이터 및 결과 예

① 시료 : 당과

② 시료채취량 : 10.1234g

③ 시료 당용액 조제 : 물 100mℓ를 가해 마쇄하여 200mℓ로 정용

④ 당액 가수분해 : 건조여과지로 여과하고, 당액 50mℓ를 취하여 가수분해 후 250mℓ로 정용

⑤ 환원당 정량 : 여액 20mℓ를 취하여 Bertrand법에 의한 당 정량

⑥ 희석배수 : 200/50×250/20=50

⑦ $KMnO_4$용액 적정치($KMnO_4$ 1mℓ는 Cu 10.4mg에 상당) : 8.10mℓ

Cu 중량 : 10.4×8.10=84.2mg

⑧ Bertrand 당류정량표로부터 Cu량에 상당하는 전화당의 양

당 : 43mg	Cu : 83.0mg
44mg	84.8mg

당 1mg=Cu 1.8mg

⑨ 실측치와의 차 : 84.2−83.0=1.2

⑩ 비례배분 계산

$1 : 1.8 = \chi : 1.2 \qquad \chi = 0.67$

⑪ 당액 20mℓ 중의 전화당의 양 : 43.67mg

⑫ 전화당을 자당으로 환산 : 43.67×0.95=41.49mg

⑬ 자당(sucrose) 함량 계산

$$\text{자당}(\%) = \frac{A \times 0.95 \times D}{S} \times 100$$

$$= \frac{43.67 \times 0.95 \times 250/20 \times 200/50}{10.1234} \times \frac{1}{1000} \times 100$$

$$= 20.49\%$$

2-2-2 굴절계에 의한 방법

원 리

굴절계(refractometer)는 광선이 매질을 통과할 때 굴절을 하는 성질을 이용한 것이다. 광선이 액체를 통하여 유리면을 입사할 때 굴절률을 미리 아는 유리를 사용하면 액체의 굴절률을 알 수 있게 된다. 굴절률은 같은 물질에서는 밀도에 정비례한다. 굴절계의 종류는 Pulfrich식, Abbe식 등이 있으나 여기에서는 휴대용 굴절계에 대하여 설명한다.

기 구

휴대용 굴절계 : 그림 5-10과 같은 기구이다.

조 작

굴절계의 글라인딩 글라스(grinding glass)위에 시료 1~2방울을 취하여 프리즘(prism)위에 합친다. 광선이 채광공(採光孔)으로 들어오도록 기울여 주고, 접안경으로 관측하면 눈금위에는 명암의 경계선이 나타나므로 접안경을 움직여 핀트(punt)를 맞추고 경계선상의 눈금의 숫자를 읽는다. 눈금의 숫자는 고형분을 나타내는 것이다. 눈금은 0~30%, 30~ 60%, 60~90%의

3종이 있다.

사용할 때는 글라인딩 글라스, 프리즘 상의 수분을 잘 닦아낸다. 또 굴절계의 보정은 증류수를 검액으로 하여 눈금상의 명암의 경계선이 영점(0)에 오도록 영점조정나사를 움직여 바르게 보정한다. 한편 온도 보정은 온도보정표에 따라 실시한다.

(1) 휴대용 굴절계의 온도보정법

① 온도보정표에 의한 방법

이 굴절계는 20℃를 기준으로 한 것이므로 시료의 온도가 20℃ 이외의 경우는 표 5-4에 따라 보정을 하여야 한다. 예를들면 30℃의 시험용액의 측정치가 25.0%라고 하면 표 5-4에 따라 0.80을 더 가해주어야 하므로 25.0+0.80=25.8%가 정확한 값이 된다.

표 5-4 당도 온도보정표

℃ \ %	5	10	15	20	25	30	35	40	45	50	55	60	65	70
	(−)읽은 값(%)에서 빼야 할 수													
15	0.29	0.31	0.33	0.34	0.34	0.35	0.36	0.37	0.37	0.38	0.39	0.39	0.40	0.40
16	0.24	0.25	0.26	0.27	0.28	0.28	0.29	0.30	0.30	0.30	0.31	0.31	0.32	0.32
17	0.18	0.19	0.20	0.21	0.21	0.21	0.22	0.22	0.23	0.23	0.23	0.23	0.24	0.24
18	0.13	0.13	0.14	0.14	0.14	0.14	0.15	0.15	0.15	0.15	0.16	0.16	0.16	0.16
19	0.06	0.06	0.07	0.07	0.07	0.07	0.08	0.08	0.08	0.08	0.08	0.08	0.08	0.08
20	0	0	0	0	0	0	0	0	0	0	0	0	0	0
	(+)읽은 값(%)에다 더하여야 할 수													
21	0.07	0.07	0.07	0.07	0.08	0.08	0.08	0.08	0.08	0.08	0.08	0.08	0.08	0.08
22	0.13	0.14	0.14	0.15	0.15	0.15	0.15	0.16	0.16	0.16	0.16	0.16	0.16	0.16
23	0.20	0.21	0.22	0.22	0.23	0.23	0.23	0.23	0.24	0.24	0.24	0.24	0.24	0.24
24	0.27	0.28	0.29	0.30	0.30	0.31	0.31	0.31	0.31	0.31	0.32	0.32	0.32	0.32
25	0.35	0.36	0.37	0.38	0.38	0.39	0.40	0.40	0.40	0.40	0.40	0.40	0.40	0.40
26	0.42	0.43	0.44	0.45	0.46	0.47	0.48	0.48	0.48	0.48	0.48	0.48	0.48	0.48
27	0.50	0.52	0.53	0.54	0.55	0.55	0.56	0.56	0.56	0.56	0.56	0.56	0.56	0.56
28	0.57	0.60	0.61	0.62	0.63	0.63	0.64	0.64	0.64	0.64	0.64	0.64	0.64	0.64
29	0.66	0.68	0.69	0.71	0.72	0.72	0.73	0.73	0.73	0.73	0.73	0.73	0.73	0.73
30	0.74	0.77	0.78	0.79	0.80	0.80	0.81	0.81	0.81	0.81	0.81	0.81	0.81	0.81

② 온도보정표를 사용하지 않는 방법

Ⅰ형(0~32%) : 미리 시료와 같은 온도의 증류수로서 눈금이 0%가 되게 드라이버로 조정나사를 조절하여 두면 측정치가 그대로 정확한 값이 된다.

Ⅱ형(28~62%) : 포화식염수를 사용하여 Ⅰ형과 마찬가지 방법으로 29.6%로 규정한다.

(2) 휴대용 굴절계의 눈금규정법

① Ⅰ 형(0~32%)

20℃의 증류수로 먼저 측정하여 만약 경계선이 0%에 일치되지 않을 때는 접안렌즈를 들여다 보면서 드라이버로 조정나사를 좌우로 돌려 규정한다.

② Ⅱ 형(28~62%)

포화식염수에 의하여 규정하나 온도에 따라 굴절률이 변화하므로 표 5-5에 따라 눈금을 맞추어야 한다.

표 5-5 눈금보정

측정온도	맞춤눈금(%)
15℃일 때	29.9%에 맞춤
20℃일 때	29.6%에 맞춤
25℃일 때	29.2%에 맞춤
30℃일 때	28.9%에 맞춤

③ Ⅲ, Ⅳ 형(58~90%, 45~82%)

굴절계의 프리즘 위에다 굴절률이 높은 mobil oil, α-bromonaphthalein 등을 소량 떨어뜨려 규정한다.

휴대용 굴절계(hand refractometer)의 눈금은 자당수용액 100g 중에 함유된 자당의 g수를 %로 눈금한 것으로 당도측정 이외에 이용할 때는 표 5-6과 같이 자당의 굴절률을 구하고 이 굴절률로부터 표 5-7과 같이 맥아당, 포도당, 유당, dextrin의 농도(%)를 구한다.

표 5-6 당도와 굴절률과의 관계

당도	굴절률	당도	굴절률	당도	굴절률	당도	굴절률	당도	굴절률
(20℃)									
0%	1.3330	19	1.3622	37	1.3939	55	1.4307	73	1.4725
1	1.3342	20	1.3638	38	1.3958	56	1.4329	74	1.4749
2	1.3359	21	1.3655	39	1.3987	57	1.4351	75	1.4774
3	1.3373	22	1.3672	40	1.3997	58	1.4373	76	1.4799
4	1.3388	23	1.3689	41	1.4016	59	1.4396	77	1.4825
5	1.3403	24	1.3707	42	1.4036	60	1.4418	78	1.4850
6	1.3418	25	1.3723	43	1.4056	61	1.4441	79	1.4876
7	1.3433	26	1.3740	44	1.4076	62	1.4464	80	1.4801
8	1.3448	27	1.3758	45	1.4096	63	1.4486	81	1.4927
9	1.3463	28	1.3775	46	1.4117	64	1.4509	82	1.4954
10	1.3478	29	1.3793	47	1.4137	65	1.4532	83	1.4980
11	1.3494	30	1.3811	48	1.4158	66	1.4555	84	1.5007
12	1.3509	31	1.3829	49	1.4179	67	1.4579	85	1.5033
13	1.3525	32	1.3847	50	1.4200	68	1.4603	86	1.5060
14	1.3541	33	1.3865	51	1.4221	69	1.4627	87	1.5087
15	1.3557	34	1.3883	52	1.4242	70	1.4651	88	1.5115
16	1.3573	35	1.3902	53	1.4264	71	1.4676	89	1.5142
17	1.3582	36	1.3920	54	1.4285	72	1.4700	90	1.5170
18	1.3605								

표 5-7 각종 당액의 농도와 굴절률과의 관계

굴절률 20℃	자 당(%)	맥아당(%)	포도당(%)	유 당(%)	Dextrin(%)
1.3342	1.00	1.00	1.00	1.00	1.00
1.3359	2.00	2.07	2.00	2.00	1.93
1.3403	5.00	5.07	5.00	5.13	4.87
1.3478	10.00	10.07	10.07	10.13	9.06
1.3557	15.00	15.12	15.06	15.13	14.13
1.3638	20.00	20.17	20.06		18.94
1.3723	25.00		25.00		23.71
1.3811	30.00		30.02		28.78
1.3902	35.00		35.03		
1.3997	40.00		40.05		
1.4096	45.00		45.04		
1.4200	50.00		50.03		
1.4307	55.00		55.02		
1.4418	60.00		60.01		
1.4532	65.00		65.01		
1.4651	70.00		70.00		
1.4774	75.00		75.00		
1.4901	80.00		80.00		
1.5033	85.00		85.00		
1.5170	90.00		90.00		

방법도시

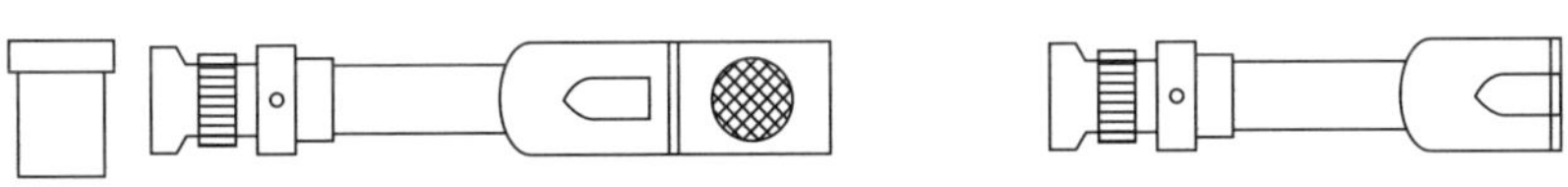

당도굴절계의 프리즘면과 반사판면을 깨끗이 닦고, 반사판면에 시료액을 얇게 펴바른다.(시료액은 투명 해야한다. 불투명하거나 고체를 함유한 경우에는 여과지로 여과하여 사용한다.

반사판면에 프리즘면을 합쳐 굴절계를 들여다 본다.

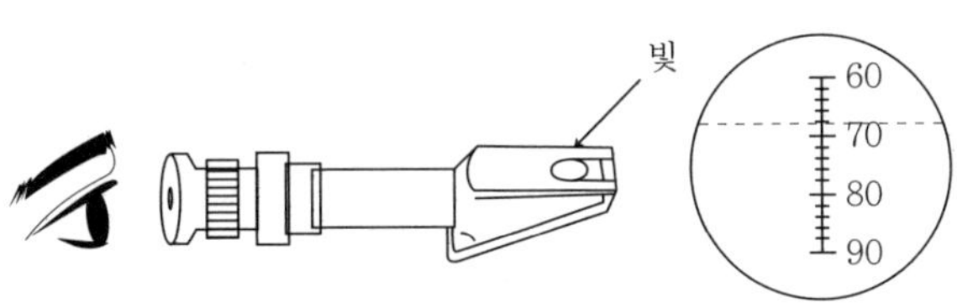

눈금판에는 58~90%(0~32%, 8~62%) 사이를 0.2% 간격으로 눈금이 표시되어 있다. 눈금판에 나타난 경계선의 눈금을 일고 온도보정하여 20℃에 있어서의 당도(%)로 표시한다.(측정 가능한 범위에 따라서 당도계의 종류를 선택한다.)

당도의 온도보정은 온도보정표에 의한다(표 6-4). 예를 들면 실온 20℃에서 측정하여 점선의 위치에 경계선이 표시된 경우는 이 시료의 당도는 68.0%가 된다.

그림 5-10 굴절계에 의한 당도의 측정

2-3 전분(starch)의 정량

원 리

전분은 포도당의 중합체로서 자당과 마찬가지로 환원성이 없으므로 Fehling용액을 환원하지 못한다. 그러므로 전분은 염산이나 효소(diastase)를 이용하여 가수분해하여 환원당(glucose)으로 변화시켜 Bertrand법에 의해 정량한다. 정량된 포도당의 양에 다음 식의 전분과 포도당과의 분자량의 비, 즉 0.9를 곱하여 전분량을 산출한다.

$$(C_6H_{10}O_5)n + nH_2O \longrightarrow n(C_6H_{12}O_6)$$

$$\frac{(C_6H_{10}O_5)n\text{의 분자량}}{n(C_6H_{12}O_6)\text{의 분자량}} \times \frac{162.1\times n}{180.1\times n} = 0.9$$

이 방법은 환원성이 없는 덱스트린(dextrin)이나 전분질시료에 적용되며, 다른 여러 환원당이 공존할 경우에는 실제로 분리 정량하기 어렵다. 유리된 환원당이 있으면 전분을 가수분해시킨 전후의 환원당량의 차가 전분의 양이 된다.

시 약

① 25% HCl용액 : 진한 35% HCl과 물을 25 : 10의 비율로 혼합한다. 비중계에 의해 d_4^{15} = 1.126을 확인한다. 1회의 정량에 20mℓ가 사용된다.

② 10% NaOH용액 : NaOH 10g을 물 90mℓ에 용해한다.

조 작

전분의 가수분해는 일반적으로 염산당화법(鹽酸糖化法)이 이용되고 있다. 시료채취량은 식품성분표의 당질함량과 희석률을 고려하여 취한다. 예를들면, 당질함량 27.5%인 시료 χg을 칭취하여 가수분해하여 500mℓ로 정용하고, 그의 20mℓ를 취하여 Bertrand법에 의해 환원당을 정량하였을 때, 이 20mℓ 중의 당 정량범위는 20~100mg이므로 여기에서 50mg을 함유하도록 하면 다음과 같다.

$$\chi = 50\text{mg} \times \frac{500}{20} \times \frac{100}{27.5} \fallingdotseq 4.5\text{g}$$

즉 시료 5g 정도를 채취하여 가수분해하면 된다.

전분으로서 1~2g에 상당하는 시료, 즉 곡류, 두류는 2~3g, 고구마, 감자는 마쇄물 약

5~10g을 정확히 칭량하여 500mℓ의 환저플라스크에 취한다. 이것에 물 200mℓ와 25% HCl 20mℓ를 가하여 환류냉각기 또는 공기냉각관(0.5~1m)을 부착하고, 끓는 수욕 중에서 2~3시간 가열한다. 가열 중에 때때로 플라스크를 흔들어 시료와 액을 잘 접촉시킨다. 방냉한 후 여과지(No. 5B)로 여과하고 여액을 500mℓ의 비커에 취한다. 염소이온의 반응이 없어질 때까지 플라스크와 여과지를 더운물로 잘 세척한다.

이때 공기냉각관의 길이가 1m 이하이면 액량이 줄어든다. 또 가수분해 온도, 시간을 엄수하지 않으면 분석치가 낮아진다. 냉각 후 10% NaOH용액을 가하여 청색 리트머스가 약간 적색으로 변화할 정도의 pH까지 중화한다. 중화에 의해 침전이 생성될 때는 여과한다.

이 미산성 용액을 500mℓ 메스플라스크에 옮겨 표선까지 물을 채우고 혼합하여 시료 당용액을 조제한다.

이와같이 조제한 시료 당용액 20mℓ를 사용하여 Bertrand법에 의해 환원당을 정량하여, 표 5-2의 Bertrand 당류정량표로부터 포도당량을 구한다.

방법도시

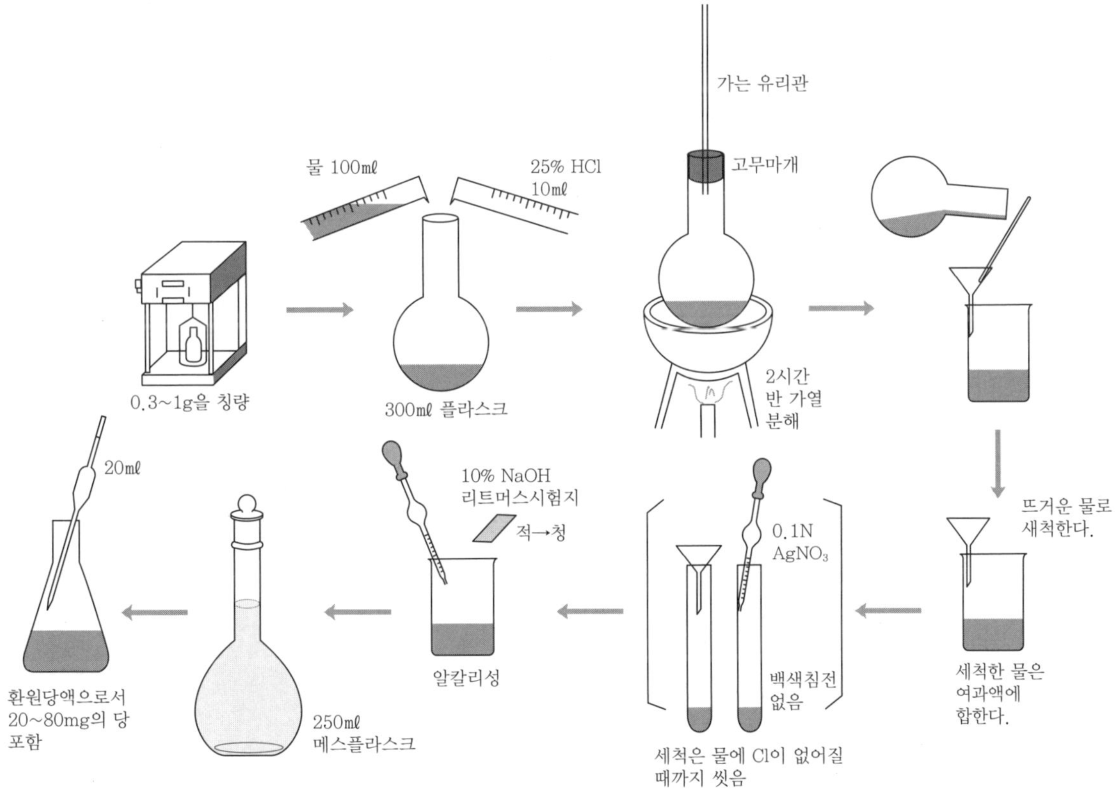

그림 5-11 전분의 가수분해에 의한 시료 당용액 조제

계 산

시료 중의 전분함량은 다음 식에 의해 계산한다.

$$전분(\%) = \frac{A \times 0.9 \times D}{S} \times 100$$

A : 포도당(glucose)의 양(g)
D : 희석배수
S : 시료채취량(g)

데이터 및 결과 예

① 시료 : 고구마

② 시료채취량 : 5.4321g

③ 시료 당용액 조제 : 가수분해 후 500㎖로 정용

④ 환원당 정량 : 당액 20㎖을 취하여 Bertrand법에 의한 당 정량

⑤ 희석배수 : 25(500/20=25)

⑥ $KMnO_4$ 적정치 : ($KMnO_4$ 1㎖는 Cu 10.4mg에 상당)12.50㎖

Cu중량 : 10.4×12.50=130.0mg

⑦ Bertrand 당류정량표로부터 Cu량에 상당하는 포도당의 양

당 : 70mg　　　Cu : 129.8mg

71mg　　　131.4mg

당 1mg=Cu 1.6mg

⑧ 실측치와의 차 : 130.0−129.8=0.2

⑨ 비례배분 계산

$1 : 1.6 = x : 0.2 \qquad x = 0.13$

⑩ 당액 20㎖ 중의 포도당의 양 : 70.13mg

⑪ 전분(starch)함량 계산

$$전분(\%) = \frac{A \times 0.9 \times D}{S} \times 100$$

$$= \frac{70.13 \times 0.9 \times 500/20}{5.4321} \times \frac{1}{1000} \times 100$$

$$= 29.05\%$$

2-4 전당(全糖; total sugar)의 정량

2-4-1 Phenol-H_2SO_4법

원 리

이 방법은 전당(총당)의 측정법으로 미량의 시료분석에 적합하다. 또 황산을 사용하기 때문에 starch, cellulose 등과 같은 고분자 물질도 미리 가수분해 하지 않고도 시료용액으로 가능하다.

특히 이 방법은 column chromatography, paper chromatography로 분획한 획분의 전당량 측정에 많이 사용되고 있다.

환원당을 진한 H_2SO_4중에서 처리하면 탈수되어 furfural 혹은 그 유도체가 되며, 기본적인 반응은 다음과 같다.

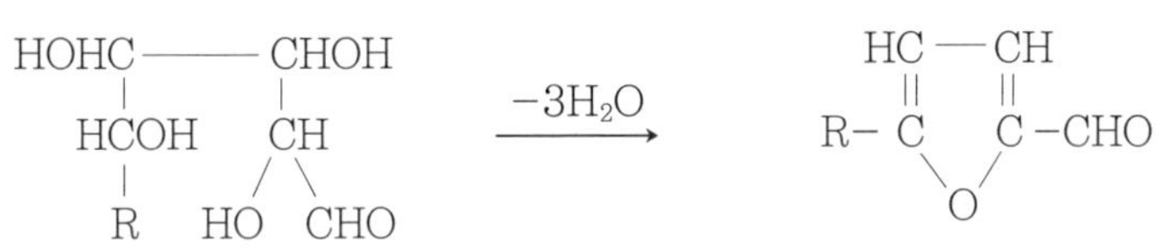

Aldopentose
Aldohexose
Methylpentose
Uronic acid

fufural 유도체

이와 같이 황산과의 반응을 이용하는 방법은 Anthron-H_2SO_4, Cystein-H_2SO_4, Orcinol-H_2SO_4, Carbazole-H_2SO_4 법등이 있다.

시약 및 기구

① 5% phenol : 조제한 시약은 갈색병에 저장하며 착색된것은 사용하지 않는다.

② Conc-H_2SO_4 : Phenol 과 반응해서 착색하지 않는 특급시약을 사용한다.

③ 당표준용액 : 일반적으로 glucose, maltose를 표준물질로 사용한다.

1mg/mℓ의 maltose(무수물), glucose를 포함하는 용액을 조제하고 이것을 적당히 희석하여 25,50,75,100㎍/mℓ 용액을 조제하여 표준용액으로 한다.

④ 시험관(1.5×15㎝의 것)　　⑤ 분광광도계(spectrophotometer)

조 작

시료용액 1mℓ(10~100μg의 탄수화물을 함유)에 phenol 용액을 1mℓ가하여 잘 혼합하고, 안전 피펫으로 conc-H_2SO_4 5mℓ를 직접 액면에 가하여 가능한한 강하게 발열시킨다. 왜냐하면 이때 발열반응으로 인하여 가수분해, 환원당의 탈수가 행하여지므로 시료에 균일하게 발열되도록 하여야한다.

다음 잘 혼합하고 실온에 20~30분간 방치하였다가 470nm의 spectrophotometer에서 흡광도를 측정한다.

농도를 알고있는 당표준용액 대하여도 같은 방법으로 조작한다.

이때 당표준용액으로 사용하는 당은 시료의 당종류와 같은 것이 이상적이지만, 일반적으로 glucose, maltose를 사용한다.

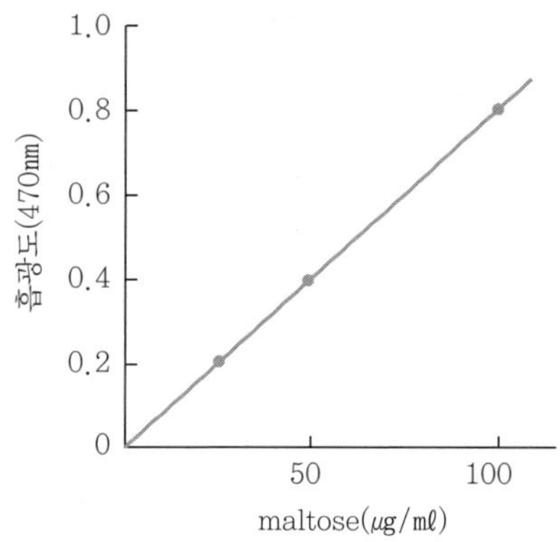

그림 5-12 Phenol 황산법에 의한 maltose 표준곡선

계 산

당표준용액으로부터 표준곡선을 작성하여 시료중의 당함량을 구한다.(그림 5-12)

$$\text{전당}(\%) = A \times D \times \frac{1}{S} \times \frac{100}{1000}$$

A : 표준곡선으로 부터 구한 시료용액 중의 당함량(mg)
D : 희석배수
S : 시료 채취량(g)

2-5 기기(機器)에 의한 당류의 정량

각당류의 분별정량을 할 수 있는 방법으론 GC나 HPLC 같은 Chromatography가 일반적으로 이용된다.

당류의 GC에 의한 방법은 1960년대부터 다당류의 구성당을 분석하는데 이용되어 왔으며, 이는 당을 휘발성의 유도체 즉, TMS(Trimethylsilyl) 혹은 TFA(Trifluoroacetyl) 유도체로 하여 silicone 계의 액상으로 분리하는 것이다.

최근에는 이 방법으로 비 calorie원의 감미료인 당알콜류 sorbitol, mannitol 등의 분석에도 이용되고 있다.

GC법은 당을 분석하기 위하여 휘발성 유도체로 하여야 하지만 HPLC법은 그러한 처리를 하지 않아도 된다. HPLC 법으로는 ion 교환 chromatography 와 역상 chromatography에 의하는 법등이 있다.

2-5-1 GC에 의한 당류 및 당알콜의 분석법

1. 가공식품 중의 당류 및 당알콜 분별정량

원 리

잼, 양갱, 비스켓, 크랙커, 쥬스류, 과실류, 야채류등의 가공식품에 적용하는 방법으로 glucose, fructose, sucrose, maltose, lactose, 당알콜류등을 분별 정량한다.

일반적으로 시료를 TMS화 하고 칼람 충전제로 2% silicone DC QF-[담체 : chromosorb W(AW,DMCS)]을 사용하여 승온분석에 의한다.

만일 sorbitol 과 mannitol 이 공존하면 위방법으로는 분별정량이 불가능하므로 시료를 TFA 유도체로 하여 5% silicone XE-60[담체 : chromosorb W(AW,DMCS)로 분별정량 또는 확인한다.

시약 및 기구

① 당류표준품 : 시약 1급 또는 특급을 사용한다.

② Pyridin : KOH로 건조한 다음 증류한다.

③ Pyrene : 내부표준 물질로 사용한다.

④ Hexamethyl disilazan(HMDS)

⑤ Trifluoroacetic acid(TFA)

⑥ Rotary evaporator

⑦ Gas chromatography(FID)

⑧ Column : 3㎜×3m로 2개의 column(glass 제)

⑨ Micro syringe

조 작

(1) 시료용액의 조제

① 과즙, 잼류 : 과즙은 그대로 약 50mℓ의 증류수를 가하고, 잼은 균일시료 0.2을 용량 200mℓ의 비이커에 취하고 증류수 약 50mℓ를 가하여 mixer 등으로 시료를 분산시킨다.

이들의 수용액은 NaOH를 가하여 pH 7.0으로 조정한 다음 증류수를 가하여 200mℓ로 정용하고, 원심분리하여 상징액을 시료용액으로 한다.

② 양갱 등 : 5mm크기로 시료를 잘라 균일화한 것을 2g 정도 정확히 원침관에 취하여 80% ethanol 20mℓ를 가하고 mixer 등으로 분산 균질화 시킨다.

냉각관을 붙이고 boiling stone을 넣고 water bath에서 30분간 가열한 후에 소형 glass filter(15 AG3)로 여과하고 나머지를 증류수로 3~4회 세척하고 여액과 세척액을 합하여 200mℓ로 정용한다.

③ 비스켓, 크랙커 등 : 분쇄하여 균일화한 시료 약 2g을 용량 50mℓ의 뚜껑이 있는 원침관에 취하고 *n*-hexane 20mℓ를 가하여 흔들어 섞어서 원심분리한 후 *n*-hexane층을 버려 탈지한다.

다음에 비스켓은 20mℓ의 80% ethanol을 가하여 양갱과 같이 가열처리, 여과, 증류수로 세척하여 액을 모아 250mℓ로 정용한다.

크랙커는 20mℓ의 80% ethanol을 가하여 실온에서 흔들어 섞고 원심분리하여 당을 추출한 다음 80% ethanol로 250mℓ로 정용한다.

(2) 측정방법

① TMS 유도체 조제 : 용량 25mℓ의 가지형 flask에 조제시료 용액을 당량으로 10mg이하의 양을 취하고, 수용액의 경우는 동결건조시키며, ethanol 용액의 경우는 40℃ 이하에서 감압 건조하여 99.5% ethanol 과의 공비에 의하여 탈수시킨다.

건조시료에 내부표준물질로서 pyrene의 pyridine용액(농도 40mg/50mℓ) 500μℓ를 micropipette로 가하고, HMDS 0.45mℓ 및 TFA 0.05mℓ 를 가한다. 뚜껑을 하고 흔들어 섞어 당류를 녹이고 15~60분간 실온에 방치하여 TMS 유도체 용액으로 한다. 이용액은 7시간은 안정하다.

② GC조건의 설정 : GC의 조작조건은 표 5-8 과 같이 하며 peak의 면적측정은 반치폭법 또는 digital intergrater를 사용하는 방법에 따른다.

표 5-8 Gas Chromatography의 조건(당알콜)

Column	3% Silicone DC QF-1, Chromosorb W(AW, DMCS) 60~80 mesh, 3㎜×3m, glass제
Column 온도	120~240℃ (승온)
승온 속도	6℃/min
주입구 · 검출기 온도	250℃
질소유량	60㎖/min
FID : 수소유량	50㎖/min
FID : 공기유량	1ℓ /min

TMS 유도체 용액의 1㎕를 microsyringe 로 주입하고 3회 반복하여 GC를 행한다.

③ 표준곡선 작성: 70℃에서 감압건조시킨 건조당류를 사용하여 표준용액(1mg/㎖)을 조제하고, 각각의 당량이 0~3mg 정도가 되도록 표준용액의 적당량을 취하여 동결건조한후에 ①의 방법에 따라 TMS화 시키고, 이용액 1㎕를 주입하여 3회 반복 GC를 행한다(그림 5-13).

얻어진 chromatogram에서 당과 내부표준물질의 면적을 산출한다. 즉, X축에 중량비(TMS 유도체 용액중의 당 mg/TMS유도체 용액중의 내부표준물질 mg)를, Y 축에는 면적비(당의 peak 면적/내부표준물질의 peak면적)로 하여 작성한다.

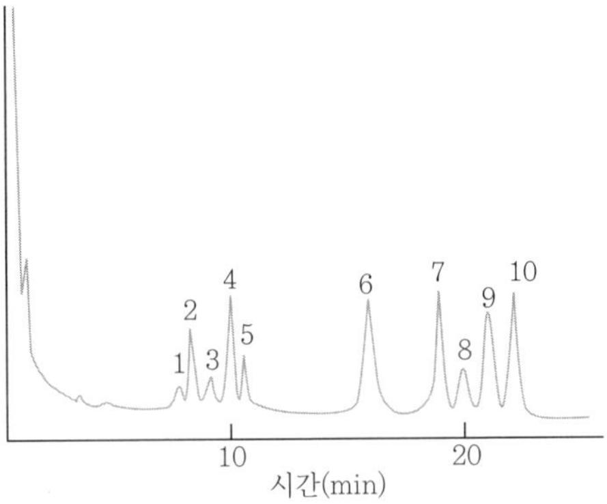

Silicon DC QF-1,6℃/min; 1,2. fructose, 3,5. glucose, 4. sorbitol, mannitol, 6. 내부표준 pyrene, 7. sucrose, 8,9. maltose, 10. maltitol

그림 5-13 TMS 유도체에 의한 단당류, 이당류 등 gas chromatogram

최소제곱법에 의해 직선회귀선을 작성하여 표준곡선으로 한다.

계 산

시료의 GC chart상에 나타난 당류 각각의 peak면적비를 구하여 표준당으로 작성한 표준곡선에 의하여 시료 중의 당함량을 산출한다.

2. 두류 및 그 가공품 중의 소당류(oligo saccharide) 정량법

원 리

Raffinose, stachyose등의 소당류를 함유하고 있는 대두, 팥, 완두, 두류분말, 된장 등에 적용하는 방법으로는 일반 농산식품에 알맞다.

이 방법은 종래 활성탄 column chromatography, paper chromatography, thin layer chromatography법 등으로 분리 정량하던, 두류의 소당류를 gas chromatography로 측정하는 것으로, 5당류까지 TMS 화(7시간은 안전함)하고 이들을 상당히 높은 온도에서 실시하게 된다. 그러므로 고온에 안정한 충전제 2% silicone OV-17(담체: chromosorb〈AW, DMCS〉)를 선택하여야 하며 칼람은 stainless steel 제를 사용한다.

또 분석의 신속화, 실용화를 위하여 10℃/min의 승온 분석을 채택하며, 시료 주입구의 온도가 350℃로 고온이기 때문에 주입구에 glass제 인서트가 부착된 것이 좋다.

이 방법은 소당류간의 분리상태가 양호하다.

시약 및 기구

① 당류 표준품 : Sucrose, raffinose, stachyose 등을 사용한다.

② Column : Stainless steel 제를 사용한다

③ 기타 시약 및 기구는 2-5-1의 1.의 경우와 같이 한다.

조 작

(1) 시료용액 조제

시료는 입경 0.5㎜ 이하로 분쇄하거나 균일화시켜서, 용량 50㎖의 원침관에 약 1g을 정확히 취한 다음, 땅콩, 대두, 콩가루 등과 같은 지방함량이 많은 시료는 *n*-hexane으로 탈지한다.

즉, *n*-hexane 10㎖를 가하여 흔들어 섞은 다음 원심분리하고 경사법에 따라 *n*-hexane층을 버린다. 이 조작을 2회 반복하고 시료 중에 잔존하는 *n*-haxane을 조심하여 증산시켜 제거한다.

이 처리가 끝난 시료는 80% ethanol 10㎖를 가하여 냉각관을 부착하고, water bath에서 30분간 환류추출한 후에 원심분리하여 ethanol 층을 경사법에 따라 용량 200㎖의 meas flask에 분취한다.

남은 잔사는 다시 80% ethanol 10㎖를 가하여 원심분리 한 후에 ethanol 층을 flask에 취하는 조작을 몇차례 반복하고서 200㎖로 정용한 다음 , 이 용액 10㎖를 건조시켜 TMS화 시료로 한다.

(2) 측정방법

① TMS화 유도체 조제 : 2-5-1의 1.의 방법과 같이 한다.

② 표준당용액의 표준곡선 작성 : 2-5-1의 1.의 방법과 같이 한다.

③ GC조건의 설정 : 표 5-9와 같이 한다.

계 산

2-5-1의 1.의 방법에 따른다.

표 5-9 Gas Chromatography의 조건(소당류)

Column	2% Silicone OV-17, Chromosorb W(AW, DMCS) 60~80 mesh, 3㎜×0.5m, stainless steel제
Column 온도	120~340℃ (승온)
승온 속도	10℃/min
주입구 · 검출기 온도	350℃
질소유량	60㎖/min
FID : 수소유량	50㎖/min
FID : 공기유량	1ℓ /min

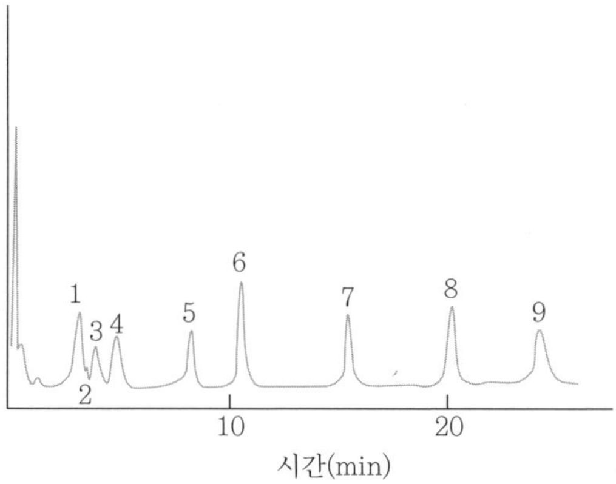

Silicon OV-17, 10℃/min, 1,2. fructose, 3,4. glucose, 5. 내부표준 pyrene, 6. sucrose, 7. raffinose, 8. stachyose

그림 5-14 TMS 유도체에 의한 oligo 당류의 gas chromatogram

2-5-2 HPLC에 의한 당류의 분석법

1. 유제품 중의 당류 정량

원 리

우유, 분유, 아이스크림, 발효유 등 각종 유제품에 적용 가능한 방법으로서, 분배, 흡착 chromatography에 의하여 처음에는 분자량이 적은 당부터 용출시켜 검출하며, 단당류에서부터 raffinose, stachyose, malto-oligo당 등 7당류까지 측정이 가능하다.

시약 및 기구

① Acetonitrile

② Ethanol(99.5%)

③ 80% ethanol 용액 : ethanol과 증류스를 4:1로 혼합한 용액으로 한다.

④ 증류수 : 재증류한 것을 사용한다,

⑤ 이동상 : Acetonitrile과 증류수를 3:1로 혼합 조제하여 사용 직전에 초음파 세정조 중에서 1분간 탈기한다.

⑥ HPLC, 검출기(시차굴절계사용), 기록계, microsyringe(25㎕)

⑦ Column : 2.6×250㎜ 의 stainless steel 제에 LiChrosorb NH_2(10㎛) 또는 이에 상당하는 충전제를 사용한다.

⑧ Free column : 2.6×50㎜의 stainless steel제에 LiChrosorb NH_2(10㎛)또는 이에 상당하는 충전제를 사용한다.

조 작

(1) 당표준용액 조제

감압하에서 70℃로 건조한 fructose, glucose, sucrose, maltose, lactose 등을 각각 1g 씩 정확히 칭량하여 혼합해서 증류수에 녹여 100㎖로 정용하고 당 혼합 표준원액으로 한다.

① 표준원액 25㎖에 99.5% ethanol을 가하여 50㎖로 정용해서 5mg/㎖의 당 혼합 표준용액을 만들고,

② 표준원액 5mℓ에 99.5% ethanol 20mℓ를 가하고서 80% ethanol 용액을 가하여 50mℓ로 정용해서, 1mg/mℓ의 당 혼합 표준용액으로 한다.

(2) 시료용액 조제

우유, 유음료, 발효유(무당) 등 당함량이 10%이하인 시료는 약 5g을 정확히 칭량하여 50mℓ의 메스플라스크에 취하고, 99.5% ethanol 20mℓ 와 80% ethanol 20mℓ를 가하여 혼합시키고, 20℃의 항온상태에서 80% ethanol을 가하여 정용한 다음, 원심분리하여 상징액을 얻어 시료용액으로 한다.

가당발효유, 무당연유, 아이스크림 등 당함량이 10~40%인 시료는 약 2g을 정확히 칭량해서 취한 다음 99.5% ethanol 8mℓ를 가하고서 80% ethanol 로 50mℓ로 정용하고 원심분리 한다.

분유, 가당연유 등 당함량이 40%이상인 시료는 0.5g 을 정확히 칭량하여 취한 다음, 증류수 5mℓ 99.5% ethanol 20mℓ를 가하고서 80% ethanol을 가하여 50mℓ로 정용하고 원심분리 한다.

어느 경우나 최종 ethanol의 농도가 80%가 되도록 배려한다.

(3) HPLC조건

Free column을 사용하여 시료용액 20μℓ을 주입하여 액체 chromatography를 한다. 이때 column 온도는 실온, 이동상 (acetonitrile 75: 증류수 25) 유속 1.0mℓ/min로 조작하고 chromatogram 을 얻는다.

각 당의 peak 면적은 반치폭법 또는 digital intergrater로 구한다

아울러 당 혼합 표준용액 ①, ②를 각각 20mℓ를 주입하여 측정한 peak의 면적도 함께 구한다.

당 혼합 표준용액의 HPLC chromatogram 은 그림 5-15와 같다.

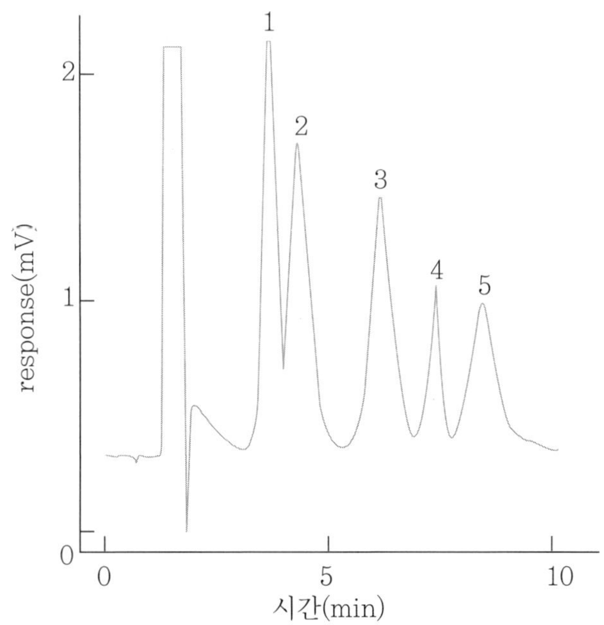

그림 5-15 당류 표준품의 chromatogram

계 산

당 혼합 표준용액으로부터 구한 표준곡선(그림 5-15)에 의하여, 시료용액 중의 당류농도(mg/mℓ)를 구해서 다음에 따라 산출한다.

$$당함량(\%) = \frac{A \times D}{S} \times 100$$

A : 표준곡선으로 부터 구한 시료 중의 당류농도(mg/mℓ)
D : 희석배수
S : sample 채취량(mg)

2. Corn syrup 중의 당류 정량

원 리

Corn syrup(물엿, 이성화당)등에 적용하는 방법으로, 양ion 교환수지(50W-X4, Q15-S)column을 사용하여 당을 분자량의 크기 혹은 선택적 흡착력의 차에 따라 분리한 다음, 시차굴절계로 검출하고, digital intergrater로 chromotogram의 peak 면적을 측정하여 programing 된 computer로 결과 처리한다.

시약 및 기구

① 충전제 : Aminex 50W-X4의 H형 혹은 AminexQ15-S의 Na형을 이용 하거나 이에 상응하는 ion 교환수지를 사용한다.

② 이동상 : 증류수를 0.22㎛의 microfilter 등으로 여과하고 hot plate 위에서 약 65℃로 유지하면서 교반기로 천천히 교반하여 용존 gas를 제거한다.

③ Ion 교환수지: pH 4~5로 조정한 양ion 교환수지와 pH 6~7의 약염기성 ion 교환수지(시료의 탈ion용)를 사용한다.

④ 당류 표준품 : Glucose, fructose, maltose, maltotriose, DE 42 산당화 corn syrup등을 사용한다.

⑤ 당 표준용액 : DE 42 corn syrup에 각종 당 표준품을 가하여 조제한다.

⑥ HPLC, 기록계, digital intergrater, microsyringe(100㎕)

⑦ Column: 7.7㎜×610㎜의 충전용 column(보온설비 있는것)과 7.7㎜×380㎜의 free column을 사용한다. 모두 stainless steel 제로 한다.

⑧ 항온 순환 수조 : 검출기용(45±0.005℃ 조절)과 silicon oil을 사용한 것으로 column(78±0.05℃조절)이 필요하다.

조 작

(1) 충전제 조제와 column 충전

Aminex 50W-X 4 의 H형 혹은 Q15-S의 Na형의 양 ion 교환수지에 물을 가하여 乳狀으로 한다음, glass filter(20㎛×350㎖)로 여과하고 감압흡인하여 물을 제거한다.

10g의 수지를 pH6.2로 조절한 0.3M-Calcium acetate 용액 300㎖로 씻고 여과한다.

수지 10g에 대하여 200㎖의 물로 씻고 흡인여과하여 물을 제거하고서 실온에 보존한다.

Column과 free column을 수직으로 연결하고 乳狀의 수지로 천천히 충분한 압력을 가하여 충전한다. 충전후는 78℃에서 유지하고 이들 column은 0.5㎖/min(Q15-S수지는 0.7㎖/min)의 속도로 하룻방 통액한다. Column을 보존할 때는 캡을 붙인다.

(2) 측정조건

Column 온도 78℃, 유속 0.4㎖/min(Q15-S수지는 0.6㎖/min), 검출기 온도 45℃, 그 외에 검출기, 기록기등도 조절한다.

시료용액은 건물로 환산하여 약 12%의 수용액을 만들고 이의 약 6g에 대하여 약 0.3의 혼합교환수지를 가하여 10분간 흔들어 섞고 측정 방해 물질을 제거한다.

이 시료용액 30㎕(고형물량 약 3.5㎎)을 주입하고 HPLC를 행한다.

당표준용액 30㎕(고형물량 약 3.5㎎)을 주입하고 동일한 방법으로 HPLC를 실시하여 계산에 사용한다.

2-6 각종 식품의 탄수화물 정량

2-6-1 과실류의 당류 정량

원 리

과실류에 함유된 주요한 수용성 당류는 sucrose, glucose, fructose, sorbitol 등이 있으며,

galactose, xylose, arabinose, inositol, mannitol 등이 미량으로 존재한다.

Sorbitol 과 mannitol(acetyl화)를 제외하고 이들 당류는 TMS화한 후에 GC로 쉽게 분별정량이 가능하며, oligo 당류는 HPLC의 방법에 의한다.

과일은 개체에 따라 당함량및 조성이 다르므로, 분석목적에 따라 시료채취 방법, 축분 및 채취 부위를 검토한다.

시약 및 기구

① 80% ethanol 용액

② 0.1M-Na_2CO_3 또는 0.1N-NaOH용액

③ Pyridine : 특급 pyridine에 KOH를 넣어 탈수하고 상징액을 사용하면 좋다. 보존은 건조제가 들어있는 용기를 이용한다.

④ Hexamethyl disilazan (HMDS), Trimethyl chlorosilan(TMCS, n-Docosan

⑤ Ion 교환수지 : Amberite IR-120(또는 CG 120)및 Amberite CG-4B를 사용한다.

⑥ Water bath(80℃이내 조절), Homogenizer(흡인식), Evaporator, 진공펌프, Desiccator, 시험관(용량 10㎖)

조 작

(1) 시료용액의 조제

과일시료 20g에 약 3배량의 80% ethanol을 가하여 마쇄하고 원심분리(3,000rpm, 10분)하고서 상징액을 모으고 잔사는 80% ethanol 로 다시 추출분리하여 상징액을 합한다.

0.1M-Na_2CO_3또는 0.1N-NaOH용액으로 pH를 중성부근으로 조절하고서, 80℃로 조절한 water bath에서 10분간 가온하여 효소류를 실활시킨 다음, 200㎖로 정용(20g 신선중량/200㎖)해서 분석시까지 냉장고에 보존한다(수개월 보존이 가능함).

일정량의 추출액을 취하여 evaporator로 ethanol을 제거한 후에 Amberite IF 120(5~10㎖량 의 column에 얹고, 물에 의한 용출액을 다시한번 CG-4B(5㎖량)의 column에 걸어 물에 의한 용출액을 모아서 정용한다.

Ion교환수지의 처리는 유기산, amino acid, phenol, 색소류등을 제거하여 주기 때문에 GC상에서 각종 성분의 peak 중복을 감소시킨다.

(2) 당의 TMS 유도체 조제

1~10㎎의 당에 상당하는 시료를 시험관에 옮기고 내부 표준물질을 정확히 가하고 evaporator 로 농축건고한 다음 진공펌프를 사용하여 완전히 건조시켜서 TMS화 하기까지 desiccator 내에 보존한다.

다음 1㎖ pyridine, 0.2㎖ HMDS, 0.1㎖ TMCS를 가하고 1분간 세게 흔들어 섞는다. 시료가 녹지 않으면 60℃로 가온하여 녹인다.

(3) Gas Chromatography

여러종류의 당을 한종류의 충전제로 완전히 분리하는 것은 불가능하므로 당의 종류에 따라서 충전제를 선택한다.

예를들면, fructose, glucose, sucrose, sorbitol, mannitol 등을 분석하는 경우는 5% silicon Gum SE-30-Chromosorb W의 충전제를 사용한다. 이때의 분석조건은 다음과 같다.

① FID 부착 Gas Chromatography

② Column : 3㎜×2m의 glass column.

③ Column 온도 : 160~250℃, 승온 2℃/min로 조정한다.

④ Carrier gas : N_2 로 유량은 60㎖/min로 한다.

또한 정량은 각종의 면적치와 내부 표준물질의 면적치 비에 의한 표준곡선으로부터 구한다.

2-6-2 유류(乳類)의 유당(lactose)정량

원 리

우유를 단백화한 다음에 lactose와 chloramin-T, KI 사이의 반응에 의하여 환원된 $Na_2S_2O_3$ 용액으로 적정하여 lactose 함량을 측정하는 방법이다

시약 및 기구

① Tungsten 산 시약 : Sodiun tungstate($Na_2WO_4 \cdot 2H_2O$)7g을 870㎖의 증류수에 용해한 다음 88% orthophosphoric acid(H_3PO_4)용액 0.1㎖ 및 1N-H_2SO_4 70㎖를 가한다.

② 0.040N-chloramin-T 용액 : Chloramin-T 5.70g을 1ℓ 에 용해시킨다.

③ Sodium thiosulfate 용액: 0.040N-KI용액 10mℓ에 KI용액 5mℓ와 HCI를 가하여 $Na_2S_2O_3$ 용액으로 적정한다. $Na_2S_2O_3$ 용액의 농도는 대부분의 우유시료에 대하여 2~3.5mℓ로, blalnk test에 대하여는 9.5~9.7mℓ가 되도록 조제한다.

④ 10% KI용액, 2N-HCI, 1% soluble starch 용액

조 작

(1) 시료용액의 조제

우유는 15~20℃에서 거품이 발생하지 않도록 충분히 혼합하여 채취하고, 크림의 분리가 있을 때는 약 40℃로 가온하여 충분히 혼합한 다음 15~20℃로 냉각시켜 시료를 채취한다.

크림은 20℃에서 충분히 혼합하되 거품이 발생할 정도로 심하게 휘저어서는 안된다. 크림이 매우 농후한 경우에는 30~40℃로 가온하여 혼합하고 신속히 실온으로 냉각한다.

(2) 측정방법

시료 약 10g을 정확히 칭량하여 취하고 증류수 25mℓ를 사용하여 100mℓ용의 meas-flask에 씻어 넣은 다음 tunsten산 시약 40mℓ를 가하여 혼합한 후에 정용한다.

이 용액을 여과하고 여액 10mℓ를 뚜껑있는 150mℓ용의 삼각 flask에 취하고, KI 용액 5mℓ와 chloramin-T용액을 정확히 20mℓ 가하여 혼합한후, 뚜껑을 닫고 18~20℃의 어두운 장소에 90±10분간 방치한다.

방치가 끝나면 HCl 5mℓ을 가한 다음에 $Na_2S_2O_3$ 용액을 정확히 10mℓ 가하고 0.02mℓ의 정밀도로 적정을 시작한다. 종말점이 가까워오면 전분용액 2~3방울을 가하고 적정하여 종말점을 구한다.

계 산

0.040N-$Na_2S_2O_3$ 용액 1mℓ는 7.2mg의 lactose에 상당한다.

$$\text{Lactose}(\%) = \frac{(B-A) \times 7.2 \times f \times 0.992}{S}$$

B : 증류수 10mℓ를 사용한 blank test 적정치(mℓ)
A : 시료에 대한 적정치(mℓ)
f : 0.040-$Na_2S_2O_3$용액의 factor
S : sample 채취량(g)
0.992 : 침전의 부피 대한 보정치
(탈지유의 경우는 0.996으로 한다)

제 3 장 식이섬유의 정량

3-1 중성계면활성제법(NDF법)

원 리

식이섬유는 사람의 소화기관이 분비하는 효소에 의하여 분해를 받지 않는 cellulose, hemicellulose, lignin 등을 말하며, 식물세포벽 및 세포구조 내용성분 또는 식품첨가물로서 가해진 다당류가 여기에 해당된다.

종래의 조섬유정량법으로는 1.25% 알칼리용액에서 가열하기 때문에 cellulose, lignin 등의 회수율(약 60% 정도)이 떨어지고 hemicellulose는 거의 용해되어 회수되지 않는 경우도 있다.

식이섬유를 정량하는 방법은 계면활성제를 이용하는 방법, 다당류 분별정량법, 소화효소에 의한 비소화성 잔사의 측정법 등 여러가지가 있으나 여기서는 산성, 중성의 세제에 의한 추출을 연속적으로 실시하는 Van Soest가 고안한 중성계면활성제법(NDF, Neutral Detergent Fiber)을 설명한다.

시료 · 시약 및 기구

① 시료 : NDF법에 의한 식이섬유 정량에 적합한 시료는 녹엽 야채, 근채류, 산채류 등이 알맞고, 전분이 많은 시료는 전분을 별도로 분해 제거하여야 하며, 펙틴(pectin)을 많이 함유하는 경우는 따로 이를 정량하여야 한다. 왜냐하면 NDF시약은 해조류에서 비소화성의 다당류 일부와 과일의 펙틴질을 용해하기 때문이다.

② NDF시약 : Sodium lauryl sulfate 30g, Disodium dihydrogen ethylene diamine tetraacetate dihydrate(EDTA · 2Na) 18.61g, Sodium borate decahydrate 6.81g, Disodium hydrogen phosphate (무수) 4.56g, Ethylene glycol monoethyl ether 10mℓ 이상의 시약

을 순서대로 900mℓ의 증류수에 용해시킨 후, 1ℓ 메스플라스크에서 증류수를 가하여 정용한다. Na_2CO_3 또는 H_3PO_4를 이용하여 pH를 6.9~7.1로 조제한다. NDF중성세제 시약은 냉장고에 보존하면 시약이 석출하기 때문에 가온 용해하여 사용한다.

③ 소포제 : Decahydronaphtalene

④ 무수 아황산나트륨(Na_2SO_3)

⑤ Acetone 등의 시약은 시료에 NDF시약을 첨가한 후에 사용한다.

⑥ 조섬유정량장치, 삼각플라스크 등 필요한 기구는 조섬유정량시에 필요한 기구에 준한다.

조 작

풍건하여 0.5㎜의 체를 통과하도록 분말로 한 시료 0.5~1.0g을 정확히 칭량하여 500mℓ 삼각플라스크에 취하고, 이것에 NDF시약 100mℓ를 정확히 가하고서, 소포제 decahydronaphtalene 2mℓ(홀피펫 사용) 및 무수 아황산나트륨 0.5g을 가한다.

다음 삼각플라스크를 5~10분간에 끓도록 가열하여 끓기 시작하면 화력을 조절하고, 그때부터 60분 동안 가열을 계속한다. 이때 거품의 발생이 심하면 소포제로 amyl alcohol 1mℓ를 사용한다.

가열분해가 끝나면 삼각플라스크를 가열장치로부터 내리고, 유리여과기(glass filter)에 미리 여과면의 크기에 맞추어진 석영여과지(지름 24㎜, 또는 석면)를 깔고 필터디스크로 고정시킨 것을 사용하여 흡인 여과한다. 가능한 한 뜨거울 동안에 흡인여과하고, 잔사 및 삼각플라스크 내부도 열수(90~100℃)를 가하여 잘 세척하며, 계속해서 actone으로 2회 세척해서 유리여과기로 옮겨 모두 여과한다.

여과가 끝나면 유리여과기를 100℃로 조절된 정온건조기에서 2시간 건조시킨 다음 데시케이터에 옮겨 30분간 방냉한 다음 칭량한다. 다시 유리여과기를 1시간 건조하고, 30분 방냉, 칭량의 조작을 반복하여 항량을 구한다(W_0g).

항량을 구한 유리여과기를 500~550℃로 조절한 전기로에서 1시간 동안 회화시킨 다음, 전기로의 온도가 200℃ 이하로 되었을 때 유리여과기를 데시케이터로 옮겨 30분 냉각하고서 칭량한다. 이 조작도 반복하여 항량을 구한다(W_1g).

이렇게 하여 얻은 전후 중량의 차가 식이섬유(dietary fiber : DF)의 함량이 된다. 또 NDF시약을 사용하므로 NDF값이라고도 한다.

계 산

시료 중의 식이섬유의 함량은 다음 식으로 산출한다.

$$식이섬유(dietary\ fiber,\ \%) = \frac{W_0 - W_1}{S} \times 100$$

W_0 : 유리여과기(glass filter)의 여과 후 건조항량(g)
W_1 : 유리여과기(glass filter)의 회화 후 항량(g)
S : 시료채취량(g)

3-2 산성계면활성제법(ADF법)

원 리

본 법은 산성계면활성제를 이용하는 방법이다. 중성계면활성제법(NDF법)은 식물의 전 세포벽 구성분인 cellulose, hemicellulose 및 lignin의 합계량의 정량에 적합하고, 산성계면활성제법(ADF법)은 cellulose, lignin 정량에 적합하다.

NDF에서 ADF를 빼면 hemicellulose의 양이 계산에 의해 구해진다.

시약 및 기구

① 산성계면활성제용액 : Cctyl trimethyl ammonium bromide 200g을 1N-H_2SO_4용액 1ℓ 에 용해한다.

② 소포제 : Decahydronaphtalene

③ Acetone

④ 기타 NDF법과 같은 시약 및 여과장치

조 작

시료 0.5~1g을 정확히 칭량하여 500㎖의 광구 삼각플라스크에 넣는다. 산성계면활성제용액 100㎖, 소포제 decahydronaphtalene 2㎖를 가하고 환류냉각기를 부착하여 NDF법의 정량의 경우와 같이 조작한다.

계 산

3-1의 NDF법과 같은 방법으로 계산한다.

3-3 소화효소에 의한 비소화성 잔사의 측정법(Prosky법)

원 리

식이섬유는 사람의 소화효소로 소화되지 않는 난소화성 성분(難消化性 成分)으로서, 이 중에는 cellulose, hemicellulose 등 외에 수용성 pectin 등도 함유되어 있다.

시료 중의 전분과 단백질을 효소에 의해 인공적으로 소화시키고, 소화되지 않고 잔존해 있는 성분을 다시 78% ethanol을 가해 침전시킨다. 이 침전한 고분자화합물 획분의 양을 회화 전후의 중량으로 구하고, 획분 중의 단백질량, 회분량에 의한 보정을 행하여 식이섬유로 한다. 유리여과기로 여별하여 수용성 및 불용성 식이섬유를 정량하고, 양 식이섬유를 합계한 것을 총 식이섬유로 한다.

시약 및 기구

① 0.08M 인산염 완충용액(pH 6.0) : 무수 Na_2HPO_4 1.400g(또는 $Na_2HPO_4 \cdot 2H_2O$ 1.753g)과 $NaH_2PO_4 \cdot H_2O$ 9.68g(또는 $NaH_2PO_4 \cdot 2H_2O$ 10.94g)을 물 700mℓ에 녹인 후 물을 가하여 1,000mℓ로 한다. pH 6.0을 확인한다.

② 0.325M-HCl용액 : 1M-HCl 325mℓ를 취하여 물을 가하여 1,000mℓ로 한다.

③ 0.275N-NaOH용액 : NaOH 11g을 물 700mℓ에 녹인 후 물을 가해 1,000mℓ로 한다.

④ 95% ethanol용액

⑤ 78% ethanol용액

⑥ Acetone

⑦ Termamyl(내열성 α -amylase) 용액 : Novo사 No 120ℓ (냉장보존)

⑧ Protease : Sigma사 No-A-3910(냉장보존)

⑨ Amyloglucosidase : Sigma사 No-A-9913(냉장보존)

⑩ 셀라이트(celite) C-211 : Fisher사(산용액 세척)

⑪ 유리여과기(glass filter)2G-3 : 기공 40~60㎛, 용량 60㎖의 유리여과기를 525℃에서 한 시간 처리한 후 냉각시켜 물로 세척, 상온 건조하여 셀라이트 0.5g을 가한 후 130℃에서 항량이 될때까지 건조한 후 데시게이터에 옮겨 보관한다.

⑫ 감압펌프(vacuum pump 또는 aspirator) : 역류방지장치가 부착된 것

⑬ 감압건조기 또는 상압가열건조기

⑭ 데시게이터(desiccator)

⑮ 전기로(electric muffle furnace)

⑯ 수욕조(water bath)

⑰ pH meter : pH 7, pH 4에 표준화된 것

⑱ 기타 Kjeldahl질소정량용 시약 및 기구

조 작

(1) 시험용액의 조제

시료는 반드시 2개를 동시에 처리한다. 또한 시료를 가하지 않고 같은 처리를 행하여 공시험을 한다.

시료분말[1] 0.5~1.0g(필요한 경우 ether 등으로 탈지한다)씩 동일한 무게로 2개를 칭취하여(시료채취량 : S) 두개의 400㎖ 코니칼 비커에 넣고, 각각에 인산완충용액(pH 6.0) 50㎖씩을 가하여 충분히 현탁시킨다. pH를 확인하고 필요한 경우 pH 6.0±0.2로 조정한다.

Termamyl용액 0.1㎖를 넣고 알루미늄박으로 뚜껑을 한 후 끓는 수욕에서 5분마다 흔들어주며 30분간 정치한다. 이때 온도계를 사용하여 비커 내부온도가 85~100℃에서 15분간 지속하였는가를 확인한다. 다시 냉각한 후 0.275N-NaOH용액 10㎖를 가하고 pH를 7.5±0.2로 조절한다.

Protease 5mg(또는 50mg을 물 1㎖에 녹인 것 0.1㎖)을 가하고 알루미늄박으로 뚜껑을 한 후 계속 흔들어주며 60℃에서 30분간 항온유지시킨다. 다시 냉각한 후 0.325M-HCl용액 10㎖를 가하고 pH를 4.0~4.6으로 조절한다. 여기에 Amyloglucosidase 0.3㎖를 가하고[2] 알루미늄박으로 뚜껑을 한 후 계속 흔들어 주면서 60℃에서 30분간 항온 유지시켜 전분 및 단백질을 가수분해시킨 다음 수용성과 불용성 부분을 유리여과기 2G-3로 여별하여 여액과 잔사를 분리한다.

1) 정확이 식이섬유량을 구하기 위해서는 S의 값에 시료의 절대 건조중량의 값을 이용한다. 즉, 건조분말시료량의 수분량으로 보정한다.
2) Amyloglucosidase첨가 직후는 분산, 용해를 완전이 하기 위해 잘 혼합한다.

(2) 시험조작

① 수용성 식이섬유(SDF)

유리여과기를 통과한 수용성 부분(여액)에 95% ethanol 280㎖를 60℃로 가온하여 가한 후 잘 흔들어 혼합한 후 상온에서 1시간 방치하여 식이섬유를 침전시킨다. 셀라이트가 함유된 유리여과기의 무게를 정밀히 달고 78% ethanol을 가하여 적시고 셀라이트를 고르게 펼친다. 흡인여과하여 셀라이트를 고르게 한 후 계속 흡인하면서 시험용액을 이것에 옮겨 여과한다. 이때 여과기의 잔사를 수용성 식이섬유로 하여 78% ethanol 20㎖씩 3회, 95% ethanol 20㎖씩 2회, 그리고 acetone 10㎖씩 2회 사용하여 차례로 세척한다.

피막이 형성된 경우 시약스푼으로 피막을 파괴하여 여과를 용이하게 하고, 여과도중 간간히 여과를 중단하면 시간을 단축할 수 있다. 여과기를 105±5℃의 건조기에서 하룻밤 건조 후, 데시게이터에서 방냉하여 칭량한다.

건조를 반복하여 항량을 구하고 여기서 여과기의 중량을 빼어 잔사의 중량(R_1)을 구한다. 하나의 여과기 잔사에 대한 질소량을 계산하고 이에 6.25를 곱하여 단백질함량(P_1)을 구한다. 또 다른 하나의 여과기 잔사를 525℃에서 5시간 회화시킨 후 회분량(A_1)을 구하여 수용성 식이섬유의 함량을 구한다.

② 불용성 식이섬유(IDF)

유리여과기 상의 불용성 부분(잔사)을 불용성 식이섬유 획분으로 하여, 95% ethanol 10㎖씩 2회, acetone 10㎖씩 2회 사용하여 차례로 세척한 후 여과기를 105±5℃의 건조기에서 1~2시간 건조한 후, 데시게이터 안에서 방냉하여 칭량한다. 건조를 반복하여 항량을 구하고 여기서 여과기 중량를 빼어 잔사의 중량(R_2)을 구한다.

또한 별도로 불용성 식이섬유 획분 중의 단백질량(P_2)과 회분의 양(A_2)을 각각 Kjeldahl법(질소 단백질 환산계수 6.25)과 525℃에서 5시간 회화법으로 정량하여 불용성 식이섬유를 구한다.

③ 총 식이섬유(TDF)

수용성 식이섬유량과 불용성 식이섬유량을 합계한 것을 총 식이섬유로 한다.

계 산

시료 중의 식이섬유의 양은 다음 식에 의해 계산한다.

① 수용성 식이섬유량(SDF%) $= \dfrac{R_1 - B_1 - P_1 - A_1}{S} \times 100$

단, $B_1 = R_{B1} - P_{B1} - A_{B1}$이다.

R_{B1} : 공시험의 잔사의 중량
P_{B1} : 공시험의 단백질량
A_{B1} : 공시험의 회분량

② 불용성 식이섬유량(IDF%) = $\frac{R_2 - B_2 - P_2 - A_2}{S} \times 100$

단, $B_2 = R_{B2} - P_{B2} - A_{B2}$이다.

R_{B1} : 공시험의 잔사의 중량
P_{B1} : 공시험의 단백질량
A_{B1} : 공시험의 회분량

③ 총 식이섬유량(TDF%)

= 수용성 식이섬유량(SDF%) + 불용성 식이섬유량(IDF %)

제 4 장 탄수화물의 분리 및 시험법

4-1 감자 또는 고구마 전분의 분리 및 정제

원 리

전분은 식물의 줄기, 뿌리, 종자 등의 세포질 내에 전분입자로서 존재한다. 이것을 분리하려면 시료를 분쇄하고, 물로 세척하여 공존하는 섬유질을 제거한 후 세척한 액을 정치하여 침강되는 부분을 취한다. 이것은 전분의 구성성분인 amylose와 amylopectin이 다같이 고분자물질로서 찬물에 녹지 않기 때문에 분리할 수 있는 것이다. 그러나 곡류의 경우는 단백질(gluten, protamine 등)이 전분입자를 싸고 있기 때문에 단백질을 제거하기 위하여 알칼리처리를 할 필요가 있으며, 소량의 무기염이나 지방질도 제거하여야 한다.

시약 및 기구

① 감자 또는 고구마(시료)

② 무즙 강판

③ 거즈

④ 교반장치(magnetic stirrer)

⑤ 1% HCl용액

⑥ 0.2% NaOH용액

⑦ Biuret반응에 필요한 시약

⑧현미경

조 작

(1) 분 리

감자 또는 고구마 100g을 잘 씻어 껍질을 벗기고 강판으로 곱게 갈아 비커에 담고 약 50배의 물을 가하여 저어 주면서 거즈로 여과한다. 남은 찌꺼기를 비커에 옮겨서 물을 부어 다시 여과한다. 이러한 조작을 2~3회 되풀이하고, 여액을 방치하여 전분이 가라앉으면 상징액을 경사여과하여 버린다. 수용성 물질을 제거하기 위하여 전분에 물을 가하여 경사여과하기를 여러 번 반복한 후, 여과지로 여과하고 바람이 잘 통하는 곳에서 말려 전분을 얻는다(약 10g 정도).

(2) 정 제

위와 같이 분리한 전분에는 소량의 무기염, 지방질, 단백질이 함유되어 있는 경우가 많으므로 다음과 같이 정제한다. 전분 100g에 1% HCl 300~400㎖를 가하여 4시간 동안 교반하고(magnetic stirrer를 사용하는 것이 좋다), 12시간 방치한 후 상징액을 경사여과하여 버린다. 이와같은 조작을 4~5회 반복한 후 congo red 시험지로 염산반응이 나타나지 않을 때까지 증류수로 세척한다. 다음에 감압여과하여 수분을 분리한다. 이와같은 조작에 의하여 무기염은 제거된다. 다음에 단백질을 제거하기 위해 시료를 0.2~0.3% NaOH 500㎖에 침지하고, Biuret반응을 나타내지 않을 때까지 매일 액을 바꾸고, 증류수로 알칼리반응이 나타나지 않을 때까지 세척한 후 건조한다. 이 조작으로 단백질 뿐만아니라 소량의 지방질도 동시에 제거된다.

(3) 확인시험

① 현미경

전분분자는 식물체 내에서 micell을 형성하고 있어 특유한 결정입자로 되어 있다. 그러므로 현미경으로 그 입자를 관찰하면 전분의 종류를 알 수 있다. 소량의 전분을 슬라이드 글라스(slide glass)위에 놓고, 물로 적신 후 150~200배의 배율로 검경한다(그림 5-16 참조).

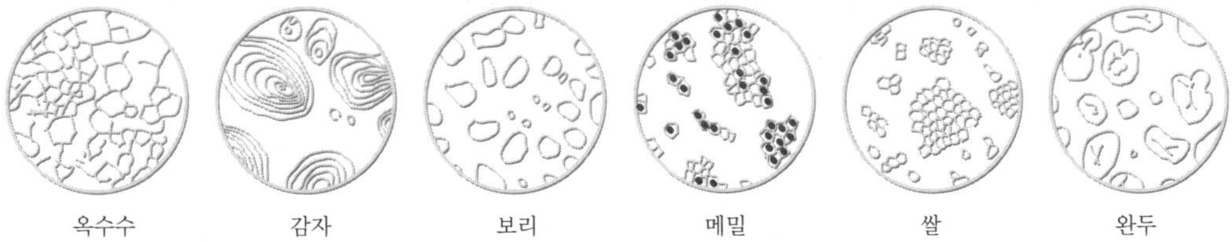

그림 5-16 전분입자의 모양

② 호 화

시료 0.1g을 칭량하여 시험관에 넣고, 물 10mℓ를 가하여 잘 혼합한 후 100℃의 온도계를 그림 5-17과 같이 장치하여 물이 든 비커에 고정시킨다. 물이 든 비커에도 온도계를 매달고 가열한다.

장치의 반대편에 전기조명장치를 하고 전분액이 투명하여지는 온도를 기록한다.

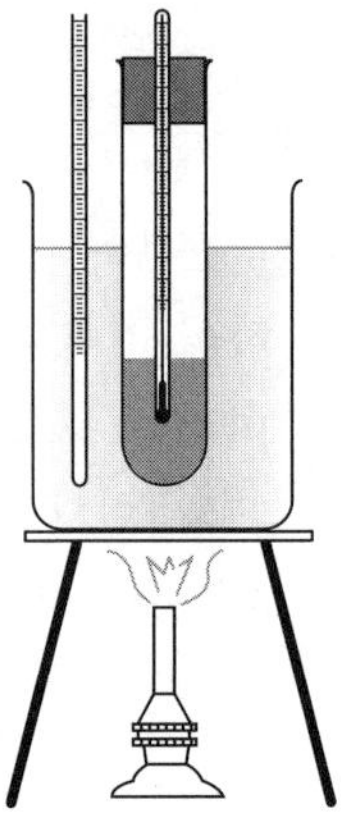

그림 5-17 호화온도의 측정장치

③ 요오드반응

요오드는 다당류에 흡착되어 착색물질을 만든다. 전분은 요오드반응에 의하여 청남색을 나타내고, 글리코겐과 전분의 부분적 가수분해물인 덱스트린은 분자의 크기에 따라 적색~갈색 또는 음성을 나타낸다.

검체에 물을 가하고 약하게 가온하여 녹인 후 냉각시킨 액에 요오드액(요오드 1g, 요오드화칼륨 2g, 물 50mℓ의 혼합액) 한 방울을 가하면 청남색이 된다. 이것을 가열하면 청남색이 없어지고, 냉각하면 다시 청남색을 나타낸다.

1%의 검체수용액 5mℓ에 1% diastase수용액 또는 타액의 희석액 5mℓ를 가하여 40℃ 부근의 수욕 안에서 가온하고, 1분 간격으로 이 액 1~2방울을 점적판에 취하여 요오드액을 가하고 혼합하면 청→자→적→황→무색으로 색깔이 변한다(표 5-10 참조).

표 5-10 전분 및 덱스트린의 요오드반응

이 름	분 자 량	요오드반응
전 분	50,000~1,000,000	청남색
Amylodextrin	10,000	자 색
Erythrodextrin	6,000~7,000	적 색
Achromodextrin	3,000~4,000	무 색

4-2 전분의 산 가수분해물로부터 포도당(glucose)의 분리

원 리

전분은 D-glucose만으로 구성된 다당류로서 산에 의하여 가수분해되어 glucose로 된다. 이 가수분해반응의 진행과정은 요오드반응, 단당류의 환원시험, osazone시험 등으로 확인할 수 있다.

시약 및 기구

① 감자전분(분리 · 정제한 것)
② 2%, 5% H_2SO_4용액
③ $BaCO_3$
④ 활성탄
⑤ 결정 glucose
⑥ 0.01N-I_2 · KI용액
⑦ HNO_3
⑧ K_2CO_3 또는 KOH
⑨ 2N 초산용액
⑩ Fehling시약
⑪ 감압농축장치

조 작

(1) 분 리

1ℓ 의 플라스크에 감자전분 50g과 2% H_2SO_4 500㎖를 넣어 혼합시킨다. 환류냉각기를 부착하여 때때로 흔들면서 요오드전분반응을 나타내지 않을 때까지 약 3시간 끓인다. 따뜻할 동안에 $BaCO_3$을 교반하면서 소량씩 가하고 중화한다. 여기에 또 활성탄을 가하여 따뜻할 동안에 여과한다.

다음으로 과잉의 바륨(Ba)을 제거하기 위해서 여액에 5% H_2SO_4을 가하여 $BaSO_4$의 침전을 만들어서 제거한다. 여액을 감압농축해서 시럽(syrup)상태로 한 후 방치하고, 포도당(glucose)의 결정을 가하여 냉각하면 포도당의 결정이 석출된다.

이 조포도당(crude glucose)의 결정을 열탕에 용해시키고 활성탄을 가해서 가온하여 여과하고 여액을 앞에서와 같이 감압농축, 방치 후 결정종(結晶種)을 가하고 냉각하여 포도당의 수화물을 결정으로 석출시킨다.

(2) 확인시험

포도당(glucose)용액에 HNO_3(d=1.15)을 넣고, 끓는 수욕 속에 넣어 시럽상태로 될 때까지 증발농축시키고, 이것을 소량의 물에 용해하여 증발농축을 2~3회 되풀이 한 후 K_2CO_3 또는 KOH로 중화하며, 다음에 초산을 가해 산성으로 하여 방치하면 포도당의 산성칼륨염의 침상결정이 석출된다.

전분은 환원반응을 나타내지 않으나, 포도당은 환원반응을 나타내므로 Fehling반응으로 시험하면 좋다.

4-3 자당의 산 가수분해물로부터 과당(fructose)의 분리

원 리

자당(sucrose)은 D-glucose와 D-fructose로 이루어진 2당류로서 산에 의한 가수분해로 과당(fructose)을 얻을 수 있다.

시약 및 기구

① 자당(sucrose)
② 수산(oxalic acid)
③ $CaCO_3$
④ 석회유(石灰乳)
⑤ 6N-HCl용액
⑥ 활성탄
⑦ 결정 fructose
⑧ Skatole
⑨ 진한 HCl용액
⑩ 감압황산 데시케이터(desiccator)
⑪ Kipp's장치
⑫ 감압농축장치
⑬ Seliwanoff시약

조 작

(1) 분　리

20~25% 자당용액에 수산을 자당의 1%에 해당하는 양을 가하여 가수분해한다. 0~8℃로하여 당에 대하여 30%의 칼슘(Ca)을 함유한 석회유를 가해서 과당(fructose)의 칼슘염을 생성시키고, 이것을 여과해서 8℃의 물로 세척한다. 세척한 침전에 냉수를 넣어 이기고 탄산가스를 통과하여 과당과 결합한 칼슘을 탄산칼슘($CaCO_3$)으로서 침전시킨다. 여과한 여액을 90%까지 농축하고, 40℃에서 결정종을 가해서 감압황산 데시케이터에 방치하면 과당의 결정이 생성된다.

과당의 결정체를 같은 양의 물에 용해시켜 활성탄을 넣어서 여과한다. 여액을 40~50℃로 감압농축해서, 시럽상태로 하고 결정종을 가해 때때로 혼합시키면서 20~30시간을 40℃로 유지하며 결정시킨다. 결정을 원심분리하여 소량의 물로 세척하고, 감압황산 데시케이터 속에 넣어 건조하면 무수과당이 얻어진다.

(2) 확인시험

당(5~20mg)을 10mg의 재결정한 skatole과 혼합시켜 10mℓ의 진한 HCl를 넣고 40℃에서 30분간 가온할 때 과당(fructose)이 있으면 강한 적자색으로 된다.
Fructose는 ketose이므로 Seliwanoff반응으로 시험하면 좋다.

4-4 사탕무 또는 사탕수수에서 자당(sucrose)의 분리

원 리

사탕무 또는 사탕수수 침출액으로부터 단백질 등의 불순물을 침전시킨 후 여액을 탈색하여 농축하면 자당(sucrose)의 결정을 얻을 수 있다.

시약 및 기구

① 사탕무 또는 사탕수수
② $Ca(OH)_2$용액
③ Diazouracil
④ 2N-NaOH용액
⑤ 0.1M-$MgCl_2$용액
⑥ 대리석
⑦ 염산활성탄
⑧ Kipp's장치
⑨ 감압농축장치

조 작

(1) 분 리

사탕무를 잘게 자르고 80℃의 더운물에 넣어 되풀이해서 침출시킨다. 침출한 액에 80~90℃의 $Ca(OH)_2$용액을 중화시키고, 가해서 동시에 단백질, 불순물을 침전시킨다.

이 액에 탄산가스를 통해서 $CaCO_3$을 침전시킨다. 여기에서 얻어진 투명한 여액을 활성탄으로 탈색한 후 그 여액을 감압농축하면 자당의 결정이 생성된다.

사탕수수의 경우는 압축해서 얻어진 즙액에 대해서 사탕무의 침출액의 경우와 같은 방법의 조작을 한다.

(2) 확인시험

검액 1mℓ에 diazouracil 7mg을 가하고, 50℃로 냉각시키면서 유리 막대로 잘 혼합시켜 2N-NaOH용액 0.1mℓ를 가해서 냉각하고, 10분 후 0.1M-$MgCl_2$용액 한 방울을 가했을 때 자당이 존재하면 청록색의 침전이 생성된다.

여기에서 얻어진 자당과 같은 결합을 가지고 있는 raffinose, gen · tiobiose, stachyose 등도 같은 청록색을 띤다. 또 fructose와 같이 Seliwanoff 반응을 시험하면 좋다.

4-5 우유로부터 유당(lactose)의 분리

원 리

탈지유의 pH를 4.5로 조절하여 먼저 casein을 침전시켜 여별하여 제거한다.

여액을 가열하여 albumin을 응고 침전시켜 제거한 후 이 여액을 증발농축시키면 유당이 석출된다.

시 약

① 10% 초산용액 ② $CaCO_3$용액

③ Methanol ④ 활성탄

조 작

(1) 분 리

탈지유 200mℓ에 10% 초산을 가해서 pH 4.5로 조절하여 casein을 침전시키고, 이것을 여별하여 casein을 제거한다. 여액을 가열하여 albumin을 응고 침전시키고 재차 거즈로 여과해서 이것을 제거한다. 이 여액을 $CaCO_3$로 중화한 후 끓는 수욕상에서 증발농축시키면 유당이 석출되므로 이것을 여별한다.

얻어진 조유당(crude lactose)을 유당 100g에 대해서 75mℓ 비율의 뜨거운 물에 녹이고 활성탄 2g을 가하여 더울 동안 여과한다. 이 여액을 교반하면서 서서히 냉각시켜 석출한 결정을 수시간 후에 여과하고, 물과 methanol혼합액(1 : 1) 및 methanol로 세척한다.

(2) 확인시험

Barford정성시험을 실시한다.

4-6 전분에서 amylose와 amylopectin의 분리 및 정량

원 리

Amylose와 amylopectin의 분리에 있어서 amylose는 n-butanol과 복합체를 형성하여 침전되는 반응을 이용하여 분리한다. 또 이의 정량에는 요오드정색반응에 의한 비색법이 많이 이용되므로 여기서는 이 방법에 대하여 기술한다.

시약 및 기구

① 전분(분리정제한 것)
② n-butanol
③ Ethanol
④ 환류냉각기
⑤ 자석교반기
⑥ Methanol
⑦ 메스플라스크(100㎖, 500㎖)
⑧ 10% NaOH용액
⑨ 6N-HCl용액
⑩ 요오드용액(0.2% I_2용액, 2% KI용액)
⑪ 광전비색계

조 작

(1) 분 리

n-butanol 100㎖와 물 700㎖와의 혼합액을 끓는물 속에서 끓이고, 이것에 전분 10g을 물 50㎖에 현탁한 액을 넣어 호화시킨다. 이것에 환류냉각기를 부착하고 92℃에서 1~2시간 교반하면서 끓인다. 이것을 실온에서 24시간 방치한 후 생성되는 침전을 여과하고, ethanol로 세척하여 탈수건조하면 amylose가 얻어진다.

위의 여액에 과잉의 methanol을 가하여 amylopectin을 침전시킨 다음 여과하고, ethanol로 세척하여 탈수건조하면 amylopectin이 얻어진다. 이렇게 분리한 amylose와 amylopectin에 대하여 요오드반응을 시험하여 본다.

(2) 정　량

시료전분 100mg을 100mℓ의 메스플라스크에 넣고 ethanol 1mℓ, 물 10mℓ, 10% NaOH용액 2mℓ를 가하여 약 70℃의 수욕상에서 10분간 가온하여 용해하고 냉각한 후 물을 가하여 100mℓ로 하고 잘 혼합한다. 이 용액 5mℓ(시료 5mg에 상당)를 500mℓ의 메스플라스크에 넣고 물 100mℓ를 가하고, 6N-HCl용액 3방울을 가하여 미산성으로 하여, 잘 교반하면서 요오드용액 5mℓ를 가한 다음 물로 500mℓ가 되게 한다. 이것의 일정량을 셀(cell)에 넣고 파장 660nm에서 흡광도를 측정한다. 또 대조액으로는 시료를 넣지 않고 위와같은 조작을 하여 흡광도를 측정하고 이것을 위의 시료흡광도에서 뺀다.

별도로 앞에서 분리한 amylose와 amylopectin(또는 표준 amylose와 amylopectin)을 일정한 비율로 섞어 위와같은 방법으로 흡광도를 측정하여 그림 5-18과 같은 표준곡선을 만든 다음 amylose와 amylopectin의 함량(%)을 구한다.

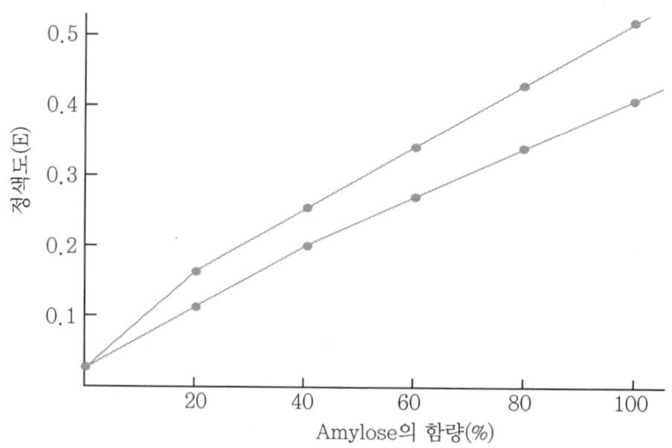

그림 5-18 Amylose와 amylopectin의 함량에 따른 요오드반응 정색도 변화

4-7 소 간장으로부터 glycogen의분리

원 리

동물의 간장이나 조직에는 다량의 glycogen이 함유되어 있다. 동물의 간장이나 조직을 시료로하여 trichloroacetic acid로 추출한 후 원심분리하여 상징액에 ethanol을 가하면 glycogen이 석출한다.

시약 및 기구

① 소 간장

② 3% trichloroacetic acid용액

③ 95% ethanol

④ 포화$(NH_4)_2SO_4$용액

⑤ 요오드용액(0.2% I_2용액 · 2% KI용액)

⑥ 원심분리기

조 작

(1) 분 리

신선한 소 간장 25g을 잘게 썰어서 유발에 넣어서 3% trichloroacetic acid 75㎖를 가하여 잘 혼합시킨다. 이 trichloroacetic acid 추출액을 두꺼운 여포로 여과시켜서 잔사를 재차 trichloroacetic acid로 추출시킨다.

추출여액을 합쳐서 원심분리로 분리시켜 상징액을 분취한다. 이 상징액에 2배량의 ethanol을 가하면 약 2g의 침전이 석출된다. 이와같은 조glycogen(crude glycogen)을 원심분리하여 얻는다.

(2) 정 제

Glycogen의 정제는 조glycogen을 3% trichloroacetic acid에 용해시켜 불용의 단백질을 제거시키고 상징액에 ethanol을 가하여 재차 침전을 반복시킨다. 이 침전을 물로 용해시켜 감압하에서 여과시키고, 여액에 ethanol을 가하여 glycogen을 침전시켜서 ethanol로 세척하고 수분을 제거시킨 후에 건조시킨다.

(3) 확인시험

① 침전반응

정제된 glycogen을 물에 용해시켜 포화$(NH_4)_2SO_4$용액을 같은 양을 가하면 침전이 생긴다.

② 요오드반응

정제된 glycogen을 물을 가하여 용해시킨 뒤 요오드용액 한 방울을 가하면 황갈색이 나타난다.

4-8 귤껍질로부터 pectin의 분리

원 리

Pectin물질은 식물의 뿌리, 줄기 또는 과실이나 채소의 조직에 다량 함유되어 있으며 arabinose, galactose, galacturonic acid 등이 결합한 복합다당류이다. 과실류에서 순수하게 추출한 것은 백색분말로서 물에 녹아 점성이 있는 수용액이 된다. Pectin은 잼, 젤리 등의 가공에 중요한 역할을 한다.

시약 및 기구

① 귤껍질

② 무수 ethanol, 80% ethanol, 95% ethanol

③ 0.2% 구연산(citric aicd)용액

④ 설탕

조 작

(1) 분　리

귤껍질의 안쪽 백색부분을 잘게 자르고, 이것에 4배량의 물을 가해서 하룻밤 방치하거나 또는 끓여서 자루에 넣고 치댄다. 이로 인해서 고미질(苦味質)이 제거된다.

다음으로 0.2% 구연산(또는 염산)을 약 4배량 가하여 30분간 끓이면 pectin이 추출된다. 이것을 자루에 넣고 치대고, 여액에 ethanol를 가해서 ethanol농도를 80%로 하면 pectin이 백색면상(白色綿狀)의 침전으로 된다. 이것을 여별하여 80% ethanol로 세척한 후 건조시킨다.

(2) 젤리화시험

Pectin은 pectin 1.0~1.5%, pH 2.8~3.3, 당 60~65%에서 젤리화 한다. Pectin분말 0.5g과 설탕 30g을 잘 혼합한 것에 물 30㎖를 가하고 가열용해한다. 이것에 구연산 0.2g을 가하여 용해하고, 전량이 50g이 될 때까지 끓여서 농축하여 방치해 두면 젤리(jelly)가 된다.

4-9 다시마로부터 alginic acid의 분리

원 리

Alginic acid는 미역, 다시마 등의 갈조류의 세포벽성분으로 존재하는 다당류이다. Alginic acid는 냉수에 녹지 않으나 뜨거운 물에는 조금 녹는다. 그러나 이것의 나트륨, 갈륨 등의 염은 물에 잘 녹는다. 따라서 갈조류에 NaOH용액을 가해 용해시키면 alginic acid 나트륨염의 용액이 된다. 이것의 pH를 3 전후로 조절하면 alginic acid가 분리되므로 원심분리하여 얻을 수 있다.

시 약

① 다시마(건물)
② 0.4% HCl용액
③ 0.4% NaOH용액
④ Ethanol

조 작

(1) 분 리

다시마(건물) 5g을 채썰어 건물의 약 10배량의 0.4% HCl용액에 넣는다. 40℃ 이하에서 1시간 온침하고 다음에 물로 세척한다(냉수 가용성의 식염, KCl, 요오드, mannit, laminaline, fucoidine 등이 제거된다). 원조(原藻)에 대해서 약 25배량의 0.4% NaOH용액을 가하고, 60℃ 이상에서 2~3시간 교반하면서 용해시키면 alginic acid나트륨염으로 된다.

다음에 alginic acid염의 농도를 0.1%가 되도록 물로 희석시키고 거즈로 여과한다. 그리고 원심분리기로 잔사를 분리하면 alginic acid 나트륨용액이 얻어진다. 이것에 묽은 HCl을 적하하여 pH를 3 전후로 조절하면 alginic acid가 면상(綿狀)으로 분리되므로 이것을 원심분리한다.

(2) 정 제

얻어진 alginic acid에 계산량의 NaOH용액을 가해서 alginic acid 나트륨으로 한다. 그 후이 액을 농축하고, 그것과 동량의 ethanol을 가해서 압축탈수하면 과잉의 알칼리, 색소가 제거되고, 감압건조하면 정제 alginic acid 나트륨이 얻어진다.

제 5 장 Pectin의 정량

5-1 알코올(alcohol)침전법

원 리

Pectin질을 95% ethanol을 가해 침전시킨 후 증발건고하여 조pectin (crude pectin)을 구하고, 이것을 회화하여 회분량을 제하여 pectin의 양으로 한다.

시약 및 기구

① 95% ethanol
② 자제접시
③ 수욕(water bath)
④ 전기로

조 작

과실이나 잼류 등의 시료를 유발에 잘 갈아서 150g을 1ℓ 의 비커에 취하고, 물 50㎖을 가하여 시계접시로 덮은 채 1시간 가량 조용히 끓인다. 이것을 메스플라스크에 옮기고 물을 가해서 1ℓ 로 하고, 잘 흔들어서 여과한다. 여액 100㎖을 취해서 농축하여 25~30㎖로 한다. 이것을 냉각하고 95% ethanol 200㎖를 잘 흔들면서 조용히 가해서 펙틴(pectin)을 침전시킨다.

충분히 침전시킨 후 미리 건조해서 칭량해 둔 직경 10㎝ 정도의 백금접시 또는 자제접시에 여과지상의 침전물을 95% ethanol로 세척하고, 따뜻한 물로 침전을 완전히 세척하여 옮긴다. 수욕(water bath)상에서 완전히 증발건고하고, 100℃ 항온으로 건조해서 칭량한다(조pectin). 이 조pectin을 연소시켜 회분의 양을 구하고, 조pectin에서 회분량을 제하여 pectin의 양을 구한다.

5-2 펙틴산 칼슘염(calcium pectate)법

원 리

Pectin질을 초산(acetic acid) 산성하에서 염화칼슘($CaCl_2$)으로 펙틴산 칼슘(calcium pectate)의 침전을 형성시킨 다음 건조칭량하여 pectin의 함량을 구하는 방법이다.

시약 및 기구

① 95% ethanol
② Ethyl ether
③ HCl
④ 환류냉각기
⑤ 메스플라스크
⑥ 0.1N-NaOH용액
⑦ 1N-초산(acetic acid)용액
⑧ 0.1M-$CaCl_2$용액
⑨ 2M-$CaCl_2$용액

조 작

(1) 시료의 전처리

시료에 뜨거운 95% alcohol을 가하고(이때 alcohol의 농도가 70% 이상 되게 한다), 끓인 후 여과하며 95% alcohol로 몇 번 세척하고 ether로 탈수건조한다. 과실이나 이의 과즙 및 야채는 그대로 시료로 하여도 좋다.

(2) 추 출

① 총 pectin

시료 약 5g(건물로)을 정확하게 칭량하여 300mℓ의 플라스크에 넣고 HCl의 농도가 0.05N이 되도록 HCl을 가하고, 물을 가하여 전량이 100g이 되게 한다. 이것에 환류냉각기를 부착하고 1시간 끓인 후 냉각하여 250mℓ의 메스플라스크에 넣고 물로 정용한 후 여과하여 그 여액을 정량시료로 한다.

② 수용성 pectin

시료 약 5g(건물로)을 정확히 칭량하여 200mℓ의 플라스크에 넣고 물을 가하여 전량이 100g이 되게 한다. 때때로 교반하면서 30℃에서 수시간 방치하여 추출하고, 이것을 250mℓ의 메스플라스크에 옮겨 물로 정용하고 여과한 후 그 여액을 정량시료로 한다.

(3) 정 량

위의 추출액 1), 2)의 일정량(pectin이 calcium pectate로서 25mg 전후 함유되게 하는 것이 좋다)을 1ℓ 의 비커에 취하고 물을 가하여 약 300mℓ가 되게 한다.

여기에 0.1N-NaOH용액 100mℓ를 가하여 잘 교반하고, 하룻밤 방치하여 검화시킨다. 1N-초산용액 50mℓ를 가하여 5분간 방치하고, 0.1M-$CaCl_2$용액 25mℓ, 이것에 2M-$CaCl_2$용액 25mℓ를 떨어뜨려 잘 교반하고, 1시간 방치한 후 5분간 끓인다.

끓인 액을 동양(Toyo) No. 2 여과지로 여과하고, 염소반응이 나타나지 않을 때까지 끓는 물로 세척한다. 여과지 위의 침전을 비커에 끓는 물로 세척하여 넣는다. 수분간 끓인 후 정확히 칭량하여 놓은 유리여과기(1G-2)로 침전을 여과하고, 이것을 85℃에서 12시간 건조시킨 후 칭량하여 펙틴산 칼슘(calcium pectate)의 양으로 한다.

제6부 지방질의 분석

기본 식품분석학

Basic Food Analysis

제 1 장 지방질의 정성반응

1-1 Acrolein반응(glycerin의 반응)

원 리

Triglyceride, 인지질 등은 alcohol과 glycerin을 함유하고 있는데, glycerin을 5산화인(P_2O_5), 황산수소칼륨($KHSO_4$) 등의 탈수제와 가열하면 다음 식의 반응이 일어나 불쾌한 냄새를 내는 acrolein이 생성된다. 유지도 같은 형태로 분해되어 acrolein가스를 생성하므로 glycerin이 존재함을 알 수 있다.

$$\begin{matrix} CH_2OH \\ | \\ CHOH \\ | \\ CH_2OH \end{matrix} \xrightarrow[215\sim230℃]{-2H_2O} CH_2{=}CH \cdot CHO$$

glycerin　　　　　　　　acrolein

시약 및 기구

① Glycerin 또는 유지

② Myristic acid

③ $KHSO_4$

④ 암모니아성 $AgNO_3$용액

⑤ 시험관 또는 증발접시

조 작

① 시험관 또는 증발접시에 유지 및 glycerin을 몇 방울 떨어뜨린다.

② 시험관 또는 증발접시에 약 0.5g의 $KHSO_4$분말을 가하여 잘 혼합한다.

③ 약한 불에서 가열하면 흰 연기가 생기며 acrolein의 자극취를 생성한다.

④ 이때 암모니아성 $AgNO_3$용액을 적신 여과지를 시험관 입구에 삽입하면 흑색으로 변한다.

방법도시

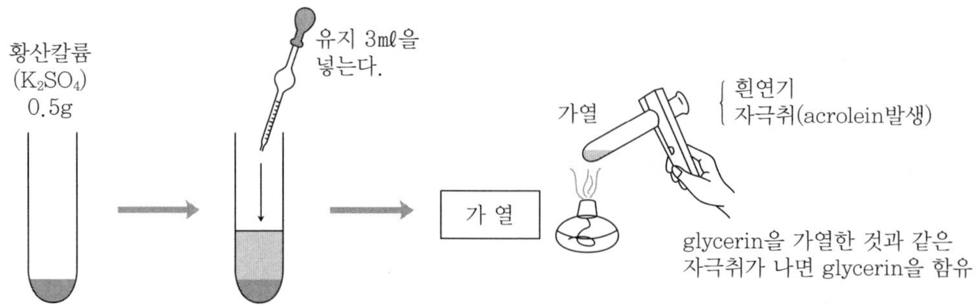

그림 6-1 Acrolein 반응시험

1-2 불포화지방산의 반응

원 리

식품 중 유지 구성성분의 지방산은 일반적으로 짝수개의 탄소수를 가지며 직쇄상의 일염기산이다. 지방산은 이중결합 유무에 의해 포화지방산과 불포화지방산으로 구분된다. 불포화지방산의 융점은 낮고 반응성이 높으며 상온에서 액체가 보통이다.

일반적으로 동물성 유지는 포화지방산을 많이 함유하고 식물성 유지는 불포화지방산을 많이 함유하고 있다. 불포화지방산을 많이 함유하고 있는 유지에 수소를 첨가시켜 환원시키면 고체로 되며, 불포화지방산의 이중결합부분에 할로겐화요오드(ICl or IBr)를 부가시켜 요오드의 색을 퇴색시키는 반응을 포화지방산과 비교한다.

시약 및 기구

① 포화지방산(stearic acid)

② 불포화지방산(linoleic acid)

③ 식물성 유지(대두유)

④ 동물성 유지(lard)

⑤ Wijs시약 : 삼염화요오드(ICl_3) 7.9g과 I2 8.7g을 따로 플라스크에 취해 각각에 빙초산(특급)을 가하여 용해한 후 두 용액을 잘 혼합하여 빙초산으로 1ℓ 로 한다.

⑥ 사염화탄소(CCl_4) 또는 chloroform ⑦ 시험관

⑧ 피펫

조 작

① 시험관에 각 시료를 0.5mℓ 정도 취한다.

② 각 시험관에 사염화탄소(CCl_4) 또는 chloroform 2mℓ를 넣고 잘 혼합하여 지방을 용해한다.

③ Wijs시약 3방울을 가해 잘 혼합한 후 30분~1시간 방치하여 요오드의 퇴색을 관찰한다.

방법도시

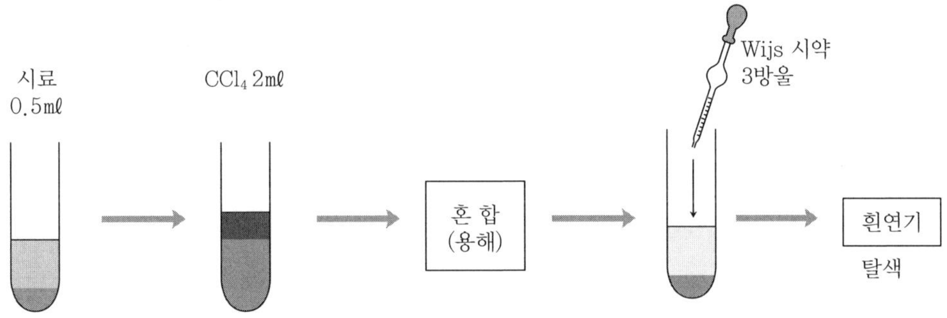

그림 6-2 불포화지방산의 반응시험

1-3 Sterol의 반응

유지를 알칼리로 가수분해할 때 검화되지 않고 남아있는 물질을 불검화물질이라고 한다. Sterol류는 불검화물의 대표적인 물질로, 물에 불용이나 ether, alcohol 등에는 가용이다. 고급 알코올, 탄화수소, 수지, 비타민 A, 식물체 중의 ergosterol(provitamin D_2), β-sitosterol, 동물체 중의 cholesterol 등이 있다.

표 6-1 Sterol의 정색 및 침전반응

정색반응	Liebermann-Burchard반응	CH_3Cl용액+무수초산+진한 H_2SO_4떨어뜨림. Cholesterol일때는 적자색→자색→청색→녹색. 포화된 sterol은 정색하지 않음.
	Salkowski반응	CH_3Cl용액+H_2SO_4 진탕. CH_3Cl층 : 적색, H_2SO_4층 : 녹색 형광.
침전반응	Digitonin침전반응	3-β-oxysterol에서 나타남. Digitonin의 alcohol용액에 의해 침전 생성.

1-3-1 Libermann-Burchard반응

원 리

Cholesterol은 진한 H_2SO_4의 존재하에서 무수초산과 반응하여 청록색의 착색물질을 만든다. 이 반응의 정확한 내용은 알려지지 않고 있으나 cholesterol의 3번 위치의 수산기가 ester화 되는 동시에 분자내 재배치반응이 일어나는 것으로 추측된다.

시약 및 기구

① Cholesterol 또는 sterol을 포함한 유지

② 시험관

③ Chloroform

④ 무수초산

⑤ 진한 H_2SO_4

조 작

① 소량의 cholesterol 또는 sterol을 포함한 유지 0.5㎖를 건조한 시험관에 넣고 chloroform 2㎖를 가하여 녹인다.

② 무수초산 2㎖를 가한 다음 진한 H_2SO_4을 떨어뜨리면 적자색→자색→청색→청록색으로 변한다. Sterol이 다량이면 반응이 빨라지므로 진행 중의 색변화 관찰이 어렵다.

방법도시

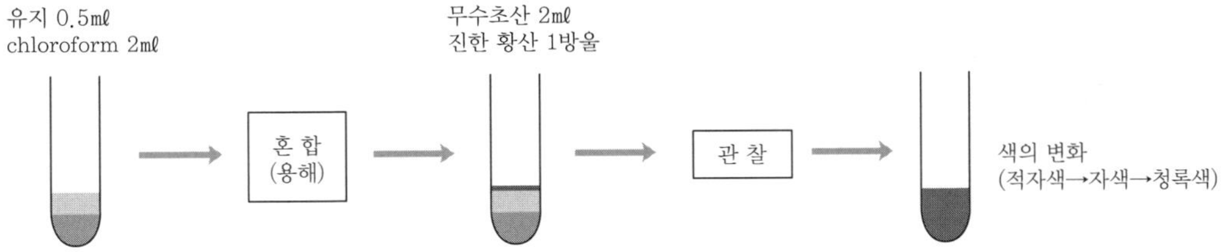

그림 6-3 Libermann-Burchard sterol 반응시험

1-3-2 Salkowski반응

원 리

Cholesterol의 chloroform용액에 황산을 가하면 두 액층의 경계면이 특유한 색으로 착색된다. 이때 chloroform층은 푸른빛이 도는 적색에서 앵두색, 마지막에는 보라색으로 변하지만 산층은 녹색 형광을 나타낸다.

시약 및 기구

① Cholesterol 또는 sterol을 포함한 유지

② Chloroform

③ 진한 H_2SO_4

④ 자외선조사기

⑤ 시험관

조 작

① 시험관에 소량의 cholesterol 또는 sterol을 포함한 유지를 넣고 chloroform 2mℓ를 가하여 녹인다.

② 진한 H_2SO_4 2mℓ를 시험관 벽을 통해 서서히 가하여 두개의 층을 형성시킨다. 각 층의 색의 변화를 관찰한다.

③ 시험관을 흔들어 층을 균일하게 하고 형광을 관찰한다. 암소에서 자외선을 조사하면 강한 녹색의 형광을 볼 수 있다.

방법도시

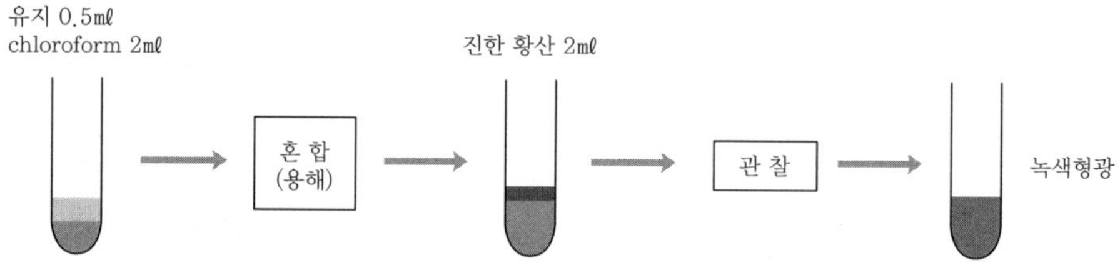

그림 6-4 Salkowski반응시험

1-3-3 Digitonin침전반응

원 리

Sterol과 digitonin을 반응시키면 난용성의 digitonide침전이 생성된다. 이것은 3β-OH, 10-trans-CH_3의 구조를 갖는 sterol의 특징이다. 다시 침전을 여과하여 ether로 세척, 건조한다. 그것을 pyridine에 녹이면 digitonide는 분해한다. 이것에 ether를 가하면 digitonin은 침전한다. 용액층에 유리의 sterol이 남기 때문에 이 반응은 sterol의 분리, 정제, 정량 등에 이용되고 있다.

시 약

① Cholesterol 또는 sterol을 포함한 유지

② Acetone과 ethanol 혼합액(1 : 1)

③ 1% digitonin-ethanol용액 : 90% ethanol에 digitonin 1%를 녹인다.

조 작

① 시험관에 소량의 sterol 또는 sterol을 포함한 유지를 넣고 ethanol과 aceton혼합액 2㎖를 가하여 용해한다.

② 1% digitonin용액 1.5㎖를 가해 70℃에서 5분간 가열한다.

③ 냉각시키면 cholesterol digitonin의 침전이 석출된다.

방법도시

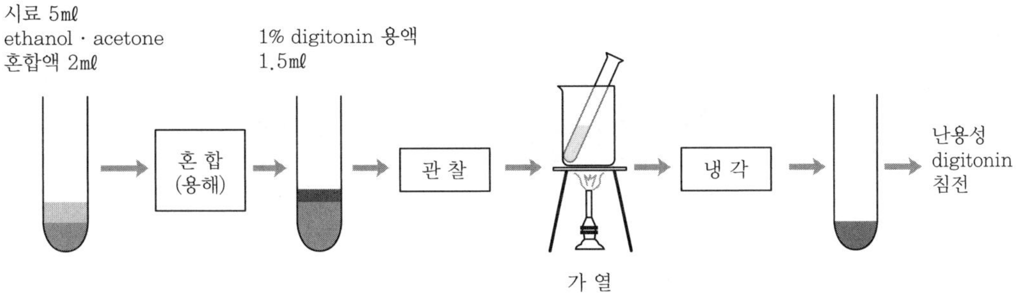

그림 6-5 Sterol의 digitonin 침전반응

1-4 식기에 묻은 유지의 검출

원 리

시험하려는 식기 표면에 butter yellow용액을 적하하여 유지가 잔류한 부분이 황색으로 염색되는가를 검사한다.

시약 및 기구

① Butter yellow의 0.1% ethanol용액 : Butter yellow 0.1g을 ethyl alcohol 100mℓ에 녹인다. Yellow OB나 Sudan Ⅲ을 사용하여도 좋다.

② 식기　　③ 여과지

조 작

① 식기 표면에 butter yellow의 0.1% ethanol용액을 이리저리 적하한다.

② 식기를 흔들어서 색소용액이 그릇 전면에 엷게 퍼지게 한다.

③ 잠깐 그대로 방치한 후 물을 약간 부어서 여분의 색소를 흘려 없앤다.

④ 유지가 잔류하고 있는 부분은 염색되어 황색을 나타낸다. 식기에 색이 있어서 판별하기 어려운 때에는 식기에 여지를 깔아서, 그것이 색소에 의해 황색으로 염색되는지 여부를 검사한다.

제 2 장 물리적 시험법

2-1 비중(specific gravity; sp. gr) 측정

원 리

규정된 방법에 따라 측정한 시료의 무게와 이것과 같은 온도에서 같은 부피의 물의 무게와의 비를 측정하는 것이다. 유지의 비중은 일반적으로 0.92~0.94로서 물보다 가벼우며, 저급 지방산의 함량이 많을수록 또는 지방산의 불포화도가 높을수록 커진다. 유지의 비중은 유지의 순도시험, 확인 및 점도측정에 필요한 값으로서, 식품 중의 것은 추출한 유지에 대하여 비중을 측정한다.

기구 및 장치

① 비중병 : 그림 6-6과 같은 부피 25~50mℓ의 것으로 온도계(0.1℃ 눈금)가 부착된 것이 편리하다(그림 6-6의 A 참조).

② 항온수조(water bath) : 규정온도 ±0.2℃로 조절할 수 있는 것을 사용한다.

③ 온도계 : 0.1℃ 또는 0.2℃의 눈금이 있는 적당한 길이의 것을 사용한다.

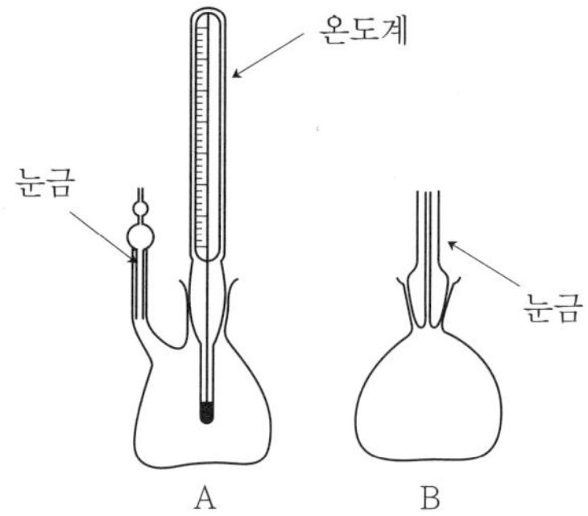

그림 5-6 비중병

조 작

① 비중병을 크롬황산용액(cleaning solution)으로 잘 세척하고, 건조한 후 이것의 무게를 정확하게 측정한다.

② 여기에 한 번 끓여서 측정온도보다 2~5℃ 낮은 온도로 냉각한 물을 비중병에 채우고, 뚜껑 또는 온도계를 꽂고 항온수조에 넣어 규정온도 ±0.2℃로 하여 5분간(보조 온도계를 사용할 경우) 또는 30분간 방치하여 물의 모세관 내의 계면을 눈금에 정확히 맞추고 비중병을 항온수조에서 꺼내어 비중병의 바깥을 건조한 거즈로 닦고 건조한 후 이것의 무게를 정확히 측정한다.

③ 시료를 비중병에 채우고 위와 똑같은 방법으로 정확히 무게를 측정한다.

계 산

시료의 비중은 다음 식에 의해 계산한다.

$$\text{비중} = \frac{A-B}{C-B}$$

A : 시료를 넣은 비중병의 무게(g)
B : 비중병의 무게(g)
C : 물을 넣은 비중병의 무게(g)

비중은 D 또는 d로 표시하고, 소수점 이하 4자리까지 기재하며, 또 측정온도를 반드시 기입한다.

측정온도는 일반적으로 25℃로 비중 25/25℃를 구한다. 25℃에서 액체가 아닌 지방은 비중 60/25℃로 측정한다. 이 경우의 계산은 다음 식에 의한다.

$$D = \frac{A-B}{B[1+\{0.000025\times(60-25)\}]}$$

A : 60℃에서 시료의 무게(g)
B : 25℃에서 물의 무게(g)
0.000025 : 보통의 유리 팽창계수

비중 측정온도/측정온도(℃)를 비중 측정온도/4℃로 환산하는 경우의 물의 밀도는 표 6-2에 의한다.

표 6-2 물의 온도와 비중 및 부피

온도(℃)	비 중	부 피	온도(℃)	비 중	부 피
4	1.00000	1.00000	30	0.99567	1.00435
10	0.99973	1.00027	40	0.99224	1.00782
15	0.99913	1.00087	50	0.98807	1.01207
20	0.99823	1.00177	60	0.98324	1.01705
25	0.99707	1.00294			

2-2 융점(melting point, m.p) 측정

원 리

천연유지는 화학적으로 동일한 물질로 구성된 것이 아니라 각종 glyceride 및 불검화물의 혼합물로 되어 있기 때문에 명확한 융점을 가지고 있지 않다. 그러나 식품의 상태로서는 고형지방이 연화되는 온도가 중요하다.

보통 유지의 융점은 유지가 완전히 액화되는 점인 투명융점(complete melting point, clear point)과 연화하여 유동을 시작하는 온도인 상승융점으로 표시한다.

즉, 투명융점이란 시료를 규정된 방법에 따라 가열하였을 경우 완전히 투명한 액체로 되는 온도를 말하며, 상승융점은 시료가 모세관 내에서 상승하기 시작했을 때의 온도를 말하는 것이다.

기구 및 장치

① 모세관 : 내경 1㎜, 외경 2㎜ 이하, 길이 50~80㎜로 양쪽 끝이 열린 것을 사용한다.

② 온도계 : 길이 385~390㎜, 수은주의 길이는 15~25㎜로 1/5℃의 눈금을 가진 것을 사용한다.

③ 시험관 : 내경이 약 17㎜, 길이가 약 170㎜, 그 입구에 온도계를 통한 코르크 마개를 한다.

조 작

① 가급적이면 저온에서 녹인 시료를 모세관에 약 10㎜ 정도의 높이로 흡수해 놓는다. 이것을 5℃ 이하에서 24시간 방치하거나 얼음 위에서 1시간 방치시킨 후, 모세관 중의 시료의 높이와 온도계의 수은주의 높이가 같도록 하여 밀착시킨 다음, 이것을 시험관에 넣고 상부를 코르크 마개로 고정하여 온도계의 아래쪽이 시험관 바닥에서 약 25㎜ 높이가 되도록 한다(그림 6-7 참조).

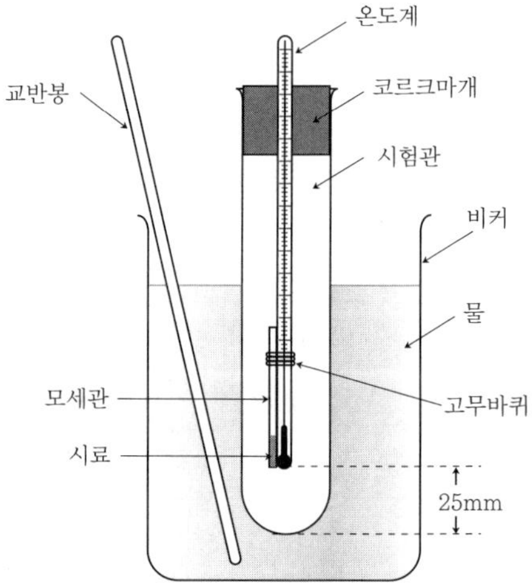

그림 6-7 유지의 투명융점 측정장치

② 이와같이 장치한 시험관을 물로 채운 비커에 장치하여 모세관에 들어 있는 시료의 끝이 수면하에 40~50㎜ 정도 잠기도록 한다.

③ 다음에 물을 교반시키면서 처음에는 온도를 1분간에 약 2℃ 정도로 상승시키고, 융점이 8~10℃ 이하에 달하였을 때는 1분간에 0.5℃씩 상승할 정도로 가열하여 시료의 덩어리가 녹아 투명하게 되며, 탁한 점이 완전히 없어졌다고 인정되는 온도를 투명융점으로 한다.

2-3 굴절률(refractive index) 측정

원 리

일반적으로 액체에 광선이 입사되면 광선은 굴절되는데, 이의 비는 물질에 따라 일정한 것으로서, 유지는 겉보기에는 모두 비슷하나 제품에 따라 구별이 잘 된다.

따라서 굴절률을 측정하므로서 그 물질의 순도나 농도 등을 알 수가 있다. 굴절률은 동일물질이라도 측정할 때의 광원의 파장, 온도 및 시료의 농도에 따라 다르다. 그러므로 일반적으로는 표준파장으로서 스펙트럼 D선, 표준온도를 20℃로 해서 굴절률을 측정한다.

유지의 굴절률은 어느 온도에서 시료유지에 들어가는 광선의 입사각의 $\tan\theta$ 와 굴절각의 $\tan\theta$ 와의 비를 말한다.

굴절률은 유지의 항수로서 중요하며, 유지혼합물의 성분결정, 분산, 가열산화의 척도로서 이용되고, 특히 요오드가와 굴절률은 비례적 관계에 있다.

측정법으로는 Zeiss, Abbe, Goerz 및 Pulfrich-Eintauch굴절계 등이 있으나 보통 Abbe굴절계가 많이 사용된다.

기구 및 장치

① Abbe굴절계 : Abbe굴절계와 그 원리는 그림 6-8과 같다. 2매의 프리즘 사이에 유지의 얇은 층을 만들고, 이의 굴절에 의하여 명시야(明視野)와 암시야(暗視野)의 경계가 이동된다. 접안렌즈를 보면 X표의 중심에 명암이 나뉘어지도록 프리즘을 회전하고, 이때의 각도로부터 굴절률을 안다.

② 광원 : D선

③ 순환펌프가 부착된 항온수조(water bath) : 항온수조의 물은 20℃로 해두고 고무관으로 굴절계와 연결해서 물을 순환시킨다.

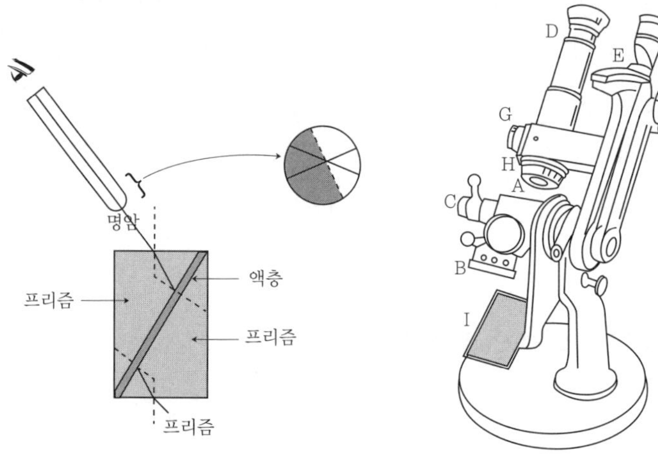

A,B : 프리즘　　C : 온도계 꽂는 곳
D : 관측망원경　　Z : 굴절률을 나타내는 눈금
F : E의 눈금을 읽는 확대경　　I : 반사경
G : 명암의 경계선 소색(消色)장치를 회전하는 나사
H : 소색장치의 회전도를 나타내는 눈금

그림 6-8 Abbe굴절계(우측)와 그 원리(좌측)

조 작

① 굴절계의 A, B에 물 또는 온수를 통하게 하고 온도 20℃(고체유지인 경우에는 녹는 온도 이상의 온도)에서 이중 프리즘 A, B를 열고 양면을 ether로 적신 탈지면으로 주의하면서 적셔 완전히 건조한다.

여기에 시료 1방울 또는 수 방울을 프리즘면(B)에 떨어뜨리고, 프리즘을 맞붙여 단단히 조인 후 시료가 장치의 온도로 될때까지 적어도 1~3분간 방치한 후 측정한다.

② 측정을 할 때는 망원경 D의 접안렌즈를 회전하여 상하로 움직여서, X자선을 확실히 볼 수 있도록 조절한 후 반사경 I를 움직여서 광선을 프리즘에 도입하고, 다음에 G를 돌려서 명암의 경계선을 확실하게 만들고 프리즘을 회전하여 명암의 경계선을 X자선의 교차점에 일치시킨다.

③ F를 들여다 보고 프리즘의 눈금 E를 정확하게 소수점 이하 네자리까지 읽는다. 그 다음에 G로 H를 180° 회전시켜서 읽고, 그 평균값을 구한다.

이와같은 방법으로 여러 번 되풀이하여 그 수를 읽고, 이것들의 평균값을 구한 다음 그 값을 굴절률로 한다.

계 산

눈금의 지시의 평균치를 그림 6-9와 같이 1.4896이라고 하면 이 시료의 굴절률은 다음과 같이 나타낸다.

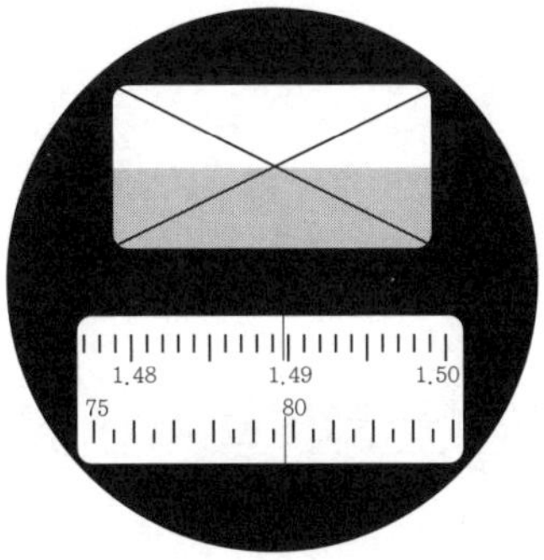

$\eta D^{20} = 1.4896$

η : 굴절률
20 : 측정온도(℃)
D : 측정광원의 파장인 스펙트럼 D선

위 : 굴절시야
아래 : 굴절눈금 { 위 : 굴절률, 아래 : 당도 }

(굴절률=1.4896 당도=79.7%
를 나타내고 있다.)

그림 6-9 굴절계의 시야

2-4 점도(viscosity) 측정

원 리

점도는 액체의 내부 마찰이므로 일정한 액체가 모세관을 흐르는 시간을 측정해서 알 수 있다. 또한 지방의 종류에 따라 변하는 것으로서 분자량이 큰 지방산을 함유한 것일수록 점도는 작게 된다.

기구 및 장치

① Ostwald점도계(그림 6-10 참조)

② 항온수조(water bath) : 임의의 온도 t℃로 조절하여 둔다.

③ 초시계(秒時計)

④ 피펫

⑤ 비중계(比重計)

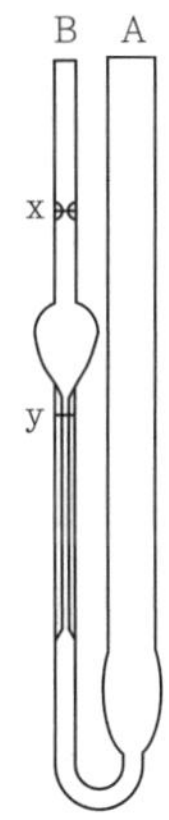

그림 6-10 Ostwald점도계

조 작

(1) 시료의 비중측정

시료의 비중을 t℃에서 측정한다.

(2) 시료의 흘러내리는 속도측정

① 시료의 일정량을 피펫으로 점도계의 A로부터 넣고 이것을 항온수조에 표선 x를 수면에서부터 약 20㎜ 이상 깊게 해서 수직으로 고정한다.

② 10~30분간 방치하고 점도계의 B단에 짧은 고무관을 붙인다.

③ 고무관에 의해 시료를 표선 x의 위까지 빨아 올리고 고무관의 끝을 손가락으로 닫는다.

④ 고무관의 손가락을 떼고 시료가 표선 x에서부터 y까지 흘러내리는 속도 초수(秒數)를 측정한다. 1/5초 이내에서 일치된 몇 회의 평균치를 흘러내리는 속도로 한다.

⑤ 동일 점도계를 사용하여 순수(純水)의 흘러내리는 속도 초수를 측정한다.

계 산

점도는 $\frac{\text{질량}}{\text{길이} \times \text{시간}}$의 관계가 있으며 그 표시법에는 절대점도(絕對粘度), 동점도(動粘度), 비점도(比粘度), 상대점도(相對粘度) 등이 있다.

(1) 절대점도

이것은 보통 η(Eta)로 나타내고, 단위는 포이즈(poise, g/㎝ · sec)이며 그 1/100을 센티포이즈(centi poise, CP)라고 한다. 절대점도 η_1는 다음 식에 의해 계산한다. η_2는 순수의 절대점도로서 표 6-3과 같다.

$$\eta_1 = \eta_2 \frac{d_1 t_1}{d_2 t_2} \quad \cdots\cdots (1)$$

d_1 : 시료의 밀도　　t_1 : 시료의 흘러내리는 속도(초수)
d_2 : 순수의 밀도　　t_2 : 순수의 흘러내리는 속도(초수)
η_2 : 순수의 절대점도

표 6-3 순수의 절대점도(centi poise)

℃	η	℃	η	℃	η	℃	η
0	1.7921	16	1.1111	24	0.9142	50	0.5494
2	1.6728	17	1.0828	25	0.8937	55	0.5064
4	1.5674	18	1.0559	26	0.8737	60	0.4688
6	1.4728	19	1.0299	28	0.8360	65	0.4355
8	1.3860	20	1.0050	30	0.8007	70	0.4061
10	1.3077	20.2	1.0000	32	0.7679	75	0.3799
12	1.2363	21	0.9810	35	0.7225	80	0.3565
14	1.1709	22	0.9579	40	0.6560	90	0.3165
15	1.1404	23	0.9358	45	0.5988	100	0.2838

[예1] 측정온도 20℃에서 시료의 흘러내리는 속도가 230.6초, 밀도가 0.785(g/㎤), 순수의 흘러내리는 속도가 153.2초라고 한다. 이 시료의 절대점도 η_1는 얼마인가?

[해설] 20℃에서의 순수의 절대점도는 1.005×10^{-2}포이즈, 밀도는 0.998(g/㎤)이므로 이 시료의 절대점도 η_1은 다음과 같다.

$$\eta_1 = 1.005\times10^{-2}\times\frac{0.785\times230.6}{0.998\times153.2} = 1.19\times10^{-2}(\text{poise})$$

그리고 이것을 다음과 같이 나타낸다.

$[\eta_{20}]$ 1.19×10^{-2}(poise)

(2) 동 섬 노

이것은 점도 η_1, 밀도 d_1이라고 하면 동점도 ν 는 다음 식에 의해 계산한다.

$$\nu = \eta_1/d_1 \quad \cdots\cdots (2)$$

따라서 (2)식에서 $\eta_2/d_2t_2=k$ 라고 하면 (3)식은 다음과 같이 된다.

$$\nu = t_1k \quad \cdots\cdots (3)$$

이때 k를 그 점도계의 항수라고 한다.

따라서 순수를 사용하여 사전에 k를 구해 두면 시료의 흘러내리는 속도만 측정하여 (3)식에 의해 동점도을 구할 수 있다.

동점도는 스토크스(stokes, St)로 나타내고 그 1/100을 센티스토크스(centi stokes, cSt)라고 한다.

[예2] 순수의 흘러내리는 속도 153.2초, 그 온도에서의 점도 1.005×10^{-2}포이즈, 밀도 0.998(g/㎤)이고 시료의 흘러내리는 속도가 230.6초라고 하면 동점도 v는 얼마인가?

[해설] 점도계의 항수 $k = \eta_2/d_2t_2$ 이므로

$k = 1.005\times10^{-2}/0.998\times153.2=657\times10^{-4}$ 이 된다.

따라서 동점도 $v=t_1k$이므로

$v=230.6\times657\times10^{-4}=15.15(St)$ 이 된다.

(3) 상대점도

이것은 용액의 점도를 나타내는 경우에 이용되며 점도비(粘度比)라고도 한다. 용액의 점도는 용질의 종류 및 농도에 따라 또한 용매의 종류에 따라서도 다르다. 그러므로 어느 용액의 점도 η, 용매의 점도를 η_0라고 하면 상대점도 η_{rel}는 다음 식에 의해서 구할 수 있다.

$$\eta_{rel} = \eta/\eta_0$$

(4) 비 점 도

이것은 고분자화합물의 용액의 점도를 나타내는 경우에 이용된다. 비점도 η_{sp}는 다음 식에 의해서 구할 수 있다.

$$\eta_{sp} = \eta_{rel}-1$$

제 3 장 화학적 시험법

3-1 산가(acid value) 측정

원 리

산가란 유지 1g 중에 함유되어 있는 유리지방산을 중화하는데 필요한 KOH의 mg수이다.

$$RCOOH + KOH \longrightarrow RCOOK + H_2O$$

즉 산가는 지방산이 glyceride로서 결합형태로 있지 않은 유리지방산의 양을 측정하는 것이다.

산가는 유지의 보존, 가열 등에 의하여 변하는 변수로서 유지 및 유지를 함유한 식품의 품질 판정에 필요한 항수이며, 특히 유지의 산패 정도를 나타내는 기준이 되는 값이다. 정제된 식용유에서의 산가는 대체로 1.0 이하이다.

시 약

① 0.1N-KOH · ethanol용액 : KOH 6.4g을 취해 소량의 물에 녹이고 95% ethanol을 가하여 1ℓ 로 한다. 2~3일간 방치한 후에 여과하여 그 농도를 정확히 표정한다.

[0.1N-KOH · ethanol용액의 표정]

100㎖ 삼각플라스크에 안식향산(특급 C_6H_5COOH, 분자량 122.13) 0.2~0.3g을 정확히 칭취하고, 이것을 ether · ethanol혼합액(2 : 1) 10㎖에 녹인 다음 phenolphthalein용액 2~3방울을 가한 후 0.1N-KOH · ethanol용액으로 적정하고, 지시약의 미홍색이 1분간 지속될 때를 종말점으로 한다.

$$0.1N\text{-}KOH\text{용액의 역가}(F) = \frac{\text{안식향산 칭취량}(g) \times 1000}{0.1 \times 122.13 \times 0.1N\text{-}KOH\text{의 적정치}(m\ell)}$$

② Ether · ethanol혼합액(용량으로 1 : 1 또는 2 : 1), 혹은 benzene · ethanol혼합액(1 : 1 또는 2 : 1)

③ 1% phenolphthalein · ethanol용액(지시약)

조 작

시료 5~20g을 표 6-4를 기준으로 하여 정확히 200mℓ들이 삼각플라스크에 칭취한 다음 ether · ethanol 혼합용액 20~40mℓ를 가하여 완전히 녹인다. 여기에 1% phenolphthalein용액[1] 2~3방울을 가하고 0.1N-KOH · ethanol용액으로 신속히 적정한다. 용액이 미홍색으로 30초간 지속될 때를 종말점으로 한다. 동시에 시료만 가하지 않은 조건에서 똑같은 방법으로 공시험[2]을 한다.

표 6-4 산가 측정시 시료채취량

산 가	0~5	5~15	15~30	30~100	100 이상
시료 채취량(g)	20	10	5	2.5	1.0

계 산

산가는 다음식에 의해 계산한다.

$$산가 = \frac{(V_1 - V_0) \times 5.611 \times F}{S}$$

V_1 : 본시험의 0.1N-KOH용액의 적정소비량(mℓ)
V_0 : 공시험의 0.1N-KOH용액의 적정소비량(mℓ)
F : 0.1N-KOH용액의 역가
S : 시료채취량(g)

한편 유지 중의 유리지방산의 함량을 %로 표시하는 경우도 있다. 이경우 유리지방산을 oleic acid로 보고 환산하면 다음과 같다.

$$유리지방산(\%) = 산가 \times \frac{282}{56.1} \times \frac{100}{1000} \fallingdotseq 산가 \times \frac{1}{2}$$

1) 시료가 진하게 착색된 경우는 alkali 6B, 또는 thymolphthalein을 사용하는 것이 좋다.
2) 용매인 ether · ethanol혼합액을 사용직전에 phenolphthalein을 지시약으로 하여 0.1N-KOH · ethanol용액으로 중화한 경우에는 공시험을 하지 않아도 된다.

방법도시

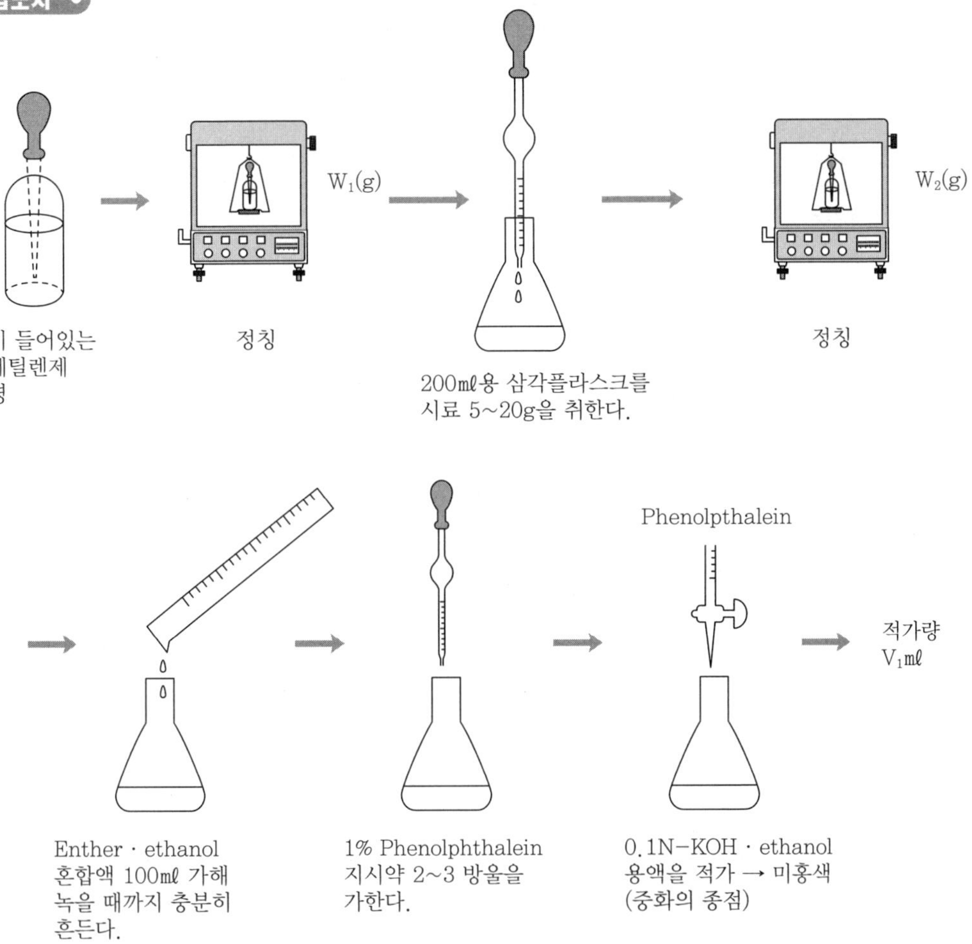

그림 6-11 산가측정

데이터 및 결과 예

① 시료 : 대두유

② 시료채취량 : 7.6543g

③ 0.1N-KOH용액의 적정치

- 본시험 소비량 : 1.25mℓ
- 공시험 소비량 : 0.25mℓ

④ 0.1N-KOH용액의 역가 : 1.020

⑤ 산가계산

$$산가 = \frac{(V_1 - V_0) \times 5.611 \times F}{S}$$

$$= \frac{(1.25 - 0.25) \times 5.611 \times 1.020}{7.6543} = 0.7477$$

⑥ 유리지방산(oleic acid)(%) = 0.7477 × 1/2 = 0.3739(%)

3-2 검화가(saponification value) 측정

원 리

검화가란 유지 1g을 완전히 검화시키는데 요하는 KOH의 ㎎수이다.

$$\begin{array}{l} CH_2OOCR_1 \\ | \\ CHOOCR_2 \\ | \\ CH_2OOCR_3 \end{array} + 3KOH \longrightarrow \begin{array}{l} CH_2OH \\ | \\ CHOH \\ | \\ CH_2OH \end{array} + \begin{array}{l} R_1COOK \\ \\ R_2COOK \\ \\ R_3COOK \end{array}$$

따라서 검화가로 유지 중에 검화될 수 있는 양과 유지의 구성지방산의 분자량의 대소를 알 수 있다. 즉 검화가는 유지의 구성지방산의 분자량에 반비례하므로 저급지방산 함량이 많은 유지는 검화가가 크며 고급지방산 함량이 많은 유지는 검화가가 작다. 보통 유지의 검화가는 180~200 정도이다.

시약 및 기구

① 0.5N-KOH · ethanol용액 : 32g의 KOH를 95% ethanol에 가열, 용해하여 1ℓ 로 하고 그 후의 조작은 산가의 경우와 같다.

② 0.5N-HCl용액 : 진한 HCl 45㎖를 증류수에 녹여 1ℓ 로 하고, 그 농도를 정확히 표정한다.

[0.5N-HCl용액의 표정]

200㎖ 삼각 플라스크에 $KHCO_3$(분자량 100.11) 1~2g을 정확히 칭취하고, 이것에 물을 가하

여 녹인 다음 methyl red지시약을 2~3방울 가하고 0.5N−HCl용액으로 황색에서 적색으로 변색되는 점을 종말점으로 하여 적정한다.

$$0.5\text{N-HCl용액의 역가(F)} = \frac{KHCO_3\text{칭취량(g)} \times 1000}{0.5 \times 100.11 \times 0.5\text{N-HCl용액의 적정치(m}\ell)}$$

③ 1% phenolphthalein용액(지시약)

④ 검화용 플라스크(약 100~200mℓ)

⑤ 환류냉각기 또는 공기냉각기(길이 약 75㎝, 직경 7㎜의 유리관)

⑥ 수욕(water bath)

조 작

시료 1~2g을 검화용 플라스크에 정확히 취하고, 0.5N−KOH · ethanol용액 25mℓ를 정확히 가한 후 환류냉각기를 연결하여 수욕(water bath)상에서 조용히 30분간 때때로 흔들어 주면서 가열한다.

냉각한 후 phenolphthalein용액을 지시약으로 하여 과잉의 KOH를 0.5N−HCl용액으로 적정하여 미홍색이 없어지는 점을 종말점으로 한다. 별도로 본시험과 같은 방법으로 공시험을 한다.

계 산

검화가는 다음 식에 의해 계산한다.

$$\text{검화가} = \frac{(V_0 - V_1) \times 28.05 \times F}{S}$$

V_1 : 본시험의 0.5N-HCl용액의 적정소비량(mℓ)
V_0 : 공시험의 0.5N-HCl용액의 적정소비량(mℓ)
F : 0.5N-HCl용액의 역가
S : 시료채취량(g)

방법도시

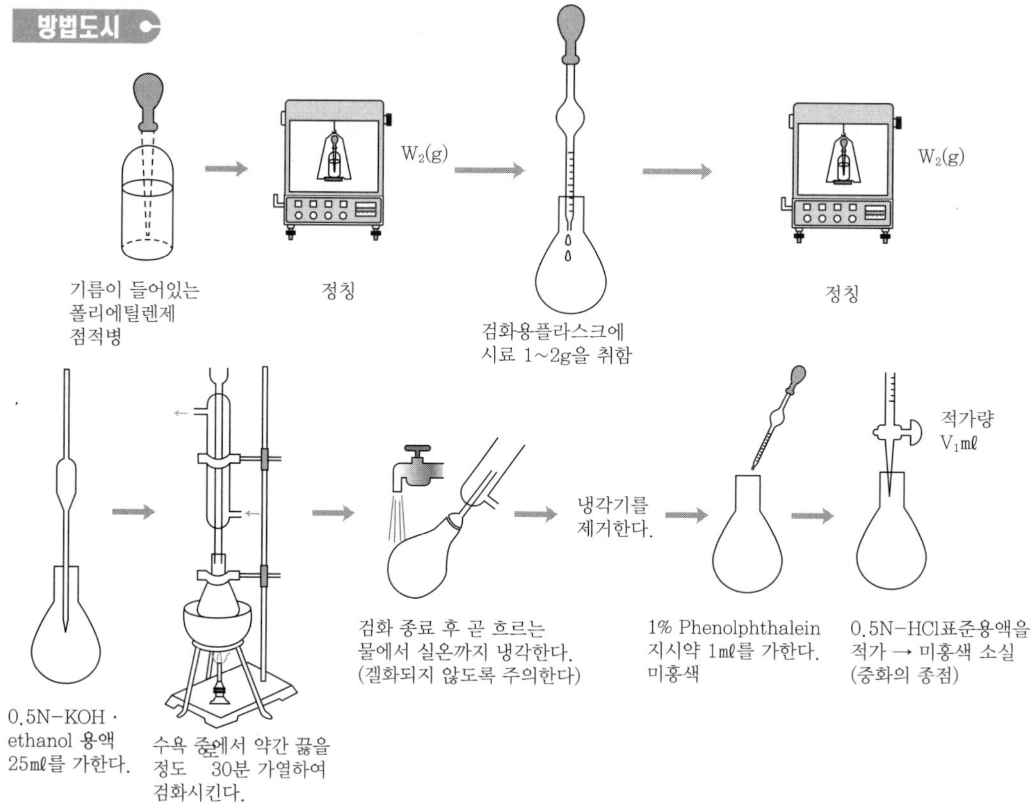

그림 6-12 검화가 측정

데이터 및 결과 예

① 시료 : 대두유

② 시료채취량 : 2.3456g

③ 0.5N-HCl용액의 적정치

· 공시험 소비량 : 20.50mℓ

· 본시험 소비량 : 6.50mℓ

④ 0.5N-HCl용액의 역가 : 1.030

⑤ 검화가 계산

$$검화가 = \frac{(V_0 - V_1) \times 28.05 \times F}{S}$$

$$= \frac{(20.50 - 6.50) \times 28.05 \times 1.03}{2.3456} = 172.44$$

3-3 요오드가(iodine value) 측정

원 리

요오드가란 유지 100g에 흡수되는 요오드의 g수이다. 요오드는 유지 중의 불포화결합의 부분에 부가된다. 따라서 요오드가는 유지를 구성하는 지방산의 불포화도에 비례되는 수치이므로 요오드가가 높은 유지일수록 유지 중에 불포화지방산을 많이 함유하는 것이 된다. 여기에서는 일반적인 Wijs법에 따라 요오드가를 측정한다.

즉 유지 중의 불포화결합의 부분에 염화요오드(ICl)는 다음과 같이 반응하여 흡수된다.

$$-CH=CH-\cdots+ICl \longrightarrow \cdots-CHI-CHCl\ \cdots\cdots$$

따라서 과잉의 일염화요오드(ICl)를 가하여 반응시킨 후 잔존하는 미반응의 ICl를 KI로 분해시키고 생성된 유리 I_2를 $Na_2S_2O_3$용액으로 적정하여 공시험과의 차를 구하면 흡수된 ICl양에 상당되는 I_2양으로서 구할 수가 있다.

$$ICl+KI \longrightarrow I_2+KCl$$

$$I_2+2Na_2S_2O_3 \longrightarrow 2NaI+Na_2S_4O_6$$

일반적으로 요오드가 130 이상의 유지를 건성유, 100~130을 반건성유, 100 이하를 불건성유로 구별하고 있다.

시 약

① Wijs시약(ICl의 빙초산용액) : 일급 ICl_3(삼염화요오드) 7.9g과 I_2 8.7g을 따로 플라스크에 채취하여 각각 적당량의 빙초산을 가해 가온하여 용해시킨 다음 냉각한다. 이 두 용액을 흔들어 잘 혼합하여 1ℓ 메스플라스크에 넣고 빙초산으로 완전히 세척하여 전량을 1ℓ 로 하고, 이것을 착색시약병에 넣어 보존한다. 한편 일급 ICl 8.4g을 적당량의 빙초산에 가온 용해하여 1ℓ 로 정용하여도 좋다.

② 사염화탄소(CCl_4) 또는 chloroform

③ 10% KI용액 : KI 10g을 물 90㎖에 녹인다.

④ 1% 전분용액 : 가용성 전분 1g을 물 100㎖에 가온, 용해한다.

⑤ 0.1N-$K_2Cr_2O_7$용액 : 특급 $K_2Cr_2O_7$ 4.9035g을 칭취하여 물에 용해시켜 1ℓ 로 한다.

⑥ 0.1N-$Na_2S_2O_3$용액 : 일급 $Na_2S_2O_3$ 24.8g을 칭취하여 물에 녹여 1ℓ 로 하고, 이 용액의 농도를 정확히 표정한다.

[0.1N-$Na_2S_2O_3$용액의 표정]

300mℓ 삼각플라스크에 10% KI용액 10mℓ, 진한 HCl 5mℓ를 가하여 잘 혼합하고, 다시 0.1N-$K_2Cr_2O_7$용액 25mℓ를 홀피펫을 사용하여 정확히 넣어 잘 젓는다. 이것에 물 100mℓ를 가하고 혼합해서 유리된 요오드를 0.1N-$Na_2S_2O_3$용액으로 적정하고, 종말점 가까이에서 용액의 황녹색이 약간 소실될 무렵 1% 전분용액을 가하여 적정을 계속한다. 전분의 청남색이 없어지는 점을 종말점으로 한다.

$$0.1N\text{-}Na_2S_2O_3\text{용액의 역가(F)} = \frac{0.1N\text{-}K_2Cr_2O_7\ \text{mℓ수} \times F'}{0.1N\text{-}Na_2S_2O_3\text{용액의 적정 mℓ수}}$$

F′ : 0.1N-$K_2Cr_2O_7$용액의 역가

조 작

시료는 고체지방 0.6~1.0g, 불건성유 0.3~0.4g, 반건성유 0.2~0.3g, 건성유 0.1~0.2g의 범위로 칭취한다. 시료는 마개가 있는 300mℓ 삼각플라스크에 취한 다음 사염화탄소 또는 chloroform 10mℓ를 가하여 시료를 완전히 용해하고, 이것에 wijs시약 25mℓ를 홀피펫으로 넣어 마개를 한 다음 조용히 저어 섞은 후 암소에 방치한다. 방치시간[3]은 불건성유 30분, 반건성유 1시간, 건성유 2시간을 표준으로 한다. 다음 10% KI용액 20mℓ와 물 100mℓ를 가해 저어주며 혼합한다. 유리된 요오드를 0.1N-$Na_2S_2O_3$용액으로 적정하고, 용액이 미황색으로 된 때에 1% 전분용액을 몇 방울 넣어 다시 잘 저으면서 적정을 계속한다. 전분의 청남색이 소실되는 점을 종말점으로 한다. 역시 본시험과 병행하여 시료를 가하지 않고 공시험을 실시한다.

계 산

요오드가는 다음 식에 의해 계산한다.

$$\text{요오드가} = \frac{(V_0 - V_1) \times 0.01269 \times F}{S} \times 100$$

V_1 : 본시험의 0.1N-$Na_2S_2O_3$용액의 적정소비량(mℓ)
V_0 : 공시험의 0.1N-$Na_2S_2O_3$용액의 적정소비량(mℓ)
F : 0.1N-$Na_2S_2O_3$용액의 역가
S : 시료채취량(g)
0.01269 : 0.1N-$Na_2S_2O_3$용액 1mℓ에 상당하는 I_2의 양(g)

3) Wijs시약을 가한 후 다시 2.5% 초산제2수은용액 10mℓ을 가하면 작용시간을 3분간으로 단축할 수 있다.

방법도시

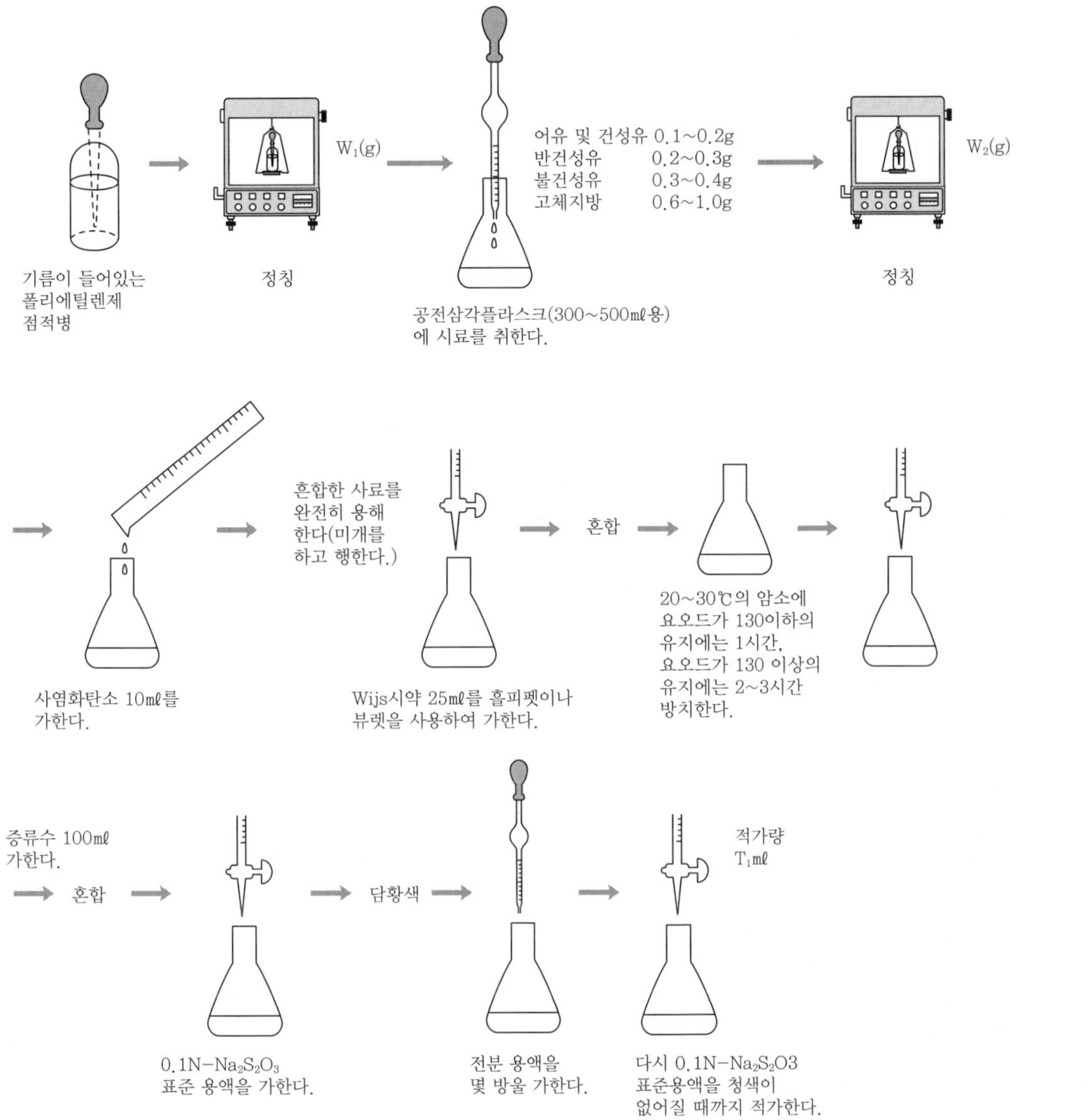

그림 6-13 요오드가 측정

데이터 및 결과 예

① 시료 : 대두유

② 시료채취량 : 0.2345g

③ 0.1N-$Na_2S_2O_3$용액의 적정치

· 공시험의 소비량 : 41.30mℓ

· 본시험의 소비량 : 17.50mℓ

④ 0.1N-$Na_2S_2O_3$용액의 역가 : 0.9850

⑤ 요오드가 계산

$$요오드가 = \frac{(V_0 - V_1) \times 0.01269 \times F}{S} \times 100$$

$$= \frac{(41.30 - 17.50) \times 0.01269 \times 0.9850}{0.2345} \times 100 = 126.86$$

3-4 Reichert-Meissl가 측정

원 리

시료 5g을 규정된 방법에 따라 검화한 후 황산으로 처리하였을 경우, 수증기증류에 의하여 휘발되는 수용성 지방산을 중화하는데 필요한 0.1-KOH용액의 mℓ수를 Reichert-Meissl가라고 한다.

이 값은 그 유지 중에 포함되어 있는 butyric acid와 caproic acid의 함량을 나타내며 버터의 순도나 위조 검정에 이용되고 있다. 버터의 Reichert-Meissl가는 보통 23~34로서 다른 식용유지보다 높으며 마가린은 0.5~5.5이다.

시약 및 기구

① 묽은 H_2SO_4(1 : 4)용액

② 0.1N-KOH · ethanol용액

③ Glycerin · NaOH용액 : Nitroglycerin 180mℓ에 50% NaOH수용액 20mℓ를 가한다.

④ 증류장치(그림 6-14 참조)

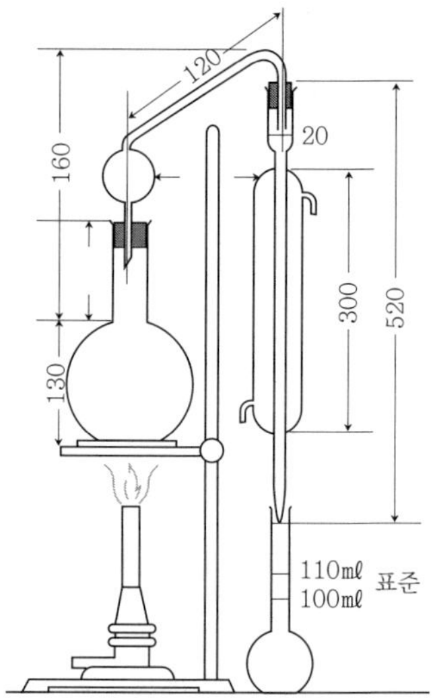

그림 6-14 Reichert-Meissl가 측정 증류장치

조 작

시료 5g을 300mℓ의 증류플라스크에 취하고 20mℓ의 glycerin 알칼리용액을 가하여 시료가 완전히 검화되어 액이 투명하게 될때까지 가열, 진탕한다. 다음 내용물을 약 88℃로 냉각하고 이것에 약 80℃의 증류수 130mℓ을 가하여 검화된 비누를 용해시킨 후 묽은 H_2SO_4 5mℓ를 가하고 그림 6-14와 같은 증류장치에 연결하여 증류한다. 이때 30분간에 약 110mℓ의 증류액이 유출되도록 화력을 조절한다. 유출액이 110mℓ가 되면 수기를 15℃의 물에서 냉각시키면서 유출액을 잘 혼합하고 건조여과지로 여과한다. 이 여액 110mℓ에 phenolphthalein용액 몇 방울을 가하고 0.1N-KOH · ethanol용액으로 적정한다. 이와 똑같이 별도로 물을 사용하여 공시험을 한다.

계 산

Reichert-Meissl가는 다음 식에 의해 계산한다.

$$\text{Reichert-Meissl가} = \frac{(V_1 - V_0) \times F \times 5.5}{S}$$

V_1 : 본시험의 0.1N-KOH · ethanol용액의 적정소비량(mℓ)
V_0 : 공시험의 0.1N-KOH · ethanol용액의 적정소비량(mℓ)
F : 0.1N-KOH · ethanol용액의 역가
S : 시료채취량(g)

데이터 및 결과 예

① 시료 : 버터

② 시료채취량 : 5.2345g

③ 0.1N-KOH · ethanol용액의 적정치

· 본시험의 소비량 : 25.50mℓ

· 공시험의 소비량 : 0.50mℓ

④ 0.1N-KOH · ethanol용액의 역가 : 1.020

⑤ Reichert-Meissl가 계산

$$\text{Reichert-Meissl가} = \frac{(V_1 - V_0) \times F \times 5.5}{S}$$

$$= \frac{(25.50 - 0.50) \times 1.020 \times 5.5}{5.2345} = 26.80$$

3-5 Polenske가 측정

원 리

시료 5g을 규정된 방법에 따라 검화한 후 황산으로 처리하였을 경우, 수증기증류에 의하여 휘발되는 비수용성 지방산을 중화하는데 필요한 0.1N-KOH용액의 mℓ수를 Polenske가라고 한다.

이 값은 버터 중의 야자유 검사에 이용된다. 버터의 Polenske가는 1.5~3.5이고, 야자유는 16.8~18.2로서 비수용성 휘발성 지방산이 많다.

시약 및 기구

① Reichert-Meissl가 측정에 필요한 시약 및 기구

② 95% ethanol

조 작

Reichert-Meissl가를 측정한 후에, 휘발성 수용성 지방산을 제거하기 위하여 약 15℃의 물 15mℓ로 냉각관 수기를 순차적으로 세척한다. 또 이 세척액으로 Reichert-Meissl가를 측정할 때의 유출액을 여과한 여과지도 세척한다.

이와같은 조작을 3회 반복한 후 95%의 중성 ethanol 15mℓ로 3회 세척하여 물에 불용성인 지방산을 용해한다. 이와같이 하여 얻은 ethanol추출액을 전부 합친 다음 phenolphthalein을 지시약으로 하여 0.1N-KOH · ethanol용액으로 적정한다.

계 산

Polenske가는 다음 식에 의해 계산한다.

$$\text{Polenske가} = \frac{(V_1 - V_0) \times F \times 5}{S}$$

V_1 : 본시험의 0.1N-KOH · ethanol용액의 적정소비량(mℓ)
V_0 : 공시험의 0.1N-KOH · ethanol용액의 적정소비량(mℓ)
F : 0.1N-KOH · ethanol용액의 역가
S : 시료채취량(g)

데이터 및 결과 예

① 시료 : 야자유

② 시료채취량 : 5.2345g

③ 0.1N-KOH용액의 적정치

· 본시험의 소비량 : 25.50mℓ

· 공시험의 소비량 : 0.50mℓ

④ 0.1N-KOH용액의 역가 : 1.020

⑤ Polenske가 계산

$$\text{Polenske가} = \frac{(V_1 - V_0) \times F \times 5}{S}$$

$$= \frac{(25.50 - 0.50) \times 1.020 \times 5}{5.2345} = 19.49$$

3-6 과산화물가(peroxide value) 측정

원 리

과산화물가란 유지 1kg에 함유된 과산화물의 mg당량수를 말한다. 과산화물은 유지의 산화가 진행됨에 따라 증가하다가 carbonyl화합물로 분해되어 결국에 가서는 감소되는 특징이 있다.

과산화물가는 유지의 초기단계에 있어서 산패정도를 나타내는 척도가 되며, 이 값이 높을수록 유지의 산패가 진행된 것으로 식품으로서 부적당한 것이다.

과산화물가는 일반적으로 ICU(international chemical union)법에 따라 요오드적정법에 의해 측정한다. 즉 유지를 chloroform과 초산의 혼합액의 용매에 용해시킨 후 KI를 가하여 형성되는 I−을 유지 중의 과산화물과 반응시켜 I_2로 산화시킨다. 이때 생성된 요오드의 양을 $Na_2S_2O_3$표준용액으로 적정하여 측정한다.

$$R-OOH + 2H^+ + 2I^- \longrightarrow R-OH + I_2 + H_2O$$

$$I_2 + 2Na_2S_2O_3 \longrightarrow Na_2S_4O_6 + 2NaI$$

일반적으로 식물성 유지의 경우에는 과산화물가가 60~100meq/kg, 동물성 유지의 경우에는 20~40meq/kg에 도달하는 시기를 산패발생 시기로 본다.

시 약

① 빙초산

② Chloroform

③ KI포화용액 : KI 70g을 증류수 50㎖에 녹인다.

④ 1% 전분용액 : 요오드가 측정에 사용되는 것과 같다.

⑤ 0.01N-$Na_2S_2O_3$용액 : 일급 $Na_2S_2O_3$ 2.5g을 물에 녹인 다음 1ℓ 메스플라스크에 넣어 물로 정용한다.

이 용액의 농도를 정확히 표정해야 하며, 표정방법은 요오드가 측정에 있어서의 경우와 같다.

조 작

시료 0.5~1.0g을 정확히 200㎖ 마개가 있는 삼각플라스크에 칭취하고 chloroform 10㎖를 가하여 녹인다. 이 때 용액은 완전히 투명한 상태가 된다.

이것에 빙초산 15㎖를 가하여 혼합하고 다시 KI 포화용액 1㎖를 가하여 마개를 하고 1분간 심하게 진탕한 다음 5분간 어두운 곳에서 방치한다.

이것에 물 75㎖를 가하여 마개를 다시 하고 심하게 진탕한 후 1% 전분용액을 지시약으로 하여 0.01N-$Na_2S_2O_3$용액으로 적정한다. 용액의 청남색이 완전히 무색으로 될 때를 종말점으로 한다. 동시에 시료만을 가하지 않고 똑같은 방법으로 공시험을 실시한다. 그런데 지시약으로서 전분용액의 사용은 흡착에 의한 요오드의 손실을 가능한 한 줄이기 위해서 적정의 종말점 부근에서 가해야 한다.

계 산

과산화물가는 다음 식에 의해 계산한다.

$$\text{과산화물가(meq/kg)} = \frac{(V_1 - V_0) \times F \times 0.01}{S} \times 1000$$

V_1 : 본시험의 0.1N-$Na_2S_2O_3$용액의 적정소비량(㎖)
V_0 : 공시험의 0.1N-$Na_2S_2O_3$용액의 적정소비량(㎖)
F : 0.01N-$Na_2S_2O_3$용액의 역가
S : 시료채취량(g)
1N-$Na_2S_2O_3$용액 1㎖≡과산화물 1meq
0.01N-$Na_2S_2O_3$용액 1㎖≡과산화물 0.01meq

방법도시

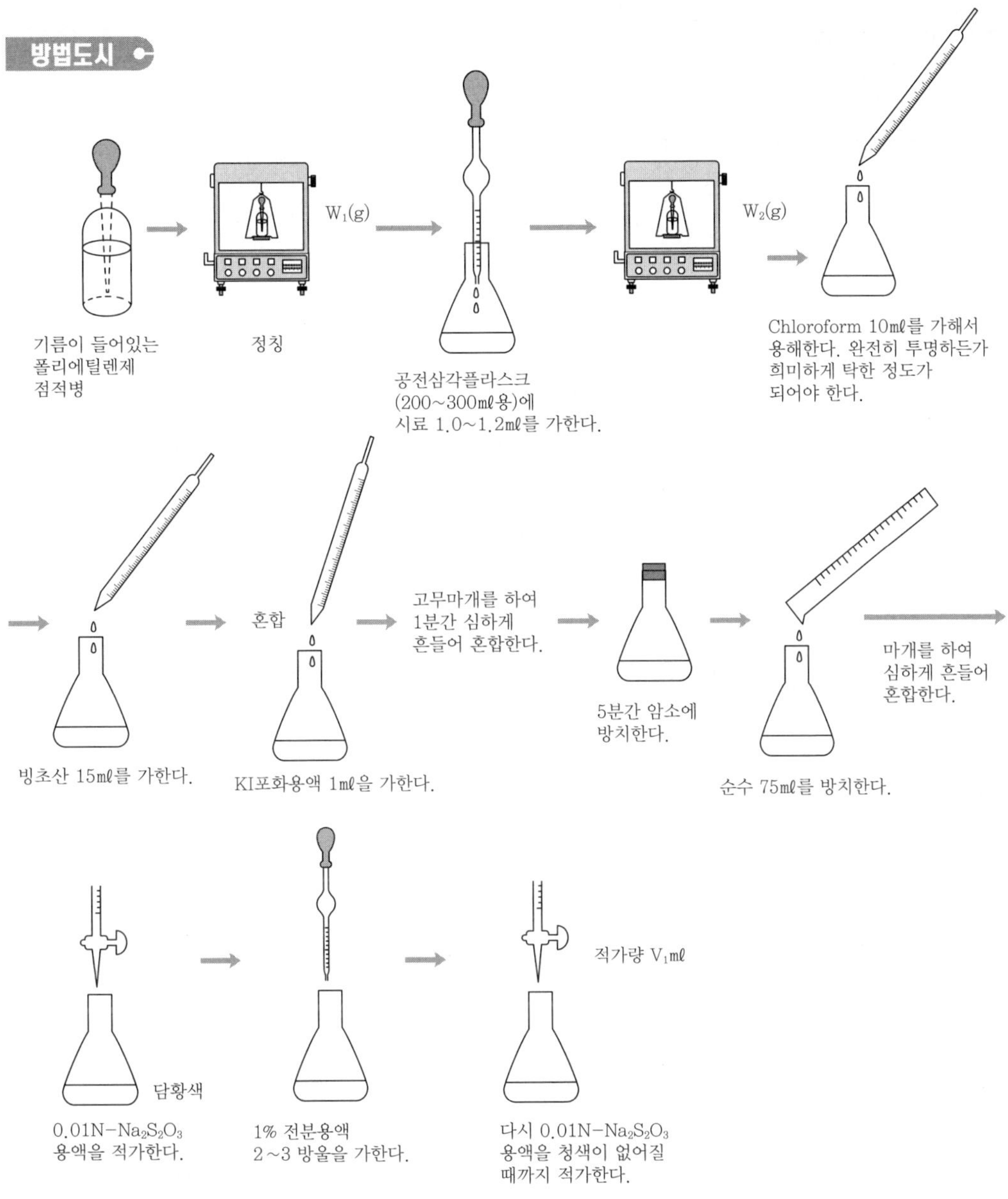

그림 6-15 과산화물가 측정

데이터 및 결과 예

① 시료 : 대두유

② 시료채취량 : 0.7890g

③ 0.01N-$Na_2S_2O_3$용액의 적정치

· 본시험의 소비량 : 19.50㎖

· 공시험의 소비량 : 0.25㎖

④ 0.01N-$Na_2S_2O_3$용액의 역가 : 1.020

⑤ 과산화물가 계산

$$\text{과산화물가(meq/kg)} = \frac{(V_1 - V_0) \times F \times 0.01}{S} \times 1000$$

$$= \frac{(19.50 - 0.25) \times 1.020 \times 0.01}{0.7890} \times 1000$$

$$= 248.86$$

3-7 TBA(thiobarbituric acid)가 측정

원 리

TBA가는 유지 3g 중 산패에 의해 생성한 malonaldehyde와 TBA시약과의 반응 생성물(적색색소)을 530㎚에서의 흡광도 또는 이것을 100배로 한 값으로 표시한다. 2-thiobarbituric acid는 지방산의 산화생성물의 하나인 malonaldehyde와 반응하여 다음과 같은 적색 색소를 형성한다.

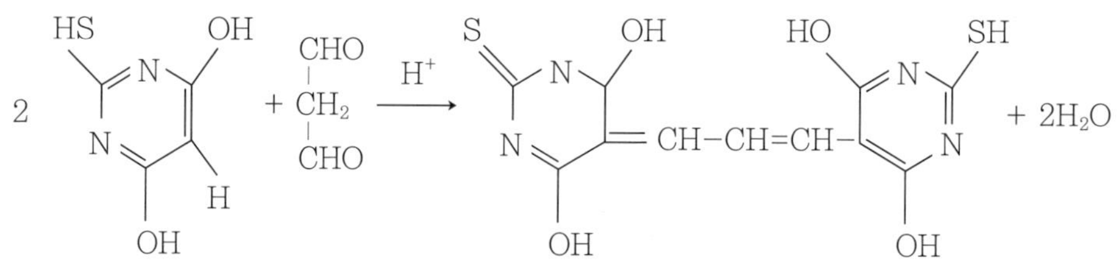

2-thiobarbituric acid　　malonaldehyde　　TBA-malon aldehyde 복합체(적색)

이 발색의 정도를 비색정량하여 유지 산패의 정도를 알 수 있다. 오늘날 많은 개량법이 발표되고 있는데, 여기서는 그 중 비교적 간단한 방법을 기술한다.

시약 및 기구

① 빙초산

②TBA용액 : 0.69g의 2-thiobarbituric acid를 증류수 100㎖로 용해, 희석한다.

③ TBA시액 : 위의 TBA용액과 빙초산을 1 : 1로 혼합한다.

④ Benzene

⑤ 삼각플라스크(125~300㎖)

⑥ 분액깔때기(250㎖)

⑦나사뚜껑(screw cap)이 있는 시험관(18×145㎜ 또는 25×200㎜)

⑧ 분광광도계(530㎚)

⑨ 수욕(water bath)

조 작

과산화물가 측정 때와 같은 시료 유지 3.0g을 삼각플라스크에 정확히 취하고, benzene 10㎖를 가하여 유지를 잘 용해한 다음 TBA시액 10㎖를 가하고 때때로 흔들어 주면서 4분간 방치한다. 이 내용물 전부를 분액깔때기에 옮기고 정치하여 2층으로 분리한 후 아래층을 나사뚜껑이 있는 시험관에 모아 마개를 잘 한 다음 끓는물 속에서 30분간 가열한다. 이것을 흐르는 물에서 냉각한 후 그 용액 일부를 분광광도계의 셀(cell)에 넣고 증류수를 공시험용으로 하여 530㎚에서 시료의 흡광도를 측정한다. 같은 시료에 대하여 3~4회 정도 흡광도를 측정한 후 그 평균값을 취한다.

계 산

TBA가는 다음 식에 의해 계산한다.

$$\text{TBA가} = \frac{(A-B)\times 3\times 100}{S}$$

A : 본시험의 530㎚에서의 흡광도
B : 공시험의 530㎚에서의 흡광도
S : 시료채취량

데이터 및 결과 예

① 시료 : 돈지(lard)

② 시료채취량 : 3.1234g

③ 흡광도 측정

- 본시험의 530nm에서의 흡광도 : 1.20
- 공시험의 530nm에서의 흡광도 : 0.350

④ TBA가 계산

$$\text{TBA가} = \frac{(A-B)\times 3\times 100}{S}$$

$$= \frac{(1.20-0.350)\times 3\times 100}{3.1234} = 81.64$$

제 4 장 지방질의 분리

4-1 대두유에서의 혼합지방산의 분리

원 리

유지와 wax를 검화하여 생성되는 비누를 물에 용해하고 무기산으로 가수분해하여 혼합지방산을 분리한다. 시료 중에 불검화물이 많은 경우에는 검화하여 얻어지는 검화액을 ether나 석유 ether로 추출하여 불검화물을 제거하고 지방산을 분리한다.

시약 및 기구

① KOH · ethanol용액 : KOH 3g을 소량의 물에 녹이고 ethanol을 넣어 50㎖로 한다.

② 묽은 HCl(1 : 3)용액

③ Ether

④ 무수 Na_2SO_4

⑤ 환류냉각기

⑥ 증류장치

⑦ 수욕(water bath)

조 작

대두유 10g에 KOH · ethanol용액 50㎖를 가해서 환류냉각기를 부착하여 수욕상에서 2~3시간 끓인다. 다음에 환류냉각기를 증류용 냉각기로 다시 조립해서 ethanol을 증류, 제거한다.

잔류물에 다량의 온수를 가해서 비누를 용해하고(불검화물을 얻기 위한 실험을 할 때는 여기에서 불검화물을 분리하는 조작을 한다), 묽은 HCl을 가하여 미산성으로 하면 지방산이 상층으로 분리된다. 지방산층을 ether로서 추출하고, 이 추출액이 산성을 나타내지 않을 때까지 수세하여 무수 Na_2SO_4를 가하고 하룻밤 방치하여 탈수한다. 그 후 건조여과지로 여과하고 용기나 여과지를 ether로 세척한 후 ether를 증류 제거하면 혼합지방산이 얻어진다. 지방산의 종류는 크로마토그래피(chromatography)에 의해 결정한다.

4-2 난황에서의 lecithin의 분리

시약 및 기구

① Acetone
② 95% ethanol
③ Chloroform
④ 50% 염화카드뮴($CdCl_2$)용액
⑤ 석유 ether
⑥ 감압농축기

조 작

난황 1개에 acetone 50㎖를 가해서 잘 혼합하여 정치한 후에 상층을 경사여과해서 제거해 버리고 다시 20㎖씩의 acetone으로 혼합, 침강, 경사여과를 수회 반복하여 얻어진 잔류물에 95% ethanol을 70㎖ 가하고 흔들어서 잘 혼합하여 lecithin을 침출한다. 여과한 추출액에 50% $CdCl_2$액을 조금 과잉으로 가하여 생성된 침전을 흡인, 여과하고 acetone으로 잘 세척, 건조해서 8㎖의 chloroform에 용해시킨다. 이 용액에 0.8㎖의 50% $CdCl_2$을 가한 약 7배량의 ethanol을 가하여 혼합하고, 약 30분간 방치해서 침전을 흡인, 여과한다. 이 조작을 3회 반복한다.

여기에서 얻어진 침전을 12㎖의 석유 ether에 현탁시켜 40㎖의 80% ethanol(석유 ether를 미리 포화시키고 $CdCl_2$을 0.1% 포함)을 가하여 분액깔때기로 잘 흔들어 혼합하고, ethanol층을 취해 둔다. 남은 석유 ether층을 다시 2회 같은 방법으로 80% ethanol로 추출하여, 전 alcohol용액을 합해서 40㎖까지 감압농축하고 냉장고에서 하룻밤 방치한다.

흡인, 여과해서 얻어진 lecithin $CdCl_2$침전을 12㎖의 chloroform에 용해시킨 후, 같은 양의 30% ethanol로 분액깔때기를 사용하여 잘 흔들고 혼합하기를 수회 반복해서 chloroform층에서 $CdCl_2$를 제거한다. 남은 chloroform층을 감압농축하여 잔여분을 10㎖의 무수 ether에 용해시키고, 2㎖의 acetone을 가하여 냉장고에 하룻밤 방치한다. 생성되는 침전을 제거하고 나서, 모액을 감압건조하면 lecithin이 얻어진다.

[Lecithin에 의한 유화시험]

식물유 5㎖씩을 2개의 시험관에 넣고 한쪽은 그대로, 다른 한쪽은 lecithin 1%(0.05g)를 용해시켜 둔다. 다음으로 각 시험관에 다시 5㎖씩의 물을 가해서 각각 동시에 1분간 세게 흔들어 방치한다.

Lecithin이 들어 있지 않은 쪽은 곧 분리되지만, lecithin이 들어있는 쪽은 쉽게 분리되지 않는다.

4-3 대두유에서의 불검화물의 분리

원 리

유지나 wax를 KOH로 검화할 때 얻어진다. 물에 불용이며, ether에는 가용인 것을 불검화물(unsaponifiable matter)이라 한다. 보통 천연유지에서는 약 1% 가량 포함되어 있는데, 주성분은 탄화수소, 고급알코올, sterol, 비타민, 색소 등이다. 대두유를 검화한 용액을 시료로 한다.

시약 및 기구

① Ether

② Phenolphthalein

③ 무수 Na_2SO_4

④ KOH

⑤ 분액깔때기

조 작

대두유를 검화한 후 온수를 가하여 비누를 용해시킨 액을 분액깔때기에 옮기고, 시료가 5g이면 ether 100㎖ 정도를 가해서 잘 흔들어 혼합하고 불검화물을 추출한다.

정치한 후 분리된 액에서 하층의 비누액층을 나누어 취한다. 이 물층은 지방산의 분리에 쓰이나 불검화물을 정량적으로 얻을 경우에는, 이 비누액층을 다시 2번 ether로 세척하고, ether액을 먼저의 ether추출액과 합한다. Ether추출액을 다시 분액깔때기에 넣어서 이것에 물 30㎖를 가하여 잘 흔들고 혼합한 후 세액을 제거한다(phenolphthalein을 사용하여 세액이 착색하지 않을 때까지 세척한다). 잘 세척한 ether추출액에 무수 Na_2SO_4를 가하여 방치, 탈수한 여액에서 ether를 증류제거하면 불검화물이 얻어진다. 항량이 될때까지 건조시키고, 다시 혼입한 유리지방산을 KOH로 적정하여 빼냄으로써 불검화물이 정량된다.

4-4 난황에서의 cholesterol의 분리

원 리

Cholesterol은 유지의 불검화물 분획 중에 함유되는 동물성 sterol류의 대표적인 것으로, 물, 산, 알칼리에 불용이며, 유기용매에는 가용이나 찬 acetone이나 ethanol에는 불용이다.
이것을 이용해서 cholesterol을 포함한 시료를 검화하고 불검화물을 가열 acetone 또는 가열 ethanol로 추출한 후 냉각하여 결정을 얻을 수 있다.

시약 및 기구

① KOH	② Acetone
③ Ether	④ 무수 Na_2SO_4
⑤ 환류냉각기	⑥ 증류장치
⑦ 분액깔때기	⑧ 현미경

조 작

달걀 1개를 난황만 분리하여 비커에 넣고 acetone 50㎖를 가하고 잘 혼합하여 방치한 후 상징액을 여과한다. 잔사에 acetone 20㎖를 가해 같은 방법으로 2회 재추출한다.

Acetone가용부를 300㎖ 삼각플라스크에 모으고 여기에 KOH 2g을 소량의 물에 녹인 액을 가하고 환류냉각기를 연결하여 더운물 속에서 30분간 가열한다.

검화가 끝나면 냉각관에 증류장치를 연결하여 acetone을 증류한다. 이때 acetone이 남아 있으면 다음 조작에서 액이 분리하여 완전히 증류된다.

잔류물에 물 약 50㎖를 가해 녹이고 분액깔때기에 옮겨 ether 약 30㎖를 가해 추출한다. 물층에 다시 ether 30㎖를 가해 재추출한다. 물층과 ether층을 분리하기 어려우면 식염을 가하든지 ether를 소량씩 가한다.

Ether추출액을 모아서 무수 Na_2SO_4를 가해 탈수한다. 탈수한 ether추출액을 건조된 소형의 비커 또는 삼각플라스크에 옮기고 더운물 속에서 ether를 증발시키면 조 cholesterol이 나온다. 이 양이 충분한 경우에는 다음의 조작에서 결정화를 하고, 적은 경우에는 소량을 시험관에 취해 sterol의 검출반응을 해본다.

조 cholesterol에 methanol 소량을 가해 가열한다. Sterol이 완전히 녹지 않으면 methanol을 추가한다. 용해한 것을 뜨거울 때 건조여과지로 여과하고 여액을 얼음 속에서 냉각시키면 결정이 석출되는데, 이 결정을 현미경으로 검경한다.

제 5 장 지방산의 분석

지방산은 그 자체로는 분광학적으로 흡수도 없고 또한 적당한 정색시약도 없기 때문에 액체크로마토그래피(LC)에는 적합하지 않으며, 반대로 분자 중에 탄소원자가 많으므로 가스크로마토그래피(GC)의 검출감도가 높다. 이러한 이유로 가스크로마토그래피가 처음 개발되었을 때 최초의 분석대상이 되었다.

지방산은 그 자체로도 휘발성이 있기 때문에 그대로도 가스크로마토그래피의 시료로 사용할 수 있지만, 일반적으로는 휘발성이 보다 강한 유도체, 즉 methyl ester화 하여 사용한다.

시료에서 지방질을 추출하여 검화시켰을 때, 지방질에 불검화물이 많이 함유된 경우는 불검화물을 제거한 후 유리지방산으로 하여 methyl ester화 하고, 지방질의 구성지방산에 탄소수가 적은 것이 많이 함유된 경우는 직접 methyl ester화 한다.

5-1 시료의 조제 및 전처리

5-1-1 지방산 혼합물의 조제

원 리

식품으로부터 ether추출법 혹은 chloroform-methanol혼합액 추출법으로 얻은 지방질을 이용한다. 지방질을 알칼리로 처리하면 유리지방산, glyceride 및 인지질 구성지방산은 알칼리염(비누)으로 되어 수용성이 된다. 이때 유기용매에 의하여 검화되지 않았던 불검화성 물질(sterol, terpene, wax 등)을 제거한다.

비누는 산으로 분해해서 유리지방산 혼합물로 한다.

시약 및 기구

① 1N-KOH · ethanol용액 ② 6N-H_2SO_4

③ Ethyl ether, 석유 ether ④ 무수 Na_2SO_4

⑤ 가지형 플라스크 : 용량 50mℓ인 것을 사용한다.

⑥ 환류냉각기 ⑦ 항온수조(water bath)

⑧ 감압농축기(rotary evaporator) ⑨ 분액깔때기

조 작

식품으로부터 ether 또는 chloroform-methanol 등으로 추출한 지방질 약 100mg을 가지형 플라스크에 취하고 1N-KOH · ethanol용액 15mℓ를 가한다. 환류냉각기를 부착하여 1시간 가열, 환류한다.

검화가 끝나면 가지형 플라스크를 그대로 감압농축기에 접속하여 ethanol을 제거한다. 생성된 비누를 물 20mℓ에 용해하고 20mℓ의 ethyl ether로 2회, 분액깔때기를 사용해서 불검화성 물질을 추출한다. 물층에 6N-H_2SO_4를 가해(약 1.6mℓ) pH 2.0으로 조정한다. 이때 비누로부터 지방산이 유리한다.

지방산을 20mℓ의 석유 ether로 2회 추출하고 무수 Na_2SO_4로 건조한다. 이 석유 ether용액으로 보존하며, 분석조작 직전에 석유 ether를 감압농축기를 사용하여 제거한다.

5-1-2 BF_3에 의한 지방산의 methyl ester화

원 리

5-1-1에서 조제한 지방산의 carboxyl기에 도입하려고 하는 alkyl기를 가진 alcohol, 즉 methyl기를 도입하기 위해 methanol에 BF_3을 용해한 것을 지방산에 가하고 가열하여 ester화 한다. 생성된 지방산 ester는 hexane을 가하여 전용(轉溶)시켜 이후의 분석을 행한다.

시약 및 기구

① BF_3-methanol용액 : 15% BF_3 methanol용액을 사용한다.

② Hexane ③ NaCl 포화수용액

④ 무수 Na_2SO_4

⑤ 마개가 있는 10mℓ들이 시험관

⑥ 환류냉각기

⑦ 항온수조 : 80℃ 조절가능한 것을 사용한다.

조 작

지방산 혼합시료 약 50mg을 마개가 있는 시험관에 취하고 BF_3-methanol용액 1mℓ를 가한다. 냉각기를 부착하여 5분간 80℃에서 가열한다. 가열이 끝나면 방냉한 다음에 NaCl 포화용액 3mℓ를 가하고(BF_3는 물에 의해 분해한다), 다시 hexane 3mℓ를 가한다. 시험관을 흔들어 섞고 지방산 methyl ester를 hexane층으로 전용시킨다. 잠시 정치하였다가 2층으로 분리되면 상층을 분취하여 무수 Na_2SO_4로 건조하고 가스크로마토그래피용 시료로 한다.

5-1-3 황산에 의한 지방산의 methyl ester화

원 리

5-1-2의 BF3 대신에 H_2SO_4를 촉매로 하여 유리지방산의 carboxyl기를 methyl ester화 한다.

시약 및 기구

① H_2SO_4-methanol용액 : Methanol 230mℓ에 진한 H_2SO_4 2mℓ를 주의해서 가한다.

② 석유 ether

③ 무수 Na_2SO_4

④ 가지형 플라스크 : 용량 100mℓ의 것으로 환류냉각기 접속이 가능한 것을 사용한다.

⑤ 환류냉각기

⑥ 분액깔때기(100mℓ용)

⑦ 삼각플라스크(200mℓ용)

조 작

지방산 혼합시료 약 1g을 용량 100mℓ의 가지형 플라스크에 취하고 H_2SO_4-methanol용액 30mℓ를 가한다. 환류냉가기를 부착하여 1시간 가열시켜 끓인다.

가열이 끝나면 냉각시켜 분액깔때기에 옮기고 물 500mℓ를 가한 다음 석유 ether 25mℓ를 사용하여 지방산 methyl ester를 추출한다. 다시 25㎖의 석유 ether로 반복 추출하고 추출액은 합친다. 잔존하고 있는 황산을 물로 세척하여 제거한다. 이때 methyl orange를 지시약으로 사용하여 산성을 나타내지 않을 때까지 세척한다.

석유 ether용액을 무수 Na_2SO_4로 탈수하고 용량 200㎖의 삼각플라스크에 옮긴다. 항온수조 위에서 질소기류를 흘려서 용매를 적당량 증산, 제거한다. 이때 너무 지나치게 제거하면 탄소수가 적은 지방산은 휘산될 염려가 있으므로 주의한다. 그후 가스 크로마토그래피에 의해 지방산 조성을 분석한다.

5-1-4 BF_3에 의한 직접 ester화

원 리

식품으로부터 추출한 지방질이 대부분이 triglyceride인 경우는 5-1-1의 지방산 혼합물의 조제를 생략해도 좋다.

시약 및 기구

① 5-1-2의 시약 외에 0.5N-NaOH · methanol용액을 사용한다.

② 5-1-2의 기구에 준한다. 단 마개가 있는 시험관 대신에 가지형 플라스크를 사용한다.

조 작

지방질 약 100mg을 가지형 플라스크에 취하고, 0.5N-KOH · me · thanol용액 15㎖를 가한다. 환류냉각기를 부착하여 지방질이 용해할 때까지 5~10분간 가열한다. 이어서 환류냉각기 상부로부터 BF_3-me · thanol용액 3㎖를 가하고, 이후 5-1-2와 같은 조작을 행한다.

5-2 가스 크로마토그래피(GC)에 의한 지방산 조성의 분석

원 리

5-1-2, 5-1-3, 5-1-4에서 조제한 지방산의 methyl ester는 가스크로마토그래피에 의하여 각 지방산으로 분리된다.

지방산은 탄소수가 적은 것일수록 빨리 용출하고, 같은 탄소수인 것은 2중결합이 있는 것이 느리게 용출된다. 예를들면 $C_{16=0}$, $C_{16=1}$, $C_{16=2}$, $C_{18=0}$, $C_{18=1}$, $C_{18=2}$, $C_{18=3}$의 순서로 용출한다. 그런데 다음의 $C_{18=4}$는 $C_{20=0}$과 겹쳐서 나타난다.

일반적으로 지방산시료에서는 이와 같은 고도의 불포화지방산은 포함되어 있지 않으므로 $C_{20=0}$로 동정하여도 좋지만, 탄소수를 확인하고 싶을 때는 지방산시료를 수소첨가하여 모두 포화지방산으로 하여 분석한다.

시약 및 기구

① 운반가스(carrier gas) : N_2 gas

② 표준시료 : 지방산 methyl ester(FAME)화합물을 사용한다.

③ 가스크로마토그래피(gas chromatography) : 승온장치 및 FID(수소불꽃 이온화 검출기) 등이 부착된 것을 사용한다.

④ 칼럼(column) : 20% DEGS/Chromosorb W(AW) 60~80mesh를 충전한 3㎜×3m의 유리칼럼(glass column)을 사용한다.

⑤ 기록계(Digital Integrator)

조 작

충분히 그대로 구워 기준선(base line)이 안정된 칼럼에 5-1-2, 5-1-3, 5-1-4에서 조제한 지방산 methyl ester(각 ester를 10~100㎍ 정도 포함)를 시료주입기(microsyringe)로 주입한다.

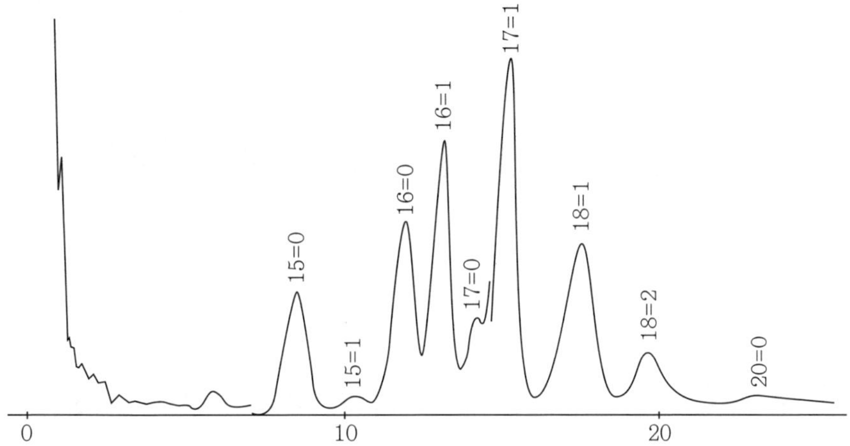

그림 6-16 지방산 methyl ester의 가스크로마토그램(gas chromatogram)

칼럼 온도는 150℃부터 시작하여 2℃/min씩 승온해서, 185℃에 도달한 다음 항온으로 한다. 그림 6-16에 지방산 조성의 분석의 예를 표시하였다. 각 지방산의 동정은 표준물질을 같은 조건으로 주입하고 그 유지시간(retention time)에서 동정분리한다.

정량은 각 피크의 면적을 기록계(intergrator)에서 구하고 피크면적의 총합계에 대한 각 피크면적의 백분율을 가지고 지방산 조성으로 한다.

제 6 장 Cholesterol의 정량

6-1 가스 크로마토그래피(GC)에 의한 cholesterol의 정량

원 리

유지류, 난류, 우유류, 어패류, 육류 및 각종 가공식품에 적용되며, 기타 식품에 대해서도 지방질 또는 불검화물을 추출, 분리한 것은 분석이 가능하다.

즉 식품에서 지방질을 추출하고 그 지방질은 검화시켜 cholesterol을 불검화물로 분리한다. 이 불검화물을 그대로 일정량의 내부 표준물질과 함께 가스크로마토그래피(GC)의 칼럼에 주입하여, GC의 차트 위에 cholesterol, 내부 표준물질 및 공존물질의 피크가 각각 중복되지 않는 크로마토그램을 그리게 한다.

Cholesterol 및 내부 표준물질의 피크의 면적비를 구하고 미리 cholesterol과 내부 표준물질을 여러가지로 조합시켜서 구한 표준곡선의 면적비 및 중량비의 관계로부터 cholesterol의 중량을 계산하고, 이로부터 원래의 식품 혹은 지방질 중의 cholesterol함량을 산출한다.

시약 및 기구

① Methanol

② Chloroform

③ Ethyl ether : 과산화물이 제거된 것을 사용한다.

④ 0.5% 초산아연(zinc acetate)용액 : $Zn(CH_3COO)_2 \cdot 2H_2O$를 물에 용해하여 사용한다.

⑤ 1N-KOH ethanol용액 : KOH 14g을 소량의 물에 녹이고 ethanol을 가하여 200㎖로 한다.

⑥ 내부 표준용액 : 5-α-cholestane(GC용) 약 25㎎을 정확히 칭량하여 용량 25㎖의 메스플

라스크에 chloroform으로 정용한다.

⑦ 무수 Na_2SO_4 : 시약 1급을 사용한다.

⑧ GC장치 : 내경 3~4mm, 길이 1~2m의 유리칼럼과 수소불꽃이온화검출기(FID)를 갖춘 GC장치를 사용한다.

⑨ 초퍼(chopper)

⑩ 혼합기(blender) 혹은 균질기(homogenizer)

⑪ 깔때기가 달린 흡인병(200~300mℓ)

⑫ 분액깔때기(용량 300~500mℓ, 50mℓ)

⑬ 증류플라스크 : 용량 300mℓ의 가지형 플라스크 1개와 감압에 견디는 평저플라스크(round bottom flask) 2~3개를 사용한다.

⑭ 메스플라스크(용량 100mℓ, 50mℓ)

⑮ 마개가 있는 시험관 : 용량 25mℓ로 입구가 냉각관과 연결 가능한 것을 사용한다.

⑯ 냉각관 : 공기냉각 또는 적당한 길이의 유리관을 사용한다.

조 작

(1) 지방질의 추출

시료를 초퍼로 균일하게 한 다음 일정량(보통 10g 정도)을 정확히 칭량하여 혼합기 용기에 넣고, 60mℓ의 methanol을 가해서 2분간 회전시켜 잘 마쇄한 후 시료와 용액을 흡인여과 분리한다.

여과지 및 잔사를 혼합기에 다시 넣어서 50mℓ의 chloroform을 가하여 2분간 회전시킨 다음 여과분리한다. 잔사를 10mℓ의 chloroform으로 세척하고, 여액 및 세척액을 합하여 모두 분액깔때기에 옮긴다.

초산아연용액 35mℓ를 가하여 흔들어 섞고 하룻밤 정치한 후 가지형 플라스크로 옮겨서 chloroform을 증류하여 농축하고, 정확히 칭량된 평저플라스크에 옮겨, 용매를 완전히 증류제거하고 추출물의 중량을 측정하여 지방질로 한다.

(2) 불검화물의 추출

지방질시료(보통 1g 전후)를 정확히 칭량하여 용량 10mℓ의 메스플라스크에 넣고 chloroform으로 정용한다.

이 용액의 0.5~1mℓ를 용량 25mℓ의 마개가 있는 시험관에 정확히 취하고 동시에 내부 표준 용액 0.5~1mℓ를 정확히 일정량 가한 다음 chloroform을 휘산시킨다.

이것에 1N-KOH · ethanol용액 5mℓ를 가하고 냉각관을 부착하여 조용히 1시간 동안 검화시킨다. 검화가 끝나면 실온으로 냉각하고 용량 50mℓ의 분액깔때기에 옮겨 10mℓ의 물로 시험관을 세척하여 분액깔때기에 모으고, 다시 ethyl ether 10mℓ를 가하여 흔들어 섞고, 정치한 다음 하층을 앞의 마개가 달린 시험관에 취하여, 이것에 ethyl ether 10mℓ를 가하여 흔들어 섞는다. Ether층을 분액깔때기에 옮기고 다시 이 조작을 반복한다.

추출액은 물로 세척하고 무수 Na_2SO_4로 탈수한 다음 ether액을 마개가 있는 별도의 시험관에 조금씩 옮겨 ether를 휘산시킨다. 이렇게 하여 얻은 내부 표준물질을 포함하는 불검화물을 GC용 시료로 한다.

(3) GC의 조작

GC용 시료에 ethanol 1mℓ를 가하고 그 중 1μℓ를 GC에 주입한다. GC의 조건은 보통 sterol류의 분석에 사용되는 충전제를 사용하여 각각 소유하는 기종에 적합한 조건을 선택하면 된다. GC의 분석조건과 GC로 분석한 cholesterol의 가스 크로마토그램의 예를 각각 표 6-5와 그림 6-17에 나타내었다.

표 6-5 가스 크로마토그래피(GC)의 조건

기 종	A	B	C	D	E	F
액 상		3% SE-30	5% SE-30	3% OV-17	5% SE-30	2% OV-17
담 체	Diasolid ZS	Chromosorb WAW (80~100mesh)	Chromosorb WAW (80~100mesh)	Gaschrom Q (80~100mesh)	Chromosorb WAW	Gaschrom Z
칼 럼	glass	glass	glass	glass	glass	glass
길 이	1.5~2m	1.5m	1.0m	1.5m	2m	1.5m
직 경	3mm	3mm	3mm	4mm	3mm	3mm
온 도						
칼 럼	280℃	230℃	260℃	220℃	260℃	270℃
주입구	300℃		290℃	250℃	280℃	290℃
검출구		260℃	300℃	300℃		
Carrier gas	N_2	N_2	N_2	N_2	N_2	N_2
유 량	2.0kg/㎠	1.4kg/㎠	0.8kg/㎠	1.6kg/㎠	6.0mℓ/min	1.2kg/㎠
Gas						
H_2	0.5kg/㎠	0.6kg/㎠	0.7kg/㎠	0.9kg/㎠	1.2kg/㎠	0.6kg/㎠
공 기	1.2kg/㎠	0.8kg/㎠	1.0kg/㎠	1.0kg/㎠	1.1kg/㎠	0.9kg/㎠

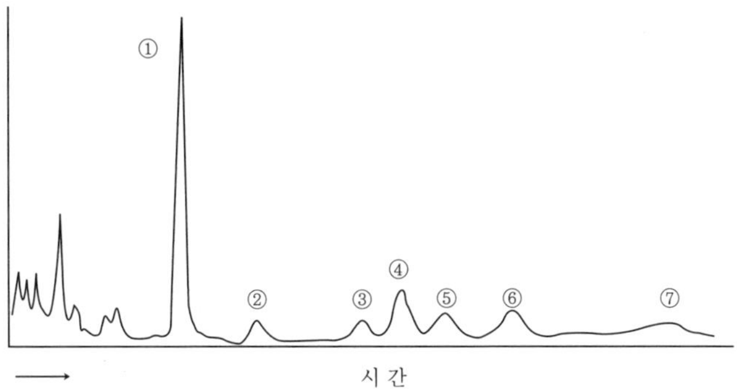

① 5−α−cholestane　② C_{26} sterol　③ 22−dehydrocholesterol

④ cholesterol　⑤ brassicasterol　⑥ 24−methylene cholesterol

⑦ β−sitosterol

그림 6-17 Cholesterol의 가스 크로마토그램(굴의 불검화물)

(4) 표준곡선의 작성

Cholesterol 표준용액과 내부 표준용액을 여러가지로 조합하여 마개가 있는 시험관에 취하고 용매를 휘산시킨 다음, ethanol 1mℓ를 가하고 적당량(1~3μℓ)을 GC에 주입한다.

내부 표준물질 조합의 한 예를 들면 표 6-6과 같으며, 이것을 기본으로 하여 얻은 가스크로마토그램으로부터 cholesterol 및 5-α -chole · stane의 각각의 피크면적비를 구하여 이것을 세로축에 취하고, 중량비를 가로축에 취하여 표준곡선을 작성한 것이 그림 6-18과 같다.

표 6-6 Cholesterol 표준용액과 내부 표준용액을 조합하는 예

Cholesterol (㎎)	내부표준용액 5-α-cholestane(㎎)	중량비* / 면적비
0.55	0.55	1.39
0.88	0.55	1.27
1.11	0.55	1.19
0.55	1.11	1.33
0.88	1.11	1.34
1.11	1.11	1.16
1.10	1.55	1.36
2.19	1.55	1.28
4.38	1.55	1.20
		K=1.27

$\frac{\text{Cholesterol(㎎)}}{\text{5-α-cholestane}} \Big/ \frac{\text{Cholesterol 피크의 면적(㎠)}}{\text{5-α-cholestane 피크의 면적(㎠)}}$

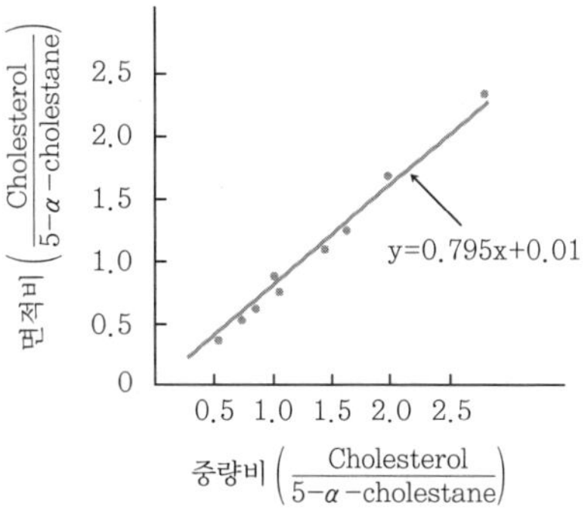

그림 6-18 GC에 의한 cholesterol의 표준곡선의 작성

계 산

식품(또는 지방질) 중의 cholesterol함량은 다음 식에 의해 계산한다.

시료 중의 cholesterol(식품 100g 중 mg 또는 지방질 1g 중 mg)

$$= \frac{(Psa/Pst) \times K \times St}{W}$$

Psa : cholesterol의 피크면적
Pst : 내부 표준물질의 피크면적
K : 표준곡선으로부터 구한 cholesterol과 내부 표준물질의 중량비에 대한 피크면적비의 비율(표 5-6 및 그림 5-18 참조)
St : 식품시료 또는 지방질시료에 대해 첨가한 내부 표준물질의 중량(mg)
W : 식품시료의 중량 g/100(또는 지방질 중량 g)

6-2 비색법에 의한 cholesterol의 정량

원 리

Sterol류의 정량법에는 여러가지가 있으나 여기서는 정색시약으로 염화제2철($FeCl_3$)용액을 이용한 Zlaktis-zak비색법에 대해서 설명한다.

시 약

① 빙초산 : 순수한 것을 사용한다.

② 진한 H_2SO_4 : 특급품

③ 10% $FeCl_3$용액(보존액) : $FeCl_3$ 10g을 초산 100mℓ에 용해한다. 수개월간 안정하다.

④정색시약(사용액) : $FeCl_3$용액을 일정량 취하여 진한 H_2SO_4를 가해서 100배 희석한다.

조 작

Sterol량과 흡광도의 관계를 그래프로 그려 반드시 표준곡선을 작성하여야 한다.

즉 cholesterol 순품을 100mg 칭량하여 이것에 빙초산을 가하여 용해시켜 메스플라스크를 사용하여 10mℓ로 한다. 마개가 달린 시험관에 0.5, 0.4, 0.3, 0.2, 0.1mℓ를 취하여 각각 0.5, 0.6, 0.7, 0.8, 0.9mℓ의 빙초산을 가한다.

이렇게 하면 cholesterol의 농도는 0.5, 0.4, 0.3, 0.2, 0.1%로 된다. 여기서 0.1㎖를 취하여 6㎖의 빙초산을 가하여 잘 혼합한 후에 정색시약 4㎖를 약간 경사지게 한 시험관의 기벽을 통하여 주입시켜 2층이 되게 한 후 즉시 마개를 막고 시험관의 바닥부분을 잡아 급속히 내용을 혼합한다.

실온이 될 때까지 방냉한 후에 560㎚에서 흡광도를 측정하여 표준곡선을 작성한다. 다음에 실제로 시료의 분석을 위하여, sterol로서 약 0.20%를 함유한 시료액 0.1㎖를 취하여 위와 같은 방법으로 발색, 비색한다. 이 방법은 혈청 cholesterol의 분석법에 잘 이용되고 있다.

기본 식품분석학

Basic Food Analysis

제7부 무기성분의 분석

기본 식품분석학

Basic Food Analysis

제 1 장 시료용액의 조제법

식품 중의 무기성분을 정량할 때는 먼저 식품 중의 유기물을 분해시켜 제거한 후 무기질만 남아 있는 시료용액을 조제하여야 한다. 이 방법은 고온에서 유기물을 연소시켜 회화하는 방법인 건식법(乾式法)과 강한 산의 혼합물 중에서 가열분해하는 방법인 습식법(濕式法)으로 구분할 수 있다.

1-1 건 식 법

원 리

건식회화법은 주로 식물성 식품, 유제품, 음료 등에 이용되며, 전기로에 넣고 회화시키면 된다. 조작이 간단하고 회화 후 용해에 사용되는 산의 양을 자유로이 조절할 수 있는 장점이 있으나, 동물성 식품의 일부, 특히 난류, 육류의 경우는 회화하기가 곤란하고 온도를 너무 올리면 염소, 인 등의 무기물의 일부가 손실되는 결점이 있다.

시약 및 기구

① 묽은 HCl(1 : 1), 묽은 HCl(1 : 3)용액

② 여과지 : 동양(Toyo) 여과지 No. 6 또는 No. 5B(직경 11㎝)

③ 자제 증발접시(직경 6~9㎝, 용량 50㎖ 정도)

④ 칭량병

⑤ 시계접시

⑥ 전기로

⑦ Desiccator

⑧ Water bath

⑨ Washing bottle

조 작

시료 약 2~10g 정도를 정확히 칭량하여 증발접시에 취한다. 이것을 400~500℃의 전기로에 넣고 회화시킨다. 이때 수분이 많은 시료는 회화하기 전에 100~120℃의 건조기에서 건조시킨 후 회화시키는 것이 좋다. 회화가 완료된 증발접시는 데시케이터에서 방냉한다.

증발접시 속의 회분을 증류수가 들어 있는 세척병(washing bottle)으로 기벽을 따라 뿜어주면서 적신다. 이때 회분의 분말이 날아가지 않도록 주의하여야 한다. 다음에 묽은 HCl(1 : 1) 10㎖를 가한다. 알칼리성 식품의 회분은 이때 이산화탄소가 심하게 발생되어 액이 튀어 손실될 염려가 있으므로 묽은 HCl을 조심스럽게 가하여야 하며, 날아 흩어지는 것을 방지하기 위하여 증발접시 위에 시계접시를 덮는 것이 좋고, 만일 시계접시에 분말이 묻어 있을 경우에는 세척병의 물로 씻어 증발접시 중에 씻어 넣어야 한다.

다음 증발접시를 끓는 수욕상에서 가열하여 완전히 증발건고(蒸發乾固)시킨다. 이때 염산의 증기가 발생되므로 실내의 환기에 주의하여야 한다. 그 다음에 묽은 HCl(1 : 3) 10㎖를 증발접시에 조용히 가하고 유리막대로 저으면서 수욕상에서 수분간 가온하여 용해시킨다. 증발접시 속의 용액을 100㎖의 메스플라스크에 직접 여과한다. 이때 증발접시와 여과지를 충분히 세척하여 세액을 메스플라스크에 모은다. 증류수를 가하여 표선까지 채운 후 잘 혼합하여 시료용액으로 한다.

방법도시

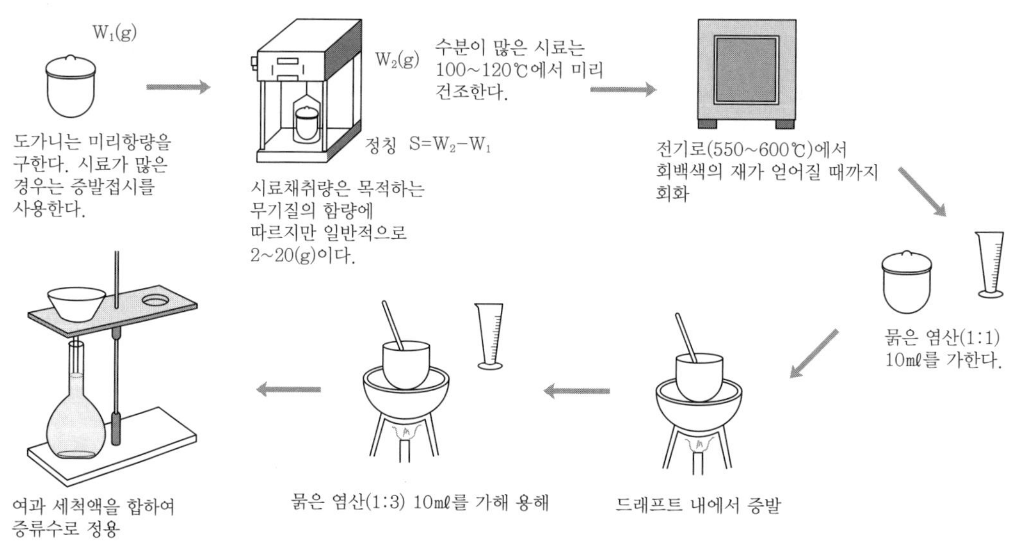

그림 7-1 건식회화법에 의한 시료용액의 조제

1-2 습 식 법

원 리

습식분해법은 시료를 진한 질산, 황산, 과염소산($HClO_4$) 등과 같이 가열하여 유기물을 분해하는 방법으로서 건식회화법으로 행하기 어려운 동물성 식품에 대하여 적용한다.

생선이나 알, 특히 난백을 건식회화할 때는 부풀어서 회화접시를 넘치는 경우가 있으며 육류, 난황 등이나 산성 식품도 회화가 곤란할 뿐만아니라 과열로 인의 일부가 손실된다. 이러한 경우에 습식분해법으로 하면 단백질이 비교적 간단히 분해되고 인의 손실도 없으므로 쉽게 분해된다. 그러나 당질이 많은 시료나, 특히 유지의 경우는 질산으로 분해하는 방법은 편리하지 않다.

이 분해법의 결점으로는 조작이 번잡하고 시간이 오래 걸리며 부식성 가스가 배출되므로 드래프트(draft)를 이용하여야 하며 또한 순수한 산을 다량으로 필요로 하고, 희석하여 시료용액을 조제할 때 산의 농도를 조절하기가 곤란한 점 등이 있다.

시약 및 기구

① 진한 HNO_3

② 진한 H_2SO_4

③ 60% 과염소산($HClO_4$)

④ Kjeldahl flask(200~300mℓ)

⑤ Draft

조 작

(1) 황산 · 질산 · 과염소산에 의한 분해

시료의 적당량을 정확히 칭량하여 200~300mℓ의 Kjeldahl플라스크에 넣는다. 이때 시료가 플라스크의 벽에 묻지 않도록 조심한다. 드래프트 내에서 진한 HNO_3 10mℓ를 가하고 서서히 가열한다.

시료가 심하게 발포하면서 넘어오르면 화력을 약하게 조절하면서 갈색의 NO_2가스가 발생되지 않을 때까지 가열하고, 격렬한 반응이 끝나 전체 분해액이 황갈색의 투명한 액이 되면 플라스크를 불에서 내려 진한 H_2SO_4 3mℓ를 주의하면서 가하고 다시 가열한다.

NO_2가스의 발생이 끝나고 액이 탄화되어서 진한 갈색이 되고 SO_3의 흰 연기가 나타나면 플라스크를 불에서 다시 내려 진한 HNO_3 2mℓ를 주의하여 가하고 다시 가열하여 액이 진한 갈색

에서 SO_3의 흰 연기를 발생하게 되면 가열을 중지하고 진한 HNO_3 2mℓ를 다시 가하고 가열한다. 이후에도 위와 같은 조작을 반복한다.

시료의 종류나 양에 따라 다르나 보통 수 회에서 수십 회 반복한다. 그리하여 갈색가스의 발생이 줄어들고 다음에 SO_3의 흰 연기가 나와도 반응액의 색이 흑색으로 되지 않을 때 비로소 플라스크를 불에서 내리고 60% $HClO_4$ 1mℓ를 가하여 과염소산의 흰 연기가 나올 때까지 가열한다. 이때 유기물이 다소 남아 있으면 액은 점차로 탄화되어 검게 된다. 너무 검으면 진한 HNO_3 2~3mℓ를 가하고 가열하면 심하게 흰 연기를 내면서 액은 황색에서 무색으로 된다. 이때부터 가열을 계속하여 과염소산의 흰 연기가 없어지면 불을 끄고 방냉한다.

냉각 후 물 10mℓ를 가하여 고형물을 용해시키고 Kjeldahl플라스크의 내용물을 잘 세척하여 100mℓ의 메스플라스크에 옮기고 물로 표선까지 채운 후 잘 혼합하여 시료용액으로 한다.

(2) 질산 · 과염소산에 의한 분해

황산 · 질산 · 과염소산에 의한 분해법은 표준적인 습식분해법이지만, 황산을 사용하기 때문에 인의 손실이 있고, 칼슘이 많은 시료는 난용성의 황산칼슘($CaSO_4$)이 석출되는 경우가 있다. 다음의 질산과 과염소산만의 방법은 이와같은 결점이 없다. 단, 이 방법은 부주의하면 폭발의 위험이 있으므로 특히 유의해야 한다.

시료 5g 이하를 250~300mℓ의 Kjeldahl플라스크에 칭취하여 진한 HNO_3 10mℓ을 가하고 앞의 (1)의 경우와 같이 약하게 가열한다. 최초의 격렬한 반응이 약해지는 것을 기다려 온도를 올려 끓인다. 질산이 휘발되어 내용물이 거의 건고할때까지 끓인 후 HNO_3(1 : 1) 10mℓ와 60% $HClO_4$ 10mℓ을 가하고 화력을 조절하여 약하게 끓인다.

고형물이 완전히 용해되고 용액이 거의 무색이거나 담황색이 될때까지 가열을 계속하여 시료를 완전히 분해한다. 만일 용액이 착색되어 있으면 60%$HClO_4$ 5mℓ를 더 가하여 가열을 계속한다.

분해 후 냉각하고 약간의 물로 희석시켜 직경 9cm의 자제증발접시에 용액을 세척하여 옮기고, 가열 농축하여 과잉의 $HClO_4$를 증발시킨다. 완전건고하기 직전에 증발을 멈추고 잔여물에 묽은 HCl(1 : 3) 10mℓ을 가하고 같은 양의 물을 가해서 희석하여 수욕상에서 가온하여 가용물을 완전히 녹인다. 이것을 100mℓ의 메스플라스크로 옮기고 물로 표선까지 채운 후 잘 혼합하여 시료용액으로 한다.

제 2 장 칼슘(Ca)의 정량

2-1 과망간산칼륨($KMnO_4$)적정법

원 리

시료용액에 함유되어 있는 칼슘이온(Ca^{2+})은 암모니아성 내지 미산성(pH 5.6)에서 수산기($C_2O_4^{2-}$)와 반응하여 난용성인 CaC_2O_4의 침전을 생성한다.

이 침전을 모액에서 분리하여 황산에 녹여 용액 중의 $C_2O_4^{2-}$를 $KMnO_4$표준용액으로 적정하여 간접적으로 칼슘(Ca)을 정량하는 방법이다. 이때의 반응식은 다음과 같다.

$$Ca^{2+} + C_2O_4^{2-} \longrightarrow CaC_2O_4 \downarrow$$

$$CaC_2O_4 + H_2SO_4 \longrightarrow CaSO_4 + H_2C_2O_4$$

$$5H_2C_2O_4 + 2KMnO_4 + 3H_2SO_4 \longrightarrow 2MnSO_4 + K_2SO_4 + 10CO_2 + 8H_2O$$

이 방법이 가장 일반적인 Ca정량방법으로 이용되고 있다. 그러나 이 방법의 문제점은 수산칼슘(CaC_2O_4)의 침전이 상당히 미세한 침전이기 때문에 이것을 완전히 또는 순수하게 분리하느냐 하는 것이다. 즉

① 시료용액에 수산염을 가하여 수산칼슘으로 침전시킬 때 Ca^{2+} 이외에 공존하는 Mg^{2+}, Mn^{2+}, Fe^{2+} 등에 의한 수산염도 같이 침전되거나, 때로는 Fe^{2+}는 수산칼슘의 완전 침전을 방해하여 칼슘이 용액 중에 남게 한다. 그래서 공존염류의 농도, 수산염의 첨가량, 침전 생성의 pH, 침전 숙성의 시간 등의 반응조건을 상세하게 검토해야 한다.

② 한편 순수한 수산칼슘의 침전이 생성된다 하더라도 이것을 여과할 때 시약으로서 가해진 수산염을 대량 함유한 모액에서 완전히 제거하자면 충분한 세척이 필요하다. 그런데 수산칼슘은 난용성이지만 물에 대하여 불용성이 아니므로 세척은 묽은 암모니아수를 사용해야 한다. 이때 세척을 여러 차례하면 침전은 약간 세척액 중에 씻겨 내려간다. 그러므

로 과잉의 모액을 완전히 제거하면서 가능한 한 침전이 많이 녹지 않게 세척하는 것이 필요하다.

여기서 선택된 방법은 1949년에 Ingok와 Murray 등이 제안한 것을 개량한 균일용액침전법(precipitation from homogeneous solution)이다.

이 방법의 특징은 요소를 가수분해시켜 생성되는 NH_3로 수산칼슘 침전 생성의 최적 pH를 유지하는 것이다. Ca^{2+}과 $C_2O_4{}^{2-}$가 공존하는 약산성 용액에 요소를 가하고 가열하면 다음과 같은 반응이 일어난다.

$$(NH_2)_2CO + H_2O \longrightarrow 2NH_3 + CO_2 \uparrow$$

이와같이 가수분해에 의하여 요소는 서서히 암모니아와 탄산가스를 방출하고 암모니아만이 용액에 흡수되어 액의 pH를 수산칼슘의 침전생성에 알맞게 될 때까지 연속적으로 올려 준다. 한편 반응액을 약간 가온하면 침전의 석출은 늦어지나 그 결정은 크고 순수하다.

이 결정의 표면적 합계는 보통의 방법으로 석출한 것과 비교할 수 없을 만큼 작다. 그러므로 침전의 세척에 사용되는 묽은 암모니아수도 적게 들며, 세척이 지나쳐도 수산칼슘의 용출이 적어진다. 이 방법은 공존염류의 방해나 공동침전도 비교적 적으며, 식품일 경우에는 재침전을 하지 않아도 된다.

시약 및 기구

① 3% 수산암모늄용액 : 수산암모늄[$(NH_4)_2C_2O_4 \cdot H_2O$] 30g을 물 1ℓ 에 녹인다. 하룻밤 방치하여 여과하고 뚜껑이 있는 시약병에 넣어 저장한다. 오래 보존하여 침전이 생기면 여과하든가 상징액을 사용한다.

② Methyl red지시약 : 0.1% methyl red alcohol용액, 때로는 bromocresol green 지시약의 0.1% alcohol용액을 사용해도 무방하다.

③ 요소 : 특급 요소[$(NH_2)_2CO$]를 되도록 70~80℃에서 건조시켜 흡습하지 않도록 데시케이터에 보존한다.

④ 묽은 암모니아수 : 세척용으로 1 : 49로 희석한 것을 다량 조제하여 세척병에 넣어 사용한다.

⑤ 묽은 H_2SO_4 : 1 : 25로 희석한 묽은 황산용액

⑥ 0.02N-$KMnO_4$표준용액 : $KMnO_4$ 약 0.63g을 비커에 취하고 물 1ℓ 를 가하여 잘 교반하고 일주일간 어두운 곳에 방치하거나 혹은 15분간 서서히 끓인 다음 방냉하여 2일간 어두운 곳에 방치한다. 다음에 유리여과기(3G-3)로 여과하여 착색병에 보존한다. 수시로 정확히 표정해야 한다.

[0.02N-$KMnO_4$용액의 표정]

수산나트륨($Na_2C_2O_4$) 약 60mg을 정확히 칭취하여 300mℓ로 녹이고, 여기에 진한 H_2SO_4 5mℓ를 가하여 수욕상에서 가온한다. 약 70℃가 되면 교반하면서 $KMnO_4$용액을 뷰렛에서 1분간에 25~35mℓ의 속도로 적하한다. 온도가 60℃ 이하가 되지 않도록 하면서 적정을 계속하여 30초간 담홍색이 지속하는 점을 종말점으로 한다.

$$2KMnO_4 + 8H_2SO_4 + 5Na_2C_2O_4 \longrightarrow K_2SO_4 + 2MnSO_4 + 5Na_2SO_4 + 10CO_2 + 8H_2O$$

위 반응식에서 $KMnO_4$ 2M은 $Na_2C_2O_4$ 5M과 당량이다. H_2SO_4산성용액에서는 $KMnO_4$ 2M은 10당량이므로 $Na_2C_2O_4$ 1M은 2당량이다. 따라서 $Na_2C_2O_4$(분자량 134.00)의 1g당량은 134.00÷2=67.00g이고 1mg당량은 67.00mg이다. 그러므로 $KMnO_4$ 표준용액의 역가는 다음과 같이 계산한다.

$KMnO_4$용액의 역가(F)

$$= \frac{Na_2C_2O_4 \text{ 칭취량(mg)}}{KMnO_4\text{용액의 N농도} \times 67.00\text{(mg)} \times KMnO_4\text{용액소비량(mℓ)}}$$

또한 $KMnO_4$용액의 역가는 쉽게 변하므로 한달에 한번씩 다시 표정해야 한다.

[예] 표정용 시약의 수산나트륨($Na_2C_2O_4$) 65.80mg을 정확히 칭취하여 녹이고 0.02N-$KMnO_4$용액으로 적정한 결과 44.60mℓ가 소비되었다면 0.02N-$KMnO_4$용액의 역가는 얼마인가?

[해설] 0.02N-$KMnO_4$의 역가(F)

$$= \frac{Na_2C_2O_4 \text{ 칭취량(mg)}}{KMnO_4\text{용액의 N농도} \times Na_2C_2O_4 \text{ 1mg당량} \times KMnO_4\text{용액소비량(mℓ)}}$$

$$= \frac{65.80}{0.02 \times 67.00 \times 44.60} = 1.1005$$

⑦ 흡인여과장치 : 그림 3-39와 같은 Witt여과장치에 15AG-4의 유리여과기를 연결한 것.

⑧ 갈색 burette

조 작

건식회화법 또는 습식분해법으로 얻은 시료용액 100mℓ 중에서 40mℓ를 피펫으로 200mℓ 비커에 취한다. 이때 시료용액 중의 Ca량은 1~2mg이 되게 한다. 이것에 methyl red지시약 몇 방울과 3%수산암모늄 용액 10mℓ를 가한 후, 건식회화법으로 얻은 용액이면 요소 2~3g을, 또 습식법으로 얻은 용액이면 요소 4~5g을 가하여[1] 용해한다.

수산암모늄을 가했을 때 투명한 상태대로 있어야 할 용액이 즉시 백탁으로 침전을 생성하는 경우는 시료용액의 Ca의 농도가 너무 높기 때문이다. 이때는 계속해서 생성되는 침전도 미세하게 되고 본 균일용액침전법의 특성을 잃는 결과가 된다. 또한 대량의 침전이 비커 밑바닥에 두껍게 생성되어 여과세척에도 힘이 들고 용액이 가열될 때 돌비되는 수가 많다. 이런 경우는 비커에 취하는 액량을 20mℓ 이하로 하고 시료용액의 산농도와 똑같은 0.15N-HCl을 추가하여 액량을 40mℓ로 한 후에 시약을 가한다.

비커를 시계접시로 덮고 버너나 소형의 전열기 위에서 가열하여 약하게 끓인다. 강하게 끓이면 액이 너무 농축되어 좋지 않다. 이와같이 가열을 계속하는 동안에 요소의 가수분해가 진행되어 액의 pH는 서서히 상승하여 methyl red의 적색이 점차로 변하여 오렌지색을 띠게 된다. 이때 수산칼슘이 결정으로 석출된다. 더욱 가열을 계속하여 용액의 색이 등황색으로 된 시점(pH 약 5.6)에서 비커를 불에서 내려 방냉한다. 이때의 액량은 약 20~30mℓ 정도이다.

특히 시료용액에 철분이 많을 경우는 methyl red 지시약으로는 변색점이 잘 나타나지 않는다. 이때 methyl red 대신에 bromocresol green 지시약 몇 방울을 가하여 조작하고 용액의 색이 황색에서 녹색으로 이행되는 점을 반응종말점으로 하면 된다.

2시간 이상(침전이 적을 때는 하룻밤) 실온에서 방치하여 침전을 숙성시킨 후 석출된 수산칼슘의 결정을 Witt여과장치에 부착된 유리여과기로 흡인여과하고 세척용 암모니아수(1 : 49) 30~40mℓ로 수회 나누어 침전과 유리여과기를 잘 세척한다. 이때 침전을 완전히 유리여과기에 옮길 필요는 없지만 모액의 $C_2O_4^{2-}$가 남아있지 않도록 세척은 완전히 한다.

단 시료가 곡류나 두류와 같이 인산과 마그네슘을 많이 함유할 때는 처음부터 암모니아수로 세척하면 $MgNH_4PO_4$의 침전생성으로 유리여과기의 구멍이 막혀 세척에 많은 시간이 걸린다. 이와같은 시료의 경우는 최초 한 번만 몇 mℓ의 물로 세척하여 마그네슘과 인산의 대부분을 제거하고 다음에 암모니아수(1 : 49)로 세척한다.

세척이 끝나면 침전 생성에 사용한 비커를 여과장치 내의 유리여과기의 바로 밑에 수기와 바꾸어 놓고 미리 70℃ 이상으로 가온하여 둔 뜨거운 묽은 황산용액(1 : 25)을 유리여과기에 주가한다. 유리막대기로 교반하고 잠시 방치하여 수산칼슘을 완전히 녹인 후 흡인하여 비커 중에 액이 떨어지게 한다. 다음 흡인을 그치고 뜨거운 묽은 황산용액(1 : 25) 약 5~7mℓ를 여과기에 주가하며 유리막대기로 교반하여 내벽을 세척하고 흡인여과하여 비커에 옮긴다. 이 조작을 2~3회 반복한다. 비커를 여과장치에서 들어 내고, 액을 65~80℃로 가열하여 0.02N-$KMnO_4$ 표준용액으로 적정한다.

1) 습식법으로 얻은 용액이 건식회화법의 것보다 산의 농도가 높으므로 첨가할 요소의 양을 증가시켜야 한다. 이때 2N - 암모니아수 약 2mℓ 정도를 가하여 산의 일부를 중화한 후 요소 2g을 가해도 좋다. 가해야 할 요소의 양은 Ca함량과 관계가 없고 요소의 분해로 중화될 산의 농도에 좌우된다.

계 산

시료 중의 칼슘(Ca)의 함량은 다음과 같이 계산한다.

$$5CaC_2O_4 + 8H_2SO_4 + 2KMnO_4 \longrightarrow 2MnSO_4 + K_2SO_4 + 5CaSO_4 + 10CO_2 + 8H_2O$$

위의 반응식에서와 같이 1몰의 $KMnO_4$는 Ca 40.08(Ca의 원자량)×5/2=100.2g에 상당한다. 또 1N-$KMnO_4$용액 1mℓ는 100.20×1/5×1/1000=0.02004g=20.04mg의 Ca에 상당한다. 그러므로 0.02N- $KMnO_4$ 1mℓ는 20.04×0.02=0.4008mg의 Ca에 상당한다.

따라서 시료용액 중의 Ca의 양은 다음식에 의해 계산한다.

$$Ca(mg) = 0.4008 \times F \times V \times D$$

F : 0.02N-$KMnO_4$용액의 역가
V : 0.02N-$KMnO_4$용액의 적정소비량(mℓ)
D : 희석배수

따라서 시료 중의 Ca의 함량(mg%)은 다음과 같다.

$$Ca(mg\%) = \frac{0.4008 \times F \times V \times D}{S} \times 100$$

S : 시료채취량(g)

방법도시

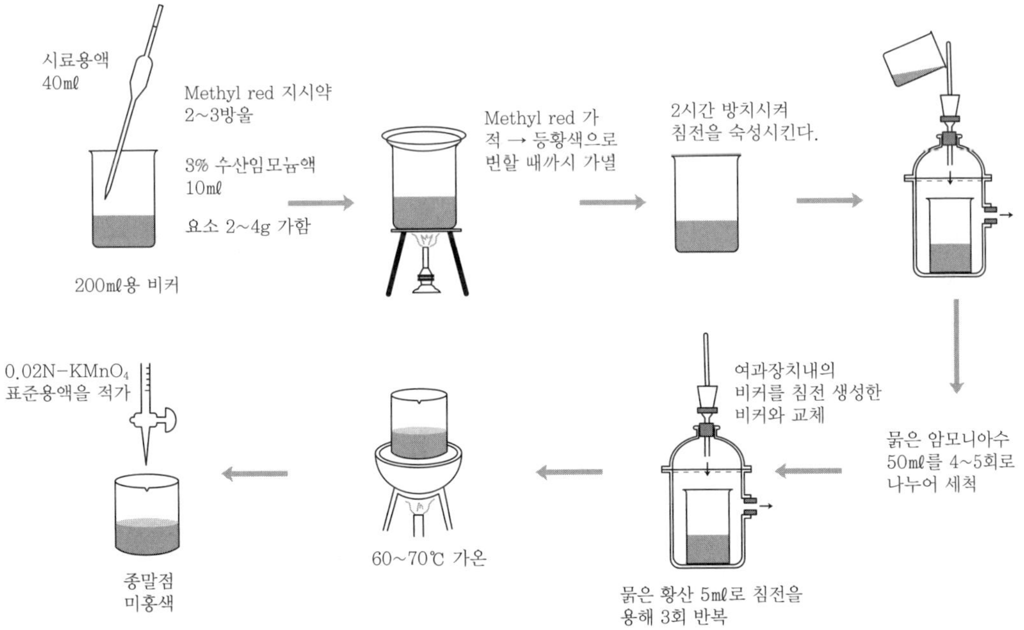

그림 7-2 $KMnO_4$ 적정법에 의한 Ca의 정량

데이터 및 결과 예

① 시료 : 콩

② 회화에 사용한 시료채취량 : 5.1234g

③ 시료용액의 총량 : 100㎖

④ 본 실험에 사용한 시료용액의 양 : 40㎖

⑤ 0.02N-$KMnO_4$용액의 적정치 : 3.50㎖

⑥ 0.02N-$KMnO_4$용액의 역가 : 0.9850

⑦ Ca함량 계산 :

$$Ca(mg\%) = \frac{0.4008 \times F \times V \times D}{S} \times 100$$

$$= \frac{0.4008 \times 0.9850 \times 3.50 \times 100/40}{5.1234} \times 100 = 67.42mg\%$$

2-2 킬레이트(EDTA-chelate)적정법

원 리

EDTA(ethylene diamine tetraacetic acid)는 여러가지 중금속이온 및 알칼리토류 금속이온 등과 착염을 만든다.

이 착염은 적당한 pH 하에서는 매우 안정하여, 그 안정도 정수가 크기 때문에 유리상태로 존재하는 금속이온의 농도가 매우 적어진다.

그러므로 금속이온의 존재 유무에 따라 그 색깔이 변하는 색소, 즉 금속지시약을 반응계에 가해 둠으로써 각종 금속을 EDTA로 적정할 수 있다.

$$\underset{}{Ca^{2+}} + \underset{\text{blue}}{\text{Dotite NN}} \longrightarrow \underset{\text{red}}{\text{Ca-Dotite NN}}$$

$$\underset{\text{red}}{\text{Ca-Dotite NN}} + EDTA^{4-} \longrightarrow Ca\text{-}EDTA^{2-} + \underset{\text{blue}}{\text{Dotite NN}}$$

EDTA와 칼슘(Ca)의 착염은 pH 12~13과 같은 강알칼리성에서도 매우 안정하나, EDTA와 역시 안정한 착염을 만드는 마그네슘(Mg)은 pH 12 이상에서 그 착염이 해리되어 $Mg(OH)_2$로 변하게 된다.

이와같은 성질을 이용해서 Ca과 Mg이 혼재하는 용액 중에서 Ca만을 직접 EDTA로 적정할 수 있다.

시 약

① 0.01M-EDTA 2Na · H_2O표준용액 : EDTA 2Na · H_2O 약 4g을 물에 녹여 1ℓ 로 한다. 마그네슘표준용액으로 그 역가(factor)를 정확히 결정하여 둔다. 이 액 1mℓ는 약 0.3mg의 Mg에 상당한다.

② 마그네슘(Mg)표준용액 : 특급 $MgSO_4$ · $7H_2O$ 10.15g을 물에 녹여서 1ℓ 로 만든다. 이 용액 1mℓ 중에는 1mg의 Mg이 포함된다.

③ Dotite EBT : 2~5g을 methanol 100mℓ에 용해시켜 사용한다.

④ 암모니아완충용액 : NH_4Cl 67.5g을 물 200mℓ에 녹인 다음 진한 NH_4OH 570mℓ를 가한 후 다시 전체가 1ℓ 가 되도록 물을 가한다.

⑤ 10% NaOH용액

⑥ Dotite NN분말

⑦ KCN

조 작

(1) EDTA용액의 표정

Mg표준용액(1mℓ＝1mg Mg) 5mℓ를 취해서 암모니아완충용액 5mℓ와 증류수 약 10mℓ를 가한 후 Dotite EBT를 2~3방울 떨어뜨린 다음 EDTA표준용액으로 적색이 청색으로 변할 때까지 적정하고 그 결과로서 역가를 계산한다.

(2) 칼슘(Ca)의 정량

Ca으로서 1~10mg 정도를 함유한 시료분해액 약 5mℓ를 삼각플라스크에 취한 다음 증류수 10mℓ, 10% NaOH용액 5mℓ, KCN 0.3g, Dotite NN 0.3g을 가한 후 EDTA표준용액으로 적정한다.

계 산

시료 중의 칼슘(Ca)의 함량은 다음식에 의해 계산한다.

$$Ca(mg\%) = \frac{V \times F \times D \times 0.4008}{S} \times 100$$

V : 0.01M-EDTA용액의 적정소비량(mℓ)
F : 0.01M-EDTA용액의 역가
D : 희석배수
S : 시료채취량(g)
0.4008 : 0.01M-EDTA용액 1mℓ에 상당하는 Ca의 mg수

데이터 및 결과 예

① 시료 : 무말랭이

② 회화에 사용한 시료채취량 : 3.4545g

③ 시료용액의 총량 : 100mℓ

④ 본실험에 사용한 시료용액의 양 : 5mℓ

⑤ 0.01M-EDTA용액의 적정소비량 : 1.50mℓ

⑥ 0.01M-EDTA용액의 역가 : 1.020

⑦ Ca 함량계산

$$Ca(mg\%) = \frac{V \times F \times D \times 0.4008}{S} \times 100$$

$$= \frac{1.50 \times 1.020 \times 100/5 \times 0.4008}{3.4545} \times 100$$

$$= 355.03mg\%$$

제 3 장 인(P)의 정량

3-1 몰리브덴 청(molybden blue)비색법

원 리

식품 중의 인의 비색정량법의 하나로서, 시료용액 중에 존재하는 인산염과 몰리브덴산암모늄$[(NH_4)_6Mo(MoO_4)_6]$을 산성조건하에서 반응시켜 정량적으로 생성되는 인몰리브덴산암모늄$[(NH_4)_3PO_4 \cdot 12MoO_3]$에 다시 환원제를 가하여 생성되는 진한 청색인 몰리브덴 청을 비색 정량하여 인의 양을 산출하는 방법이다.

$$12(NH_4)_6Mo(MoO_4)_6 + 72H^+ + 7PO_4^{3-} \longrightarrow 7[(NH_4)_3PO_4 \cdot 12MoO_3] + 51NH_4^+ + 36H_2O$$

여기서 생성되는 몰리브덴 청의 본체는 아직 잘 모르며, 이 색은 안정성이 없고 온도에 따라 변동이 심하므로 정확을 기하기 어려운 점이 이 방법의 결점이다. 그러나 비교적 조작이 간단하고 미량의 인도 정량할 수 있다.

시약 및 기구

① 몰리브덴산암모늄용액 : 몰리브덴산암모늄의 결정 $(NH_4)_6Mo_7O_{24} \cdot 4H_2O$ 25g을 물 300mℓ에 녹인다. 별도로 진한 H_2SO_4 75mℓ를 물 200mℓ에 희석시켜 실온으로 냉각시킨 것을 위의 용액에 가한다. 침전이 남아 혼탁하면 여과하여 사용한다.

② Hydroquinone용액 : Hydroquinone($C_6H_6O_2$) 0.5g을 물 100mℓ에 녹이고, 분해를 방지하기 위하여 진한 H_2SO_4 한 방울을 가하여 둔다. 냉장고에 보존하면 비교적 오래 사용할 수 있다. 만일 착색되면 다시 만들어 사용한다.

③ 10% Na_2SO_3용액 : 특급 무수아황산나트륨(Na_2SO_3) 5g을 물 45mℓ에 녹인다. 마개를 하여 저장하면 오래 사용할 수 있다. 가능한 한 정량 직전에 조제한다.

④ 인(P) 표준용액 : 먼저 데시케이터 중에서 건조하여 둔 특급 산성 인산칼륨(KH_2PO_4)결정 0.4394g을 물에 녹여 1ℓ 로 한다. 이때 반드시 0.4394g을 칭취할 필요는 없고 그에 가까운 양을 정확히 칭취하여 그것에 함유된 인의 양을 계산하면 된다. 대체로 1mℓ 중에 0.020~0.025mg 정도의 인을 함유하면 된다. 이 액 50mℓ를 정확히 취하여 물을 가해 250mℓ로 희석한다. 이 경우 1mℓ에는 0.020mg의 인이 함유된다.

⑤ 분광광도계 또는 광전비색계

⑥ Measuring flask(부피 25mℓ 또는 50mℓ)

⑦ Whole pipette(1mℓ, 2mℓ 또는 5mℓ)

⑧ Measuring pipette(부피 5mℓ 또는 10mℓ)

조 작

(1) 시료용액 및 표준용액의 발색

전처리방법으로 얻은 시료용액 1(2)mℓ를 홀피펫으로 25(50)mℓ의 메스플라스크에 정확히 취한다. 시료의 채취는 곡류, 두류, 어패류, 난류와 같이 인의 함량이 많은 것은 시료용액을 10배로 희석하여 그의 2(5)mℓ를 취한다. 50mℓ의 액량으로 비색하는데 적당한 인의 양은 P로서 0.01~0.5mg이다.

동시에 인 표준용액 2(5)mℓ를 다른 25(50)mℓ의 메스플라스크에 취한다. 두 개의 플라스크에 몰리브덴산암모늄용액 2(4)mℓ씩 가하여 혼합하고, 몇 분간 방치한다. 그 다음에 다시 hydroquinone 2(4)mℓ를 가하여 혼합하고, Na_2SO_3용액 2(4)mℓ를 가하며 이때의 시간을 기록해 둔다. 그리고 즉시 표선까지 물로 희석하고 잘 진탕한다. 인의 농도에 따라 액은 처음에 황록색 내지 녹색에서 담청색 내지 심청색으로 변한다. 환원제를 첨가한 다음 각각 정확히 30분간 방치 후 이 반응액을 분광광도계나 광전비색계를 이용하여 비색정량한다.

(2) 비 색

분광광도계에서는 파장 650nm, 광전비색계에서는 황색 필터(filter)에서 비색하여 흡광도를 측정한다. 이때 대조셀(cell)에는 증류수를 공시험용액으로 사용하여 영점을 조절한다.

계 산

시료용액의 흡광도를 A, 인 표준용액의 흡광도를 A_0라고 하면 시료용액 중의 P함량은 인 표준용액 중의 P함량의 A/A_0배가 된다. 이때 인 표준용액 중의 P함량은 KH_2PO_4결정 0.4394g을 최초로 칭취하여 녹여 1ℓ 로 하고, 이 액 50mℓ를 다시 250mℓ로 희석한 후 2mℓ를 취하여 비색하였다면 그 2mℓ 중에는 0.020×2=0.040(mg)의 P을 함유하는 것이 된다. 시료 중의 P의 함량은 다음 식에 의해 계산한다.

$$P(mg\%) = 0.040 \times \frac{A}{A_0} \times D \times \frac{100}{S}$$

A : 시료용액의 흡광도
A_0 : 인 표준용액의 흡광도
D : 희석배수
S : 시료채취량(g)
0.040 : 인 표준용액 2mℓ 중의 P함량(0.020×2=0.040)

방법도시

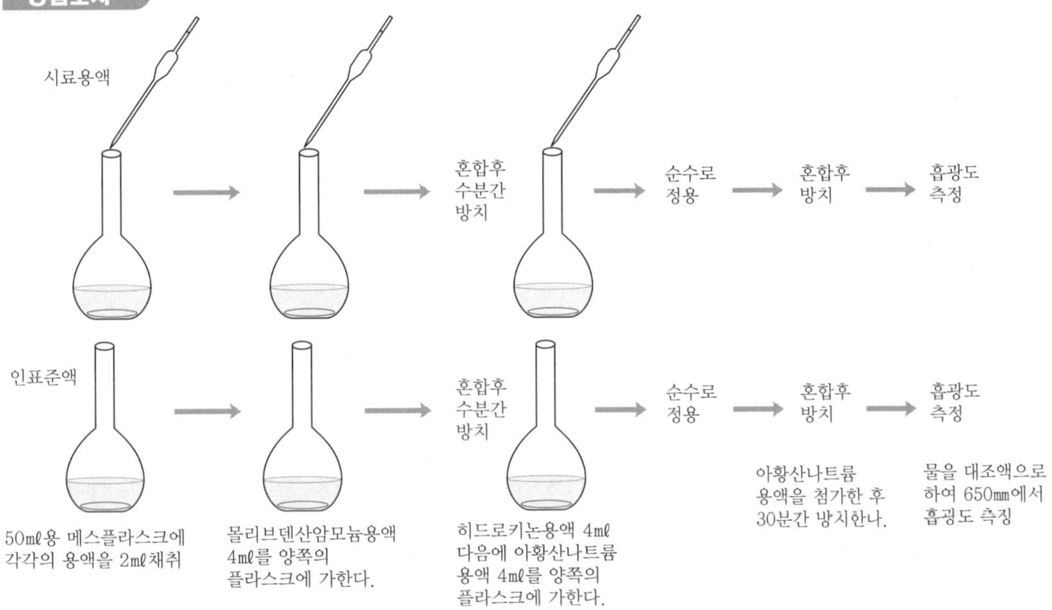

그림 7-3 Molybden blue 비색법에 의한 P의 정량

데이터 및 결과 예

① 시료 : 밀가루

② 회화에 사용한 시료채취량 : 5.4321g

③ 건식회화 후 시료용액의 총량 : 100mℓ

④ 본시험에 사용한 시료용액의 양 : 2mℓ를 25mℓ로 하여 비색

⑤ 희석배수 : 100/2=50

⑥ 인 표준용액의 양 : 2㎖을 25㎖로 하여 비색

⑦ 인 표준용액 중의 인 함량 : 0.04mg

⑧ 시료용액의 흡광도 : 0.420

⑨ 인 표준용액의 흡광도 : 0.455

⑩ 시료 중의 인의 함량

$$P(mg\%) = 0.040 \times \frac{A}{A_0} \times D \times \frac{100}{S}$$

$$= 0.04 \times \frac{0.420}{0.455} \times \frac{100}{2} \times \frac{100}{5.4321}$$

$$= 33.99mg\%$$

3-2 몰리브덴산 용량법

원 리

인산이온은 질산산성의 용액 중에서 몰리브덴산암모늄[$(NH_4)_2MoO_4$]과 반응하여 인몰리브덴산암모늄의 황색침전을 생성한다. 이 반응식은 다음과 같으며, P 1원자에 Mo 12원자가 대응한다. 인산 외에도 규산이나 비산도 같은 반응을 일으킨다.

$$H_3PO_4 + 12(NH_4)_2MoO_4 + 2HNO_3 \longrightarrow$$

$$(NH_4)_3PO_4 \cdot 12MoO_3 \cdot HNO_3 \cdot 2H_2O + 21NH_4NO_3 + 10H_2O$$

이 침전을 여과하여 묽은 KNO_3용액으로 세척하면 침전 중의 질산 한 분자는 물 한 분자와 치환하여 $(NH_4)_3PO_4 \cdot 12MoO_3 \cdot 3H_2O$가 된다. 이는 다음 반응식과 같이 알칼리에 녹아 결국 1분자의 P가 23분자의 NaOH에 상당하게 된다.

$$2(NH_4)_3PO_4 \cdot 12MoO_3 \cdot 3H_2O + 46NaOH \longrightarrow$$

$$2(NH_4)_2HPO_4 + (NH_4)_2MoO_4 + 23Na_2MoO_4 + 28H_2O$$

따라서 일정 과량의 알칼리용액에 침전을 녹여 여분의 알칼리를 산으로 역적정하면, 인 몰리브덴산암모늄을 녹이는데 필요한 알칼리량을 알 수 있고, 이로부터 인의 양을 계산할 수 있다.

이 방법은 옛날부터 표준적 용량법으로 일반식품에 응용되어 왔고 감도도 높다. 그러나 적정 종말점을 결정하기 어렵고 황색침전의 조성이 더욱 명확치 않은 결점이 있다. 또한 조작이 약간 복잡하여 주의하지 않으면 오차가 커지므로 상당한 숙련이 필요하다.

시약 및 기구

① 황산몰리브덴산용액 : 몰리브덴산암모늄[$(NH_4)_6Mo_7O_{24} \cdot 4H_2O$]의 결정 75g을 물 200mℓ에 가하고 가열용해한 후 방냉시킨다. 이 용액을 A액으로 한다. 이때 소량의 불용물이 있어도 무방하다.

별도로 황산암모늄[$(NH_4)_2SO_4$] 25g을 500mℓ 메스플라스크에 칭취하고 물 25mℓ와 진한 HNO_3(비중 1.4) 225mℓ를 가하여 녹인다. 이 용액을 B액으로 한다.

A액을 B액에 소량씩 가하여 혼합한다. A액의 주가가 끝나면 물로 500mℓ표선까지 채우고 48시간 정치한 후 여과지로 여과한다. 투명한 여액을 갈색병에 넣어 어두운 곳에 보존한다.

② H_2SO_4-HNO_3혼합액 : 진한 HNO_3(비중 1.4) 200mℓ를 물 280mℓ에 녹여 여기에 다시 진한 H_2SO_4(비중 1.84) 14mℓ를 가한다.

③ 1% KNO_3용액 : 이 용액은 반드시 중성이 되어야 하며 세척병에 넣어 사용한다.

④ 0.05N-NaOH표준용액 : 0.05N-NaOH표준용액을 조제하여 표정한다.

⑤ 0.05N-H_2SO_4표준용액 : 0.05N-H_2SO_4표준용액을 조제하여 표정한다.

⑥ Phenolphthalein지시약 : 0.1% phnolphthalein alcohol용액을 조제한다.

⑦ 흡인여과장치 : 15AG-4 유리여과기가 부착된 Witt여과장치

조 작

전처리방법으로 얻은 시료용액 2~5mℓ(P함량이 0.2~1mg)를 홀피펫으로 50mℓ 비커에 정확히 취하여 H_2SO_4-HNO_3혼합액 50mℓ를 가한다. 수욕 중에서 가온한 후 황산몰리브덴산용액 5mℓ를 피펫으로 비커의 중앙에다 주가한다. 작은 시계접시로 비커를 덮고 3분간 방치한 후 약 30초간 잘 진탕한다. 다시 5~8시간 실온에서 방치하여 인몰리브덴산암모늄의 황색침전을 응집침전시킨다.

15AG-4 유리여과기가 부착된 Witt여과장치로 침전을 여과하여 침전의 대부분을 여과기에 옮긴다. 1% KNO_3용액으로 세척하고 비커 중의 침전을 완전히 여과기에 옮기고, 다시 흡인여과한다. 이때 너무 강하게 흡인하지 말고 적당히 흡인을 가감하여 세액이 침전에 접촉될 어느

정도의 시간이 있어야 한다. 대략 세액은 500㎖ 정도로 하면 된다.

세척이 끝나면 흡인하여 KNO_3용액을 제거한 후, 여과장치의 수기를 100~150㎖의 삼각플라스크로 바꾼다. 유리여과기에 0.05N-NaOH 표준용액 5.0㎖를 정확히 가하고, 유리막대기로 교반하여 황색의 침전을 녹여 흡인하여 삼각플라스크 내로 여과한다. 침전이 적을 때는 이 용액만으로 녹으나 많을 경우는 다시 0.05N-NaOH용액 5㎖를 더 가하여 여과조작을 반복한다. 완전히 침전이 용해되면 사용된 NaOH표준용액의 전 용량을 정확히 기록하여 두어야 한다. 증류수로 여과기를 세척하여 세액이 플라스크에 모이게 한다.

다음 플라스크를 여과장치로부터 꺼내고 적어도 0.05N-H_2SO_4표준용액을 피펫이나 뷰렛으로 100㎖ 이상 정확히 가하여 충분히 산성이 되게 한다. 10~15분간 가열하여 끓여서 용존하는 탄산가스를 완전히 제거하고, 즉시 냉각시켜 phenolphthalein지시약 몇 방울을 가하여 0.05N-NaOH표준용액으로 미홍색이 될 때까지 빨리 적정한다.

계 산

시료 중의 인(P)의 함량은 다음 식에 의해 계산한다.

$$P(mg\%) = 0.0673 \times [F_a(A + A_1) - F_b(B)] \times D \times \frac{100}{S}$$

A : 침전을 녹이는데 사용한 0.05N-NaOH표준용액의 ㎖수
A_1 : 적정에 소비된 0.05N-NaOH표준용액의 ㎖수
F_a : 0.05N-NaOH표준용액의 역가
B : 0.05N-H_2SO_4표준용액의 첨가 ㎖수
F_b : 0.05N-H_2SO_4표준용액의 역가
D : 희석배수
S : 시료채취량(g)
0.0673 : 0.05N-NaOH 1㎖에 상당하는 P의 양

제4장 철(Fe)의 정량

철(Fe)의 정량법에는 NH_4OH에 의한 중량법, Fe^{2+}를 $KMnO_4$로 적정하는 용량법, Fe^{2+}와 ortho-phenanthroline반응을 이용한 비색법 등이 있다.

식품의 철 함량은 특별히 강화한 것 이외는 비교적 소량이기 때문에 그 정량은 거의 비색법이 이용된다.

4-1 Ortho-phenanthroline비색법

원 리

Ortho-phenanthroline($C_{12}H_8N_2$)은 그림 7-4와 같은 구조를 가진 염기로 일정범위의 pH 하에서 시료용액 중에 있는 Fe^{2+} 1원자와 *O*-phenanthroline 3분자가 정량적으로 반응하여 적색의 착화합물[$(C_{12}H_8N_2)_3 \cdot Fe^{2+}$]을 생성한다.

$$3C_{12}H_8N_2 + Fe^{2+} \longrightarrow (C_{12}H_8N_2)3Fe^{2+}$$

이 적색의 농도는 Fe 10~200㎍ pH 2.9~9.0 사이에서 Fe의 농도와 비례하므로 비색정량에 의해 시료 중의 Fe함량을 구할 수 있다. 그러나 철이온 중 제2철이온(Fe^{3+})은 *O*-phenanthroline과 반응해서 담황색의 착염을 만들므로 정량할 때는 먼저 산성용액에 환원제 hydro · quinone을 가하여 Fe^{3+}를 Fe^{2+}로 모두 환원시키고서 *O*-phenanthroline을 가하고 이 액에 다시 초산나트륨 용액을 적가하여, 발색 최적 pH 3.5로 하면 적색으로 발색된다.

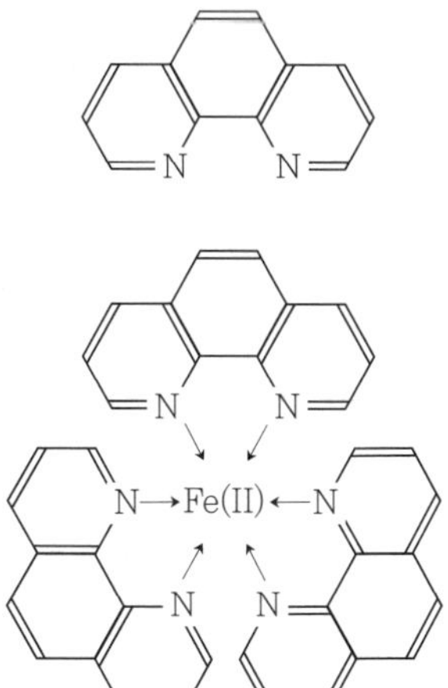

그림 7-4 $C_{12}H_8N_2$과 철(Fe^{2+})과의 착염

시약 및 기구

① 철(Fe) 표준용액 : Mohr염 황산제1철암모늄[$(NH_4)_2Fe(SO_4)_2 \cdot 6H_2O$(화학용 시약 특급)] 0.7021g을 정확히 칭량하여 0.2% 묽은 H_2SO_4에 녹여 1ℓ 로 한다. 이 용액 1mℓ 중에는 Fe 0.1mg을 함유한다. 이때 0.7021g을 반드시 정확하게 칭취할 필요는 없다. 단지 1mℓ 중에 Fe 0.1mg 정도의 정확한 농도를 알고 있는 용액이면 된다.

$(NH_4)_2Fe(SO_4)_2 \cdot 6H_2O$ 중의 철(Fe)의 함량

$$= \frac{0.420}{(NH_4)_2Fe(SO_4)_2 \cdot 6H_2O} = \frac{55.847}{392.1394} \fallingdotseq 0.1424$$

즉 Fe의 함량은 14.24%이다. 철 표준용액 1ℓ 중의 Fe의 함량은 0.7021g×0.1424= 0.09997904g ≒ 0.10g이다.

철 표준용액 중의 Fe함량은 0.10g/1=100mg/1000mℓ=……=0.1mg/mℓ=100㎍/mℓ이므로 철 표준용액을 10배로 희석하고(10㎍ Fe/mℓ), 이의 0.4mℓ, 0.8mℓ, 2.0mℓ, 4.0mℓ에 증류수 3.6mℓ, 3.2mℓ, 2.0mℓ, 0.0mℓ를 가하면 이들 4mℓ에는 4㎍, 8㎍, 20㎍, 40㎍의 철이 함유되어 있게 된다.

② Bromophenol blue(BPB)지시약 : Bromophenol blue 약 0.1g을 유발에서 0.05N-NaOH용액 30mℓ와 잘 마쇄하여 혼합하고 증류수를 가하여 250mℓ로 한다.

③ 2N-초산용액 : 빙초산(CH_3COOH, 95%) 126g을 증류수에 녹여 1ℓ 로 한다.

④ 2N-초산나트륨용액 : 초산나트륨($CH_3COONa \cdot 3H_2O$)의 결정 272g을 증류수에 녹여 1ℓ 로 한다.

⑤ 초산완충용액(pH 3.5) : 2N-초산 93.6mℓ와 2N-초산나트륨용액 6.4mℓ를 혼합하고 증류수를 가하여 1ℓ 로 한다.

⑥ 초산완충용액(pH 4.5) : 2N-초산 57mℓ와 2N-초산나트륨용액 43mℓ를 혼합하고 증류수를 가하여 1ℓ 로 한다.

⑦ 1% hydroquinone용액 : Hydroquinone($C_6H_6O_2$) 0.2g을 초산완충용액(pH 4.5) 200mℓ에 용해하고 냉암소에 저장한다.

⑧ 0.25% *o*-phenanthroline용액 : *o*-phenanthroline 염산염의 결정($C_{12}H_8N_2HCl \cdot H_2O$) 0.5g을 200mℓ의 증류수에 녹여 냉암소에 저장한다.

⑨ 분광광도계 또는 광전비색계

⑩ Measuring flask(부피 25mℓ, 부피 200mℓ)

⑪ Whole pipette

⑫ Measuring pipette

조 작

(1) 시료용액의 발색

전처리방법으로 얻은 시료용액 100㎖에서 10㎖를 홀피펫으로 정확히 취하여 25㎖ 메스플라스크와 삼각플라스크에 각각 취한다. 삼각플라스크에는 BPB지시약 4방울을 가한다. 0.2N-초산나트륨용액(2N용액을 10배로 희석하여 사용한다)을 뷰렛에 넣고 플라스크의 용액의 pH가 3.5에 달하고, 지시약을 가한 용액의 색이 황색으로부터 황록색으로 변할 때까지 적정하여 그때까지 소비된 초산나트륨의 양을 기록하여 둔다.

이때 같은 부피의 다른 삼각플라스크에 완충용액(pH 3.5) 10㎖를 취하고 여기에 BPB지시약 4방울을 가하고 이의 색과 비교하여 적정한다. 위의 소비된 적정량과 같은 양의 0.2N-초산나트륨용액을 시료용액이 들어 있는 25㎖의 메스플라스크에 가한다. 다음에 hydroquinone용액 1㎖와 *o*-phenanthroline용액 2㎖를 가하고 눈금까지 증류수를 가하여 정용하고 잘 혼합한 후 1시간 이상 실온에서 방치하여 충분히 발색되게 한다.

(2) 표준용액의 발색

철(Fe)표준용액 20㎖를 홀피펫으로 취하여 200㎖의 메스플라스크에 취하고 표선까지 증류수를 채운 후 잘 혼합한다[철의 함유량 0.01mg(10㎍)/㎖].

홀피펫 또는 메스피펫으로 위의 희석표준용액 1, 2, 5, 10, 15, 20㎖를 각각 한 조로 하여 25㎖의 메스플라스크와 삼각플라스크에 취한다. 별도로 공시험을 위하여 표준용액을 가하지 않은 메스플라스크를 준비한다. 10㎖ 이하의 표준용액이 들어있는 플라스크에 물을 가하여 10㎖가 되게 한다(공시험용 플라스크에도 물 10㎖를 가한다). 각 플라스크 내의 용액을 위의 (1)의 방법에 따라 발색을 시킨다. 공시험용의 것은 시약을 가하여도 발색되지 않는 것이 보통이다.

이때 표준용액 채취량이 15㎖, 20㎖와 같이 많은 경우에는 전체량이 25㎖ 이상이 되므로 주의하여야 한다. 만일 25㎖를 넘을 경우는 pH 3.5로 조정하기 위하여 사용하는 0.2N-초산나트륨용액의 농도를 높여, 예를들어 0.4N-초산나트륨용액으로 하여 적정한다.

(3) 비 색

분광광도계에서는 파장 510nm, 광전비색계에서는 녹색의 필터에서 각 플라스크 내의 표준용액을 발색 정도에 따라 비색하여 흡광도를 측정한다. 이때 대조셀(cell)에는 공시험용액을 사용하여 영점을 조절한다. 다음에 발색된 플라스크 내의 시료용액을 비색하여 흡광도를 측정한다.

계 산

철 표준용액에 대한 표준곡선(검량곡선)을 작성한다. 즉, 가로축에는 각 표준용액량 중의 철의 함량(예를들면 1mℓ의 경우는 0.01mg, 10mℓ의 경우는 0.1mg)을 표시하고, 세로축에는 흡광도를 표시하여 각 농도의 표준용액을 비색하여 얻은 흡광도를 각 농도 위에 나타내어 그래프를 작성한다. 여기서 얻은 표준곡선은 측정범위 내에서 직선이 되지 않으면 안된다.

위에서 작성한 표준곡선으로부터 구한 시료용액 10mℓ 중에 함유되어 있는 철의 함량을 구한다. 이것을 Amg이라고 하면 시료 중의 철의 함량(mg%)은 다음 식에 의해 계산한다.

$$\mathrm{Fe(mg\%)} = \mathrm{A} \times \mathrm{D} \times \frac{100}{\mathrm{S}}$$

A : 표준곡선으로부터 구한 시료용액 10mℓ 중의 Fe량(mg)
D : 희석배수
S : 시료채취량(g)

데이터 및 결과 예

① 시료 : 대두

② 회화에 사용한 시료채취량 : 4.5678g

③ 시료용액의 총량 : 100mℓ

④ 본시험에 사용한 시료용액의 양 : 10mℓ

⑤ 희석배수 : 100/10=10

⑥ 표준곡선으로부터 구한 시료용액 10mℓ 중의 Fe의 양 : 0.10mg

⑦ 시료 중의 철의 함량

$$\mathrm{Fe(mg\%)} = \mathrm{A} \times \mathrm{D} \times \frac{100}{\mathrm{S}} = 0.10 \times \frac{100}{10} \times \frac{100}{4.5678} = 21.89\mathrm{mg\%}$$

방법도시

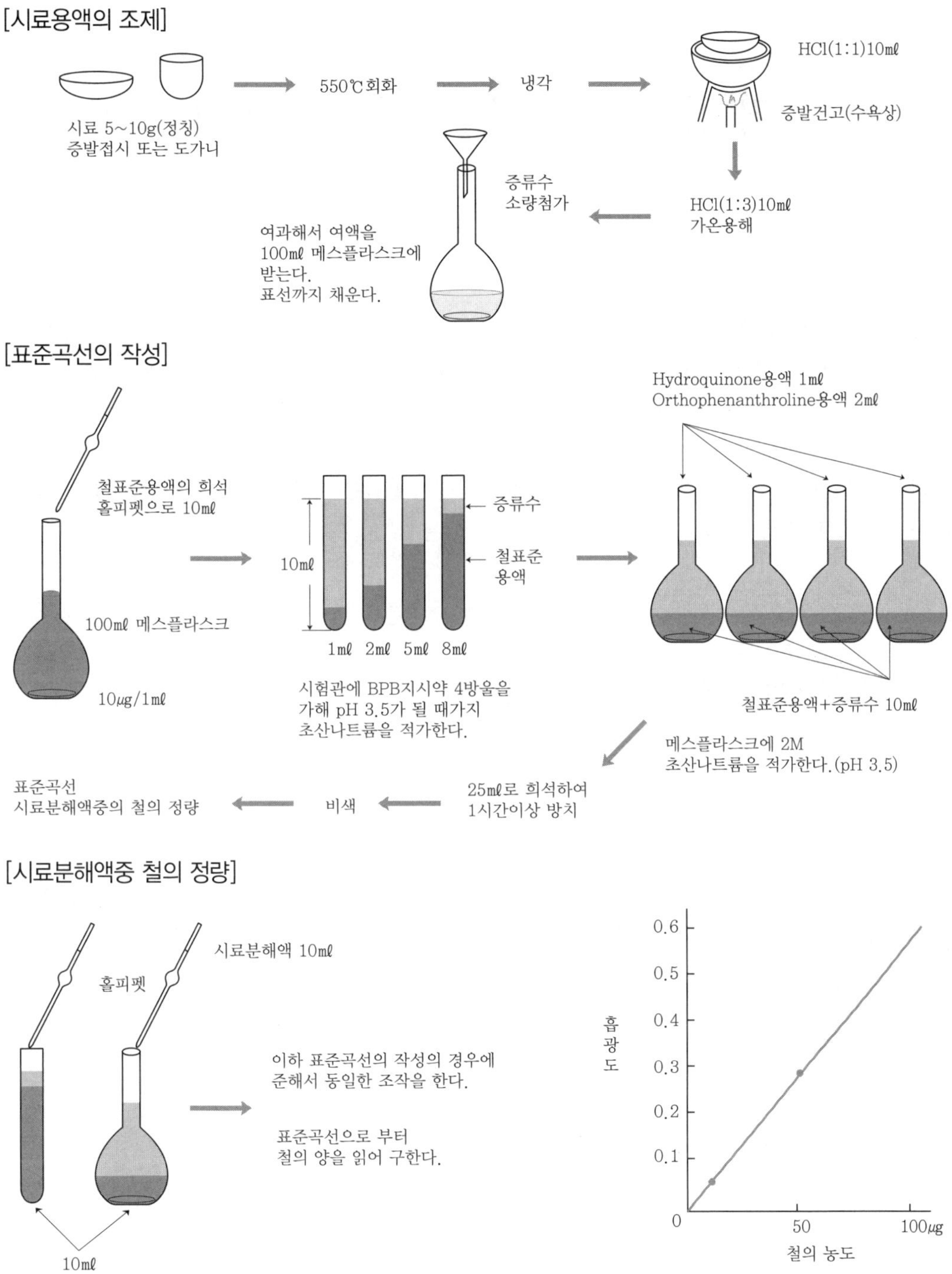

그림 7-5 Ortho-phenanthroline 비색법에 의한 Fe의 정량

제 5 장 식염(NaCl)의 정량

식품 중의 식염의 양을 알아내는 데는 두가지 방법이 있다. 즉 나트륨(Na)을 정량하여 염화나트륨(NaCl)으로 환산하거나 염소(Cl)를 정량하여 염화나트륨으로 환산하는 것이다. 그러나 식품 중의 나트륨과 염소가 항상 NaCl의 원자비로 존재하는 것은 아니다. 식염을 첨가하지 않은 천연식품에서는 거의 예외없이 Na<Cl이다. 따라서 두가지 방법으로 얻은 염화나트륨의 수치는 서로 일치하지 않는다. 대개의 식염정량실험은 염소를 정량하여 식염량을 추정하는 것이 일반적인 방법이다.

5-1 Mohr법에 의한 염소(Cl)정량

원 리

Mohr법은 K_2CrO_4를 지시약으로 한 침전적정으로 Cl^-, Br^-, I^-, CN^-, CNS^-, S^{2-} 등의 적정에도 이용된다. Cl^-의 경우는 식염 NaCl용액을 비커에 넣고 K_2CrO_4용액을 소량 가하고 뷰렛으로부터 $AgNO_3$ 표준용액을 적하하면 Cl－는 전부 AgCl의 백색침전으로 되고

$$AgNO_3 + NaCl \longrightarrow AgCl\downarrow + NaNO_3$$

또 K_2CrO_4와 반응하여 크롬산은(Ag_2CrO_4)의 적갈색침전이 생기기 시작하므로 적정 종말점을 알 수가 있다.

$$2AgNO_3 + K_2CrO_4 \longrightarrow Ag_2CrO_4 + 2KNO_3$$

Mohr법은 이와같이 간단하여 식품에 널리 적용되나 실제 이 방법은 용액의 pH가 6.5~10.5의 범위가 아니면 오차가 크게 생기는 결점이 있다.

시 약

① 10% K_2CrO_4용액 : K_2CrO_4 10g을 물 90mℓ에 녹인다.

② 0.1N-$AgNO_3$용액 : $AgNO_3$(시약 특급) 약 17.5g을 물에 녹여 1ℓ 로 한 후 정확히 표정하여 갈색병에 보관한다.

[0.1N-$AgNO_3$용액의 표정]

표준시약의 특급 염화나트륨(NaCl) 약 120mg을 정확히 삼각플라스크에 칭취하고 물 20mℓ에 녹여 여기에 10% K_2CrO_4지시약 1mℓ를 가하고 0.1N-$AgNO_3$용액을 갈색뷰렛에서 적하한다. 처음에는 AgCl의 백색침전이 나타나나 침전이 완결되는 당량점에서는 Ag_2CrO_4의 적갈색침전이 생성된다. 약 15초간 흔들어도 퇴색하지 않는 점을 종말점으로 한다. 0.1N-$AgNO_3$표준용액의 역가는 다음 식에 의해 계산한다.

$$\text{표준용액의 역가(F)} = \frac{\text{표준물질의 채취량(g)} \times 1000}{\text{표준용액의 노말농도} \times \text{표준물질의 1g당량} \times \text{적정소비량(mℓ)}}$$

[예] 특급 NaCl 0.1234g을 칭취하여 0.1N-$AgNO_3$용액으로 적정한 결과 20.50mℓ가 소비되었을 때 0.1N-$AgNO_3$용액의 역가(factor)는 얼마인가?

[해설]

$$\text{0.1N-AgNO}_3\text{용액의 역가(F)} = \frac{W \times 1000}{N \times \text{NaCl 1g당량} \times V}$$

$$= \frac{0.1234 \times 1000}{0.1 \times 58.45 \times 20.50} = 1.030$$

조 작

시료 일정량(NaCl함량이 5% 정도인 식품은 약 10g, 10% 정도인 식품은 5g)을 정확히 칭취하여 물 약 20mℓ를 가하여 균질기(homo · genizer)나 유발에 소량의 해사(sea sand)를 넣어 같이 마쇄한다. 이것을 100mℓ 메스플라스크에 옮겨 정용한다. 정용한 후 약 5분간 메스플라스크를 흔들어 균질화한다. 그 다음에 건조여과지로 여과하여 시료용액으로 한다.

이상과 같이 조제한 시료용액 10mℓ를 100mℓ 삼각플라스크에 정확히 취하고, 10% K_2CrO_4지시약 1mℓ를 가하고 0.1N-$AgNO_3$표준용액으로 적정한다.

계 산

시료 중의 염소 및 식염의 함량은 다음 식에 의해 계산한다.

$$Cl(mg\%) = 3.546 \times V \times F \times D \times \frac{100}{S}$$

$$NaCl(\%) = 0.00585 \times V \times F \times D \times \frac{100}{S}$$

V : 0.1N-$AgNO_3$용액의 적정소비량(mℓ)
F : 0.1N-$AgNO_3$용액의 역가
D : 희석배수
S : 시료채취량(g)
3.546 : 0.1N-$AgNO_3$용액 1mℓ에 상당하는 Cl의 양(mg)
0.00585 : 0.1N-$AgNO_3$용액 1mℓ에 상당하는 NaCl의 양(g)

데이터 및 결과 예

① 시료 : 단무지

② 시료채취량 : 5.4321g

③ 추출한 시료용액의 총량 : 100mℓ

④ Mohr법에 사용한 시료용액 채취량 : 10mℓ

⑤ 희석배수 : 100/10=10

⑥ 0.1N-$AgNO_3$용액의 적정소비량 : 8.50mℓ

⑦ 0.1N-$AgNO_3$용액의 표정

- 표준물질 NaCl 채취량 : 0.1208g
- 0.1N-$AgNO_3$용액 적정소비량 : 20.50mℓ
- 0.1N-$AgNO_3$용액의 역가 : 1.008

$$F = \frac{W \times 1000}{N \times NaCl\ 1g당량 \times V} = \frac{0.1208 \times 1000}{0.1 \times 58.45 \times 20.50} = 1.008$$

⑧ 시료 중의 식염함량

$$식염(NaCl)\ \% = 0.00585 \times V \times F \times D \times \frac{100}{S}$$

$$= 0.00585 \times 8.50 \times 1.008 \times \frac{100}{10} \times \frac{100}{5.4321} = 9.23\%$$

방법도시

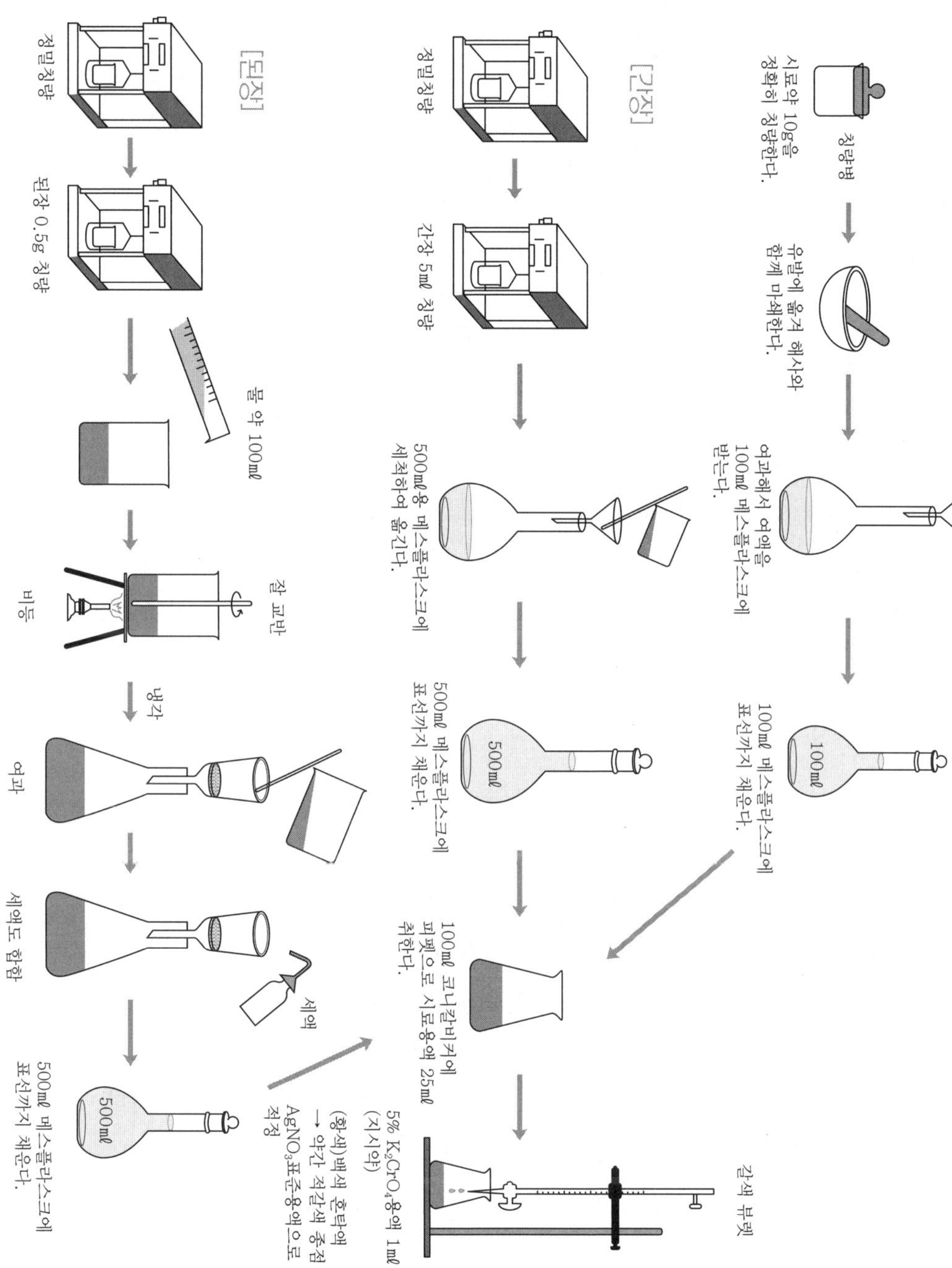

그림 7-6 Mohr법에 의한 Cl의 정량

5-2 Volhard법에 의한 염소(Cl) 정량

원 리

Volhard법은 질산산성의 염소이온(Cl^-)을 함유한 용액에 일정 과량의 $AgNO_3$를 가하여 반응시킨 후 남은 여분의 Ag^+이온에 제2철 이온(Fe^{3+})을 지시약으로 가하여 로단칼륨(KSCN)의 표준용액으로 적정한 다음 Cl^-의 함량을 구하는 방법이다.

$AgNO_3$와 제2철염 질산산성용액에 KSCN용액을 적가하면 AgSCN의 백색침전이 생성된다.

Cl^- + 일정 과량 $AgNO_3 \longrightarrow AgCl\downarrow + NO^{3-}$ + 여분 $AgNO_3$

$AgNO_3 + KSCN \longrightarrow AgSCN + KNO_3$

이 용액에 과잉의 KSCN이 존재하면 KSCN은 제2철이온과 반응하여 적등색의 $Fe(SCN)_6^{3-}$를 생성하므로 적정의 종말점을 알 수 있다.

$Fe_2(SO_4)_3 + 6KSCN \longrightarrow Fe[Fe(SCN)_6] + 3K_2SO_4$

식품의 경우는 유기물을 분해한 시료를 질산에 녹여 이 적정법을 응용한다. 그러나 식품을 그대로 회화하면 염소의 일부는 휘산되어 손실된다. 이것은 산성 식품, 즉 곡류나 동물성 식품에서 현저하며 식물성의 알칼리성 식품에서도 이를 완전히는 면치 못한다. 따라서 회분 중의 염소의 정량은 그 의미가 없을 때가 많다. 그러므로 시료의 분해시에는 염소의 손실이 없는 방법을 택하지 않으면 안된다.

시 약

① 10% Na_2CO_3용액 : 가능한 한 염소이온을 함유하지 않은 순수한 무수탄산나트륨(Na_2CO_3)을 물에 녹여 병에 넣고 고무마개를 하여 둔다.

② 진한 HNO_3 : 진한 HNO_3(비중 1.4)와 묽은 HNO_3(1 : 9) 두가지를 준비한다.

③ 철명반지시약 : 황산제2철암모늄[철명반, $NH_4Fe(SO_4)_2 \cdot 12H_2O$] 10g에 85mℓ의 물 및 2mℓ의 진한 HNO_3을 가해서 녹인다. 1회에 1~5mℓ씩 사용하므로 시약병에 넣어둔다.

④ 0.1N-$AgNO_3$표준용액 : 특급 질산은($AgNO_3$) 약 17.0g을 물에녹여 1ℓ 로 한다. 갈색병에 넣어두면 오래 보존할 수 있다. 0.1N-KCl용액을 표준물질로 하여 정확히 표정한다.

[0.1N-$AgNO_3$용액의 표정]

특급 KCl을 100~120℃에서 2시간 건조하여 데시케이터 속에서 냉각한 후 약 3.7g을 정확히 칭취하여 물에 녹여 500㎖로 한다. 이때 칭취한 KCl의 양을 ag이라고 하면 0.1N-KCl표준물질용액의 역가는 $F_{Cl}=a/3.728$이다.

삼각플라스크에 0.1N-KCl표준물질용액을 정확히 20㎖ 취한 다음 10% K_2CrO_4용액 다섯방울을 가한 후 뷰렛에 들어있는 $AgNO_3$ 표준용액을 적하하여 AgCl의 침전을 함유한 황백색의 액이 오렌지색으로 될 때까지 적정하여 종말점으로 한다. 적정에 소요된 $AgNO_3$표준용액을 V㎖, 사용한 KCl표준물질용액을 V0㎖, 그 역가를 FCl로 하면 0.1N-$AgNO_3$표준용액의 역가는 다음과 같다.

$$F_{Ag} = F_{Cl} \times V_0/V$$

단, $V_0=20.00$

⑤ 0.1N-KSCN(로단칼륨)표준용액 : 순수한 티오시안화칼륨(로단칼륨, KSCN) 약 9.7g을 물에 녹여 1ℓ 로 하고 정확히 표정한다.

[0.1N-KSCN용액의 표정]

이미 표정한 0.1N-$AgNO_3$ 20㎖를 정확히 삼각플라스크에 취한 다음 진한 HNO_3 0.5㎖와 철명반 1㎖를 가한 후 플라스크를 진탕하면서 뷰렛으로부터 KSCN표준용액을 적하한다. 용액 전체가 백색에서 미홍색으로 변하는 점에서 적정을 끝내고 이 적정을 3회하여 평균한다. 적정에 소요된 KSCN용액의 ㎖수가 V㎖라면 0.1N-KSCN용액의 역가는 다음과 같다.

$$F_{SCN} = 20.00 \times F_{Ag}/V$$

조 작

(1) 건식법

이 방법은 회화시 염소의 손실을 방지하고자 시료에 탄산나트륨(Na_2CO_3)을 가하여 회화시키는 가장 표준적인 방법이다. 지방질을 주로 하는 식품은 Na_2CO_3를 혼합하기가 불편하므로 습식법이 오히려 안전하다. 시료의 조제는 Na_2CO_3용액이 조직에 침투하여 잘 접촉하도록 하여야 한다. 30~50㎖ 용량의 백금접시에 시료 적당량을 채취한다.

이때 시료 중에 염소는 60㎎ 이하가 되도록 한다. 예를들면 야채, 어패류는 10g, 과실, 곡류, 두류와 같이 염소가 적은 것은 25g이 적당하다. 식염을 가한 가공식품은 염소량에 따라 적당히 조절해야 한다. 즉 식염량 5% 이하까지는 1~2g, 그 이상이면 더욱 소량으로 0.5g을 취한다. 채취시료는 10% Na_2CO_3용액 10㎖를 가하여 침투시킨다. 10㎖로 전 시료가 잘 혼합되지 않으면, 다시 소량의 물을 가해 시료에 Na_2CO_3용액이 잘 접촉 · 침투 되도록 한다. 이것을 끓는 수욕상에서 거의 건고될 때까지 증발시킨다.

다음 전기로에 옮겨 550℃ 정도에서 5시간 내지 하룻밤동안 회화한다. 이를 꺼내어 방냉하고 물 10~20㎖를 가하여 짧은 유리막대기로 탄괴를 잘 깨뜨려 끓는 수욕상에서 서서히 가용물을 침출한다. 직경 9㎝의 여과지(No. 5A급의 신속 정량용 여지)를 사용하여 200㎖의 비커에 경사여과하고, 백금접시에 다시 물을 가하여 가온하여 곧 탄괴를 잘 깨뜨려 여과지상에 옮긴다. 이 조작을 반복하여 거의 알칼리성이 없어질 때까지 수세하여 세액을 비커에 모은다. 잔사는 여과지와 함께 다시 먼저의 백금접시에 옮겨 건조시킨 후 550℃ 정도에서 완전히 회화한다. 회분은 냉각 후 물로 축여서 묽은 HNO_3용액을 몇 ㎖ 가하여 용해시키고 끓는 수욕 상에서 가온한다. 소형 여과지(직경 7.5㎝)로서 여과, 수세하고 여액과 세액은 앞서의 200㎖ 비커의 용액과 합한다.

이 전체의 용액에 진한 HNO_3 2㎖를 서서히 가하여 산성으로 한다. 0.1N-$AgNO_3$표준용액 20㎖를 정확히 가하고 잘 교반하여, 염화은(AgCl)을 완전히 침전시킨다. 이것을 300㎖의 삼각플라스크에 여과한 후 완전히 수세하여 여액과 세액을 합친다. 이 여액에 다시 진한 HNO_3 1㎖와 철명반지시약 5㎖를 가한 후 0.1N-KSCN표준용액을 사용하여 과잉의 $AgNO_3$를 적정한다.

(2) 습 식 법

이 방법은 육류, 어패류, 치즈, 버터, 달걀 등과 같이 단백질과 지방질을 주로하는 식품에 적용되며, 탄수화물 특히 전분질식품의 경우는 질산에 의한 분해가 불충분하여 적합하지 않다. 습식법은 신속 간편하나 건식법에 비하여 종말점이 명확하지 않다.

시료 적당량(건식법의 경우와 같다)을 300㎖ 용량의 삼각플라스크에 칭취한다. 이것에 0.1N-$AgNO_3$표준용액 20㎖를 정확히 가하여 침지시킨 후에 진한 HNO_3 20㎖를 넣는다. 플라스크에 작은 깔때기를 꽂고 열판이나 끓는 수욕상에서 10~15분 서서히 가열한다. 시료는 HNO_3에 의해 분해되면서 처음은 갈색의 증기가 나타나며, 심한 거품이 있으므로 넘치지 않도록 주의하여 약하게 가열을 지속한다. 시료액이 점차 거품이 없어지며 완전히 용해되고 동시에 시료 중의 염소는 $AgNO_3$와 반응하여 AgCl로 침전되기 시작한다.

난황의 경우는 5% $KMnO_4$용액 15㎖를 가하여 분해를 돕게 한다. 그대로 약 1시간 서서히 가열하여 반응을 완성시키고 방냉한다. 이때 단백질은 완전히 분해되나 지방은 그다지 분해되지 않는다. 지방은 가열 중 녹아서 분산되어 있으나 냉각되면 다시 굳어져 지방덩어리가 표면에 나타나게 된다. 25℃ 이하로 냉각되면 물 100㎖를 가하여 희석시켜 철명반지시약 5㎖를 첨가하고, 심하게 진탕하면서 0.1N-KSCN용액으로 적정한다. 이 분해액은 처음부터 황색으로 착색되어 있으며, 또한 부유물이 있을 때도 있고 공존해 있는 AgCl에 의한 흡착 등의 영향도 있으므로 적정 종말점(황백색→미홍색)을 결정하기가 어렵다. 그러므로 KSCN이 많이 들어가지 않도록 유의해야 한다.

방법도시

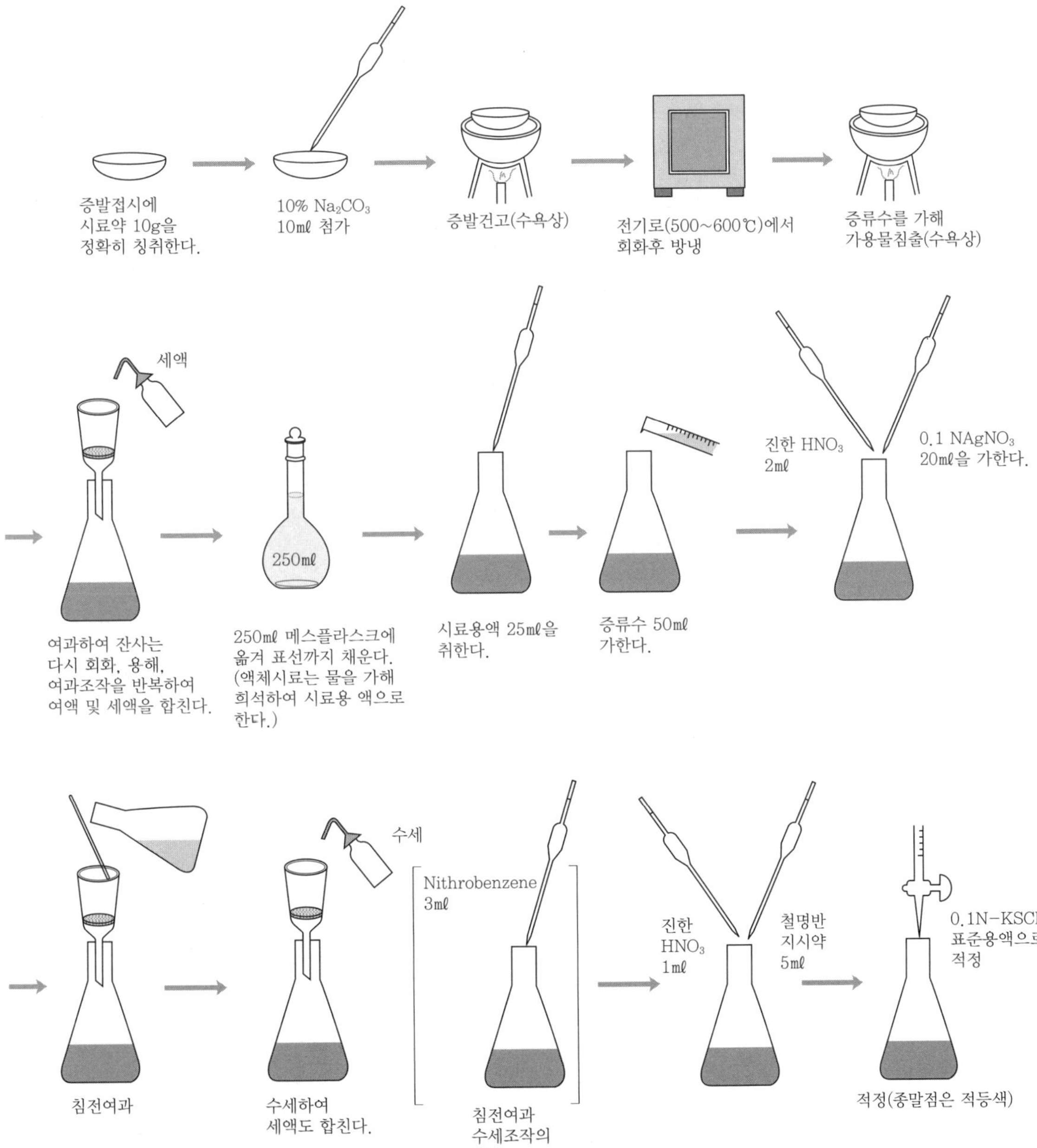

그림 7-7 Volhard법에 의한 Cl의 정량

계 산

시료 중의 염소 및 식염의 함량은 다음 식에 의해 계산한다.

$$Cl(mg\%) = 3.546 \times (F_{Ag}V_1 - F_{SCN}V_2) \times D \times \frac{100}{S}$$

$$NaCl(\%) = 0.00585 \times (F_{Ag}V_1 - F_{SCN}V_2) \times D \times \frac{100}{S}$$

V_1 : 첨가한 0.1N-$AgNO_3$표준용액의 mℓ수(보통 20mℓ)
F_{Ag} : 0.1N-$AgNO_3$표준용액의 역가
V_2 : 적정시 소비된 0.1N-KSCN표준용액의 mℓ수
F_{SCN} : 0.1N-KSCN표준용액의 역가
D : 희석배수
S : 시료채취량(g)
3.546 : 0.1N-$AgNO_3$표준용액 1mℓ에 상당하는 Cl의 양(mg)
0.00585 : 0.1N-$AgNO_3$표준용액 1mℓ에 상당하는 NaCl의 양(g)

데이터 및 결과 예

① 시료 : 간장

② 시료채취량 : 5mℓ

③ 희석한 시료용액의 총량 : 500mℓ

④ Volhard법에 사용한 시료용액 채취량 : 25mℓ

⑤ 희석배수 : 500/25=20

⑥ 0.1N-$AgNO_3$표준용액의 첨가량 : 20mℓ

⑦ 0.1N-KSCN표준용액의 적정소비량 : 10.50mℓ

⑧ 0.1N-$AgNO_3$표준용액의 역가 : 1.020

⑨ 0.1N KSCN표준용액의 역가 : 1.050

⑩ 시료 중의 식염 함량

$$NaCl(\%) = 0.00585 \times (F_{Ag}V_1 - F_{SCN}V_2) \times D \times \frac{100}{S}$$

$$= 0.00585 \times (20 \times 1.020 - 10.50 \times 1.050) \times \frac{500}{25} \times \frac{100}{5}$$

$$= 21.94\%$$

만약 중량%(w/w)로 나타내려면 이 값을 간장의 비중(d)으로 나누면 된다.

5-3 염광분석법에 의한 Na의 정량

원 리

염화나트륨(NaCl)용액을 백금선에 묻혀서 가스버너의 불꽃 속에 넣으면 불꽃색은 황색으로 변하여 나타난다.

이 불꽃반응을 일으키는 용액 중의 나트륨(Na)의 함량과 비례관계가 성립되도록 여러가지 조건을 규정하여 두고, 분광광도계 또는 광전비색계의 광원의 위치에 불꽃을 두어 불꽃의 밝은 정도를 비교해서 정량하는 것이 염광분석법(炎光分析法)이다.

기 구

염광분석기(炎光分析器)

조 작

염광분석법의 상세한 조작은 각 기기의 종류에 따라 다르므로 여기서는 그 요점 및 일반적인 주의만을 기술한다.

염광분석기에는 염광분석 전용의 광전비색계형이 있고, 또 분광광도계에 염광용의 부속품을 끼워서 분광 및 염광 공용으로 된 것이 있다.

① 에너지(energy)원으로는 수소 및 산소를 각각의 봄베(Bombe)에서 적당히 압력을 조정하면서 노즐(nozzle)을 통하여 점화하여 이용하는 산수소(酸水素)불꽃이 있고 또 acetylene불꽃을 이용하는 것 등이 있으나, 최근에는 손쉬운 도시가스나 프로판가스 등이 에너지원으로 실용화 되었다.

② 일정한 세기로 조정한 불꽃 속에 나트륨(Na)을 가진 용액을 안개 모양으로 뿜어서 나트륨의 농도에 비례한 불꽃을 발생시킨다. 이 불꽃을 광원으로 이용하게 된다.

③ 실제로 발생한 불꽃색은 모두가 나트륨에 의한 것만은 아니다. 다른 금속에 의한 발광이나 유기물에 의한 불꽃의 연속 스펙트럼(spectrum) 등도 함께 작용하고 있으므로, 나트륨에 의한 불꽃만을 얻기 위해서는 분광광도계에서는 프리즘(prism)을 이용하여 나트륨의 파장인 589㎚를 조정하고, 광전비색계형에서는 589㎚에 투과중심을 가진 필터(filter)를 이용하도록 되어 있다.

④ 그 다음에는 589㎚에서의 불꽃의 밝은 정도, 즉 염광휘도(炎光輝度)를

광도계로 측정하면 된다. 염광광도법에서도 비색법과 같이 염광휘도와 나트륨의 농도간의 표준곡선을 작성하여야 한다.

단 이 표준곡선은 직선이 되기 어렵고 대개는 그림 7-8 처럼 약간 곡선을 그린다. 광원이나 광도계의 종류에 따라 감도를 달리 하므로 표준곡선의 X축(농도)의 범위를 변화시킬 수 있으나 실질적인 측정범위는 Na로서 10~500㎍/㎖ 정도이다.

Na-589㎚의 염광휘도는 같은 농도의 다른 금속과 비교할 때 가장 밝고, 다른 금속 또는 비금속의 간섭이 가장 적다지만 H^+의 농도에 따라 다소의 차는 있다. 일반적으로 시료는 건식회화로 얻은 회분의 염산 산성용액 그대로 또는 그것을 희석한 것을 염광분석하게 된다[1)].

그러므로 시료용액의 HCl농도와 표준곡선작성용액의 HCl농도가 일치하지 않으면 안된다.

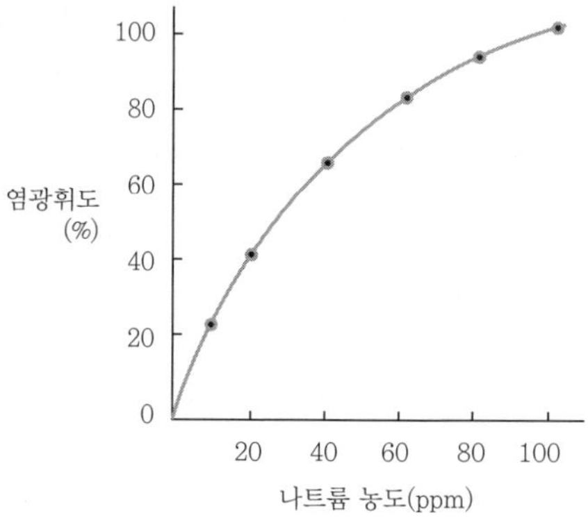

그림 7-8 나트륨(Na)의 염광휘도(炎光輝度)와 농도와의 관계 (표준곡선), Na-589㎚

계 산

시료용액의 측정치 염광휘도에 대하여 표준곡선으로부터 Na의 농도(Appm)를 구한 후 다음 계산식에 의해 시료 중의 Na 및 식염의 함량을 구한다.

$$\text{Na(mg\%)} = \frac{A \times D}{S \times 10}$$

$$\text{NaCl(\%)} = \frac{A \times D}{S \times 10} \times \frac{58.45}{22.99} \times \frac{1}{1000}$$

A : 표준곡선으로부터 구한 Na의 농도(ppm)
D : 희석배수
S : 시료채취량(g)
10 : ppm을 ㎎%로 환산한 계수

1) H^+농도 이외에도 식품분석에 문제가 되는 것은 인산공존에 의한 염광휘도의 저하이다. 식염을 다량 첨가한 가공품은 Na>P이므로 크게 문제될 것도 없으나 천연 식물성 식품 중에는 곡류, 두류와 같이 Na<P로 된 것이 있어 인산공존에 의한 Na의 염광휘도 저하는 별도로 보정해 주어야 한다. 또 나트륨의 염광의 휘도는 매우 예민하므로 물, 염산 기타에서 Na이 혼입되지 않도록 각별한 주의가 필요하다.

제 6 장 비소(As)의 정량

6-1 Gutzeit법

원 리

전처리한 시료용액을 비소발생장치의 가스발생병에 넣고 묽은 염산, 요오드화칼륨, 염화제1주석 염산용액을 가해 처리하면 시료 중의 비소는 아비산형으로 변하게 된다. 여기에 아연을 가하면 가스가 발생하여 브롬화 제2수은지가 착색되게 되며, 이 착색부분의 농도를 표준용액의 것과 비교하여 비소함량을 측정한다.

시약 및 기구

이 실험에 사용하는 모든 시약은 반드시 비소(As)를 함유하지 않는 특급의 시약을 사용하여야 된다.

① 진한 HNO_3 : 60~62%, d=약 1.38 특급품

② 진한 H_2SO_4 : 95% 이상, d=약 1.84 특급품

③ 묽은 HCl(1 : 1) : 진한 HCl과 물을 1 : 1로 조제한다.

④ 포화 수산암모늄용액 : 수산암모늄의 물에 대한 용해도는 50g/l이므로 60g을 1ℓ 에 녹이면 포화상태로 된다.

⑤ 15% 요오드화 칼륨용액 : 특급의 KI 15g을 물에 용해시켜 100mℓ로 한다.

⑥ 염화제1주석 염산용액 : 염화제1주석의 결정($SnCl_2 \cdot 2H_2O$) 1.6g을 진한 HCl에 용해시켜 20mℓ로 하고 마개를 하여 저장한다. 염화제1주석은 서서히 공기 중에서 산화되어 역가가 떨어지기 때문에 필요에 따라 소량씩 조제하는 것이 바람직하다.

⑦ 아연 : 20~30메쉬의 무비소 입상아연(Zn)을 사용한다.

⑧ 초산납용액 : 특급의 초산납 10g을 초산 2방울을 가한 물에 용해시켜 100mℓ로 하고, 마개를 하여 보존한다.

⑨ 브롬화 제2수은 alcohol용액 : 브롬화 제2수은($HgBr_2$) 5g을 ethyl alcohol에 용해시켜 100mℓ로 한다.

⑩ 브롬화 제2수은지 : 균질한 정량용 여지 혹은 페이퍼크로마토그래피용 여지를 길이 10㎝, 폭 2㎝로 자르고 브롬화 제2수은 alcohol용액에 종종 흔들어 주면서 60분간 암소에 방치한 후 지편(紙片)을 꺼내어 암소에서 수평으로 놓아 자연건조한다. 이것을 2㎝씩 잘라 깨끗한 갈색의 입이 큰 병에 넣어 마개를 하여 암소에서 보존한다. 또 정색부분에는 손을 대어서는 안되며 오래된 것을 사용하여서는 안된다. 본 시험전에 비소표준용액에서 효력 확인시험을 할 필요가 있다.

⑪ 비소(As)표준용액 : 무수 아비산(As_2O_3) 약 1g을 유리제 유발에 취하고 분쇄하여 미세한 분말로 하고 황산 데시케이터에서 24시간 건조한다. 그 0.100g을 칭취하여 1N-NaOH용액 20mℓ에 용해시키고 1N-H_2SO_4로 중화한 후 물을 가하여 전량 1000mℓ로 하여 비소 표준액으로 한다. 사용시 원액 10mℓ를 취하여 물을 가하여 1000mℓ로 하여 비소표준용액으로 한다. 비소표준용액 1mℓ은 1㎍의 As_2O_3를 함유한다.

⑫ 10% 암모니아수용액 : 진한 암모니아수(농도 28%) 300mℓ를 취하여 물 500mℓ에 서서히 가한 후 물을 가해 1ℓ 로 한다.

⑬ 가스발생장치 : 그림 7-9에 나타낸 것과 같은 장치로 유리관 B에는 유리솜(glass wool)을 F에서 약 30㎜가 될 정도로 채우고 초산납용액에 균일하게 축이고 관의 하단에서 조용히 흡인하여 유리솜 및 기벽의 여액을 제거한다. 사용직전 유리관 C 및 D의 접속부에 브롬화 제2수은지를 끼우고 클립 H로 양단을 고정시킨다.

⑭ 항온수조 : 20~25℃를 유지할 수 있는 것

A : 가스발생병 용량 60mℓ
B : 내경 6.5㎜, 외경 10㎜ 유리관
C,D : B와 같은 내외경으로 접속부 내경 6.5㎜, 외경 18㎜
E : 고무마개
F : B에 넣는 유리솜을 지지한다.
G : 고무관
H : 클립

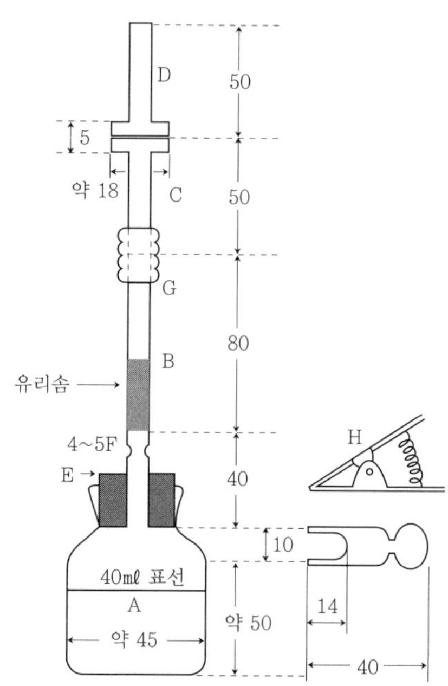

그림 7-9 비소(As) 발생장치(Gutzeit법)

조 작

(1) 시료용액의 조제

① 곡류 등의 건조상태의 전분질식품

곡립의 경우는 유발로 분쇄하고 곡분 및 전분은 그대로 1g 전후를 300mℓ Kjeldahl분해플라스크에 취한다. 물 약 10mℓ를 가한 후 진한 HNO_3 20~30mℓ를 넣고 잘 섞어 유리비등석 4~5알을 넣고 온화하게 가열한다. 갈색의 산화질소가스를 배출하며 격렬하게 반응하여 급격히 튀어오르기 시작하면 불을 끄고 심하게 흔들어 기포를 가라 앉히고 내용액이 플라스크의 밖으로 나오지 않게 한다. 시료가 스스로의 반응이 끝나면 불을 적당히 조절하면서 재차 가열하여 격렬한 반응이 거의 끝나면 방냉하고 진한 H_2SO_4 10mℓ를 가하여 재차 가열한다. 분해액이 무색이 되지 않으면 HNO_3를 소량씩 가하여 H_2SO_4의 흰 연기가 발생할 때까지 가열하고 내용물이 담황~무색이 될 때 분해를 완료한다.

위의 조작에서 분해가 오래 걸릴 때는 과염소산($HClO_4$) 1mℓ를 가하여 가열하며, 잔존하는 과염소산이 없어질 때까지 가열을 계속한다. 냉각한 후 분해액에 물 20mℓ와 포화 수산암모늄용액 10mℓ를 가하고 재차 가열을 하여 분해플라스크의 목부분에 무수 H_2SO_4의 흰 연기가 발생할 때까지 가열한다. 냉각한 후 리트머스지를 사용하여 10% 암모니아수로 중화하고 100mℓ의 메스플라스크에 옮겨 물로 표선까지 채워 시료용액으로 한다.

② 사탕, 엿, 벌꿀, 과자류 등의 당질식품

이들 식품은 황산으로 인한 탈수반응이 일어날 때 급격히 발포하기 때문에 다량의 시료를 취할 수 없다. 특히 황산을 가한 후의 조작은 세심한 주의를 필요로 한다. 시료 10g 전후를 500mℓ Kjeldahl분해플라스크에 취하고 진한 HNO_3 40mℓ를 가하고 유리비등석 4~5알을 넣고 온화하게 가열한다. 반응이 끝나면 즉시 가열을 중지하고 방냉한다. 격렬한 반응이 안정된 후 재차 가열하여 분해플라스크 내의 액량이 최초의 반쯤 되도록 한다. 방냉한 후 진한 H_2SO_4 10mℓ를 서서히 가하고 가열한다. 산화질소의 갈색가스가 거의 나오지 않게 되면 방냉 후 재차 HNO_3 10mℓ를 서서히 가하고 약하게 가열한다.

이하 조작은 1)과 같이 하여 시료용액으로 하되 50mℓ로 채운다.

③ 육류 등의 단백질식품

균질기(homogenizer)로 균질하게 만든 시료 20g을 300mℓ Kjeldahl분해플라스크에 취하고 물 약 10mℓ 및 진한 HNO_3 30mℓ, 유리비등석 4~5알을 넣고 잘 흔들어 혼합한 후 방치한다.

내용물이 황갈색이 되면 약간 가열하여 반응을 진행시킨다. 이때 급격히 발포가 일어나면 즉시 가열을 중지하고 흔들어 주어 기포를 가라앉혀야 하며, 필요하면 냉각시켜 주어야 한다. 특히 지방질을 많이 함유한 식품은 이런 경향이 현저하므로 주의를 요한다. 이하 조작은 1)과 같이 하여 시료용액으로 한다.

④ 버터, 유지류 등의 지방질식품

황산을 넣고 가열하면 급격히 반응하여 탄화되어 건고되기 때문에 분해플라스크가 깨지는 일이 있다. 그래서 질산, 황산과 함께 과산화수소를 병용하여 분해시간을 단축시킨다.

시료 3~4g을 300mℓ Kjeldahl분해플라스크에 넣고 온화하게 가열한다. 산화질소의 갈색가스가 나오기 시작하면 불에서 떼어 방냉한다. 진한 H_2SO_4 5mℓ를 가하여 반응액이 흑갈색으로 변하기 시작하면 불에서 떼고 30% 과산화수소 5mℓ를 주의하며 서서히 가한다. 격렬한 반응으로 생긴 기포가 가라앉으면 진한 HNO_3 5mℓ를 가하여 재차 가열한다.

이 조작은 무수 H_2SO_4의 흰 연기가 분해플라스크의 목부분에 생겨도 분해액이 무색~담황색이 될 때까지 계속한다. 방냉한 후 물 약 20mℓ와 수산암모늄용액 10mℓ를 가하여 가열하여 분해플라스크의 목부분에 무수 H_2SO_4의 흰 연기가 생길 때까지 가열하고 분해가 완료되면 방냉하며 물 몇 mℓ를 가하여 시료용액으로 한다.

⑤ 과실, 야채류

수분함량이 많기 때문에 채취량을 많이 할 필요가 있다. 혼합기(blender)로 세절한 시료를 잘 혼합하여 그 20~30g을 300mℓ Kjeldahl분해플라스크에 넣고 이하 조작은 1)과 같이 하여 시료용액으로 한다.

⑥ 과즙음료, 청량음료 등

시럽을 넣은 농축과즙음료는 20g, 농축과즙은 30g, 과즙음료 40g, 청량음료 등은 50~60g을 비커에 넣고 등량의 수욕상에서 증발농축한 것을 300mℓ Kjeldahl분해플라스크에 소량의 물로 세척하여 넣고 진한 HNO_3 30mℓ, 유리비등석 4~5알을 넣고 1)과 동일한 방법으로 조작하여 시료용액으로 한다.

(2) As정량

(1)에서 조제한 시료용액 20mℓ를 가스발생병에 취하고 묽은 HCl 5mℓ, 요오드화칼륨용액 5mℓ, 염화제1주석 염산용액 1mℓ를 차례로 가하고 그때마다 흔들어 섞어 준다. 별도로 비소 표준용액 0, 0.25, 0.50, 0.75, 1.00, 1.25, 1.50, 1.75, 2.00mℓ를 각각 가스발생병에 취한다. 물을 가하여 약 25mℓ로 한 후 시료용액의 경우와 같이 묽은 HCl 5mℓ, 요오드화칼륨용액 5mℓ, 염화제1주석 염산용액 1mℓ를 가하여 흔들어 섞는다.

각각의 가스발생병에 물을 가하여 40mℓ로 하고 25℃에서 30분간 방치하여 전 비소를 아비산의 형으로 변하게 한다.

그림 7-9의 장치를 조립하고 브롬화 제2수은지를 끼운다. 시료용액 및 표준용액을 넣은 각 가스발생병에 입상아연 3g씩 가하여 신속히 마개를 하고 병을 20~25℃의 항온수조에서 병의

어깨부분까지 담가 가스를 1시간동안 발생시킨다.

브롬화 제2수은지를 떼내어 착색부분의 농도를 표준용액의 것과 비교하여 채취 시료용액 중의 비소(As_2O_3)의 함량(㎍)을 구한다.

계 산

시료 중의 비소의 함량은 다음 식에 의해 계산한다.

$$\text{비소의 양}(As_2O_3,\ ppm) = A \times D \times \frac{1}{S}$$

A : 표준용액과 비교하여 구한 채취시료용액 중의 비소함량(㎍)
D : 희석배수
S : 시료채취량(g)

또한 As_2O_3함량을 As로 환산하는 경우는 다음과 같다.

$$As = As_2O_3 \times 0.758$$

방법도시

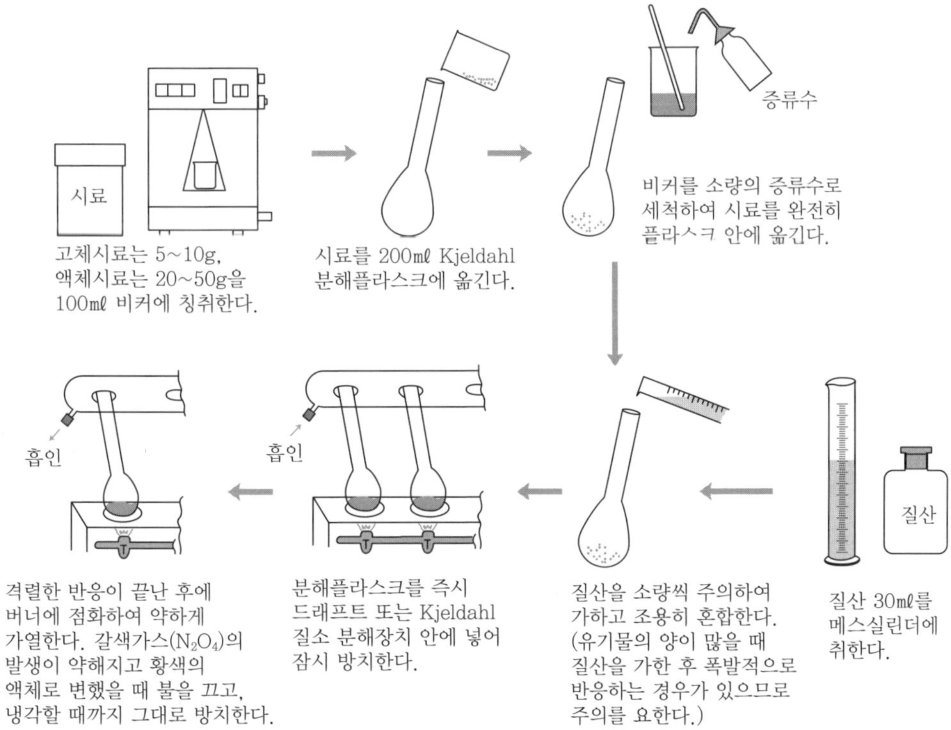

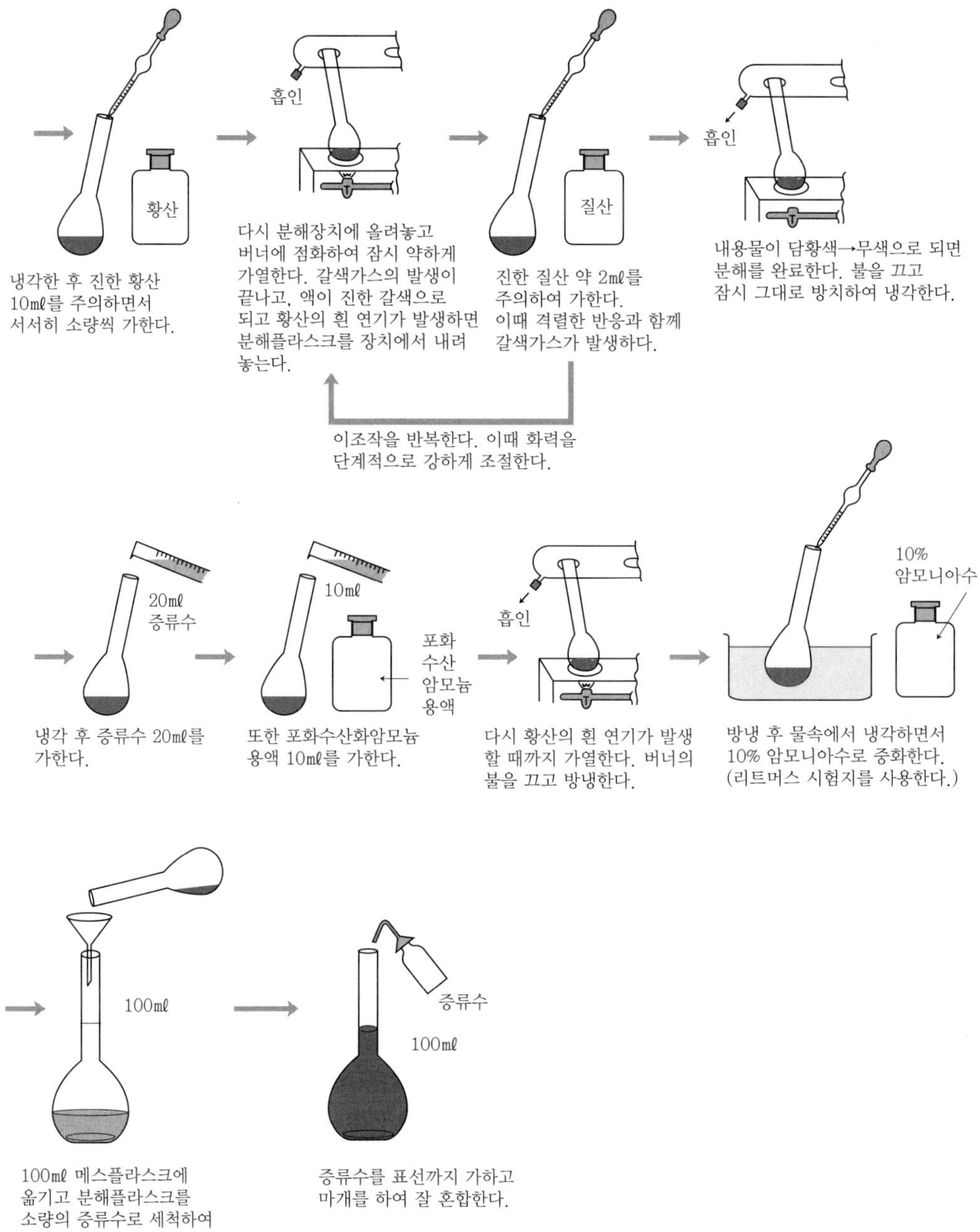

그림 7-10 비소 정량 시료용액의 조제

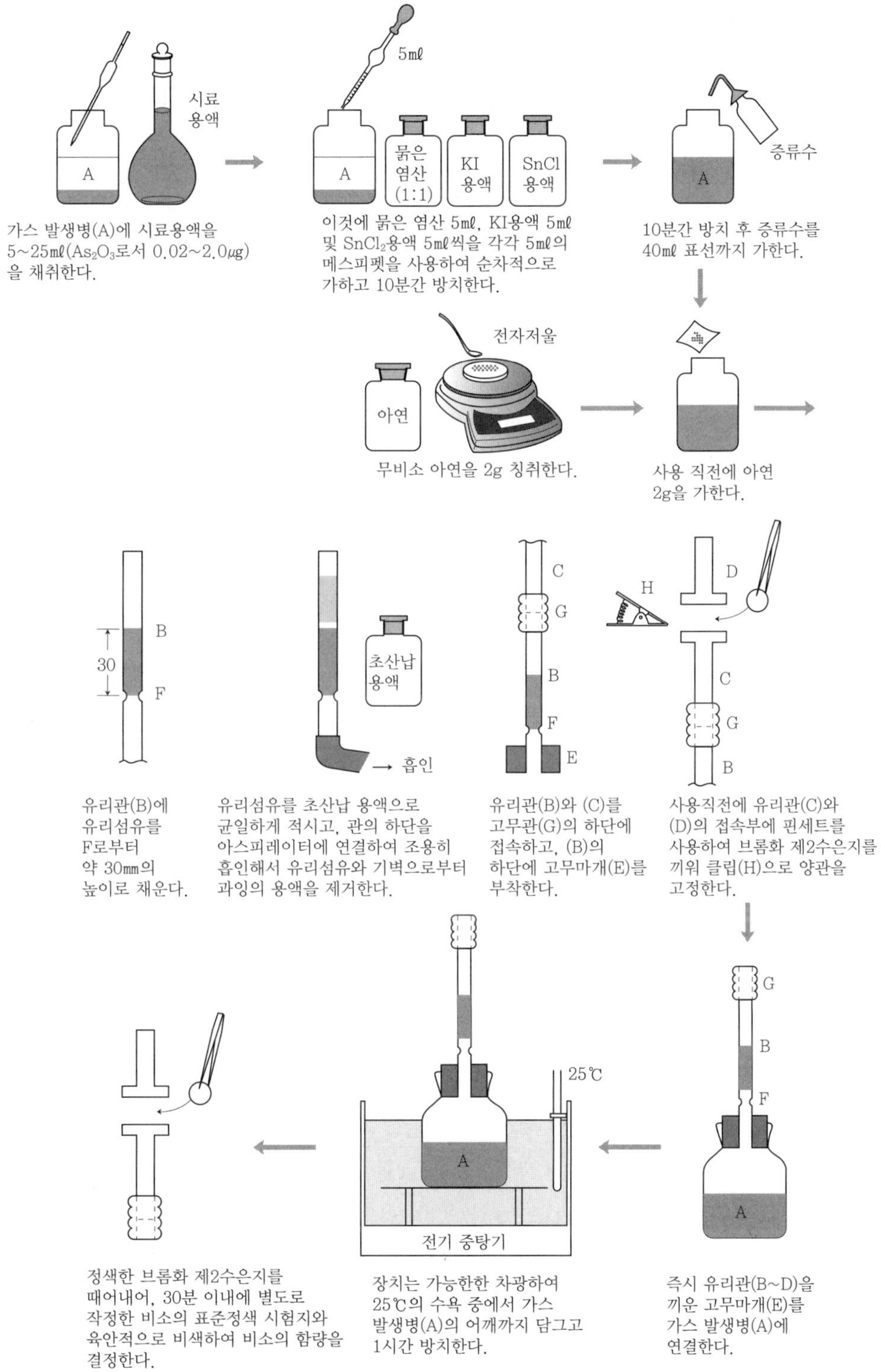

그림 7-11 비소의 정량조작

6-2 Silver diethyldithiocarbamate비색법

원 리

시료를 습식으로 산화하여 얻은 용액을 비소발생장치 플라스크에 넣고 요오드화칼륨과 염화제1주석으로 처리하면 비소는 산화된다. 여기에 아연을 가하면 발생되는 수소에 의하여 AsH_3(arsine)을 유리하고, 유리되는 arsine은 pyridine 중의 silver diethyldithiocarbamate용액 중에 흡수시키면 분홍색을 나타내는데, 그 색깔의 정도를 분광광도계로 540nm에서 측정한다. 게와 같은 갑각류는 때때로 다량의 비소를 함유하고 있는데, 이것은 비독성의 유기물형으로 존재하고 있는 것으로 알려져 있다. 만일 시료를 습식법으로 산화하지 않고 반응 플라스크에 취하여 아연과 산으로 직접 처리하면 독성 무기물형으로 존재하는 비소로부터 AsH_3를 유리시킬 수 있다.

시약 및 장치

이 실험에 사용되는 모든 시약은 반드시 비소를 함유하지 않은 특급의 시약을 사용하여야 된다.

① 진한 HCl

② 15% 요오드화칼륨(KI)용액 : 특급 KI 15g을 물에 용해시켜 100mℓ로 한다.

③ 염화제1주석($SnCl_2$)용액 : $SnCl_2 \cdot 2H_2O$ 40g을 물 25mℓ와 진한 HCl 75mℓ의 혼합물에 녹인다.

④ Silver diethyldithiocarbamate용액 : 물과 pyridine 중의 0.5% 용액을 만든다.

⑤ 초산납 솜 : 솜(wool)을 10% 초산납[$(CH_3COO)_2Pb \cdot 3H_2O$]용액으로 흡수, 포화시킨 후 압착하고 이를 진공건조기에서 건조한다.

⑥ 입상아연

⑦ 비소(As)표준용액 : 무수아비산(As_2O_3) 0.132g을 35% NaOH 20mℓ 중에 녹인다. 잘 저으면서 물 100mℓ를 천천히 가하고, 진한 H_2SO_4 10mℓ를 가한 후 물을 가하여 1000mℓ로 한다. 이 용액을 보존용액(stock solution)으로 한다. 이 용액 1mℓ는 As 0.1mg을 함유한다. 보존용액 5mℓ를 사용하기 직전에 물을 가하여 500mℓ로 한다. 이 용액 1mℓ는 As 1μg을 함유한다.

⑧ 비소발생장치 : 그림 7-12 참조

조 작

진한 H_2SO_4 또는 HNO_3로 습식산화시킨 시료를 물 40mℓ로 희석시켜 이 용액을 그림 7-12의 플라스크(A)에 옮긴다(플라스크의 용액 40mℓ 중에는 As가 10㎍ 이상 함유되어서는 안된다). 여기에 진한 HCl 10mℓ, 15% KI용액 2mℓ, $SnCl_2$용액 2mℓ를 가하고 잘 혼합한 후 15분간 방치한다. 이 기간 동안에 연결관 B의 꼭대기로부터 1/3까지 초산납 솜을 느슨하게 채우고 모든 장치를 연결한다.

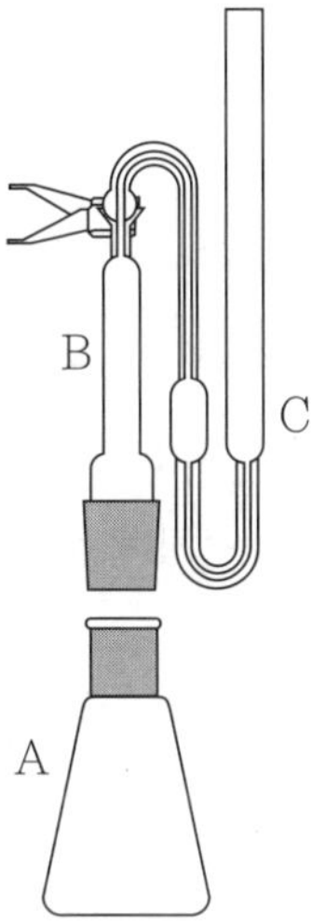

A : 100mℓ 플라스크
B : 연결관
C : 흡수관

그림 7-12 비소발생장치(Silver diethyldithio carbamate법)

Silver diethyldithiocarbamate용액 5mℓ를 흡수관 C에 가한다. 적당한 시기에 플라스크의 연결부분을 분리하고 입상의 아연 5g을 가하여 빨리 장치를 다시 연결한다. 반응을 45분간 진행시킨 후 흡수관을 분리하고 앞뒤로 기울여 붉은 덩어리를 녹인다. 이 용액을 1㎝ 셀(cell)에 취하여 540㎚에서 흡광도를 측정하여(물을 대조로 하여) 표준곡선으로부터 비소(As)의 함량을 정량한다.

별도로 플라스크(A)에 0, 2, 4, 6, 8, 10mℓ의 비소표준용액(0~10㎍의 As를 포함한다)을 가한다. 이의 각 플라스크에 들어있는 내용물의 총 부피가 40mℓ가 되도록 물을 가한다. 여기에 진한 HCl 10mℓ, 15% KI 2mℓ, $SnCl_2$용액 2mℓ를 가하고 위의 시료용액의 경우와 같은 방법으로 아연을 가하여 발생되는 수소를 5mℓ의 silver diethyldithiocarbamate용액에 흡수시킨 후 540㎚에서 흡광도를 측정하여 표준곡선을 작성한다.

계 산

시료 중의 비소의 함량은 다음 식에 의해 계산한다.

$$\text{비소의 양(ppm)} = A \times D \times \frac{1}{S}$$

A : 표준곡선으로부터 구한 시료용액 중의 As함량(㎍)
D : 희석배수
S : 시료채취량(g)

6-3 Molybden blue법

원 리

전처리한 시료용액을 비소발생장치의 가스발생병에 넣고 요오드화 칼륨과 염화제1주석으로 처리하면 비소는 산화된다. 여기에 아연을 가하면 가스가 발생되며, 이것을 염화제2수은용액에 흡수시키고 몰리브덴산암모늄 · 황산하이드라진 용액을 가하면 청색을 나타내는데, 그 색깔의 정도를 분광광도계로 650~840nm에서 측정한다.

시약 및 기구

① 몰리브덴산암모늄 · 황산하이드라진 용액 : 다음의 (a) 및 (b)의 액을 각각 10mℓ씩 혼합하고 여기에 물을 가하여 100mℓ로 한다. 사용할때 새로 조제한다.

(a) 몰리브덴산암모늄[$(NH_4)_6Mo_7O_{24} \cdot 4H_2O$] 1g을 물 100mℓ에 녹이고 여기에 6N-H_2SO_4 90mℓ를 가한다.

(b) 0.15% 황산하이드라진($H_2NNH_2 \cdot H_2SO_4$)용액을 조제한다.

② 1.5% 염화제2수은($HgCl_2$)용액

③ 6N-H_2SO_4용액

④ 0.035N-$KMnO_4$용액

⑤ 기타 시약은 Gutzeit법과 동일하게 조제한다.

⑥ 장치 : 그림 7-13 참조

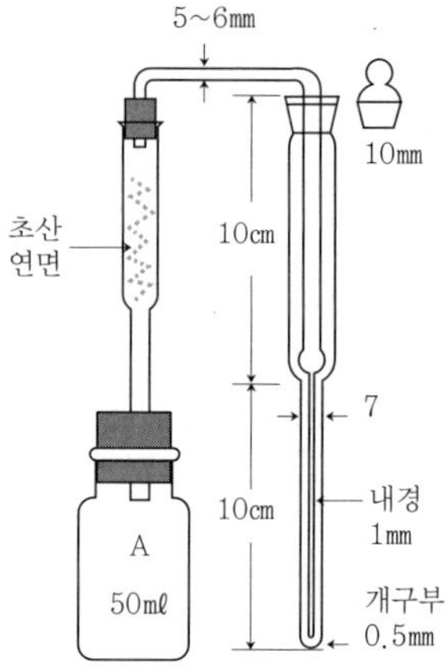

그림 7-13 비소발생장치(Molybden blue법)

조 작

(1) 시료용액의 조제

Gutzeit법과 동일하게 조제한다.

(2) As정량

시료용액 25mℓ 이하(As_2O_3로서 0.05mg 이하)를 가스발생병 A에 취하고 물을 가하여 25mℓ로 한다. 여기에 묽은 HCl(1 : 1) 5mℓ, 요오드화칼륨용액 2mℓ 및 염화제1주석용액 5mℓ를 가하고 실온에서 15~30분간, 혹은 80~90℃에 5분간 방치한다. 수기에 1.5% 염화제2수은용액 1mℓ, 6N-H_2SO_4용액 0.2mℓ 및 0.035N-$KMnO_4$용액 0.15mℓ를 넣고 잘 혼합한다. 가스발생병 A에 입상아연 2g을 넣고 즉시 흡수관 B 및 유도관 C를 연결하고 관의 선단이 수기의 끝에 달하도록 한다. 다음에 1시간 실온(20~25℃)에서 방치한다. 이때 수기의 과망간산칼륨용액의 색이 없어져서는 안된다.

다음에 장치를 떼고 수기에 몰리브덴산암모늄·황산하이드라진 용액 5mℓ를 가하여 섞은 후 95~100℃에서 15분간 가열한다. 냉각한 후 물을 가하여 10mℓ로 하고 작은 유리솜조각으로 여과하여 최초의 여액은 버리고 여액을 1cm의 셀(cell)에 옮겨 파장 650~840nm에서 흡광도를 측정한다.

별도로 동시에 As_2O_3 0, 0.01, 0.02, 0.03, 0.05mg에 상당하는 비소 표준용액을 사용하여 시료용액의 경우와 같은 방법으로 조작하여 흡광도를 측정하고 표준곡선을 작성한다.

계 산

시료 중의 비소의 함량계산은 6-2의 Silver diethyldithiocarbamate법의 경우와 같다.

제 7 장 납(Pb)의 정량

7-1 Dithizone법

원 리

전처리한 시료용액의 pH를 9.0~9.5로 조정하여 납을 추출한 후 dithizone과 반응시켜 생성한 적색의 dithizonate를 520nm에서 흡광도를 측정하여 표준용액의 것과 비교하여 납의 함량을 측정한다.

시 약

① 추출용 dithizone · CCl_4용액 : Dithizone 40~50mg을 CCl_4에 용해시켜 1000mℓ로 한다. 이 용액은 냉장고에 보관하고, 사용할 때 이 액의 필요량을 취하여 이의 1/2용량의 묽은 HNO_3을 가하여 혼합한 후 분리된 물층을 제거하고 사용한다. 필요하면 dithizone을 다음과 같은 방법으로 정제하고 CCl_4로 희석하여 사용한다.

Dithizone 0.1g을 chloroform 100mℓ에 용해시켜 분액깔때기에 취하고 여기에 0.3% 암모니아수(1 : 100) 100mℓ를 가하여 잘 혼합하고 암모니아추출액을 취해 낸다. 이 암모니아수로 추출조작을 2~3회 반복하여 취해 낸 암모니아추출액을 합하고, 이것을 소량의 CCl4로 수회 세척한다.

다음 암모니아추출액에 묽은 HCl(1 : 2)을 가해 약간 산성으로 하고 CCl_4 200mℓ를 가하여 잘 섞고 CCl_4추출액을 취해 낸다. 이 CCl_4로서 추출조작을 2~3회 반복하여 취해 낸 CCl_4추출액을 합하여 물 50mℓ로 세척한 후 CCl_4를 가하여 전량을 1000mℓ로 하여 차광하여 냉장고에 보존한다. 다음에 CCl_4로서 10배 희석한 용액에 대해서 파장 620nm의 광선을 이용하여 CCl_4를 대조액으로 하여 흡광도 A를 측정할 때 용액 중 dithizone농도는 약 A×(77±3)mg/l가 된다.

② 정량용 dithizone · CCl_4용액 : 추출용 dithizone · CCl_4용액을 CCl_4로 희석하여 dithizone 10mg/l의 농도가 되도록 한다.

③ 구연산암모늄용액 : 구연산암모늄 250g을 물에 녹여 500mℓ로 하고 진한 암모니아수를 떨어뜨려 pH 9로 조제한 다음 여기에 추출용 dithizone · CCl_4용액 적당량을 가하여 추출을 반복하는데, 가한 dithizone용액이 고유의 녹색을 가질 때까지 추출한다. 액 중에 잔존하는 dithizone에 대하여는 먼저 chloroform, 다음에 CCl_4로서 제거한다.

④ 염산 hydroxylamine용액 : 염산 hydroxylamine 20g을 물에 녹여 65mℓ로 하고 분액깔때기에 넣어 thymol blue지시약 2~3방울을 가하고 다음에 액이 황색을 나타낼 때까지 진한 암모니아수를 가한다.

다음에 diethyl dithiocarbamin산 나트륨용액(1 : 25) 10mℓ를 가하고 잘 섞어 5분간 방치한다. 이 액을 매회 chloroform 10~15mℓ로 추출한다. 종말점은 추출액 5mℓ에 $CuSO_4$용액(1 : 100) 5방울을 가하여 흔들어 섞을 때 액이 황색을 나타내지 않는 점으로 한다.

이 수용액에 10% HCl을 액이 적색이 될 때까지 가하고 다음에 chloroform 15mℓ를 가하여 잘 섞은 후 분리된 물층을 취하여 여기에 물을 가하여 100mℓ로 한다.

⑤ KCN용액 : KCN 50g을 물에 녹여 100mℓ로 한다. 이 액을 추출용 dithizone용액으로 구연산암모늄용액의 경우와 동일하게 처리한다. 액 중에 잔존하는 과잉의 dithizone은 먼저 chloroform, 다음에 CCl_4로 제거한 후 물을 가하여 500mℓ로 한다.

⑥ 암모니아 · KCN · 아황산나트륨 용액 : 8M 암모니아수 725mℓ에 KCN용액 30mℓ를 가하고 다음에 물을 가하여 1000mℓ로 한 후 Na_2CO_3(특급) 1.5g을 가하여 용해한다.

⑦ 납(Pb)표준용액 : 질산납(특급) 0.160g을 묽은 HNO_3(1 : 100)에 용해하여 100mℓ로 한다. 사용시 묽은 HNO_3(1 : 100)로 100배 희석하여 Pb표준용액으로 한다. Pb표준용액 1mℓ는 10μg의 Pb를 함유한다.

⑧ 회화보조액 : 질산마그네슘(특급) 포화수용액

⑨ 물 : 탈 이온수를 사용

⑩ 진한 암모니아수 : 비중 0.90(특급)

조 작

(1) 시료용액의 조제

① 건식법

전처리한 시료 5~20g(전처리단계에서 물을 가한 것은 반응량을 환산)을 백금 또는 투명석영제 증발접시 또는 비커에 취하여 곡류 및 두류를 제외한 수분이 많은 시료는 적외선램프에서 충분히 건조시킨다.

다음에 이것을 전기로에 넣고 서서히 온도를 올려 약 500~550℃에서 회화한다. 회화가 충분하게 되지 않을 때는 방냉한 후 회화보조액 1~2mℓ를 가하여 건조 후 재차 500~550℃에서 회화한다.

다음에 방냉하여 회분을 소량의 물로 적신 후 HCl 2mℓ를 주의하며 가하여 수욕상에서 가온하여 녹인다. 불용물이 남아 있을 때는 일단 가열하여 건조한 다음 재차 HCl 2mℓ를 가한 후 가온하여 녹인 것을 시료용액으로 한다.

불용물이 남아 있을 때는 물을 가하여 4~5배 용량으로 희석한 후 유리여과기로 여과한다.

잔류물을 뜨거운 HCl과 50% 구연산 등량혼합액 및 뜨거운 40% 초산암모늄용액 0.5~1mℓ씩으로 순차적으로 세척하고 세액은 여액에 합친다. 잔류물이 다량일 경우에는 이것을 백금접시에 옮겨 불화수소산 5mℓ를 가하여 증발건조한다. 증발잔사에 물 및 HCl 몇 방울을 가하여 녹이고 이것을 여액에 합쳐 시료용액으로 한다.

② 습식법

고체시료는 10~50g(액체시료는 50~250g을 취하여 수욕상에서 건고한다)을 Kjeldahl분해플라스크에 취하여 비소정량법 중 시료용액의 조제와 동일한 방법으로 처리하여 산분해를 완료한다. 여기에 물 100mℓ를 가하여 끓인 후 석면 혹은 유리여과기로 여과하고 잔류물은 뜨거운 염산 · 구연산 등량혼합액 및 뜨거운 40% 초산암모늄용액 10~20mℓ씩으로 세척한다. 여액 및 세액을 일정량으로 하여 시료용액으로 한다.

(2) Pb 정량

① 추출법

시료용액을 물 20mℓ를 사용하여 분액깔때기에 옮기고 구연산 암모늄용액 10mℓ, 염산 hydroxylamine용액 2mℓ 및 thymol blue지시약 2방울을 가하여 진한 암모니아수를 떨어뜨려 중화(황색)시킨 후 KCN용액 5mℓ를 가하고 암모니아수(1 : 3)를 떨어뜨려 pH 9.0~9.5(청록→청색)로 조정한다. 필요하면 pH시험지를 사용하여 pH를 조절한다.

이 액에 추출용 dithizone-CCl_4용액 5mℓ를 가하여 30초간 흔들어 섞고 추출하여 CCl_4층을 제2의 분액깔때기에 취한다. 제2의 분액깔때기에 묽은 HNO_3(1 : 100) 10mℓ를 가하고 30초간 흔들어 섞은 후 분액시켜 CCl_4유출액을 제3의 분액깔때기에 옮기고 여기에 묽은 HNO_3(1 : 100) 8mℓ를 가하여 다음과 같이 추출한다.

즉, HNO_3 추출액을 합하여 CCl_4층을 버린 후 20mℓ의 메스플라스크에 옮겨 묽은 HNO_3(1 : 100)로 표선까지 채운다.

② 정량법

HNO_3추출액 10mℓ(Pb로서 5~30㎍)를 분액깔때기에 취하여 암모니아 · KCN · 아황산나트륨 용액 10mℓ 및 CCl_4 2mℓ를 가하여 흔들어 섞고 CCl_4층을 될 수 있는 한 완전하게 분액시켜 제거한다.

여기에 정량용 dithizone · CCl_4용액 10mℓ를 가하고 30초간 흔들어 섞고 추출한다. 분액깔때기의 밑부분의 수분을 제거하고 dithizone추출액을 모으고 CCl_4를 대상으로 하여 액층의 길이 1㎝에서 파장 520㎚의 광선을 사용하여 추출액의 흡광도를 측정하고 표준곡선에 따라 납의 함량을 구한다.

③ 표준곡선의 작성

Pb 0, 5, 10, 20 및 30㎍에 대응하는 납 표준용액을 취하고 각각 묽은 HNO_3(1 : 100)를 가하여 10mℓ로 하며, 이하 1)의 추출법과 동일한 방법으로 조작하고 흡광도를 측정하여 표준곡선을 작성한다.

계 산

시료 중의 납의 함량은 다음 식에 의해 계산한다.

$$\text{납의 양(Pb, ppm)} = A \times D \times \frac{1}{S}$$

A : 표준곡선으로부터 구한 시료용액 중의 납 함량(㎍)
D : 희석배수
S : 시료채취량(g)

제 8 장 구리(Cu)의 정량

원 리

구리를 함유하고 있는 용액에 구연산염(citrate)과 EDTA를 가하고, pH 8.5로 조정한다.

이 용액에 사염화탄소의 diethylammonium diethyldithiocarbamate 용액을 가하여 진탕한다. 이때 형성되는 갈색을 띤 황색의 구리착염을 사염화탄소로 추출하여 436nm에서 흡광도를 측정한다.

시 약

① 산 추출시액 : 진한 HCl 20mℓ, 진한 HNO_3 10mℓ와 물 30mℓ를 조심스럽게 혼합한다.

② Diethylammonium diethyldithiocarbamate용액 : CCl_4의 0.1% 용액을 만든다.

③ EDTA-citrate용액 : 20g의 구연산 암모늄과 5g의 disodium dihydrogen ethylenediamine tetraacetate(EDTA-2Na)를 물에 녹여 100mℓ로 희석한다. 이 용액에 carbarmate용액 15mℓ로 색깔이 없어지지 않을 때까지 진탕하여 정제한다.

④ Thymol blue : Thymol blue 0.1g을 0.05N-NaOH용액 4.3mℓ와 90% ethanol 5mℓ의 혼합물로 따뜻하게 하여 녹이고, 여기에 20% ethanol을 가하여 250mℓ로 희석한다.

⑤ 6N-NH_4OH용액

⑥ 구리표준용액(보존용액) : 2N-H_2SO_4 1ℓ 에 $CuSO_4 \cdot 5H_2O$ 0.393g을 녹인다. Cu표준용액 1mℓ는 100㎍의 Cu를 함유한다.

⑦ 구리표준용액(시험용액) : 보존용액 10mℓ를 요구되는 2N-H_2SO_4에 가하여(표 7-1 참조) 500mℓ로 희석한다. 이 용액 1mℓ는 2㎍의 Cu를 함유한다.

표 7-1 표준곡선 작성을 위하여 취해야 할 시약의 양

구리표준용액(시험용액)/mℓ	0	1	2.5	5	10	15	20	25
2N-H_2SO_4/mℓ	25	24	22.5	20	15	10	5	0

이 시험용액은 Cu 2㎍/mℓ를 함유한다.

조 작

적당한 양의 시료(보통 2~10g)를 600℃에서 회화한다. 이 회분을 산 추출시액 10mℓ로 일정하게 저어 주면서 약하게 끓이고, 이 혼합물을 물로 세척하여 분리기에 가한다(이의 총부피는 25mℓ로 한다). 여기에 EDTA-citrate용액 10mℓ와 thymol blue 5방울을 가하고, 이 용액을 냉각한 후 녹색이 될 때까지 6N-NH_4OH 용액을 가한다. 또 diethylammonium diethyldithiocarbarmate용액 15mℓ를 가하고 2분간 격렬하게 진탕한다. 분리기의 주둥이에 솜조각을 넣고, 그 아래층을 받아 지체없이 436nm에서 시약을 대조로 하여 흡광도를 측정하여 표준곡선으로부터 구리의 함량을 측정한다.

별도로 분리기에 EDTA-citrate용액 10mℓ를 취하고 표 7-1에 표시된 바와 같은 양의 2N-H_2SO_4와 구리표준용액(시험용액)을 가한다. 이들 용액에 시료의 경우와 같은 방법으로 diethylammonium diethyldithiocarbamate용액 15mℓ를 가하고 격렬하게 진탕한 후 436nm에서 흡광도를 측정하여 표준곡선을 작성한다.

계 산

시료 중의 구리의 함량은 다음 식에 의해 계산한다.

$$\text{구리의 양(Cu, ppm)} = A \times D \times \frac{1}{S}$$

A : 표준곡선으로부터 구한 시료용액 중의 구리 함량(㎍)
D : 희석배수
S : 시료채취량(g)

제 9 장 주석(Sn)의 정량

원 리

주석을 함유하고 있는 시료의 산성용액에 quercetin의 alcohol용액을 가하면 황색~오렌지색을 나타내는데, 이의 발색 정도를 437㎚에서 흡광도를 측정하여 주석의 함량을 정량한다. 이 방법으로 주석을 정량할 때 시료용액 중의 철은 방해작용을 하므로 thiourea에 의하여 차폐하여야 한다.

시 약

① 2,4-dinitrophenol용액 : 50% alcohol의 0.1% 용액을 만든다.

② Quercetin용액 : Ethanol의 0.2% 용액을 만든다.

③ 주석(Sn)표준용액 : 순수한 주석 0.0500g을 끓는 진한 H_2SO_4 50㎖에 녹인다. 이 용액을 냉각하고, 물 120㎖를 천천히 가하여 잘 혼합한다. 이 용액을 200㎖의 메스플라스크에 옮기고, 25% H_2SO_4을 가하여 표선까지 채운다. 이 용액 1㎖는 250㎍의 Sn을 함유한다.

조 작

잘 혼합된 적당한 양의 시료(1000㎍ 이하의 주석을 함유하도록 한다)를 정확히 취하여 Kjeldahl분해플라스크에 옮긴다.

여기에 진한 HNO_3 10㎖를 가하고 10분 후에 진한 H_2SO_4 5㎖를 가하여 용액이 격렬하게 끓도록 버너로 끓이고, HNO_3를 소량 더 가한다. 액이 검게 된 후 많은 양의 흰 아황산가스가 발생될 때까지 가열을 계속한다.

이 액을 냉각한 후 물 20㎖를 가하고, 50㎖의 메스플라스크에 이 액 2㎖를 취하여 지시약으로 2,4-dinitrophenol용액 0.2㎖를 가한다. 이 용액에 황색이 나타날 때까지 10% Na_2CO_3용액을 한방울씩 가한다. 2.5N-HCl을 흔들면서 한방울씩 가하여 색이 사라지게 한 후, 5㎖를 과량 더 가한다.

여기에 포화 thiourea용액 3㎖, quercetin용액 5㎖, ethanol 25㎖를 가하고, 즉시 물을 가하여 눈금까지 채워서 잘 혼합한다. 이 혼합물을 30분간 방치한 후 2㎝ 혹은 4㎝의 셀(cell)에 액을 취하여 437㎚에서 시약을 대조로 하여 흡광도를 측정하여 표준곡선으로부터 주석의 함량을 정량한다.

별도로 진한 H_2SO_4 5㎖와 진한 HNO_3 10㎖를 포함하고 있는 Kjeldahl분해플라스크에 주석표준용액 0.0, 1.0, 2.0, 3.0, 4.0㎖를 각각 가한다. 이들의 각 용액을 질산이 방출되어 다량의 흰 연기가 발생될 때까지 끓인다. 이들 용액을 냉각하고, 각각에 물 20㎖를 가하여 50㎖의 메스플라스크에 옮긴 후 시료의 경우와 같은 방법으로 시약을 가하여 표선까지 채운다. 이것을 역시 시료의 경우와 같이 30분간 방치한 후 437㎚에서 흡광도를 측정하여 표준곡선을 작성한다.

계 산

시료 중의 주석의 함량은 다음 식에 의해 계산한다.

$$\text{주석의 양(Sn, ppm)} = A \times D \times \frac{1}{S}$$

A : 표준곡선으로부터 구한 시료용액 중의 주석 함량(㎍)
D : 희석배수
S : 시료채취량(g)

제 10 장 식품의 산도, 알칼리도 측정

원 리

식품 100g을 태워서 얻은 회분을 중화시키는 데 필요한 1N의 산 또는 알칼리의 ㎖수를 그 식품의 산도, 알칼리도라 한다.

이것을 측정하기 위해서는 식품의 일정량을 회화시켜 얻은 식품의 회분을 일정농도의 염산용액에 용해시켜서 알칼리표준용액으로 중화시키고, 이 때 사용한 알칼리의 양으로부터 산도, 알칼리도를 계산한다.

시약 및 기구

① 1N-Na_2CO_3용액 : 표정하여 역가를 정확히 구한다.

② 1N-HCl용액 : 표정하여 역가를 정확히 구한다.

③ 0.1N-NaOH용액 : 표정하여 역가를 정확히 구한다.

④ 0.1% phenolphthalein · ethanol용액

⑤ 30% H_2O_2용액

⑥ 도가니(crucible)

⑦ 전기로

⑧ 환류냉각기

⑨ 수욕(water bath)

조 작

약 0.1g의 회분을 가진 시료를 정확히 칭량해서 도가니에 넣고, 미리 회화 중 무기질의 휘산을 막기 위해서 1g 당 1N-Na_2CO_3용액 0.5㎖를 가하여 잘 이긴 다음 증발건고시켜 둔다.

이것을 회분정량 때와 같은 방법으로 회화시킨다. 회화 후 방냉하여 소량의 증류수를 가하

여 녹인 다음 잘 교반하고, 30% H_2O_2용액을 몇 방울 가하여 다시 증발 건고시킨 후 도가니의 바닥이 미적색을 나타낼 때까지 작열한다.

방냉 후 소량의 증류수를 가하여 녹인 다음 식품 1g당 1N-HCl용액 1.0㎖의 비율로 가하여 녹인다. 100~200㎖ 삼각플라스크에 용액 및 잔사를 완전히 옮기고 환류냉각기를 부착하여 수욕상에서 15분 동안 끓인다. 냉각 후 phenolphthalein지시약을 가하여 0.1N-NaOH용액으로 미홍색이 될 때까지 적정한다.

계 산

식품의 산도, 알칼리도는 다음 식에 의해 계산한다.

$$\text{식품의 산도, 알칼리도} = \frac{(A \times F) - (B \times F_1 + 0.1 \times V \times F_2)}{S}$$

A : 1N-HCl용액의 사용량(㎖)
B : 1N-Na_2CO_3용액의 사용량(㎖)
V : 0.1N-NaOH용액의 적정량(㎖)
F : 1N-HCl용액의 역가
F_1 : 1N-Na_2CO_3용액의 역가
F_2 : 0.1N-NaOH용액의 역가
S : 시료채취량(g)

이 때 계산결과가 +인 경우는 알칼리성 식품으로서 알칼리도로, −인 경우에는 산성 식품으로서 산도로 각각 절대값으로 표시한다.

데이터 및 결과 예

① 시료 : 콩가루

② 회화에 사용한 시료채취량 : 2.3456g

③ 1N-Na_2CO_3용액의 첨가량 : 1.0㎖

④ 1N-Na_2CO_3용액의 역가 : 1.005

⑤ 1N-HCl용액의 사용량 : 2.0㎖

⑥ 1N-HCl용액의 역가 : 1.020

⑦ 0.1N-NaOH용액의 적정치 : 8.50㎖

⑧ 0.1N-NaOH용액의 역가 : 1.010

⑨ 산도, 알칼리도 측정

$$\text{식품의 산도, 알칼리도} = \frac{(A \times F) - (B \times F_1 + 0.1 \times V \times F_2)}{S}$$

$$= \frac{(2.0 \times 1.020) - (1.0 \times 1.005 + 0.1 \times 8.50 \times 1.010)}{2.3456}$$

$$= +7.525$$

따라서 시료는 알칼리성 식품이고, 알칼리도는 7.525이다.

방법도시

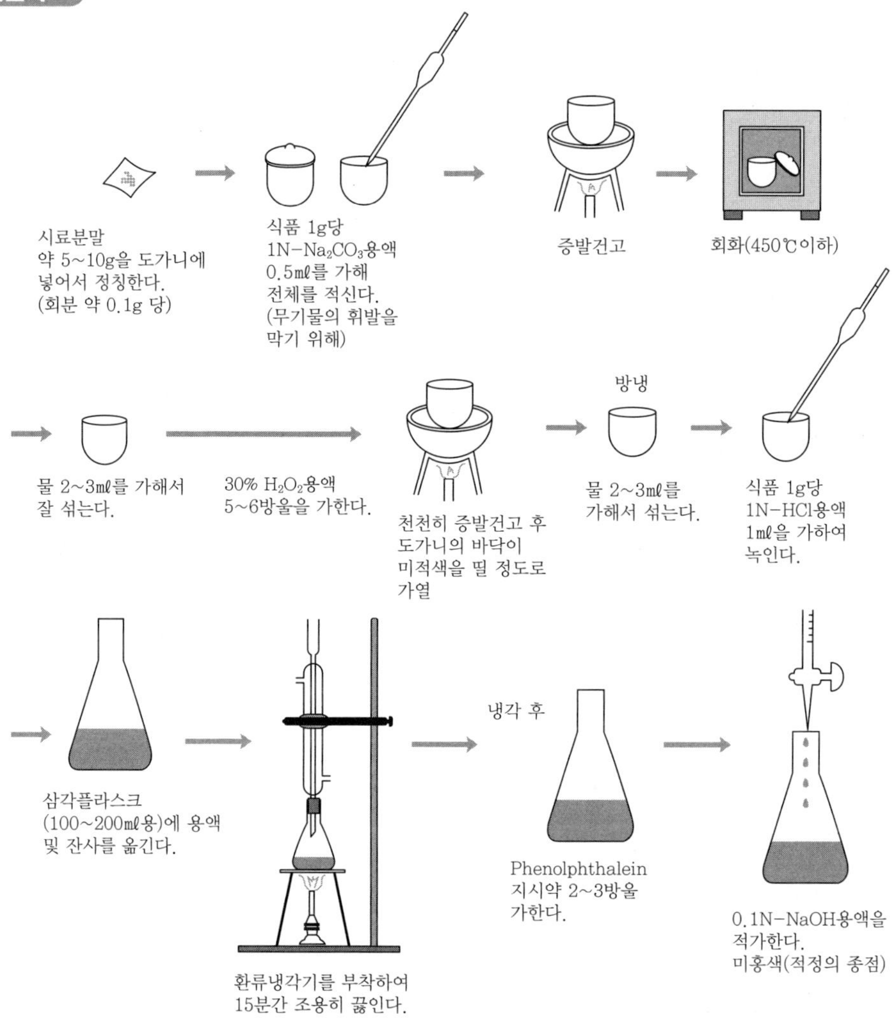

그림 7-14 식품의 산도, 알칼리도의 측정

제8부 비타민의 분석

식품 중의 비타민을 정량하기 위해서는 시료의 조제 및 보존에 있어서 특히 유의하지 않으면 안된다. 원칙적으로 비나민은 시료가 입수되는 대로 즉시 정량하여야 한다. 만일 조제된 시료가 장시간 공기와 햇빛에 노출되거나 구리 등의 금속에 접촉하게 되면 비타민은 분해되기 쉽다. 또 비타민 분해효소가 존재할 때는 이의 작용을 정지시키지 않으면 안된다.

한편 비타민 함량은 개체에 따라 또 개체의 부위에 따라 차이가 심하므로 각 시료를 여러 부위에서 많이 채취하여 잘 혼합해서 정량하는 것이 좋다. 그리고 과실, 야채 등은 재배 및 저장조건에 따라 또 채취시간에 따라 비타민의 함량이 달라지므로 주의해야 한다.

시료를 보존할 경우 수분함량이 적은 시료는 습기, 광선, 온도 등에 각별히 주의하면서 보존해야하며, 일반적으로 갈색병에 넣어 냄암소에 보관한다. 그러나 수분이 많은 것은 저온에서 냉동된 상태로는 어느정도 보존이 되나 냉장고에서는 보존할 수 없다.

기본 식품분석학

Basic Food Analysis

제 1 장 비타민 A의 정량

식품 중의 비타민 A 효력물질은 비타민 A 그 자체로서 동물성 식품에, 또 주로 carotene으로서 식물성 식품에 많이 함유되어 있다. 일반적으로 비타민 A라 함은 carotene 등의 프로비타민 A를 포함하지만, 비타민 A와 carotene은 전연 별개의 방법으로 정량된다.

1-1 3염화안티몬($SbCl_3$)에 의한 비색법

원 리

비타민 A는 chloroform에 녹인 $SbCl_3$를 가하면 반응하여 청색을 띤다. 이 반응을 Carr-Price반응이라 하며, 비타민 A의 비색정량에 이용된다. 발색이 불안정한 결점이 있으나 비타민 A의 비교적 특이한 반응으로 감도가 높다. 그러나 식품의 종류에 따라서 반응방해물질을 제거시키기 위한 노력이 필요하며, 시료액에 소량의 수분이 존재할 때는 정량이 저해되므로 탈수시키는데 특히 주의해야 한다.

시약 · 기구 및 장치

① 50% KOH용액 : 특급 입상 수산화칼륨(KOH) 50g을 물 50㎖에 녹인다.

② 아스코르빈산나트륨 결정 : 아스코르빈산나트륨(sodium ascorbate) 결정을 그대로 사용한다.

③ Benzene : 특급 benzene을 정류(精溜)하여 사용한다.

④ 1N와 0.5N-KOH용액 : 정확한 농도가 아니라도 좋다.

⑤ BHT : Dibutylhydroxy toluene결정. 산화방지제로 사용한다.

⑥ Ether : 특급 시약으로 1회 증류하여 초류분(初溜分)과 후류분(後溜分) 각 10%를 버리고 사용한다. 정제 후 장시간 경과된 것은 과산화물이 존재할 우려가 있으며, 비타민 A를 파괴하므로 사용하지 않는다[1].

⑦ 분액깔때기 코크용 윤활제 : Glycerine 22g과 가용성 전분 9g을 잘 혼합하고, 저어주면서 서서히 140℃까지 가열 용해한다. 이 반투명액을 방냉 후 사용한다.

⑧ Chloroform : 일급 chloroform 1ℓ 를 분액깔때기에 넣고 진한 H_2SO_4 20~30mℓ를 가하여 몇 번 진탕하고 수회 세척하여 산층이 착색되지 않으면 수세하여 황산을 제거한다. 15~20% NaOH용액 20~30mℓ로 2~3회 세척한 후 수세하여 알칼리를 제거한다. 이것에 새로이 작열시켜 탈수한 무수 Na_2SO_4를 가하여 잘 진탕하고 냉암소에 약 12~20시간 방치하여 탈수시킨 후 증류하여 사용한다. 갈색병에 넣어 냉암소에 보존하고 보존 중 흡습하지 않도록 주의한다.

⑨ Ethyl alcohol : 무수 ethyl alcohol을 사용한다.

⑩ $SbCl_3$용액 : 3염화안티몬($SbCl_3$) 20g을 100mℓ의 정제 chloroform에 가하여 녹인다. 하룻밤 방치 후 무수초산(CH_3COOH) 2mℓ를 가하여 미리 건조하여 둔 갈색병에 밀봉하여 상온에 저장한다. 이 용액은 흡습성이 강하고 변질되기 쉬우므로 조제 후 1주 이내에 사용한다. 때때로 혼탁되어 있으면 건조여과지로 여과하여 사용한다.

⑪ 50% NaOH용액 : 마개를 하여 저장한다.

⑫ Na_2SO_4 : 일급품으로서 탈수한 것을 사용한다.

⑬ 비타민 A 표준물질 : 비타민 A 표준품 및 비타민 A 검정용 간유(肝油) 표준품(1mg=1.0 I.U.), 합성 비타민 A 등을 사용한다. 합성 비타민 A는 0.344γ 가 1 I.U.에 상당된다. 이 외에도 탄산가스 발생에 필요한 시약 등이 필요하다.

⑭ 광도계 : 본법에서는 반응이 셀(cell) 내에서 이루어지고 정색 직후의 흡광도 최대치를 측정하기 때문에, 분광광도계보다 정밀도가 떨어지더라도 필터(filter)를 사용하는 광전비색계가 좋다. 광원의 열이 셀에 대하여 충분히 차단되지 않는 것은 좋지 않다. 셀은 처음에 alcohol 50mℓ와 HCl 50mℓ의 혼합액으로 세척하고 다시 물로 세척한 후 alcohol이나 ether로 세척하고 건조하여 사용한다. 셀을 자주 사용하면, 사용 후 셀을 chloroform에 담가 놓고 사용전에 풍건하여 사용하는 것도 좋다.

1) 새로이 만든 50% KI용액과 1% phenolphthalein용액의 등량 혼합물에 ether 5mℓ를 가하고 마개를 하여 진탕하였을 때 물층이 적색을 나타내는 것은 과산화물이 있으므로 제거해야 한다. 이를 위해서는 황산제1철 결정($FeSO_4 \cdot 7H_2O$) 600g을 진한 H_2SO_4 60mℓ와 함께 1.1ℓ 의 물에 용해한 액을, ether 1ℓ 에 대해서 200~300mℓ를 가해 진탕하고, 이어서 물 200~300mℓ로 1회 세척한 후 10% KOH용액 200~300mℓ로 수회 세척하고 무수 Na_2SO_4를 가해서 탈수시킨 후 증류한다. 그러나 일단 과산화물이 생성된 것은 이와같이 하여 정제해도 곧 과산화물이 증가하기 때문에 새로운 ether를 사용하는 것이 좋다.

⑮ 검화장치 : 그림 8-1과 같다. 검화용 플라스크는 100~150㎖들이의 갈색 가지형으로 환류 냉각관 b와 플라스크 입구가 a와 같이 잘 맞아야 한다.

⑯ 용매 증류제거장치 : 그림 8-2와 같다. 250㎖들이의 가지형 갈색 플라스크를 불활성 가스를 통하면서 용매를 감압증류 제거하기 위한 T자관과 잘 맞추어 접속한다.

⑰ 자동피펫 : $SbCl_3$용액을 첨가하기 위한 신속분주용으로 3㎖가 자동적으로 분취될 수 있는 그림 8-3과 같은 것이 좋다.

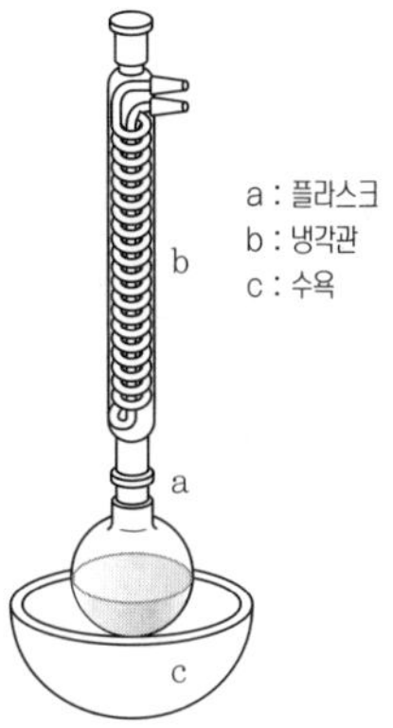

그림 8-1 검화장치

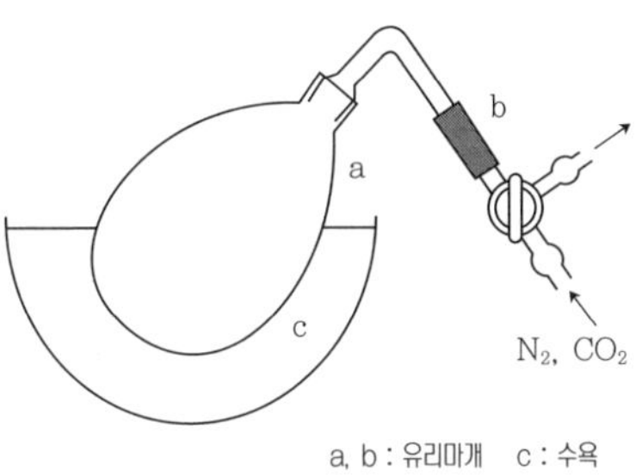

그림 8-2 용매 증류제거장치

그림 8-3 분주용 자동피펫

⑱ 분액깔때기 : 200~300㎖들이의것이 적당하다. 착색된 수개를 준비한다.

⑲ 가스발생장치 : 질소가스 또는 이산화탄소가스 봄베를 사용한다.

⑳ 가스세척병 : 몇 개를 준비한다.

조 작

정량조작은 순서에 따라 ① 검화 ② 추출 ③ 탈수 ④ 용매의 증류제거 ⑤ 시료액의 조제 ⑥ 발색과 측정의 6단계로 나누어서 설명한다.

단, 불검화물의 추출에는 대표적인 benzene추출과 ether추출의 두가지 방법이 있다. 여기에서는 benzene추출법을 먼저 기술하고 별법으로 ether추출법을 병기한다.

(1) 검 화

비타민 A의 정량에는 먼저 공존하는 다수의 정량방해물질로부터 비타민 A만을 분리하여야 한다. 그러기 위해서 시료를 알칼리처리하여 지방을 비누로 변화시켜 물에 녹여 제거하고, 불검화유부분에 비타민 A를 농축시킨다.

즉, 시료의 적당량을 검화용 플라스크에 칭취하고 이것과 같은 양의 50% KOH용액과 8배량의 ethyl alcohol을 가하여 70~80℃에서 30분간 가열한다.

검화 중 때때로 플라스크를 흔들어 주어 검화를 촉진시킨다. 칭취한 시료 중의 비타민 A는 100~300 I.U.일때가 이상적이고 검화할 시료의 적당량은 0.1~0.5g이다.

보통 간유나 버터와 같이 비타민 A 함량이 높은 것은 앞에 기술한 조건 그대로 적합하지만, 어패류와 같이 비타민 A함량이 5~200 I.U./100g 정도의 것은 시료 10g 정도를 취하여 전처리로서 다량의 무수 Na_2SO_4와 함께 마쇄하고, 이것을 Soxhlet추출기에 의해 5~8시간 석유 ether로 추출하여 얻은 추출액을 검화한다.

주요 비타민 A 강화식품에 대한 시료채취 및 전처리는 다음과 같이 한다.

① 마가린 : 비타민의 시료조제법에 따라 검화용 플라스크에 5g을 칭취하고 약 100mg의 아스코르빈산나트륨과 50% KOH용액 5mℓ 및 ethyl alcohol 20mℓ를 가하여 끓는 수욕상에서 30분간 검화한 후 즉시 alcohol 20mℓ를 가하여 냉수 중에서 실온까지 냉각시킨다.

② 분유 : 시료 5g을 직접 검화용 플라스크에 취하고 아스코르빈산나트륨 약 100mg 및 50℃의 온수 10mℓ를 가하여 용해시키고 50% KOH용액 5mℓ, ethyl alcohol 40mℓ를 가하여 검화한다.

③ 액체유(液體乳) : 시유 20mℓ를 검화용 플라스크에 취하고 아스코르빈산 나트륨 약 100mg, 50% KOH용액 5mℓ, ethyl alcohol 40mℓ를 가하여 검화한다.

④ 된장 : 시료 5g을 ③의 액체유에 준해서 검화한다.

⑤ 빵 : 시료 15g을 아스코르빈산나트륨 약 100mg과 ethyl alcohol 40mℓ와 함께 유발에서 마쇄하여 검화용 플라스크에 씻어내리고, 다음에 50% KOH용액 5mℓ를 가하여 검화한다.

⑥ 물엿, 드롭스 : 강화식품 중에서도 비타민 A 함량이 높다. 그 함량에 따라 1~3g을 검화용 플라스크에 취하고 아스코르빈산나트륨 약 100mg 및 50% KOH용액 5mℓ를 가하여 가온 용해하고 다시 ethyl alcohol 40mℓ를 가하여 검화한다.

⑦ 비스킷 : ②의 분유의 경우에 준해서 검화한다.

⑧ 어육 소시지 : 절단하여 유발에서 약간 마쇄하여 잘 혼합하고 5g을 취하여 ③의 액체유에 준해서 검화한다.

(2) 추　출

Ether추출에 의한 별법은 이후 (2′)~(4′)에 기술한다.

검화가 끝난 플라스크를 흐르는 물에 담가서 실온까지 급냉하여 피펫으로 benzene 100㎖를 가하고 유리마개를 하여 15초간 격렬하게 진탕한다.

침전이 있으면 그것이 침강될 때까지 방치한다. 다음에 250~300㎖의 갈색 분액깔때기에 액만을 옮겨주고 침전물을 남긴다. 침전물을 세척하여 옮길 필요는 없다.

여기에 1N-KOH용액 100㎖를 가하여 15초간 격렬하게 진탕한다. 방치하여 두 액을 분리시키고 혼탁된 물층을 버린다. Benzene층에 0.5N-KOH용액 40㎖를 가하여 진탕하고 같은 방법으로 물층을 버린다. 다음에 benzene층을 물 40㎖와 함께 15초간 격렬하게 진탕하고 세척을 적어도 4회 반복한다.

(3) 탈 수

분액깔때기를 약간 움직여 물방울을 침강시킨다. 최후의 물 한방울이 분리될 때까지 수분간 방치하여 물방울을 버린다. 분액깔때기 안에 여과지 쪽지 몇 개를 넣어 benzene 중의 수분이 여과지에 흡착되어 benzene층이 투명하게 될 때까지 진탕한다. 이때 benzene층에 산화방지제로서 극소량의 결정 BHT를 가한다.

(4) 용매의 증류제거

투명하게 된 benzene액을 피펫 필러(pipette filler)를 사용하여 정확하게 50㎖의 홀피펫으로 흡입하여 용매 증류제거용 플라스크에 취하고 약 45℃의 수욕상에서 아스피레이터(aspirator)의 감압하에 benzene을 증류제거한다.

[(2)에서 (4)까지 조작의 별법]

(2´) 추 출

검화가 끝나면 검화용 플라스크를 흐르는 물에 담가 실온까지 급냉시킨다. 검화액에 불용잔류분이 많을 때는 그대로 혹은 소량의 규조토(celite 등)를 가하여 유리여과기로 가볍게 흡인 여과한다.

필요하면 앞에 기술한 것과 같이 여과한 검화액을 250~300㎖ 갈색 분액깔때기에 옮기고 검화용 플라스크를 30~40㎖의 ether로 세척하고 이것을 분액깔때기의 액에 가한다. 이 액에 같은 양의 물을 가하여 진탕하고 나서 정치하여 물층을 분리시켜 물층만을 다른 분액깔때기에 취한다.

Ether 30㎖씩으로 2~3회 반복하여 추출하고, ether층은 그때마다 첫번째의 분액깔때기에 합한다. Ether추출액을 물 40㎖씩으로 반복 세척하여, 물층이 phenolphthalein으로 정색되지 않을 때까지 계속한다.

(3′) 탈 수

Ether추출액을 250mℓ 갈색 코니칼비커에 옮기고 분액깔때기를 10mℓ의 ether로 2회 세척하고, 세액을 비커의 추출액에 합한다.

이것에 무수 Na_2SO_4 약 5g을 가하여 수평으로 잘 진탕하고 최후에 청색 실리카겔 2~3입자를 넣어서 잠시 방치하여 겔(gel)의 변색이 일어나지 않는 것을 확인한다. 물이 남아 있으면 코발트의 청색이 담홍색으로 변한다.

(4′) 용매의 증류제거

탈수한 추출액은 용매 증류제거용 플라스크에 옮기고 비커에 남은 무수 Na_2SO_4를 10mℓ ether로 2회 세척하여 경사 여과하고 ether액을 플라스크에 가한다.

가온하여 대부분의 ether를 증류제거하고 ether가 소량(3~4mℓ)으로 되면, 플라스크를 꺼내어 질소나 탄산가스를 직접 플라스크에 주입하여 ether를 완전히 제거시킨다.

(5) 시료액의 조제

용매를 증류제거한 잔류분을 chloroform 2~3mℓ에 녹여 메스플라스크에 옮기고 다시 chloroform 2~3mℓ씩을 가하여 내용을 메스플라스크에 세척해 넣고 최후에 chloroform으로 표선까지 희석시킨다.

이때 메스플라스크의 용량은 희석한 시료액의 1mℓ 중에 비타민 A 10~20 I.U.가 함유되도록 조절한다.

(6) 발색과 측정

이때 분광광도계에서는 620nm의 파장, 광전비색계에서는 적등색의 필터, Pulfrich광도계에서는 filter-S61을 사용하여, 대조 셀(cell)에는 물을 넣고 물의 흡광도 눈금을 미리 0에 맞추어 둔다. 시료액 0.3mℓ를 메스피펫으로 셀에 취하여 광도계의 셀실에 넣고 메스피펫으로 0.3mℓ의 chloroform을 가한다. 여기에 $SbCl_3$용액 3mℓ를 자동피펫으로 신속하게 가하여 흡광도의 최대치를 15초 이내에 빨리 읽는다.

이 흡광도를 별도로 작성하여 표준곡선과 비교하여 시료액 중의 비타민 A량을 구한다.

표준곡선의 작성에는 비타민 A 표준품 또는 간유(肝油) 표준품(10,000 I.U./g)을 이상의 (1)~(4)의 조작에 따라 처리하고 chloroform에 녹여 1mℓ 중 비타민 A 10, 15, 20, 25 I.U.에 상당하는 용액을 조제한다. 이때 0.3mℓ를 피시료액의 경우와 같이 발색시키고, 0.3mℓ 중의 비타민 A량과 흡광도의 관계를 그래프로 그리어 직선범위 내에서 실제 측정을 행한다.

계 산

시료액의 흡광도와 표준곡선에서 구한 시료액 0.3㎖ 중의 비타민 A를 N I.U.라 하면 (2)~(4)의 benzene추출법으로는

$$비타민\ A(I.U./100g) = N \times \frac{V}{0.3} \times \frac{100}{S} \times 2$$

(2´)~(4´)의 ether추출법으로는

$$비타민\ A(I.U./100g) = N \times \frac{V}{0.3} \times \frac{100}{S}$$

V : 시료액의 전량(㎖)
S : 시료채취량(g)

이상의 정량 결과가 이론치 또는 추정치와 상당한 차이를 나타내는 경우에는 기지농도의 표준 비타민 A를 첨가한 회수시험을 하는 것이 좋다. 즉, 상기의 실험 외에 시료에 간유 표준품 일정량을 가하여 상기의 경우와 같은 조건으로 처음부터 처리하여 얻은 시료액 0.3㎖와 chloroform 0.3㎖를 가한 광도계 셀(cell)에 $SbCl_3$시약 3㎖를 가하여 (4)와 같이 흡광도(E)를 측정한다. E값을 표준곡선과 대조하여 대응하는 비타민 A량을 알면 다음 식에 의해 100g 중의 비타민 A량과 비타민 A의 회수율을 구할 수 있다.

$$회수율(\%) = \frac{N_{U+S} - N_U}{A} \times \frac{V}{0.3} \times 100$$

$$비타민\ A(I.U./100g) = \frac{N_U}{N_{U+S} - N_U} \times \frac{100}{S} \times 2$$

A : 시료에 대한 표준 비타민 A 첨가량(I.U.)
V : 시료액 전량(㎖)
S : 시료채취량(g)
N_U : 표준곡선으로부터 구한 시료액 0.3㎖ 중의 비타민 A량(I.U.)
N_{U+S} : 표준곡선으로부터 구한 비타민 A 첨가액 0.3㎖ 중의 비타민 A량(I.U.)

단, (2´)~(4´)의 ether 추출법의 경우는 그의 1/2이다.

1-2 GDH에 의한 비색법

원 리

비타민 A는 활성화한 glycerol dichlorohydrin(GDH)과 반응하여 홍색을 나타낸다. 이 반응을 이용하여 비색정량하는 방법으로, 이때 홍색은 비교적 안정하여 약간의 수분에 대해서도 정색이 방해되지 않는 장점이 있다. 그러나 GDH시약의 활성화가 복잡하고, 반응액의 흡광도가 활성화할 때마다 변동하며, 정량의 감도가 $SbCl_3$비색법에 비하여 약 1/3 정도라는 결점이 있다.

시약 · 기구 및 장치

① Glycerol dichlorohydrin(이하 GDH) : Glycerol-1,3-dichlorohydrin($CH_2Cl \cdot CHOH \cdot CH_2Cl$) 또는 이것과 glycerol-2,3-dichlorohydrin ($CH_2OH \cdot CHCl \cdot CH_2Cl$)의 혼합물이다. 이 시약 1ℓ 에 $SbCl_3$ 25g을 녹인 chloroform용액 100㎖를 가하고, 이 혼합물을 전 초자제 기구로 감압증류한다. 최초에 유출되는 chloroform유분은 버리고, 다음의 GDH유분(10㎜Hg, 65~70℃)을 취한다. 이 조작에 의해 GDH는 활성화된다. 유리마개한 병에 넣어 어두운 곳에 두면 2~4주일 실온에서도 보존이 가능하다.

② 기타 chloroform, ether, 비타민 A 표준품 등은 1-1의 $SbCl_3$비색법의 경우와 같다.

③ 장치 및 기구는 1-1의 $SbCl_3$비색법과 같다.

조 작

검화와 불검화물의 추출까지는 1-1의 $SbCl_3$비색법과 같다. 단 여기에서는 최후의 시료액이 비타민 A 6~60 I.U./㎖가 되도록 희석하는 것이 좋다. 정색조작은 적당한 용기를 사용하여 25℃의 항온수조 중에서 행하며, 시료액 1㎖에 대하여 활성화된 GDH 9㎖를 가한다. 반응 후 2~10분 사이에는 정색이 안정하므로 이 동안 용액을 광도계의 셀(cell)에 옮겨 분광광도계에서는 파장 550㎚, 광전비색계에서는 녹색의 필터, Pulfrich광도계에서는 filter-S55를 사용하여 흡광도를 측정하여 비흡광계수 k를 구한다.

계 산

표준곡선의 작성 및 계산법도 역시 1-1의 $SbCl_3$비색법에 준한다.

1-3 자외선 흡수 스펙트럼법

원 리

비타민 A의 isopropyl alcohol용액은 자외선 특정파장의 빛을 흡수하며, 그의 흡수극대파장은 325nm이다. 이 흡광도가 비타민 A의 농도에 비례하므로 분광광도계 등으로 325nm에서 용액의 흡광도를 측정하여 비타민 A의 농도를 알 수 있다.

그러나 실제로 간유 등에 대해서는 그의 불검화물도 이 부근의 파장에서 맹흡수를 가지는 것이 보통이므로, 그로 인해 325nm의 좌후양측의 310nm와 334nm에서의 흡광도를 동시에 측정하여 비타민 A만의 흡수곡선과의 흡수형의 차이로부터 맹흡수의 보정을 하지 않으면 안된다. 이것을 Morton-Stubbs의 보정법이라 한다.

시약 및 기구

① Isopropyl alcohol

② 기타 시약 및 기구는 1-1의 $SbCl_3$비색법과 같다.

조 작

Morton-Stubbs의 보정법을 적용한다. 즉 1-1의 $SbCl_3$비색법에 따라 시료를 검화, 추출 후 용매를 증류 제거시킨 것을 chloroform에 녹이는 대신에 isopropyl alcohol에 녹여 일정량으로 하고, 분광광도계의 두께 1㎝의 석영 셀(cell)에 옮겨 파장 310, 325, 334nm에서의 각 흡광도 E를 측정한다.

계 산

각각의 흡광도 E_{310}, E_{325}, E_{334}를 측정한 후 비타민 A의 함량은 다음 식에 의해 계산한다.

$$\text{비타민 A(I.U./g)} = \frac{(7E_{325} - 2.625E_{310} - 4.375E_{334}) \times 5700}{L \times C \times 0.3}$$

L : Cell의 액층두께(㎝)
C : Isopropyl alcohol용액 1ℓ 에 상당하는 시료의 양(g)

이 방법은 방해물이 없는 비타민 A 고단위의 간유 등에 대해서는 가장 정확한 표준적인 비타민 A 정량법이지만, 일반식품에서는 방해 흡수가 너무 많아 그것을 제거하기가 곤란하여

Morton-Stubbs의 보정도 적용되지 않는다. 따라서 일반식품에서는 비색법의 경우가 보다 정확하다.

1-4 β-carotene의 분리와 비색정량

원 리

식물성 식품 중에 존재하며 프로비타민 A의 작용을 하는 것은 α 와 β-carotene이 대부분이며 그 외에 cryptoxanthine과 미량의 γ-carotene이다. 그 중 비타민 A로서의 생리적 작용이 가장 강한 성분이 β-carotene이며, 다음 α-catotene이 β-carotene의 1/2 정도, cryptoxanthine은 1/4 정도 비타민 A로서의 효력이 있다. 따라서 비타민 A로서의 효력을 나타내는 carotenoid로서 β-carotene을 정량하여 식품 중의 프로비타민 A 함량으로 하는 것이 일반적이다.

그 정량에는 우선 시료를 분쇄, 마쇄 혹은 유화해서 ether와 석유 ether의 혼합액으로 carotene을 추출한다. KOH-methanol용액으로 추출유를 검화하여 불검화물을 석유 ether로 추출하고 석유 ether를 증류 제거한 후 n-hexane에 용해하고, 산화알루미늄 크로마토그래피에 의하여 carotene을 다른 색소로부터 분리한다.

이 β-carotene의 n-hexane용액을 극대흡수파장 450㎚에서 흡광도를 측정하여 β-carotene 표준물질의 흡광도와 비교 혹은 흡광계수로부터 carotene의 양을 산출한다.

시약 · 기구 및 장치

① Methyl alcohol : 무수 methyl alcohol 1ℓ 에 $KMnO_4$ 0.5g 및 KOH 1g을 첨가하여 증류한다.

② 석유 ether : 재증류하여 40~60℃의 유분(溜分)으로 한다.

③ n-hexane : 특급 C_6H_{12}를 재증류한다.

④ Ether : 과산화물을 함유하지 않은 것으로 증류 후 황산제1철($FeSO_4$)의 2% 수용액과 함께 차광하여 보존한다. 사용 직전에 흔들어서 정치하고 그 상층의 ether를 사용한다.

⑤ 활성화 산화알루미늄(알루미나) : 약 200메쉬(74μ)의 양질 크로마토그래피용 산화알루미늄을 3배 용량의 물로 3회 세척하고 고운부분을 경사여과하여 제거한다. 정온건조기(80~100℃) 중에서 5시간 건조시킨 후 전기회화로에 넣어 800±50℃에서 3시간 강열하

여 활성화시킨 다음 250~300℃까지 냉각되면 건조제를 넣지 않은 데시케이터로 재빨리 옮겨 냉각시킨다.

흡착칼럼의 조제에 있어서는 50㎖의 삼각플라스크에 산화알루미늄 10g을 넣고 10% 아스코르빈산나트륨용액 1㎖를 가하여 잘 진탕한다. 이어서 cholesterol 10㎎을 함유하는 *n*-hexane 20㎖를 가하여 잘 혼합한다.

⑥ Ether · ligroin 혼합 용출용매 : 혼합비율이 다른 a, b, c의 3종의 용출용매를 사용한다. 혼합비율(용량률)은 다음과 같다.

a : ether 5%+ligroin 95%

b : ether 25%+ligroin 75%

c : ether 50%+ligroin 50%

⑦ 아스코르빈산나트륨용액 : 아스코르빈산나트륨(sodium ascorbate) 10g을 물 100㎖에 녹인다.

⑧ Methanol성 KOH용액 : KOH 18g을 물 10㎖에 녹이고 무수 methyl alcohol을 가하여 100㎖로 한다.

⑨ β-catotene 표준액[2] : 사용할 때 다음과 같이 조제한다. 즉 10㎎ 전후의 합성(전체 trans형) β-carotene을 100㎖용량 메스플라스크 중에 정확히 칭취하여 *n*-hexane에 용해하고 100㎖로 하여 냉암소에 보존한다. 조제한 후 2일 이내에 사용하지 않으면 안된다.

이 용액 2㎖를 취하여 *n*-hexane으로 100㎖로 희석하여 흡광도 측정용 표준액으로 한다.[3]

⑩ 검화장치 : 환류냉각기와 맞끼워 접촉되는 갈색 검화용 플라스크(그림 8-1과 같은 것으로도 좋다)

⑪ 용매증류제거장치 : 감압하에서 석유 ether를 휘발시키기 위한 플라스크로, "유리맞끼움"이 있으면 간단한 소형의 것으로도 좋다.

⑫ 크로마토그래프 분리장치 : 그림 8-4와 같은 장치이다.

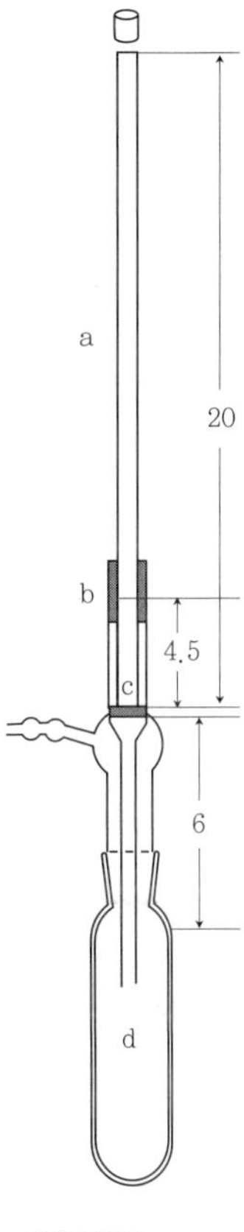

a : 칼럼용 유리관
b : 고무마개
c : 빼고 끼우는 유리여과관
d : 수기(50~100㎖)

그림 8-4 Carotene의 크로마토그래프 장치

2) β-carotene 순수품을 사용하는 대신에 $K_2Cr_2O_7$용액을 대용 표준으로서 사용하는 방법도 있다. 정제된 순수한 $K_2Cr_2O_7$ 0.02%용액의 453㎚에서의 흡광도는 β-carotene의 *n*-hexane용액 1.12㎍/㎖의 농도에 상당한다.

3) 파장 300㎚부터 500㎚까지의 흡수 스펙트럼을 측정하여 순도를 확인한다. 흡수극대가 453㎚ 및 481㎚에 있으며, 469㎚에는 흡수극소가 확인되지 않으면 안된다(그림 8-5 참조). 극대흡수의 흡광은 $E_{1\%}^{1cm}$, 즉 1㎝폭의 흡광도를 농도 1% 당으로 환산하여 453㎚=2592, 481㎚=2268이다.

조 작

(1) 검화와 침출

① 지방함량이 적은 시료의 경우

검화의 조작을 생략할 수 있다. 약 0.1mg의 β-carotene을 함유하는 20g 이하의 마쇄시료를 250mℓ들이의 "맞끼움" 용기에 취해 석유 ether 100mℓ와 ether 100mℓ의 혼합액으로 강하게 진탕하여 색소를 추출한다.

추출액을 유리여과기로 가볍게 흡인여과하여 잔사를 ether 20mℓ씩으로 수회 세척하고 세액과 추출액을 합쳐서 ether로 일정량을 만든다. 이 추출액의 1/4~1/5용량(β-carotene 20㎍ 전후에 상당하는 양)을 취하고 감압하에서 용매를 증발시킨다. 잔류분은 *n*-hexane 약 10mℓ에 용해하여 칼럼 크로마토그래프에 건다.

② 유지가공품, 유제품류(마가린, 버터, 분유 등)의 경우

Carotene 약 0.1mg에 상당하는 5g 이하의 시료를 검화용 플라스크에 칭취, 아스코르빈산나트륨용액 2mℓ 및 methanol성 KOH용액 15mℓ를 가한다. 때때로 흔든 다음 냉각제로 methanol 100mℓ를 주입하여 검화액을 전부 250mℓ의 분액깔때기에 옮기고, 검화용 플라스크는 methanol 40mℓ로 세척하여 검화액과 합한다. 실온으로 내려서 석유 ether 100mℓ를 가한다.

이 혼합액을 잘 진탕하여 암소에 10~20분간 정치하고, 석유 ether층을 취하여 다른 분액깔때기에 옮겨서 1/10의 물로 세척한다.

세척한 석유 ether를 200mℓ 메스플라스크에 옮기고 석유 ether로 일정 용량으로 하여 감압하에서 건고될 때까지 증발시킨다. 그 잔류분을 약 10mℓ의 *n*-hexane에 용해하여 그 용액을 크로마토그래프에 건다.

(2) 크로마토그래프 분리

크로마토그래프용 관(그림 8-4 참조)의 밑부분에 탈지면을 엉성하고 가볍게 채우고 활성 산화알루미늄을 시약조제방법에 따라 조제하여 *n*-hexane에 현탁시킨 것을 그 위에 부어 넣고 플라스크에 남은 산화알루미늄은 다시 *n*-hexane으로 세척하여 넣는다. 관벽의 상부를 가볍게 치면서 산화알루미늄을 채우고 *n*-hexane의 유량을 매초 2~3방울로 조절한다.

이어서 상부에도 탈지면을 가볍게 채우고 상층에 남은 여분의 *n*-hexane을 경사여과하여 버리고 칼럼의 상층에 *n*-hexane이 1㎝정도 있도록 조절한다. 칼럼의 높이는 약 10㎝가 된다.

n-hexane에 용해시킨 약 10mℓ의 시료액을 칼럼에 유입시킨다. Carotene은 산화알루미늄층의 상부에 흡착된다. 이어서 나머지 시료액을 세척하여 넣으면서 *n*-hexane 40mℓ를 칼럼에 흘려 넣어 비흡착물질을 세척하여 제거한다. 여기서 수기를 바꾸어 각 carotenoid를 분리하기

위해 다음의 조작에 따라서 유출시킨다.

[분획 1] 혼합용매 a 약 100㎖를 사용하여 용출시킨다. 분획 1에는 cis β-carotene을 포함하며, cis α-carotene도 용출된다.

[분획 2] 다음에 혼합용매 b 약 500㎖를 사용하여 용출시킨다. 분획 2에는 전체 trans형 β-carotene이 포함된다. 존재하면 trans형의 α-carotene도 여기에 용출한다.

[분획 3] 다음에 혼합용매 c 약 50㎖를 사용하여 용출시킨다. 분획 3에는 γ-carotene이 포함된다.

이상에서 β-carotene을 포함하는 분획 2를 감압하에서 증발시켜 ether와 ligroin을 제거하고 잔류분을 *n*-hexane에 녹여 carotene농도 20㎍/10㎖ 정도의 β-carotene을 함유하도록 용액을 만든다.

(3) 측 정

상기와 같이 조제한 *n*-hexane용액을 광도계의 폭 1㎝의 셀(cell)에 취하고 파장 453㎚ 또는 청색필터를 사용하여 흡광도를 측정한다. 필요하면 시료의 일부에 대해 분광광도계에 의해 파장 300㎚에서 500㎚에 이르는 흡수스펙트럼을 측정하고 β-carotene표준품의 흡수스펙트럼(그림 8-5 참조)과 비교하여 확인한다.

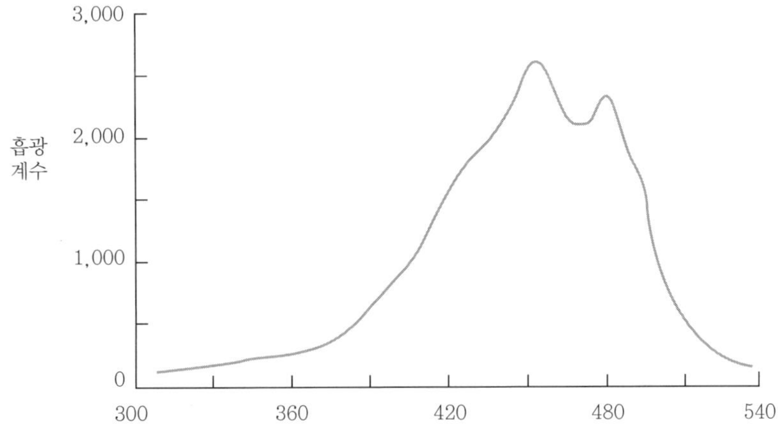

그림 8-5 *n*-hexane용액 중의 β-carotene의 흡수스펙트럼($E^{1\%}_{1cm}$)

계 산

위와 같이 하여 측정한 453nm의 흡광도를 E라 하면 β-carotene의 양은 다음 식에 의해 산출된다.

시료액의 β-carotene의 농도 C(㎍/100㎖) = E × 1,000/2,592

단, 2,592 = 453nm에서의 β-carotene *n*-hexane용액의 흡광도 ($E^{1\%}_{1cm}$ 453nm)

조작 (1)에 있어서 전추출액의 1/n의 양을 크로마토그래프 분리에 사용하였다고 하면

$$\text{시료 중 } \beta\text{-carotene함량(㎍/100g)} = C \times \frac{V}{S} \times n$$

V : 시료액의 전량(㎖)
S : 시료채취량(g)

I.U.로 환산하는데는 상기의 ㎍수를 0.6으로 나누면 된다.

제 2 장 비타민 B_1의 정량

식품 중의 비타민 B_1정량에는 비타민 B_1을 thiochrome으로 산화하여 그 형광을 측정하는 thiochrome형광법과, B_1의 diazo반응을 이용한 para-amino acetophenone비색법이 있다. 천연식품 중의 비타민 B_1은 인산과 결합하여 존재하며, 또 강화식품에는 난수용성(難水溶性)의 B_1유도체로서 첨가되어 있는 것도 많으므로, 그 각각에 다른 전처리와 침출방법이 중요하다.

2-1 Thiochrome형광법

2-1-1 페리시안화칼륨(赤血鹽)을 이용한 thiochrome형광법

원 리

비타민 B_1의 산성 침출액을 permutit층에서 이온교환반응에 의하여 선택적으로 유리형 비타민 B_1을 흡착시키고, 침출액에 함유되어 있는 thiochrome반응 방해물질 및 형광측정에 방해되는 형광물질을 제거하고 염화칼륨 · 염산 용액으로 비타민 B_1을 용출시킨다.

유리형 비타민 B_1은 알칼리성에서 페리시안화칼륨[$K_3Fe(CN)_6 \cdot 3H_2O$] 또는 bromocyan(BrCN)으로 산화시키면 청색의 형광을 나타내는 thiochrome으로 된다. 이것을 butyl alcohol층에 이행시키고 자외선을 조사하여 생기는 형광을 측정하여 비타민 B_1을 정량할 수 있다. 이 방법은 감도가 예민하여 비타민 B_1의 함량이 낮은 식품에도 응용할 수 있다.

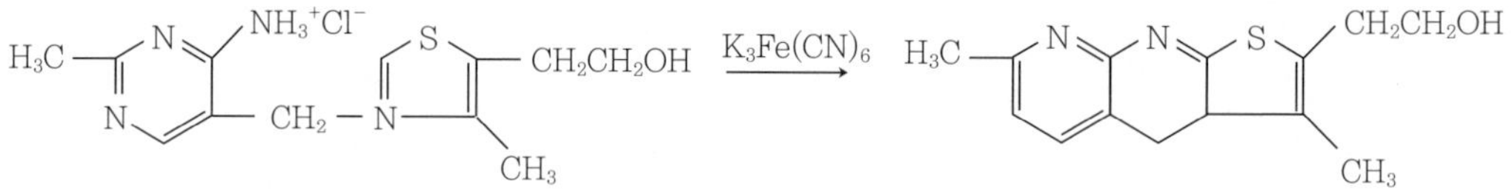

Thiamine(비타민 B_1) Thiochrome

천연물 중의 비타민 B_1은 유리형 및 결합형(pyrophosphate)으로 존재하며, 결합형 비타민 B_1은 이 반응에 음성이므로 총 비타민 B_1을 측정할 경우는 침출할 때 결합형 비타민 B_1을 효소(phosphatase)에 의하여 유리형 비타민 B_1으로 분해하지 않으면 안된다. 결합형 비타민 B_1의 양을 총 비타민 B_1의 양과 유리형 비타민 B_1의 차이로부터 구한다.

시약 · 기구 및 장치

① Permutit : 시판품을 체로 분리하여 60메쉬(250μ)를 통과하고 100메쉬(149μ)를 통과하지 못하는 입도(粒度)의 것을 사용한다. 60메쉬의 체 위에 남는 것은 다시 유발에서 분쇄하여 똑같이 체로 분리한다. 즉 이와같이 분리된 것 약 100g을 취하여 500mℓ 삼각플라스크에 넣고 여기에 증류수 약 400mℓ를 가하고, 15분간 교반하여 정치한 후 permutit의 대부분이 침강되면 상층의 액을 가능한 한 경사여과하여 제거한다. 상층의 액이 투명하게 될 때까지 수회 이 조작을 반복하여 고운 분말을 제거한다. 다음은 물 대신 3% 초산용액 약 400mℓ를 가하고 위와 같이 15분간 교반 정치한 후 경사여과하고 다시 한번 이것을 반복한다. 25% KCl용액 약 300mℓ를 가하고 플라스크를 끓는 수욕 중에서 교반한다. 약 25분 후 수욕에서 꺼내서 정치한 다음, KCl용액을 가급적 경사여과하여 제거한다.

여기에 다시 3% 초산용액으로 전과 같이 가하여 2회 세척하고 다시 증류수 약 400mℓ를 가하여 세척한다. 이와같이 세척이 끝나면 깨끗한 밧트나 대형 페트리접시에 엷게 펴고 60℃ 정도의 건조기 중에서 하룻밤 건조시킨다. 건조되면 광구병에 넣어 마개를 하여 정제 permutit로서 보존한다.

② 25% KCl−HCl용액 : 이것은 비타민 B_1의 용출용으로 사용된다. 상명천칭에서 KCl 250g을 칭량하여 1ℓ 메스플라스크나 메스실린더 중에 넣고, 약 0.1N HCl용액을 가하여 녹여 1ℓ 로 한다. 겨울철에는 실온이 내려가 KCl이 석출되는데 이 경우는 가온하여 녹여서 사용한다.

③ 25% KCl용액 : Permutit세척에 사용된다. 앞에 기술한 것과 같은 요령으로 KCl을 증류수에 녹인다.

④ 3% 초산용액 : 초산(CH_3COOH) 30mℓ를 증류수로 희석하여 1ℓ 로 한다.

⑤ 1% 적혈염용액 : 페리시안화칼륨[$K_3Fe(CN)_6 \cdot 3H_2O$]을 물에 녹여 갈색병에 넣어 냉장고에 보관한다.

⑥ 30% NaOH용액 : 특급의 NaOH를 사용하여 30%를 만들고 약 20일 방치 후 불순물을 침전시켜 그의 상징액을 사용한다.

⑦ n-butyl alcohol : 자외선 하에서 무형광의 n-butanol이나 isopropyl alcohol이면 된다.

⑧ 무수 Na_2SO_4 : 특급의 무수 Na_2SO_4를 증류수에 녹여 자외선 하에서 형광이 나타나지 않는 것이라야 한다.

⑨ 효소액 : 2~5% diastase용액을 사용할 때 새로 조제한다. 즉 일정량을 비커 중에 칭취하고, 비커를 흔들면서 물을 조금씩 가하여 2~5% 용액이 되게 한다. 잘 녹지 않을 때는 40℃의 수욕상에서 한다. 이와같이 하여 용해되면 초산을 가하여 pH 4.0~4.5로 한다. 이 용액 100mℓ에 대하여 산성백토 0.2g을 가하여 잘 교반하고, diastase 중의 비타민 B_1을 산성백토에 흡착되게 한다. 이것을 원심침전관에 옮겨 3,000rpm에서 15분간 원심분리하여 그의 상징액을 유리마개한 삼각플라스크에 넣어 분해용 효소용액으로 한다. 사용할 때마다 새로이 조제한다.

⑩ 0.1N-H_2SO_4용액 : 진한 H_2SO_4 2.8mℓ를 증류수에 녹여 1ℓ 로 한다.

⑪ 4M 초산나트륨용액 : 결정 초산나트륨(CH_3COONa) 54.4g을 증류수에 녹여 1ℓ 로 한다.

⑫ 비타민 B_1 표준용액 : 0.5mg/mℓ액이 되도록 만든다.

⑬ 교환탑 : 그림 8-6의 왼쪽과 같이 만들거나 구입하여 사용한다.

⑭ 자외선 형광등이나 형광광도계

⑮ 공전 원심침전관 : 그림 8-6의 오른쪽과 같이 내용이 약 50mℓ의 것이면 좋다.

⑯ 비색용 무형광시험관 : 시험관의 벽이 엷고 동일해야 하며, 형광이 없어야 한다.

⑰ 비타민 B_1 정량용 메스플라스크 : 25mℓ로 표선한 플라스크를 사용한다.

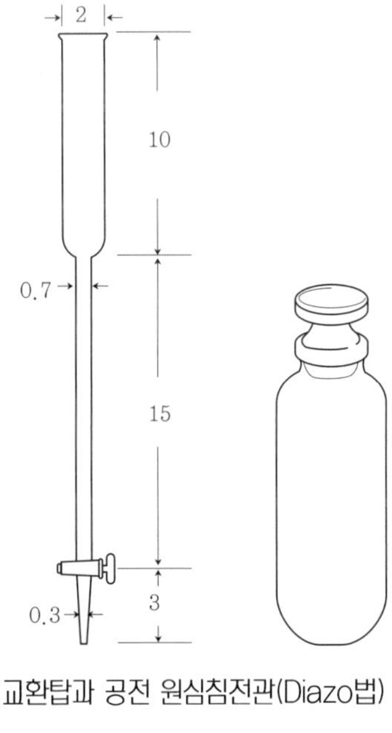

그림 8-6 Permuitit 교환탑과 공전 원심침전관(Diazo법)

조 작

정량조작은 순서에 따라 침출, 흡착, 용출, 산화, 측정의 5단계로 구분한다.

(1) 침 출

시료 1~10g을 칭취한다. 분말 혹은 수중에서 조직이 쉽게 부서지는 것 또는 액체는 그대로 100mℓ의 메스플라스크 또는 추출병에 넣어 약 20mℓ의 물과 혼합한 후에 0.1N-H_2SO_4 약 50mℓ를 가하여 잘 진탕한다. 앞에 기술한 것 이외의 상태의 것은 유발이나 균질기(homogenizer)를 사용하여 약 20mℓ의 물과 함께 마쇄시킨 후 0.1N-H_2SO_4 50mℓ를 사용하여 앞서의 메스플라스크 또는 추출병에 완전히 세척하여 옮긴다. 잘 진탕하여 혼합시킨 후에 4M 초산나트륨용액을 떨어뜨려(보통 3~4mℓ) pH가 4~5로 되도록 한다.

다시 효소액 약 2mℓ를 가하여 잘 혼합하고, 다음에 방부의 목적으로 toluene 약 5~6방울을 표면에 떨어뜨려 38~40℃의 항온기에 넣고 하룻밤 방치한다. 이어서 15분간 끓는 수욕 중에 온침하였다가 냉각시킨 후 물을 가하여 100mℓ로 한다. 이 시료 희석액은 비타민 B_1 함량이 0.05~1㎍/mℓ 정도가 되도록 한다. 다음에 이것을 잘 진탕시킨 후에 3000rpm에서 15분간 원심분리하던가 또는 건조한 주름여과지로 여과한다. 만일 여과할 경우 처음 여액 10mℓ 정도는 버린다.

이렇게 얻어진 투명한 침출액을 시료액으로 한다. 또 밥이나 빵 등과 같이 침출액이 여과하기 곤란할 때에는 alcohol로 침출하거나 혹은 물 침출액에 alcohol을 첨가하는 등에 의해 여과를 용이하게 한다.

시료에 따라서는 80℃에서 온침을 한 후 효소액을 가하는 것이 좋은 것도 있다. 단백질 함량이 많은 침출액에서는 액의 일정량에 그의 약 1/4 용량의 10% 메타인산액을 혼합하여 원심침전시켜 상징액을 취하고 초산나트륨을 떨어뜨려 pH를 4~5에 맞춘다. Tannin이 많은 것도 이와같이 처리한다. 또 용액상의 부유물이 비타민 B_1을 흡착하는 일도 있으므로 주의를 요한다.

이와같이 시료의 상태에 따라 항상 일정한 방법으로 침출하기는 어려우므로 시료에 따라 적당한 방법을 채택해야 하며, 또 여과나 원심분리했을 때의 상징액이 투명하게 되도록 연구할 필요가 있다. Diastase의 사용은 이와같이 투명하게 하기 위해서도 소용되는 경우가 많다. 이 투명한 액 10~25mℓ를 피펫으로 채취하여 미리 조제한 흡착컬럼의 상부에서 조용히 부어 넣는다.

(2) 흡　착

흡착칼럼은 다음과 같이 조제한다. 교환탑(그림 8-6 참조)의 코크부분에 바셀린을 얇게 발라 코크가 유연하게 움직이도록 한다. 우선 코크를 닫고 물을 부어 넣는다. 유리솜(glass wool)을 작게 환으로 만들어 중간의 가는 관 밑에, 즉 꼭 코크의 상부에 달하도록 가는 관의 내경보다 약간 가는 유리막대로 위에서 밀어 넣고 하단에 눌러 붙인다. 교환탑을 거꾸로 세워 그 속의 물을 버리면 유리솜의 가는 절편이 씻겨 내려간다. 다시 교환탑을 바로 세우고 물을 상부의 굵은부분의 밑에서 1/4 정도까지 채운다.

한편 50mℓ 비커에 정제 permutit 1.3~1.5g을 넣어 물 20mℓ를 가하여 잘 흔들어 섞고 permutit에 부착된 공기방울을 완전히 제거시킨 후에 교환탑에 비커의 내용물 전체를 주입시킨다. Permutit가 가는 관의 상부에까지 잘 채워졌으면 코크를 열고 물을 유출시킨다. 액면이 permutit층(칼럼)의 상단까지 내려가면 코크를 닫고 3% 초산 약 10mℓ를 넣고 다시 코크를 열어 3초에 1방울의 속도(1분에 약 1mℓ 정도)로 칼럼을 통과시킨다. 액이 permutit층의 상단까지 유출되면 코크를 닫고 물 20mℓ로 똑같이 세척한다. 이렇게 하여 조제한 칼럼에 침출액을 주입하고 코크를 열어 3초에 1방울의 비율로 수기 중에 떨어지게 하여 비타민 B_1을 permutit층에 흡착시킨다. 침출액면이 칼럼의 상단까지 달하면 코크를 닫고 pH 약 4.5의 산성수(물 100mℓ에 대해 10% HCl 약 3방울을 가한 것) 5mℓ를 가하여 교환탑의 상부 내면에 부착된 침출액을 씻어 내린다. 다음 코크를 열어 세액을 유출시키고 칼럼 위에 액이 조금 남아 있게 두고 코크를 닫는다.

다음에 끓는 물을 교환탑의 상단으로부터 0.5cm 정도까지 채우고 코크를 열어 1초에 1방울의 비율(1분에 약 3mℓ 정도)로 떨어지게 하여 칼럼을 세척해서 존재하는 맹형광물질을 제거시킨다. 액면이 칼럼의 상단 가까이 이르게 되면 재차 끓는 물을 가하여 먼저와 같이 세척한다. 이렇게 3회 반복한 후에 최후의 세액이 층의 상단에 이르렀을 때 코크를 닫는다. 특히 밀감류, 차류 등과 같이 맹형광물질이 많은 시료에 대해서는 4% 구연산용액을 가해 유출시킨 후 물로 세척하는 것이 좋다.

(3) 용　출

칼럼 아래의 수기를 25mℓ의 메스플라스크로 바꾸어 넣고 칼럼이 아직 따뜻할 때 끓는 25% KCl · HCl 용액 10mℓ를 가하여 1초에 1방울의 속도로 액이 떨어지도록 코크를 열고 유출되어 나오는 액을 25mℓ 메스플라스크에 받는다. 액면이 칼럼 상단까지 이르면 재차 끓는 25% KCl · HCl 용액 8mℓ를 주가하여 똑같이 조작한다.

다시 이 액 7mℓ를 주가하여 용출액의 전량을 25mℓ 정도 받고 코크를 닫는다. 메스플라스크를 실온에서 방냉하고 물로 정확히 25mℓ로 하여 혼합한다. 이와같이 용출이 끝난 칼럼은 앞에 기술한 대로 온수 15mℓ로 세척하고 나서 3% 초산용액, 물의 순서로 세척하여 둔다.

(4) 산 화

메스플라스크의 액으로부터 정확하게 5mℓ씩 공전 원심침전관 3개(A, B, C)에 취한다. A는 표준시험용[4], B는 본시험용, C는 맹시험용으로 한다. A에는 물로 정확히 희석한 비타민 B_1 표준액 1mℓ(비타민 B_1 0.2~1㎍)를 넣고 B와 C에는 각각 물 1mℓ씩을 가한다.

A와 B에 적혈염용액 0.2mℓ, 30% NaOH용액 3mℓ를 가하고, C에는 물 0.2mℓ, 30% NaOH용액 3mℓ를 가하여 모두 잘 흔들어 섞는다. 다음에 A, B, C 3개의 시험관에 모두 butyl alcohol 각 10mℓ씩을 정확히 가하여 마개를 막고 강하게 100회 정도 흔들어 섞는다. 무수 Na_2SO_4 1g을 가하고 다시 100회 정도 강하게 흔들어 섞고 원심분리기에 걸어 1,000rpm에서 3분간 원심분리한다.

(5) 측 정

상징액인 butyl alcohol층을 피펫으로 형광광도계의 셀(cell)에 옮겨 형광강도를 측정한다. 우선 A(표준시험)를 광도계가 가리키는 일정값에 일치시키고 동일조건에서 B(본시험), C(맹시험)의 값을 읽어 둔다.

계 산

시료 중의 비타민 B_1의 함량은 다음 식에 의하여 계산한다.

$$\text{비타민 } B_1(\mu g/100g) = d \times \frac{b-c}{a-b} \times \frac{25}{5} \times \frac{V}{A} \times \frac{100}{S}$$

a : A 표준시험의 읽은 값　　b : B 본시험의 읽은 값
c : C 맹시험의 읽은 값　　d : 비타민 B_1의 첨가량(㎍)
A : 흡착에 사용한 시료액의 양(mℓ)　　V : 침출액의 전량(mℓ)
S : 시료채취량(g)

2-1-2 브롬화시안을 이용한 thiochrome형광법

원 리

본법은 산화제로서 브롬화시안(BrCN)을 사용한 점만이 2-1-1의 페리시안화칼륨 산화법과 다른 것이다. 페리시안화칼륨의 경우에 비하여 약간의 산화제는 형광도에 영향을 미치는 일

4) 비타민의 정량에는 중간에 여러 정제단계가 있어서, 그 사이에 아무리해도 목적의 비타민이 손실되므로 최후의 측정조작이 끝났을 때 최초의 양의 100%가 남아 있다고 할 수 없다. 따라서 이 단계에서 일정량의 비타민 B_1을 첨가하여 정량조작을 동일하게 처리하여 측정조작 중의 손실정도를 알 수 있다. 최후의 측정에서 첨가량 B_1에 기인한 형광의 강도를 표준으로 하여 계산하면 도중에 손실이 없는 것으로서 정량할 수 있게 된다.

이 적고, 얻어진 형광이 선명하지만, 브롬화시안은 독성이 강하므로 사용할 때 극히 주의하여야 한다.

시약 및 기구

① 브롬화시안(BrCN)용액 : 500㎖의 마개가 있는 병에 브롬(Br_2)을 넣는다. 이것에 물 150~200㎖를 가하고 마개를 하여 1분간 격렬하게 진탕한다. 또한 때때로(5~10분마다) 진탕하면서 약 30분간 병을 얼음에 채워 냉각시킨다. 별도로 특급의 10% KCN용액을 만들어 똑같이 빙냉(氷冷)시켜둔다.

이상의 두 액은 보존액으로 저장하고 사용시 다음과 같이 조제한다. 즉 50~100㎖의 무색 광구병에 앞서의 빙냉시킨 포화 브롬수를 넣고 여기에 빙냉한 10% KCN용액을 스포이드피펫으로 한방울씩 혼합하여 완전히 브롬의 황색이 없어질 때까지 적가한다. 이 무색의 액을 브롬화시안용액으로 하여 사용한다.

② 기타 시약 및 기구는 2-1-1의 페리시안화칼륨법과 같다.

조작 및 계산

(1)~(3) 침출, 흡착, 용출은 2-1-1의 페리시안화칼륨법과 같이 조작한다.

(4) 산 화

용출액을 2-1-1에서와 같이 정확히 5㎖씩 공전 원심침전관 3개에 취한다. A를 표준시험, B를 본시험, C를 맹시험으로 한다.

A에는 비타민 B_1 표준액 1㎖(비타민 B_1 0.2~1㎍)를, B와 C에는 각각 물 1㎖씩을 가한 후 A와 B에 브롬화시안(BrCN) 용액 6㎖를 가하여 잘 혼합하고 다시 30% NaOH용액 4㎖를 가해서 잘 혼합한다. A, B, C 각각에 butyl alcohol 10㎖를 정확히 가하고 100회 정도 강하게 진탕한다. 다음에 무수 Na_2SO_4 1g을 가해서 다시 100회 정도 강하게 진탕한 후 원심분리기에 걸어 1000rpm에서 3분간 원심분리한다.

(5) 측정 및 계산

측정 및 계산방법은 2-1-1의 페리시안화칼륨 산화법과 동일하다.

2-2 Para-amino acetophenone에 의한 비색법(Diazo법)

원 리

Para-amino acetophenone을 알칼리성에서 아질산에 의해 diazo화한 시약은 비타민 B_1과 작용하여 다음과 같은 반응을 나타내며, 물에 난용성인 적자색의 화합물을 생성한다. 이것을 xylene에 용해하여 비색법으로 응용할 수 있다.

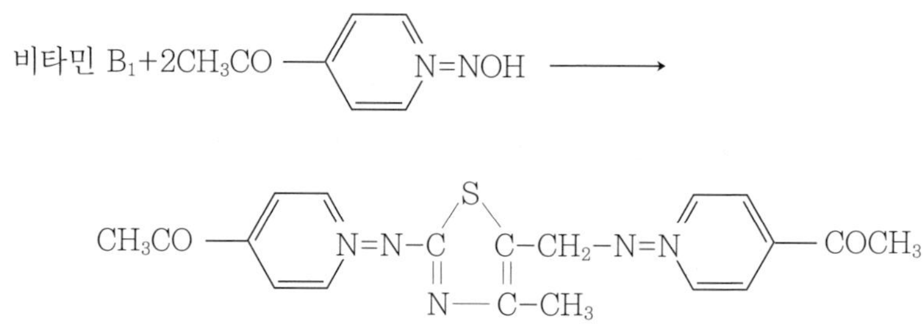

적자색 화합물

침출시키는 방법 및 결합형 비타민 B_1을 유리형 비타민 B_1으로 변하게 하는 것은 thiochrome법의 경우와 똑같다. 비타민 B_1과 유사한 반응을 하는 공존물을 제거하고 동시에 비타민 B_1을 농축시키기 위해 산성 백토에 의해 흡착시킨다. 이 방법은 현미, 콩, 효모, 강화식품 등 비교적 다량의 비타민 B_1을 함유하는 식품 중의 비타민 B1을 정량하는 데 간편하나 감도는 thiochrome법보다 낮고 정확성도 약간 떨어진다.

시약 및 기구

① Para-amino acetophenone용액 : 진한 HCl 9㎖를 비커에 취하여 특급 para-amino acetophenone($CH_3COC_6H_4NH_2$) 0.6g을 용해하고, 물을 가하여 100㎖로 한다. 갈색병에 넣어 냉장고에 보관한다.

② $NaNO_2$용액 : 특급 아질산나트륨($NaNO_2$) 23g을 물에 녹여 100㎖로 한다. 갈색병에 넣어 냉장고에 보관한다.

③ 알칼리용액 : 수산화나트륨(NaOH) 20g, 탄산수소나트륨($NaHCO_3$) 28g을 물에 녹여 350㎖로 한다.

④ 산성 백토 : 시판 산성 백토를 비커에 취하여 10배량의 10% HCl을 가하고 24시간 약하게

끓인다. 이때 증발되는 물은 때때로 보충시킨다. 그리고 정치한 후 경사여과하여 상층액을 버린다. 물로 여러번 세척과 경사여과를 반복한 후, 세액의 일부에 $AgNO_3$를 가해도 AgCl의 백탁이 나타나지 않으면 Büchner깔때기를 사용하여 여과하여 백토를 모은다.

이 백토를 밧트 또는 대형 페트리접시에 얇게 깔아 100℃ 이하의 온도에서 건조시킨다. 건조 후 유발에서 마쇄하여 100메쉬(149μ)의 체를 통과시킨다. 체 위에 남은 것은 다시 유발에서 마쇄하여 체를 통과시킨다. 이와 같이 100메쉬를 통과한 백토는 다음에 150메쉬(105μ)의 체로 체질하여, 체 위에 남은 부분만을 모아 광구병에 넣어 보관한다.

⑤ 0.5% phenol alcohol용액 : Phenol 1g을 95% alcohol 200mℓ에 용해시킨다.

⑥ 70% alcohol : 약전 alcohol(90%)을 물과 7 : 2의 비로 혼합한다.

⑦ 특급 xylene

⑧ 비타민 B_1 표준용액 : 2-1의 thiochrome형광법 참조

⑨ 공전 원심침전관 : 그림 8-6 참조

⑩ 분광광도계

조 작

시료 5~20g을 칭취(현미 20g, 쌀겨, 효모 등은 5g 정도)하여, 2-1의 thiochrome형광법과 같이 침출액을 만든다. 침출액 5~40mℓ(비타민 B_1의 양이 10~20μg 정도)를 피펫으로 공전 원심침전관에 취하고, 산성 백토 0.2g을 정확하게 칭취하여 넣고, 침전관의 마개를 하여 격렬하게 1분간 진탕한 다음 침전관의 마개를 열고 3,000rpm에서 5분간 원심분리한다. 비타민 B_1의 백토에의 흡착은 순식간에 이루어진다.

원심침전관을 기울여 상징액을 쏟아 버린 후 관을 흔들지 말고 2~3매 겹친 여과지 또는 거즈 위에 가만히 기울여 액을 따른다. 액이 완전히 제거된 후에 묽은 HCl 산성수(물 100mℓ에 대하여 10% HCl 1~2방울을 가한다) 약 20mℓ를 스포이드피펫 등으로 관의 내벽을 세척하면서 가하여 침전관을 흔들어 백토를 잘 현탁시켜 재차 원심분리한다. 세척한 백토에 물 4mℓ와 0.5% phenol · alcohol용액 4mℓ를 가하여 잘 진탕하여 충분히 현탁시킨다.

다른 시험관에 para-amino acetophenone 약 0.2mℓ를 취하고, 여기에 $NaNO_2$용액 0.2mℓ를 다른 피펫으로 조용히 가하고 즉시 물 10mℓ를 가한다. 또 다른 메스실린더에 알칼리용액 약 6mℓ를 취해 시험관 벽을 따라 조용히 주입하여 Prebluda시약을 조제한다. 이것을 그대로 흔들지 말고 즉시 시험관을 기울여 먼저의 원심침전관에 가한다. 마개를 하여 약 30초간 진탕한 후 1시간 방치하여 반응시킨 후(이때 액의 색은 서서히 오렌지색으로 된다) 원심분리기에 넣어 백토를 분리하고 상징액을 버린다.

백토는 비타민 B_1의 존재량에 따라 적자색으로 착색되어 있다. 앞에서 설명한 것과 같이 원심침전관을 여지 위에 거꾸로 세워 반응액을 쏟고 여과지나 거즈로 침전관 입구를 닦고 이것에 70% alcohol 약 6㎖를 가하고 다음에 xylene 5㎖를 정확하게 가한다.

마개를 하여 2분간 격렬하게 진탕하면 백토의 착색은 완전히 xylene층으로 옮겨진다. 다음에 1000rpm에서 1분간 원심분리하면 xylene층이 투명하게 된다. 만약 투명하지 않으면 회전속도를 올리든가 또는 여과한다. 그래도 투명하지 않은 것은 여액에 순수alcohol 한방울을 가한다.

이 xylene액의 흡광도를 530㎚의 파장 또는 녹색필터를 이용해서 광도계로 측정하여 표준곡선과 대조해서 비타민 B_1의 양을 산출한다.

표준곡선은 0~40㎍에 걸쳐 각 농도의 비타민 B_1을 함유하는 표준액을 위와 동일하게 처리하여 발색시키고, 그 흡광도를 동일조건하에서 측정하여 작성한다.

단, 본법의 표준곡선은 산성 백토의 종류와 사용량이 변함에 따라 다르므로 새로 만들어 비교하지 않으면 안된다. Xylene액의 정색은 백토의 질에 좌우될 뿐만 아니라 첨가한 백토의 양이 많아지면 흡광도도 감소하기 때문이다.

계 산

표준곡선으로부터 구한 시료 정색액 중의 비타민 B_1의 ㎍수를 a라고 한다면 시료 중 비타민 B_1의 함량은

$$\text{비타민 } B_1(\mu g/100g) = a \times \frac{100}{S} \times \frac{V}{A}$$

S : 시료채취량(g)
V : 침출액의 전량(㎖)
A : 정색에 사용한 침출액의 양(㎖)

방법도시

[표준곡선의 작성 및 흡착]

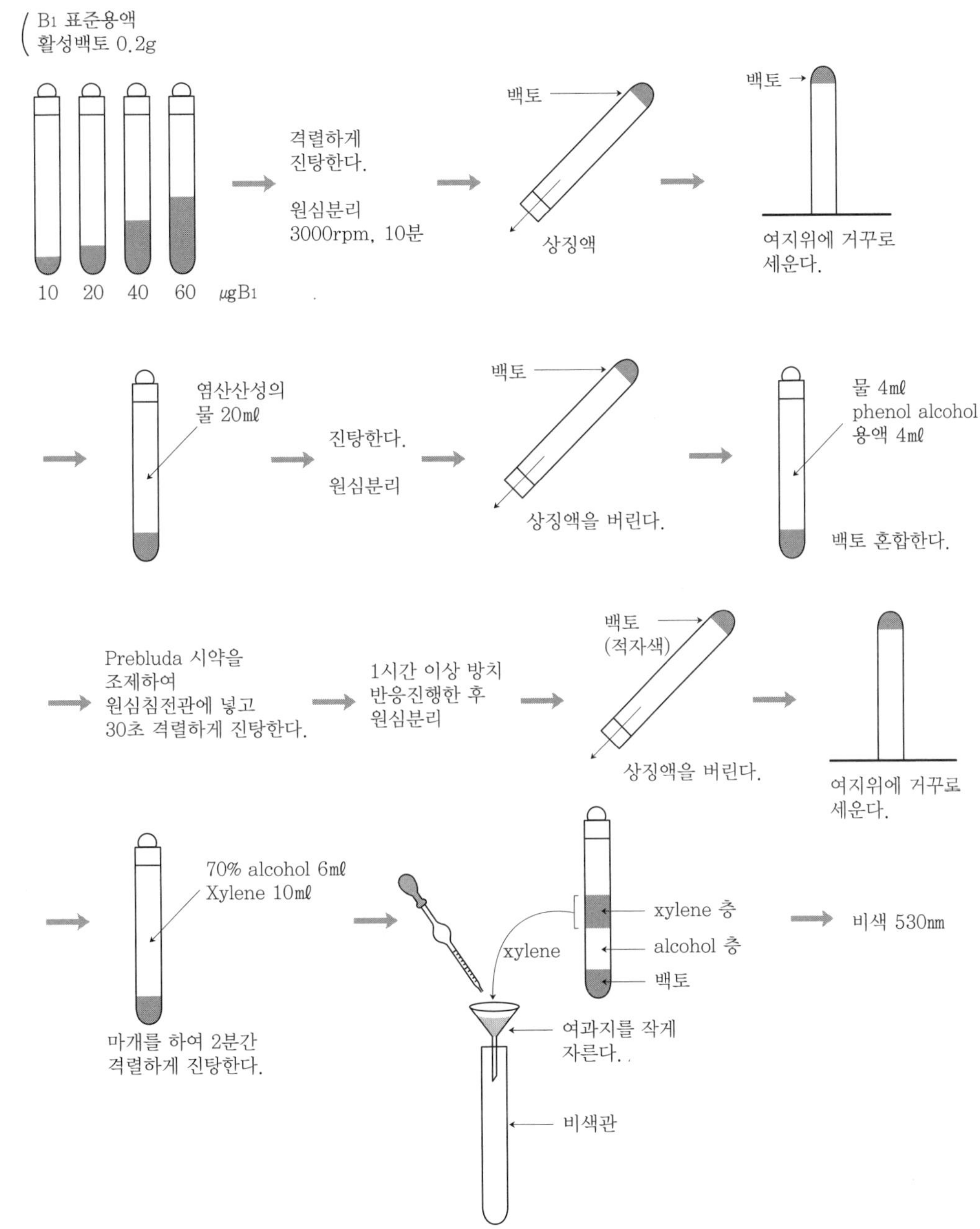

[시료침출액의 조제]

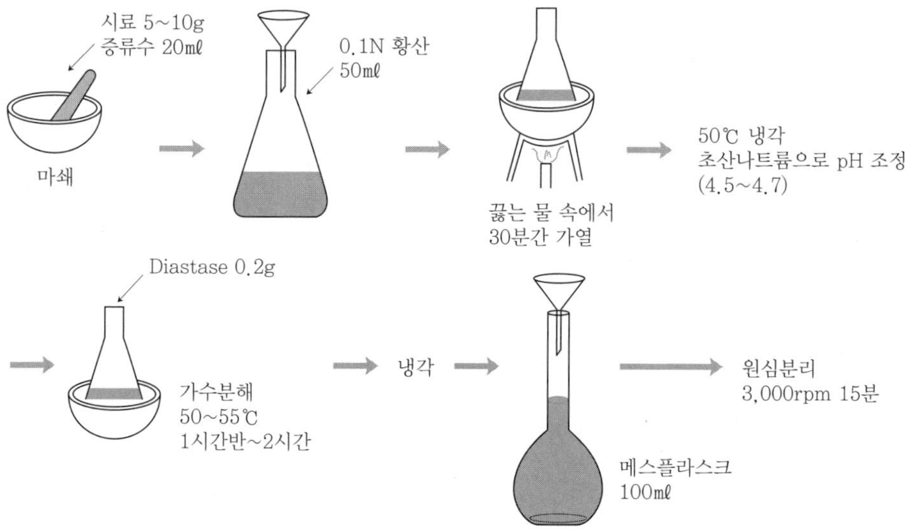

[시료침출액 중의 비타민 B_1 정량]

표준곡선의 작성 경우와 동일하다.

시료용액 20mℓ (홀피펫) 공전원심침전관 → 흡착 → 반응 → 용출 → 비색 530nm

그림 8-7 *p*-amino acetophenone 비색법에 의한 비타민 B_1의 정량

제 3 장 비타민 B_2의 정량

비타민 B_2는 riboflavin이라고도 불리우는 황색의 결정으로 그 수용액은 황색을 띠며 특유한 황색의 형광을 가지고 있다.

동식물체에서는 ester형으로 존재하는 것이 있으며 그 중 중요한 것으로 flavin mononucleotide(FMN), flavin adenine dinucleotide(FAD)가 있으나, 여기서는 그들을 포함한 총 비타민 B_2의 정량법만을 기술한다.

3-1 Lumiflavin형광법

조 작

식품 중의 비타민 B_2 정량법으로는 비타민 B_2를 광분해하여 생성하는 lumiflavin의 형광을 측정하는 lumiflavin형광법이 일반적으로 이용되고 있다.

비타민 B_2는 알칼리성에서 빛을 조사하면 광분해되어 lumiflavin으로 변화되고, 이 lumiflavin은 자외선을 조사하면 강력한 황녹색의 형광을 나타내므로 이 성질을 이용하여 비타민 B_2를 정량할 수 있다.

Lumiflavin을 산성으로 하여 chloroform으로 추출하면, 그 쪽으로 이행하는 성질이 있다. 그러나 이 경우에 비타민 B_2 자신은 산성에서 chloroform에 녹지 않으므로, 미리 시료를 산성으로 하여 chloroform추출을 행하여 놓으면, lumiflavin 이외의 chloroform에 가용성인 다른 불필요한 맹형광물질을 제거할 수 있다.

또한 lumiflavin은 산화에 저항력이 강하므로 $KMnO_4$로 산화시키면 lumiflavin 이외의 형광물질을 분해 제거할 수 있다. 이때 비타민 B_2도 산화되지 않는다.

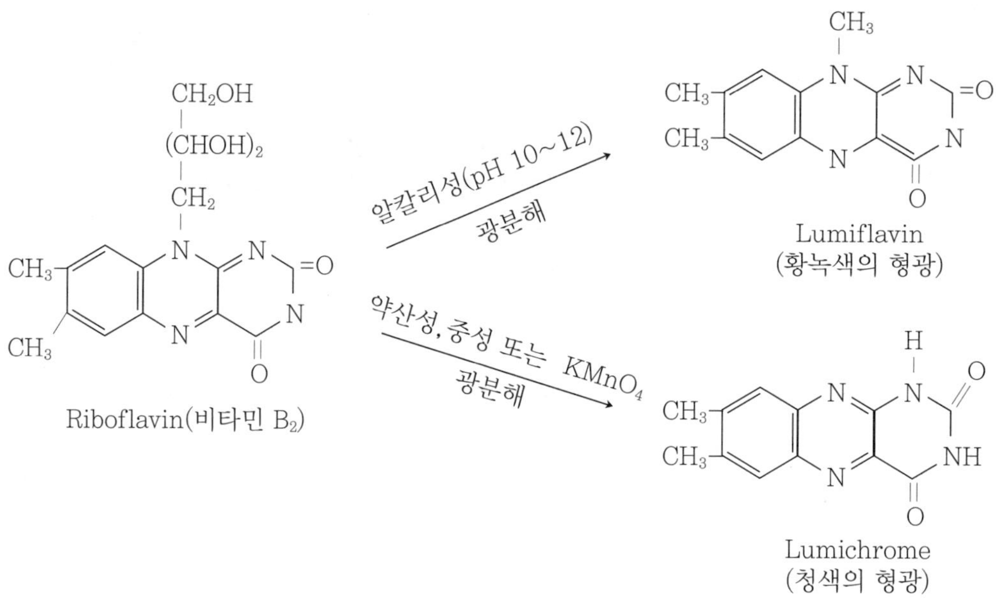

이 방법에 의하면 유리형의 비타민 B_2나 ester형의 FMN 및 FAD도 동일하게 반응하므로 시료를 효소분해할 필요가 없다. 식품 중의 비타민 B_2는 비타민 B_1과 동일한 방법으로 추출하면 좋다.

시약 · 기구 및 장치

① 1N-NaOH용액

② Chloroform($CHCl_3$) : 자외선을 조사해도 형광을 나타내지 않는 것을 사용한다. 형광이 있는 것은 재증류하여 사용한다(고무마개를 사용해서는 안된다).

③ 빙초산

④ 4% $KMnO_4$용액 : 갈색병에 넣어 둔다.

⑤ 3% 과산화수소수 : 30% 과산화수소수를 물로 10배로 희석하여 사용하며 냉장고에 보관한다.

⑥ 10% 삼염화초산(CCl_3COOH)용액

⑦ 비타민 B_2 표준액 : 비타민 B_2의 표준품을 온수에 용해시켜 40㎍/㎖의 용액으로 하여 100㎖에 대해 빙초산 2방울을 가해 놓는다.

마개가 있는 갈색병에 넣어 냉장고에 보관하고, 사용할 때 희석하여 2㎍/㎖의 액을 만든다. 비타민 B_2는 빛에 민감하여 분해될 우려가 있으므로 어두운 곳에 보관한다.

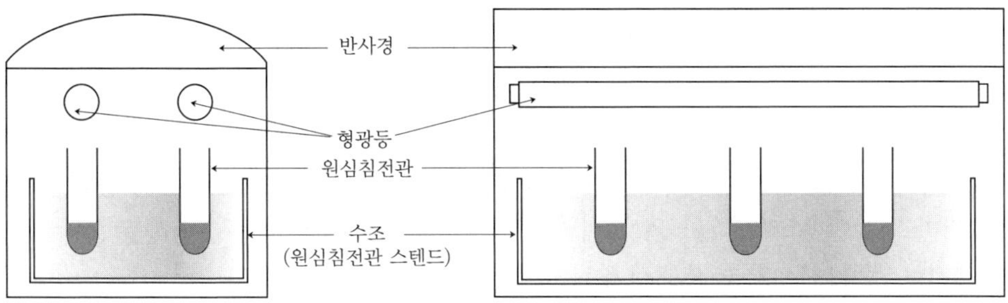

그림 8-8 Riboflavin 광분해장치

⑧ 공전시험관 : 내용 약 25㎖의 공전시험관으로, 1㎖씩의 눈금을 새겨 놓은 것이면 편리하다.

⑨ 광분해장치 : 물을 넣은 수조에 공전시험관을 꽂고, 20㎝ 윗쪽으로부터 형광등으로 조사하도록 한다. 형광등 뒤에는 반사경을 설치한다(그림 8-8 참조).

⑩ 형광광도계

조 작

정량조작은 순서에 따라서, 침출, 예침, 광분해, 산화 및 추출, 측정의 5단계로 구분한다.

(1) 침 출

시료의 일정량을 칭취하여 소량의 물을 가하고 균질기(homogenizer) 또는 유발로 마쇄시킨다. 지방질이 많은 것은 미리 ether로 탈지해 두는 것이 좋다.

이것에 물을 가하여 시료용액 중의 비타민 B_2 함량이 50~100㎍/100㎖ 정도가 되도록 희석한 후 80~90℃의 수욕상에서 교반하면서 15~20분간 침출한다.

대부분의 시료에서는 이 온침출법(溫浸出法)으로 완전히 침출이 이루어지나 다음과 같은 조작을 하는 것이 좋을 경우도 있다.

① 온침출에 있어서 $2N-H_2SO_4$를 소량(1/6용량) 첨가하여 재차 온침출한다.

② 전분질이 많기 때문에 온침출법에 의해 호화하는 시료에서는 온침출하기 전에 효소액(diastase)을 가하여(1/10용량) 37~40℃에서 하룻밤 방치한다.

③ 동물성 시료에 있어서는 상기의 온침출조작 후 10% 삼염화초산을 서서히 가하여(1/4용량) 생성한 침전을 제거한다.

이상과 같이 침출조작을 하고 난 후 물을 가해 일정 용량으로 하고 이것을 여과 또는 원심분리하여 얻어진 여액 및 상징액을 시료용액으로 한다.

(2) 예 침

예침은 비타민 B_2를 광분해한 후 산성에서 chloroform으로 추출할 때 동시에 용출되어 있는 물질에 의한 맹형광을 제거하기 위해 미리 산성에서 chloroform으로 추출하는 조작으로, 일반시료에서는 생략해도 좋을 경우가 많다.

시료용액의 일정 용량(보통 4mℓ로 그 중에 비타민 B_2량은 0.2~1㎍이 좋다)을 각각 3개의 공전시험관에 취한다.

그 1개를 표준시험용(A)이라 하고 여기에 다시 비타민 B_2의 일정량(0.2~1㎍)을 함유하는 용액을 가한다. 다른 B와 C에는 표준시험용 A에 가한 비타민 B_2용액과 동량의 물을 가하여 A, B, C 모두 같은 용량으로 한다.

각 시험관에 chloroform 약 4mℓ를 가하여 강하게 진탕시키고 정치한 후 하층의 chloroform을 끝이 가는 스포이드피펫으로 흡입하여 분리한다.
이 chloroform에 형광이 있으면 다시 형광이 없어질 때까지 동일 조작을 반복한다.

(3) 광 분 해

예침이 끝난 시료용액에 같은 양(시료용액이 4mℓ이면 4mℓ)의 1N- NaOH용액을 가하여 혼합한 후 본시험(B)과 표준시험(A)은 광분해장치에 의해 30℃ 이하에서 1시간 광분해한다. 맹시험(C)은 1시간 암소에 방치해 둔다. 광분해가 끝나면 각 시험관에 빙초산 0.5mℓ씩을 가하여 산성으로 한다.

(4) 산화 및 추출

광분해 후 산성액에 $KMnO_4$용액 0.5mℓ를 가하여 1분간 방치한다(필요하면 빙초산을 소량 가한다). 다음에 과산화수소를 떨어뜨려 과잉의 $KMnO_4$를 환원, 탈색한다.

각 시험관에 chloroform 10mℓ씩을 가해서 강하게 2분간 진탕하고 필요하면 원심분리하여 위의 물층을 제거한다. Chloroform층이 혼탁해 있는 경우는 건조여과지로 여과한다.

(5) 측 정

Chloroform층을 형광광도계의 셀(cell)에 옮겨 (A) 표준시험, (B) 본시험, (C) 맹시험의 형광강도를 광도계를 읽어 알 수 있다.

계 산

시료 중의 비타민 B_2의 함량은 다음 식에 의해 계산한다.

$$\text{비타민 } B_2\text{의 함량}(\mu g/100g) = d \times \frac{b-c}{a-b} \times \frac{B}{A} \times \frac{100}{S}$$

a,b,c : 표준시험 A의 형광강도를 100이 되도록 한 조건하에서 측정한 경우의 A, B, C의 형광광도계의 값(a=100)
d : 첨가한 비타민 B_2의 양(μg)
A : 시료액 채취량(mℓ, 일반적으로는 2mℓ)
B : 침출용액(mℓ)
S : 시료채취량(g)

방법도시

[시료침출액의 조제]

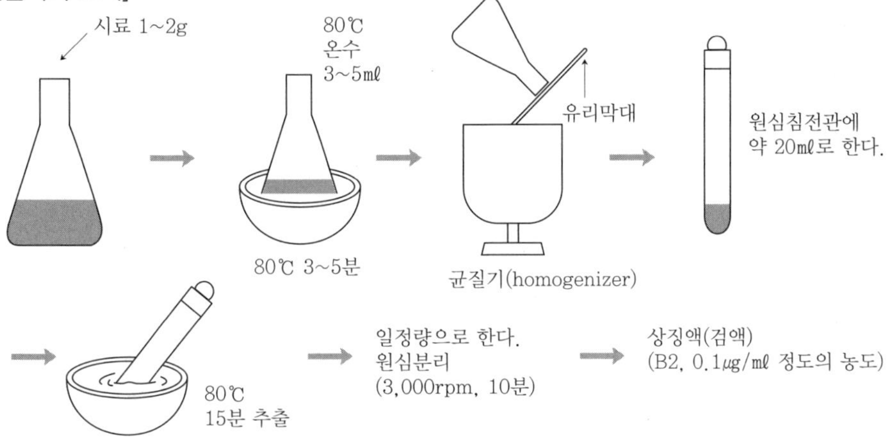

[광분해 조작]

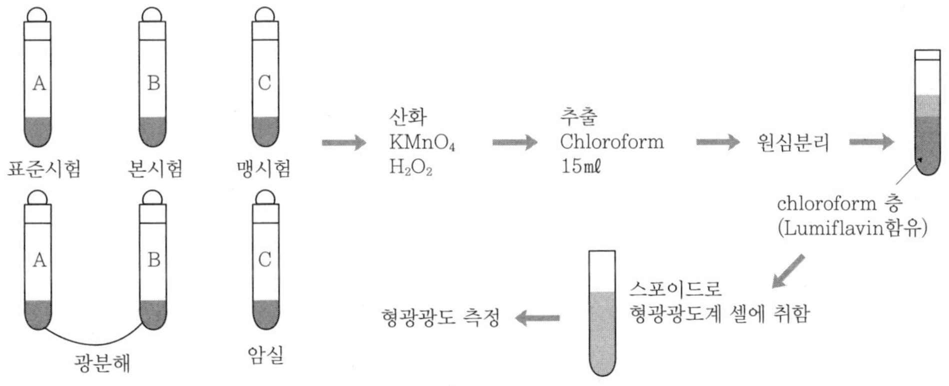

그림 8-9 Lumiflavin형광법에 의한 비타민 B_2의 정량

3-2 Riboflavin형광법

원 리

비타민 B_2는 그 자신이 황색을 띠고, 수용액은 자외선을 조사하면 황색의 형광을 나타내며 이 형광은 아주 예민하다. 이 형광강도를 측정하여 비타민 B_2를 정량하는 방법을 riboflavin형광법이라고 한다. 그러나 식품의 추출액에는 비타민 B_2의 형광만이 아니고 다른 여러 형광, 즉 맹형광을 가지고 있다. 이들을 완전히 제거하면 남은 형광은 riboflavin의 형광인 것이다.

따라서 정량할 때 먼저 활성백토에 비타민 B_2를 흡착시킨 후 묽은 암모니아수로 비타민 B_2 이외의 용출물질을 제거하고(예침), 다음에 pyridine-초산수로 비타민 B_2를 용출한다. 이어서 $KMnO_4$로 비타민 B_2 이외의 유기물을 산화시키고, 과잉의 $KMnO_4$를 과산화수소로 분해한다. 이렇게 하여 가능한 한 비타민 B_2 이외의 형광물질을 제거한 후 자외선조사를 하여 형광을 비교 측정한다.

시약 및 기구

① 1N-H_2SO_4용액

② 활성백토 : 활성백토를 유발로 분쇄하여 증발접시에 넣고, 유리막대기로 휘저으면서 강한 가스불꽃으로 한시간 강열한 후 데시케이터에 옮겨 방냉한다. 이와 같이 활성화한 백토에도 비타민 B_2의 흡착과 용출의 정도가 백토에 따라 다르므로 반드시 예비시험을 하여 가능한 한 성능이 좋은 것을 선정하지 않으면 안된다.

③ Pyridine · 초산용액 : 특급 pyridine(C_5H_5N) 20mℓ, 빙초산 2mℓ(약국 빙초산 6.6mℓ)에 물을 가하여 100mℓ로 한다. Pyridine은 미리 자외선조사를 하여 형광이 나타나는가를 조사하고 형광이 나타나는 경우는 증류하여 사용한다.

④ 빙초산(glacial CH_3COOH) : 형광이 없는 것을 사용한다.

⑤ 4% $KMnO_4$용액 : 갈색병에 보존한다.

⑥ 3% 과산화수소수 : 30% 과산화수소(H_2O_2)를 물로 10배 희석하여 냉장고에 보존한다.

⑦ 0.2N 암모니아수

⑧ 비타민 B_2 표준용액 : Riboflavin 표준품이나 순수결정을 물에 녹여 40μg/mℓ의(100mℓ에 대해 빙초산 한방울 가한다) 용액을 만들고 갈색병에 넣어 냉장고에 보관한다. 사용할 때는 이 액을 40배로 희석시켜 1μg/mℓ용액으로 만든다.

⑨ 공전 원심침전관 : 내용 40~50mℓ의 것을 사용한다.

⑩ 형광비색용 시험관 : 자외선에 조사하여 형광이 나타나지 않아야 하며, 가능한 한 내경이 같은 것을 사용한다. 여기에 물 5mℓ를 넣을 때 액면이 같은 것을 택해야 한다.

⑪ 형광광도계

조 작

정량조작은 순서에 따라서, 침출, 흡착, 예침, 용출, 산화, 측정의 6단계로 구분한다.

(1) 침 출

시료의 적량(시료액의 최종 농도가 비타민 B_2 0.1~1㎍/mℓ이 되도록 하는 것이 바람직하다. 백미의 경우는 1~2g)을 칭취하고, 유발 또는 균질기(homogenizer)에 넣고 잘 마쇄한다. 마쇄된 것은 100mℓ 메스플라스크에 1N-H_2SO_4용액 25mℓ로 세척하여 넣고 다시 물을 가하여 약 80mℓ로 한다.

이것을 80℃의 수욕 중에 넣어 때때로 교반하면서 15분간 가열한다. 가열조작 중에 광선이 조사되면 광분해가 일어나기 때문에 갈색병을 사용하여 차광해야 한다. 냉각시킨 후 물을 가해 전량을 100mℓ로 한다. 시료에 따라서는 250mℓ 또는 500mℓ로 한다. 단, 이때 가할 1N-H_2SO_4의 양은 최종농도가 0.25N가 되도록 한다. 다음 원심침전관에 옮겨 원심분리하여 상징액을 취한다.

(2) 흡 착

공전 원심침전관을 A, B 2개로 준비하고 A에는 시료액 Amℓ(보통 5~30mℓ)를 취하여 물을 가해 약 30mℓ로 한다. B에는 시료액 Amℓ 외에 표준시험으로서 1㎍/mℓ riboflavin 표준액 dmℓ, 즉 비타민 B_2 d㎍(보통 5㎍)을 가하고 다시 물을 가하여 약 30mℓ로 한다. 각각에 활성백토 0.5g씩을 가하고 1분간 강하게 진탕한 후 원심분리하고 백토를 침전시켜 상징액을 버린다.

다음에 물 약 30mℓ를 가해서 강하게 진탕시켜 백토를 세척하고 재차 원심분리하여 상징액을 버린다.

(3) 예 침

원심분리한 침전(백토)에 0.2N 암모니아수 약 30mℓ를 가하여 강하게 진탕하여 원침하고 상징액을 버린다. 한편 이 상징액에 자외선을 조사하여 형광이 있는 가를 조사한다. 만약에 형광이 있으면 예침을 다시 하여 형광이 없을 때까지 예침을 반복한다. 최후에 한번 물로 세척한다.

(4) 용 출

흡착과 예침이 끝난 백토에 pyridine · 초산용액 10mℓ를 가하여 1분간 강하게 진탕하면 백토에 흡착되어 있는 비타민 B_2가 용출되므로 원심분리하여 백토와 상징액을 분리한다.

(5) 산 화

형광비색용 시험관 두 개에 A와 B의 상징액 각 Cmℓ(보통 1~2mℓ)를 같은 양씩 취한다. 각각에 빙초산 0.1mℓ와 $KMnO_4$용액 0.2mℓ를 가하여 잘 진탕하여 산화시키고 과산화수소수 0.2mℓ를 가하여 과잉의 $KMnO_4$를 완전히 탈색시킨다.

$$2KMnO_4 + 5H_2O_2 + 4H_2SO_4 \longrightarrow 2KHSO_4 + 8H_2O + 5O_2 + 2MnSO_4$$

만약 이 조작을 할 때에 거품이 일어나면 octyl alcohol($C_8H_{17}OH$)이나 amyl alcohol을 한방울 가한다.

(6) 측 정

표준시험(A)과 본시험(B)의 형광강도를 물을 대조로 하여 형광광도계로 측정한다. 단 맹형광이 강한 시료에 있어서는 대조액을 별도로 만든다.

계 산

시료 중의 비타민 B_2함량의 계산은 3-1의 lumiflavin형광법과 동일하게 하여 다음 식에 의해 계산한다.

$$\text{비타민 } B_2\text{의 함량}(\mu g/100g) = d \times \frac{b}{a-b} \times \frac{B}{A} \times \frac{100}{S}$$

a,b : 표준시험 A의 형광강도를 100이 되도록 한 조건하에서 측정한 경우의 A, B의 형광광도계의 값
d : 첨가한 비타민 B_2의 양(μg)
A : 시료액 채취량(mℓ)
B : 침출용액(mℓ)
S : 시료채취량(g)

제 4 장 Nicotinic acid(niacin)의 정량

4-1 König 반응에 의한 비색법

원 리

식품 중의 nicotinic acid를 정량하는 데는 화학적 정량법으로 König반응에 의한 비색법이 응용된다.

먼저 nicotinic acid amide 및 그 외의 결합형을 산 또는 알칼리로 가수분해시켜 nicotinic acid로 한 후 유리된 nicotinic acid에 브롬화시안(BrCN)을 가하고, 여기에 방향족 아민을 작용시켜 생성되는 황색의 정색물질을 비색정량하는 방법이다. 그러나 이 정색화합물은 광선에 예민하여 밝은곳에서는 퇴색한다.

Nicotinic acid정량에 사용되는 amine에는 aniline, menthol, β- naphtyl amine, *p*-amino acetophenone 등이 있으며 여기서는 *p*-amino acetophenone을 사용하고, 착색물질은 수산화아연으로 제거하는 Friedemann 개량법을 기술한다.

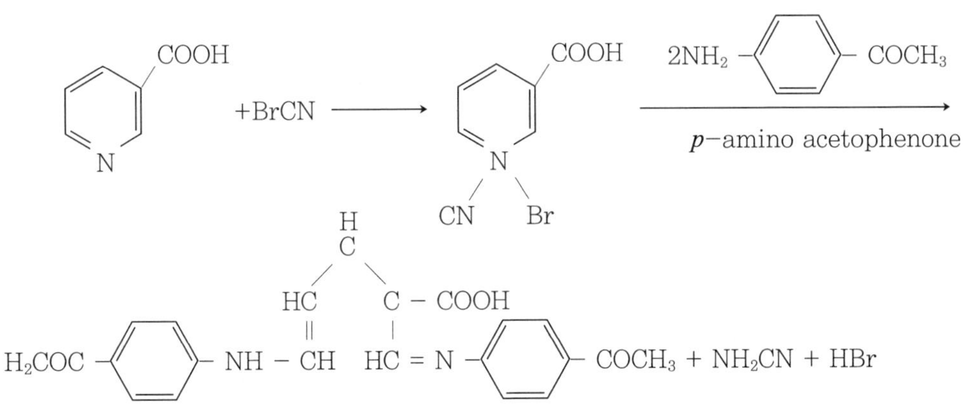

황색 화합물

시 약

① 수산화칼슘[$Ca(OH)_2$] 현탁액 : 산화칼슘(CaO) 약 60g을 1ℓ 의 비커에 취하고 물 약 200mℓ를 가하여 진탕한 후 시계접시로 뚜껑을 하고 3~4시간 방치한다. 이때 전체가 물에 잘 침윤되도록 한다. 필요하면 다시 물을 가해 방치한 후 전량을 1ℓ 로 하여 폴리에틸렌공전병에 넣어 보관하고 사용시 전체를 강하게 진탕하고 나서 그 일부를 취한다.

② 포화 황산아연용액 : 황산아연($ZnSO_4 \cdot 7H_2O$) 800g을 물에 녹여 1ℓ 로 한다. $ZnSO_4$의 용해도는 물 100g에 대해 20℃에서 96.5g이다.

③ 브롬화시안용액 : 얼음냉각한 포화 브롬수에 10% KCN(특급)용액을 무색이 될 때까지 적가한다. KCN의 과잉은 피하고 정량할 때 새로 조제한다.

④ 2% *p*-amino acetophenone용액

⑤ Nicotinic acid표준액 : 1mg/mℓ용액을 원액으로서 만든다. 즉 nicotinic acid 표준품 100mg을 정확히 칭량하여 100mℓ 메스플라스크에 넣고 10N-H_2SO_4 1mℓ를 가하여 녹이고 물을 표선까지 가한다. 사용시 그 1mℓ를 100mℓ로 희석하여 사용한다.

⑥ 6N-HCl용액

⑦ 2N-H_2SO_4용액

⑧ 6N, 3N 및 1N-NaOH용액

⑨ Amylalcohol

⑩ Phenolphthalein지시약

조 작

(1) 시료액의 조제

① 동물성 시료

100mℓ 비커에 세절한 nicotinic acid 400㎍에 해당하는 양의 시료를 취하여 약 2N-$Ca(OH)_2$ 현탁액 10mℓ를 가하고 이어서 물을 가해 50mℓ로 한 다음 시계접시를 덮어 끓는 물에서 90분 동안 가열 침출하여 가수분해한다.

이 동안 때때로 유리막대로 저어준다. 90분 후에 흐르는 물로 냉각시킨 다음 100mℓ 메스플라스크에 옮겨 물로 세척하면서 100mℓ가 되도록 한다. 이것을 원심분리하여 상징액을 시료액으로 사용한다.

② 식물성 시료

100㎖ 비커에 세절한 nicotinic acid 400㎍에 해당하는 양의 시료를 취하고 6N-HCl 20㎖를 가하여 끓는 수욕상에서 60분간 침출하여 가수분해한다. 이것을 흐르는 물로 냉각시키고, 100㎖ 메스플라스크에 옮겨 물을 가해 100㎖가 되도록 한 후 여과하거나 원심분리하여 여액 또는 상징액을 시료액으로 한다.

(2) 중　화

시료액 25㎖를 원심침전관에 취하여 phenolphthalein지시약 2방울을 가하고 $Ca(OH)_2$분해액은 6N-HCl에 의해, HCl분해액은 6N-NaOH에 의해, 약산성이 될 때까지 중화시킨다.

(3) 탈　색

중화시킨 액에 포화 황산아연용액 2㎖를 가하고 소포제로서 amyl alcohol 몇 방울을 가한 후 수산화아연의 침전이 생길 때까지 3N- NaOH와 1N-NaOH를 가하여 중화시키고 잘 진탕한다. 이때에 중화점을 지나치지 않도록 주의한다.

다음에 pH 6.5가 될 때까지 2N- H_2SO_4를 가하고, 물을 채워 50㎖로 한다. 때때로 진탕하면서 10분간 방치 후 원심분리하거나 여과하여 다음 조작의 발색용 시료액으로 한다.

(4) 발색과 측정

3개의 시험관 A, B, C에 상기 시료액 5㎖를 넣고, A에는 nicotinic acid 표준액(10㎍/㎖로 희석한 것) 1㎖를 가하고 B, C에는 물 1㎖씩 가한다.

A, B, C에 브롬화시안(BrCN)액 2㎖를 가하고 60~70℃의 수욕 중에서 10~15분간 반응시키며 얼음물 속에서 냉각시킨 후 2% *p*-amino acetophenone용액 1㎖를 A와 B에만 가한다. A, B, C에 물을 가해 10㎖로 보정하고 420㎚의 파장 또는 청색필터를 사용하여 광도계에 의해 흡광도를 측정한다.

계 산

시료 중의 nicotinic acid 함량은 다음 식에 의해 계산한다.

$$\text{Nicotinic acid}(\mu g/100g) = \frac{b-c}{a-b} \times 10 \times \frac{50}{5} \times \frac{100}{25} \times \frac{100}{S}$$

a,b,c : 420㎚에서 측정한 시험관 A, B, C 각각의 흡광도
S : 시료채취량(g)

4-2 미생물증식도 비교에 의한 정량법

원 리

Nicotinic acid 생육 불가결의 인자로서 요구하는 미생물, 예를들어 유산균(Lactobacillus plantarum)을 이용하여 분석하려는 nicotinic acid만을 제외한 배양기를 만들어 시료용액을 첨가하여 배양하고, 그 증식도를 nicotinic acid 표준용액을 첨가하여 배양한 경우의 증식도와 비교하여 정량하는 방법이다.

이와같은 미생물학적 정량법은 미생물의 증식도가 첨가 비타민의 양에 비례되어야 하며, 미생물의 증식도 측정은 비탁법 또는 생성 산도의 적정법 등을 이용한다.

시약 및 기구

① Nicotinic acid 표준용액 : 미리 데시케이터 내에서 건조한 nicotinic acid 표준품을 ethanol에 녹인다. 사용시 이 용액 1mℓ가 nicotinic acid 0.1㎍을 함유하도록 조제한다.

② Casein 산분해용액 : 비타민을 함유치 않는 casein 100g을 95% ethanol로 2차례 세척하고, 약 20% HCl용액을 5배량 가하여 환류냉각기를 부착해서 8~12시간 가열하면서 산분해시킨다. 이 방법 대신에 고압살균기(autoclave) 중에서 121~123℃로 8~12시간 가열하여도 좋다.

다음 감압하에서 진한 풀상태가 되도록 농축하여 HCl을 제거하고, 물 200mℓ를 가하여 감압하에서 HCl을 제거한다. 잔류물을 물에 녹이고 10% NaOH용액으로 pH를 3.5(±0.1)가 되도록 조정한 후에 물을 가하여 1ℓ 가 되도록 한다.

이어서 활성탄 20g을 가하여 1시간 동안 잘 혼합한 후에 여과한다. 여액이 담황색~무색을 나타낼 때까지 이 조작을 반복하고서, toluene 소량을 가해서 냉장고에 보존한다. 보존 중에 침전이 생성되면 여과하여 사용한다.

③ Adenine-guanine uracil용액 : Adenine H_2SO_4염, guanine HCl염 및 uracil 각 0.1g을 20% HCl용액 5mℓ에 가열하면서 용해시켜 냉각한 다음, 물을 가하여 100mℓ로 하고 toluene 소량을 가하여 약 10℃에서 보존한다.

④ Cystine-tryptophane용액 : L-cystine 2g 및 L-tryptophane 0.5g(또는 DL-tryptophane 1g)을 물 350~400mℓ에 현탁시키고, 70~80℃로 가열하여 고형물이 용해될 때까지 20% HCl용액을 적가한다. 냉각한 후에 물을 가해서 전체량을 500mℓ로 하고, 소량의 toluene을 첨가하여 10℃에서 보존한다.

⑤ 비타민 B_1-비타민 B_2-biotin용액 : 비타민 B_1 HCl염, 비타민 B_2 및 biotin을 0.02N-초산 용액에 용해시켜, 이 용액 1mℓ가 비타민 B_1 HCl염 10㎍, 비타민 B_2 20㎍, biotin 0.04㎍을 함유하도록 한다. 이 용액에도 toluene소량을 가하여 차광시켜서 냉암소에 보존한다.

⑥ *p*-amino benzoic acid-phantothenic acid Ca-비타민 B6용액 : 이 용액 1mℓ가 *p*-amino benzoic acid 10㎍, phantothenic acid Ca 20㎍ 및 pyridoxine HCl염 40㎍을 함유하도록 25% ethanol용액에 녹여 조제한다.

⑦ 염류용액 A : 인산2수소칼륨(potassium phosphate monobasic, KH_2PO_4) 및 인산수소2칼륨(potassium phosphate dibasic, K_2HPO_4) 각 5g을 물에 녹여 전체량을 100mℓ로 하고, HCl 1방울 및 toluene 소량을 가하여 보존한다.

⑧ 염류용액 B : 황산마그네슘($MgSO_4 \cdot 7H_2O$) 2g, NaCl 0.1g, 황산제1철($FeSO_4 \cdot 7H_2O$) 0.1g 및 황산제1망간($MnSO_4 \cdot 4H_2O$) 0.1g을 물에 녹여 전체량을 100mℓ로 하고, 여기에 HCl 1방울 및 toluene 소량을 가하여 보존한다.

⑨ 항온기(incubator) : ±0.5℃의 정밀도를 가진 것

⑩ 건조기(dry oven) : 유리기구의 멸균에 사용하며 160~170℃에서 30~60분 가열한다.

⑪ 고압살균기(autoclave)

⑫무균상 : 무균상 멸균은 3% phenol용액을 분무하여 5분간 방치한다.

⑬ 기타 : 시험관, 피펫 등

조 작

(1) 기본 배양기 조제

Casein 산분해용액 10mℓ, cystine-tryptophane용액 10mℓ, adenine guanine uracil용액 2mℓ, 비타민 B_1-비타민 B_2-biotin용액 2mℓ, *p*-amino benzoic acid-phantothenic acid Ca-비타민 B_6용액 2mℓ, 염류용액 A, B를 각각 2mℓ씩 정확히 혼합하고, 여기에 glucose 4g 및 무수 초산나트륨(sodium anhydro acetic acid) 2g을 가하여 용해시킨 후에, 10% NaOH용액으로 pH를 6.8로 조정하고서 물을 가하여 100mℓ로 한다. 필요하면 여과한다.

(2) 접종균주 용액 조제

① Lactobacillus plantarum의 보존균주

물 100mℓ에 효모 extract 2g을 용해하고, 여기에 glucose 0.5g, 무수 초산나트륨 0.5g을 가하여 pH를 6.8로 조정한 후에 수욕상에서 10~20분간 가열한 다음에 여과한다.

여액에 한천(agar) 1.5g을 가하여 수욕상에서 저으면서 충분히 가열 용해시킨다. 용액이 뜨거울 때 10㎖씩 시험관에 분주하여, 면전(綿栓)을 하고서 고압살균기에 넣어 1kg/㎠로 10분간 가열멸균한 후에, 시험관을 꺼내어 수직으로 세워 방냉한다.

Lactobacillus plantarum ATCC 8014(nicotic acid와 nicotinic acid amide를 분별 정량할 때는 Leuconostoc mesenteroides ATCC 9135을 사용한다)의 보존균주를 멸균한 배지 10㎖에 접종하고 37℃에서 16 ~24시간 배양하여 냉장고에 보존한다. 보존균주는 매주 계대배양하고, 1주 이상된 것은 사용하지 않아야 한다.

② 배양기

(1)의 기본 배양기 5㎖가 들어 있는 시험관에 nicotinic acid 1㎍을 함유하는 물 5㎖를 가하여 면전을 한 후에, 1kg/㎠에서 10분간 가압멸균하고서 방냉한다.

③ 접종균주용액

Lactobacillus plantarum 보존균주를 멸균한 배지 10㎖에 취하여 37℃에서 16~24시간 동안 배양한다. 배양 후 이 균주의 부유용액을 잘 진탕, 혼합해서 그대로 접종균주용액으로 한다.

일반적으로 접종균주용액을 조제할 때는 전배양한 균을 생리식염수로 수차례 세척한 후에 5~100배로 희석하여 사용하기도 한다.

(3) 측정용 시료용액의 조제

① 염기성 물질이 적은 고체 또는 반고체 시료

시료에 적어도 10배량의 1N-H_2SO_4용액을 가해서 잘 혼합한다. 이 용액 1㎖는 nicotinic acid 함유량이 5mg 이하로 한다.

다음 1N-H_2SO_4용액으로 플라스크에 부착된 시료를 씻어내린 후에 1kg/㎠으로 30분간 가압추출하고 냉각하여 NaOH용액으로 pH를 6.8로 조정한 다음, 물을 가해서 용액 1㎖ 중에 nicotinic acid가 약 0.1㎍ 함유하도록 희석한다. 필요하면 여과한다.

② 염기성 물질이 많은 고체 또는 반고체 시료

시료에 소량의 물을 가해서 잘 혼합하고, 여기에 1N-H_2SO_4용액을 가하여 pH를 약 6으로 조절하고, 다음에 시료에 적어도 10배량의 1N- H_2SO_4용액을 가해서 혼합시킨 후 이하 1)의 염기성 물질이 적은 시료에 준해서 조제한다.

③ 액체시료

시료에 H_2SO_4용액 또는 NaOH용액을 가해서 pH를 약 6으로 조정하고서, 이하 ①, ②의 경우와 같은 조작으로 조제한다.

정량 및 계산

(1) 산도적정법에 의한 정량

표준곡선 작성을 위해서 nicotinic acid표준용액 0, 0.25, 0.50, 0.75, 1.00, 1.25, 1.50, 1.75, 2.00㎖씩을 시험관 2개씩에 취하고서, 각각에 기본배양기 2㎖ 및 물을 가해서 전량을 4㎖로 한다. 별도로 본 시험을 위해서 시험관 3개에 측정용 시료용액을 0.5, 1.0 및 1.5㎖를 각각 가하고, 다음에 각 시험관에 기본배양기 2㎖ 및 물을 가해서 전량을 4㎖로 한다.

모든 내용물을 잘 혼합시켜 면전 또는 캡으로 막은 후, 1kg/㎠에서 10분간 가압멸균하고서 냉각하여, 각 시험관에 접종균주용액 1방울씩을 무균적으로 접종하고 37℃에서 72시간 항온기(incubator)에서 배양한다. 배양이 끝나면 각 시험관 중에 생성된 산을 0.1N-NaOH용액으로 적정한다. 이때 공시험의 적정치가 1.5㎖ 이상인 경우는 기본 배양기의 조제 등이 잘못된 것이므로 다시 조제할 필요가 있다. 지시약은 0.1% phenolphthalein용액을 사용한다.

표준곡선은 각 시험관에 가한 nicotinic acid의 함량과 적정치를 플롯(plot)하여 작성하고, 이 표준곡선을 이용하여 각각의 측정용 시료용액 중의 nicotinic acid함량을 구한다.

이때 측정치가 0.15㎍ 이상 및 0.025㎍ 이하의 것이 있으면 제외한다. 나머지 각 시험관에 대해서 측정용 시료용액 1㎖에 대한 nicotinic acid함량을 계산한다. 6개 이상(5개 이하이면 다시 되풀이한다)의 시험관으로부터 얻어진 각각의 측정치가 그들의 평균치보다 ±10% 이상 차이가 나지 않는 것을 확인한 다음에, 다시 이들만의 평균치를 구하고서 시료 중의 nicotinic acid 함량을 산출한다.

(2) 탁도측정에 의한 정량

탁도측정에 의한 정량법은 산도적정법에 비하여 정밀도가 약간 떨어지지만 결과를 신속히 알 수 있는 이점이 있다. 또, 균의 배양시간은 20~40시간으로 하고, 앞서와 같이 시험관 각각을 산으로 적정하는 대신에, 그 탁도를 570~650㎚의 파장에서 흡광도를 측정하여 nicotinic acid의 함량을 산출한다.

제 5 장 비타민 C의 정량

5-1 Indophenol적정법

5-1-1 Ascorbic acid(환원형 비타민 C)의 정량

원 리

비타민 C는 식품 중에 환원형(ascorbic acid)과 산화형(dehydroascorbic acid)의 두 형으로 존재한다.

Ascorbic acid는 환원력이 강하며, 산성용액 중에서 적색(알칼리성에서는 청색이다)인 색소, 2,6-dichlorophenol indophenol(이하 indophenol 또는 색소로 약칭함)을 환원시켜 무색으로 한다. 따라서 일정량의 indophenol액을 농도 미지의 ascorbic acid액으로 적정하여 용액의 적색이 소실되는 점을 종말점으로 하여 이의 적정량으로부터 ascorbic acid를 정량할 수가 있다. 이때 역으로 ascorbic acid액에 indophenol액을 적정하여 적색을 나타내는 점을 종말점으로 할 때는 농도와 적정량이 정확히 정비례 관계가 되지 않는다.

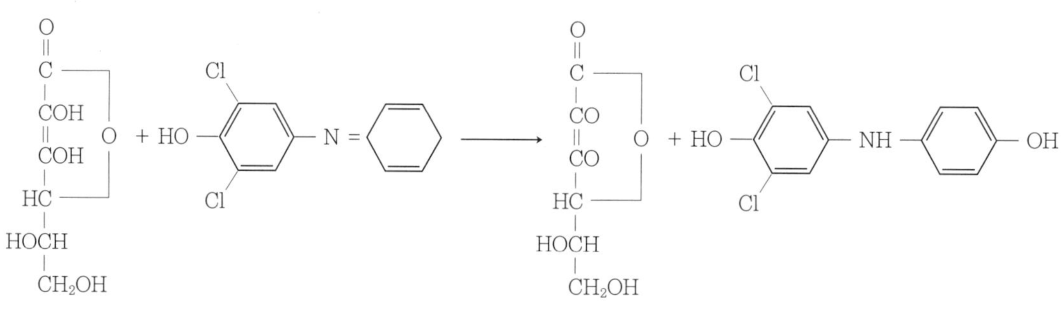

L-Ascorbic acid (환원형) | Indophenol (산화형 적색 또는 청남색) | Dehydroascorbic acid (산화형) | Indophenol (환원형 무색)

Indophenol적정법은 실험조작이 비교적 간단하여 널리 이용되어 왔다. 그러나 착색된 시료의 경우 종말점의 결정이 곤란하며, 또한 ascorbic acid 이외의 환원성 물질이 함유되어 있을 때 이것도 ascorbic acid로 측정되어 참값을 구하기 위해서는 효소법으로 보정하지 않으면 안된다.

시 약

① 5% 메타인산용액 : 특급 메타인산(HPO_3) 5g을 물 95㎖에 용해시켜 냉장고에 저장한다.

② 2% 메타인산용액 : 5% 메타인산용액 40㎖에 물을 가하여 100㎖로 한다.

③ 0.001N-KIO_3용액 : 이 용액은 표준이 되므로 정확하게 조제하지 않으면 안된다. 원액으로 0.1N-KIO_3용액(KIO_3 0.357g을 물에 녹여 100㎖로 한다)을 만들어 두고 필요에 따라 그 1㎖를 정확히 취해 100㎖ 메스플라스크에 넣고 표선까지 물을 채운다. 원액은 갈색병에 넣어야 한다. 이 원액은 장기간 안정하다.

④ 6% KI용액 : 요오드화칼륨(KI) 약 0.6g을 물 10㎖에 녹여 갈색병에 넣어 직사광선을 피하여 보존한다. 이 액에 전분용액을 가할 때 무색이 되지 않으면 안된다. 만약 청색을 나타내면 I_2의 석출을 의미한다. 이 검사를 수시로 하여야 하며, 가능한 한 정량할 때 새로이 만든 용액을 사용하는 것이 좋다.

⑤ 1% 전분용액 : 가용성 전분 약 1g을 100㎖의 물에 녹이고, 방부 목적으로 식염 약 30g을 가한다.

⑥ 해사(海砂) : 시판 해사(sea sand) 또는 석영을 잘 세척하고 강열한다. 이것은 조직의 마쇄용으로 사용된다.

⑦ Ascorbic acid용액 : L-Ascorbic aicd 결정 약 4㎎을 2% 메타인산용액에 녹여 100㎖로 한다. 항상 냉장고에 넣어 보관한다.

Ascorbic acid는 불안정하므로 표준품으로 사용되는 시판 ascorbic acid는 산화형이 약간 혼입되어 있어 그 순도가 100%가 되지 않는다. 따라서 이 용액의 농도를 다음과 같이 KIO_3적정법에 의해 정확히 결정해야 한다.

[Ascorbic acid용액의 농도결정]

Ascorbic acid용액 5㎖를 홀피펫으로 약 50㎖ 삼각플라스크에 넣고, 6% KI용액 0.5㎖와 1% 전분용액을 몇 방울 가하여 혼합한 후, 마이크로 뷰렛으로부터 0.001N-KIO_3용액을 적가한다. 한방울 적가할 때마다 용액을 잘 흔들어 백색의 종이나 유백색의 유리 앞에서 플라스크를 비스듬히 기울여 액의 색을 투시하여 청색을 나타내는 점에서 한방울 전을 종말점으로 한다.

동시에 비타민 C 대신 물로 공시험을 실시하여 그 값을 뺀다.

0.001N-KIO_3용액 1㎖는 다음 반응식에 따라 ascorbic acid 0.088㎎에 상당한다.

$$KIO_3 + 5KI + 6HPO_3 \longrightarrow 6KPO_3 + 3H_2O + 3I_2$$

$$3C_6H_8O_6 + 3I_2 \text{ ——— } 3C_6H_6O_6 + 6HI$$

환원형(ascorbic acid)　　산화형(dehydroascorbic acid)

위 식 $KIO_3 \equiv 3I_2$에서 KIO_3는 6당량이고, $C_6H_8O_6 \equiv I_2$에서 $C_6H_8O_6$은 2당량이다. 그러므로 0.001N-KIO_3 1㎖에 대응하는 ascorbic acid의 양은 176/2×1/1000=0.088㎎으로 된다. 따라서 ascorbic acid용액 5㎖에 대한 KIO_3표준액(역가 F)의 적정치가 a㎖이면 ascorbic acid의 농도는 F×a/5×0.088㎎/㎖로 된다.

[예] 순수한 KIO_3 0.3579g을 칭취하여 물에 녹여 100㎖로 하여 0.1N-KIO_3용액을 조제하고 이것을 희석하여 0.001N-KIO_3용액을 만들어 ascorbic acid 5㎖를 적정한 결과 2.345㎖가 소비되었다. Ascorbic acid용액의 농도(㎎/㎖)는 얼마인가?

[해설]

$$\frac{0.3579}{0.357} \times \frac{2.345}{5} \times 0.088 = 0.0414\text{mg/m}\ell$$

⑧ Indophenol색소용액 : 2,6-Dichlorophenol indophenol의 Na염 약 1㎎을 물에 녹여 약 200㎖로 하여 여과한다. 이때 용해하는 물에는 CO_2가 함유되지 않은 새로운 증류수를 사용해야하며, 만일 탄산이 함유되면 홍색이 나타나게 된다. 그러나 이때 알칼리를 첨가하여 청색으로 할 필요는 없다.

이 용액은 정량할 때마다 하루 한번씩 만들어 표정하여 정확한 농도를 구해야 한다. 또 순수하지 않을 경우는 변색이 예민하지 않아 종말점을 구별하기가 어렵다. 이와 같은 경우는 결정을 순수 ether로 몇 번 세척하고 건조한 후 물에 녹이면 변색이 예민하고 보존성도 좋아진다.

[Indophenol색소용액의 표정]

Indophenol색소용액 5㎖를 약 50㎖의 삼각플라스크에 취하고, 앞서의 ascorbic acid용액을 마이크로 뷰렛으로 적가한다. 색소용액은 중성 수용액에서 청색이나 ascorbic acid용액의 적가에 따라 홍색이 되므로, 이 홍색의 흔적이 없어지는 점을 종말점으로 하고, 적정량을 기록하여 둔다.

이 적정을 할 때는 ascorbic acid용액을 적가하면서 잘 혼합하여 적정에 소요되는 시간을 1~2분이 되도록 조절한다. 색소용액의 채취량은 항시 5mℓ로 한하는 것은 아니지만 보통 ascorbic aicd용액의 적정량이 0.3~1.5mℓ가 되도록 하는 것이 좋다.

조 작

먼저 시료의 일정 희석배수의 침출액을 만든다. 이 침출액의 최종 메타인산의 농도는 2%가 되도록 해야한다. 최후 희석배수는 시료 중의 ascorbic acid량에 따라 적당히 조정한다. 신선물에서는 보통 10배 또는 5배 희석침출액을, 또 건조물의 경우는 50배 또는 100배 희석침출액을 각각 다음과 같이 조제한다. 즉 시료의 ascorbic acid 함량에 따라 시료의 희석배수를 달리 하여야 한다.

식품성분표에서 100g 중 20mg 이하의 식품에서는 5배 희석, 20~60mg까지는 10배 희석, 파슬리, 피망, 감귤의 껍질, 고추와 같이 100~200mg의 것은 20~50배로 희석한다.

Ascorbic acid함량이 적은 액체시료, 즉 맥주, 술 같은 것은 시료 9mℓ에 대하여 20% 메타인산 1mℓ를 가한다. 물론 이때의 희석배수는 10/9이 된다.

(1) 10배 희석침출액의 조제법

시료의 적당량(야채, 과실류는 5~10g)을 칭취하여 균질기(homogenizer)나 자제유발에 넣고 5% 메타인산용액을 시료 1g에 대해서 약 4mℓ의 비율로 가하고, 소량의 해사를 다시 첨가하여 잘 마쇄한 후 물을 시료 1g에 대해 5mℓ의 비율로 가한다. 다음 원심침전관에 옮겨 잘 혼합하고 수분간 방치하여 원심분리한다. 만일 건조물을 침출할 때는 원심분리하기 전에 장시간 진탕하어야 한다.

정량할 때는 이 원심분리한 것의 상징액의 일정량을 사용하거나, 혼탁되어 있을 때는 다시 건조여과지로 여과하여야 한다.

(2) 5배 희석침출액의 조제법

시료 1g에 대해 5% 메타인산용액 2mℓ와 물 2mℓ를 가하여 (1)의 경우와 같이 한다.

(3) 건조물의 희석침출액의 조제법

시료를 유발에 칭취하고(필요하면 적당량의 해사를 첨가한다) 잘 분쇄한다. 이것에 2% 메타인산용액을 가하고 일정 희석배수로 하여 잘 혼합한 후 원심분리하여 상징액을 취한다. 희석액을 조제할 때 시료 자체의 용적은 무시해도 별로 관계없다.

(4) 적　정

(1)~(3)과 같이 조제한 투명한 침출액을 앞서의 색소용액의 표정에 사용한 마이크로 뷰렛에 취하고, 색소용액의 표정과 같은 방법으로 5㎖의 indophenol색소용액에 대해 적정을 한다. 적정량은 침출액 중의 ascorbic acid농도에 역비례한다.

계 산

Ascorbic acid에 의한 농도 표정과 침출액에 의한 본적정에 사용한 색소량이 동일할 때는 침출액 중의 ascorbic acid의 양을 bmg/㎖이라 하면 다음 식에 따라 계산된다.

$$b = a \times \frac{V_0}{V}$$

a : Ascorbic acid용액의 농도(mg/㎖)
V_0 : 색소용액에 대한 ascorbic acid용액의 적정소비량(㎖)
V : 색소용액에 대한 시료침출액의 적정소비량(㎖)

따라서 시료 중의 ascorbic acid의 함량(mg%)은 다음 식에 의해 계산한다.

$$\text{Ascorbic acid(mg\%)} = a \times \frac{V_0}{V} \times \frac{D}{S} \times 100$$

D : 희석침출액의 전량(㎖)
S : 시료채취량(g)

이 방법은 ascorbic acid의 환원력만을 이용한 것이므로, 앞에 기술한 바와 같이 다른 환원력을 가진 물질이 존재할 때는 이것도 ascorbic acid로서 측정된다.

신선물의 경우는 대부분이 거의 ascorbic acid의 참값을 나타내고 있으나 가공품에서는 ascorbic acid 이외의 환원물질 특히 금속염류가 존재할 경우에는 이의 영향이 적지 않다. 그러므로 ascorbic acid의 참값을 알려면 ascorbic acid산화효소에 의한 검토를 하여야 한다. 한편 침출액이 착색되어 있을 때는 분광광도계를 이용한 indophenol비색법을 사용하지 않으면 안된다.

방법도시

[Ascorbic acid(비타민 C) 표준용액의 조제]

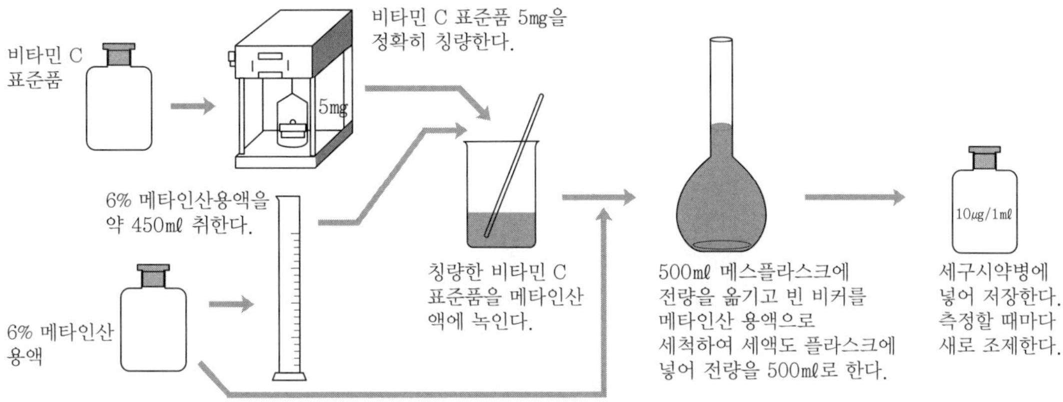

[Ascorbic acid 표준용액 및 indophenol 색소용액의 표정]

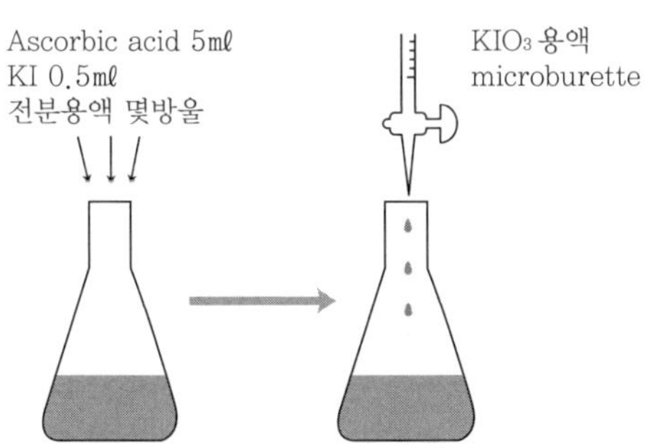

Ascorbic acid 표준용액의 표정

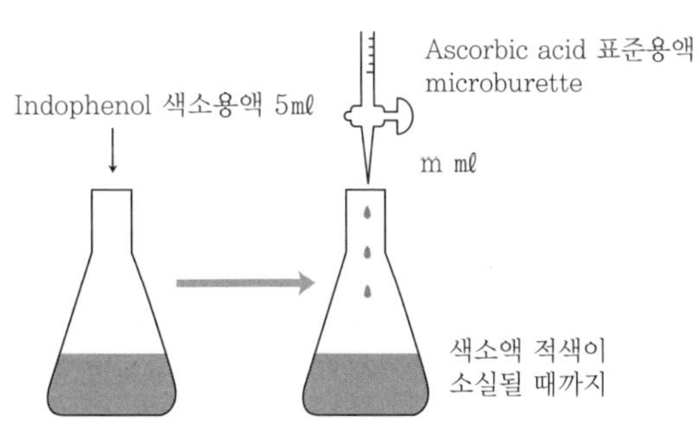

Indophenol 색소용액의 표정

[시료침출액의 조제 및 비타민 C 정량]

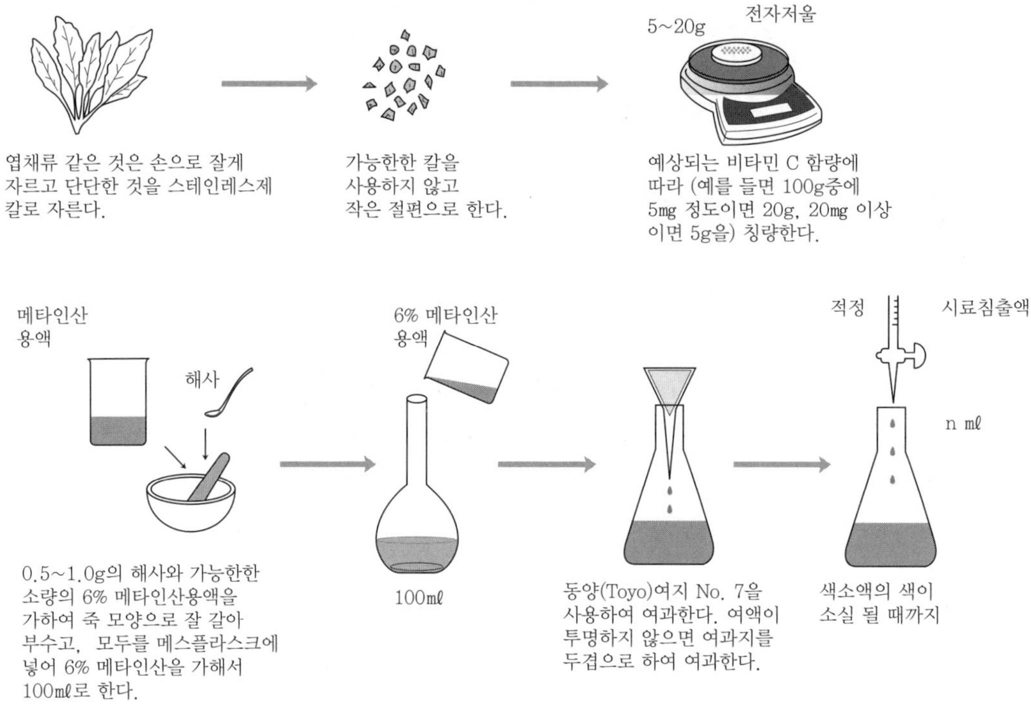

그림 8-10 Indophenol적정법에 의한 비타민 C의 정량

데이터 및 결과 예

① 시료 : 밀감

② 시료채취량 : 5.1234g

③ 시료의 처리 : 5% 메타인산용액 20mℓ로 마쇄, 물 25mℓ로 희석, 원심분리(즉 5g의 시료를 채취하여 50mℓ의 희석침출액을 조제하였으므로 10배 희석액이다)한다.

④ 적정

- Ascorbic acid용액의 농도 : 0.425mg/mℓ
- Ascorbic acid용액에 의한 적정치 : 0.815mℓ
- 시료침출액에 의한 적정치 : 0.678mℓ

⑤ 시료침출액 중의 ascorbic acid의 양(mg/mℓ)

$$\text{Ascorbic acid(mg/m}\ell) = 0.0425 \times \frac{0.815}{0.678} = 0.05109(\text{mg/m}\ell)$$

⑥ 밀감 중의 ascorbic acid(mg%)

$$\text{Ascorbic acid(mg\%)} = 0.05109 \times \frac{50}{5.1234} \times 100 = 49.86\text{mg\%}$$

5-1-2 총 비타민 C의 정량

원 리

시료침출액을 pH 약 5로 하여 H_2S를 작용시켜 산화형의 dehydroascorbic acid를 정량적으로 ascorbic acid로 환원시킨 후 총 ascorbic acid를 측정한다.

시약 및 기구

① 2N HCl용액

② 초산제2수은용액 : 특급 초산제2수은[$Hg(CH_3COO)_2$] 20g을 물에 녹여 전량을 100mℓ로 한다. 조제 후 잠시 동안 갈색침전이 생성되나, 측정할 때는 상징액을 피펫으로 취하여 사용한다.

③ 초산나트륨용액 : 특급 초산나트륨[$CH_3COONa \cdot 3H_2O$] 50g을 물에 녹여 100mℓ로 한다.

④ 초산납용액 : 특급 초산납[$(CH_3COO)_2Pb \cdot 3H_2O$] 20g을 물에 녹여 100mℓ로 한다.

⑤ 메타인산완충용액 : 20% 메타인산(HPO_3)용액 30mℓ에 2N-HCl용액 25mℓ 와 물 45mℓ를 혼합하여 냉장고에 보존한다.

⑥ H_2S : Kipp's장치에 손마디 정도 크기의 FeS를 넣고 여기에 묽은 HCl(특급 진한 HCl과 물을 1 : 1로 혼합)을 가한다. 발생되는 H_2S는 먼저 묽은 HCl(1 : 3)을 넣은 세기병(洗氣瓶)에 통과시키고, 다시 물을 넣은 세기병을 통과시킨다. H_2S처리는 드래프트 내에서 실시한다. 기타 다른 시약은 환원형의 경우와 같다.

⑦ Kipp's장치 : 그림 8-11 참조

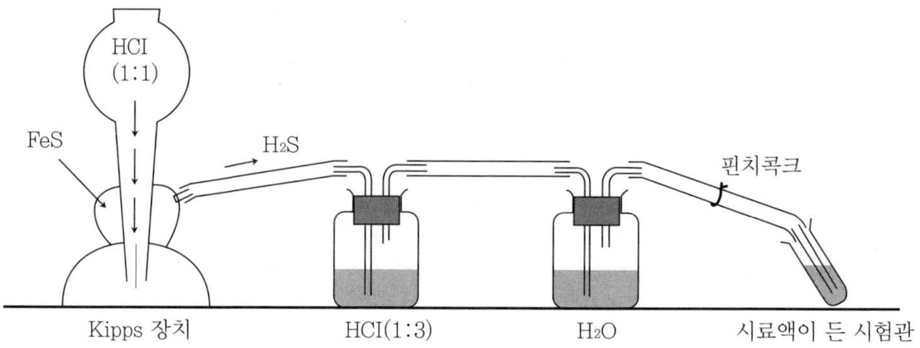

그림 8-11 Kipp's장치에 의한 H_2S의 발생

⑧ 진공펌프 : 그림 8-12 참조

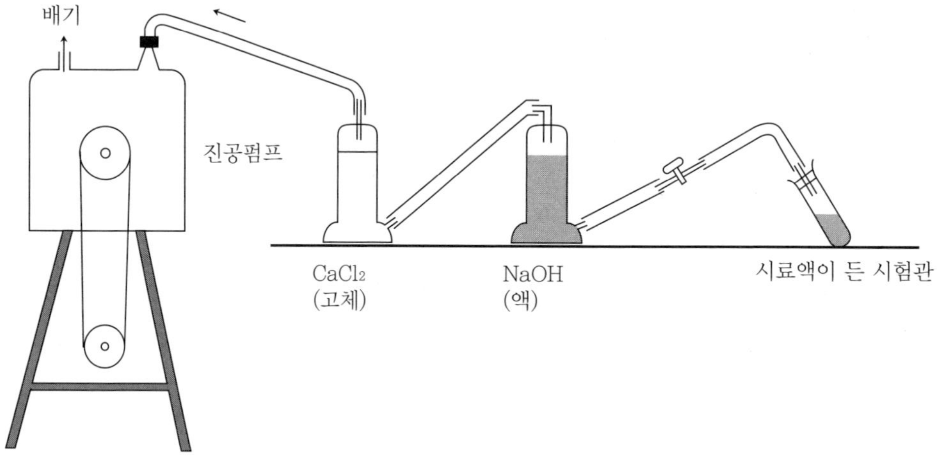

그림 8-12 진공펌프와 시험관의 연결(진공용 고무관을 사용할 것)

⑨ 기타 시약 및 기구는 5-1-1의 환원형 비타민 C 정량의 경우와 같다.

조 작

정량조작은 순서에 따라서 제단백질 침출액의 조제, H_2S에 의한 환원, 피시료 침출액의 조제, 적정의 4단계로 구분한다.

(1) 제단백질 침출액의 조제

환원형의 비타민 C정량의 경우와 똑같이 하여 적당한 농도의 2% 메타인산침출액을 조제한다(환원형 비타민 C 정량에 사용한 침출액이 남아 있는 경우 이것을 사용하면 좋다).

이 침출액 3.5mℓ를 중형의 시험관에 취하고, 2N-HCl용액 2.5mℓ, 초산제2수은용액 3.5mℓ, 초산나트륨용액 4.0mℓ, 초산납용액 0.5mℓ를 순차적으로 가한다. 각 용액을 첨가할 때마다 잘 혼합한다. 이때 전용량은 14mℓ가 되고 단백질은 메타인산의 납염으로 되어 제거된다. 이것을 원심침전관에 옮기고 3,000rpm에서 5분간 원심분리한 후 상징액은 다른 시험관에 취한다. 이 조작에 따라 침출액은 4배로 희석된다.

(2) H_2S에 의한 환원

각 시험관에 스포이드피펫의 유리관을 통하여 H_2S를 통과시킨다. 처음 1~2분간은 미립침전이 생겨 H_2S를 통하기가 약간 곤란하여지므로, 피펫을 약간 움직여 잘 통하도록 한다. 침전이 전부 흑색으로 변하면 용액은 점조성이 없어져 H_2S가 잘 통하게 된다. 계속하여 적어도 15분간 H_2S를 통과시킨다. H_2S를 옥외에서 통할 때는 일광의 직사를 피하여야 한다.

또 여름철의 경우 등 실온이 높을 때는 액을 빙냉(氷冷)하면서 통하여야 한다. 이렇게 하여 H_2S를 통하면서 서서히 피펫을 위로 올리면서 시험관의 상부공간에 H_2S가 충분히 채워져 가능한 공기가 없는 상태로 하고, 재빨리 고무마개로 밀폐하여 실온이나 냉장고에서 하룻밤 방치하면 산화형은 완전히 환원형으로 된다. 이외같이 H_2S에 의한 환원은 pH 6 이하에서는 완전하지 않다. 그러나 초산나트륨(CH_3COONa)과 H_2S의 반응으로 유리되는 초산으로 적당한 pH의 완충액을 형성한다.

(3) 피시료 침출액의 조제

다음날 아침에 액을 흔들지 말고 가만히 여과지로 여과한다. 만약 여액이 투명하지 않으면 초산납용액을 2~3방울 더 추가하여 H_2S를 통과시켜 여과하면 대개는 무색 투명하게 된다.

이 여액 9mℓ를 중형 시험관(직경 2.3cm, 높이 25cm)에 취하고 다시 여기에 메타인산완충용액 4.5mℓ를 가하고 이 액면의 높이에 눈금을 그어 표시해 둔다. 여기에 짧은 유리관을 끼운 고무마개를 하여 이 유리관 끝을 아스피레에터에 연결한다. 시험관을 비스듬히 기울여 액을 흔들면서 흡인한다. 이렇게 하여 H_2S의 대부분을 제거하고 진공펌프에 연결한다. 이때 펌프에 NaOH나 $CaOCl_2$관을 통하게 장치를 한다. 약 5분간 흡인한 후 마개를 열고 감소된 만큼의 물을 보충한다. 이렇게 함으로써 침출액은 또 1.5배로 희석되게 되어 최초 침출액에 비하여 6배(4×1.5=6)로 희석되게 된다.

(4) 적 정

이 액을 사용하여 5-1-1의 환원형 비타민 C 정량의 경우와 같이 적정을 한다.

계 산

5-1-1의 Ascorbic acid(환원형 비타민 C)의 정량의 경우와 같다. 단, 이때 메타인산침출액이 4×1.5=6배로 희석되어 있으므로 시료 중의 총 비타민 C의 양은 다음 식에 의해 계산한다.

$$\text{Ascorbic acid(mg\%)} = a \times \frac{V_0}{V} \times \frac{D}{S} \times 6 \times 100$$

5-1-3 Dehydroascorbic acid(산화형 비타민 C)의 정량

총 비타민 C와 ascorbic acid(환원형 비타민 C)의 차가 dehydroascorbic acid(산화형 비타민 C)의 양이 된다.

5-2 2,4-Dinitrophenyl hydrazine비색법

원 리

산화형 비타민 C(dehydroascorbic acid)는 2,4-dinitrophenyl hydrazine(이하 DNP로 약칭함)과 작용하여 적색의 osazone을 생성하므로 이의 85% H_2SO_4용액의 정색을 비색측정하여 산화형 비타민 C를 정량할 수 있다. 즉, 시료 중의 ascorbic acid를 산화하여 dehydroascorbic acid로 만들고, 시료 중에 처음부터 함유되어 있는 산화형 비타민 C와 함께 정량하여 총 비타민 C의 양으로 한다. 처음부터 함유되어 있는 산화형 비타민 C만을 별도로 정량하면 양자의 차로부터 ascorbic acid량을 산출할 수가 있다.

Ascorbic aicd의 산화에는 앞서 기술한 indophenol이 흔히 사용되며, 반대로 ascorbic acid의

산화방지에는 thiourea 또는 염화제1주석($SnCl_2$)이 사용된다. Hydrazine법은 indophenol법보다 정밀도가 높고 비타민 C함량이 낮을 경우에도 정확히 측정된다.

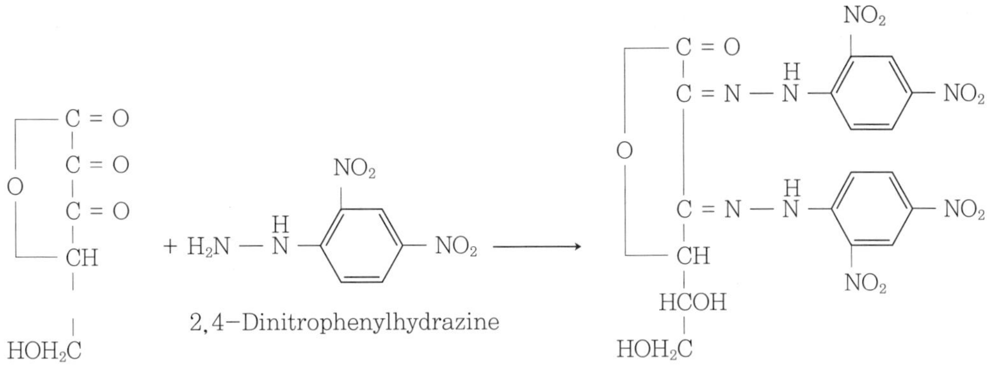

Dehydroascorbic acid

Dehydroascorbic acid의
2,4-Dinitrophenylhydrazine 유도체

본 반응은 실제로는 dehydroascorbic acid가 반응조작 중에 diketogulonic acid가 되고 이 diketogulonic acid가 DNP와 반응하기 때문에 DNP의 반응은 diketogulonic acid 쪽이 빠르다. 따라서 시료 중에 처음부터 diketogulonic acid가 존재하면 이것도 산화형 비타민 C로서 측정되어 진다. 물론 diketogulonic acid가 비타민 C의 생리효과를 나타내지는 않는다.

산화형 비타민 C를 H_2S로 환원시켜 놓으면 diketogulonic acid만이 정량되므로 산화형 비타민 C를 그 차로부터 구해도 좋지만, 대부분의 식품, 특히 신선한 식품 중에는 diketogulonic acid의 함량이 극히 적고, 또한 조작도 복잡하므로 조작 중의 오차가 크게 생기는 결점이 있다. 따라서 전체를 산화형 비타민 C로 하여 계산해도 별 문제는 없다.

시약 및 기구

① 10% 메타인산용액 : 특급 메타인산(HPO_3)으로 10%용액을 만든다.

② 5% 메타인산용액 : 10% 메타인산용액에 같은 양의 물을 가하여 조제하며, 이것을 냉장고에 보존한다. 약 1주일 정도 보존이 가능하다.

③ 2.5% 염화제1주석-메타인산용액 : 매회 새로 조제한다. 염화제1주석($SnCl_2 \cdot 2H_2O$) 2.5g을 5% 메타인산용액 100mℓ에 녹인다. 동물성 식품의 비타민 C를 정량할 때 사용된다. $SnCl_2 \cdot 2H_2O$의 결정은 흡습성이 있고 쉽게 산화되므로 주의해야 한다.

④ 1% 염화제1주석-메타인산용액 및 0.5% 염화제1주석-메타인산용액 : 위와 같이 5% 메타인산용액에 녹여서 조제한다.

⑤ Thiourea-메타인산용액 : Thiourea[$(NH_2)_2CS$]를 5% 메타인산 용액에 2%의 비율로 용해한다.

⑥ DNP용액 : 2,4-Dinitrophenyl hydrazine을 10N H_2SO_4용액에 2%의 비율로 용해하여 여과한다. 냉암소에 보존하면 1개월간 사용할 수 있다.

⑦ 85% H_2SO_4 : 진한 H_2SO_4(비중 1.84)와 물을 9 : 1의 용량비율로 혼합한다.

⑧ Indophenol용액 : 2,6-Dichlorophenol indophenol의 나트륨염을 0.2%비율로 더운 물에 녹여 여과하여 냉암소에 보존한다.

⑨ 항온수조(water bath) : 37±5℃로 조절하여 사용한다.

조 작

정량조작은 순서에 따라서 침출, 산화, phenyl hydrazone의 생성, 측정의 4단계로 구분한다.

(1) 침 출

① 총 비타민 C 정량용 침출액

시료 ag(2~20g, 보통은 10~20g)을 칭취하여 유발에 넣고 소량의 5% 메타인산용액(bmℓ) 및 필요에 따라 정제해사 소량을 가하여 잘 마쇄한다. 다음에 {200-(a+b)}mℓ에 상당하는 양만큼 5% 메타인산용액을 가하여 혼합한 후 원심분리하여 고형분을 제거하고 상징액을 침출액으로 사용한다.

이때 침출액의 희석배수는 200/a이다. 일반적으로 20배 정도의 희석침출액을 조제하는 것이 좋으며, 이때 첨가한 ascorbic acid의 회수율은 98~100%을 나타낸다. 그리고 당류는 침출액 중 fructose 0.4%, sucrose 0.5%, glucose 0.6%, lactose, galactose, 가용성 전분 등 1.0% 이상이면 정량에 영향을 주지만 그 이하에서는 별로 영향이 없다. 따라서 감, 시금치, 양배추는 50배, 배추, 바나나, 감자는 30배, 고구마는 15배, 가지, 무, 토마토, 당근, 수박 등은 15배, 오이, 양파는 10배로 희석하는 것이 적당하다.

② 산화형 비타민 C 정량용 침출액

침출조작 중에 ascorbic acid의 산화를 방지하기 위해 산화방지제를 첨가한 메타인산용액을 이용하여 1)과 같이 조작한다.

즉, 시료 ag을 취하여 이것에 40mℓ의 2.5% 염화제1주석 · 메타인산용액 및 정제해사를 가하여 마쇄한 후에 (160－a)mℓ의 5% 메타인산용액을 가하여 혼합, 침출한다. 이 액을 원심분리하여 상징액을 1)과 같이 침출액으로 사용하며, 희석배수는 200/a이다. 그러나 메타인산만을 사용하여 침출할 때의 ascorbic acid의 산화는 겨우 몇 % 정도이며, 강화식품의 경우에는 이 양을 무시할 수 있으므로 총 ascorbic acid 정량용 침출액을 가지고 대용할 수도 있다.

(2) 산 화

총 ascorbic acid 정량용 침출액 2mℓ씩을 2개의 공전시험관에 취하고, 양 시험관에 indophenol액 1방울씩을 적가하여 혼합하고 약 1분간 방치하여도 반응액이 분홍색을 유지할 때까지 적가를 계속한다. 이 경우 첨가할 indophenol액은 4방울 이내이어야 한다. 그 이상일 때는 5% 메타인산용액으로 침출액을 희석하여 사용한다. 다음에 각 시험관에 1% 염화제1주석-5% 메타인산용액을 각각 2mℓ씩 가한다. 이때 분홍색은 곧 소실된다. 산화형 ascorbic acid를 정량할 경우에는 이 indophenol 산화는 필요하지 않으므로 산화형 ascorbic acid 정량용 침출액(b) 2mℓ씩을 넣은 2개의 시험관에 0.5% 염화제1주석-5% 메타인산용액을 2mℓ 가한다. 단, 침출액으로서 총 비타민 C용의 것을 대용하는 경우에는 1% 염화제1주석-5% 메타인산 용액을 가한다.

(3) Phenyl hydrazone의 생성

총 비타민 C 정량용 시험관 및 산화형 비타민 C 정량용 시험관으로부터 각각 1개씩 취하여 여기에 DNP액을 각각 1mℓ 가한다. 이 시험관을 37℃의 항온수조에서 정확히 3시간 방치하여 반응시킨다.

Dehydroascorbic acid와 DNP와의 반응은 37℃에서 3시간으로 85% 정도가 진행된다. 100% 반응시키기 위해서는 5~6시간을 요한다. 그러나 이것은 상당히 긴 시간이므로 3시간 정도로 한다. 단 표준 ascorbic acid용액과 시험용액을 동일조건으로 반응시킨다.

한편 당질이 적은 시료는 50℃에서 30분간 반응시켜도 거의 같은 목적을 달성할 수 있다. 남은 1개의 시험관은 맹시험용으로 하고 여기에는 DNP액을 가하지 않고 37℃에서 3시간 방치한다.

(4) 측 정

반응 후 즉시 시험관을 얼음물 속에 넣어 진탕하면서 85% H_2SO_4 5mℓ를 뷰렛으로 서서히 가하여 잘 진탕한다. 이때 급속히 H_2SO_4를 주가하면 반응액의 온도가 상승하고 일부 유기물이 분해되어 착색되며, 맹시험 값이 높아져 오차의 원인이 된다. H_2SO_4 5mℓ 주가에 2~3분을 요한다. 다시 DNP액을 가하지 않은 맹시험용 시험관쪽에 냉각시키면서 DNP액 1mℓ를 가하여 잘 혼합한다. 각 시험관을 얼음물에서 꺼내어 실온에서 30분간 방치한 후 540㎚에서 흡광도를 측정한다. 총 비타민 C용 시료액의 흡광도를 E, 산화형 비타민 C용 시료액의 흡광도를 E′, 맹시험용 시료용액의 흡광도를 E_0, E_0' 로 한다.

(5) 표준곡선

위의 방법에 의해 구한 총 비타민 C 및 산화형 비타민 C에 대한 흡광도는 ascorbic acid 표준액을 사용하여 미리 작성해 놓은 표준곡선과 대조한다. 표준곡선은 직선이 되므로 흡광도에 해당하는 ascorbic acid의 양을 계수로서 산출해 놓으면 시료의 비타민 C함량은 간단한 계산으로 구해진다.

[표준곡선의 작성법]

1) Ascorbic acid 표준액의 조제

매회 사용할 때 새로이 조제한다. Ascorbic acid 표준품 10.0mg을 정확히 칭량하여 5% 메타인산용액에 녹여 정확히 100mℓ로 한다. 이 액의 일부를 5% 메타인산용액으로 10배 희석하여 1mg/100mℓ의 액을 만든다.

2) 측 정

Ascorbic acid 표준액 2mℓ를 3개의 공전시험관에 취하고 1개는 총 비타민 C 측정용, 다른 1개는 산화형 비타민 C 측정용, 나머지를 맹시험용으로 하여 사용하고 상기 (2)~(4)와 같은 방법으로 조작하여 각각의 hydrazone정색을 파장 540nm에서 측정한다. 흡광도를 각각 순서대로 E, E′, E_0라 한다. 여기서 E 및 E0로부터 흡광도 1에 대한 ascorbic acid의 양을 시료액의 농도 단위로 표시한 계수는 다음과 같다.

$$F = \frac{C}{E - E_0}$$

단, C는 ascorbic acid 표준액의 농도로 이 경우 1mg/100mℓ이다. 같은 방법으로 0.5mg/100mℓ 및 기타 몇 개의 농도가 다른 ascorbic acid에 대하여 F값을 구하고, 그들의 F값이 일치하면 이 F값을 이후 계산에 사용한다.

방법도시

	총 비타민 C		산화형 비타민 C	
시 험 관	A, B	C (맹시험)	D, E	F (맹시험)
침출액조제	2mℓ	2mℓ	2mℓ	2mℓ
Indoptenol 액 적가	1~4방울	1~4방울	↓	↓
1% $SnCl_2$ 액 첨가	2mℓ	2mℓ	2mℓ	2mℓ
DNP 액 첨가	1mℓ	↓	1mℓ	↓
↓	(50℃, 30분 방치)	(50℃, 30분 방치)	(50℃, 30분 방치)	(50℃, 30분 방치)
85% H_2SO_4 액 추가	5mℓ	5mℓ	5mℓ	5mℓ
DNP 액 첨가	↓	1mℓ	↓	1mℓ
↓		(실온에서 30분간 방치한 후 540nm에서 측정)		
흡광도측정	E	E_0	E′	E'_0

그림 8-13 DNP법에 의한 비타민 C의 정량

계 산

피시료액에 대해서 구한 흡광도가 총 비타민 C에 대해서 E, 산화형 비타민 C에 대해서 E′, 맹시험에 대해서 E_0, E_0'라고 한다면, 비타민 C의 양은 다음식에 의해 계산한다.

총 비타민 C(mg/100mℓ) = $F \times (E - E_0)$

산화형 비타민 C(mg/100mℓ) = $F \times (E' - E_0')$

환원형 비타민 C = (총 비타민 C) − (산화형 비타민 C)

식품으로 침출액을 조제하였을 때의 희석배수를 D라고 하면, 식품 중의 총 비타민 C 및 산화형 비타민 C의 양은 다음과 같이 된다.

총 비타민 C(mg/100g) = $D \times F \times (E - E_0)$

산화형 비타민 C(mg/100g) = $D \times F \times (E' - E_0')$

Hydrazine법에서는 위의 조작에 따라 얻어진 시료액이 다량의 당류를 함유하고 있는 경우에는, DNP가 당류와도 반응하여 그것의 hydrazone을 생성하여 흡광도가 높게 될 때가 있다. 이 점이 hydrazine법의 결점이지만, 경험적으로 다음과 같은 보정법이 제안되어 있다. 즉, dehydroascorbic acid는 0℃에서는 전혀 DNP와 반응하지 않는데 반하여 당류는 0℃에 있어서도 약간 반응한다. 당과 DNP에 의한 흡광도 $E-E_0$를 위의 정량조건의 37℃에서 3시간의 경우와 0℃에서 3시간의 경우에 대해서 비교하여, 다음의 관계가 성립된다.

$$\frac{(E-E_0)_{37℃}}{(E-E_0)_{0℃}} \fallingdotseq 1.6 \pm 0.1$$

이 관계를 이용하여 시료를 0℃에서 3시간 반응시켜 얻어진 $(E-E_0)$에 1.6을 곱한 값을 보통과 같이 37℃에서 3시간 반응시켜서 얻은 $(E-E_0)$에서 빼면 비타민 C만에 의한 흡광도가 얻어진다.

제9부 특수성분의 분석

기본 식품분석학

Basic Food Analysis

제 1 장 차(茶)의 특수성분 분석

1-1 Tannin의 정량

1-1-1 Löwenthal산화적정법

원 리

Tannin은 생감, 밤 및 차(茶)류의 떫은맛의 주성분이며 수렴성이 있다. 여러 중금속염, alkaloid와 침전을 형성하고 제2철염과 작용하여 흑청녹색을 나타낸다. 물, alcohol, acetone에 잘 녹고, ether, chloroform, 석유 ether에는 녹지 않는다.

차(茶) tannin의 정량에 보통 이용되는 방법은 Löwenthal산화적정법이다. 차 침출액 중의 tannin을 공존하는 다른 가산화(可酸化)유기물과 함께 산화시키는데 요하는 $KMnO_4$의 양을 구하고, 다음에 gelatin을 작용시켜 tannin을 제거하고, 치 침출액 중의 tannin 이외의 가산화물을 산화시키는데 요하는 $KMnO_4$의 양을 구하여 전후의 차에서 tannin의 양을 산출한다.

시 약

① $KMnO_4$용액 : $KMnO_4$ 1.33g을 물에 녹여 1ℓ 로 한다. $KMnO_4$용액의 표정은 다음과 같이 한다. 즉, 시약 ②의 0.1N 수산용액 10mℓ를 삼각플라스크에 취하여 진한 H_2SO_4 몇 방울을 가하고 80℃로 가온한 후 $KMnO_4$용액으로 담홍색이 될 때까지 적정하여 그 1mℓ에 상당하는 수산의 양을 구한다.

② 0.1N 수산용액 : 순수결정 수산(oxalic acid) 6.3g을 물에 녹여 1ℓ 로 한다.

③ Indigo carmine수용액 : Indigo carmine 5g을 물 375mℓ에 녹이고 이것에 진한 H_2SO_4

50mℓ를 주의하여 가한 후 물 575mℓ를 가해 희석해서 여과하여 사용한다.

④ 산성식염용액 : 포화식염수 975mℓ에 진한 H_2SO_4 25mℓ를 가한다.

⑤ Gelatin용액 : Gelatin 25g을 미리 포화식염용액 중에 한시간 정도 담그어 연화시킨 다음 가열하여 용해하고, 방냉 후 포화식염용액으로 1ℓ 로 한다.

⑥ 정제 kaolin : 110℃로 건조하여 여과보조제로 사용한다.

조 작

① 시료 2~5g을 칭취하여 물 400mℓ를 가하고 30분간 끓여 침출시킨 후 방냉하여 500mℓ의 메스플라스크에 옮겨서 표선까지 채운다.

② 이 침출용액을 건조여과지로 여과하고 여액 10mℓ에 indigo carmine용액 20mℓ와 물 750mℓ를 가한다.

③ 이것을 $KMnO_4$용액으로서 적정한다. 액이 녹색이 될 때까지는 빨리 적하하고, 그 다음은 서서히 적하하여 액이 황색으로 되든가 액면의 주변이 미적색이 될 때까지 적정하여, 이 때의 $KMnO_4$용액의 소비량을 A(mℓ)로 한다.

④ 다음에 다른 비커에 상기 시료용액 100mℓ를 취하여 gelatin 용액 50mℓ 및 산성 포화식염용액 100mℓ, 분말 kaoline 10g을 가하여 몇 분간 진탕한 다음 정치하여 상징액을 여과한다.

⑤ 여액 25mℓ를 취하여 ②, ③과 같을 조작을 한다. 이 적정치를 B(mℓ)로 한다.

계 산

시료 중의 tannin을 산화시키는데 요하는 $KMnO_4$의 양은 (A－B)mℓ이다.

Tannin은 그 종류에 따라 환원당량(reduction equivalent)을 달리하기 때문에 차 tannin과 같은 혼합물에 대해 정확히 일정한 당량을 나타낼 수가 없다.

그러나 이 혼합물에 대해 측정한 값이 gallo tannin의 당량에 가까우므로, 차 tannin의 경우 이 계수를 이용해서 결정 수산(oxalic acid) 63g은 차 tannin 41.57g에 상당하는 것으로 계산한다.

1-1-2 주석산 철 비색법

원 리

이 방법은 phenol성 수산기가 철염과 착염을 형성하여 청색계통의 색깔을 나타내는 반응을 응용한 것으로, 비색법으로서 이용되기 위해서는 착염이 장시간 안정하게 용해되어 있지 않으면 안되는데, 여기서 사용하는 주석산 철 시약이 이와같은 요구를 충족시켜 준다.

이 방법의 tannin(catechin)에 대한 정색도(呈色度)는 pyrogallol형의 phenol기를 가진 것이 예민하게 반응하며, 개개의 catechin에 따라 정색도가 다르다.

그러나 차의 catechin 조성은 대체로 같은 정도의 범위 내에 있으며 그 범위이면 흡광도에 대한 영향은 크지 않기 때문에 하나의 표준곡선(검량선)으로 충분히 측정할 수 있다.

이 표준곡선은 (−)epigallocatechin의 표준곡선에 일치하지만, (−)epigallocatechin을 간단히 입수할 수 없기 때문에 보통 몰식자산 에틸(ethyl gallate)를 이용한다.

Ethyl gallate 10mg의 흡광도는 (−)epigallocatechin 15mg의 흡광도와 동일하기 때문에 ethyl gallate의 표준곡선으로부터 얻은 양을 1.5배하여 cateching량으로 한다.

시약 및 기구

① 주석산 철 시약 : 황산 제1철($FeSO_4 \cdot 7H_2O$) 100mg과 주석산나트륨칼륨($C_4H_4O_6KNa \cdot 4H_2O$) 500mg을 물에 녹여 100mℓ로 한다. 이 시약은 측정할 때마다 새로 조제한다.

② Sörensen의 인산완충용액 : 1/15M 인산수소2나트륨용액($Na_2HPO_4 \cdot 2H_2O$ 11.867g/ℓ)와 1/15M 인산2수소칼륨용액(KH_2PO_4 9.073g/ℓ)을 84 : 16의 비율로 혼합하여 pH 7.5로 조정한다.

③ 몰식자산 에틸(ethyl gallate)표준용액 : Ethyl gallate(물로 재결정하여 100℃에서 1시간 건조한다) 5~25mg/100mℓ용액을 5mg 간격으로 5단계로 조제한다.

④ 추출장치 : Caffeine정량용 추출장치(그림 9-1 참조)에서 추출원통을 떼어낸 것을 사용하면 편리하다.

⑤ 분광광도계

조 작

(1) 표준곡선의 작성

용량 25㎖의 메스플라스크에 몰신자산 에틸(ethyl gallate)표준용액 5㎖와 주석산 철 시약 5㎖를 취하여 인산완충용액을 가해서 25㎖로 정용한다. 대조는 ethyl gallate 대신에 물을 사용한다. 이 대조액을 사용하여 540nm에서 흡광도를 측정하여 ethyl gallate의 각 농도단계의 흡광도를 플롯(plot)하여 표준곡선을 작성한다.

(2) 정량조작

분말시료 0.1g을 용량 100㎖의 메스플르스크에 칭취하여 뜨거운 물 50~60㎖을 주입하고 80℃ 이상의 수욕상에서 30분간 가온한다. 냉각후 물로 100㎖로 한 후 여과한다. 이때 최초의 여액 약 20㎖를 버리고[1] 그 이후의 여액을 정량에 사용한다. 여액 5㎖를 용량 25㎖의 메스플라스크에 넣고 주석산 철 시약 5㎖를 가해서 발색시키고, 인산완충용액으로 정용한 후 시료용액 대신에 물을 사용한 대조액에 대해서 540nm에서 흡광도를 측정한다.

계 산

시료 중의 tannin(catechin)의 양은 표준곡선으로부터 시료의 흡광도에 상당하는 ethyl gallate의 양을 구하여 다음 식에 의해 계산한다.

$$\text{Tannin(catechin) \%} = G \times 1.5 \times \frac{100}{S}$$

G : 표준곡선으로부터 구한 시료의 흡광도에 상당하는 ethyl gallate의 양(㎎/100㎖)
S : 건조 시료의 채취량(㎎)

1-2 Caffeine의 정량

원 리

차(茶)의 caffeine정량법은 일반적으로 차 속의 수용성 성분인 catechin류, 아미노산류, 당질 등은 chloroform에 용해되지 않지만 caffeine 등의 purine염기는 잘 용해되므로 이 원리

1) 최초의 여액을 버리는 것은 catechin이 여지에 흡착되어 측정치가 낮아지기 때문이다.

를 이용한다.

즉 chloroform으로 추출한 추출액을 증발건고하고, 그 잔류물에 물을 가하여 caffeine을 용해시킨 후 침전제를 가하여 지방질, chlorophyll분해물 등의 불순물을 제거하고 다시 chloroform으로 caffeine을 추출하여 추출물의 질소를 Kjeldahl법으로 측정한다. Caffeine($C_8H_{10}O_2N_4$)의 분자량은 194로서 1분자 중에 4개의 질소원자를 포함하기 때문에 질소량에 3.464를 곱하여 caffein양을 산출한다.

시약 및 기구

① Chloroform

② 5% Na_2CO_3용액

③ 20% $CuSO_4$용액

④ 1N-NaOH용액

⑤ 진한 H_2SO_4

⑥ 분해제 : $CuSO_4$와 K_2SO_4를 1 : 9의 비로 혼합한다.

⑦ 30% NaOH용액

⑧ 0.04N-H_2SO_4용액

⑨ 0.04N-NaOH용액

⑩ 혼합지시약 : 0.2% methyl red-90% ethanol용액과 0.1% methylene blue-90% ethanol용액을 혼합한다.

⑪ Caffeine추출장치 : 그림 9-1과 같은 연속추출기를 장치하고, 가온 가능한 메스플라스크와 분해병으로부터 chloroform의 회수가 가능한 장치를 사용한다.

⑫ Kjeldahl식 질소정량장치

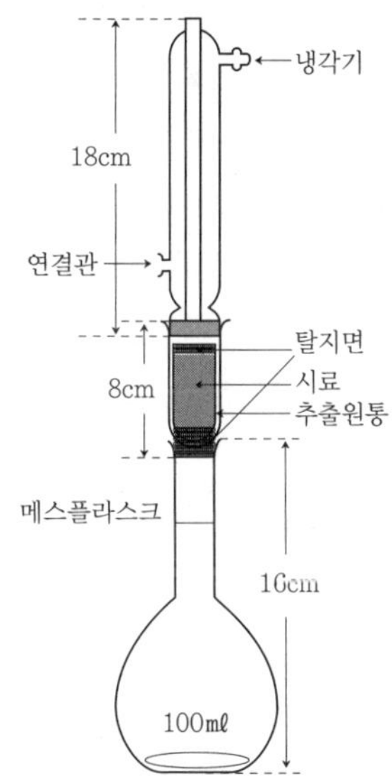

그림 9-1 Caffeine추출장치

조 작

분말로 한 차(茶) 0.5g을 소형 증발접시에 취하고 5% Na_2CO_3용액 0.5mℓ를 가하여 잘 혼합한다. 1시간 방치한 후 시료를 그림 9-1과 같은 추출장치의 추출원통에 모두 옮기어 탈지면으로 가볍게 막고, 약 20mℓ의 chloroform을 추출기의 메스플라스크에 주입한다.

냉각기를 결합하고 전열판상에서 약하게 가열해서(chloroform의 적하속도를 1초에 2방울

정도로 한다) 2~3시간 추출한 다음 플라스크를 분리하여 수욕상에서 chloroform을 증발시켜 회수한다.

이때 chloroform용액이 끓을 정도로 가열하면 chloroform의 증기와 함께 caffeine의 휘산 손실을 가져온다.

액체시료의 경우는 시료 약 20~30㎖를 분액깔때기(100㎖용)에 취하고, 같은 양의 chloroform으로서 2회 추출하여 chloroform을 증발시킨다. 대부분의 chloroform을 증류제거한 후 플라스크에 뜨거운 물 약 40㎖를 가하고 조금 더 끓여서 남아있는 chloroform을 완전히 제거한 다음 계속하여 플라스크의 3/4용량까지 물을 가한다.

냉각한 다음 20% $CuSO_4$용액 2.5㎖, 1N-NaOH용액 2.5㎖를 가하고 잘 진탕한 후 플라스크의 표선 100㎖까지 물을 채운다. 이 액을 여과하고 여액 25㎖(건물 중에 caffeine을 2~3% 정도 함유하는 시료의 경우)를 분액깔때기에 취하고 chloroform 30㎖와 20㎖로서 2회 진탕, 추출한다. Chloroform층을 Kjeldahl분해병에 모은 다음 chloroform을 90℃ 이하의 수욕에서 증발시켜 회수한다. 증발이 끝나면 병의 밑부분에 caffeine이 석출된다.

이것에 진한 H_2SO_4 3㎖와 분해촉진제 0.1g을 가하고 가열하여 Kjeldahl법에 의해 분해시키며, 분해액이 청색 투명하게 되면 1.5~2시간 더 가열하여 충분히 분해시킨다. 냉각한 다음 분해액을 주의하면서 물로서 희석하고, 30% NaOH용액으로 알칼리성으로 한 후 그 전량을 10분간 수증기증류하여 발생하는 암모니아를 0.04N-H_2SO_4용액 10㎖ 중에 포집시킨다. 여기에 혼합지시약을 2~3방울 가하고 0.04N-NaOH용액으로 적정하여 적자색에서 무색이 되는 점을 종말점으로 한다.

계 산

시료 중의 caffeine함량은 다음 식과 같이 먼저 질소량을 구하고 여기에 계수 3.464= $C_8H_{10}O_2N_4/4N$를 곱하여 산출한다.

$$\text{Caffeine}(\%) = (V_0 - V_1) \times 0.04 \times F \times 14 \times D \times 3.464 \times \frac{100}{S}$$

V_0 : 공시험의 0.04N-NaOH 적정소비량(㎖)
V_1 : 본시험의 0.04N-NaOH 적정소비량(㎖)
F : 0.04N-NaOH 용액의 역가
D : 희석배수
S : 시료의 건물채취량(㎎)

제 2 장 주류의 특수성분 분석

2-1 Alcohol의 정량

2-1-1 비중측정법

원 리

비중측정법에 의한 주류(酒類) 중의 alcohol의 정량은 시료를 100mℓ 메스실린더에 취하고, 비중계와 온도계를 넣어 15℃에서 비중계의 눈금을 읽어 alcohol의 용량%를 구한다.

그러나 주류는 alcohol 이외에 당분, dextrin, 단백질 등 추출분(extracts)이 함유되어 있으므로 이것을 일단 증류하여 그 유출액(溜出液)의 alcohol농도를 비중계 또는 주정계로서 측정한다.

시약 및 기구

① 10% Na_2CO_3용액 또는 NaOH용액

② 리트머스지(litmus paper)

③ 증류장치

④ 비중계 또는 주정계

⑤ Measuring cylinder

조 작

시료액 50mℓ를 약 300mℓ들이 증류플라스크에 취한 다음 적색 리트머스지 조각을 넣어 10% Na_2CO_3용액을 리트머스지가 청색으로 변할 때까지 가하고, 다시 물 15mℓ와 비등석을 가하여 Liebig냉각기를 장치하고 증류하여 약 45mℓ의 유출액을 메스실린더에 취한다.

여기에 물을 가하여 시료채취량과 똑같이 50㎖로 만들어서 잘 흔들어 섞은 다음 비중계를 넣어 15℃에서 눈금을 읽어 표 9-1의 주정의 비중표로부터 alcohol %를 구한다. 단, 실린더 내의 비중계 눈금을 읽을 때는 비중계의 각 부분이 실린더의 내벽과 비중계의 간격이 5㎜ 이상이어야만 한다. 그리고 15℃의 온도를 유지하기 어려울 때는 측정시의 품온에서 온도보정표에 의하여 15℃로 보정한다.

표 9-1 주정의 비중표

비 중	용 량 (%)	중 량 (%)	주 정 (g/100㎖)	비 중	용 량 (%)	중 량 (%)	주 정 (g/100㎖)
0.94964	41.40	34.59	32.86	0.94467	44.40	37.30	35.23
0.94948	41.50	34.68	32.93	0.94450	44.50	37.39	35.31
0.94932	41.60	34.77	33.01	0.94433	44.60	37.48	35.39
0.94916	41.70	34.86	33.09	0.94416	44.70	37.57	35.47
0.94900	41.80	34.95	33.17	0.94398	44.80	37.66	35.55
0.94884	41.90	35.04	33.25	0.94381	44.90	37.76	35.63
0.94868	42.00	35.13	33.33	0.94364	45.00	37.84	35.71
0.94852	42.10	35.22	33.41	0.94346	45.10	37.93	35.79
0.94835	42.20	35.31	33.49	0.94329	45.20	38.02	35.87
0.94810	42.30	35.40	33.57	0.94311	45.30	38.12	35.95
0.94802	42.40	35.49	33.65	0.94294	45.40	38.21	36.03
0.94786	42.50	35.58	33.73	0.94276	45.50	38.30	36.11
0.94770	42.60	35.67	33.81	0.94258	45.60	38.39	36.19
0.94753	42.70	35.76	33.89	0.94241	45.70	38.48	36.26
0.94737	42.80	35.85	33.97	0.94223	45.80	38.57	36.34
0.94720	42.90	35.94	34.04	0.94206	45.90	38.66	36.42
0.94704	43.00	36.03	34.12	0.94188	46.00	38.75	36.50
0.94687	43.10	36.12	34.20	0.94170	46.10	38.84	36.58
0.64670	43.20	36.21	34.28	0.94152	46.20	38.93	36.66
0.94654	43.30	36.30	34.36	0.94134	46.30	39.03	36.74
0.94637	43.40	36.39	34.44	0.94116	46.40	39.12	36.82
0.94620	43.50	36.48	34.52	0.94098	46.50	39.21	36.90
0.94603	43.60	36.57	34.60	0.94080	46.60	39.30	36.98
0.94586	43.70	36.66	34.68	0.94062	46.70	39.39	37.06
0.94570	43.80	36.75	34.76	0.94044	46.80	39.49	37.13
0.94553	43.90	36.84	34.84	0.94026	46.90	39.58	37.21
0.94536	44.00	36.93	34.91	0.94008	47.00	39.67	37.29
0.94519	44.10	37.02	34.99	0.93990	47.10	39.76	37.37
0.94502	44.20	37.11	35.07	0.93971	47.20	39.85	37.45
0.94484	44.30	37.21	35.15	0.93953	47.30	39.95	37.53

비 중	용 량 (%)	중 량 (%)	주 정 (g/100㎖)	비 중	용 량 (%)	중 량 (%)	주 정 (g/100㎖)
0.93934	47.40	40.04	37.61	0.9044	64.00	—	—
0.93916	47.50	40.13	37.69	0.9021	65.00	—	—
0.93898	47.60	40.22	37.75	0.8997	66.00	—	—
0.93879	47.70	40.32	37.87	0.8974	67.00	—	—
0.93861	47.80	40.41	37.93	0.8949	68.00	—	—
0.93842	47.90	40.51	38.01	0.8925	69.00	—	—
0.93824	48.00	40.60	38.09	0.8900	70.00	—	—
0.93805	48.10	40.69	38.17	0.8876	71.00	—	—
0.93786	48.20	40.78	38.25	0.8850	72.00	—	—
0.93768	48.30	40.88	38.33	0.8825	73.00	—	—
0.93749	48.40	40.97	38.41	0.8799	74.00	—	—
0.93730	48.50	41.06	38.49	0.8773	75.00	—	—
0.93711	48.60	41.15	38.57	0.8747	76.00	—	—
0.93692	48.70	41.24	38.65	0.8721	77.00	—	—
0.93679	48.80	41.34	38.72	0.8693	78.00	—	—
0.93655	48.90	41.43	38.80	0.8667	79.00	—	—
0.93636	49.00	41.52	38.88	0.8639	80.00	—	—
0.93617	49.10	41.61	38.96	0.8611	81.00	—	—
0.93598	49.20	41.71	39.04	0.8583	82.00	—	—
0.93578	49.30	41.80	39.12	0.8554	83.00	—	—
0.93559	49.40	41.90	39.20	0.8525	84.00	—	—
0.93540	49.50	41.99	39.28	0.8496	85.00	—	—
0.93521	49.60	42.08	39.36	0.8465	86.00	—	—
0.93502	49.70	42.18	39.44	0.8435	87.00	—	—
0.93482	49.80	42.27	39.52	0.8404	88.00	—	—
0.93463	49.90	42.37	39.60	0.8372	89.00	—	—
0.9344	50.00	—	—	0.8339	90.00	—	—
0.9325	51.00	—	—	0.8306	91.00	—	—
0.9305	52.00	—	—	0.8272	92.00	—	—
0.9285	53.00	—	—	0.8236	93.00	—	—
0.9264	54.00	—	—	0.8199	94.00	—	—
0.9244	55.00	—	—	0.8161	95.00	—	—
0.9222	56.00	—	—	0.8121	96.00	—	—
0.9201	57.00	—	—	0.8079	97.00	—	—
0.9180	58.00	—	—	0.8035	98.00	—	—
0.9158	59.00	—	—	0.7989	99.00	—	—
0.9136	60.00	—	—	0.7939	100.00	—	—
0.9113	61.00	—	—	—	—	—	—
0.9091	62.00	—	—				
0.9068	63.00	—	—				

2-1-2 산화 · 환원 적정법

원 리

Alcohol함량이 적은 일반식품이나 드링크류의 alcohol의 정량은 증류 후 유액(溜液)을 산환 · 환원 적정법에 의해 측정한다. 즉 alcohol에 산화제인 $K_2Cr_2O_7$를 일정과량 가하여 alcohol을 산화시키고 남은 여분의 $K_2Cr_2O_7$의 양을 측정함으로써, alcohol과 반응한 $K_2Cr_2O_7$의 양을 알고 다시 이로부터 alcohol의 양을 알 수 있다.

Alcohol에 $K_2Cr_2O_7$과 진한 H_2SO_4를 가하면 다음과 같은 산화반응이 일어나 녹갈색으로 된다.

$$3C_2H_5OH + 2K_2Cr_2O_7 + 8H_2SO_4 \longrightarrow 2K_2SO_4 + 2Cr_2(SO_4)_3 + 3CH_3COOH + 11H_2O$$

반응이 끝난 후에 KI용액을 가하면 잔존하는 $K_2Cr_2O_7$은 KI를 산화 분해시켜 I_2를 유리시킨다.

$$K_2Cr_2O_7 + 6KI + 7H_2SO_4 \longrightarrow Cr_2(SO_4)_3 + 4K_2SO_4 + 7H_2O + 3I_2$$

이때 유리된 I_2를 $Na_2S_2O_3$용액으로 1% 전분용액을 지시약으로 하여 청남색이 없어질 때까지 적정한다.

$$2Na_2S_2O_3 + I_2 \longrightarrow Na_2S_4O_6 + 2NaI$$

시약 및 기구

① 진한 H_2SO_4

② 8% KI용액 : 특급 KI의 결정 40g을 증류수에 녹여 500mℓ로 정용하고 냉암소에 보관한다.

③ 1% 전분용액 : 가용성 전분 1g을 더운물에 녹여 100mℓ로 한다.

④ 0.2N-$K_2Cr_2O_7$용액 : 표준시약 $K_2Cr_2O_7$의 결정분말을 140~150℃에서 30~60분간 건조시킨 다음 그의 9.8070g을 정확히 칭량하여 물에 녹여 1ℓ 로 정용한다. 표정은 하지 않아도 된다.

실제로는 9.8070g의 근사치를 정확히 칭량하여 실제농도, 즉 그 역가를 구한다. $K_2Cr_2O_7$의 분자량은 294.21이다. 0.2N을 조제할 때 9.8070g을 1ℓ 에 녹이는 것은 1g당량이 1/6M인 것을 나타낸다. 즉, $K_2Cr_2O_7$은 산성 용액에 있어서 다음과 같은 산화반응을 한다.

[예1] $K_2Cr_2O_7$ 9.7531g을 칭취하여 물에 녹여 1ℓ 로 하여 0.2N- $K_2Cr_2O_7$용액을 조제하였다면 이 용액의 역가는 얼마인가?

[해설] 0.2N-$K_2Cr_2O_7$의 역가(F)

$$= \frac{9.7531}{4.9035 \times 2} = 0.9945$$

$$K_2Cr_2O_7 = K_2O + Cr_2O_3 + 3O(\equiv 6H)$$

⑤ 0.1N-$Na_2S_2O_3$용액 : 특급품인 $Na_2S_2O_3 \cdot 5H_2O$ 13g을 상명천칭에서 칭량하여 증류수에 녹여 500mℓ로 정용한다. 이 용액은 정확히 표정을 하여야 한다.

[0.1N-$Na_2S_2O_3$용액의 표정]

위에서 조제된 0.2N-$K_2Cr_2O_7$용액으로 역가를 결정한다. 즉 0.2N-$K_2Cr_2O_7$용액 10mℓ를 300mℓ 삼각플라스크에 취하고, 진한 H_2SO_4 10mℓ를 가하여 잘 흔들어 방치하여 냉각한다. 방냉 후 증류수 150mℓ, 8% KI용액 4.5mℓ를 가하여 다시 잘 흔들어 I_2를 유리시킨다.

여기에서 유리된 I_2를 0.1N-$Na_2S_2O_3$용액으로 적정한다. 반응액이 담황녹색을 나타낼 때 1% 전분용액 1mℓ를 가하여 청녹색이 없어지는 점을 종말점으로 한다.

$$0.1\text{N-}Na_2S_2O_3\text{용액의 역가} = \frac{0.2 \times 0.2\text{N } K_2Cr_2O_7\text{의 역가} \times 10}{0.1 \times 0.1\text{N } Na_2S_2O_3 \text{ 적정 mℓ수}}$$

[예2] 역가(factor) 0.9945의 0.2N-$K_2Cr_2O_7$용액 10mℓ를 채취하여 0.1N-$Na_2S_2O_3$용액으로 적정하였을 때 19.80mℓ가 소비되었다고 하면 0.1N-$Na_2S_2O_3$의 역가는 얼마인가?

[해설]

$$0.1\text{N-}Na_2S_2O_3\text{의 역가} = \frac{0.2 \times 0.9945 \times 10}{0.1 \times 19.80} = 1.0045$$

⑥ 침강성 $CaCO_3$: 일급 시약을 사용한다.

⑦ 수증기증류장치 : 그림 9-2와 같다.

⑧ Ice bath

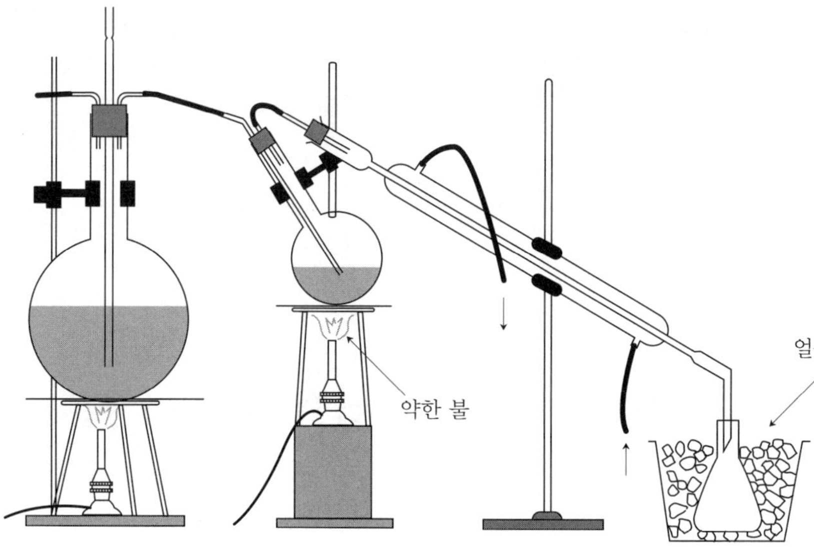

그림 9-2 Alcohol의 수증기 증류장치

조 작

시료 중에 15~30mg의 alcohol이 함유되도록 시료 일정량을 채취한다. 일반적으로 간장에는 alcohol이 0.5~2%가 함유되므로 채취 적량은 7.5~30g이며, 된장은 5~30g, 단무지는 10~30g을 채취한다.

이와같이 시료 적당량을 칭취하여 잘게 썰어 마쇄하고 500㎖ 환저플라스크에 증류수 150㎖로 씻어 넣는다. 여기에 약 1g의 침강성 $CaCO_3$을 가하여 수증기증류를 한다. 수기는 100㎖ 메스플라스크를 사용하여 유액이 100㎖ 가까이 되면 증류를 그치고 물을 추가하여 100㎖로 정용한다.

여기에서 얻은 유액(溜液) 100㎖를 500㎖ 공전 삼각플라스크에 취하고, 여기에 0.2N-$K_2Cr_2O_7$용액 10㎖와 진한 H_2SO_4 10㎖를 가한다. 일정시간 방냉한 다음 증류수 150~200㎖를 가하여 희석한다. 여기에 KI용액 6.5㎖를 가하여 잔존하는 $K_2Cr_2O_7$에 의하여 유리되는 I_2를 신속하게 0.1N-$Na_2S_2O_3$용액으로 적정한다. 반응용액이 담황녹색을 띠게 되면 다시 1% 전분용액 1㎖를 가하여 청남색이 없어질 때까지 적정한다. 적정할 때 온도가 높거나 시간이 오래 걸리면 오차가 많이 난다.

계 산

시료 중의 alcohol함량은 다음 식에 의해 계산한다.

$$\text{Alcohol(\%)} = \frac{(A \times F_1 - V/2 \times F_2) \times 0.0023}{S} \times 100$$

A : 0.2N-$K_2Cr_2O_7$ 채취량(mℓ, 여기에서는 10mℓ)
F_1 : 0.2N-$K_2Cr_2O_7$의 역가
V : 0.1N-$Na_2S_2O_3$의 적정치(mℓ)
F_2 : 0.1N-$Na_2S_2O_3$의 역가
S : 시료채취량(g)
0.0023 : 0.2N-$K_2Cr_2O_7$ 1mℓ에 상당하는 alcohol(C_2H_5OH)의 양(g)

데이터 및 결과 예

① 시료 : 단무지

② 시료채취량 : 3.1234g

③ 0.2N-$K_2Cr_2O_7$용액의 역가 : 0.9945

④ 0.1N-$Na_2S_2O_3$용액의 역가 : 1.0045

⑤ 0.2N-$K_2Cr_2O_7$용액의 채취량 : 10mℓ

⑥ 0.1N-$Na_2S_2O_3$용액의 적정치 : 8.50mℓ

⑦ 시료 중의 alcohol함량

$$\text{Alcohol(\%)} = \frac{(A \times F_1 - V/2 \times F_2) \times 0.0023}{S} \times 100$$

$$= \frac{(10 \times 0.9945 - 8.50/2 \times 1.0045) \times 0.0023}{3.1234} \times 100$$

$$= 0.418\%$$

2-2 추출분(extracts)의 정량

원 리

청주, 맥주, 간장 등의 양조식품에서는 품질검사의 한 항목으로 추출분(Ex-分, extracts)의 측정이 있다.

이것은 수분, alcohol, 휘발산, 기타 휘발성의 물질을 증발시킨 후 잔류고형분의 양을 측정하는 것으로 당분, dextrin, 단백질, 무기질 등이 여기에 포함된다.

기 구

① 증발접시 ② Water bath

③ Dry oven ④ Desiccator

조 작

시료 10~15㎖를 피펫으로서 미리 100℃에서 건조, 방냉, 칭량하여 항량에 달한 자제 증발접시에 취한 다음 수욕(water bath)상에서 가열하여 수분과 alcohol 등을 증발시키면 엿과 같은 색깔의 잔류물이 남는다. 증발접시를 100℃의 건조기(dry oven)에 넣고 1~2시간 건조하여 데시케이터 안에서 방냉하여 칭량한다.

수분정량의 경우와 같이 항량에 달할 때까지 건조, 방냉, 칭량을 반복한다. 100℃의 건조는 과도하지 않도록 주의해야 하며, 흑갈색이 되거나 거품이 일거나 하면 분해하기 시작한다는 증거로서, 이렇게 되면 추출분이 감소하게 된다.

계 산

시료 중의 추출분(Ex-分)의 양은 다음 식에 의해 계산한다.

$$추출분(\%) = \frac{W - W_0}{S} \times 100$$

W_0 : 증발접시의 항량(g)
W : 시료의 증발건조 후 잔류량과 증발접시의 항량(g)
S : 시료채취량(g)

2-3 Methyl alcohol의 정량

원 리

Methyl alcohol은 주류나 alcohol음료 중의 유해물질로서 검사의 대상이되는 성분이다.

시료를 증류한 유액(溜液)을 희석하여 $KMnO_4$용액을 가한 후 수산(oxalic acid)용액을 가해 탈색시키고 Fuchsin아황산용액을 가해 방치한 후의 정색을 비색정량한다.

시 약

① $KMnO_4$용액 : $KMnO_4$ 3g과 85% H_3PO_4 15㎖를 물에 녹여 100㎖로 한다.

② 수산용액 : 진한 H_2SO_4와 물의 같은 용량 혼합액(1 : 1) 100㎖에 수산(oxalic acid) 5g을 녹인다.

③ Fuchsin아황산용액 :

(a) 특급 염기성 fuchsin 0.5g을 유발에 갈아 약 300㎖의 더운 물에 용해시켜 방냉한다.

(b) 무수 아황산나트륨(Na_2SO_3) 5g을 물 약 50㎖에 녹인다.

(c) (b)액에 잘 교반하면서 (a)액을 넣어 혼합한 액에 진한 HCl 5㎖를 가하고 다시 물을 가하여 500㎖로 한다. 본액 500㎖에 10N-H_2SO_4 40㎖를 가하고, 5시간 이상 방치한 다음 사용한다. 이 용액이 홍색을 나타내서는 안된다.

④ Methyl alcohol 표준용액 : 0.1% methyl alcohol과 95% ethyl alcohol 및 물을 표 9-2와 같이 혼합하여 methyl alcohol 비색표준용액 계열을 만든다.

표 9-2 Methyl alcohol 비색표준용액표

혼합액 / 번 호	0.1% methyl alcohol (㎖)	95% ethyl alcohol (㎖)	물 (㎖)	시험용액 1㎖중에 함유된 methyl alcohol의 양 (㎎)
1	0.05	0.25	4.70	0.01
2	0.10	0.25	4.65	0.02
3	0.15	0.25	4.60	0.03
4	0.20	0.25	4.55	0.04
5	0.30	0.25	4.45	0.06
6	0.40	0.25	4.35	0.08
7	0.50	0.25	4.25	0.10
8	0.60	0.25	4.15	0.12
9	0.75	0.25	4.00	0.15
10	1.00	0.25	3.75	0.20
11	1.25	0.25	3.50	0.25
12	1.50	0.25	3.25	0.30
13	1.75	0.25	3.00	0.35
14	2.00	0.25	2.75	0.40
15	2.50	0.25	2.25	0.50

조 작

시료 100mℓ에 물 15mℓ를 가하고 증류하여 유액(溜液) 100mℓ를 받고 그 유액 10mℓ를 취하여 물 40mℓ를 가해서 시험용액으로 한다.

시험용액 5mℓ와 표 9-2에 따라 조제한 methyl alcohol 비색표준용액을 각각 같은 형의 시험관에 취하여 $KMnO_4$용액 2mℓ씩을 가해서 15분간 방치한 다음 수산용액 2mℓ씩을 가하여 $KMnO_4$을 탈색시킨다.

완전히 탈색되면 각 시험관에 Fuchsin 아황산용액 5mℓ씩을 가하여 잘 흔들어 섞고 30분간 실온에 방치한 다음, 시험용액의 색을 표준용액의 색과 비교하여 표 9-2에 의해서 시료 중의 methyl alcohol 함량을 구한다.

계 산

시료 중의 methyl alcohol함량(mg/mℓ)은 표 9-2로부터 시험용액 중의 methyl alcohol함량(mg/mℓ)을 구하여 희석배수를 곱해서 산출한다. 즉, 이 표에서 시험용액 1mℓ 중에 함유된 methyl alcohol의 mg량을 5배(희석배수)한 것이 시료 1mℓ 중에 함유된 methyl alcohol의 mg량이 된다.

제 3 장 핵산의 정량

핵산은 당, 염기 및 인산이 한분자씩 결합한 nucleotide를 구성단위로 하고 있으므로 핵산을 정량하는데는 이 중 어느 것을 측정해서 산출하면 된다. 그러나 식품조직에는 여러가지 물질이 혼재하여 있으므로 먼저 핵산의 분획을 계통적으로 분별한 후에 정량하는 것이 보통이다.

여기서는 식품 중의 총핵산을 신속히 정량하는 방법으로서, Schmidt -Thannhauser-Schneider(STS)법과 각 핵산염기조성을 측정하는 액체크로마토그래피법에 대하여 설명한다.

3-1 STS법에 의한 총핵산의 정량

원 리

STS(Schmidt-Thannhauser-Schneider)법은 처음 동물조직 중의 핵산정량법으로서 개발된 것으로, 육류, 달걀, 미생물 균체 등 일반 동물성 식품에 적합하며, 식물성 식품은 방해물질이 생성되는 경우가 있으므로 액체크로마토그래피법이 바람직하다. 이 방법은 원래 핵산추출에 trichloroacetic acid를 사용하였지만 여기서는 자외선을 흡수하지 않는 과염소산을 사용한다.

시료를 먼저 냉각된 산으로 냉산가용(冷酸可溶)의 핵산성분, 즉 nucleoside 및 nucleotide를 추출하고, 남은 잔사를 탈지한 다음 잔존하는 RNA와 DNA를 묽은 알칼리처리를 하여 분별한다. 즉, 0.3N-KOH용액으로 37℃에서 18시간 동안 처리하면 RNA는 정량적으로 산 가용성의 nucleotide가 되므로 분취한다. 분해되지 않은 DNA는 다시 열산(熱酸)으로 분해해서 가용화한다. 이와같이 산 가용성으로서 추출한 각 분획을 일정량으로 하여 260㎚의 자외선흡수에 의해 핵산을 정량한다.

시약 및 기구

① 5%, 10%, 60% 과염소산(perchloric acid, $HClO_4$)용액

② Ethanol-ethyl ether혼합액(1 : 1v/v)

③ 0.3N-KOH용액

④ 6N-HCl용액

⑤ 균질기(homogenizer)

⑥ 냉각식 원심분리기(refrigerated centrifuge)

⑦ 항온수조(water bath)

⑧ 분광광도계(spectrophtometer)

조 작

정량조작을 순서에 따라서 산 가용성 분획의 추출, 탈지, RNA의 알칼리분해, DNA의 열산분해, 측정의 5단계로 구분한다.

(1) 산 가용성 분획의 추출

시료 약 400mg을 정확히 칭량하여 얼음물 8mℓ를 가하고 균질기로 균질화한다.

이 1mℓ를 원심분리용 유리시험관에 취하고 얼음냉각한 10% 과염소산용액을 2.5mℓ 가한다. 20~30분간 얼음냉각한 다음 0℃로 조정한 냉각식 원심분리기로 3,000rpm에서 10분간 원심분리한다(이후의 조작도 동일하게 한다).

원심분리 후 상징액을 끝이 가늘은 피펫으로 세심한 주의를 하여 잘 분취한다.

침전부분은 다시 한번 2mℓ의 얼음냉각한 5% 과염소산을 가하여 유리봉으로 마쇄, 교반하면서 세척조작을 한 다음, 약 15분간 얼음냉각한 후, 앞서와 같이 원심분리하고 상징액부분을 취하여, 먼저의 상징액과 합쳐서 냉산가용성 분획(冷酸可溶性 分劃)으로 한다.

(2) 탈 지

다음에 침전물을 약 3mℓ의 ethanol-ether(1 : 1)용액으로 재현탁하고 알루미늄 호일로 덮개를 하고 50℃의 항온수조에서 15분간 두면서 지방을 추출한다.

약 10분간 얼음냉각한 다음 원심분리하여 상징액부분을 제거하고, 침전물을 다시 3mℓ의 ethanol-ether(1 : 1)용액으로 현탁시켜 실온에 10분간 방치하고 나서 원심분리한다.

(3) RNA의 알칼리분해

상징액을 제거한 후 침전물을 2.0㎖의 0.3N-KOH용액으로 재현탁시키고 알루미늄호일로 덮개를 하여 37℃의 항온수조에 18시간 두면서 RNA를 분해한다. 이 처리에 의해 RNA는 2′(3′)-mononucleotide로 분해되어 냉산가용성으로 된다.

알칼리분해가 끝나면 시료를 얼음냉각하면서 6N-HCl 0.12㎖를 가하여 중화하고, 다시 60% 과염소산 0.25㎖ 가한 다음 10분간 얼음 냉각한 후 원심분리한다. 상징액부분을 분취하고 침전물은 2㎖의 냉각한 5% 과염소산으로 다시 현탁시켜 10분간 얼음냉각한 후, 원심분리하여 상징액을 합쳐서 RNA분획으로 한다.

(4) DNA의 열산(熱酸)분해

침전물에 다시 5% 과염소산 2㎖를 가하여 현탁시키고 알루미늄 호일로 덮개를 하여 90℃, 15분간 가열 분해한다. 이 처리로 DNA는 냉산가용성(冷酸可溶性)으로 된다. 15분간 얼음냉각한 후 원심분리하고 상징액을 분취한다. 침전물은 다시 5% 과염소산 2㎖를 가하여 현탁시키고 원심분리한 다음 상징액을 합하여 DNA분획으로 한다.

(5) 측　정

이상과 같은 방법으로 추출한 각각의 분획은 일정량으로 물을 가하여 정용한다. 보통 10㎖로 정용하고, 농도가 진하면 다시 물로 희석한다. 물을 공시험으로 하여 260㎚에서 흡광도를 측정한다. 260㎚는 핵산염기에 있어서 특유한 흡수대이며, 이 흡수는 산성영역에서는 변하지 않으나 알칼리성 영역에서는 장파장쪽으로 변동한다.

계 산

시료 중의 핵산의 함량은 다음 식에 의해 계산한다. 즉, 핵산의 흡광계수를 $E_{1\%}^{1cm}=286$으로 계산하고, 표시는 nucleoside 및 nucleotide, RNA 및 DNA로 한다.

$$\text{시료용액 1㎖ 중의 핵산의 양}(\mu g)=\frac{\text{흡광도값}}{0.0286}$$

$$\text{시료 중의 핵산의 양}(\%)=\frac{A\times V}{S\times 10^6}\times 100$$

A : 시료용액 1㎖ 중의 핵산의 양(㎍)
V : 물을 가해 정용한 시료용액의 총량(㎖)
S : 시료채취량(g)

방법도시

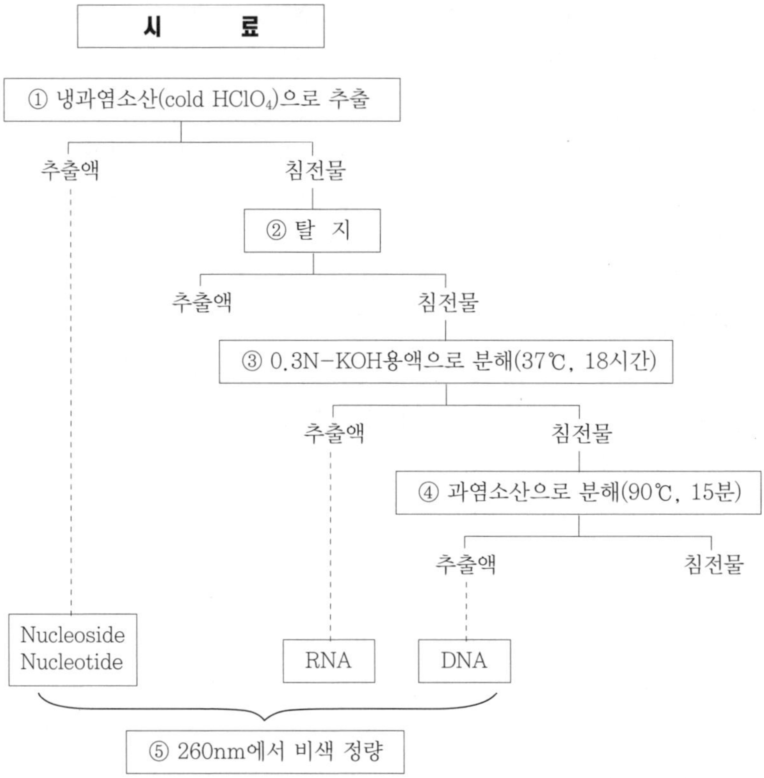

그림 9-3 핵산의 추출 및 정량법

3-2 액체 크로마토그래피에 의한 핵산의 분별정량

원 리

식품 중의 총핵산 함량은 3-1의 STS법에 의해 측정이 가능하지만, 핵산을 각 염기로 분별정량하기 위해서는 액체크로마토그래피에 의하여야 한다. 핵산염기의 액체크로마토그래피는 음이온교환수지 또는 양이온교환수지를 이용하며, 어느 경우나 STS법에 의해 시료로부터 추출한 nucleotide를 이온교환수지에 흡착시켜서 흡착도의 차를 이용하여 분리한다. 크로마토그램(chromatogram)은 260nm의 흡수를 측정하여 얻은 피크(peak)면적에 의해 정량한다.

3-2-1 음이온교환수지에 의한 방법

시약 및 기구

① 용출액 : A액 0.004N-HCl, B액 0.01N-HCl+0.2N-NaCl용액을 사용한다.

② 6N-NaOH용액

③ 유리여과기(glass filter G3)

④ 칼럼(column) : 음이온교환수지, Dowex-1, X-8(200~400mesh)을 내경 1㎝, 길이 25㎝의 칼럼에 충전한다.

⑤ 펌프(pump) : 유속 0.75㎖/min의 펌프(peristaltic pump)를 사용한다.

⑥ 검출기 : 260㎚의 자외선 흡수검출기를 사용한다.

⑦ Gradients장치 : 비커 2개를 연결한 간이형도 좋다.

조 작

상법에 따라 이온교환수지를 칼럼에 충전하고, 0.2N-NaCl용액으로 260㎚의 흡수가 없어질 때까지 칼럼을 세척한다. 이어서 A액으로 칼럼용량의 4배량을 사용해서 세척한다.

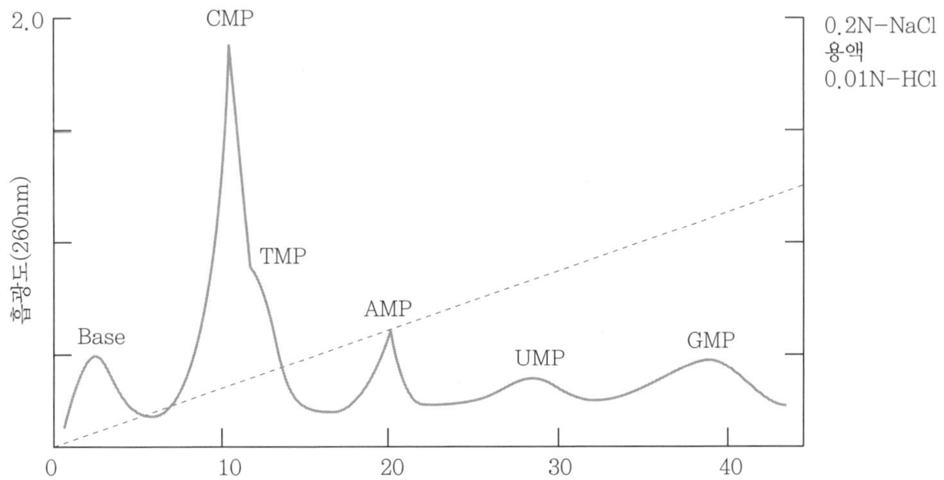

그림 9-4 정백미의 nucleotide의 크로마토그램(chromatogram)

3-1의 STS법에 따라 분획추출한 핵산염기의 과염소산용액을 6N- NaOH용액으로 중화하고, 유리여과기(glass filter G3)로 여과한 것을 칼럼에 주입한다. 용출은 A액 100%, B액 0%부

터 개시하고, 120분 후에 A액 50%, B액 50%가 되도록 한다. 용출액은 260㎚에서 흡수를 측정하여 크로마토그램을 얻어서 표준품의 nucleotide[2´(3´)-AMP, 2´(3´)-GMP, 2´(2´)-GMP, 2´(3´)-UMP]의 크로마토그램과 비교하여 정성, 정량한다. 정백미의 RNA분획으로부터 분석한 nucleotide의 크로마토그램은 그림 9-4와 같다.

3-2-2 양이온교환수지에 의한 방법

시약 및 기구

① 용출액 : 0.05M-$NH_4H_2PO_4$/5% ethanol용액을 사용한다.

② HPLC 및 분석조건

- 칼럼 : Aminex A-4를 내경 0.8㎝, 길이 50㎝의 유리칼럼(glass column)에 충전하여 사용한다.
- 칼럼온도 : 40℃로 한다.
- 유속 : 1.5㎖/min으로 한다.
- 검출 : 254㎚의 흡수를 측정한다.

조 작

이 방법은 HPLC를 사용하는 방법으로 3-2-1의 경우와 같이 처리한 시료를 칼럼에 주입하여 위와같은 분석조건에 따라 측정한다. 소 간에 대해서 분석한 nucleotide 크로마토그램은 그림 9-5와 같다.

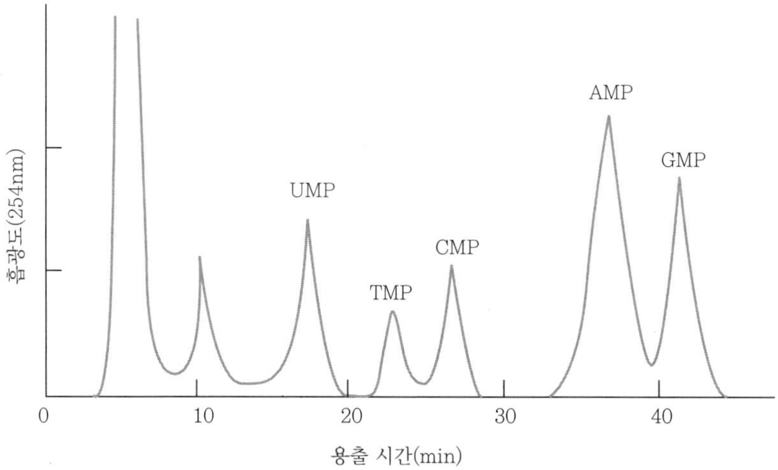

그림 9-5 소간의 nucleotide의 크로마토그램(chromatogram)

제 4 장 색소의 정량

4-1 Chlorophyll 색소

고등식물의 녹색잎에 들어있는 녹색색소는 chlorophyll이다. Chlorophyll(엽록소)은 세포 내의 엽록체 중에 carotenoid와 함께 들어있는 탄소동화에 불가결한 색소로서 일종의 단백질과 결합하여 chloroplastin 혹은 phyllochlorin이라고 불리는 색소단백질로서 존재하고 있다.

4-1-1 총 chlorophyll, chlorophyll a,b의 정량

원 리

식물계에 존재하는 chlorophyll은 chlorophyll a, b, c, d, e, protochlorophyll, bacterio-chlorophyll, bacterioviridine 등이 알려져 있다. 고등식물 중에는 다소의 변동은 있으나 보통 3 : 1의 비율로 a와 b가 손재하고 있다. 모조류(毛藻類), 규조류(硅藻類), 갈조류(褐藻類)에는 a와 c, 홍조류(紅藻類)에는 a와 d, 부등모류(不等毛類) tribonema에는 a와 e가 공존하고 있다. c, d, e는 a, b와 근연(近緣)이나 구조는 결정되어 있지 않다. 고등 · 하등 식물을 통하여 공통한 점은 어느 것에나 a가 존재하고 있다는 점이다. 홍색 유황세균에는 bacteriochlorophyll이, 그리고 녹색 유황세균에는 bacterioviridine이 함유되어 있다.

장치 및 시약

① 분광광도계 : 600㎚ 부근에 있어서 파장분해폭 약 3㎚, 셀(cell)은 ether를 사용할 수 있는 유리제 기밀공전(氣密共栓)을 갖춘 것을 사용한다.

② 세척관 : 구경 20㎜의 유리관의 한 끝에 이것보다 구경이 작은 유리관을 용융접착시키고 그 아래 끝에 작은 구멍을 뚫는다. 이 세공부(細孔部)를 분액깔때기의 위쪽 입구에서 물

층 중에 삽입하고 관 속에서 ether, acetone 추출액을 세공을 통하여 물층 속으로 유출시켜 acetone을 ether로부터 제거하는데 사용한다.

③ Mixer 또는 waring blender

④ Acetone 및 85%(v/v) acetone

⑤ Ether

⑥ 석영모래

조 작

(1) 추출 및 시료용액 조제

정량에 사용되는 유리기구는 미리 진한 Na_2HPO_4용액으로 세척하고 산의 흔적을 제거하여 둔다. 시료가 생엽(生葉)인 경우는 가위로 잘게 잘라서 혼합하고 건조물이면, 분쇄기(mill)로 분쇄혼합한다. 이 시료 2~10g을 chlorophyll함량에 따라 칭량하고, 유발에서 $CaCO_3$ 0.1g과 혼합한다. 석영모래를 가하여 파쇄한 후 85% acetone을 가하여 조직이 아주 잘게 분쇄될 때까지 잘 갈아낸다. 혼합물을 Büchner깔때기를 사용하여 흡인여과하고 잔류물을 85% acetone으로 세척하여 세액은 여액에 합친다.

잔류물은 유발에 다시 넣고 85% acetone을 가하여 다시 분쇄하여 여과하고 세척한다. 이 조작을 잔류물 및 세액이 녹색을 나타내지 않을 때까지 반복한다. 필요에 따라서는 소량의 ether를 사용하여 잔류물로부터 흔적의 색소까지 추출한다. 유발을 사용하는 대신에 믹서(mixer)를 사용하여 분쇄·추출을 행하여도 좋다. 전 세척액과 여액을 합하여 적당한 용량의 플라스크에 옮겨 넣고 85% acetone을 가하여 일정 용량으로 한다.

이 액 25~50mℓ를 ether 50mℓ를 넣은 제1분액깔때기(separating funnel)에 넣어 혼합시킨 다음 주의하면서 물을 지용성의 색소가 명확하게 ether층에 이행할 때까지 가하여 흔들어 섞고 정치한 다음 물층을 버린다. 제1분액깔때기의 아래쪽 출구를 세척관 속에 두고 세척관의 하단은 물 약 100mℓ를 넣은 제2분액깔때기의 물층 깊이 넣어 둔다. 제1분액깔때기로부터 ether용액을 흘러내리면 용액은 세척관의 선단으로부터 작은 방울이 되어 제2분액깔때기에 방출되어 acetone이 물로 제거되고 ether용액이 상층에 모인다.

흘러내리기가 끝나면 제1분액깔때기 및 세척관을 소량의 ether로 세척해 넣는다. 두 분액깔때기의 위치를 바꾸고 제2분액깔때기 중의 물층을 버리고 제1분액깔때기에 새로 물 100mℓ를 넣어 세척관을 넣고 위의 조작을 반복한다. 이 조작을 5~10회 반복하여 acetone을 완전히 제거한 다음 ether용액을 100mℓ 메스플라스크에 옮기고 ether를 가하여 정용하고 혼합하여 시료용액으로 한다.

(2) 흡광도 측정

시료용액을 60mℓ용 플라스크에 취하고, 무수 Na_2SO_4를 가하여 혼합한다. 투명한 시료용액 일정량을 피펫으로 적당한 용량의 메스플라스크에 취하여 건조 ether를 가하여 일정량으로 희석한다. 희석한 시료용액의 농도는 측정파장 660~642.5nm에서의 흡광도가 0.2~0.8이 되도록 하는 것이 적당하며, 660nm에서의 흡광도가 약 0.6이면 가장 좋은 것으로 642.5nm에서의 흡광도도 적당하게 된다.

두 개의 셀(cell)의 외면을 alcohol솜, 그 다음 마른솜으로 닦고 그 한개에 건조 ether를 채워 대조(reference)로 하고, 다른 한개에 희석 시료용액을 부어 분광광도계에 세트(set)한다. 600nm에서 3~4nm의 분해능을 갖도록 슬리트(slit)폭을 조정한 다음에 658~665nm를 1nm 간격으로 흡광도를 측정한다. 기기가 바르게 조정되어 있으면 최대흡광도는 660nm에 나타난다.

계 산

660nm 및 642.5nm에서 측정한 흡광도 $\log \frac{I_0}{I}$로부터 총 chlorophyll, chlorophyll a 및 b의 양은 다음 식에 의하여 구한다. I_0는 ether만의 흡광도이다.

① 총 chlorophyll의 양(mg/ℓ) $= 7.12 \log \frac{I_0}{I}(660\text{nm}) + 16.8 \log \frac{I_0}{I}(642.5\text{nm})$

② Chlorophyll a의 양(mg/ℓ) $= 9.93 \log \frac{I_0}{I}(660\text{nm}) - 0.777 \log \frac{I_0}{I}(642.5\text{nm})$

③ Chlorophyll b의 양(mg/ℓ) $= 17.6 \log \frac{I_0}{I}(660\text{nm}) - 2.81 \log \frac{I_0}{I}(642.5\text{nm})$

4-1-2 박층 크로마토그래피(TLC)에 의한 chlorophyll 분리

원 리

시료(대체로 식물)로부터 chlorophyll을 추출하여 TLC판에 주입하여 전개함으로써 chlorophyll 성분들의 이동거리(R*f*)에 의해 각 성분들을 분리할 수 있다.

시약 및 기구

① Cellulose MN 300, prtroleum ether, acetone

② *n*-Propanol, 전개조, UV-light lamp

조 작

(1) 추출 및 시료용액 조제

Chlorophyll 추출 및 시료용액 조제방법은 4-1-1과 같다.

(2) 측정방법

추출한 chlorophyll 용액을 20×20㎝의 cellulose MN 300에 주입한 후 petroleum- : acetone- : *n*-propanol(90:10:0.45. v/v)의 전개용매를 사용하여 30분간 전개시킨 다음, 분리된 녹색 spot들의 R*f*를 측정하거나, UV lamp를 사용하여 적색 형광 spot들의 이동거리를 측정한다.

결과 및 고찰

표 9-3 TLC상에서 chlorophyll a와 b의 R*f*값의 색상

색소	R*f*	색 상
Pheophytin a	93	회색
Pheophytin b	80	황갈색
Chlorophyll a	60	청녹색
Chlorophyll b	35	황녹색
Pheophorbide a	48	회색
Pheophorbide b	7	황갈색
Chlorophyllide a	3	청녹색
Chlorophyllide b	2	황녹색

TLC on MN 300 cellulose in petroleum(b.p. 60~80℃) : acetone : *n*-propanol(90:10:0.45) for 30 min run on 20×20㎝ plate.
용매 : petroleum : acetone : *n*-propanol = 90:10:0.45
TLC판 : MN 300 cellulose(20×20㎝)

4-2 Carotenoid 색소

Carotenoid는 동식물계에 광범위하게 분포되어 있는 황·등·심홍색을 나타내는 색소로, 대부분은 지방과 공존하고 물이나 alcohol에는 녹지 않으며 지방, ether, benzene, benzine, chloroform 등 비극성 용매에 쉽게 녹는다. 일반적으로 isoprene단위가 축합하여 40개의 탄소원자를 가진 긴 쇄상(鎖狀)의 공역이중결합계(共役二重結合系)의 polyene구조로 tetraterpenoid이다. Carotenoid는 산소를 함유하지 않은 탄화수소계의 carotenoid, carotene과 산소를 함유한 carotenoid(alcohol, ketone, carboxylic acid, ester, ether), xanthophyll로 분류된다.

4-2-1 총 carotene의 정량

원 리

Carotenoid의 정량은 일반적으로 분광광도법을 이용한다. 우선 시료를 용매로 추출한 다음 크로마토그래피(chromatography)법, 인산처리 등에 의해 chlorophyll 등의 협잡물을 분리시키고 분광광도법에 의하여 총 carotene 또는 특정의 carotenoid를 정량한다.

시 약

① 건조 acetone : Alcohol을 함유하지 않은 것을 사용한다. 건조시키기 위해서는 무수 Na_2SO_4로 탈수시키고 약 10mesh의 입자상 아연(Zn) 존재하에서 증류시킨다.

② 시판 hexane : 비점(b.p)이 60~70℃인 것으로 KOH 존재하에 증류시킨 것을 사용한다.

③ 활성화 마그네시아(activated magnesia) : 활성화 MgO

④ 규조토(diatomaceous earth) : Hyflo Super-Cel

조 작

(1) 추출 및 시료용액의 조제

① 건초 및 건조한 동물체

분말로 한 시료를 No.40의 체로 사별한다. 시료 2g(carotene함량이 120mg/kg 이상이면 1g, 30mg/kg 이하이면 4g)을 정확히 칭량하고 추출플라스크에 넣는다. Acetone-hexane(3 : 7)혼합액 3mℓ를 플라스크에 넣고 1초 동안에 1~3방울의 속도로 한시간 환류추출하던가 또는 밀전하여 암소에 하룻밤(적어도 15시간)을 방치한다. 100mℓ의 플라스크에 추출액을 여과하고 잔사는 hexane으로 세척하여 세액을 여액과 합하여 정용한다(9% acetone함유용액).

② 신선한 식물체 또는 사료용 푸른 풀

시료를 가위나 칼로 잘게 자른다. 만약 분석을 즉시 할 수 없는 경우에는 뜨거운 물로

5~10분간 끓인 다음 동결상태로 보존한다. 시료 2~5g을 acetone 40㎖, hexane 60㎖, 0.1g $MgSO_4$와 혼합하여 고속의 혼합기(blender)에서 5분간 혼합한다. 흡인여과하여 분리된 추출액을 분액깔때기에 넣는다. 잔사는 25㎖ acetone으로 2회, 25㎖의 hexane으로 1회 세척하여 추출액에 합친다. 추출액을 물 100㎖로 5회 세척하고 acetone을 제거한다. Acetone을 제거시킨 상층을 acetone 9㎖가 들어있는 100㎖용 플라스크에 옮겨 넣고 hexane을 가하여 정용한다. Alcohol 80㎖와 hexane 60㎖를 acetone 대신에 사용할 수도 있다.

(2) 색소의 분리

활성화 마그네시아-규조토(1 : 1, w/w)의 혼합물로 크로마토 칼럼(column)을 만든다. 외경 22㎜, 길이 175㎜로 하단이 가는 관(외경 10㎜)으로 되어 있는 pyrex관의 밑부분에 유리솜(glass wool) 또는 탈지면을 채운다. 흡착제의 혼합물을 용매에 현탁시켜 주입시키고 15㎝의 가벼운 층이 되도록 한다. 흡착관은 흡인병에 장치시키고 아스피레이터를 이용하여 흡인시켜 끝이 평평한 막대로 칼럼층 윗면을 가볍게 눌러 흡착층의 높이를 약 10㎝가 되도록 한다. 그 위에 무수 Na_2SO_4를 1㎝의 층이 되도록 가한다.

흡인을 계속하면서 칼럼에 추출액을 주입하고 acetone-hexane(1 : 9)의 혼합액 50㎖로 전개시킨다. Carotenoid는 흡착층으로부터 용출된다. 이 조작 중 칼럼의 상단부는 항상 전개용매로 덮여 있도록 하며(전개용매층이 1~2㎝면 된다), 용출액을 모은다. 이때 carotene류는 빨리 용출되나 xanthophyll류(carotene의 산화물), chlorophyll류는 흡착대로서 칼럼 내에 머물러 있다. 용출액을 100㎖ 이하로 농축하여 acetone-hexane(1 : 9)으로 100㎖의 일정량이 되도록 한다.

(3) 측　정

가능한 한 신속하게 분광광도계로 436㎚에서 흡광도를 측정한다. 필터광도계로 측정할 때에는 No. 44(Klett), 440(Erelyn)의 필터(filter)를 사용한다. 이러한 필터를 사용할 때에는 미리 고순도의 β-carotene의 표준농도용액에 대해서 측정하여 표준곡선을 작성하여 둔다.

계 산

시료 중의 총 carotene함량은 다음 식에 의해 계산한다.

$$총\ carotene(mg\%) = \frac{A \times 100}{196 \times L \times W}$$

A : 436㎚에서 측정한 흡광도
L : 칼럼(column)층의 길이(㎝)
W : 측정시 시료액 1㎖의 시료량(g)

이 계산치는 β-carotene으로서의 값이며 이값에 1667을 곱하면 국제단위(I.U.)/100g가 된다.

4-2-2 박층 크로마토그래피(TLC)에 의한 carotenoid의 분리 동정

원 리

개개의 carotene을 결정화시키는 것은 비교적 간단하나, 보통 식물 중에는 2~3종 또는 10종류 정도가 혼재하고 있으므로, 크로마토그래피법이 아니면 분별하기란 거의 불가능하다. Carotenoid의 분리는 이제까지는 column chromatography를 사용하여 행하였으나 최근에는 TLC를 사용하여 간단히 정성, 정량을 행하고 있다. Carotenoid에 대하여서는 여러 가지의 흡착층과 전개제를 사용하여 분석하고 있다.

Carotenoid의 확인은 그 색조로 판별할 수 있으나 기타 다음과 같은 확인시험방법도 있다.

① 254㎜ 또는 365㎜의 자외선 조사에 의해 암색흡수 spot을 생성한다.

② $SbCl_3$액($SbCl_3$ 25g을 $CHCl_3$ 75g에 용해한다), $SbCl_5$액(20% $SbCl_5$ · $CHCl_3$ 액 또는 $SbCl_5$: CCl_4=2:8 혼합액)으로 청색을 나타낸다.

③ 진한 H_2SO_4에 청색을 나타낸다.

④ $HClO_4$ 용액으로 청색을 나타낸다.

⑤ Rhodamine액(1~5% rhodamine의 ethanol 용액)으로 carotenoid aldehyde는 적등색으로 발색한다. 확인 한계는 검출용액에 따라 다른데 예를 들어 β-carotene은 $HClO_4$로 2㎍, $SbCl_3$액으로 0.05㎍, 자외선 조사로 0.03~0.04㎍이다.

조 작

(1) 추출 및 시료용액 조제

Carotenoid 추출 및 시료 용액 조제 방법은 4-2-1과 같다.

(2) 측정 및 주의 사항

Carotenoid류는 건조시킨 TLC판 위에서 급속히 변색하므로 원점(starting point or line)에 spot한 뒤에는 즉시 전개한다. 전개는 CO_2 gas 기류 중에서 행하면 안정하다. 또한 구조상의 변화를 피하기 위하여서는 시료는 가능한 한 정제품을 택하고, 항상 새로 조제된 용액을 사용할 것이며 표준품을 동시 전개시켜 비교하는 것이 바람직하다.

결과 및 고찰

표 9-4 Carotene과 Xanthophyll의 TLC

색소	Rf(×100) in system*			색소	Rf(×100) in system*		
	1	2	3		4	5	6
Carotenes				Xanthophylls			
α-carotene	66	80	88	Lutein	10	35	56
β-carotene	49	74	84	Zeaxanthin	5	24	55
γ-carotene	11	41	45	Violaxanthin	5	21	84
ε-carotene	70	84	–	Cryptoxanthin	54	75	7
Lycopene	1	13	15	Capsanthin	6	16	–
				Neoxanthin	–	–	95

*system

1. activated MgO, petroleum(b.p. 90~110℃)-C_6H_6(1:1)
2. activated MgO, petroleum(b.p. 90~110℃) : C_6H_6(1:9)
3. silica gel : $Ca(OH)_2$(1:6) : petroleum : C_6H_6(49:1)
4. sec magnesium phosphate, petroleum(b.p. 40~60℃) : C_6H_6(9:1)
5. silica gel : CH_2Cl_2 : EtOAc(4:1)
6. 8% triglyceride 용액으로 포화된 Kieselguhr G, acetone : MeOH-H_2O(3:15:2)

표 9-5 Carotenoid의 분광학적 특성

색소	최대흡수파장		색소	최대흡수파장	
	Petroleum or *n*-hexane	chloroform		Petroleum or *n*-hexane	chloroform
Carotenes			Xanthophylls		
α-carotene	422.444.473	– .454.485	Lutein	420.447.477	428.456.487
β-carotene	425.451.482	– .466.497	Violaxanthin	– .443.472	424.452.482
γ-carotene	437.462.494	447.475.508	Zeaxanthin	423.451.483	429.462.494
ε-carotene	419.444.475	418.442.471	Neoxanthin	415.437.466	421.447.477
Lycopene	446.472.505	456.485.520	Rubixanthin	432.462.494	439.474.509
			Fucoxanthin	425.450.478	– .457.492
			Cryptoxanthin	425.451.483	433.463.497

4-3 Flavonoid 색소

Flavonoid는 식물계에 널리 분포되어 있는 페놀성 천연색소 화합물로써 유리상태(aglycones)로 존재하기도 하나, 대부분의 경우 당류와 결합하여 배당체(glycosides)의 형태로 존재한다. 그 구조는 2-phenyl-1,4-benzopyrone(C_6-C_3-C_6)의 기본 골격을 지니고 있으며, pyrone 부위의 치환 양상에 따라 flavone, flavanone, flavanonol, isoflavone 및 anthocyanin 등으로 분류된다.

4-3-1 감귤류 과실 중의 flavonoid의 정량

원 리

감귤류 과실 및 그 가공품에 많이 함유되어 있는 flavonoid 중 hesperidin과 naringin 등의 flavan을 주로 대상으로 하며, 품질평가를 하는 경우의 총 flavonoid의 측정법으로서는 Davis법 및 Davis변법이 이용되고 있다.

Davis법은 flavonoid를 함유하는 시료에 알칼리를 작용시키면 hesperidin과 naringin 등의 flavanone 또는 수용성 flavonol배당체가 황색을 나타낸다. 그 황색의 흡수극대에 가까운 420㎚에서의 흡광도를 측정하여, 표준시료를 사용하였을 때의 같은 파장에서의 표준곡선으로부터 시료 중의 함량을 산출하는 것이다. 표준시료로서는 hesperidin, naringin 또는 rutin 등, 대상으로 하는 시료에 가장 많이 함유되어 있는 것을 선정하여 사용한다.

Davis법에 의한 발색반응은 flavan에 특이적인 것이 아니라 flavonol배당체의 발색이 특히 강하며, 또한 flavone, flavonol 등도 강하게 발색한다. 기타 내부분의 phenol물질, 산화형 ascorbic acid와 reductone, melanin색소도 발색하기 때문에 측정치는 높게 나타나는 것이 보통이다. 실제로 분석할 때는 Davis변법을 채택하는 것이 바람직하다. 또한 hesperidin만을 측정하고자 할 때는 Indophenol법을 이용하면 좋다.

시약 및 기구

① Flavonoid표준용액 : Hesperidin, naringin, rutin 등을 사용한다. 특히 hesperidin은 물에 난용성이기때문에 일정량의 표준품을 소량의 methanol에 가온용해하여 각각의 농도로 희석한다.

② 90% diethylene glycol

③ 1N, 4N-NaOH용액

④ Methanol

⑤ 분광광도계(spectrophotometer)

⑥ 항온수조(water bath) : 100℃ 승온 가능한 것을 사용한다.

조 작

(1) 시료용액의 조제

감귤류 과실즙 10mℓ를 100mℓ의 메스플라스크에 채취하고, 이것에 증류수 및 methanol을 각각 30mℓ 가하여 90℃에서 30분 가온하여 flavonoid추출을 행한다. 다음 냉각하여 100mℓ로 정용한 후 여과하여 시료용액으로 한다.

(2) 측 정

① Davis법

90% diethylene glycol 10mℓ에 시료용액 0.2mℓ를 가하여 혼합하고, 4N-NaOH용액 0.2mℓ를 가하여 30℃에서 5분간 유지한 후, 그의 등황색을 420nm에서 흡광도를 측정한다.

② Davis변법

Davis법을 기초로 Nakabayashi가 개량한 방법으로 조작성이 우수하며 정밀도도 높다. 조작은 기본적으로 Davis법과 똑같으나 반응시간과 알칼리 농도가 크게 다르다.

즉, 시료용액 1mℓ, diethylene glycol 10mℓ, 1N-NaOH용액 1mℓ를 혼합하여, 30℃에서 60분간 유지한 후 420nm에서의 흡광도를 측정한다. 이 조작에 준해서 측정한 hesperidin과 naringin의 표준품을 사용했을 때의 표준곡선은 그림 9-6과 같다.

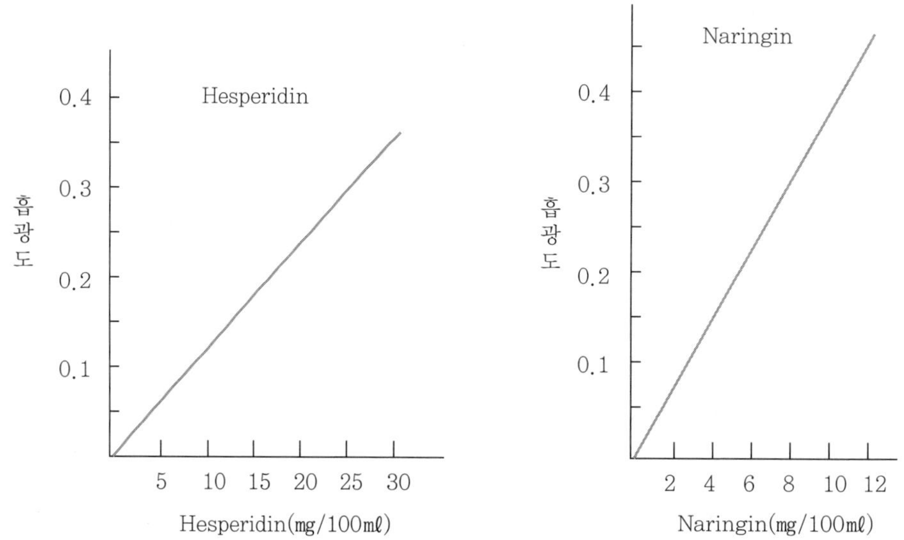

그림 9-6 Davis변법에 의한 hesperidin 및 naringin의 표준곡선(420nm)

4-3-2 HPLC 방법에 의한 flavonoid의 정량

원 리

Flavonoid는 식물화학물질(phytochemicals) 중 최근 가장 주목을 받고 있는 생리활성물질의 하나로서 항산화 작용을 비롯한 항암, 항혈전, 항염증, 항알레르기 및 항균작용 등의 여러 생리 · 약리적 작용을 지니고 있다.

예를들어, 삼백초에 들어 있는 quercetin은 강력한 항암 및 이뇨작용을 지니고 있으며, 괴화, 메밀 및 토마토 등에 함유되어 있는 rutin은 quercetin의 배당체로써 고혈압 억제작용을 갖고 있으며, 감귤류의 과피에 들어있는 hesperidin 및 naringin은 vitamin P로써 rutin과 같이 항혈관삼투 작용이 있음이 확인되고 있다.

시약 및 기구

① Hexane, buthanol, acetone, chloroform, ether, acetonitrile, methanol, ethylacetate

② 탄산수소나트륨($NaHCO_3$), 염산, 초산납, 규조토

③ Reflux 장치, 분별깔대기

④ Silica gel, Daion HP-20(ion exchange resin), Sephadex LH-20 HPLC 등

조 작

(1) 추출 및 시료용액 조제

건조 및 생체시료는 80% 수용성 methanol 또는 50% 수용성 acetone으로 상온 또는 reflux 장치에서 flavonoid 성분을 추출한 후 hexane으로 탈지 및 탈색한 다음, 여과 및 감압 · 농축하여 조시료로 사용하며, 액체시료는 그대로 또는 소금을 참가하여 포화시킨 후 hexane이나 chloroform으로 탈지 및 탈색한 후 ethylacetate나 *n*-buthanol로 flavonoid 성분을 추출하여 조시료로 사용한다.

(2) 실험방법

① 산-알칼리 수용액 추출법

감귤껍질(3.0kg)에 물(2.5ℓ)을 가하여 90℃에서 1시간 동안 가열한 다음 여기에 규조토를 첨가하여 균질화한 후 여과한다. 다음 잔사는 같은 방법으로 재반복 추출 · 여과하

여 얻어진 여과물을 약 1ℓ까지 감압 · 농축한다. 여기에 냉각한 ethanol(2ℓ)을 가한 후 냉장고에서 하룻동안 방치하여 펙틴을 침전시켜 제거한 후 여과하여 얻어진 여과물은 다시 500㎖ 까지 감압 · 농축한 후 다시 물(2ℓ)을 가한 후 포화 초산납(lead acetate, 200g)용액을 가하여 냉장고에서 하룻밤 방치한다. 여기서 얻어진 노란 침전물을 여과한 후 포화 탄산수소나트륨($NaHCO_3$, 60g) 용액을 가하여 1시간 동안 혼합한 후 침전되는 탄산납을 제거하고 추출물을 6N HCl을 이용하여 pH 5.3으로 조정한 다음 여기에 buthanol을 수차례 가하여 추출되는 flavonoid 배당체(약 7g)을 얻는다.

② 용매추출법

감귤껍질(3.0kg)에 80% 수용성 methanol(3.0ℓ)을 가하여 균질화한 다음 80℃에서 3시간 동안 환류장치에서 반복 추출하여 여과한 후 감압 · 농축하여 methanol 추출물 300g을 얻었다. 여기에 다시 80% 수용성 methanol(1ℓ)을 가하여 현탁시킨 후 *n*-hexane을 수차례 가하여 지방, 색소 및 정유성분을 제거한 후 수용층을 감압 · 농축한다. 이 건고물(290g)을 10% 수용성 methanol로 녹인 후 앞서 얻어진 건고물을 소량의 methanol에 녹인 후 증류수로 평형화시킨 Diaion HP-20 column(10×100㎝)에 흡착시킨 다음, methanol 농도를 순차적으로 증가시키면서 용리한다.

③ Flavonoid의 분리 및 정제

위에서 추출된 flavonoid 조추출물은 흔히 실리카겔 및 Sephadex LH-20을 이용한 칼럼 크로마토그래피를 사용하여 flavonoid 성분을 순수 분리 및 정제할 수 있다. 이때 실리카겔 칼럼크로마토그래피에서는 보통 chloroform:methanol:물(60:35:5, v/v) 혼합용액을 사용하여 분리하며, 또한 Sephadex LH-20 칼럼크로마토그래피에서는 methanol, 수용성 methanol, 수용성 methanol 및 acetone 혼합용액을 사용하여 분리하는 경우가 대다수이다. 그리고 위의 방법으로 분리가 잘 되지 않는 flavonoid 성분은 최종 preparative HPLC를 사용하여 각각 순수 분리한다. 이때 용매로는 산성화 시킨 수용성 CH_3CN 또는 methanol 용액이 많이 사용되며, 때때로 methylformamide 또는 THF(tetrahydrofuran)도 사용된다.

결과 및 고찰

위 ①의 산-알칼리 수용액 추출방법을 사용하면 감귤껍질로부터 naringin, hesperidin 및 rutin과 같은 주된 flavonoid 배당체를 쉽게 분리할 수 있으나 nobiletin 및 tangeretin과 같은 methoxylated flavone 성분들은 분리할 수 없다. 다음 methanol 추출물을 여러 용매분획법을 이용하여 감귤껍질의 주된 flavonoid 성분을 분리하면 ether 분획으로부터 nobiletin 및 tangeretin 성분을 그리고 ethylacetate 및 buthanol 분획으로부터 naringin 및 hesperidin 등의 주된 flavonoid 성분을 분리할 수 있다. 그리고 Diaion HP-20 칼럼크로마토그래피법을 이용하면 80% 수용성 methanol 분획으로부터 주된 flavonoid 성분을 분리할 수 있다.

한편, 앞서 추출된 flavonoid 성분을 순수 분리하는데는 흔히 Sephadex LH-20 이용한 칼럼 크로마토그래피가 많이 이용되며 이 방법으로 여러 flavonoid 배당체 뿐만 아니라 aglycone 및 여러 procyanidin 성분의 분리가 가능하다. 단지 이때 사용하는 용리용매는 보통 methanol 용액을 많이 사용하나 때때로는 물-methanol 또는 물-acetone 혼합용매로 농도구배용리하면 더욱 순수분리가 가능하다.

4-3-3 Anthocyanin의 분리 및 정량

원 리

Anthocyanins은 채소, 과일 및 꽃 등에 존재하는 빨간색, 자색 또는 청색의 소용성 색소이다. Anthocyanins은 배당체로 존재하며, 물에 잘 녹고, 산, 알칼리, 효소 등에 의하여 가수분해되어 aglycone인 anthocyanidin과 당류로 분해된다. Anthocyanidin은 2-phenyl-3,5,7-trihydroxyflavylium chloride의 기본구조로 이루어져 있다. Anthocyanidin의 2번 탄소에 붙은 phenyl기에 OH기가 1개 있는 것을 pelargonidin, 2개 있는 것을 cyanidin 및 3개 있는 것을 delphinidin으로 분류한다.

Anthocyanins의 색과 안전성은 pH에 영향을 많이 받는데, 산성일수록 안정성이 큰 양이온(cation)의 형태로 존재하는 anthocyanin이 증가되어 안정성이 좋아진다.

시약 및 기구

① Lead acetate : $Pb(CH_3COO)_2 \cdot 3H_2O$ 8g을 증류수에 녹여 100㎖로 맞춘다.

② NH_4OH, 80% alcohol

③ 원심분리기, 눈금있는 원추형의 원심분리관, 분별깔대기

④ 전개용매 : *n*-buthanol:acetic acid:H_2O(4:1:5)

⑤ 발색제 : Phosphomolybdic acid 2g을 증류수에 녹여 100㎖로 맞춘다.

⑥ 전개용기, 스프레이(발색제용) 모세관 tube, UV 램프, Whatman No.1여과지

조 작

(1) Anthocyanin 추출

마개가 있는 50㎖ 원심분리관에 시료(진한 색의 주스) 10㎖, lead acetate 용액 10㎖를 넣고 혼합한다. NH_4OH 0.5㎖를 가하여 다시 흔들어 준다. 침전물이 생길 때까지 원심분리하여 맑은 상징액은 버린다. 상징액이 맑지 않으면 lead acetate 용액을 더 첨가하여 다시 원심분리한다. 침전물에 80% alcohol 25㎖를 넣고 잘 혼합하여 원심분리한 후 상징액은 버리고, 다시 이 과정을 1회 반복한다. 침전물에 *n*-buthanol 10㎖, HCl 1㎖를 가하여 유색의 침전이 $PbCl_2$로 전환될 때까지 강하게 흔들어 준다. 맑은 액체는 125㎖ 분별깔대기에 옮기고, 침전물에 *n*-buthanol 5㎖를 가하여 잘 혼합한 후 원심분리하여 맑은 상징액을 앞의 분별깔대기에 합한다. 분별깔대기에 석유 에테르 100㎖를 가하여 잘 흔들어 주고 방치시켜 액층이 완전히 분리되면, 하층의 액층(약 2㎖)을 눈금이 있는 15㎖ 원추형 원심분리관에 옮긴다. 분별깔데기에 증류수 0.2~0.5㎖를 가하고 흔들어준 후, 하층의 액층을 위의 원추형 원심분리관에 모으고 총 2.5㎖가 될 때까지 이과정을 반복한다. 만약 첫 과정의 하층 분리에서 액층이 2.5㎖ 이상 얻어지면 그 후의 과정은 하지 않는다. 이와 같이 얻어진 색소액은 잘 혼합하여 실험에 사용할 때까지 냉장고에 보관하며, 크로마토그래피 실험에는 0.5㎖를 사용한다.

(2) Paper chromatography

Whatman No.1 여과지(12×12″)의 밑에서 3㎝에 줄을 긋고, 모세관을 이용하여 길이 3㎝, 폭 0.3~0.6㎝로 시료를 점적하며, 시료 사이에는 약 2.5㎝의 간격을 둔다. Concord grape 주스의 경우 5~7회 점적하여야 만족할만한 농도가 되며, 시료에 따라 가감하여 점적한다. 여과지에 시료를 점적할 때는 반드시 찬바람으로 건조시킨 후 다시 점적 해야 하며 점적이 끝나면 여과지를 건조시킨다. 전개용기에 약 1㎝ 깊이로 전개용매를 넣고, 무명실로 여과지의 위쪽 끝을 묶은 여과지를 전개용매에 담그고 뚜껑을 덮어 실온에서 약 16시간동안 전개시킨다. 전개가 끝나면 여과지를 꺼내어 건조시킨다.

표 9-6 Anthocyanin의 R*f* 값(paper chromatography)

Anthocyanins	R*f*(×100) in BAW*
Monoglycosides	
Pelargonidin 3-glucoside	44
Cyanidin 3-glucoside	38
Malvidin 3-glucoside	38
Diglycosides	
Pelargonidin 3,5-diglucoside	31
Cyanidin 3-rhamnosylglucoside	37
Peonidin 3,5-diglucoside	31
Delphinidin 3,5-diglucoside	15
Triglycoside	
Cyanidin 3-rhamnosylglucoside-5-glucoside	25
Cyanidin 3-(2G-glucosylrhamnosylglucoside)	26
Acylated Diglucosides	
Pelargonidin 3(ρ-coumarylglucoside)-5-glucoside	40

*BAW = n-Buthanol : Acetic acid : H_2O(4:1:5)

결과 및 고찰

육안 및 장파장의 UV light으로 전개된 색소의 색 및 위치를 관찰하여 R*f* 값을 계산하여 시료에 함유된 anthocyanin의 종류를 확인한다. Aglycone의 성질에 따라 색이 다르게 나타나며 glycosides는 오랜지-붉은색, cyanidin glycosides는 진한 붉은색으로 보인다. Pelargonidin, peonidin 및 malvidin의 3, 5-diglycosides는 UV light 하에서 형광색을 발하며, 다른 glycosides는 어두운~밝은 색을 나타낸다.

$$Rf\ (\text{rate of flow}) = \frac{\text{원점에서 각 성분의 spot 중심까지의 거리}}{\text{원점에서 용매의 이동거리}}$$

4-4 Myoglobin 색소

Myoglobin은 동물성 색소로서 근육의 색소이다. 식육의 색택은 주로 myoglobin에 의해 좌우되는데 이 myoglobin의 함량은 동물의 종류, 연령, 성별, 근육, 운동성 및 부위에 따라 다르다. 즉, 고령, 숫소, 적색근(red muscle), 운동량이 많을수록 myoglobin 함량이 높다. 육색을 좌우하는 가장 중요한 요소가 색소물질의 전체함량이긴 하지만 육색소(meat pigments)의 화학적 상태, 다른 물질과의 반응 및 여러 가지 다른 조건들도 육색 결정에 있어서 색소물질 함량 못지 않게 중요하다. 그리고 육색은 냉동, 진공포장되어 판매될지라도 육색이 냉장육과 같은 선홍색을 나타내지 못하고 갈색이나 회색을 보이는 경우가 많아 소비자들이 구매를 기피하는 경향이 있다.

4-4-1 식육 중의 myoglobin 정량

원 리

Heme에 존재하는 철원자가 2가(Fe^{2+})이면 환원 myoglobin이라 불리우고, 육색은 적자색이 되며, 3가(Fe^{3+})이면 metmyoglobin이라 불리우며 육색은 갈색이 된다. 또한 환원철원자의 여섯째 위치에 산소분자가 부착되면 이것을 산소화라 부르며 이를 oxymyoglobin이라고 하고, 육색은 밝은 적색이 된다. 식육이 공기중에 노출되어 표면이 밝은 적색을 띠게되는 것은 산소압이 높아짐으로써 myoglobin이 산화되지 않고 산소화되기 때문이다. 식육 상층내부에는 표면에서의 환원효소들의 지속적인 산소 소비에도 불구하고 육표면으로부터 산소의 확산에 의해 산소압이 형성된다.

식육 내부상층에 형성된 산소압은 myoglobin의 산화에 알맞은 정도로 유지됨으로써 육색은 metmyoglobin의 갈색을 띠게 된다. 결과적으로 식육의 단면을 보면 oxymyoglobin의 밝은 적색, 내부상층은 metmyoglobin의 갈색, 그리고 내부심층은 환원 myoglobin의 적자색을 띠게 된다. 따라서 식육을 저장할 때 산소와 온도를 통제한다면 가능한 장시간을 선홍색으로 유지할 수 있다. 이러한 식육의 색소는 90% 이상이 myoglobin 함량에 의존하고 있기 때문에 식육의 육색 차이를 조사하기 위해서 myoglobin 함량을 측정하는 방법이 이용될 수 있다.

시약 및 기구

① 고속원심분리기(Max, speed:16,000rpm 이상)

② 균질기(Max speed:10,000rpm 이상)

③ Spectrophotometer

④ Whatman No.3 여과지

⑤ 0.4M Sodium phosphate 완충용액(pH6.8)

조 작

시료 5g을 정확히 칭량한 후 냉장된 0.4M Sodium phosphate 완충용액(pH6.8) 40㎖를 가하여 cold jacket이 장착된 균질기(또는 얼음으로 채운 수조)에서 9,000rpm의 속도로 3분간 균질한다. 고기균질물을 6,000rpm에서 20분간 4℃로 유지한 채 원심분리하고, 상징액을 Whatman No.3 여과지를 사용하여 여과한 후 여액을 시험관에 담고 마개를 막은 후 실온(18℃)에 방치한다. 분광광도계에서 572,565,545,525㎚의 파장에서의 흡광도를 측정하여 계산식에 대입하여 산출한다.

결과 및 고찰

육색소 함량은 상대적인 농도(relative concentration)를 산출하여 Hunter 색차계의 값과 비교할 수 있는데, 이때 분광광도계에서 얻은 각 파장의 흡광도를 사용하여 계수를 구하여야 한다.

R_1=572㎚의 흡광도/565㎚의 흡광도

R_2=565㎚의 흡광도/525㎚의 흡광도

R_3=545㎚의 흡광도/525㎚의 흡광도

① Myoglobin의 함량 계산식 = $0.369 \times R_1 + 1.14 \times R_2 - 0.941 \times R_3 + 0.015$

② Oxymyoglobin의 함량 계산식 = $0.882 \times R_1 - 1.267 \times R_2 + 0.809 \times R_3 - 0.361$

③ Metmyoglobin의 함량 계산식 = $-2.514 \times R_1 + 0.777 \times R_2 + 0.8 \times R_3 + 1.098$

제 5 장 식품용수의 분석

5-1 경도(硬度) 측정

원 리

경도[2]는 물 중의 칼슘이온(Ca^{2+}) 및 마그네슘이온(Mg^{2+})의 양을 탄산칼슘($CaCO_3$)의 양(ppm)으로 환산한 것을 말한다.

경도의 측정에는 여러가지 방법이 있지만 Ca, Mg의 적정에 EDTA시약을 사용하는 방법이 간단하고 정확하다. 즉, 검수(檢水) 중의 칼슘이온 및 마그네슘이온에 의해서 소비된 EDTA시약의 여분을 $MgCl_2$용액으로 적정하여 검수의 EDTA시약소비량을 산출해서 경도를 측정한다.

시약 및 기구

① 0.01M-EDTA용액 : EDTA · 2Na(disodium ethylendiamine tetraacetic acid) 4g을 취해 증류수에 용해하고 메스플라스크에 넣어 전량을 1ℓ 로 한다.

[0.01M-EDTA용액의 표정]

0.01M-EDTA용액 20mℓ를 정확히 삼각플라스크에 취하고 증류수 약 80mℓ, 완충용액 2mℓ 및 EBT용액 7~8방울을 가하여 0.01M-$MgCl_2$ 표준용액으로 검액의 색상이 미홍색이 될 때까지 적정한다. 이때 소비량을 Vmℓ이라 하면 0.01M-EDTA용액의 역가는 다음 식에 의해 구할 수 있다.

2) 경도는 총경도, 영구경도 및 일시경도의 3종류로 구분한다. 총경도는 물 중의 칼슘이온 및 마그네슘이온의 총량을 나타내는 경도를 말한다. 영구경도는 가열하여 끓였을 때 석출되지 않는 칼슘염 및 마그네슘염을 말하며, 이와 같은 물을 영구경수(永久硬水)라 한다. 일시경도는 가열하여 끓였을 때 석출되는 칼슘염 및 마그네슘염을 말하며, 이와 같은 물을 일시경수(一時硬水)라 한다. 이들 경수의 원인은 주로 토질에 영향이 있지만 해수, 공장폐수, 하수 등의 혼입에 원인이 있고 상수도에서는 시설의 콘크리트 혹은 물의 석회처리에 영향을 받을 수 있다.

$$0.01M\text{-}EDTA\text{용액의 역가}(F) = \frac{V \times F'}{20}$$

F′ : 0.01M-$MgCl_2$ 표준용액의 역가

② 0.01M-$MgCl_2$ 표준용액 : 산화마그네슘(MgO) 0.4028g을 취해 증류수 약 10mℓ를 가해 시계접시에서 묽은 염산을 적하하여 용해한다. 이것을 끓는 수욕상에서 염산냄새가 나지 않을 때까지 증발건고시킨다. 잔유물을 증류수에 용해하여 메스플라스크로 옮겨 전량을 1ℓ 로 한다. 이 용액 1mℓ는 $CaCO_3$ 1mg에 상당한다.

③ 지시약(EBT용액) : EBT(eriochrome black T) 0.5g에 염산 hydroxyl amine($NH_2OH \cdot HCl$) 4.5g을 혼합하고 여기에 90% ethyl alcohol 100mℓ를 가해서 용해한 다음 갈색병에 넣어서 암소에 보관한다. 이 지시약의 유효기간은 약 1개월이다.

④ 완충용액 : 특급 염화암모늄(NH_4Cl) 67.5g을 28% 암모니아수(NH_4OH) 570mℓ에 용해하고 증류수로서 1ℓ 로 한다.

⑤ 수욕(water bath)

조 작

검수(檢水) 100mℓ를 삼각플라스크에 취하여 완충용액 2mℓ 및 지시약 EBT용액 4방울을 가한 후 0.01M-EDTA용액을 검수의 색상이 청색이 될 때까지 가한다. 이때 0.01M-EDTA용액을 검액의 색상이 청색이 되고 부터 1mℓ 더 가한다. 다음에 0.01M-$MgCl_2$용액으로 검액이 미홍색이 될 때까지 적정한다.

계 산

검수의 총경도는 다음식에 의해 계산한다.

$$\text{총경도}(CaCO_3,\ ppm) = (V_0F - V_1F') \times \frac{1000}{S}$$

V_0 : 검수에 가한 0.01M-EDTA용액의 총량(mℓ)
V_1 : 0.01M-$MgCl_2$ 표준용액의 적정 소비량(mℓ)
F : 0.01M-EDTA용액의 역가
F′ : 0.01M-$MgCl_2$ 표준용액의 역가
S : 검수의 채취량(mℓ)

5-2 암모니아성 질소량의 측정

원 리

암모늄염을 그의 질소량으로 표시한 것을 암모니아성 질소라 부르며, 이것은 하수, 공장폐수 및 분뇨 등에 의해 오염되기 쉬운 상태의 물에서 검출되므로 물의 오염을 추정하는 지표가 되고 있다.

검수 중의 암모니아성 질소를 증류하여 여기에 Nessler시약을 가하고 그 정색상태를 암모니아성 질소표준액과 비교해서 정량한다.

시약 및 기구

① Nessler시약 : KI 50g을 가온한 증류수 약 50mℓ에 용해한다. 별도로 승홍($HgCl_2$) 25g을 같은 방법으로 가온한 증류수 100mℓ에 용해하고 KI액에 서서히 혼합시켜 방냉한다. 다음에 KOH 150g을 증류수 300mℓ에 용해한 용액을 가하고 증류수를 넣어서 1ℓ 로 하고 다시 $HgCl_2$ 0.5mℓ를 가해 정치한 다음 상징액을 사용해서 시험한다. 이 시약은 광선에 의해서 변화하기 때문에 갈색병에 밀봉해서 저장한다.

② 암모니아성 질소표준액 : 특급 염화암모늄(NH_4Cl) 0.3819g을 메스플라스크에 취해 증류수로 용해하여 1ℓ 로 한다. 이 액 100mℓ를 취해 다시 1ℓ 로 희석한다. 이 액 1mℓ는 질소량을 0.01mg 함유한다.

③ 산화마그네슘유액 : 산화마그네슘(MgO) 50g을 증류수 약 1.5ℓ 에 가한 다음 가열하고 약 1ℓ 정도로 농축하면서 암모니아성 질소를 제거한다.

④ 인산완충용액 : 인산수소2칼륨($K_2HPO_4 \cdot 3H_2O$) 90.15g, 인산2수소칼륨(KH_2PO_4) 14.3g을 증류수에 용해하여 1ℓ 로 한다(pH 7.4).

⑤ 30% NaOH용액

⑥ 25% Na_2CO_3용액

⑦ 50mℓ 비색관

⑧ 암모니아성 질소증류장치

조 작

(1) 정성시험

검수 10mℓ에 30% NaOH용액 0.5mℓ 및 25% Na_2CO_3 용액 1mℓ를 가해 잘 흔든다(이 조작에 의해 반응을 방해하는 칼슘이온, 마그네슘이온, 유리탄산 등은 제거된다). 그 후 즉시 정치하여 상징액 50mℓ를 비색관에 취하고 별도로 같은 형의 비색관에 증류수 50mℓ를 취한다.

다음에 양 비색관에 Nessler시약을 1mℓ씩 가하여 10분간 방치한 후 착색의 유무를 비교한다. 암모니아성 질소가 존재하면 소량일 때는 담황색이지만 다량일 때는 적갈색을 나타내고 적갈색의 침전을 생성한다.

(2) 정량시험

검수 500mℓ에 인산완충용액 10mℓ 또는 산화마그네슘용액 1~2mℓ 및 정제한 부석(浮石)을 가해서 증류액이 200mℓ가 되도록 증류한다. 이것에 증류수를 가해서 일정량(V, 증류전의 검수량 정도)으로 한 후 50mℓ를 비색관에 취한다.

별도로 같은 형의 비색관에 암모니아성 표준용액 0.1, 0.15, 0.2, 0.25, ……, 0.5mℓ를 순차적으로 취하고 각각의 관에 증류수를 가해서 50mℓ로 한다. 다음에 증류액 및 표준액의 각 관에 Nessler시약을 1mℓ씩 가해 10분간 방치한 후 유액의 색상을 표준액의 그것과 비교해서 해당하는 표준액의 mℓ수(A)를 구한다.

계 산

검수 중의 암모니아성 질소량은 다음식에 의해 계산한다.

$$\text{암모니아성 질소량(ppm)} = A \times 0.01 \times \frac{V}{50} \times \frac{1000}{S}$$

A : 검수 증류액의 색상에 해당하는 표준액의 mℓ수
V : 검수 증류액의 희석 총량(mℓ)
S : 검수의 채취량(mℓ)

5-3 아질산성 질소량의 측정

원 리

아질산염을 그의 질소량으로 표시한 것을 아질산성 질소라 한다. 이것은 암모니아성 질소의 산화 혹은 질산성 질소의 환원에 의해서 생성된 것이기 때문에 오염의 중간과정을 나타내는 것이다. 이것은 물의 오염가능성을 밝히는데 중요하다. 검수에 G · R 아질산시약을 가하여 발색시키고 아질산성 질소표준액과 비교해서 정량한다.

시약 및 기구

① G · R(Griess-Romijin)아질산시약 α-naphthylamine($C_{10}H_7NH_2$) 1g, 주석산[$C_2H_4(OH)_2(COOH)_2$] 89g, sulfanilic acid($C_6H_4NH_2 \cdot SO_3H \cdot 2H_2O$) 10g을 유발에서 균등하게 혼합한 후 갈색병에 밀봉해서 저장한다.

② 아질산성 질소표준액 : 아질산은($AgNO_2$) 1.0986g을 50~100mℓ의 증류수에 용해하여 NaCl 0.4g을 소량의 증류수에 녹인 것을 가하고 염화은(AgCl)의 침전을 여과해서 제거한 다음 증류수로 잘 세척한다. 이 여액 및 세액을 메스플라스크에 옮겨 증류수로서 1ℓ 로 한다. 이 액 10mℓ를 다시 증류수로서 1ℓ 로 하여 표준액으로 한다.

이때 사용하는 증류수는 30분간 고압살균한 것을 사용한다. 이 액 1mℓ에는 0.001mg의 아질산성 질소량을 함유한다. 이 아질산성 질소표준액은 세균에 의해 분해를 받기 쉬우므로 chloroform 1mℓ를 가해서 멸균병에 넣어 보존한다.

③ 50mℓ 비색관

조 작

(1) 정성시험

검수 50mℓ를 비색관에 취하여 이것에 G · R 아질산시약 약 0.3g을 가해서 잘 혼합하고 10분간 방치한 후 정색상태를 관찰한다. 아질산성 질소가 존재하면 소량일 때는 분홍색, 다량일 때는 자색을 나타낸다. 본법의 감도는 0.01ppm이다.

(2) 정량시험

검수 50mℓ를 비색관에 취하고 별도로 같은 형의 비색관에 아질산성 질소표준액 0.1, 0.15,

0.2, ……, 0.5mℓ를 순차적으로 취하고 각각의 관에 증류수를 가해서 50mℓ로 한다. 다음에 검수 및 표준액의 각 관에 G · R 아질산시약을 0.3g씩 가하여 잘 혼합하고 10분간 정치한 후 검수의 색상을 표준액의 그것과 비교해서 해당하는 표준액의 mℓ수(A)를 구한다.

계 산

검수 중의 아질산성 질소량은 다음 식에 의해 계산한다.

$$\text{아질산성 질소량(ppm)} = A \times 0.001 \times \frac{1000}{S}$$

A : 검수의 색상에 해당하는 표준액의 mℓ수
S : 검수의 채취량(mℓ)

5-4 질산성 질소량의 측정

원 리

질산염을 그의 질소량으로 표시한 것을 질산성 질소라 부른다. 질산성 질소는 여러 종류의 질소화합물이 산화되어서 생기는 것이기 때문에 암모니아성 질소, 아질산성 질소 등과 더불어 오염의 상태를 아는데 필요하다.

브롬(Br)을 사용해서 아질산성 질소를 질산성 질소로, 또 제1철염을 제2철염으로 산화시킨 후 G · R 질산성시약을 가해서 발색시켜 질산성 질소표준액과 비교하여 질소량을 구한다. 이것에 5-3에서의 아질산성 질소량의 값을 빼어 산출한다.

시약 및 기구

① G · R 질산시약 : α-naphthylamine($C_{10}H_7NH_2$) 1g, sulfanilic acid 10g, 분말아연(Zn) 1.5g을 유발에서 잘 혼합하여 갈색병에 보관한다. 이 시약은 변화하기 쉬우므로 사용전에 증류수로서 착색여부를 확인하는 것이 좋다.

② 질산성 질소표준액 : 특급 질산칼륨(KNO_3) 0.7218g을 메스플라스크에 취하고 증류수를 가해 용해한 후 전량을 1ℓ 로 한다. 이 액 100mℓ를 별도의 메스플라스크에 취해 증류수

로서 1ℓ 가 되게 하여 표준액으로 한다. 이 액 1mℓ는 질산성 질소량으로 0.01mg을 함유한다.

③ 포화브롬수

④ 50mℓ 비색관

조 작

(1) 정성시험

검수 10mℓ에 G · R 질산시약 약 0.03g을 가하여 때때로 진탕혼합하면서 30분간 방치하고 정색상태를 관찰한다. 질산성 질소가 소량 존재하면 분홍색, 다량 존재하면 짙은 오렌지색으로 된다. 판정이 어려울 때에는 증류수를 대조로 해서 같은 방법으로 조작하여 비교하는 것이 좋다. 본법의 감도는 약 0.02ppm이다.

(2) 정량시험

검수 50mℓ를 정확히 삼각플라스크에 취하고 포화브롬수 0.5mℓ를 가해서 끓여 산화시킨다. 과잉의 브롬을 한번 더 계속해서 끓여 제거하고 방냉 후 필요에 따라서 여과하여 비색관에 넣고 증류수를 가해서 50mℓ로 한다.

별도로 같은 형태의 비색관에 질산성 질소표준액 0.1, 0.15, 0.2, ……, 0.5mℓ를 순차적으로 취하고 각각의 관에 증류수를 가해서 50mℓ로 한다. 다음에 검수 및 표준액의 각 관에 G · R 질산시약을 0.1g씩 가하고 때때로 혼합해서 30분간 방치한 후 검수의 색상을 표준액과 비교해서 해당하는 표준액의 mℓ수(A)를 구한다.

계 산

검수 중의 질산성 질소량은 다음식에 의해 계산한다.

$$\text{질산성 질소량(ppm)} = A \times 0.01 \times \frac{1000}{S} - \text{아질산성 질소량(ppm)}$$

A : 검수의 색상에 해당하는 표준액의 mℓ수
S : 검수의 채취량(mℓ)

5-5 과망간산칼륨($KMnO_4$) 소비량의 측정

원 리

물 중의 산화되기 쉬운 물질에 의해서 소비되어지는 $KMnO_4$의 총량을 과망간산칼륨($KMnO_4$) 소비량이라 한다. 산화되기 쉬운 물질로는 유기물질 외에도 제1철염, 아질산염, 황화물 등이 있다.

시약 및 기구

① 0.01N-$KMnO_4$용액 : $KMnO_4$ 약 0.32g을 갈색 메스플라스크에 취해 증류수로 용해하여 전량을 1ℓ 로 한다. 사용할 때마다 0.01N- $H_2C_2O_4$용액을 사용하여 역가를 결정한다.

② 0.01N-$H_2C_2O_4$용액 : 특급 수산($H_2C_2O_4 \cdot 2H_2O$) 0.6303g을 1ℓ 메스플라스크에 취해 증류수로 용해하여 전량을 1ℓ 로 한 다음 갈색병에 넣어 보관한다. 조제 후 1개월 이상 경과한 것은 사용해서는 안된다.

③ 묽은 H_2SO_4 : 황산(H_2SO_4)을 증류수에 1 : 2의 비율로 주의해서 서서히 가한 것에 0.01N-$KMnO_4$용액을 미홍색이 없어지지 않고 남을 때까지 적하한다.

④ 삼각플라스크 : 300㎖ 삼각플라스크를 깨끗이 세척한 후 증류수 100㎖, 묽은 H_2SO_4 5㎖ 및 0.01N-$KMnO_4$용액 10㎖, 부석(浮石) 여러 개를 가해서 약 5분간 끓인다. 여기에 0.01N-$H_2C_2O_4$용액 10㎖를 가해서 탈색시킨 다음 0.01N-$KMnO_4$용액을 미홍색이 없어지지 않고 남을 때까지 가한다. 이렇게 하여 부석을 남겨 두고 액을 버린 다음 즉시 실험에 사용한다.

조 작

검수 100㎖를 깨끗한 플라스크에 취하여 묽은 H_2SO_4 5㎖를 가한다. 이어서 갈색 뷰렛을 사용하여 0.01N-$KMnO_4$용액 10㎖를 가하여 석면이 부착되어 있는 금속망 위에서 가열하여 5분간 끓인다. 다음에 불에서 내려 다른 뷰렛으로부터 0.01N-$H_2C_2O_4$용액 10㎖를 가해서 탈색시키고, 이 액에 0.01N-$KMnO_4$용액을 서서히 가해 미홍색이 될 때까지 적정한다. 이것에 소요된 $KMnO_4$량과 최초의 양(10㎖)과의 합계 ㎖수(V)를 구한다.

계 산

검수 중의 $KMnO_4$소비량은 다음식에 의해 계산한다.

$$KMnO_4\text{소비량(ppm)} = (V \times F - 10) \times 0.316 \times \frac{1000}{S}$$

V : 0.01N-$KMnO_4$용액의 적정소비량과 최초에 가한 양(10㎖)과의 합계(㎖)
F : 0.01N-$KMnO_4$용액의 역가
S : 검수의 채취량(㎖)
0.316 : 0.01N-$KMnO_4$용액 1㎖ 중의 $KMnO_4$의 양(㎎)

제10부 식품첨가물의 분석

기본 식품분석학

Basic Food Analysis

제1장 보존료

식품 중의 보존료를 분석하려면 우선 보존료를 식품에서 분리한 다음 확인 또는 정량하여야 하는데, 이에는 각 보존료를 개별적으로 시험하는 경우와 산성보존료(酸性保存料)와 방휘제(防黴劑)의 두 그룹으로 분류하여 계통적으로 일제 분석하는 경우가 있다.

식품 중의 보존료를 분리하는 방법으로는 수증기증류법, 용매추출법, 투석법 등이 이용되고, 분리된 보존료를 확인하는 데에는 정색반응, 침전반응 등을 이용한 화학적 방법과 자외선흡수측정법 및 박층 크로마토그래피법 등이 이용되며, 정량시험에는 자외선흡수스펙트럼법이 대표적이지만 비색법이나 적정법이 이용되기도 한다.

1-1 박층 크로마토그래피(TLC)에 의한 정성시험

원 리

박층 크로마토그래피(Thin layer chromatography, TLC)에 의한 보존료의 정성시험법은 benzoic acid, sorbic acid, dehydroacetic acid, salicylic acid, paraoxybenzoic acid ester류에 적용되는 방법이다.

시약 및 장치

① 보존료 표준용액 : Benzoic acid, dehydroacetic acid는 각각 10mg을 acetone에 녹여 1mℓ로 하고, salicylic acid, sorbic acid, paraoxybenzoic acid ester류는 각각 10mg을 acetone에 녹여 5mℓ로 한다.

② 15% 주석산(tartaric acid)용액

③ 10% NaOH용액

④ 10% HCl용액

⑤ 박층판(薄層板) : 박층 크로마토그래피용 실리카겔 G에 물을 가하여 잘 혼합하고 상법에 따라서 0.25㎜의 박층을 만들어 실온에서 바람에 말린 다음 100~105℃에서 30분간 활성화한다.

⑥ 전개용매 : Benzene-acetic acid(20 : 0.5)

⑦ 발색시약 : 0.05% rhodamine B용액

⑧ 자외선발생장치 : 자외선발생장치는 2,536Å의 자외선을 조사할 수 있는 것을 사용한다.

⑨ 박층 크로마토그래피용 장치 : 그림 10-1과 같다.

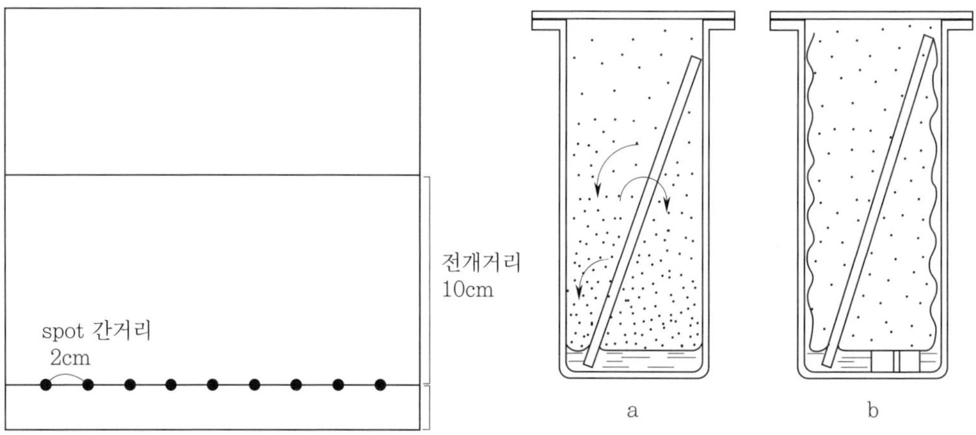

그림 10-1 박층 크로마토그래피(TLC) 장치

조 작

(1) 시험용액의 조제

고체시료는 잘게 썰어 유발 내에서 분말로 한 다음 보존료의 함량에 따라 30~100g을 취하고 액체식품은 보존료의 함량에 따라 30~100㎖를 취하되 alcohol을 함유하는 경우에는 1% NaOH용액으로 pH를 약 7~7.5로 한 다음 가열하여 alcohol을 제거한다.

시료에 물 적당량을 가하고 15% 주석산용액으로 산성(pH 약 2)이 되게 한 다음 NaCl 약 30g을 가하고 수증기증류하여 유액(溜液) 150~200㎖를 받는다(유출속도는 1분간 약 10㎖).

유액을 분액깔때기에 옮겨 10% NaOH용액으로 알칼리성이 되게 하고 ether 30~100㎖와 흔들어 섞어서 중성물질을 추출 제거한다.

물층을 다른 분액깔때기에 옮겨 10% HCl용액으로 산성이 되게 하고 ether 50㎖로 추출한다. Ether층을 물 5㎖로 3회 세척하고 ether층을 취하여 무수 Na_2SO_4을 가하고 약 15분간 방치하여 탈수한 다음 여과한다. 여액을 감압하 20~30℃에서 농축하여 ether를 날려 보내고 잔류물에 ethyl alcohol 0.1~0.3㎖를 가하여 녹여서 시험용액으로 한다.

(2) 시험조작

박층판의 하단에서 2㎝되는 곳에 2㎝의 간격으로 시험용액과 각 보존료 표준용액(0.2~1.0㎕)을 스포트(spot)하고 바람에 말린 다음 전개한다. 전개거리가 10㎝에 이르면 박층판을 꺼내서 약 5분간 방치하여 바람에 말리고 자외선 아래서 관찰한다.

이어서 발색시약을 분무하고 다시 약 5분간 방치하여 바람에 말린 다음 자외선 아래에서 흡수 반점의 색깔과 전개거리(R*f*치)를 관찰하여 각 보존료를 구별, 확인한다.

표 10-1 보존료의 R*f*치

보 존 료	R*f*치	보 존 료	R*f*치
Dehydroacetic acid	0.97	Paraoxy butyl benzoate	0.30
Sorbic acid	0.66	Salicylic acid	0.20
Benzoic acid	0.51	Paraoxybenzoic acid	0.02

1-2 자외선흡수 spectrum법에 의한 정량시험

1-2-1 Benzoic acid, Sorbic acid, Dehydroacetic acid, Salicylic acid의 정량

원 리

수증기증류 등을 통해 조제한 시험용액의 추출액을 각 보존료의 측정파장인 230㎚(benzoic acid), 265㎚(sorbic acid), 303㎚(salicylic acid), 308㎚(dehyroacetic acid) 부근의 각 극대파장에서의 흡광도를 측정하여 각 표준용액에서 얻은 흡광도와 대조하여 시료 중의 각 보존료의 함량을 구한다.

시약 및 장치

① 완충용액 : 2M KCl 용액 50mℓ와 2N-HCl 10.6mℓ를 혼합하고 물을 가하여 200mℓ로 한다 (pH 0.6).

② 보존료 표준용액

ⓐ Benzoic acid : Benzoic acid 100mg을 정확히 칭량하여 0.1N-NaOH용액 8.5mℓ에 녹인 다음 물을 가하여 100mℓ로 하고 그 10mℓ를 정확히 취하여 물을 가해서 1,000mℓ로 한다. 이 benzoic acid 표준용액 1mℓ 중에는 benzoic acid 10μg을 함유한다.

ⓑ Sorbic acid : Sorbic acid 100mg을 정확히 칭량하여 0.1N-NaOH용액 9mℓ에 녹인 다음 물을 가하여 100mℓ로 하고 그 5mℓ를 정확히 취하여 물을 가하여 1,000mℓ로 한다. 이 sorbic acid 표준용액 1mℓ는 sorbic acid 5μg을 함유한다.

ⓒ Dehydroacetic acid : Dehydroacetic acid 100mg을 정확히 칭량하여 0.1N-NaOH용액 6mℓ에 녹인 다음 물을 가하여 100mℓ로 하고 그 20mℓ를 정확히 취하여 물을 가하여 1,000mℓ로 한다. 이 dehydroacetic acid 표준용액 1mℓ는 dehydroacetic acid 20μg을 함유한다.

ⓓ Salicylic acid : Salicylic acid 100mg을 정확히 칭량하여 0.1N- NaOH용액 8mℓ에 녹인 다음 물을 가하여 100mℓ로 하고 그 25mℓ를 정확히 취하여 물을 가하여 1,000mℓ로 한다. 이 salicylic acid 표준용액 1mℓ는 salicylic acid 25μg을 함유한다.

③ 10% NaOH용액

④ 10% HCl용액

⑤ NaCl

⑥ 1% $NaHCO_3$용액

⑦ 5% $KMnO_4$용액

⑧ 수증기증류장치 : 그림 10-2와 같다.

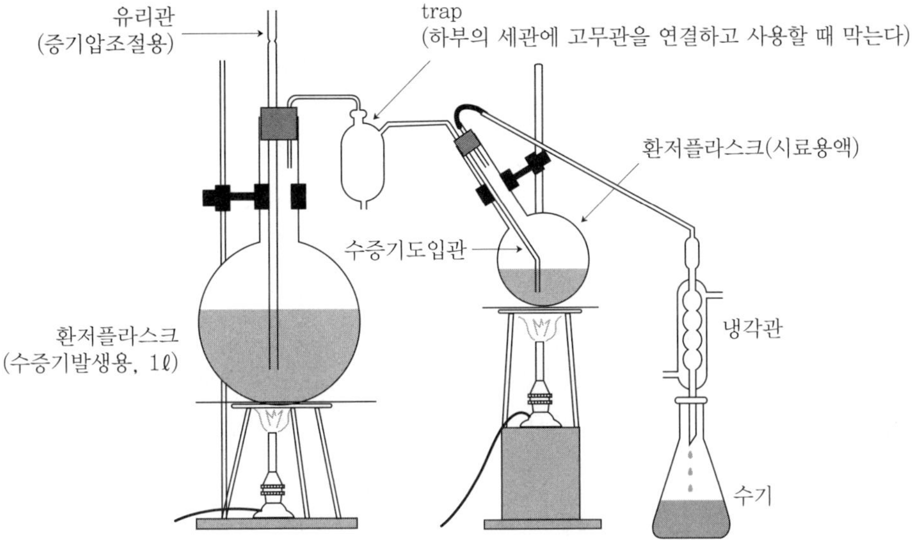

그림 10-2 수증기증류장치

조 작

(1) 시험용액의 조제

① 액체시료

보존료의 함량에 따라 시료 30~100g을 비커에 취하여 10% NaOH용액 또는 10% HCl용액으로 리트머스시험지를 사용하여 중화하고 이것을 500mℓ~1ℓ 의 환저플라스크에 옮겨 여기에 15% 주석산 용액 5mℓ, NaCl 약 80g, 실리콘수지 1방울을 가한 다음 선량을 물로서 150~200mℓ로 한다. 이것을 매분 약 10mℓ의 유출속도로 수증기 증류하여 정성에는 유액 100mℓ를, 정량에는 유액 500mℓ를 취한다.

이 유액 50mℓ를 분액깔때기에 취하여 10% HCl 4mℓ, NaCl 10g을 가하고 ether 40mℓ, 30mℓ로 추출하여 ether추출액을 모두 합하고 물 15mℓ로 세척하고 세액은 버린다.

이어서 ether추출액에 1% $NaHCO_3$용액 15mℓ를 가하여 흔들어 섞고 분리되는 물층을 취한다. 이 조작을 다시 한번 반복하여 물층을 모두 모아 수욕상에서 물층에 녹아 있는 ether를 휘산시킨 다음, 10% HCl용액으로 리트머스시험지를 사용하여 중화하고 물로 전량을 50mℓ로 하여 이것을 benzoic acid, sorbic acid, dehydroacetic acid 및 salicylic acid용의 시험용액(A)로 한다.

물층을 분리하고 남은 ether층은 0.1N-NaOH용액 20mℓ를 가하여 흔들어 섞고 분리된 물층을 취한다. 이 조작을 다시 한번 반복하여, 물층을 모두 모아 수욕상에서 물층에 녹아 있는 ether를 휘산시킨 다음 10% HCl용액으로 리트머스시험지를 사용하여 중화하고 물로 전량을 50mℓ로 하여 이것을 paraoxybenzoic acid ester용의 시험용액(B)로 한다.

또 benzoic acid와 다른 보존료가 공존할 때 benzoic aicd만을 확인하려면 시험용액(A) 30mℓ를 분액깔때기에 취하여 10% HCl용액 1mℓ와 ether를 증류제거한다.

잔류물은 1N-NaOH용액 약 30mℓ에 녹이고 45℃의 수욕 중에서 5% $KMnO_4$용액을 적자색이 남을 때까지 흔들어 섞으면서 적가한 다음 15~20분간 더 가열한다. 이때에 $KMnO_4$의 적자색이 없어지면 더 추가한다.

이어서 10% HCl용액으로 확실하게 산성이 되게한 다음 Na_2SO_3를 가해서 탈색한다. 이 액에 ether 30mℓ를 가하고 흔들어 섞어 추출하고 ether층을 소량의 물로 세척한 다음, 분리되는 ether층을 취하여 이것을 benzoic acid용의 시험용액(C)로 한다.

② 고체시료

시료를 잘게 썰거나 갈아 부순 다음 보존료의 함량에 따라서 30~100g을 비커에 취하여 물 50~100mℓ를 가하고 잘 혼합한 다음, 이하는 1)액체시료의 경우와 같이 조작한다.

(2) 정량조작

시험용액 (A)와 각 보존료 표준용액의 각 50mℓ씩을 각각 분액깔때기에 취하여 10% HCl용액 4mℓ, NaCl 10g을 가하고 ether 40mℓ씩으로 3회 추출한다.

Ether추출액을 합쳐 소량의 물로 2회 세척하고 세액은 버린다. 이어서 ether추출액에 1% $NaHCO_3$용액 20mℓ를 가하여 흔들어 섞고 물층과 ether층을 분리한다. 이 조작을 다시 한번 반복하고 물층을 모두 모아서 ether 15mℓ로 세척하고 ether층은 앞에서 분리한 ether층에 합친다.

물층은 수욕상에서 가열하여 ether를 날려보낸 다음 10% HCl용액으로 중화하고 물을 가하여 전량을 50mℓ로 한다.

이 액 각 10mℓ를 20mℓ의 메스플라스크에 취하여 각각 완충용액 2mℓ와 물을 가하여 20mℓ로 하고 잘 혼합한 다음 액층 10㎜로 각 보존료의 측정파장인 230nm(benzoic acid), 265nm(sorbic acid), 303nm(salicylic acid), 308nm(dehydroacetic acid) 부근의 각 극대파장에서의 흡광도를 측정하여 시험용액에서 얻은 흡광도를 A(230), A(265), A(303), A(308)로 하고, 표준용액에서 얻은 흡광도를 As(230), As(265), As(303), As(308)로 한다. 대조액은 완충용액과 물을 1 : 9의 비율로 혼합한 것을 사용한다.

계 산

(1) 시료 중에 보존료가 단독으로 존재할 때의 각 보존료의 함량

$$\text{Benzoic acid(g/kg)} = 10 \times \frac{A(230)}{As(230)} \times \frac{1}{2} \times \frac{1}{\text{시료채취량(g)}} \cdots\cdots\cdots\cdots ①$$

$$\text{Sorbic acid(g/kg)} = 5 \times \frac{A(265)}{As(265)} \times \frac{1}{2} \times \frac{1}{\text{시료채취량(g)}} \cdots\cdots\cdots\cdots ②$$

$$\text{Dehydroacetic acid(g/kg)} = 20 \times \frac{A(308)}{As(308)} \times \frac{1}{2} \times \frac{1}{\text{시료채취량(g)}} \cdots\cdots\cdots ③$$

$$\text{Salicylic acid(g/kg)} = 25 \times \frac{A(303)}{As(303)} \times \frac{1}{2} \times \frac{1}{\text{시료채취량(g)}} \cdots\cdots\cdots\cdots ④$$

(2) 시료 중에 보존료가 2종류 이상 공존할 때의 각 보존료의 함량

1) Benzoic acid와 sorbic acid가 공존할 때

Sorbic acid는 ②식에 의해서 계산하고 benzoic acid는 다음 식에 의해 계산한다.

$$\text{Benzoic acid(g/kg)} =$$

$$10 \times \frac{A(230) - \{A(265) \times a_1\}}{As(230)} \times \frac{1}{2} \times \frac{1}{\text{시료채취량(g)}} \cdots\cdots\cdots\cdots ⑤$$

단, a_1 : 미리 sorbic acid 표준용액에 대하여 230nm에서의 흡광도 As(230)와 265nm에서의 흡광도 As(265)를 구하여 As(230)를 As(265)로 나눈 값(약 0.2)

2) Benzoic acid와 dehydroacetic acid 또는 salicylic acid가 공존할 때

Dehydroacetic acid 또는 salicylic acid는 ③식 또는 ④식에 의해서 계산하고 benzoic aicd는 다음 식에 의해 계산한다.

$$\text{Benzoic acid(g/kg)} =$$

$$10 \times \frac{A(230) - \{A(308) \times a_2\}}{As(230)} \times \frac{1}{2} \times \frac{1}{\text{시료채취량(g)}} \cdots\cdots\cdots\cdots ⑥$$

단, a_2 : 미리 dehydroacetic acid 표준용액에 대하여 230nm에서의 흡광도 As(230)와 308nm에서의 흡광도 As(308)를 구하여 As(230)를 As(308)로 나눈 값(약 0.8)

3) Sorbic acid와 dehydroacetic acid 또는 salicylic acid가 공존할 때

Sorbic acid와 dehydroacetic acid 및 salicylic acid는 각각 ②,③ 및 ④식에 의해서 계산한다.

4) Benzoic acid, sorbic acid 및 dehydroacetic acid가 공존할 때

Sorbic acid와 dehydroacetic acid는 ②와 ③식에 의해서 계산하고 benzoic acid는 다음 식에 의해 계산한다.

$$\text{Benzoic acid(g/kg)} = 10 \times \frac{A(230) - \{A(265) \times a_1 + A(308) \times a_2\}}{As(230)} \times \frac{1}{2} \times \frac{1}{\text{시료채취량(g)}} \quad \cdots\cdots ⑦$$

1-2-2 Paraoxybenzoic acid ester류의 정량

원 리

수증기증류 등을 통해 조제한 시험용액의 추출액을 paraoxybenzoic acid의 측정파장인 255nm 부근의 극대파장에서의 흡광도를 측정하여 표준용액에서 얻은 흡광도와 대조하여 시료중의 paraoxybenzoic acid의 함량을 구한다.

시약 및 장치

① 완충용액 : 1-1-2의 완충용액과 같다.

② Paraoxybenzoic acid 표준용액 : Paraoxybenzoic acid 100mg을 정확하게 칭량하여 0.1N-NaOH용액 9mℓ에 녹인 다음 물을 가하여 100mℓ로 하고 그 10mℓ를 정확히 취하여 물을 가하여 1,000mℓ로 한다. 이 표준용액 1mℓ는 paraoxybenzoic acid 10㎍을 함유한다.

③ 수증기증류장치 : 그림 10-2와 같다.

조 작

(1) 시험용액의 조제

1-1-2의 시험용액조제법과 같다.

(2) 정량조작

시험용액 (B) 50mℓ를 100mℓ의 삼각플라스크에 취하여 약 반량이 되도록 농축하고, 이에 10% NaOH용액 2mℓ와 비등석 몇 개를 가하고 환류냉각기를 연결한 다음 15분간 끓인다. 냉각한 다음 이 분해액을 분액깔때기에 옮기고 소량의 물로 분해액이 들어 있던 용기를 잘 세척하여 세액을 분액깔때기에 합치고 물을 더 가하여 전량을 50mℓ로 한다.

한편 다른 분액깔때기에 paraoxybenzoic acid 표준용액 50mℓ를 취하여 이 두액에 각각 10% HCl용액 5mℓ와 NaCl 5g을 가하고 ether 20mℓ씩으로 3회 추출한다.

Ether추출액을 분액깔때기에 합쳐 소량의 물로 세척한 다음 1% $NaHCO_3$용액 각 10mℓ로 2회 흔들어 섞어 분리되는 물층은 다른 분액깔때기에 취하고 다시 ether층을 물 각 5mℓ로 2회 세척하여 세액은 앞의 물층에 합친다. 이어서 물층을 모은 분액깔때기에 ether 15mℓ를 가하고 흔들어 섞어서 세척하고 물층은 비커에 취하고 ether층은 버린다.

물층은 수욕상에서 가열하여 ether를 날려보낸 다음 10% HCl용액으로 리트머스시험지를 사용하여 중화하고 물을 가하여 전량을 50mℓ로 한다.

이 액 각 10mℓ를 20mℓ의 메스플라스크에 취하여 각각 완충용액 2mℓ와 물을 가하여 20mℓ로 하고 잘 혼합한 다음 액층 10㎜로 paraoxybenzoic acid의 측정파장인 255㎚ 부근의 극대파장에서의 흡광도를 측정하여 시험용액에서 얻은 흡광도를 A(255)로 하고 표준용액에서 얻은 흡광도를 As(255)로 한다. 대조액은 완충용액과 물을 1 : 9의 비율로 혼합한 것을 사용한다.

계 산

시료 중의 paraoxybenzoic acid의 함량은 다음 식에 의해 계산한다.

$$\text{Paraoxybenzoic acid(g/kg)} = 10 \times \frac{A(255)}{As(255)} \times \frac{1}{2} \times \frac{1}{\text{시료채취량(g)}}$$

제 2 장 착 색 료

2-1 수용성(水溶性) tar색소

2-1-1 수용성 tar색소의 검출시험

원 리

수용성 tar색소는 그 성질에 따라 산성 색소, 염기성 색소, 직접성 색소 등으로 구별할 수 있다.

산성 색소는 분자 중에 $-SO_3H$기나 $-COOH$기 같은 산기를 갖는다. 또 같은 분자 내에 $-NO_2$기와 $-OH$기, 또는 $-NH_2$기와 $-SO_3H$기가 있을 때도 산성 색소이다. 이들은 일반적으로 약산성의 수용액에서 털실에 염착하고 이 염색된 털실을 암모니아 알칼리성에서 가온하면 용출되는 성질이 있다. 법정 허용색소는 모두 이에 속한다.

이들 산성 색소 중 xanthene계 색소(erythrosine ; 식용적색3호, phloxine, rose bengale, eosine, acid red 등)는 염산 산성에서 그 수용액을 ether로 추출하면 ether층으로 이행하고 이어서 알칼리성으로 하면 물층으로 전용되는 성질이 있다.

염기성 색소는 $-NH_2$기를 갖고 있다. 이러한 색소염기는 염산염, 황산염, 수산염 등의 형태로 존재하므로 수용성을 나타낸다.

이들은 산성 색소와는 반대로 일반적으로 암모니아 알칼리성에서 털실에 염착하고 이 염색된 털실을 초산 산성 수용액 중에서 가온하면 색소가 용출된다.

또 이들 색소의 수용액을 알칼리성으로 하여 ether와 흔들어 섞으면 ether층으로 이행하고 이 ether층을 분리하여 묽은 초산으로 추출하면 물층으로 옮겨 가는 성질이 있다. 이 성질을 이용하여 염기성 색소를 검출할 수가 있다.

염기성 tar색소는 보통 유해색소로서 허용된 것이 하나도 없으나 과거에는 이들이 식품 중에서 자주 검출된 바 있다.

직접성 색소(일명 직접염료)는 비교적 분자가 큰 azo색소인데 수용성으로 하기 위하여 $-SO_3H$기가 도입되어 있으므로 용액 중에서 음이온이 생기는 일종의 산성 색소이다. 이들은 무명같은 식물섬유에 직접 염착되는 것이 특징이다.

시약 및 재료

탈지털실 : 탈지한 양털실을 사용한다.

[양털실의 탈지방법]

① 백색 양털실 100g을 암모니아수 1~4㎖를 물로 적당히 희석한 용액 중에 넣고 45℃에서 30~60분간 때때로 저어주면서 가온한 다음 건져내어 온탕과 찬물로 씻고 가볍게 짜서 바람에 말린다.

② Soxhlets추출기를 사용하여 석유 ether로 백색 양털실을 충분히 탈지한 다음 석유 ether를 실온에서 증발시키고 물로 충분히 씻고 가볍게 짜서 바람에 말린다.

조 작

(1) 시험용액의 조제

1) 액체시료(alcohol음료 · 청량음료 · 액체조미료 등)

착색의 정도에 따라 시료 20~200㎖를 취하여 적당히 물을 가하여 시험용액으로 한다. Alcohol을 함유한 것은 중화한 다음 수욕상에서 alcohol을 증발시키고 물을 보충하여 시험용액으로 한다.

2) 과자 및 농산식품

착색의 정도에 따라 시료 20~200g를 취하여 가능한 한 작게 부수고 다음 중 한 방법에 따라 시험용액을 만든다.

① 엿, 과자, 사탕류 등 : 시료에 약 5배량의 뜨거운 물을 가하여 잘 저어 녹여 시험용액으로 한다.

② 잼, 된장, 팥고물 등 : 시료에 약 3~5배량의 뜨거운 물을 가하여 잘 저은 다음 잠시 두었다가 유리솜(glass wool) 또는 석면으로 여과하든가 원심분리하여 고형물을 제거하여 시

험용액으로 한다. 이 방법으로 색소가 추출되지 않을 때는 ③의 방법에 따라 만든다.

③ 저장과실 및 야채(앵두 · 완두 · 단무지 등) : 시료에 80%(v/v) ethyl alcohol 약 4~5배량을 가하여 때때로 흔들어 섞고 2~3시간 방치하고 상징액을 취하여 약 1% 암모니아를 함유한 70% ethyl alcohol로 반복하여 추출한다. 상징액은 앞의 상징액에 합치고 묽은 초산으로 중화하고 끓여 ethyl alcohol을 증발시키고 물을 가하여 시험용액으로 한다.

시료가 아직 현저하게 착색되어 있을 때는 1% 초산을 함유한 70%(v/v) ethyl alcohol로 반복하여 추출하고 상징액을 취하여 암모니아시액으로 중화하고 끓여 ethyl alcohol을 증발시키고 물을 가하여 시험용액으로 한다.

④ 초콜릿 등 : 시료를 큰 여지 위에 취하든가 비커에 취하여 ether로 몇 번 세척하여 탈지하고 부착되어 있는 ether는 건조여지로 씻어내든가 방치하여 날려보낸 다음 ② 또는 ③의 방법에 따른다.

⑤ 곡류 또는 곡류제품 : 시료에 80%(v/v) ethyl alcohol 약 5배량을 가하여 가끔 흔들어 섞으면서 24시간 방치하여 상징액을 취하고, 수욕상에서 1/5로 농축하고 약 1/4용량의 25% NaCl용액과 약간 과량의 암모니아시액을 가하고 분액깔때기에 옮겨 같은 양의 석유 ether로 몇 번 탈지한 다음 아래층의 알칼리액을 묽은 초산으로 중화하여 시험용액으로 한다.

⑥ 껌 등 : 시료에 약 5배량의 물을 가하여 끓이고 물층이 착색하면 냉각한 후 수용액을 취하여 시험용액으로 한다.

3) 수산 및 축산 식품(햄 · 소시지 · 연제품 등)

시료를 착색의 정도에 따라 20~200g을 취하여 가능한한 잘게 썬은 다음 ether로 여러번 세척하여 탈지하고 부착되어 있는 ether는 건조여지로 씻어내든가 방치하여 날려 보낸 다음 2)의 ③의 방법에 따른다.

(2) 시험조작

1) 염기성 색소의 검출

① Ether추출법 : 시험용액 약 5mℓ에 10% NaOH용액 2mℓ를 가하여 알칼리성으로 하고 ether 약 5mℓ를 가하여 2~3분간 충분히 흔들어 섞어서 잠시 방치한 다음 ether층을 분리한다. Ether층에 1% NaOH용액 2mℓ를 가하고 충분히 흔들어 1~2회 세척한 다음 상층의 ether층을 취하여 매회 5% 초산 2~3mℓ씩으로 2회 추출할 때 초산층이 착색하면 염기성 색소가 있는 것으로 추정한다.

또 ether층만이 착색하고 초산층은 착색하지 않을 때에는 천연색소나 유용성색소가 있는 것으로 추정한다.

② 털실염색법 : 시험용액 5~20mℓ를 취하여 10% 암모니아수로 약 알칼리성이 되게 하고 탈지털실 0.5g을 넣고 잘 흔들어 섞은 다음 수욕 중 또는 직화로 10~15분간 가열하고 털실을 건져내서 물로 충분히 씻는다. 이 염색된 털실을 5% 초산용액 5mℓ 중에 넣고 수욕 중 또는 직화로 5분간 가온한 다음 털실을 건져내면 털실에 염색되어 있던 색소는 용출된다.

이 색소용출액을 10% 암모니아수로 약알칼리성으로 하고 탈지털실 새것 0.1g을 넣어 충분히 흔들어 섞은 다음 수욕 중 또는 직화로 10~15분간 가온한다. 이때 털실이 염색되면 염기성 색소가 있는 것이다.

2) 직접성 색소의 검출

시험용액 5mℓ에 10% NaCl용액 1mℓ를 가하고 탈지면 약 0.1g을 넣은 다음 수욕상에서 5분간 가온하고 탈지면을 꺼내서 물로 충분히 씻는다.

이 탈지면을 다시 1% 암모니아수와 함께 수욕 중에서 약 5~10분간 가온한 다음 꺼내서 물로 씻는다. 이때 탈지면이 착색되었으면 직접성색소가 있는 것으로 추정한다. 탈지면이 착색되었는가 하는 것은 자외선등으로 형광의 유무를 검사하면 된다.

3) 산성 색소의 검출

시험용액 5~20mℓ를 취하여 5% 초산을 가하여 약산성으로 하고 탈지털실 0.5g을 넣고 잘 흔들어 섞은 다음 수욕 중 또는 직화로 10~15분간 가열하고 털실을 건져내서 물로 충분히 씻는나.

이 염색털실을 1% 암모니아수 5mℓ 중에 넣고 수욕 중 또는 직화로 5분간 가온한 다음 털실을 건져낸다.

여기에서 얻은 색소용출액에 5% 초산 2mℓ를 가하고 새 탈지털실 0.1g을 넣어 충분히 흔들어 섞은 다음 수욕 중 또는 직화로 10~15분간 가온한다. 이때 털실이 염색되면 산성 색소가 있는 것이다.

4) Xanthene계 산성 색소의 검출

시험용액 약 5mℓ를 취하여 5% 초산으로 약산성이 되게 하고 ether 2~3mℓ를 가하여 추출하며 ether층은 1% 초산용액으로 1~2회 씻는다. 씻은 액은 버리고 ether추출액은 매번 5% NaOH용액 2~3mℓ씩으로 2회 추출한다. 이때 NaOH층이 착색하면 xanthene계 산성 색소가 있는 것으로 추정한다.

2-1-2 페이퍼 크로마토그래피에 의한 수용성 tar색소의 확인시험

시약 및 장치

① 색소표준용액 : 색소의 0.1% 수용액

② 전개용매

(a) Acetone · isoamyl alcohol · 물(6 : 5 : 5)

(b) *n*−Butyl alcohol · ethyl alcohol · 1% 암모니아수(6 : 2 : 3)

(c) Ethyl alcohol · 10% 암모니아수(1 : 4)

(d) 80% phenol용액

(e) 1% 황산동($CuSO_4 \cdot 5H_2O$)용액 · isopropyl alcohol(9 : 1)

(f) 30% ethyl alcohol · 1% 염화칼륨(KCl) 용액(1 : 1)

③ 페이퍼 크로마토그래피 장치 : 그림 10-3과 같은 유리원통과 전개용 여지를 사용한다.

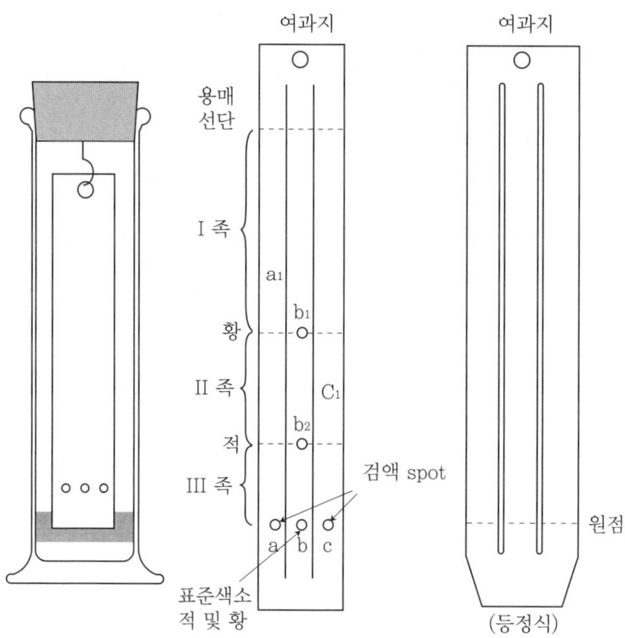

그림 10-3 페이퍼 크로마토그래피장치

조 작

(1) 시험용액의 조제

Ether추출법에 의하여 얻거나 또는 염색털실로부터 얻은 색소수용액을 묽은 초산이나 암모니아수로 중화한 다음 수욕 중에서 또는 직화로 가열하여 약 0.1%의 농도로 농축한 것을 페이퍼 크로마토그래피용 시험용액으로 한다. 만일 혼탁되어 있으면 풍건시킨 다음 80~90% ethyl alcohol 소량으로 재추출하여 시험용액으로 한다.

염색털실로부터 색소를 용출하는 방법을 보면 염색법으로 얻은 염색털실 0.5g을 취하여 산성 색소인 경우에는 1% 암모니아수 5~10mℓ 중에, 염기성 색소인 경우에는 5% 초산 5~10mℓ 중에 담가 수욕 중에서 2~5분간 가온하여 색소를 용출한 다음 탈색된 털실은 가볍게 짜서 제거한다.

(2) 시험조작

1) 색소의 그룹분리와 추정

농축된 페이퍼 크로마토그래피용 시험용액을 미량 피펫 또는 유리모세관으로 그림 10-3의 크로마토그래피용 여지의 a와 c점(원점)에 2~3회 스포트(spot)한다(원점의 위치를 나타내는 원선은 미리 연필로 그어 놓는다).

스포트의 직경은 3~4㎜ 정도가 되게 한다. 색소의 농도가 엷으면 일단 풍건시킨 다음 다시 스포트한다.

이와 똑같은 방법으로 b점에 황색색소 표준용액(naphthol yellow S 또는 flavianic acid의 0.1% 수용액)과 적색색소 표준용액(new coccine의 0.1% 수용액)을 겹쳐서 스포트한다. 이 여지를 풍건한 다음 전개용매 (a)를 넣은 유리원통 속에 기벽에 닿지 않도록 주의해서 실이나 철사 또는 기타 적당한 방법으로 수직으로 매달아 여지의 하단 약 10㎜가 전개용매 중에 잠기게 하고 뚜껑을 꼭 닫은 다음 방치하여 전개한다.

전개용매가 원점으로부터 약 150㎜ 상승했을 때 여지를 꺼내어 용매선단을 연필로 표시하고 직사일광을 피해서 풍건한다. 여지가 마르면 표준색소의 상승점 b_1(황색)과 b_2(적색)를 지나는 수평선을 각각 긋는다.

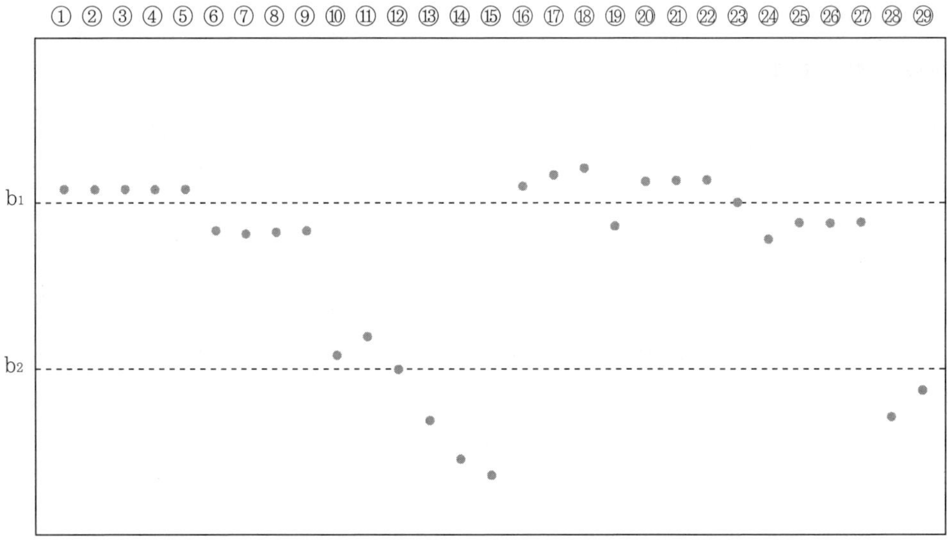

① 식용적색 3호 ② eosine ③ phloxine
④ rose bengale ⑤ acid red ⑥ ponceau 3R
⑦ ponceau R ⑧ ponceau SX ⑨ azo rubine
⑩ acetyl red B ⑪ acid fast red B ⑫ new coccine
⑬ 식용적색 2호 ⑭ ponceau 6R ⑮ acid naphthol red
⑯ orange Ⅰ ⑰ orange Ⅱ ⑱ crocein orange
⑲ orange G ⑳ guinea green B ㉑ acid violet 6B
㉒ azur blue VX ㉓ naphthol yellow S ㉔ 식용황색 5호
㉕ light green SF yellowish ㉖ 식용녹색 3호 ㉗ 식용청색 1호
㉘ 식용황색 4호 ㉙ 식용청색 2호

그림 10-4 수용성 tar색소의 크로마토그래피 전개도(chromatogram)

그림 10-4와 같이 여지위에서 용매선단의 선, 표준색소의 반점(spot) b1을 지나는 선, b2를 지나는 선과 원선에 의해서 구분되는 3개의 부분에 있는 색소를 각각 Ⅰ그룹, Ⅱ그룹, Ⅲ그룹으로 분류한다. 이에 따라서 법정허용색소와 그외의 색소를 분류하면 다음과 같다.

① Ⅰ그룹에 속하는 것 : acid violet 6B, 식용적색 3호, eosine, phloxine, rose bengale, acid red, orange I, guinea green B

② Ⅱ그룹에 속하는 것 : 식용황색 5호, 식용녹색 3호, 식용청색 1호, ponceau R, ponceau SX, ponceau 3R, light green SF yellowish

③ Ⅲ그룹에 속하는 것 : 식용황색 4호, 식용청색 2호, 식용적색 2호

위와 같이 하여 Ⅰ~Ⅲ그룹으로 대별하고 시험용액 중의 색소를 그림 10-4와 대조하여 추정한다.

2) 색소의 동정

① 색소명을 결정하려면 1)에서 추정한 색소의 표준용액을 황색 및 적색 표준용액 대신으로 스포트하고 동시에 전개하여 비교한다.

② 또 추정색소 표준용액 소량을 시험용액에 혼합하여 스포트한 다음 전개용매 (a)와 (b)로 전개한다. 반점(spot)이 분리되지 않으면 동일색소로 볼 수 있다.

③ 식용청색 1호와 식용녹색 3호의 분리에는 전개용매 (b)를 사용한다.

④ 식용청색 1호와 light green SF yellowish의 분리에는 전개용매 (d)를 사용한다.

⑤ 식용적색 3호, phloxine, rose bengale, acid red, eosine의 분리에는 전개용매 (c)을 사용한다.

⑥ Ponceau R과 ponceau 3R은 전개용매 (e), acid violet 6B와 guinea green B는 전개용매 (f)로 분리할 수 있다.

2-2 유용성(油溶性) tar색소

2-2-1 유용성 tar색소의 검출시험

시 약

① N, N-dimethyl formamide

② 석유 ether

③ Chloroform

④ Ethyl alcohol

조 작

(1) 시험용액의 조제

1) 수분이 많은 시료

시료 5~20g에 약 5배량의 60%(v/v) ethyl alcohol을 가하여 때때로 흔들어 섞으면서 30~60분간 방치한 다음 상징액을 분취한다. 만일 시료가 아직도 착색되어 있으면 ethyl alcohol농도를 좀더 높여 위와 같이 조작하여 상징액이 착색되지 않을 때까지 추출을 반복하고 상징액은 먼저 얻은 상징액과 합친다.

이 액에 같은 양의 물과 석유 ether 100㎖를 가하여 흔들어 섞고 잠시 방치하였다가 상층의 석유 ether층을 분취하여 시험용액으로 한다.

2) 수분이 적은 시료

시료 5~10g을 200㎖의 공전플라스크에 취하여 석유 ether 100㎖를 가하고 때때로 흔들어 섞으면서 하루 밤낮을 방치하여 색소를 추출한 다음 이 액을 여과하여 시험용액으로 한다.

(2) 시험조작

시험용액 30㎖를 분액깔때기에 취하여 같은 양의 N,N-dimethyl formamide를 가하고 잘 흔들어 섞은 다음 방치한다. 하층의 N,N-dimethyl formamide용액을 다른 분액깔때기에 분취하여 석유 ether 10㎖씩으로 3회 세척하고, 석유 ether세액은 버린다. 이어서 물 30㎖를 가하여 섞고 잠시 방냉한다. 냉각된 다음 chloroform 10㎖를 가하고 잘 흔들어 섞은 후 잠시 방치할 때 chloroform층이 황색으로 착색하면 유용성 색소가 있는 것으로 추정한다.

2-2-2 페이퍼 크로마토그래피에 의한 유용성 tar 색소의 확인시험

시약 및 장치

① 크로마토그래피용 여지 : 수용성 tar색소에서 사용한 것과 같은 여지를 5% 유동파라핀 · 석유 ether용액 중에 30분간 담근 다음 바람에 말린 것을 사용한다.

② 색소 표준용액 : 유용성 tar색소의 0.1% methyl alcohol 또는 chloroform용액

③ 전개용매

(a) Methyl alcohol · 빙초산 · 물(16 : 1 : 3)

(b) Acetone · 물(7 : 3)

④ 페이퍼 크로마토그래피장치 : 수용성 tar색소의 시험에서 사용한 것과 같은(그림 10-3 참조) 유리원통과 전개용 여지를 사용한다.

조 작

2-2-1의 검출시험조작에서 얻은 착색 chloroform층을 물로 세척한 다음 분취하고 약 2g의 Na_2SO_4를 가하여 탈수하고 여과한다. 이 chloroform용액을 저온에서 농축하고 잔류물을 methyl alcohol 또는 chloroform에 녹여 약 0.1% 용액으로 한 것과 시료 중에 첨가되어 있다고 예상되는 색소의 표준용액을 수용성 tar 색소의 경우에 준해서 위의 유용성 색소의 크로마토그래피용 여지에 스포트한 다음 전개용매 (a) 또는 (b)를 사용하여 전개한다.

전개용매가 약 150㎜ 상승했을 때 여지를 꺼내서 바람에 말린 다음 시험용액과 색소 표준용액에서 얻은 반점(spot)의 색조와 *Rf*치를 대조하거나 그림 10-5와 비교하여 확인한다.

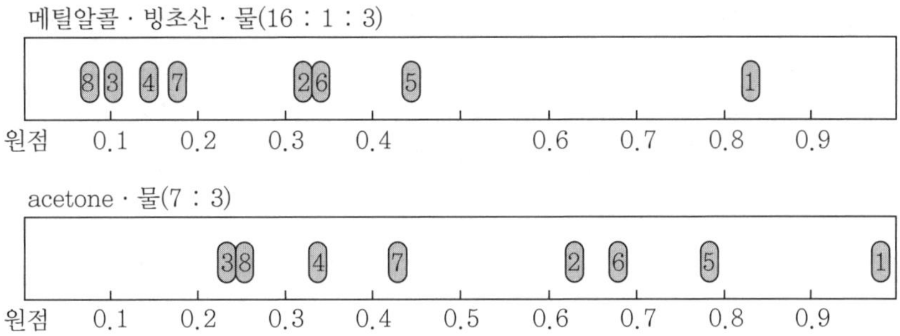

① aniline yellow ② butter yellow ③ oil red XO
④ oil orange SS ⑤ oil yellow AB ⑥ oil yellow OB
⑦ sudan Ⅰ ⑧ sudan Ⅲ

그림 10-5 유용성 tar색소의 크로마토그래피 전개도(chromatogram)

2-2-3 박층 크로마토그래피에 의한 유용성 tar색소의 확인시험

시약 및 장치

① 크로마토그래피용 박층판 : 실리카겔 G(박층 크로마토그래피용)에 지시된 양의 물을 가하여 잘 섞어서 호상유탁액(糊狀乳濁液)을 만들고 상법에 따라서 두께 250~300μ 인 박층판을 만들어 실온에서 말린 다음 105℃에서 30분간 가열하여 활성화시킨다.

② 색소 표준용액 : 유용성 색소의 0.1% methyl alcohol 또는 chloroform용액

③ 전개용매

(a) Xylene

(b) 1, 1, 2-Trichloroethane

(c) Hexane · chloroform(6 : 4)

(d) Isoamyl acetate · hexane(15 : 100)

④ 박층 크로마토그래피용 장치 : 그림 10-1과 같은 박층 크로마토그래피용 장치를 사용한다.

조 작

2-2-2의 페이퍼 크로마토그래피에 의한 유용성 tar색소의 확인시험의 조작에서 사용한 시료 색소의 0.1% methyl alcohol 또는 chloroform용액과 색소 표준용액을 박층판의 하부에서 20㎜ 되는 곳에 2㎝의 간격으로 각각 스포트(spot)한 다음 바람에 말리고 미리 전개용매를 넣어 내부를 용매증기로 포화시켜 놓은 전개조 내에 박층판을 넣어 그 하단 1㎝가 용매 중에 잠기도록 세우고 전개한다.

전개용매가 10~15㎝ 상승하면 전개를 그치고 박층판을 꺼내서 바람에 말린 다음 시험용액과 색소 표준용액에서 얻은 각 반점(spot)의 색조와 R*f*치를 대조하여 색소를 확정한다. 유용성 색소와 천연색소의 R*f*치는 표 10-2와 같다.

표 10-2 유용성 색소와 천연색소의 R*f*치

전개용매 / 색소명	R*f*치			
	(a)	(b)	(c)	(d)
Aniline yellow	0.06	0.18	0.05	0.17
Butter yellow	0.27	0.47	0.25	0.55
Sudan G	0.02	0.04	0.0	0.14
Sudan Ⅰ	0.23	0.41	0.06	0.09
Sudan Ⅲ	0.14	0.34	0.25	0.59
Oil red XO	0.20	0.41	0.17	0.50
Oil orange SS	0.20	0.41	0.25	0.66
Oil yellow AB	0.50	0.64	0.25	0.60
Oil yellow OB	0.55	0.64	0.33	0.42
β-carotene			0.35	0.48
Annatto			0.70	0.93
Curcumine			0.0	0.0

제 3 장 인공감미료

3-1 Saccharin나트륨의 정성시험

시 약

① 2% Na_2CO_3용액
② 30% H_2SO_4용액
③ 5% $KMnO_4$용액
④ 1% $FeCl_3$용액
⑤ 5% $BaCl_2$ 또는 5% $BaSO_4$용액
⑥ KNO_3
⑦ HCl
⑧ Resorcin
⑨ 10% NaOH용액

조 작

(1) 시험용액의 조제

1) 액체시료

시료 50㎖를 분액깔때기에 취해 30% H_2SO_4용액으로 산성이 되게 한 후 ether석유 ether혼합액(1 : 1) 50㎖를 가하여 추출한다. Ether층을 분취하여 증류수 50㎖로 2번 세척한 다음 시험용액으로 한다.

2) 고체시료

시료 50g에 물 50㎖를 가해 균질화하고 2% Na_2CO_3용액 약 10㎖를 가해서 알칼리성으로 한 다음 잠시 방치하였다가 여과하거나, 원심분리하여 얻은 침출액을 액체시료의 경우와 같이 처리하여 시험용액으로 한다.

(2) 시험조작

1) 감미시험

시험용액 약 1/3량을 100㎖의 비커에 취하여 수욕상에서 ether를 증발건고해서 얻은 잔류물에 2% Na_2CO_3용액 1방울을 가하고 그 감미를 조사한다.

2) Salicylic acid반응

시험용액 약 1/3량을 100㎖의 증발접시에 취하여 ether를 서서히 증발건고시켜서 얻은 잔류물을 소량의 온탕에 녹이고 이 액의 일부에 대해서 salicylic acid가 없는 것을 확인한 다음, 남은 액을 약 10㎖로 농축하고 이것에 30% H_2SO_4용액 2㎖를 가하여 끓이고 5% $KMnO_4$용액을 약간 과량이 될 정도로 적가한다.

냉각한 다음 이 액에 NaOH 약 1g을 가하여 녹이고 여과한다. 여액을 자제접시에 옮겨 건고한 다음 210~215℃로 약 20분간 가열 용융한다. 이 용용괴(熔融塊)를 물에 녹이고 30% H_2SO_4용액을 가하여 산성이 되게 하고 ether로 추출한 다음 ether를 증발건고한다.

그 잔류물을 물 약 20㎖에 녹여 묽은 HCl용액으로 중화한 다음 여과하고 여액에 1% $FeCl_3$용액 1방울을 가한다. 이때에 적자색이 나타나면 salicylic acid반응은 양성이며 saccharin이 있는 것을 나타낸다.

3) 황산반응

시험용액 약 1/3량을 300㎖의 비커에 취하여 수욕상에서 증발 건고하고 잔류물은 4~5배량의 무수 Na_2CO_3와 섞어 따로 작은 도가니 속에 미리 용융해 놓은 소량의 KNO_3 중에 서서히 가하고 20~30분간 용융을 더 계속한다.

냉각한 다음 적당량의 물에 녹여 HCl용액으로 산성이 되게 하고 5% $BaCl_2$용액을 가한다. 이때 백색침전이 생기면 saccharin이 있는 것이다.

4) Börnstein반응

시료에서 추출한 ether 증발잔류물에 새로 승화시켜 얻은 resorcin을 조금 가하고 H_2SO_4 몇 방울을 섞은 다음 약 5분간 130℃로 가열한다. 여기서 얻은 반응물을 물에 녹이고 10% NaOH용액으로 알칼리성이 되게 한 것을 광선에 비쳐본다.
Saccharin이 있으면 반사광에 의해서 녹색형광을 나타내고 투과광에 의해서는 적색을 나타낸다.

3-2 Saccharin, sodium cyclamate 및 dulcin의 분리 확인시험

시약 및 장치

① 실리카겔 칼럼(silicagel column) : 크로마토그래피용 실리카겔을 110℃로 30분간 가열하고 데시케이터 중에 방냉한 것을 benzene에 현탁시켜 직경 1㎝, 길이 약 15㎝의 코크가 달린 유리관에 유입하여 5㎝ 높이의 층이 되게 한다.

② 칼럼(column)용 용출액 : Ethyl acetate · methyl alcohol(2 : 1)

③ 투석막(透析膜) : 콜로디온(collodion)막 또는 셀로판 튜브를 사용한다.

④ 투석보조액 : 2% $HgCl_2$용액 5㎖와 NaCl 2.5g에 0.01N-HCl을 가하여 녹여서 전량을 100㎖로 한다.

⑤ 인산염완충용액 : 0.1N-KH_2PO_4용액과 0.1N-Na_2HPO_4용액을 1 : 4의 비율로 혼합하고 pH를 7.3으로 조정한다.

⑥ 초산염완충용액 : 0.1N-CH_3COOH용액과 0.1N-CH_3COONa용액을 1 : 2의 비율로 혼합하여 pH 5.0으로 조정한다.

⑦ 단백질분해효소용액 : 5% protease용액, 필요하면 여과한다.

⑧ 전분분해효소용액 : 5% amylase용액, 필요하면 여과한다.

⑨ Saccharin표준용액 : Saccharin나트륨 0.5g을 물 50㎖에 녹이고 다시 ethyl alcohol을 가하여 100㎖로 한다.

⑩ Sodium cyclamate 표준용액 : Sodium cyclamate 1g을 물 50㎖에 녹이고 다시 ethyl alcohol을 가하여 100㎖로 한다.

⑪ Dulcin표준용액 : Dulcin 0.1g을 ethyl alcohol에 녹여 50㎖로 한다.

⑫ 실리카겔 박층판 : 박층 크로마토그래피용 실리카겔($CaSO_4$첨가)을 사용하여 상법에 따라서 두께 250~300μ의 박층판을 조제하고 100℃에서 30분간 가열하여 활성화시킨다.

⑬ Polyamide박층판 : 박층 크로마토그래피용 polyamide 20g에 물 또는 isopropyl alcohol 75~80㎖를 가하고 강하게 흔들어 섞어서 균일한 호상(糊狀)으로 한 것을 사용하여 상법에 따라서 두께 250~300μ 의 박층판을 조제하고 바람에 말린 다음 70℃에서 30분간 가열건조하여 보존한다.

⑭ 전개용매

(a)실리카겔 박층용

Benzene · ethyl acetate · formic acid(10 : 7 : 3)

(b) Polyamide 박층용

Benzene · ethyl acetate · formic acid(5 : 10 : 2)

⑮ 발색시약

(a) 2% o−tolidine · ethyl alcohol용액 : 냉암소에 보존한다.

(b) 1% 과산화수소수 : 사용할 때 조제한다.

(c) *p*−dimethylamino benzaldehyde용액 : *p*−dimethylamino benz · aldehyde 1g을 10% HCl용액 10㎖에 녹이고 이것에 ethyl alcohol을 가하여 100㎖로 한다.

(d) MR−BCG용액 : 0.2% methyl red · ethyl alcohol 용액과 0.1% bromcresol green · ethyl alcohol용액을 6 : 4의 비율로 혼합한다.

(e) 0.1% pinacryptol yellow · methyl alcohol 용액

⑯ 자외선조사 램프 : 2,536Å과 3,650Å을 조사할 수 있는 것

⑰ 투석장치 : 그림 10−6과 같은 투석장치를 사용한다.

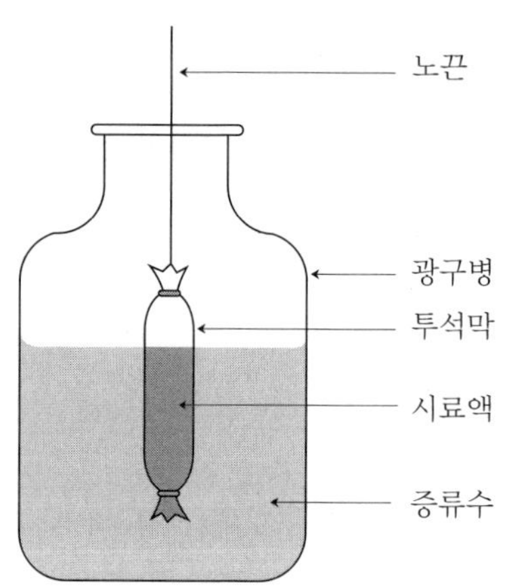

그림 10−6 투석장치

조 작

(1) 시험용액의 조제

1) 용매추출법(액체식품)

시료 20mℓ를 분액깔때기에 취하고 물 30mℓ를 가한다. 만일 탄산 또는 alcohol을 함유하는 경우에는 가온하여 이들을 제거하고 냉각한 다음 분액깔때기에 옮겨 물을 가해서 50mℓ로 한다. 이 액에 10% H_2SO_4용액 5mℓ를 가하여 산성으로 하고 $MgSO_4$를 포화상태가 될 때까지 가한 다음 초산에틸(ethyl acetate) 50mℓ씩으로 4회 추출한다.

Ethyl acetate층을 모두 합쳐 $MgSO_4$포화용액 50mℓ를 가하고 3~5분간 흔들어 섞어서 세척하고 세액은 버린다. 건조한 비커에 ethyl acetate층을 취하여 무수 Na_2SO_4 약 5~10g을 가하고 흔들어 준 다음 5분간 방치하여 탈수한다. Ethyl acetate층을 분리하고 감압증류하여 ethyl acetate를 증류제거하고 잔류물은 ethyl alcohol 0.5~1mℓ에 녹여서 시험용액으로 한다. 만일 ethyl acetate층이 착색되어서 박층 크로마토그래피를 방해할 때에는 ethyl acetate층을 약 10mℓ가 되게 농축한 다음 같은 용량의 benzene을 가하여 잘 섞은 액을 실리카겔 칼럼(silicagel column)에 매분 2mℓ의 유속으로 통과시킨다. 용출액 20mℓ를 받아 감압증류하여 용매를 제거하고 잔류물은 0.5~1mℓ의 ethyl alcohol에 녹여서 시험용액으로 한다.

2) 투석법(반유동체 또는 고체식품)

시료 5~10g을 취하여 유발로 잘 갈아부수고 적당량의 물을 가하여 유동상(流動狀)이 되게 한 것을 투석막 중에 넣는다. 만일 다음과 같은 시료인 경우에는 투석에 앞서 전처리조작을 하여야 한다.

① 유지를 많이 함유하는 시료 : 유동상으로 한 시료를 원심분리관에 취하고 *n*-hexane 20mℓ씩으로 2~3회 유지를 추출한 다음 원심분리하여 *n*-hexane층을 제거한다.

② 단백질을 많이 함유하는 시료 : 유동상으로 한 시료에 인산염완충용액을 가하고 pH를 7.0~7.3으로 한 것을 삼각플라스크에 옮겨 단백분해효소용액 5mℓ를 가하고 60℃로 1시간 30분간 때때로 흔들어 섞으면서 가온한 다음 끓을 때까지 가열하고 냉각시킨다.

③ 전분을 많이 함유하는 시료 : 유동상으로 한 시료에 초산염 완충용액을 가하여 pH를 5.0~5.5로 한 것을 삼각플라스크에 옮겨 전분분해효소용액 5mℓ를 가하고 60℃로 1시간 30분간 때때로 흔들어 섞으면서 가온한 다음 끓을 때까지 가열하고 냉각시킨다.

투석막 중에 시료를 넣은 다음 양끝을 튼튼한 실로 꼭 잡아매고 미리 증류수 100mℓ를 200mℓ의 광구병에 담가서 하룻밤 또는 일주야 방치하여 투석한다. 투석이 끝나면 투석외액을 분액깔때기에 취하고 이하는 액체식품과 같이 용매추출법에 따라서 조작하여 시험용액을 조제한다.

(2) 시험조작

모세관을 사용하여 박층판의 하단에서 약 2㎝되는 위치에 각 표준용액과 시험용액을 각각 약 1㎝ 간격으로 직경 3~4㎜가 되도록 2~3회 스포트(spot)하여 바람에 말려서 각 스포트의 용매를 날려보낸 다음 실리카겔 박층판을 사용하는 경우에는 전개용매 (a)를, polyamide박층판을 사용하는 경우에는 전개용매 (b)를 사용하여 원점에서 10㎝까지 전개한다. 전개가 끝나면 박층판을 꺼내어 잠시 실온에 방치하여 대부분의 용매를 날려보낸 다음 70℃로 15분간 가열하여 용매를 완전히 날려보내고 다음과 같은 방법에 의하여 확인한다.

① 발색시약을 사용하기에 앞서서 어두운 곳에서 자외선 조사램프(단파장 2,536Å)를 조사하여 saccharin의 흡수반점(spot)을 확인한다. 표준인 saccharin과 같은 R*f*의 위치에 청백색의 형광이 나타나면 saccharin이 있는 것으로 추정할 수 있다.

② 환기가 잘되는 곳에서 박층판에 2% o-tolidine · ethyl alcohol용액, 이어서 1% 과산화수소수를 분무한 다음 40℃의 건조기 중에서 10분간 가온할 때 sodium cyclamate와 saccharin은 청색의 반점(spot), dulcin은 갈색의 반점(spot)이 각각의 해당부위에서 나타난다.

③ MR-BCG용액을 분무할 때 sodium cyclamate와 saccharin이 있으면 각각 해당하는 부위에 회녹색을 배경으로 하여 적색의 반점이 나타난다.

④ 0.1% pinacryptol yellow · methyl alcohol용액을 분무할 때 so · dium cyclamate는 자외선(3,650Å)조사하에서 해당하는 부위에 담녹색을 배경으로 하여 황~황등색의 반점을 나타낸다.

⑤ *p*-dimethylamino benzaldehyde용액을 분무할 때 dulcin이 있으면 해당하는 부위에 황~황등색의 반점이 나타난다.

자외선조사하 및 발색시약에 의한 인공감미료의 정색은 표 10-3과 같고, 인공감미료의 R*f*치는 표 10-4와 같다.

표 10-3 인공감미료의 자외선 및 발색시약에 의한 정색

발색조건 / 인공감미료	자외선 조사하	발색시약			
		(a)+(b) 40℃, 10분	(c)	(d)	(e)
Saccharin	담청색형광 (2,536Å)	청 색	—	회녹색 배경에 적색	—
Sodium cyclamate	—	청 색	—	회녹색 배경에 적색	자외선(3,650Å)하 담녹색 배경에 황~황등색
Dulcin	흑색(2,536Å)	갈 색	황~황등색	—	—

표 10-4 인공감미료의 *Rf*치

인공감미료 \ 박 층	실 리 카 겔	Polyamide
Saccharin	0.80	0.66
Sodium cyclamate	0.54	0.34
Dulcin	0.69	0.74
비 고	전개용매 Benzene : ethyl acetate : 99.5%의 산 (10 : 7 : 3)	전개용매 Benzene : ethyl acetate : 99.5%의 산 (5 : 10 : 2)

제 4 장 산화방지제

4-1 BHA, BHT의 분리확인시험

시약 및 장치

① Acetonitrile추출액 : Acetonitrile 70mℓ와 *n*-hexane 20mℓ를 분액깔때기에 넣고 강하게 흔들어 섞은 다음 acetonitrile층의 aceto · nitrile · hexane 포화용액을 사용한다.

② 발색시약

(a) 0.1% 2,6-dichloroquinone-4-chloroimide · isopropyl alcohol용액 : 2,6-dichloroquinone-4-chloroimide 100mg을 isopropyl alcohol 100mℓ에 녹인다.

(b) 인몰리브덴산 · ethyl alcohol용액 : 인몰리브덴산 20g을 ethyl alcohol 80mℓ에 녹인다.

③ 박층판 : 실리카겔 G를 상법에 따라 유리판에 250μ 의 두께로 도포하고 바람에 말린 다음 100℃로 40분간 가열하여 활성화시킨다.

④ 전개용매

(a) Iso-octane · acetone(22 : 3)

(b) Iso-octane · acetic acid(9 : 1)

⑤ 산화방지제 표준용액 : BHA(butylated hydroxy anisole), BHT (butylated hydroxy toluene) 각각 20mg을 ethyl alcohol 5mℓ에 녹인다.

조 작

(1) 시험용액의 조제

1) 유지 또는 지방을 함유하는 액체시료

시료 10~15g(산화방지제 1mg 이상을 함유하도록 시료를 채취한다)을 100mℓ의 비커에 취하여 *n*-hexane 50mℓ를 가해서 녹이고 이 액을 분액깔때기에 옮겨서 acetonitrile추출액 30mℓ로 2회 추출한 다음 acetonitrile층을 분리한다.

2) 동물지, 경화유, 버터, 마가린 등의 시료

시료 5~15g을 100mℓ의 비커에 취하여 40~50℃의 수욕상에서 가온하여 녹인 다음 분액깔때기에 옮긴다. 비커는 *n*-hexane 50mℓ로 세척하고 세액은 분액깔때기에 합쳐서 잘 흔들어 섞어 녹인 다음 acetonitrile추출액 30mℓ로 2회 추출하고 acetonitrile층을 분리한다.

3) Potato제품, Bakery제품 등의 고체시료

시료 10~15g을 유발에 취하여 잘 갈아 부순 다음 *n*-hexane 50mℓ를 가하고 유봉으로 5분간 혼합하여 잠시 방치한다. 녹지 않는 물질이 침전되면 용액만 분액깔때기에 옮기고 나머지는 여과지로 여과한 다음 여과지를 *n*-hexane 10mℓ로 세척하고 여액과 세액은 분액깔때기에 합친다. 이것에 acetonitrile추출액 30mℓ를 가하여 5~10분간 강하게 흔들어 섞어서 2회 추출하고 하층의 acetonitrile층을 분리한다.

이렇게 분리한 acetonitrile층을 감압하 45℃ 이하에서 농축하여 약 0.5~1mℓ로 하고 이것을 박층용 시험용액으로 한다.

(2) 시험조작

시험용액을 모세관을 이용해서 박층판의 하단에서 2㎝되는 곳에 직경 3~4㎜가 되도록 2~3회 스포트하고 바람에 말린 다음 원점에서 10㎝까지 전개한다. 같은 조작으로 표준용액도 2~3회 스포트하여 전개한다. 전개가 끝난 다음 환기가 잘되는 곳에서 발색제 용액을 분무하면 BHA는 청색, BHT는 황등색을 나타낸다.

이렇게 분리된 각 반점(spot)의 위치를 표준액과 비교하거나 또는 표 10-5에 나타낸 R*f*치에 의해서 확인한다.

표 10-5 산화방지제의 Rf치와 정색

흡착제	실리카겔 G		
Rf와 색깔	Rf치		색 깔
전개용매 / 산화방지제	Iso-octane : acetone (22 : 3)	Iso-octane : acetic acid (9 : 1)	
BHA	0.21 0.17	0.16 0.13	청 색
BHT	0.77	0.86	황등색

4-2 BHA의 정량

시약 및 기구

① Gibbs시약(0.01% 2,6-dichloro-*p*-benzoquinone-4-chloroimide · 95% methanol용액) : 2,6-dichloro-*p*-benzoquinone-4-chloroimide 10㎎을 95% methanol 100㎖에 녹인다.

② 0.5% borax용액

③ 95% methanol

④ *n*-butanol

⑤ BHA표준용액 : 95% methanol 10㎖에 BHA(butylated hydroxy anisole) 250㎍을 포함하는 용액을 만든다.

⑥ Measuring cylinder(25㎖) : 유리마개가 달린 것

⑦ 분광광도계(610㎚)

조 작

(1) 시험용액의 조제

Mojonnier추출관에 유지시료 10g을 취하고 95% methanol 25㎖를 가하여 격렬하게 진탕한 후 약 45℃의 물 속에 넣어 둔다. 두 층으로 완전히 분리되면 위층을 50㎖의 메스플라스크에 옮긴다. Mojonnier관에 methanol 20㎖를 가하여 다시 추출한 후, 그 위층을 50㎖의 플

라스크에 가하고 methanol을 눈금까지 채운다. $CaCO_3$ 1g을 플라스크에 가하고 진탕한 후 혼합물을 여과한다. 처음의 여과한 액 몇 방울은 버린다. 이 여액을 모든 산화방지제의 시험용액으로 한다.

(2) 측 정

유리마개가 달린 25㎖의 실린더에 methanol추출물 2㎖를 취하고, 여기에 95% methanol 2㎖와 0.5% borax용액 8㎖를 가한다. 여기에 다시 Gibbs시약 2㎖를 가하고 그 혼합물을 15분간 정치한 후 butanol을 20㎖ 눈금까지 채운다. 이것을 잘 혼합한 후 이 청색용액의 흡광도를 물을 대조로 하여 610㎚에서 측정한다.

이와 동시에 methanol추출물 대신에 methanol의 흡광도를 같은 파장에서 측정하고, 또 95% methanol 10㎖에 250㎍의 BHA를 함유하고 있는 표준용액의 흡광도를 측정한다.

계 산

시료 methanol추출액 2㎖ 중에 함유되어 있는 BHA의 양은 다음 식에 의해 계산한다.

$$\text{BHA의 양}(\mu g) = \frac{A-B}{C-B} \times 50$$

A : 시료 methanol추출물의 흡광도(610㎚)
B : Methanol의 흡광도(610㎚)
C : 표준 BHA methanol용액(250㎍/10㎖)의 흡광도(610㎚)

4-3 BHT의 정량

시약 및 기구

① Dianisidine시약 : *o*-dianisidine(3,3′-dimethoxybenzidine) 250㎎을 methanol 50㎖에 녹이고, 활성탄 100㎎과 5분간 혼합한 후 여과한다. 맑은 여액 40㎖를 1N-HCl용액 60㎖에 혼합한다. 이 용액은 사용할 때마다 새로 만들고 광선을 차단하여 보관한다.

② 0.3% $NaNO_2$용액

③ BHT표준용액 : methanol 100㎖에 BHT(butylated hydroxy toluene) 50㎎을 포함하는 용액을 만들고 이것을 50%(v/v) methanol로 100배 희석하면 5㎍/㎖ 용액이 된다. 이것을

더 희석하여 1~5μg/mℓ의 표준용액을 만든다.

④ Methanol

⑤ Chloroform

⑥ 분광광도계(520nm)

⑦ 분액깔때기 : 유리마개 달린 것

⑧ Measuring cylinder : 5mℓ 혹은 10mℓ의 착색된 것

조 작

(1) 시험용액의 조제

4-2의 BHA의 정량의 시험용액조제방법과 같다. 단 이 시험용액 중에는 BHT가 완전하게 추출되어 있지 않으며, 다만 시료 중에 존재하는 BHT의 약 반정도만이 추출된다.

(2) 측 정

100mℓ의 분액깔때기에 methanol추출물 5mℓ와 물 5mℓ 및 dianisidine시약 2mℓ를 각각 가한다. 분액깔때기의 마개를 하여 조심스럽게 혼합한 후 $NaNO_2$용액 0.8mℓ를 가하여 잘 혼합한다. 그 혼합물을 5분간 정치한 후 chloroform 4mℓ를 가하여 30초간 강하게 흔들어 BHT를 완전히 추출한다.

이 혼합물을 층이 완전히 분리될 때까지 수분간 정치한다. 5mℓ 혹은 10mℓ의 착색된 메스실린더에 순수한 methanol 0.8mℓ를 취하고, 여기에 분액깔때기 중의 chloroform층을 4mℓ까지 채우고 잘 혼합한다.

즉시 이 적자색 용액의 흡광도를 520nm에서 8mℓ의 chloroform에 methanol 2mℓ를 가하여 혼합한 용액을 대조로 하여 측정한다. 여기서 얻은 값을 2배한 것과 BHT표준용액 10mℓ에 dianisidine시약 2mℓ를 가하여 같은 방법으로 측정하여 얻은 결과를 비교하여 정량한다.

제 5 장 발색제

5-1 아질산염의 정량

원 리

방향족 amine류는 NO_2에 의해 diazo화 되며, 이 diazonium염은 또한 적당한 결합제(방향족 amine류)에 의해 azo색소를 생성한다. 이것은 NO_2의 특이한 반응으로서, 대부분의 NO_2정량법은 거의 이 반응을 이용하여 비색정량을 행하는 것이다. 이 방법에서는 염산 산성하에서 sulfanilamide와 NO_2가 반응하여 diazonium염을 만들고 또한 naphthyl ethylenediamine과 결합시켜 생긴 azo색소를 비색정량한다.

시 약

① Sulfanilamide용액 : Sulfanilamide(특급) 0.5g을 10% HCl 100mℓ에 가온하여 녹인다.

② Naphthyl ethylenediamine용액 : N-(1-naphthyl)ethylenediamine염산염(특급) 0.12g을 물에 녹여 100mℓ로 한다. 녹지 않는 물질이 있으면 여과한다.

③ 0.5N-NaOH용액

④ 12% $ZnSO_4$용액 : $ZnSO_4 \cdot 7H_2O$ 12g을 물에 녹여 100mℓ로 한다.

⑤ 10% 초산암모늄완충용액 : 초산암모늄(CH_3COONH_4) 100g을 물 약 900mℓ에 녹이고 10% 암모니아수로 pH 9.1로 조정한 다음 물을 가하여 1,000mℓ로 한다.

⑥ 아질산성 질소 표준용액 : $NaNO_2$(특급)을 황산 데시케이터 중에서 24시간 건조시킨 다음 그 0.493g을 정확히 칭취하여 멸균증류수에 녹여 전량을 1ℓ 로 하여 표준원액으로 한다. 이 표준원액 10mℓ를 취하여 멸균증류수를 가해서 100mℓ로 하고 다시 그 액 1mℓ를 취하여 물로 100mℓ로 한 것을 표준용액으로 하며 사용할 때 새로 조제한다. 아질산성 질소 표준용액 1mℓ는 0.1㎍의 NO_2-N(아질산성 질소)를 함유한다.

조 작

(1) 시험용액의 조제

시료를 잘게 썰고 유발에서 충분히 으깨어 부순 다음 그 5~10g을 300mℓ의 삼각플라스크에 취하여 물 150mℓ를 가한다.

이어서 0.5N-NaOH용액 10mℓ와 12% $ZnSO_4$용액 10mℓ를 가하고 70~80℃의 수욕 중에서 20분간 가온한 다음 흐르는 물로 냉각시키고 10% 초산암모늄완충용액 20mℓ를 가한다. 이 침출액을 200mℓ의 메스플라스크에 정량적으로 옮기고 또한 삼각플라스크도 물로 2~3회 세척하여 세액을 메스플라스크에 합친 다음 물을 가하여 200mℓ로 한다. 이 액을 충분히 혼합하여 약 10분간 방치한 다음 건조여과지를 사용해서 여과하여 공전 삼각플라스크에 넣는데 처음 나오는 여액 약 20mℓ는 버리고 맑은 여액을 시험용액으로 한다.

(2) 측 정

시험용액(A)과 아질산성 질소 표준용액(As) 각각 10mℓ를 별개의 시험관에 취하고 각 시험관에 다시 1N-HCl 2mℓ와 sulfanilamide용액 1mℓ를 가하여 혼합한 다음, 즉시 naphthyl ethylenediamine용액 1mℓ를 가하여 혼합하고 실온에 20분간(또는 30℃의 수욕 중에 10분간) 방치한다. 이어서 각각의 대조액을 바탕으로 하여 파장 540nm에서 A와 As의 흡광도를 측정한다. 시험용액(A)의 대조액은 시험용액 10mℓ에 sulfanilamide용액 1mℓ와 증류수 1mℓ를 가한 용액을, 아질산성 질소 표준용액(As)의 대조액은 증류수 10mℓ에 sulfanilamide용액 1mℓ와 naphthyl ethylenediamine용액 1mℓ를 가한 용액을 각각 사용한다.

계 산

시료 중에 함유되어 있는 아질산염의 양은 보통 NO_2로서 ppm으로 나타내며, 다음 식에 의해 계산한다.

$$\text{아질산염}(NO_2)\text{의 농도(ppm)} = \frac{A}{As} \times \frac{20}{S} \times 3.28$$

A : 시험용액의 흡광도(540nm)
As : 아질산성 질수 표준용액의 흡광도(540nm)
S : 시료채취량(g)

제11부 식품품질의 평가

기본 식품분석학

Basic Food Analysis

제 1 장 수분활성도(Aw) 측정

식품 중의 물을 논할 경우, 정적(靜的)인 면에서 수분함량을 기본으로 하는 경우와 동적(動的)인 면에서 식품 중의 물의 자유도(自由度)를 기본으로 하는 경우가 있다. 물은 식품이 갖는 품질특성, 즉 단백질의 변성, 물성, 지방질의 산화, 갈변 또는 미생물의 발육 등에 크게 영향을 미치고 있음은 잘 알려져 있는 사실이며, 이때 식품 중의 물을 종래의 수분함량이라고 하는 관점에서 논하기 보다는 물의 자유도, 즉 수분활성(water activity, Aw)이라고 하는 관점에서 논하는 것이 합리적이다.

수분활성은 평형증기압법, 동결법, 팽윤압법 등의 열역학적인 방법, 또한 묽은 용액에서는 Raoult의 법칙의 적용에 의해 측정할 수 있다. 그러나 대부분의 식품은 복잡한 혼합성분계이기 때문에, 평형증기압법으로 식품의 수분활성을 측정하는 것이 가장 적합하다.
평형 증기압법에서 수분활성 Aw는 다음 식으로 규정된다.

$$Aw = \frac{P}{P_0} = \frac{RH}{100}$$

P_0 : 일정온도하에서 순수한 물의 평형증기압
P : 같은 온도에서 식품 중의 물의 평형증기압
RH : 주위환경의 상대습도

1-1 일정습도하에서 평형수분량측정법

1-1-1 Landrock법

원 리

이 방법은 비교적 수분활성이 높은 농 · 수 · 축산식품에 적용하는 것이 적당하다. 식품의 흡습 또는 탈습은 그 식품의 표면증기압과, 같은 온도에 있어서 주위의 대기 중의 증기압과의 차에 의해서 이루어진다.

식품의 흡습 및 탈습에 따르는 중량의 증감은 식품의 Aw와 주위 환경의 상대습도 RH에 대응하는 Aw(RH/100)와의 차에 의존하기 때문에 측정시간, 온도, 최초의 시료채취량, 시료수분량, 시료표면적 등 모든 조건을 일정하게 하고, 주위환경의 RH만을 변화시킨 경우에 수분함량의 증감은 환경 RH의 변화에 비례한다는 것이 이 방법의 기본원리로 되어 있다.

그림 11-1은 수분함량이 서로 다른 여러가지 초콜릿 시럽(chocolate syrup) 건조품에 대해 25℃, 1시간의 측정조건으로 조사한 결과로, 세로축은 시료중량의 증감을, 가로축은 환경 RH를 나타낸 것으로서, 그림 안의 플롯(plot)은 각 시험에서 설정된 RH에 있어서의 중량의 증감량을 표시한다. 이때 각각의 플롯(plot)된 점을 연결한 직선관계의 선이 세로축의 영점, 즉 중량의 증감이 없는 점과 만나는 곳의 RH값을 읽으면, 이것은 평형시의 RH(equilibrium relative humidity, ERH)값에 상당하며, 이것을 1/100하여 Aw값을 구할 수 있다.

이와같은 방법으로 각 수분량의 시료에 대한 ERH를 구하고 세로축에 수분량, 가로축에 ERH를 플롯(plot)하면 그림 11-2와 같은 일련의 등온흡습곡선이 얻어지므로 매우 짧은 시간에 간편하게 Aw값을 직접 측정하는 것이 가능하다. 물론 처음부터 단일시료에 대하여 별도로 수분량을 측정해 두고 계속하여 이 방법에 의해 ERH를 구하여 Aw를 결정할 수도 있다.

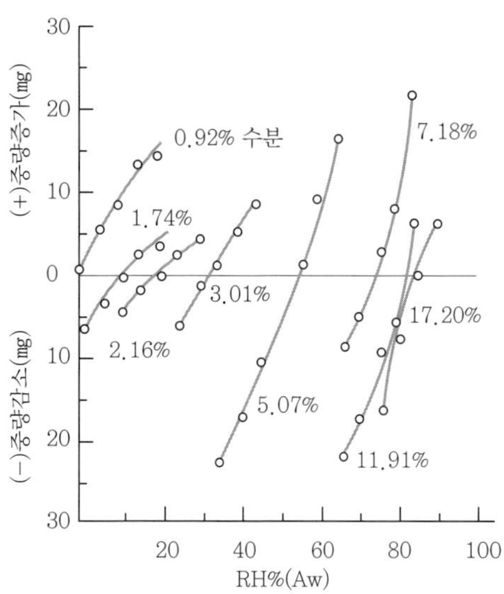

그림 11-1 Landrock법에 의한 초콜릿시럽의 Aw를 구하는 방법(25℃, 1시간, 시료 5g)

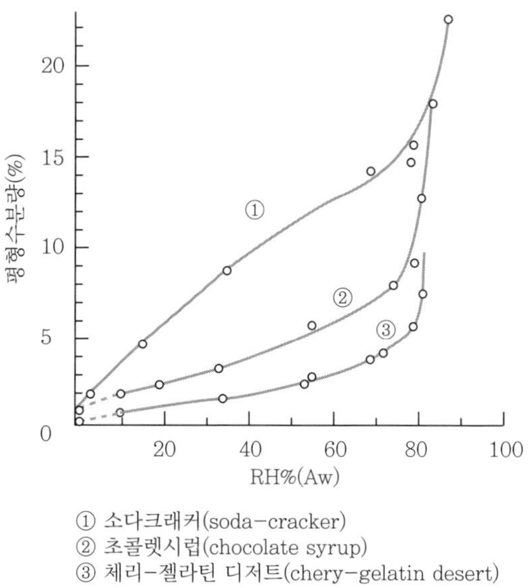

그림 11-2 Landrock법에 의해 얻어진 각종 식품의 등온흡습곡선(25℃)

시약 및 기구

① 진한 H_2SO_4 : 특급 시약을 사용한다.

② 항온항습기 : 온도는 20~50℃, 습도는 95% 정도까지의 것을 사용한다.

③ 진공건조기 : 온도범위는 40~50℃ 정도의 것을 사용한다.

④ Desiccator : 적당한 부피를 가진 밀폐 가능한 것을 사용한다.

조 작

① 한 시료에 대해서 각 60g의 8~9그룹의 샘플(sample)을 준비한다.

② 이들 각 그룹의 수분함량을 변화시키기 위해 흡습수단으로는 적어도 RH 90%, 37℃의 항온항습기 안에서, 또한 탈습수단으로는 40~50℃의 진공건조기 안에서 각각 임의의 시간 처리를 하여 수분함량을 다르게 조정한다. 이들 시료는 일시적으로 유리용기에 밀폐 저장하여 둔다.

③ 위의 각 그룹의 시료 중에서 2g씩을 정확히 칭량하여 70℃, 762㎜Hg의 진공하에서 16시간 흡인건조하고 각 그룹의 시료의 수분함량을 측정한다.

④ 이어서 1계열마다 각 5g씩의 시료를 전자자동천칭으로 신속히 칭취하여 직경 7~8㎝ 정도의 금속제 작은 접시(pan)에 균일하게 넣는다.

⑤ 이 금속제 접시를 특제의 Conway unit(petridish 또는 desiccator도 가능함) 안의 가대 위에 얹고 구리스나 바셀린을 바른 유리판으로 상부를 밀폐한다. 또한 이 측정기구(unit) 안에는 비리 소정의 온도에서 일정한 RH를 니티내는 여러 농도의 황산(표 11-1 참조)을 넣어둔다.

⑥ 위의 ④,⑤의 조작은 1계열의 시료에 대하여 적어도 5가지의 다른 RH를 갖는 측정기구(unit)를 준비하여 실시하며, 이때 낮은 RH로부터 높은 RH로 순서대로 행한다.

⑦ 소정의 온도(25℃ 경우가 많다)에서 각 시료를 1시간 유지시킨 후에 중량의 증감을 측정해서 그림 11-1과 같이 그래프를 작성하고 중량 증감이 없는 영점의 RH로서 Aw를 구한다.

⑧ 각 그룹에 대해서 ④,⑦의 일련의 조작을 반복하여 그림 11-2와 같은 등온흡습곡선을 얻는다.

표 11-1 조제한 황산농도와 상대습도

0.1N-NaOH용액에 의한 적정치 (㎖)	황산중량농도 (%)	상대습도 (%)
—	—	100.0
1.10	5.95	98.1
1.81	8.40	97.0
2.65	12.36	94.8
3.51	16.36	92.1
4.58	21.40	87.6

1-1-2 Conway unit를 이용한 측정법

원 리

이 방법은 Landrock법을 개량한 방법으로 데시케이터(desiccator) 대신에 Conway의 미량확산장치(unit)를 이용하는 것이다. 이 장치(unit)의 외실(外室)에 황산 대신에 표 11-2에 표시한 각종 포화염류용액을, 내실(內室)에 시료를 취해 좋은 결과를 얻을 수 있다.

식품을 용기에 밀봉하여 방치해 놓았을 때의 용기의 공간이 나타내는 상대습도가 그 식품의 Aw이다. 그러나 이 상대습도를 측정하는 것은 상당히 어렵다.

식품과 일정한 Aw를 나타내는 포화염류용액을 밀봉용기에 넣어 장시간 방치해 놓으면, 그 식품의 Aw는 포화염류용액의 Aw에 근접하게 되고 결국에 가서는 일치한다. 즉, 만일 식품의 Aw가 사용한 포화염류용액의 Aw보다 높은 경우에는 식품 중의 수분은 포화염류용액으로 이행하여 평형을 이룬다.

반대로 식품의 Aw쪽이 낮으면 수분이 염류용액으로부터 식품으로 이행하여 평형을 이룬다. 그러나 식품의 Aw와 포화염류용액의 Aw가 같은 경우에는 수분의 이동은 일어나지 않는다. 이와같이 수분의 이행이 일어나지 않는 포화염류용액을 찾으면 된다. 수분의 이행의 유무는 식품의 중량의 변화로부터 알 수 있다.

시약 및 기구

① 포화염류용액 : 표 11-2에 나타난 각종 표준시약을 사용한다.

② Conway의 미량확산장치(Conway unit)

③ 항온기 : 온도조절범위 20~50℃의 것을 사용한다.

표 11-2 포화염류용액이 나타내는 수분활성(25℃)

시 약	Aw	시 약	Aw
$K_2Cr_2O_7$	0.980	$NaBr \cdot 2H_2O$	0.577
KNO_3	0.924	$Mg(NO_3)_2 \cdot 6H_2O$	0.528
$BaCl_2 \cdot 2H_2O$	0.901	$LiNO_3 \cdot 3H_2O$	0.470
KCl	0.842	$K_2CO_3 \cdot 2H_2O$	0.427
KBr	0.807	$MgCl_2 \cdot 6H_2O$	0.330
NaCl	0.752	$K(C_2H_3O_2) \cdot H_2O$	0.224
$NaNO_3$	0.737	$LiCl \cdot H_2O$	0.110
$SrCl \cdot 6H_2O$	0.708	$NaOH \cdot H_2O$	0.070

조 작

Conway의 미량확산장치(Conway unit)의 외실(外室)에 표 11-2에 나타낸 표준시약의 결정을 약 5g 넣고 증류수를 소량 가해 적신다.

이때 결정이 모두 녹아버리면 포화용액이 되지 않는다. 물을 가하는 양은 결정을 적실 정도이면 된다. 내실(內室)에는 알루미늄호일로 만든 작은 접시를 놓아 그 속에 시료 1.5g을 정확히 칭량하여 넣는다.

한 개의 시료의 측정에 5개의 Conway unit, 즉 5종류의 Aw가 다른 표준시약을 사용하면 대개의 시료는 측정범위에 들어간다. 백색 바셀린을 unit에 발라 밀봉하여 25℃에서 정확히 2시간 방치한 후 시료의 중량을 재빨리 정확히 칭량한다.

시료의 중량의 증감을 표준시약 Aw에 대해서 그림 11-3과 같이 플롯(plot)하여 선으로 연결하면 중량의 증감 0에 교차하는 점을 구할 수 있다.

이 교차점으로부터 수직선을 아래로 내려 Aw를 읽으면 이것이 시료의 Aw이다.

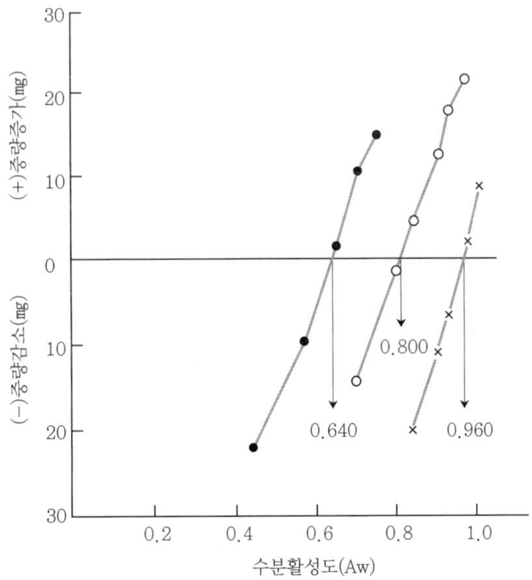

그림 11-3 Conway unit를 이용한 수분활성의 측정법

1-2 증기압의 직접측정법

1-2-1 Akiba법

원 리

이 방법은 시료병과 증류수병의 중간에 유압계(oil manometer)를 장치하여 양쪽의 평형압력차를 측정하도록 한 방법이다. 미리 동일시료에 대하여 수분을 여러가지로 변화시키고 이들 개개의 탈수시료를 시료병에 넣고 평형증기압을 측정할 수 있다. 또 최초의 시료병에는 수분량을 알고 있는 시료 한점을 놓고, 순서에 따라 진공펌프로 진공탈수하면서 적당한 시기에 중지하고, 각 탈수시점에서의 평형증기압과 시료병의 중량 변화로부터 수분량을 산출하는 방법이다.

일반적으로 Aw가 0.85 이상의 높은 영역의 식품에서는 수분량과 대응하는 증기압의 차가 매우 작으므로, 그 정밀도에 대하여는 열역학적 증기압법 또는 전기습도계를 사용하는 방법 등은 적합하지 않다. 이 증기압 측정방법으로는 Aw 0.1~0.7의 낮은 중간영역의 식품의 경우가 알맞다. 증기압의 직접측정방법은 식품시료를 진공하에 두고 검압계를 사용하여 평형수증기압 P를 측정하고, 같은 온도에서의 순수한 물의 포화수증기압 P_0와의 비 P/P_0를 구하여 식품의 Aw로 하고 있다.

시약 및 기구

① 유압계 오일(oil manometer oil) : 증기압 4.1×10^{-5}mmHg, 12℃, 비중 d420 0.885~0.890을 사용한다.

② 증기압측정장치 : 그림 11-4와 같은 장치를 이용한다.

③ 항온수조(water bath) : 온도범위 10~30℃의 것을 사용한다.

④ 진공펌프(vacuum pump)

조 작

측정에 앞서 측정장치의 유압계(oil manometer)에의 오일(oil)의 주입은, 그림 11-4의 ⓒ코크를 열고 그림의 좌측관부터 실시하는데, 오일 속의 공기를 1~2일간 배기조작(排氣操作)에 의해 제거하여 안정시킨 다음에 사용한다. 또한 B병의 증류수는 미리 재증류한 증류수로 일단 비등시켜 고무마개로 밀봉 가능한 삼각플라스크에 취하여 냉각한다. 이것을 약 1mℓ 취하여 B병에 넣고 다시 적당시간 배기하여 용존가스를 제거한다. A, B의 각 병은 진공의 접속상태로부터 취해내어 별도로 제작한 뚜껑으로 밀폐되도록 해두면 편리하다.

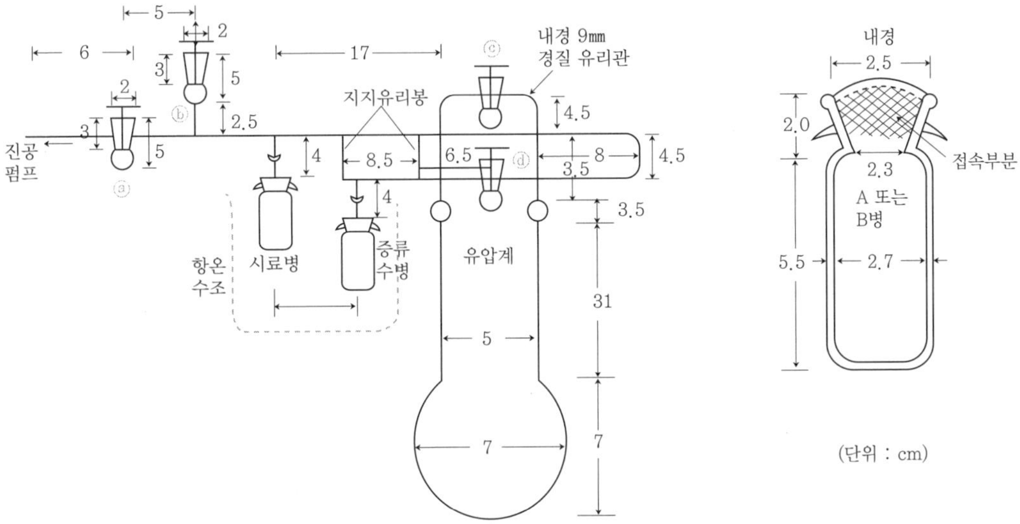

그림 11-4 증기압 측정장치(Akiba법)

(1) 증류수의 증기압-온도곡선의 측정

① 건조한 시료병(A), 증류수병(B)을 장치하고 온도조절기에 의해 10~25℃의 범위에서 소정의 온도[1]로 유지한 동일한 항온수조(water bath) 안에 넣는다.

② 코크 ⓐ, ⓑ를 닫고, ⓒ, ⓓ를 열고 나서 진공펌프를 작동시키고 서서히 ⓐ를 연다.

③ 진공도가 약 10^{-2}mmHg 정도에 도달되면 ⓓ를 일단 닫고, 다시 1~2분 후에 ⓐ와 ⓒ를 동시에 닫은 다음 ⓓ를 천천히 연다(진공펌프는 정지한다).

④ 증류수의 증기압은 유압계(oil manometer)에 작동하고 약 20분 후에 평형에 달하므로, 그 압력차를 $(P_0)_{Tn}$ mm oil로서 측정하고 동시에 항온수조의 온도도 측정한다.

⑤ 항온수조의 온도를 변화시키고 먼저와 마찬가지로 각 온도 Tn의 압력차 P_0를 측정한다.

⑥ 끝으로 ⓒ를 열고 유압계의 평형을 수평으로 되돌리고 ⓑ를 열어 장치의 내부를 상압으로 한다.

⑦ 이와 같은 방법에 의하여 얻은 증류수의 증기압-온도곡선은 거의 직선관계로 표시된다.

1) 일반적으로 20℃ 내외에서 측정한다. 온도가 너무 낮으면 압력계 내면에 수분이 동결하여 오일과 혼합한다.

(2) 시료의 평형증기압 측정과 수분활성의 산출

① 잘게 썰은 시료(분말로 하면 비산하므로 좋은 결과가 얻어지지 않는다) 약 1g을 A병의 바닥에 가급적 넓게 펴서 넣고 장치에 고정한다.

② 항온수조의 온도를 소정의 온도로 유지한다.

③ (1) ②의 방법과 같이 진공펌프를 작동시키고서 ⓐ를 천천히 완전히 연다.

④ 진공도가 10^{-2}mmHg에 달하면 약 5분간 배기한 다음 일단 ⓓ를 닫고 다시 1~2분 후에 ⓐ와 ⓒ를 동시에 닫는다.

⑤ ⓓ를 서서히 완전히 열고서 유압계(oil manometer)를 작동시키고, 시료의 수증기압과 증류수의 수증기압의 평형압력차(Pmmoil)를 측정한다.

⑥ ⓐ를 열어 유압계를 수평으로 하고, 이어서 ⓑ를 열어 상압으로 되돌린다. 시료의 수분량은 보통 상압건조법(105℃)에 의해 측정한다.

⑦ 접속부분(병입구 조인트부분)이 똑같은 시료병 A를 몇 개 준비해 두고서, 각종 수분량의 시료에 대하여 ①~⑥의 조작을 반복한다.

계 산

수분활성도(Aw)는 다음 식에 의해 산출한다.

$$Aw = \left(\frac{P_0 - P}{P_0} \right) Tn \text{ mm oil}$$

P_0 : 온도 Tn일 때의 증류수의 평형증기압
P : 온도 Tn일 때의 시료의 증기압

여기서 P_0는 (1)의 방법에 의해 증기압 P_0-온도 *Tn*곡선으로부터 구할 수 있다.

제 2 장 식품조직의 관찰

식품은 동물이나 식물의 체조직의 일부 또는 전부를 이용하고 있어서, 조리가공 전에는 반드시 일정한 조직구조를 가지고 있다. 또한 조리가공 후에도 고체의 상태에서 이용하는 경우는 확실한 구조를 유지하고 있던가 또는 새로운 구조를 가지게 된다. 그러므로 식품의 성질, 성상을 검토하고자 할 때는 식품의 조직구조가 커다란 역할을 부여하는 경우가 많다.

예를들면 식품의 물리성을 측정할 때 시료구조의 방향에 따라 측정값에 큰 차이를 나타낸다. 따라서 식품의 구조를 알면 그 구조를 구성하고 있는 화학성분을 아는 것, 즉 식품을 이해하는데 큰 도움이 된다. 앞으로 식품의 조직학적인 관찰은 식품학에 있어서 중요한 연구수단의 하나로서 더욱더 긴요하게 이용될 것이다.

2-1 수산식품의 조직화학적 구조관찰

원 리

어육(魚肉) 및 수산가공식품의 품질은 선도(鮮度), 성분의 함량, 물성, 식미, 외관 등에 의해 결정되지만 "조직화학적 관찰"은 이들의 양부(良否)를 판단하는 하나의 수단이다. 특히 어육, 근섬유의 구조, 결합조직 및 지방질 등의 분포 및 가공에 의한 이들의 변화는 조직을 염색하여 현미경으로 관찰함에 의해 가장 쉽고 정확하게 알 수 있다.

조직절편의 제작방법은 여러가지가 있으나 여기서는 응용범위가 넓고 비교적 간단한 절편을 제작할 수 있는 빙결절편법(氷結切片法)을 실시한다.

시약 및 기구

① 10% formalin용액 ② 1% $CaCO_3$용액

③ Gelatin ④ Hematoxylin

⑤ Eosin ⑥ Sudan III

⑦ 빙초산(acetic acid) ⑧ 염기성 fuchsin

⑨ 아황산수소나트륨(sodium hydrogen sulfite, $NaHSO_3$)

⑩ 과요오드산(periodic acid, HIO_4)

⑪ 마이크로톰(microtome) : 그림 11-5 참조

⑫ 현미경(microscope)

⑬ 슬라이드글라스(slide glass) 및 커버글라스(cover glass)

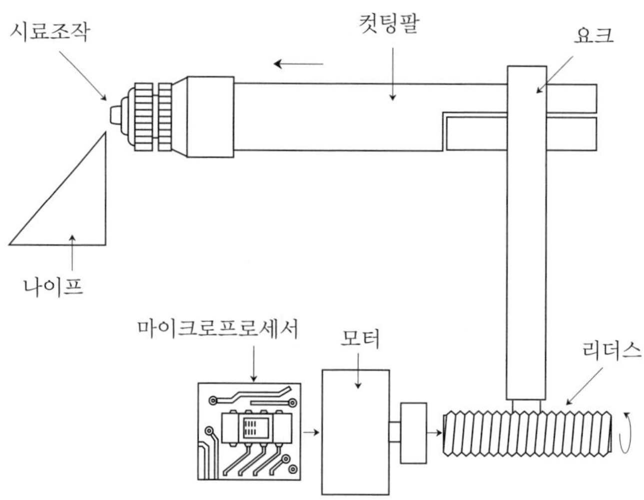

그림 11-5 마이크로톰(microtome-6000형)과 시료송출기구

조 작

(1) 시료의 채취

어육(고등어, 참치, 오징어 등) 및 수산연제품(어묵, 어육 소시지 등)을 시료로 한다.

시료의 구조방향을 고려하면서 두께 5㎜, 폭과 길이 각각 1㎝ 정도 이하의 시료조직을 예리

한 면도칼로 자른다. 단 수산연제품과 같이 조직의 결착성이 풍부한 것은 다음에 기술할 고정 및 gelatin포매(包埋)를 실시하지 않는다.

(2) 조직의 고정(固定)

시료는 그대로 방치하면 세균에 의한 분해, 자기소화, 건조, 팽윤 등을 일으키기 쉽기 때문에 이들을 정지시키기 위해 고정이라고 하는 작업을 실시한다.

고정에는 보통 formalin, alcohol 또는 양자의 혼합액이 이용되지만 여기서는 formalin고정을 실시한다.

1) Formalin고정

50㎖ 광구시약병에 10% formalin액(액량은 시료의 약 30배량)을 넣어 약 5㎜각으로 절단한 조직시료를 직접 병의 바닥에 닿지 않도록 침지하여 고정한다. 침지 후 2~3시간은 때때로 가볍게 고정액을 움직여서 고정이 균일하게 진행하도록 한다. 고정시간은 5㎜각의 시료로 3~7일을 요한다.

2) 수세(水洗)

조직 중에 formalin이 함유되어 있으면 gelatin포매시에 gelatin이 응고하여 조직 내로 침투하기 어렵게 되기 때문에 흐르는 물에서 하룻밤 정도 수세하여 formalin을 제거한다. 수세방법은 고정에 이용한 광구병의 입구를 거즈(gauze)로 덮어씌우거나 고무관을 병의 밑바닥에 넣어서 수돗물을 흘려서 한다. 단 수세가 너무 지나치면 조직이 팽화하기 때문에 주의하여야 한다.

(3) Gelatin포매(包埋)

빙결절편(氷結切片)을 만들 때 조직이 붕괴되지 않고 얇게 절단되도록 조직을 gelatin으로 포매한다.

1) Gelatin액

1% $CaCO_3$용액 30㎖ 당 세절한 gelatin 10g의 비율로 양자를 섞어 37℃의 항온기 내에 방치하고 용해하여「진한 gelatin액」을 만든다. 다음에 이것을 같은 양의 1% $CaCO_3$용액으로 묽게하여「묽은 gelatin액」을 만든다.

2) 포 매

수세한 시료를 먼저 묽은 gelatin액에 넣어 37℃의 항온기 내에 3~24시간 두었다가, 다음에 시료를 진한 gelatin액으로 옮겨 37℃에서 3~24시간 유지하여 gelatin을 잘 침입시킨다.

시료를 gelatin과 함께 페트리접시에 흘려넣어 냉장고 안에 방치하여 gelatin을 고화, 즉 굳게한다. 적당한 굳기가 되었을 때 포매시료를 잘라내고, 주위의 여분의 gelatin을 면도칼로 제거한다.

3) Gelatin의 불용화

Gelatin포매를 한 시료를 10% formalin액에 1~2일 침지한다. 이 작업에 의해 gelatin은 완전히 굳어지고 열을 가해도 융해되지 않게 된다.

4) 수 세

시료를 흐르는 물로 수세하여 formalin을 제거한다.

(4) 빙결절편의 제작

빙결절편은 빙결한 시료를 예리한 칼로 박절(薄切), 즉 얇게 잘라 만든다. 시료를 빙결하기 위해서는 고형 탄산(드라이아이스)법, 탄산가스 분사법 등이 있으나 여기서는 간편하고 능률이 좋은 탄산가스분사법을 사용한다.

1) 시료의 빙결

빙결 마이크로톰(microtome)의 빙결대 위에 시료조각을 올려 놓는다. 이때 관찰하고 싶은 조직면(횡단면 또는 종단면)이 위가 되도록 하고 또한 빙결대 위에 물방울을 흘려 떨어뜨리고 그 위에 시료를 놓아 시료의 빙결과 동시에 시료와 빙결대의 고착이 잘 되도록 한다.

두꺼운 gelatin층이 시료를 덮고 있을 때는 면도칼 등으로 gelatin층을 절단제거한다. 압축탄산가스를 접속한 마개를 간헐적으로 열어 탄산가스를 분사하여 시료를 빙결시킨다.

분사는 시료의 중심부가 얼을 때를 추정하여 멈춘다. 과도하게 빙결하면 얼음에 균열이 생겨 시료와 빙결대의 고착이 나쁘게 되며 박절이 원활하게 진행되지 않는다.

2) 절 단

절단은 빙결한 시료의 표층이 약간 녹을 경우에 실시한다. 먼저 마이크로톰(microtome) 칼을 앞쪽으로 움직이고 마이크로톰 하부의 핸들을 회전하여 빙결대를 상하로 움직여서 시료면을 마이크로톰 칼의 높이에 맞추고 절편의 두께를 결정하여 눈금을 맞춘다. 절편의 두께는 20㎛ 전후가 좋으며 숙련되면 10㎛ 정도의 절편도 얻을 수 있다.

마이크로톰 칼을 슬라이드가이드와 잇닿게 해 전후 최대한으로 움직여 절편을 만든다. 절편은 가는 침끝으로 조용히 잘 취해 증류수를 넣은 페트리접시로 옮긴다. 어묵, 어육 소시지 등의 가공품은 5㎜각의 시료를 그대로 빙결하여 마이크로톰에 걸어도 좋다.

(5) 염 색

근육세포의 일반형태를 조사하기 위해서는 보통 대조염색(hematoxylin · eosin염색이라고도 한다)을 실시하지만 여기서는 어육절편에 대해서는 지방질염색을, 어묵, 어육 소시지 등의 가공품에 대해서는 전분염색을 실시한다.

1) Hematoxylin · eosin염색

① Hematoxylin액 : Hematoxylin 1g을 1ℓ 에 용해하고 요오드산 나트륨(NaIO) 0.2g과 황산 알루미늄칼륨[$AlK(SO_4)_2 \cdot 12H_2O$] 50g을 첨가해서 용해시키고 이어서 빙초산 20㎖를 가해 조제한다.

② 1% eosin액 : 1% eosin수용액을 조제한다.

③ 염색법 : Hematoxylin액에 12분, 수세 3회, 물에 침지 4시간, 1% eosin액에 30초, 수세 수초의 순으로 염색한다. 핵은 hematoxylin에 의하여 청색으로 염색되고 기타 세포단백질은 eosin에 의하여 적색에서 분홍색으로 염색된다.

2) 지방질염색(Jackson법)

① SudanⅢ 원액 : Sudan Ⅲ 분말 2g을 95% alcohol 450㎖에 가온 용해한다. 불용물을 여과하고 방냉 후 냉장고에 하룻밤 방치하고 다시 여과한다. 다음에 여액을 저어 섞으면서 alcohol 농도 80%로 될 때까지 서서히 물을 가해 24시간 방치한 후 여과하여 원액으로 한다.

② Acetic-Carbol-SudanⅢ 시약 : Sudan Ⅲ 원액 18㎖에 대해 5% phenol을 6㎖의 비율로 적하하여 혼합하고 alcohol 농도를 60%로 낮춘다. 수시간 후 원액 1㎖당 60방울의 비율로 빙초산을 적하하여 혼합하고 냉장고에 24시간 방치한 후 여과하여 염색에 사용한다. 이 시약은 약 1주간 사용할 수 있다.

③ 염색법 : 절편을 가는 침끝으로 취해 다음의 순서로 처리하여 염색한다.

㉠ 50% alcohol에 1분간 침지한다.

㉡ Acetic-Carbol-SudanⅢ 시약에 1~1.5시간 침지한다.

㉢ 초산 · alcohol용액(50% alcohol에 빙초산을 95 : 5의 비율로가한 것)에 10~15초간 침지한다.

이들의 처리가 끝난 것은 즉시 증류수 중에 옮겨서 과잉의 시약을 수세하고 슬라이드글라스위에 취해 검경한다. 조직의 지방질은 적등색으로 염색되어 있다.

3) 전분염색(PAS염색)

① 염기성 fuchsin액 : 염기성 fuchsin 0.3g을 유발에 취하여 물 10mℓ를 가하여 잘 용해한 후 여과한다. 여액에 1N-HCl 10mℓ, 아황산수소나트륨($NaHSO_3$) 0.5g을 가하고 병에 넣어 마개를 하여 하룻밤 방치한다. 대부분 무색이든가 약간 황색을 나타내는 정도면 사용 가능하다.

② 아황산용액 : 10% 아황산수소나트륨($NaHSO_3$) 5mℓ, 1N-HCl 5mℓ, 물 90mℓ을 사용전에 혼합한다.

③ 0.5% 과요오드산(periodic acid, HIO_4)용액

④ 염색법 : 0.5% 과요오드산수용액에 5분, 증류수에 5분간씩 2회 세척하고 fuchsin시약에 15분, 아황산수용액에서 1분간씩 4회 세척하며 다음에 물로 세척한다. 전분 등의 다당류 부분은 적자색으로 염색된다.

(6) 검 경(檢鏡)

슬라이드글라스위에 취한 조직절편은 기포가 들어가지 않도록 커버글라스를 위에 놓고 현미경으로 관찰하여 조직화학적 구조를 상세히 조사한다.

2-2 전분입자의 조직구조 관찰

원 리

전분을 물과 함께 가열하면 호화되어 현저한 물성의 변화를 가져온다. 시료전분을 조제하여 일정온도로 가열하면서 호화시 전분의 형상을 현미경으로 관찰한다.

시약 및 기구

① 요오드용액 : KI 40mg, I_2 10mg을 100mℓ의 증류수에 용해한다. 사용할 때에는 이 용액 10mℓ에 1N-HCl 3mℓ를 가하여 100mℓ로 한다.

② 스포이드피펫(spoid pipette)

③ 에나멜

④ 온도계

⑤ 현미경

⑥ 슬라이드글라스(slide glass) 및 커버글라스(cover glass)

조 작

(1) 전분의 조제

감자, 고구마, 연근, 생강 등의 전분질식품을 강판에 갈고 두겹의 거즈로서 문지른다. 쌀은 충분히 물을 흡수시키고 은행은 칼로 얇게 자른 후 유발에서 마쇄하고 두겹의 거즈로 여과한다. 밀가루의 경우는 소량의 물로서 죽 반죽을 만들고 두겹의 거즈로 싸서 물속에서 유출한다.

이들 전분현탁액을 3,000~4,000rpm에서 5분간 원심분리하고 상징액을 배출해서 전분을 모으며, 새로운 증류수를 가해서 다시 전분을 현탁시키고, 원심분리하는 조작을 3회 반복한다. 약간 시간이 걸리지만 정치해서 전분을 침전시키는 수침법을 반복해도 좋다. 모아진 전분은 풍건한다.

(2) 호화전분의 관찰

약 0.1% 전분현탁액 약 5㎖을 시험관에 취하고 온도계와 함께 물을 넣은 300㎖ 비커에 세트한다. 스포이드피펫으로 내액을 조용히 유동시키면서 천천히 가열하여 50, 60, 65, 70, 75, 80, 85, 90℃로 될 때 스포이드피펫으로 슬라이드글라스위 두개 상소에 한방울씩 채취한다.

한편으로는 요오드용액을 한방울 가하여 커버글라스를 덮는다. 남은 액을 여지로서 충분히 흡수, 제거하고 에나멜로 4변을 밀봉한다. 완성된 프레파레이트(preparate)는 바로 배율 100~400배로 전분의 형상을 관찰한다.

브라운운동에 의해 전분입자의 유동이 일어나서 현미경관찰에 지장을 주는 경우는 슬라이드글라스위에 glycerin을 한방울 떨어뜨려 검액과 혼합시켜 전분입자의 유동을 억제하면 좋다. 에나멜로 밀봉해서 프레파레이트를 만들어도 점점 건조되므로 신속하게 관찰한다. 호화된 전분은 급격히 광학밀도가 저하되므로 현미경의 초점을 적당히 조절해서 콘트라스트(contrast)를 붙인다.

제 3 장 식품의 신선도 판정법

3-1 휘발성 염기질소(VBN)의 측정

3-1-1 통기증류법 및 감압증류법에 의한 VBN의 측정

원 리

육류, 특히 어패류의 신선도판정에 사용되는 방법이다. 즉, 부패에 따른 휘발성 염기질소(volatile basic nitrogen, VBN)는 여러 종류의 amine류 및 암모니아의 질소량을 말하며, 통기법 및 감압법에 의한 측정법은 시료 중에 함유되어 있는 amine류 및 암모니아를 증류하여 일정량의 황산 등에 흡수시켜 중화하고 남은 황산량을 수산화나트륨으로 중화적정하여 질소량을 산출하는 것이다.

시약 및 기구

① 20% 삼염화초산(trichloroacetic acid, TCA) 또는 20% 과염소산나트륨(sodium perchlorate, $NaClO_4$)

② 15% $K_2C_2O_4$용액

③ 10% K_2CO_3용액

④ 0.1N-H_2SO_4용액

⑤ 0.1N-NaOH용액

⑥ 증류장치

조 작

(1) 시료용액의 조제

유발에서 잘게 마쇄한 시료를 20g 칭량하여 100㎖의 증류수를 가해서 잘 혼합하고 30분간 추출한다. 다음에 20% 삼염화초산 또는 과염소산나트륨 15㎖를 가해서 잘 혼합하고 10분간 방치한 후 될 수 있는 한 육편이 여지에 이동하지 않도록 주의해서 여과한다.

이어서 5% 삼염화초산 또는 과염소산나트륨 약 10㎖를 가해 전육편을 여지상으로 옮겨 여과한다. 이 전액을 250㎖ 메스플라스크에 옮겨 증류수를 가해서 표선까지 채워 시료용액으로 한다. 이 중 50㎖를 1회의 측정에 사용한다.

(2) 측 정 법

1) 통기증류법(AOAC개량법)

조제한 시료용액 50㎖를 정확히 분해병(C)에 취해 장치를 조립한다(그림 11-6 참조). 수기(F)에 정확히 0.1N H_2SO_4용액 10㎖를 넣고 지시약(methyl red) 1~2방울을 가해 마개를 하여 장치에 부착한다. 세기병(A)에는 미리 10% H_2SO_4용액을 넣어둔다.

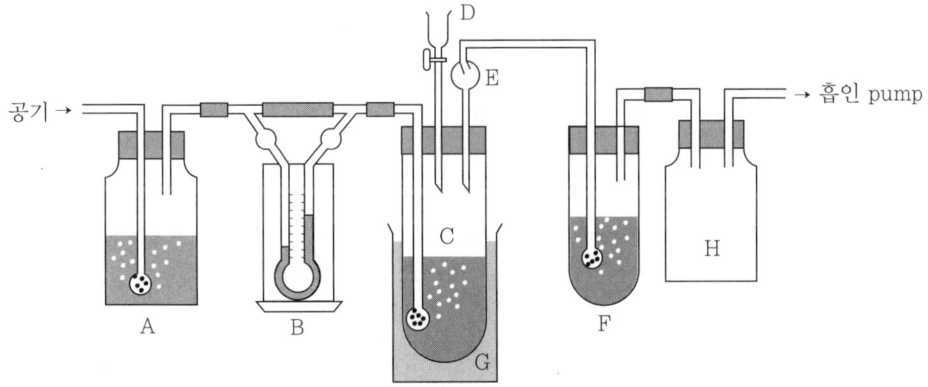

그림 11-6 통기증류법(AOAC개량법)의 장치

통기조작이 가능한 상태로 되면 D의 코크를 열어 15% $K_2C_2O_4$용액 10㎖, 10% K_2CO_3용액 10㎖를 가해서 즉시 코크를 닫고 통기를 시작한다. 통기시간은 항온수조의 온도가 45±1℃에서 90분간, 통기량은 1시간에 50ℓ 로 한다.

분해병 중에서 기포가 심하게 생길 때는 소포제 1~2방울을 코크(D)를 열어 적하한다. 통기가 끝난 후 수기의 마개를 빼내어 통기관의 끝부분을 증류수로 수기 중에 세척하여 넣고 이것을 그대로 0.1N-NaOH 용액으로 적정한다.

2) 감압증류법(Weber-Wilson개량법)

감압증류법은 진공펌프를 사용하여 통기증류법보다 단시간에 결과를 얻을 수 있다. 그림 11-7과 같은 장치를 만들어 분해병(B)에 조제시료용액 50㎖를 채취한다. 수기(E)에 0.1N H_2SO_4용액 10㎖를 넣고 지시약(methyl red액) 1~2방울을 가한다. 이것을 리비히냉각관과 연결한다.

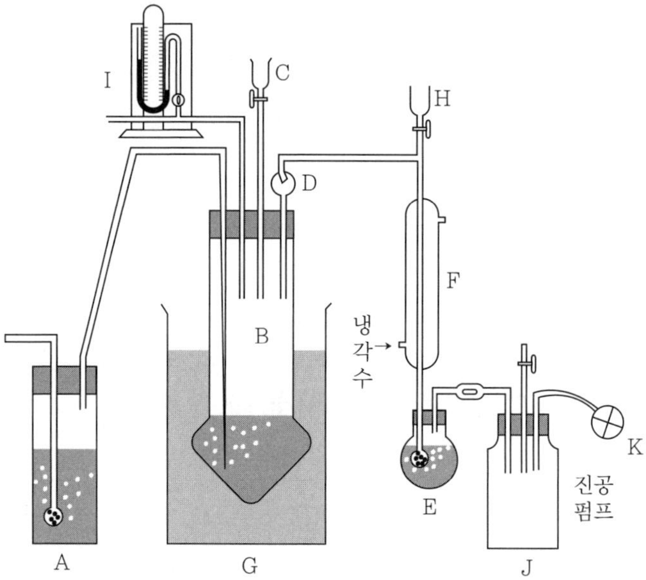

그림 11-7 감압증류법의 장치

이때 규정 황산만으로는 통기관의 말단이 액 중에 들어가지 않기 때문에 증류수 약 30㎖를 가한다. 전 장치를 접속하고 코크(H)를 열어서 상압이 되게 하고 적하로드(C)를 통해 15% $K_2C_2O_4$용액, 10% K_2CO_3용액 각 10㎖를 분해병 중에 넣어 I 관을 검압계(manometer)에 접속한다.

전 코크를 닫고 진공펌프를 작동하여 증류를 시작하는데 감압의 정도는 감압조절병(J)의 코크로서 조절하도록 한다. 이때 증류시간은 항온수조의 온도가 45±1℃ 감압도 140㎜Hg의 경우는 60분, 60~70㎜Hg의 경우는 30분 행한다. 기포가 심하게 생길 때는 주의해서 코크(C)를 통해 amyl alcohol 등의 소포제를 적하하는 것이 좋다.

증류가 끝나면 C의 코크를 서서히 열어 전장치를 상압으로 한다. 그 후 진공펌프를 정지하여 수기 내의 규정액이 냉각관 내로 역류하는 것을 방지한다. 수기를 분리하고 냉각관 수세용 코크를 열어서 증류수를 주입하여 통기관 내 및 선단을 수세하여 세액과 합쳐서 적정한다.

계 산

휘발성 염기질소와 반응하고 남은 H_2SO_4를 NaOH로 역적정하여, 시료 중의 휘발성 염기질소(VBN)를 다음 식에 의해 계산한다. 보통 100g 중의 mg으로 나타낸다.

$$\text{휘발성 염기질소량(VBN, mg\%)} = \frac{(V_0 - V_1) \times F \times 1.4 \times D}{S} \times 100$$

V_0 : 공시험의 0.1N-NaOH용액의 적정소비량(mℓ)
V_1 : 본시험의 0.1N-NaOH용액의 적정소비량(mℓ)
F : 0.1N-NaOH용액의 역가
D : 희석배수
S : 시료채취량(g)
1.4 : 0.1N-NaOH용액 1mℓ에 상당하는 질소의 양(mg)

신선한 어육의 휘발성 염기질소량은 5~10mg%, 보통 신선한 어육은 15~25mg%, 초기 부패어육은 30~40mg%, 부패한 어육은 50mg% 이상이다.

그러나 어종에 따라 이 기준값은 변동이 있다. 예를들면 상어육은 요소분해에 의해서 암모니아 생성이 많기 때문에 초기부패는 50mg% 이상의 기준을 둘 필요가 있다.

3-1-2 Conway 미량확산법에 의한 VBN 및 TMA의 측정

원 리

Conway 미량확산용기(Conway unit)의 외실에 시료추출액을 넣고, K_2CO_3를 가해 알칼리성으로 하였을 때 휘발하는 염기를 내실 중의 지시약을 함유하는 붕산혼합액 중에 흡수시킨다. 붕산혼합액의 pH값은 약 5.0(색은 미적색)이지만 휘발성 염기를 흡수하면 7.0~8.0(녹색)이 된다. 일정온도에서 일정시간 흡수시킨 후 산 표준용액으로 붕산혼합액을 적정한다. 종말점은 녹색이 미적색으로 변하는 점이다.

또한, 만일 시료추출액에 알칼리 K_2CO_3를 가하기 전에 formalin을 가하면 이것은 암모니아와 반응하여 hexamethylenetetramine이 되고 trimethylamine(TMA)만이 붕산혼합액 중에 확산 흡수된다.

시약 및 기구

① 붕산(H_3BO_3)혼합액 : 붕산(H_3BO_3) 5g을 500mℓ 메스플라스크에 넣어 alcohol 100mℓ와 증

류수 350㎖를 가해 용해한다. 다음에 혼합지시약(bromocresol green 0.033%와 methyl red 0.066%를 함유하는 alcohol용액) 5㎖를 가하고 필요하면 소량의 알칼리를 가해서 미적색으로 하고, 물을 가해서 500㎖로 한다.

② 0.02N-H_2SO_4표준용액 : 정확히 표정하여 역가를 구해 놓는다.

③ K_2CO_3포화용액 : 증류수 약 50㎖에 대해 약 60g의 K_2CO_3를 가해 10분간 가볍게 끓인 후 방냉하여 여과한다.

④ 10% trichloroacetic acid용액 : Trichloroacetic acid 10g을 증류수 100㎖에 용해한다. 5% 용액은 10% 용액을 2배로 희석해서 조제한다.

⑤ 10% 중성 formalin 용액

⑥ 백색 바셀린(vaseline)

⑦ Conway 미량확산용기(그림 11-8 참조) : 사용하기 전에 용기의 접시와 뚜껑을 크롬황산용액(cleaning solution)에 하룻밤 담가둔 후 증류수로 세척하고 100℃ 건조기(dry oven)에서 건조한다.

⑧ 마이크로 뷰렛(micro burette)

⑨ 스포이드피펫(spoid pipette)

⑩ 항온기

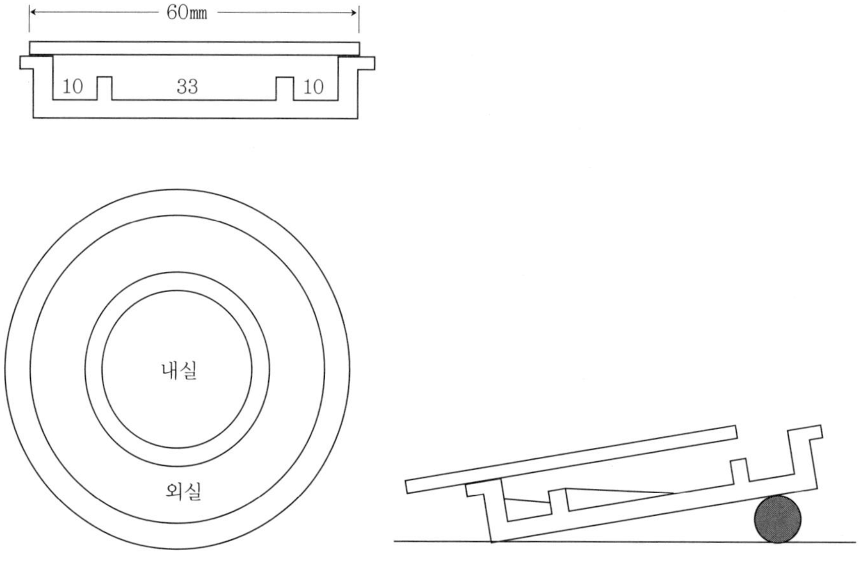

그림 11-8 Conway unit 및 unit의 경사

조 작

(1) 시료추출액의 조제

잘게 마쇄한 생선 또는 육류 10g을 취해 유발에 넣는다. 이것에 증류수 약 10mℓ를 가해 유발봉으로 잘 으깬 후에 10% trichloroacetic acid 용액 20mℓ를 가해 잘 갈아 부순다. 소량의 해사를 가하면 마쇄하기 쉽다. 때때로 저으면서 30분간 추출한다. 추출 후 50mℓ 메스플라스크에 여과해 넣는다. 잔사는 5% trichloroacetic aicd용액으로 세척하여 세액을 여액에 합쳐 50mℓ로 정용한다.

(2) VBN의 측정

건조한 Conway 확산용기의 뚜껑 접착부위에 백색 바셀린을 바른다. 확산용기 내실에 붕산 혼합액 1mℓ를 주입하여 액이 내실의 표면을 덮도록 한다. 확산용기 밑에 유리봉을 받쳐 용기를 약간 경사지게 하고 외실의 하부에 시료추출액을 정확히 1mℓ 채취한다.

확산용기에 뚜껑을 하되 그림 11-8과 같이 스포이드피펫의 선단이 들어가도록 뚜껑을 1/3 정도 열어둔다. 스포이드피펫으로 K_2CO_3 포화용액을 취해 확산용기 외실에 약 1mℓ를 신속히 가해 뚜껑을 한다.

이때 스포이드피펫에 K_2CO_3포화용액 필요량 1mℓ만을 취해 외실에 가하면 피펫으로부터 최종 용액이 나올 때 용액이 튀어 내실에 들어가 실험이 실패하기 쉽다. 그때문에 피펫에 1.5mℓ 정도 취해 0.5mℓ만 남기도록 가하는 것이 바람직하다.

뚜껑을 잘 맞추어 외실로부터 발생한 휘발성 염기가 새어나가지 않도록 밀착시켜 뚜껑을 철제크립으로 압착한다. 확산용기를 가볍게 움직여서 시료와 K_2CO_3포화용액을 혼합하고 37℃의 항온기에서 60분간 방치한 후 0.02N-H_2SO_4용액으로 적정한다. 적정은 액의 색깔이 녹색으로부터 미적색으로 변화할 때까지 한다.
공시험은 시료추출액 대신에 5% trichloroacetic acid용액 1mℓ를 외실에 취해 기타의 조작은 위와 똑같이 한다.

(3) TMA의 측정

앞의 VBN측정의 경우와 조작이 같으나 다만 시료추출물에 K_2CO_3 포화용액을 가하기 전에 10% formalin용액을 가하여 VBN측정 때와 같은 방법으로 조작한다.

계 산

시료 중의 VBN 및 TMA의 질소량은 다음 식에 의해 계산한다.

휘발성 염기질소량(VBN 및 TMA의 N, mg%)

$$= 0.28 \times (V_1 - V_0) \times F \times D \times \frac{100}{S}$$

V_1 : 본시험의 0.02N-H_2SO_4용액의 적정소비량(㎖)
V_0 : 공시험의 0.02N-H_2SO_4용액의 적정소비량(㎖)
F : 0.02N-H_2SO_4용액의 역가
D : 희석배수(50)
S : 시료의 채취량(g)
0.28 : 0.02N-H_2SO_4용액 1㎖에 상당하는 휘발성 염기질소량(mg)

데이터 및 결과 예

① 시료명 : 오징어젓갈

② 시료채취량 : 9.8765g

③ 시료추출액을 50㎖로 정용한 후 Conway확산용기 외실에 1㎖ 취해 VBN측정

④ 희석배수 : 50

⑤ 본시험에 소비된 0.02N-H_2SO_4용액의 적정치 : 0.55㎖

⑥ 공시험에 소비된 0.02N-H_2SO_4용액의 적정치 : 0.05㎖

⑦ 0.02N-H_2SO_4용액의 역가 : 1.012

⑧ 시료 중의 VBN의 함량

$$VBN(mg\%) = 0.28 \times (V_1 - V_0) \times F \times D \times \frac{100}{S}$$

$$= 0.28 \times (0.55 - 0.05) \times 1.012 \times 50 \times \frac{100}{9.8765}$$

$$= 71.73mg\%$$

3-1-3 Picrate법에 의한 TMA의 정량

원 리

Trimethylamine(TMA)은 어육 또는 축육의 부패에 의해 생성되는 특유한 악취를 갖는 무색의 기체로서 육류의 신선도 판정의 지표가 된다.

시료추출액에 formalin용액, toluene과 알칼리 K_2CO_3를 가해 교반하면 TMA는 유리하여 toluene층으로 이행한다.

탈수한 toluene층에 picric acid를 가하면 TMA의 picrate를 생성하여 황색을 나타낸다. 이것을 410nm에서 흡광도를 측정하여 비색정량한다.

시약 및 기구

① 10% trichloroacetic acid용액

② 10% 중성 formalin용액

③ K_2CO_3포화용액

④ 무수 Na_2SO_4

⑤ Toluene : 무수 Na_2SO_4로 탈수한다.

⑥ 0.02% picric acid · toluene용액 : Picric acid 100mg을 탈수 toluene 500mℓ 중에 용해한다.

⑦ TMA 표준용액 : 시판의 TMA염산염을 뜨거운 물로 2회 재결정하고 진공건조한 것 0.682g을 메스플라스크에 취해 증류수로 100mℓ로 정용한다. 이 용액 1mℓ는 TMA-N 1mg을 함유한다.

⑧ 분광광도계

⑨ 고속진탕기

조 작

(1) 시료추출액의 조제

3-1-2의 시료추출액의 조제의 경우와 같다

(2) 측 정

시료추출액 2mℓ(TMA-N으로서 20㎍ 이하를 함유하는 시료용액)를 용량 25mℓ의 마개가 있는 시험관에 취해 10% formalin용액 1mℓ를 가해 혼합한 후 탈수 toluene 10mℓ와 K_2CO_3포화용액 3mℓ를 가한다. 즉시 마개를 하고 30℃에서 약 10분간 가온하고나서 1분간 강하게 진탕하여 추출한다. 실온에서 5~10분간 정치한 후 상층의 toluene층의 약 반량을 미리 0.5g의 무수 Na_2SO_4를 넣은 마개가 있는 시험관으로 옮겨 잘 흔들어 탈수한다. 이때 toluene층은 투명하지 않으면 안된다.

이 탈수 toluene용액의 3mℓ를 별도의 건조한 시험관에 취해 0.02% picric acid · toluene용액 3mℓ를 혼합한다. 이 혼합액의 흡광도(E_1)를 410nm에서 측정한다. 공시험은 시료추출액 대신에 증류수를 사용해서 똑같이 처리하여 그 흡광도(E_0)를 측정한다. E_1에서 E_0를 빼어 시료 그 자체의 흡광도를 산출하고 미리 작성한 표준곡선으로부터 TMA-N(Aμg)을 구한다.

계 산

시료 중의 TMA-N 함량은 다음 식에 의해 계산한다.

$$\text{TMA-N(mg\%)} = \frac{A \times D}{S} \times \frac{100}{1000}$$

A : 표준곡선으로부터 구한 시료추출액 중의 TMA-N량(μg)
D : 희석배수
S : 시료의 채취량(g)

3-2 단백질침전반응 시험법

원 리

식품 단백질의 상태변화를 단백질과 금속염과의 침전현상 정도에 따라 선도를 판정하도록 하는 방법으로 특히 어육의 선도판정에 이용된다.

시약 및 기구

① A액 : 1% $HgCl_2$용액

② B액 : 초산산성 $HgCl_2$용액, A액에 0.05%의 비율이 되도록 빙초산을 혼합한 것

③ 시험관

조 작

마쇄한 시료를 비커 내에 5g 채취하여 50mℓ의 증류수를 가하고 잘 교반, 혼합해서 30분간 방치한 후 여과한다. 시험관에 미리 시약 A 및 B액을 각 2mℓ씩 넣어두어 여기에 여액을 서서히 적하한다. 적하량은 1.0mℓ의 범위에서 행하고 혼탁, 침전의 상태를 관찰한다.

결과의 기재 및 판정

－ : 침출액을 적하해도 전혀 혼탁하지 않은 경우

± : 침출액 0.1mℓ를 적하하면 약간 혼탁하지만 시험관을 흔들면 다시 투명하게 되는 경우

＋ : 혼탁되며 시험관을 흔들면 전액이 혼탁하게 되는 경우

＋＋ : 혼탁되며 그것이 침전이 되어 관바닥에 침강하는 경우

A, B 양액의 반응을 상기의 기준에 따라서 다음과 같이 선도판정을 한다.

표 11-3 단백침전반응 판정표

	신선함	초기부패직전	초기부패	부패
A 액	－	＋	＋	＋＋
B 액	－	－	±	＋ 또는 ＋＋

3-3 비색법에 의한 pH측정 시험법

원 리

pH를 0.2 간격으로 완충용액을 만들어 각각 지시약(bromothylmol blue 또는 phenol blue)을 가하여 일정크기의 유리관에 넣어 밀봉한 표준액을 준비하여, 시료에 지시약을 가해 표준액과 비색하여 pH를 측정하는 방법이다.

시약 및 기구

① 표준액

② 지시약

(a)0.04% bromothymol blue : Bromothymol blue 분말 0.1g을 유발에 넣어 마쇄하고 0.05N-NaOH용액을 한방울씩 가해서 용해한다(3.2mℓ를 초과하지 않아야 한다). 이것에 증류수를 가해서 250mℓ로 한다.

(b)0.02% phenol blue : Phenol blue분말 0.1g을 위와같은 방법으로 0.05N-NaOH용액으로 용해(5.7mℓ를 초과하지 않아야 한다)하여 증류수를 가해서 500mℓ로 한다.

③ Walpole 비색기 : 그림 11-9 참조

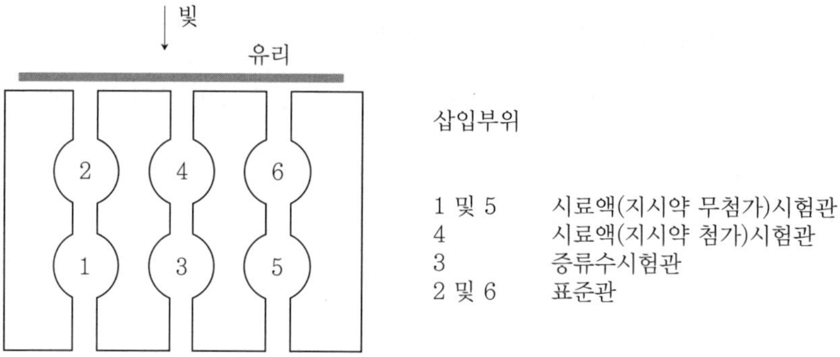

그림 11-9 Walpole 비색기의 약도

조 작

마쇄한 시료 10g에 증류수 100mℓ를 가해 잘 교반하여 여과한 후 여액을 사용한다. 표준관과 같은 직경의 시험관 3개에 조제한 시료용액을 각 10mℓ씩 취하고 이중 한개는 지시약 0.5mℓ를 가하여 잘 흔들어서 비색상자에 넣어 표준관과 비색한다.

비색상자의 약도와 시료액 및 표준액의 삽입부위는 그림 11-9와 같다. 시료액의 정색이 가장 가까운 표준관의 pH를 시료의 pH로 한다.

시료가 착색되어 있는 경우에는 비색법을 사용하는 것은 곤란하며 전기적 측정법으로 pH를 측정하는 것이 바람직하다.

제 4 장 식품품질의 비파괴평가법

최근 화제가 되고 있는 비파괴평가법(非破壞評價法)이라고 하는 말은 종래 일반 공업재료의 재료평가법으로서 사용되어 왔다. 이 경우의 목적은 주조(鑄造), 압연(壓延), 용접(溶接) 등의 생산공정에 있어서 재료의 성능, 정밀도 및 기능의 확인이나 결함의 정도를 대상물을 파괴하지 않고 검사, 평가함에 의해 생산공정의 합리화를 가져오고 또한 불량품의 발생을 억제하는 것이다.

식품에 관한 비파괴평가법의 연구는 1940년대 미국에서 과실의 성숙도계측기가 특허로 된 이래 많은 연구가 이루어졌으며 일본에서도 1970년대에 이르러 연구가 활발히 진행되어 왔다.

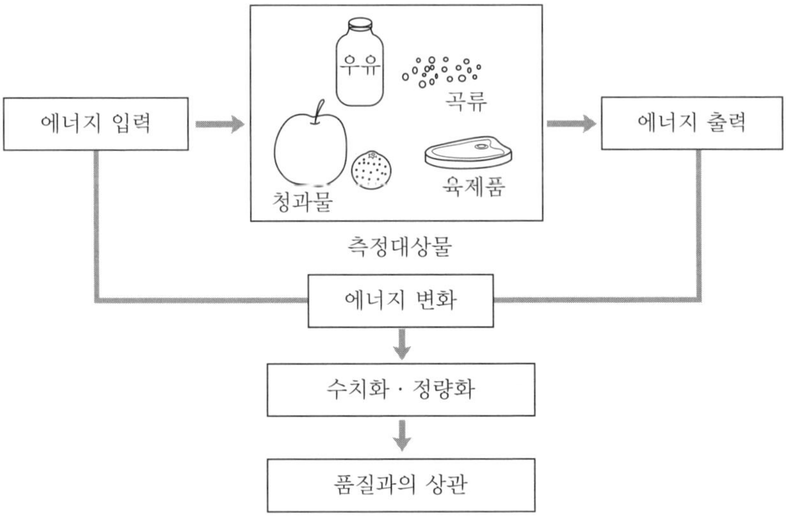

그림 11-10 비파괴평가법의 계측적인 개념

비파괴평가법의 계측공학적인 개념은 그림 11-10과 같이 측정대상물의 외부로부터 각종 형태의 에너지를 입력하고, 이 에너지가 대상물의 내용상태, 형질에 따라 영향을 받아 출력될 때 그 영향의 정도에 의해 대상물의 내용, 형질을 평가하는 기술로서 기본적으로는 대상물을 파괴하지 않는 것이 요구된다.

출력으로서 외부로 방출되는 에너지는 가시광선 및 적외선의 흡수 스펙트럼과 같이 입력에너지와 동일한 경우와 자외선형광분석과 같이 입력되는 에너지는 자외선이라도 방출되는 에너지는 가시광선과 같이 다른 경우가 있다.

공업재료에 대한 비파괴평가법은 대상물을 물리적, 기계적으로 파괴하지 않는 측정법이라고 하는 협의적인 의미가 강한 반면에, 식품에서는 분쇄나 절단과 같이 단순히 물리적으로 파괴되어 시료가 원형을 유지하지 않는 상태일지라도, 식품이 갖는 화학적인 특질에 변화를 일으키지 않는 측정법인 경우는 광의적인 의미로 비파괴평가법의 범주에 포함시키는 수가 많다.

G.G. Dull은 식품을 대상으로 한 비파괴평가법에서 비파괴적이라고 하는 것은 측정이 끝난 후에도 대상물이 별도의 목적, 예를들면 식용으로 제공할 수 있는 방법이라고 정의하였다.

[식품의 비파괴평가법의 사용한 에너지 종류에 따른 분류]

① 자외선, 가시광선, 적외선 등의 광에너지

② X선 및 β 선 등의 방사선에너지

③ 역학적인 진동에너지

④ 마이크로파(micro wave) 등의 전자기에너지

⑤ 기타 에너지 등

현재 식품의 비파괴평가법이 표준법으로서 채용되고 있는 것은 우유 중의 지방, 단백질, 유당, 전고형분과 소맥 중의 단백질 등이며 기타 식품에 대해서도 측정기술의 표준화가 진행되고 있다.

4-1 자외선을 이용한 달걀 속에 발생한 곰팡이(green rot)의 검출

원 리

물질에 빛이 조사되면 물질을 구성하는 원자, 분자의 에너지상태는 낮은 에너지상태인 바닥상태(基底狀態)로부터 높은 에너지상태인 들뜬상태(勵起狀態)로 천이되어 흡수가 발생하고 반대의 상태로 천이될 때는 흡수된 에너지에 상응하는 빛이 방사된다. 이때 흡수, 방사되는 빛의 진동수(파장의 역수에 비례한다)는 원자나 분자의 종류, 구조에 대하여 매우 선택적이므로 빛의 흡수, 방사 스펙트럼을 물질의 동정에 이용할 수 있다.

자외선을 여기광(勵起光)으로 사용하여 흡수물질의 에너지 준위를 높였다가 바닥상태(基底狀態)로 되돌아 갈 때 발생하는 형광강도(螢光强度)를 측정하여 달걀 속에 발생한 곰팡이(green rot)의 오염을 판정한다.

측정장치

자외선에 의한 측정장치의 광학계(光學系)는 그림 11-11과 같다.

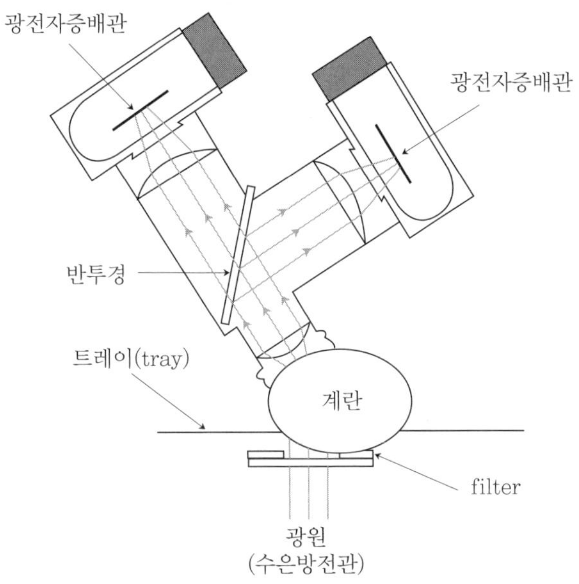

그림 11-11 달걀 속에 발생한 곰팡이(green rot)검출기 광학계

조 작

수은방전관의 빛은 500nm 이상의 컷 필터(cut filter)를 통과한 후 달걀의 작은 끝쪽부분의 측면으로부터 조사된다. 투과광은 반투경(半透鏡)을 통하여 2개의 광전자증배관(光電子增倍管)으로 들어간다. 양쪽의 광전자증배관의 앞에는 형광강도를 측정하기 위해 각각 490nm와 510nm에서 최대흡수를 갖는 필터(filter)를 설치한다.

달걀껍질의 자외선투과성은 매우 낮아서, 사용 가능한 여기파장(勵起波長)은 400~410nm

의 범위이기때문에 405nm 및 440nm의 스펙트럼(spectrum)을 갖는 수은방전관이 광원으로 적합하다. 490nm와 510nm에서의 형광분광강도비(螢光分光强度比)에 비례하는 출력값이 계측기(meter)에 나타나고, 자동선별장치의 선별부가 제어된다.

데이터 및 결과 예

① 시료 : 달걀

② 시료개수 : 706개

③ 490nm와 510nm의 형광분광강도비에 비례한 출력값을 기본으로 하여 오염달걀의 검출 판정

- 오염달걀 판정 : 28개(실제 오염달걀 12개 완전 검출)
- 건전달걀 판정 : 678개(실제 건전달걀 694개)

④ 건전달걀을 오염달걀로 오판 : 16개

⑤ 전체에 대한 검출 정밀도

$$\frac{690}{706} \times 100 = 97.73(\%)$$

4-2 적외선을 이용한 우유성분의 분석

원 리

근적외선, 적외선을 여기광(勵起光)으로 하여 이들의 반사율 및 투과율로부터 주로 식품의 내용성분 및 형질의 판정에 이용한다. 물질분자가 근적외선이나 적외선을 흡수하면 흡수에너지에 동등한 분자의 회전에너지 및 진동에너지만이 변화하고, 이 범위에서 에너지 준위가 높아진다. 분자진동의 기본형에는 신축진동(伸縮振動), 변각진동(變角振動)이 있고 분자를 구성하는 원자의 수에 따라 복잡한 진동이 발생한다.

일반적으로 N개의 원자로 구성되는 분자의 기준진동(基準振動)의 형(型)은 3N-6과 같다. 이 기준진동의 진동수와 같은 진동수의 빛이 물질분자에 조사되면 흡수가 발생한다. 기준진동은 단순한 조화진동(調和振動)으로 비슷하게 나타나며, 대부분의 물질 분자의 기준진동은 적외선영역 내에 포함된다.

그러나 흡수스펙트럼(spectrun)을 측정하면 주요한 흡수대의 진동수의 2배, 3배, ……(파장에서는 반대로 1/2, 1/3, ……) 가까이에 약한 흡수대가 나타난다. 이들의 흡수는 배음흡수(倍音吸收)라고 부르는 것으로, 단순한 조화진동이 아니고 각각의 진동이 서로 간섭(干涉)되어 발생하는 복잡한 것이다.

근적외선부에서 나타나는 흡수는 진정한 적외선부에서 나타나는 기준신축진동의 배음 또는 결합진동에 의한 흡수로서 그 대부분이 물질 중의 수소의 기준신축진동과 관계가 있다.

이러한 원리를 이용하여 우유 중의 지방, 단백질, 유당, 전고형분 등의 우유성분을 비파괴측정에 의해 분석할 수 있다.

즉 각 성분의 귀속파장(관능기)은 지방이 5.723㎛(지방의 ester결합 중의 carbonyl기), 단백질이 6.464㎛(단백질의 peptide결합), 유당이 9.610㎛(유당 중의 수산기)이다. 전고형분은 표준중량법과의 관계로부터 실험적으로 얻은 계수(factor)에 적외선법으로 구한 지방, 단백질, 유당의 함량을 더한 값으로 한다.

장 치

우유 중의 지방, 단백질, 유당, 전고형분의 비파괴측정을 대상으로 한 적외선을 이용한 우유성분 분석장치로는 IRMA-Model MarkⅡ(Sir Howard Grubb Parson사), Milkoscan-Model 300 및 Model 203(Foss사), Multispec(Berwind사) 등이 있다.

이상의 기기는 8점의 시료에 대한 측정에서 다음과 같은 기준의 정밀도를 가지고 있어야 한다.

- 2회 연속 반복측정치간의 차의 표준편차

  지방, 단백질, 유당 : ≦0.02%, 전고형분 : ≦0.04%

- 2회 연속 반복측정치간의 차의 평균치

  지방, 단백질, 유당 : ≦0.02%, 전고형분 : ≦0.03%

- 장치에 의한 측정치 및 표준분석법에 의한 측정치간의 차의 표준편차

  지방(Röse-Gottlieb법), 단백질(Kjeldahl법), 유당(선광법 또는 비중측정법) : ≦0.06%, 전고형분(중량법) : ≦0.12%

- 장치에 의한 측정치 및 표준분석법에 의한 측정치간의 차의 평균치

  지방, 단백질, 유당 : ≦0.05%, 전고형분 : ≦0.09%

지방함량이 높은 시료에서 정밀도를 유지하기 위해서는 동일시료의 균질화 우유와 불균질화 우유에 있어서 측정치간의 차는 0.05% 이하가 아니면 안된다.

만약 큰 오차가 발생하든가 균질기(homogenizer)의 상태가 나쁜 경우는 기기를 재점검하고, 기기 내의 수증기량이 변화하면 캘리브레이션(calibration)에 나쁜 영향을 미치므로 건조제는 자주, 가능하면 측정 후에 교환하는 것이 바람직하다. 건조제의 교환 후 평형상태에 도달하려면 3~4시간이 필요하다.

특히 최상의 정밀도를 얻기 위해서는 우유의 종류마다 calibration을 할 필요가 있으며, 크림과 우유를 혼합한 것이나 저유당의 이상 우유 등을 사용하여 calibration을 실시해서는 안 된다. 기기의 셀(cell) 내에 우유를 주입하기 전에 측정이 끝난 시료의 99% 이상이 배제되어야 한다.

즉 물과 살균균질화된 전유(全乳)를 사용하여 이들을 물, 물, 우유, 우유, 물…의 순으로 셀 내에 교대로 주입하고, 지방함량을 20회씩 측정하여 배제효율(排除效率)을 다음 식에 의해 구한다.

$$\text{배제효율} = \frac{\Sigma M_1 - \Sigma W_2}{\Sigma M_2 - \Sigma W_2} \times 100$$

M_1, M_2 : 우유의 1, 2회째의 측정치
W_2 : 물의 2회째의 측정치

조 작

(1) 지 방

일정용량의 물과 균질화한 크림을 충분히 혼합하여, 지방함량이 측정할 범위 내에 들어가도록 조제된 약 8개의 시료를 사용하여 calibration을 실시한다. Calibration을 하기 전에 기기 출력의 직선성을 체크한다.

충분히 균질화하고, 약 20℃의 온도로 유지한 시료를 2회씩 측정하여, 2회째의 측정치를 calibration에 사용한다. Calibration이 직선이 아니면 기기를 조정해서 직선이 얻어질 때까지 측정과 조정을 반복한다.

불균질화 우유를 분석하는 경우는 불균질화 크림 또는 고지방우유를 희석한 약 4점의 시료를 준비하여 calibration의 직선성을 재검정한다. 만약 균질화 우유와 불균질화 우유의 calibration이 크게 다른 경우는 양자의 측정치간의 차가 0.05% 이하인지 아닌지를 검정한다.

미리 표준법(Röse-Gottlieb법)에 의해 지방함량을 측정한 8개 이상의 시료를 사용하여 지방함량을 3회 연속 반복측정해서 2회째와 3회째의 측정치의 평균치와 표준법의 측정치를 비교하여 calibration의 변경이 필요하다고 생각되면 다시 조정한다.

(2) 단 백 질

(1)의 지방에서 기술한 균질화 크림 대신에 프로피온산칼슘(calcium propionate)용액(순수 calcium propionate 15.0g을 물에 녹여 20℃의 물로서 1ℓ 로 희석한다)을 사용하여, 단백질농도 제로(0)에서부터 필요한 최고 농도까지의 범위로 농도기지용액을 만들어 calibration용 시료로 한다. Calibration방법은 지방과 똑같이 한다.

단백질의 함량이 분석대상의 범위에 있고 표준법(Kjeldahl법)에 의해 단백질함량을 측정한 8개 이상의 시료를 사용하여 3회 연속 반복 측정해서 2회째와 3회째의 측정치의 평균치와 표준법의 측정치를 비교하여 calibration의 조정이 필요하다고 생각되면 다시 조정한다.

(3) 유　당

(1)의 지방에서 기술한 균질화 크림 대신에 유당용액(유당 50.0g과 $HgCl_2$ 0.25g을 물에 녹이고 20℃의 물로서 1ℓ 로 희석한다)을 사용하여, 유당농도 제로(0)에서부터 필요한 최고농도까지의 범위로 농도기지용액을 만들어 calibration용 시료로 한다.

유당의 함량이 분석대상의 범위에 있고 표준법(선광법 또는 비중측정법)에 의해 유당함량을 측정한 8개 이상의 시료를 사용하여 3회 연속 반복측정해서, 2회째와 3회째의 측정치의 평균치와 표준법의 측정치를 비교하여 calibration을 한다. 이때 기기에 의한 측정치 L과 표준법에 의한 측정치 L′의 관계는 $\Sigma L = \Sigma L'$가 되도록 조정한다.

(4) 전고형분

표준분석법의 중량법에 의해 전고형분(TS%)을 이미 알고 있는 8개 이상의 시료에 대하여 위의 방법에 따라 지방함량(F%), 단백질함량(P%), 유당함량(L%)을 측정하여 TS－F－P－L＝a를 산출한다. 일상적으로 calibration을 관리하기 위하여 더 많은 시료에 대해 a값을 구하고 다음 식에 의해 전고형분을 계산한다.

$$\text{전고형분} = a + F + P + L$$

4-3 근적외선을 이용한 소맥성분의 분석

원 리

근적외선영역에 발생하는 적외선흡수의 배음(倍音)과 결합진동에 의한 흡수를 이용하여 소맥의 단백질성분을 비롯해서 각종 식품 중의 일반성분을 분석하는 방법이다.

근적외선의 파장은 0.80~3.0㎛의 범위이고, 이것을 사용한 흡수 스펙트럼(spectrum) 분석은 수분을 포함한 각종 성분의 복합체인 식품의 비파괴측정에 유효한 방법이다.

일반적으로 분자를 구성하고 쌍을 이루는 원자간의 기준신축진동의 진동수를 $\int_0$로 하면 n번째의 배음진동의 진동수 $\int_n$는 다음과 같이 표시된다.

$$\int_n = n\int_0(1-x)$$

단, x는 비조화진동을 위한 보정정수이고 C−H결합인 경우의 값은 0.01~0.05이다.

다원자분자에서는 많은 결합사이에 다수의 진동이 동시에 일어나 그들이 독립적으로 또는 서로 간섭해서 새로운 흡수대를 생성한다.

표 11-4, 11-5, 11-6에 각각 소맥 중의 단백질(gluten), 전분 및 펜토산(pentosan), 지방질의 특성 흡수와 관능기 및 그 결합형태를 표시하였다.

표 11-4 소맥단백질(gluten)의 특성 흡수

특성흡수파장	관 능 기	결 합 형
2.47, 2.34, 2.30, 2.29	· CH · $_2$	C−H(결합)
2.18	· ONH ·	C=O+amide Ⅲ
	· ONH · + · $CONH_2$	C=O+amide Ⅲ(결합)
2.05	· ONH · + · CONH	N−H+amide Ⅱ(결합)
	· ONH · + · $CONH_2$	N−H+amide Ⅲ(결합)
1.98	· $CONH_2$	N−H+amide Ⅱ(결합)
1.79	· H_2O	O−H(결합)
1.76, 1.73, 1.70	· CH_2	C−H(1차배음)
1.57, 1.50	· NH ·	N−H(1차배음)
1.46	· $CONH_2$	N−H(1차배음)
1.39	· CH_2	C−H(결합)
1.19	· CH_2	C−H(2차배음)

표 11-5 소맥의 전분 및 pentosan의 특성 흡수

특성흡수파장	관 능 기	결 합 형
2.49, 2.32, 2.29	· CH · $_2$	C−H(결합)
2.09	· OH	O−H(결합)
1.93	· H_2O	O−H(결합)
1.79, 1.72, 1.70	· CH · $_2$	C−H(1차배음)
1.54, 1.45	· CH	O−H(1차배음)
1.37	· CH · $_2$	C−H(결합)
1.20	· CH · $_2$	C−H(2차배음)

표 11-6 소맥의 지방질의 특성 흡수

특성흡수파장	관 능 기	결 합 형
2.34, 2.31	$\cdot CH \cdot_2$	C-H(결합)
2.17, 2.14	· HC : CH ·	C-H(결합)
2.07	· OH	C-H(결합)
1.76, 1.72	$\cdot CH \cdot_2$	C-H(1차배음)
1.41	· OH	C-H(1차배음)
1.39	$\cdot CH \cdot_2$(?)	C-H(결합)
1.21	$\cdot CH \cdot_2$	C-H(2차배음)
1.17	· HC : CH ·	C-H(2차배음)

장 치

근적외선을 이용한 소맥성분 분석장치는 calibration의 설명변수(說明變數)에 관계한 파장성분만을 얻을 수 있는 분광장치를 갖춘 것으로서 Dickey-john사의 GAC시리즈, Neotec사의 GQA시리즈, Technicon사의 Infra Analyzer시리즈 등이 있다. 어느 기기나 1.6~2.6㎛ 영역을 분광하기 위해 3~19매의 간섭필터를 가지고 있다.

또한 새로운 식품에 대한 응용을 검토하거나 스펙트럼처리법을 개발하기 위해서는 근적외선 파장영역을 모두 적용할 수 있는 분광장치를 갖춘 것으로서 Neotec사의 Research Composition Analyzer 및 Tech · nicon사의 Infra Analyzer 500 등이 있다.

표준법(Kjeldahl법)으로 얻어진 단백질함량 Cp(%)를 이미 알고 있는 일련의 분쇄시료를 사용해서 calibration을 실시한다. 파장λ1, λ2, ……, λn에서의 흡광도 OD_1, OD_2, ……, OD_n과의 사이에

$$Cp = K_0 + K_1OD_1 + K_2OD_2 + \cdots\cdots + K_nOD_n$$

의 관계를 중회귀분석에 의해 구한다. 중회귀분석은 기기의 데이터, 처리부의 계산기에 포함되는 프로그램에 따라서 실시되며, 변수선택법(stepwise multiple linear regression)의 방법에 의해 필요한 미지모수(未知母數) K_0, K_1, ……, K_n 및 설명변수(說明變數) OD_1, OD_2, ……, OD_n을 결정한다.

중회귀분석의 정밀도를 높이기 위해 바람직한 분쇄시료의 개수는 분산분석의 오차의 자유도(l－m－1 ; ℓ : 분쇄시료의 수, m : 설명변수의 수)가 30 이상이 되도록 정한다. 단백질 이외의 성분도 각각의 표준법에 기초해서 동일한 방법으로 calibration을 실시한다.

조 작

(1) 측 정

Calibration에서 사용한 시료와 똑같이 분쇄된 단백질함량 미지의 시료를 사용하여 기기에 의해 중회귀분석으로 얻은 필요수의 설명변수(OD값)를 사용하여 calibration으로부터 단백질 함량을 산출한다.

단백질 이외의 성분도 동일한 방법으로 한다.

(2) 특수처리

근적외선영역의 흡수에서는 일반적으로 적외선흡수와는 달리, 흡수대는 복잡하며 넓은 경우가 많다. 또한 분쇄시료를 사용하기 때문에 시료의 입도가 고르지 못한 것은 측정정밀도에 직접 영향을 미친다. 이들의 문제를 해결하기 위해 미분(微分)스펙트럼법, 차흡광도법(差吸光度法), 정규화법(正規化法)에 따라 특수한 처리를 실시한 설명변수를 calibration으로 사용한다.

[미분스펙트럼의 특징]

① 둘 또는 그 이상의 흡수대가 약간의 파장차로 겹쳐진 경우에도 흡수대의 확인이 용이하다.

② 스펙트럼이 파장에 대하여 민감하게 상승하는 부분에 감추어진 약한 흡수대를 확인할 수 있다.

③ 넓은 흡수스펙트럼의 단일 극대 흡수위치의 확인이 가능하다.

④ 미분값과 농도간에 직선성이 성립하므로 배후물질의 존재하에서의 정량분석이 용이하다. 일반적으로 1차 및 2차의 미분스펙트럼이 사용된다.

차흡광도는 수학적으로 1차 미분스펙트럼과 같은 성질이 있고, 어느 범위 내에서 입도의 불균일을 보정할 수 있다.

또 정규화는 어떤 파장에서의 설명변수(흡광도, 차흡광도, 미분흡광도)를 성분에 관계없는 파장에서의 설명변수로 나누는 방법으로 온도나 입경(粒徑)에 기인하는 광산란의 영향을 보정할 수 있다.

(3) 측정소요시간

각 시료에 대한 측정소요시간은 시료분쇄시간을 제외하고 90초 이내이어야 한다.

결 과

(1) 재 현 성

동일시료를 사용한 반복측정에서 단백질함량의 오차는 ±0.1% 이내이고, 또한 동일 분쇄시료로부터 얻은 10회 반복측정에 대한 표준편차는 ±0.15% 이내일 것이 요구된다.

(2) 정 밀 도

Calibration의 표준오차는 미국 농무성 FGIS가 선정한 Kjeldhl법의 표준오차 이하이어야 한다. 또한 미지시료의 측정정밀도는 단백질에 최저 1.8%의 표준편차를 가진 시료로서 표준오차 ±0.35% 이내이어야 한다.

(3) 감　도

최대감도에 있어서 calibration의 계수가 변화해도 단백질함량에 0.1% 이상의 변화가 발생해서는 안된다.

장치는 기본적으로 Hard Red Winter 품종과 Hard Red Spring 품종의 소맥단백질을 측정하는 것이지만, 다른 품종의 밀, 옥수수, 보리, 대두, 해바라기, 종자 등의 단백질에도 응용 가능할 뿐 아니라, 지방질, 수분 등의 측정도 가능한 범용성(汎用性)인 것이 좋다.

4-4 X선을 이용한 감자괴경 중의 공동(空洞)검출

원 리

X선 및 γ선 등의 전자파를 이용하는 방법으로 X선 및 γ선의 투과성이 주로 물체간의 밀도차에 관계하는 것을 이용하여 물체 내부의 결함, 형질의 판정에 이용한다.

강도 I_0의 X선이 두께 t의 균일한 물질을 통과하여 강도 I로서 출력될 때, 이들 사이에는

$$I = I_0 \exp(-\mu t)$$

의 관계가 성립된다. 여기서, μ는 선흡수계수(線吸收係數)로서 조사 X선의 파장에 관계하는 정수이며, 물체 밀도 ρ로 나눈 μ/ρ는 물질의 응집상태에 관계하지 않는 정수로 질량흡수계수(質量吸收係數)이다.

그러나 X선이나 γ 선은 가시광선과 달리 투과성이 크기 때문에 유리면으로 반사시키거나 렌즈를 사용하여 초점을 연결시킬 수는 없다.

장 치

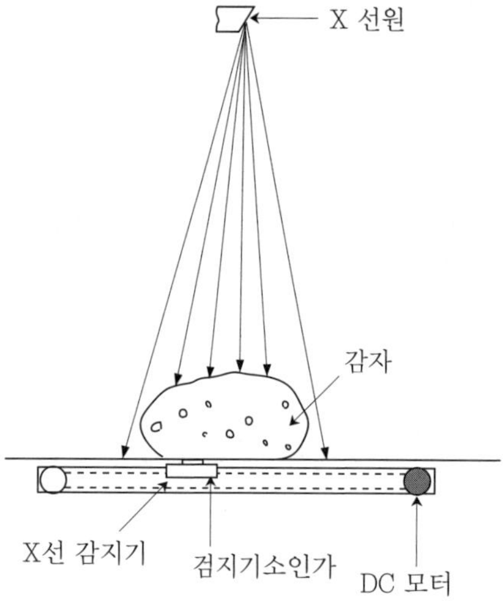

감자괴경(塊莖) 중의 공동(空洞) 검출을 위해 개발한 X선 스캔(scan)장치는 그림 11-12와 같다.

선원(線源)의 전압은 40kV, 선원과 시료간의 거리는 41㎝, X선의 검지는 silicon sola cell로, 검지기는 시료의 장축을 따라 좌우로 소인(掃引)되어 X선의 투과 특성이 측정된다.

그림 11-12 감자괴경 중의 공동 검출을 위한 X선 scan장치

조작 및 결과

감자괴경의 장축(長軸)을 따라 투과특성곡선을 조사한 결과는 그림 11-13과 같다. 공동(空洞)의 존재는 공동부(空洞部)에서 투과도가 증대하는 것에 의해 판별된다.

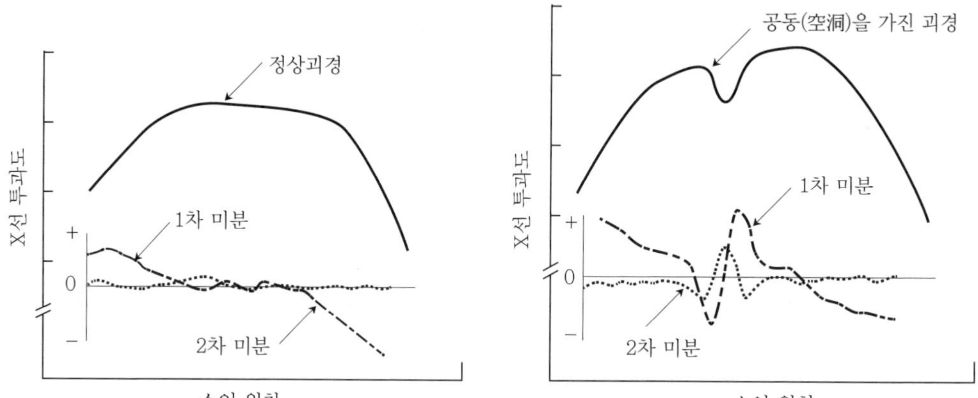

그림 11-13 감자괴경의 장축을 따라 얻어진 X선 투과 특성

투과곡선을 축방향으로 미분한 1차미분과 2차미분을 정상인 괴경과 공동을 가진 괴경을 비교하면, 2차미분은 공동부를 제외하고 괴경 전체가 거의 평탄해서 공동을 검출하기가 좋다.

2차미분값은 정상인 괴경에서는 −0.20~0.20의 범위이고, 공동이 있는 괴경은 0.4 이상이며, 공동의 정도가 클수록 2차미분값도 커진다(상관계수 0.91). 2차미분의 크기를 기초로 106개의 감자를 검사한 결과 그 중 14개의 공동이 있는 괴경(공동용적 2.6~13.3㎤)을 완전히 분리하는 것이 가능하였다.

이와같은 원리는 상치의 숙도(결구도, 結球度)의 판정, 감의 미탈삽과(未脫澁果)의 판정, 오렌지의 냉동상해검출, 곡물 중의 해충검출, 다진 고기의 지방함량측정 등에 이용되고 있다.

제 5 장 식품의 물성 측정

5-1 점도계에 의한 식품의 물성 측정

점도는 식품의 물성 측정에 있어서 아주 기초적인 성질이다. 점도계는 유체 내부 마찰 저항을 유동 속도나 저항값으로서 검출한다.

5-1-1 모세관 점도계에 의한 물성 측정

원 리

모세관의 내부에 유체를 통하고 그 유출 속도나 유출량으로부터 점도를 구한다. 모세관 점도계 중 아주 간편하고 일반적인 것은 오스트발드(Ostwald) 점도계이다(그림 11-14). 이것은 뉴턴 유체의 점성 계수를 구하는 것으로 적용하고 있지만 모세관의 통과 시간을 측정하는 것에 의해 비뉴턴 유체의 외관 점도를 비교하는 것도 가능하다. 기타 모세관 점도계는 그림 11-15와 같다.

기구 및 장치

① Ostwald 점도계 : Ostwald 점도계는 유리로 만든 U자관의 한쪽이 모세관으로 되어 있고 모세관의 내경이 좁은 순으로 No.1~7의 7종이 있다. 시료의 점도에 따라 적당한 것을 사용한다.

② 항온수조(water bath)

③ 스톱워치(초시계)

④ 피펫

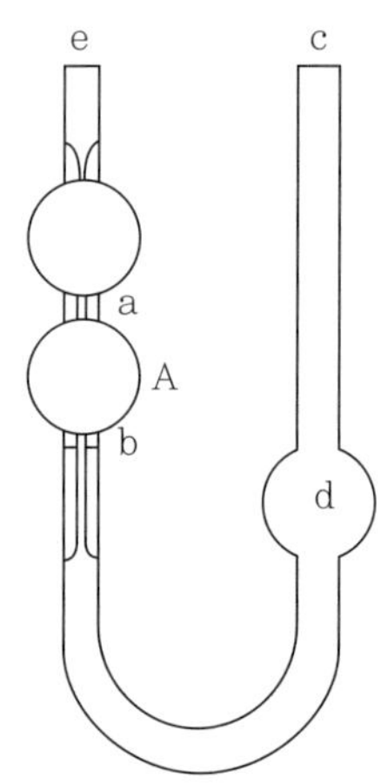

그림 11-14 Ostwald 점도계

조 작

① 일정량의 시료(보통10mℓ)의 시료를 피펫 등으로 주입한다.

② 이것을 일정 온도(20~50℃, 시료가 변화되지 않는 점도가 적당한 온도)의 용기 중에 유지해서 시료의 온도를 평형시킨다.

③ 입구로부터 고무관으로 표선보다 위까지 액을 빨아올려서 측정구를 가득 채운다.

④ 입구를 개방하면 액면이 내려가기 시작하며, 액면이 표선(a)을 통과할 때부터 표선(b)을 통과하기까지의 시간을 스톱워치를 3회 반복 측정해서 평균 값을 구한다.

⑤ 점성이 높은 경우 통과 시간은 길며, 뉴턴 유체의 점성 계수를 구할 때에는 먼저 점성 계수와 밀도를 파악하고 점성이 다른 것을 상호 비교하여 측정한다. 대부분의 경우 물을 사용하고 점도가 높은 때는 글리세린 등을 위의 방법으로 측정한다.

⑥ 점도계의 내부를 잘 세정하고 이것을 건조하던가 또는 급할 때는 알코올과 에테르로 씻어 말린 후 시료를 넣어 측정한다.

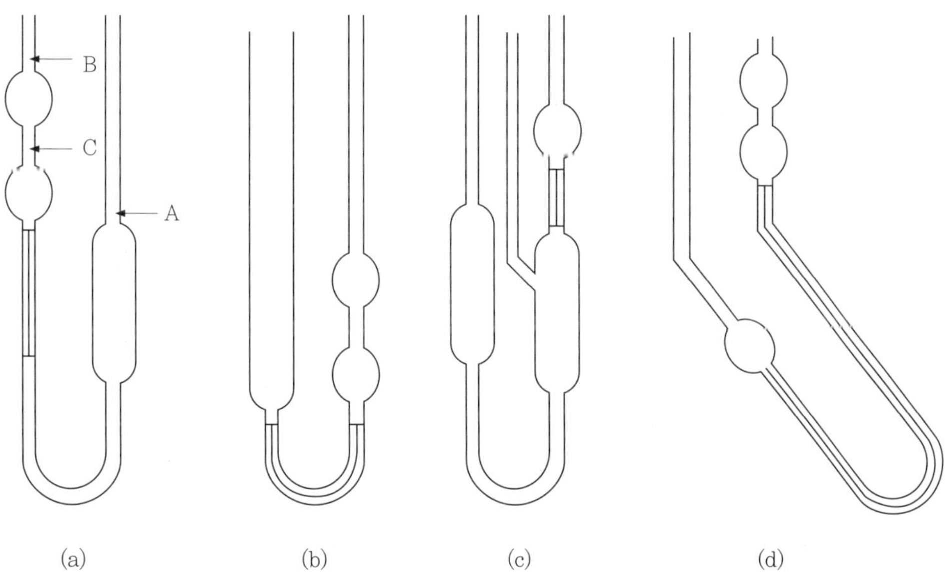

(a) an Ostwald viscometer (b) a reverse-flow viscometer
(c) a suspended-level viscometer (d) a Cannon-Fenska viscometer

그림 11-15 각종 모세관 점도계의 형태

계 산

시료의 점성 계수는 다음 식으로 구한다.

$$\eta = \frac{t}{t_s} \times \eta_s$$

η : 시료의 점성계수
t : 시료의 흐름 시간
η_s : 표준 물질의 점성 계수
t_s : 표준 물질의 흐름 시간

① 표준 시료로 물을 이용할 때 물의 점성계수는 25℃에서 0.00893, 30℃에서 0.00800이지만 물의 밀도를 1, 점성계수도 1로 해서 계산하면 비점도의 계수를 구할 수 있다.

② 결과는 반드시 측정 온도를 기록한다. 점도계의 모세관내의 미세한 먼지가 부착해 있으면 측정값에 현저히 영향을 받으므로 사용 후에는 반드시 잘 세척해둔다.

5-1-2 원통 회전 점도계에 의한 물성 측정

원 리

점성 액체 중에서 원통형의 모터를 회전시켜서 시료의 점성 저항을 측정한다. 낮은 점도의 점성액으로부터 높은 점도의 죽상태의 시료까지 광범위하게 측정에 이용된다.

뉴턴 유체에 가까운 액상 물질로는 점성 계수를 구할 수 있지만 비뉴턴 유체에서는 시료의 마찰응력과 마찰속도가 비례관계이고 정수는 얻어지지 않는데, 이것을 외관 점도(apparent viscosity)라 한다. 시료의 실제적인 끈끈한 강도를 조사할 수 있다. 회전점도계는 원통만이 회전하는 단일 원통형과 공축의 바깥통과 안쪽통의 사이에 시료를 넣고 어느 쪽이든지 한쪽을 회전시키는 공축 이중 원통형이 있다. 단일형은 시료 용기와 액량을 규정해서 (약 500㎖의 비커)측정하든가 특수용기에서 측정한다.

모터와 눈금판에 스프링을 매개로 해서 모터가 연결되어 있고 점성 액체중에서 모터를 일정 속도로서 회전시키면 모터는 동일 속도로 회전하지만, 액체의 점성 저항이 일어나면 액의 점성 저항에 의하여 비트는 힘(torque)과 스프링의 복원 작용의 반복에 의하여 비틀려진다. 이 비틀려진 각도를 바늘이 가리키는 것을 읽어서 외관 점도를 구한다.

현재 널리 이용되고 있는 것이 B형 점도계이다. 이 점도계는 내종의 모터를 갖추고 회전속도는 6,12,30,60rpm의 4단계로 설정하는 것이 가능하며, 시료의 점성에 대응한 마찰 속도로서 측정한다. 또 회전수를 순차적으로 바꾸어서 점도를 구함으로써 시료의 물성을 추정하는 것도 가능하다. B형 점도계의 기본은 단일 원통형이지만 낮은 점도의 시료를 측정할 때는 BL어댑터를 부착하는 것에 의해 이중 원통형으로서 사용할 수 있다. 또 소량의 시료를 어댑터를 부착하면 2.5~10.0mℓ 정도 소량의 시료에서 측정도 가능하다. 이결과 시료의 점성에 대응해서 1~1×10⁵cP의 범위로 측정이 가능하다.

기구 및 장치

① 단일원통형 회전 점도계(그림 11-16)

② 원추평판형 회전 점도계(그림 11-17)

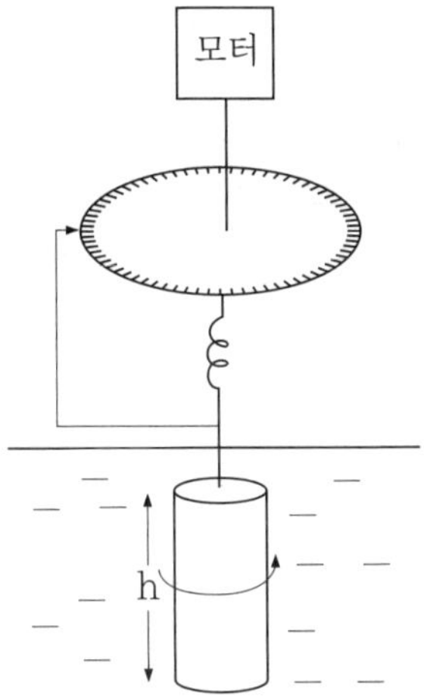

그림 11-16 단일원통형 회전 점도계

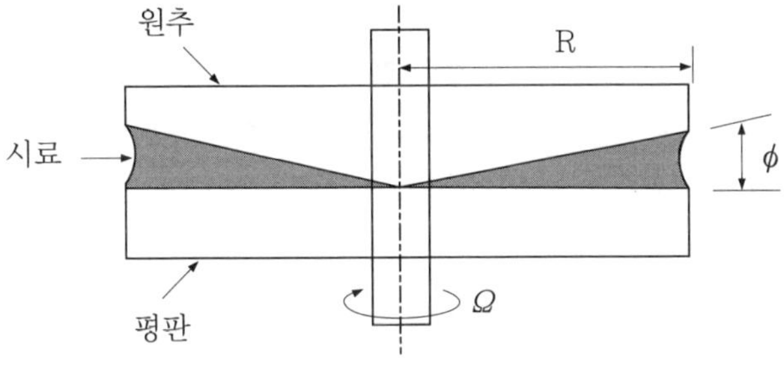

그림 11-17 원추평판형 회전 점도계

조 작

① 장치를 수평으로 유지하고 로타를 붙인다. 점도가 추정되지 않을 때에는 번호가 큰것으로부터 작은 쪽으로, 회전수를 저속에서 고속 쪽으로 이용한다.

② 시료액을 담고 로타를 액침 마크까지 바르게 투입한다. 온도가 목표의 온도로 있는지 용기 내의 온도차가 같은지를 스위치를 넣어서 로타를 회전시킨다.

③ 바늘이 안정하면(약1~2분)크란프레바를 눌러 내린 상태에서 스위치를 끄고 바늘의 눈금을 읽고 부속의 환산 승수표에 의해서 점도(cP)를 계산한다.

④ 바늘이 가리키는 눈금이 안정되지 않은 경우는 온도가 변화하고 있던가 회전에 의해 액이 성상이 변화하는 물질인가 어떤가를 검토한다.

⑤ 액의 점도가 15cP 이하의 낮은 점도의 경우는 BL어댑터를 이용한다.

5-2 Texturometer에 의한 식품의 물성 측정

5-2-1 Rheometer에 의한 물성 측정

원 리

Rheometer는 식품의 물성 측정기로 널리 이용된다. 정속에서 상하로 움직이는 시료대에 얹어서 시료의 압축 또는 인장을 행하는 것에 의해 그 응력 변화를 검출, 기록시킨다. 본 기기는 200종 이상의 전용 어댑터를 갖추고서 용도에 대응해서 교환하는 것에 의해 압축, 파단, 침입도, 젤리 강도, 절단 응력, 인장강도 등 다목적인 물성 측정에 이용된다. 또 정압기능을 갖추고 응력완화나 씹는 시험도 가능하다. 전용 플로터를 접속해서 내장한 컴퓨터에 의해 연산 처리한 데이터를 기록할 수 있다.

측정기기

① Rheometer

② 각종 adapter

조 작

① 시험 목적에 따라서 어댑터를 본체에 부착한다. 시료대를 UP, DOWN, UP&DOWN 중 어느 것으로 설정하고 시료대 속도, 정지 시간, 최대 하중의 조건을 결정한다.

② 시료대 중앙에 시료를 놓고 스위치를 ON으로 해서 시료대를 작동한다.

③ 응력 변화가 눈금에서 읽으면 동시에 기록계 또는 프린터에 기록된다. 시료의 크기, 두께 등은 조직감 측정에 준해서 한다.

결과 및 해석

식품의 조직감을 측정할 때 texture profile analysis(TPA)을 측정하게 된다. 이것은 변형(거리)과 시간과의 함수로 힘의 변화를 나타내어 식품의 조직 특성을 설명한다. TPA에서 미리 설정된 변형을 사용하여 압축을 되풀이하면 이때 식품에 따라 변형되는 정도는 달라진다. TPA 결과는 식품의 크기, 변형속도, 변형정도 등과 같은 시험조건이 일정한 상태에서 분석하여야 의미있는 결과를 얻을 수 있다. 그림 11-18, 11-19는 힘-시간곡선과 식품조직의 힘-거리 곡선형태이다.

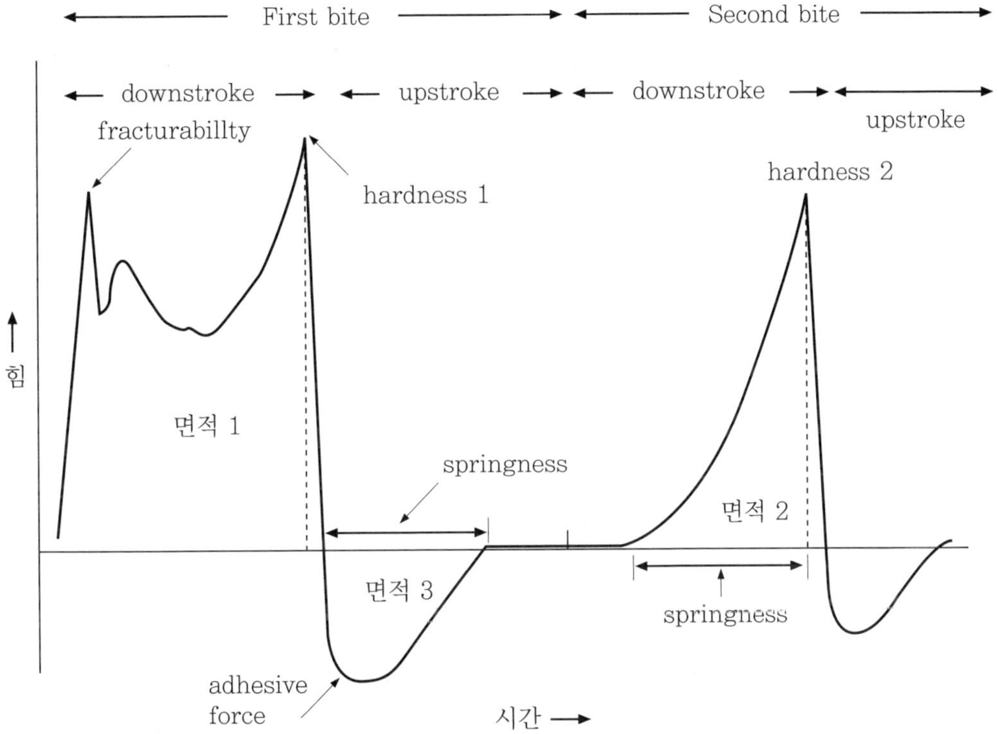

그림 11-18 General Foods사의 Texturometer에 의한 기록 곡선

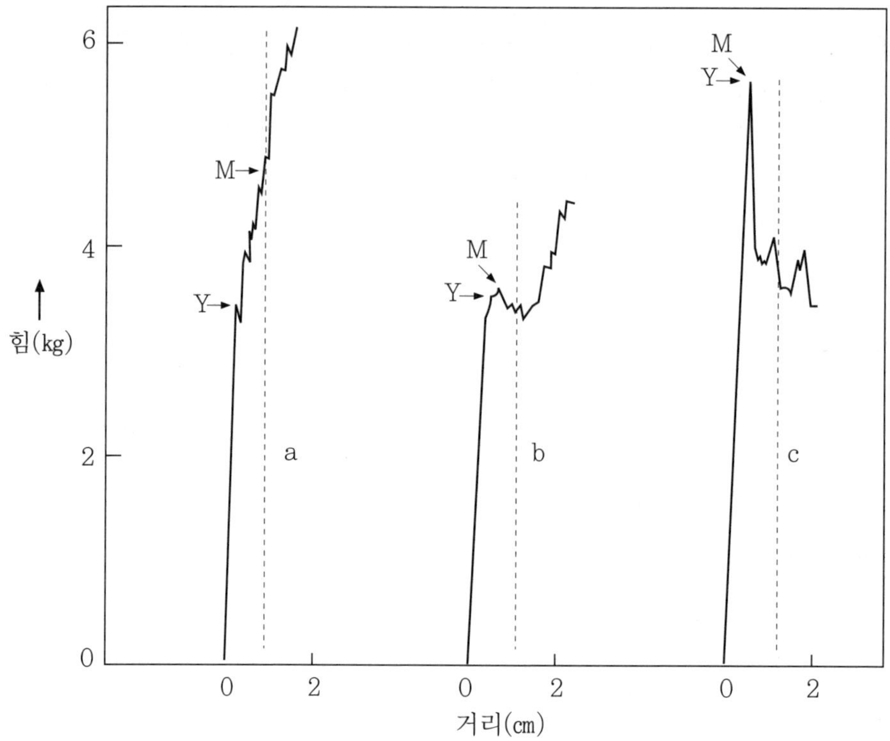

그림 11-19 Instron에 의한 식품조직의 힘-거리 곡선

5-2-2 Rheometer에 의한 젤라틴 젤리의 물성 측정

원 리

젤라틴은 양호한 용해성을 나타내고 다른 여러 종류의 식품 성분과의 상용성(서로 분리 되지 않고 용해하는 것)이 좋으며, 또 가온 ↔ 냉각에 의해서 가역적인 sol ↔ gel의 상태로 전환할 수 있기 때문에 조작성을 좋게 하기 위해서 식품의 물성 조정제 및 gel화제로서 널리 이용되고 있다. 그러나 젤라틴에 다른 성분을 첨가하는 것에 의해서 젤라틴의 물성은 크게 변동하는 것으로 알려져 있다. 여기서는 젤라틴 젤리의 물성에 미치는 젤라틴의 농도, 설탕 및 과즙의 영향에 대해서 Rheometer를 이용하여 조사한다.

측정 기기 및 재료

① Rheometer

② 젤라틴

③ 설탕

④ 레몬과즙(착즙 후 여과한다.)

조 작

젤라틴 젤리는 실온에 1시간 방치한 후 다음 조건에서 Rheometer에 의해 gel 물성을 측정 한다. Plunger 직경: 10㎜, 침입거리: 15㎜, 크리어란스: 두께-침입거리, 온도:20℃, 렌디:200g, 기록계감도: 1X, plunger 속도:6㎝/min, 차트속도: 6㎝/min, 모드: up~down(1회)

결과 및 해석

차트에 기록시킨 그림 11-20과 같은 곡선으로부터 젤라틴 젤리 경도 및 파단 강도를 다음과 같이 구한다.

$$\text{파단 강도 } S(g/cm^2) = \frac{F}{A}$$

$$\text{경도 } H(g/cm^2) = \frac{F}{L}$$

F : 파단시의 하중(g)
L : 파단시의 침입 거리(㎝)
A : plunger의 단면적(직경 1㎝ 일 때, 0.785㎠)

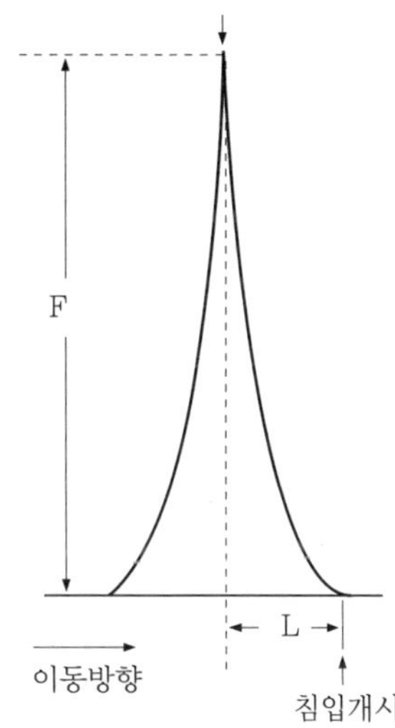

그림 11-20 Rheometer에 의한 기록

5-2-3 Instron에 의한 식품의 점탄성 측정

원 리

식품은 각종 성분으로 구성되어 있으며, 그 형태도 액체상, 에멀젼상, 겔상, 거품상, 분체상, 고체상 등 다양하다. 이 들 중에서 겔상, 반죽상 등 많은 식품이 점탄성체로서 액체와 고체상의 중간적인 성질, 즉 탄성과 점성을 동시에 가지고 있는 것이 많이 있다. 일반적으로 탄성체라고 생각되는 어묵이나 젤리 등도 점성을 가지고 있으며, 점성체라고 볼 수 있는 소스, 스프류에도 탄성적 성질이 있다. 따라서 식품에는 이와 같이 점탄성체가 많이 있다. 점탄성은 Hooke의 고체요소와 뉴턴액체 요소를 동시에 가지고 있을 때 나타난다. 즉 응력-변형관계가 직선미분방정식(linear differential equation)으로 나타낼 수 있으면, 직선 점탄성체라 한다. 보통 조건하에서 비뉴턴 성질을 갖는 모든 물질은 교질성 혹은 거대분자이다. 전단 속도의 증가에 따라 점성이 저하하는 shear thinning은 매우 일반적인 현상이다. 그러나 반대현상인 shear thickening, 혹은 dilatancy는 흔한 현상은 아니다.

측정 기기 및 재료

① Instron

② Creep 측정장치

③ 응력 완화 장치 및 점탄성 측정장치

조 작

그림 11-21에서와 같이 점탄성 고체에 힘을 가하면 O에서 A지점까지는 힘이 빠르게 증가하고, A지점에서 압축이 정지되면 식품은 일정한 높이를 유지하게 되는데, 이 과정에서는 완화(relaxation)가 천천히 일어나는 응력 완화(stress relaxation)현상이 일어난다. B지점에서는 식품에 압축판으로부터 거리를 이동하여 힘을 제거하면 부분적으로 힘이 제거되어 C지점에서 다시 정지하게 되며, 그 이후에는 다시 식품이 원래 모양대로 천천히 회복되는데 이 때 힘은 다시 증가한다. 탄성을 갖는 고체식품의 경우에도 O에서 A까지는 점탄성 고체식품과 같은 형으로 힘과 시간의 곡선이 형성되지만, A지점에서 압축이 정지하면 힘은 변하지 않고 물체에 압축을 제거할때까지 수평곡선을 나타내게 된다. 완화시간(relaxation)은 일정한 변형(strain)에서 응력(stress)이 처음 값은 1/e 감소시키는 데 요구되는 시간이다(1/e=0.368), 즉 완화시간은 힘이 처음 값의 36.8%가 붕괴하는데 소요되는 시간이다.

결과 및 해석

응력(stress)이 변형(strain)에 비례하는 탄성체는 Hooke의 법칙을 따른다. Hooke형 고체의 전단율(shear modulus)은 변형에 관계없이 물질에 따라 일정하다. 액체인 경우 뉴턴의 점성흐름의 법칙에 따라 응력과 전단속도는 비례한다. 그러므로 뉴턴 액체의 점도는 전단속도와 무관하여 물질에 대해서는 일정하다. 난백과 마요네즈와 같은 물질들은 점성과 탄성을 같이 나타낸다. 에멀젼 혹은 현탁액이 탄성을 나타내면 그 원인은 거의 항상 넓은 범위의 그물망 구조를 형성한다.

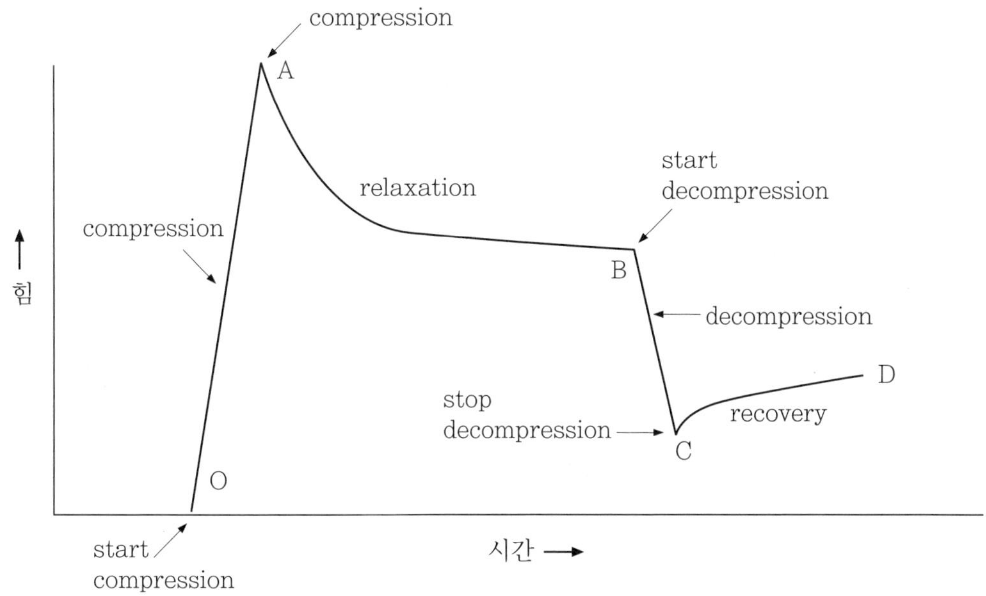

그림 11-21 일정한 변형하에서의 점탄성체의 힘-시간과의 상관관계

5-2-4 Instron에 의한 식품의 파괴특성 측정

원 리

정적 혹은 동적 점탄성은 식품에 작은 변형을 줄 때 나타나는 성질이지만 실제 식품을 계속 누르거나, 잡아당기거나, 쥐어짜거나, 칼로 긋거나 혹은 물어뜯으면 식품은 점점 변형되어 결국은 부서지게 된다. 이것을 식품의 파괴(fracture, rupture)특성이라 한다. 식품이 변형된 후 회복할수 있는 것은 탄성적 성질이라 하고, 회복할 수 없는 경우에는 소성적 성질을 나타낸다. 따라서 파괴현상은 식품에 탄성한계 이하의 힘을 가할 때 나타나는 조직감의 변화 현상으로 stiff, strong, elastic 등과 같은 용어로 표현된다.

측정기기

① Instron ② Creep 파괴 측정장치

조 작

그림 11-22에서와 같이 O에서 A까지 범위에서 변형을 증가시키면 응력도 증가하지만 A점이 지나면 응력을 증가시키지 않아도 변형은 증가하는데 이 영역을 소성변형 혹은 소성유동영역이라 하며, A점을 항복점(yield point)이라 한다. 만약 A점을 지나서 다시 변형을 증가시키면 식품은 결국 파괴하는데 이때 점 B가 파괴점이 된다. 만약 식품이 파괴될 때 항복점과 파괴점이 일치할 경우에는 이 파괴를 부서짐 파괴(brittle fracture)라 하고, 소성 파괴 변형된 후 파괴되는 현상을 연성파괴(ducrile fracture)라 한다.

식품의 파괴 특성을 Instron으로 측정하면 일정한 속도의 압축과 신장에 대한 응력-변형의 곡선으로 나타낼 수 있다. 그림 11-23에서는 한천 겔의 응력-변형곡선을 나타낸 것인데 이 곡선의 파괴점에서 파괴변형(rupture strain, ε_f)과 파괴 응력(rupture stress, P_f)을 구할 수 있다. 또한 면적 A로부터 파괴점까지의 파괴에너지(rupture energy, E_f)도 구할 수 있다. 파괴응력과 파괴에너지는 압축속도와 한천농도에 따라 현저히 증가하며 식품의 크기에서는 큰 것이 작은 것보다 약하고 등근것보다 각이 있는것이 응력 집중이 일어나기 쉬우므로 파괴되기 쉽다.

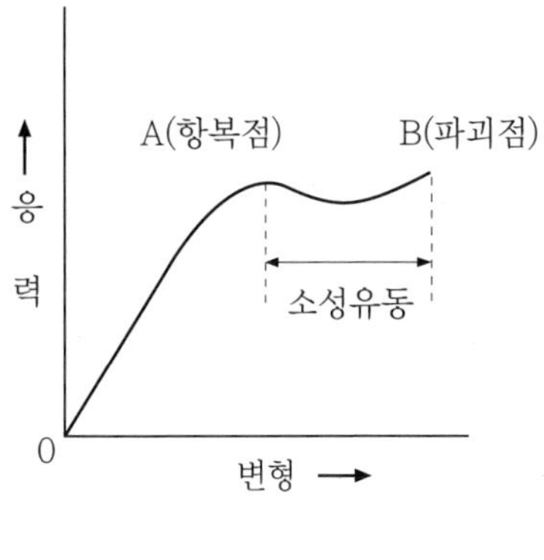

그림 11-22 응력-변형곡선

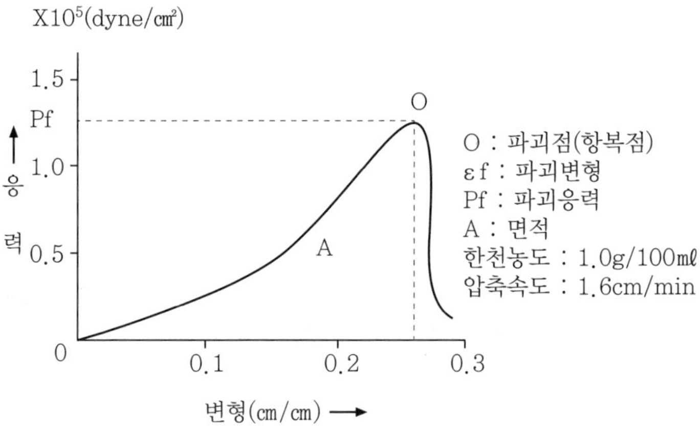

그림 11-23 한천 겔의 응력-변형곡선의 예

결과 및 해석

파괴현상은 식품의 구조적 민감성과 관련이 있으며 보통 압축과 신장의 속도, 시료의 크기와 형태 등에 의해서 달라진다. 같은 식품이라 해도 농도 증가에 따라 점탄성 정수와 파괴 특성치는 증가한다. 일반적으로 식품을 압축하면 식품내부의 틈새가 좁혀지고, 전단력을 가하면 틈이 옆으로 비틀리며 장력으로 잡아당기면 틈이 더욱 커지거나 길어지게 된다. 이 때 틈이 커질 경우에는 탄성적 변형에너지(elastic strain energy)가 방출되고, 표면에너지는 흡수되며, 변형 에너지가 새로운 표면에너지보다 더 크거나 작으면 틈새는 더 이상 벌어지지 않는다. 이러한 현상은 고체 식품을 씹을 때 필요한 힘과 이에 따른 변형과의 관계를 해석하는 데 필요하다.

5-2-5 Texture Analyzer(TA-XT 2)에 의한 물성 측정

원 리

식품의 조직이 갖고 있는 특성을 측정하기 위한 분석기기로 Instron이 많이 사용되나 이 기종은 현재와 같이 다양한 형태의 식품이 개발되고 있는 시점에서는 그 분석 능력의 한계에 도달한 것으로 지적받고 있다. 그것은 다양한 분석항목에 대한 데이터를 도식화하기가 매우 어렵고 일일이 계산하여야 한다는 점에서도 그러하다. 그러나 Texture Analyzer는 이런한 단점을 강력한 소프트웨어로 보완함으로써 신속하고 정확한 정보를 얻을 수 있는 동시에 Instron이나 Rheometer로는 측정이 불가능한 항목들을 분석할 수 있어서 매우 진보한 기종이다.

측정기기

(1) 기기의 구성

TA-XT 2는 소형이면서도 매우 다양하게 이용된다. 이 기기의 구성은 측정이 이루어지는 test bed와 다양한 조작을 명령하는 조작 키보드(control console)의 2개 부위로 나눌 수 있으며, 결과를 도식적인 그래프로 볼 수 있는 개인용 컴퓨터, 모니터 및 프린터를 장착할 수 있다. 사양에 따라 최대 힘 25kg으로 0.1g의 오차를 갖는 것과 50kg에서 2g의 오차한도를 갖는 로드셀 등이 있다.

(2) 기기의 기능

이 기종으로 측정가능한 항목들은 크게 나누어 다음과 같다.

① 침투력(penetration force)

② Withdrawal force

③ 면으로부터의 측정거리(distance)

④ 인장강도(tensile strength)

⑤ 분쇄점(breaking point) 파열점

⑥ 퍼짐성(spreadability)

⑦ 절단력(cutting force)

⑧ creep test

⑨ 응력 완화시험(stress relaxation test)

⑩ 텍스처 프로필 분석(texture profile analysis): two bite test.

Instron이나 Rheometer와 비교할 때 매우 편리하며 몇 가지 기능에 있어서 기존의 기기보다 편리한 기능을 갖추고 있다. 기기의 조작에 있어서의 특징을 살펴보면 다음과 같다.

ⓐ 기기의 조작이 간편하여 15분이면 측정에 필요한 조작을 쉽게 익힐 수 있다.

ⓑ 기기가 차지하는 공간이 305㎜×380㎜(12″×15″)로 매우 작으며 16㎏의 가벼운 중량으로 이동하며 사용이 편리하다.

ⓒ 손쉽게 조작할 수 있는 키보드가 부착되어 신속하고 신뢰도 높은 측정이 가능하다.

ⓓ 25가지 이상의 다양한 종류의 탐침(probe)을 사용할 수 있으며 측정목적에 맞는 장치를 제작하여 부착 사용할 수 있다.

ⓔ 탐침이 시료를 관통하여 들어가는 깊이, 탐침의 복귀 및 파열점을 0.01㎜의 오차로 제어가 가능하다.

ⓕ 측정 시 가해진 힘(force)을 ±0.1g의 오차 이내로 감지한다.

ⓖ 시료표면을 자동적으로 감지하므로 표면부터의 측정거리를 임의로 제어한다.

ⓗ 탐침의 이동속도를 0.1㎜/sec에서 10.0㎜/sec 범위에서 임의로 선택한다.

ⓘ 탐침의 이동거리를 0.1㎜에서 350㎜ 범위 내에서 임의로 선택한다.

ⓙ 최대 힘(maximum force) 25㎏까지 측정이 가능하다.

ⓚ 과부하에 대한 안정장치가 부착되어 로드셀을 보호한다.

ⓛ 측정치에 대한 결과는 키보드 디스플레이, 아날로그 레코더(선택다양), 디지털 프린터(선택 사양)또는 개인용 컴퓨터에 연결하여 자료의 저장 및 출력이 가능하다.

ⓜ 측정조건에 대한 항목을 저장시켜서 다시 입력할 필요 없이 반복할 수 있다.

조 작

(1) 기기의 활용도

Texture analyzer(TA-XT 2)의 활용도는 기존의 Instron 이나 Rheometer보다 다양하여 거의 모든 종류의 식품 포장재, 식품 원료들에 대한 조직 특성을 측정한다.

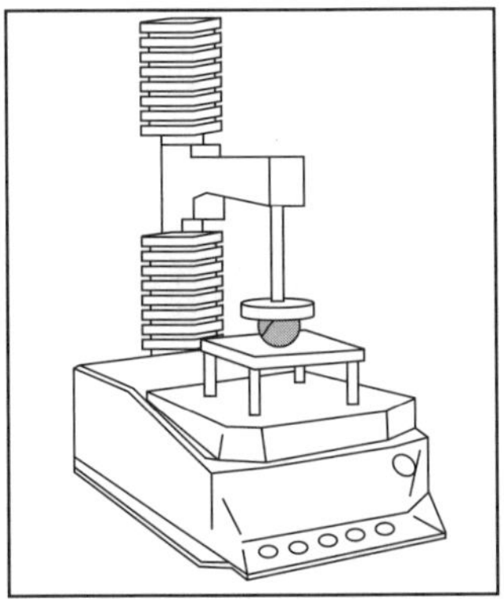

Texture Analyzer

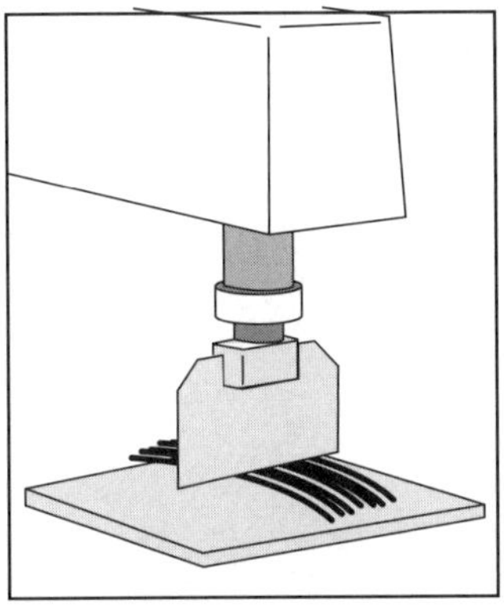

국수의 경도

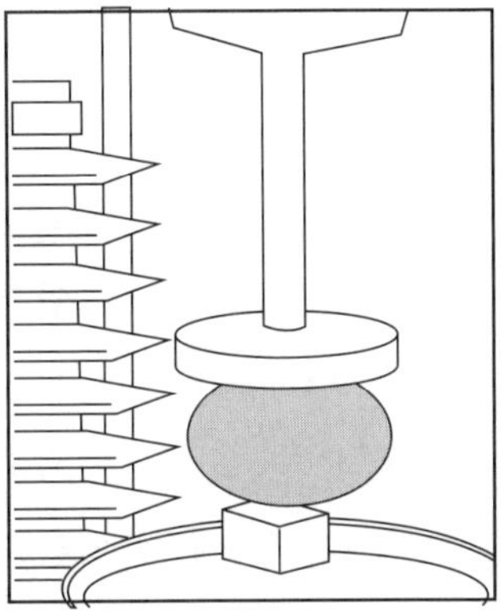

계란 강도

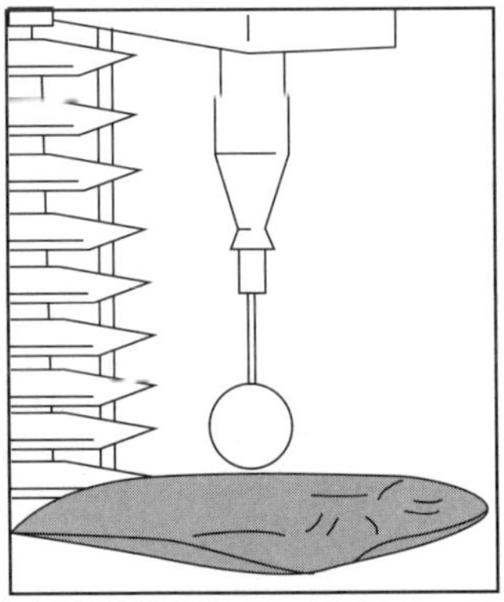

생선의 Firmness

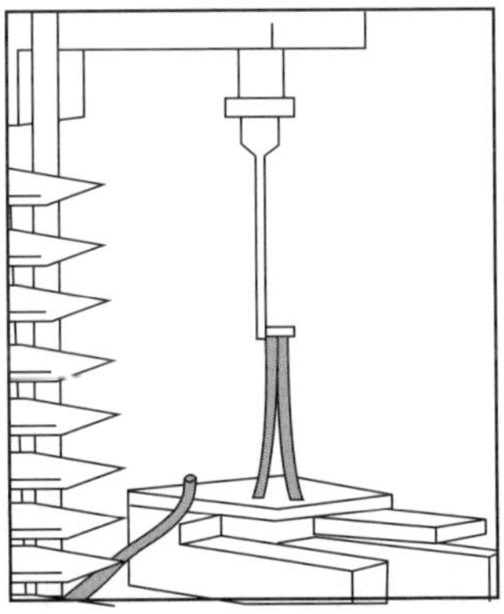

Dough/글루텐 인장력

빵의 강도

그림 11-24 Texture Analyzer에 의한 다양한 응용 예

이 기기를 통하여 얻을 수 있는 측정 항목들과 대상 식품등에는 다음과 같다.

① 측정 항목

- Adhesion 부착성
- bloom strength
- breaking point 분쇄점
- Cohesion 응집
- Creep 크리프
- Crispiness 바삭바삭함
- Curing time 큐어링시간
- Density 밀도
- Extrudability 압출능
- Film strength 필름강도
- Hardness 경도
- Lumpiness 덩어리짐
- Needle sharpness
- Ruberiness 고무질성
- Slipperiness 매끌거림
- Smoothness 매끄러움
- Softness 부드러움, 유연성
- Spreadability 퍼짐성
- Springback 탄력성
- Tackiness 찐득거림
- Tensile strength 인장강도

② 측정가능한 식품과 원료 등

- 알진산, 검류
- 빵, 도넛, 파이, 케이크류
- 모든 종류의 과일, 채소류
- 젤(gel)상태의 모든식품
- 각종 냉동식품류
- 각종 형태의 요구르트
- 각종 사료(펠렛사료, 애완용 동물의 식품)
- 안정제류
- 설탕 및 이를 원료로 한 모든 제품
- 비스킷, 스낵 등의 과자류
- 버터, 마가린, 피넛버터
- 사탕, 초콜릿
- 아이스크림,빙과류
- 푸딩
- 수프류
- 모든 종류의 떡, 전병, 유과 등
- 전분 및 이를 원료로 한 모든 식품
- 파스타, 라면, 국수, 즉석면, 칼국수
- 스리미(surimi) 및 이를 원료로 한 어묵, 맛살 등의 식품
- 햄, 소시지, 베이컨 등의 육가공 제품, 캔 제품들과 원료육, 냉동유
- 식품을 포장하는 용기 및 포장재, 테이프
- 각종 신소재, 신물질

(2) 식품의 물성 측정의 활용 예

① 비스킷 경도의 측정

측정량 : compression force(압축력) 측정방법 : return to start

사용된 탐침 : knife type blade

탐침의 전진속도 : 0.3mm/sec 탐침의 전진거리 : 10mm

결과 : fraction force : 0.288kg hardness force : 0.482kg

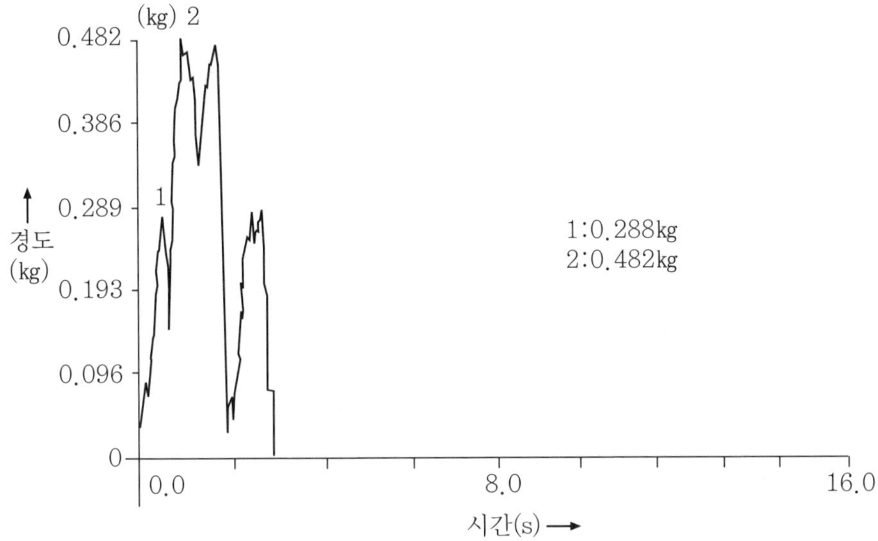

그림 11-25 Texture Analyzer(TA-XT 2)에 의해 측정한 비스킷의 경도

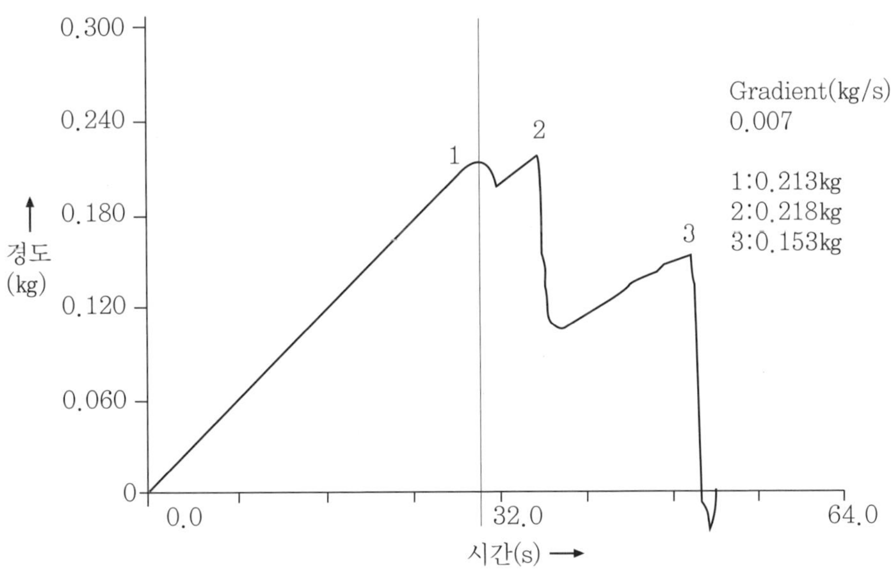

그림 11-26 Texture Analyzer(TA-XT 2)에 의해 측정한 Soft curd의 경도

② 소프트 커드의 경도 측정

측정량 : compression force(압축력) 측정방법 : return to start

사용된 탐침 : cylinder type 탐침(D=1 inch)

탐침의 전진속도 : 0.3㎜/sec　　탐침의 전진거리 : 15㎜

결과:fraction force : 0.213kg 획분력　　hardness force : 0.218kg

③ 유과의 조직분석

측정량 : compression force(압축력)　　측정방법 : return to start

사용된 탐침 : cylinder type 탐침(D=1 inch)

탐침의 전진속도 : 0.3㎜/sec　　탐침의 전진거리 : 20㎜

결과:fraction force : 10　　hardness force : 0.045kg

④ 떡의 TPA test

측정량 : compression force(압축력)　　측정방법 : 텍스처 프로필 분석

사용된 탐침 : cylinder type 탐침(D=6㎜)

탐침의 전진속도 : 0.3㎜/sec　　탐침의 전진거리 : 30% 변형

⑤ 떡의 응력완화(stress relaxation)를 이용한 점탄성의 측정

측정량 : compression force　　측정방법 : force relaxation

사용된 탐침 : cylinder type (D=1 inch)　　탐침의 전진속도 : 5㎜/sec

Initial force : 500g　　Testing time : 148sec

결과 : 각각의 측정값을 출력시켜서 여러 가지 모델에 따라 분석할 수 있음

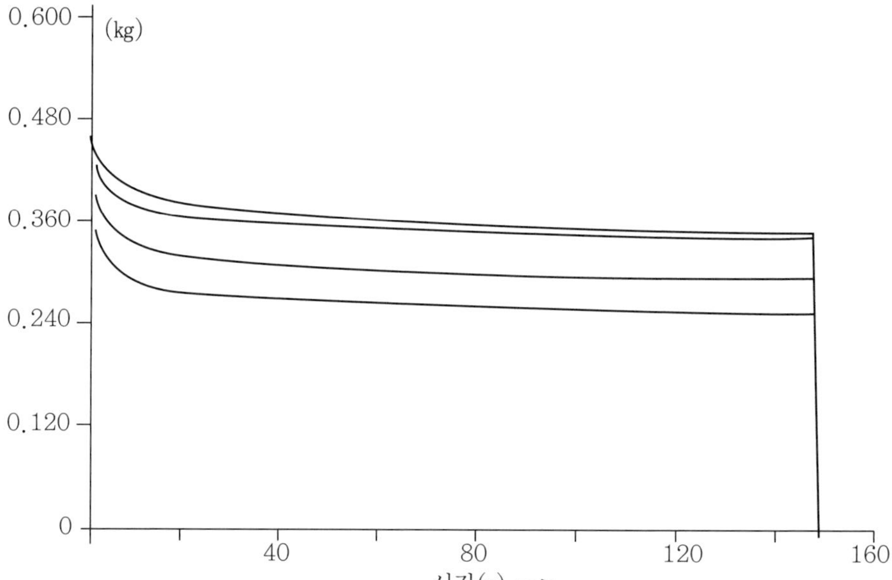

그림 11-27 Texture Analyzer(TA-XT 2)에 의해 측정한 떡의 응력 완화 시험

⑥ 스펀지 케이크의 creep test를 이용한 점탄성의 측정

측정량 : compression distance 측정방법 : hold until time

사용된 탐침 : cylinder type 탐침(D=3 inch)

탐침의 전진속도:10㎜/sec

Initial force:300g Testing time:60sec

결과 : 각각의 측정값을 출력시켜서 여러 가지 모델에 따라 분석할 수 있음

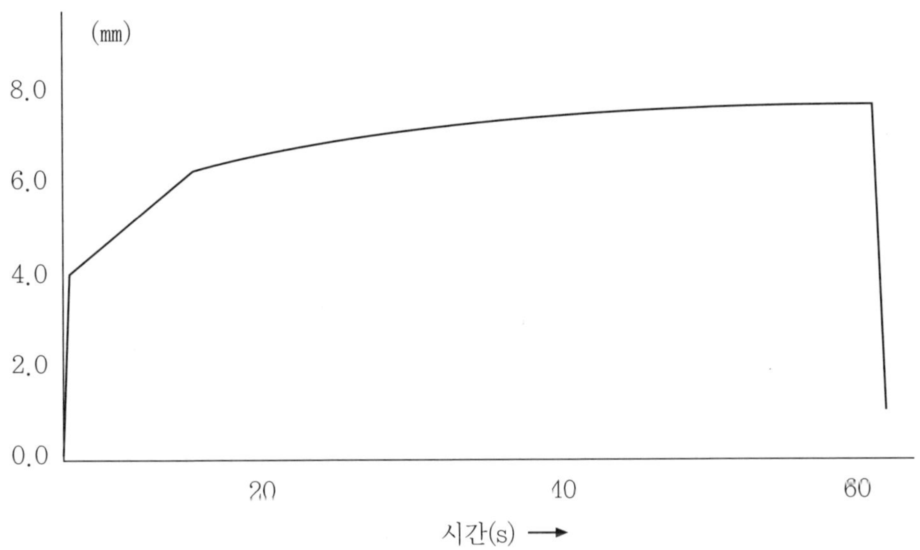

그림 11-28 Texture Analyzer(TA-XT 2)에 의해 측정한 스폰지 케이크의 creep test

5-3 전분질 식품의 호화점도 측정

5-3-1 Amylograph에 의한 호화점도 측정

원 리

전분 또는 전분 함유물질의 특성을 살펴보는데 있어 그물질의 호화양상과 점도는 상당히 중요하며, 현재 이를 측정하는 기기로는 Amylograph가 가장 일반적으로 사용되고 있다.

Amylograph는 원래 밀가루의 α-amylase의 활성을 측정하기 위하여 개발된 것이나, 이 목적 외에도 전분질 식품의 호화패턴과 냉각 중 점도 변화를 측정하는데 널리 쓰이고 있다.

Amylograph는 기본적으로 회전점도계의 일종으로 일정한 토르크(torque)에서 온도변화에 따른 전분의 점도를 측정하는 기기로, 일반적으로 가열장치만 있으며, 가열 및 냉각 장치를 갖춘 것은 Visco-amylograph라고 한다(그림 11-29). 최근에는 가열 및 냉각 과정을 자동제어할 수 있는 모델이 쓰이고 있는데 이를 Viscograph라고 한다,

Amylograph에 의한 호화양상은 전분입자의 팽윤정도와 팽윤된 전분입자의 열과 전단에 대한 저항도, 입자의 크기와 모양, 입자들의 배열과 결합력, amylose와 amylopectin의 구성비 및 구조 차이, 가열 중 입자로부터 용출된 가용성 전분의 존재 그리고 팽윤된 입자끼리의 상호작용 또는 응집성 등에 의해 영향을 받는다.

기본 장치 및 구조

① Amylograph 기본구조 및 장치는 그림 11-29와 같다.

카트리지 700㎝-g, 센서7-pin, 보올속도 75rpm, 기록장치, 500g 용량의 와링형(waring type) 블렌더

조 작

(1) 시료 조제

Amylograph를 이용하여 측정할 수 있는 시료는 전분 또는 전분을 함유한 분말로 측정 시료의 입도를 60mesh 이상이 되도록 분쇄하고 수분량을 측정한다. 이때 입도에 따라 각 시료의 특성이 달라질 수 있으므로 시료의 입도를 고르게 한다.

(2) 측정 방법

① 조제시료의 균일화

농도(건량기준으로 전분은 8% 정도, 분말은 10~12%정도)에 따라 칭량한 시료는 미리 칭량해 놓은 증류수 중 1/3을 이용하여 잘 혼합한다. 이 때 시료와 증류수의 총 무게는 500g이 보통이나, 경우에 따라 조절할 수도 있다.

덩어리가 없도록 잘 혼합한 시료 혼합물에 다시 칭량해 놓은 증류수 1/3을 가하여 잘 혼합하여 보울에 넣은 후 남은 1/3 분량의 증류수를 이용하여 혼합용기에 남아있는 시료 혼합물을 잘 세척하고 세척액 또한 보올에 넣고 핀 센서를 넣어 Amylograph에 장착, 냉각바를 내리지 않은 상태로 25℃에서 5분간 작동시켜 시료 혼합물을 균일하게 혼합 시킨다.

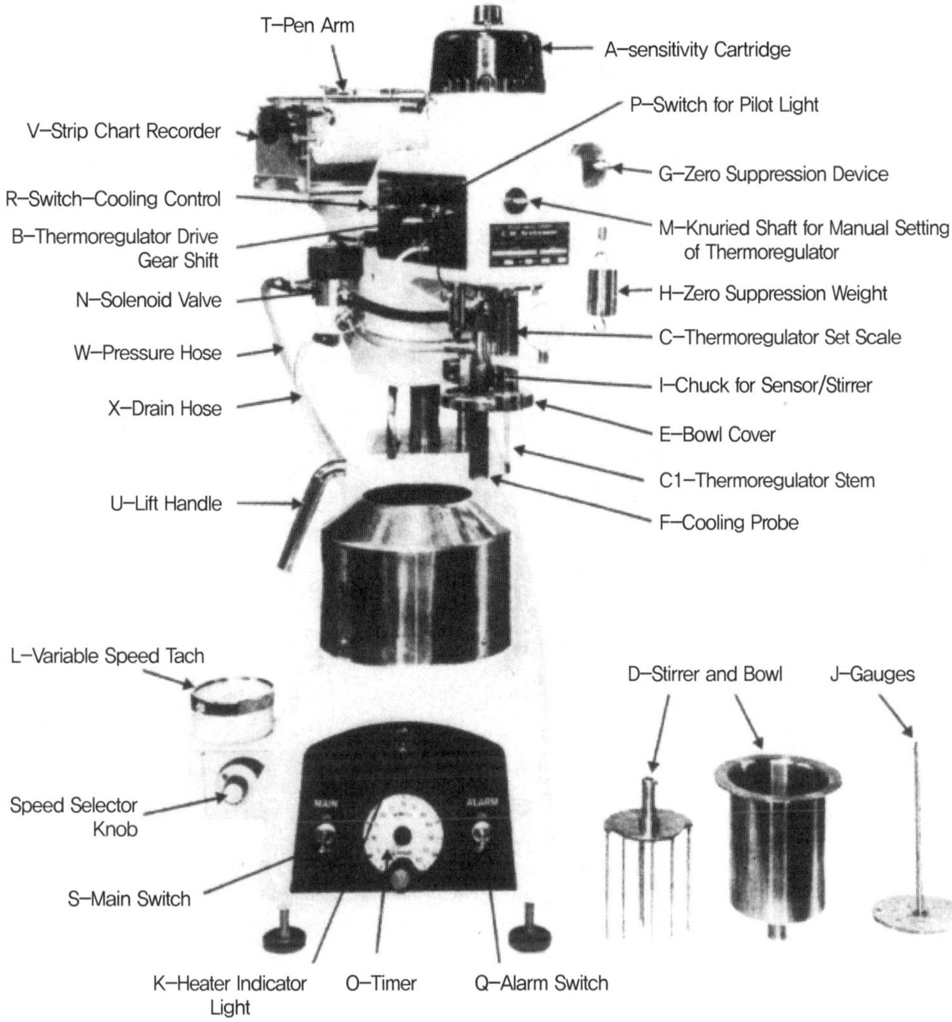

그림 11-29 Visco-amylograph의 구성요소

② 측정 조건

시료를 균일화시키는 동안 기록계의 펜을 가열이 0분에서부터 시작되도록 기록지의 영점선에 맞춘다

시료 혼합물이 균일화되면 초기온도를 25℃로 고정한 다음 분당 1.5℃씩 95℃까지 가열하고 95℃에서 15분간 온도 유지 후 냉각바를 내리고 분당 1.5℃씩 50℃까지 냉각한다. 냉각후 30분간 온도를 유지시키며 점도 측정 후 시험을 종료한다

연구목적에 따라 가열 최고온도, 최고온도에서의 온도 유지시간, 냉각 후 온도 유지시간 등을 달리할 수 있다

최고점도가 1000BU를 넘는 경우에는 추(250BU, 100BU)를 사용하거나 농도를 제조절한다.

700㎝-g 카트리지 사용 시 250BU 추의 무게는 62.5g, 500BU 추의 무게는 125g, 100BU추의 무게는 250g이다. 예를 들어 1000BU 추를 사용하게 되면 기록계의 펜은 다시 1000BU 만큼 저하되어 기록지의 영점선으로 떨어진다. 사용한 추의 무게(BU)를 결과해석 시 고려하면 된다, 측정이 끝난 후 amylogram으로부터 호화특성 값을 읽는다.

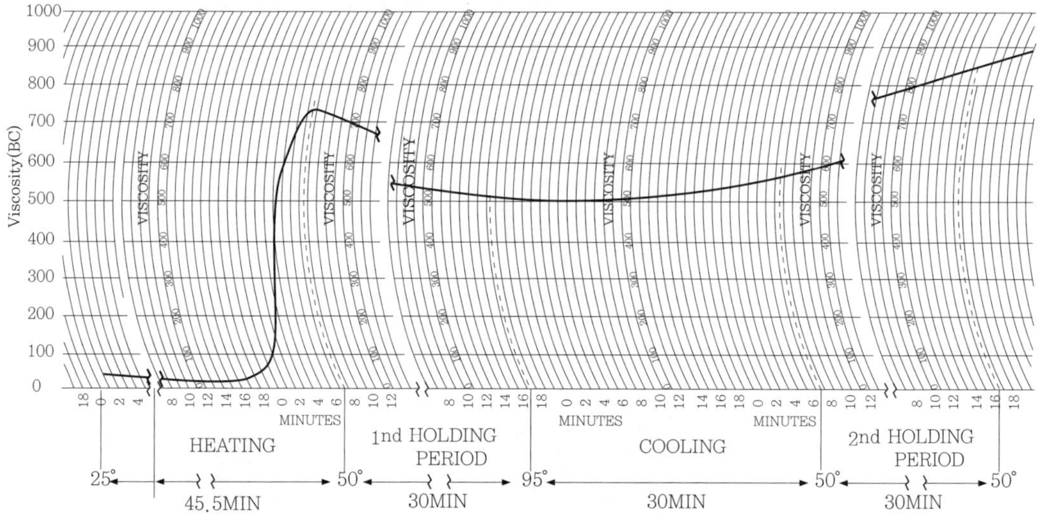

A, peak(maximum) viscosity; B, viscosity of paste on attaining 95℃; C, viscosity at the end of the first holding period, ie, after 30min at 95℃; D, viscosity of cooked paste after cooling to 50℃; E, viscosity at the end of the second holding period, ie, after 30min at 50℃

그림 11-30 Brabender amylogram의 해석

결과 및 해석

Amylogram의 전형적인 예는 그림 11-30와 같으며 이로부터 시료혼합물의 점도가 10BU에 도달하는 온도인 호화 개시온도와 최고점도, 95℃에서 15분 유지 후의 점도, 냉각점도, 점도붕괴도(breakdown), 그리고 setback을 알아 낼 수 있으며, 이를 이용하여 각각의 시료의 호화특성을 밝힐 수 있다. 점도붕괴도(breakdown)는 최고점도와 95℃에서 15분 후의 점도와의 차이며 50℃에서의 setback은 50℃에서의 점도에서 최고점도를 뺀 값으로 이 값이 음(-)인 경우 냉각점도가 최고점도보다 작음을 나타낸다.

제12부 식품효소 실험법

기본 식품분석학

Basic Food Analysis

제 1 장 효소의 추출과 정제

효소(酵素, enzyme)는 생체에 의하여 생산되는 일종의 촉매(catalyst)로서 콜로이드(colloid)성 유기촉매이다. 효소가 관여하는 반응계에서 효소작용을 받는 물질을 기질(基質, substrate)이라 하고, 효소는 이것에 대하여 특이성(特異性, specificity)을 가지고 있다.

효소의 화학적 본체는 단순단백질 또는 활성분자(活性分子, prosthetic group)가 결합한 복합단백질로 이루어져 있다.

Coenzyme	+	Apoenzyme	=	Holoenzyme
(조효소 : 활성분자)		(Apo효소 : 단백질)		(Holo효소 : 효소)

따라서 효소의 추출 및 정제 조작이 부적당하면 추출 및 정제 과정 중에 단백질의 변성이 생겨서 효소로서의 작용력을 잃어버릴 때가 많다. 이와같은 현상을 효소의 실활(失活)이라 부른다. 그러므로 효소의 추출 및 정제에 있어서는 열, 산, 알칼리, 가스 등 단백질을 변성시키기 쉬운 물질의 사용 또는 조작에 대하여 충분한 주의가 요망된다.

1-1 효소의 추출

1-1-1 마쇄법(磨碎法)

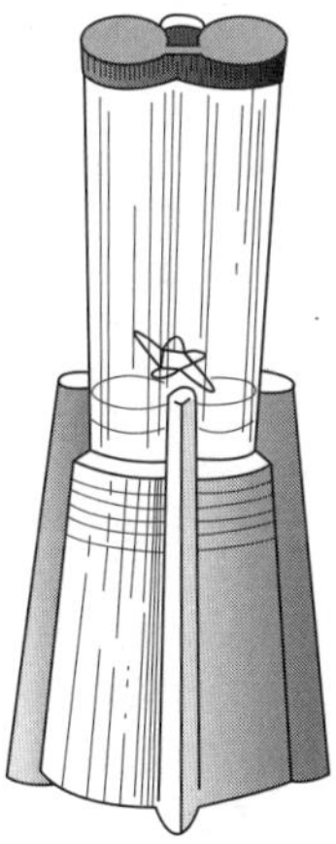

그림 12-1 Waring blender

가장 간단한 방법은 유발(mortar) 내에서 조직을 마쇄하고 세포막을 상하게 하여 세포액을 조직 외로 빼내는 조작이다. 일반적으로 이때 적당한 양의 완충액을 가하여 추출을 돕거나, 또는 마쇄효과를 높이기 위하여 유리가루, 석영사, 정제해사 등의 보조제를 가하여 세포막이 잘 파괴될 수 있도록 한다.

보통 그림 12-1과 같은 Waring blender가 많이 사용되고 있다. 이것은 시판의 주스 믹서(juice mixer)와 비슷한 것으로 금속으로 된 칼날을 빠른 속도로 회전시켜 조직을 파괴시키고 추출효과를 높이는 장치이다.

각종의 조직 또는 세포의 대사 등을 연구할 때 이들의 작용에 관계하는 효소는 일반적으로 세포질의 구조단백질과 결합되어 추출이 매우 곤란하기 때문에 추출액 중에서의 이들 효소의 분포가 불균일하게 되어 효소력에 큰 차질이 생길 때가 있다. 이와 같은 난점이 있을 때는 Potter Elvehjem의 homogenizer(그림 12-2 참조)를 사용하면 편리하다.

이것은 경질의 두꺼운 유리로 된 시험관과 이것과 꼭 맞는 막자에 해당되는 유리막대로 이루어진 것으로서, 먼저 시험관 안에 재료를 넣고 막대를 투입한 다음 이 막대를 모터(motor)로 써 고속도로 회전시킨다. 대체적으로 수 분만에 세포의 현탁액이 만들어진다. 이때 마찰열에 의하여 온도가 높아지므로 homogenizer 및 추출재료를 미리 얼음물(氷水) 중에서 냉각시키는 동시에 조작 중에도 전체를 냉각하는 것이 좋다.

더욱이 마쇄할 때 이 시험관을 상하로 움직여서 마쇄액이 유리의 긴 부분을 반드시 지나가도록 해야 한다. 세균 등을 마쇄하여 그 중에 포함되는 효소를 추출할 때에는 Umbreit의 장치, Utter 등의 장치가 사용되고 있다. Utter 등의 장치는 그림 12-3에 표시된 것과 같은 구조로서, B부를 고정시키고 A부를 모터(motor)에 연결시켜 천천히(약 300rpm) 회전시킨다.

B부에 균체와 마쇄제를 넣고, A부에는 추출할 때 온도의 상승에 의한 효소의 실활을 방지하기 위하여 얼음 또는 드라이아이스 등의 한제(寒劑)를 넣어 둔다.

그림 12-2 Potter Elvehjem의 homogenizer

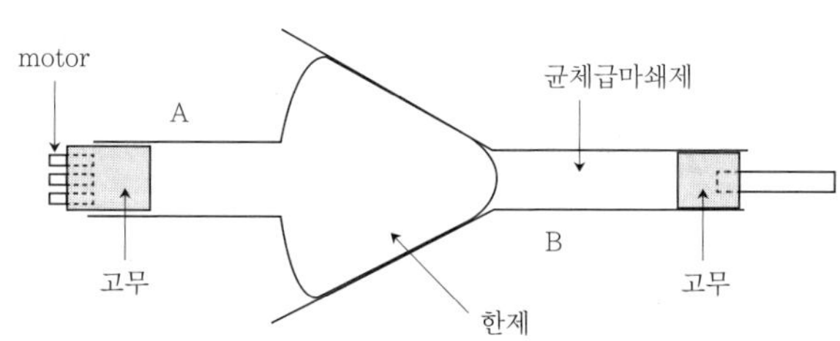

그림 12-3 Utter의 장치

1-1-2 자기소화법(自己消化法)

추출하기 어려운 효소를 세포 외로 빼내기 위하여 가끔 사용되는 방법이다. 일반적으로 죽은 세포 중에는 cathepsin계 단백질 분해효소의 작용이 강하게 되어 변성 단백질의 분해가 생기지만 효소단백질(구상단백질)은, 이 효소의 작용을 많이 받지 않으므로 추출하기가 쉽다.

이 현상을 이용하거나 자기소화를 오랫동안 계속시키면 세균의 번식이 일어나므로 보통 자기소화의 경우에는 toluene 등을 첨가하여 방부할 필요가 있다. 대체로 표면층이 toluene으로 덮혀질 정도로 toluene을 가하고, 20~30℃에서 일정한 시간을 유지하면서 자기소화를 시킨다.

[실험 예] 식빵 효모에서 자기소화법에 의한 유산탈수소효소(乳酸脫水素酵素)의 분해

저온에서 급속하게 건조시킨 분말효모 300g에 대하여 600㎖의 완충액을 가해 37℃에서 4시간 30분간 유지한다(이와같이 시간이 짧을 때에는 toluene은 필요하지 않다).

다음으로 450㎖의 냉수를 가하고 15분간 잘 젓는다. 이렇게 방치시키는 동안에 자기소화가 진행되며 효소는 원형질막이 반투성을 잃고 있으므로 쉽게 세포 밖으로 빠져나오게 되도록 되어 있다.

다음에 3,000rpm으로 20분간 원심분리시켜서 고형물을 제거하면 유산탈수소효소는 상징액 중에 옮겨져 있으므로 이것을 조효소물로서 사용할 수가 있다.

이 조효소액(粗酵素液)에 활성 alumina를 가하여 불순물을 제거하고 $(NH_4)_2SO_4$에 의한 분별침전을 하면 정제효소를 더욱 분리시킬 수가 있다.

1-1-3 동결융해법(凍結融解法)

불안정성이 큰 효소 또는 효소원을 추출할 때에는 dry ice-acetone액에 의한 동결과 상온에서의 융해를 잘 이용하여 좋은 효과를 나타낼 때가 있다.

이 조작은 주로 효소를 미생물에서 추출할 때에 이용하고 있다. 이것은 균체 등을 시험관, 비커 등의 기벽에 엷게 바른 후 dry ice-acetone 한제(寒劑)에 이 용기를 담그어 천천히 돌린다. 수분 동안에 균체는 동결된다. 이 동결된 것을 균의 종류 또는 효소의 종류에 따라서 약간의 차는 있으나, 30~40℃ 정도의 물에 넣으면 다시 융해한다.

이것을 앞에서와 같은 방법으로 다시 동결시킨다. 이와 같이 4~5회 동결과 융해를 반복하면 세균 균체의 원형질막, 세포막은 약하게 되어 세포내질이 쉽게 세포 외로 나오게 된다.

다시 몇 차례 이 조작을 반복한 후 내용물에 완충액을 가하고, 원심분리기를 사용하여 원심분리하면 효소는 용액층으로 이동해 온다.

1-1-4 기타 방법

Acetone을 가하여 탈수건조시킨 후 균체의 acetone분말을 만들어 이것을 효소원으로 하는 방법, 초음파를 사용하여 세포막과 원형질막에 변화를 주어 효소의 추출을 쉽게 하는 방법 등이 있다.

1-2 효소의 정제

1-2-1 염류에 의한 분별침전법(鹽析, salting out)

효소의 정제법으로서 가장 많이 이용되고 있는 조작으로서 황산암모늄[$(NH_4)_2SO_4$], 황산나트륨(Na_2SO_4), 황산마그네슘($MgSO_4$), 염화나트륨(NaCl) 등의 염류가 많이 사용된다. 이것은 단백질이 염류의 농도가 높을때 물에 대한 용해도가 감소되어 침전하는 성질을 이용한 것으로 적당하게 염류의 농도를 가감함으로써 효소액 중에 존재하는 불활성 단백질을 분리제거할 수가 있다.

황산암모늄을 사용할 때에는 보통 관례적으로 "포화도(飽和度)"라는 용어가 사용되며, 이것에 의하여 염류농도를 표현한다.

황산암모늄의 포화도란 용액 중에 포함되어 있는 황산암모늄의 양과 그 용매가 용해시킬 수 있는 최대량의 황산암모늄량과의 비를 말하는 것이다. 이것을 엄밀히 말하면 최대용해량은 온도에 의하여 변화하게 되므로 온도를 규정하지 않으면 안된다.

그러나 황산암모늄의 경우에는 온도에 의한 용해도의 차가 염석(鹽析)에 사용되는 다른 염류보다 적으며, $(NH_4)_2SO_4$의 물에 대한 용해도(g/100g · H_2O)는 70.6(10℃), 75.4(20℃), 81.0(40℃), 87.0(60℃), 95.3 (80℃), 103(100℃)이다. 또한 효소의 정제를 행할 때에는 일반적으로 저온에서만 조작하게 되므로, 보통 20℃ 부근에서의 최대용해도를 취하여 물 100mℓ에 76g의 황산암모늄이 용해되어 있는 용액을 황산암모늄의 포화용액이라 부르고 있다.

$$\text{포화도} = \frac{\text{용액에 첨가한 황산암모늄량}}{\text{용액 중의 물이 포화에 요하는 황산암모늄량}}$$

그러므로 50mℓ의 효소액에 19.0g의 황산암모늄을 가했을 때에 이 용액은 19.0/76×1/2=0.5 포화가 된다.

분별침전을 행할 때에는 표 12-1을 이용하면 원하는 황산암모늄 포화도를 얻는데 필요한 황산암모늄의 양을 쉽게 구할 수가 있다.

표 12-1 용액 100mℓ에 있어서 소정의 포화도를 얻기 위해 넣어야 할 황산암모늄[$(NH_4)_2SO_4$]의 양

초포화도 \ 목적포화도	0.1	0.2	0.3	0.4	0.5	0.6	0.7	0.8	0.9	1.0
0.0	7.6	15.2	22.8	30.4	38.0	45.6	53.2	60.8	68.8	76.0
0.1		7.4	14.7	22.0	29.4	36.7	44.1	51.4	58.8	66.1
0.2			7.0	14.1	21.1	28.2	35.2	42.2	49.3	56.3
0.3				6.8	13.6	20.4	27.6	33.9	40.7	47.5
0.4					6.6	13.1	19.7	26.2	32.8	39.3
0.5						6.3	12.7	18.9	25.3	31.7
0.6							6.1	12.3	18.4	24.5
0.7								5.9	11.9	17.8
0.8									5.8	11.5
0.9										5.6

황산암모늄을 효소액에 첨가시킬 때에는 황산암모늄을 고체 그대로 넣을 때와 황산암모늄의 포화용액을 첨가할 때가 있다. 일반적으로 시판되는 황산암모늄은 산성인 경우가 많이 있으므로 미리 포화용액을 만들고 효소단백질의 등전점에 가까운 pH로 조절시켜 두는 것도 좋으나, 높은 포화도의 필요성이 요구될 때에는 잘 부셔서 가루로 한 황산암모늄을 효소액 쪽으로 잘 교반하면서 천천히 첨가한다.

다음으로 황산 또는 암모니아를 사용하여 pH를 조절한다. 이 때에도 물론 저온에서 처리해야 한다. 염석에 의하여 생긴 침전은 흡인여과 또는 저온실(cold chamber) 내에서 자연여과시키는 것이 좋다. 또한 원심분리에 의해서도 가능하지만, 이 경우에는 회전수가 상당히 높지 않으면 충분한 성과를 얻지 못할 경우가 많다.

이와같이 분리된 효소를 다시 증류수에 용해시키고, 황산암모늄액을 사용하여 더욱 분별 재침전시킬 때가 많다. 이 조작을 함으로써 효소는 더욱 정제된다.

1-2-2 투석(透析, dialysis)

염류를 사용하여 침전시킨 침전물에는 많은 양의 무기염이 부착되어 있으므로 이것을 제거시킬 필요가 있다. 이 제거법으로 많이 이용되고 있는 것은 투석(dialysis)이다. 효소액은 cellophane, collodion 및 방광막(膀胱膜) 등의 반투막을 사이에 두고 물과 접촉시키면, 효소액 중의 무기염 및 저분자화합물은 이 막을 통과하여 물이 있는 곳으로 이행하나 고분자화합물인 효소는 이동이 안되므로 이 두가지를 분리시킬 수가 있다.

그러나 효소들 중에는 어느 정도의 염류농도가 유지되어 있는 용액 중에서만 활성이고, 염류농도가 저하되면 불활성이 되어 실활하는 것도 있으므로 투석외액으로 완충액(buffer solution) 등을 사용할 때도 있다.

또한 염류 뿐만이 아니고 이 조작으로 효소액 중에 포함되어 있던 조효소 등의 저분자성 화합물도 투석하는 사이에 투과되어 외액 중에 흘러나오므로 조효소에 대한 연구에도 이 조작이 잘 이용된다.

(1) 투 석 막

보통 소의 방광막, cellophane주머니(袋), collodion막, 황산지 등이 사용되고 있으나 가장 간편한 것은 cellophane주머니이다. 그러나 cellophane에서는 염류의 투과성이 상당히 나쁘며, 다른 방법보다 투석에 시간이 걸리는 것이 결점이다. 그러나 반대로 효소가 빠져나갈 염려는 가장 적다.

시판의 cellophane을 원형으로 자르고 그 중심부에 미리 cellophane이 상하지 않게 끝부분을 열로 처리하여 둥글게 한 유리관을 세운 다음, 이것을 중심으로 cellophane을 실로 매고 다시 2~3군데를 맨다. 더우기 실로 맬 때는 중심의 유리관을 적당한 위치까지 올려 둔다.

이렇게 함으로써 이 유리관을 통하여 액을 출입시킬 수 있고, 또한 cellophane주머니의 내벽의 변화에 따른 실패도 없으므로 편리하다.

사용하기 전에 한 번 cellophane주머니 안에 물을 넣어 구멍의 유무를 잘 살펴 둘 필요가 있다. 이 cellophane주머니를 만들 때 cellophane에 너무 강하게 접은 자리가 있으면 그 부분이 터지기 쉬우므로 주의하여야 한다.

(2) 투석실험

적당한 용기에 물 또는 완충액을 넣고 이 용기에 cellophane주머니를 달아 맨다. 일반적으로 내액은 삼투압에 의하여 외액보다 액면이 높아지므로, 내액면은 외액면보다 1㎝ 내외 높아지는 위치에 고정시킬 필요가 있다.

이 투석을 하면 외액과 내액과의 염류농도의 차가 클수록 투석속도가 크게 되므로 외액은 항상 흐르게 하여 바꾸어지도록 하는 것이 좋다.

그러므로 유수투석법(流水透析法)이 행해진다. 간단한 방법으로서는 그림 12-4와 같이 수돗물을 고무관 등으로 용기의 밑까지 닿도록 한 다음 넘쳐 흐르게 하는(over flow) 방법이 있으나, 보통의 경우에는 적당한 수준면을 유지하도록 세공한 사이폰(siphon)을 사용하고 있다. 또한 저온으로 투석하거나 완충액을 사용하여 투석하는 경우에는 이와같은 유동투석(流動透析)을 행할 수가 없으므로 투석용기를 저온실 내에 장치하고, 대체로 외액을 내액에 대하여 20~30배 정도 가하여 투석을 행하며, 외액을 투석초기에는 여러 차례 자주 바꾸어 주도록 하면 목적을 달성하기가 쉽다. 더욱 효율을 높이기 위해서는 전기투석 등을 행할 수도 있다.

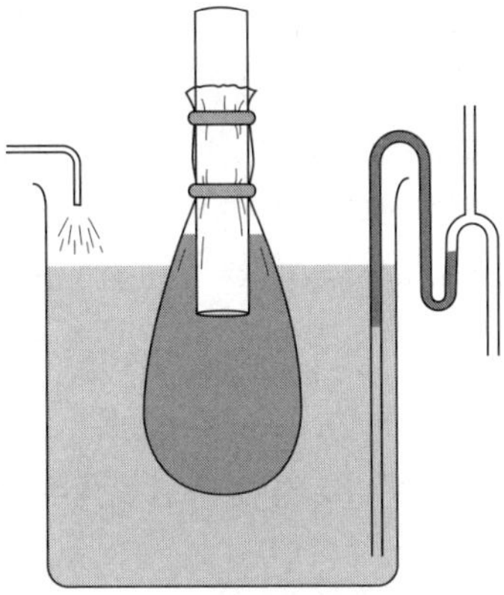

그림 12-4 투석장치

투석할 때 주의해야 할 점은 투석에 의하여 효소가 실활되기 쉽다는 사실이다. 이것은 효소 자신이 막을 투과하여 잃게 되는 것이나 효소의 막에 흡착되는 것, 보호물질의 소실, pH의 변화, 투석이 장기일 때의 효소액의 부패 등의 원인에 의한 것이다. 이들 원인에 의한 효소의 실활, 효소 수득량의 감소는 상당한 양에 달하는 것이므로, 저온처리, 방부제(toluene)의 첨가 등에 주의해야 한다.

1-2-3 효소액의 농축

묽은 효소액일 때에는 직접 염석하려고 하면 많은 양의 침전제가 필요하므로 먼저 전처리로서 농축시킬 때가 있다. 그러나 효소는 열에 대하여 불안정하므로 보통 가열에 의한 증발농축법은 사용되지 않는다. 이를 위하여는 감압농축, 동결농축, 한외여과(限外濾過) 등이 이용된다. 여기에서는 감압농축법에 대해서만 설명한다.

저온 감압농축법은 보통 유기화학 등에서 행해지는 조작과 같으나 단지 효소는 단백성 물질이므로 발포성이라는 점에 주의해야 한다. 이 때문에 적당한 drop catcher를 달든가 소포제로서 소량의 octyl alcohol 등을 첨가시켜 농축하는 방법이 취해지고 있으며, 또한 분무건조법과 같이 급속적으로 농축하는 것도 유효하다.

1-2-4 유기용매에 의한 침전법

효소는 일반적으로 물과 균일하게 혼합되며, 또한 효소수용액의 유전항수(誘電恒數)를 저하시키는 유기용매인 acetone, ethanol, methanol, propyl alcohol, butyl alcohol, dioxane 등에 의하여 침전된다. 이 침전성은 효소의 성질에 따라 여러가지로 다르게 나타나므로 이들 용매를 적당하게 이용하여야 효소정제의 목적을 달성할 수가 있다. 처음 결정으로서 분리된 효소 urease는 단순히 acetone처리에 의하여 얻어진 것이다.

이들 유기용매의 침전능력은 온도에 크게 영향을 받는다. 보통 저온일수록 잘 침전시킬 수가 있다. 또한 이들 용매는 효소를 침전시킴과 동시에 효소단백질을 변성시키는 성질도 있으므로 주의하지 않으면 안되며, 변성도는 온도가 낮을수록 적다.

이와 같은 여건으로 볼 때 본 조작도 저온에서 행할 필요가 있다. 그리고 유기용매에 의하여 침전시킬 때에는 효소용액 중 어느 정도의 염류가 함유되어 있는 편이 침전성이 좋으며, 또한 변성도도 적게 나타나므로 효소액에 일정 농도의 염 또는 완충액을 첨가하고 저온에서 용매를 가한다.

[실험 예] 유기용매 침전법에 의한 효소의 정제

먼저 효소액을 동결하지 않을 정도로 한제(寒劑)를 사용하여 냉각시켜 두고 유기용매도 될 수 있는 대로 저온으로 유지시켜 둔다. 소정의 용매의 최종농도를 얻기 위하여 필요한 용매량을 구해 놓고, 냉각시킨 용매를 피펫으로 천천히 저으면서 효소액을 첨가한다.

첨가 초기에는 희석열에 의하여 온도가 높아지므로 주의해야 한다. 용매를 전부 넣은 후에 다시 몇 시간 동안 교반을 계속한 후 원심분리에 의하여 침전을 모은다.

침전은 ether 등으로 세척하여 건조시키고 분말상으로 해서 저장할 수도 있다. 시판의 diastase 등은 alcohol 침전법에 의하여 분리한 것이다.

1-2-5 기타 방법

정제법으로서 효소를 alumina, 백토, bentonite 등에 흡착시키는 방법이나, 이온교환수지를 사용하여 염류를 제거시키는 동시에, 효소 자체도 적당한 수지에 흡착시키는 방법 등 여러가지의 방법이 고찰되고 있다.

제 2 장 효소의 활성도 측정

2-1 단백질분해효소

단백질분해효소(proteolytic enzyme, protease)는 peptide결합의 가수분해작용에 관여하는 효소이다. 그 기질이 되는 것은 단백질, proteose, peptone, polypeptide 등이며 이들로부터 amino기($-NH_2$)와 carboxyl기($-COOH$)를 유리시킨다.

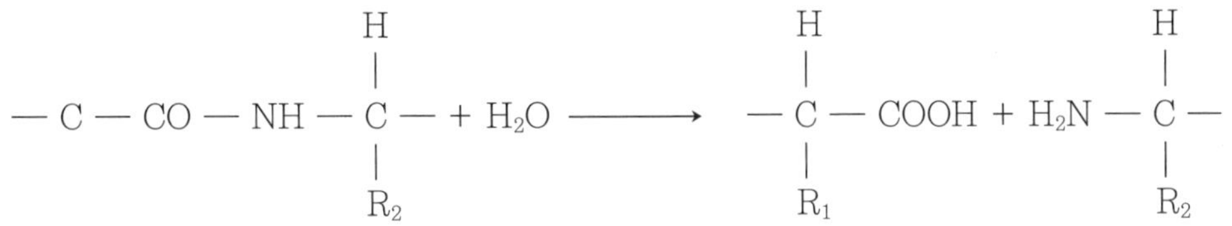

[단백질분해효소(protease)의 활성도 측정방법]

① 기질 단백질의 분자 내의 peptide결합이 분해된 결과 생성되는 유리된 amino기나 carboxyl기를 정량하는 방법으로서 아미노산의 정량법을 응용하는 등의 방법이 있다.

② 기질 단백질에서 생성되는 단백질분해산물을 정량하는 방법으로서 반응액에 trichloroacetic acid(TCA, CCl_3COOH)를 가하여 미분해의 단백질을 침전시키고 그 여액에 대하여 비교적 쉽게 비색정량할 수 있는 tyrosine의 증가율을 측정하는 등의 방법이 있다.

③ 기질 단백질의 분해에 의한 물리적 및 화학적 변화를 측정하는 방법으로서 기질의 점도변화를 측정하는 등의 방법이 있다.

2-1-1 산성 protease의 활성도 측정법

원 리

산성 protease(최적 pH 2.6)를 적당한 농도의 casein용액에 작용시킨 후 단백질제거제인 trichloroacetic acid를 가하여 미분해의 단백질을 침전시켜 제거한 용액에 Folin시약을 가하면 생성된 tyrosine에 의하여 반응액이 청색으로 착색된다. 이것을 광도계에 의하여 비색정량하는 방법이다.

측정조건

0.6% casein용액 5mℓ와 효소액(적당하게 희석한 것) 1mℓ를 30℃에서 10분간, 최적 pH 하에서 반응시킨 후 단백질제거제인 trichloroacetic acid 5mℓ를 가하여 여과한 후 그 여액에 대해서 분해생성물을 Folin정색법으로 측정한다. 효소활성은 1분간에 tyrosine 1㎍ 상당량의 Folin정색을 표시하는 비단백질성 물질을 생성할만한 활성을 기준으로 한다.

시 약

① 0.6% casein용액 : Casein 0.6g을 정밀하게 칭량한 다음 0.1M lactic acid 60mℓ를 가하여 끓는 수욕 중에서 용해시켜 즉시 냉각시킨 다음, 0.1N-NaOH와 0.1N lactic acid로서 pH 2.6으로 조절한 후 0.1M 유산염완충용액(pH 2.6) 20mℓ를 넣고 다시 증류수를 가하여 100mℓ로 한다.

② 0.1M 유산염(乳酸鹽)완충용액(pH 2.6) : 0.1M 유산(lactic acid)과 0.1M 유산나트륨(sodium lactate)용액을 16 : 1의 비율로 혼합한다. 0.1M 유산(乳酸)은 유산 9.008g을 정밀하게 칭량하여 증류수에 용해시켜 1ℓ 로 하고, 0.1M 유산나트륨은 유산나트륨 11.206g을 정밀하게 칭량하여 증류수에 용해시켜 1ℓ 로 하여 각각 조제한다.

③ 0.1N-NaOH용액

④ 0.44M trichloroacetic acid용액

⑤ 0.55M-Na_2CO_3용액

⑥ Folin시약 : 약 2ℓ 들이의 밑이 둥근 플라스크에 약 700mℓ의 증류수를 넣고, 텅스텐산나트륨(sodium tungstate, $Na_2WO_4 \cdot 2H_2O$) 100g과 몰리브덴산나트륨(sodium molybdate, $Na_2MoO_4 \cdot 2H_2O$) 25g을 용해시켜서 85% 인산 50mℓ와 진한 HCl 100mℓ를 가한다. 플라스

크에 은박으로 싼 코르크마개 또는 고무마개에 환류냉각기를 장치하여 조용하게 끓인다. 1~2시간만에 진한 녹색이 되나 10시간 동안 끓인다.

가열이 끝난 후에는 투명한 액이 되며 이 액에 황산리튬(lithium sulfate, $LiSO_4$) 150g과 증류수 약 50㎖를 가하고 탈색을 위한 액체브롬 1~2방울을 넣어서 냉각기를 장치에서 뗀 후에 다시 끓인다. 액이 완전히 황색으로 되지 않을 때에는 브롬(bromine)을 다시 추가한다. 탈색 후 과잉의 브롬을 제거하기 위하여 15분간 조용히 끓인다. 이 액을 냉각시킨 후 증류수를 가하여 1ℓ 로 한다. 세척한 유리여과기(glass filter)로서 여과하고 마개를 잘하여 저장한다.

조 작

(1) 효소액의 조제

시료를 증류수에 용해시켜 적당한 농도로 한다. 최종의 희석액은 0.1M 유산염완충용액(pH 2.6)을 사용한다.

(2) 활성도의 측정

효소액 1㎖를 시험관에 취하고, 미리 30℃로 예열시킨 0.6% casein 용액 5㎖를 가하여 잘 흔든 후 정확히 10분간 항온수조 내에서 반응시킨다. 곧 0.44M trichloroacetic acid 5㎖를 넣어서 흔들고 반응을 중지시킨다. 다시 항온수조 내에 약 30분간 방치한다. 침전의 생성이 완료되면 시험관위에 소형(직경 3㎝ 정도)의 깔때기를 씌우고 경질여지(직경 6㎝ 정도)를 사용하여 여과한다. 여액 2㎖를 시험관에 취하여 0.55M Na_2CO_3용액 5㎖와 Folin시약(시약을 증류수로 3배 묽게 한 것) 1㎖를 넣어서 흔든 후 30℃에서 30분간 방치한다. 이 액에 대하여 660㎚의 파장에서 흡광도(O.D.)를 측정한다.

별도의 실험으로 L-tyrosine을 여러가지의 농도로 용해시킨 용액에 대하여 같은 방법에 의한 측정을 행하고, 여기에서 작성한 표준곡선으로부터 앞에 기술한 실험에 의하여 얻어진 측정치에 대한 tyrosine량을 계산한다. 이것을 E㎍으로 한다. 대조로서 효소액 1㎖에 0.44M trichloroacetic acid 5㎖를 가한다. 여기에 0.6% casein용액 5㎖를 가한 것에 대하여 같은 방법으로 측정한 tyrosine량을 B㎍으로 한다.

계 산

효소(산성 protease)활성도 단위는 1분간에 생성되는 tyrosine의 ㎍수로서 표시한다.

$$효소활성도 = (E - B) \times \frac{11}{2} \times \frac{1}{10} \times F$$

F : 효소액의 희석배수

2-1-2 중성 protease의 활성도 측정법

원 리

중성 protease(최적 pH 7.0)를 적당한 농도의 casein용액에 작용시킨다.

2-1-1의 산성 protease의 경우와 같이 측정하는 방법이다.

측정조건

2-1-1의 산성 protease의 경우와 같은 조건이다.

시 약

① 0.6% casein용액 : Casein 0.6g을 정밀하게 칭량하고 0.1N- NaOH용액 3mℓ를 가하여 끓는 수욕 중에서 용해시키고, 곧 냉각시킨 다음 0.1N-H_3PO_4와 0.1N-NaOH로서 pH 7.0으로 조절한 후 1/15M 인산염완충용액(pH 7.0) 20mℓ를 넣고 다시 증류수를 가하여 100mℓ로 한다.

② 1/15M 인산염완충용액(pH 7.0) : 1/15M-Na_2HPO_4용액과 1/15M-KH_2PO_4용액을 61 : 39의 비율로 혼합한다. 1/15M-Na_2HPO_4용액은 $Na_2HPO_4 \cdot 2H_2O$ 11.87g을 정밀하게 칭량하여 증류수로 용해시켜 1ℓ 로 하고, 1/15M-KH_2PO_4용액은 KH_2PO_4 9.08g을 정밀하게 칭량하여 증류수로 용해시켜 1ℓ 로 하여 각각 조제한다.

③ 0.1N-NaOH용액

④ 0.1N-H_3PO_4용액

⑤ 0.44M trichloroacetic acid용액

⑥ 0.55M-Na_2CO_3용액

⑦ Folin시약

조 작

(1) 효소액의 조제

시료를 증류수에 용해하여 적당한 농도로 한다. 최종의 희석액에는 1/15M 인산염완충용액(pH 7.0)을 사용한다.

(2) 활성도의 측정

2-1-1의 산성 protease의 경우와 같은 방법으로 조작한다.

계 산

2-1-1의 산성 protease의 효소활성도 단위에 준한다.

2-2 지방분해효소

2-2-1 Lipase의 활성도 측정법

원 리

지방분해효소(lipase)는 esterase의 일종으로 glycerin과 지방산과의 ester인 지방의 가수분해에 관여하는 효소이다.

Lipase의 ester분해작용을 측정하기 위해서는 가수분해에 의하여 생성되는 유리된 지방산을 정량하면 된다.

본실험에서는 생성되는 지방산을 알칼리로 적정하는 방법이다.

측정조건

지방산의 ester인 올리브유(olive oil)를 polyvinyl alcohol을 사용하여 균질의 유화액(emulsion)으로 하고, 이 유화액 5mℓ와 효소액(적당하게 희석한 것) 1mℓ를 30℃에서 50분간, 최적

pH하에서 반응시킨 후 생성된 지방산을 0.05N-NaOH용액으로 적정한다.

효소활성은 30℃에서 1분간에 생성되는 지방산의 μmol수를 기준으로 한다.

시 약

① 올리브유(olive oil)

② 0.05N-NaOH용액

③ Acetone · ethyl alcohol혼합액 : Acetone 500mℓ와 95% ethanol 500mℓ를 혼합한다.

④ Polyvinyl alcohol용액 : Polyvinyl alcohol(#117) 18g과 (#210) 2g을 800mℓ의 증류수에 현탁시켜 교반하면서, 75~80℃로 가온하여 완전히 용해시켜 냉각 후 증류수를 가하여 1ℓ 로 한다.

⑤ 올리브유(olive oil) 유화액 : Polyvinyl alcohol용액과 올리브유(olive oil)를 3 : 1로 혼합하여, 5~10℃에서 10분간 homogenizer에서 유화시킨다.

⑥ 0.1M-인산염완충용액(pH 7.0)

⑦ Phenolphthalein지시약

조 작

(1) 효소액의 조제

시료를 증류수에 용해시켜 적당한 농도로 한다. 최종의 희석액에는 0.1M 인산염완충용액(pH 7.0)을 사용한다.

시료의 예로서 피마자의 종자 130g을 파쇄하고 석유 ether로서 탈지하여 잔사를 분말로 하여 사용한다.

(2) 활성도의 측정

올리브유(olive oil) 유화액 5mℓ를 마개가 있는 삼각플라스크(50mℓ들이)에 취하여 0.1M 인산염완충용액(pH 7.0) 4mℓ를 가하여 잘 흔들고, 30℃의 항온수조 내에서 10분간 예열하여 두고 효소액 1mℓ를 넣어서 흔든다. 30℃의 항온수조 내에서 50분간 반응시킨다. 즉시 acetone · ethanol혼합액 20mℓ를 가하고 phenolphthalein액을 지시약으로 하여 0.05N-NaOH용액으로 적정한다. 이것을 Amℓ로 한다.

대조로서 올리브유(olive oil) 유화액 5mℓ, 0.1M 인산염완충용액(pH 7.0) 4mℓ, acetone · ethanol혼합액 20mℓ와 효소액 1mℓ를 가하여 0.05N-NaOH용액으로 적정하여 Bmℓ로 한다.

계 산

효소(lipase)활성도 단위는 30℃에서 1분간에 1μmol의 지방산을 유리하는 활성도로서 표시한다.

효소활성도 = (A − B) × F

F : 효소액의 희석배수

2-3 전분분해효소

전분분해효소(amylase)는 전분의 가수분해에 관여하는 효소로 그 종류도 많고 각기 분해생성물도 다르며 성질의 차이에 따라 여러가지 분류법이 행해지고 있다. Amylase에 의한 전분의 분해에는 액화(液化), 호정화(糊精化), 당화(糖化)의 3단계가 행해지며, 특히 액화, 호정화력이 강한 것을 액화형 amylase(α -amylase)라 하고, 당화력이 강한 것을 당화형 amylase(β -amylase)라고 한다.

[전분분해효소(amylase)의 활성도 측정방법]

① 기질의 당도 저하를 측성하는 방법

② 요오드에 의한 요오드-전분반응의 정색의 변화를 측정하는 방법

③ Glucoside결합의 분해에 의하여 일어나는 액 중의 환원력의 증가를 측정하는 방법

2-3-1 액화형(α)-amylase의 활성도측정법

원 리

전분이 amylase의 작용을 받아 호정화되어 가면 전분의 요오드정색이 변화한다. 이것에 의하여 amylase의 호정화력을 측정하는 방법이다.

측정조건

1% 가용성 전분용액 5mℓ와 효소액(적당하게 희석한 것) 적당량을 40℃에서 30분간, 최적 pH하에서 반응시킨 후 0.01N요오드용액을 가한다. 액은 청, 자, 적, 황 등의 정색을 나타내므로 이 중에서 청색이 인정되지 않게 되고 엷은 자색이 나타났을 때를 종말점으로 한다.

효소활성은 40℃에서 30분간에 분해되는 1% 가용성 전분의 mℓ수를 기준으로 한다.

시 약

① 1% 가용성 전분(soluble starch)용액

② 0.01N-요오드용액 : KI 약 50g을 소량의 증류수로 용해시키고, 요오드 12.69g을 가하여 완전히 용해한다. 이것을 1ℓ 로 하여 0.1N의 용액을 조제하고 다시 10배로 희석한다.

③ 0.1M-초산염완충용액 : 0.1M 초산(acetic acid)용액과 0.1M 초산나트륨(sodium acetate)용액을 적당량 혼합해서 그 효소의 최적 pH로 한다.

0.1M 초산(acetic acid)용액은 acetic acid 6.005g을 정밀하게 칭량하여 증류수에 용해시켜 1ℓ 로 하고, 0.1M 초산나트륨(sodium acetate)용액은 sodium acetate($CH_3COONa \cdot 3H_2O$) 13.61g을 정밀하게 칭량하여 증류수에 용해시켜 1ℓ 로 하여 각각 조제한다.

④ 2N 초산(acetic acid)용액

⑤ 1/300M-NaCl용액

⑥ 1/300M 초산칼슘(calcium acetate)용액

조 작

(1) 효소액의 조제

시료를 1/300M NaCl, 1/300M 초산칼슘(calcium acetate) 혼합액에 용해시켜 적당한 농도로 한다. 시료로서 타액 등을 사용하면 좋다.

(2) 활성도의 측정

마개가 있는 시험관 몇 개를 준비하고, 효소액을 1, 0.9, 0.8, 0.7, 0.6, ……, 0.1mℓ씩 취하여 여기에 0.1M 초산염완충용액 1mℓ씩을 가하여 흔든다. 각 시험관에는 미리 40℃로 가열된 1% 가용성 전분 용액을 5mℓ씩 가하여 즉시 흔들고, 40℃의 항온수조 내에 넣어 30분간 반응시킨다. 이어 곧 2N 초산용액 2mℓ씩을 가하여 흔들어서 반응을 정지시키고, 0.01N 요오드용액을 1mℓ씩 넣어서 발색시킨다.

계 산

효소(액화형 amylase)활성도 단위는 반응시킨 시험관 안에서 청색이 인정될 수 없게 되고 약간 엷은 자색을 나타내는 시험관을 취하여 여기에 가한 희석한 효소액의 양으로부터 효소액 1㎖에 의하여 분해된 1% 가용성 전분의 ㎖수로서 표시한다.

이 효소의 전분 호정화력은 다음과 같이 표시한다.

$$\text{효소활성도}(D^{40℃}_{30'}) = 5 \times \frac{1}{E} \times F$$

E : 시험관에 가한 희석한 효소액량(㎖)
F : 효소액의 희석배수
$D^{40℃}_{30'}$: D는 diastase의 머리글이며, 숫자는 40℃에서 30분간 반응시켰음을 나타낸다

방법도시

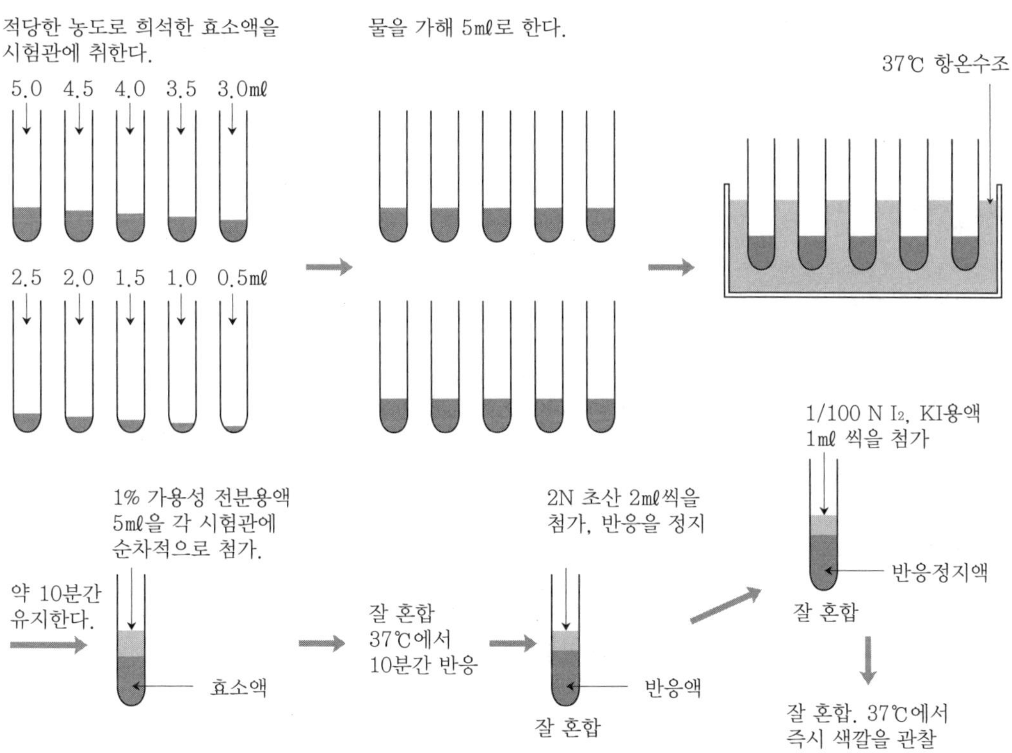

그림 12-5 액화형(α)-amylase의 활성도측정법

2-3-2 당화형(β)-amylase의 활성도측정법

원 리

전분이 amylase의 작용을 받아 glucoside결합의 분해가 생기면 환원력이 증가한다. 이 환원력을 측정하여 amylase활성도를 측정하는 방법이다.

측정조건

2% 가용성 전분 5mℓ와 효소액(적당히 희석한 것) 1mℓ를 40℃에서 60분간, 최적 pH하에서 반응시킨 후, 그 반응액에 대하여 환원당을 정량한다. 효소활성은 40℃에서 60분간에 생성되는 환원당을 glucose로서 표시하며, 그 mg수를 기준으로 한다.

시 약

① 2% 가용성 전분(soluble starch)용액

② 0.1M 초산염완충용액

③ 1N-NaOH용액

조 작

(1) 효소액의 조제

시료를 증류수로 용해하여 적당한 농도로 한다. 최종의 희석액에는 0.1M 초산염완충용액(최적 pH로 조제)을 사용한다.

시료로서 맥아(malt) 또는 침출액을 사용하면 좋다.

(2) 활성도의 측정

2% 가용성 전분용액 5mℓ를 시험관에 취하고, 0.1M 초산염완충용액 3mℓ를 가하여 흔든 후 40℃의 항온수조 내에 넣는다. 3분간 예열한 후 효소액 1mℓ를 가하여 흔들어서 40℃의 항온수조 내에 넣고 60분간 반응시킨다. 즉시 1N-NaOH용액 1mℓ를 가해서 흔들고 반응을 정지시킨다. 반응 후 1mℓ를 취해서 Somogyi변법이나 Bertrand법에 의하여 환원당을 정량하여 glucose로서 나타낸다. 이것을 Gmg으로 한다.

대조로서 2% 가용성 전분용액 5mℓ, 0.1M 초산염완충용액 3mℓ, 1N-NaOH 용액 1mℓ를 가하여 흔들고 다시 효소액 1mℓ를 가한 혼합액 1mℓ의 환원당을 정량하여 glucose로서 나타낸다. 이것을 Bmg으로 한다.

계 산

효소(당화형 amylase)활성도 단위는 40℃에서 60분간에 생성되는 환원당(glucose)의 mg수로서 표시한다.

$$효소활성도 = (G - B) \times 10 \times F$$

F : 효소액의 희석배수

방법도시

[본시험]

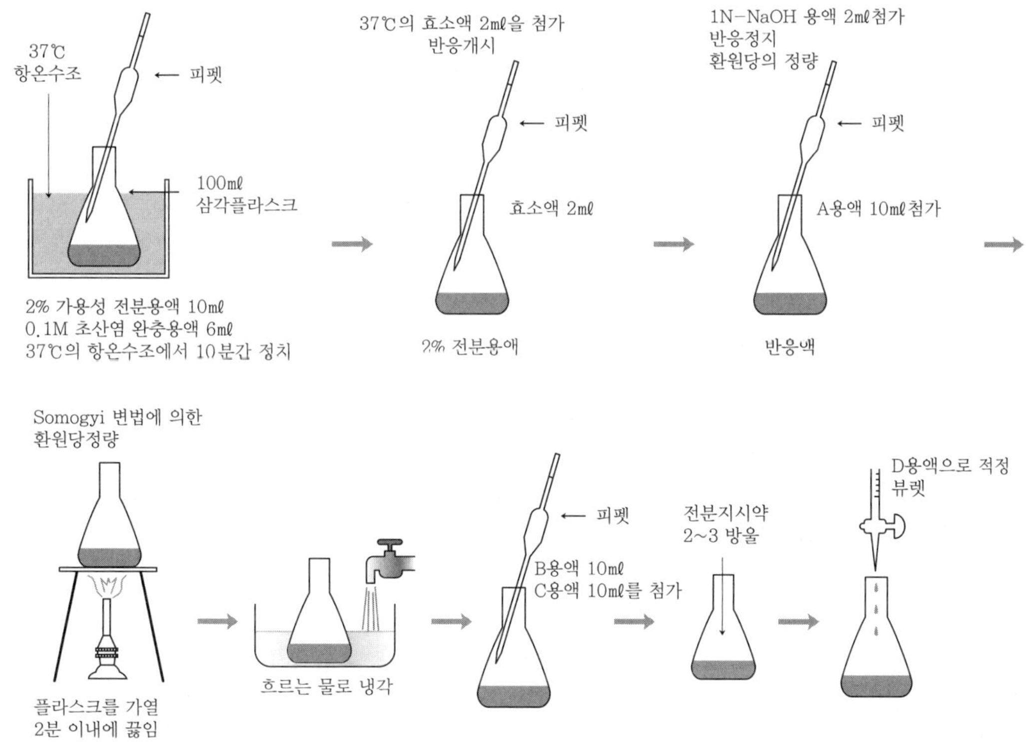

[대조시험]

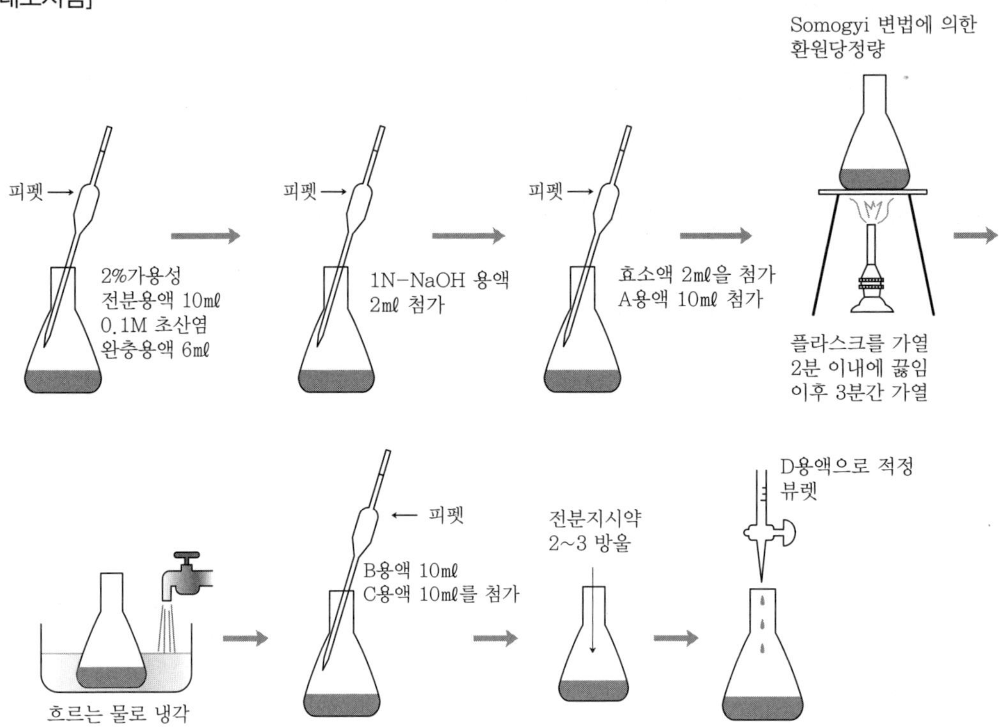

그림 12-6 당화형(β)-amylase의 활성도측정법

2-4 섬유소 분해효소

섬유소 분해효소(cellulase)는 glucose의 β-1,4결합에 의하여 축합된 cellulose의 가수분해에 관여하는 효소이다. 따라서 식물조직의 붕괴력이 강하여 식품가공, 자원의 개발, 의약품 등에 이용가치가 높은 효소이다.

[섬유소 분해효소(cellulase)의 활성도 측정방법]

① 천연 섬유소(탈지면 등) 및 여과지를 분해시키는 작용을 측정하는 것으로서 여과지의 붕괴력을 시험하는 방법이 있다.

② 변성 섬유소(carboxymethyl cellulose, CMC)를 분해시키는 작용을 측정하는 것으로서, 기질이 분해되어 생성되는 환원당을 정량하는 방법이 있다.

2-4-1 Cellulase의 활성도측정법

원 리

변성 섬유소인 carboxymethyl cellulose(CMC)를 기질로 하여 효소를 작용시켜 기질이 분해되어 생성되는 환원당을 정량하여 cellulase의 활성도를 측정한다.

측정조건

1% CMC용액 5mℓ와 효소액(적당하게 희석한 것) 1mℓ를 40℃에서 60분간, 최적 pH하에서 반응시킨 후, 그 1mℓ에 대하여 환원당을 정량한다.

효소활성은 40℃에서 60분간에 생성되는 환원당을 glucose로서 표시하며, 그 mg수를 기준으로 한다.

시 약

① 0.1M 초산염완충용액(pH 5.0) : 0.1M 초산(acetic acid)과 0.1M 초산나트륨(sodium acetate)을 14.8 : 35.2의 비율로 혼합한다.

② 1N-NaOH용액

조 작

(1) 효소액의 조제

시료를 증류수에 용해시켜 적당한 농도로 한다. 최종의 희석액에는 0.1M 초산염완충용액(pH 5.0)을 사용한다.

(2) 활성도의 측정

1% CMC용액 5mℓ를 시험관에 취하고, 여기에 0.1M 초산염완충용액 3mℓ를 가하여 흔들어서, 40℃의 항온수조 내에 넣어 3분간 예열한 후 효소액 1mℓ를 넣어서 흔든 다음에 40℃의 항온수조 내에서 60분간 반응시킨다. 반응 직후에 1N-NaOH용액 1mℓ를 가하여 반응을 정지시키고, 반응액 1mℓ를 취해서 Somogyi변법이나 Bertrand법에 의하여 환원당을 정량하여 glucose로서 표시한다. 이것을 Gmg이라 한다.

대조로서 1% CMC용액 5mℓ, 0.1M 초산염완충용액 3mℓ, 1N- NaOH용액 1mℓ를 가하여 흔들고, 다시 효소액 1mℓ를 가한 혼합액 1mℓ의 환원당을 정량하여 glucose로서 표시한다. 이것을 Bmg으로 한다.

계 산

효소(cellulase)활성도 단위는 40℃에서 60분간에 생성되는 환원당(glucose)의 mg수로서 표시한다.

$$\text{효소활성도} = (G - B) \times 10 \times F$$

F : 효소액의 희석배수

2-5 산화환원효소

산화효소(oxidase)는 산소의 존재하에서 기질을 산화시켜 산화생성물을 생기게 하는 것으로 주로 생체 내에서 호흡반응계에 관여하고 있는 효소이다.

[산화효소(oxidase)의 활성도 측정방법]

① 산화에 사용되는 산소의 양을 검압계(manometer)로 측정하는 검압법(manometric method)이 있다.

② 일정량의 기질에 효소를 일정조건하에서 작용시켜 잔존하는 기질량을 측정하는 방법이 있다.

2-5-1 Ascorbic acid oxidase의 활성도측정법

원 리

Ascorbic acid산화효소(ascorbic acid oxidase)는 공기 중의 산소의 존재하에서 ascorbic acid를 산화하여 dehydroascorbic acid로 변화시키는 반응에 관여하는 효소이다.

따라서 일정량의 기질 ascorbic acid에 효소를 일정조건하에서 작용시켜 잔존하는 ascorbic acid를 indophenol적정법에 의하여 정량하여 효소의 활성도를 측정한다.

측정조건

2mg의 ascorbic acid를 함유하는 기질용액 1mℓ에 효소액(적당히 희석한 것) 5mℓ를 가하고 15℃(실온)에서 10분간, 최적 pH하에서 반응시킨 후 분해되는 ascorbic acid의 양을 기준으로 한다.

시 약

① 0.2% ascorbic acid용액

② 1M 초산염완충용액(pH 5.6) : 1M 초산(acetic acid)과 1M 초산나트륨(sodium acetate)을 적당히 혼합하여 조제한다.

③ 2% H_2SO_4용액

조 작

(1) 효소액의 조제

시료를 1M 초산염완충용액(pH 5.6)에 용해시켜 적당한 농도로 한다. 시료로서 오이, 당근 등을 사용하면 좋다.

(2) 활성도의 측정

0.2% ascorbic acid용액 1mℓ와 1M 초산염완충용액(pH 5.6) 1mℓ를 시험관에 취하여 흔든 후 15℃의 항온수조 내에서 예열하여 둔다. 여기에 효소액 5mℓ를 가하여 흔들고, 15℃의 항온수조 내에서 10분간 반응시킨다. 즉시 2% H_2SO_4용액 소량을 가해서 반응을 정지시키고, 반응액 중에 잔존하는 ascorbic acid를 indophenol적정법에 의하여 정량한다. 이것을 Amg으로 한다.

대조로서 0.2% ascorbic acid용액 1mℓ와 1M 초산염완충용액(pH 5.6) 1mℓ, 2% H_2SO_4용액 소량을 가하여 흔들고, 다시 효소액 5mℓ를 가한 혼합액에 대하여 같은 방법에 의하여 ascorbic acid를 정량하여, 이것을 Bmg으로 한다.

계 산

효소(ascorbic acid oxidase)활성도 단위는 0.2% ascorbic acid용액 1mℓ에 효소액 5mℓ를 가하여 15℃에서 10분간 반응시켜 산화분해된 ascorbic acid의 백분율(%)을 oxidase의 단위로 한다.

$$효소활성도 = \frac{(B-A)\times F}{B}\times 100$$

F : 효소액의 희석배수

부 록

기본 식품분석학

Basic Food Analysis

[부록 1] 원소의 원자량 일람표

원자번호	기호	원소명( )는 영어명	원자량	원자번호	기호	원소명( )는 영어명	원자량
1	H	수소 (Hydrogen)	1.00797	51	Sb	안티몬 (Antimon)	121.75
			±0.00001*	52	Te	텔루륨 (Tellurium)	127.60
2	He	헬륨 (Helium)	4.0026	53	I	요오드 (Iodine)	126.904
3	Li	리튬 (Lithium)	6.939	54	Xe	크세논 (Xenon)	131.304
4	Be	베릴륨 (Beryllium)	9.0122	55	Cs	세슘 (Cesium)	132.905
5	B	붕소 (Boron)	10.811				
			±0.003*	56	Ba	바륨 (Barium)	137.34
				57	La	란타늄 (Lanthanium)	138.91
6	C	탄소 (Carbon)	12.01115	58	Ce	세륨 (Cerium)	140.12
			±0.00005*	59	Pr	프라세오디뮴 (Praseodymium)	140.907
7	N	질소 (Nitrogen)	14.0067	60	Nd	네오디뮴 (Neodymium)	144.24
8	O	산소 (Oxygen)	15.9994				
			±0.0001*	61	Pm	프로메튬 (Promethium)	[147]
9	Fe	불소 (Fluorine)	18.9984	62	Sm	사마륨 (Samarium)	150.35
10	N	네온 (Neon)	20.183	63	Eu	유로퓸 (Europium)	151.96
				64	Gd	가돌리늄 (Gadolinium)	157.25
11	Na	나트륨 (Sodium)	22.9898	65	Tb	테르븀 (Terbium)	158.924
12	Mg	마그네슘 (Magnecium)	24.312				
13	Al	알루미늄 (Aluminium)	26.9815	66	Dy	디스프로슘 (Dysprosium)	162.50
14	Si	규소 (Silicon)	28.086	67	Ho	홀뮴 (Holmium)	164.930
			±0.001*	68	Er	에르븀 (Erbium)	167.26
15	P	인 (Phosphorus)	30.9738	69	Tm	툴륨 (Thulium)	168.934
				70	Yb	이테르븀 (Ytterbium)	173.04
16	S	황 (Sulfer)	32.064				
			±0.003*	71	Lu	루테튬 (Lutetium)	174.97
17	Cl	염소 (Chlorine)	35.453**	72	Hf	하프늄 (Hafnium)	178.49
18	Ar	아르곤 (Argon)	39.948	73	Ta	탄탈륨 (Tantalum)	180.948
19	K	칼륨 (Potassium)	39.102	74	W	텅스텐 (Tungsten)	183.85
20	Ca	칼슘 (Calcium)	40.08	75	Re	레늄 (Rhenium)	186.2
21	Sc	스칸듐 (Scandium)	44.956	76	Os	오스뮴 (Osmium)	190.2
22	Ti	티타늄 (Titanium)	47.90	77	Ir	이리듐 (Iridium)	192.2
23	V	바나듐 (Vanadium)	50.942	78	Pt	백금 (Platinum)	195.09
24	Cr	크롬 (Chromium)	51.996**	79	Au	금 (Gold)	196.967
25	Mn	망간 (Manganese)	54.9381	80	Hg	수은 (Mercury)	200.59
26	Fe	철 (Iron)	55.847**	81	Tl	탈륨 (Thallium)	204.37
27	Co	코발트 (Cobalt)	58.9332	82	Pb	납 (Lead)	207.19
28	Ni	니켈 (Nickel)	58.71	83	Bi	비스머스 (Bismuth)	208.980
29	Cu	구리 (Copper)	63.54	84	Po	폴로늄 (Polonium)	[210]
30	Zn	아연 (Zinc)	65.37	85	At	아스타틴 (Astatine)	[210]
31	Ga	갈륨 (Gallium)	69.72	86	Rn	라돈 (Radon)	[222]
32	Ge	게르마늄 (Germanium)	72.59	87	Fr	프랑슘 (Francium)	[223]
33	As	비소 (Arsenic)	74.9216	88	Ra	라듐 (Radium)	[226.05]
34	Se	셀렌 (Selen)	78.96	89	Ac	악티늄 (Actinium)	[227]
35	Br	브롬 (Bromine)	79.909**	90	Th	토륨 (Thorium)	232.05
36	Kr	크립톤 (Krypton)	83.80	91	Pa	프로트악티늄 (Protactinium)	[231]
37	Rb	루비듐 (Rubidium)	85.47				
38	Sr	스트론튬 (Strontium)	87.62	92	U	우라늄 (Uranium)	238.07
39	Y	이트륨 (Yttrium)	88.905	93	Np	넵투늄 (Neptunium)	[237]
40	Zr	지르코늄 (Zirconium)	91.22	94	Pu	플로토늄 (Plutonium)	[242]
				95	Am	아메리슘 (Americium)	[243]
41	Nb	니오븀 (Niobium)	92.906				
42	Mo	몰리브덴 (Molybdenum)	95.94	96	Cm	퀴륨 (Curium)	[247]
43	Tc	테크네튬 (Technetium)	[99]	97	Bk	버클륨 (Berkelium)	[249]
44	Ru	루테늄 (Ruthenium)	101.07	98	Cf	칼리포르늄 (Californium)	[251]
45	Rh	로듐 (Rhodium)	102.905	99	Es	아인시타이늄 (Einsteinium)	[254]
46	Pd	팔라듐 (Palladium)	106.4	100	Fm	페르뮴 (Fermium)	[253]
47	Ag	은 (Silver)	107.870**				
48	Cd	카드뮴 (Cadmium)	112.40	101	Md	멘델레븀 (Mendelvium)	[256]
49	In	인듐 (Indium)	114.82	102	No	노벨륨 (Nobelium)	[254]
50	Sn	주석 (Tin)	118.69	103	Lw	로렌슘 (Lawrencium)	[257]

* 이들 원소의 원자량은 동위체 조성의 자연계에 있어서의 변동 때문에 이 정도로 변한다.
** 이들 원소의 원자량에는 다음과 같은 실험상의 오차가 동반된다고 생각된다.
Cl±0.001 Cr±0.001 Ee±0.003 Br±0.002 Ag±0.003
기타의 원소에서는 최후의 숫자는 ±05 의 오차로 신뢰가 된다고 생각된다.
[ ] 내의 수치는 가장 대표적인 동위원소의 질량수이다.

[부록 2] 분자량표

화 합 물	분자량
AgBr	187.80
AgCl	143.34
AgCN	133.90
AgSCN	165.97
Ag_2CrO_4	331.77
$Ag_2Cr_2O_7$	431.78
AgI	234.80
$AgNO_3$	169.89
Ag_2O	231.76
Ag_3PO_4	418.68
Ag_2S	247.83
Ag_2SO_4	311.83
$AlCl_3$	133.35
$AlCl_3 \cdot 6H_2O$	241.45
$AlK(SO_4)_2 \cdot 12H_2O$	474.45
$AlNa(SO_4)_2 \cdot 12H_2O$	458.35
$AlNH_4(SO_4)_2 \cdot 12H_2O$	453.40
Al_2O_3	101.94
$Al(OH)_3$	77.99
$Al_2(SO_4)_3$	342.15
$Al_2(SO_4)_3 \cdot 18H_2O$	666.42
As_2O_3	197.82
As_2O_5	229.82
As_2S_3	246.03
As_2S_5	310.17
$AuCl_3$	303.58
$BaBr_2 \cdot 2H_2O$	333.3
$BaCl_2$	208.27
$BaCl_2 \cdot 2H_2O$	244.4
$BaCO_3$	197.37
$BaCrO_4$	253.4
$Ba(NO_3)_2$	261.4
BaO	153.4
$Ba(OH)_2$	171.38
$Ba(OH)_2 \cdot 8H_2O$	315.5
$BaSO_4$	233.5
$Bi(NO_3)_3 \cdot 5H_2O$	485.1
Bi_2O_3	466.0
$Bi(OH)_3$	260.02
$BiO(NO_3) \cdot H_2O$	305.02
Bi_2S_3	514.18
B_2O_3	69.64
$CaBr_2$	199.92
CaC_2	64.09
$CaCl_2$	110.99
$CaCl_2 \cdot 6H_2O$	219.05
$CaCO_3$	100.08
CaF_2	78.07
$CaHPO_4 \cdot 2H_2O$	172.14
$Ca(H_2PO_4)_2 \cdot H_2O$	252.20
$Ca(NO_3)_2$	164.10
$Ca(NO_3)_2 \cdot 4H_2O$	236.13
CaO	56.07
$Ca(OH)_2$	74.09
$Ca_3(PO_4)_2$	310.29
CaS	72.14
$CaSO_4$	136.14
$CaSO_4 \cdot 2H_2O$	172.16
$CaSO_4 \cdot 1/2H_2O$	145.15
$CdCl_2$	183.3
CdI_2	366.2
$Cd(NO_3)_2$	308.5
CdS	144.5
$CdSO_4$	208.5
CeO_2	172.13
$Ce(SO_4)_2 \cdot 2(NH_4)SO_4 \cdot 2H_2O$	632.56
CCl_4	153.85
$(CH_3CO)_2O$	102.09
CO	28.01
CO_2	44.01
CS_2	76.15
$CoCl_2$	129.89
$CoCl_2 \cdot 6H_2O$	237.99
$CoCO_3$	118.98
$CoNa_3(NO_2)_6 \cdot 1/2H_2O$	404.02
$Co(NO_3)_2 \cdot 6H_2O$	291.08
CoO	74.97
CoO_3	165.94
$Co(OH)_3$	109.99
CoS	91.04
$CoSO_4 \cdot 7H_2O$	281.15
$CrCl_3$	158.4
$CrK(SO_4)_2 \cdot 12H_2O$	499.4
$Cr(NH_4)(SO_4)_2 \cdot 12H_2O$	478.3
$Cr(NO_3)_3 \cdot 9H_2O$	400.12
Cr_2O_3	152.0
$Cr(OH)_3$	103.04
$Cr_2(SO_4)_3 \cdot 18H_2O$	716.4
$Cr(SO_4)_3$	389.20
$CuCl_2$	134.49
$CuCl_2 \cdot 2H_2O$	170.52
CuSCN	121.66
$CuCO_3 \cdot Cu(OH)_2$	221.17
CuI	190.49
$Cu(NO_3)_2 \cdot 3H_2O$	241.63
Cu_2O	143.14
CuO	79.57
$Cu(OH)_2$	97.59
Cu_2S	159.21
CuS	95.64
$CuSO_4$	159.64
$CuSO_4 \cdot 5H_2O$	249.72
$FeCl_3$	162.22
$FeCl_3 \cdot 6H_2O$	270.32
$FeCO_3$	115.85
$Fe(NH_4)_2(SO_4)_2 \cdot 6H_2O$	392.16
$Fe(NH_4)(SO_4)_3 \cdot 12H_2O$	482.21
$Fe(NO_3)_3 \cdot 9H_2O$	404.01
FeO	71.84
Fe_2O_3	159.68
Fe_3O_4	231.52
$Fe(OH)_3$	106.86
$FePO_4 \cdot 2H_2O$	186.91
FeS	87.91
$FeSO_4 \cdot 7H_2O$	278.02
$Fe_2(SO_4)_3$	399.89
$Fe(SO_4)_3 \cdot 9H_2O$	562.02
$H_3AsO_4 \cdot 1/2H_2O$	151.0
H_3BO_3	61.84
HBr	80.92
$HCHO_2$(formic acid)	46.03
$HC_2H_3O_2$(acetic acid)	60.05
$HC_7H_5O_2$(salicylic acid)	122.12
$H_2C_4H_4O_6$(tartaric acid)	150.09
$H_3C_6H_5O_7$(citric acid)	192.12
HCl	36.47
$HClO_3$	84.47
$HClO_4$	100.47
HCN	27.03
$H_2C_2O_4 \cdot 2H_2O$	126.07
HF	20.01
HI	127.93
HIO_3	175.93
HNO_3	63.02
H_2O	18.016
H_2O_2	34.016
H_3PO_2	66.06
H_3PO_3	82.06
H_3PO_4	98.02
H_2S	34.08
H_2SO_3	82.06
H_2SO_4	98.08

화 합 물	분자량
Hg_2Br_2	516.04
$HgBr_2$	360.44
Hg_2Cl_2	472.12
$HgCl_2$	271.52
Hg_2I_2	655.06
HgI_2	454.44
$HgNO_3 \cdot H_2O$	280.62
$Hg(NO_3) \cdot 1/2H_2O$	333.62
HgO	216.6
HgS	632.67
IBr	206.84
ICl	162.38
K_3AsO_3	240.26
KBr	119.02
$KBrO_3$	167.02
KCl	74.56
$KClO_3$	122.56
$KClO_4$	138.56
KCN	65.12
$KCNS$	97.19
K_2CO_3	138.21
K_2CrO_4	194.21
$K_2Cr_2O_7$	294.22
$K_3[Fe(CN)_6]$	329.25
$K_4[Fe(CN)_6]$	368.34
$K_4[Fe(CN)_6] \cdot 3H_2O$	422.40
$KHCO_3$	100.11
KHC_2O_4	128.12
$KHC_2O_4 \cdot H_2O$	146.14
KH_2PO_4	136.16
K_2HPO_4	174.25
$KHSO_4$	136.17
KI	166.02
KIO_3	214.02
KIO_4	230.02
$KMnO_4$	158.03
$KNaCO_3$	122.11
$KNaC_4H_4O_6 \cdot 4H_2O$	282.23
KNO_2	85.10
KNO_3	101.10
K_2O	94.19
KOH	56.11
K_3PO_4	212.28
K_2SO_4	174.27
$K_2S_2O_7$	254.34
$K_2S_2O_8$	270.34
$LiCl$	42.40
Li_2CO_3	73.89
$LiNO_3$	68.95
$LiOH$	23.95
$MgCl_2$	95.23
$MgCl_2 \cdot 6H_2O$	203.34
$MgCO_3$	84.33
$MgNH_4AsO_4$	181.27
$MgNH_4AsO_4 \cdot 6H_2O$	289.42
$MgNH_4PO_4$	137.33
$MgNH_4PO_4 \cdot 6H_2O$	245.50
$Mg(NO_3)_2 \cdot 6H_2O$	256.43
MgO	40.32
$Mg(OH)_2$	58.34
$Mg_2P_2O_7$	222.73
$MgSO_4$	120.39
$MgSO_4 \cdot 7H_2O$	246.50
$MnNO_3 \cdot 6H_2O$	287.04
MnO	70.93
MnO_2	86.93
Mn_3O_4	228.79
$Mn_2P_2O_7$	283.82
$MnSO_4 \cdot 7H_2O$	277.11
MoO_2	127.95
MoO_3	143.95
MoS_2	160.09
Na_3AsO_3	191.91
$Na_2B_4O_7$	201.27
$Na_2B_4O_7 \cdot 10H_2O$	381.43
$NaBO_2 \cdot 4H_2O$	137.88
$NaBr$	138.95
$NaBrO_3$	150.92
$NaC_4H_4O_6 \cdot 2H_2O$	230.09
$Na_2C_2O_4$	134.01
$NaC_2H_3O_2$	82.04
$NaCl$	58.46
$NaClO_3$	106.46
$NaClO_4 \cdot H_2O$	140.48
$NaCN$	49.02
Na_2Co_3	106.00
$Na_2CO_3 \cdot 10H_2O$	286.17
$Na_2CrO_4 \cdot 10H_2O$	342.17
NaF	42.00
Na_2HAsO_3	169.91
$NaH_2AsO_4 \cdot H_2O$	182.0
$Na_2HAsO_4 \cdot 12H_2O$	402.16
$NaHC_2O_4$	112.03
$NaHCO_3$	84.01
Na_2HPO_4	141.98
$Na_2HPO_4 \cdot 12H_2O$	358.16
NaH_2PO_4	119.99
$NaH_2PO_4 \cdot H_2O$	138.01
NaI	149.81
$NaIO_3 \cdot 5H_2O$	288.00
$NaIO_4 \cdot 3H_2O$	267.97
Na_2MoO_4	206.00
$NaNO_2$	69.01
$NaNO_3$	85.01
Na_2O	62.00
Na_2O_2	78.00
$NaOH$	40.01
Na_3PO_4	163.97
$Na_3PO_4 \cdot 12H_2O$	380.16
Na_2S	78.05
Na_2SO_3	126.05
$Na_2SO_3 \cdot 7H_2O$	252.18
Na_2SO_4	142.07
$Na_2SO_4 \cdot 10H_2O$	322.23
$Na_2S_2O_3$	158.11
$Na_2S_2O_3 \cdot 5H_2O$	248.19
$Na_2WO_4 \cdot 2H_2O$	330.03
NH_3	17.03
NH_4Br	97.96
NH_4Cl	53.50
NH_4ClO_3	101.50
NH_4ClO_4	117.50
NH_4SCN	76.13
$(NH_4)_2CO_3$	114.1
$(NH_4)_2C_2O_4 \cdot H_2O$	142.12
$(NH_4)_2CrO_4$	152.1
$(NH_4)_2Cr_2O_7$	252.1
$(NH_4)_4[Fe(CN)_6] \cdot 3H_2O$	338.2
$(NH_4)_3[Fe(CN)_6] \cdot 3H_2O$	320.10
$NH_4H_2PO_4$	115.10
$(NH_4)_2HPO_4$	132.07
NH_4I	144.96
NH_4NO_3	80.05
NH_4OH	35.05
$(NH_4)_3PO_4 \cdot 3H_2O$	203.22
$(NH_4)_3PO_4 \cdot 12MoO_3$	1876.53
$(NH_4)_2PtCl_6$	444.05
$(NH_4)_2SO_4$	132.15
NH_2-NH_2(hydrazine)	32.05
NH_2OH(hydroxylamine)	33.03
$NH_2OH \cdot HCl$	69.50
NO	30.01
NO_2	46.01
N_2O_3	76.02
$NiCl_2$	129.60
$NiCl_2 \cdot 6H_2O$	237.70
$NiCO_3$	118.69
$Ni[(CH_3)_2 \cdot (CNO)_2H]_2$	288.9
$Ni(NH_4)_2(SO_4)_2 \cdot 6H_2O$	394.99

화 합 물	분자량	화 합 물	분자량	화 합 물	분자량
$Ni(NO_3)_2 \cdot 6H_2O$	290. 79	$[PtCl_6]H_2 \cdot 6H_2O$	518. 07	SnO	134. 7
NiO	74. 68	$[PtCl_6]K_2$	486. 16	SnO_2	150. 7
Ni_2O_3	165. 36	$[PtCl_6]Na_2$	562. 06	SO_2	64. 07
$NiSO_4 \cdot 7H_2O$	280. 86	$[PtCl_6](NH_4)_2$	444. 04	SO_3	80. 07
$PbCl_2$	278. 1	$[PtCl_4]K_2$	415. 24	TiO_2	79. 90
$PbClF$	261. 67	$SbCl_3$	228. 2	UO_3	286. 10
$PbCO_3$	267. 2	$SbCl_5$	299. 1	WO_3	231. 92
$2PbCO_3 \cdot Pb(OH)_2$	775. 6	Sb_2O_3	291. 6	$ZnCl_2$	136. 29
$PbCrO_4$	323. 6	Sb_2O_4	307. 6	$ZnCO_3$	125. 38
$Pb(NO_3)_2$	331. 2	Sb_2O_5	323. 6	ZnI_2	319. 21
PbO	223. 2	$SbO(C_4H_4O_6K) \cdot 1/2H_2O$	333. 8	$ZnNH_4PO_4$	178. 40
PbO_2	239. 2	Sb_2S_3	339. 72	$Zn(NO_3)_2 \cdot 6H_2O$	297. 48
Pb_2O_3	462. 42	Sb_2S_5	404. 0	ZnO	81. 37
Pb_3O_4	685. 6	SeO_4H_2	145. 00	$Zn(OH)_2$	99. 39
PbS	239. 3	SiC	40. 07	ZnP_2O_7	304. 72
$PbSO_4$	303. 2	SiF_4	104. 06	ZnS	97. 44
$PdCl_2 \cdot 2H_2O$	213. 65	SiO_2	60. 06	$ZnSO_4 \cdot 7H_2O$	287. 56
P_2O_5	142. 0	$SnCl_2 \cdot 2H_2O$	225. 64	ZrO_2	123. 2
P_2O_4	126. 0	$SnCl_4$	260. 54		

[부록 3] 황산(H_2SO_4)의 비중과 농도

비 중 (15°/4℃)	H_2SO_4 %	H_2SO_4 g/l	비 중 (15°/4℃)	H_2SO_4 %	H_2SO_4 g/l	비 중 (15°/4℃)	H_2SO_4 %	H_2SO_4 g/l
1.000	0.09	1	1.440	54.07	779	1.750	81.56	1427
1.010	1.57	16	1.450	55.03	798	1.755	82.00	1439
1.020	3.03	31	1.460	55.97	817	1.760	82.44	1451
1.030	4.49	46	1.470	56.90	837	1.765	82.88	1463
1.040	5.96	62	1.480	57.83	856	1.770	83.32	1475
1.050	7.37	77	1.490	58.74	876	1.775	83.90	1489
1.060	8.77	93	1.500	59.70	896	1.780	84.50	1504
1.070	10.19	109	1.510	60.65	916	1.785	85.10	1519
1.080	11.60	125	1.520	61.59	936	1.790	85.70	1534
1.090	12.99	142	1.530	62.53	957	1.795	86.30	1549
1.100	14.35	158	1.540	63.43	977	1.800	86.90	1564
1.110	15.71	175	1.550	64.26	996	1.805	87.60	1581
1.120	17.01	191	1.560	65.08	1015	1.810	88.30	1598
1.130	18.31	207	1.570	65.90	1035	1.815	89.05	1621
1.140	19.61	223	1.580	66.71	1054	1.820	90.05	1639
1.150	20.91	239	1.590	67.59	1075	1.822	90.40	1647
1.160	22.19	257	1.600	68.51	1096	1.824	90.80	1656
1.170	23.47	275	1.610	69.43	1118	1.825	91.00	1661
1.180	24.76	292	1.620	70.32	1139	1.826	91.25	1666
1.190	26.04	310	1.625	70.74	1150	1.827	91.50	1671
1.200	27.32	328	1.630	71.16	1160	1.828	91.70	1676
1.210	28.58	346	1.635	71.57	1170	1.829	91.90	1681
1.220	29.84	364	1.640	71.99	1181	1.830	92.10	1685
1.230	31.11	382	1.645	72.40	1192	1.831	92.30	1690
1.240	32.28	400	1.650	72.82	1202	1.832	92.52	1695
1.250	33.43	418	1.655	73.23	1212	1.833	92.75	1700
1.260	34.57	435	1.660	73.64	1222	1.834	93.05	1706
1.270	35.71	454	1.665	74.07	1233	1.835	93.43	1713
1.280	36.87	472	1.670	74.51	1244	1.836	93.80	1722
1.290	38.03	490	1.675	74.97	1256	1.837	94.20	1730
1.300	39.19	510	1.680	75.42	1267	1.838	94.60	1739
1.310	40.35	529	1.685	75.86	1278	1.839	95.00	1748
1.320	41.50	548	1.690	76.30	1289	1.840	95.60	1759
1.330	42.66	567	1.695	76.73	1301	1.8405	95.95	1765
1.340	43.74	586	1.700	77.17	1312	1.8410	97.00	1786
1.350	44.82	605	1.705	77.60	1323	1.8415	97.70	1799
1.360	45.88	624	1.710	78.04	1334			
1.370	46.94	643	1.715	78.48	1346	1.8410	98.59	1808
1.380	48.00	662	1.720	78.92	1357	1.8405	98.51	1816
1.390	49.06	682	1.725	79.36	1369	1.8395	99.43	1830
1.400	50.11	702	1.730	79.80	1381	1.8385	99.32	1838
1.410	51.15	721	1.735	80.24	1392			
1.420	52.15	740	1.740	80.68	1404			
1.430	53.11	759	1.745	81.12	1416			

[부록 4] 염산(HCl)의 비중과 농도

비중(진공) 15°/4°	HCl %	HCl g/l	비중(진공) 15°/4°	HCl %	HCl g/l	비중(진공) 15°/4°	HCl %	HCl g/l
1.000	0.16	1.6	1.070	14.17	152	1.140	27.66	315
1.005	1.15	12	1.075	15.16	163	1.145	28.61	328
1.010	2.14	22	1.080	16.15	174	1.150	29.57	340
1.015	3.12	32	1.085	17.13	186	1.155	30.55	353
1.020	4.13	42	1.090	18.11	197	1.160	31.52	366
1.025	5.15	53	1.095	19.06	209	1.165	32.49	379
1.030	6.15	64	1.100	20.01	220	1.170	33.46	392
1.035	7.15	74	1.105	20.97	232	1.175	34.42	404
1.040	8.16	85	1.110	21.92	234	1.180	35.39	418
1.045	9.16	96	1.115	22.86	255	1.185	36.31	430
1.050	10.17	107	1.120	23.82	267	1.190	37.23	443
1.055	11.18	118	1.125	24.78	278	1.195	38.16	456
1.060	12.19	129	1.130	25.75	291	1.200	93.11	469
1.065	13.19	141	1.135	26.70	303			

[부록 5] 질산(HNO_3)의 비중과 농도

비중(진공) 15°/4°	HNO_3 %	HNO_3 g/l	비중(진공) 15°/4°	HNO_3 %	HNO_3 g/l	비중(진공) 15°/4°	HNO_3 %	HNO_3 g/l
1.000	0.10	1	1.180	29.38	347	1.360	57.57	783
1.010	1.90	19	1.190	30.88	367	1.370	59.39	814
1.020	3.70	38	1.200	32.36	388	1.380	61.27	846
1.030	5.50	57	1.210	33.82	409	1.390	69.23	879
1.040	7.26	75	1.220	35.28	430	1.400	65.30	914
1.050	8.99	94	1.230	36.78	452	1.410	67.50	952
1.060	10.68	113	1.240	38.29	475	1.420	69.80	991
1.070	12.33	132	1.250	39.82	498	1.430	72.17	1032
1.080	13.95	151	1.260	41.34	521	1.440	74.68	1075
1.090	15.53	169	1.270	42.87	544	1.450	77.28	1121
1.100	17.11	188	1.280	44.41	568	1.460	79.98	1168
1.110	18.67	207	1.290	45.95	593	1.470	82.90	1219
1.120	20.23	227	1.300	47.49	617	1.480	86.05	1274
1.130	21.77	246	1.310	49.07	643	1.490	89.60	1335
1.140	23.31	266	1.320	50.71	669	1.500	94.09	1411
1.150	24.84	286	1.330	52.37	697	1.510	98.10	1481
1.160	26.36	306	1.340	54.07	725	1.520	99.67	1515
1.170	27.88	326	1.350	55.79	753			

[부록 6] NaOH 와 KOH 용액의 비중과 농도

비 중 (15°/4℃)	NaOH		KOH		비 중 (15°/4℃)	NaOH		KOH		비 중 (15°/4℃)	NaOH		KOH	
	%	g/l	%	g/l		%	g/l	%	g/l		%	g/l	%	g/l
1.007	0.61	6	0.9	9	1.142	12.64	144	16.5	183	1.320	28.83	381	32.7	432
1.014	1.20	12	1.7	17	1.152	13.55	156	17.6	203	1.332	29.93	399	33.7	449
1.022	2.00	21	2.6	26	1.162	14.37	167	18.6	216	1.345	31.22	420	34.9	469
1.029	2.70	28	3.5	36	1.171	15.13	177	19.5	228	1.357	32.47	441	35.9	487
1.036	3.35	35	4.5	46	1.180	15.91	188	20.5	242	1.370	33.69	462	36.9	506
1.045	4.00	42	5.6	58	1.190	16.77	200	21.4	255	1.383	34.96	483	37.8	522
1.052	4.64	49	6.4	67	1.200	17.67	212	22.4	269	1.397	36.25	506	38.9	543
1.060	5.29	56	7.4	78	1.210	18.58	225	23.3	282	1.410	37.47	528	39.9	563
1.067	5.87	63	8.2	83	1.220	19.58	239	24.2	295	1.424	38.80	553	40.9	582
1.075	6.55	70	9.2	99	1.231	20.59	253	25.1	309	1.438	39.99	575	42.1	605
1.083	7.31	79	10.1	109	1.241	21.42	266	26.1	324	1.453	41.41	602	43.4	631
1.091	8.00	87	10.9	119	1.252	22.64	283	27.0	338	1.468	42.83	629	44.6	655
1.100	8.68	95	12.0	132	1.263	23.67	299	28.0	353	1.483	44.38	658	45.8	679
1.108	9.42	104	12.9	143	1.274	24.81	316	28.9	368	1.498	46.15	691	47.1	706
1.116	10.06	112	13.8	153	1.285	25.80	332	29.8	385	1.514	47.60	721	48.3	731
1.125	10.97	123	14.8	167	1.297	26.83	348	30.7	398	1.530	49.02	750	49.4	756
1.134	11.84	134	15.7	178	1.308	27.80	364	31.8	416					

[부록 7] 암모니아수의 비중과 농도

비 중 (15℃)	NH_3 %	NH_3 g/l	비 중 (15℃)	NH_3 %	NH_3 g/l	비 중 (15℃)	NH_3 %	NH_3 g/l
0.996	0.91	9.1	0.944	14.46	136.5	0.904	26.98	243.9
0.992	1.84	18.2	0.940	15.63	146.9	0.902	27.65	249.4
0.986	3.30	32.5	0.936	16.82	157.4	0.900	28.33	255.0
0.980	4.80	47.0	0.932	18.03	168.1	0.898	29.01	260.5
0.970	7.31	70.9	0.926	19.87	184.2	0.894	30.37	271.5
0.966	8.33	80.5	0.920	21.75	200.1	0.890	31.75	282.6
0.962	9.35	89.9	0.914	23.68	216.3	0.886	33.25	294.6
0.958	10.47	100.3	0.910	24.99	227.4	0.882	34.95	308.3
0.952	12.17	115.9	0.908	25.65	232.9			
0.948	13.31	126.2	0.906	26.31	238.3			

[부록 8] 완충용액

1. Hydrochloric Acid-potassium Chloride Buffer

50 m*l* 의 0.2 M KCl 용액(14.91 g / 1000 m*l*)에 다음에 적은 0.2 M KCl m*l* 를 가하고 증류수로 200 m*l* 까지 희석한다.

pH	1.0	1.1	1.2	1.3	1.4	1.5	1.6	1.7	1.8	1.9	2.0	2.1	2.2
HCl (m*l*)	97.0	78.0	64.5	51.0	41.5	33.3	26.3	20.6	16.6	13.2	10.6	8.4	6.7

2. Glycine-HCl Buffer

50 m*l* 의 0.2 M glycine 용액(15.01 g / 1000 m*l*)에 다음에 적은 0.2 M HCl m*l* 를 가하고 증류수로 200 m*l* 까지 희석한다.

pH	2.2	2.4	2.6	2.8	3.0	3.2	3.4	3.6
HCl (m*l*)	44.0	32.4	24.2	16.8	11.4	8.2	6.4	5.0

3. Aconitate Buffer

20 m*l* 의 0.5 N aconitic acid 용액(87.05 g / 1000 m*l*)에 다음에 적은 0.2 M NaOH m*l* 를 가하고 증류수로 200 m*l* 까지 희석한다.

pH	NaOH (m*l*)	pH	NaOH (m*l*)	pH	NaOH (m*l*)
2.5	15.0	3.7	60.0	4.9	103.0
2.7	21.0	3.9	68.0	5.1	108.0
2.9	28.0	4.1	76.0	5.3	113.0
3.1	36.0	4.3	83.0	5.5	119.0
3.3	44.0	4.5	90.0	5.7	126.0
3.5	52.0	4.7	97.0		

4. Citrate Buffer

0.1 M 구연산(citric acid)용액(21.01g / 1000 m*l*)과 0.1 M 구연산소다용액(29.41 g $C_6H_5O_7Na_3 \cdot 2H_2O$ / 1000 m*l*)을 다음과 같이 섞고 100 m*l* 까지 희석한다.

pH	Citric acid (m*l*)	Sod. citrate (m*l*)	pH	Citric acid (m*l*)	Sod. citrate (m*l*)	pH	Citric acid (m*l*)	Sod. citrate (m*l*)
3.0	46.5	3.5	4.2	31.5	18.5	5.4	16.0	34.0
3.2	43.7	6.3	4.4	28.0	22.0	5.6	13.7	36.3
3.4	40.0	10.0	4.6	25.5	24.5	5.8	11.8	38.2
3.6	37.0	13.0	4.8	23.0	27.0	6.0	9.5	41.5
3.8	35.0	15.0	5.0	20.5	29.5	6.2	7.2	42.8
4.0	33.0	17.0	5.2	18.0	32.0			

5. Acetate Buffer (walpole)

0. 1 N 초산(acetic acid)용액과 0. 1 N 초산소다(sod. acetate)용액을 다음 표와 같은 비율로 섞는다.

pH	0.1 N acetic acid (m*l*)	0.1 N sod. acetate (m*l*)	pH	0.1 N acetic acid (m*l*)	0.1 N sod. acetate (m*l*)
3. 6	185	15	4. 8	80	120
3. 8	176	24	5. 0	59	141
4. 0	164	36	5. 2	42	158
4. 2	147	53	5. 4	29	171
4. 4	126	74	5. 6	19	181
4. 6	102	98			

6. Citrate-phosphate Buffer

0. 1 M 구연산용액(citric acid 19. 21 g / 1000 m*l*)과 0. 2 M 인산제 2 소다용액($Na_2HPO_4 \cdot 7H_2O$ 53. 65 g 혹은 $Na_2HPO_4 \cdot 12H_2O$ 71. 7 g / 1000 m*l*)을 다음과 같이 섞고 100 m*l* 까지 희석한다.

pH	Citric acid (m*l*)	Sod. phosphate (m*l*)	pH	Citric acid (m*l*)	Sod. phosphate (m*l*)
2. 6	44. 6	5. 4	5. 0	24. 3	25. 7
2. 8	44. 2	7. 8	5. 2	23. 3	26. 7
3. 0	39. 8	10. 2	5. 4	22. 2	27. 8
3. 2	37. 7	12. 3	5. 6	21. 0	29. 0
3. 4	35. 9	14. 1	5. 8	19. 7	30. 3
3. 6	33. 9	16. 1	6. 0	17. 9	32. 1
3. 8	32. 3	17. 7	6. 2	16. 9	33. 1
4. 0	30. 7	19. 3	6. 4	15. 4	34. 6
4. 2	29. 4	20. 6	6. 6	13. 6	36. 4
4. 4	27. 8	22. 2	6. 8	9. 1	40. 9
4. 6	26. 7	23. 3	7. 0	6. 5	43. 6
4. 8	25. 2	24. 8			

7. Succinate Buffer

25 m*l* 의 0. 2 M 호박산(succinic acid 23. 6 g / 1000 m*l*)용액에 다음에 적은 0. 2 M NaOH m*l* 를 가하고 100 m*l* 까지 희석한다.

pH	3. 8	4. 0	4. 2	4. 4	4. 6	4. 8	5. 0	5. 2	5. 4	5. 6	5. 8	6. 0
NaOH (m*l*)	7. 5	10. 0	13. 3	16. 7	20. 0	23. 5	26. 7	30. 3	34. 2	37. 5	40. 7	43. 5

8. Phthalate-NaOH Buffer

50 m*l* 의 0. 2 M potassium acid phthalate(40. 84 g / 1000 m*l*) 용액에 다음에 적은 0. 2 M NaOH m*l* 를 가하고 증류수로 20 m*l* 까지 희석한다.

pH	4. 2	4. 4	4. 6	4. 8	5. 0	5. 2	5. 4	5. 6	5. 8	6. 0
NaOH (m*l*)	3. 7	7. 5	12. 2	17. 7	23. 9	30. 0	35. 5	39. 8	43. 0	45. 5

9. Maleate Buffer

50 m*l* 의 0.2 M acid sod. maleate(NaOH 8.0 g + maleic acid 23.2 g 또는 maleic anhydride 19.6 g / 1000 m*l*)용액에 다음에 적은 0.2 M NaOH 를 가하고 200 m*l* 까지 희석한다.

pH	5.2	5.4	5.6	5.8	6.0	6.2	6.4	6.6	6.8
NaOH (m*l*)	7.2	10.5	15.3	20.8	26.9	33.0	38.0	41.6	44.4

10. Cacodylate Buffer

50 m*l* 의 0.2 M sod. cacodylate($Na(CH_3)_2AsO_2 \cdot 3H_2O$ 42.8 g / 1000 m*l*)용액에 다음에 적은 0.2 M HCl m*l* 를 가하고 200 m*l* 까지 희석한다.

pH	5.0	5.2	5.4	5.6	5.8	6.0	6.2	6.4	6.6	6.8	7.0	7.2	7.4
HCl (m*l*)	47.0	45.0	43.0	39.2	34.8	29.6	23.8	18.3	13.3	9.3	6.3	4.2	2.7

11. Phosphate Buffer I

0.2 M 인산제 1 소다(monobasic sodium phosphate 27.8 g / 1000 m*l*)용액과 0.2 M 인산제 2 소다(dibasic sodium phosphate $Na_2HPO_4 \cdot 7H_2O$ 53.5 g 또는 $Na_2HPO_4 \cdot 12\,H_2O$ 71.7 g / 1000 m*l*)용액을 다음과 같이 섞고 200 m*l* 까지 희석한다.

pH	Phosphate monobasic (m*l*)	Phosphate dibasic (m*l*)	pH	Phosphate monobasic (m*l*)	Phosphate dibasic (m*l*)
5.7	93.5	6.5	6.9	45.0	55.0
5.8	92.0	8.0	7.0	39.0	61.0
5.9	90.0	10.0	7.1	33.0	67.0
6.0	87.7	12.3	7.2	28.0	72.0
6.1	85.0	15.0	7.3	23.0	77.0
6.2	81.5	18.5	7.4	19.0	81.0
6.3	77.5	22.5	7.5	16.0	84.0
6.4	73.5	26.5	7.6	13.0	87.0
6.5	68.5	31.5	7.7	10.5	90.5
6.6	62.5	37.5	7.8	8.5	91.5
6.7	56.5	43.5	7.9	7.0	93.0
6.8	51.0	49.0	8.0	5.8	94.7

12. Phosphate Buffer II

1 / 15 M 인산제 2 소다($Na_2HPO_4 \cdot 2H_2O$ 11.876 g / 1000 m*l*)용액과 1 / 15 M 인산제 1 칼륨(KH_2PO_4 9.07 g / 1000 m*l*)용액을 다음 표와 같이 섞는다.

pH	M/15 Na_2HPO_4 (m*l*)	M / 15 KH_2PO_4 (m*l*)	pH	M/15 Na_2HPO_4 (m*l*)	M / 15 KH_2PO_4 (m*l*)
5.4	3.0	97.9	6.8	50.0	50.0
5.6	5.0	95.0	7.0	61.1	38.9
5.8	7.8	92.2	7.2	71.5	28.5
6.0	12.0	88.0	7.4	80.4	19.6
6.2	18.5	81.5	7.6	86.8	13.2
6.4	26.5	73.5	7.8	91.4	8.6
6.6	37.5	62.5	8.0	94.5	5.5

13. Tris- (hydroxymethyl) aminomethane-maleate (Tris-maleate) Buffer

50 m*l* 의 0.2 M tris acid maleate(Trishydroxy methyl aminomethane 24.2 g + maleic acid 23.2 g 또는 maleic anhydride 19.6 g / 1000 m*l*)용액에 다음에 적은 0.2 M NaOH m*l* 를 가하고 200 m*l* 까지 희석한다.

pH	5.2	5.4	5.6	5.8	6.0	6.2	6.4	6.6	6.8
NaOH (m*l*)	7.0	10.8	15.5	20.5	26.0	31.5	37.0	42.5	45.0
pH	7.0	7.2	7.4	7.6	7.8	8.0	8.2	8.4	8.6
NaOH (m*l*)	48.0	51.0	54.0	58.0	63.5	69.0	75.0	81.0	86.5

14. Barbital Buffer

50 m*l* 의 0.2 M sodium barbital(Veronal 41.2 g / 1000 m*l*)에 다음에 적은 0.2 M HCl m*l* 를 가하고 200 m*l* 까지 희석한다.

pH	6.8	7.0	7.2	7.4	7.6	7.8	8.0	8.2	8.4	8.6	8.8	9.0	9.2
HCl (m*l*)	45.0	43.0	39.0	32.5	27.5	22.5	17.5	12.7	9.0	6.0	4.0	2.5	1.5

15. Tris- (hudroxymethyl) aminomethane (Tris) Buffer

50 m*l* 의 tris-(hydroxymethyl) aminomethane(24.2 g / 1000 m*l*)에 다음에 적은 0.2 M HCl m*l* 가하고 200 m*l* 까지 희석한다.

pH	7.2	7.4	7.6	7.8	8.0	8.2	8.4	8.6	8.8	9.0
HCl (m*l*)	44.2	41.4	38.4	32.5	26.8	21.9	16.5	12.2	8.1	5.0

16. Boric acid-Borax Buffer

50 m*l* 0.2 M 붕산(boric acid 12.4 g / 1000 m*l*)용액에 다음에 적은 0.05 M 붕사(borax 19.05 g / 1000 m*l* ; 0.2 M 붕산소다용액에 해당)용액 m*l* 를 가하고 200 m*l* 까지 희석한다.

pH	7.6	7.8	8.0	8.2	8.4	8.6	8.7	8.8	8.9	9.0	9.1	9.2
Borax (m*l*)	2.0	3.1	4.9	7.3	11.5	17.5	22.5	30.0	42.5	59.0	83.0	115.0

17. 2-Amino-2 methyl-propanediol(Ammediol) Buffer

50 m*l* 의 2-amino-2-methyl-1, 3-propandiol(21.03 g / 1000 m*l*)용액에 다음에 적은 0.2 M HCl m*l* 를 가하고 200 m*l* 까지 희석한다.

pH	7.8	8.0	8.2	8.4	8.6	8.8	9.0	9.2	9.4	9.6	9.8	10.0
HCl (m*l*)	43.5	41.0	37.7	34.0	29.5	22.0	16.7	12.5	8.5	5.7	3.7	2.0

18. Glycine-NaOH Buffer

50 m*l* 의 glycine(15. 01 g / 1000 ml)용액에 다음에 적은 0. 2 M NaOH m*l* 를 가하고 200 m*l* 까지 희석한다.

pH	8. 6	8. 8	9. 0	9. 2	9. 4	9. 6	9. 8	10. 0	10. 4	10. 6
NaOH (m*l*)	4. 0	6. 0	8. 8	12. 0	16. 8	22. 4	27. 2	32. 0	38. 6	45. 5

19. Borax-NaOH Buffer

50 m*l* 의 붕사(borax 19. 05 g / 1000 m*l* ; 0. 2 M sod. borate 에 해당)에 다음에 적은 0. 2 M NaOH m*l* 를 가하고 200 m*l* 까지 희석한다.

pH	9. 28	9. 35	9. 4	9. 5	9. 6	9. 7	9. 8	9. 9	10. 0	10. 1
NaOH (m*l*)	0. 0	7. 0	11. 0	17. 6	23. 0	29. 0	34. 0	38. 6	43. 0	46. 0

20. Carbonate-Bicarbonate Buffer

0. 2 M 무수탄산나트륨(Na_2CO_3 21. 2 g / 1000 ml)용액과 0. 2 M 중탄산나트륨($NaHCO_3$ 16. 8 g / 1000 ml)용액을 다음과 같이 섞고 200 m*l* 까지 희석한다.

pH	Sod. carb (m*l*)	Sod. bicarb (m*l*)	pH	Sod. carb (m*l*)	Sod. bicarb (m*l*)
9. 2	4. 0	46. 0	10. 0	27. 5	22. 5
9. 3	7. 5	42. 5	10. 1	30. 0	20. 0
9. 4	9. 5	40. 5	10. 2	33. 0	17. 0
9. 5	13. 0	37. 0	10. 3	35. 5	14. 5
9. 6	16. 0	34. 0	10. 4	38. 5	11. 5
9. 7	19. 5	30. 5	10. 5	40. 5	9. 5
9. 8	22. 0	28. 0	10. 6	42. 5	7. 5
9. 9	25. 0	25. 0	10. 7	45. 0	5. 0

[부록 9] 상용대수표

	0	1	2	3	4	5	6	7	8	9	1	2	3	4	5	6	7	8	9
10	0000	0043	0086	0128	0170	0212	0253	0294	0334	0374	4	8	12	17	21	25	29	33	37
11	0414	0453	0492	0531	0569	0607	0645	0682	0719	0755	4	8	11	15	19	23	26	30	34
12	0792	0828	0864	0899	0934	0969	1004	1038	1072	1106	3	7	10	14	17	21	24	28	31
13	1139	1173	1206	1239	1271	1303	1335	1367	1399	1430	3	6	10	13	16	19	23	26	29
14	1461	1492	1523	1553	1584	1614	1644	1673	1703	1732	3	6	9	12	15	18	21	24	27
15	1761	1790	1818	1847	1875	1903	1931	1959	1987	2014	3	6	8	11	14	17	20	22	25
16	2041	2068	2095	2122	2148	2175	2201	2227	2253	2279	3	5	8	11	13	16	18	21	24
17	2304	2330	2355	2380	2405	2430	2455	2480	2504	2529	2	5	7	10	12	15	17	20	22
18	2553	2577	2601	2625	2648	2672	2695	2718	2742	2765	2	5	7	9	12	14	16	19	21
19	2788	2810	2833	2856	2878	2900	2923	2945	2967	2989	2	4	7	9	11	13	16	18	20
20	3010	3032	3054	3075	3096	3118	3139	3160	3181	3201	2	4	6	8	11	13	15	17	19
21	3222	3243	3263	3284	3304	3324	3345	3365	3385	3404	2	4	6	8	10	12	14	16	18
22	3424	3444	3464	3483	3502	3522	3541	3560	3579	3598	2	4	6	8	10	12	14	15	17
23	3617	3636	3655	3674	3692	3711	3729	3747	3766	3784	2	4	6	7	9	11	13	15	17
24	3802	3820	3838	3856	3874	3892	3909	3927	3945	3962	2	4	5	7	9	11	12	14	16
25	3979	3997	4014	4031	4048	4065	4082	4099	4116	4133	2	3	5	7	9	10	12	14	15
26	4150	4166	4183	4200	4216	4232	4249	4265	4281	4298	2	3	5	7	8	10	11	13	15
27	4314	4330	4346	4362	4378	4393	4409	4425	4440	4456	2	3	5	6	8	9	11	13	14
28	4472	4487	4502	4518	4533	4548	4564	4579	4594	4609	2	3	5	6	8	9	11	12	14
29	4624	4639	4654	4669	4683	4698	4713	4728	4742	4757	1	3	4	6	7	9	10	12	13
30	4771	4786	4800	4814	4829	4843	4857	4871	4886	4900	1	3	4	6	7	9	10	11	13
31	4914	4928	4942	4955	4969	4983	4997	5011	5024	5038	1	3	4	6	7	8	10	11	12
32	5051	5065	5079	5092	5105	5119	5132	5145	5159	5172	1	3	4	5	7	8	9	11	12
33	5185	5198	5211	5224	5237	5250	5263	5276	5289	5302	1	3	4	5	6	8	9	10	12
34	5315	5328	5340	5353	5366	5378	5391	5403	5416	5428	1	3	4	5	6	8	9	10	11
35	5441	5453	5465	5478	5490	5502	5514	5527	5539	5551	1	2	4	5	6	7	9	10	11
36	5563	5575	5587	5599	5611	5623	5635	5647	5658	5670	1	2	4	5	6	7	8	10	11
37	5682	5694	5705	5717	5729	5740	5752	5763	5775	5786	1	2	3	5	6	7	8	9	10
38	5798	5809	5821	5832	5843	5855	5866	5877	5888	5899	1	2	3	5	6	7	8	9	10
39	5911	5922	5933	5944	5955	5966	5977	5988	5999	6010	1	2	3	4	5	7	8	9	10
40	6021	6031	6042	6053	6064	6075	6085	6096	6107	6117	1	2	3	4	5	6	8	9	10
41	6128	6138	6149	6160	6170	6180	6191	6201	6212	6222	1	2	3	4	5	6	7	8	9
42	6232	6243	6253	6263	6274	6284	6294	6304	6314	6325	1	2	3	4	5	6	7	8	9
43	6335	6345	6355	6365	6375	6385	6395	6405	6415	6425	1	2	3	4	5	6	7	8	9
44	6435	6444	6454	6464	6474	6484	6493	6503	6513	6522	1	2	3	4	5	6	7	8	9
45	6532	6542	6551	6561	6571	6580	6590	6599	6609	6618	1	2	3	4	5	6	7	8	9
46	6628	6637	6646	6656	6665	6675	6684	6693	6702	6712	1	2	3	4	5	6	7	7	8
47	6712	6730	6739	6749	6758	6767	6776	6785	6794	6803	1	2	3	4	5	5	6	7	8
48	6812	6821	6830	6839	6848	6857	6866	6875	6884	6893	1	2	3	4	4	5	6	7	8
49	6902	6911	6920	6928	6937	6946	6955	6964	6972	6981	1	2	3	4	4	5	6	7	8
50	6990	6998	7007	7016	7024	7033	7042	7050	7059	7067	1	2	3	3	4	5	6	7	8
51	7076	7084	7093	7101	7110	7118	7126	7135	7143	7152	1	2	3	3	4	5	6	7	8
52	7160	7168	7177	7185	7193	7202	7210	7218	7226	7235	1	2	2	3	4	5	6	7	7
53	7243	7251	7259	7267	7275	7284	7292	7300	7308	7316	1	2	2	3	4	5	6	6	7
54	7324	7332	7340	7348	7356	7364	7372	7380	7388	7396	1	2	2	3	4	5	6	6	7
55	7404	7412	7419	7427	7435	7443	7451	7459	7466	7474	1	2	2	3	4	5	5	6	7
56	7482	7490	7497	7505	7513	7520	7528	7536	7543	7551	1	2	2	3	4	5	5	6	7
57	7559	7566	7574	7582	7589	7597	7604	7612	7619	7627	1	2	2	3	4	5	5	6	7
58	7634	7642	7649	7657	7664	7672	7679	7686	7694	7701	1	1	2	3	4	4	5	6	7
59	7709	7716	7723	7731	7738	7745	7752	7760	7767	7774	1	1	2	3	4	4	5	6	7

	0	1	2	3	4	5	6	7	8	9	1	2	3	4	5	6	7	8	9
60	7782	7789	7796	7803	7810	7818	7825	7832	7839	7846	1	1	2	3	4	4	5	6	6
61	7853	7860	7868	7875	7882	7889	7896	7903	7910	7917	1	1	2	3	4	4	5	6	6
62	7924	7931	7938	7945	7952	7959	7966	7973	7980	7987	1	1	2	3	3	4	5	6	6
63	7993	8000	8007	8014	8021	8028	8035	8041	8048	8055	1	1	2	3	3	4	5	5	6
64	8062	8069	8075	8082	8089	8096	8102	8109	8116	8122	1	1	2	3	3	4	5	5	6
65	8129	8136	8142	8149	8156	8162	8169	8176	8182	8189	1	1	2	3	3	4	5	5	6
66	8195	8202	8209	8215	8222	8228	8235	8241	8248	8254	1	1	2	3	3	4	5	5	6
67	8261	8267	8274	8280	8287	8293	8299	8306	8312	8319	1	1	2	3	3	4	5	5	6
68	8325	8331	8338	8344	8351	8357	8363	8370	8376	8382	1	1	2	3	3	4	4	5	6
69	8388	8395	8401	8407	8414	8420	8426	8432	8439	8445	1	1	2	2	3	4	4	5	6
70	8451	8457	8463	8470	8476	8482	8488	8494	8500	8506	1	1	2	2	3	4	4	5	6
71	8513	8519	8525	8531	8537	8543	8549	8555	8561	8567	1	1	2	2	3	4	4	5	5
72	8573	8579	8585	8591	8597	8603	8609	8615	8621	8627	1	1	2	2	3	4	4	5	5
73	8633	8639	8645	8651	8657	8663	8669	8735	8681	8686	1	1	2	2	3	4	4	5	5
74	8692	8698	8704	8710	8716	8722	8727	8727	8739	8745	1	1	2	2	3	4	4	5	5
75	8751	8756	8762	8768	8774	8779	8785	8791	8787	8802	1	1	2	2	3	3	4	5	5
76	8808	8814	8820	8825	8831	8837	8842	8848	8854	8859	1	1	2	2	3	3	4	5	5
77	8865	8871	8876	8882	8887	8893	8899	8904	8910	8915	1	1	2	2	3	3	4	4	5
78	8921	8927	8932	8938	8943	8949	8954	8960	8965	8971	1	1	2	2	3	3	4	4	5
79	8976	8982	8987	8993	8998	9004	9009	9015	9020	9025	1	1	2	2	3	3	4	4	5
80	9031	9036	9042	9047	9053	9058	9063	9069	9074	9079	1	1	2	2	3	3	4	4	5
81	9085	9090	9096	9101	9106	9112	9117	9122	9128	9133	1	1	2	2	3	3	4	4	5
82	9138	9143	9149	9154	9159	9165	9170	9175	9180	9186	1	1	2	2	3	3	4	4	5
83	9191	9196	9201	9206	9212	9217	9222	9227	9232	9238	1	1	2	2	3	3	4	4	5
84	9243	9248	9253	9258	9263	9269	9274	9279	9284	9289	1	1	2	2	3	3	4	4	5
85	9294	9299	9304	6309	9315	9320	9325	9330	9335	9340	1	1	2	2	3	3	4	4	5
86	9345	9350	9355	9360	9365	9370	9375	9380	9385	9390	1	1	2	2	3	3	4	4	5
87	9395	9400	9405	9410	9415	9420	9425	9430	9435	9440	0	1	1	2	2	3	3	4	5
88	9445	9450	9455	9460	9465	9469	9474	9479	9484	9489	0	1	1	2	2	3	3	4	4
89	9494	9499	9504	9509	9513	6518	9523	9528	9533	9538	0	1	1	2	2	3	3	4	4
90	9542	9547	9552	9557	9562	9566	9571	9576	9581	9586	0	1	1	2	2	3	3	4	4
91	9590	9595	9600	9605	9609	9614	9619	9624	9628	9633	0	1	1	2	2	3	3	4	4
92	9638	9643	9647	9652	9657	9661	9666	9671	9675	9680	0	1	1	2	2	3	3	4	4
93	9685	9689	9694	9699	9703	9708	9713	9717	9722	9727	0	1	1	2	2	3	3	4	4
94	9731	9736	9741	9745	9750	9754	9759	9763	9768	9773	0	1	1	2	2	3	3	4	4
95	9777	9782	9786	9791	9795	9800	9805	9809	9814	9818	0	1	1	2	2	3	3	4	4
96	9823	9827	9832	9836	9841	9845	9850	9854	9859	9863	0	1	1	2	2	3	3	4	4
97	9868	9872	9877	9881	9886	9890	9894	9899	9903	9908	0	1	1	2	2	3	3	4	4
98	9912	9917	9921	9926	9930	9934	9939	9943	9948	9952	0	1	1	2	2	3	3	4	4
99	9956	9961	9965	9969	9974	9978	9983	9987	9991	9996	0	1	1	2	2	3	3	3	4

[부록 10] 식품성분분석표

가식부분(E. P.) 100 g 당(Composition of Foods, 100 grams, Edible Portion 〈E. P.〉)

식품명	수분	열량	단백질	지방	탄수화물		회분	칼슘	인	철분	비타민						
					당질	섬유					A Value	Retinol	Beta-carotene	Thiamine	Riboflavin	Niacin	Ascorbic acid
	%	cal	g	g	g	g	g	mg	mg	mg	I.U.	mcg	mcg	mg	mg	mg	mg
곡류 및 그 제품																	
쌀																	
현미	11.0	359	7.2	2.5	6.3	1.3	1.2	41	284	2.1	0	0	0	0.30	0.10	5.1	0
7분도미	12.3	352	6.9	1.1	78.7	0.3	0.6	24	175	0.9	0	0	0	0.19	0.05	2.7	0
백미	14.1	340	6.5	0.4	77.5	0.4	0.5	24	147	0.4	0	0	0	0.19	0.05	2.7	0
통일쌀, 백미	14.0	347	5.9	1.3	78.0	0.2	0.6	27	43	0.3	—	0	0	0.09	0.03	—	0
통일쌀,7분도미	14.4	307	7.8	1.9	74.6	0.6	0.7	32	52	—	1.2	—	0	0	0.16	0.04	2.3
밀쌀	12.3	350	9.1	1.3	75.4	0.9	1.0	47	189	3.6		0	0	0.21	0.08	4.1	0
양쌀	14.5	355	6.5	0.8	77.3	0.3	0.6	6	150	0.5	0	0	0	0.06	0.03	1.4	0
율무쌀	10.4	3639	21.3	3.7	61.1	2.0	1.5	151	—	6.8	0	—	—	0.19	0.02	0	2.0
찹쌀	15.5	351	6.5	0.8	76.2	0.4	0.6	6	150	0.4	0	0	0	0.10	0.04	1.5	0
밥																	
흰밥	65.0	142	2.7	0.2	32.2	0.2	0.2	10		0.2	0	0	0	0.04	0.02	0.6	0
보리밥	64.2	141	2.9	0.3	32.0	0.2	0.3	10	60	0.3	0	0	0	0.05	0.03	0.8	0
떡																	
개피떡	50.0	194	4.9	0.4	42.8	—	0.9	30	—	—	0	0	0	0.11	0.09	3.0	0
찹쌀경단	45.2	223	7.0	0.4	47.9	—	0.8	40	—	—	0	0	0	0.06	0.06	3.4	0
수수경단	45.6	207	8.3	0.7	41.8	—	1.7	44	—	—	0	0	0	0.07	0.08	8.4	0
송편(검정콩속)	52.1	185	4.4	1.0	41.8	—	0.6	32	—	—	0	0	0	0.08	0.09	2.9	0
송편(팥고물속)	45.7	205	6.0	0.3	44.6	—	0.6	31	—	—	0	0	0	0.07	0.09	3.6	0
시루떡	45.9	206	6.2	0.2	44.9	—	1.2	50	—	—	0	0	0	0.07	0.05	1.4	0
찰시루떡	39.9	206	6.8	0.4	43.8	—	1.1	32	—	—	0	0	0	0.06	0.12	6.1	0
인절미(콩고물)	39.5	221	5.9	0.9	47.9	—	0.8	64	—	—	3	1.8	2	0.11	0.09	5.6	0
인절미(팥고물)	40.3	232	6.6	0.3	50.8	—	1.4	43	—	—	0	0	0	0.14	0.09	4.9	0
절편	40.6	215	4.0	0.3	48.9	—	0.5	37	—	—	0	0	0	0.05	0.08	3.8	0
증편	50.7	191	3.9	0.4	12.9	—	0.7	38	—	—	0	0	0	0.11	0.11	5.1	0
백설기	42.7	207	3.7	0.2	47.7	—	0.6	32	—	—	0	0	0	0.04	0.03	2.8	0
흰떡	46.9	210	3.9	0.3	47.8	—	0.5	35	—	—	0	0	0	0.06	0.03	3.6	0
보리																	
보리쌀	14.0	337	8.8	0.9	74.7	0.7	0.9	24	140	1.5	0	0	0	0.18	0.07	2.5	0
쌀보리	14.0	340	10.2	2.0	70.4	0.7	0.9	40	140	2.0	0	0	0	0.18	0.07	2.5	0
겉보리	13.8	331	10.6	1.8	68.2	2.9	2.7	43	360	5.4	0	—	—	0.31	0.10	5.5	0
납작보리	13.5	342	10.5	1.7	71.2	1.8	1.4	44	240	3.2	5	0	0	0.26	—	6.0	0
보리미숫가루	12.0	344	10.8	2.0	70.6	2.6	2.0	42	350	4.5	0	0	0	0.25	0.08	5.0	0
찹쌀미숫가루	5.1	392	9.0	1.7	83.2	0.4	0.6	39	83	2.0	0	0	0	0.11	0.07	1.0	0
밀																	
밀	11.8	350	12.0	2.9	69.0	2.5	1.8	71	390	3.2	0	0	0	0.34	0.11	5.0	0
엿기름	9.2	367	27.9	9.7	47.0	2.1	4.1	65	1200	6.6	5	0	3	2.10	0.60	7.0	0

식품명	수분	열량	단백질	지방	탄수화물		회분	칼슘	인	철분	비타민						
					당질	섬유					A Value	Retinol	Beta-carotene	Thiamine	Riboflavin	Niacin	Ascorbic acid
	%	cal	g	g	g	g	g	mg	mg	mg	I.U.	mcg	mcg	mg	mg	mg	mg
밀가루																	
강력분	14.5	354	12.0	1.3	71.3	0.3	0.6	18	120	1.2	0	0	0	0.22	0.06	1.5	0
중력분	14.5	354	8.6	1.1	75.0	0.3	0.5	20	110	1.1	0	0	0	0.20	0.05	1.4	0
박력분	14.0	356	8.5	1.0	75.9	0.2	0.4	21	95	0.9	0	0	0	0.20	0.04	1.2	0
밀국수	13.7	326	9.8	1.3	69.6	0.3	5.2	41	120	1.9	0	0	0	0.21	0.05	1.2	0
삶은국수	72.0	116	2.6	0.3	24.8	0.1	0.2	5	25	0.3	0	0	0	0.04	0.01	0.2	0
중국국수	33.0	274	6.7	0.9	57.9	0.2	1.3	21	85	1.2	0	0	0	0.03	0.03	0.7	0
라면	2.6	581	9.3	20.4	63.5	0.3	4.0	20	110	1.1	0	0	0	0.20	0.05	1.4	0
식빵	26.1	296	11.2	1.4	59.7	0.5	1.1	14	77	1.2	0	0	0	0.22	0.07	1.0	0
찐빵	62.3	147	5.4	1.2	28.6	0.3	—	8	40	0.4	0	0	0	0.08	0.02	0.6	0
비스킷	10.8	380	10.2	6.1	71.1	0.2	0.7	21	67	0.9	0	0	0	0.30	0.05	1.2	1.2
건빵	13.3	374	9.3	4.4	73.0	—	—	14	—	—	0	0	0	0.32	0.18	2.6	0
셈베이	9.8	358	3.4	0.8	84.4	0.5	2.5	51	397	—	—	—	—	—	—	—	—
스파게티 또는마카로니	11.5	366	11.5	1.4	74.5	0.3	0.8	15	95	1.2	0	0	0	0.12	0.04	1.0	0
카스텔라	20.3	331	7.0	3.6	67.6	—	0.7	—	106	—	0	0	0	0.05	0.03	—	0
도넛	23.7	391	4.6	18.6	51.4	0.1	1.7	40	190	0.5	0	0	0	0.03	0.06	0.3	0
잡곡																	
귀리	12.5	313	13.0	5.4	55.5	10.6	3.0	55	320	4.6	0	0	0	0.30	0.10	1.5	0
오트밀	11.5	369	13.5	4.8	67.3	1.1	1.8	30	360	3.4	0	0	0	0.20	0.08	1.1	0
기장	14.0	354	10.6	1.6	71.8	0.8	1.2	11	240	1.8	0	0	0	0.15	0.05	2.0	0
모밀	11.8	330	12.9	2.4	64.1	6.5	2.3	36	347	3.0	0	0	0	0.32	0.16	2.0	0
모밀가루	12.0	347	10.9	2.1	73.0	0.6	1.4	22	300	1.5	0	0	0	0.30	0.10	1.5	0
모밀묵	84.6	57	2.7	0.2	11.2	0.3	0.3	13	57	0.4	0	0	0	0.05	0.03	0.3	0
모밀국수	10.5	318	10.2	1.5	66.0	2.5	9.4	69	240	3.0	0	0	0	0.26	0.08	1.2	0
수수	12.0	336	10.3	4.7	69.5	1.7	1.8	9	330	3.0	0	0	0	0.35	0.10	6.0	0
차수수	11.1	368	9.6	2.1	75.8	0.3	1.1	9	192	1.7	—	0	0	0.10	0.03	3.9	0
강냉이	12.0	355	9.2	3.9	73.7	1.6	1.2	10	256	2.4	510	0	306	0.38	0.11	2.0	0
조	13.0	306	10.5	3.5	63.7	7.0	2.9	21	240	5.0	0	0	0	0.40	0.10	4.5	0
차조	12.1	366	9.3	3.1	73.0	0.9	1.6	15	217	2.2	—	0	0	0.21	0.06	1.6	0
피	9.2	349	10.4	3.6	68.7	6.2	1.9	49	330	5.1	0	0	0	0.26	0.10	4.0	0
호밀	12.5	331	12.7	2.3	68.9	1.9	1.7	38	330	3.0	0	0	0	0.47	0.20	1.7	0
전분류																	
감자	81.2	72	24	0.5	14.4	0.5	0.9	5	42	0.6	0	0	0	0.16	0.03	0.5	15
감자튀김	4.2	562	3.6	43.8	45.0	0.9	2.5	18	74	1.6	0	0	0	0	0.02	0.5	0
고구마	64.6	134	1.1	0.3	31.7	0.6	0.6	28	29	0.8	182	0	109.2	0.13	0.05	0.6	20
말린고구마	23.5	301	1.8	0.8	69.6	2.2	2.1	40	90	1.6	0	0	0	0.18	0.09	1.2	0
도토리묵	88.1	45	0.2	0.1	10.9	0.5	0.2	12	314	0.2	15	0	9	0.02	0.04	0.5	0
토란	79.6	79	2.2	0.3	16.9	1.0	1.0	26	43	0.5	0	0	0	0.09	0.03	0.7	10
칡뿌리	57.2	157	2.4	0.1	39.0	1.9	1.3	20	24	3.2	0	0	0	0.08	0.03	0.7	9
녹말																	
옥수수녹말	15.0	342	0.1	0.1	84.7	0	0.1	4	10	2.5	0	0	0	0	0	0	0
감자녹말	17.5	332	0.1	0.1	82.1	0	0.2	10	38	1.5	0	0	0	0	0	0	0
고구마녹말	16.5	336	0.1	0.1	83.2	0	0.1	35	18	2.0	0	0	0	0	0	0	0
당면	13.2	353	2.1	1.4	83.0	0.1	0.3	41	—	2.1	0	0	0	0.05	0.10	—	0

식품명	수분	열량	단백질	지방	탄수화물		회분	칼슘	인	철분	비타민						
					당질	섬유					A Value	Retinol	Beta-carotene	Thiamine	Riboflavin	Niacin	Ascorbic acid
	%	cal	g	g	g	g	g	mg	mg	mg	I.U.	mcg	mcg	mg	mg	mg	mg
당 류																	
껌	2.5	263	0	—	68.5	—	—	10	0	0.6	0	0	0	0	0	0	0
꿀	20	334	0.2	0	83.2	—	—	2	—	0	0	0	0	0.01	0.01	0.2	3
당밀	17.9	277	2.5	—	69.6	—	10.0	250	70	10.0	0	0	0	0.12	0.18	0.2	0
백설탕	0.5	398	0	0	99.5	—	—	—	—	0	0	0	0	0	0	0	0
황설탕	2.1	373	0	0	96.4	0	1.5	85	19	3.4	0	0	0	0.01	0.03	0.2	0
흑설탕	7.0	353	1.5	0	89.9	—	1.6	293	39	9.0	0	0	0	0.02	0.04	0	0
빙설탕	0	387	0	0	100	0	0	1	1	0.1	0	0	0	0	0	0	0
포도당	10.0	331	0	0	90.0	0	0	2	1	0.1	0	0	0	0	0	0	0
산당화엿	9.3	351	0.4	0	90.3	0	—	133	29	1.2	0	0	0	0	0	0	0
흰엿	9.9	360	1.1	0.5	87.8	0	—	—	—	—	0	0	0	0	0.01	—	0
검은엿	13.8	345	1.3	0.3	84.2	0	—	—	—	—	0	0	0	0	—	—	—
물엿	16.9	332	0.4	0	82.5	0	—	35	—	—	0	0	0	0.01	0	—	0
잼																	
딸기	26.2	291	0.4	0.2	72.0	0.6	0.6	48	23	0.4	0	0	0	0.01	0	—	15
살구	32.9	258	0.3	0.1	65.6	0.7	0.4	29	12	2.1	0	0	0	0.01	0.02	1.0	0
포도	24.8	288	1.9	0.1	72.0	0.6	0.6	83	30	3.7	0	0	0	0.02	0	0.2	0
사과	29.8	271	0.4	0.1	68.8	0.6	0.3	16	12	2.1	0	0	0	0.02	0.03	0.1	0
젤리	29.0	273	0.1	0.1	70.6	0	0.2	21	7	1.5	10	0	6	0.01	0.03	0.2	4
캔디	6.2	375	0.2	—	93.6	—	0.4	19	—	—	0	0	0	0	0	0	0
캐러멜	8.0	411	4.3	9.3	77.5	—	0.9	140	100	0.9	0	0	0	0.03	0.04	0.5	0
초콜릿	1.3	512	6.8	30.8	59.3	0.5	1.3	200	200	2.5	75	0	45	0.02	0.03	1.1	0
두류 및 종실류																	
두 류																	
강낭콩	16.0	325	20.2	2.2	54.3	3.7	3.6	130	400	6.0	20	0	12	0.50	0.20	2.0	0
녹두	15.6	273	21.2	1.0	44.9	3.5	3.8	189	471	3.4	120	0	72	0.30	0.14	2.1	0
녹두묵	70.5	120	4.5	0.1	25.3	0.2	0.1	58	230	2.5	—	—	—	0.20	0.16	1.3	0
대두노란콩	6.2	410	41.3	17.6	21.6	3.5	5.8	127	490	7.6	10	—	6	1.03	0.30	3.2	0
검정콩	12.9	403	41.8	17.8	18.8	4.5	4.2	213	510	7.5	0	0	0	1.03	0.30	3.0	0
밤콩	12.2	399	26.7	15.5	38.2	4.6	2.8	120	480	6.0	10	0	6	1.03	0.30	3.2	0
콩가루	5.0	426	38.4	19.2	29.5	2.9	5.0	190	500	9.0	15	0	9	0.40	0.15	2.0	0
탈지콩가루	8.0	322	49.0	0.4	33.6	3.0	6.0	220	550	8.4	0	0	0	0.45	0.15	2.0	0
콩조림	56.5	192	16.4	9.7	9.0	—	—	92	—	3.8	0	0	0	0.51	0.15	1.5	0
두유	90.8	42	3.6	2.0	2.9	0.2	0.5	15	49	1.2	0	0	0	0.03	0.02	0.5	0
두부	83.0	91	8.6	5.5	1.7	0.3	0.9	181	94	2.2	0	0	0	0.03	0.03	0.5	0
튀긴두부	44.0	346	18.6	31.4	4.5	0.1	1.4	300	230	4.2	0	0	0	0.02	0.02	0.5	0
비지	82.2	73	3.9	2.1	9.6	1.7	—	103	35	4.6	0	0	0	0.05	0.01	—	0
된장	51.5	128	12.0	4.1	10.7	3.8	17.9	122	141	5.1	0	0	0	0.04	0.20	—	0
왜된장	50.0	156	14.0	5.0	14.3	1.9	14.8	115	190	4.0	0	0	0	0.03	0.10	1.5	0
고추장	47.7	176	8.9	4.1	25.9	3.5	19.9	126	72	13.6	350	0	210	0.35	0.35	1.5	10
청국장	58.5	191	16.5	10.0	10.1	2.3	2.6	92	190	3.3	0	0	0	0.07	0.56	1.1	0
말린콩	13.4	335	21.7	1.0	55.7	6.0	2.2	58	360	5.0	100	0	60	0.72	0.15	2.5	0
잠두	13.3	331	26.0	1.2	50.9	5.8	2.8	100	440	5.7	150	0	90	0.50	0.20	2.5	0

식품명	수분	열량	단백질	지방	탄수화물 당질	탄수화물 섬유	회분	칼슘	인	철분	비타민 A Value	Retinol	Beta-carotene	Thiamine	Riboflavin	Niacin	Ascorbic acid
	%	cal	g	g	g	g	g	mg	mg	mg	I.U.	mcg	mcg	mg	mg	mg	mg
붉은팥	14.5	317	21.4	0.6	56.6	3.7	3.2	124	413	5.2	10	0	6	0.56	0.13	1.8	0
동부	13.5	299	20.1	0.7	53.0	9.6	3.1	85	425	11.7	20	0	12	0.50	0.17	2.3	0
계피팥	15.0	305	20.5	0.7	54.2	6.4	3.2	104	430	8.6	—	0	0	0.40	0.10	2.0	0
검정팥	14.5	303	25.4	0.7	53.7	7.6	3.1	75	425	5.2	—	—	—	0.50	0.15	2.1	0
종실류																	
호콩	2.6	559	26.6	44.2	23.6	2.4	2.7	74	393	1.9	0	0	0	0.30	0.13	16.2	0
호콩버터	1.7	589	25.2	50.6	18.8	1.8	3.7	59	380	1.9	—	—	—	0.12	0.12	14.7	0
밤류																	
생밤	59.8	159	3.5	0.8	34.5	1.1	1.2	35	93	2.1	74	0	44.4	0.45	0.23	0.7	28
황율	8.4	377	6.7	1.1	78.6	2.5	2.2	52	162	3.3	—	—	—	0.32	0.38	1.2	—
은행	55.2	189	5.1	1.7	38.3	0.5	1.2	2	12.4	1.0	55	0	33	0.22	0.09	6.0	15
잣	5.5	669	18.6	64.2	4.3	0.9	1.5	13	165	4.7	53	0	32	0.33	0.10	7.0	0
호도	4.1	669	23.1	60.3	8.4	1.8	2.3	93	290	2.4	0	0	0	0.50	0.08	3.0	5
알몬드	4.7	640	18.6	54.1	19.6	2.7	3.0	254	475	4.4	0	0	0	0.25	0.67	4.6	—
종자류																	
깨																	
참깨	7.0	594	19.7	56.9	14.2	2.9	5.3	630	650	15.0	0	0	0	0.50	0.10	4.5	0
깨소금	6.9	656	18.1	56.7	18.2	5.0	4.6	1223	640	19.0	—	—	—	0.51	0.14	4.5	—
검정깨	3.8	567	19.4	49.3	11.5	11.7	4.3	1100	570	16.0	35	0	21	0.50	0.10	4.8	0
들깨	17.8	—	18.5	—	—	28.0	—	—	—	—	—	—	—	—	0.11	3.1	0
수박씨말린것	6.0	489	18.9	17.4	41.6	3.3	2.8	56	940	7.1	0	0	0	0.08	0.10	3.4	0
연근씨	67.7	119	8.1	0.2	21.1	1.4	1.5	96	220	1.8	0	0	0	0.19	0.08	1.6	0
해바라기씨	11.4	429	7.8	21.0	52.3	4.7	2.8	140	920	7.5	0	0	0	—	0.07	2.4	0
호박씨	5.8	494	27.2	44.2	7.3	10.3	5.2	7	1311	8.0	—	—	—	—	—	3.3	0
호박씨말린것	4.4	596	29.0	46.7	15.0	1.9	4.9	51	1144	11.2	70	0	42	0.24	0.19	2.4	—
채소류																	
녹황색 채소																	
갓	83.5	58	3.6	0.5	9.8	2.2	1.4	259	76	2.5	5,994	0	3,589	0.14	0.25	13.0	16
깻잎	88.6	34	2.8	0.6	4.7	1.5	1.8	197	76	10.1	20,000	0	12,000	0.10	0.40	0.5	85
고구마잎	84.1	48	3.1	0.6	8.0	2.5	1.7	70	45	2.2	5,000	0	3,000	0.08	0.15	0.7	30
말린통고추	20.5	291	9.3	13.9	32.1	18.1	6.1	120	130	10.0	7,014	0	4,200	0.20	0.15	1.5	200
풋고추	83.2	20	2.4	0.5	1.4	12.7	0.8	15	57	1.1	290	0	174	0.20	0.34	1.2	103
고추잎	79.4	58	4.1	1.0	8.2	3.8	3.5	364	62	—	15,030	0	9,000	0.53	0.34	—	230
근대	90.3	20	2.0	0.7	1.5	1.2	1.6	75	81	5.2	2,600	0	1,560	0.16	0.24	—	26
냉이	81.5	56	7.3	0.9	4.6	2.0	2.7	116	104	2.2	2,320	0	1,389	0.51	0.06	0.5	36
달래	87.9	36	3.3	0.4	4.9	1.6	0.9	169	64	2.2	812	0	486	0.06	0.10	5.6	11
당근	88.7	41	2.0	0.5	7.2	0.6	0.18	43	34	1.6	12,000	0	7,200	0.09	0.09	1.7	12
무청(조선무청)	83.7	51	3.0	0.5	8.7	0.9	1.3	229	59	5.8	8,727	0	5,226	0.06	0.30	0.5	50
시래기	33.1	168	10.3	0.3	30.9	14.2	8.2	368	210	6.1	18	0	10.8	0.09	0.30	3.7	0
우거지	90.1	21	1.3	0.2	3.6	4.0	0.8	115	65	6.8	0	0	0	0.04	0.03	1.5	0
왜무청	91.9	24	2.3	0.7	2.0	0.8	2.2	329	28	7.3	8,358	0	5,005	0.07	0.26	0.5	45

식품명	수분	열량	단백질	지방	탄수화물		회분	칼슘	인	철분	비타민						
					당질	섬유					A Value	Retinol	Beta-carotene	Thiamine	Riboflavin	Niacin	Ascorbic acid
	%	cal	g	g	g	g	g	mg	mg	mg	I.U.	mcg	mcg	mg	mg	mg	mg
미나리	84.9	20	2.1	0.9	0.8	0.7	0.6	32	18	4.1	2,336	0	1398.6	0.34	0.07	0	8
배추	94.9	18	1.3	0.2	2.7	0.7	0.5	70	63	0.3	255	0	153	0.06	0.09	0.4	28
부추	89.8	36	4.3	0.4	3.9	1.2	0.6	34	27	2.9	4,066	0	2,435	0.04	0.06	0	40
상추	94.1	22	1.8	0.4	2.9	0.8	0.7	49	27	0.5	1,628	0	975	0.08	0.08	0.8	18
숙주	94.1	26	3.4	0.4	2.2	0.4	0.5	4	46	1.4	518	0	310.8	0.04	0.45	0.6	14
쑥	81.4	44	5.2	0.8	4.0	3.7	2.0	93	55	0.09	7,955	0	4,764	0.44	0.16	4.5	75
쑥갓	93.5	26	2.5	0.4	3.1	0.6	4.9	74	29	4.2	4,960	0	2,970	0.15	0.30	—	45
시금치	93.7	34	2.6	0.7	4.2	0.7	1.1	36	32	4.2	8,336	0	4,992	0.12	0.38	0.7	65
아욱	90.1	43	4.8	2.4	0.5	0.8	1.4	67	18	4.5	5,537	0	3,316	0.14	0.35	0.6	30
케일	82.7	67	6.0	0.8	9.0	—	1.5	249	93	2.7	10,000	0	6,000	0.16	0.26	2.1	186
파슬리	83.9	53	3.7	1.0	7.2	1.8	2.4	200	65	7.5	5,611	0	3,360	0.20	0.24	1.4	200
피망	91.9	25	1.3	0.4	4.0	2.0	0.4	10	28	0.5	1,000	0	600	0.10	0.07	1.5	100
호박	95.0	27	2.0	0.6	3.5	0.4	0.5	15	23	0.7	932	0	558	0.06	0.15	1.0	8
당호박생것	82.7	60	1.2	0.2	13.3	0.8	0.9	44	23	0.5	1,000	0	600	0.02	0.07	0.6	20
호박꼬지	15.6	308	11.5	1.3	62.6	4.4	4.6	193	105	4.0	—	—	—	—	—	0.2	—
호박잎	89.2	41	3.8	0.7	4.9	1.3	1.4	159	99	1.6	2,439	0	1,461	0.12	0.18	1.1	19
짙은녹색	90	28	3.0	0.4	—	—	—	166		2.9	6,000	0	3,600	0.09	0.19	0.8	70
엷은녹색	91.3	25	2.1	0.1	—	—	—	56	—	1.1	910	0	546	0.06	0.08	0.4	43
기타채소																	
가지	93.3	32	1.2	0.4	5.9	0.9	0.3	26	45	0.4	30	0	18	0.04	0.03	0.2	—
고구마줄기	93.4	21	0.8	0.3	3.8	0.9	0.8	88	7	2.1	—	—	—	0.04	0.17	—	0
강낭콩	88.7	36	2.0	0.2	6.9	1.3	0.9	57	53	0.9	300	0	180	0.10	0.05	1.0	20
완두콩	85.7	51	3.6	0.2	8.6	1.2	0.7	46	56	1.0	500	0	300	0.18	0.13	1.0	20
고비삶은것	92.1	13	2.5	0.2	0.2	2.9	1.2	12	46	1.2	0	0	0	0	0.29	—	0
말린것	19.9	276	17.6	2.7	45.3	8.4	6.1	65	100	6.0	0	0	0	0	0.40	1.2	0
고사리삶은것	90.3	22	2.1	0.4	2.6	3.3	1.0	11	53	1.2	185	0	111	0	0.30	3.5	0
말린것	13.0	266	26.8	1.2	37.0	12.6	9.4	75	100	8.0	2,004	0	1,200	0	0.30	4.2	0
고수	80.2	61	3.5	1.3	8.7	3.8	2.5	151	37	1.7	—	0	—	0.30	0.08	—	—
더덕	82.2	59	2.3	3.5	4.5	6.4	1.1	90	121	2.1	0	0	0	0.12	0.22	0.8	0
도라지	24.2	263	2.4	0.9	61.2	8.9	1.5	232	189	6.2	0	0	0	0.10	0.36	7.8	0
돌나물	93.9	19	0.8	1.0	1.6	1.8	0.9	233	54	2.5	6	0	4	0.15	0.12	—	30
두릅	84.9	48	5.5	0.9	4.5	2.2	2.0	81	139	7.4	—	0	—	0.10	0.05	1.0	10
마늘	60.4	145	3.0	0.5	32.0	0.8	1.3	32	50	1.6	—	0	—	0.33	0.53	0.1	7
마늘쫑	81.3	84	2.1	0.8	17.0	1.7	0.5	15	48	0.9	540	0	324	0.27	0.33	1.0	22
무 (조선무)	90.3	31	2.0	0.1	5.6	0.9	1.6	62	29	0.9	0	0	0	0.01	0.03	3.9	44
무말랭이	33.1	180	10.3	0.3	30.9	14.2	8.2	368	210	6.1	18	—	—	0.09	0.30	3.7	0
왜무	91.9	24	2.3	0.7	2.0	0.8	2.2	329	28	7.3	0	0	5004.6	0.07	0.26	7.6	45
호배추	95.9	17	1.3	0.1	2.6	0.7	0.4	55	41	0.3	34	0	20	0.05	0.05	0.6	32
양배추	94.3	29	1.5	0.6	4.4	0.7	0.5	18	31	0.7	468	0	280	0.12	0.43	0.2	27
생강	81.7	68	2.2	0.8	12.9	1.9	1.0	20	14	1.1	30	0	18	0.01	0.03	4.3	—
샐러리	87.4	40	0.8	0.2	8.8	1.5	1.3	39	34	2.0	63.5	0	38	0.08	0.08	0.2	5
아스파라가스	89.7	34	4.3	0.3	3.6	0.8	1.3	29	80	1.0	1,000	0	600	0.16	0.36	2.0	90
양파	84.9	54	1.9	0.4	10.8	0.3	0.7	20	61	0.2	20	0	12	0.09	0.01	0.2	9

식품명	수분	열량	단백질	지방	탄수화물		회분	칼슘	인	철분	비타민						
					당질	섬유					A Value	Retinol	Beta-carotene	Thiamine	Riboflavin	Niacin	Ascorbic acid
	%	cal	g	g	g	g	g	mg	mg	mg	I.U.	mcg	mcg	mg	mg	mg	mg
연근	88.2	41	2.0	0.1	7.9	1.1	0.8	22	66	0.4	0	0	0	0.05	0.03	—	45
오이	95.5	19	0.9	0.2	3.4	0.5	0.5	18	17	0.3	57	0	33.6	0.06	0.05	0.8	30
백옥	69.6	126	3.8	2.1	22.9	0.9	0.7	5	130	0.8	0	0	0	0.05	0.08	1.5	5
황옥	72.7	111	3.5	1.0	22.1	0.7	0.7	3	111	0.7	400	0	240	0.15	0.12	1.7	12
우엉	76.0	87	2.6	0.3	18.4	1.7	0.8	78	78	1.6	0	0	0	0.40	0.15	4.8	—
죽순	90.8	25	3.6	0.5	1.6	2.3	1.2	14	87	1.2	50	0	30	0.15	0.08	0.8	10
취 삶은 것	89.0	11	0.4	0.1	2.0	7.7	0.8	35	20	4.9	0	0	0	0.03	0.01	0.8	0
콩나물	90.2	37	4.2	1.0	2.9	0.5	0.8	32	49	0.8	175	0	105	0.15	0.13	0.8	16
파	86.8	50	2.6	0.4	9.0	1.3	0.8	73	46	1.0	409	0	245	0.09	0.15	0.5	16
홍무	87.3	47	1.6	0.1	9.9	0.8	1.1	16	33	0.7	20	0	12	0.03	0.05	0.4	10
김치																	
깍두기	87.0	31	2.7	0.8	3.2	—	0.7	5	—	—	949	0	568	0.03	0.06	5.8	10
나라스게	87.8	24	1.4	0.2	4.7	0.7	5.2	38	14	2.1	0	0	0	0.03	0.02	—	0
단무지	90.3	17	1.3	0.2	3.0	0.4	4.8	37	18	0.7		0	0	0.02	0.01	0.3	0
동치미	93.6	9	0.7	0.2	1.1	—	0.2	1	—	—	0	0	0	0.01	0.03	1.0	7
무청김치	85.9	27	2.7	0.7	2.4	—	0.5	3	—	—	1,705	0	1,021	0.04	0.07	3.3	19
열무김치	94.5	21	2.4	0.6	1.5	—	—	24	—	—	1,854	0	1,110	0.04	0.06	0.4	24
오이지	78.0	20	1.1	0.9	1.8	1.4	7.3	58	55	0.4	—	0	—	0.04	0.04	0.4	0
무짠지	89.7	14	0.9	0.1	2.2	0.9	6.2	43	24	10	0	0	0	—	0.02	0.2	0
통김치	88.4	19	2.0	0.6	1.3	—	0.5	28	—	—	492	0	295	0.03	0.06	2.1	12
마늘짱아찌	73.8	79	3.4	1.8	12.2	2.8	6.4	52	160	3.0	—	0	—	0.96	0.66	0.5	0
버섯류																	
느타리버섯	14.3	322	12.8	2.0	63.3	5.3	4.0	16	220	3.7	0	0	0	0.50	0.80	10.0	0
목이	8.7	294	11.3	0.9	60.1	12.9	6.2	83	434	12.0	0	0	0	0.30	0.60	0.5	0
밤버섯	91.7	25	2.9	0.9	1.2	2.3	1.0	41	40	5.6	0	—	—	0.40	0.06	38.4	2.0
석이	13.3	99	8.1	3.0	59.8	9.6	6.2	32	360	0.6	0	0	0	0.10	—	—	0
송이 생것	88.3	38	2.0	0.3	6.7	1.8	0.9	0	40	1.3	0	0	0	0.05	0.50	8.0	5
송이통조림	92.5	23	1.2	0.1	4.3	1.4	0.5	12	25	2.6	0	0	0	0.04	0.27	—	0
싸리버섯	90.1	34	2.8	0.6	4.3	1.4	0.8	41	44	6.2	0	—	—	0.90	0.43	46.39	1.3
양송이생것	91.5	18	3.5	0.2	3.0	0.8	0.8	9	110	0.6	0	0	0	0.10	0.35	4.9	3
양송이통조림	88.3	34	1.9	0.2	6.1	0.7	2.8	10	62	2.9	0	0	0	0.08	0.04	—	0
표고버섯	9.0	331	18.7	1.7	60.1	5.7	4.8	19	250	4.0	0	0	0	0.64	1.23	10.5	0
과실류																	
감																	
단감	82.6	60	0.6	0.1	14.1	1.0	0.5	13	36	0.1	1,002	0	600	0.03	0.03	0.4	28
연시	85.9	55	1.3	0.1	12.1	0.2	0.4	8	16	0.2	802	0	480	0.03	0.03	0.5	20
곶감	32.0	260	6.3	0.4	57.8	1.5	2.0	15	50	1.3	2,004	0	1,200	0.04	0.01	0.8	0
귤	87.4	48	1.0	0.5	9.8	0.3	0.4	16	14	0.1	2,004	0	1,200	0.10	0.03	0.6	40
네블	85.4	57	1.3	0.1	12.7	0.5	0.5	40	22	0.4	200	0	120	0.10	0.04	0.4	61
여름귤	88.9	42	0.8	0.3	9.1	0.3	0.6	22	17	0.2	120	0	72	0.08	0.03	0.5	30
주스	88.3	46	0.7	0.2	10.4	0.1	0.4	11	17	0.2	200	0	120	0.09	0.03	0.4	50
통조림	87.4	50	0.8	0.2	11.2	0.1	0.4	10	18	0.4	200	0	120	0.07	0.02	0.3	40
농축주스	42.0	231	4.1	1.3	50.7	0.5	1.9	51	86	1.3	962	0	576	0.39	0.12	1.7	229
오렌지넥타	87.2	51	0.7	0.1	11.8	0.02	0.2	9	0	0.6	295	—	—	0.02	0.02	23.2	0.3

식 품 명	수분	열량	단백질	지방	탄수화물		회분	칼슘	인	철분	비 타 민						
					당질	섬유					A Value	Re-tinol	Beta-carotene	Thia-mine	Ribo-flavin	Nia-cin	Ascorbic acid
	%	cal	g	g	g	g	g	mg	mg	mg	I.U.	mcg	mcg	mg	mg	mg	mg
대 추																	
생 것	70.2	117	1.2	0.2	27.6	1.4	0.8	29	37	0.7	40	0	24	0.02	0.04	0.9	69
말 린 것	19.7	319	3.7	1.1	73.6	3.0	1.9	79	100	1.8	—	0	—	—	—	—	—
딸 기	91.1	36	0.2	0.7	7.2	1.5	0.4	49	49	0.9	0	0	0	0.07	0.05	0.5	52
딸 기 넥 타	86.7	54	1.0	0.2	12	0.02	0.1	41	42	0.8	0	—	—	0.03	0.06	8.3	0.1
토마토	90.5	36	1.3	0.3	6.9	0.4	0.6	3	18	0.2	400	0	240	0.08	0.03	0.8	20
주 스	92.8	24	1.0	0.2	4.5	0.3	1.2	10	20	0.4	350	0	210	0.08	0.01	0.6	7
케 첩	68.6	113	2.0	0.4	25.4	0.5	3.6	22	50	0.8	1,403	0	840	0.09	0.07	1.6	15
머 루	80.5	63	1.0	0.6	13.4	3.5	1.0	73	10	1.7	0	0	0	0.05	0.03	0.5	8
바나나	75.5	94	1.3	0.4	21.4	0.5	0.9	5	23	0.4	200	0	120	0.03	0.05	0.5	10
배	85.8	51	0.5	0.2	11.7	0.8	0.4	4	35	0.2	0	0	0	0.04	0.03	0.3	2
배 넥 타	86.9	52	0.7	0.1	12.1	0.06	0.1	3	0	1.2	0	—	—	0.03	0.02	1.0	0.1
버 찌	78.9	84	1.0	0.7	18.5	0.1	0.8	24	56	1.4	120	0	72	0.04	0.03	0.2	15
복숭아																	
백 도	89.4	39	0.6	0.1	8.9	0.5	0.5	3	13	0.3	100	0	60	0.03	0.04	0.5	10
백도통조림	80.2	77	0.3	0.1	18.8	0.4	0.2	8	9	1.6		0	96	0.02	0.02	—	2
황 도	89.1	42	0.6	0.1	9.7	0.6	0.5	9	19	0.5	1,333	0	798	0.02	0.05	1.0	7
황도통조림	81.0	75	0.4	0.1	18.6	0.4	0.1	12	8	0.8		0	138	0.02	0.03	—	1
신도복숭아	92.1	27	0.9	0.2	5.3	2.2	0.3	16	21	0.1	0	0	0	0.03	0.03	—	19
신도통조림	76.1	93	0.5	0.1	22.5	0.6	0.2	14	11	1.2	20	0	12	0.03	0.04	0.5	2
복숭아넥타	86.5	51	0.2	0.1	12.4	0.2	0.6	5	14	0.4	80	—	—	0.01	0.02	—	2
사 과																	
국 광	86.8	52	0.3	0.5	11.5	0.6	0.3	13	14	1.2	10	—	—	0.02	0.04	0.20	6
홍 옥	86.8	52	0.3	0.5	11.5	0.6	0.3	4	14	0.5	10	0	6	0.02	0.04	0.2	6
인 도	84.2	64	0.4	0.7	13.9	0.5	0.3	7	7	0.2	50	0	30	0.02	0.01	0.1	5
축 사 과	87.7	40	0.6	0.3	8.8	2.3	0.3	14	12	0.7	0	—	—	0.02	0.03	5.0	0
사 과 넥 타	86.9	52	1.0	0.2	11.6	0.12	0.2	3	5	2.4	0	—	—	0.04	0.03	3.5	0.1
말 린 사 과	21.5	303	1.0	1.6	71.2	3.1	1.6	31	52	1.6	—	0	—	0.06	0.12	0.5	10
기타과실																	
살 구	85.1	56	0.6	0.3	12.6	0.9	0.5	17	21	0.4	3,300	0	1,980	0.02	0.03	0.8	5
석 류	81.1	71	0.6	0.2	16.7	0.8	0.6	9	15	0.2	0	0	0	0.06	0.01	0.4	10
앵 두	88.1	43	0.6	0.8	8.3	1.7	0.5	22	17	0.9	110	0	66	0.02	0.03	—	19
수 박	94.0	23	0.4	0.1	5.2	0.1	0.2	14	11	0.2	80	0	48	0.02	0.02	0	5
자 두	81.8	69	0.7	0.2	16.2	0.7	0.4	6	11	0.2	200	0	120	0.02	0.02	0.3	3
파인애플생것	86.7	50	0.5	0.2	11.5	0.7	0.4	15	4	0.3	100	0	60	0.01	0.02	0.7	60
파인애플통조림	79.6	80	0.3	0.1	19.4	0.3	0.3	11	5	0.3	50	0	30	0.08	0.02	0.2	7
포 도	81.5	71	0.5	0.1	17.1	0.3	0.5	5	14	0.3	15	0	9	0.06	0.02	0.2	5
포 도 넥 타	87.2	51	0.4	0.1	12.0	0.1	0.2	11	19	1.9	0	—	—	0.04	0.02	4.1	0.1
깐포도통조림	79.3	83	0.4	0.1	20.0	0.1	0.1	7	3	0.4	80	—	—	0.04	0.01	—	2
건 포 도	18.1	321	2.5	0.2	77.4	0.9	1.9	62	101	3.5	20	0	12	0.11	0.08	0.5	1
참 외	89.8	36	0.9	0.3	7.3	0.9	0.8	14	12	0.3	100	0	60	0.05	0.05	0.6	10
서양참외캔티롭	91.2	34	0.7	0.1	7.5	0.3	0.5	14	16	0.4	400	0	2,040	0.04	0.03	0.6	33

식품명	수분	열량	단백질	지방	탄수화물		회분	칼슘	인	철분	비타민						
					당질	섬유					A Value	Retinol	Beta-carotene	Thiamine	Riboflavin	Niacin	Ascorbic acid
	%	cal	g	g	g	g	g	mg	mg	mg	I.U.	mcg	mcg	mg	mg	mg	mg
육류 및 그 제품																	
가금류																	
꿩 고 기	70.4	126	25.3	2.7	0	0	1.6	6	310	—	11	2	2	0.10	0.13	5.0	0
닭 고 기	73.5	126	20.7	4.8	—	—	1.3	4	302	—	40	8	7	0.09	0.15	5.0	0
닭고기내장	78.4	98	17.5	3.1	0.1	0	0.9	14	220	4.5	4,530	951	815	0.16	1.36	4.9	—
메추리고기	76.3	112	18.5	4.2	0	0	1.0	9	—	—	0	0	0	0.90	0.39	5.0	0
오 리 고 기	71.6	146	19.8	7.4	0	0	1.2	14	300	3.0	0	0	0	0.26	0.26	4.0	0
참 새 고 기	72.5	119	19.4	4.6	0	0	3.5	470	590	—	60	13	11	0.30	0.25	5.0	0
칠면조고기	64.0	192	24.4	10.5	0	0	1.1	2	230	—	0	0	0	0.20	0.15	8.0	0
육 류																	
개 고 기	76.2	113	18.5	4.1	0.4	0	0.8	10	164	3.8		18	0	0.27	0.10	4.2	0
고 래 고 기	70.9	150	20.6	7.5	0	0	1.0	12	144	—	1,860	492	132	0.09	0.08	—	6
고 래 비 계	85.2	71	11.9	2.6	0	0	0.3	3	104	1.3	—	—	—	—	0.07	—	0
돼지고기살코기	69.3	166	17.8	10.5	0	0	2.4	10	204	2.7	0	0	0	0.87	0.21	4.6	0
돼 지 소 장	63.9	251	13.0	22.1	1.2	—	0.9	5	212	4.8		8	2	0.20	0.20	6.1	5
지 방 육	33.4	549	9.1	57.0	0	0	0.5	5	88	1.4	0	0	0	0.44	0.10	2.4	—
간	71.6	126	20.6	3.7	2.6	0	1.5	10	356	19.2	10,900	2,943	654	0.30	3.03	16.4	23
심 장	77.4	108	16.8	4.4	0.4	0	1.0	3	131	3.3	30	8	2	0.43	1.24	6.6	3
신 장	77.8	102	16.3	3.6	1.1	0	1.2	11	218	6.7	130	35	8	0.58	1.73	9.8	12
햄	65.0	188	18.3	12.3	0.9	0	3.5	11	156	2.7	0	0	0	0.53	0.19	3.8	—
대 장	81.8	81	9.6	2.2	5.6	0	0.8	12	89	1.1	—	—	—	0.08	0.24	1.7	—
소 시 지	55.6	306	12.5	27.6	1.8	—	2.5	7	133	1.9	—	—	—	0.16	0.20	2.7	—
베 이 콘	19.3	661	8.4	69.3	1.0	0	2.0	13	108	1.2	0	0	0	0.36	0.11	1.8	—
멧돼지고기	74.1	142	16.8	8.3	0	0	0.8	12	120	—	10	3	1	0.39	0.11	4.0	0
쇠 고 기																	
살 고 기	62.5	236	18.6	18.0	0	0	0.9	11	172	2.8	40	11	2	0.08	0.17	4.5	—
중 등 육	60.1	261	18.0	21.0	0	0	0.9	10	166	2.7	40	11	2	0.08	0.16	4.3	—
지 방 육	49.4	375	14.9	35.0	0	0	0.7	9	136	2.2	70	19	4	0.06	0.13	3.6	—
간	69.7	145	19.9	3.8	5.3	0	1.3	8	352	6.5	43,900	11,853	2,634	0.25	3.26	13.6	31
콩 팥	75.9	137	15.4	6.7	0.9	0	1.1	11	219	7.4	690	186	41	0.36	2.55	6.4	15
골(뇌)	78.8	123	10.4	8.6	0.8	0	1.4	10	312	2.4	0	0	0	0.23	0.26	4.4	18
소 곱 창	69.0	174	18.1	10.8	1.2	—	0.9	5	212	4.8	100	—	—	0.20	0.20	6.1	5
꼬 리	58.7	266	19.1	21.1	0	0	1.1	8	140	4.6	10	3	1	0.03	0.03	5.4	0
소 피	92.7	27	4.0	0.5	1.3	0	1.5	23	—	12.2		0	0	0.31	0.22	13.4	0
갈 비	47.2	396	14.8	37.4	0	0	0.6	9	151	2.2	70	19	4	0.06	0.13	3.6	—
염 통	77.5	103	17.1	3.6	0.7	0	1.1	5	195	4.0	20	5	1	0.53	0.88	7.5	2
업 진	74.5	129	20.1	5.4	—	—	1.0	0	148	2.3	—	—	—	0.05	0.03	5.5	0
양 지 머 리	75.9	108	22.6	1.9	—	—	1.2	5	169	3.8	—	—	—	0.05	0.03	6.2	0
허 파	78.8	94	17.6	2.6	0	0	1.0	—	216	—	—	—	—	—	—	6.2	—
혀	67.3	201	16.4	15.0	0.4	0	0.9	8	182	2.1	—	—	—	0.12	0.29	5.0	—
소 천 엽	86.2	64	11.4	1.9	0.2	0	0.3	84	17	2.4	0	—	—	0.12	0.03	—	0
소 장	77.3	107	16.4	4.2	1.4	—	0.7	20	173	3.1	30	8	2	0.07	0.32	1.5	—
대 장	38.2	482	5.0	47.0	9.7	—	0.1	13	28	3.6	—	—	—	0.04	0.08	0.2	—
양	86.8	60	9.3	2.0	1.2	0.4	0.3	112	79	4.2	—	0	0	—	0.29	22.3	0
육 포	25.7	333	25.6	8.7	38.0	0	2.0	21	152	6.8	28	8	2	0.13	0.19	30.3	0

식품명	수분	열량	단백질	지방	탄수화물 당질	탄수화물 섬유	회분	칼슘	인	철분	비타민 A Value	비타민 Retinol	비타민 Beta-carotene	비타민 Thiamine	비타민 Riboflavin	비타민 Niacin	비타민 Ascorbic acid
	%	cal	g	g	g	g	g	mg	mg	mg	I.U.	mcg	mcg	mg	mg	mg	mg
양고기	74.4	138	16.4	8.0	0	0	1.2	7	210	2.0	0	0	0	0.15	0.20	5.0	0
산양고기	74.2	117	20.6	3.8	0.1	0	1.3	8	—	2.0	0	0	0	0.15	0.08	4.0	0
토끼고기(집토끼)	71.9	138	20.4	6.3	—	0	1.4	5	300	7.0	0	0	0	0.30	0.10	4.0	0
산토끼고기	74.3	138	16.9	7.8	0	0	1.0	7	350	7.0	0	0	0	0.30	0.10	4.0	0
식용개구리	78.8	82	19.9	0.3	0	0	1.0	3	140	0.3	15	4	1	0.10	0.06	1.2	0
난류																	
계란	74.0	160	12.7	12.1	—	0	1.2	67	267	2.7	920	500	170	0.10	0.30	0.1	0
계란가루	4.1	575	47.0	41.2	4.1	0	3.6	187	800	8.7	4,290	901	772	0.33	1.20	0.2	0
난황	49.4	358	16.2	32.6	—	0	1.8	149	612	6.5	2,320	950	515	0.23	0.40	0	0
난백	88.9	42	10.2	0.1	—	0	0.8	10	12	0.1	0	0	0	0.02	0.30	0.1	0
메추리알	74.6	153	13.1	11.2	—	0	1.1	59	220	3.8	300	63	54	0.12	0.85	0.1	0
오리알	71.8	174	12.8	13.6	—	0	1.0	49	224	3.1	—	—	—	0.12	0.40	0.1	0
식용충류																	
메뚜기	30.1	278	64.2	2.4	0	0	3.3	78	630	1.5	920	193	166	0.24	5.50	7.0	20
번데기	6.8	481	55.2	24.6	9.7	—	3.7	51	1200	45.0	190	40	34	0.87	8.50	—	0
성충	76.4	119	15.4	6.4	—	—	1.8	29	—	1.0	—	—	—	0.22	0.54	2.8	0
유충	76.8	107	16.3	4.6	—	—	2.3	32	—	1.7	—	—	—	0.23	0.46	3.3	0
어패류																	
어류																	
가물치	78.5	83	19.8	0.4	0	0	1.3	265	100	2.0	40	25	5	0.03	0.10	10.0	0
가오리	78.8	83	19.4	0.6	—	—	1.2	37	213	2.8	150	41	9	0.15	0.20	7.5	—
가자미	83.7	77	15.1	1.8	0	—	1.6	111	170	0.6	—	—	—	0.10	0.10	5.7	—
고등어																	
생선	76.0	109	18.0	4.0	0.3	0	1.7	7	190	1.5	50	14	3	0.15	0.20	8.0	3
자반	50.8	176	29.7	6.4	0	0	13.4	12	195	1.9	—	—	—	0.09	0.24	7.2	0
통조림	66.4	174	21.1	10.0	0	0	2.5	260	288	2.2	30	8	2	0.03	0.03	8.8	0
공주	51.5	263	20.1	14.6	12.7	0	1.1	216	270	1.7	—	—	—	0.26	0.18	6.5	0
공치	75.4	105	21.4	2.1	0	0	1.6	13	53	1.1	64	21	4	0.25	0.04	7.3	0
광어	74.0	109	22.5	2.0	0.3	0	1.2	30	150	0.6	100	27	6	0.10	0.10	3.5	3
꽁치	66.9	154	24.9	6.0	0	—	1.7	86	260	5.0	—	—	—	0.13	0.22	7.3	0
꽁치통조림	63.6	192	22.0	11.6	0	—	2.8	277	286	1.7	110	—	—	0.08	0.20	6.9	0
넙치	74.3	101	20.1	2.3	0	0	1.3	42	81	1.1	114	—	—	0.12	0.37	13.6	0
농어	74.5	110	21.0	2.7	0.3	0	1.5	30	290	3.0	180	49	11	0.13	0.11	2.4	0
대구	81.0	77	16.6	0.6	0.1	0	1.7	15	160	0.4	60	16	4	0.15	0.10	2.5	0
대구포	34.0	258	56.0	2.0	0.3	0	7.7	30	540	1.3	0	0	0	0.10	0.15	11.0	0
도미	77.8	101	18.0	2.5	0.3	0	1.4	15	150	0.4	100	27	6	0.20	0.20	2.0	2
석도미	73.2	124	20.4	4.2	1.2	0	1.0	147	123	1.9	85	—	—	0.31	0.50	5.8	0
참도미	62.8	265	19.8	20.6	0	—	1.2	102	329	0.5	—	—	—	—	0.30	6.6	0
흑도미	80.1	78	18.0	0.7	0	0	1.2	57	93	1.6	90	24	5	0.14	0.15	—	0
도루묵	80.6	95	14.6	4.3	0	0	1.1	61	184	1.5	50	15	5	0.10	0.05	—	0
명태																	
동태	81.0	72	16.6	0.6	0.1	0	1.7	15	160	0.4	60	16	4	0.15	0.10	2.5	0
북어	34.0	243	56.0	2.0	0.3	0	7.7	30	540	1.3	0	0	0	0.10	0.15	11.0	0

식품명	수분	열량	단백질	지방	탄수화물		회분	칼슘	인	철분	비타민						
					당질	섬유					A Value	Retinol	Beta-carotene	Thiamine	Riboflavin	Niacin	Ascorbic acid
	%	cal	g	g	g	g	g	mg	mg	mg	I.U.	mcg	mcg	mg	mg	mg	mg
이 리	81.2	88	6.8	5.4	0	0	3.6	18	315	0.8	—	—	—	—	0.25	—	0
명 란 젓	71.5	205	22.0	1.9	0	0	4.6	18	66	1.4	140	38	8	0.41	0.19	6.1	5
창 란 젓	80.9	66	11.5	2.2	—	0.2	5.2	8	105	0.7	—	—	—	0.12	0.02	5.1	0
망둑(망둥이)	78.2	86	18.7	1.1	0.3	0	1.7	15	260	2.0	50	14	3	0.10	0.05	2.0	0
메 기	81.2	78	16.8	1.2	0	0	0.8	39	160	2.7	60	16	4	0.15	0.06	—	0
멸 치																	
생 멸 치	74.4	122	16.7	6.0	0.3	0	2.6	220	180	2.0	30	8	2	0.02	0.10	7.0	0
말린멸치(대)	15.9	421	36.0	30.8	—	—	11.1	1431	1271	5.8	—	—	—	0.07	0.06	—	0
말린멸치(중)	7.9	378	64.9	13.2	0	—	14.0	1860	1980	7.0	90	24	5	0.15	1.02	8.6	0
말린멸치(소)	8.4	336	67.8	7.2	0	—	16.6	1308	1850	6.2	88	24	5	0.13	0.09	4.1	0
멸 치 젓	60.3	165	13.3	11.4	2.3	—	12.7	330	409	3.7	—	—	—	0.10	0.22	—	0
모 래 무 지	79.5	89	17.7	0.7	0.1	0	2.0	114	348	3.9	—	—	—	0.40	0.03	2.4	0
미 꾸 라 지	76.0	96	19.3	1.9	0.3	0	2.5	640	890	8.0	100	27	6	0.03	0.44	—	0
민 어	70.0	144	22.3	6.0	0.3	0	1.4	40	280	2.0	30	8	2	0.10	0.07	2.5	0
암 치	17.1	316	38.3	10.7	16.9	0	17.1	322	92	5.7	—	—	—	0.06	0.28	5.0	0
어 포	18.9	367	36.5	12.3	27.5	0	5.4	249	77	4.2	—	—	—	0.18	0.45	5.0	0
방 어	75.0	104	21.4	2.0	0	0	1.6	347	121	3.1	0	0	0	0.12	0.07	4.6	0
보 구 치	78.7	82	18.3	1.0	—	0	1.4	49	170	3.8	0	0	0	0.06	0.13	5.0	0
뱅 어	84.0	64	13.3	1.1	0.3	0	1.3	180	280	3.0	50	14	3	0.14	0.14	—	0
뱅 어 포	21.4	309	56.2	8.2	2.7	0	11.5	1056	624	7.2	—	—	—	0.34	0.30	1.8	0
뱀 장 어	64.1	210	16.2	16.1	0	0	0.8	26	137	2.0	4222	1140	253	0.20	0.09	29.0	0
바 다 장 어	70.6	173	16.2	11.8	0.5	0	0.9	121	179	2.5	—	—	—	0.10	0.09	—	0
붕 장 어	71.5	150	19.0	8.0	0.5	0	1.0	150	180	4.0	500	135	30	0.06	0.04	5.0	0
병 어	73.7	152	18.3	8.7	0	0	1.0	34	114		0	0	0	0.37	0.08	0.6	0
복 어	78.6	88	20.0	0.1	0.3	0	1.0	13	140	0.8	10	3	1	—	—	—	0
빙 어	78.3	101	17.0	3.0	0.3	0	1.4	50	190	2.0	120	32	7	0.04	0.10	3.0	0
삼 치	74.5	107	19.7	3.1	0	0	2.7	499	212	1.3	0	0	0	0.25	0.09	11.5	0
상 어	72.0	161	10.0	16.2	0.3	0	1.5	6	200	1.0	700	189	42	0.04	0.08	1.0	0
숭 어	72.0	133	22.0	4.0	0.8	0	1.2	42	220	4.0	150	41	9	0.23	0.06	3.7	0
숭 어 알	23.0	412	40.0	26.0	4.6	0	6.4	56	380	6.0	200	54	12	0.50	0.70	—	0
양 미 리	15.8	355	73.6	6.6	0	—	9.1	1091	2933	11.5	—	—	—	1.73	1.30	4.9	0
연 어	71.0	143	22.0	5.3	0.3	0	1.4	13	230	1.1	100	27	6	0.22	0.07	7.0	0
이 면 수	72.3	111	17.5	4.6	—	0	6.6	15	240	1.2	—	—	—	0.07	0.15	—	0
잉 어	67.0	178	22.4	9.0	0.3	0	1.3	72	180	2.0	20	5	1	0.40	0.08	2.0	0
전 갱 어	75.3	109	20.0	3.0	0.4	0	1.3	12	243	0.7	40	11	2	0.16	0.08	6.5	3
전 어	73.0	126	20.0	5.0	0.3	0	1.7	120	380	4.0	100	27	6	0.10	0.15	5.0	0
정 어 리	75.0	125	17.5	6.0	0.3	0	1.2	80	240	3.0	60	16	4	0.02	0.15	10.0	1
조 기	81.7	80	18.3	0.8	0	0	1.3	26	200	1.5	99	27	6	0.02	0.34	7.7	0
굴 비	32.5	316	44.4	15.2	0.3	0	8.6	68	950	7.2	0	0	0	0.19	0.18	13.2	0
조 기 젓	61.3	77	15.9	0.6	2.0	—	20.2	71	123	4.2	100	27	6	0.12	0.44	6.7	0
준 치	73.2	148	23.6	6.0	0	0	1.3	17	167	1.2	440	119	26	0.27	0.15	4.0	0
쥐 치 포	14.5	336	75.9	0.6	1.7	0	7.3	409	781	5.7	0	—	—	0.32	0.21	8.7	0
참 치	71.9	134	21.2	5.3	0.3	0	1.3	235	100	2.0	60	16	4	0.10	0.20	7.5	0
청 어	72.0	150	18.0	8.5	0.3	0	1.2	34	250	1.5	100	27	6	0.01	0.20	5.0	0
자 반 청 어	64.8	152	17.5	9.0	0.2	0	8.5	62	350	3.0	0	0	0	0.02	0.30	4.0	—
청 어 알	69.0	139	25.2	4.1	0.4	0	1.3	50	140	2.0	50	14	3	0.15	0.22	—	0
말 린 알	18.0	368	67.5	10.7	0.4	0	3.4	40	60	1.0	2	1	0	0.17	0.06	2.3	20

식품명	수분	열량	단백질	지방	탄수화물 당질	탄수화물 섬유	회분	칼슘	인	철분	비타민 A Value	비타민 Retinol	비타민 Beta-carotene	비타민 Thiamine	비타민 Riboflavin	비타민 Niacin	비타민 Ascorbic acid
	%	cal	g	g	g	g	g	mg	mg	mg	I.U.	mcg	mcg	mg	mg	mg	mg
갈치	74.0	128	18.2	6.0	0.3	0	1.5	12	150	0.6	50	14	3	0.14	0.13	3.0	0
자반갈치	60.7	202	20.9	13.1	0	0	5.7	92	126	1.9	—	—	—	0.18	0.29	1.9	0
홍어	79.7	85	19.2	0.9	0	0	2.0	64	131	1.4	0	0	0	0.23	0.08	1.3	0
황새기	81.0	77	17.0	1.0	—	—	1.0	102	183	0.9	1,580	426	95	0.14	0.12	7.2	2
황새기젓	54.5	96	19.9	0.8	2.3	—	22.5	325	370	3.5	0	0	0	0.15	0.43	0.3	0
곤야꾸	96.1	—	0.9	0.1	1.7	1.1	0.1	43	7	1.0	0	—	—	0	0	0.9	0
긴다로	64.3	240	7.1	19.5	8.3	0	0.8	65	41	1.4	0	—	—	0.23	0.01	6.1	0
생선뎀뿌라	63.9	147	13.0	2.6	17.9	—	2.6	85	116	1.1	0	—	—	0.02	0.03	0.6	0
생선묵	72.7	102	12.1	0.7	11.8	0	2.7	88	100	0.7	0	—	—	0.04	0.05	0.8	0
생선소시지	68.5	144	15.0	6.0	7.5	0	3.5	100	200	2.0	20	5	1	0.30	0.80	5.0	0
패류																	
게																	
큰게	76.0	91	20.0	0.5	1.5	0	2.0	55	160	2.0	10	3	1	0.01	0.02	2.5	0
꽃게	79.0	75	16.4	9.5	1.3	0	2.8	58	174	3.4	—	—	—	0	0.03	—	—
통조림	75.3	109	16.0	3.3	3.8	0	1.6	106	223	13.3	0	0	0	0.02	0.04	—	0
고막	79.8	81	15.5	0.5	3.5	0	0.7	40	140	5.0	400	108	24	0.20	0.20	2.5	10
골뱅이통조림	78.5	88	16.2	2.6	0.1	0	2.6	40	88	3.0	2599	—	—	3.39	3.0	0	2.7
굴																	
석굴	79.6	93	10.0	3.6	5.1	0	1.7	40	140	8.0	160	43	10	0.30	0.20	1.2	5
토굴	78.7	95	10.9	2.9	6.2	—	1.3	39	231	3.1	100	27	6	0.38	0.20	1.2	5
굴통조림	81.4	83	14.7	2.7	0	0	1.2	37	108	3.3	586	—	—	0.65	0.09	0	4.8
어리굴젓	70.8	106	15.9	3.6	2.4	—	7.3	491	211	20.2	200	54	12	0.06	0.05	1.0	0
대합	84.8	61	10.0	1.2	2.5	0	1.5	70	150	8.0	130	35	8	0.05	0.15	1.5	5
바지락	85.4	60	10.6	1.3	1.5	0	1.2	80	180	7.0	460	124	28	0.04	0.15	1.5	10
죽조개	86.8	54	8.4	1.3	2.1	—	0.9	32	110	8.7	100	27	6	0.05	0.14	1.6	5
모시조개	76.0	99	15.0	1.8	5.6	0	1.6	170	120	12.0	30	8	2	0.04	0.15	—	10
피조개	76.5	90	15.1	0.6	6.1	0	1.7	148	108	7.3	200	54	12	0.20	2.12	2.5	100
재치조개	80.4	86	11.8	3.2	2.6	—	2.0	173	227	16.5	200	54	12	0.20	0.25	2.5	10
조개관자	73.1	105	15.6	0.5	9.6	0	1.2	25	181	2.7	110	33	—	0.14	0.38	2.0	0
조갯살말린것	10.4	318	65.9	1.0	11.3	0	11.5	147	1650	20.3	0	0	0	—	—	2.0	0
조개젓	67.5	106	14.5	4.3	2.3	0	11.4	378	366	9.5	80	22	5	0.05	0.09	—	0
맛살	89.9	40	6.7	0.9	1.3	0	1.2	60	282	11.0	11	3	1	0.09	0.49	1.5	—
건맛살가재	12.3	332	57.9	4.8	14.4	0	10.6	198	718	3.8	—	—	—	0.10	0.17	7.1	0
가재	80.0	80	16.0	1.1	1.5	0	1.4	70	250	1.0	150	41	9	0.01	0.10	1.9	3
바다가재	75.8	110	17.7	3.0	1.8	0	1.7	70	223	2.5	—	—	—	0.09	0.10	2.0	0
새우	80.4	77	17.8	0.6	0	0	0.6	234	63	1.5	152	41	9	0.02	0.03	2.1	0
말린새우	13.7	344	62.4	3.5	15.6	0	4.8	236	995	4.6	0	0	0	0.16	0.34	—	0
잔새우	83.5	63	12.9	0.8	1.0	0	1.8	120	150	2.0	40	11	2	0.01	0.11	2.2	2
잔새우(건)	19.0	366	74.6	2.0	7.6	0	12.0	238	745	8.4	248	—	—	0.07	0.16	6.6	0
물새우	77.6	76	16.2	1.2	—	—	4.2	23	122	2.5	—	—	—	0.23	0.27	—	0
새우젓	64.9	47	10.5	0.6	—	—	24.0	681	287	3.2	0	0	0	0.05	0.04	—	0
성게	71.5	148	15.8	8.5	2.0	0	2.2	20	300	2.0	8000	2160	480	0.30	0.40	2.5	0
성게젓	56.5	203	18.0	12.5	4.5	—	8.5	50	350	2.0	8000	2160	480	0.01	0.40	2.5	0
성게통조림	68.4	138	14.0	5.1	8.9	0	3.6	136	287	2.5	0	—	—	0.01	0.03	—	0

식 품 명	수분	열량	단백질	지방	탄수화물 당질	탄수화물 섬유	회분	칼슘	인	철분	비타민 A Value	비타민 Retinol	비타민 Beta-carotene	비타민 Thiamine	비타민 Riboflavin	비타민 Niacin	비타민 Ascorbic acid
	%	cal	g	g	g	g	g	mg	mg	mg	I.U.	mcg	mcg	mg	mg	mg	mg
소 라																	
소 라	74.0	103	20.0	0.5	4.7	0	1.4	46	120	9.0	120	32	7	0.06	0.06	3.0	2
통 조 림	64.8	125	19.9	0.2	10.9	0	4.2	54	137	3.8	—	—	—	0.02	0.04	—	0
바다소라	78.6	85	18.3	0.7	1.3	—	1.1	81	79	4.4	120	32	7	0.06	0.06	3.0	2
우 렁	77.4	86	18.2	0.1	3.0	0	1.2	111	251	2.0	—	—	—	0.12	0.07	3.2	0
우 렁 이	80.6	70	10.5	1.4	3.8	0	3.7	1202	87	5.8	47	13	3	0.34	0.34	—	0
바다우렁이	72.0	108	20.5	0.7	5.0	0	1.8	83	175	7.8	35	9	2	0.28	0.25	—	20
전 복	73.4	100	23.4	0.4	0.8	0	2.0	32	190	3.0	35	9	2	0.20	0.06	2.0	2
말린전복	36.0	241	56.6	0.9	1.7	0	4.8	80	420	7.3	0	0	0	0.56	0.60	4.5	—
홍 합	77.4	76	12.7	0.7	4.8	0	3.4	21	199	7.0	200	54	12	0.23	0.19	2.7	10
말린홍합	25.2	295	47.7	4.3	16.3	0	6.5	242	759	4.2	0	0	0	0.28	0.36	5.4	0
기 타																	
꼴 뚜 기	82.7	72	14.3	1.4	0.6	0	3.3	75	181	218	0	0	0	0.31	0.09	10.5	0
건꼴뚜기	12.0	387	50.3	14.3	14.3	0	9.1	142	150	3.1	0	0	0	0.18	0.38	0	0
꼴뚜기젓	69.8	84	18.1	1.3	—	—	10.4	373	393	1.4	0	0	0	0.04	0.15	4.0	0
낙 지	82.9	65	14.5	0.6	0.3	0	1.6	13	140	0.3	10	3	1	0.02	0.12	2.5	0
문 어	84.9	63	14.1	0.7	0	0	0.7	25	29	0.5	0	0	0	0.27	0.10	4.1	0
백 문 어	8.3	358	69.2	2.7	14.1	0	5.7	82	140	2.1	10	3	1	0.62	0.12	2.5	0
피 문 어	13.3	328	61.3	5.7	7.8	0	12.9	116	96	1.1	0	0	0	0.17	0.10	2.8	0
오 징 어																	
생오징어	80.3	79	17.0	1.0	0.5	0	1.2	12	290	0.4	5	1	1	0.03	0.12	3.0	0
건오징어	19.0	320	67.5	4.7	1.9	0	6.9	43	1000	3.5	0	0	0	0.12	0.25	—	—
오징어젓	76.8	64	13.8	0.8	0.5	0.2	7.9	9	139	6.8	5	1	1	0.09	0.10	6.0	0
해 삼	91.6	17	2.5	0.1	1.5	0	4.3	34	11	0.3	10	3	1	0.01	0.02	0.9	0
해 삼 전	52.2	89	14.7	1.6	3.9	0	27.6	680	141	1.9	—	—	—	0.01	0.02	—	0
해 파 리	67.0	32	5.5	0	2.5	0	25.0	40	400	5.0	0	0	0	0	0	0	0
해조류																	
조 선 김	13.1	284	40.0	0.9	29.0	2.1	9.9	111	38	13.2	22,758	0	13,655	0.28	3.54	1.0	5
왜 김	12.9	295	32.7	0.8	39.2	1.7	7.7	196	49	17.6	16,874	0	10,124	0.40	3.36	5.4	7
맛 김	10.2	298	42.6	0.3	31.1	1.3	14.5	220	382	31	9,825	—	—	2.75	2.19	0	2.4
미 역																	
생 미 역	90.1	15	2.0	0.1	0.5	2.3	3.8	457	113	4.1	1,800	0	1,080	—	0.15	2.3	—
건 미 역	14.7	247	7.3	1.1	51.9	3.0	22.0	800	150	—	1,300	0	780	0.08	0.32	1.8	11
튀 각	7.0	554	3.2	52.2	17.9	8.5	—	792	—	—	462	0	277	0.08	0.09	3.6	0
다 시 마	14.7	247	7.3	1.1	51.9	3.0	—	800	—	—	220	0	132	0.08	0.32	1.8	11
청 각	92.6	12	1.0	0.2	1.6	0.2	4.4	119	4	8.7	—	—	—	0.02	0.05	—	5
톳	9.7	102	1.9	26.4	1.4	—	—	360	—	—	450	0	270	0.01	0.20	—	—
파 래	3.7	332	20.7	0.3	61.5	7.2	6.6	600	220	106	2,900	0	1,740	0.06	0.30	8.0	10
한 천	20.1	309	2.3	0.1	74.6	0	2.9	400	8	5.0	0	0	0	0	0	0	0
유 류																	
산 양 유	87.9	64	3.2	3.7	4.5	—	0.7	182	167	0.1	135	25	20	0.04	0.14	0.3	1
우 유	88.5	59	2.9	3.3	4.5	—	0.8	159	169	0.1	150	35	20	0.04	0.15	0.2	2
탈지우유	90.5	36	3.6	0.1	5.1	0	0.7	121	95	—	—	—	—	0.04	0.18	0.1	1

식품명	수분	열량	단백질	지방	탄수화물 당질	탄수화물 섬유	회분	칼슘	인	철분	비타민 A Value	Retinol	Beta-carotene	Thiamine	Riboflavin	Niacin	Ascorbic acid
	%	cal	g	g	g	g	g	mg	mg	mg	I.U.	mcg	mcg	mg	mg	mg	mg
분유	2.0	506	26.4	27.5	38.2	0	5.9	909	708	0.5	1,130	237	203	0.29	1.46	0.7	6
탈지분유	3.0	360	35.9	0.8	52.3	0	8.0	1308	1016	6.0	30	6	5	0.35	1.80	0.9	7
전지분유	2.2	502	26.7	20.8	38.4	0	5.9	899	811	0.5	850	—	—	0.22	1.28	1.3	7
조제분유	2.4	471	19.0	19.3	55.3	0	4.0	617	470	6.8	—	—	—	0.64	1.09	4.2	45
증류유	73.9	138	6.8	8.0	9.7	0	1.6	270	210	0.2	190	40	34	0.06	0.35	0.2	1
연유	25.5	332	7.9	8.4	56.3	0	1.9	300	240	0.3	220	49	40	0.08	0.40	0.2	2
무당연유	74.1	134	8.0	7.3	9.0	0	1.6	225	189	0.1	283	60	50	0.08	0.46	0.3	2
치즈	35.3	399	27.9	31.5	0.9	0	4.4	720	610	0.6	1,200	252	216	0.04	0.50	0.4	0
크림	67.1	254	4.8	25.0	2.4	0	0.7	94	74	—	800	168	144	0.03	0.14	0.1	0
아이스크림	65.3	166	4.0	6.2	23.6	0	0.9	130	120	0.1	130	27	23	0.04	0.20	0.1	0
요구르트	77.0	92	3.6	0.8	17.6	0	1.0	140	130	0.1	30	6	5	0.03	0.15	0.1	0
인유	88.2	62	1.4	3.1	7.1	0	0.2	35	25	0.2	120	25	22	0.02	0.03	0.2	5
유지류																	
돼지기름	0	899	0.2	99.8	0	0	0	—	—	—	0	0	0	0.02	0.02	0	0
마가린	15.0	738	0	82.0	0	0	3.0	0	0	0	0	0	0	0	0	0	0
버터	15.9	734	0.6	81.2	0.2	0	2.1	10	20	0.1	2,400	720	—	0.01	0.03	0	0
마가린수입품	15.5	733	0.6	81.0	0.4	0	2.5	20	16	0	3,300	0	1,980	—	—	—	0
쇼트닝	0	900	0	100	0	0	0	0	0	0	0	0	0	0	0	0	0
식물성유	0	900	0	100	0	0	0	—	—	—	0	—	0	0	0	0	0
우지	0	899	0.3	99.7	0	0	0	—	—	—	200	60	0	0.07	0.05	0	0
참기름	0.1	899	0	99.9	0	0	0	0	0	0	0	—	—	0	0	0	0
콩기름	0.1	899	0	99.9	0	0	0	0	0	0	0	—	—	0	0	0	0
기 타																	
음료																	
사이다	90.3	36	—	—	9.1	—	0.1	2	0	0	0	0	0	0	0	0	0
식혜	74.0	101	2.4	0.1	22.7	0.6	0.2	74	25	0.4	0	0	0	0.08	0.06	0.08	0
진저애일	92.0	32	0	0	8.0	0		—	—	—	0	0	0	0	0	0	0
커피가루	2.6	140	—	—	35.0	—	9.7	179	383	5.6	0	0	0	0	0.21	30.6	0
커피음료	98.1	0	—	—	—	0	0.1	2	4	0.1	0	0	0	0	0	0	0
코코아가루	1.9	384	18.6	2.9	70.8	0.5	5.4	589	545	1.8	20	0	12	0.13	0.73	0.7	3
콜라	90.0	40	0	0	10.0	0	—	—	—	—	0	0	0	0	0	0	0
홍차	99.7	1	0.1	0	0.1	0	0.1	2	3	0	0	0	0	0	0	0	0
주류																	
맥주	—	20	0.6	0	4.4	—	—	4	30	0.1	0	0	0	0	0.03	0.6	0.2
생맥주	—	14	0.5	—	3.1	0	0.1	2	16	0.1	0	0	0	0	0.02	—	0
흑맥주	—	14	0.5	—	3.1	0	0.1	—	34	—	—	—	—	—	—	—	—
합성맥주	—	12	0.2	—	2.8	0	0.1	3.3	15	—	0	0	0	0	0	0.5	0
브랜디	—	0	0	0	0	0	0	0	0	0	0	0	0	0	0	0	0
샴페인	—	2	0	0	0.5	0	0.2	2	7	—	—	—	—	—	—	—	—
소주 1급	—	0	0	0	0	0	0	0	0	0	0	0	0	0	0	0	0
소주 2급	—	0	0	0	0	0	0	0	0	0	0	0	0	0	0	0	0
위스키	—	0	0	0	0	0	0	0	0	0	0	0	0	0	0	0	0

식품명	수분	열량	단백질	지방	탄수화물		회분	칼슘	인	철분	비타민						
					당질	섬유					A Value	Retinol	Beta-carotene	Thiamine	Riboflavin	Niacin	Ascorbic acid
	%	cal	g	g	g	g	g	mg	mg	mg	I.U.	mcg	mcg	mg	mg	mg	mg
청주	—	18	0.5	0	4.0	0	—	5	6	0.1	0	0	0	0	0	0	0
탁주	—	22	0.4	0	5.0	—	—	0	—	0	0	0	0	0	0	0	0
적포도주	—	4	0.3	—	0.7	0	0.2	15	4	0.8	0	0	0	0	0	0	0
백포도주	—	9	0.2	—	0.2	0	0.2	9	4	0.8	0	0	0	0	0	0	0
단포도주	—	52	0.1	—	13.0	0	0.1	6	4	0.8	0	0	0	0	0	0	0
조미료류																	
조선간장	71.7	(38)	4.3	0.4	4.4	0	19.2	62	38	5.2	0	0	0	0.03	0.01	(1.2)	0
왜간장	72.2	41	6.9	0.6	2.0	0	18.3	50	170	4.8	0	0	0	0.02	0.06	1.2	0
마요네즈	15.1	732	1.1	79.9	2.2	—	1.7	18	28	0.5	280	59	50	0.02	0.04	0	—
식초	95.3	2	0.2	0	0.3	0	0.1	—	—	—	0	0	0	0	0.01	0	0
이스트	8.0	351	46.0	2.8	35.4	2.3	5.5	50	1100	80.0	0	0	0	2.50	2.60	30.0	0
조미소	1.0	396	99.0	0	0	0	0	0	0	0	0	0	0	0	0	0	0
카레가루	6.8	384	10.2	14.8	52.4	9.8	6.0	90	340	45.0	0	0	0	0	0	5.5	0
인스턴트커리	2.9	431	8.2	20.7	52.9	0.9	14.4	119	89	5.0	0	—	—	0.04	0.07	1.6	0
후추가루	10.6	309	8.7	5.5	56.2	2.6	16.4	—	—	—	0	0	0	0	0	0	0

색 인[Index]

| ㄷ |

| ㄹ |

| ㅁ |

| ㅂ |

| ㅅ |

| ㅈ |

| B |

| C |

| D |

| E |

| F |

| L |

| M |

| N |

| O |

| P |

| Q |

| R |

| S |

|참고문헌|

1. 한국식품산업협회 : "식품공전", 2004
2. 한국식품산업협회 : "식품첨가물공전", 2004
3. 채수규 : 표준 식품분석학, 지구문화사, 2002
4. 김덕웅 · 신성균 · 유준철 · 임혜영 : 식품분석 및 위생실험, 석학당, 2007
5 . 노봉수 · 김석중 · 김영석 · 이광근 · 이재환 : 식품분석학, 수학사, 2008
6. 고명수 · 김태화 · 박규현 · 양종범 · 오창환 · 이경혜 : 기기분석, 유한문화사, 2005
7. 한국식품영양과학회 : 식품영양실험핸드북, 도서출판 효일, 2000
8. 김덕웅 · 고진복 · 채수규 : "표준식품분석", 이공도서출판사, 1976
9. 이현기 · 이응호 · 황호관 · 박원기 · 이성우 : "식품화학실험", 수학사, 1979
10. 정동효 · 장현기 : "식품분석", 진로연구사, 1987
11. 신효선 : "식품분석(이론과 실험)", 신광출판사, 1987
12. 박재주 : "신고식품분석", 신광출판사, 1982
13. 조덕제 · 김정숙 · 채수규 · 홍종만 : "식품분석", 지구문화사, 1993
14. 주현규 · 조규성 · 조황연 · 채수규 · 박충균 · 마상조 : "식품분석법", 학문사, 1995
15. 남궁석 · 심상국 · 심우만 · 윤성식 : "최신식품화학실험", 신광출판사, 1991
16. 문범수 : "식품위생학실험", 수학사, 1991
17. 정량분석분과회 편 : "정량분석화학", 동명사, 1989
18. 東京大學 農藝化學教室 編 : "實驗農藝化學", 朝倉書店, 1961
19. 京都大學 食品工學教室 編 : "食品工學實驗書", 養賢堂, 1970
20. 日本食品工業學會, 食品分析編集委員會 編 : "食品分析法", 株式會社 光琳, 1984
21. 小原哲二郎 · 鈴木隆雄, 岩尾裕之 : "食品分析ハンドブック", 建帛社, 1977
22. 永原太郎 · 岩尾裕之 · 久保彰治 : "食品分析法", 柴田書店, 1993
23. 長谷川忠男 : "フローチャートによる食品科學實驗", 地人書館, 1986
24. 飯盛和代 · 仮屋園璋 · 草野幸子 · 松岡麻男 · 松本富子 : "食品化學實驗ノート", 建帛社, 1984
25. 川北兵藏 · 大柴惠一 : "食品の 品質檢查", 醫齒藥出版株式會社, 1973
26. 玉虫文一 外 7人 編 : "理化學辭典", 岩波書店, 1985
27. 日本藥學會 編 : "衛生試驗法注解", 金原出版株式會社, 1980
28. 西山降造 : "繪で見る食品分析", 文教出版, 1993
29. 菅原龍幸 : "食品學實驗書", 建帛社, 1995
30. Association of Official Analytical Chemists : "Official Methods of Analysis 13th ed.", 1980
31. Willard H. · Merritt L. · Dean J. · Settle F. : "Instrumental Methods of Analysis", D. Van Nostrand Co., 1981
32. Gruenwedel D., Whitaker J. : "Food Analysis, Volume 1,2,3", Marcel Dekker Inc., 1984
33. Heftmann E. : "Chromatography", Van Nostrand Reinhold Co., 1975
34. Joslyn, M. : "Methods in Food Analysis", Academic Press, 1970
35. Pearson, D. : "The Chemical Analysis of Food, 6th ed.", Chemical Publishing Co., 1970
36. Pomeranz Y., Meloan C. : "Food Analysis, Theory and practice", AVI Publishing Co., 1978

| 채수규 |

고려대학교 농화학과 졸업
고려대학교 대학원 식품공학과 졸업(석사, 박사)
방사선농학연구소 식품공학연구실 연구원
서울보건대학 식품가공과 교수
일본 국립식품총합연구소(NFRI) 객원연구원
일본 동경수산대학 식품생산학과 객원연구원
서울와인스쿨 전문교육과정 수료
노동부 국가기술자격제도 심의위원회 전문위원
산업인력공단 명장 포상후보자 공적심사 전문검토위원
교육부 식품가공교과 교육연구회 도서편찬 연구위원
국제협력단(KOICA) 한국해외봉사단 선발 기술면접위원
중소기업청 산학연 공동기술개발 과제 선정 평가위원
롯데제과주식회사 사외이사 역임
(현) 을지대학교 식품과학부 교수

기본 식품분석학
Basic **Food Analysis**

2013년 1월 21일 1판 1쇄 인쇄 / 2013년 1월 31일 1판 1쇄 발행
지은이. 채 수 규
펴낸이. 윤 용 호 | 펴낸곳. 석학당 출판사 121-856 서울시 마포구 신수동 448-6 1F
등록. 2001.10.23. 제10-2238호 | 전화. 02)719-6116 | 팩스. 02)719-6120
홈페이지. www.shdbooks.co.kr | E-mail. shd6116@chol.com

ISBN 978-89-93158-67-0 93570 가격 **35,000**원